给水排水设计手册

第9册

专用机械

第二版

上海市政工程设计研究院　主编

中国建筑工业出版社

图书在版编目(CIP)数据

给水排水设计手册.第9册,专用机械/上海市政工程设计
研究院主编.–2版.–北京:中国建筑工业出版社,2000
ISBN 978-7-112-04152-7

Ⅰ.给… Ⅱ.上… Ⅲ.①给排水系统-建筑设计-手册②给
排水系统-机械设备-手册 Ⅳ.TU991.02-62

中国版本图书馆 CIP 数据核字(2000)第 12656 号

本手册汇编了给水排水专用机械设备的设计、计算资料,共 12 章和附录。主要内容包括:移动式趸船和缆车取水;格栅和滤网等拦污设备;药液和活性炭投加设备;溶解和混合等搅拌设备;气浮和滗水器等上浮液、渣排除设备;转刷和转碟等曝气设备;沉淀和澄清等排泥设备;滤池冲洗和表冲设备;阀、闸、启闭机和停泵水锤消除设备;螺旋泵和真空罐等提水设备;以及水下防腐和安装技术的附录。每章均有主要设备的计算和例题。可供给水排水与环境保护专业设计、制造、安装、运行、监理等人员使用以及大专院校师生参考。

责任编辑:魏秉华

给水排水设计手册
第 9 册
专 用 机 械
第 二 版

上海市政工程设计研究院　主编

*

中国建筑工业出版社出版、发行(北京西郊百万庄)
各地新华书店、建筑书店经销
北京建筑工业印刷厂印刷

*

开本:787×1092毫米 1/16 印张:49½ 字数:1257千字
2000年6月第二版　2011年11月第十二次印刷
印数:76,851—78,350册　定价:**72.00**元
ISBN 978-7-112-04152-7
(9631)

版权所有　翻印必究
如有印装质量问题,可寄本社退换
(邮政编码 100037)

《给水排水设计手册》第二版编委会

主任委员：林选才　刘慈慰

副主任委员：（按姓氏笔划排序）

王素卿　李远义　曲际水　刘信荣　汪天翔　陈伟生
张　傑　沈德康　宗有嘉　杨奇观　钟淳昌　贾万新
栗元珍　熊易华　魏秉华

编委：（按姓氏笔划排序）

马庆骥　马遵权　王江荣　王素卿　王德仁　方振远
冯旭东　左亚洲　许国栋　田钟荃　李远义　李金根
李炎林　曲际水　刘信荣　刘慈慰　汪天翔　汪洪秀
陈伟生　陈秀生　陈志斌　张中和　张　傑　苏　新
沈德康　印慧僧　杭世珺　宗有嘉　林选才　杨奇观
杨喜明　金善功　姚永宁　钟淳昌　贾万新　栗元珍
徐扬纲　戚盛豪　熊易华　戴毓麟　魏秉华

《专用机械》第二版编写组

主　编： 李金根　姚永宁

成　员：（以章节先后为序）

钟木华	赵秉森	庄昌玺	刘小琳	张延蕙
李绍武	徐乃东	杨东胜	赵少璋	孙椿年
毛鸿翔	郑凤厚	李金根	姚永宁	韩振旺
王光杰	邱　洁	谈礼明	刘鹏腾	赵海金
高　宇	张振林	黄晓泉		

主　审： 李金根

前　言

《给水排水设计手册》系由原城乡建设环境保护部设计局与中国建筑工业出版社共同组织各设计院主持编写。1986年出版以来深受广大读者欢迎，在给水排水工程勘察、设计、施工、管理、教学、科研等各个方面发挥了重要作用。为此，曾于1988年10月荣获全国科技优秀图书一等奖。

由于这套手册出版至今已有十余年，随着改革开放的日益深化，国民经济的飞速增长，国家建设事业的蓬勃发展，以及国外先进技术和设备的引进、消化，我国给水排水科学技术和设计水平取得了前所未有的发展。与此同时，有关给水排水工程的标准、规范进行了全面或局部的修订，并相应颁发了部分给水排水推荐性规范和规程，在深度和广度方面拓展了给水排水设计规范中新的内容。显然原设计手册已不能适应工程建设和设计工作的需要，亟需修改、补充和调整。为此，建设部勘察设计司与中国建筑工业出版社及时组织和领导各主编单位进行《给水排水设计手册》第二版的修订工作。这次修订的原则是：以1986年版为基础，以现行国家标准、规范为依据，删去陈旧技术内容，补充新的设计工艺、设计技术、科研成果和先进的设备器材。修订后的手册将原11册增加《技术经济》一册，共12册，使手册在内容上更为丰富、在技术上更为先进，成为一部更切合设计需要的给水排水专业的大型工具书。

为了《给水排水设计手册》第二版修订工作的顺利进行，在编委会领导下，各册由主编单位负责具体修编工作。各册的主编单位为：第1册《常用资料》为中国市政工程西南设计研究院；第2册《建筑给水排水》为核工业第二研究设计院；第3册《城镇给水》为上海市政工程设计研究院；第4册《工业给水处理》为华东建筑设计研究院；第5册《城镇排水》、第6册《工业排水》为北京市市政工程设计研究总院；第7册《城镇防洪》为中国市政工程东北设计研究院；第8册《电气与自控》为中国市政工程中南设计研究院；第9册《专用机械》、第10册《技术经济》为上海市政工程设计研究院；第11册《常用设备》为中国市政工程西北设计研究院；第12册《器材与装置》为中国市政工程华北设计研究院。在各主编单位的大力支持下，修订编写任务获得圆满完成。在编写过程中，还得到了国内有关科研、设计、大专院校和企业界的大力支持与协助，在此一并致以衷心感谢。

《给水排水设计手册》编委会

编 者 的 话

《专用机械》1985年问世以来,深受广大读者的欢迎,几次重印,购者踊跃,书店很快脱销,纷纷要求增印。这是广大读者对我们的支持与关爱,谨致深切的谢意。

《专用机械》出版15年来,给水排水事业随国民经济持续增长,也有了长足的进步,给水排水设备从非标单件生产走向定型化、系列化、标准化。改革开放提供了进一步发展的机遇,引进和消化吸收的产品,不断促进给水排水专用机械的升级换代;同时,我国综合国力的迅速提高,新技术、新工艺、新材料等等的高新技术,为给水排水设备注入新的活力,走上一个新台阶。

《专用机械》第二版除保留原有特色外,把习用非法定计量单位全部改为法定计量单位;删除一些陈旧和淘汰产品,新增活性炭投加、污泥脱水、SBR工艺用滗水器、曝气转碟、水处理设备安装技术、液体搅拌中吸纳了混匀理论的搅拌计算、补充部分引进和消化吸收的产品;为方便各设计和建设单位在招投标中,有标可依、有据可查、制造和安装单位能强化按标生产、监理单位可以按标监管、应用单位严格按标管理和维护。故本册新增标准技术一章,收录1998年底前建设部已批准颁布实施的《专用机械》标准15篇,供读者直接选用。

本手册主编单位为上海市政工程设计研究院,由李金根、姚永宁任主编,李金根任主审。各章节主撰人:第1章钟木华;第2章赵秉森、李金根;第3章庄昌玺;第4章刘小琳、张延蕙;第5章李绍武、徐乃东(SBR滗水器);第6章杨东胜、赵少璋、孙椿年(部分曝气转碟);第7章毛鸿翔、谢水水、郑凤厚(双钢丝绳牵引刮泥机);第8章李金根;第9章韩振旺、王光杰、邱洁(旋转堰门);第10章谈礼明、刘鹏腾(真空容器);第11章赵秉森;第12章赵海金、高宇;附录张振林等编写。全书法定计量单位由黄晓泉校订。在编撰中美国凯米尼尔搅拌设备有限公司上海办事处宋克刚先生对搅拌机计算、德国福乐伟有限公司上海代表处施震荣先生对污泥离心脱水、上海菲罗过滤机械有限公司姚公弼先生对带式压滤机等都热情地作了技术咨询工作,还得到廖强、卜义惠、高士国等先生的帮助。谨此致谢。

由于编者水平所限,书中缺点和错误在所难免,敬请广大读者不吝批评、指正。

目 录

1 移动式取水设备
1.1 趸船取水活络接头 ……………… 1
- 1.1.1 球形式活络接头 ………………… 1
- 1.1.2 套筒式活络接头 ………………… 2
- 1.1.3 铠装法兰橡胶接头 …………… 11

1.2 缆车取水设备 …………………… 13
- 1.2.1 总体构成及适用条件 ………… 13
- 1.2.2 卷扬机计算 …………………… 14
- 1.2.3 泵车车轮 ……………………… 15
- 1.2.4 泵车轨道及安装要求 ………… 16
- 1.2.5 泵车安全装置 ………………… 16
- 1.2.6 泵车出水管与斜坡固定输水管间活动接头 …………………… 18

2 拦污设备
2.1 格栅除污机 ……………………… 21
- 2.1.1 适用条件 ……………………… 21
- 2.1.2 类型及特点 …………………… 22
- 2.1.3 各种格栅除污机的性能与特点 ……………………………… 23
- 2.1.4 钢丝绳牵引滑块式格栅除污机设计 ……………………… 64
- 2.1.5 格栅截除污物的搬运与处置 … 70

2.2 旋转滤网 ………………………… 73
- 2.2.1 适用条件 ……………………… 73
- 2.2.2 类型及特点 …………………… 73
- 2.2.3 板框型旋转滤网的设计 ……… 73

2.3 栅网起吊设备 …………………… 99
- 2.3.1 适用条件 ……………………… 99
- 2.3.2 重锤式抓落机构 ……………… 99
- 2.3.3 电动双栅、网链传动机构 …… 102
- 2.3.4 电动卷扬式联动起落机构 …… 102

2.4 除毛机 …………………………… 103
- 2.4.1 适用条件 ……………………… 103
- 2.4.2 类型及特点 …………………… 103

2.5 水力筛网 ………………………… 106
- 2.5.1 适用条件 ……………………… 106
- 2.5.2 类型及特点 …………………… 106
- 2.5.3 国外水力筛网的性能和规格 … 108
- 2.5.4 水力筛网的常用材料 ………… 109

3 加药设备
3.1 投加设备 ………………………… 111
- 3.1.1 水射器 ………………………… 111
- 3.1.2 干式投矾机 …………………… 117

3.2 计量设备 ………………………… 120
- 3.2.1 浮杯计量设备 ………………… 120
- 3.2.2 孔口计量设备 ………………… 122
- 3.2.3 三角堰计量设备 ……………… 123
- 3.2.4 虹吸计量设备 ………………… 124

3.3 石灰消化投加设备 ……………… 125
- 3.3.1 消石灰机 ……………………… 125
- 3.3.2 料仓与闸门 …………………… 131

3.4 设备防腐 ………………………… 134

3.5 粉末活性炭投加设备 …………… 135
- 3.5.1 适用条件 ……………………… 135
- 3.5.2 粉末活性炭投加系统和操作要点 ………………………………… 135
- 3.5.3 炭浆调制和投加的设备 ……… 136

4 搅拌设备
4.1 通用设计 ………………………… 139
- 4.1.1 总体构成 ……………………… 139
- 4.1.2 搅拌机工作部分 ……………… 140
- 4.1.3 搅拌机支承部分 ……………… 155
- 4.1.4 搅拌机驱动设备 ……………… 161
- 4.1.5 搅拌设备的制造、安装和试运转 ……………………………… 161

4.2 溶药搅拌设备 …… 163
4.2.1 适用条件 …… 163
4.2.2 总体构成 …… 163
4.2.3 设计数据及要点 …… 163
4.2.4 计算实例 …… 170
4.3 混合搅拌机 …… 170
4.3.1 适用条件 …… 170
4.3.2 总体构成 …… 171
4.3.3 设计数据 …… 171
4.3.4 混合搅拌功率 …… 173
4.3.5 搅拌器形式及主要参数 …… 174
4.3.6 计算实例 …… 176
4.4 絮凝搅拌机 …… 180
4.4.1 适用条件 …… 180
4.4.2 立式搅拌机 …… 180
4.4.3 卧式搅拌机 …… 183
4.4.4 框式搅拌器 …… 184
4.4.5 计算实例 …… 185
4.5 澄清池搅拌机 …… 188
4.5.1 适用条件 …… 188
4.5.2 总体构成 …… 188
4.5.3 设计数据及要点 …… 191
4.5.4 设计计算 …… 196
4.5.5 安装要点 …… 197
4.5.6 计算实例 …… 197
4.5.7 系列化设计 …… 198
4.6 消化池搅拌机 …… 200
4.6.1 适用条件 …… 200
4.6.2 总体构成 …… 200
4.6.3 设计数据 …… 201
4.6.4 设计计算 …… 201
4.6.5 搅拌轴的密封 …… 202
4.6.6 计算实例 …… 203
4.7 水下搅拌机 …… 205
4.7.1 适用条件 …… 205
4.7.2 总体构成 …… 205
4.7.3 设计要点 …… 206
4.8 搅拌器标准 …… 208
4.8.1 桨式搅拌器 …… 208
4.8.2 涡轮式搅拌器 …… 211
4.8.3 推进式搅拌器 …… 212
4.9 联轴器标准 …… 214
4.9.1 主题内容与适用范围 …… 214
4.9.2 引用标准 …… 214
4.9.3 型式、尺寸、材料 …… 215
4.9.4 技术要求 …… 220
4.9.5 选用 …… 221
4.9.6 标记及标记示例 …… 221

5 上浮液、渣排除设备

5.1 行车式撇渣机 …… 222
5.1.1 适用条件 …… 222
5.1.2 总体构成 …… 222
5.1.3 设计依据 …… 223
5.1.4 行车的结构及设计 …… 223
5.1.5 刮板和翻板机构的结构形式 …… 224
5.1.6 驱动和传动装置 …… 226
5.1.7 驱动功率计算 …… 227
5.1.8 行程控制 …… 230
5.1.9 轨道及其铺设要求 …… 230
5.1.10 计算实例 …… 230
5.2 绳索牵引式撇油、撇渣机 …… 232
5.2.1 总体构成 …… 232
5.2.2 驱动装置 …… 233
5.2.3 导向轮和张紧装置 …… 235
5.2.4 钢丝绳的选择 …… 237
5.2.5 撇油小车 …… 237
5.2.6 驱动功率 …… 237
5.2.7 设备的布置与安装 …… 237
5.2.8 计算实例 …… 238
5.3 链条牵引式撇渣机 …… 239
5.3.1 总体构成 …… 239
5.3.2 驱动功率计算 …… 240
5.3.3 驱动和传动装置 …… 241
5.3.4 刮板和刮板链节 …… 244
5.3.5 导轨及设备安装要求 …… 245
5.3.6 挡渣板和出渣堰 …… 246
5.3.7 计算实例 …… 246
5.4 排污装置 …… 250
5.4.1 槽式排污装置 …… 250
5.4.2 管式排污装置 …… 250

5.4.3 升降式排污装置 ……………… 251	7.4.8 螺旋排泥机的倾角 …………… 365
5.5 滗水器 …………………………… 251	7.4.9 螺旋转速 ……………………… 365
5.5.1 滗水器的分类 ………………… 252	7.4.10 螺旋功率 …………………… 365
5.5.2 滗水器的型式 ………………… 253	7.4.11 螺旋轴和螺旋叶片 ………… 366
5.5.3 门控式柔性管滗水管 ………… 259	7.4.12 轴承座 ……………………… 366
5.5.4 螺杆传动旋转式滗水器 ……… 263	7.4.13 驱动装置 …………………… 369
5.5.5 部分单位使用情况 …………… 268	7.4.14 穿墙密封和导槽 …………… 369
6 曝气设备	7.4.15 制造、安装和运行 ………… 371
6.1 表面曝气机械 …………………… 271	7.4.16 计算实例 …………………… 371
6.1.1 立轴式表面曝气机械 ………… 271	7.5 中心与周边传动排泥机 ………… 374
6.1.2 水平轴式表面曝气机械 ……… 290	7.5.1 垂架式中心传动刮泥机 …… 374
6.1.3 传动设计 ……………………… 301	7.5.2 垂架式中心传动吸泥机 …… 397
6.2 水下曝气机(器) ………………… 307	7.5.3 悬挂式中心传动刮泥机 …… 401
6.2.1 射流曝气机 …………………… 307	7.5.4 周边传动刮泥机 …………… 407
6.2.2 泵式曝气机 …………………… 308	7.6 浓缩池的污泥浓缩机 …………… 415
6.2.3 自吸式螺旋曝气机 …………… 310	7.6.1 基础资料及计算 …………… 415
7 排泥机械	7.6.2 竖向栅条 …………………… 416
7.1 沉淀及排泥 ……………………… 311	7.7 机械搅拌澄清池刮泥机 ………… 418
7.1.1 沉淀池水质处理指标 ………… 311	7.7.1 套轴式中心传动刮泥机 …… 419
7.1.2 排泥机械的分类和适用条件 … 312	7.7.2 销齿传动刮泥机 …………… 420
7.1.3 沉淀池污泥量计算 …………… 316	7.7.3 刮泥板工作阻力和刮泥功率计
7.2 行车式排泥机械 ………………… 316	算 ……………………………… 421
7.2.1 行车式吸泥机 ………………… 316	7.7.4 刮臂和刮板 ………………… 423
7.2.2 行车式提板刮泥机 …………… 341	7.7.5 系列化设计及计算实例 …… 423
7.3 链条牵引式刮泥机 ……………… 350	7.8 双钢丝绳牵引刮泥机 …………… 425
7.3.1 适用条件和特点 ……………… 350	7.8.1 适用条件和特点 …………… 425
7.3.2 总体构成 ……………………… 350	7.8.2 常用布置方式 ……………… 425
7.3.3 刮泥量及刮泥能力的计算 …… 351	7.8.3 总体构成 …………………… 426
7.3.4 牵引链的计算 ………………… 351	7.8.4 双钢丝绳牵引刮泥机主辅设
7.3.5 传动链最大张力计算及选用 … 356	备 ……………………………… 427
7.3.6 牵引链的链节结构 …………… 356	7.8.5 设计计算 …………………… 429
7.3.7 链轮、导向轮和轮轴的设计 … 357	7.8.6 计算实例 …………………… 430
7.4 螺旋排泥机 ……………………… 358	**8 滤池配水及冲洗设备**
7.4.1 适用条件 ……………………… 358	8.1 滤池表面冲洗设备 ……………… 432
7.4.2 应用范围 ……………………… 359	8.1.1 适用范围 …………………… 432
7.4.3 总体构成 ……………………… 359	8.1.2 分类 ………………………… 432
7.4.4 设计计算 ……………………… 361	8.1.3 旋转式表面冲洗设备的总体
7.4.5 实体面型螺旋直径 D 计算 … 363	构成 …………………………… 435
7.4.6 螺旋轴直径确定 ……………… 364	8.1.4 旋转式表面冲洗设备的设计
7.4.7 螺旋导程和螺旋节距 ………… 364	要点及数据 …………………… 435

8.1.5 计算公式	……	436
8.2 移动冲洗罩设备	……	440
8.2.1 虹吸式移动冲洗罩设备	……	440
8.2.2 泵吸式移动冲洗罩设备	……	454
8.3 滤池水位控制器	……	462
8.3.1 适用条件	……	462
8.3.2 总体构成	……	462
8.3.3 设计数据	……	463
8.3.4 计算要点	……	463
8.3.5 计算实例	……	465
8.3.6 使用情况	……	466
8.3.7 安装运行	……	466
9 阀门、闸门和停泵水锤消除设备		
9.1 阀门与闸门	……	467
9.1.1 概述	……	467
9.1.2 铸铁闸门设计	……	480
9.1.3 平面钢闸门设计	……	482
9.1.4 堰门设计	……	491
9.1.5 泥阀设计	……	496
9.1.6 其它阀门设计	……	496
9.1.7 启闭力的计算	……	497
9.1.8 螺杆启闭机	……	501
9.1.9 螺杆和其他零部件	……	504
9.1.10 闸门的安装要求	……	505
9.2 阀门与闸门的驱动装置	……	506
9.2.1 电动驱动装置	……	507
9.2.2 水压驱动装置	……	512
9.2.3 油压驱动装置	……	516
9.2.4 气压驱动装置	……	517
9.2.5 电磁驱动装置	……	521
9.2.6 计算实例	……	524
9.3 水锤消除设备	……	529
9.3.1 下开式水锤消除器	……	531
9.3.2 自闭式水锤消除器	……	535
9.3.3 缓闭止回阀	……	541
9.3.4 双速自闭闸阀	……	548
9.3.5 空气罐水锤消除装置	……	551
10 提水和引水设备		
10.1 提水设备	……	556
10.1.1 螺旋泵	……	556
10.1.2 潜水搅拌提升泵	……	576
10.2 引水装置	……	579
10.2.1 形式和特点	……	579
10.2.2 引水筒	……	580
10.2.3 水上式底阀	……	585
10.2.4 真空泵引水装置	……	587
11 污泥浓缩与脱水设备		
11.1 污泥的浓缩与脱水	……	590
11.1.1 污泥的种类与特性	……	590
11.1.2 污泥的浓缩	……	590
11.1.3 污泥脱水	……	591
11.1.4 脱水效果的评价指标	……	592
11.2 絮凝剂的选择和调制	……	592
11.2.1 高分子絮凝剂——聚丙烯酰胺	……	593
11.2.2 絮凝剂的调制	……	593
11.2.3 影响絮凝的主要因素	……	593
11.3 滤带的选择	……	594
11.4 带式浓缩机	……	596
11.4.1 适用条件	……	596
11.4.2 总体构成	……	596
11.5 带式压滤机	……	597
11.5.1 适用条件及工作原理	……	597
11.5.2 主要部件设计说明	……	600
11.5.3 类型及特点	……	601
11.5.4 带式压滤机辅助设备	……	606
11.5.5 常见故障及排除方法	……	606
11.6 板框压滤机	……	607
11.6.1 适用条件	……	607
11.6.2 工作原理及结构特点	……	607
11.6.3 板框压滤机生产能力计算	……	608
11.6.4 规格、性能及主要尺寸	……	609
11.7 离心脱水机	……	615
11.7.1 泥水的离心脱水	……	615
11.7.2 卧螺沉降离心机的特性与构造	……	615
11.7.3 污泥离心脱水流程	……	618
11.7.4 国产卧螺卸料沉降离心机	……	619
11.7.5 离心机常见故障及排除方法	……	625

11.8 螺压浓缩机与脱水机……………… 625
 11.8.1 适用条件……………………… 625
 11.8.2 ROS2 型螺压浓缩机…………… 626
 11.8.3 ROS3 型螺压脱水机…………… 628

12 行业标准技术

12.1 平面格栅(标准号 ZBP41 001—90)
 …………………………………… 631
12.2 平面格栅除污机(标准号 CJ/T 3048—1995)…………………………… 634
12.3 弧形格栅除污机(标准号 CJ/T 3065—1997)…………………………… 649
12.4 供水排水用铸铁闸门(标准号 CJ/T 3006—92)……………………………… 660
12.5 可调式堰门(孔口宽度 300～5000 mm)(标准号 CJ/T 3029—94)…… 666
12.6 机械搅拌澄清池搅拌机(标准号 CJ/T 32—91)…………………… 670
12.7 机械搅拌澄清池刮泥机(标准号 CJ/T 33—91)…………………… 677
12.8 污水处理用辐流沉淀池周边传动刮泥机(标准号 CJ/T 3042—1995)…………………………… 684
12.9 辐流式二次沉淀池吸泥机标准系列(标准号 HG 21548—93)… 689
12.10 重力式污泥浓缩池悬挂式中心传动刮泥机(标准号 CJ/T 3014—93)…………………………… 701
12.11 重力式污泥浓缩池周边传动刮泥机(标准号 CJ/T 3043—1995)
 …………………………………… 706
12.12 污水处理用沉砂池行车式刮砂机(标准号 CJ/T 3044—1995)…… 710
12.13 水处理用溶药搅拌设备(标准号 CJ/T 3061—1996)……… 714
12.14 污泥脱水用带式压滤机(标准号 CJ/T 31—91)…………………… 719
12.15 供水排水用螺旋提升泵(标准号 CJ/T 3007—92)………………… 724
12.16 转刷曝气机(标准号 CJ/T 3071—1998)…………………………… 728

附　录

附录1　水下防腐…………………………… 733
附录2　水下轴承…………………………… 737
附录3　给水排水设备安装验收和运行 ……………………………………… 742
附录4　常用专用机械产品目录………… 758
附录5　主要参考文献…………………… 778

1 移动式取水设备

1.1 趸船取水活络接头

1.1.1 球形式活络接头

1.1.1.1 总体构成

在趸船取水中,球形活络接头是最早被采用的刚性接头,它由两个空心半球、填料及压盖等组成,如图1-1所示。

1.1.1.2 适用条件

球形活络接头结构简单,适应船体颠簸摆动能力强,转动灵活,安全可靠,最大工作压力0.8MPa。缺点是转角小,实际使用转角 α 为 $11°\sim15°$,最大为 $22°$。因此,适应水位变幅小,水位涨落到一定高度,须中断供水拆换接口,费时费力,操作管理麻烦。球形活络接头适用于中小型趸船取水。

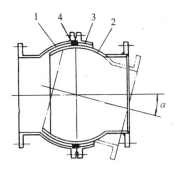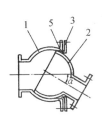

图1-1 球形活络接头
1—外球壳;2—内球壳;3—压盖;4—橡胶止水圈;5—油麻填料

1.1.1.3 系列规格

球形式活络接头系列规格见表1-1。

球形式活络接头系列规格　　　　表1-1

序号	型号	偏转夹角	最大工作压力(MPa)	材质	质量(kg)	生产单位
1	QW-DN150	45°(绕轴±22.5°) 30°~40°(绕轴±15°~20°)	0.8	HT200	85	重庆 广州 自来水公司
2	QW-DN200				145	
3	QW-DN250				240	
4	QW-DN300				300	
5	QW-DN350				390	
6	QW-DN400	30°~40°(绕轴±15°~20°)	0.7			广州自来水公司
7	QW-DN600	32°(绕轴±16°)	0.8	铸钢		武汉 广州 自来水公司
7	QW-DN800	30°~40°(绕轴±15°~20°)				

1.1.2 套筒式活络接头

1.1.2.1 总体构成及适用条件

在岸支墩端与船端出水管均设旋转套筒接头,二接头之间连接一根摇臂联络输水钢管,组成一段活动的输水管路系统,如图 1-2 所示。它适应趸船整个水位变幅和颠簸摆动,连续供水,无须更换接头。目前,套筒式活络接头组合形式有四种,其构造如图 1-3~8 所示,优缺点和适用条件见表 1-2。

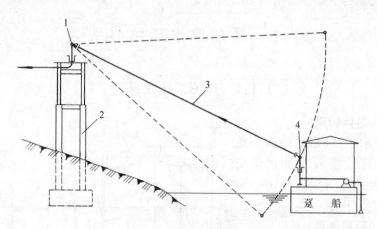

图 1-2 趸船取水摇臂活络接头示意
1—支墩活络接头;2—支墩;3—摇臂联络管;4—船端活络接头

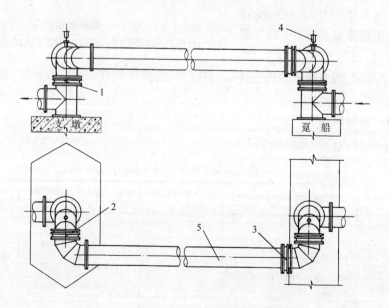

图 1-3 φ500mm 摇臂活络接头总体结构
1—竖向套筒接头;2—水平套筒接头;3—联络管轴向套筒接头;4—双口排气阀;
5—联络管

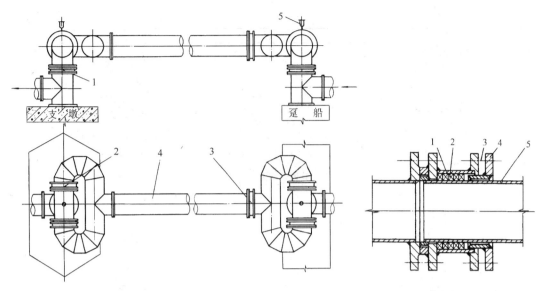

图 1-4 φ400mm 摇臂活络接头总体结构

1—竖向套筒接头；2—水平套筒接头；3—联络管轴向套筒接头；4—联络管；5—双口排气阀

图 1-5 套筒接头结构

1—外套管；2—填料；3—螺栓；4—压盖；5—旋转内管

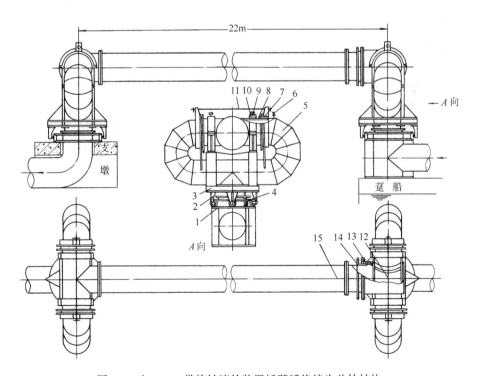

图 1-6 φ600mm 带旋转滚轮装置摇臂活络接头总体结构

1—滚轮座圈；2—滚轮装置；3—转盘；4—竖向旋转套筒接头；5—弯管；6—排气阀；7—水平旋转套筒接头；8—特制三通丁字管；9—油杯；10—轴承；11—拉杆；12—单盘三通短管；13—联络管轴向套筒接头；14—压盖；15—联络管

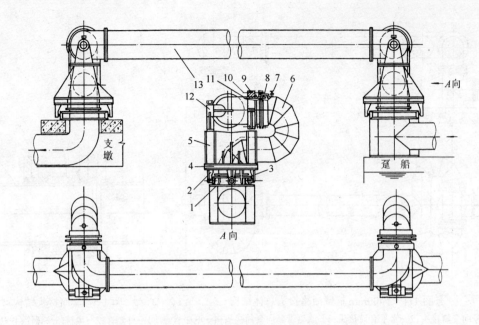

图1-7 ϕ700mm 旋转滚轮摇臂活络接头总体结构

1—滚轮座圈;2—滚轮装置;3—竖向旋转套筒接头;4—转盘;5—支架;6—弯管;7—排气阀;8—水平旋转套筒接头;9—轴承Ⅰ;10—拉杆;11—特制弯头;12—轴承Ⅱ;13—联络管

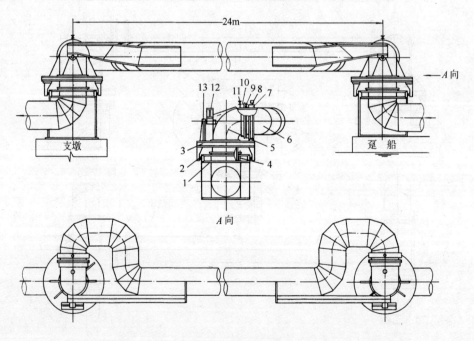

图1-8 ϕ1200 旋转滚轮摇臂活络接头总体结构

1—滚轮座圈;2—滚轮装置;3—转盘;4—竖向旋转套筒接头;5—弯管;6—三弯管;7—轴承Ⅰ;8—油杯;9—水平旋转套筒接头;10—拉杆;11—排气阀;12—辅助梁;13—轴承Ⅱ

套筒式活络接头组合形式　　　　　　　　表 1-2

种类	构造	优缺点	适用条件
Ⅰ型	由五个旋转套筒组成，一般船端设三个，岸支墩设两个，套筒结构为套圈式，总体构成如图 1-3～5 所示	(1) 能适应水位涨落和风浪引起船体升降和摆动，无须更换接头 (2) 船体可作水平移动，洪水期时可靠近河岸，便于锚固 (3) 结构简单，加工制造容易 (4) 弯管数目较少，水头损失较小 (5) 套筒偏心受力，接头处易受弯扭和形变，转动摩擦阻力大，灵活性、密封性和安全可靠性较差	水位变化幅度小于 12m，流速小于 5m/s，水位涨落较慢，船体平稳。管径小于 500mm，联络管长小于 15m，水泵扬程不大于 40m，水平套筒允许转角 80°，实际使用 40°左右，竖向套筒转角 360°。一般用于中、小型趸船取水
Ⅱ型	由七个旋转套筒组成，一般船端设四个，岸支墩端设三个。套筒组合成闭合环形管，水平放置，套筒结构为套圈式。总体构成如图 1-4～5 所示	(1) 能适应水位涨落和风浪引起船体升降和摆动，无须更换接头 (2) 船体可作水平移动，洪水期时可靠近河岸便于锚固 (3) 结构比Ⅰ型复杂一些，弯头数目多，水头损失较大 (4) 套筒受力均衡，转动灵活性、密封性较Ⅰ型好，安全可靠	水位变幅小于 18m，流速小于 5m/s，水位涨落较快，船体平稳。管径小于 800mm，联络管长小于 20m，水泵扬程 50m 左右，套筒允许转角 80°，实际使用 40°左右，竖向套筒转角 360°。适用于中小型趸船取水
Ⅲ型	由七个旋转套筒及其支承旋转装置组成，套筒组合后的基本形态与Ⅱ型相似，闭合环形管为竖立式，套筒结构为承插式，联络管轴向旋转套筒在支承端，总体构成见图 1-6	(1) 能适应水位涨落和风浪引起船体升降和摆动，无须更换接头 (2) 船体可作水平移动，洪水期时可靠近河岸便于锚固 (3) 水平、竖向套筒增加了支承旋转装置，密封填料不受套管压力，旋转套筒受力条件好，转动灵活性，密封性好，安全可靠，能适应趸船设置条件较差的地方 (4) 结构较复杂机械加工件较多	水位变幅小于 18m，流速小于 5m/s，水位涨落快，供水对象要求高的大中型趸船取水。套筒允许转角同上。管径 800mm 左右，联络管长小于 30m，水泵扬程小于 100m
Ⅳ型	由四个旋转套筒及其支承旋转装置组成。套筒组合后基本形态呈 U 形，套筒结构为承插式。总体构成如图 1-7～8 所示	(1) 能适应水位涨落和风浪引起船体升降和摆动，无须更换接头 (2) 船体可作水平移动，洪水期时可靠近河岸，便于锚固 (3) 旋转套筒接头减少，结构较简单，受力条件好，转动灵活性和密封性好 (4) 水平套筒支承装置转动摩擦阻力较Ⅱ型大。水泵扬程高时，管径不宜太大	水位变幅小于 18m，流速小于 5m/s，船体平稳，适用于供水对象要求高的大、中型趸船取水。套筒允许转角 40°左右，现有管径 700mm 和 1200mm，联络管长 28m 和 24m，水泵扬程 70m 和 30m DN700mm×28m 运行 25a 仍完好

套筒式活络接头是趸船取水关键设备，对安全供水起着重要作用，必须保证足够的强度和刚度。安装时要求转动灵活性和密封性能好。

1.1.2.2　设计依据

(1) 联络管管径，输水压力(水泵扬程)。

(2) 水位变幅，岸支墩面高程，是否受淹，联络管长度以及是否作交通桥用。
(3) 水流速度、风速(或风压)和船体基本尺寸。

1.1.2.3 旋转套筒接头设计

(1) Ⅰ、Ⅱ型通用旋转套筒接头(套圈式)：套圈式旋转套筒接头的结构形式如图1-5所示，构件一般采用无缝钢管或卷焊钢管焊接成型。精度要求不高，所有旋转配合面间隙为2.5～5mm。旋转内管末端焊一挡圈，夹套于两法兰(其中一法兰带高凸缘)间形成的环隙中，借助连接螺栓保持动静套管间轴向相对位置。填料室的宽度和深度要求与承插式相同。此接头亦适用于缆车取水。

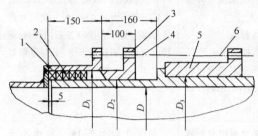

图1-9 承插式外支承旋转套筒接头结构
1—外套管；2—填料；3—压盖；4—压盖螺栓；5—轴承；6—拉杆

(2) 水平旋转套筒接头及其承插式支承设计：图1-9为Ⅲ、Ⅳ型水平套筒接头结构，管径 D 由输水量和选定管内流速决定。

1) 填料室的宽度按所选用填料决定，一般用方形橡胶石棉填料 20mm×20mm，25mm×25mm。

2) 填料室的深度取填料室宽度的4～6倍。

3) 填料压盖的高度采用填料室宽度的2～4倍。为了能把填料挤向旋转套管一边，压盖端面加工成15°～30°的锥面。

4) 压盖退出填料室装填料所需最小距离为60mm。

5) 填料压盖的螺栓直径用下式计算：

$$d = \sqrt{\frac{4F}{Z\pi[\sigma]}} \quad (\text{mm}) \tag{1-1}$$

式中 d——螺栓直径(mm)；
Z——螺栓数量；
$[\sigma]$——螺栓材料许用应力(MPa)，低碳钢取20～35MPa；
F——压紧填料所需的力(N)。

$$F = \frac{\pi}{4}(D_2^2 - D_1^2)p$$

其中 D_2——填料室外径(mm)；
D_1——填料室内径(mm)；
p——优质石棉填料压紧应力(MPa)，$p=4.0$MPa。

对于较大管径的旋转套筒接头，螺栓直径一般不小于20mm，表面须镀锌或发蓝处理。

6) 填料压盖与填料室内径 D_1 间配合采用 $\dfrac{H_{11}}{d_{11}}$，与 D_2 间配合采用 $\dfrac{H_{12}}{C_{12}}$。

7) 拉杆：Ⅲ型只设一根拉杆，以加强两边弯管的刚度，Ⅳ型设3～4根拉杆固定内外管的轴向相对位置。拉杆直径由管内水压力产生轴向推力 P 确定：

$$P = \frac{\pi}{4}D^2 p \quad (\text{N}) \tag{1-2}$$

式中 D——内套管内径(mm)；

p——管内工作压力(MPa)。

8) 轴承:一般为对开式滑动轴承,采用旋盖式油杯脂润滑。轴瓦的材料采用 ZCuAl10Fe3、ZCuSn5Pb5Zn5 或酚醛树脂。若岸支墩端受洪水淹没时最好采取密封防砂措施。轴承与套管直径 D_3 间配合采用 $\dfrac{H_{11}}{d_{11}}$。

(3) 竖向旋转套筒接头及其支承旋转装置设计:竖向旋转套筒接头填料室结构与水平套筒相似。旋转支承装置与转盘式汽车起重机的旋转支承相似。在旋转竖向套管上焊一个转盘,上装水平套筒轴承支架,下装六个以上支承滚轮,通过滚轮将全部荷载支承在固定的环形座圈上。竖向套筒接头随转盘可绕竖轴作 360°旋转。如图 1-10 及图 1-6~8A 向视图所示。

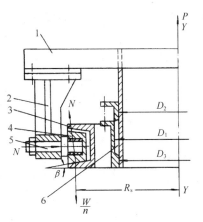

图 1-10 竖向旋转套筒接头及支承装置
1—转盘;2—轮架;3—固定座圈;4—圆锥滚轮;5—轮轴;6—填料室

1) 转盘以下的一段管宜用 35 号钢铸造,转盘以上弯管部分采用钢板卷焊。水平套筒轴承支架、转盘与管子焊成一体后进行金加工。

2) 滚轮装置由轮架、圆锥滚轮、轮轴及轴瓦等组成。轮架高度应满足竖向接头填料压盖退出填料室所需的间距,一般不小于 60mm,以便更换填料。圆锥滚轮用 45 号钢锻或铸造,直径根据滚轮与座圈间接触应力的大小确定。

3) 固定环形座圈的断面与槽钢相似,斜度与滚轮相同,一般用 1:10。座圈上下翼缘间距比滚轮大 5mm。

4) 旋转支承装置的计算荷载:

① 垂直力 F 为

$$F = W - P \quad (\text{N}) \tag{1-3}$$

式中 W——转盘以上构件与水重重力,即包括水重在内的整套摇臂联络管重力的一半(N);

P——管断面水压力(N),$P = \dfrac{\pi}{4} D^2 p$,

其中 D——转盘处竖向管子内径(mm);

p——工作压力(MPa),即管内输水压力。

② 船体作用于竖向支承的倾覆力矩 M 为

$$M = F_1 h \quad (\text{N·m}) \tag{1-4}$$

式中 F_1——船体推拉力,其影响因素较多,如风浪、水流、锚缆破断以及其它外力等,此力按船舶阻力计算公式数值较大,只作校核验算;

h——水平套筒接头中心至滚轮轴中心距离(m)。

1.1.2.4 联络管设计

联络管是连接岸支墩端活络接头与船端活络接头的输水管,其管径与长度由下列因素确定。

(1) 管径由输送量和选定的流速大小确定。管内流速一般取 3m/s 左右。

(2) 联络管的长度由于受岸坡度、支墩位置和顶面高程、船体泊位和水位变幅以及所选活络接头允许竖向转角等诸因素的影响,设计时应按提供资料确定。

(3) 为了安装方便,联络管一端宜设活套法兰。

(4) 联络管作人行交通时,管上要铺设活动式踏步和扶手,活动踏步之间用一根通长的杆系在一起,随水位变化自动或手动调节踏步。踏步结构尺寸如图 1-11 所示。

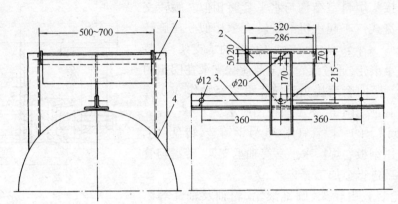

图 1-11 活动踏步结构
1—螺杆;2—活动踏步;3—连系杆;4—联络管

(5) 联络管的强度计算:

1) 计算荷载:

① 管内水压力(MPa)、管内水重重力和管子重力(包括加固桁架、人行交通设施、电缆等静荷载)。

② 移船和锚缆事故状态时受拉(压)力,包括水流速度和风压对船体的作用力。其计算公式为

当流速大于 1.0m/s 时,
$$F_2 = gfAv^{m_1} + gCA_1v^{m_2} \quad (N) \tag{1-5}$$

当流速小于 1.0m/s 时,
$$F_2 = 7.7(fA + CA_1)(v^2 + 0.3v) \quad (N) \tag{1-6}$$

式中 f——摩擦阻力系数,钢船为 0.17,木船为 0.25;

A——趸船的浸水面积(m^2);

v——水流速度(m/s);

m_1——指数,钢船为 1.83,木船为 2.0;

C——剩余阻力系数,矩形趸船为 30~36;

m_2——指数,与 C 值有关,矩形趸船可采用 0.25;

g——重力加速度(m/s^2),$g = 9.81 m/s^2$。

上述式(1-5)、式(1-6)计算方法均不够准确,特别是剩余阻力系数 C 值,影响因素较多,变化幅度大,目前计算中以选较大的 C 值为宜。锚缆正常时,联络管起撑杆作用,受一定的压力,事故状态时,代替缆索受拉力。设计中视趸船泊位水力条件,不一定全部作为计算荷载,如在水库、湖泊取水则可不计。

风压作用力公式为

$$F_3 = C_1 \frac{\rho}{2} v^2 (A_2 + A_3) \quad (\text{N}) \tag{1-7}$$

式中　C_1——空气阻力系数,对趸船取 1;
　　　ρ——空气密度,当温度 0°,在一个标准大气压下,$\rho = 1.32 \text{kg/m}^3$;
　　　v——最大风速(m/s);
　　　A_2——船体水上部分在纵舯剖面上的投影面积(m^2);
　　　A_3——上层建筑物在纵舯剖面上的投影面积(m^2)。

③ 船体不平衡和风浪引起颠簸摆动时,对联络管产生扭力,Ⅳ型活络接头无轴向套筒接头,要适当考虑强度,Ⅰ、Ⅱ和Ⅲ型可以不计。

2) 联络管强度核算是按简支梁受均布荷载进行。采取加固措施后,断面惯性矩按组合图形计。

3) 联络管的刚度核算,其最大挠度按下式计算:

$$y = \frac{5qL^4}{384EI} \leqslant [y] \quad (\text{m}) \tag{1-8}$$

式中　q——单位长度荷载(N/m);
　　　L——联络管的长度(m);
　　　E——材料弹性模数(Pa);
　　　I——断面惯性矩(m^4);

$[y] \leqslant \dfrac{L}{300}$,不作人行交通;

$[y] \leqslant \dfrac{L}{400}$,作人行交通。

(6) 联络管增强刚度措施实例

槽钢加固联络管如图 1-12(a)所示,为公称直径 600mm,管长 22m 的联络管,用于金沙江趸船取水,高水位时,岸支墩面短期淹没,联络管上焊接槽钢,以增强刚度,相对挠度达 1/450。型钢桁架加固联络管如

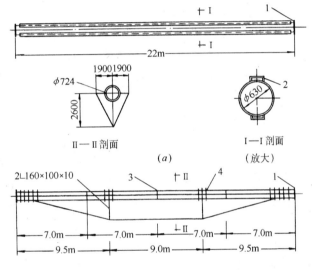

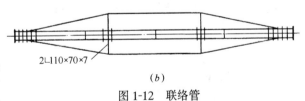

图 1-12　联络管
(a)槽钢加固联络管;(b)型钢桁架加固联络管
1—活套法兰;2—槽钢;3—焊缝;4—加固环

图1-12(b)所示,为公称直径 700mm,管长 28m 的联络管。用于人工湖趸船取水,岸支墩面在最高水位以上。联络管上焊以角钢组成的桁架,相对挠度可达 1/700,兼作人行交通桥用。

1.1.2.5　套筒接头转动时对船体产生的附加荷载计算

(1) 旋转套筒接头填料函摩擦力矩 M_1 为

$$M_1 = \pi D_1 h q R_1 f_1 \quad (\text{N·m}) \tag{1-9}$$

式中　D_1——填料室外径(m);

h——填料层高度(m);

q——KP 填料侧压力(Pa);

P——填料轴向压力(Pa),取 3 倍管内水压力;

K——为填料的弹性性质系数,$K=0.8$;

R_1——$D_1/2$(m);

f_1——为填料和旋转内套管间的摩擦系数,$f_1=0.04\sim0.08$。

(2) 水平旋转支承装置轴承摩擦阻力矩 M_2 为

$$M_2 = M_n + M_R + M_r = (PR' + W_1R + W_2r)f_2 \quad (\text{N·m}) \tag{1-10}$$

式中 M_n——内套管轴向力在止推轴肩处摩擦阻力矩(N·m);

M_R——轴承Ⅰ摩擦力矩(N·m);

M_r——轴承Ⅱ摩擦力矩(N·m);

R'——止推轴肩环当量摩擦半径,按跑合情况计(m);

W_1——作用在轴承Ⅰ上的荷载(N);

R——轴承Ⅰ半径(m);

W_2——作用在轴承Ⅱ上的荷载(N);

r——轴承Ⅱ半径(m);

f_2——滑动轴承摩擦系数,$f_2=0.15$。

(3) 竖向旋转套筒接头滚轮支承装置阻力矩 M_3(按管内有水无压计)(如图1-10 所示)为

$$M_3 = CW\left(\mu_1 + r\mu_2\right)\frac{D_s}{D} + \frac{FD_s\mu_2}{2} \quad (\text{N·m}) \tag{1-11}$$

式中 C——船体对联络管拉(压)力作用下回转阻力增大系数,$C=1.25$;

W——转盘以上全部重力(包括水重重力)(N);

μ_1——滚轮摩擦系数(m),取 $\mu_1=0.0005$;

μ_2——滚轮与轮轴间的滑动摩擦系数,取 $\mu_2=0.15$;

r——滚轮轴半径(m);

F——附加荷载(N);

D_s——槽形固定座圈平均直径(m);

D——滚轮直径(如用截头圆锥取平均直径)(m)。

(4) 水平旋转套筒活络接头及旋转支承装置回转阻力对船体产生的向上(水位下降时)或向下(水位上升时)附加荷载 F 计算公式为

$$F = \frac{M_1}{R_1} + \frac{M_n}{R'} + \frac{M_R}{R} + \frac{M_r}{r} + \frac{M_1 + M_2}{l} \quad (\text{N}) \tag{1-12}$$

式中 l——$L\cos\alpha$ 船端竖向接头中心至岸支墩端竖向接头中心的距离(m);

L——联络管长度(m);

α——联络管轴线与水平面夹角;

其它符号意义同前。

(5) 竖向旋转套筒活络接头及其旋转支承装置对移船时产生的附加荷载 F 为

$$F = F_2 + F_3 + \frac{M_1 + M_3}{L} + \frac{M_1 + M_3}{L'} \quad (\text{N}) \tag{1-13}$$

式中　L'——船端竖向旋转套筒接头中心至缆桩或绞盘距离(m)；

F_2、F_3 见联络管强度计算荷载，分别为水流阻力和风压力。

其它符号意义同前。

1.1.2.6　安装与维护要求

(1) 旋转套筒活络接头分岸支墩端与船端两大部件，由制造厂组装调整后(填料不压紧)交货，现场整体吊装。

(2) 联络管因长度大，根据运输条件分成若干段，运至现场后对接焊成整根，并将加固桁架、人行道扶手等焊上，整体安装。装填料时，每圈切口必须错开，根据水泵扬程大小和漏水情况决定填料压紧程度，一般不宜压得太紧，以免造成不必要的旋转阻力。

(3) Ⅲ型和Ⅳ型水平旋转套筒接头的拉杆安装时，注意锁紧螺母不要拧紧。

(4) 运行中发现活络接头漏水应及时压紧填料，定期对支承旋转装置加润滑脂；当岸支墩接头遭受洪水淹没时，水退后及时清除淤积泥砂；每两年涂刷防锈漆一次。

(5) 水位发生变化时，船体将出现轻微内倾(水位上升时)或外倾(水位下降时)，采用Ⅰ、Ⅳ型活络接头时较常见。凡倾斜过大时(船体处于上下极限水位线时最可能出现)必须停泵调整。卸去管内压力、放松水平活络接头填料、排除船舱积水，船体便自动恢复到原来平衡状态。

1.1.2.7　系列

目前国内已有 $\phi 400$、$\phi 500$、$\phi 600$、$\phi 700$、$\phi 800$ 和 $\phi 1200$mm 等管径的套筒式活络接头，用于江河、湖泊趸船取水，产品详见表1-2。

1.1.3　铠装法兰橡胶接头

1.1.3.1　总体构成

此接头为特制橡胶短管。利用它的可曲挠性，在岸支墩与船端出水管各接一根，两接头之间与钢管、钢桁架组成活动的输水管，如图1-13～14。它适应趸船整个水位变幅和船体颠簸摆动，连续供水。钢桁架支座有两种形式，图1-13(a)所示钢桁架岸端与船端支座为滚轮铰接支座，为了适应趸船颠簸位移，两支座滚轮均有一定的活动余地，且用锚链加以约束，防止接头被拉脱。图1-13(b)及图1-14(a)、(b)所示船端为球形铰支座，岸端为悬挂铰接支座。

1.1.3.2　优缺点及适用条件

(1) 优缺点：

1) 铠装法兰橡胶管挠性接头比刚性球形接头和组合式套筒接头构造简单、加工简便、拆装方便。

2) 不漏水，水位变化不需停水更换接头，供水安全性高。

3) 用钢桁架作船、岸间联络管承托及交通，方便操作管理。

4) 趸船不能水平移动，洪水时船体伸出岸边较远。

5) 中间联络管靠钢桁架承托，使得整体尺寸庞大，钢材用量较多。

6) 橡胶管接头要老化，使用寿命较短。

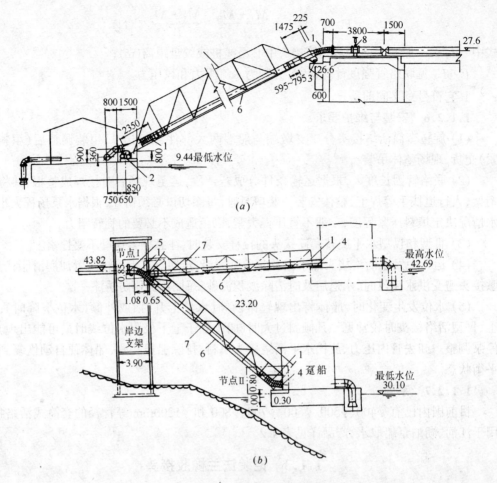

图 1-13 铠装法兰橡胶接头总体结构
(a)滚轮支座式;(b)悬挂支架式
1—铠装法兰橡胶管;2—船端滚轮铰接支座;3—岸端滚轮支座;4—船端球形支座;5—岸端悬挂支架;
6—联络管;7—钢桁桥;8—双口排气阀

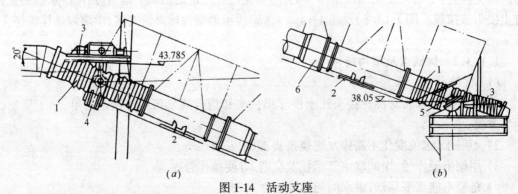

图 1-14 活动支座
(a)岸端悬挂支架,节点Ⅰ;(b)船端球形支座,节点Ⅱ
1—橡胶管;2—活动支架;3—弹簧设备;4—悬挂支架;5—球形支座;6—伸缩管

(2) 适用条件：

1) 适用于湖泊水库以及江面宽阔,趸船远离主航道,水流速度小于 5m/s,水位变幅小于 18m 中小型趸船取水。

2) 接头允许可曲挠度应根据管径大小和长度而定,与水平面夹角一般应小于 33°,管径越大允许曲挠度越小,设计时应取得胶管厂的有关技术资料。

3) 岸端接头应在高水位以上。

4) 钢桁架上一般可布置联络管 2 根,跨度可达 40m。

5) 目前已使用的铠装法兰橡胶管接头口径可达 DN700mm,耐压 0.5～0.6MPa。

随着大口径铠装法兰橡胶管接头的生产,耐压力的提高,工程实践证明亦可作为中型趸船永久性取水的一种型式。

1.2 缆车取水设备

1.2.1 总体构成及适用条件

缆车取水机械设备包括卷扬机、钢丝绳及绳具、托辊、动滑轮、平衡滑轮、导向滑轮、泵车车轮、泵车轨道、泵车安全装置和活动管接头等,如图 1-15 所示。适用坡角 15°～25°的中小型缆车取水。

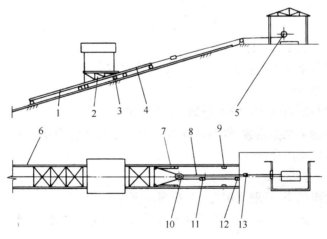

图 1-15 缆车取水设备总体构成示意
1—车尾；2—泵车；3—车轮；4—车首；5—卷扬机；6—钢轨；7—安全钢丝绳套；8—钢丝绳；9—安全钩；10—动滑轮；11—托辊；12—钢丝绳尾座；
13—导向定滑轮

缆车取水设备涉及之卷扬机、钢丝绳、绳具、滑轮和导轮等都对缆车的安全运行极为重要,运行期间必须加强钢丝绳的维护,定期更换。设计必须依照起重运输机械有关规定进行。

1.2.2 卷扬机计算

1.2.2.1 基本数据
泵车的全部重力 W（包括水泵等设备重量）、坡道长和坡角 α、泵车上下行速度等。

1.2.2.2 计算公式
牵引钢丝绳最大拉力见图 1-16，计算公式为

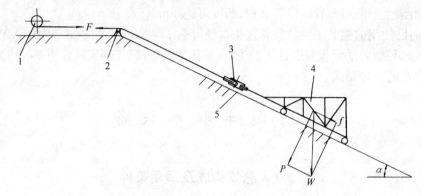

图 1-16 牵引力计算
1—卷扬机；2—导向滑轮；3—动滑轮；4—泵车；5—泵车轨道

$$F = \frac{KW\left(\sin\alpha + \dfrac{2\mu_1 + fd}{D}\cos\alpha\right)}{Z\eta_\text{组}} \quad (\text{N}) \tag{1-14}$$

式中 K——储备系数 1.5～2；

W——泵车自重重力（包括全部设备、上层建筑）(N)；

α——坡道倾角(°)；

μ_1——车轮与钢轨间滚动摩擦系数，取 0.0005(m)；

f——车轮轴承摩擦系数，滑动轴承为 0.4，有密封装置为 0.15；

d——车轮轴承内径(m)；

D——车轮直径(m)；

Z——滑轮组倍率，一般采用 2～3，最多用到 5；

$\eta_\text{组}$——滑轮组效率，滑轮轴承为滑动轴承当 $Z=2$，$\eta_\text{组}=0.94$；$Z=4$，$\eta_\text{组}=0.92$。

1.2.2.3 驱动装置传动比

$$i = n/n_\text{筒} \tag{1-15}$$

式中 n——电动机额定转速(r/min)；

$n_\text{筒}$——卷筒转速(r/min)；

$$n_\text{筒} = \frac{Zv}{\pi D_0}$$

Z——滑轮组倍率；

v——泵车上行速度(m/min)，一般取 0.6～1.8m/min；

D_0——卷筒直径(m)。

如选定了成品卷扬机,则按下式验算泵车上行速度是否满足要求为

$$v = \frac{\pi D_0 n}{iZ} \quad (\text{m/min}) \tag{1-16}$$

1.2.2.4 电动机选择

一般选用 YZR 型电动机,其功率按式(1-17)计算

$$N_\text{电} = \frac{Fv}{6120\eta} \quad (\text{kW}) \tag{1-17}$$

式中 η——机构总效率为 0.70~0.80。

1.2.2.5 制动器选择

一般选用短行程制动器附手动制动,制动力矩须满足下面条件:

$$M_\text{制} \geqslant n_\text{制} M'_\text{制静} \quad (\text{N·m}) \tag{1-18}$$

式中 $n_\text{制}$——制动安全系数,$n_\text{制}$ 取 1.75;

$M'_\text{制静}$——满载时制动轴上的静力矩,按下式计算:

$$M'_\text{制静} = \frac{FD_0}{2i}\eta \quad (\text{N·m})$$

式中符号同前。

1.2.2.6 钢丝绳的选用

钢丝绳的破断拉力应满足下面条件:

$$\frac{S_\text{破}}{F} \geqslant n_\text{绳} \tag{1-19}$$

式中 $S_\text{破}$——所选钢丝绳整根破断拉力(N);

$n_\text{绳}$——钢丝绳安全系数,不得小于 5.5,一般采用 8~10,设有工人值班的泵车取 6~8。

此外,钢丝绳通过导向滑轮绳槽时的最大偏斜角为 4~6 度,超过此限,导向滑轮应设计成轴向可移动。

1.2.3 泵车车轮

(1) 车轮采用钢质双凸缘,踏面形状为圆柱形或锥度 $Z=0.1$ 的圆锥形,轮缘高度 20~25mm,轴衬可用青铜或 MC 尼龙,如图 1-17 所示。车轮常受浑水浸泡,泥砂侵入轴套磨损极严重,轴衬最好设密封环。

(2) 车轮直径的确定,车轮数量不宜过多,主泵车一般设 2~3 对,直径由接触局部应力确定,接触局部应力按式(1-20)计算:

$$\sigma_\text{接} = 600\sqrt{\frac{2P_\text{计}}{bD}} \leqslant [\sigma_\text{接}] \tag{1-20}$$

式中 $P_\text{计}$——车轮计算轮压(N);

b——车轮与轨道线接触宽度(mm);

D——车轮踏面直径(mm);

$[\sigma_\text{接}]$——许用接触应力(MPa),$[\sigma_\text{接}] = (2\sim2.5)\text{HB}$,当车轮

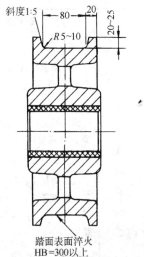

图 1-17 泵车车轮结构

踏面硬度 HB=320 时，$[\sigma_{接}]=640\sim800$MPa。

（3）车轮前后要设置推砂清轨装置。

1.2.4 泵车轨道及安装要求

（1）轨道一般采用 P_{22} 钢轨，由泵车荷载大小和所选车轮直径确定。

（2）轨距根据泵车大小确定。铺轨平整度应满足下列要求：

1) 轨道应按选用坡角铺设，其误差不超过轨道长度的 1/1000～1/2000，轨道本身弯曲公差不大于 3mm。

2) 轨距偏差极限不应超过 ±5mm。

3) 轨道基础板、垫板及压板等固定设施，应在每隔 800mm 处设一套。在平整度校正后，应将垫块焊固，防止松动。在两套固定设施间必须将轨道底部用水泥砂浆捣实，不允许有搁空现象。

4) 轨道最下端一般在水中，必须装设防止掉轨的端头立柱，立柱高度应高于车轮中心线，并有足够强度阻止泵车下滑。

5) 水位下降后应及时冲洗轨道周围淤积泥砂。

1.2.5 泵车安全装置

对于大、中型泵车取水，泵车的安全应予以高度重视。泵车移动前，应仔细检查钢丝绳、索具及连接部分。泵车在使用和移车过程中，有时因强风、水流或操作疏忽，卷扬机设备故障而导致泵车翻倒，甚至坠入江中等重大事故。为此，应装设必要的安全装置。目前，常用的安全装置有下列几种：

（1）卷扬机上设置电磁兼手动制动器。

（2）泵车上设置安全装置。其种类及优缺点见表 1-3。

安 全 装 置　　　　　　　　　　　　表 1-3

	种　类	构　造	优 缺 点	适 用 条 件
泵车固定时	螺栓夹板式（如图 1-18 所示）	在前面车轮或前后车轮处各设一个	简单、轻便、安全可靠	中小型泵车，尤适用于斜桥式
泵车移动时	钢杆安全挂钩（如图 1-19 所示）	钢杆与挂钩组成，设有花篮螺丝，可调节长度	安全可靠，使用效果好但操作不大方便	大、中型泵车广泛采用
	钢丝绳套挂钩（如图 1-20 所示）	一端与泵车连接，另一端挂在挂钩座上，钢丝绳套环长度为斜管间距的 2～8 倍	操作方便、省力、经济适用	大、中、小型泵车广泛采用
	长挂钩制动器（如图 1-21 所示）	头部有钢挂钩与微动螺丝	挂钩太笨重，操作不便，造价高	作辅助安全设备用
	绞盘安全钢丝绳	绞盘装在泵车底盘下面随泵车升降收放钢丝绳，绞盘利用蜗轮蜗杆变速	可以自锁，不需要制动刹车	中、小型泵车，特别是采用绞盘牵引泵车，作备用安全设备

续表

种类		构造	优缺点	适用条件
泵车移动时	备用钢丝绳	电动卷扬机滚筒上设中隔板分为二段,各绕一根钢丝绳同轴转动,互为保险	当卷扬机结构损坏或刹车失灵失效时,不起安全作用	作辅助安全设备用

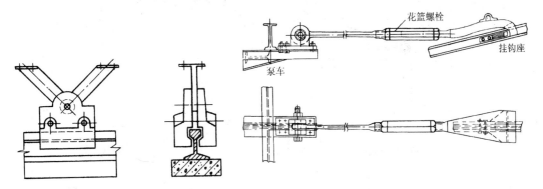

图 1-18 螺栓夹板式　　　　　图 1-19 钢杆安全挂钩

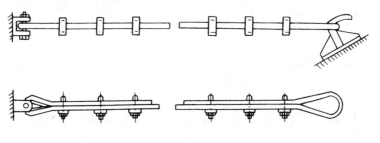

图 1-20 钢丝绳套挂钩

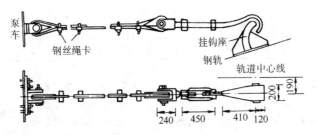

图 1-21 长挂钩制动器

(3) 钢丝绳与泵车连接及安全钩装置布置如图 1-22 所示。钢丝绳端部绳卡固定尺寸如图 1-23 所示。泵车发生事故时,下滑的瞬时作用力很大。为了减少冲击力,可在泵车连接处设弹簧缓冲器如图 1-24 所示。

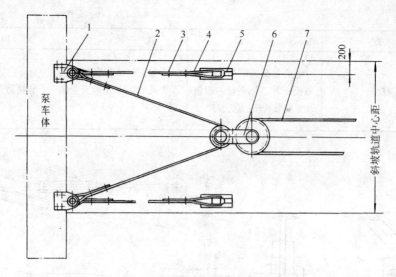

图 1-22 钢丝绳与泵车连接及安全钩装置布置
1—拉绳座；2—钢丝绳；3—绳卡；4—钢丝绳；5—安全钩；6—滑轮装置；7—钢丝绳

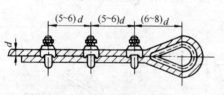

图 1-23 钢丝绳端部绳卡固定尺寸

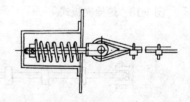

图 1-24 弹簧缓冲器

1.2.6 泵车出水管与斜坡固定输水管间活动接头

活动接头的种类、构造、优缺点以及适用条件见表 1-4。曲臂式活动接头是在坡道坡度较小时为了减少拆换接口而设计的。

活动接头 表 1-4

种 类	构 造	优 缺 点	适 用 条 件
橡皮软管柔性接头	$d \leqslant 300mm$，软管长度一般采用 $8 \sim 12m$，使用橡胶法兰；$d = 450mm$，限于产品，仅能用短的连接	灵活性大，可弥补制造安装误差，泵车振动对接头影响小，接头处不易漏水，但寿命短，一般只能用 2~3 年	变形小，泵车出水管至叉管距离较大，管径小于 300mm
球形万向接头（如图 1-25 所示）	用铸钢或铸铁做成，为减轻重量，也可用铝制。每个接头的最大转角可达 25°~27°	直径大于 350mm 时，制造较困难，移车幅度小	管径不大于 600mm

续表

种　　类	构　　造	优 缺 点	适 用 条 件
套筒活动接头（如图1-26所示）	由一、二、三个活动旋转的套筒组成，使之在一、二、三个方向旋转，以满足拆换接头，对准螺栓孔眼的需要	灵活性大，拆装接头较方便，使用时间长	管径不大于500mm
曲臂式活动接头（如图1-27、28所示）	由两个竖向套筒及两根联络管短管组成，联络管中间点有滚轮支承，水位变化时，可沿已定的弯曲轨道移动	可在较大幅度内移车以减少接头拆装的次数，但需要较大的回转面积，增加了泵车的长度和重量	坡道坡度小于15°，拆装频繁的泵车

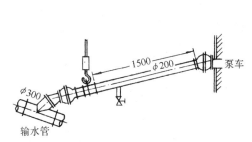

图 1-25　球形万向接头

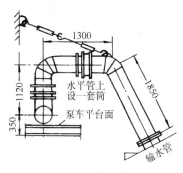

图 1-26　套筒活动接头

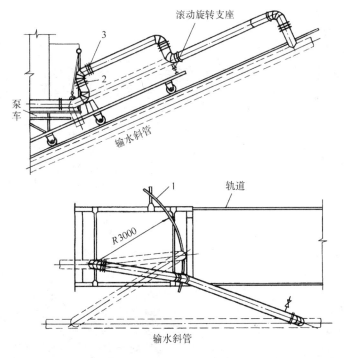

图 1-27　曲臂式活动接头
1—弯曲轨道；2—旋转套筒；3—伸缩接头

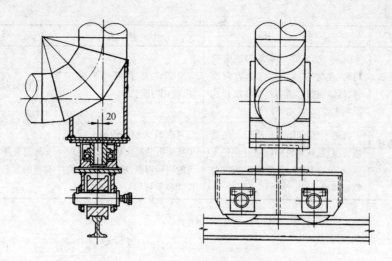

图1-28 滚动旋转支座结构

2 拦污设备

2.1 格栅除污机

2.1.1 适用条件

大型取水构筑物进水口、污水及雨水提升泵站、污水处理厂等的格栅处均应设格栅除污机,清除粗大的漂浮物如草木、垃圾和纤维状物质等,以达到保护水泵叶轮及减轻后续工序的处理负荷的目的。在给水工程中有时还将格栅除污机和滤网串联使用,前者去除大的杂质,后者去除较小的杂质。因此,使用格栅除污机对实现格栅机械清污、减轻劳动强度和改善工作条件是很必要的。

在设计时应考虑以下几点:

(1) 格栅栅条的间距可根据水泵的口径确定,见表2-1。设计时应注意除污机齿耙间距和栅条的配合。

栅条的间距 表2-1

水泵口径(mm)	栅条的间距(mm)	水泵口径(mm)	栅条的间距(mm)
<200	15~20	500~900	40~50
250~450	20~40	1000~3500	50~75

当不分设粗、细格栅时,可选用较小的栅条间距。

(2) 格栅的安装倾角一般为60°~75°,特殊类型可达90°。角度偏大时占地面积小,但卸污不便。

(3) 格栅的有效进水面积一般按流速0.8~1.0m/s计算,但格栅的总宽度应不小于进水管渠有效断面宽度的1.2倍。如与滤网串联使用,则可按1.8倍左右考虑。

(4) 格栅除污机的单台工作宽度一般不超过4m。超过时,宜采用多台或移动式格栅除污机。

(5) 格栅高度一般应使其顶部高出栅前最高水位0.3m以上。当格栅井较深时,格栅的上部可采用混凝土胸墙或钢挡板满封,以减小格栅的高度。

(6) 格栅本体设计及流过格栅后的水头损失计算,可参见《给水排水设计手册》第5册《城镇排水》。

(7) 综合考虑截留下来污物的输送方式,注意卸污动作与后续工序的衔接。

(8) 栅渣的表观密度约960kg/m³,含水率80%,有机质高达85%,极易腐烂、污染环境。

2.1.2 类型及特点

格栅除污机的种类很多,见表2-2,总的可分为三类:

格栅除污机形式和分类　　　　　　　表 2-2

分　类	传动方式	牵引部件工况	格栅形状	除污机安装形式		代 表 性 格 栅
前清式 (前置式)	液压	旋臂式	弧形	固定式		液压传动伸缩臂式弧栅除污机
	臂式	摆臂式				摆臂式弧形格栅除污机
		回转臂				旋臂式弧形格栅除污机
	钢丝绳	伸缩臂	平面格栅	移动式	台车式	移动式伸缩臂格栅除污机
		三索式				钢丝绳牵引移动式格栅除污机
					悬挂式	葫芦抓斗式格栅除污机
		二索式		固定式		三索式格栅除污机
	链式	干式				滑块式格栅除污机
						高链式格栅除污机
						爬式格栅除污机
						回转式多耙格栅除污机
后清式(后置式)		湿式				背耙式格栅除污机
自清式 (栅片移行式)						回转式固液分离机
	曲柄式		阶梯形			阶梯式格栅除污机

（1）除污齿耙设在格栅前(迎水面)清除栅渣的为前清式或前置式。市场上该种型式居多,如三索式、高链式等。

（2）除污齿耙设在格栅后面,耙齿向格栅前伸出清除栅渣的为后清式或后置式。如背耙式、阶梯式等。

（3）无除污齿耙,格栅的栅面携截留的栅渣一起上行,至卸料段时,栅片之间相互差动和变位,自行将污物卸除,同时辅以橡胶刷或压力清水冲洗,干净的栅面回转至底部,自下不断上行,替换已截污的栅面,周而复始。该种格栅称自清式。如网篦式清污机、梨形耙齿固液分离机等。

各种类型格栅除污机(见表2-3),都有其独特的优点和长处,但各自也都有缺陷和不足,应根据工况条件,扬长避短地设计或择用。一般选择正确,均会有较满意的效果。

不同类型格栅除污机的比较　　　　　　　表 2-3

名　称	适用范围	优　点	缺　点
链条回转式多耙格栅除污机	深度不大的中小型格栅 主要清除长纤维,带状物等生活污水中的杂物	1. 构造简单,制造方便 2. 占地面积小	1. 杂物易于进入链条和链轮之间,容易卡住 2. 套筒滚子造价较高
高链式格栅除污机	深度较浅的中小型格栅 主要清除生活污水中的杂物、纤维、塑料制品废弃物	1. 链条链轮均在水面上工作,易维修保养 2. 使用寿命长	1. 只适应浅水渠道,不适用超越耙臂长度的水位 2. 耙臂超长啮合力差,结构复杂

续表

名 称	适 用 范 围	优 点	缺 点
背耙式格栅除污机	深度较浅的中小型格栅 主要清除生活污水的杂物	耙齿从格栅后面插入,除污干净	栅条在整个高度之间不能有固定的连接,由耙齿夹持力维持栅距,刚性较差 适用于浅水渠道
三索式格栅除污机	固定式适用于各种宽度、深度的格栅 移动式适用于宽大的格栅,逐格清除	1. 无水下运动部件,维护检修方便 2. 可应用于各种宽度、深度的格栅,范围广泛	1. 钢丝绳在干湿交替处易腐蚀,需采用不锈钢丝绳 2. 钢丝绳易延伸,温差变化时敏感性强,需经常调整
回转式固液分离机	适用于后道格栅,扒除纤维和细小的生活或工业污水的杂物,栅距自1～25mm,适用于深度不深的小型格栅	1. 有自清能力 2. 动作可靠 3. 污水中杂物去除率高	1. ABS的梨形齿耙老化快 2. 当绕缠上棉丝,易损坏 3. 个别清理不当的杂物返入栅内 4. 格栅宽度较小,池深较浅
移动式伸缩臂格栅除污机	中等深度的宽大格栅,主要清除生活污水中的杂物	1. 不清污时,设备全部在水面上,维护检修方便 2. 可不停水养护检修 3. 寿命较长	1. 需三套电动机,减速器,构造较复杂 2. 移动时耙齿与栅条间隙的对位较困难
弧形格栅除污机	适用于水浅的渠道中除污 主要清除头道格栅清除不了的污水中杂物	1. 构造简单,制作方便 2. 动作可靠,容易检修、保养	1. 占地面积较大 2. 除回转式的外,动作较为复杂 3. 弧栅制作较难

本章依据目前国内市场已有生产的格栅除污机产品和引进的、具有特色的产品,介绍其性能和特征以及基本动作原理(产品的生产单位,详见附录中常用《专用机械》产品目录)。同时,为便于设计计算,以钢丝绳牵引,滑块式格栅除污机为例,详作介绍。

2.1.3 各种格栅除污机的性能与特点

2.1.3.1 链条回转式多耙格栅除污机

(1) 总体构成:链条回转式多耙格栅除污机主要由驱动机构、主轴、链轮、牵引链、齿耙、过力矩保护装置和框架结构等组成。

链条回转式多耙格栅除污机如图2-1所示。

由驱动机构驱动主轴旋转,主轴两侧主动链轮使两条环形链条作回转运动,在环形链条上均布6～8块齿耙,耙齿间距与格栅栅距配合,回转时耙齿插入栅片间隙中上行,将格栅截留的栅渣刮至平台上端的卸料处,由卸料装置将污物卸至输送机或集污容器内。

牵引齿耙的链条,常用节距为35～50mm的套筒滚子链。为延长使用寿命,可采用不锈钢材质。

这种除污机结构紧凑、运转平稳、工作可靠,不易出现耙齿插入不准的情况。使用中应注意由于温差变化、荷载不匀、磨损等导致链条伸长或收缩,需随时对链条与链轮的调整与保养,及时清理缠挂在链条、齿耙上的污物,以免卡入链条与链轮间影响运行。

(2) 规格性能:链条回转式多耙格栅除污机规格和性能见表2-4。

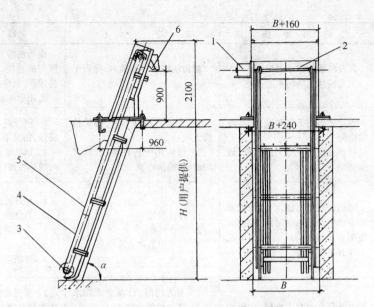

图 2-1 链条回转式多耙平面格栅除污机
1—电机减速机；2—主传动链轮轴；3—从动链轮轴；4—齿耙；5—机架；6—卸料溜板

链条回转式多耙平面格栅除污机规格和性能   表 2-4

型 号	格栅宽度 (mm)	格栅净距 (mm)	安装角 α(°)	过栅流速 (m/s)	电动机功率 (kW)
GH-800	800	16,20,25,40,80	60~80	<1	0.75
GH-1000	1000				1.1~1.5
GH-1200	1200				1.1~1.5
GH-1400	1400				1.1~1.5
GH-1500	1500				1.1~1.5
GH-1600	1600				1.1~1.5
GH-1800	1800				1.5
GH-2000	2000				1.5
GH-2500	2500				1.5~2.2
GH-3000	3000				2.2

2.1.3.2 高链式格栅除污机

(1) 总体构成：高链式格栅除污机主要有驱动机构、机架、导轨、齿耙和卸污装置等组成。

由于链条回转式多耙格栅除污机，在平台以下部分全部浸没在水下，易于腐蚀，难以维修保养。且链及链轮都易缠挂水中的污物，一旦受卡后影响运行，甚至毁损机件。为克服这些缺点，70年代初，日本首先研制了高链式格栅除污机，其链条及链轮全部在水面以上工作，故又称"干链式"除污机，有一般链条式除污机所不具备的优点。

图 2-2 为高链式格栅除污机构造图；图 2-3 为动作说明。

2.1 格栅除污机

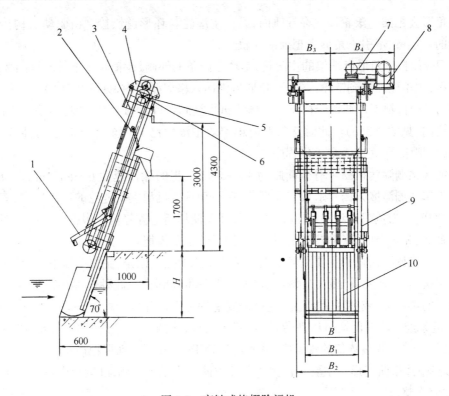

图 2-2 高链式格栅除污机

1—齿耙；2—刮渣板；3—机架；4—驱动机构机架；5—行程开关；6—调整螺栓；7—电动机；8—减速机；9—链条；10—格栅

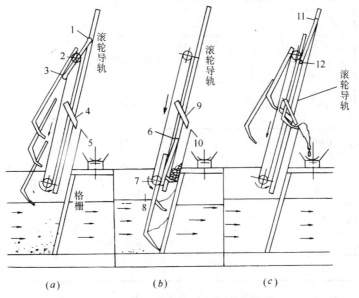

图 2-3 高链式格栅除污机动作说明

1、6、11—滚轮；2、7、12—主滚轮；3、8—齿耙；4、9—小耙；5、10—滑板

三角形齿耙架的滚轮设置在导轨内,另一主滚轮与环形链铰接。由驱动机构传动分置于两侧的环形链,牵引三角形齿耙架沿导轨升降。

1)下行时,三角形齿耙架的主滚轮,是环形链条的外侧,齿耙张开下行。见图2-3(a)至下行终端,主滚轮回转到链轮内侧,三角形齿耙插入格栅栅隙内,见图2-3(b)。

2)上行时,耙齿把截留于格栅上的栅渣扒集至卸料口,由卸污装置将污物推入滑板,排至集污槽内,见图2-3(c)。此时三角形齿耙架的主滚轮已上行至环链的上端,回转至环链的外侧,齿耙张开,完成一个工作程序。

高链式格栅除污机栅片有效间距为10~50mm,耙的除污速度6~8m/min。为防止由于齿耙歪斜或栅渣嵌入栅片造成卡死现象,在驱动减速机与主动链轮的连接部位,安装了过力矩保护开关,当负荷达到额定限度时,极限开关便切断电源停机并报警。有些机型安装了摩擦联轴器,超负荷时,联轴器打滑,从而保护了链条及齿耙。

高链式格栅除污机的主要故障是耙齿不能正确地插入栅条,主要有如下几个原因:

1)格栅下部有大量泥砂、杂物堆积,齿耙下降不能到位。此种情况往往出现在较长时间停机后的再启动,或突降暴雨后。这就需要清理之后再开机。

2)链条经一段时间运行后疲劳松弛,甚至错位;或两链条张紧度不一,导致齿耙歪斜。应每运行一个月,调整链条的张紧度,并使齿耙处于水平位置,确保耙齿正确插入。

3)格栅片扭曲变形。主要是格栅片受外力撞击或耙齿卡死,继续牵引造成。出现该状况,栅片应作整修。

(2)规格性能:高链式格栅除污机规格和性能及外形尺寸见图2-2、表2-5。

高链式格栅除污机规格和性能 表2-5

型 号	PZ800	PZ1000	PZ1200	PZ1500	PZ2000	PZ2500	PZ3000
安装角度(°)	70						
栅条净距(mm)	15、20、25、30、50						
格栅有效宽度B(mm)	800	1000	1200	1500	2000	2500	3000
B_1(mm)	1000	1200	1400	1700	2200	2700	3200
B_2(mm)	1400	1600	1800	2100	2600	3100	3600
B_3(mm)	740	840	940	1090	1340	1590	1840
B_4(mm)	1014	1114	1214	1364	1614	1864	2114
H(mm)	1800(正常最大深度)						
电动机功率(kW)	1.1	2.2		3			

2.1.3.3 背耙式格栅除污机

(1)总体构成:背耙式格栅除污机,主要有驱动机构、牵引链、齿耙、机架和耙齿伸缩滑轨等组成。整套扒集栅渣的机构,设置在格栅的下游,属后置式除污机。传动和牵引方式与多耙链式除污机基本相同。齿耙的耙齿较长,从格栅的后面向前伸出扒渣。当耙齿为伸缩形齿耙时,除随牵引链条回转外,齿耙依滑轨的轨迹运行,当耙至顶端,栅渣卸除后即收缩下垂,运行至下端时又外伸至栅前扒渣。故不会因栅面栅渣堆积导致插不入的问题,扒集过程中栅渣也不易脱落。

由于耙齿在格栅下部从后向前伸出,且在栅片(条)宽度范围内向上运行,因此栅片间不能有固定的横筋,为此栅片不宜制作得太长。栅片间距的保持,主要依靠插入的耙齿。通常栅片高度范围内,总是有2~3个耙齿在扒集栅渣,由此限制了使用深度。适用于中小型污水处理厂或污水处理站。

(2) 规格性能:XWB-Ⅱ型系列背耙式格栅除污机规格性能见表2-6,外形及安装尺寸见图2-4、表2-8。

XWB-Ⅱ型系列背耙式格栅除污机性能 表2-6

型号	格栅宽度 (mm)	耙齿有效长度 (mm)	安装倾角 α(°)	提升质量 (kg)	格栅间距 (mm)	提升速度 (m/min)	电动机功率 (kW)
XWB-Ⅱ-1-2	1000						0.8
XWB-Ⅱ-1-2.5	1000						0.8
XWB-Ⅱ-1-3	1000						0.8
XWB-Ⅱ-1.5-3	1500						1.1
XWB-Ⅱ-2-3.5	1500						1.1
XWB-Ⅱ-1.5-4	1500						1.1
XWB-Ⅱ-1.5-5	1500						1.1
XWB-Ⅱ-2-3	2000						1.5
XWB-Ⅱ-2-4	2000						1.5
XWB-Ⅱ-2-5	2000	230	80	50	25	2.3	1.5
XWB-Ⅱ-2-6~8	2000						2.0
XWB-Ⅱ-2.5-3	2500						2.0
XWB-Ⅱ-2.5-4	2500						2.0
XWB-Ⅱ-2.5-5	2500						2.0
XWB-Ⅱ-2.5-6	2500						2.2
XWB-Ⅱ-3-4	3000						2.2
XWB-Ⅱ-3-5	3000						2.2
XWB-Ⅱ-3-6	3000						2.2
XWB-Ⅱ-3-7	3000						2.2

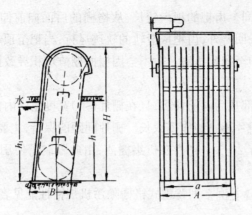

图 2-4　XWB-Ⅱ型外形尺寸

XWB-Ⅲ型系列背耙式格栅除污机规格性能见表2-7。外形及安装尺寸见图2-5、表2-9。

XWB-Ⅲ系列背耙式格栅除污机性能　　表 2-7

型　号	格栅宽度(mm)	耙齿有效长度(mm)	安装倾角 α(°)	提升质量(kg)	格栅间距(mm)	提升速度(m/min)	电动机功率(kW)
XWB-Ⅲ-0.5-1.5	500	100	60~80	200	7~20	3	0.5
XWB-Ⅲ-0.5-2	500						
XWB-Ⅲ-0.8-1.5	800						
XWB-Ⅲ-0.8-2	800						
XWB-Ⅲ-0.8-2.5	800						
XWB-Ⅲ-1.0-1.5	1000						
XWB-Ⅲ-1.0-2	1000						
XWB-Ⅲ-1.0-2.5	1000						
XWB-Ⅲ-1.2-1.5	1200						
XWB-Ⅲ-1.2-2	1200						
XWB-Ⅲ-1.2-2.5	1200						
XWB-Ⅲ-1.5-2	1500						0.8
XWB-Ⅲ-1.5-2.5	1500						
XWB-Ⅲ-2-1.5	2000						
XWB-Ⅲ-2-2	2000						
XWB-Ⅲ-2-2.5	2000						

2.1 格栅除污机

XWB-Ⅱ型系列背耙式格栅除污机外形尺寸　　　　表 2-8

型　号	外形尺寸（mm）			过水尺寸（mm）		
	A	H	B	h	h_1	a
XWB-Ⅱ-1-2	1000	2000	600	1100	900	800
XWB-Ⅱ-1-2.5	1000	2500	600	1200	1000	800
XWB-Ⅱ-1-3		3000		1500	1200	
XWB-Ⅱ-1.5-3		3000		1500	1200	
XWB-Ⅱ-1.5-3.5	1500	3500		2000	1700	1215
XWB-Ⅱ-1.5-4		4000		2500	2200	
XWB-Ⅱ-1.5-5		5000		3500	3200	
XWB-Ⅱ-2-3		3000		1500	1200	1715
XWB-Ⅱ-2-4	2000	4000		2500	2200	
XWB-Ⅱ-2-5		5000	622	3500	3200	
XWB-Ⅱ-2-6~8 以上		6000 以上		4500 以上	4200 以上	
XWB-Ⅱ-2.5-3		3000		1500	1200	2215
XWB-Ⅱ-2.5-4	2500	4000		2500	2200	
XWB-Ⅱ-2.5-5		5000		3500	3200	
XWB-Ⅱ-2.5-6 以上		6000 以上		4500 以上	4200 以上	
XWB-Ⅱ-3-4		4000		2500	2200	2715
XWB-Ⅱ-3-5	3000	5000		3500	3200	
XWB-Ⅱ-3-6		6000		4500	4200	
XWB-Ⅱ-3-7 以上		7000 以上		5500 以上	5200 以上	

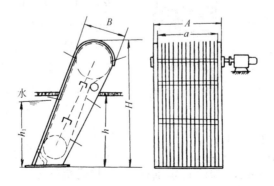

图 2-5　XWB-Ⅲ型外形尺寸

XWB-Ⅲ系列背耙式格栅除污机外形尺寸　　　　表 2-9

型　号	外　形　尺　寸　(mm)			过　水　尺　寸　(mm)		
	A	H	B	h	h_1	a
XWB-Ⅲ-0.5-1.5	500	1500	350	500	490	400
XWB-Ⅲ-0.5-2		2000		1000	990	
XWB-Ⅲ-0.8-1.5	800	1500		500	490	700
XWB-Ⅲ-0.8-2		2000		1000	990	
XWB-Ⅲ-0.8-2.5		2500		1500	1490	
XWB-Ⅲ-1.0-1.5	1000	1500		500	480	900
XWB-Ⅲ-1.0-2		2000		1000	980	
XWB-Ⅲ-1.0-2.5		2500		1500	1480	
XWB-Ⅲ-1.2-1.5	1200	1500		500	480	1100
XWB-Ⅲ-1.2-2		2000		1000	980	
XWB-Ⅲ-1.2-2.5		2500		1500	1000	
XWB-Ⅲ-1.5-2	1500	2000		1000	990	1400
XWB-Ⅲ-1.5-2.5		2500		1500	1470	
XWB-Ⅲ-2-1.5	2000	1500		500	480	1900
XWB-Ⅲ-2-2		2000		1000	980	
XWB-Ⅲ-2-2.5		2500		1500	1470	

2.1.3.4 双栅格栅除污机

(1) 总体构成：双栅格栅除污机主要由驱动机构、主轴、牵引链、齿耙、托板、前后栅条和机架等组成。

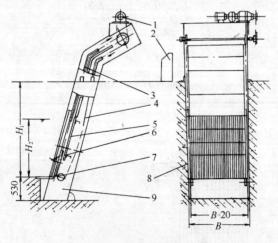

图 2-6　双栅格栅除污机
1—传动机构；2—控制装置；3—托板组；4—牵引链；
5—后栅条；6—耙齿；7—前栅条；8—导水板；9—机架

从图 2-6 所示双栅格栅除污机的断面图看，两条牵引环链上，均匀布置数个除污齿耙，在驱动机构传动下环链作顺时针回转，扒集截留在栅面上的污物。

栅条分前栅和后栅，前栅铰支在池底进水侧，高约 300～500mm，前栅阻挡粗大的沉积物，后栅截留悬浮和漂浮物。后栅从下链轮毂向上延伸至胸墙。环链牵引的齿耙在前后栅之间上行，耙齿既向前栅伸出，作背耙式除污，去除粗大沉积物，同时又插入后栅上行，扒除截留的漂浮物。齿耙携扒集的污物上行至上机架的弯轨处开始转向，直至翻转，污物以重力落入污物桶或输送机外运。

栅条的栅距，前栅可比后栅大，也可相同，整机安装倾角 70°～80°，驱动机构设有过载保护装置，一旦超载即停车并报警。

双栅格栅除污机可人工手控,也可按格栅前后的液位差控制仪自控运行。

(2) 规格性能:双栅格栅除污机规格性能见表2-10。土建埋件见图2-7。

SSHZ型双栅格栅除污机技术参数　　　　　　　　　表2-10

参数 型号	池宽 B (mm)	栅条间隙 (mm)	耙行速度 (m/min)	倾斜角度 (°)	驱动功率 (kW)
SSHZ1000-1500	1000~1500	20~70	3.4	70~80	0.75
SSHZ1600-2000	1600~2000	20~70	3.4	70~80	1.10

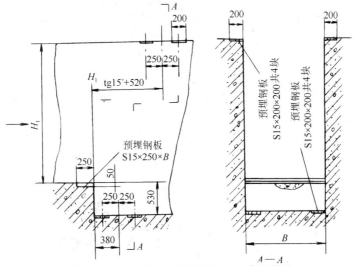

图2-7　SSHZ型双栅格栅除污机土建安装图

2.1.3.5　自清式格栅除污机

(1) 总体构成:自清式格栅除污机又称固液分离机,如图2-8所示。由带电机减速机、机架、犁形耙齿、牵引链、链轮、清洗刷和喷嘴冲洗系统等组成。

犁形耙齿是用工程塑料(通常为ABS、尼龙1010)或不锈钢制成独特的构造,如图2-9(a)所示。耙齿互相叠合和串接,装配成覆盖整个迎水面的环形格栅簾,图2-9(b),每根串接轴的轴距就是链轮的节距 P。在驱动机构传动下,链轮牵引整个环形格栅簾以2m/min左右的速度回转。环形格栅簾的下部浸没在过水槽内,栅面携水中杂物沿轨上行,带出水面。当到达

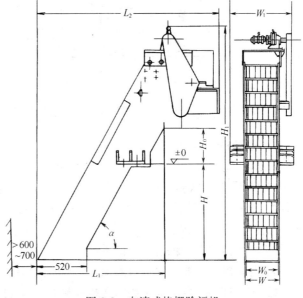

图2-8　自清式格栅除污机

顶部时,因弯轨和链轮的导向作用,使相邻耙齿间产生互相错位推移,把附在栅面上大部分污物外推,污物以自重卸入污物盛器内。另一部分粘、挂在齿耙上的污物,在回转至链轮下部时,压力冲洗水自内向外由喷嘴喷淋冲刷,同时,喷嘴相对应的栅面外侧,又有橡胶刷作反向旋转刷洗,基本上把栅面污物清除干净。运行示意见图2-10所示。

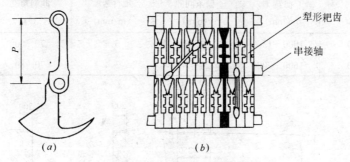

图2-9　犁形耙齿和组装图
(a)犁形耙齿;(b)叠合串接成截污栅面

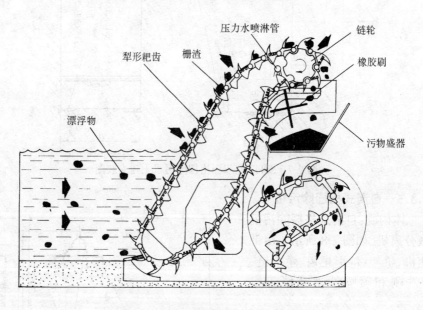

图2-10　自清式格栅除污机运行示意

自清式格栅除污机的主要优点:
1)有一定自净能力,运行平稳、无噪声。
2)格栅与截留污物一起上行,洗刷后的栅面不断补充,故无堵塞现象,很适宜制作栅片间距1~10mm的细格栅除污机。在城市污水处理工程中,采用栅片间距10~25mm的中粗格栅除污机,效果也很满意。
3)截留污物由于耙齿弯钩的承托,污物不会下坠。到顶部翻转时,又易于把污物卸除。
4)设有机械和电气双重过载保护后,可全自动无人操纵。
(2)规格性能:自清式格栅除污机规格性能见表2-11。按泉溪环保股份有限公司提供的各规格自清式格栅除污机过水流量见表2-12。

2.1 格栅除污机

自清式格栅除污机规格性能 表2-11

型号	HF300	HF400	HF500	HF600	HF700	HF800	HF900	HF1000	HF1100	HF1200	HF1250	HF1500
安装角度 α	60°~80°											
电动机功率(kW)	0.4~0.75			0.55~1.1		0.75~1.5		1.1~2.2			1.5~3	
筛网运动速度(m/min)	约2	约2	约2	约2	约2	约2	约2	约2	约2	约2	约2	约2
设备宽 W_0(mm)	300	400	500	600	700	800	900	1000	1100	1200	1250	1500
设备总高 H_1(mm)	3153~13620											
设备总宽 W_1(mm)	650	750	850	950	1050	1150	1250	1350	1450	1550	1600	1850
沟宽 W(mm)	380	480	580	680	780	880	980	1080	1180	1280	1330	1580
沟深 H(mm)	1535~12000 用户自选											
导流槽长度 L_1(mm)	1500~8300											
设备安装长度 L_2(mm)	2320~8300											
介质最高温度(℃)	≤80											
地脚至卸料上口高 H_0(mm)	400~1000 用户自定											

自清式格栅除污机各种规格过水流量理论值 表2-12

型号			HF300	HF400	HF500	HF600	HF700	HF800	HF900	HF1000	HF1100	HF1200	HF1250	HF1500
栅前水深(m)			1.0	1.0	1.0	1.0	1.0	1.0	1.0	1.0	1.0	1.0	1.0	1.0
液体流速(m/s)			0.5~1.0	0.5~1.0	0.5~1.0	0.5~1.0	0.5~1.0	0.5~1.0	0.5~1.0	0.5~1.0	0.5~1.0	0.5~1.0	0.5~1.0	0.5~1.0
耙齿栅隙(mm)	1	过水流量(t/d)	1850~3700	2080~4160	2900~5800	3700~7400	4500~9000	5300~10600	6000~12000	7000~14000	7800~15600	8600~17200	9000~18000	11000~22000
	3		3700~7400	4100~8200	5700~14400	7500~15000	9000~18000	10600~21200	12300~24600	14000~28000	15500~31200	17200~34400	18000~36000	22000~44000
	5		4500~9000	5200~10400	7100~14200	9200~18400	11200~22400	13000~26000	15000~30000	17400~34800	19400~38800	21000~42000	22500~45000	24000~48000
	10		5300~10600	6200~12300	8800~17600	11000~22000	13500~27000	16000~32000	17400~34800	21100~42200	24000~48000	25000~50000	26000~52000	27000~54000
	20		5500~11000	6650~13000	9000~18000	11500~23000	14000~28000	17000~34000	19000~38000	22000~44000	25000~50000	27000~54000	28000~56000	29000~58000
	30		7100~14200	8600~17200	11700~23400	14900~29800	18200~36400	22100~44200	24700~49400	28600~57200	32500~65000	35100~70200	36400~72800	37700~75400
	40		7800~15500	10200~20500	14500~29000	18800~37500	23000~46000	27000~54000	31500~63000	36000~72000	40000~80000	44000~89000	46000~93000	57000~115000
	50		10200~20400	13250~26500	18850~37700	24450~48900	29900~59800	35100~70200	40950~81900	46800~93600	52000~104000	57200~114400	59800~119600	74100~148200

2.1.3.6 弧形格栅除污机

弧形格栅除污机,一般均应用于水位不深的渠槽中,其结构形式主要有旋臂式、摆臂式和伸缩耙式。

(1) 旋臂式弧形格栅除污机：

1) 总体构成：旋臂式弧形格栅除污机，由带电机减速机、旋臂、传动轴、耙齿、弧栅和刮渣板等组成，如图2-11所示。

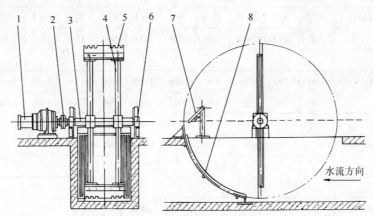

图2-11 旋臂式弧形格栅除污机
1—带电机减速机；2—联轴器；3—传动轴；4—旋臂；5—耙齿；6—轴承座；7—除污器；8—弧形格栅

两端带齿耙的旋臂，以1.5～3r/min的速度，绕固定的传动轴旋转，格栅片依耙齿回转的圆弧运动轨迹制成弧形，设于过水渠的横截面上，截留过流水体中的污物。

工作时，耙齿插入栅片间隙内，自下而上回转，扒除栅渣，旋臂每旋转一周耙污两次，齿耙把污物扒集至栅顶的卸料口，带缓冲装置的刮渣板，把齿耙上的污物推卸至污物盛器内外运。

旋臂式弧形格栅除污机，结构简单、紧凑、动作单一、规范，运行中故障少，养护、维修简易。

2) 规格性能：旋臂式弧形格栅除污机规格性能见表2-13。

旋臂式弧形格栅除污机规格性能　　　　表2-13

回转半径(mm)	500	800	1000	1200	1500	1600	2000
渠道宽度(mm)	500～3000						
栅条间隙(mm)	8	10	12	15	20	25	30	40	50
最高水位(mm)	1500						
电动机功率(kW)	0.37～0.75						

(2) 摆臂式弧形格栅除污机：

1) 总体构成：摆臂式弧形格栅除污机，由电动机、减速器、四连杆机构、弧栅和刮渣板等组成。如图2-12所示。

双出轴减速机驱动的曲柄，通过摆臂与机座上的摇杆组成四连杆机构，使摆臂下端的齿耙运行呈曲线轨迹。当曲柄回转至外半径时，耙齿插入弧栅的栅片间隙内，上行除污，齿耙扒集栅渣上行，当到达弧栅顶部时，带缓冲装置的刮渣板把污物推卸至污物盛器内。

卸污的过程，正是曲柄转入内半径运转，摆臂将耙齿退出栅片，随即下行复位。

2.1 格栅除污机

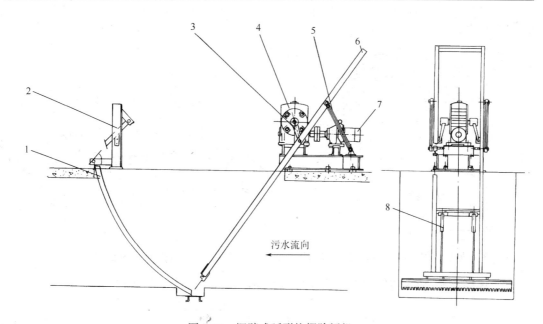

图 2-12 摆臂式弧形格栅除污机
1—弧形格栅；2—刮渣板架；3—曲柄；4—双出轴减速箱；5—摇杆；6—摆臂及齿耙；7—电机减速机；
8—齿耙缓冲器

曲柄每回转一周除污一次。摆臂式弧形格栅除污机占用空间少。

2) 规格性能：摆臂式弧形格栅除污机规格性能见表 2-14。

摆臂式弧形格栅除污机规格性能　　表 2-14

渠道深(mm)	600	800	1000	1500	2000	2500
渠道宽(mm)	600~2000					
栅片间距(mm)	10~40					
电动机功率(kW)	0.55~1.5					

(3) 伸缩耙式弧形格栅除污机：

1) 总体构成：液压传动伸缩耙式弧形格栅除污机，由电动液压装置、耙臂、弧形格栅、齿耙、除污器等组成。如图 2-13 所示。电动液压驱动机构传动布置示意如图 2-14 所示。

耙臂在工作循环开始或完成时，都处于图示水平位置。耙齿收缩与栅片脱开。启动时，按动开机按钮，电动液压驱动机构运作，旋转传动器内压力下降，耙臂在重力作用下，沿旋转轴缓慢下降，直至垂直，如图虚线位置。联动元件使耙臂内的液压缸动作，将齿耙外伸，插入栅片间隙内，到位后，旋转传动器，耙臂自下而上徐徐旋升除污，当将到达最高点时，耙齿与除污器刮渣板相交，随耙齿上升，刮渣板将栅渣外推，卸入污物盛器内，此时耙齿到达最高点，驱动液压缸，齿耙收缩复位。完成一个工作循环。

本设备具有让耙功能，当齿耙上行扒污受阻，转矩大到一定值时，旋转传动器内压力升高，旋转传动器关闭，齿耙自动收缩，而后旋转传动器再次启动，耙臂向上旋约数秒行程（由可调延时继电器控制，通常调整值 2~4s 时间），接着齿耙再度伸出，插入栅片间隙内，重新旋升扒污。若齿耙不能插入到位，以上动作程序会重复执行，确保安全运行。

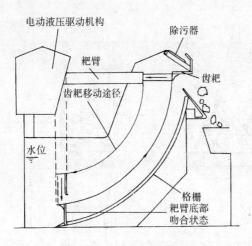 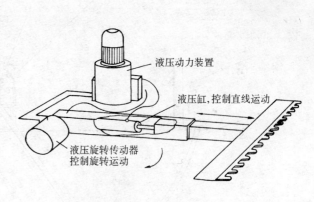

图 2-13 液压传动伸缩耙式弧形格栅除污机　　　图 2-14 电动液压驱动机构传动布置示意

2) 规格性能：液压传动伸缩耙式弧形格栅除污机规格性能见图 2-15、表 2-15。

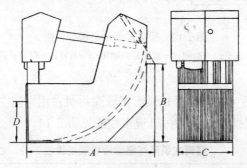

图 2-15 液压传动伸缩耙式弧形格栅
除污机外形

液压传动伸缩耙式弧形格栅除污机规格　　　　表 2-15

型　　号	150	200	350	400	450	500
A(mm)	1345			1895		
B(mm)	810			1300		
C(mm)	500、600、700、800、900、1000、1100					
最高水位 D(mm)	480			800		
栅条间隙(mm)	8、12					
电动机功率(kW)	0.55~0.75					

2.1.3.7 阶梯式格栅除污机

(1) 总体构成：阶梯式格栅除污机主要有驱动装置、曲柄连杆机构、阶梯形格栅静片、阶梯形格栅动片和机架等组成。如图 2-16 所示。

阶梯形栅片，若以单数为静片，则双数为动片，互相交替排列。栅片间相互间隙就是栅片净距。静片与格栅边框制作成一个整体，固定在机架上，动片与曲柄连杆机构组成一个整

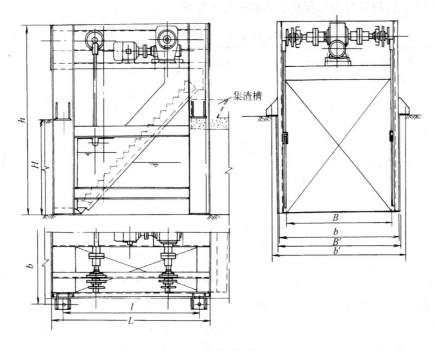

图 2-16 阶梯式格栅除污机

体,由驱动装置传动,作步进式运动,动作幅度略大于一个静片台阶的高度。栅渣以动片每回转一次提高一个台阶,逐级向上提升(如图 2-17 所示,其中虚线为动组栅片,实线为静止栅片)。

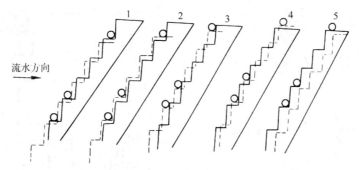

图 2-17 阶梯式格栅除污机利用栅片动组与静组的动作

注:将杂物逐级上移的动作说明(其中虚线为动组栅片,实线为静组栅片)

当栅渣到达最上一个台阶时,顶部安装的清污转刷,将栅渣卸入污物盛器内,整个动作连续而协调。

曲柄连杆机构分主动与从动两套,主动曲柄由驱动装置驱动,并与动组栅片连接,从动曲柄在水下与动组栅片连接,两套曲柄使动组栅片以规定的动作运转。

(2) 规格性能:阶梯式格栅除污机规格性能如表 2-16 所示。

2.1.3.8 钢丝绳牵引式格栅除污机

(1) 总体构成:钢丝绳牵引式格栅除污机,主要由驱动机构、卷筒、钢丝绳、耙斗、绳滑轮、耙斗张合装置、机械过力矩保护装置和机架等组成。

阶梯式格栅除污机规格性能 表 2-16

型号	格栅有效宽度 B(mm)	设备宽 b(mm)	配套电机功率 N(kW)	设备总高 h(mm)	允许流速 (m/s)	格缝耙齿间隙 (mm)	导流槽长 L (mm)	渠深 H (mm)	安装尺寸 l(mm)	安装尺寸 b'(mm)	地脚螺栓
RSS-Ⅰ-500	310	500	≤0.75		0.5~1.0					585	4-M12
RSS-Ⅰ-600	410	600	≤0.75		0.5~1.0					685	4-M12
RSS-Ⅰ-800	610	800	≤1.1	1700~3350	0.5~1.0	3~10	$L=\text{tg}(90-\alpha)h$	$H=h-850$	1300~3600	885	4-M16
RSS-Ⅰ-1000	810	1000	≤1.1		0.5~1.0					1085	8-M16
RSS-Ⅰ-1200	1010	1200	≤1.1		0.5~1.0					1285	8-M16
RSS-Ⅰ-1500	1310	1500	≤1.5		0.5~1.0					1585	8-M16
RSS-Ⅰ-1800	1610	1800	≤2.2		0.5~1.0					1885	8-M16
RSS-Ⅰ-2000	1810	2000	≤2.2		0.5~1.0					2085	8-M16

应用钢丝绳牵引耙斗，清除格栅上被截留的污物。其结构形式有二索式、三索式、抓斗式；格栅安装有倾斜式(65°~85°)、垂直式(90°)；耙斗小车有滚轮式、滑块式、伸缩臂式；耙斗张合有差动卷筒式、旋臂滑轮式、摆动滑轮式、导架摆动式、电动推杆式和电液推杆式等。如图 2-18~23 所示。

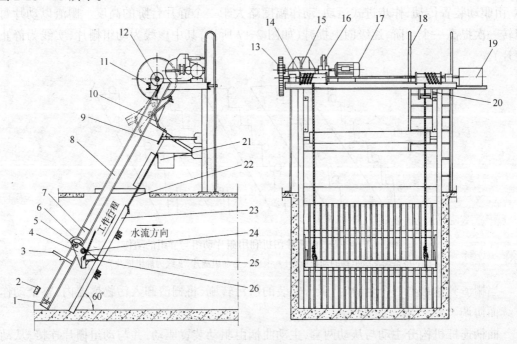

图 2-18 钢丝绳牵引二索滑块式格栅除污机

1—滑块行程限位螺栓；2—除污耙自锁机构开锁撞块；3—除污耙自锁栓；4—耙臂；5—销轴；6—除污耙摆动限位板；7—滑块；8—滑块导轨；9—刮板；10—抬耙导轨；11—底座；12—卷筒轴；13—开式齿轮；14—卷筒；15—减速机；16—制动器；17—电动机；18—扶梯；19—限位器；20—松绳开关；21，22—上、下溜板；23—格栅；24—抬耙滚子；25—钢丝绳；26—耙齿板

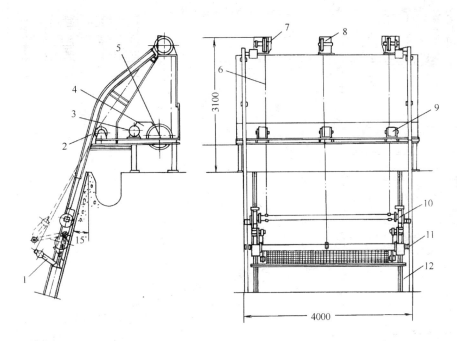

图 2-19　钢丝绳牵引三索式差动卷筒格栅除污机

1—除污耙；2—上导轨；3—电动机；4—齿轮减速箱；5—钢丝绳卷筒；6—钢丝绳；7—两侧转向滑轮；8—中间转向滑轮；9—导向轮；10—滚轮；11—侧轮；12—扁钢轨道

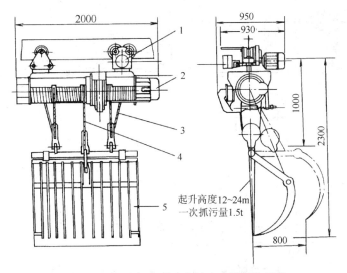

图 2-20　钢丝绳牵引三索抓斗式格栅除污机

1—行走驱动机构；2—除污机主机；3—升降牵引索；4—耙齿张合中间索；5—耙斗

40　2　拦污设备

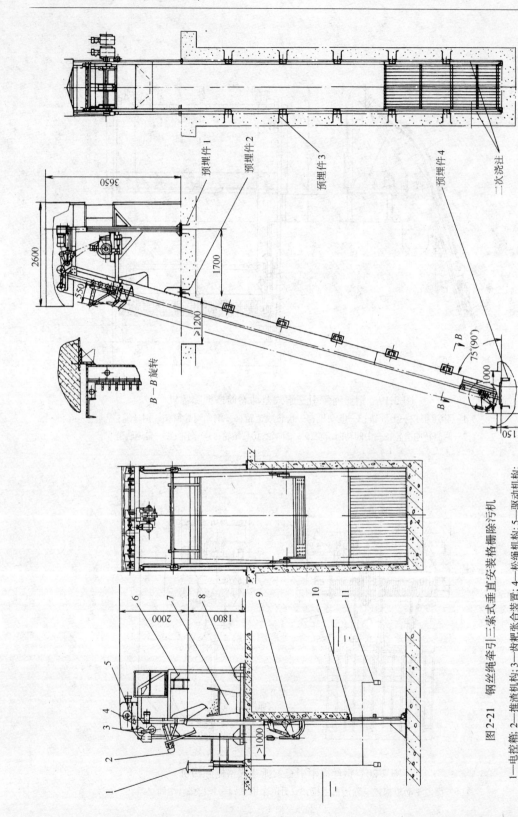

图2-21　钢丝绳牵引三索式垂直安装格栅除污机
图2-22　钢丝绳牵引三索式倾角安装格栅除污机

1—电控箱；2—推渣机构；3—齿耙张合装置；4—松绳机构；5—驱动机构；
6—机架与平台；7—污物盛器；8—号轨；9—耙斗；10—平面格栅；
11—栅前后液位差计

(2) 耙斗张合装置:耙斗由三根钢丝绳操纵,其中中间索专司耙斗的张合,而张合的要素是改变中间索的长度,主要方法有:

1) 差动卷筒:除污耙的升降与张合动作的配合,靠中间卷筒与两侧卷筒的差动来实现。中间卷筒空套在轴上,由一固定在轴上的拨杆,并配合设在空套卷筒上的带式制动器驱动,如图 2-24 所示。当齿耙下行时,两侧卷筒上的钢丝绳先放松,使除污耙下降,同时中间卷筒制动,使除污耙张开,待中间卷筒差动一角度后,与两侧卷筒同步下行。如图 2-19 中虚线所示。

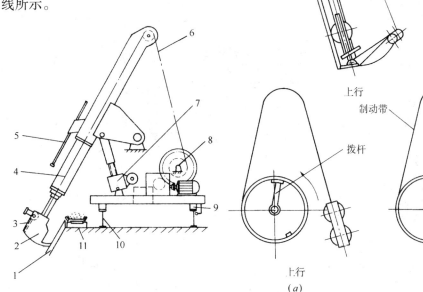

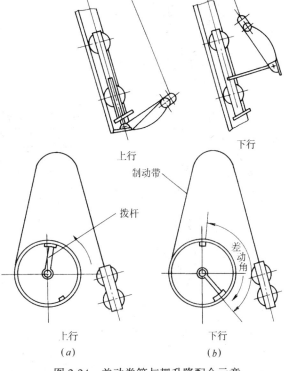

图 2-23 钢丝绳牵引伸缩臂式格栅除污机
1—格栅;2—耙斗;3—卸污板;4—伸缩臂;5—除污调整杆;6—钢丝绳;7—臂角调整机构;8—卷扬机构;9—行走轮;10—轨道;11—皮带运输机

图 2-24 差动卷筒与耙升降配合示意
(a)绳筒无差动,齿耙闭合扒污上行;(b)绳筒差动,齿耙张开下行

当除污耙上行时,中间卷筒的制动带放松,两侧卷筒上的钢丝绳牵引除污耙上升,使齿耙恢复与格栅啮合的状态,待中间卷筒反差动一角度,齿耙到达上端,进入曲线段导轨后,除污耙上的污物靠自重坠下,粘附在齿耙上的栅渣由刮渣板卸除。

2) 旋臂滑轮:由电机减速机构驱动同一轴上三个钢丝绳卷筒,其中中间索还必须穿越旋臂上的双滑轮,如图 2-25 所示,因此中间索要比两侧牵引索长一个耙齿张开的长度。当耙斗下行前,旋臂旋至图 2-25 位置,绳索张紧,耙斗如图 2-26。张开,而后下行。若耙斗到达槽底或遇栅上污物受阻时,耙斗停顿,如图 2-28 所示。绳索松弛,松绳开关动作,指令旋臂回旋,如图 2-27 转换成图 2-29 所示。绳索放松,耙斗闭合,耙齿插入栅片间,耙斗上行除污。当达卸污口时,刮污板把耙斗污物徐徐外推,刮入卸污溜板,外卸,耙斗即停留在溜板卸污口之上。如图 2-30 所示。

3) 摆动滑轮:三个钢丝绳卷筒完全固定在同一轴上,两侧两根钢丝绳牵引耙斗的升降,在中间钢索处布置一套摆动滑轮,如图2-31所示。通过操纵摆动滑轮,使之摆动一个角度,

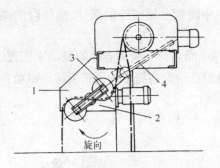

图 2-25 旋臂动作绳索张紧示意
1—行程开关(开)；
2—行程开关(关)；
3—耙斗张合机构滑轮；
4—松绳感应拨杆

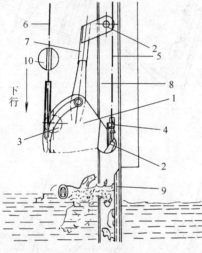

图 2-26 绳索张紧耙斗张开状态
1—耙斗；2—走轮；3—耙斗张合滚轮；4—钢丝绳接头；5—升降钢丝绳；6—耙斗张合钢丝绳；7—连杆；8—导轨；9—平面格栅；10—配重

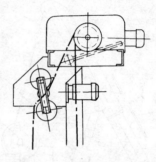

图 2-29 旋臂回旋到位,松绳示意

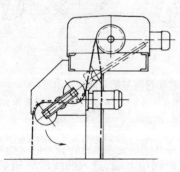

图 2-27 旋臂动作,绳索须要放松示意

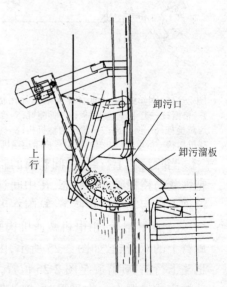

图 2-30 耙斗扒渣上行示意

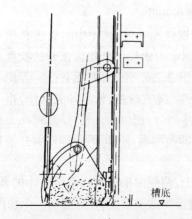

图 2-28 耙斗到底部,扒栅渣示意

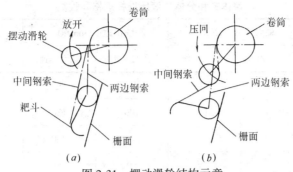

图 2-31 摆动滑轮结构示意
(a)耙斗闭合；(b)耙斗张开

摆轮下降或上扬改变了中间索长度,实现耙斗张开或闭合的动作。摆臂长度和摆角,视耙斗张合所需的间距有关。该装置构造简单,动作可靠。采用减速机出轴上装设摆轮即可实施。

4) 液压推杆:图 2-32 所示为液压推杆与耙斗动作示意。

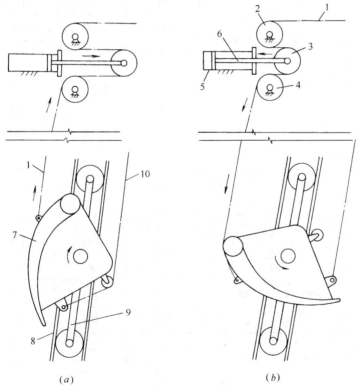

图 2-32 液压推杆与齿耙动作示意
(a)液压推杆伸出,齿耙张开；(b)液压推杆收缩,齿耙闭合
1—中间索；2、4—固定绳滑轮；3—伸缩绳滑轮；5—液压缸；6—推杆；7—齿耙；
8—导轨；9—小车；10—两侧牵引索

液压推杆有分体式和整体式两种,规格和性能如表 2-17 所示。

分体式:由单一油缸与液压系统组成,油路系统参考如图 2-33 所示。

油缸推杆设在需要改变中间索长度的位置,作往复推、拉的直线运动,用以操纵耙斗的

整体式和分体式液压推杆规格和性能　　　　表 2-17

型号	最大输出力(N)		输出速度(mm/s)		电动机功率 (kW)	行程范围 (mm)
	推力	拉力	推速	拉速		
XDG450-50	4500	3100	50	65	0.55	50~2000
XDG450-100			100	130	0.75	
XDG450-300			300	390	2.2	
XDG750-50	7500	5100	50	70	0.75	50~2000
XDG750-100			100	140	1.5	
XDG750-200			200	290	2.2	
XDG750-300			300	430	3	
XDG1000-50	10000	7500	50	70	1.1	50~2000
XDG1000-100			100	140	2.2	
XDG1000-200			200	280	3	
XDG1000-300			300	430	5.5	
XDG1750-50	17500	13000	50	65	1.5	50~2000
XDG1750-100			100	130	3	
XDG1750-200			200	260	5.5	
XDG2500-50	25000	20500	50	60	3	50~2000
XDG2500-100			100	130	4	
XDG2500-200			200	260	7.5	
XDG4000-50	40000	24500	50	60	4	50~2000
XDG4000-100			100	130	5.5	
XDG4000-150			150	200	7.50	
XDG5000-50	50000	33000	50	60	5.5	50~2000
XDG5000-100			100	130	7.50	
XDG7000-50	70000	40000	50	60	5.5	50~2000
XDG7000-100			100	130	11	

张、合。小型液压站可另外设于不影响除污机运行的地方，液压缸体积小，运行平稳，动作灵敏。分体式中轴型油缸与小型液压站配套及外形尺寸如图 2-34、35、表 2-18 所示；底脚型和吊环型和小型液压站配套及外形尺寸如图 2-36~37、表 2-19 所示。

2.1 格栅除污机 45

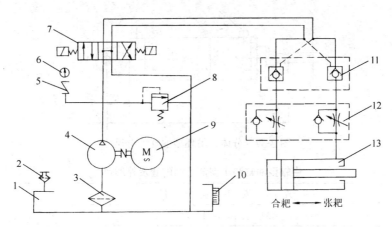

图 2-33 分体式液压推杆油路系统

1—油箱;2—空气过滤器;3—油液过滤器;4—齿轮油泵;5—压力表开关;6—压力表;7—三位四通电磁换向阀;8—溢流阀;9—电动机;10—液位温度计;11—单向阀;12—节流阀;13—单出轴双向油缸

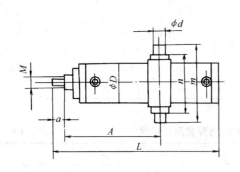

图 2-34 分体式中轴型油缸外形尺寸

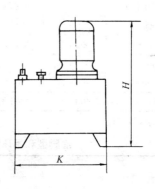

图 2-35 小型液压站外形

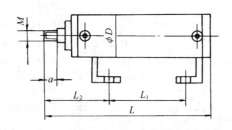
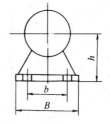

图 2-36 分体式底脚型油缸外形尺寸

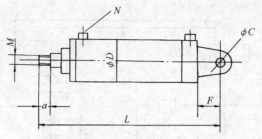

图 2-37 分体式吊环型油缸外形尺寸

中轴型油缸和小型液压站配套及外形尺寸　　　　表 2-18

型号	外形安装连接尺寸 (mm)								
	L	M	a	ϕD	ϕd	n	m	$A+50\%$	K(长×宽)	H
XDG300-100	160+S	M16×1.5	30	45	20	80	120	110+S	500×300	630
XDG450-100	180+S	M20×1.5	30	54	25	92	142	120+S	500×300	640
XDG750-100	200+S	M22×1.5	35	64	30	104	164	135+S	500×300	680
XDG1000-100	250+S	M27×2	40	78	35	120	190	165+S	500×300	680
XDG1750-100	290+S	M27×2	40	96	40	140	220	185+S	600×400	820
XDG2000-100	300+S	M33×2	45	96	40	140	220	200+S	600×400	840
XDG2500-100	320+S	M33×2	45	106	45	150	240	205+S	600×400	840
XDG3000-90	340+S	M42×2	50	118	45	165	255	220+S	700×500	1020
XDG4000-90	360+S	M48×2	50	145	50	195	295	230+S	700×500	1020
XDG5000-90	390+S	M48×2	55	145	50	195	295	250+S	700×500	1070
XDG7000-90	400+S	M64×3	55	180	60	240	360	255+S	700×500	1070
XDG10000-90	400+S	M64×3	55	200	60	260	380	255+S	700×500	1150

注：S 为油缸行程。

底脚型和吊环型油缸和小型液压站配套及外形尺寸　　　　表 2-19

型号	外形安装连接尺寸 (mm)								
	L_{min}	M	a	ϕD	F	ϕC	N	K(长×宽)	H
XDG300-100	200+S	M16×1.5	30	45	40	20	M14×1.5	500×300	630
XDG450-100	210+S	M20×1.5	30	54	40	20	M18×1.5	500×300	640
XDG750-100	250+S	M22×1.5	30	64	50	25	M18×1.5	500×300	680
XDG1000-100	290+S	M27×1.5	40	78	50	30	M20×1.5	500×300	680
XDG1750-100	320+S	M27×2	40	96	60	35	M22×1.5	600×400	820
XDG2000-100	350+S	M33×2	50	96	60	35	M22×1.5	600×400	840
XDG2500-100	380+S	M33×2	50	106	70	40	M22×1.5	600×400	840
XDG3000-90	400+S	M33×2	50	118	70	40	M27×2	700×500	1020
XDG4000-90	430+S	M42×2	55	145	85	50	M27×2	700×500	1020
XDG5000-90	480+S	M48×2	60	145	85	50	M33×2	700×500	1070
XDG7000-90	500+S	M64×3	60	180	95	60	M33×2	700×500	1070
XDG10000-90	500+S	M64×3	60	200	95	60	M42×2	700×500	1150

注：S 为油缸行程。

整体式：驱动机构与液压系统组成一体化的全封闭结构，工作油路循环于无压的封闭钢筒里，以电动机为动力源，通过双向齿轮泵输出压力油，经集成块送至油缸，实施活塞杆的往复推、拉的直线运动。整体式液压推杆有整体直式和平行式两种，直式外形尺寸如图2-38、表2-20所示，平行式外形尺寸如图2-39、表2-21所示。另有整体式小型电液推杆如图2-40～41、表2-22所示。

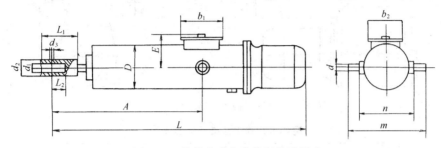

图 2-38　整体直式电液推杆外形尺寸

整体直式电液推杆外形尺寸　　　　　　　　表 2-20

型号	外形尺寸 (mm)							安装尺寸 (mm)						
	E	L	D	b_1	b_2	L_1	L_2	d	m	n	d_1	d_2	d_3	A
XDG300-100	95	750+S	120	130	110	80	35	25	180	130	16	40	14	$600+\frac{S}{2}$
XDG450-100	105	800+S	130	140	120	80	35	30	210	150	16	40	14	$600+\frac{S}{2}$
XDG750-100	125	800+S	160	200	150	130	80	30	240	180	28	60	25	$600+\frac{S}{2}$
XDG10050-100	125	850+S	160	200	150	130	80	30	240	180	28	60	25	$600+\frac{S}{2}$
XDG1750-100	125	850+S	160	200	150	130	80	40	240	180	28	60	25	$620+\frac{S}{2}$
XDG2500-100	135	880+S	180	220	160	130	80	40	300	220	28	60	25	$620+\frac{S}{2}$
XDG3000-100	135	880+S	180	220	160	130	80	40	300	220	28	60	25	$650+\frac{S}{2}$
XDG4000-100	150	880+S	180	220	160	130	80	40	300	220	28	60	25	$650+\frac{S}{2}$
XDG5000-100	180	900+S	240	250	180	140	90	40	320	240	36	70	30	$650+\frac{S}{2}$
XDG7000-100	180	900+S	260	280	240	140	90	50	450	350	36	70	30	$680+\frac{S}{2}$
XDG10000-100	200	930+S	300	280	240	160	100	50	450	350	36	70	35	$680+\frac{S}{2}$

注：S 为油缸行程。

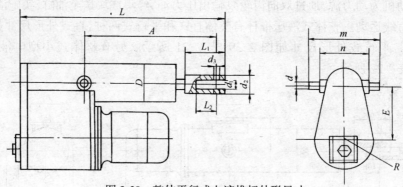

图 2-39 整体平行式电液推杆外形尺寸

整体平行式电液推杆外形尺寸　　　　　　　　　　　表 2-21

型号	外形尺寸 (mm)				安装尺寸 (mm)							
	R	D	L	E	L_1	L_2	d_1	d_2	d_3	n	m	d	A
XDGP300-100	70	76	370+S	160	80	35	16	40	14	100	150	25	200+S
XDGP450-100	70	76	370+S	160	80	35	16	40	14	100	160	30	200+S
XDGP750-100	80	89	390+S	200	130	80	28	60	25	120	180	30	200+S
XDGP1000-100	80	110	390+S	200	130	80	28	60	25	140	200	30	200+S
XDGP1750-100	90	110	400+S	220	130	80	28	60	25	140	220	40	200+S
XDGP2500-100	90	140	400+S	220	130	80	28	60	25	180	260	40	200+S
XDGP3000-100	110	140	400+S	240	130	80	28	60	25	180	260	40	200+S
XDGP4000-100	110	140	400+S	240	130	80	28	60	25	180	260	40	200+S
XDGP5000-100	140	160	430+S	280	140	90	36	70	30	200	280	40	200+S
XDGP7000-100	140	160	430+S	280	140	90	36	70	30	200	300	50	200+S
XDGP10000-100	140	160	450+S	280	160	100	36	70	35	200	300	50	200+S

注：S 为油缸行程。

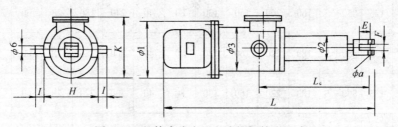

图 2-40 整体直式小型电液推杆外形尺寸

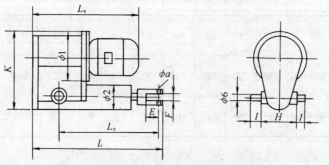

图 2-41 整体平行式小型电液推杆外形尺寸

2.1 格栅除污机

整体式小型电液推杆外形尺寸(mm) 表 2-22

型号	H	b	L_c	a	F	E	I	K	1	2	3	L_a	L
WDTI150	115	25	255+S	12	16	18	25	160	140	40	108		540+S
WDTII150	80		45+S					210		63		380	170+S
WDTI300	130	25	255+S	14	18	20	25	180	145	50	115		585+S
WDTII300	105		45+S					225		76		400	190+S
WDTI500	130	35	255+S	14	20	22	35	180	150	63	120		605+S
WDTII500	120		45+S					260		89		415	200+S
WDTI700	150	35	300+S	18	20	25	35	200	200	85	133		750+S
WDTII700	130		60+S					315		108		450	230+S

注: S 为油缸行程。

整体式或分体式都应具有过载自动保护功能,一旦电气元件失灵或意外超荷可自行溢流。同时还应有压力自锁机构,当液压推杆到达工况点时,液压缸应处于保压状态。

5) 电动推杆:图 2-51 是电动推杆操纵耙斗张合的工程示例。图 2-42 是 DT 型直连式电动推杆结构,图 2-43 是 DTZ 型平行式电动推杆结构。主要由驱动电动机、减速机构、导套、推杆、弹簧、外壳及安全开关等组成。电机经齿轮减速,传动丝杆螺母,把旋转运动改变为直线运动,完成推、拉动作。杆内设有过载自动保护装置,当推杆到达极限位置或超过额定推力至一定数值时,安全保护开关动作,推杆自动停止。应用时,应另设机外限位开关,以控制推杆的工作行程。

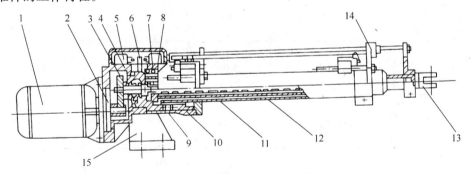

图 2-42 DT 型直连式电动推杆结构
1—电动机;2—小齿轮;3—大齿轮;4—滑座;5—安全开关;6—推杆;7—螺杆;8—螺母;9—弹簧;10—导套;11—导轨;12—推杆;13—轴头;14—外接行程开关装置;15—支承架

DT 型直连式电动推杆的规格、性能见表 2-23、外形尺寸见图 2-44、表 2-24。DTZ 型平行式电动推杆规格、性能见表 2-25、外形尺寸见图 2-45、表 2-26。安装辅件支承架如图 2-46~47、表 2-27~28 所示。

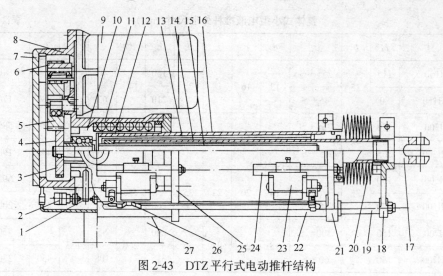

图 2-43　DTZ 平行式电动推杆结构

1—拨杆；2—安全开关；3—大齿轮；4—轴承；5—中间齿轮；6—小齿轮；7—后盖；8—机壳；9—电动机；10—滑座；11—弹簧；12—螺母；13—导套；14—导键；15—螺杆；16—推杆；17—连接叉；18—前联板；19—拉杆螺丝；20—防尘罩；21—前支承；22—导管；23—行程开关；24—支承杆；25—后支承；26—撞块；27—支承架

DT 型直连式电动推杆规格性能　　　　　　　　　　　表 2-23

序　号	型　号	推　力 (N)	速　度 (mm/s)		行程 S (mm)
			Ⅰ	Ⅱ	
1	DT50	500	42		100～400
2	DT100	1000	42	84	100～600
3	DT300	3000	42	84	100～800
4	DT500	5000	50	100	200～800
5	DT700	7000	50	100	200～1000
6	DT1000	10000	50	100	200～1000
7	DT1600	16000	50	100	

2.1 格栅除污机

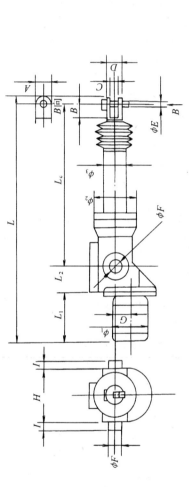

图 2-44 DT 型直连式电动推杆外形尺寸

DT 型直连式电动推杆外形尺寸　　　　　　表 2-24

序号	型号	推力(N)	长度 (mm)					连接头 (mm)						高-宽度 (mm)			内外套 (mm)			重量(kg)
			最小 L	Lc	L_1	L_2	L_3	A	B	C	D	φE	φF	G	H	I	ϕ_1	ϕ_2	ϕ_3	
1	DT50	500	310+S	128+S	125	47	130	25	20	10	25	6	16	33	80	16	90	85	42	9
2	DT100	1000	468+S	240+S	152	60	200	38	20	10	38	10	25	48	112	20	115	112	57	23
3	DT300	3000	490+S	246+S	156	66	220	42	20	20	42	12	25	48	130	20	130	135	64	35
4	DT500	5000	576+S	258+S	215	80	270	42	20	20	43	14	35	59	140	25	145	160	70	52
5	DT700	7000	576+S	258+S	215	80	270	42	20	20	43	14	35	59	140	25	175	160	70	63
6	DT1000	10000	614+S	264+S	247	80	287	46	25	20	46	16	35	68	154	25	195	180	80	75
7	DT1600	16000	717+S	288+S	290	112	355	61	25	30	61	25	30	90	240	30	195	210	90	90

DTZ型平行式电动推杆规格性能　　　　表 2-25

序号	型号	推力 (N)	速度 (mm/s)		行程 S (mm)
			I	II	
1	DTZ100	1000	42	84	100~600
2	DTZ300	3000	42	84	100~800
3	DTZ630	6300	50	100	200~1000
4	DTZ1000	10000	50	100	200~1000
5	DTZ1600	16000	50	100	200~1100
6	DTZ3200	32000	27	54	200~1100
7	DTZ5000	50000	27	54	200~1300
8	DTZ10000	100000	22	44	200~1300
9	DTZ15000	150000	8.6	16.3	200~1300
10	DTZ30000	300000	12.6	17.1	200~1300

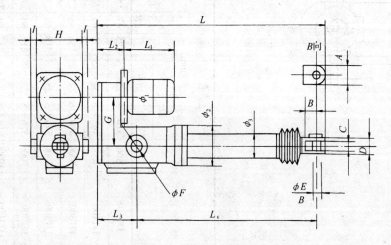

图 2-45　DTZ型平行式电动推杆外形

2.1 格栅除污机

DTZ型平行式电动推杆外形尺寸 表 2-26

序号	型号	推力 (N)	长度 (mm) 最小 L	长度 (mm) 最小 L_c	L_1	L_2	L_3	连接头 (mm) A	B	C	D	ϕE	ϕF	高 G	宽 H	度 (mm) I	内 ϕ_1	外 (mm) ϕ_2	套 ϕ_3	重量 (kg)
1	DTZ100	1000	328+S	240+S	152	67	72	38	20	10	38	10	25	114	112	20	115	112	57	23
2	DTZ300	3000	330+S	232+S	156	76	76	42	20	20	42	12	25	148	135	20	130	135	63.5	35
3	DTZ630	6300	363+S	244+S	215	80	96	42	20	20	43	14	35	164	140	25	145	160	70	63
4	DTZ1000	10000	406+S	259+S	247	129	125	46	25	20	46	16	35	173	154	25	175	180	80	75
5	DTZ1600	16000	440+S	286+S	316	104	122	61	25	30	61	25	35	222	240	30	215	210	90	90
6	DTZ3200	32000	532+S	340+S	320	138	155	80	45	40	80	40	40	252	300	40	240	260	120	230
7	DTZ5000	50000	550+S	340+S	391	153	170	80	45	40	80	40	40	270	310	40	275	266	120	230
8	DTZ10000	100000	710+S	435+S	391	140	157	108	70	40	108	40	50	312	325	50	240	325	146	490
9	DTZ15000	150000	810+S	485+S	846	100	265	130	80	50	130	55	70	320	330	50	275	290	216	
10	DTZ30000	300000	1030+S	680+S	904	130	265	160	80	60	160	60	70	417	430	60	335	390	280	

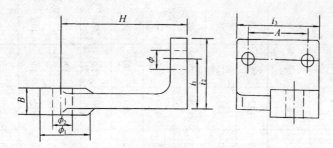

图 2-46 支承架(1)外形

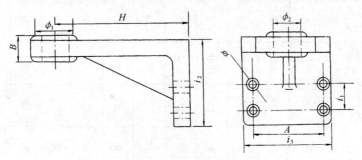

图 2-47 支承架(2)外形

支承架(1)外形尺寸(mm)　　　　　　　　　　　　　表 2-27

序 号	型 号	A	B	i_1	i_2	i_3	H	ϕ	ϕ_1	ϕ_2
1	50	50	20	25	40	80	80	8.5	40	16
2	100	75	20	37	57	133	130	14	60	25
3	300	75	20	37	57	133	152	14	60	25
4	500	75	25	37	57	133	170	14	60	35
5	700	93	25	37	57	163	190	14	60	35
6	1000	93	25	37	57	163	190	14	60	35

型号以推力为依据

支承架(2)外形尺寸(mm)　　　　　　　　　　　　　表 2-28

序 号	型 号	A	B	i_1	i_2	i_3	H	ϕ	ϕ_1	ϕ_2
1	1600	120	25	70	140	160	220	17	50	35
2	3200	140	31	90	180	190	230	23	65	40
3	5000	140	31	90	180	190	230	23	65	40
4	8000	150	40	100	200	200	250	25	100	50
5	10000	150	40	100	200	200	250	25	100	50
6	15000	190	70	75	168	250	235	25	125	70

电动推杆是一种通用部件,广泛应用于各行业,是成熟产品。其主要优点:结构紧凑、动作灵活、正确,安装方便,可远距离操纵。但机械传动噪声较大,应选用质优、低噪声的产品。

应用时应注意,不能将推杆的推和拉的行程使用至极限位置,否则机内自动保护装置将自动停机。不准把机内安全开关作行程控制开关使用。

(3) 除污耙和松绳开关装置：

1) 除污耙：除污耙结构如图 2-48 所示。圆弧形的耙板焊接在实心圆钢上。这根圆钢还起平衡重的作用。较厚的耙齿焊接在耙板上，耙齿长 30mm，插入格栅 15mm，还在耙板和耙齿板上钻有均布的圆孔，当除污耙离开水后，除污耙里的水可以漏掉。

除污耙通过连杆连接在牵引小车上，该小车的滚轮沿混凝土胸墙上预埋的（垂直设置）扁钢轨道上行走，离开挡墙后，由小车的侧轮在上导轨内行走。小车的上下极限位置，由卷筒轴上的链轮驱动螺杆螺母而触动行程开关予以控制。

2) 松绳开关结构：在钢丝绳的导向滑轮轴座上装有松绳开关装置，如图 2-49 所示，在钢丝绳因故松弛或断开时，由于对导向滑轮的压力减小，轮轴受压缩弹簧的作用抬起，触动行程开关断电，从而起到保护作用。

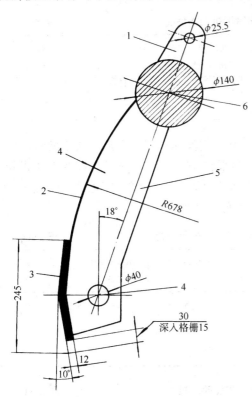

图 2-48　除污耙中间剖面
1—钢丝绳吊耳；2—钻孔耙板；3—钻孔耙齿板；
4—翻耙销孔；5—加强肋；6—实心圆钢

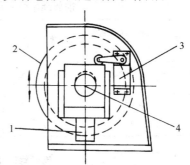

图 2-49　松绳开关装置
1—弹簧盒；2—导向滑轮；3—行程开关；4—轮轴

设备的开停，根据格栅前后水位差，通过水头损失检测器控制。扒上来的污物可落入混凝土槽内，用水力输送或落入小车后运出。由配合开停的水泵抽水，用以输送落入槽内的污物。

(4) 几种型式钢丝绳牵引格栅除污机：

1) 钢丝绳牵引二索滑块式格栅除污机：图 2-18 所示为钢丝绳牵引二索滑块式格栅除污机。耙斗的张合装置由耙的自锁栓碰开自锁撞块，除污耙闭合，耙齿插入格栅间隙，详见 2.1.4 节。

2) 钢丝绳牵引三索式格栅除污机：图 2-19 所示为钢丝绳牵引三索式格栅除污机。耙斗由三根钢丝绳操纵升降和耙斗的张合，安装角度 75°～90°。该种形式除污机的各种型号，其基本构造相仿，大多在中间索操纵耙斗的张合上采取不同的形式，有电动推杆、电液推杆、摆臂滑轮、摆动滑轮等等，都有其独特的长处。

耙斗小车分两种类型，一种是无导向装置，耙斗小车下降时，小车较宽的滚轮，在栅面被截留的污物上滚行。上行时，小车紧贴在栅面上除污。此种无导向装置主要缺点是，运动线路不稳定，当受侧向水流冲击，会产生横向移动。另一种是有导向装置：耙斗小车升降，其滑块或滚轮均在固定的导槽或轨道上运行。易于控制，耙齿插入栅隙较准确。但主要缺点是：当栅面上有大的飘浮物紧贴时，耙斗难以下放。两种类型相对比较，后者应用较多。

钢丝绳牵引三索式格栅除污机规格性能如表2-29所示。

钢丝绳牵引三索式格栅除污机规格性能 表2-29

型号	宽度(m)	井深(m)	栅距(mm)	安装倾角(°)	耙速(m/min)	功率(kW)	承载力(N)	水头差(m)
GS	1.3~3.5	<12	20~100	75°~90°	6~9	0.55+1.5~1.1+3	10000	1

3）钢丝绳牵引葫芦抓斗式格栅除污机：图2-20为钢丝绳牵引葫芦抓斗式格栅除污机，采用电动葫芦改装，由绳鼓两侧中的一台电机，专司张、合耙的动作。图示虚线为抓斗张开，实线为闭合。此种格栅除污机以清除杂草、芦苇、枯枝等为主，卸污全靠污物自重。钢丝绳牵引葫芦抓斗式格栅除污机规格如表2-30所示，外形尺寸见表2-31。

钢丝绳牵引葫芦抓斗式格栅除污机规格性能 表2-30

型号	最大提升高度(m)	齿耙宽度和齿距	提升重量(kg)	升降速度(m/min)	电动机功率(kW)	设备质量(kg)
QL	24	按用户需要	1700	8	4.5	3000
QX	12~24	按用户需要	3000	9	4.5	1500
QG	12~24	按用户需要	3000	9	4.5	1500

钢丝绳牵引葫芦抓斗式格栅除污机 表2-31

型号	外形尺寸(mm)			轨距(mm)	排污槽尺寸(mm)		预埋件
	长	宽	高		深	宽	
QL	6050 5850	2000 3130	3800 3200	1500 2100	500 800	600 800	P38钢轨
QX	2000	950	2300	—	—	—	工字钢20a~32a
QG	2000	1800	3200		500	600	

2.1.3.9 移动式格栅除污机

移动式格栅除污机，适用于多台平面格栅或超宽平面格栅，均布置在同一直线上或移动的工作轨迹上，以一机替代多机，依次有序地逐一除污。使用效率高、投资省。主要形式有移动式钢丝绳牵引伸缩臂格栅除污机、移动式钢丝绳牵引耙斗格栅除污机、移动式钢丝绳牵引抓斗格栅除污机等，以耙斗式应用居多。

（1）移动式钢丝绳牵引伸缩臂格栅除污机

图 2-23 为移动式钢丝绳牵引伸缩臂格栅除污机，主要由卷扬提升机构、臂角调整机构和行走机构等组成。卷扬提升机构由电动机、蜗轮减速器和开式齿轮减速驱动卷筒，由钢丝绳牵引四节矩形伸缩套管组成的耙臂。耙斗固定在末级耙臂的端部。耙齿由钢板制成并焊接在耙斗上，耙斗内有一块借助杠杆作用动作的刮污板，刮除耙斗内的污物。耙臂和耙斗的下降靠其自重，上升则靠钢丝绳的牵引力，在卷筒的另一端还有一对开式齿轮，带动螺杆螺母，由螺母控制钢丝绳在卷筒上的排列，避免由于钢丝绳叠绕而导致动作不准确。

臂角调整机构由电动机经皮带传动和蜗轮减速器带动螺杆螺母，螺母和耙臂铰接在一起。在耙臂下伸前，应使耙斗脱开格栅。在耙斗刮污前，应使耙斗接触格栅。这两个动作通过改变臂角的大小来实现。

行走机构由电动机经蜗轮减速器和开式齿轮减速，带动槽轮行走。轨道为 20 号工字钢。在耙臂另一侧的车架下部装有两个锥形滚轮，可沿工字钢轨道上翼缘的下表面滚动，当耙臂伸开，整机偏重时，可防止机体倾覆。

该机的供电方式是悬挂式移动电缆，设备的各种动作由人工控制机上按钮实现。各动作的定位由行程开关控制。

污物被耙上来后，可由皮带运输机运至料斗，待积累到一定数量时装车运走。

在设计制造这种除污机时，应注意使伸缩臂内摩擦表面平直光洁，避免卡住。还应注意耙斗齿的间距和格栅相适应，以及行走时定位的准确。

移动式钢丝绳牵引伸缩臂格栅除污机规格性能如表 2-32 所示。

移动式钢丝绳牵引伸缩臂格栅除污机规格性能　　　　表 2-32

型号	齿耙宽度 (mm)	齿距 (mm)	臂长 (m)	提升高度 (m)	提升速度 (m/min)	行车速度 (m/min)	安装角度 (°)	电动机功率 (kW)	除污重量 (kg)	设备重量 (kg)
GC-01	800 1000 1200	50 80 100	14	10	7	14	60±10	1.5×3	40	4000

(2) 移动式钢丝绳牵引耙斗格栅除污机

图 2-50～52 为移动式钢丝绳牵引耙斗格栅除污机，主要由卷扬机构、钢丝绳、耙斗、绳滑轮、耙斗张合装置、机械过力矩保护、移动行车和定位装置等组成。整机定位扒污动作、耙斗升降、耙斗张合、耙斗污物刮除等与固定安装的钢丝绳牵引耙斗式格栅除污机相同，唯上机架与下机架分体，上机架全部设在移动行车上。除污时，移动到位，上下机架对位准确，耙斗即可顺利下放除污，除污完毕移动一个齿耙有效宽度，继续除污，直至栅面污物清除完毕。栅前后水位差达到正常值时止。

任何型式的移动式格栅除污机必须注意：

1) 移动到位，上下机架对位准确，在下放除污耙前必须锁定行走行车，除污过程中，行车不能移位。

2) 行车移动，必须在耙斗已升至井顶的上下机架分体界限以上。

移动式钢丝绳牵引格栅除污机规格性能与应用如表 2-33 所示。

58　　2　拦污设备

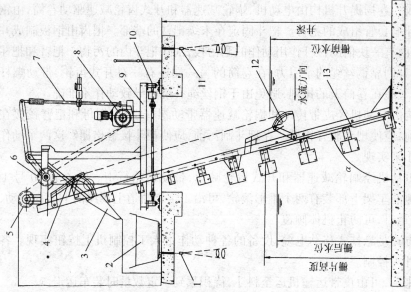

图 2-51　GSYA 型钢丝绳牵引耙斗式格栅除污机侧面图

1—栅后超声波水位计；2—污物盛器；3—卸污溜板；4—卸渣机构；5—绳滑轮；6—张合绳轮；7—电动推杆；8—驱动机构；9—上机架及行走小车；10—车轮；11—栅前超声波水位计；12—耙斗小车；13—格栅

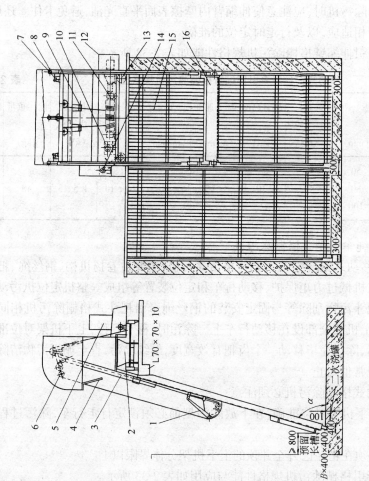

图 2-50　BLQ-Y 钢丝绳牵引耙斗式格栅除污机

1—清污耙斗；2—污物盛器；3—上机架；4—刮污板；5—电控柜；6—滑轮机构；7—过载保护装置；8—滑轮；9—钢丝绳防松机构；10—耙斗张合装置；11—卷筒；12—挡板；13—车轮；14—驱动机构；15—格栅；16—耙斗齿耙

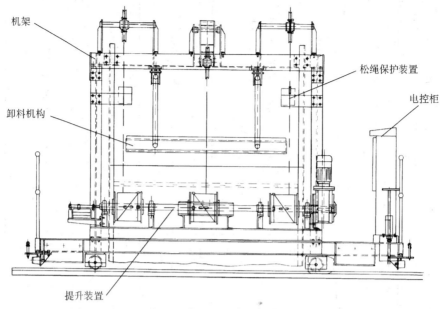

图 2-52　GSYA 钢丝绳牵引耙斗式格栅除污机移动装置正面

2.1.3.10　鼓形栅筐格栅除污机

(1) 总体构成：鼓形栅筐格栅除污机，又称细栅过滤器或螺旋格栅机，是一种集细格栅除污机、栅渣螺旋提升机和栅渣螺旋压榨机于一体的设备。如图 2-53 所示。

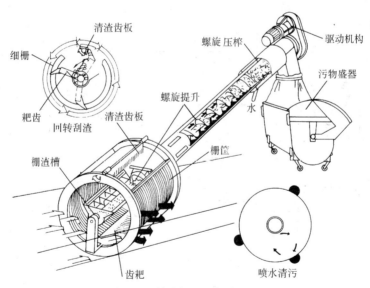

图 2-53　鼓形栅筐格栅除污机

格栅片按栅隙(5～12mm)间隔制成鼓形栅筐，处理水从栅框前流入，通过格栅过滤，流向水池出口，污物被截留在栅面上，当栅内外的水位差达到一定值时，安装在中心轴上的旋转齿耙，回转清污，当清渣齿耙把污物扒集至栅筐顶点的(时钟 12 点)位置时，卸污(能依自重下坠的污物卸入集污槽)，而后又后转 15°，被栅筐顶端的清渣齿板把粘附在耙齿上的污物自动刮除，卸入集污槽。污物由槽底螺旋输送器提升，至上部压榨段压榨脱水，栅渣固含

表 2-33 钢丝绳牵引几种移动式格栅除污机的规格性能与应用

格栅总宽 (m)	栅条间距 (mm)	耙宽度 (m)	耙斗容积 (m³)	格栅安装倾角 (°)	齿耙额定载荷 (t)	电动机功率 (kW)	提升高度 (m)	提升速度 (m/min)	行走速度 (m/min)	设备自重 (t)	轨道型号 (kg/m)	轨距 (m)	使用单位
12.2	73	1.549	0.35	75	4.0	升降:6.3 行走: 2.2×2	30	6.3	20	20	24	2.2	云南大理西洱河一级电站
约15～30	100	1.7	0.37	75	1.5	总:14.1	18	17.4	20	12	24	2.1	引滦工程沿途泵站
约20	100 80 50	1.2 1.0 0.8		60 (伸缩臂角 60 $^{+5}_{-10}$)	污物 0.04	1.5×3	6～12	7.0 8.4	14 11.8	4	I 20	1.3	天津市上海道污水泵站 沈阳市政工程处工农泵站
68	99	2.0	0.4	75	抓草 0.1	行走:3 提升:3 开闭:1.5	7.5	22.5		2.5		1.04	江苏省淮安抽水站
28	80	4.08		80	1.5	提升:3.7 行走:1.5	13.8	6.0	3.0	5 (不含格栅)	15	1.5	宝山钢厂发电厂(引进)
3.6×4	80	3.6	0.7	71	0.7	提升:2.2 开闭:0.55 行走:0.55 (双速)	12	6.0	30/3.0		24	2.4	上海北新泾泵站

续表

格栅总宽(m)	栅条间距(mm)	耙斗宽度(m)	耙斗容积(m³)	格栅安装倾角(°)	齿耙额定载荷(t)	电动机功率(kW)	提升高度(m)	提升速度(m/min)	行走速度(m/min)	设备自重(t)	轨道型号(kg/m)	轨距(m)	使用单位
5.0×6	80	2.5	0.5	90	0.6	提升:3.0 开闭:0.75 行走:手动	13.5/11 (两种井深)	7.0	<5.0	1.2 (不含格栅)	18	2.5	苏丹农业泵站(出口)
7.3	50	1.5	0.31	70			7.13			9.3			天津技术开发区
11	35	2.465	0.25	75	100		6.5			15.2			广州珠港啤酒集团公司
11.6	50	2.57	0.5	70		行走:0.75 升降:1.5	7.806	5.6	2.9	16.1	15	1.4	天津泰丰泵站
12	50	1.67	0.34	75			10.1			19.5			天津逸仙园
20	50	2.15	0.45	70			7.652			40.2			天津海晶西泵站

注：格栅总宽□□×□，前者为格栅井宽度，后者为格栅井的数量。

量可达35%~45%DS,后卸入污物盛器内外运。

鼓形栅筐格栅除污机,适用于城市给水、排水,工业给水排水等取水口截除水体中的污物。

(2) 规格性能:鼓形栅筐格栅除污机规格性能如表2-34、图2-54所示,外形尺寸如表2-35所示。

鼓形栅筐格栅除污机规格性能(mm) 表2-34

型号:R01/D	D600	D780	D1000	D1200	D1400	D1600	D1800	D2000	D2200	D2400	D2600	D3000
$e=6; Q_{max}(L/s)$	83	130	200	300	419	630	850					
$e=10; Q_{max}(L/s)$	91	151	241	346	482	638	878	1061	1315	1750	2150	2750
$L=H\times1.74345-\cdots$	335	414	525	622	725	850	1000	1205	1355	1505	2603	2929
$A=H\times1.42815-\cdots$	153	218	308	387	451	553	677	795	870	945	1924	2120
电动机功率(kW)	1.1			1.5				2.2				3

注:e为栅片间距;Q为过栅流量。

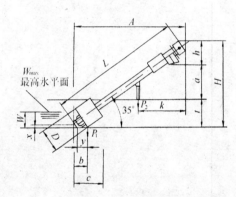

$H = t + a + h$ (mm)
$t = W + 300 \sim 500$ (mm)
a 值由用户根据排渣形式确定

图2-54 鼓形栅筐格栅除污机安装示意

表中"L"和"A"的计算方法如下:

计算实例:

已知:$t = 1200$mm $H = t + a + h$
$a = 1500$(对于$1.1m^3$的容器)(mm) $H = 1200 + 1500 + 740 = 3440$mm
$D = 780$mm $L = H \times 1.74345 - 414$

计算:$H = ?$ $L = 3440 \times 1.74345 - 414 = 5583$mm
$L = ?$ $A = H \times 1.42815 - 218$
$A = ?$ $A = 3440 \times 1.42815 - 218 = 4695$mm

鼓形栅筐格栅除污机安装尺寸(mm) 表2-35

D	沟渠宽度	b ($e=6$)	b ($e=10$)	c ($e=6$)	c ($e=10$)	W	x	y	h	k	最大载荷(N)	
											P_1	P_2
600	620	435	465	821		300	50	500	700	1235	7160	3580
780	800	546	548	1013	1012	350	50	650	740	1420	8300	4150

续表

D	沟渠宽度	b ($e=6$)	b ($e=10$)	c ($e=6$)	c ($e=10$)	W	x	y	h	k	最大载荷(N)	
											P_1	P_2
1000	1020	625	630	1190	1190	480	70	700	740	1420	10400	5200
1200	1220	741	749	1401	1402	590	80	800	740	1310	11660	5830
1400	1440	842	846	1658	1657	750	80	900	804	1595	19500	9750
1600	1640	902	963	1874	1875	850	80	1000	804	1595	22000	11000
1800	1840	1263	1263	2280	2277	950	80	1100	804	1595	24500	12250
2000	2040	1300	1300	2490	2490	1150	100	1200	959	1525	37500	18750
2200	2240	1340	1340	2670	2670	1250	100	1300	959	1525	40800	20400
2400	2440	1375	1375	2990	2990	1400	100	1400	959	1525	45800	22900
2600	2640	1490	1490	3050	3050	1490	100	1600	959	1525	55800	27900
3000	3040	1707	1707	3657	3657	1700	150	1600	2040	1635	61240	30620

鼓形栅筐格栅除污机布置时可多台并联,选用时可按图2-55所示,按处理水量直接查到栅筐直径。该装置处理水量大、规格多、能耗低、自动化程度高,从进水到栅渣外运,可全封闭运行,卫生、无臭味。

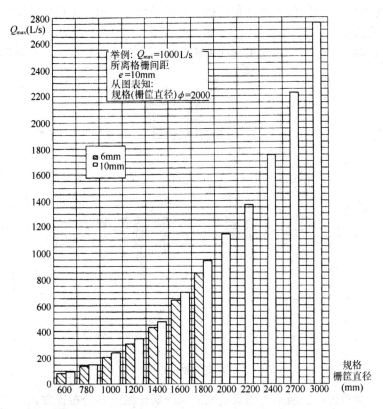

图2-55 鼓形栅筐格栅除污机流量与栅筐直径对应表

2.1.4 钢丝绳牵引滑块式格栅除污机设计

2.1.4.1 总体构成

滑块式格栅除污机构造如图 2-18 所示,它是用两根钢丝绳牵引除污耙。耙和滑块沿槽钢制的导轨移动,靠自重下移到低位后,耙的自锁栓碰开自锁撞块,除污耙向下摆动,耙齿插入格栅间隙,然后由钢丝绳牵引向上移动,扒除污物。除污耙上移到一定位置后,沿抬耙导轨逐渐抬起,同时刮板自动将耙上的污物刮到污物槽或小车中。随后,已张开的耙子停留于高位,一个工作循环结束。

2.1.4.2 设计依据

(1) 格栅的宽度(常用 1~4m)、长度、安装倾角(常用 60°~75°)、栅条间距(按表 2-1 选用)。

(2) 除污耙的运行速度 3~20m/min(一般常用 5~9m/min)。

(3) 水流通过格栅的最大平均流速取 0.8~1.0m/s。

(4) 最高、最低水位、水的 pH 值、安装格栅的渠道深度、宽度和其他有关构筑物的形状尺寸等。

(5) 污物截留量,污物的表观密度及其主要成分和性质。

2.1.4.3 传动设计

(1) 传动布置:设备的传动部分布置在机架的平台上。由于采用的减速装置不同,有不同的传动布置方式。

图 2-56 传动布置(一)所示为用圆柱齿轮减速器和开式齿轮减速的布置形式。

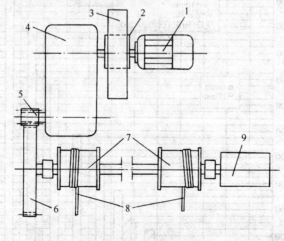

图 2-56 传动布置(一)

1—电动机;2—带制动轮柱销联轴节;3—交流制动器;4—圆柱齿轮减速器;5—小齿轮;6—大齿轮;7—卷筒;8—钢丝绳;9—行程控制机构

图 2-57 传动布置(二)所示为用双出轴的两级蜗轮减速器的布置方式。这种布置紧凑,可缩短每根传动轴的长度,但两级蜗轮减速器尚无标准产品。也可用行星摆线针轮减速机作为传动部件。

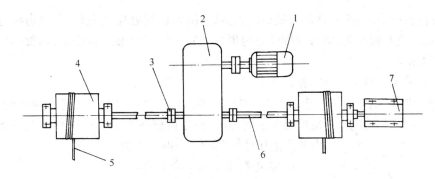

图 2-57 传动布置(二)

1—电动机；2—二级蜗轮减速器；3—联轴器；4—卷筒；5—钢丝绳；6—传动轴；
7—行程控制机构

(2) 卷筒、钢丝绳：卷筒(有的还有转向轮)的位置取决于两根牵引钢丝绳在耙上的吊点(吊点应适当靠近耙臂)并与传动布置和机架的设计有关。为使除污耙工作时可以承受较大的负荷而不致产生"让耙现象"，应尽量将卷筒往后放置，但钢丝绳拉紧时不可与刮板或溜板相碰。通常除污耙上行时钢丝绳应与格栅平行。

选用较柔软的钢丝绳，最好用不锈钢丝绳。钢丝绳直径 d_0(mm)应满足：

$$S_{max} n \leqslant S_破 \tag{2-1}$$

式中 $S_破$——钢丝绳直径为 d_0 的破断拉力(N)；

S_{max}——每根钢丝绳上的最大拉力(N)；

n——安全系数，$n=5\sim6$。

考虑到水的腐蚀性，钢丝绳直径 d_0 应不小于 8mm。

卷筒直径 $D \geqslant 20d_0$，卷筒直径稍大些对钢丝绳有利，但结构尺寸将相应增大。

(3) 安全销：如图 2-56 所示的大齿轮上，装有安全销(图 2-58)，当过载时销钉被切断，用以保护设备免遭破坏。销钉装在大齿轮与套筒之间，套筒用键与卷筒轴相连，大齿轮活套在套筒上，彼此靠销钉传动。

销钉直径 d_p 按剪切强度计算：

$$d_p = \sqrt{\frac{8KM}{\pi D_m Z [\tau]}} \quad (mm) \tag{2-2}$$

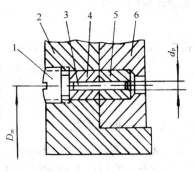

图 2-58 销钉式安全销

1—螺塞；2—套筒；3—销钉；4—销钉套Ⅰ；5—销钉套Ⅱ；6—大齿轮

式中 K——过载限制系数，一般可选用 2.1；

M——公称扭矩(N·m)；

D_m——销钉轴心所在圆的直径(m)；

Z——销钉数量；

$[\tau]$——销钉的容许剪切应力(MPa)，$[\tau]=(0.7\sim0.8)\sigma_b$，

其中 σ_b——销钉材料的抗拉强度极限(MPa)。

过载限制系数即极限扭矩与公称扭矩之比。极限扭矩值应略小于机器中最薄弱部分的破坏扭矩(折算至安全销处)。

销钉材料可采用45号钢淬火或高碳工具钢,准备剪切处应预先切槽,使剪断处的残余变形最小,以免毛刺过大,妨碍报废销钉的更换。销钉应有足够的备用量,每批销钉需抽样作剪切应力试验。

销钉套采用钢材制造并需作淬火处理。

(4) 驱动功率计算:钢丝绳牵引式格栅除污机的驱动功率计算可以考虑两种情况:一种是齿耙在水下,另一种是齿耙在水上。按两种情况下钢丝绳受力的大值作计算驱动功率的牵引力。

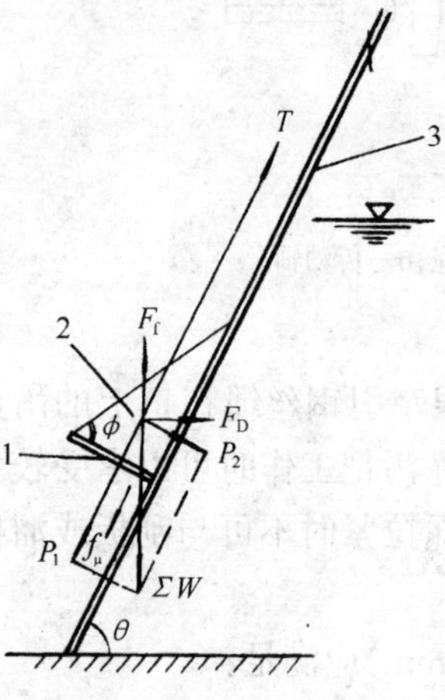

1) 齿耙在水下时的牵引力:

受力分析如图2-59所示。

设:格栅安装倾角 $\theta°$;

污物在耙上最大堆积角 ϕ 为60°;

污物表观密度0.8;

计算出污物和耙的重力(包括滑块重);

ΣW = 耙重力 + 污物重力(N);

耙和污物所受浮力为 F_f(N);

耙和污物所受水流拖曳力为 F_D(N);

耙和污物重量在运行方向的分力为 P_1(N);

耙和污物重量垂直于格栅的分力为 P_2(N);

耙和污物所受摩擦阻力 $f_\mu = \mu P_2$(N);

图2-59 耙板水下受力分析
1—耙板;2—污物;3—格栅

耙和污物与格栅的摩擦系数取 $\mu = 0.5$;

则钢丝绳的牵引力 T 应为

$$T = P_1 + f_\mu + F_D \quad (N)$$

式中 $P_1 = (\Sigma W - F_f)\sin\theta(N)$;

$f_\mu = \mu P_2 = \mu(\Sigma W - F_f)\cos\theta(N)$;

$F_D = C_D \dfrac{v^2}{2g}\gamma A\cos\theta(N)$;

C_D——板型系数;

g——重力加速度(9.8m/s^2);

γ——水或污水的表观密度(t/m^3);

$A\cos\theta$——耙和污物的迎水面积(m^2)。

2) 齿耙在水上时的牵引力:

受力分析如图2-60所示。

齿耙在水上时,耙及污物既不受水的浮力作用,也不受水流拖曳力作用。

各种符号同前,则钢丝绳的牵引力 T 应为

$$T = P_1 + f_\mu$$

式中 $P_1 = \Sigma W\sin\theta(N)$;

$f_\mu = \mu P_2 = \mu\Sigma W\cos\theta(N)$。

当水体流速不大时,拖曳力也不大。此时水有浮力作用,偏

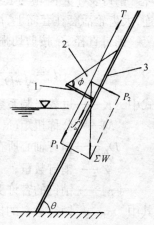

图2-60 耙板水上受力分析
1—耙板;2—污物;3—格栅

2.1 格栅除污机

于安全。因此,一般可只按齿耙在水上时计算钢丝绳的牵引力 T。

3) 驱动功率 N 为

$$N = \frac{Tv}{60000\eta_{总}} \quad (\text{kW}) \tag{2-3}$$

式中　T——钢丝绳的牵引力(N);

　　　v——耙的提升速度(m/min);

　　　$\eta_{总}$——机械传动总效率。

考虑到设备的制造安装误差以及工作条件差等因素,选用电机功率应有一定裕量。

其它机械零件计算参见有关机械设计手册。

4) 计算实例:

【例】　格栅及除污耙宽 2m

　　　　格栅安装倾角 $\theta = 60°$

　　　　除污耙耙板宽 0.14m

　　　　水流速度 0.8m/s

　　　　除污耙提升速度 3m/min

　　　　除污耙和滑块估重力 1500N

　　　　传动布置如图 2-57 所示。

求钢丝绳传动滑块式格栅除污机的驱动电机功率 N。

【解】　① 钢丝绳的牵引力 T:

当水的流速不大时,可只按齿耙在水上的受力分析计算钢丝绳的牵引力 F,力的分析见图 2-60,符号如前。

设耙板垂直于格栅,则

$$污物重力 = 8000\text{N/m}^3 \times 2\text{m} \times \frac{1}{2}(0.14\text{m} \times 0.14\text{m} \times \text{tg}60°) = 272\text{N}$$

$$\Sigma W = 1500 + 272 = 1772\text{N}$$

$$P_1 = 1772 \times \sin60° = 1535\text{N}$$

$$\mu \text{ 取 } 0.5$$

$$f_\mu = 0.5 \times 1772 \times \cos60° = 443\text{N}$$

$$T = 1535 + 443 = 1978\text{N}$$

② 求驱动电动机功率 N 为

$$N = \frac{Tv}{60000\eta_{总}} \quad (\text{kW})$$

$\eta_{总}$ 为机械传动总效率按图 2-57 设置计算:

η_1、η_4 联轴器效率为 0.99

η_2、η_3 蜗杆传动效率为 0.75

η_5 滑动轴承效率为 0.97

η_6 绞车卷筒效率为 0.94

$$\eta_{总} = \eta_1\eta_2\eta_3\eta_4\eta_5\eta_6 = 0.99 \times 0.75 \times 0.75 \times 0.99 \times 0.97 \times 0.94 = 0.5$$

则
$$N = \frac{1978 \times 3}{60000 \times 0.5} = 0.198 \text{kW}$$

考虑到各种其它有关因素,选用电动机 1.1kW。

2.1.4.4 除污耙—滑块机构

在初步确定除污耙—滑块的几何形状与尺寸,并分别计算出除污耙和滑块的重量及重心位置后,应对除污耙—滑块机构作力学分析,保证除污耙—滑块机构按设计要求动作。

对于直线型导轨,滑块可做成长方形;对于导轨有圆弧部分的滑块,滑块厚度等于导轨深度。滑块横断面形状按导轨横断面形状决定。滑块需有足够的重量,设计时可按两个滑块的总重力略大于除污耙的重力,一般取滑块总重力=(1.2~1.6)除污耙重力,然后确定其尺寸。在进行除污耙滑块的力学分析时,应校验其是否合适。在圆弧导轨中的滑块应做成两头大,中间小的形状,两端头尺寸不大于直槽的尺寸,中间收缩部分使滑块在直槽和弧形槽都能滑动。

除污耙的结构如图 2-61 所示。

根据格栅宽度确定耙齿板的长度。根据最高负荷时的污物截留量和耙的工作周期,计算出耙在最高负荷时的一次扒污量。将这些污物沿耙齿板长度方向均匀布置于耙齿板的范围内,安息角按 60°计算,污物表观密度 0.8,堆积污物的三角形断面的短边,即耙齿板的最小宽度(图 2-62,不包括齿高在内)也可参照下式比值确定:

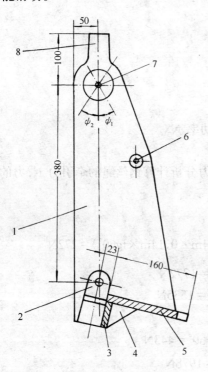

图 2-61 除污耙
1—耙臂;2—钢丝绳吊环;3—加强板;4—肋板;5—耙齿板;
6—抬耙滚子;7—销轴;8—限位柄

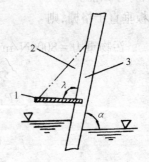

图 2-62 耙齿板截污最小宽度截面示意
1—耙齿板;2—格栅截留污物;3—格栅

$$B = \left(\frac{1}{6} \sim \frac{1}{10}\right)L$$

式中 B——耙齿板宽;
L——耙齿板长。

耙齿板可以用 10mm 厚钢板制造,沿长度方向需有加强肋,对于宽度较大的耙齿板也应顺宽度方向加肋。

耙齿可直接在耙齿板上加工成形,一般做成梯形,梯形的宽度和高度与栅条间距有关,最宽处比栅条净距小 10mm 以上,高度约等于栅条净距的 $\frac{1}{2} \sim \frac{2}{3}$,不得大于栅条宽度。

耙齿板两端固定于耙臂上,耙臂用销轴与滑块铰接。耙臂的几何形状与尺寸要求:

(1) 耙齿板工作面与格栅迎水面之间的夹角 λ(见图 2-62)应满足 $90° < \lambda < (180° - \theta)$;

(2) 抬耙滚子与抬耙导轨以及自锁卡块的安装相适宜;

(3) 从销轴中心到齿顶的距离一定要大于滑块在销轴以下那一段的长度,以便捞取格栅底部的污物。

耙臂相对于滑块的最大内摆动角 Ψ_1(当上行行程中除污耙脱离溜板时)和最大外摆动角(除污耙张开时)Ψ_2,由滑块上的限位板限定。Ψ_1 可采用 $20° \sim 40°$,Ψ_2 可采用 $30° \sim 40°$(如图 2-61 所示)。

耙臂可用铸铁或钢板制作,整个除污耙的重量应适当,而且有足够的刚度,运转中不得有明显弹性变形。

2.1.4.5 抬耙和刮板装置

抬耙装置使除污耙在脱开溜板后到达上行行程终点以前时张开,在除污耙逐渐张开的过程中,刮板装置将耙上的污物刮到污物槽中。

图 2-18 所示的抬耙导轨固定在机架上,抬耙导轨曲线是一段圆弧,其位置按下述原则确定:

(1) 当耙齿脱离溜板,滑块再移动 30cm 后,装在耙臂内侧的抬耙滚子即沿弧形导轨的切线方向进入并接触抬耙导轨的下端;

(2) 当抬耙滚子到达抬耙导轨上端时,除污耙便能自动抬到最大张开状态。

弧形导轨的曲率半径约等于或小于刮板工作边缘的回转半径。刮板与水平面成 60°角,刮板臂在不工作时为水平,回转轴在机架后侧。刮板与溜板的相对位置应保证污物全部落入污物槽中。

2.1.4.6 格栅、导轨和机架

格栅一般用扁钢做栅条,焊在角钢或槽钢横梁上,形成一个整体,横梁条数应尽可能少,以免截留污物。栅条应该平直,栅条间隙和耙齿尺寸应该在一定公差范围内,以免卡住。

导轨用槽钢制造,槽钢内侧表面应清除毛刺和锈污,对导轨的局部不直度和全长不直度应提出严格的要求。两根导轨在安装时应调整到互相平行为止,并保证准确的距离,以使滑块在导轨内顺利运行。

机架的高度主要取决于除污耙—滑块的上行行程,即必须满足使除污耙离开溜板上缘后完成抬耙、卸污和完全张开等一系列动作,并保留一段安全行程。

2.1.4.7 松绳开关装置

铰接在机架上的支杆端部装有一个滚筒,该滚筒搭在钢丝绳上,当钢丝绳松弛度超过额定范围时,滚筒将因自重而落下,带动支杆转动,从而触动行程开关,切断电源,防止故障扩大。

也可采用图 2-49 松绳开关装置,这种装置比较紧凑、简便。

2.1.4.8 控制机构

除污耙的上下极限位置分别由两个行程开关控制,第二个起安全防护作用。在钢丝绳

卷筒轴的一端,安装一根同步转动的螺杆,带动螺母触块,到限定位置时使行程开关动作。

当钢丝绳松弛时除松绳开关保护外,同时串接音响信号通知值班人员及时处理。

设备运行的控制分手控和自控,手控是由操作人员视当时实际需要控制运行时间;自控一般有两种,一种是按污水中污物含量规律定时开停,另一种是按截污后形成栅前栅后的水位差,借压力差变送器通过中间继电器自动运行。

2.1.4.9 操作及维护

(1) 设备安装时,应注意调整两根导轨的平行度及导轨与除污耙二端滑块的间隙,使除污耙上行和下行动作顺利。调整各行程开关及撞块的位置,确定时间继电器的时间间隔等,使设备按设计规定的程序,完成整套循环动作。

(2) 调整正常后,应空载试运转数小时,无故障后,才能进水投入运行。

(3) 电动机、减速器及各加油部位应按规定加换润滑油、脂。如用普通钢丝绳也应定期涂抹润滑脂。

(4) 定期检查电动机、减速器等运转情况,及时更换磨损件,钢丝绳断股超过规定允许范围时也应随时更换。同时应确定大中修周期,按时保养。

2.1.5 格栅截除污物的搬运与处置

格栅除污机扒上来的污物卸入污物槽中,污物槽的开口长度应略大于耙齿板的长度,容积约等于1~2个工作班次中所扒捞上来的污物体积。污物槽可用厚2mm左右的钢板焊制。其底面安装高度视运输污物的工具或槽下是否安装其它设备(如破碎机等)而定。

有的地方直接将污物用手推车或皮带运输机运出,也有将污水注入槽后用水力输送。

现代的格栅除污机常与后续处理工序联成一条格栅除污流水线。例如:

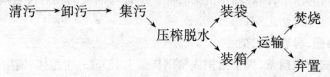

清污和卸污由格栅除污机完成。集污用料斗、小车或皮带运输机、水力输送至贮存仓。

污物经过压榨含水率为50%~65%,体积可缩小$\frac{1}{3}$以上。破碎压榨设备一般处理量为0.7~6.5m³/h,有下述三种基本类型:

(1) 柱塞式压榨机:利用液压原理,靠柱塞的压力挤压污物而脱水。处理量2.5m³/h左右。

(2) 辊式压榨机:污物通过两个相对转动的辊筒完成压缩和脱水动作。处理量3m³/h左右。

(3) 锤式破碎机:是根据锤击和剪切的原理设计的。和矿山机械锤式破碎机不同的是锤头呈扁平状,工作面做成刀刃。锤头在回转运动中完成对污物的锤击和剪切作用。污物经破碎后返回污水中。

我国深圳污水处理厂设有引进的格栅除污流水线(如图2-63所示),包括西姆拉克L型(Simrake-L)除污机组二套,SP-031格栅污物压榨机、皮带运输机和污物装袋机。格栅除污机的齿耙由链条牵引垂直升降,上升时耙齿与栅条啮合,下降时则通过连杆机构将齿耙与格栅脱开(如图 2-64 所示)。设有拉力保护设施和自动运转设置。捞上的污物通过带式输送机送入压榨机,用 γ 射线控制压榨量。压榨后的污物自动装袋。

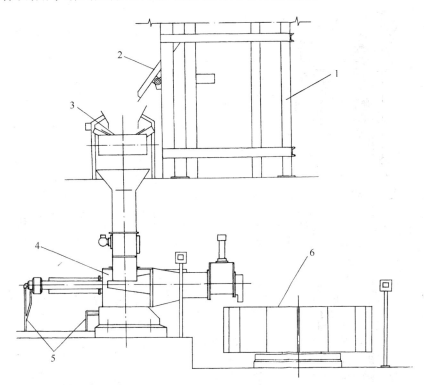

图 2-63 格栅截留污物处理装置流水线
1—格栅除污机机架;2—摆动斜槽;3—皮带运输机;4—污物压榨机;5—输水管;
6—污物装袋机

该除污机的工作宽度 1400mm,格栅高 2500mm,栅条净距 20mm,最大清除量 $1m^3/h$,控制方式:

1) 人工启动,自动停车。
2) 由时间继电器控制定时运行。
3) 按液位差控制。

配用皮带输送机长 4m,带宽 0.8m,带速 12.5m/min,运输能力 $1.75m^3/h$。

SP-031 污物压榨机(如图 2-63 所示引进格栅除污机流水线)其压榨能力为 $1m^3/h$,压榨前污物平均含水 85%~95%,压榨后降为 55%~65%。压榨机采用液压操作,液压系统的最大压力达 20MPa。压榨时间 1~30s 可根据需要调节。当压榨时间终了时,卸压液压阀打开,并让被压榨的污物排出。机组采用上台式排渣,与装袋机连接作业。

装袋机(如图 2-65 所示),每机可同时配 10 个包装袋,每袋容量 90L,可装污物 50~90kg。袋装重量由测力装置调节。袋子用聚乙烯或衬聚乙烯纸制造。当所有袋子都装满时,有音响报警信号发出。

72 2 拦污设备

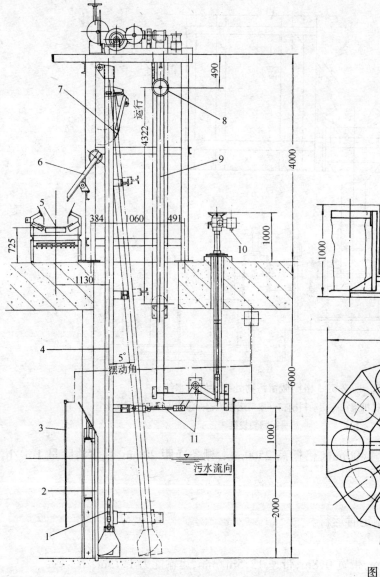

图 2-64 引进格栅除污机
1—可锻铸铁和钢制组合链条；2—格栅和支架；3—沉管测量水位；
4—耙子导槽(摆动)；5—皮带运输机；6—摆动斜槽；7—耙子刮板；
8—平衡轴与支持链轮；9—平衡轴导柱；10—导入电缆；11—曲柄传
动轴操纵杆和推杆

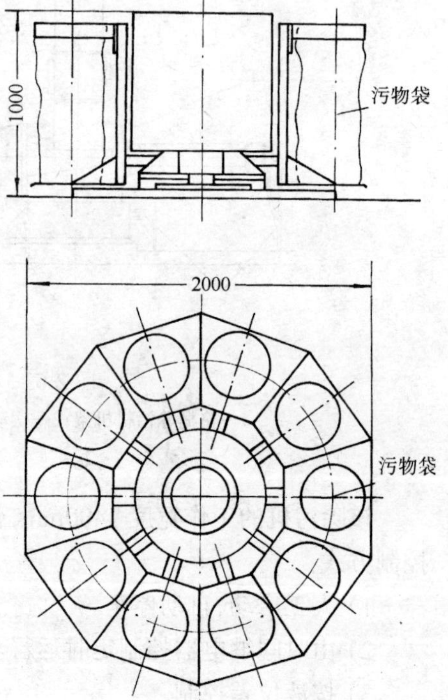

图 2-65 装袋机示意

2.2 旋 转 滤 网

2.2.1 适 用 条 件

(1) 旋转滤网的适用条件一般为:拦截及排除作为水源的淡水或海水内大于网孔直径的悬浮脏污物和颗粒杂质,为供水系统中的主要拦污设备。

(2) 不能拦截水体中较大的杂物(如漂木、浮冰、树叉、芦苇等),因此在旋转滤网前应设置粗格栅或格栅除污机。

(3) 可设置于室内、也可设置于露天。传动部分应设置于最高水位以上。在严寒地区应采取防冻措施。

(4) 通过传动装置使链形网板连续转动排除水中杂物,网板和链条等部分长期在水下运行,因而防腐蚀要求较高。

2.2.2 类型及特点

2.2.2.1 类型
常用的旋转滤网大致分为三种类型:
(1) 板框型旋转滤网。
(2) 圆筒型旋转滤网。
(3) 连续传送带型旋转滤网。

滤网可设置在渠道内或取水构筑物内,滤网可用不锈钢丝、尼龙丝、铜丝或镀锌钢丝编织而成。网孔孔眼大小根据拦截对象选用,一般为 0.1~10mm。由于旋转滤网截留的污物颗粒较小,一般可顺排水沟内排出。

2.2.2.2 特点
旋转滤网的特点:

(1) 旋转滤网的宽度一般在 1.0~4.0m 之间,使用深度大部分在 10m 左右,最深可达 30m。网板运动速度在 3m/min 左右。

(2) 旋转滤网均采用喷嘴喷出的高压水冲洗清除附着在滤网上的污物。

(3) 水下不设传动部件,靠滤网或链条的自重自由下垂,以便于检修及养护。

(4) 旋转滤网的启动控制同格栅除污机类似,有手动及自动(水位差自动控制或按时间间隔启动)两种方式。

(5) 当流速和污物量变化大时,可用无级变速电机改变滤网的旋转速度。国内大多采用普通电动机驱动。

(6) 附着在滤网上的污物增多,将增大滤网前、后的水位差,设计计算的水头损失一般控制在 30cm 以下,在滤网的实际运行中控制在 10~20cm 左右。

2.2.3 板框型旋转滤网的设计

2.2.3.1 总体构成
板框型旋转滤网的构造如图 2-66~68 所示,由电动机、链传动副、牵引轮、链板、板框、滤网、座架、冲洗喷嘴、冲洗水管和排渣槽等组成。在国内过去大都采用普通电动机通过减速器和大、小齿轮传动副驱动牵引链轮。目前已改为采用行星摆线针轮减速机通过一级链传动副,驱动牵引链轮。后者已作为今后的定型设计。

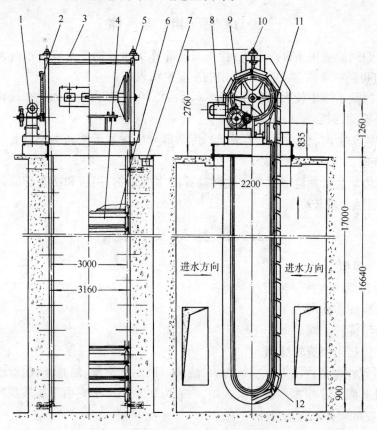

图 2-66 普通电动机传动的板框型旋转滤网
1—蜗轮蜗杆减速器;2—齿轮传动副;3—座架;4—滤网;5—传动大链轮;6—板框;
7—排渣槽;8—电动机;9—链板;10—调节杆;11—冲洗水干管;12—导轨

当用变速电动机时,旋转滤网的速度可根据流速及水中含有杂质的多少进行手动或自动控制。被旋转滤网拦截上来的污物由冲洗管上的喷嘴喷出的压力水冲洗排入排渣槽带走。也有将污物冲入垃圾袋,待水滤出后,再把污物运走。

2.2.3.2 板框型旋转滤网计算

(1) 水力计算:

1) 旋转滤网需要的过水面积按式(2-4)计算:

$$A = \frac{Q}{v\varepsilon k_1 k_2 k_3} \quad (\text{m}^2) \tag{2-4}$$

式中 Q——设计流量(m^3/s);

v——流速,一般采用 $0.5\sim1.0\text{m/s}$;

k_1——滤网阻塞系数,一般采用 $0.75\sim0.90$;

k_2——网格引起的面积减小系数,采用 $k_2\approx\dfrac{b^2}{(b+d)^2}$;

2.2 旋转滤网

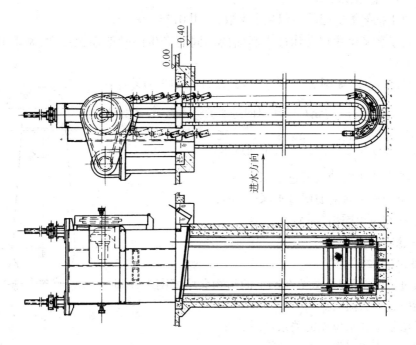

图 2-68 Zh-3000~4000 型旋转滤网

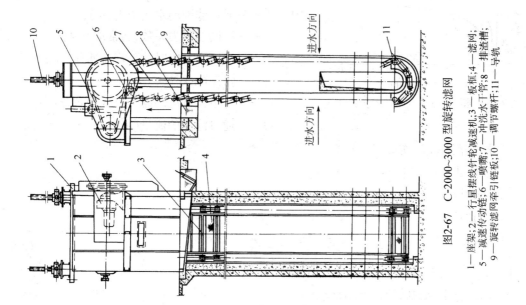

图 2-67 C-2000~3000 型旋转滤网

1—座架；2—行星摆线针轮减速机；3—板框；4—滤网；
5—减速传动链；6—喷嘴；7—冲洗水下管；8—排渣槽；
9—旋转滤网牵引链板；10—调节螺杆；11—导机

其中 b——网丝间距(mm);
d——网丝直径(mm);
k_3——由于框架等引起的面积减小系数,采用 0.75~0.90;
ε——由于名义尺寸和实际过水断面的不同而产生的骨架面积系数(常取 0.70~0.85)。

2) 滤网的过水深度(如图 2-69 所示)按式(2-5)、式(2-6)计算:

$$H_1 = \frac{A}{2B} \quad (m) \quad (双向进水) \tag{2-5}$$

$$H_2 = \frac{A}{B} \quad (m) \quad (单向进水) \tag{2-6}$$

式中 H_1——双面进水时的滤网过水深度(m);
H_2——单面进水时的滤网过水深度(m);
A——滤网过水面积(m^2);
B——滤网宽度(m)。

3) 通过滤网的水头损失:

当水流通过滤网网眼时,截留在网上的污物会堵塞网眼,同时水流转弯均能引起水头损失。

滤网孔眼堵塞率和水位差的关系见图 2-70。

水流转弯所造成的损失按下式计算:

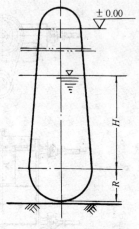

图 2-69 滤网的过水深度

$$h = C_D \frac{v_n^2}{2g} \quad (m) \tag{2-7}$$

$$v_n = 100Q/A_1 H(100 - n_1) \tag{2-8}$$

式中 h——通过滤网的水头损失(m);
C_D——滤网的阻力系数,通常取 0.4;
v_n——堵塞率 $n\%$ 时的平均流速(m/s);
H——水深(m);
A_1——每单位宽度的滤网有效面积(m^2/m);
Q——通过滤网的流量(m^3/s);

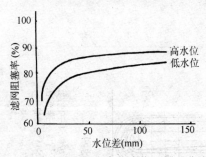

图 2-70 滤网阻塞率与水位差关系曲线

n_1——堵塞系数,常取 2~5。

(2) 传动及受力计算:

1) 网板旋转时的上升速度计算:

总速比: $i = i_1 i_2 i_3 \cdots\cdots$

主轴转速:
$$n_s = \frac{n}{i} \tag{2-9}$$

式中 n_s——链轮转速(r/min);
n——电动机转速(r/min);
i——总速比。

网板旋转时的上升速度为

$$v = 2\pi R n_s \quad (m/min) \tag{2-10}$$

式中 R——牵引链轮节圆半径(m)。

2) 提升网板所需的圆周力按式(2-11)计算：

$$P = \frac{F_1 R + Wfr}{R} \quad (N) \tag{2-11}$$

式中 P——提升网板所需的圆周力(N)；

　　R——牵引链轮节圆半径(m)；

　　r——牵引链轮主轴半径(m)；

　　f——在拉紧调节杆装置中采用的双列向心球面滚子轴承摩擦系数取 $f=0.004$；

　　W——作用在滚动轴承上的重力(N)；

　　F_1——提升网板时由于网前、后水位差引起的摩擦力(N)，

$$F_1 = P_1 f (N)$$

　　f——装在网板侧面的滚动轮摩擦系数，

$$f = \frac{2K + \mu d}{D}$$

其中 μ——滑动摩擦系数0.4；

　　d——滚动轮轮轴直径(cm)；

　　D——滚动轮直径(cm)；

　　K——金属表面的滚动摩擦系数0.1；

　　P_1——滤网上因污物堵塞及水头损失而引起的水压推力。

3) 电动机功率计算：

$$N = \frac{Pv}{1000\eta} \quad (kW) \tag{2-12}$$

式中 N——电动机功率(kW)；

　　v——链板上升速度(m/s)；

　　P——提升网板所需的圆周力(N)；

　　η——传动机械总效率。

4) 主轴计算（如图2-71所示）：传动大链轮轴的计算视传递扭矩情况可用实心轴或空心轴，当传递扭矩较大、主轴又较长时可采用空心轴。

① 大链轮传递的圆周力为

$$P = \frac{1000N\eta}{v_1} \quad (N)$$

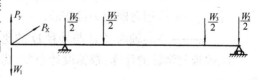

图2-71 主轴受力分析

式中 N——电动机功率(kW)；

　　v_1——传动大链轮的圆周速度 $=\dfrac{Znt}{60 \times 1000}$(m/s)，

其中 Z——大链轮齿数；

　　n——大链轮转速(r/min)；

　　t——链条节距(mm)。

P 在水平方向的分力 $P_x = P\cos\alpha$；

P 在垂直方向的分力 $P_y = P\sin\alpha$；

其中　α——传动链轮受力方向与传动主轴受力方向之间的夹角。

假设大链轮重力为 W_1；

主轴重力为 W_2；

网板和传动链轮重力为 W_3。

② 根据主轴受力图计算得水平方向弯矩 M_x 及垂直方向弯矩 M_y。

③ 计算大链轮处扭矩 M_t：

$$M_t = \frac{1000N\eta \frac{D_0}{2}}{v_1} \quad (\text{N·m}) \tag{2-13}$$

式中　D_0——大链轮节圆直径(m)；

　　　N——电动机功率(kW)；

　　　η——总机械效率；

　　　v_1——大链轮圆周速度(m/min)。

④ 主轴直径的确定：水平方向和垂直方向的合成弯矩为

$$M = \sqrt{M_x^2 + M_y^2} \quad (\text{N·mm}) \tag{2-14}$$

相当弯矩 M_{xd}：按第三强度理论为

$$M_{xd} = \sqrt{M^2 + (KM_t)^2} \quad (\text{N·mm})$$

则按弯曲与扭转合成强度计算轴径为

$$d \geqslant \sqrt[3]{\frac{M_{xd}}{0.1(1-\alpha^4)[\sigma]_w}} \quad (\text{mm}) \tag{2-15}$$

式中　　K——考虑到弯曲应力与扭转应力变化情况之差异的校正系数 $K = \frac{[\sigma]_m}{[\sigma]_n}$，

其中　$[\sigma]_m$——钢第三类荷载允许弯曲应力(MPa)；

　　　$[\sigma]_n$——钢第二类荷载允许弯曲应力(MPa)；

　　　$[\sigma]_w$——许用弯曲应力(MPa)；

　　　α——空心轴内径 d 与外径 D 的比值，实心轴时 $\alpha = 0$。

5) 链板与销轴的计算：根据设计布置，滤网板由两根链条带动，每根链条由两块链板组成。

① 一块链板所受的拉力为

$$T = \frac{K_4 K_5}{4}\left(P + \frac{W_3}{2}\right) \quad (\text{N}) \tag{2-16}$$

式中　T——一块链板所受的拉力(N)；

　　　K_4——链板受力的不均匀系数，取 1.2；

　　　K_5——链板受力的动载荷系数，取 1.5；

　　　P——提升网板所需的圆周力，

$$P = \frac{F_1 R + Wfr}{R} \quad (\text{N})$$

W_3——网板总重量(N),因为在同一水平方向有两块网板,故链条只承受 $\frac{1}{2}$ 网板总重量。

② 链板拉应力为

$$\sigma = \frac{T}{\delta b} \leqslant [\sigma] \quad (\text{MPa}) \tag{2-17}$$

式中　δ——链板厚度(mm);
　　　b——链板最狭处(轴孔处)宽度(mm);
　　　$[\sigma]$——许用应力(MPa)。

③ 轴孔处的挤压应力为

$$\sigma_{挤} = \frac{T}{\delta d} \quad (\text{MPa}) \tag{2-18}$$

式中　δ——链板厚度(mm);
　　　d——轴孔直径(mm);
　　　T——一块链板所受的拉力(N)。

④ 销轴的剪应力为

$$\tau = \frac{4T}{\pi d^2} \quad (\text{MPa}) \tag{2-19}$$

式中　d——销轴直径(mm)。

⑤ 衬套的挤压应力为

$$\sigma_{挤} = \frac{T}{b_1 d_1} \quad (\text{MPa}) \tag{2-20}$$

式中　b_1——衬套的挤压宽度(mm);
　　　d_1——衬套的外径(mm)。

⑥ 滚轮表面挤压强度的计算:
　ⅰ. 单向滚轮的挤压力为:总挤压力:

$$\Sigma P_c = K_6(P + W_3) \quad (\text{N}) \tag{2-21}$$

式中　W_3——网板总重力(N);
　　　P——提升网板时的圆周力(N);
　　　K_6——动载荷系数,取 1.5。

考虑一侧有两只滚轮与链轮接触,则在运动时单只滚轮的挤压力 $P_{jc} = \frac{1}{2}\Sigma P_c(\text{N})$。

ⅱ. 挤压强度为:单只滚轮的挤压面积:

$$A_4 \geqslant \frac{P_{jc}}{[\sigma]_{jc}} \quad (\text{mm}^2) \tag{2-22}$$

式中　$[\sigma]_{jc}$——与所用材料相对应的挤压强度(MPa)。

⑦ 安全销的计算:为了防止旋转滤网过载,应在传动大链轮轮毂与主轴连接处设置安全销,如图 2-72 所示。

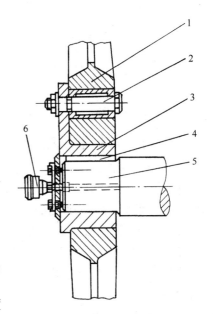

图 2-72　安全销安装
1—传动大链轮;2—安全销;3—轴套;
4—键;5—主轴;6—油杯

安全销按剪切强度计算,见公式(2-2)。

6) 喷嘴流速及耗水量计算:

① 喷水量为

$$Q = C_d A \sqrt{2gH} \quad (m^3/s) \tag{2-23}$$

式中 C_d——孔口流量系数,一般为 0.54~0.71,通常取 0.62;

A——孔口面积(m^2);

H——喷口处的水头(m)。

② 喷嘴流速为

$$v = C_v \sqrt{2gH'} \quad (m/s) \tag{2-24}$$

式中 C_v——流速系数 0.97~0.98。

③ 喷嘴结构(如图 2-73 所示)。

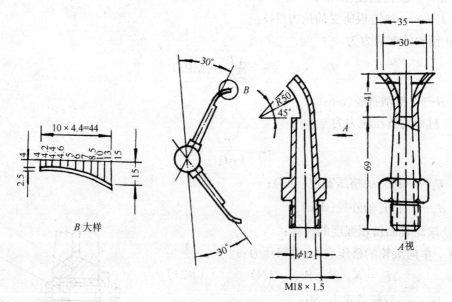

图 2-73 喷嘴结构

④ 一定条件下,单只喷嘴水量与水压关系曲线,如图 2-74 所示。

(3) 计算实例:

【例】 以 Zh-4000 型为例(单面正向进水,滤网宽度 $B_1 = 4000$mm)。

1) 旋转滤网立面如图 2-68 所示。

2) 主要技术数据:

网室尺寸:4160mm(宽)×30000mm(高)。

网板宽度:4000mm。

网板节距:600mm。

网板运动速度:~4.0m/min。

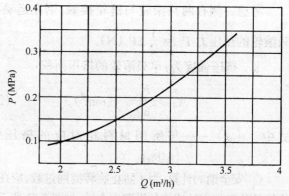

图 2-74 单只喷嘴水量与水压关系曲线

网板浸没深度:29m。
网板前、后的水位差:不大于 30cm。
每个滤网的冲洗水量:30~33L/s。
喷嘴前的水压力:0.2~0.25MPa。
网室横断面如图 2-75 所示。

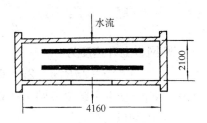

图 2-75 网室横断面

3) 计算:

① 滤网过水量的计算:由于外框尺寸和实际过水断面的不同(见图 2-76)而产生的骨架面积系数 ε:

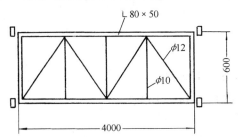

图 2-76 骨架面积系数计算图

$$\varepsilon = \frac{4\times0.6 - 2\times3.9\times0.05 - 2\times0.6\times0.05 - 4\times1.166\times0.012 - 3\times0.5\times0.01}{4\times0.6}$$

$$= 0.783$$

$$K_2 = \left(\frac{9.4}{12}\right)^2 = 0.61$$

$$K_1 K_3 = 0.9\times0.9 = 0.81$$

过水量 $Q_{计} = (\varepsilon K_1 K_2 K_3)Av = \varepsilon K_1 K_2 K_3 B H_2 v$ (m³/s)

式中 B = 网宽 = 4.0m;

H_2——滤网淹没深度(m);

v——网孔中水流流速取 0.9m/s,代入

$$Q_{计} = (0.783\times0.61\times0.81)\times4\times0.9\times H_2 = 1.39 H_2 \quad (m³/s)$$

当 $H_2 = 1$m 时,$Q_{计} = 1.39$ m³/s

$H_2 = 5$m 时,$Q_{计} = 6.96$ m³/s

$H_2 = 10$m 时,$Q_{计} = 13.9$ m³/s

$H_2 = 29$m 时,$Q_{计} = 40.39$ m³/s

② 网板旋转时的上升速度:传动方式采用行星摆线针轮减速机减速,再经链传动带动旋转滤网转动。

电动机转速:$n_1 = 1450$ r/min

行星摆线针轮减速机速比:$i_1 = 289$

链传动速比:$i_2 = 6$;则滤网总速比为

$$i = i_1 i_2 = 289\times6 = 1734$$

主轴转速为

$$n = \frac{n_1}{i} = \frac{1450}{1734} = 0.84 \quad \text{r/min}$$

则网板上升速度为

$$v = 2\pi R_1 n = 2\pi \times 0.6914 \times 0.84 = 3.65 \text{m/min} = 0.061 \text{ m/s}$$

式中　R_1——牵引链轮节圆半径 0.6914m(齿数 $Z=7$)。

③ 电动机功率计算：

ⅰ．已知条件：

牵引链轮节径：$\phi1382.8$mm，R_1 691.4mm

牵引链轮重力：3000N

大链轮的重力：1500N

主轴的重力：7900N

网板总重力 W_3：网板 130 块，每块 1100N，

计总重力为 $130 \times 1100 = 143$kN

滚动轴承摩擦系数：$f = 0.004$

滑动摩擦系数：$\mu = 0.4$

主轴半径：$r = 12.7$cm

轮轴直径：$d = 3.4$cm

金属表面间的滚动摩擦系数：$K = 0.1$

滚轮直径 $D = 8$cm，代入

$$f_0 = \frac{2K + \mu d}{D} = \frac{2 \times 0.1 + 0.4 \times 3.4}{8} = 0.195$$

ⅱ．提升网板所需之圆周力 P 计算：

$$P = \frac{F_1 R + Wfr}{R} \quad (\text{N})$$

作用在滚动轴承上重力为

$$W = 2 \times 3000 + 1500 + 7900 + 143000 = 158.4 \text{ kN}$$

提升网板时由于网前后水位差引起的摩擦力为

$$F_1 = P_1 f_0 \quad (\text{N})$$

当水深为 29m 时，网板承受水压力的面积为 $A = H_2 B = 29\text{m} \times 4\text{m} = 116\text{m}^2$

设网前、后水位差为 30cm，即压力为 3kPa

则得

$$P_1 = 116 \times 3 \times 10^3 = 348 \text{ kN}$$

$$F_1 = P_1 f_0 = 348 \times 10^3 \times 0.195 = 68 \text{ kN}$$

$$P = \frac{68 \times 10^3 \times 69.14 + 158.4 \times 10^3 \times 0.004 \times 12.7}{69.14} = 68 \text{ kN}$$

ⅲ．确定电动机功率：

设行星摆线针轮减速机效率：$\eta_\text{行} = 0.94$

链传动效率：$\eta_\text{链} = 0.96$

双列向心滚珠轴承效率：$\eta_\text{球} = 0.98$

$$\eta_\text{总} = \eta_\text{行} \eta_\text{链} \eta_\text{球} = 0.94 \times 0.96 \times 0.98 = 0.88$$

$$N = \frac{pv}{1000\eta} = \frac{68 \times 10^3 \times 0.061}{1000 \times 0.88} = 4.721 \text{kW}$$

圆整后实际选用 5.5kW。

④ 传动链轮的计算：取传动小链轮的齿数 $Z_1 = 12$，因传动比 i_2 为 6，则大链轮的齿数为 $Z_2 = 6 \times 12 = 72$，则

传动链的节径：
$$d_0 = \frac{t}{\sin\frac{180°}{Z}}$$

式中 t——链条节距选 $t = 1\frac{1}{2}'' = 38.1 \text{mm}$

则传动小链轮节径：
$$d_{01} = \frac{38.1}{\sin\frac{180°}{12}} = \frac{38.1}{0.259} = 147.21 \text{mm}$$

传动大链轮节径：
$$d_{02} = \frac{38.1}{\sin\frac{180°}{72}} = \frac{38.1}{0.044} = 873.5 \text{mm}$$

⑤ 主轴的计算：

ⅰ．已知条件：

大链轮重力：1500N

主轴重力的一半 3950N

网板重力的一半 71500N

牵引链轮重力：3000N

传动链轮传递的圆周力按下列公式计算：

$$P = \frac{1000N\eta}{v_1} \quad (\text{N})$$

式中 $N = 4.721 \text{kW}$

$\eta = 0.88$

$$v_1 = \frac{Znt}{60 \times 1000} = \frac{72 \times 0.84 \times 38.1}{60 \times 1000} \doteq 0.04 \text{m/s}$$

则
$$P' = \frac{1000 \times 4.721 \times 0.88}{0.04} = 103900\text{N} = 103.9\text{kN}$$

设传动链轮受力方向与传动主轴受力方向之间的夹角 $\alpha = 75°$

P'_2 在水平方向的分力为

$$P_x = 103.9 \times 10^3 \times \cos 75° = 26890 \text{N}$$

P'_2 在垂直方向的分力为

$$P_y = 103.9 \times 10^3 \times \sin 75° = 100360 \text{N}$$

ⅱ．主轴的刚度计算——求跨中挠度：按已知条件画出主轴受力，见图 2-77。

（ⅰ）求支座反力：

$$\Sigma M_B = 0$$

$74500 \times 13 + 74500 \times 413 + 3950 \times 426 + (100360 - 1500) \times 13.5 = 426 R_E$

$$R_E = 81582.9 \text{N}$$

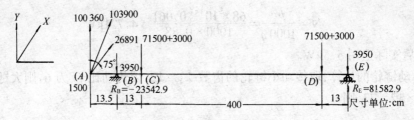

图 2-77 主轴受力简图

$$\Sigma Y = 0$$

$$100360 - 1500 + R_B + (-3950) + (-74500) + (-74500) + (-3950) + 81582.9 = 0$$

$$R_B = -23542.9 \text{N}$$

(ⅱ) 用图解法求变形：先作弯矩图，并把弯矩作为虚梁的荷载（见图 2-78）为

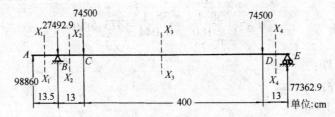

图 2-78 虚梁法求主轴受力变形简图

$$M_1 = 98860 x_1 \begin{cases} x_1 = 0 & M_1 = 0 \\ x_1 = 13.5 & M_1 = 1334610 \text{N} \cdot \text{m} \end{cases}$$

$$M_2 = 98860 x_2 - 27492.9(x_2 - 13.5)$$

当 $x_2 = 26.5$　　$M_2 = 2262382.3 \text{N} \cdot \text{cm}$

$$M_3 = 98860 x_3 - 27492.9(x_3 - 13.5) - 74500(x_3 - 26.5)$$

当 $x_3 = 426.5$　　$M_3 = 1009222.3 \text{N} \cdot \text{cm}$

$$M_4 = 98860 x_4 - 27492.9(x_4 - 13.5) - 74500(x_4 - 26.5) - 74500(x_4 - 426.5)$$

当 $x_4 = 439.5$　　$M_4 \approx 0$

由以上计算作弯矩图，并把弯矩作为虚梁的荷载（见图 2-79）。

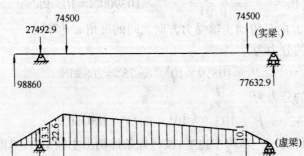

图 2-79 虚梁法主轴荷载简图

把虚梁分成两组(见图2-80):

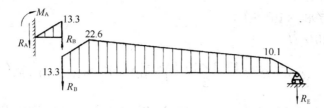

图2-80 梁分解简图

求荷载图形的重心(见图2-81):

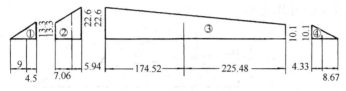

图2-81 分解梁形心图

ⅰ)根据 $e_x = \frac{2}{3}h = \frac{2}{3} \times 13.5 = 9 \text{cm}$。

ⅱ)根据 $e_x = \frac{1}{3}h\left(\frac{a+2b}{a+b}\right) = \frac{13}{3}\left(\frac{13.3+2\times 22.6}{13.3+22.6}\right) = 7.06 \text{cm}$。

ⅲ)根据 $e_x = \frac{1}{3}h\left(\frac{2a+b}{a+b}\right) = \frac{400}{3}\left(\frac{2\times 22.6+10.1}{22.6+10.1}\right) = 225.77 \text{cm}$。

ⅳ)根据 $e_x = \frac{2}{3}h = \frac{2}{3}\times 13 = 8.67 \text{cm}$。

求虚梁支座反力(见图2-82):

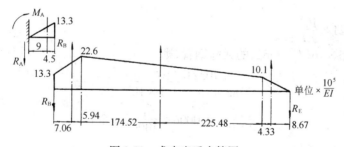

图2-82 求支座反力简图

$$\Sigma M_B = 0$$

$$426 R_E = \left[\frac{10.1\times 13}{2}\times(413+4.33) + \frac{10.1+22.6}{2}\times 400\times(174.52+13) + \frac{13.3+22.6}{2}\right.$$
$$\left.\times 13\times 7.06\right]\times 10^5/EI \doteq 1255426\times 10^5/EI$$

$$R_E = 2947\times \frac{10^5}{EI}$$

$$\Sigma M_E = 0$$

$$426 R_B = \left[\frac{10.1\times 13}{2}\times 8.67 + \frac{10.1+22.6}{2}\times 400\times(225.48+13) + \frac{13.3+22.6}{2}\times 13\times\right.$$

$$(413+5.94)] \times 10/EI$$
$$= 1657988 \times 10^5/EI$$
$$R_B = 3892 \times 10^5/EI$$
$$R_A = \left(R_B + \frac{13.3 \times 13.5}{2}\right) \times 10^5/EI = 3982 \times 10^5/EI$$
$$M_A = \left[13.5 R_B + \frac{1}{2}(13.5 \times 13.3 \times 9)\right] \times 10^5/EI = 53350 \times 10^5/EI$$

求跨中挠度（即求虚梁跨中之弯矩）：

挠度 $r = M_A +$ 各力到虚梁之中点弯矩

先求阴影面的重心（见图2-83）：

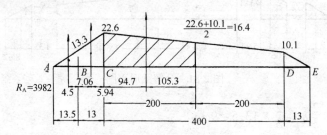

图2-83　阴影面形心简图

$$e^x = \frac{h}{3}\left(\frac{a+2b}{a+b}\right) = \frac{200 \times (16.4+2\times22.6)}{3\times(16.4+22.6)} = 105.3 \text{cm}$$

$$y = \left[53350 + \frac{13.3\times13.5}{2}\times(4.5+13+200) + \frac{(13.3+22.6)\times13}{2}\times(5.94+200)\right.$$
$$\left. + \frac{22.6+16.40}{2}\times200\times105.3 - 3982\times266.5\right]\times10^5/EI$$
$$= -370321\times\frac{10^5}{EI}$$

若采用 $\phi245\times16(I=7582)$ 的无缝钢管，则

$$y = \frac{370321\times10^4}{7582\times10^7\times2.1\times10^6} = 2.3 \text{mm}$$

$$\frac{2.3}{4000} = 0.0006 < \frac{1}{1000}（安全）$$

ⅲ．主轴的强度校核：

（ⅰ）绘制弯矩图和扭矩图（见图2-84）：

垂直方向的弯矩，由前已算得：

A 点：合力 98860N

B 点：合力 27492.9

　　　　弯矩 13.3×10^5 N·cm

C 点：合力 74500N

　　　　弯矩 22.6×10^5 N·cm

D 点：合力 74500N

　　　　弯矩 10.1×10^5 N·cm

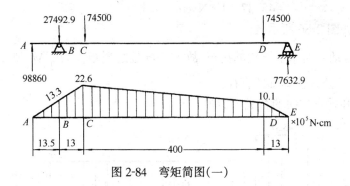

图 2-84 弯矩简图(一)

E 点:合力 77632.9N

水平方向弯矩(见图 2-85),由前已算得 A 点:26891N

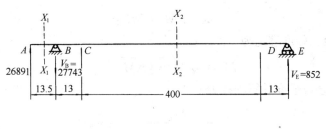

图 2-85 弯矩图(二)

B 点:反力 V_B

由 $\Sigma M_E = 0$

$26891 \times 439.5 = V_B \times 426$

$V_B = 27743$N

由 $\Sigma M_B = 0$

$26891 \times 13.5 = V_E \times 426$

$V_E = 852$N,故水平弯矩为

$M_1 = 26891 x_1$

当 $x_1 = 13.5$ 时,$M_1 = 26891 \times 13.5 = 3.63 \times 10^5$N·cm

$M_2 = 26891 x_2 - V_B(x_2 - 13.5) = 26891 x_2 - 27743(x_2 - 13.5)$

当 $x_2 = 439.5$ 时,$M_2 = \Sigma M_E = 0$

$x_2 = 26.5$ 时,$M_2 = 3.52 \times 10^5$

求传动大链轮处扭矩:

根据以上计算值代入公式为

$$M_t = \frac{1000 N \eta R_0}{v_1}$$

$$M_t = \frac{1000 \times 4.721 \times 0.88 \times 0.4368}{0.04} = 45367 \text{N·m}$$

$$= 45.37 \times 10^5 \text{N·cm}$$

绘扭矩图如图 2-86 所示。

扭矩 M_t 带动一对牵引链轮的扭矩，故 $C—D$ 处之扭矩仅为 $\frac{1}{2} M_t$ 值。

（ⅱ）按以下公式核算轴的直径：

水平方向和垂直方向的合成弯矩为

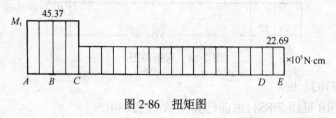

图 2-86　扭矩图

$$M = \sqrt{M_x^2 + M_y^2}$$

相当弯矩，按第三强度理论为

$$M_{xd} = \sqrt{M^2 + (KM_t)^2}$$

按弯曲与扭转合成强度计算轴径为

$$d \geqslant \sqrt[3]{\frac{M_{xd}}{0.1(1-\alpha^4)[\sigma]_w}} \quad (\text{cm})$$

式中　α——空心轴内径 d 与外径 D 的比值若采用 $\phi 245 \times 16$ 空心轴，则 $\alpha = \frac{213}{245} = 0.87$。

实心轴时 $\alpha = 0$。

$K = \frac{550}{950} = 0.58$，为考虑到弯曲应力与扭转应力变化情况之差异的校正系数，550 和 950 是 Q235A 钢第Ⅱ、Ⅲ类荷载允许弯曲应力。

$[\sigma]_w$——许用弯曲应力，Q235A 钢为 5500N/cm²。

以 $C—D$ 为例的计算

$$M = \sqrt{(3.52)^2 + (22.6)^2} \times 10^5 = 22.9 \times 10^5 \quad (\text{N·cm})$$

$$M_{xd} = \sqrt{22.9^2 + (0.58 \times 22.69)^2} \times 10^5 = 26.4 \times 10^5 \quad (\text{N·cm})$$

$$d = \sqrt[3]{\frac{26.4 \times 10^5}{0.1(1-0.87^4) \times 5500}} = 22.4 \quad (\text{cm})$$

令 $C—D$ 段采用 $\phi 245 \times 16$，故属安全。

用同样方法计算 $A—B$、$B—C$ 段主轴直径。

计算结果如下，见表 2-36。

主轴直径的计算　　　　表 2-36

计 算 段	合成弯矩 M	扭　矩 M_t	相当弯矩 M_{xd}	直　径 (mm)	
				计　算	采　用
$A—B$	13.8×10^5	45.38×10^5	29.7×10^5	176	180～190
$B—C$	22.9×10^5	45.38×10^5	34.9×10^5	185	190～245
$C—D$	22.9×10^5	22.69×10^5	26.4×10^5	224(空心)	$\phi 245 \times 16$

⑥ 链板和销轴的计算：
ⅰ．链板复核：一块链板所受的拉力为

$$T = \frac{K_4 K_5}{4}\left(P + \frac{W_3}{2}\right)$$

式中　$P = 68.1 \text{kN}$
　　　$W_3 = 143 \text{kN}$
　　　$K_4 = 1.2$
　　　$K_5 = 1.5$

故　$T = \dfrac{1.2 \times 1.5}{4}\left(68.1 \times 10^3 + \dfrac{143 \times 10^3}{2}\right) = 62.82 \text{kN}$

ⅱ．链板拉应力复核：

$$\sigma = \frac{T}{\delta b}$$

式中　$\delta = 12 \text{mm}$
　　　$b = 26 \text{mm}$

则　$\sigma = \dfrac{62820}{12 \times 26} = 201.3 \text{MPa}$

选用 16 锰钢 $[\sigma] = 240 \text{MPa} > 201.3 \text{MPa}$

ⅲ．轴孔处的挤压应力：

$$\sigma_{挤} = \frac{T}{\delta d}$$

式中　$\delta = 12 \text{mm}$
　　　$d = 24 \text{mm}$

则　$\sigma_{挤} = \dfrac{62820}{12 \times 24} = 218.1 \text{MPa} < [\sigma]_{挤} = (1.5 \sim 2.5)[\sigma] = (1.5 \sim 2.5)240$
　　　$= 360 \sim 600 \text{MPa}$

根据以上要求，材质选用 16 锰钢，轴孔处淬火处理。

ⅳ．销轴复核：
（ⅰ）销轴剪应力复核为

$$\tau = \frac{T}{\dfrac{\pi}{4} \times d^2}$$

式中　$d = 24 \text{mm}$

则　$\tau = \dfrac{62820}{\dfrac{\pi}{4}(24)^2} = 138.9 \text{MPa} < [\tau]$

　　　$[\tau] = (0.6 \sim 0.8)[\sigma] = (0.6 \sim 0.8)240 = 144 \sim 192 \text{MPa}$

材料选用 16 锰钢。
（ⅱ）衬套的挤压应力为

$$\sigma_{挤} = \frac{T}{b_1 d_{e1}}$$

式中　$d_{e1} = 34 \text{mm}$

$b_1 = 10\text{mm}$

$$\sigma_{挤} = \frac{62820}{10 \times 34} = 184.8\text{MPa} < [\sigma]_{挤} = 1.5 \sim 2.5[\sigma] = 495 \sim 825\text{MPa}$$

材料选用 ZQAl10Fe3M2。

(ⅲ)滚轮表面挤压强度复核:

ⅰ)单只滚轮的挤压力为

网板全重力 $W_3 = 143\text{kN}$

提升时圆周力 $P = 68.1\text{kN}$

总挤压力 $P_c = K_6(W_3 + P)$

式中 K_6——动载荷系数 $= 1.5$

则 $P_c = 1.5(143 + 68.1) = 316.65\text{kN}$

考虑一侧有两只滚轮与链轮接触,则单只滚轮的挤压力 $P_{jc} = \frac{1}{4}P_c = \frac{1}{4} \times 316.65 = 79.16\text{kN}$。

ⅱ)挤压强度复核:

滚轮考虑采用 HT250 铸铁,$[\sigma]_{jc} = 0.9 \sim 1.5[\sigma] = 0.9 \sim 1.5(250) = 225 \sim 375\text{MPa}$

滚轮的挤压面积应大于

$$A_4 \geq \frac{P_{jc}}{[\sigma]_{jc}} = \frac{79.16 \times 10^3}{255} = 310\text{mm}^2$$

假设滚轮和链轮的接触长度为滚轮周长的 $\frac{1}{8}$,则其接触面积相应为 $A_4 = \frac{1}{8}\pi Db$。

$D = 80\text{mm}; b = 20\text{mm}$,则

$$A_4 = \frac{\pi}{8} \times 80 \times 20 = 628\text{mm}^2 > 310\text{mm}^2 (满足要求)。$$

(ⅳ)调节杆及调节力计算:调节杆应力复核:

调节杆总拉力 $P_{拉} = R_E = 77\text{kN} \approx 80\text{kN}$(即支座反力)

调节杆采用梯形螺纹 T60×8。

ⅰ)拉应力复核为

$$\sigma_{拉} = \frac{P_{拉}}{A} \quad (\text{MPa})$$

式中 $A = \frac{\pi}{4}d_1^2 (\text{mm}^2)$

$d_1 = 60 - 9 = 51(\text{mm})$

$A = \frac{\pi}{4}(5.1)^2 = 2042\text{mm}^2$

则 $\sigma_{拉} = \frac{80000}{204} = 39.2\text{MPa}$

ⅱ)挤压应力复核为

$$\sigma_{挤} = \frac{P_{拉}}{n \times \frac{\pi}{4}(d^2 - d_1^2)} \quad (\text{MPa})$$

式中 n——起作用的齿数设 $n = 5$,

则
$$\sigma_{挤} = \frac{80000}{5 \times \frac{\pi}{4}(60^2 - 51^2)} = 20.4 \text{MPa}$$

ⅲ）剪应力复核为
$$\tau = \frac{P_{拉}}{n\pi d_1 t / 2} \quad (\text{MPa})$$

式中　t——螺距采用 8mm，

则
$$\tau = \frac{80000}{5\pi \times 51 \times 8 / 2} = 25 \text{MPa}$$

根据以上计算，调节杆材料选用 Q235A。

因为 Q235A 许用应力 $[\sigma] = 160$MPa。

（ⅴ）调节力计算：
$$P_{调} = \frac{M}{L} \quad (\text{N})$$

式中　L——力臂长度，取 $L = 500$mm；

M——调节时的总力矩，

$$M = M_1 + M_2$$

其中　M_1——螺纹摩擦力矩 $= P \cdot \frac{d}{2} \text{tg}(\lambda + \rho)$；

M_2——推力轴承摩擦力矩 $= \frac{FD}{2}$。

已知：$P = 80$kN；

d——T60×8 螺纹外径；

λ——T60×8 螺纹升角，$\lambda = \text{tg}^{-1} \frac{8}{b\pi} = 2.43025°$；

ρ——钢—钢摩擦角，$\rho = \text{tg}^{-1} 0.12 = 6.84277°$；

$\lambda + \rho = 9.27302°$；

$$M_1 = 80 \times 10^3 \times \frac{0.06}{2} \text{tg} 9.27302° = 392 \text{N} \cdot \text{m}，$$

取推力轴承摩擦系数 $f_1 = 0.003$，

则　　F——轴承摩擦力 $= f_1 P = 0.003 \times 80000 = 240$N；

D——推力轴承直径，取 $D = 120$mm，

$$M_2 = \frac{FD}{2} = \frac{1}{2} \times 240 \times 0.12 = 14.4 \text{N} \cdot \text{m}$$

$$M = M_1 + M_2 = 392 + 14.4 = 406.4 \text{N} \cdot \text{m}$$

则
$$P_{调} = \frac{406.4}{0.50} = 812.8 \text{N}$$

（ⅵ）安全销计算：
$$d_p = \sqrt{\frac{8KM}{\pi DZ [\tau]}}$$

式中　M——大链轮处扭矩，$M = M_t = 45.37 \times 10^5$N·cm；

K——安全系数，取 $K = 1.1$；

D——销钉轴心回转直径,D 为 44cm;

Z——销钉数量,取 $Z=2$;

$[\tau]$——销钉的许用剪应力,当采用 45 号钢材时,$[\tau]=250\text{MPa}$

则

$$d_p = \sqrt{\frac{8 \times 45.37 \times 10^5 \times 1.1}{\pi \times 44 \times 2 \times 250 \times 10^2}} = 2.4\text{cm} = 24\text{mm}$$

2.2.3.3 旋转滤网室的布置形式

旋转滤网室的布置形式应根据工艺要求和工作现场的具体情况而定。可分成正面进水、网内侧向进水和网外侧向进水三种形式,分别见表 2-37 中示意图。其优缺点见表 2-37。

旋转滤网的三种布置形式的比较   表 2-37

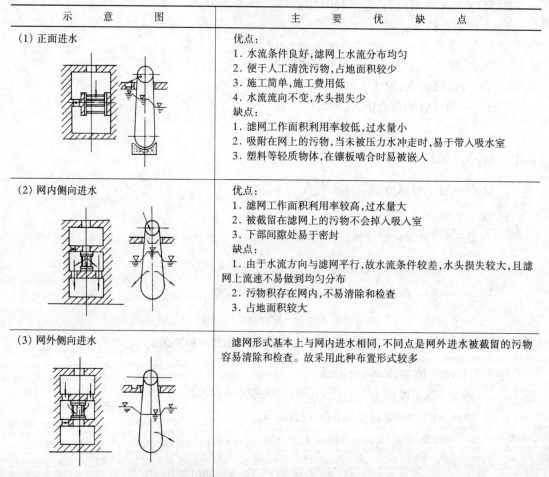

示意图	主要优缺点
(1) 正面进水	优点: 1. 水流条件良好,滤网上水流分布均匀 2. 便于人工清洗污物,占地面积较少 3. 施工简单,施工费用低 4. 水流流向不变,水头损失少 缺点: 1. 滤网工作面积利用率较低,过水量小 2. 吸附在网上的污物,当未被压力水冲走时,易于带入吸水室 3. 塑料等轻质物体,在镶板啮合时易被嵌入
(2) 网内侧向进水	优点: 1. 滤网工作面积利用率较高,过水量大 2. 被截留在滤网上的污物不会掉入吸入室 3. 下部间隙处易于密封 缺点: 1. 由于水流方向与滤网平行,故水流条件较差,水头损失较大,且滤网上流速不易做到均匀分布 2. 污物积存在网内,不易清除和检查 3. 占地面积较大
(3) 网外侧向进水	滤网形式基本上与网内进水相同,不同点是网外进水被截留的污物容易清除和检查。故采用此种布置形式较多

2.2.3.4 板框型旋转滤网定型设计

板框型旋转滤网定型设计,最大使用深度为 30m,按结构型式分为有框架、无框架两类;按清除污物的形式分为垂直式和倾角式两类;根据工作负荷大小,分为重型、中型、轻型三大类。另有网内侧向进水,网板制成 V 形的旋转滤网,由于网面积增加,过水流量相应增加,上述各型式旋转滤网主要技术特性见表 2-38~41、图 2-87~90。

任何规格、形式的旋转滤网可安装于室内,也可设置在露天。

型号说明:

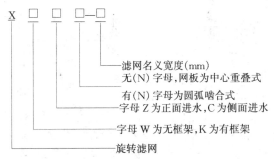

(1) XWC(N)型系列无框架侧面进水旋转滤网:为无框架网板结构,侧面进水。驱动机构采用行星摆线针轮减速机和一级链传动,驱动牵引链带动拦污网沿导轨回转。

1) XWC(N)型无框架侧面进水旋转滤网规格和性能,见表2-38。

XWC(N)型系列无框架侧面进水旋转滤网规格和性能 表2-38

序号	技术参数项目		单位	XWC(N)-2000	XWC(N)-2500	XWC(N)-3000	XWC(N)-3500	XWC(N)-4000
1	滤网的名义宽度		mm	2000	2500	3000	3500	4000
2	单块网板名义高度(链板节距)		mm	600				
3	最大使用深度		m	10~30				
4	标准网孔净尺寸		mm	6.0×6.0(也可按用户选定的网孔净尺寸确定)				
5	设计允许间隙		mm	≤5(也可按用户选定的间隙尺寸确定)				
6	设计允许过网流速		m/s	0.8(在网板100%清洁的条件下)				
7	设计水位差		mm	600(轻型)/1000(中型)/1500(重型)				
8	冲洗运行水位差		mm	100~200(轻型)/200~300(中型)/300~500(重型)				
9	报警水位差		mm	300(轻型)/500(中型)/900(重型)				
10	滤网运行时网板上升速度		m/min	3.6(单速电动机);3.6/1.8(双速电动机)				
11	电动机功率		kW	4.0	5.5		7.5	
12	一台滤网共有喷嘴		只	25	31	37	43	49
13	喷嘴出口处冲洗水压不低于		MPa	≥0.3				
14	一台滤网冲洗水量		m³/h	90	112	133	155	176
15	最大组件起吊高度		m	4				
16	最大组件起吊重量		kg	3650	3950	4250	4550	5000
17	设计水深20m时1台滤网的总重量	海水	kg	13773	14610	15596		
		淡水		14836	15836	17067		
18	高度变化1m时滤网增加(减少)重量	海水	kg	366	395	425		
		淡水		402	451	499		
19	淹没深度1m的过水量		m³/h	3250	4160	5050	6320	7200
20	预埋件图(检索号D-SB88)[①]			S6601-08-00	S6602-08-00	S6603-08-00		

① 表内预埋件图号为华东电力设计研究院图号。

2) XWC(N)型无框架侧面进水旋转滤网外形示意,见图2-87。

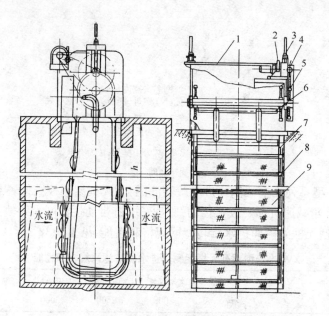

图 2-87 XWC(N)型系列无框架侧面进水旋转滤网
1—上部机架;2—带电动机的行星摆线针轮减速器;3—拉紧装置;
4—安全保护机构;5—链轮传动系统;6—冲洗水管系统;7—滚轮导轨;
8—工作链条;9—网板

(2) XWZ(N)型系列无框架正面进水旋转滤网:为无框架网板结构,正面进水。其驱动机构与 XWC 型旋转滤网相同。

1) XWZ(N)型无框架正面进水旋转滤网规格和性能,见表 2-39。

XWZ(N)型系列无框架正面进水旋转滤网规格和性能 表 2-39

序号	技术参数项目	单位	型号				
			XWZ(N)-2000	XWZ(N)-2500	XWZ(N)-3000	XWZ(N)-3500	XWZ(N)-4000
1	滤网的名义宽度	mm	2000	2500	3000	3500	4000
2	单块网板名义高度(链板节距)	mm	600				
3	最大使用深度 h	m	10~30				
4	标准网孔尺寸	mm	6.0×6.0(也可按用户选定的网孔净尺寸确定)				
5	设计允许间隙	mm	≤5(也可按用户选定的间隙尺寸确定)				
6	设计允许过网流速	m/s	0.8(在100%清洁条件下)				
7	设计水位差	mm	600(轻型)/1000(中型)/1500(重型)				
8	冲洗运行水位差	mm	100~200(轻型)/200~300(中型)/300~500(重型)				
9	报警水位差	mm	300(轻型)/500(中型)/900(重型)				
10	滤网运行时网板上升速度	m/min	3.60(单速);3.60/1.80(双速)				
11	电动机功率	kW	4.0	4.0	4.0	4.5	5.5
12	一台滤网共有喷嘴	只	25	31	37	43	49

2.2 旋转滤网

续表

序号	技术参数项目	单位	型号				
			XWZ(N)-2000	XWZ(N)-2500	XWZ(N)-3000	XWZ(N)-3500	XWZ(N)-4000
13	喷嘴出口处冲洗水压不低于	MPa	≥0.3				
14	一台滤网冲洗水量	m³/h	90	112	133	155	176
15	最大组件起吊高度	m	4	4	4	4	4
16	最大组件起吊重量	kg	3650	3950	4250	4550	5000
17	设计水深20m时1台滤网的总重量 海水	kg	13773	14610	15596	16396	18182
	淡水	kg	14836	15836	17067	18313	20614
18	高度变化1m时滤网增加(减少)重量 海水	kg	366	395	424	454	529
	淡水	kg	402	451	489	538	651
19	淹没深度1m的过水量	m³/h	2500	3200	3850	4520	5150
20	预埋件图(检索号D-SB88)[①]		S6001-08-00	S6002-08-00	S6003-08-00	S6004-08-00	S6005-08-00

① 表内预埋件图号为华东电力设计研究院图号。

2) XWZ(N)型无框架正面进水旋转滤网外形示意,见图2-88。

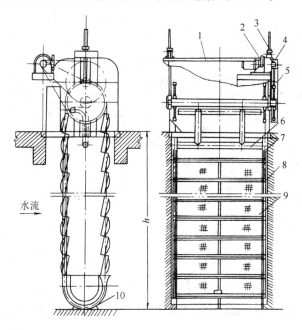

图 2-88 XWZ(N)型系列无框架正面进水旋转滤网
1—上部机架;2—带电动机的行星摆线针轮减速器;3—拉紧装置;
4—安全保护机构;5—链轮传动系统;6—冲洗水管系统;7—滚轮
导轨;8—工作链条;9—网板;10—底弧坎

(3) XKC(N)型系列有框架侧面进水旋转滤网：为有框架网板结构，侧面进水，其驱动机构与XWC型旋转滤网相同。

1) XKC(N)型有框架侧面进水旋转滤网规格和性能，见表2-40。

XKC(N)型系列有框架侧面进水旋转滤网规格和性能 表2-40

序号	项 目		型号 单位	XKC(N) -2000	XKC(N) -2500	XKC(N) -3000	XKC(N) -3500	XKC(N) -4000
1	滤网名义宽度		mm	2000	2500	3000	3500	4000
2	单块网板名义宽度		mm	600				
3	使用深度 h		m	10~30				
4	标准网孔净尺寸		mm	6.0×6.0(也可按用户选定的网孔净尺寸确定)				
5	设计允许间隙		mm	≤5(也可按用户选定的间隙尺寸确定)				
6	设计允许过网水流速		m/s	0.8m/s(在网板100%清洁的条件下)				
7	设计允许网前后最大水位差		mm	600(轻型)/1000(中型)/1500(重型)				
8	设计冲洗水位差		mm	100~200(轻型)/200~300(中型)/300~500(重型)				
9	报警水位差		mm	300(轻型)/500(中型)/900(重型)				
10	网板上升速度		m/min	3.6(单速电动机);3.6/1.8(双速电动机)				
11	电动机	型号		Y(单速电动机);YD(双速电动机)				
		功率	kW	4.0	5.5		7.5	
		转速	r/min	1500(单速电动机);1500/750(双速电动机)				
12	行星摆线针轮减速器	型号		WED4.0-95	WED5.5-95		WED7.5-95	
		速比		617×17=289				
13	一台滤网的喷嘴数量		只	25	31	37	43	49
14	喷嘴出口处的冲洗水压		MPa	≥0.3				
15	一台滤网的冲洗水量		m³/h	90	112	133	155	176
16	最大部件的起吊高度		m	4				
17	最大部件的起吊质量		kg	6890	7190	7500	7900	8300
18	淹没深度增减1.0m时的过水量		m³/h	3250	4150	5050	6300	7200

2) XKC(N)型有框架侧面进水旋转滤网外形示意，见图2-89。

(4) XKZ(N)型系列有框架正面进水旋转滤网：为有框架网板结构，正面进水。其驱动机构与XWC型旋转滤网相同。

1) XKZ(N)型有框架正面进水旋转滤网规格和性能，见表2-41。

2.2 旋转滤网

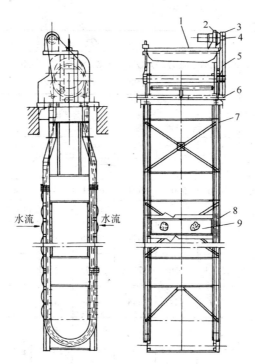

图 2-89 XKC(N)型系列有框架侧进水旋转滤网

XKZ(N)型系列有框架正面进水旋转滤网规格和性能　　　表 2-41

序号	项　目	单位	型　号								
			XKZ(N)-2000	XKZ(N)-2500	XKZ(N)-3000	XKZ(N)-3500	XKZ(N)-4000	XKZ(N)-4500	XKZ(N)-5000	XKZ(N)-5500	XKZ(N)-6000
1	滤网的名义宽度	mm	2000	2500	3000	3500	4000	4500	5000	5500	6000
2	单块网板名义宽度(即链板节距)	mm	600								
3	最大使用深度 h	m	10～30								
4	标准网孔净尺寸	mm	6.0×6.0(也可按用户要求选定的网孔净尺寸确定)								
5	设计允许间隙	mm	≤5(也可按用户选定的间隙尺寸确定)								
6	设计允许过网流速	m/s	0.8(在100%清洁条件下)								
7	设计水位差	mm	600(轻型)/1000(中型)/1500(重型)								
8	冲洗运行水位差	mm	100～200(轻型)/200～300(中型)/300～500(重型)								
9	滤网运行时网板上升速度	m/min	3.60(单速);3.60/1.80(双速)								
10	电动机功率	kW	4.0	4.0	4.0	4.5	5.5	7.5	7.5	11	11
11	一台滤网共有喷嘴	只	25	31	37	43	49	55	61	67	73

续表

序号	项目		单位	型号								
				XKZ(N)-2000	XKZ(N)-2500	XKZ(N)-3000	XKZ(N)-3500	XKZ(N)-4000	XKZ(N)-4700	XKZ(N)-5000	XKZ(N)-5500	XKZ(N)-6000
12	喷嘴出入口冲洗水压不低于		MPa	0.3								
13	一台滤网冲洗水量		m³/h	90	112	133	155	176	198	220	242	263
14	最大组件起吊高度		m	4								
15	最大组件起吊重量		kg	5000	5300	5600	6000	6400	8000	8000	10000	10000
16	报警水位差		mm	300(轻型)/1000(重型)								
17	设计水深20m时1台滤网总重量	海水	kg	14713	15498	16340	17346	18954				
		淡水		15713	16603	17898	19495	22360				
18	高度变化1m时滤网增加(减少)重量	海水	kg	380	414	444	482	576				
		淡水		434	476	530	583	701				
19	淹没深度1m的过水量		m³/h	2500	3200	3850	4520	5150	5850	6500	7200	7850
20	预埋件图(检索号D-SB88)[①]			S6501-08-00	S6502-08-00	S6503-08-00	S6504-08-00	S6505-08-00				

① 表内预埋件图检索号为华东电力设计院编号。

2) XKZ(N)型有框架正面进水旋转滤网外形示意,见图2-90。

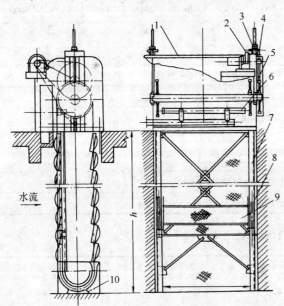

图2-90 XKZ(N)型系列有框架正面进水旋转滤网

1—上部机架;2—带电动机的行星摆线针轮减速器;
3—拉紧装置;4—安全保护机构;5—链轮传动系统;
6—冲洗水管系统;7—框架与导轨;8—工作链条;
9—网板;10—底弧坎

2.3 栅网起吊设备

2.3.1 适用条件

栅网起吊设备主要用于平板滤网、格栅和小型平板闸门的抓取和放下。

栅网起吊设备,大部分可选用已经定型生产的通用设备,只有少数栅网及闸门由于起吊深度大和某些特殊情况,需要用专用起吊设备。

2.3.2 重锤式抓落机构

2.3.2.1 单吊点重锤式抓落机构

适用于栅、网的高宽比大于1,起吊力在1t以下,且安装在较深取水构筑物的小型栅、网的起吊。其构造如图2-91所示。

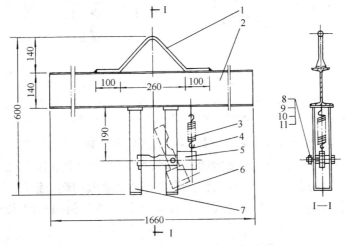

图2-91 单吊点重锤式抓落机构
1—吊环;2—横梁;3—拉簧;4—簧钩;5—挂钩;6—右支承架;
7—左支承架;8—销轴;9—垫圈;10—螺母;11—销套

该机构主要由吊环1、横梁2、支承架6、7及带有平衡重锤的挂钩等组成。具有结构简单,操作方便等特点,其动作如下:

当提升时将拉簧3挂在钩5上,放下抓落机构,待其碰到栅网上起吊耳环时,挂钩抬起,继续下放抓落机构至定位(由预先确定在该抓落机构起吊钢丝绳上的标记而定),挂钩在弹簧作用下复位,即可自动挂钩,提起栅网。

当放下栅网时,必须先将拉簧3摘掉,然后挂钩5钩住栅网上耳环,吊起后再放下栅网,待栅网达到预定位置后(由预先确定在该抓落机构起吊钢丝绳上的标记而定),挂钩与栅网上的耳环脱开,借助于平衡重锤的偏心力,重锤下落,抬起挂钩,此时即可提起抓落机构。抓落机构的上升或下降,视具体情况可用手动或电动。

2.3.2.2 双吊点双重锤式抓落机构

该机用于抓取和放下面积较大且高宽比小于1,起吊力在1t以上的栅网或平板闸门等

深水设备,其构造见图 2-92。动作如下:

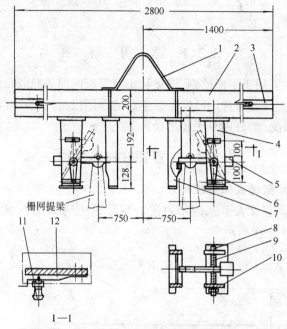

图 2-92 双吊点双重锤式抓落机构
1—吊环;2—横梁;3—伸缩件;4—支承架(一);5—吊钩;6—搬把;
7—支承架(二);8—扭簧轴;9—扭簧;10—垫圈;11—把手;12—簧片

当提升栅网时,将旋转搬把放在上侧(左、右边位置必须相同,见图 2-92 搬把在假想线位置),然后放下抓落机构,当碰到栅网的提梁时,吊钩被抬起(处在图 2-92 的假想线位置),当起吊机构继续下降到一定位置时(由预先确定在该抓落机构起吊钢丝绳上的标记而定),吊钩在扭簧作用下恢复原位(吊钩处在图 2-92 的实线位置)、钩住栅网耳环,此时便可提起栅网。

当放下栅网时,将旋转搬把放在下侧(左、右边位置必须相同,见图 2-92 实线位置),然后挂到栅网提梁上,放下栅网,待到栅网下放到预定位置后(由预先确定在该抓落机构起吊钢丝绳上的标记而定),支承架继续往下放一定距离(直到限定位置),此时挂钩脱离提梁,靠扭簧作用抬起挂钩(如图 2-92 挂钩在假想线位置)。

2.3.2.3 双吊点单重锤连杆式抓落机构

该机构的特点是用一个平衡重锤通过中间连杆,使双吊钩同时张开或合拢,实现抓落动作,其构造见图 2-93。其动作:当提升栅网时,把重锤 3 拨向右边,如图 2-93 位置,使吊钩处于垂直工作状态。当下落到碰上栅网的吊环后,吊环顺挂钩斜坡滑入挂钩内,同时吊梁到达限位状态,即可起吊栅网。

当放下栅网时,把平衡重锤 3 拨向左边,当栅网下放到预定位置(由预先确定在抓落机构起吊钢丝绳上的标记而定),靠重锤之偏心力,使左、右挂钩向中心收拢而脱开耳环,即可提起抓落机构。

2.3.2.4 重锤式抓落机构的计算

以单吊点重锤式抓落机构为例。

2.3 栅网起吊设备

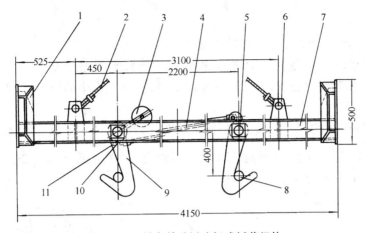

图 2-93 双吊点单重锤连杆式抓落机构

1—吊梁导向架;2—起吊钢丝绳;3—平衡重锤;4—双挂钩连杆;5—挂钩承重锤;6—钢丝绳吊耳;7—吊梁;8—栅网吊环;9—左、右挂钩;10—限位销;11—平衡重锤调节叉子

(1) 起吊力的计算:受力简图如图 2-94 所示。

提升机构所需总起吊力 F 为

$$F = C_0(W + W_1)$$

式中　C_0——考虑栅网在起吊时的阻力系数,取 1.2~1.5;
　　　W——被起吊的栅网重力(N);
　　　W_1——抓落机构自重重力(N)。

(2) 带有平衡重锤的挂钩计算:

1) 平衡力的计算如图 2-95 所示。假设挂钩本体 A—B 段的自重重力为 G_0,其重心距回转中心 B 点为 $\dfrac{L}{2}$。平衡重锤 B—C 段的自重重力为 G_1,其重心距回转中心 B 点的距离为 L_1。设计时考虑利用拉簧的作用,即在下放栅网时将拉簧摘掉,放开栅网时依靠 B—C 段(平衡重锤部分)大于 A—B 段(挂钩本体)的旋转力矩,即:

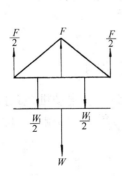

图 2-94 重锤式抓落机构受力简图

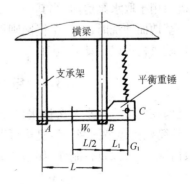

图 2-95 带平衡锤抓落机构简图

$G_1 \times L_1 > W_0 \times \dfrac{L}{2}$ 才能起到挂钩的翻转作用,故在设计拉簧拉力时必须设 $P_{簧} \geqslant G_1 \times$

$L_1 - W_0 \times \dfrac{L}{2}$。

2）挂钩本体强度可近似地按照简支梁计算。

3）提升横梁的计算：栅网重力 W 由两个支承架承重，如图 2-96 所示。两个支承架的合力 W 作用在横梁的中心点，而吊环的连接点 A、B 可视作梁的固定点，则可按简支梁计算。

4）平衡重锤支承销轴的计算：因平衡重锤的挂钩由两个支承架承重，故其销轴承载力 $P_0 = \dfrac{W}{2}$，其中 W 为挂钩上承受的起吊重力。因距支承架距离极小如图 2-97 所示。故可视作销轴承受剪切力，根据剪应力强度计算：

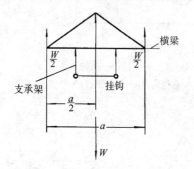

图 2-96 横梁受力简图

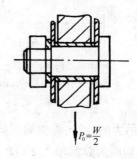

图 2-97 平衡重锤支承销轴

$$\tau = \dfrac{P_0}{A} = \dfrac{W}{2a} = \dfrac{W}{2\dfrac{\pi d^2}{4}} = \dfrac{2W}{\pi d^2} \leqslant [\tau]$$

式中 $[\tau]$——许用剪应力，销轴直径：$d \geqslant \sqrt{\dfrac{2W}{\pi[\tau]}}$

2.3.3 电动双栅、网链传动机构

该机构用于取水泵房内，当其中一个栅网需要冲洗时，通过一套传动机构起吊，在一个栅网上升至地面冲洗时，另一个栅网则被放下，如图 2-98 所示。

链传动机构可以手动或电动。

2.3.4 电动卷扬式联动起落机构

该机构在发电厂取水泵房进水口使用较多，工作时通过一台电动机，经过链传动副减速，再经卷筒机构起吊栅网。该机构可以同时抓落两台或两台以上的栅网。由于其结构简单，一般情况下，可以自行制作，如图 2-99 所示。

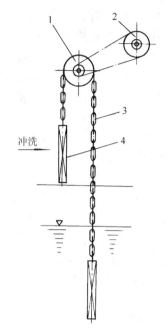
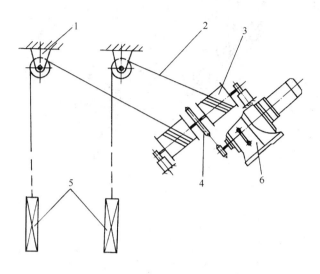

图 2-98 电动双栅网链传动机构
1—链轮机构；2—传动机构；3—链条；4—栅网

图 2-99 电动卷扬式联动抓落机构原理
1—定滑轮机构；2—钢丝绳；3—卷筒；4—传动机构；5—栅网；
6—驱动机构

2.4 除 毛 机

2.4.1 适 用 条 件

纺织、印染、皮革加工和屠宰场等工业生产污水中夹带有大量长约 4~200mm 的纤维类杂物；普通的格栅、滤网不易截留。进入排水系统易造成堵塞格栅等设备的过水孔隙，甚至会损坏水泵叶轮。同时短纤维进入后续污水处理构筑物后亦将增加处理负担。应用除毛机可以去除羊毛、化学纤维等杂物。该机占地面积少，不加药剂，运用费低，操作简单。

（1）圆筒型除毛机的进水深度一般不得超过 1.5m，否则将使筒形直径过大，功率消耗增大，结构也较复杂。

（2）进水井深度超过 1.5m 时，宜采用链板框式除毛机。

（3）由于除毛机在具有腐蚀性很强的污水中工作，要求选用耐腐蚀性能良好的材料。

（4）除毛机的滤网规格和孔径最好由试验确定。

（5）具有油污的污水进入除毛机之前必须设置撇油装置，先撇去油污。

（6）为防止纤维堵塞网孔，造成事故，可在滤网前后安装水位差信号装置，一旦网孔堵塞，可自动发出报警信号。

（7）设计中要使电器部分尽量离开水面，以防电器受潮和腐蚀。

2.4.2 类型及特点

2.4.2.1 圆筒型除毛机

该机安装于毛纺厂或地毯厂下水道出口处，当含有长短纤维的污水流入筒形筛网后，纤维被截留在筛网上,随着筒形筛网的旋转,纤维被带至筒形筛网上部,经冲洗水冲洗后落下掉在安装于筒形筛网中心的小型皮带运输机的平皮带上,输送到外部落入小车或地上,再由人工清理。图2-100所示为毛纺厂除毛机,该机圆筒形筛网直径为2200mm,网宽为800mm。旋转的筒形筛网由一台普通电动机经三角皮带轮装置、蜗轮蜗杆减速器和一对齿轮驱动。

近年来,对筒形筛网的减速机构进行了改进,如图2-101,传动系统直接由一台行星摆线针轮减速机通过带有安全销保护的联轴器来驱动筒形筛网的主轴。

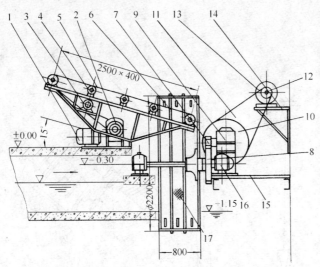

图2-100 圆筒型除毛机(一)

1—皮带运输机驱动电机;2—蜗轮蜗杆减速箱;3—轴承座;4—小轴承座;5—平皮带;6—圆筒型筛网框架;7—传动小齿轮;8—传动大齿轮;9—传动部分蜗轮蜗杆减速器;10—大三角皮带轮;11—三角皮带;12—小三角皮带轮;13—传动筛网电动机;14—电动机支架;15—减速机构支架;16—大轴承座;17—筛网

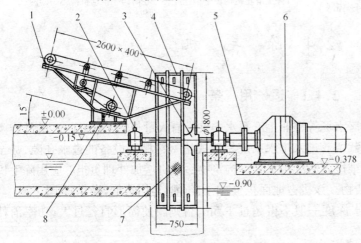

图2-101 圆筒型除毛机(二)

1—皮带运输机构;2—筒型筛网轴承座;3—连接轮毂;4—筒型筛网框架;5—联轴器;6—行星摆线针轮减速机;7—筛网;8—皮带运输机行星摆线针轮减速机

这两种传动方式的主要技术性能,见表2-42。

φ2200×800 圆筒形除毛机两种传动方式的主要技术性能　　表2-42

项　　目		电机、三角皮带、蜗轮、减速器、齿轮驱动	带电机的行星摆线针轮减速机驱动
筛网转速(r/min)		2~5	2.5
驱动功率(kW)		2.2	0.8
筛　网(目/in)		16	24
平皮带输送机	传动速度(m/min)	0.3~0.5	0.368
	电动机功率(kW)	1.1	0.8
	有效运输工作面 长×宽(mm)	2500×400	2600×400

平皮带运输机通过支架在皮带两侧装有挡板,以防垃圾外逸。

由于圆筒型除毛机的工作环境极为恶劣,为防止腐蚀,其框架和回转主轴用不锈钢制作,筛网宜用不锈钢丝编织,也有采用镀锌铁丝或尼龙丝编织。

2.4.2.2 链板框式除毛机

通常适用于污水管道较深、污水量较大的场合。该机由传动部分的电动机、链传动副(或减速器、传动皮带装置)、板形链节、牵引链轮及滤网框架、滤网、冲洗喷嘴和机座等组成,如图2-102~103所示。

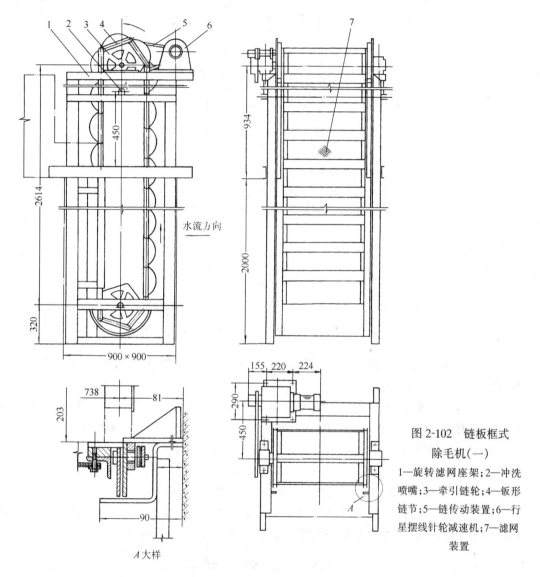

图 2-102 链板框式除毛机(一)

1—旋转滤网座架;2—冲洗喷嘴;3—牵引链轮;4—板形链节;5—链传动装置;6—行星摆线针轮减速机;7—滤网装置

含有纤维的污水从污水管道进入除毛机室,流经回转着的框形滤网,被截留下来的纤维被带到上部,用0.1~0.2MPa的压力水将纤维清除下来并排出。

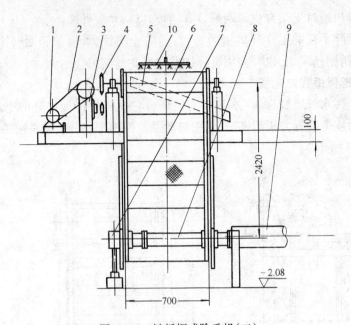

图 2-103 链板框式除毛机(二)
1—电动机;2—三角皮带装置;3—蜗轮蜗杆减速箱;4—链传动副;5—垃圾斗;6—旋转筛网装置;7—水下支承轴承;8—出水管;9—进水管;10—清污喷水管

2.5 水力筛网

2.5.1 适用条件

水力筛网适用于从低浓度悬浮液中去除固体杂质。是一种简单、高效、维护方便的筛网装置。

用于污水处理时,BOD 的去除效率约相当于初次沉淀。当处理生活污水时,水力筛网每米宽度的流量通过能力约为 2000m³/d,单台水力筛网处理量可达 4000m³/d。其作用与一座约 180m² 的澄清池相近,而一个水力筛网占地面积不到 5m²。

水力筛网一般用于处理水量不太大的条件下,目前国内已应用的水力筛网其进水宽度在 1m 左右,国外有的达 2m。使用中应给筛网定期冲洗,以保证正常运行。

这种设备在国外已用于工业废水处理、城市污水处理以及回收有用的固体杂物。在国内已用于印染废水、禽类加工等工业废水处理。

2.5.2 类型及特点

2.5.2.1 固定平面式水力筛网

固定平面式水力筛网的构造如图 2-104 所示。

污水从进水管进入布水管,使流速减缓,并使进水沿筛网宽度均匀分布。水经筛网垂直落下,水中杂物沿筛网斜面落到污物箱或小车内。上海某厂安装的这种水力筛网其上口宽

1000mm,下口宽 700mm,筛网倾斜 55°安装,尼龙筛网约 80 目,处理污水量为 1000m³/d。此筛网用来过滤禽类加工污水,清除污水中的羽毛、绒毛。

2.5.2.2 固定曲面式水力筛网

固定曲面式水力筛网的构造,如图 2-105 所示。

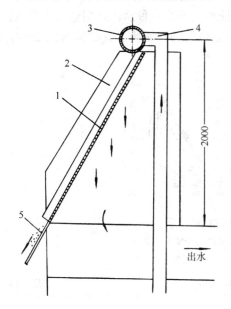
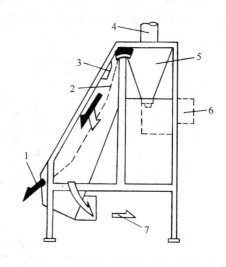

图 2-104 固定平面式水力筛网
1—筛网;2—筛网架;3—布水管;
4—进水管;5—截留污物

图 2-105 固定曲面式水力筛网
1—去除或回收固体;2—不锈钢筛网;3—导流板;
4—进水管;5—分配箱;6—另一种进口;7—出水

污水从进水管进入分配箱,另有一种进水管是从分配箱下部接入的。流速减缓的污水经分配箱沿筛网宽度分配到筛网上。导流板可防止污水的飞溅,使污水沿筛网的表面顺利地过滤。筛网用不锈钢丝网制作,曲面的形状以及筛网的孔径根据污水的不同种类而异,其规格一般为 16~100 目。出水有直接流入渠道和用法兰连接出水管两种形式。

2.5.2.3 水力旋转筛网

水力旋转筛网的构造,如图 2-106 所示。筛体呈锥柱形,污水从小端进入,在从小端到大端的流动中过滤,污物从大端落入污物收集器。筛体的旋转靠进水水流作为动力,进水以

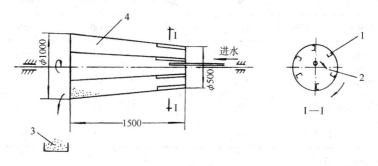

图 2-106 水力旋转筛网
1—水斗;2—进水方向;3—污物收集器;4—尼龙筛网

一定的流速流进斗中,由于水的冲击力和重力作用产生圆周力,从而使筛体旋转。

这种水力旋转筛网在国内已使用于印染废水中的毛、水分离处理。

2.5.3 国外水力筛网的性能和规格

我国内蒙古自治区伊克昭盟某羊绒衫厂污水处理站安装一种从国外引进的水力筛网。

在国外,水力筛网有不同结构形式和规格的产品可供选择使用。其结构形式如图2-107所示。其主要尺寸及通水能力,见表2-43。

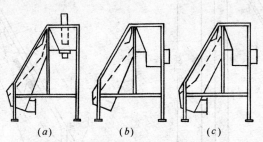

图 2-107 国外几种水力筛网结构形式
(a)552标准型(标准流料箱)法兰出水口;(b)552-1型深分配箱、无法兰出水口;(c)552-2型深分配箱、法兰出水口

几种水力筛网的规格性能 表 2-43

型　　号	552—18″	552—36″	552—48″	552—60″	552—72″
宽(in)	22	42	54	66	78
高(in)	57	60.5	84	84	84
深(in)	42	44.5	61	61	61
进水断面(in)	16×16	16×36	18×48	20×60	22×72
出流管(直径)(in)	8	10	10	12	14
重量(lb)	350	550	650	800	1000
污水种类及筛网规格	通　过　能　力(美加仑/min)(近似值)				
雨水(0.06″筛网)	150	350	600	800	1000
生活污水 0.05%浓度(0.06″筛网)	150	300	500	650	800
食品废水(0.04″筛网)	70	150	280	420	550
罐头厂废水(0.06″筛网)	120	200	350	500	650
牛皮纸浆厂出流水(0.02″筛网)	100	200	300	450	600
平均标准能力(以0.04″筛网计算)	100	200	300	450	600

注:1美加仑/分≈0.227m³/h。

2.5.4 水力筛网的常用材料

水力筛网的网布材质通常用不生锈的金属丝网和合成纤维丝网制造。金属丝网的机械强度大,便于过滤后清扫污物,使用寿命长,但价格贵。

这些材料的规格如下:

筛网材料的规格　　　　　　　　　　　　　　　表2-44

网号	净孔径(mm)	丝径(mm)	参考孔数 每英寸	参考孔数 每厘米	理论质量(kg/m^2)
12.8	1.28	0.31	16	6.3	0.81
11	1.10	0.31	18	7.1	0.92
10.2	1.00	0.27	20	8.0	0.77
078	0.78	0.27	24	9.5	0.94
062—2	0.62	0.23	30	11.8	0.84
049	0.49	0.21	36	14.2	0.84
046—2	0.46	0.17	40	15.7	0.61
036—3	0.36	0.15	50	19.7	0.60
030—4	0.30	0.12	60	23.6	0.46
022	0.22	0.10	80	31.5	0.61
017	0.17	0.08	100	40	0.32

注:1. 丝网的结构分方眼网、斜纹方眼网两种。
　　2. 材料:1Cr18Ni9不锈钢丝、黄铜丝。
　　3. 宽度一般为500~1000mm。
　　4. 生产厂:上海华光金属丝网厂。

尼龙和涤纶网规格　　　　　　　　　　　　　　表2-45

型号	幅宽(cm)	密度(根/cm)	孔径(mm)	有效筛滤面积(%)
16目	100±2	6.3	1.147	52.2
18目		7.09	1.025	52.87
20目		7.87	0.892	48.78
30目		11.87	0.516	37.21
40目		15.74	0.36	32
50目		19.68	0.288	32.13
60目		23.62	0.253	37.2
70目		27.56	0.198	29.74
80目		31.5	0.208	42.79
90目		35.43	0.172	37.2
100目		39.37	0.144	32.14

注:1. 材料:尼龙6、尼龙1010、涤纶。
　　2. 生产厂:上海筛网厂。

铜 网 规 格 表2-46

型 号	幅 宽 (cm)	丝 径 (mm)	组 织	孔 径 (mm)	有效筛滤面积 (%)
40目		0.173		0.462	52.92
50目		0.152		0.356	49.09
60目		0.122		0.301	50.5
70目	100±1	0.112	平纹	0.251	47.79
80目		0.091		0.227	46.8
90目		0.091		0.191	45.88
100目		0.081		0.173	46.39

注：1. 材料：黄铜丝。
    2. 生产厂：上海筛网厂。

不锈钢丝网规格 表2-47

规 格（目/in）	20	30	40	60	80
丝 径（mm）	ϕ0.3	ϕ0.26	ϕ0.22	ϕ0.16	ϕ0.12

注：1. 材料：不锈钢丝。
    2. 生产厂：天津第一金属制品厂。

3 加药设备

加药设备包括药剂的输送设备、投加设备和计量设备。输送设备可选用标准设备或按给水排水工艺的要求改装。投加设备分干投和湿投两种,典型设备有干式投矾机和水射器等。计量设备有浮杯计量、孔口计量、三角堰计量、虹吸计量和转子计量等,转子计量已有定型产品可供选用。几种典型设备的设计和计算分述如下:

3.1 投加设备

3.1.1 水射器

3.1.1.1 适用条件

在给水系统中,水射器常用于向压力管内投加药液和药液的提升,具有设备简单、使用方便、工作可靠的优点,但由于水射器满足不了所需的抽提输液量的要求,有效动压头和射流的排出压力常受到限制,如图3-1所示。

3.1.1.2 结构形式

水射器的结构如图3-2所示,由压力水入口、吸入室、吸入口、喷嘴、喉管、扩散管、排放口等部分组成。

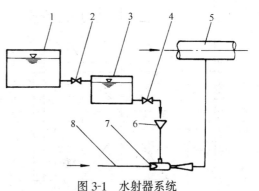

图3-1 水射器系统
1—溶液池;2、4—阀门;3—定量投药箱;5—压力水管;6—漏斗;7—水射器;8—高压水管

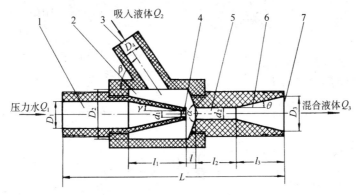

图3-2 水射器结构
1—压力水入口;2—吸入室;3—吸入口;4—喷嘴;5—喉管;6—扩散管;7—排放口

3.1.1.3 设计要求

(1) 喷嘴和喉管进口的间距以 $l=0.5d_2$(d_2 为喉管直径)时,效率最高。

(2) 喉管长度 l_2 等于 6 倍喉管直径为宜,即 $l_2=6d_2$,如制作困难可减至不小于 4 倍喉管直径。

(3) 喉管进口角度 α 以 120°为好,喉管与外壳连接线应平滑。

(4) 扩散管角度 θ 以 5°为好。

(5) 吸入液体的进水方向角 β 以 45°~60°为好,夹角线与喷嘴管轴线交点宜在喷嘴之前。

(6) 喷嘴收缩角 γ 可用 10°~30°。

3.1.1.4 计算公式

水射器计算有两种方法,均可应用,分述如下:

(1) 第一种计算方法(最高效率可达 30%):

1) 计算压头比 N 值:按式(3-1)为

$$N=\frac{H_d-H_s}{H_1-H_d}=\frac{净扬程水头}{净工作水头} \tag{3-1}$$

式中 H_1——水射器工作水头(m);

H_d——水射器输出水头(包括管道损失)(m);

H_s——吸入液体的抽吸水头(包括管道损失)(m),注意正负值。

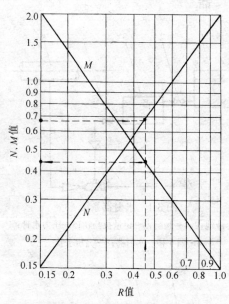

图 3-3 最高效率(30%)时 R、M 与 N 关系曲线

2) 求 R 和 M 值:根据 N 值查图 3-3,得 M 值。

3) 根据 M 值计算喷嘴:

① 工作流量:按式(3-2)为

$$Q_1=\frac{Q_2}{M} \quad (\text{L/s}) \tag{3-2}$$

式中 Q_2——吸入液体流量(L/s)。

② 喷嘴断面:按式(3-2)为

$$A_1=\frac{10Q_1}{c\sqrt{2gH_1}} \quad (\text{cm}^2) \tag{3-3}$$

式中 c——喷口流量系数,$c=0.9~0.95$。

③ 喷嘴直径:

$$d_1=\sqrt{\frac{4A_1}{\pi}} \quad (\text{cm})$$

④ 喷嘴流速:

$$v_1=\frac{10Q_1}{A_1} \quad (\text{m/s})$$

⑤ 喷嘴收缩段长度:

$$l_{1-1} = \frac{D_1 - d_1}{2\mathrm{tg}\gamma}$$

式中 D_1——冲射压力水的进水管直径(cm),一般采用流速 $v_1 \geqslant 1\mathrm{m/s}$;
　　γ——喷嘴收缩段的收缩角(°),一般为 10°～30°。

⑥ 喷嘴直线段长度:按式(3-4)为

$$l_{1-2} = (0.55 \sim 0.9)d_1 \quad (\mathrm{cm}) \tag{3-4}$$

⑦ 喷嘴总长度为

$$l_1 = l_{1-1} + l_{1-2} \quad (\mathrm{cm})$$

4) 根据 R 值计算喉管:
① 喉管断面:按式(3-5)为

$$A_2 = \frac{A_1}{R} \quad (\mathrm{cm}) \tag{3-5}$$

② 喉管直径:按式(3-6)为

$$d_2 = \frac{d_1}{\sqrt{R}} \quad (\mathrm{cm}) \tag{3-6}$$

③ 喉管流速为

$$v_2 = \frac{10(Q_1 + Q_2)}{A_2} \quad (\mathrm{m/s})$$

④ 喉管长度为 $\quad l_2 = 6d_2 \quad (\mathrm{cm})$
⑤ 喉管进口扩散角为

$$\alpha = 120°$$

5) 计算扩散管:扩散管长度为

$$l_3 = \frac{D_3 - d_2}{2\mathrm{tg}\theta} \quad (\mathrm{cm})$$

式中 D_3——混合液排出管管径(cm),采用 $D_3 = D_1$;
　　θ——扩散管扩散角(°),一般为 5°～10°。

6) 混合室长度为

$$l_4 = l_1 + l \quad (\mathrm{cm})$$

7) 计算实例:

【例】 某水厂加药系统拟用 0.20L/s 加药水射器,已知二级泵房供水压力 $H_1 = 0.25\mathrm{MPa}$,水射器的出口压力(考虑了管道等损失)要求 $H_\mathrm{d} = 0.1\mathrm{MPa}$,吸入液吸入口压力(考虑了管道等损失)为 $H_\mathrm{s} =$ 正水头 0.003～0.005MPa,为安全起见以 $H_\mathrm{s} = 0$ 计。

【解】 ① 计算压头比:

$$N = \frac{H_\mathrm{d} - H_\mathrm{s}}{H_1 - H_\mathrm{d}} = \frac{10 - 0}{25 - 10} = 0.667$$

② 求 R、M 值:
查图 3-3 得 $R = 0.46, M = 0.44$
③ 计算喷嘴:

$$Q_1 = \frac{Q_2}{M} = \frac{0.20}{0.44} = 0.455\mathrm{L/s}$$

采用 $c=0.9$

$$A_1 = \frac{10Q_1}{c\sqrt{2gH_1}} = \frac{10 \times 0.455}{0.9\sqrt{2 \times 9.8 \times 25}} = 0.228 \text{cm}^2$$

$$d_1 = \sqrt{\frac{4A_1}{\pi}} = \sqrt{\frac{4 \times 0.228}{3.1416}} = 0.54 \text{cm}$$

采用 $d_1 = 0.55$ cm

$$v_1 = \frac{10Q_1}{A_1} = \frac{10 \times 0.455}{0.228\left(\frac{0.55}{0.54}\right)^2} = 19.2 \text{m/s}$$

收缩角 γ 采用 20°，压力进水管直径采用 $D_1 = 3.0$ cm，

$$l_{1-1} = \frac{D_1 - d_1}{2\text{tg}\gamma} = \frac{3.0 - 0.55}{2\text{tg}20°} = 3.30 \text{cm}$$

$$l_{1-2} = 0.7d_1 = 0.7 \times 0.55 = 0.38 \text{cm}$$

$$l_\Delta = l_{1-1} + l_{1-2} = 3.36 + 0.38 = 3.74 \text{cm}$$

标准图中实际采用喷嘴为二次收缩（$\gamma_1 = 60°$、$\gamma_2 = 30°$），$l_\Delta = 4.0$ cm，详见标准图"投药、消毒设备 S346"。

④ 计算喉管：

$$A_2 = \frac{A_1}{R} = \frac{0.228\left(\frac{0.55}{0.54}\right)^2}{0.46} = 0.514 \text{cm}^2$$

$$d_2 = \frac{d_1}{\sqrt{R}} = \frac{0.55}{\sqrt{0.46}} = 0.81 \text{cm}$$

$$l_2 = 6d_2 = 6 \times 0.81 = 4.86 \text{cm}$$

$$\alpha = 120°$$

$$v_2 = \frac{10(Q_1 + Q_2)}{A_2} = \frac{10 \times (0.455 + 0.20)}{0.514} = 12.7 \text{m/s}$$

⑤ 计算扩散管：采用 $\theta = 5°$，冲射压力进水管径 $D_1 = D_3$（扩散管出口管径 = 3.0 cm），则

$l_3 = \frac{D_3 - d_2}{2\text{tg}\theta} = \frac{3.0 - 0.81}{2\text{tg}5°} = 12.6$ cm（实际加工时，出口段改为 10°，l_3 可缩短，详见标准图，"投药、消毒设备 S346"）。

(2) 第二种计算方法：主要计算参数如下：

1) 喷嘴与喉管断面比：

$$R = \frac{A_1}{A_2} \tag{3-7}$$

式中　A_1——喷嘴断面（m²）；

A_2——喉管断面（m²）。

2) 流量比：

$$M = \frac{Q_2}{Q_1} \tag{3-8}$$

式中　Q_2——吸入液体流量（m³/s）；

Q_1——喷嘴工作流量(m^3/s)。

3) 压头比：

$$N = \frac{H_0}{H_c} \tag{3-9}$$

式中　H_0——水射器输出水头(m)；

　　　H_c——喷嘴工作水头(m)。

根据图 3-4(a)，当 $R = 0.37 \sim 0.25$、$M = 0.7 \sim 1.4$ 时，能得到最高效率。据图 3-4(b)在取得最高效率情况下，当 $R = 0.37$、$M = 0.70$ 时，$N = 0.48$；当 $R = 0.25$、$M = 1.14$ 时，$N = 0.30$。

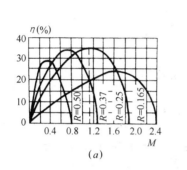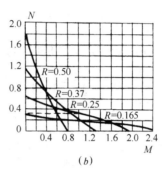

图 3-4　水射器的特性曲线
(a)水射器的效率曲线；(b)水射器的工作曲线

水射器的最高效率：按式(3-10)为

$$\eta = \frac{Q_2 H_0}{Q_1 H_c} = MN \tag{3-10}$$

在计算时，一般已知所需扬程 H_0，吸入液体流量 Q_2。当采用效率为 0.3 时，据图 3-4(b)查得 M 与 N 值，而后按下式计算喷嘴工作水头 H_c 和工作流量 Q_1：

$$H_c = \frac{H_0}{N}, \quad Q_1 = \frac{Q_2}{M}$$

4) 喷嘴断面：按式(3-11)为

$$A_1 = \frac{Q_1}{c\sqrt{2gH_c}} \quad (cm^2) \tag{3-11}$$

式中　c——流量系数，取 $c = 0.95$。

5) 喉管断面：

$$A_2 = \frac{A_1}{R} \quad (cm^2)$$

根据已确定的喷嘴、喉管等尺寸，按式(3-12)校核：

$$Q_1 v_1^1 = (Q_1 + Q_2) v_2^1 \tag{3-12}$$

式中　v_2^1——喉管流速(m/s)。

此时效率为

$$\eta = MN$$

6) 计算实例：

【例】 已知扬水高度为 20m，吸入液体流量 $Q_2 = 15\text{m}^3/\text{h}$，计算水力提升器各部分尺寸。

【解】 为使水射器在高效率区工作，采用

$$R = \frac{A_1}{A_2} = 0.25 \sim 0.37$$

查图 3-4(b) 得相应的 M 值

$$M = \frac{Q_2}{Q_1} = 1.14 \sim 0.70$$

相应的压头比为

$$N = \frac{N_0}{H_c} = 0.30 \sim 0.48$$

相应的工作流量（若采用 $M = 1.14$ 时）：

$$Q_1 = \frac{Q_2}{M} = \frac{15}{1.14} = 13.16\text{m}^3/\text{h} = 0.00365\text{m}^3/\text{s}$$

$$H_c = \frac{H_0}{N} = \frac{20}{0.30} = 66.7\text{m}$$

$$A_1 = \frac{0.00365}{0.95\sqrt{2 \times 9.81 \times 66.7}} = 1.06 \times 10^{-4}\text{m}^2 = 1.06\text{cm}^2$$

$$d_1 = \sqrt{\frac{4A_1}{\pi}} = \sqrt{\frac{4 \times 1.06}{3.14}} = 1.16\text{cm}$$

喉管断面为

$$A_2 = \frac{A_1}{R} = \frac{1.06}{0.25} = 4.24\text{cm}^2$$

喉管直径为

$$d_2 = \sqrt{\frac{4A_2}{3.14}} = \sqrt{\frac{4 \times 4.24}{3.14}} = 2.32\text{cm}$$

$$\frac{d_1}{d_2} = \frac{1.16}{2.32} = 0.5$$

如果采用 $M = 0.70$，$Q_1 = 21.4\text{m}^3/\text{h} = 0.00595\text{m}^3/\text{s}$ 则 $H_c = \frac{H_0}{N} = \frac{20}{0.48} = 41.7\text{m}$

$$A_1 = \frac{Q_1}{c\sqrt{2gH_c}} = \frac{0.00595}{0.95\sqrt{2g \times 41.7}} \approx 2.19\text{cm}^2$$

$$d_1 = \sqrt{\frac{4A_1}{\pi}} = \sqrt{\frac{4 \times 2.19}{3.14}} = 1.67\text{cm}$$

$$A_2 = \frac{A_1}{R} = \frac{2.19}{0.37} = 5.92\text{cm}^2$$

$$d_2 = \sqrt{\frac{4A_2}{\pi}} = \sqrt{\frac{4 \times 5.92}{3.14}} = 2.75\text{cm}$$

$$\frac{d_1}{d_2} = \frac{1.67}{2.75} = 0.61$$

以下计算同第一种方法。

3.1.1.5 加工安装要求

(1) 喷嘴、喉管进口及内径、扩散管内径加工表面粗糙度应达 3.2。

(2) 喷嘴和喉管安装时须同心,同轴度应达精度等级的 9~10 级。

(3) 水射器安装时严防漏气,并应水平安装,不可将喷口向下。

3.1.2 干式投矾机

3.1.2.1 适用条件

干式投矾机是干投法的典型设备,用于投加松散的易溶解的固体药剂,如颗粒状的硫酸铝和明矾等。药剂通过料斗进入盛矾漏斗,堆放在振动式投加槽中,通过时间继电器把药定时定量地直接投入水中,如图 3-5 所示。

干式投矾机具有给料均匀、运转可靠、驱动功率和占地面积小、操作管理方便、易于实现自动控制,但设备的安装调试较复杂,对易潮解结块的药剂不适用。

3.1.2.2 结构形式

干式投矾机的结构形式,如图 3-6 所示,主要包括盛矾漏斗、附着式振动器、电磁振动给料机、调节手柄、底座和外壳等部分组成,电磁振动给料机是由给料槽、激振器、减振器三部分组成,并由时间继电器控制,作连续或间断地振动投加。

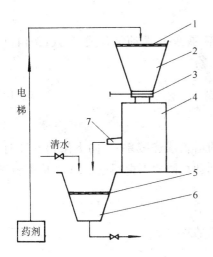

图 3-5 干式投矾机系统简图
1、5—钢箅;2—料仓;3—插板闸;4—干式投矾机;6—溶解槽;7—投加槽

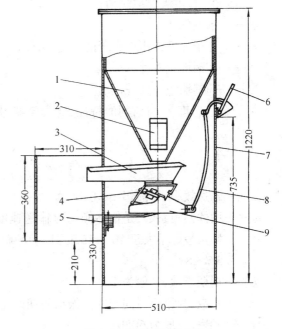

图 3-6 干式投矾机结构
1—盛矾漏斗;2—附着式振动器;3—给料槽;4—激振器;5—减振器;6—调节手柄;7—外壳;8—连杆;9—底座

3.1.2.3 设计计算

干式投矾机主要设计计算电振给料机。

(1) 设计要求:

1) 给料槽槽体厚度一般为 2~6mm。槽底以做成弧形为宜,小型槽宜做成圆管形,弯

曲半径为槽宽的1/2,一般槽底圆弧半径为槽宽的1.7~2倍。底部横向加强筋的高度$\leqslant \frac{1}{10}$槽宽,筋的间距为槽长的30%左右。槽子侧板厚度比槽底稍薄。推力板厚度一般等于底板厚,推力板跨距$\geqslant \frac{1}{3}$槽宽。

2) 减振器主要设计吊挂弹簧,可按压缩螺旋弹簧计算,常用材料60Si2Mn,弹簧圈数一般不少于4~5圈。承托弹簧的托盘可略大些,以防弹簧窜动并减少噪声。

3) 为保证电振给料机运转平稳,要进行重心计算,使电磁力的作用力线通过槽体及激振器重心,一般只考虑力线通过空槽重心即可。

4) 激振器是机器的动力源部件,它由联接叉、衔铁、铁芯和线圈、主弹簧、激振器壳体组成,设计方法详见《电磁振动给料机》。

电振给料机一般先进行槽体设计,其次进行激振器设计,也可参照样本选用定型产品。

(2) 生产能力计算:按式(3-13)为

$$Q = 3600\varphi BH\gamma v \tag{3-13}$$

式中　Q——生产能力(t/h);
　　　φ——药剂填充系数,对于开式槽子和矩形管子取$\varphi = 0.6 \sim 0.8$,粒度小时取较大值,粒度大时取小值;
　　　B——槽宽(m);
　　　H——槽子深度或矩形管子的高度(m);
　　　γ——药剂堆积密度(t/m^3);
　　　v——药剂输送速度(m/s)。

药剂的输送速度v与药剂的特性、药层厚度、频率、振幅和振动角有关,按式(3-14)计算:

$$v = \eta m \frac{g}{2k} \frac{n^2}{f} \operatorname{ctg}\beta \tag{3-14}$$

式中　η——输送效率,硫酸铝$\eta \approx 0.65$;
　　　m——槽体倾角系数,是槽体倾斜时输送速度的增长或递减率,当向下倾斜安装时,倾角最好不大于10°~15°;当向上倾斜安装时,倾角不得超过12°;m值可查图3-7~8;
　　　k——周期指数,一般为1.0;
　　　n——系数,为抛药时间与槽体振动周期的比值,查图3-9;
　　　f——频率,一般为50Hz;
　　　β——振动角,一般为20°。

图3-9所示抛物指数r_p是槽体最大垂直加速度与重力加速度的比值,由式(3-15)求得

$$r_p = \frac{4\pi^2 f^2 S \sin\beta}{g} \tag{3-15}$$

式中　S——振幅,按单振幅计算(mm),一般为1.5mm;
　　　g——重力加速度$= 9.81\text{m/s}^2$。

其它符号同式(3-14)。

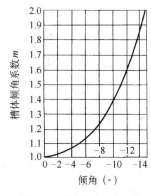 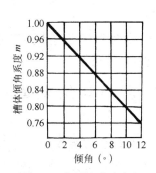 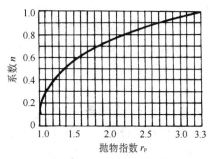

图 3-7 药剂输送速度与槽体倾角(向下)关系　　图 3-8 药剂输送速度与槽体倾角(向上)关系　　图 3-9 系数 n 与抛物指数 r_p 的关系曲线

(3) 宽度验算:根据生产能力确定电振给料机规格后,还必须按药剂粒度验算槽体宽度,公式如下:

对于粒度不均匀的原药剂　　$B \geqslant (2\sim3)d_{max}$

对于筛分后的药剂　　　　　$B \geqslant (3\sim5)d_{max}$

式中　B——槽宽(mm);

d_{max}——药剂的最大粒度(mm)。

3.1.2.4　安装要求

干式投矾机外壳固定后,主要是中间电振给料机的安装与调整。

(1) 安装角度:对于流动性好的药剂,安装倾角推荐向下 10°,最好不大于 15°,若倾角过大时,药剂的滑动增强,药流不止,增加了对槽体的磨损。为了达到较精确的定量给药,水平安装较合适,药流稳定性高。

(2) 安装方式:图 3-6 所示的安装采用弹性支持架,由扁钢和胶垫组成。在投加槽的宽度方向,两侧吊杆应对称地向外倾斜 10°,以避免电振给料机过分地侧向摆动。

给料机安装应保持横向水平,否则输送过程中药剂将会向一边偏移。

(3) 对料仓和溜槽的要求:给料机的槽体,不能承受过大的仓压,否则将降低给料机的振幅,减低药剂的输送速度,影响生产力。一般情况下,作用在槽体上的垂直投影仓压面积,应小于料仓放料口的 $\frac{1}{4} \sim \frac{1}{5}$。为避免或减少仓压直接作用在槽体上,在料仓和槽体之间加溜槽(盛矾漏斗),溜槽与槽体侧板之间的间隙为 25mm。

为避免料仓中药剂对槽体的冲击而损坏,料仓不允许卸空,在料仓和给料机中应保持一定的余药。

(4) 调整:电振给料机在生产中的运转可靠性,完全取决于投产前的调整和试运转。电磁铁芯和衔铁之间的气隙按图进行调整,板簧式电振给料机气隙为 1.8~2.1mm,螺旋簧式气隙为 2~3mm。调整原则:

1) 满足振幅要求。

2) 电流不超过额定值。

3) 铁芯和衔铁不得发生碰撞,铁芯面与衔铁面要平行。

3.2 计 量 设 备

常用计量设备除转子流量计、计量泵、加氯机已有定型产品外,还有浮杯计量、孔口计量、三角堰计量、虹吸计量等专用计量设备,分述如下。

3.2.1 浮杯计量设备

3.2.1.1 适用条件

浮杯计量设备是利用浮体在溶液中的固定浸没深度 h 或液位差以达到恒位出流的目的,适用于溶药池变液位的情况,是一种小型计量设备。在液位较低时,易产生出液管因弯曲半径过小而折扁或上浮的弊病,直接影响投加准确性。使用系统如图 3-10 所示,此类形式标准图见"投药、消毒设备 S346"图。

3.2.1.2 结构形式

(1) 浸没式浮杯:如图 3-11 所示,由浮杯、浮块、孔板、孔板座、透气管和导管等零件组成。药液经进液孔进入浮杯内,通过孔板和导管进行投加。调换不同孔径的孔板(件号 4)即能改变加药量。

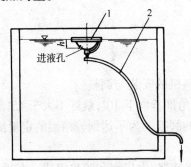

图 3-10 浮杯计量系统
1—浮杯;2—出液软管

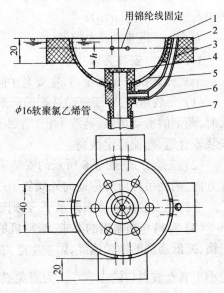

图 3-11 淹没式浮杯
1—浮杯;2—浮块;3—透气管;4—孔板;5—孔板座;6—短管;7—导管

浮杯和浮块均用轻质材料制作,如胶木、塑料等,浮杯也可用塑料浮球改制,配用的 $\phi 16$ 内径的出液管(橡胶管或塑料管),要求质软,长度适中。其它零件的材料用耐腐蚀的硬聚氯乙烯。

当用于投加漂粉液时,孔板孔口应经常清洗,以防堵塞。

液位差 $h=3\text{cm}$ 时,孔径与流量的系列见表 3-1(按 $Q = CA\sqrt{2gh}$,$C=0.60$ 计算,A 为孔口面积)。

液位差 $h=3\text{cm}$ 时,孔径与流量的系列　　　表 3-1

孔径 d(mm)	2.0	3.0	4.0	5.0	6.0	7.0	8.0	9.0	10.0	11.0
流量 Q(mL/s)	1.4	3.2	5.7	9.0	12.9	17.5	22.9	29.0	35.8	43.3

(2) 孔塞式浮杯:孔塞式浮杯如图 3-12 所示,由浮块、壳体、孔塞、计量孔体、出流管等零件组成。药液通过计量孔体的小孔进入杯内,经出流管流入出液软管进行加注,调整 1~8 号孔塞的数量来满足所需加注量。

浮体用轻质材料制作,其余零件用聚氯乙烯板材或管材制作。

1~8 号孔的加工,应在壳体与计量孔体焊接后进行,以防热焊时孔径变形。

如需加大液位差时,可在浮块上均匀加置重物。

液位差 $h = 10$ cm 时,孔径与流量系列见表 3-2(按 $Q = CA\sqrt{2gh}$,$C = 0.6$ 计算)。

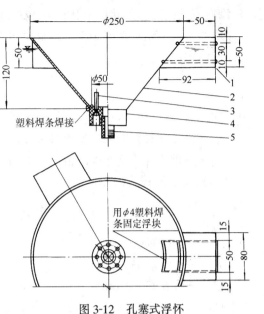

图 3-12 孔塞式浮杯
1—浮块;2—壳体;3—孔塞;4—计量孔体;5—出流管

液位差 $h = 10$ cm 时孔径与流量系列　　　　表 3-2

孔　号	1	2	3	4	5	6	7	8
孔径 d(mm)	1.0	1.5	2.0	2.5	3.0	4.0	6.0	8.0
流量 Q(mL/s)	0.66	1.49	2.64	4.12	5.94	10.55	23.74	42.20

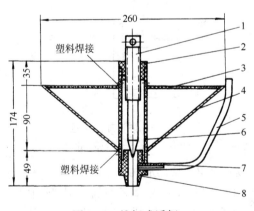

图 3-13 锥杆式浮杯
1—调节螺杆;2—螺母;3—杯盖;4—杯体;5—透气管;6—加注管;7—透气管接头;8—加注接头

(3) 锥杆式浮杯:如图 3-13 所示,由调节螺杆、螺母、杯盖、杯体、加注管等零件组成。药液由进液孔进入加注管中,经调节螺杆与加注接头的间隙流入出液软管进行加注,各零件除橡皮管外均用聚氯乙烯材料制作。

改变投药量时,只须调节螺杆高度,即能达到稳定的加注量。在杯盖孔中注入或吸出溶液,即可改变浮杯淹没高度。

3.2.1.3　设计计算

(1) 计算浮块体积:各种浮杯的设计均要使浮体的浮力大于下沉重物在液体中的重力,即

$$F_浮 > W \tag{3-16}$$

式中　$F_浮$——浮块的浮力(N);

W——浮体在液体中的重力(包括浮杯、软管以及管内液体)(N)。

上述三种浮杯,除锥杆式浮杯能自浮外,其它两种浮杯都须借助浮块的浮力才能浮在液面上,自制的浮杯固体材料的相对密度,由于厚度和外形尺寸的变化、不同耐腐蚀涂料以及其它零件材料和尺寸的变化,不易精确计算。配置浮块时,可将制成的浮杯(包括软管及零

件)浸没在有关的液体中并秤出其重力 $W(N)$。

浮块通常选用相对密度小于1的材料制作,如:聚苯乙烯泡沫塑料或软木等。

浮块体积:按式(3-17)为

$$V_{浮} \geqslant \frac{W}{\gamma_{浮} g} \quad (cm^3) \tag{3-17}$$

式中　W——浮标(包括软管及零件)浸在液体中秤出的重力(N);

　　　$\gamma_{浮}$——浮块材料的表观密度(kg/cm^3);

　　　g——重力加速度 $= 9.81 m/s^2 = 9.81 N/kg$。

(2) 计算孔径:按式(3-18)为

根据

$$Q = CA\sqrt{2gh}, d = 1.457\sqrt{\frac{Q}{\sqrt{2gh}}} \tag{3-18}$$

式中　A——孔口面积(cm^2);

　　　h——液位差(cm);

　　　C——系数 $C = 0.60$。

根据不同的流量 Q、液位 h 可求出不同的孔径 d。

3.2.2　孔口计量设备

3.2.2.1　适用条件

孔口计量适用于溶液池恒液位的情况下,利用孔口在恒定浸没深度下出流的稳定流量来计量,流量的大小可改变孔口面积来调节,其示意如图3-14 和图3-15 所示。设计或选用时可参见"投药、消毒设备 S346"图。

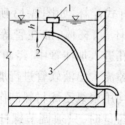

图 3-14　恒位加注示意
1—浮体;2—孔口;3—软管

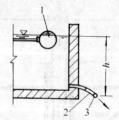

图 3-15　恒位加注示意
1—浮球阀;2—软管;3—孔口

3.2.2.2　结构形式

(1) 孔口:由硬聚氯乙烯加工成型,孔口 d 加工成不同孔径可得到不同流量,其结构和孔口接头示意,如图3-16~17所示。

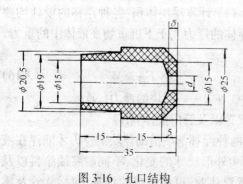

图 3-16　孔口结构

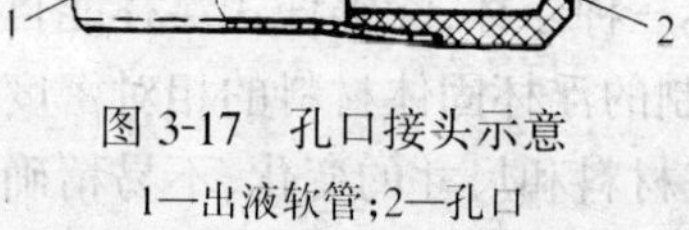

图 3-17　孔口接头示意
1—出液软管;2—孔口

孔径与流量系列,见表 3-3。

孔 径 与 流 量 系 列　　　　表 3-3

序　号	孔径(mm)d	流量(mL/s)	序　号	孔径(mm)d	流量(mL/s)
1	0.60	0.70	10	2.70	12.20
2	0.80	1.30	11	3.00	15.00
3	1.00	1.60	12	3.50	21.30
4	1.20	2.30	13	4.00	28.60
5	1.50	3.50	14	4.50	33.70
6	1.70	4.50	15	5.00	41.00
7	2.00	6.40	16	5.50	47.50
8	2.20	8.00	17	6.00	57.00
9	2.50	10.60	18	6.50	67.00

(2) 孔板:其结构如图 3-18 所示,由螺纹接头、压紧螺母、橡胶垫圈、加注孔板组成。除橡胶垫圈外均用硬聚氯乙烯制成。加注孔板上的孔径 d 视需要配成不同规格,可得不同流量,参见孔口、孔径与流量系列表。设计选用见"投药、消毒设备 S346"图。

(3) 调节计量阀:如图 3-19 所示,系由一滑动(上)孔板和一固定(下)孔板组成的调节阀,用操作手轮改变两板的出流断面来调节流量。进口管前接恒位箱,流量大小经实际校验测定后刻画在指示板上。

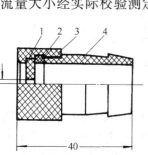

图 3-18　孔板结构
1—加注孔板;2—橡胶垫圈;3—
压紧螺母;4—螺纹接头

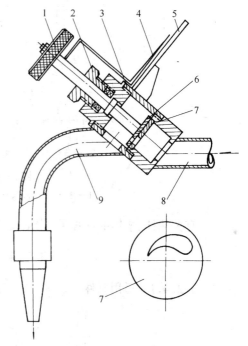

图 3-19　调节计量阀
1—手轮;2—压盖;3—阀体;4—指针;5—
指示板;6—滑动孔流板;7—固定孔流板;
8—进液管;9—出液管

3.2.3　三角堰计量设备

3.2.3.1　适用条件

三角堰计量是一种设备简单、精确可靠的传统计量方法,它适用于大、中流量液体药剂的计量。由于设备体积大，并需配置恒位箱，所以占地面积较大。三角堰计量系统如图3-20所示。

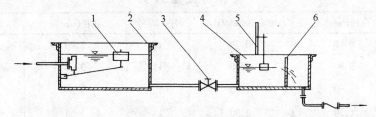

图 3-20　三角堰计量系统
1—浮球阀；2—恒位箱；3—调节阀；4—计量槽；5—浮球标尺；6—三角堰板

3.2.3.2　结构形式

三角堰计量槽由计量槽槽体、三角堰板和浮球标尺等组成，如图 3-21 所示，各零件的材料视药剂的腐蚀情况用钢材或硬聚氯乙烯板。

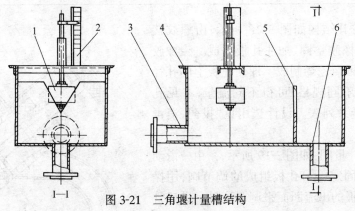

图 3-21　三角堰计量槽结构
1—浮球；2—标尺；3—进液管；4—槽体；5—堰板；6—出液管

有关箱体、槽体的计算见《化工设备设计1980年第二期》。

3.2.4　虹吸计量设备

3.2.4.1　适用条件

虹吸计量是利用恒位箱液面与虹吸管出口的高差来计量的，改变虹吸管出口高度即可调节计量值。虹吸计量适用于中、小水量的药剂计量，设备简单、操作方便，但精度较差。虹吸计量系统，如图3-22所示。

3.2.4.2　结构形式

虹吸计量槽结构如图3-23所示，主要由手轮、螺杆、槽体、虹吸管、漏斗等组成，虹吸管可用硬聚氯乙烯管或玻璃管，出口段可用塑料软管并配一夹子，其余零部件用钢材制作，设备内壁进行防腐处理。

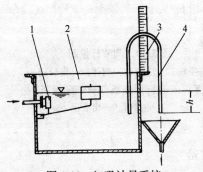

图 3-22　虹吸计量系统
1—浮球阀；2—恒位箱；3—标尺；4—虹吸管

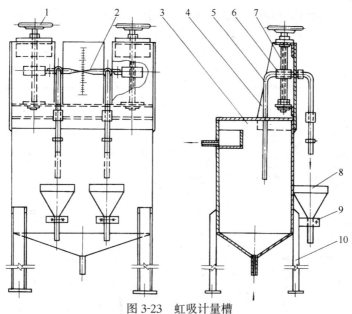

图 3-23　虹吸计量槽
1—手轮；2—指针；3—槽体；4—支架；5—虹吸管；6—管夹调节螺母；
7—螺杆；8—漏斗；9—漏斗架；10—支腿

3.3　石灰消化投加设备

石灰消化投加系统中的设备主要有：受料槽、电磁振动输送机、斗式提升机、料仓、插板闸、消石灰机、排渣器和搅拌罐等，有的系统还有电子秤和料仓过滤器等辅助设备，石灰消化投加系统如图 3-24 所示。其中电磁振动输送机和斗式提升机已有定型产品可供选用，搅拌罐的设计见第 4 章，排渣机的设计参考刮板输送机。本节重点介绍消石灰机、钢料仓和插板闸的设计。

3.3.1　消石灰机

3.3.1.1　适用条件

用于水处理系统的消石灰机有两种，一种是开式回转圆筒型，另一种是封闭式的捏和搅拌机型，前者适用于大粒径的生石灰消化（最大粒径可达 70~80mm），后者适用于小粒径的生石灰消化（最大粒径小于 38mm），本节介绍前者。

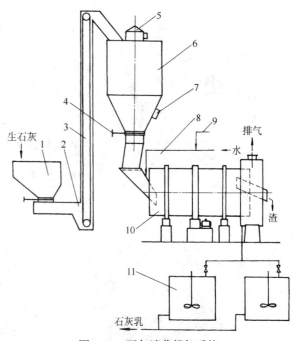

图 3-24　石灰消化投加系统
1—受料槽；2—输送机；3—斗式提升机；4—插板闸；5—料仓过滤器；6—料仓；7—振动器；8—水管；9—汽管；10—消石灰机；
11—搅拌罐

回转圆筒型消石灰机其流程又分并流和逆流两种,如消石灰机结构,图3-25~26所示。

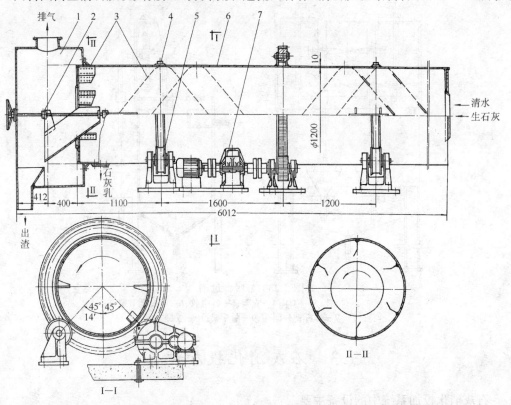

图 3-25 消石灰机结构(一)
1—出料室;2—排渣装置;3—抄板;4—滚圈;5—托轮装置;6—筒体;7—传动装置

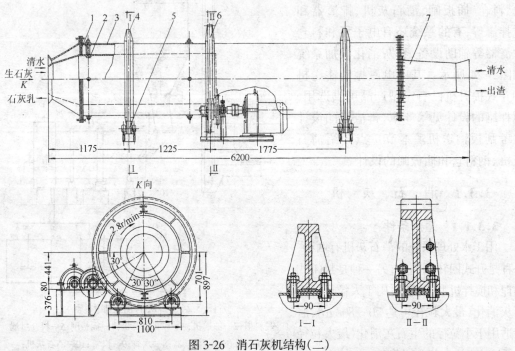

图 3-26 消石灰机结构(二)
1—孔板;2—内筒;3—外筒;4—滚圈;5—托轮装置;6—传动装置;7—排渣尾筒

3.3.1.2 结构形式

消石灰机由筒体(包括内筒、外筒和抄板)、滚圈、托轮与挡轮、传动装置、进料斗和排渣装置组成。对于逆流型消石灰机筒体又分内筒和外筒,二者用大螺栓连接,内筒内壁有按螺旋线布置的破碎钉,筒壁上有小孔使乳液与外筒相通,外筒前半段有连续螺旋抄板,后半段为不连续螺旋抄板,均起排渣作用。逆流型消石灰机结构如图 3-26 所示。

3.3.1.3 设计要求

(1) 筒体是消石灰机的重要部件,材料一般用 Q235A 或 10、15 号优质碳素钢,钢板厚度一般不小于 10mm。

筒体用整体焊接,钢板接缝愈少愈好,其中纵向焊接缝要彼此错开。

(2) 为提高消化效率和利于排渣,在筒内应装设抄板,抄板形式多为升举式,排列从进口到出口成螺旋线,如图 3-25 所示。

(3) 滚圈支承整个筒体的重量,使其能在托轮上回转,须有足够的刚性和耐久性。滚圈断面多用实心矩形或正方形,材料用优质铸钢或锻钢,滚圈硬度应低于托轮,硬度相差 HB30~40,滚圈外径与筒体外径之比为 1∶1.17~1.20,滚圈与筒体的固定方法多用焊接固定或松套式。

(4) 托轮承受回转筒体的全部重量,是在重载下工作的部件,由托轮、轴和挡圈组成。托轮比滚圈宽 20~40mm。托轮轴应做成可以调节移动的。

(5) 挡轮装在某一托轮的两侧,用来阻止筒体的轴向移动,当筒体倾斜安装时一般只设一对,当水平安装时可不设,挡轮轴一般使用滑动轴承,挡轮与滚圈间的缝隙为 10~20mm。

(6) 筒体的回转由电动机通过减速器和一级开式齿轮驱动。大齿圈一般刚性固定在筒体上,用铸铁或铸钢分半制造。主动小齿轮应比大齿轮宽 20~24mm。

3.3.1.4 计算公式

给水排水工艺提出主参数直径、长度、转速和倾角后,机械设计需进行强度计算。

(1) 筒体的强度计算:

1) 壁厚:按式(3-19)计算:

$$\delta = (0.007 \sim 0.01)D \quad (\text{mm}) \quad (3\text{-}19)$$

式中 D——筒体的外径(mm)。

2) 强度计算:筒体的支承多为简支梁的形式,其筒体弯矩图见图 3-27。计算时按环形截面中空水平的简支梁考虑,筒体自重重力和物料的重力按均布荷载计算。

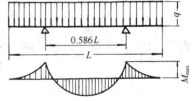

图 3-27 筒体弯矩图

校核最大弯曲应力:按式(3-20)计算:

$$\sigma_{\max} = \frac{M_{\max}}{k_s k_T W} \leqslant [\sigma_F] \quad (3\text{-}20)$$

式中 W——筒体的截面模数,

$$W = \frac{2I}{D_{内}+2\delta} = \frac{\pi}{32(D_{内}+2\delta)}[(D_{内}+2\delta)^4 - D_{内}^4] \quad (\text{mm}^3);$$

k_s——接缝强度系数,人工焊:$k_s = 0.9 \sim 0.95$,自动焊:$k_s = 0.95 \sim 1$;

k_T——温度系数,由筒体表面温度而定,材料 Q235A 时,当 $T \leqslant 150℃$,$k_T = 1$;

$D_{内}$——筒体内径(mm);

δ——筒体壁厚(mm);

M_{max}——最大弯矩(N·mm),

$$M_{max} \approx \frac{qL^2}{47} (N \cdot mm);$$

$[\sigma_F]$——许用弯曲应力,$[\sigma_F]$为10～15MPa。

(2) 滚圈的强度计算:滚圈按弯曲环状梁考虑,受弯曲应力和接触应力作用。设计时先根据弯曲应力设计断面尺寸,再用接触应力进行校核。

1) 确定断面尺寸:

最大弯矩:

$$M_{max} = K_c G R_r \quad (N \cdot mm) \tag{3-21}$$

式中　G——滚圈上的负荷(N);

R_r——滚圈的外半径(mm);

K_c——与滚圈固定方式有关的系数,滚圈与筒体固定连接时,$K_c = 0.064$,滚圈与筒体活套连接时,$K_c = 0.082$。

据$[\sigma_F]$和M_{max}求W,决定断面尺寸,矩形断面$W = \frac{bh^2}{6}$,其中$\frac{b}{h} = 1 \sim 2.6$。

2) 校核接触应力:强度条件为

① 危险的计算应力:按式(3-22)计算:

$$0.6\sigma_{H_{max}} < [\sigma_H] \tag{3-22}$$

② 表面的计算应力:按式(3-23)计算:

$$0.4\sigma_{H_{max}} < \sigma_T \tag{3-23}$$

式中　$[\sigma_H]$——许用接触应力(MPa);

σ_T——材料的屈服极限(MPa);

$\sigma_{H_{max}}$——最大接触应力(MPa),按式(3-24)计算:

$$\sigma_{H_{max}} = \sqrt{\frac{p}{\pi(1-\mu^2)} \frac{E_1 E_2}{E_1 + E_2} \frac{R+r}{Rr}} \quad (MPa) \tag{3-24}$$

式中　P——滚圈与托轮接触表面上的比载荷(N/mm),$P = \frac{T}{b}$,其中

b——滚圈宽度(mm);

T——作用于一个托轮表面的压力(N),如图3-28所示,

$$T = \frac{G}{2\cos\varphi}, \varphi = 30°,$$

当$n = 2 \sim 3r/min$时,$P \approx 200N/m$;

当$n > 4r/min$时,$P \approx 100N/m$;

E_1、E_2——分别为滚圈与托轮的弹性模数(GPa);

μ——滚圈材料的泊松比;

R——滚圈外半径(m);

r——托轮半径(m),一般$\frac{r}{R} = \frac{1}{3} \sim \frac{1}{4}$。

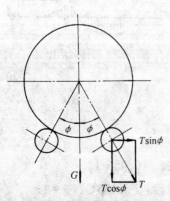

图3-28　托轮受力简图

考虑到由于调整不当,可能使一个托轮全部受力,故算出的 σ_{Hmax} 必须加以限制,即 $\sigma_{\mathrm{Hmax}} \leqslant 400 \mathrm{MPa}$,否则应加大滚圈宽度或改变材料。

(3) 托轮与挡轮:

1) 由图 3-28 可知,作用在每只托轮上的压力 $T = \dfrac{Q}{2\cos\phi}$,根据 T 等参数可选用标准托轮,见 HG 5—1306。

当筒体直径小于 1000mm 时,若选用 ϕ200 或 ϕ300 的带凸缘结构的托轮,则可不另设挡轮,因其下滑的轴向力较小,用带凸缘的托轮可以承受。

2) 当筒体向下窜动时,挡轮承受最大作用力,按式(3-25)为

$$F_{\max} = G\sin\alpha_1 + f_1 G \tag{3-25}$$

式中 α_1——筒体倾斜角(°);

f_1——托轮与滚圈的摩擦系数。

其余符号同式(3-21)。

据 $F_{\max}$ 和 G 等参数可选标准挡轮,见 HG 5—1307,若自行设计托、挡轮时详见《回转窑(设计、使用与维修)》。

(4) 功率计算:功率计算公式较多,但无通用的,无论用哪种公式都必须将计算结果,对比近似尺寸的设备,并加以分析比较后,再确定功率值。

1) 理论公式:

① 运转消耗功率:按式(3-26)为

$$N = \dfrac{N_1 + N_2}{\eta} \tag{3-26}$$

式中 N——运转消耗功率(轴功率)(kW);

η——总传动效率;

N_1——翻动物料消耗功率(kW),

$$N_1 = 0.0856 n D_{内} L \gamma \sin\alpha \sin^3\beta \quad (\mathrm{kW}) \tag{3-27}$$

N_2——克服轴承摩擦消耗功率(kW),

$$N_2 = 0.593 n f G_0 \dfrac{D_{\mathrm{r}}}{D_{\mathrm{t}}} d \quad (\mathrm{kW}) \tag{3-28}$$

其中 n——筒体转速(r/min);

$D_{内}$——筒体有效内径(m);

L——筒体有效长度(m);

γ——物料表观密度(t/m³);

α——物料料面与水平面的夹角(°),α 通过观察分析决定,参见图 3-29;

β——物料对应中心角的一半(°);与填充率 φ 有关,见表 3-4、图 3-29。

G_0——回转部分总重(t);

f——托轮轴承摩擦系数,一般取:稀油润滑 $f = 0.018$,干油润滑 $f = 0.060$,滚动轴承 $f = 0.005 \sim 0.010$;

D_{r}——滚圈外径(m);

D_t——托轮外径(m);
d——托轮轴径(m)。

φ、β、$\sin^3\beta$ 函数　　　　　表 3-4

φ	0.03	0.04	0.045	0.05	0.055	0.06	0.07	0.08
β	30°26′	33°37′	35°02′	36°21′	37°36′	38°46′	40°58′	42°59′
$\sin^3\beta$	0.1300	0.1696	0.1892	0.2082	0.2271	0.2454	0.2819	0.3169
φ	0.09	0.10	0.11	0.12	0.13	0.14	0.15	
β	44°51′	46°36′	48°16′	49°50′	51°21′	52°48′	54°11′	
$\sin^3\beta$	0.3508	0.3836	0.4155	0.4463	0.4762	0.5053	0.5332	

② 电动机功率：按式(3-29)为

$$N_电 = K_1 K_2 N \quad (kW) \tag{3-29}$$

式中　$N_电$——电动机功率(kW);
　　　K_1——各种特殊情况下的功率增大系数;
　　　K_2——起动过载系数;
　　　K_1、K_2 一般为 1.4～2。

2) 经验公式：一般采用的有两个公式：

①
$$N_电 = K\gamma D_内^3 Ln \quad (kW) \tag{3-30}$$

式中　K——系数，见表 3-5。
其余符号同式(3-28)。

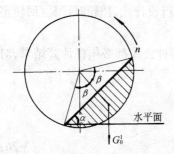

图 3-29 料面各角的关系

K 值　　　　　表 3-5

填充率 φ	0.10	0.15	0.20	0.25
K	0.034～0.049	0.048～0.069	0.057～0.082	0.064～0.092

注：较小系数用于大直径，较大的系数用于小直径。

其他符号同前公式(3-27)、式(3-28)。

②
$$N \approx 0.184 D_内^3 Ln\gamma\varphi Kg \quad (kW) \tag{3-31}$$

式中　N——运转消耗功率(kW);
　　　γ——物料表观密度(t/m³);
　　　K——抄板影响系数，对于光筒 $K=1$，对于有升举式抄板的 $K=1.5\sim1.6$;
　　　φ——填充系数;
　　　g——重力加速度 = 9.81m/s²。

若已知筒内物料重量：

$$N \approx \frac{G'_0 Dn}{13600\pi} \quad (kW) \tag{3-32}$$

式中　G'_0——加入物料的重力(N);

$$N_电 = 1.1\sim 1.3N \quad (kW) \tag{3-33}$$

3.3.2 料仓与闸门

3.3.2.1 钢料仓

(1) 设计数据:

1) 圆形锥底仓的仓壁必须有足够的倾斜角度,以保证石灰从料仓中顺利排出,钢料仓仓壁倾角取 35°~40°。

2) 料仓应设消拱清仓措施,防止粉状石灰产生拱封,料放不下来,常用机振落料法,即将振动器装在料仓锥体部分的仓壁上,振动器与仓壁间保持 100~130mm 距离。振动器的起动器应和闸门或给料机的起动器联锁,防止料仓下部石灰振实,增加排料困难。

(2) 设计计算:

1) 料仓有效容积的计算:当需要比较准确地计算料仓有效容积时,可采用作图与计算相结合的方法,一般对于矩形锥体仓用式(3-34)近似计算,参见图 3-30 为料仓容积计算图。

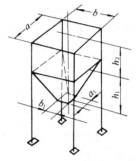

图 3-30 料仓容积计算图

$$V = \varphi(V_1 + V_2) \quad (m^3) \tag{3-34}$$

式中 V——料仓有效容积(m^3);

φ——填充系数,一般 $\varphi = 0.75 \sim 0.85$;

$$V_1 = \frac{h_1}{6}(2ad + ab_1 + a_1b + 2a_1b_1) \quad (m^3) \tag{3-35}$$

式中 V_1——锥体部分几何容积(m^3);

h_1——锥体部分高度(m);

a、b——料仓上口边长(m);

a_1、b_1——料仓放料口边长(m)。

$$V_2 = abh_2 \quad (m^3) \tag{3-36}$$

式中 V_2——方柱体部分几何容积(m^3);

h_2——方柱体部分高度(m)。

2) 放料口尺寸:

底开式放料口多采用方形或圆形,放料口尺寸按式(3-37)确定:

$$a \geqslant (3 \sim 6)d_b \tag{3-37}$$

式中 a——方形放料口边长或圆形放料口直径(mm);

d_b——石灰标准块尺寸(mm);

$$d_b = Kd_{max},$$

其中 $K = 0.8 \sim 1.0$;

d_{max}——石灰最大块尺寸(mm)。

3) 矩形锥体仓壁交切线倾角计算:矩形锥体仓的仓壁倾角是以相邻仓壁交切线(如图 3-31 所示"1-2"、"3-4"等线)与水平面所成的倾角(简称仓壁交切线倾角)推算出来的,以保证物料能顺利下滑。

在设计中,已知仓壁倾角,则必须验算仓壁交切线倾角,并由式(3-38)、式(3-39)求出:

$$\text{tg}\theta_1 = \frac{H}{\sqrt{b^2+e^2}} = \frac{1}{\sqrt{\text{ctg}^2\lambda + \text{ctg}^2\lambda_1}} \tag{3-38}$$

当 $\lambda = \lambda_1$ 时,

$$\text{tg}\theta_1 = \frac{H}{\sqrt{2}b} = \frac{\text{tg}\lambda}{\sqrt{2}} \tag{3-39}$$

式中　θ_1——仓壁交切线倾角(°),

必须满足 $\theta_1 = \rho + (5° \sim 10°)$,

其中　ρ——物料与仓壁的静摩擦角(°),生石灰 ρ 为 $40°$;

H、b、e——料仓尺寸(cm),如图 3-31 所示;

λ、λ_1——仓壁倾角(°)。

3.3.2.2　插板闸

(1) 作用于闸门上的压力计算:

1) 浅料仓:当料仓深度小于 10 倍水力半径时,称为浅料仓,此时可近似应用下列公式,如图 3-32 所示。

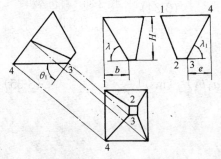

图 3-31　仓壁倾角计算简图

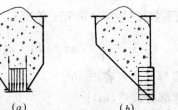

图 3-32　料仓闸门受力示意

① 水平口:　　　　　　　　$P = p_y A$　(N)　　　　　　　　(3-40)

② 垂直口:　　　　　　　　$P = p_y A K$　(N)　　　　　　　(3-41)

③ 倾斜口:　　　　　　$P = p_y A(\sin\lambda_1 - f\cos\lambda_1)$　(N)　(3-42)

式中　P——闸门承受的压力(N);

A——闸门受力的有效面积(m^2);

K——侧压力系数,见表 3-6;

λ_1——料仓壁与水平面所成角度(°);

f——散状料与仓壁的摩擦系数,见表 3-7;

侧压力系数 K 值　　　　　　　　表 3-6

$\rho(°)$	20	25	30	35	40	45	50	55	60	65	70
K	0.490	0.405	0.333	0.271	0.271	0.171	0.132	0.100	0.072	0.049	0.031

注:$K = \dfrac{1-\sin\rho}{1+\sin\rho} = \dfrac{\sqrt{1+f_1^2}-f_1}{\sqrt{1+f_1^2}+f_1}$

式中　ρ——物料内摩擦角(°);

f_1——内摩擦系数,$f_1 = \text{tg}\rho$。

石灰内摩擦角与摩擦系数　　　　　表 3-7

名　称	堆积密度 (t/m³)	含水率 (%)	粒　度 (mm/粒)	静内摩擦角 (°)	静内摩擦系数 f_1	对钢的静摩擦角 (°)	对钢的静摩擦系数 f_2	流水性	粘结性	磨损性
生石灰	1.25	干	60 以下	41	0.87	30	0.58	好	无	大
石灰石	1.5~1.6		100~0	40~50	0.84~1.19	35~40	0.7~0.84			
消石灰	0.6	5.68	粉　状	43	0.93	36	0.73	中	小	小

P_y——单位平均压力值(Pa)，由下式得：

$$P_y = \frac{R\gamma g}{f_\triangle k},$$

其中　γ——松散物料堆积密度(kg/m³)；

$f_\triangle$——散状料的内摩擦系数，见表 3-7；

g——重力加速度 = 9.81m/s²；

R——水力半径(m)，按下式计算：

圆形放料口：
$$R = \frac{D - d_b}{4} \quad (m);$$

方形放料口：
$$R = \frac{a - d_b}{4} \quad (m);$$

矩形放料口：
$$R = \frac{(a - d_b)(b - d_b)}{2(a + b - 2d_b)} \quad (m),$$

其中　D——圆形放料口直径(m)；

a、b——方形或矩形放料口的边长(m)；

d_b——物料标准块尺寸(m)。

2) 深料仓：当料仓深度大于 10 倍水力半径时，称为深料仓，此时可近似应用下列式(3-43)、式(3-44)、式(3-45)计算：

① 水平口：
$$P = 5.6 K_0 \gamma R A \quad (N) \tag{3-43}$$

② 垂直口：
$$P = 5.6 K_0 \gamma R A k \quad (N) \tag{3-44}$$

③ 倾斜口：
$$P = 5.6 K_0 \gamma R A (\cos^2 \lambda_2 + K \sin^2 \lambda_2) \quad (N) \tag{3-45}$$

式中　K_0——操作特点系数，

每开一次全部卸空，取 $K_0 \geq 2$；

每开一次部分卸空，取 $K_0 \geq 1.5$；

每开一次卸除一小部分，取 $K_0 = 1$；

λ_2——放料闸门与水平面所成角度(°)，如图 3-32 所示。

(2) 开启闸门力的计算：按全闭状态初开闸门时以最大摩擦力计算开启闸门为

1) 水平插板开启力按公式(3-46)为

$$P_K = K_n [P f_2 + (P + G_0) f_3] \quad (N) \tag{3-46}$$

式中 P_K——开启力(N);
K_n——考虑插板歪斜的安全系数,取 $K_n = 1.3 \sim 1.5$;
P——闸门承受的压力(N);
f_2——插板与物料的摩擦系数,参见表3-7;
f_3——插板在导向槽内的摩擦系数,取 $f_3 = 0.4 \sim 0.5$;
G_0——插板重力(N)。

2) 垂直插板开启力按公式(3-47)为

$$P_K = K_n [P(f_2 + f_3) + G_0] \quad (N) \tag{3-47}$$

3) 倾斜插板开启力按公式(3-48)为

$$P_K = K_n [P(f_2 + f_3) + G_0(f_3\cos\lambda + \sin\lambda)] \quad (N) \tag{3-48}$$

式中 λ——插板与水平面所成的角度(°)。

4) 当水平插板在支承滚轮上移动时的开启力按公式(3-49)为

$$P_K = K_n \left[P f_2 + \frac{2K_l(P + G_0)}{D} + \frac{f_4(G_l + P + G_0)d}{D} \right] \quad (N) \tag{3-49}$$

式中 K_l——滚轮的滚动摩擦系数,取 $K_l = 0.01 \sim 0.012$;
G_l——支承滚轮的总重力(N);
f_4——滚轮轴内的滑动摩擦系数,有润滑时 $f_4 = 0.12$,无润滑时 $f_4 = 0.25$;
d——滚轮轴直径(m);
D——滚轮外径(m)。

(3) 手动闸门的操作要求:

1) 手动闸门所需的作用力,一般不大于表3-8中所列数值,否则应采用减速传动或气动。

人工操作闸门时允许的最大作用力　　　　表3-8

工作种类	最大作用力(N)		工作种类	最大作用力(N)	
	手轮	链轮或绳轮		手轮	链轮或绳轮
长期工作	80~120	120	短期工作(达3~5min)	250	240~300
间歇定期工作	150~160	160~180			

2) 手动闸门的手柄或手轮离地面距离为0.8~1.0m。

3.4 设 备 防 腐

常用腐蚀性药剂与防腐蚀材料见表3-9。

常用腐蚀性药剂与防腐蚀材料　　　　表3-9

腐蚀性药剂	耐腐蚀材料	腐蚀性药剂	耐腐蚀材料
三氯化铁 ($FeCl_3 \cdot 6H_2O$)	玻璃钢 橡 胶 硬聚氯乙烯(用于稀释后)	水玻璃(泡花碱) ($NaO \cdot xSiO_2 \cdot yH_2O$)	不锈钢 1Cr18Ni9Ti
硫酸亚铁(绿矾) ($FeSO_4 \cdot 7H_2O$)	玻璃钢		

其它药剂可用防腐涂料进行防腐,详见《化工设备设计手册-3-非金属防腐蚀设备》。

3.5 粉末活性炭投加设备

3.5.1 适用条件

受污染或微污染源水,经常规处理后,其水质在色、嗅、味、有机物质(如农药、杀虫剂、氯化烃、芳香族化合物、BOD、COD)有毒物质(如汞、铬、氯酚)和致突变活性等还不能满足"生活饮用水卫生标准"时,用活性炭吸附作深度处理,是水处理一种有效的手段。但必须针对不同水质作活性炭吸附的效果试验(详见第3册《城镇给水》活性炭深度处理)。

活性炭有粒状和粉状两种。

粒状活性炭有颗粒状和柱状,表面面积大,吸附快,使用寿命长,可反复再生,适宜于处理微污染比较稳定的源水。

粉状活性炭,粒度为 $10\sim50\mu m$,一次性使用,不可再生。适用于处理污染变化较大,或有季节性变化,其污染物有突然增加的源水。处理后水体中污染物含量一般可满足规范的要求。

粒状活性炭应用于炭滤池,如普通滤池砂的铺垫,无需专用设备。

粉状活性炭应用时为避免炭粉飞扬,采用负压投料,湿式投加,需要排尘式风机、炭浆拌制、浆液投加和输送等设备,现按哈尔滨三水厂粉末活性炭投加设施的设备分述如下。

3.5.2 粉末活性炭投加系统和操作要点

(1) 粉末活性炭投加系统(一)(二),见图 3-33~34。

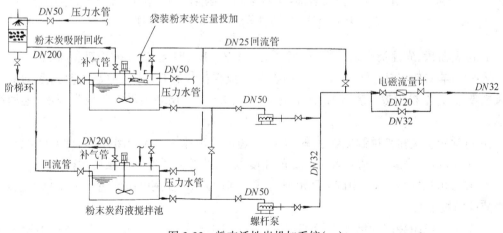

图 3-33 粉末活性炭投加系统(一)

(2) 流程操作要点:

1) 封闭式炭浆池设有中央置入的桨式搅拌机和排尘式风机,使产生负压。投料口内装有割袋刀排,粉袋以重力投入时即自动割袋,卸粉入池。

2) 投料:

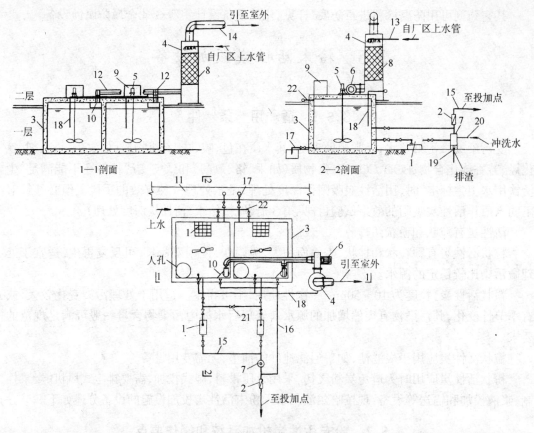

图 3-34 粉末活性炭投加系统(二)

1—螺杆泵;2—电磁流量计;3—炭浆槽;4—粉尘洗涤塔;5—搅拌机;6—风机;7—过滤器;8—填料;9—投料口;10—挡风板;11—地沟;12—吸风管;13—洗涤水管;14—排风管;15—出液管;16—回流管;17—放空管;18—回水管;19—过滤器放空管;20—反冲洗水管;21—阀门;22—自来水管

① 准备阶段,先注清水入炭浆池,当水位达 1/3~1/2 时止,启动搅拌机和风机。

② 将每袋炭粉(25kg 袋)人工或吊运至浆液搅拌池投料口,投入池水内时扬起的炭尘被风机吸入,送至粉尘吸收装置内,含尘空气经阶梯环填料层并喷淋吸收成炭浆液,返回搅拌池。

③ 每池定量炭粉被拌制成含水率50%时,边搅拌边注水直至有效水深,此时浆液含水率约为 90%,风机停运,为避免炭浆沉淀的速度过快,搅拌机需要不停顿地运行。

④ 浆液由螺杆泵输送,用调节回流阀门或调速的方法,控制电磁流量计显示投加量,裕余炭液返回炭浆池。

⑤ 为防止编织袋碎片堵塞管道和仪表,在管道上设置过滤器(滤网为 10 目不锈钢丝网)。当流动不畅时,可用压力冲洗水清洗。

3.5.3 炭浆调制和投加的设备

3.5.3.1 浆液搅拌机

(1)炭浆液搅拌器采用直桨式、折桨式、螺旋桨式、框式、涡轮式均可,以轴流式效果较好。

(2) 搅拌机环境条件较差,粉尘易飘逸,减速机出轴。应密封良好。

(3) 炭粉微粒入侵运转部件后磨损量大,应不设水下支承轴承。

(4) 活性炭是一种能导电的可燃物质,扬尘飘落在电机、电器内可导致短路,应采用 IP 55 防护等级的电机、电控箱,并采取必要的防爆措施。

(5) 活性炭制造工艺中表面活化方法不同,可呈碱性或酸性,故搅拌器、轴宜采用耐腐蚀材料,或钢材表面涂覆抗磨耐腐涂层。

(6) 搅拌机设计计算详见第四章有关章节。

3.5.3.2 粉尘吸收装置

(1) 粉尘吸收装置详见图 3-35,规格性能见表 3-10。

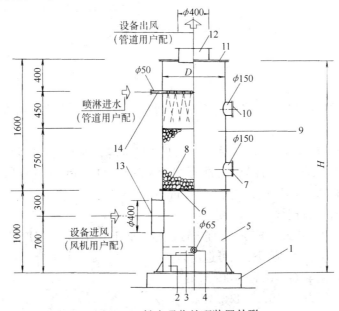

图 3-35 粉尘吸收处理装置外形
1—混凝土基础;2—设备塔座;3—水封挡板;4—回流管;5—下筒体;6—孔板;7—填料卸出口;8—阶梯环填料;9—上筒体;10—填料入口及观察口;11—顶盖;12—排风口;13—进风口;14—喷淋水管

粉尘吸收装置技术性能 表 3-10

型号	外形尺寸 ($D \times H$) (mm)	处理风量 (m^3/h)	全压损失 (Pa)	阶梯环填料		喷淋水		单套质量 (kg)
				直径 (mm)	堆高 (mm)	强度 [$m^3/(m^2 \cdot h)$]	压力 (MPa)	
FC-1	700×2600	3100	750~850	ϕ50	750	30	0.2	190

注:本表根据长春市通达水技术工程有限公司提供资料编写。

(2) 粉尘吸收装置土建尺寸,详见图 3-36。

(3) 装置基础为 C13 混凝土,应水平、平整,地基承载力应不小于 6kPa。

(4) 整座装置为 PVC 敞口容器,分隔两层,所有进出口接管不准强行连接,以免产生轴向拉力。

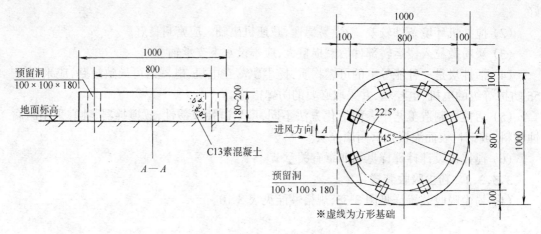

图 3-36 粉尘吸收装置土建尺寸

(5) 水喷淋应均布,无喷淋盲区。

3.5.3.3 排尘式风机

(1) 排尘式风机吸入口与炭浆搅拌池连接,排出口与粉尘吸收装置相接,使浆液池产生负压运作。

(2) 按吸收处理装置处理风量和系统压力损失的计算,选择风机的风量、风压、转速、功率。按表 3-10 粉尘吸收装置性能,通常可配置 C6-46-11,NO4,C 型风机,风量 4080~5460 m^3/h、风压 1677~1442Pa、转速 2420r/min、功率 5.5kW。

3.5.3.4 螺杆式输送泵

螺杆式输送泵为回转式容积泵,适宜于输送粘度低于 0.01Pa·s,温度低于 80℃,含有颗粒介质的 G 型单螺杆泵(其他型号也可选用)。

(1) 性能范围:流量 Q 0.1~100m^3/h

　　　　　　压力 P 0.6~1.8MPa

　　　　　　转速 n 360~1420r/min

(2) 总体构成:主要由转子、定子、泵体、主轴、连接轴、泵座、油封、轴承等组成。

3.5.3.5 过滤器

网式过滤器结构简单,通水能力大,压能损失小。过滤器内设有网目为 10 目/英寸不锈钢丝网,用以去除袋装粉末活性炭破袋时编织袋的破絮、塑料薄膜碎片、混杂垃圾等杂物。若过滤器被异物堵塞,电磁流量仪的通流量异常时,应进行反冲洗,当反冲洗难以洗净时,应解体清洗。

过滤器选用:

(1) 流量应选择大于实际最大加注量两倍以上的能力。

(2) 耐压必须与螺杆泵耐压相匹配。

(3) 应采用有反冲洗能力,且反冲洗不需要拆卸的过滤器。

4 搅拌设备

水处理中的搅拌设备,分为溶药搅拌、混合搅拌、絮凝搅拌、澄清池搅拌、消化池搅拌和水下搅拌六种类型。这六种搅拌设备的设计具有其共性又有各自的特点。把共性部分归纳为通用设计,并将各种搅拌设备分述如下。

4.1 通用设计

4.1.1 总体构成

搅拌设备结构,如图 4-1~3 所示。

搅拌设备的总体构成　　表 4-1

搅拌设备	搅拌机	工作部分	搅拌器(包括稳定器)
			搅拌轴(包括联轴器)
			搅拌附件等
		支承部分	机座、轴承装置等
		驱动部分	电动机、减速器等
	容器(罐、槽或池子)		

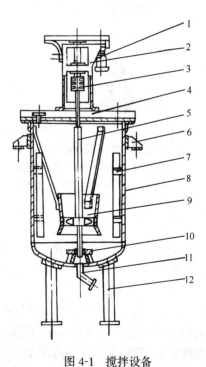

图 4-1 搅拌设备
1—电动机;2—减速器;3—夹壳联轴器;4—支架;5—搅拌轴;6—支座;7—挡板;8—搅拌罐;9—导流筒;10—底轴承;11—放料阀;12—支脚

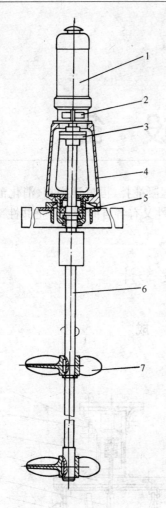 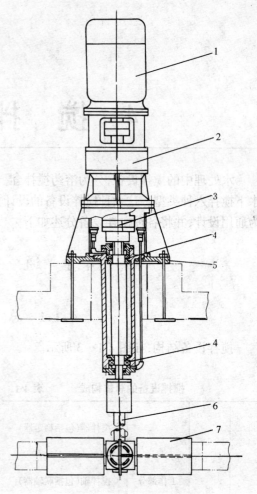

图 4-2 刚性连接搅拌机	图 4-3 弹性连接搅拌机
1—电动机;2—减速器;3—刚性联轴器; 4—机座;5—轴承;6—搅拌轴;7—搅拌器	1—电动机;2—减速机;3—十字滑块联轴器;4—轴承; 5—机座;6—搅拌轴;7—搅拌器

4.1.2 搅拌机工作部分

搅拌设备的工作部分,由搅拌器、搅拌轴和搅拌附件组成。

4.1.2.1 搅拌器的设计

搅拌器标准见 4.8 节。

(1) 特性与结构:各种搅拌器常用的形式、参数及结构,见表 4-2。

涡轮式和推进式搅拌器及罐内液体流态,如图 4-4~5 所示。

搅拌器选型时,常用桨型适用条件,可参考表 4-3,根据粘度选型时如图 4-6 所示。

当选用国外定型搅拌机时,还有其它桨型的搅拌器,如美国凯米尼尔公司和莱宁公司生产的高效轴流式搅拌器,其外形如图 4-7~8 所示。

(2) 强度计算:搅拌器的强度计算有如下两种方法:

1) 在确定了搅拌器功率 N 和转速 n 后,对搅拌器桨叶强度可依据本章第 8 节表 4-37、40、43 中所列的 N/n 值进行校核。

表 4-2 常用搅拌器形式、参数及结构

型式	示意图	结构参数	常用运转条件	介质粘度范围	流动状态与特性	结构与其它
桨式 平直叶		$d/D=0.35\sim0.80$ $b/d=0.10\sim0.25$ $z=2$ 片	$n=1\sim100$r/min $v=1.0\sim5.0$m/s	<2Pa·s	低速时以水平环向流为主，速度高时向内为径向流型。无挡板时为涡流，高速时有旋涡生成，有挡板时为上下循环流	当$d/D=0.9$以上时设置多层桨叶可用于高粘度液的低速搅拌。在层流区操作，其适用介质粘度可达1Pa·s，桨叶外缘线速$v=1.0\sim3.0$m/s，桨叶一般用扁钢制造，强度不够时常加肋，单面加肋效果好，角钢桨叶亦可用，但不如扁钢桨叶形成的湍流强度大，效果较好
桨式 折叶		$\theta=45°,60°$（折叶）			有轴向分流、径向流和圆周向环流。多在层流、过渡流状态时操作。对粘度较敏感	轴颈<50mm，螺栓对夹，紧定螺钉固定 轴颈≥65mm，螺栓对夹，对穿螺栓固定
涡轮式 平直叶涡轮		$d:L:b=20:5:4$ $z=4,6,8$ 片 $d/D=0.2\sim0.5$ 常取0.33	$n=10\sim300$r/min $v=4\sim10$m/s	<50Pa·s	桨叶主要产生径向流，在圆筒形罐中不装挡板时的流为旋涡流，表面有很深的涡生成，装挡板时则无涡生成，并产生上下两个循环流的翻腾。剪切作用比弯叶、折叶涡轮式大	最高转速可达600r/min 叶型还有一种箭叶型 桨叶一般和圆盘焊接或螺钉连接，圆盘焊在轴套上 轴套以平键和紧定螺钉与轴连接

续表

型式	示意图	结构参数	常用运转条件	介质粘度范围	流动状态与特性	结构与其它
桨推进式		$d/D = 0.2 \sim 0.5$ 常取 0.33 $s/d = 1$ 或 2 z 常取 3 片	$n = 100 \sim 500$ r/min $v = 3 \sim 15$ m/s	<3 Pa·s	轴流型，循环速率高，剪切作用小；在端流区内无挡板时液体生成旋涡；用挡板无旋涡而且上、下翻腾好。用导流筒轴向循环更好	最高转速可达 1750 r/min 最高线速 $v = 25$ m/s 转速在 500 r/min 以下适用介质粘度可达到 50 Pa·s 桨叶用铸造时加工方便，用焊接需模锻后再与轴套焊，加工不方便 轴套以平键和紧定螺钉与轴连接

注：符号说明：
d——搅拌器直径(m)；b——搅拌器桨叶宽度(m)；L——搅拌器桨叶长度(m)；z——搅拌器桨叶数(片)；v——搅拌器外缘线速度(m/s)。D——搅拌罐内径(m)；s——搅拌器螺距(m)；θ——桨叶和旋转平面所成的角度；n——搅拌器转速(r/min)。

4.1 通用设计   143

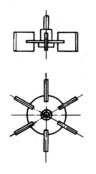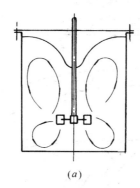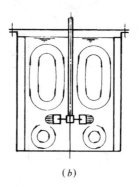

图 4-4　涡轮式搅拌器及罐内流态
(a)无挡板；(b)有挡板

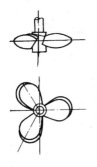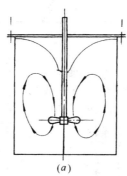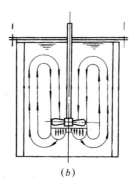

图 4-5　推进式搅拌器及罐内流态
(a)无挡板；(b)有挡板

常用桨型适用条件　　　　　　　　　　　　　　　表 4-3

项目		桨型		
		桨式	涡轮式	推进式
流动状态	对流循环	○	○	○
	湍流扩散	○	○	○
	剪切流	○	○	⊗
搅拌过程	混合(低粘度)	○	○	○
	溶解	○	●	●
	固体悬浮	●(折叶桨式)	○	○
	传热	○	○	●
罐容量范围(m^3)		1～200	1～100	1～1000
转速范围(r/min)		1～100	10～300	100～500
粘度范围(Pa·s)		<2	<50	<3

注：●——表示适用，且常采用。
　　○——表示适用。
　　⊗——表示不适用。

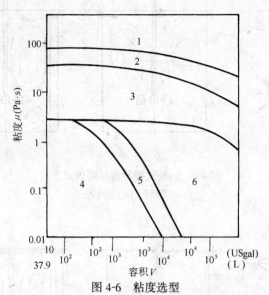

图 4-6 粘度选型
1 区—桨式变种;2 区—桨式;3 区—涡轮式;4 区—推进式 1750r/min;5 区—推进式 1150r/min;6 区—推进式 420r/min

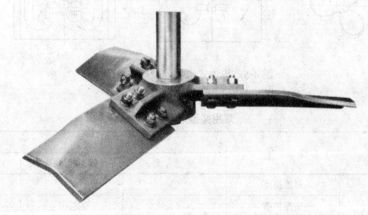

图 4-7 HE-3 型高效轴流式搅拌器(凯米尼尔公司产品)

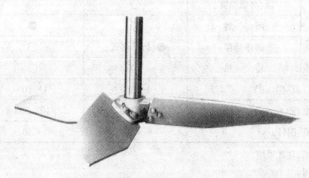

图 4-8 A310 型高效轴流式搅拌器(莱宁公司产品)

2) 搅拌器桨叶的计算,一般通过分析受力情况,确定危险断面,再计算桨叶的厚度。由离心力引起的拉应力可忽略不计。

① 计算桨叶强度时的最大功率:按式(4-1)为

$$N_j = K\eta N_A - N_T \quad (\text{kW}) \tag{4-1}$$

式中 K——起动时电动机过载系数,

$K = \dfrac{起动转矩}{额定转矩}$,K 值可以从电动机特性表查出;

η——传动机械效率;

N_A——电动机功率(kW);

N_T——轴封摩擦功率损失(kW)。

填料箱功率损失:按式(4-2)为

$$N_{T_1} = \dfrac{d_1^2 h_T n f P_q}{60000} \quad (\text{kW}) \tag{4-2}$$

式中 d_1——搅拌轴直径(cm);

h_T——填料高度(cm);

n——搅拌机工作转速(r/min);

f——填料与搅拌轴间的摩擦系数,取 0.04~0.08;

P_q——填料箱的公称压力(MPa)。

填料箱功率损失也可按下面情况估算:填料密封的功率损失为搅拌器轴功率的 10%;机械密封的功率损失为填料密封的 10%~15%。

② 常用搅拌器的强度计算:

ⅰ.平直叶双桨式搅拌器:平直叶双桨式搅拌器如图 4-9 所示,桨叶断面如图 4-10 所示。在搅拌器的强度计算中,对于无加强肋的桨叶验算Ⅰ—Ⅰ断面(在桨叶的根部),对于有加强肋的桨叶除验算Ⅰ—Ⅰ断面外,还须验算Ⅱ—Ⅱ断面$\left(在桨长的\dfrac{1}{2}处\right)$。分别验算如下:

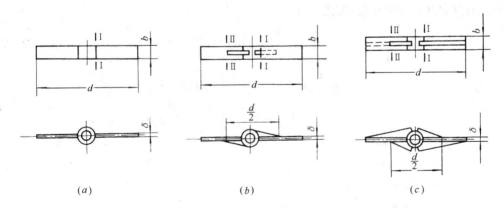

图 4-9 平直叶双桨式搅拌器
(a)无加强肋的桨叶;(b)一侧有加强肋的桨叶;(c)两侧有加强肋的桨叶

Ⅰ—Ⅰ 断面弯矩:按式(4-3)为

$$M_{\text{Ⅰ}-\text{Ⅰ}} = 4776 \dfrac{N_j}{n} \quad (\text{N·m}) \tag{4-3}$$

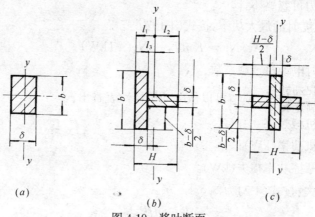

图 4-10 桨叶断面
(a)无加强肋的桨叶断面；(b)一侧有加强肋的桨叶断面；
(c)两侧有加强肋的桨叶断面

式中 N_j——计算桨叶强度时的最大功率(kW)。

Ⅱ—Ⅱ 断面弯矩：按式(4-4)为

$$M_{Ⅱ-Ⅱ} = 1592 \frac{N_j}{n} \quad (\text{N·m}) \tag{4-4}$$

无加强肋的截面模数：按式(4-5)为

$$W = \frac{b\delta^2}{6} \quad (\text{mm}^3) \tag{4-5}$$

式中 b——桨宽(mm)；
δ——桨叶厚度(mm)。

此外，进行桨叶断面计算时，为考虑腐蚀的裕度，在设计中还应将所得的 b 与 δ 各增加 1~2mm。

单侧有加强肋的截面模数：按式(4-6)为

$$W_1 = \frac{I_y}{l_2} \quad (\text{mm}^3) \tag{4-6}$$

式中

$$I_y = \frac{1}{3}[bl_1^3 - (b-\delta)l_3^3 + \delta l_2^3]$$

$$l_1 = \frac{1}{2}\left[\frac{H^2+(b-\delta)\delta}{H+(b-\delta)}\right] \quad (\text{mm})$$

其中 H——断面高度(mm)；
$l_2 = H - l_1$ (mm)；
$l_3 = l_1 - \delta$ (mm)。

两侧有加强肋的桨叶断面：按式(4-7)为

$$W_2 = \frac{\delta H^3 + (b-\delta)\delta^3}{6H} \quad (\text{mm}^3) \tag{4-7}$$

Ⅰ—Ⅰ和Ⅱ—Ⅱ断面的弯曲应力及校核：按式(4-8)为

$$\sigma_{Ⅰ-Ⅰ(Ⅱ-Ⅱ)} = \frac{M_{Ⅰ-Ⅰ(Ⅱ-Ⅱ)}}{W_{Ⅰ-Ⅰ(Ⅱ-Ⅱ)}} \leqslant [\sigma]_W \quad (\text{MPa}) \tag{4-8}$$

式中 $M_{\text{I}-\text{I}(\text{II}-\text{II})}$——Ⅰ—Ⅰ或Ⅱ—Ⅱ断面的弯矩(N·m);
$W_{\text{I}-\text{I}(\text{II}-\text{II})}$——Ⅰ—Ⅰ或Ⅱ—Ⅱ断面的抗弯截面模数($cm^3$);
$[\sigma]_W$——材料的许用弯曲应力(MPa)。

ⅱ. 折叶双桨式搅拌器:折叶双桨式搅拌器如图4-11所示。在搅拌器的强度计算中,验算Ⅰ—Ⅰ断面的桨叶强度如下:

Ⅰ—Ⅰ断面弯矩:按式(4-9)为

$$M_{\text{I}-\text{I}} = \frac{4776\dfrac{N_j}{n}}{\cos\theta} \quad (\text{N}\cdot\text{m}) \tag{4-9}$$

式中 θ——桨叶倾斜角度。

Ⅰ—Ⅰ断面抗弯截面模数计算,见公式(4-5)。

Ⅰ—Ⅰ断面的弯曲应力计算,见公式(4-8)。

ⅲ. 圆盘涡轮式搅拌器:六平直叶圆盘涡轮式搅拌器如图4-12所示。在搅拌器的强度计算中,验算Ⅰ—Ⅰ断面桨叶强度如下:

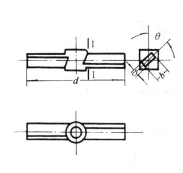

图4-11 折叶双桨式搅拌器

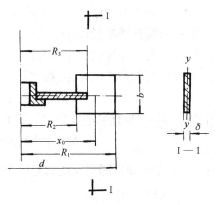

图4-12 六平直叶圆盘涡轮式搅拌器

Ⅰ—Ⅰ断面弯矩:按式(4-10)为

$$M_{\text{I}-\text{I}} = 1589\frac{x_0 - R_3}{x_0}\frac{N_j}{n} \quad (\text{N}\cdot\text{m}) \tag{4-10}$$

式中 R_3——搅拌器圆盘半径(mm);
x_0——桨叶上液体阻力的合力作用位置(mm),

$$x_0 = \frac{3}{4} \cdot \frac{R_1^4 - R_2^4}{R_1^3 - R_2^3} \quad (\text{mm}),$$

其中 R_1——搅拌器桨叶外缘的半径(mm);
R_2——搅拌器桨叶内缘的半径(mm)。

Ⅰ—Ⅰ断面抗弯截面模数计算见公式(4-5)。

Ⅰ—Ⅰ断面的弯曲应力计算见公式(4-8)。

ⅳ. 推进式搅拌器:推进式搅拌器桨叶根部断面如图4-13所示。

作用在搅拌器桨叶断面上有以下各力:

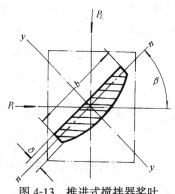

图4-13 推进式搅拌器桨叶根部断面

与搅拌轴平行的轴向力:按式(4-11)为

$$P_z = \frac{38620 \times 1.36 N_j}{zsn} \quad (N) \tag{4-11}$$

式中　s——螺距(m);
　　　z——叶片数量;
　　　n——转速(r/min)。

垂直于搅拌轴线的水平力:按式(4-12)为

$$P_t = \frac{14048 \times 1.36 N_j}{K_1 dzn} \quad (N) \tag{4-12}$$

式中　K_1——与 s/d 有关的系数,当 $s/d=1$ 时,取 K_1 为 0.6;当 $s/d \neq 1$ 时,取 K_1 近似为 0.65。

P_z 对桨叶根部产生的弯矩:按式(4-13)为

$$M_z = P_z(K_2 R_1 - R_4) \quad (N \cdot m) \tag{4-13}$$

式中　K_2——与 s/d 有关的系数,当 $s/d=1$ 时,取 K_2 为 0.696;当 $s/d \neq 1$ 时,取 K_2 近似为 0.70;
　　　R_1——搅拌器半径(m);
　　　R_4——搅拌器轮毂外半径(m)。

P_t 对桨叶根部产生的弯矩:按式(4-14)为

$$M_T = P_t(K_1 R_1 - R_4) \quad (N \cdot m) \tag{4-14}$$

作用于 y—y 惯性轴的弯矩:按式(4-15)为

$$M_{y-y} = M_z \sin\beta - M_T \cos\beta \quad (N \cdot m) \tag{4-15}$$

式中　β——搅拌器根部螺旋线的螺旋角度,$\beta = \mathrm{arctg}\dfrac{s}{\pi d_4}$,其中

　　　d_4——搅拌器轮毂外径(m)。

作用于 n—n 惯性轴的弯矩:按式(4-16)为

$$M_{n-n} = M_z \cos\beta + M_T \sin\beta \quad (N \cdot m) \tag{4-16}$$

最大应力计算及校核:按式(4-17)为

$$\sigma = \frac{M_{n-n}}{W_{n-n}} + \frac{M_{y-y}}{W_{y-y}} < [\sigma]_W \quad (MPa) \tag{4-17}$$

式中　M_{n-n}——对 n—n 轴作用的弯矩(N·m);
　　　M_{y-y}——对 y—y 轴作用的弯矩(N·m);
　　　W_{n-n}——对 n—n 轴的抗弯截面模量,

$$W_{n-n} = \frac{b\delta^2}{6} \quad (cm^3);$$

　　　W_{y-y}——对 y—y 轴的抗弯截面模量,

$$W_{y-y} = \frac{b^2 \delta}{6} \quad (cm^3)$$

ⅴ. 材料的许用应力:按式(4-18)为

$$[\sigma]_W = \frac{\sigma_b}{n} \quad (MPa) \tag{4-18}$$

式中 σ_b——材料的强度极限(MPa);

n——安全系数,见表4-4。

安全系数 n 值　　　　　　　　　　　　　　　　　表4-4

材质	铸铁	碳钢	铸钢	不锈钢	铸不锈钢
n	8	3	4.2	3.5	5

4.1.2.2 搅拌轴的设计

(1) 强度计算:轴的强度计算方法有两种:

1) 根据第三强度理论或第四强度理论进行计算,见化学工业出版社出版《机械设计手册》。

2) 根据搅拌轴承受扭转和弯曲的组合作用,按弯扭合成计算。

① 搅拌轴所受的力和力矩是由搅拌器在液体中旋转所产生的,主要承受下述各力和力矩。如图4-14所示。

ⅰ. 扭矩 M_n。

ⅱ. 液体的水平作用力 P_h 产生的弯矩 M。

ⅲ. 轴和叶轮的重力 W_d。

ⅳ. 桨叶受轴向流时的反作用力 P_t,但 P_t 与 W_d 相比可忽略。

ⅴ. 由设备内外压差而作用在轴截面上的推力 F_p。

给水排水水处理设备中的搅拌机多为常压,所以一般考虑前三项受力情况。

② 最大扭矩:按式(4-19)为

$$M_{n(max)} = \Sigma\left(9550\frac{N_a}{n}\right) \quad (\text{N·m}) \tag{4-19}$$

式中 N_a——单个搅拌器叶轮的搅拌功率(kW)。

③ 液体作用力产生的最大水平力:按式(4-20)为

$$P_h = 287345 \frac{N_a K_3}{nd} \quad (\text{N}) \tag{4-20}$$

式中 K_3——与搅拌等级有关的系数,一般取1。

④ 最大弯矩:按式(4-21)为

$$M_{max} = \Sigma(P_h S_1) \quad (\text{N·m}) \tag{4-21}$$

式中 S_1——最下一个搅拌器到最下一个轴承的距离(m)。

则

$$M_{max} = \Sigma\left(287345 \frac{N_a K_3}{nd} S_1\right) \quad (\text{N·m})$$

⑤ 轴径计算:按式(4-22)为

$$d_{1j} = 25.5 \sqrt[3]{\frac{\sqrt{(M_{n(max)})^2 + (M_{max})^2}}{\pi[\tau]}} \quad (\text{mm}) \tag{4-22}$$

式中 $M_{n(max)}$——作用在搅拌轴上的最大扭矩(N·m);

M_{max}——作用在搅拌轴上的最大弯矩(N·m);

$[\tau]$——许用剪应力(MPa)。

$$d_{1L} = 25.5 \sqrt[3]{\frac{[M_{max} + \sqrt{(M_{n(max)})^2 + (M_{max})^2}]}{\pi[\sigma]}} \quad (mm) \quad (4-23)$$

式中 $[\sigma]$——许用拉应力(MPa)。

轴径 d_1 一般取 d_{1j} 和 d_{1L} 两值中的较大值。

对于碳钢和普通不锈钢,考虑到动荷载及键和制动螺钉产生的集中应力,推荐采用 $[\tau] = 42$MPa,$[\sigma] = 70$MPa。

(2) 刚度计算:按《机械设计手册》中的计算方法进行,许用扭转角 $[\theta]$ 为 1°/m。

(3) 临界转速校核:为了使轴的工作转速 n 避免达到临界转速 n_k,应按悬臂轴计算 n_k 值,若 n 值接近 n_k 值,应采取远离临界转速的措施。

1) 悬臂轴临界转速计算:当计算单层或多层搅拌器的搅拌轴时可采用在轴末端 S 点处的相当质量计算。搅拌轴结构及 S 点位置,如图 4-15 所示。

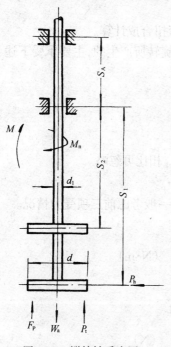

图 4-14 搅拌轴受力图

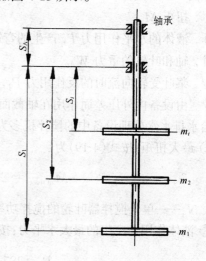

图 4-15 搅拌轴结构示意

计算方法(系参照 HG/T 20569—94)如下:

① 搅拌轴和搅拌器有效质量的计算:

ⅰ. 搅拌轴的有效质量 m_s:按式(4-24)为

$$m_s = \frac{\pi}{4} d_1^2 S_1 [\rho_s(1 - N_0^2) + \rho] \times 10^{-9} \quad (kg) \quad (4-24)$$

式中 d_1——搅拌轴轴径(mm);

S_1——搅拌轴长度(mm);

ρ_s——搅拌轴材料的密度(kg/m³);

ρ——搅拌介质的密度(kg/m³);

N_0——空心轴内径与外径的比值。

ⅱ. 搅拌器的有效质量 m_e:按式(4-25)为

$$m_e = m_i + C_i \frac{\pi}{4} D_i^2 h_i \cos\theta_i \rho \times 10^{-9} \quad (\text{kg}) \tag{4-25}$$

式中 m_i——第 i 个搅拌器的质量(kg);

C_i——第 i 个搅拌器的附加质量系数,按表 4-5 查得;

D_i——第 i 个搅拌器的直径(mm);

h_i——第 i 个搅拌器的叶片宽度(mm);

θ_i——第 i 个搅拌器与搅拌轴的倾角(°),(倾角:小于 90°的夹角)。

搅拌器附加质量系数 C　　　　表 4-5

叶 片 数	叶片角(θ)	附加质量系数 C 值	叶 片 数	叶片角(θ)	附加质量系数 C 值
2	0°(直叶)	0.31	4	0°(直叶)	0.29
2	45°(斜叶)	0.31	4	45°(斜叶)	0.29
3	0°(直叶)	0.27	6	0°(直叶)	0.53
3	45°(斜叶)	0.17	6	45°(斜叶)	0.30

② 轴末端相当质量的计算:

ⅰ. 搅拌轴在轴末端 S 点处的相当质量 W_S:按式(4-26)为

$$W_S = \frac{140 S_A^2 + 231 S_1 S_A + 99 S_1^2}{420(S_1 + S_A)^2} \cdot m_s \quad (\text{kg}) \tag{4-26}$$

ⅱ. 第 i 个搅拌器在轴末端 S 点处的相当质量 W_i:按式(4-27)为

$$W_i = \frac{S_i^2(S_i + S_A)}{S_1^2(S_1 + S_A)} \cdot m_e \quad (\text{kg}) \tag{4-27}$$

ⅲ. 在 S 点处所有相当质量的总和 W:按式(4-28)为

$$W = W_S + \sum_{i=1}^{m} W_i \quad (\text{kg}) \tag{4-28}$$

③ 一阶临界转速 n_k 的计算:按式(4-29)为

$$n_k = 114.7 d_1^2 \sqrt{\frac{E(1 - N_0^4)}{S_1^2(S_1 + S_A)W}} \quad (\text{r/min}) \tag{4-29}$$

式中 E——搅拌轴材料的弹性模量(MPa)。

2) 许用临界转速:轴的转速 n 与临界转速 n_k 的比值,应满足下列公式:

$$\frac{n}{n_k} \leqslant 0.7 \text{ 和 } \frac{n}{n_k} \neq (0.45 \sim 0.55)$$

3) 远离临界转速的措施:

① 增加轴的刚度。

② 减轻搅拌器和轴的重量,可采用阶梯轴或空心轴来提高临界转速值。

③ 减小搅拌轴的长度来提高临界转速值。

④ 降低工作转速。

⑤ 采用底轴承可增加临界转速,提高稳定性。

(4) 轴的支承条件:为了保持搅拌轴悬臂的稳定性,其悬臂轴(如图 4-14 所示)的允许长度用下列经验公式计算:

$$S_1 \leqslant (4 \sim 5) S_A$$

$$S_1 \leqslant (40 \sim 50) d_1$$

式中 S_A——轴承距离(mm);

        d_1——搅拌轴直径(mm)。

应用上述两式时应考虑如下几点:

1) 若 d_1 的选择余量较大时则 $\dfrac{S_1}{S_A}$ 及 $\dfrac{S_1}{d_1}$ 的比值可取偏大值,反之取偏小值。

2) 经过平衡试验的搅拌器,$\dfrac{S_1}{S_A}$ 及 $\dfrac{S_1}{d_1}$ 的比值取偏大值,反之取偏小值。

3) 低转速条件下,$\dfrac{S_1}{S_A}$ 及 $\dfrac{S_1}{d_1}$ 取偏大值,高转速条件下取偏小值。

如果不能同时满足上述两个公式时,可采取加长 S_A,缩短 S_1;其次增加 d_1,最后考虑增设中间轴承或底轴承。但增加中间轴承或底轴承后整个轴系结构较复杂,检修也较困难。

在设计中应尽量减少轴端部位的挠度,有密封结构时,轴封部位的允许偏摆量见表4-6。

轴封部位允许偏摆量   表 4-6

密封形式	允许偏摆量(mm)	密封形式	允许偏摆量(mm)
填料密封	0.08~0.13	机械密封	0.04~0.08

(5) 联轴器:联轴器分为刚性联轴器和非刚性联轴器两种。联轴器的设计选用见《机械设计手册》,立式搅拌机的联轴器标准见本章第 9 节。

当搅拌轴分段时,各段轴之间的连接必须采用刚性联轴器。

4.1.2.3 搅拌器与搅拌轴连接

搅拌器与搅拌轴连接(引自 HG/T 20569—94)的符号说明、型式、强度计算如下:

(1) 符号说明:

    b——键的宽度(mm);

    d——搅拌器直径(mm);

    d_1——搅拌轴直径(mm);

    d_2——轴套外径(mm);

    d_B——螺栓直径(mm);

    h_k——键的高度(mm);

    L——键的工作长度(mm);

    M_{nq}——搅拌轴所传递的每个搅拌器的扭矩(N·m);

    $[\sigma]_B$——螺栓材料的许用应力(见 GB 150—89 中表 2-7)(MPa);

σ_k——键联接的挤压应力(MPa);

$[\sigma]_k$——键联接中键、轴、轴套三者最弱材料的许用挤压应力(见表4-7)(MPa);

τ_B——螺栓剪切应力(MPa);

$[\tau]_B$——螺栓材料的许用剪切应力;

$$[\tau]_B = 0.6[\sigma]_B \quad (\text{MPa})$$

τ_k——键剪切应力(MPa);

$[\tau]_k$——键材料的许用剪切应力(见表4-8)(MPa)。

(2) 连接型式:桨式搅拌器与轴的连接,当采用桨叶一端煨成半个轴套,用螺栓将对开的轴套夹紧在搅拌轴上的结构时,$d \leqslant 600$mm 时用一对螺栓锁紧;$d > 600$mm 时用两对螺栓锁紧。这种连接结构为传递扭矩可靠起见,宜用一穿轴螺栓使搅拌器与轴固定。

搅拌器与轴的连接,当采用键和止动螺钉将搅拌器轴套固定在搅拌轴上的结构时,键应按 GB 1095—79《平键和键槽的剖面尺寸》选取。搅拌器轴套外径 d_2 宜为轴径 d_1 的 $1.6 \sim 2$ 倍。轴套长度应略大于轴套处桨叶宽度在轴线上的投影长度,但不小于 d_1。

(3) 连接强度计算:

1) 穿轴螺栓剪切强度:当搅拌器与轴采用螺栓锁紧、穿轴螺栓固定的结构时,连接强度计算可略去螺栓夹紧力的作用,只核算穿轴螺栓的剪切强度按式(4-30)为

$$\tau_B = \frac{4 \times 10^3 M_{nq}}{\pi d_B d_1} \quad (\text{MPa}) \tag{4-30}$$

应使 $\tau_B \leqslant [\tau]_B$。

2) 键连接强度验算:键连接应验算其挤压及剪切强度。

① 键连接的抗挤压强度条件,按式(4-31)为

$$\sigma_k = \frac{4 \times 10^3 M_{nq}}{d_1 h_k L} \leqslant [\sigma]_k \quad (\text{MPa}) \tag{4-31}$$

② 键连接的剪切强度条件,按式(4-32)为

$$\tau_k = \frac{2 \times 10^3 M_{nq}}{d_1 b L} \leqslant [\tau]_k \quad (\text{MPa}) \tag{4-32}$$

式(4-30)、式(4-31)、式(4-32)中扭矩 M_{nq},按式(4-33)计算:

$$M_{nq} = 9550 \times \frac{P_q}{n} \quad (\text{N} \cdot \text{m}) \tag{4-33}$$

3) 键连接许用应力:键连接的许用挤压应力按表4-7选取,许用剪切应力按表4-8选取。

键连接的许用挤压应力 $[\sigma]_k$ (MPa)   表 4-7

键、轴或轴套的材料	载荷性质		
	静载荷	轻微冲击振动载荷	冲击载荷
锻钢、铸钢	98~147	69~98	34~49
铸铁	69~78	46~58	22~26

键的许用剪切应力 $[\tau]_k$ (MPa)   表 4-8

键的材料	载荷性质		
	静载荷	轻微冲击振动载荷	冲击载荷
45	117	85	53

4.1.2.4 搅拌附件的设计

(1) 挡板：挡板的作用是消除被搅拌液体的整体旋转，将液体的切向流动转变为轴向和径向流动，增大液体的湍动程度，从而改善搅拌效果。

挡板结构及安装尺寸，见表 4-9。

挡板结构及安装尺寸   表 4-9

宽度 B (m)	高度 (mm)		与搅拌罐(池)壁间隙 δ_j (m)		数量 (块)
	上缘	下缘	低粘度液	高粘度液或固-液搅拌	
$\left(\dfrac{1}{10} \sim \dfrac{1}{12}\right)D$	与静止液面平	取封头焊缝下 20~30mm	0	$\left(\dfrac{1}{5} \sim 1\right)B$	4

挡板的安装方式，如图 4-16 所示。

(2) 导流筒：导流筒的作用是提高混合效率和严格控制流态。

推进式搅拌器的导流筒，如图 4-17 所示；其尺寸见表 4-10。

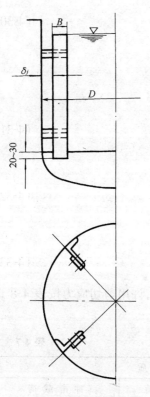

图 4-16 挡板的安装方式
$B = \left(\dfrac{1}{10} \sim \dfrac{1}{12}\right)D$；
$\delta_j = \left(\dfrac{1}{5} \sim 1\right)B$；$Z_1 = 4$

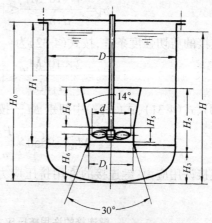

图 4-17 推进式搅拌器的导流筒

涡轮式搅拌器的导流筒，如图 4-18 所示；搅拌器与导流筒之间的大致关系，参考表 4-11。

4.1 通用设计

推进式搅拌器的导流筒尺寸(m) 表4-10

搅拌器		液面高度 H	导流筒				
直径 d	距罐底高度 H_6		内径 D_1	总高 H_2	下缘至罐底高度 H_3	上圆锥高 H_4	直段高 H_5
$(0.3\sim0.33)D$	$1.20d$	$0.75H_0$	$1.10d$	$0.50H_1$	$0.80d$	D_1	取搅拌器轮毂高

注：符号说明

H_0——搅拌罐高度(m)；

H_1——搅拌罐直段高度(m)。

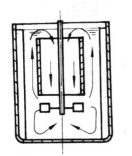

图4-18 涡轮式搅拌器的导流筒

涡轮式搅拌器与导流筒尺寸关系 表4-11

搅拌器与导流筒间隙	导流筒高度	导流筒安装位置
$0.05D$	$\geqslant 0.25D$	在搅拌器之上

4.1.3 搅拌机支承部分

4.1.3.1 机座

立式搅拌机设有机座，在机座上要考虑留有容纳联轴器、轴封装置和上轴承等部件的空间，以及安装操作所需的位置。

机座形式分为不带支承的 J-A 型和带中间支承的 J-B 型以及 JXLD 型摆线针轮减速器支架，可按化学工业出版社出版的《机械设计手册 第三版 第3卷》中"2.8 釜用立式减速器"的减速器机座的系列选用，当不能满足设计要求时参考该系列尺寸自行设计。

4.1.3.2 轴承装置

(1) 上轴承：设在搅拌机机座内。当搅拌机轴向力较小时，可不设上轴承，(如 J-A 型机座)，但应验算减速机轴承承受搅拌轴向力的能力。当搅拌机轴向力较大时，须设上轴承；若减速机轴与搅拌轴采用刚性连接，可在机座中仅设一个上轴承，以承担搅拌机轴向力和部分径向力，如图4-2所示；若减速机轴与搅拌轴用非刚性连接，可在机座中设两个上轴承，如图4-3所示，或在机座中设一个上轴承(如 J-B 型机座)，并须在容器内或填料箱中再设支承装置。当搅拌的轴向力很大时，减速机轴与搅拌轴应采用非刚性连接，应在机座中设两个上轴承或在机座中设一个上轴承并在容器内或填料箱中再设支承装置。

轴承盖处的密封，一般上端用毛毡圈，下端采用橡胶油封。

(2) 中间轴承：装在搅拌轴的中部，起辅助支承作用，其安装位置依据轴的稳定性要求和检修的方便而定。护套和轴衬常做成两个半圆，借紧定螺钉固定在轴和轴承壳上。

图4-19和图4-20为装在封头内侧和小直径容器内的中间轴承，其同心度通过螺栓孔的间隙用垫片调整。

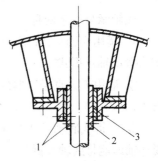

图4-19 封头内侧的中间轴承
1—紧定螺钉；2—护套；
3—轴衬

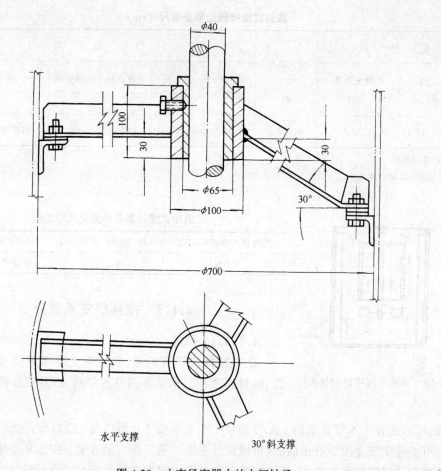

图 4-20　小直径容器内的中间轴承

在大型容器中安装中间轴承,如图 4-21 所示。其中轴承的尺寸和零件明细表,见表 4-12、13。轴与轴孔的同轴度通过索具螺旋扣来调整,轴心垂直度利用拉杆支架上的长孔调节。

(3) 底轴承:设在容器底部,起辅助支承作用,只承受径向荷载。轴衬和轴套一般是整体式,安装时先将轴承座对中,然后将支架焊于罐体上或将轴承座固定于池中预埋件上。

底轴承分以下两种:

1) 罐用底轴承:罐用底轴承用于溶药搅拌中,需加压力清水润滑,不能空罐运转,其结构为滑动轴承形式。

① 适用于大直径容器的三足式底轴承,如图 4-22 所示。三足式底轴承尺寸和零件明细表,见表 4-14、15。

② 可拆式底轴承如图 4-23 所示,可分为焊接式与铸造式两类。此种结构形式可不拆搅拌轴即能将底轴承拆下。可拆式底轴承尺寸和零件材料,见表 4-16、17;搅拌轴的下端,如图 4-24 所示;其轴下端尺寸,见表 4-18。

4.1 通用设计   157

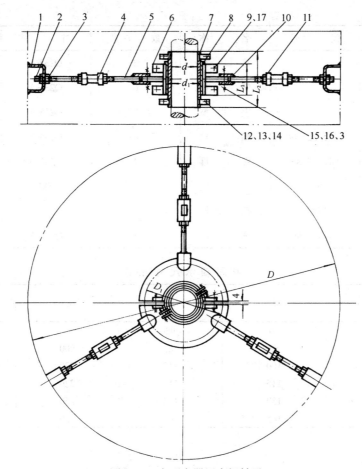

图 4-21 大型容器用中间轴承
1—固定块；2—螺杆；3—螺母；4—螺旋扣；5—螺杆；6—对开连接板；
7—护套；8—轴衬；9—螺栓；10—连板；11—螺母；12—夹紧箍；
13—螺栓；14—螺母；15—垫圈；16—螺栓；17—螺母

中间轴承零件明细表　　　　　　　　表 4-12

序 号	代 号	名 称	数 量	材 料	
1		固 定 块	3	Q235-A	
2		螺 杆	3	2Cr13	
3	GB 41—86	螺 母	6	Q235-A	
4		螺旋接头	3	Q235-A	左右旋螺孔
5		螺 杆	3	2Cr13	左 旋
6		对开连接板	1	组合件	
7		护 套	1	35	
8		轴 衬	1	HT150	
9	GB 5782—86	螺 栓	4	2Cr13	

序　号	代　号	名　称	数　量	材　料	
10		连　板	3	Q235-A	
11		螺　母	6	Q235-A	左旋
12		夹紧箍	2	Q235-A	
13	GB 5782—86	螺　栓	4	Q235-A	
14	GB 41—86	螺　母	4	Q235-A	
15	GB 93—87	垫　圈	3	65Mn	
16	GB 5782—86	螺　栓	3	2Cr13	
17	GB 41—86	螺　母	4	Q235-A	

中间轴承尺寸(mm)　　　　　　表 4-13

公称轴径 d	d_1	L_1	L_2	D_1
50	70	92	200	260
65	85	92	200	260
80	100	112	220	300
95	115	112	220	300
110	130	142	250	350
125	145	142	250	350

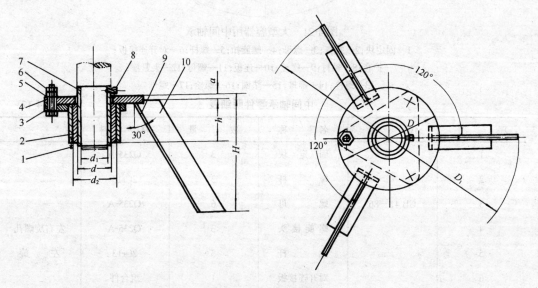

图 4-22　三足式底轴承
1—螺栓；2—轴衬；3—轴承壳；4—法兰盘；5—螺栓；6—螺母；7—护套；8—螺钉；9—支承板；10—肋板

4.1 通用设计

三足式底轴承尺寸(mm) 表4-14

公称轴径 d	d_1	d_2	D	D_1	a	h	H
30	22	45	140	363	10	40	160
40	32	55	160	412	10	50	180
50	40	65	180	455	10	60	200
65	50	85	200	498	15	75	230
80	65	100	230	563	15	90	250
95	75	115	250	617	15	105	280
110	90	130	270	683	15	120	300

三足式底轴承零件明细表 表4-15

件号	代号	名称	数量	材料
1	GB 5782—86	螺栓	1	2Cr13
2		轴衬	1	ZCuSn5Pb5Zn5 (聚四氟乙烯)
3		轴承壳	1	$\dfrac{Q235\text{-}A \cdot F}{(1Cr18Ni9Ti)}$
4		法兰盘	1	$\dfrac{Q235\text{-}A \cdot F}{(1Cr18Ni9Ti)}$
5	GB 5782—86	螺栓	3	2Cr13
6	GB 41—86	螺母	6	$\dfrac{Q235\text{-}A}{(1Cr18Ni9Ti)}$
7		护套	1	$\dfrac{35}{(2Cr13)}$
8	GB 85—88	螺钉	1	2Cr13
9		支承板	3	$\dfrac{Q235\text{-}A \cdot F}{(1Cr18Ni9Ti)}$
10		肋板	3	$\dfrac{Q235\text{-}A \cdot F}{(1Cr18Ni9Ti)}$

注：本底轴承分碳钢和不锈钢两种材料，括号内为不锈钢制的材料。

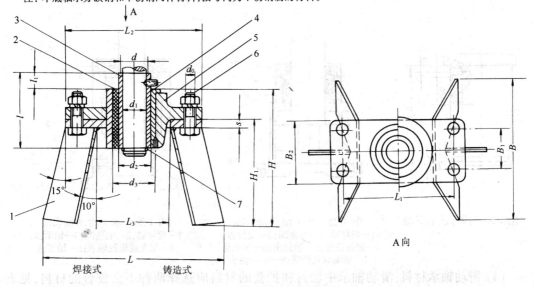

图4-23 可拆式底轴承
1—支架；2、4—轴衬；3—护套；5—轴承座；6—螺母、垫圈；7—弹性挡圈

可拆式底轴承尺寸(mm)　　　　　　　　　　　　　　　　　　表 4-16

序 号	d	d_1	d_2	d_3	L	L_1	L_2	L_3	B
1	30	22	38	45	225	128	155	75	130
2	50	40	60	70	265	152	180	95	165
3	80	65	95	105	360	200	235	135	240

序 号	B_1	B_2	H	H_1	S	l	l_1	d_0
1	40	70	170	140	8	55	14	M12
2	58	90	210	170	10	78	17	M12
3	90	130	310	250	10	108	17	M16

可拆式底轴承零件材料表　　　　　　　　　　　　　　　　　　表 4-17

件 号	名 称	材　料　焊接式	材　料　铸造式
1	支 架	碳 钢	不锈钢
2、4	轴 衬	耐磨铸铁、夹布胶木、青铜	夹布胶木、氟塑料、石墨、尼龙
3	护 套	碳 钢	不锈钢
5	轴 承	铸 铁	不锈钢

搅拌轴下端尺寸(mm)　　　　　　　　　　　　　　　　　　　表 4-18

序 号	d	d_1	L	l	b
1	22	20	60	5	2.2
2	40	37	86	8	3.5
3	65	62	116	8	3.5

2) 水下底轴承:用于混合池或反应池中。其结构形式分为滚动轴承座和滑动轴承座两种:

① 滚动轴承座:如图 4-25 所示。在滚动轴承内和滚动轴承座空间须填润滑脂。滚动轴承座必须严格密封,以防止泥砂和易沉物质的磨损。

② 滑动轴承座:如图 4-26 所示,这种轴承必须注压力清水进行冲刷和润滑,在搅拌机起动前应先接通压力清水,水量不超过 1L/min。

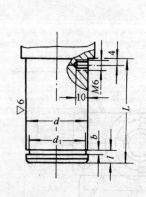

图 4-24　搅拌轴的下端

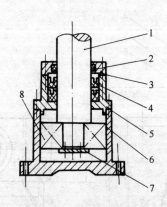

图 4-25　水下滚动轴承座
1—搅拌轴;2—毛毡圈;3—油封盖;
4—橡胶油封;5—油封座;6—轴承座;
7—轴端双孔挡圈;8—滚动轴承

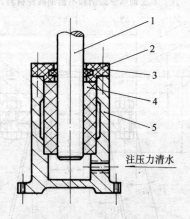

图 4-26　水下滑动轴承座
1—搅拌轴;2—毛毡圈;3—轴承盖;
4—尼龙或橡胶轴衬;5—轴承座

(4) 滑动轴承材料:滑动轴承中轴衬和护套的材料应选择两种不会胶合的材料,见表 4-19。

轴衬与护套的材料组合　　　　　　表 4-19

轴衬材料	护套材料	备注	轴衬材料	护套材料	备注
铸铁	铸铁、碳钢、不锈钢		硬木	碳钢	潮湿场合下用
磷青铜、夹布胶木、氟塑料、石墨、尼龙	碳钢、不锈钢		硬橡胶	碳钢	用于长期浸在液体中

橡胶轴承内环工作面与轴的间隙可取 0.05~0.2mm。在内环工作面应轴向均布 6~8 条梯形截面槽,尖角处圆滑过渡。

4.1.4 搅拌机驱动设备

4.1.4.1 减速器的选型条件
(1) 机械效率、传动比、功率、进出轴的许用扭矩、转速和相对位置。
(2) 出轴旋转方向是单向或双向。
(3) 搅拌轴轴向力的大小和方向。
(4) 工作平稳性,如振动和荷载变化情况。
(5) 外形尺寸应满足安装及检修要求。
(6) 使用单位的维修能力。
(7) 经济性。

4.1.4.2 电动机与减速器的选择
搅拌设备的电动机通常选用普通异步电动机。澄清池搅拌机采用 YCT 系列滑差式电磁调速异步电动机,消化池搅拌机一般采用防爆异步电动机。

搅拌设备的减速器应优先选用标准减速器及专业生产厂的产品,可按化学工业出版社出版的《机械设计手册　第三版　第三卷》"2 标准减速器及产品"选用,其中一般选用机械效率较高的摆线针轮减速器或齿轮减速器;有防爆要求时一般不采用皮带传动;要求正反双向传动时一般不选用蜗轮传动。

4.1.5 搅拌设备的制造、安装和试运转

4.1.5.1 制造要求
(1) 搅拌器:
1) 桨式搅拌器的制造、检验、包装和贮运要求见化工行业标准"HG/T 2124—91 桨式搅拌器技术条件"。
2) 涡轮式搅拌器的制造、检验、包装和贮运要求见化工行业标准"HG/T 2125—91 涡轮式搅拌器技术条件"。
3) 推进式搅拌器的制造、检验、包装和贮运要求见化工行业标准"HG/T 2126—91 推进式搅拌器技术条件"。
(2) 搅拌轴:
1) 轴的直线度公差,见表 4-20。

轴的直线度公差　　　　　　　　　　　　表 4-20

转速(r/min)	每米轴长直线度公差(mm/m)	转速(r/min)	每米轴长直线度公差(mm/m)
<100	<0.15	>1000~1800	<0.08
100~1000	<0.10		

2) 轴上装配轴承、联轴器和搅拌器的轴径同轴度公差应符合 GB 1184—80《形状和位置公差》中第 8 级精度。

3) 在贮运中，长轴应尽量直立放置，否则应采取措施以防变形。

(3) 搅拌器、轴组件的静平衡和动平衡试验要求：

1) 当搅拌机转速小于 100r/min、轴长小于 2.5m 时，可以不作搅拌轴与搅拌器组装后的静平衡试验。

2) 当搅拌机转速等于或大于 150r/min、轴长等于或大于 3.6m 时，需作组装后的动平衡试验。

3) 许用不平衡力矩：搅拌机的许用不平衡度要求，可以用许用不平衡力矩表示，也可以用许用偏心距表示。若用许用偏心距表示时，动平衡试验的校正平面许用值为许用主距 $[e]$ 之半。

许用不平衡力矩：按式(4-34)为

$$[M] = 10^{-3}[e]Q \quad (\text{N·m}) \tag{4-34}$$

式中　$[M]$——许用不平衡力矩(N·m)；

Q——轴、搅拌器及其他附件组合件的重力(N)；

$[e]$——许用偏心距(组合件重心处)，

$[e] = 9.55G/n \,(\text{mm})$

G——平衡精度等级，一般取 6.3mm/s；

n——搅拌轴转速(r/min)。

(4) 防腐蚀要求：搅拌设备防腐蚀方式应根据搅拌介质的腐蚀情况、水质要求、使用寿命要求和造价而定，应从材料的耐腐蚀性能、设备的包敷和涂装方法几方面综合比选。

当搅拌腐蚀性大的介质，如溶药搅拌中搅拌三氯化铁或排水工程中处理酸、碱性大的工业废水时可采用环氧玻璃钢防腐蚀、橡胶防腐蚀和化工搪瓷防腐蚀等。防腐蚀方法的选择原则、防腐蚀性能、参考配方、施工方法等详见《化工设备设计手册—3—非金属防腐蚀设备》。

当采用涂装方式防腐蚀时，应满足以下要求：

1) 搅拌设备非配合金属表面涂装前应严格除锈，达 Sa2½ 级。

2) 搅拌设备水下部件用于给水工程一般涂刷"食品工业防霉无毒环氧涂料"或涂刷"NSJ—PES 特种无毒防腐涂料"，涂装要求和施工方法详见产品说明。用于排水工程，一般涂刷环氧底漆及环氧面漆。漆膜总厚度为 200~250μm。

搅拌设备水上部件涂装时漆膜总厚度为 150~200μm。

4.1.5.2 安装和试运转要求

(1) 必须在安装前复验搅拌设备的零部件，其制造质量要符合图纸或规范要求。

(2) 安装立式搅拌机底座和机座时应找水平，水平度公差 1/1000。

(3) 搅拌轴或中间轴与减速机输出轴用刚性联轴器联接时,同轴度公差 0.05mm。
(4) 各种密封件安装后不得有润滑剂泄漏现象。
(5) 搅拌轴旋转方向除无旋向要求外应与图示方向相符,并不得反转。
(6) 搅拌轴悬臂自由端的径向摆动量,不得大于按式(4-35)计算的数值:

$$\delta = 0.0025Ln^{-\frac{1}{3}} \tag{4-35}$$

式中 δ——径向摆动量(mm);
 L——搅拌轴的悬臂长度(mm);
 n——搅拌器工作转速(r/min)。

(7) 搅拌设备安装后必须经过用水作介质的试运转和搅拌工作介质的带负载试运转,两种试运转都必须在容器内装满三分之二以上容积的容量。试运转中设备应运行平稳,无异常振动,噪声应不大于 85dB(A)。

以水作介质的试运转时间不得少于 2h,负载试运转对小型搅拌机为 4h,其余不小于 24h。

(8) 试运转和正常工作中均不得空负载运行。
(9) 轴承在正常工作情况下温升不得大于 40℃,最高温度不得超过 75℃。

4.2 溶药搅拌设备

4.2.1 适用条件

溶药搅拌设备用于给水排水处理过程中凝聚剂或助凝剂的迅速、均匀溶解并配制成一定溶液浓度的湿法投加药剂。

4.2.2 总体构成

溶药搅拌设备的总体构成,见本章 4.1.1 节。

4.2.3 设计数据及要点

4.2.3.1 药剂的分类
给水、排水处理中所用药剂的品种较多,常用的药剂分类,见表 4-21。

药 剂 分 类 表 4-21

类 别	常 用 药 剂	类 别	常 用 药 剂
固体药剂	硫酸铝、明矾、硫酸亚铁、聚合氯化铝(固)三氯化铁(固)、聚丙烯酰胺(固)、生石灰	胶体药剂	聚丙烯酰胺、活化硅酸盐(活化水玻璃)、骨胶
液体药剂	三氯化铁(液)、聚合氯化铝(液)		

4.2.3.2 搅拌功率与电动机功率
对于搅拌功率(即轴功率)目前都采用相似论和因次分析的方法找出准数关系式直接计算,但最实用而又准确的方法是模拟放大法。
(1) 均相系搅拌功率:

1) 搅拌液体药剂可用下述两种方法计算搅拌功率。
① 牛顿型单一液相搅拌功率计算法,其功率计算见表 4-22、23。

牛顿型单一液相搅拌功率计算 表 4-22

搅拌器形式	挡板情况	尺寸范围	计算方法	备注
船舶型推进式	全挡板	$s/d=1$ 或 2 $D/d=2.5\sim6$ $H/d=2\sim4$ $H_6/d=1$ $Z=3$	(1) 求雷诺准数 $$\mathrm{Re}=\frac{d^2 n\rho}{\mu} \quad (4\text{-}36)$$ 式中 ρ——液体密度($\mathrm{kg/m^3}$); μ——液体粘度($\mathrm{Pa\cdot s}$) n——搅拌器转速($\mathrm{r/s}$) 或查图 4-27 (2) 求功率准数 查图 4-28 (3) 求搅拌功率 $$N=\frac{N_P \rho n^3 d^5}{102g}\,(\mathrm{kW}) \quad (4\text{-}37)$$ 式中 N_P——功率准数; g——重力加速度,$g=9.81(\mathrm{m/s^2})$ 或查图 4-29	斜入式及旁入式的计算与此相同
	无挡板	$s/d=1$ 或 2 $D/d=3$ $H/d=2\sim4$ $H_6/d=1$ $Z=3$	(1) 求雷诺准数 见公式(4-36) 或查图 4-27 (2) 求功率准数 查图 4-28 (3) 求搅拌功率 1) $\mathrm{Re}<300$ 见公式(4-37) 或查图 4-29 2) $\mathrm{Re}>300$ $$N=\frac{N_P \rho n^3 d^5}{102g\left(\dfrac{g}{n^2 d}\right)^{\left(\frac{a-\lg \mathrm{Re}}{b}\right)}}\,(\mathrm{kW})$$ $(4\text{-}38)$ 式中 $a=2.1$ $b=18$ 或查表 4-23	
平直叶桨式	全挡板	$d/b=4$ $D/d=3$ $H/D=1$ $H_6/d=1$ $Z=2$	求搅拌功率 (1) 湍流区: $$N=\frac{2.25\rho n^3 d^5}{102g}\,(\mathrm{kW}) \quad (4\text{-}39)$$ 或取 $N_P=2.25$,查图 4-29 (2) 层流区: $$N=\frac{43.0\mu n^2 d^3}{102g}\,(\mathrm{kW}) \quad (4\text{-}40)$$	
		$d/b=6$	求搅拌功率 (1) 湍流区: $$N=\frac{1.60\rho n^3 d^5}{102g}\,(\mathrm{kW}) \quad (4\text{-}41)$$ 或取 $N_P=1.60$,查图 4-29 (2) 层流区: $$N=\frac{36.5\mu n^2 d^3}{102g}\,(\mathrm{kW}) \quad (4\text{-}42)$$	

续表

搅拌器形式	挡板情况	尺寸范围	计 算 方 法	备 注
平直叶桨式	全挡板	$D/d=3$ $H/D=1$ $H_6/d=1$ $Z=2$ $d/b=8$	求搅拌功率 (1) 湍流区： $$N=\frac{1.15\rho n^3 d^5}{102g}\text{(kW)} \quad (4\text{-}43)$$ 或取 $N_P=1.15$，查图 4-29 (2) 层流区： $$N=\frac{33.0\mu n^2 d^3}{102g}\text{(kW)} \quad (4\text{-}44)$$	
圆盘平直叶涡轮式	全挡板	$d:L:b=20:5:4$	(1) 求雷诺准数 见公式(4-36) 或查图 4-27 (2) 求功率准数 查图 4-28 (3) 求搅拌功率 见公式(4-37) 或查图 4-29	
	无挡板	$D/d=2\sim7$ $H/d=2\sim4$ $H_6/d=0.7\sim1.6$ $Z=6$	(1) 求雷诺准数 见公式(4-36) 或查图 4-27 (2) 求功率准数 查图 4-28 (3) 求搅拌功率 1) Re<300： 见公式(4-37) 或查图 4-29 2) Re>300： 见公式(4-38) 式中 $a=1.0$ $b=40$ 或查表 4-23	

a、b 值　　　　　　表 4-23

桨叶形式	d/D	a	b
三叶推进式	0.47	2.6	18.0
	0.37	2.3	18.0
	0.33	2.1	18.0
	0.30	1.7	18.0
	0.22	0	18.0
六叶涡轮式	0.30	1.0	40.0
	0.33	1.0	40.0

② 永田进治搅拌功率计算法，其功率计算见表 4-24。

永田进治计算法搅拌功率计算　　　　表 4-24

搅拌器形式	适用条件	计算公式
平直叶桨式	无挡板 $Z=2$ 片 湍流区 和层流区	(1) 求雷诺准数 　　见公式(4-37) 　　或查图 4-27 (2) 求功率准数 $$N_P = \frac{A}{Re} + B\left(\frac{10^3 + 1.2Re^{0.66}}{10^3 + 3.2Re^{0.66}}\right)^p \left(\frac{H}{D}\right)^{(0.35+b/D)} \quad (4\text{-}45)$$ 式中　$A = 14 + (b/D)[670(d/D - 0.6)^2 + 185]$　(4-46) 　　或查图 4-30 $$B = 10^{[1.3 - 4(b/D - 0.5)^2 - 1.14(d/D)]} \quad (4\text{-}47)$$ 　　或查图 4-31 $$E = \frac{10^3 + 1.2Re^{0.66}}{10^3 + 3.2Re^{0.66}} \quad 或查图 4\text{-}33$$ $$p = 1.1 + 4(b/D) - 2.5(d/D - 0.5)^2 - 7(b/D)^4 \quad (4\text{-}48)$$ 　　或查图 4-32 　　当 $b/D \leqslant 0.3$，可省略公式(4-48)右边第 4 项 (3) 求搅拌功率 　　见公式(4-37) 　　或查图 4-29
折叶桨式	无挡板 $Z=2$ 片	(1) 求雷诺准数 　　见公式(4-36) 　　或查图 4-27 (2) 求功率准数 $$N_P = \frac{A}{Re} + B\left(\frac{10^3 + 1.2Re^{0.66}}{10^3 + 3.2Re^{0.66}}\right)^p \left(\frac{H}{D}\right)^{(0.35+b/D)} (\sin\theta)^{1.2}$$ 　　　　　　　　　　　　　　　　　　　　　　(4-49) 式中　A——见公式(4-46) 　　　B——见公式(4-47) 　　　p——见公式(4-48) $$E = \frac{10^3 + 1.2Re^{0.66}}{10^3 + 3.2Re^{0.66}} \quad 或查图 4\text{-}33$$ 　　　b——取桨叶实际宽度(m) (3) 求搅拌功率 　　见公式(4-37) 　　或查图 4-29

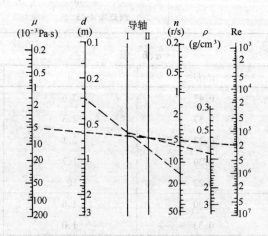

图 4-27　雷诺准数 Re 算图
注：用法提示为 $d - n -$ Ⅰ；Ⅰ $- \rho -$ Ⅱ；Ⅱ $- \mu -$ Re

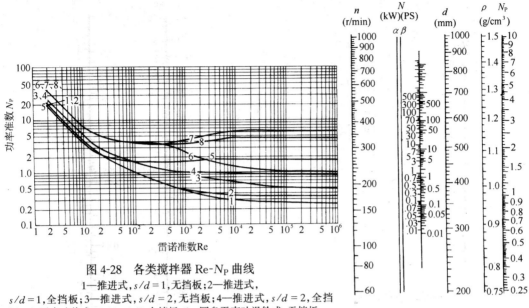

图 4-28　各类搅拌器 Re-N_P 曲线

1—推进式，$s/d=1$，无挡板；2—推进式，$s/d=1$，全挡板；3—推进式，$s/d=2$，无挡板；4—推进式，$s/d=2$，全挡板；5—平直叶桨式，$B/d=1/5$，全挡板；6—圆盘平直叶涡轮式，无挡板；7—圆盘平直叶涡轮式，全挡板；8—圆盘弯叶涡轮式，全挡板

图 4-29　N 的计算

注：用法提示为　n—d—α
　　　　　　　　α—ρ—β
　　　　　　　　β—N_P—N

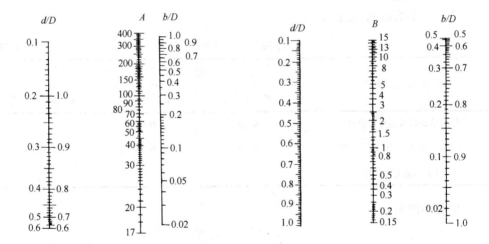

图 4-30　A 的计算图

注：连接任何两轴上的已知数与其它轴的交点即为需求数

图 4-31　B 的计算图

注：连接任何两轴上的已知数与其它轴的交点即为需求数

2) 功率计算的修正：上述功率的计算公式和算图是在一定的形式和尺寸范围内实验和推导出的，计算时一定要按照适用条件应用。对于不同的条件还须进行修正，常用影响因素修正方法如下：

① 罐内附件的影响：

$$N' = (1 + \Sigma C_q)N \quad (\text{kW}) \tag{4-50}$$

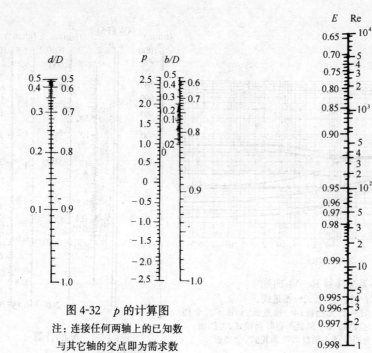

图 4-32 p 的计算图
注：连接任何两轴上的已知数
与其它轴的交点即为需求数

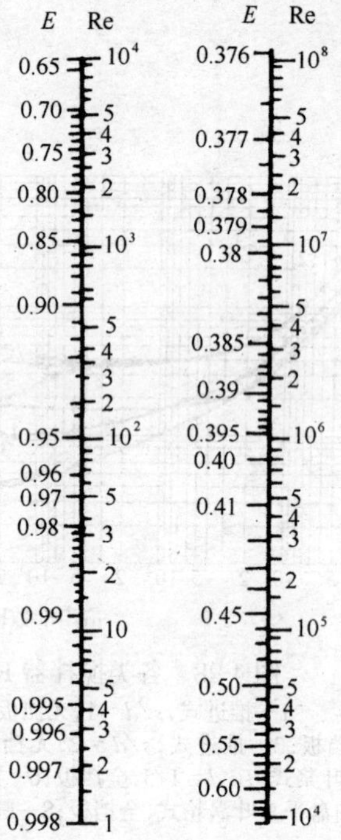

图 4-33 E 的计算图

式中 N'——修正后的搅拌功率(kW)；
C_q——影响系数，见表 4-25。

C_q 值($\mu < 0.1 Pa·s$)　　　　　　表 4-25

罐内附件种类	搅拌器形式		
	桨式	推进式	涡轮式
浮标液面计或温度计套管	0.10	0.05	0.10
两管中心角大于 90°的直立管	0.30	0.15	0.30
导流筒的支撑零件		0.05	

② 层数的影响：

$$N_2 = (1.5 \sim 2) N_1 \tag{4-51}$$

式中 N_2——双层桨的搅拌功率(kW)；
N_1——单层桨的搅拌功率(kW)。

(2) 非均相固-液搅拌功率：固体药剂的溶解和搅拌石灰乳液用非均相固-液搅拌功率方法计算。计算功率时可取两相的平均密度 $\bar{\rho}$ 来代替原液相的密度，取两相的平均粘度 $\bar{\mu}$ 代替原液相的粘度，然后按单一液相计算法进行计算。

平均密度计算：

$$\bar{\rho} = \varphi \rho_s + \rho_w (1 - \varphi) \quad (kg/m^3) \tag{4-52}$$

式中 ρ_s——固体药剂的密度(kg/m³)；

ρ_w——液体的密度(kg/m³);

φ——固体药剂的容积分率(体积%),

$$\varphi = \frac{1}{1 + \frac{\rho_s x_w}{\rho_w x_{ws}}} \tag{4-53}$$

式中 x_w——液体重力(N);

x_{ws}——固体重力(N)。

平均粘度计算:

当 $\varphi \leqslant 1$ 时

$$\bar{\mu} = \mu(1 + 2.5\varphi) \tag{4-54}$$

式中 μ——液相粘度(Pa·s)。

以上计算法如用于固体药剂在200目以上时,则所得功率值偏小。

(3) 聚丙烯酰胺(胶体)的搅拌功率:聚丙烯酰胺(胶体)的搅拌属于非牛顿型流体搅拌,用直接计算法很困难。水处理工艺上经常制备10%浓度的水溶液,计算时可用10%浓度的溶液粘度值 $\mu = 0.258$Pa·s,按前述的牛顿型流体的搅拌公式计算。

(4) 电动机功率

$$N_A = \frac{K_n N + N_T}{\eta} \quad (\text{kW}) \tag{4-55}$$

式中 K_n——电动机起动功率系数,一般取 $K_n = 1.1 \sim 1.3$;

N_T——轴封摩擦损失功率(kW),见本章第1节,搅拌机工作部分;

η——传动机械效率。

4.2.3.3 搅拌罐的设计

(1) 壁厚与支座:搅拌罐的壁厚、封头及支座的设计见《化工设备设计基础》。

(2) 装料量的确定:搅拌罐的直径、高度和装料量在设计时应同时综合考虑。

$$K_1 = \frac{H_1}{D} = 1 \sim 1.3$$

$$V = (0.7 \sim 0.8)V_0$$

式中 V——搅拌罐有效容积(m³);

V_0——搅拌罐总容积(m³)。

据容积和选定的 K_1 可初估内径 D 为

$$D = \sqrt[3]{\frac{4V}{\pi K_1}} \quad (\text{m})$$

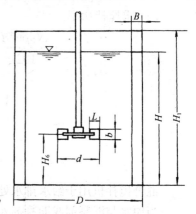

图 4-34 标准搅拌罐结构形式

(3) 搅拌器层数:当 $\frac{H_1}{D} > 1.25$ 时,应使用多层搅拌器,搅拌器层间距为 $(1 \sim 1.5)d$。

(4) 标准罐结构形式:标准罐结构形式如图4-34所示,标准搅拌罐尺寸见表4-26。

标准搅拌罐尺寸 表4-26

搅拌器				挡板		液面高度
直径 d (m)	桨叶宽度 b (m)	桨叶长度 L (m)	距罐底高度 H_6 (m)	宽度 B (m)	数量 Z (块)	H (m)
$\frac{1}{3}D$	$\frac{1}{5}d$	$\frac{1}{4}d$	d	$\frac{1}{10}D$	4	D

4.2.4 计 算 实 例

【例】 聚丙烯酰胺溶液搅拌功率计算

搅拌罐内径为1.8m,装入1.6m高的10%浓度的聚丙烯酰胺(胶体)溶液,粘度为0.258Pa·s,密度为1021kg/m³,罐内为全挡板条件。采用六平直叶圆盘涡轮式搅拌器直径为0.4m,桨叶长度为0.1m,宽度为0.08m,离罐底高度为0.533m,搅拌器转速为400r/min。计算搅拌功率。

【解】 按牛顿型单一流相搅拌功率计算法计算。

(1) 校核尺寸范围:
$d:L:b = 0.4:0.1:0.08 = 20:5:4$(要求20:5:4,满足);
$D/d = 1.8/0.4 = 4.5$(要求2~7,满足);
$H/d = 1.6/0.4 = 4$(要求2~4,满足);
$H_6/d = 0.533/0.4 = 1.33$(要求0.7~1.6,满足)。

(2) 求雷诺准数:
$$Re = \frac{d^2 n \rho}{\mu} = \frac{0.4^2 \times 6.67 \times 1021}{0.258} = 4.22 \times 10^3$$

(3) 求功率准数:
查图4-28,$N_P = 5.6$。

(4) 求搅拌功率:
$$N = \frac{N_P \rho n^3 d^5}{102g} = \frac{5.6 \times 1021 \times 6.67^3 \times 0.4^5}{102 \times 9.81} = 17.36\text{kW}$$

4.3 混 合 搅 拌 机

4.3.1 适 用 条 件

混合搅拌机用于给水排水处理的混凝过程中的混合阶段。

当原水与混凝剂或助凝剂液体流经混合池时在搅拌器的排液作用下产生流动循环,使混凝药剂与水快速充分混合,以达到混凝工艺的要求。混合时间和搅拌强度是决定混合效果的关键。

混合搅拌机可以在要求的混合时间内达到一定的搅拌强度,满足混合速度快、均匀、充分等要求,而且水头损失小,并可适应水量的变化,因此适用于各种水量的水厂。

4.3.2 总体构成

混合搅拌机由工作部分(搅拌轴、搅拌器、搅拌附件[导流筒或挡板])、支承部分(轴承装置、机座)和驱动部分(电动机、减速器)组成,各部分结构设计要点见第4.1节,通用设计。

混合搅拌机,如图4-35所示。

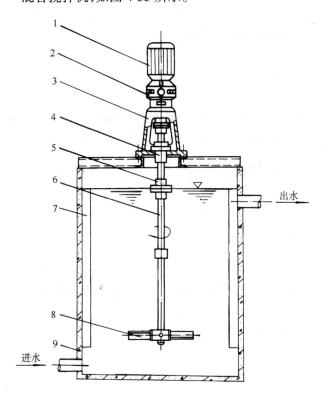

图4-35 混合搅拌机
1—电动机;2—减速器;3—机座;4—轴承装置;5—联轴器;6—搅拌轴;7—挡板;8—搅拌器;9—搅拌池

4.3.3 设计数据

4.3.3.1 混合时间

混合搅拌池的混合时间 t,应参考混凝药剂的水解时间和混合均匀度(与混合时间成正比)要求,由工艺确定,一般为 10~30s。

4.3.3.2 流量

混合搅拌池的流量 $Q(m^3/s)$ 一般不限。

4.3.3.3 搅拌池池型及形状尺寸

搅拌池为圆形或方形,液面高度与池径的比值一般为0.8~1.5。为防止液体溢出,搅拌池静止液面与池顶须保持足够的距离,一般为0.3~0.5m。

(1) 搅拌池有效容积为
$$V = Qt \quad (m^3)$$

(2) 搅拌池直径 $D(m)$:当搅拌池为方形时,搅拌池当量直径 D,按式(4-56)为

$$D = \sqrt{\frac{4lw}{\pi}} \quad (m) \tag{4-56}$$

式中 l——搅拌池长度(m);
　　　w——搅拌池宽度(m)。

(3) 搅拌池液面的高度为

$$H = \frac{4V}{\pi D^2} \quad (m)$$

(4) 搅拌池高度为

$$H' = H + (0.3 \sim 0.5) \quad (m)$$

4.3.3.4 水的物理参数

水的粘度 μ(Pa·s);水的密度 ρ(kg/m³)。

4.3.3.5 搅拌强度

(1) 搅拌速度梯度 G:搅拌速度梯度 G 值(流体在池内各点的 G 值不同,一般 G 值表示流体在池内近似的平均值)。一般取 $500 \sim 1000 s^{-1}$,G 的计算公式(4-57)为

$$G = \sqrt{\frac{1000 N_Q}{\mu Q t}} \quad (s^{-1}) \tag{4-57}$$

式中 N_Q——混合功率(kW);
　　　Q——混合搅拌池流量(m³/s);
　　　t——混合时间(s);
　　　μ——水的粘度(Pa·s)。

(2) 体积循环次数 Z'(此方法根据美国凯米尼尔公司和莱宁公司有关资料编写):

1) 搅拌器排液量 Q':按式(4-58)为

$$Q' = K_q n d^3 \quad (m^3/s) \tag{4-58}$$

式中 K_q——流动准数,见表 4-27;
　　　n——搅拌器转速(r/s);
　　　d——搅拌器直径(m)。

搅拌器流动准数　　　　　　　　　　表 4-27

搅拌器类型	流动准数	搅拌器类型	流动准数
推进式,$S/d=1,Z=3$ 片	0.50	折叶桨式,$\theta=45°,Z=4$ 片	0.77

注:建议折叶桨式,$\theta=45°,Z=2$ 片,K_q 取 0.385。
　符号说明:
　S——搅拌器螺距(m);
　d——搅拌器直径(m);
　θ——桨叶和旋转平面所成的角度;
　Z——搅拌器桨叶数。

2) 体积循环次数 Z':

$$Z' = \frac{Q't}{V} \tag{4-59}$$

式中 V——混合池有效容积(m³);
　　　t——混合时间(s);
　　　Q' 含义同式(4-58)。

在混合时间内,池内流体的体积循环次数通常不小于1.5次,最少应不小于1.2次。

(3) 混合均匀度 U(此方法根据美国凯米尼尔公司有关资料编写):混合均匀度与混合搅拌有关参数的计算公式(4-60)为

$$-\ln(1-U) = \tan\left(\frac{d}{D}\right)^b \left(\frac{D}{H}\right)^{0.5} \qquad (4\text{-}60)$$

式中 t——混合时间(s);

     a、b——混合速率常数;

           推进式搅拌器:$a=0.274$,$b=1.73$,

           4片、45°折叶桨式搅拌器:$a=0.641$,$b=2.19$;

     n——搅拌器转速(r/s);

     d——搅拌器直径(m)。

     U——混合均匀度一般为 80%~90%。

4.3.3.6 搅拌机的布置形式

(1) 搅拌机的布置:一般采用中央置入(或称顶部插入)式布置立式搅拌机。

(2) 搅拌器的位置及排液方向:搅拌器的位置应避免水流直接侧面冲击。搅拌器距液面的距离通常不小于搅拌器直径的1.5倍。

当进水孔位于混合池底中心时,搅拌器宜设置为向上排液,其它情况,排液方向不限。

4.3.3.7 搅拌附件的设计

(1) 挡板的设置:应在池壁设置竖直挡板。挡板结构及安装尺寸,见表4-28。

挡板结构及安装尺寸(m)   表 4-28

项 目	安装尺寸	项 目	安装尺寸
数 量	4	宽 度	圆形池:$D/12$
位 置	间隔90°		方形池:$\left(\frac{1}{36} \sim \frac{1}{24}\right)D$,$D$见公式(4-56)
长 度	同液面高度 H	与搅拌池壁间隙	$D/72$

(2) 加药点的设置:为在搅拌器周围均匀加药和便于药液的分散,通常在搅拌器排液方向相反的一侧设置环形多孔加药管。

4.3.4 混合搅拌功率

4.3.4.1 混合功率估算

混合功率计算按下式估算:

$$N_Q = K_e Q \quad (\text{kW})$$

式中 K_e——单位流量所需功率,一般 $K_e = 4.3 \sim 17 \text{kW} \cdot \text{s}/\text{m}^3$;

     Q——搅拌池流量(m^3/s)。

4.3.4.2 混合功率计算

(1) 根据选定的搅拌速度梯度 G 值,按式(4-61)计算:

$$N_Q = \frac{\mu Q t G^2}{1000} \quad (\text{kW}) \qquad (4\text{-}61)$$

(2) 根据选定的体积循环次数 Z' 计算：
1) 计算搅拌器排液量：按式(4-62)为

$$Q' = \frac{Z'V}{t} \quad (m^3/s) \tag{4-62}$$

2) 计算混合功率：按式(4-63)为

$$N = \frac{N_p \rho n^3 d^5}{1000} \quad (kW) \tag{4-63}$$

式中 N_p——功率准数，见表 4-29；
ρ——液体密度(kg/m^3)。

搅拌器功率准数 表 4-29

搅拌器类型	功率准数	搅拌器类型	功率准数
推进式，$s/d=1$，$Z=3$ 片	0.32	折叶桨式，$\theta=45°$，$Z=4$ 片	1.25~1.50

注：建议折叶桨式，$\theta=45°$，$Z=2$ 片，N_p 取 0.63~0.75。

(3) 根据选定的混合均匀度 U 计算：
1) 选定混合均匀度。
2) 计算混合功率：见公式(4-63)。

4.3.5 搅拌器形式及主要参数

混合搅拌一般选用推进式或折桨式(以下简称桨式)搅拌器。推进式搅拌器的效能较高，但制造较复杂，桨式搅拌器结构简单，加工制造容易，但效能比推进式搅拌器低；在混合搅拌中宜首先考虑选用推进式搅拌器。

4.3.5.1 搅拌器有关参数的选用

混合搅拌中搅拌器有关参数选用，见表 4-30。

搅拌器有关参数选用 表 4-30

项目	符号	单位	搅拌器形式	
			桨式	推进式
搅拌器外缘线速度	v	m/s	1.0~5.0	3~15
搅拌器直径	d	m	$\left(\frac{1}{3} \sim \frac{2}{3}\right)D$	$(0.2 \sim 0.5)D$
搅拌器距混合池底高度	H_6	m	$(0.5 \sim 1.0)d$	无导流筒时：$=d$ 有导流筒时：$\geq 1.2d$
搅拌器桨叶数	Z		2,4	3
搅拌器宽度	b	m	$(0.1 \sim 0.25)d$	
搅拌器螺距	S	m		$=d$
桨叶和旋转平面所成的角度	θ		45°	
搅拌器层数	e		当 $\frac{H}{D} \leq 1.2 \sim 1.3$ 时，$e=1$ 当 $\frac{H}{D} > 1.2 \sim 1.3$ 时，$e>1$	当 $\frac{H}{d} \leq 4$ 时，$e=1$ 当 $\frac{H}{d} > 4$ 时，$e>1$

续表

项　目	符号	单位	搅拌器形式	
			桨式	推进式
层间距	S_0	m	$(1.0 \sim 1.5)d$	$(1.0 \sim 1.5)d$
安装位置要求			相邻两层桨交叉 90°安装	

注：D——混合池直径(m)；d——搅拌器直径(m)；H——混合池液面高度(m)。

4.3.5.2 转速及搅拌功率

转速及搅拌功率主要有以下三种计算方法：

(1) 根据选定的搅拌速度梯度 G 值计算：

1) 根据表 4-30 初选搅拌器直径 d(m)。
2) 根据表 4-30 初选搅拌器外缘线速度 v(m/s)。
3) 计算转速：按式(4-64)为

$$n = \frac{60v}{\pi d} \quad \text{(r/min)} \tag{4-64}$$

4) 计算搅拌功率：
① 推进式搅拌器搅拌功率计算：推进式搅拌器搅拌功率计算，见表 4-22。
② 桨式搅拌器搅拌功率计算：按式(4-65)为

$$N = C_3 \frac{\rho \omega^3 Z e b R^4 \sin\theta}{408g} \quad \text{(kW)} \tag{4-65}$$

式中　C_3——阻力系数，$C_3 \approx 0.2 \sim 0.5$；
　　　ρ——水的密度，$\rho = 1000$(kg/m³)；
　　　ω——搅拌器旋转角速度(rad/s)，

$$\omega = \frac{2v}{d} \quad \text{(rad/s)};$$

　　　Z——搅拌器桨叶数(片)；
　　　e——搅拌器层数；
　　　b——搅拌器桨叶宽度(m)；
　　　R——搅拌器半径(m)；
　　　g——重力加速度 9.81(m/s²)；
　　　θ——桨板折角(°)。

5) 校核搅拌功率：若搅拌功率 N 大于或小于根据 G 值所确定的混合功率 N_Q，则应参考表 4-30 调整桨径 d 和搅拌器外缘线速度 v，使 $N \approx N_Q$。当取桨式搅拌器直径及搅拌器外缘线速度为最大值时，仍 $N < N_Q$，则需改选推进式搅拌器。

(2) 根据选定的体积循环次数 Z' 计算：

1) 根据表 4-30 初选推进式或桨式搅拌器直径 d(m)。
2) 根据公式(4-58)计算搅拌器排液量 Q'(m³/s)。
3) 根据公式(4-57)计算搅拌器转速 n(r/min)，推进式和桨式搅拌器应根据表 4-30 校核搅拌器外缘线速度 v(m/s)。
4) 根据公式(4-62)计算搅拌器功率。

(3) 根据选定的混合均匀度 U 计算：

1) 根据表4-30初选推进式或桨式搅拌器直径 $d(m)$。

2) 根据公式(4-59)计算搅拌器转速 $n(r/s)$，推进式和桨式搅拌器应根据表4-30校核搅拌器外缘线速度 $v(m/s)$。

3) 根据公式(4-63)计算搅拌器功率。

4.3.5.3 电动机功率计算

电动机功率计算，按式(4-66)为

$$N_A = \frac{K_g N}{\eta} \quad (kW) \tag{4-66}$$

式中 K_g——电动机工况系数，当搅拌介质为水，每日24h连续运行时取1.2；
  η——机械传动总效率(%)。

4.3.6 计算实例

【例】 混合搅拌机设计计算

(1) 设计数据：

1) 混合时间 $t = 10s$。

2) 流量 $Q = 1.5 m^3/s$。

3) 混合池有效容积 $V = Qt = 15 m^3$。

混合池横截面尺寸 $2.2m \times 2.2m$，当量直径 $D = \sqrt{\frac{4lw}{\pi}} = \sqrt{\frac{4 \times 2.2 \times 2.2}{\pi}} = 2.48m$。

混合池液面高度 $H = 3.1m$。

混合池壁设挡板，挡板宽度72mm。混合池高度 $H' = 3.6m$。

4) 取平均水温15℃时水的粘度 $\mu = 1.14 \times 10^{-3} Pa \cdot s$。

取水的密度 $\rho = 1000 kg/m^3$。

5) 搅拌速度梯度 $G = 740 s^{-1}$ 或体积循环次数 $Z' = 1.3$ 或混合均匀度 $U = 80\%$。

6) 搅拌机为中央置入式布置的立式搅拌机。

(2) 搅拌器选用及主要参数：

1) 选用推进式搅拌器。

2) 搅拌器桨叶数 $Z = 3$ 片。

3) 搅拌器螺距 $S = d$。

4) 搅拌器直径 $d = 1.2m$。

5) 搅拌器层数 $\frac{H}{d} = \frac{3.1}{1.2} = 2.6 < 4$，取单层。

(3) 搅拌器转速及功率计算：

1) 根据要求的搅拌速度梯度 G 值计算：

① 搅拌器外缘线速度 v 取 $8.6 m/s$。

② 搅拌器转速：

$$n = \frac{60v}{\pi d} = \frac{60 \times 8.6}{1.2\pi} = 137 r/min = 2.28 r/s$$

③ 搅拌器功率计算：

ⅰ. 求雷诺准数：
$$\mathrm{Re} = \frac{d^2 n \rho}{\mu} = \frac{1.2^2 \times 2.28 \times 1000}{1.14 \times 10^{-3}} = 2.88 \times 10^6$$

ⅱ. 求功率准数：

查图 4-28,曲线 2,功率准数 N_p 查得 0.32；

求搅拌功率：
$$N = \frac{N_p \rho n^3 d^5}{102g} = \frac{0.32 \times 1000 \times 2.28^3 \times 1.2^5}{102 \times 9.81} = 9.43 \mathrm{kW}$$

④ 校核搅拌功率：

ⅰ. 求混合功率：
$$N_Q = \frac{\mu Q t G^2}{1000} = \frac{1.14 \times 10^{-3} \times 1.5 \times 10 \times 740^2}{1000} = 9.36 \mathrm{kW}$$

ⅱ. 校核搅拌功率：
$$N = 9.43 \mathrm{kW} \approx N_Q = 9.36 \mathrm{kW}, 校核合格。$$

2) 根据要求的体积循环次数 Z' 计算：

① 搅拌器 d 取 1.2m。

② 计算搅拌器排液量：
$$Q' = \frac{Z'V}{t} = \frac{1.3 \times 2.2 \times 2.2 \times 3.1}{10} = 1.95 \mathrm{m}^3/\mathrm{s}$$

③ 计算搅拌器转速：
$$n = \frac{Q'}{K_q d^3} = \frac{1.95}{0.50 \times 1.2^3} = 2.26 \mathrm{r/s} \approx 136 \mathrm{r/min}$$

校核搅拌器外缘线速度：
$$v = \pi d n = 1.2 \times 2.26\pi = 8.52 \mathrm{m/s}$$

3m/s< v = 8.52m/s <15m/s,校核合格。

④ 计算搅拌器功率：
$$N = \frac{N_p \rho n^3 d^5}{1000} = \frac{0.32 \times 1000 \times 2.26^3 \times 1.2^5}{1000} = 9.19 \mathrm{kW}$$

3) 根据要求的混合均匀度 U 计算：

① 搅拌器 d 取 1.2m。

② 混合均匀度 $U = 80\%$。

③ 计算搅拌器转速：
$$-\ln(1-U) = tan\left(\frac{d}{D}\right)^b \left(\frac{D}{H}\right)^{0.5}$$

$$n = \frac{-\ln(1-U)}{ta\left(\frac{d}{D}\right)^b \left(\frac{D}{H}\right)^{0.5}}$$

$$= \frac{-\ln(1-80\%)}{10 \times 0.274 \left(\frac{1.2}{2.48}\right)^{1.73} \left(\frac{2.48}{3.1}\right)^{0.5}}$$

$$= 2.32 \text{r/s}$$
$$= 139 \text{r/min}$$

校核搅拌器外缘线速度：
$$v = \pi d n = 1.2 \times 2.32 \pi = 8.75 \text{m/s}$$

$3\text{m/s} < v = 8.75\text{m/s} < 15\text{m/s}$，校核合格。

④ 计算搅拌器功率：
$$N = \frac{N_p \rho n^3 d^5}{1000} = \frac{0.32 \times 1000 \times 2.32^3 \times 1.2^5}{1000} = 9.94 \text{kW}$$

(4) 推进式搅拌器强度校核（略）。

(5) 电动机功率计算：
$$N_A = \frac{K_g N}{\eta} = \frac{K_g N}{\eta_4 \eta_5} = \frac{1.2 \times 9.94}{0.95 \times 0.99} = 12.68 \text{kW}$$

式中　η_4——摆线针轮减速机传动效率；
　　　η_5——滚珠轴承传动效率。

选电动机功率为15kW，同步转速为1500r/min。

(6) 减速器选用：减速比：
$$i = \frac{n_A}{n} = \frac{1500}{139} = 10.8$$

选用天津减速机总厂的行星摆线针轮减速机，减速比 $i = 11$，输出轴转速136r/min，搅拌机实际功率 $N_A = 12.68 \left(\frac{136}{139}\right)^3 = 11.88 \text{kW}$

(7) 搅拌轴设计：

1) 搅拌轴计算：

① 按扭转强度计算（轴选20号钢）：
$$d_1 \geqslant C_1 \sqrt[3]{\frac{N_A}{n}} = 130 \sqrt[3]{\frac{11.88}{136}} = 57.68 \text{mm}$$

② 按扭转刚度计算（允许扭角1°/m）：
$$d_1 = C_2 \sqrt[4]{\frac{N_A}{n}} = 91.5 \sqrt[4]{\frac{11.88}{136}} = 49.74 \text{mm}$$

③ 按结构取 $d_1 = 80\text{mm}$。

2) 轴的支承：按轴的支承条件考虑：
$$S_1 \leqslant 50 d_1 = 50 \times 80 = 4000 \text{mm}，取 S_1 = 2700\text{mm}$$
$$S_A \geqslant \frac{S_1}{5} = \frac{2700}{5} = 540 \text{mm}，取 S_A = 540\text{mm}$$

3) 临界转速校核：搅拌轴结构示意，见图4-15。

① 有效质量计算：

ⅰ．估算 $m_1 = 80\text{kg}$
　　　$S_1 = 2700\text{mm}$
　　　$S_A = 540\text{mm}$
　　　$P_s = 7.85 \times 10^3 \text{kg/m}^3$

ⅱ. 搅拌轴有效质量:

$$m_s = \frac{\pi}{4}d_1^2 S_1[\rho_s(1-N_0^2)+\rho]\times 10^{-9}$$
$$= \frac{\pi}{4}\times 80^2 \times 2700[7.85\times 10^3(1-0)+1000]\times 10^{-9}$$
$$= 120\text{kg}$$

ⅲ. 搅拌器有效质量:对于 $d=1200$mm 的推进搅拌器,近似取叶片宽度 $h_i=100$mm。查表 4-5,叶片数三叶,近似按 $\theta=45°$(斜叶)查表,取 $C=0.17$。

$$m_e = m_i + C_i \frac{\pi}{4}D_i^2 h_i \cos\theta_i \rho \times 10^{-9}$$
$$= 80+0.17\times \frac{\pi}{4}\times 1200^2 \times 100 \times \cos 45°\times 1000 \times 10^{-9}$$
$$= 80+13.6$$
$$= 93.6\text{kg}$$

② 轴末端相当质量的计算:

ⅰ. 搅拌轴在轴末端的相当质量:

$$W_s = \frac{140 S_A^2 + 231 S_1 S_A + 99 S_1^2}{420(S_1+S_A)^2}\cdot m_s$$
$$= \frac{140\times 540^2 + 231\times 2700\times 540 + 99\times 2700^2}{420\times (2700+540)^2}\times 120$$
$$= 29.92\text{kg}$$

ⅱ. 搅拌器在轴末端的相当质量:

$$W_i = \frac{S_i^2(S_i+S_A)}{S_1^2(S_1+S_A)}\cdot m_e$$
$$= \frac{2700^2 \times (2700+540)}{2700^2 \times (2700+540)}\times 93.6$$
$$= 93.6\text{kg}$$

ⅲ. 在轴末端所有相当质量的总和:

$$W = W_s + \sum_{i=1}^m W_i$$
$$= 29.92+93.6$$
$$= 123.52\text{kg}$$

③ 一阶临界转速的计算:

$$n_k = 114.7 d_1^2 \sqrt{\frac{E(1-N_0^4)}{S_1^2(S_1+S_A)W}}$$
$$= 114.7\times 80^2 \sqrt{\frac{2.1\times 10^5(1-0)}{2700^2\times (2700+540)\times 123.52}}$$
$$= 197\text{r/min}$$

④ 一阶临界转速校核:

$$0.55 < \frac{n}{n_k} = \frac{136}{197} = 0.69 < 0.7$$

经校核 n 取 136r/min 合格。

4.4 絮凝搅拌机

4.4.1 适用条件

絮凝搅拌机用于给水排水处理中混凝过程的絮凝阶段。

絮凝搅拌的作用是促使水中的胶体颗粒发生碰撞、吸附并逐渐结成一定大小的矾花,使绝大部分矾花截留在沉淀池内。

搅拌强度和搅拌时间是决定絮凝效果的关键。絮凝池内搅拌强度(即搅拌速度梯度值G)应递减,各档搅拌器浆叶中心处的线速度依次逐渐减慢,且要有足够的搅拌时间来完成絮凝过程。

絮凝搅拌机可满足絮凝规律的要求,使絮凝过程中各段具有不同的搅拌强度,可以适应水量和水温的变化。优点是水头损失小,池体结构简单,外加能量组合方便。

絮凝搅拌机设置无级调速后可随水量、原水浊度和投药量的变化而调整搅拌强度,达到满意的絮凝效果,节约药剂的用量。

絮凝搅拌机根据搅拌轴的安装方式分为立式搅拌机和卧式搅拌机两种。卧轴絮凝搅拌机的浆板接近池底旋转,一般絮凝池不存在积泥问题。

4.4.2 立式搅拌机

4.4.2.1 总体构成

立式搅拌机由工作部分(垂直搅拌轴,框式搅拌器)、支承部分(轴承装置、机座)和驱动部分(电动机,摆线针轮减速机)组成。除框式搅拌器在本章第4.4.4节中叙述外,其余各部分结构设计要点见本章第1节通用设计。

立式搅拌机结构如图4-36所示。

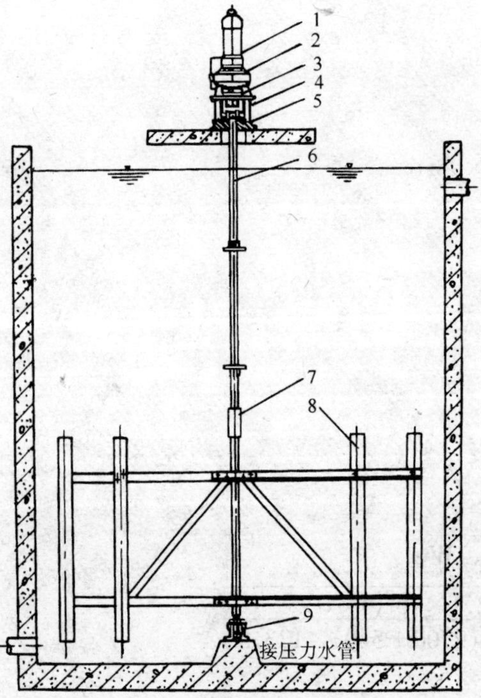

4.4.2.2 设计数据及要点

(1) 设计数据:

1) 絮凝搅拌的档数:一般絮凝池内设3~6档不同搅拌强度的絮凝搅拌机,因此絮凝池分为3~6格。

2) 每格絮凝池的形状尺寸。

3) 搅拌轴的安装方式。

4) 搅拌器浆叶中心处的线速度(相当于池中水流平均速度)$v'(m/s)$,一般自第一档的0.5~0.6m/s逐渐变小至末档的0.1~0.2m/s。最大不超过0.3m/s。

5) 各档搅拌机搅拌速度梯度值G,一般取20~70s^{-1}。

图4-36 立式搅拌机
1—电动机;2—摆线针轮减速机;3—十字滑块联轴器;4—机座;5—上轴承;6—轴;7—夹壳联轴器;8—框式搅拌器;9—水下底轴承

6) 液体温度应取平均温度,水的粘度 μ(Pa·s)按规定值取用。

(2) 设计要点:

1) 上层搅拌器桨叶顶端应设于池子水面下 0.3m 处,下层搅拌器桨叶底端应设于距池底 0.5m 处。桨叶外缘与池侧壁间距不大于 0.25m。

2) 每片桨叶的宽度,一般采用 100～300mm,桨叶的总面积不应超过反应池水流截面积的 10%～20%。当超过 25% 时整个池水将与桨板同步旋转,故设计中必须考虑避免出现这种现象。

3) 搅拌机轴设在每格池子的中心处,搅拌机轴和桨叶等部件应进行必要的防腐蚀处理。

4.4.2.3 设计计算

(1) 搅拌器转速的计算:常用的计算方法有两种。

1) 根据已定的搅拌器线速度计算:

① 第 n 档搅拌器转速计算,按式(4-67)为

$$n_n = \frac{30 v'_n}{\pi R} \quad \text{(r/min)} \tag{4-67}$$

式中 v'_n——第 n 档搅拌器桨叶中心处的线速度(m/s);

R——搅拌器桨叶中心处半径(m)。

② 中间几档搅拌器的转速可直接计算:按式(4-68)为

$$\frac{n_1}{n_2} = \frac{n_2}{n_3} = \cdots\cdots = \frac{n_n - 1}{n_n} \tag{4-68}$$

③ 如设三档不同搅拌强度的搅拌机,第二档搅拌器转速,按式(4-69)为

$$n_2 = \sqrt{n_1 n_3} \quad \text{(r/min)} \tag{4-69}$$

④ 如设四档不同搅拌强度的搅拌机,第二、三档搅拌器转速,按式(4-70)、式(4-71)为

$$n_2 = \sqrt[3]{n_1^2 n_4} \quad \text{(r/min)} \tag{4-70}$$

$$n_3 = \sqrt[3]{n_1 n_4^2} \quad \text{(r/min)} \tag{4-71}$$

2) 根据已知速度梯度计算:

第 n 档搅拌器转速计算,按式(4-72)为

$$n_n = \sqrt[3]{\frac{\mu V G_n^2}{123960 C_4 (1 - K_n)^3 A \Sigma R_{Pn}^3}} \quad \text{(r/min)} \tag{4-72}$$

式中 G_n——第 n 档搅拌速度梯度(s^{-1});

μ——水的动力粘度(Pa·s);

V——反应池每格容积(m^3);

C_4——拖曳系数。C_4 与流体状态和运动物体迎流体面积形状有关,紊流状态下 C_4 = 0.2～2.0,对于正交运动的柱体和薄板 C_4 = 2.0;

K_n——第 n 档液体旋转速度与桨叶旋转速度的比值,各档 K 值自第一档的 0.24 逐渐变化至末档的 0.32;

A——每片桨叶的面积(m^2);

R_{Pn}——第 n 片桨叶中心点的旋转半径(m),($\Sigma R_{Pn}^3 = R_{P1}^3 + R_{P2}^3 + \cdots\cdots R_{Pn}^3$)。

各档搅拌机桨叶的形式是相同的,如第一档搅拌器的转速为 n_1,则第 n 档搅拌器的转速,按式(4-73)为

$$n_n = \left(\frac{G_n}{G_1}\right)^{\frac{2}{3}} \left(\frac{1-K_1}{1-K_n}\right) n_1 \quad (\text{r/min}) \tag{4-73}$$

(2) 絮凝搅拌功率计算:

絮凝搅拌功率计算方法有两种:

1) 一般计算法:按式(4-74)为

$$N = \Sigma \frac{C_D Z_R \rho L \omega^3 (R_1^4 - R_2^4)}{408g} \quad (\text{kW}) \tag{4-74}$$

式中 Z_R——同一旋转半径上桨叶数;

ρ——水的密度,$\gamma = 1000(\text{kg/m}^3)$;

L——桨叶长度(m);

R_1——搅拌器桨叶外缘的半径(m);

R_2——搅拌器桨叶内缘的半径(m);

g——重力加速度,$g = 9.81(\text{m/s}^2)$;

C_D——阻力系数;

ω——搅拌器旋转角速度(rad/s),

$$\omega = \frac{\pi n}{3},$$

其中 n——搅拌器转速(r/min)。

确定 C_D 值方法:一是采用 $C_D \approx 0.2 \sim 0.5$。二是根据桨叶宽度 b 与长度 L 之比 $\frac{b}{L}$ 确定,当 $\frac{b}{L}$ 值增大,系数 C_D 也增大,对于长度远大于宽度的桨板,其系数趋近极限值 $C_D = 1$,见表4-31。

阻力系数 C_D 值　　　　表4-31

$\frac{b}{L}$	小于1	1~2	2.5~4	4.5~10	10.5~18	大于18
C_D	0.55	0.575	0.595	0.645	0.70	1.00

采用公式(4-60)计算搅拌功率时,先分别计算框式搅拌器内、外侧桨叶、横梁和斜拉杆消耗功率,然后相加得出絮凝搅拌功率。

2) T.R.甘布计算法:按式(4-75)为

$$N = \frac{C_4 e A \rho}{102g} \Sigma v_{Pn}^3 \quad (\text{kW}) \tag{4-75}$$

式中 C_4——拖曳系数,取 C_4 为2;

e——搅拌器层数;

v_{Pn}——第 n 片桨叶中心点线速度;

A——每片桨叶的面积(m^2);

ρ——搅拌液体的密度(kg/m^3);

g——重力加速度,$g=9.81m/s^2$。

$$v_{Pn} = \frac{\pi R_{Pn} n_n}{30} \quad (m/s)$$

($\Sigma v_{Pn}^3 = v_{P1}^3 + v_{P2}^3 + \cdots\cdots v_{Pn}^3$)

设计时考虑到横梁及斜拉杆的拖曳和机械消耗,每档搅拌功率须在公式(4-75)计算值基础上再增加20%。

(3) 电动机功率计算:见第4.3.5.3节,按公式(4-63)计算。

4.4.3 卧式搅拌机

4.4.3.1 总体构成

卧式搅拌机与立式搅拌机的主要区别是搅拌轴为水平轴,除水平穿壁装置外,其余各部结构设计要点及计算与立式搅拌机相同。

卧式搅拌机,如图4-37所示。

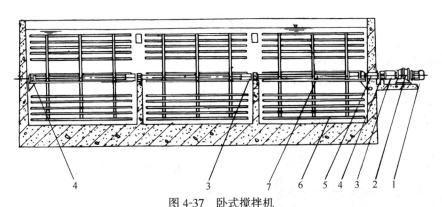

图4-37 卧式搅拌机
1—电动机;2—摆线针轮减速机;3—联轴器;4—轴承座;5—水平穿壁装置;
6—框式搅拌器;7—搅拌轴

4.4.3.2 设计数据及要点

(1) 桨叶上部在水面下0.3m,桨叶下部离池底不小于0.25m。

(2) 其余各项设计依据与立式搅拌机相同。

4.4.3.3 水平穿壁装置

水平穿壁装置安装在卧式搅拌机穿壁轴上,其结构和安装,如图4-38所示。但骨架式橡胶油封仅适用于低浊度水,否则须采用填料密封。

4.4.3.4 功率计算

卧式搅拌机功率计算与立式搅拌机相同,其中功率损失根据T.R.甘布试验证明,不论转速大小,填料函、轴承等摩擦功率损失约为1hp❶,因此搅拌功率需要增加0.736kW。

---

❶ 引用甘布试验资料甘布认为"不论转速大小,填料函、轴承等摩擦功率损失约为1hp,该数值在设计中可以视实际情况考虑减小,尤其在使用滚子轴承、橡胶填料等新技术时其数值已大为减小,可取0.5Ps以下。

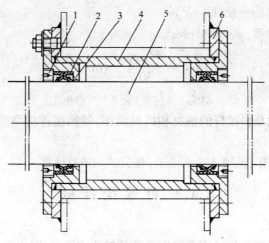

图 4-38 水平穿壁装置
1—铜压盖；2—骨架式橡胶油封；3—填料函；4—穿墙套管；
5—搅拌轴；6—法兰盘

4.4.4 框 式 搅 拌 器

4.4.4.1 框式搅拌器形式
框式搅拌器分直桨叶、斜桨叶和网桨叶三种。

(1) 直桨叶

直桨叶是最常用的一种普通桨叶，其结构如图 4-39 所示。

(2) 斜桨叶

斜桨叶的斜度根据需要选择，其结构如图 4-40 所示。

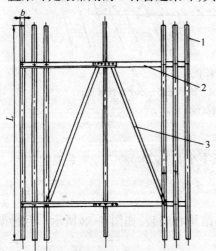

图 4-39 直桨叶框式搅拌器
1—桨叶；2—桨臂；3—斜拉杆

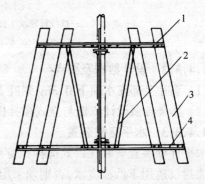

图 4-40 斜桨叶框式搅拌器
1—短臂；2—斜拉杆；3—桨叶；4—长臂

(3) 网桨叶：由框架和斜拉杆组合成网架，用尼龙或塑料绳编成网状，网距为 30～40mm。

4.4.4.2 桨叶材质
(1) 木质桨叶：一般采用松木板材。

(2) 塑料桨叶:采用无毒且强度高的硬质塑料。
(3) 金属桨叶:采用 Q 235-A 钢,但须进行防腐处理或采用不锈钢。

4.4.5 计 算 实 例

【例】 立式絮凝搅拌机设计计算
(1) 设计数据:

1) 絮凝搅拌池设三档搅拌机,搅拌池分为三格。
2) 每格反应池长 2.56m,宽 2.4m,水深 3.5m,容积 21.5m,如图 4-41 所示。

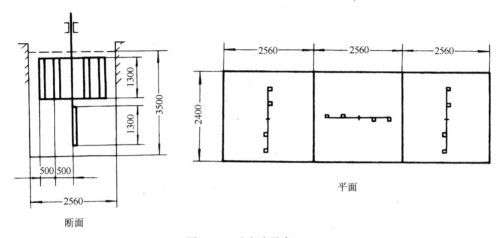

图 4-41 反应池示意

3) 各档搅拌速度梯度值 G 取 $20\sim70\mathrm{s}^{-1}$ 之间。
4) 絮凝池水温取平均温度 15℃,水的粘度 μ 为 $1.14\times10^{-3}\mathrm{Pa\cdot s}$。

(2) 设计计算:

1) 桨叶设计计算:

① 每档絮凝搅拌机独立传动,设双层框式搅拌器,每个框式搅拌器设四片竖直桨叶,桨叶宽度 b 为 0.12m,长度 L 为 1.3m,桨叶总面积 $\Sigma A = 0.12\times1.3\times4\times2 = 1.248\mathrm{m}^2$,液体旋转速度与桨叶旋转速度的比值 $K_1 = 0.24$,$K_3 = 0.32$,$K_2 = \dfrac{K_1 + K_3}{2} = 0.28$。

② 每格反应池纵截面积为 $3.5\times2.4 = 8.4\mathrm{m}^2$。

桨叶总面积与反应池水流截面积之比为 $\dfrac{1.248}{8.40} = 0.149$。

③ 桨叶旋转半径:

外桨叶:$R_1 = 1\mathrm{m}$,$R_2 = 0.88\mathrm{m}$,$R_{P1} = 0.94\mathrm{m}$;
内桨叶:$R_1 = 0.5\mathrm{m}$,$R_2 = 0.38\mathrm{m}$,$R_{P2} = 0.44\mathrm{m}$。

2) 搅拌器转速计算:

根据已知速度梯度 G 计算:

第一档:

$G_1 = 70\mathrm{s}^{-1}$,$K_1 = 0.24$,

$$A\Sigma R_P^3 = (1.3 \times 0.12)[(0.94)^3 + (0.44)^3] \times 4 = 0.57$$

$$n_1 = \sqrt[3]{\frac{\mu V G_1^2}{123960 C_4 (1-K_1)^3 A\Sigma R_P^3}}$$

$$= \sqrt[3]{\frac{1.143 \times 10^{-3} \times 21.5 \times 70^2}{123960 \times 2(1-0.24)^3 \times 0.57}}$$

$$= 0.125 \text{r/s} = 7.5 \text{r/min}$$

第二档:

$$G_2 = 45 \text{s}^{-1}, K_2 = 0.28,$$

$$n_2 = \left(\frac{G_2}{G_1}\right)^{\frac{2}{3}} \left(\frac{1-0.24}{1-0.28}\right) \times 7.5$$

$$= 5.9 \text{r/min}$$

第三档:

$$G_3 = 20 \text{s}^{-1}, K_3 = 0.32,$$

$$n_3 = \left(\frac{G_3}{G_1}\right)^{\frac{2}{3}} \left(\frac{1-K_1}{1-K_3}\right) n_1 = \left(\frac{20}{70}\right)^{\frac{2}{3}} \left(\frac{1-0.24}{1-0.32}\right) \times 7.5$$

$$= 3.64 \text{r/min}$$

3) 搅拌功率计算:按 T.R. 甘布计算法进行计算(已将横梁及斜拉杆的拖曳和机械消耗功率考虑在内)为

$$N = \frac{C_D e A \rho}{102 g} \Sigma v_{Pn}^3 (1+20\%) = \frac{2 \times 2 \times 1.3 \times 0.12 \times 1000 \times 1.2}{102 \times 9.81} \Sigma v_{Pn}^3$$

$$= 0.75 \Sigma v_{Pn}^3$$

第一档:

外桨板: $v_{P1} = \dfrac{\pi R_{P1} n_1}{30} = \dfrac{3.14 \times 0.94 \times 7.5}{30} = 0.74 \text{m/s}$

内桨板: $v_{P2} = \dfrac{\pi R_{P2} n_1}{30} = \dfrac{3.14 \times 0.44 \times 7.5}{30} = 0.35 \text{m/s}$

$$\Sigma v_{Pn}^3 = v_{P1}^3 + v_{P2}^3 = 0.74^3 + 0.35^3 = 0.45 \text{m/s}$$

$$N = 0.75 \Sigma v_{Pn}^3 = 0.75 \times 0.45 = 0.34 \text{kW}$$

第二档:

$$v_{P1} = \frac{\pi R_{P1} n_2}{30} = \frac{3.14 \times 0.94 \times 5.9}{30} = 0.58 \text{m/s}$$

$$v_{P2} = \frac{\pi R_{P2} n_2}{30} = \frac{3.14 \times 0.44 \times 5.9}{30} = 0.27 \text{m/s}$$

$$\Sigma v_{Pn}^3 = v_{P1}^3 + v_{P2}^3 = 0.58^3 + 0.27^3 = 0.21 \text{m/s}$$

$$N = 0.75\Sigma v_{Pn}^3 = 0.75 \times 0.21 = 0.16\text{kW}$$

第三档:

$$v_{P1} = \frac{\pi R_{P1} n_3}{30} = \frac{3.14 \times 0.94 \times 3.64}{30} = 0.36\text{m/s}$$

$$v_{P2} = \frac{\pi R_{P2} n_3}{30} = \frac{3.14 \times 0.44 \times 3.64}{30} = 0.17\text{m/s}$$

$$\Sigma v_{Pn}^3 = v_{P1}^3 + v_{P2}^3 = 0.36^3 + 0.17^3 = 0.05\text{m/s}$$

$$N = 0.75\Sigma v_{Pn}^3 = 0.75 \times 0.05 = 0.04\text{kW}$$

4) 电动机及减速机选用,见表4-32。

电动机及减速器选用 表4-32

名　称	符　号	单　位	第一档	第二档	第三档
搅拌器转速	n_n	r/min	7.5	5.9	3.64
搅拌功率	N	kW	0.34	0.16	0.04
电动机计算功率	$N_A = \dfrac{k_g N}{\eta} = \dfrac{k_g N}{\eta_1 \eta_2} = \dfrac{1.2N}{0.90 \times 0.99}$ 式中 k_g——工况系数 24h 连续运行 为 1.2 η_1——摆线针轮减速机传动效率 η_2——滚动轴承传动效率	kW	0.46	0.22	0.05
选用电动机功率		kW	0.8	0.4	0.4
电动机同步转速		r/min	1500	1500	1500
减速比	i		200	254	412
选用减速器减速比			187	289	385
选用减速器输出轴转速		r/min	8	5.2	3.9

5) 搅拌轴计算:

$$d_1 \geqslant C_2 \sqrt[4]{\frac{N}{n}}$$

式中 C_2——按扭转刚度计算的系数,当扭转角为 1°/m 时,$C_2 = 91.5$。

第一档:

$$d_1 \geqslant 91.5 \sqrt[4]{\frac{0.34}{8}} = 41.5\text{mm}$$

第二档:

$$d_1 \geqslant 91.5\sqrt[4]{\frac{0.16}{5.2}} = 38.3\text{mm}$$

第三档:

$$d_1 \geqslant 91.5\sqrt[4]{\frac{0.04}{3.9}} = 29.1\text{mm}$$

按结构取 $d_1 = 65\text{mm}$(也可采用空心轴)。

4.5 澄清池搅拌机

4.5.1 适用条件

澄清池搅拌机适用条件:

(1) 澄清池搅拌机用于给水排水处理过程中的澄清阶段,是机械搅拌澄清池的主要设备。

(2) 进水悬浮物含量:

1) 不设机械刮泥的澄清池一般不超过 1000mg/L,短时间内允许达到 3000mg/L;

2) 有机械刮泥时一般不超过 5000mg/L,短时间内不超过 10000mg/L。当经常超过 5000mg/L 时,澄清池前应加预沉池。

(3) 设有搅拌机的澄清池处理效率高,单位面积产量大,对水量、水温和水质的变化适应性较强,处理效果较稳定。采用机械刮泥设备后,对高浊度水(3000mg/L 以上)处理具有一定适应性。

(4) 澄清池搅拌机可以使池内液体形成两种循环流动,以达到使水澄清的目的,其作用为:

1) 由提升叶轮下部的桨叶在一絮凝室内完成机械絮凝,使经过加药混合产生的微絮粒与回流中的原有矾花碰撞接触而吸附,形成较大的絮粒;

2) 提升叶轮将一絮凝室的形成絮粒的水体,提升到二絮凝室,再经折流到澄清区进行分离,清水上升,泥渣从澄清区下部再流回到一絮凝室。

总之,澄清池搅拌机由以上两部分功能共同完成澄清池的机械絮凝和分离澄清的作用。

4.5.2 总体构成

澄清池搅拌机的总体由变速驱动、提升叶轮、桨叶和调流装置等部分组成,如图 4-42 所示。

(1) 搅拌机可采用无级变速电动机驱动,以便随进水水质和水量变动而调整回流量及搅拌强度。一般采用 YCT 系列滑差式电磁调速异步电动机,也可采用普通恒速电动机,经三角皮带轮和蜗轮副两级减速。蜗轮轴与搅拌轴采用刚性连接,一般选用夹壳联轴器。

(2) 在设有刮泥机的情况下:

4.5 澄清池搅拌机

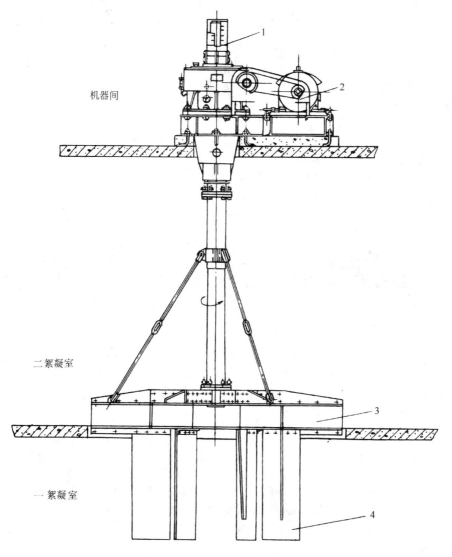

图 4-42 澄清池搅拌机
1—调流装置；2—变速驱动装置；3—提升叶轮；4—桨叶

1) 池径在 16.9m 以下时，采用中心驱动式的刮泥机，搅拌机主轴设计成空心轴，以便刮泥机轴从中间穿过，并将刮泥机的变速驱动部分设在搅拌机的顶部。如图 4-43 所示。

2) 池径在 19.5m 以上时，采用分离式，即搅拌机位于池中心，其主轴与变速驱动装置采用刚性连接，且垂直悬挂伸入池中，而刮泥机的主轴独立偏心安装在池的一侧，其减速装置一般采用摆线针轮减速机和销齿传动两级减速，如图 4-44 所示。

(3) 为满足运行时的不同条件对提升和搅拌强度间的比例要求，并使提升流量满足分离沉降的要求，搅拌机均应设有调流装置。

190　4　搅拌设备

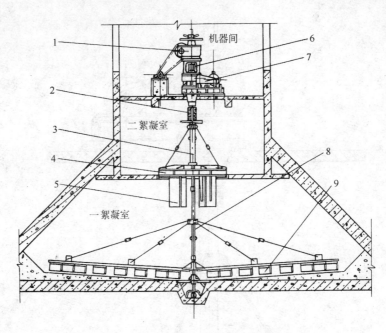

图 4-43　澄清池套轴式搅拌机刮泥机装置
1—刮泥机变速驱动装置；2—夹壳联轴器；3—搅拌机空心主轴；
4—提升叶轮；5—桨叶；6—调流装置；7—搅拌机变速驱动装置；
8—刮泥机主轴；9—刮泥耙

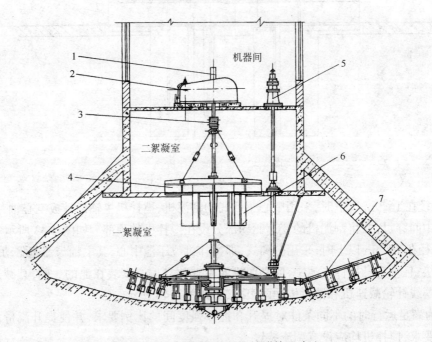

图 4-44　带刮泥机的机械搅拌澄清池
1—调流装置；2—搅拌机变速驱动装置；3—夹壳联轴器；4—提升叶轮；5—刮泥机变速驱动装置；6—桨叶；7—刮泥耙

4.5.3 设计数据及要点

4.5.3.1 变速驱动部分

(1) 为满足水质、水量和水温变化对反应提升的要求,须采取不同转速运行,一般多采用无级变速电动机或三角皮带轮多档变速。

(2) 由于搅拌机转速较低,所需减速器速比较大,又有调流要求,所以减速器的标准产品往往不能满足需要,需自行设计专用减速器,现一般采用三角皮带和蜗轮减速器两级减速,也有采用锥齿轮与正齿轮两级减速。在减速器设计时均应考虑常年均载连续运行。

(3) 轴承装置:轴承装置应设置推力轴承,以承担转动部分的自重及作用在叶轮上水压差的轴向荷载。主轴轴承间距应适当加大,并适当提高轴的刚度,以避免设置水下轴承。轴承应有可靠的密封,严格防止机油渗漏池中污染水质。

4.5.3.2 提升叶轮部分

提升叶轮参数及构造,见表4-33。

提升叶轮参数及构造 表4-33

	项目	提升水量 Q_1 (m^3/s)	提升水头 h_t (m)	叶轮外径 d (m)	外缘线速度 v (m/s)
参数	数值	$(3\sim5)Q$	0.05	$(0.15\sim0.20)D$ 或 $\leqslant(0.7\sim0.8)D_f$	$0.4\sim1.2$
	备注	Q——净产水能力 (m^3/s)	应满足水在池中回流循环所消耗的损失	D——机械搅拌澄清池内径(m) D_f——机械搅拌澄清池第二絮凝室内径(m)	
组装形式	适用条件	$d<2.5m$		$d\geqslant2.5m$	
	组装形式	整体式或两块对接式		拼 装 式	
	材质	Q 235-A·F 钢板焊接			
	图例	如图4-45、图4-46所示			
	备注			拼装式即按叶片片数分块,应对称布置且需拆装方便	
叶片形式	类型	辐射式直叶片	向后倾斜式直叶片	向后弯曲式叶片	
	优缺点	形状简单,易于加工制造,可满足低扬程、大流量的要求,可双向旋转	只能单向旋转,其余介于辐射式直叶片与向后弯曲式叶片之间	提水效率高、叶轮刚度较大 加工复杂,成本高,只能单向旋转	
	图例	如图4-47所示	如图4-48所示	如图4-49所示	
叶片片数	适用条件	$d=2\sim2.5m$		$d=2.5\sim4.5m$	
	片数	6		8	

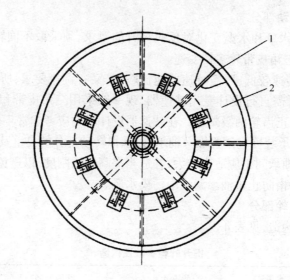

图 4-45　整体式辐射直叶片
1—叶片；2—叶轮顶板

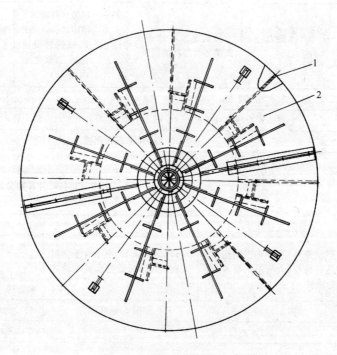

图 4-46　对接式辐射直叶片
1—叶片；2—叶轮顶板

4.5 澄清池搅拌机

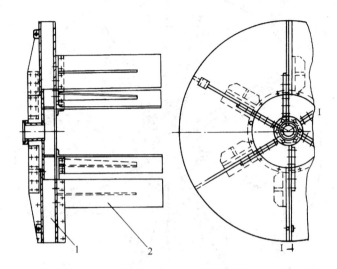

图 4-47 辐射式直叶片
1—叶片；2—桨叶

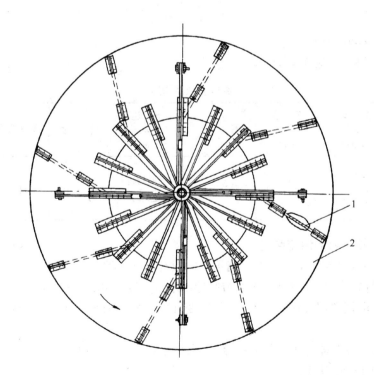

图 4-48 向后倾斜式直叶片
1—叶片；2—叶轮顶板

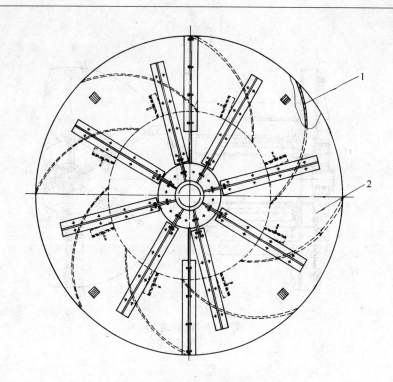

图 4-49 向后弯曲式叶片
1—叶片;2—叶轮顶板

4.5.3.3 桨叶部分

桨叶参数及构造,见表 4-34。

桨叶参数及构造　　　　　　　表 4-34

外径 d (m)	高度 h (m)	宽度 b (m)	数量	转速 n (r/min)	材质	桨叶形式	组装方法
叶轮直径的 0.8~0.9	一反应室高度的 $\frac{1}{3}$~$\frac{1}{2}$	$\frac{1}{3}h$	与叶片数相同	与叶轮转速相同	Q 235-A·F	竖直桨叶	与叶轮连接

4.5.3.4 搅拌机的调流装置

搅拌机的调流装置均应设有开度指示。一般有以下三种形式:

(1) 升降叶轮式:用叶轮升降来调节叶轮出水口宽度,如图 4-50 所示。

(2) 调流环:调整调流环的位置上下,改变叶轮出水口有效宽度,以调节提升能力。如图 4-51 所示。

(3) 浮筒式:在叶轮进水口处设一浮筒,调整浮筒位置,以改变叶轮进口有效面积,调节提升能力。如图 4-52 所示。

4.5.3.5 其他

(1) 池顶部安装的机电设备装置,一般设操作间,以避免风雨和日照的侵袭,保证设备正常运行。

4.5 澄清池搅拌机

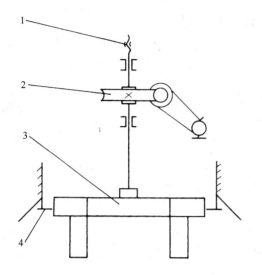

图 4-50 升降叶轮调流示意
1—手动调流装置；2—减速器；3—叶轮；4—调流环

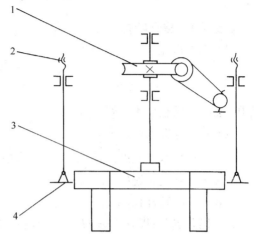

图 4-51 调流环调流示意
1—减速器；2—手动调节装置；3—叶轮；4—调流环

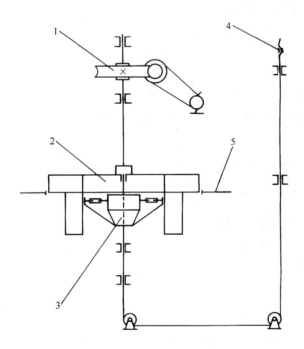

图 4-52 浮筒调流示意
1—启闭装置；2—叶轮；3—浮筒；4—牵引装置；5—调流环

(2) 操作间顶板应设有吊装搅拌及刮泥设备的吊勾，工作平台应设有吊装池内设备的吊装孔。

4.5.4 设 计 计 算

4.5.4.1 提升叶轮

(1) 出水口宽度:按式(4-76)为

$$B = \frac{60Q_1}{Cnd^2} \tag{4-76}$$

式中　B——叶轮出水口宽度(m);

　　　Q_1——提升水量(m³/s);

　　　C——出水口宽度计算系数,一般采用 3;

　　　n——叶轮转速(r/min);

　　　d——叶轮外径(m)。

(2) 提升水头:提升水头 H 一般采用 0.05m。

(3) 转速:

$$n = \frac{60v}{\pi d} \quad (\text{r/min})$$

式中　v——叶轮外缘线速度(m/s)。

(4) 叶轮提升消耗功率:按式(4-77)为

$$N_1 = \frac{\rho Q_1 H}{102 \eta} \quad (\text{kW}) \tag{4-77}$$

式中　ρ——泥渣水密度(kg/m³),一般采用 1010kg/m³;

　　　η——叶轮提升的水力功率,一般采用 0.6。

4.5.4.2 桨叶

桨叶消耗功率:按式(4-78)为

$$N_2 = C \frac{\rho \omega^3 h}{400 g} (R_1^4 - R_2^4) Z \quad (\text{kW}) \tag{4-78}$$

式中　C——阻力系数,一般采用 0.3;

　　　ω——叶轮旋转的角速度(°/s);

　　　h——桨叶高度(m);

　　　R_1——桨叶外缘半径(m);

　　　R_2——桨叶内半径(m);

　　　Z——桨叶数(桨叶多于 6 片时要适当折减)。

4.5.4.3 驱动

(1) 提升和搅拌功率:按式(4-79)为

$$N = N_1 + N_2 \quad (\text{kW}) \tag{4-79}$$

(2) 电动机功率:电动机功率按第 4.3.6 节公式(4-65)计算。

(3) 搅拌机轴向水力荷载:按式(4-80)为

$$P_d = gH\rho \frac{\pi d^2}{4} = 9.81 \times 0.05 \times 1010 \times \frac{\pi d^2}{4} = 389 d^2 \quad (\text{N}) \tag{4-80}$$

(4) 搅拌轴的计算及技术要求:搅拌轴的计算及技术要求,见第 4.1.2 节。

4.5.5 安 装 要 点

(1) 机组安装应满足下列要求:

1) 减速机输出轴应在池中心,公差为 5mm。

2) 叶轮端面跳动不得超过 5mm。

3) 叶轮径向跳动不得超过 8mm。

4) 三角皮带轮:两轮的轮宽中央平面应在同一平面上,其偏移公差 1mm。两轴的不平行度,以轮的边缘为基准,公差为 0.5/1000。

(2) 其余安装技术要求见第 4.1.5 节。

4.5.6 计 算 实 例

【例】 1800m³/h 澄清池搅拌机设计计算。

(1) 设计条件:

1) 原水密度 ρ 为 1010kg/m³。

2) 标称水量 = 1800m³/h = 0.5m³/s,池内径为 D_f = 29m。

3) 净产水量 $Q = 0.5(1 + 5\%) = 0.525$m³/s。

4) 叶轮提升水量 $Q_1 = 5Q = 5 \times 0.525 = 2.625$m³/s。

5) 叶轮提升水头 H 为 0.05m。

6) 叶轮外缘线速度 v_0 为 0.4~1.2m/s,采用 1.2m/s。

7) 叶轮转速要求无级调速。

8) 调流装置采用手动升降叶轮方式,其开度 h 取叶轮出水口宽度 B。

(2) 计算:

1) 叶轮的外径:

$$d = 0.155D = 0.155 \times 29 = 4.5\text{m}$$

2) 叶轮转速:

$$n = \frac{60v}{\pi d} = \frac{60 \times 1.2}{\pi \times 4.5} = 5.09\text{r/min}$$

3) 叶轮出水口宽度:

$$B = \frac{60Q_1}{Cnd^2} = \frac{60 \times 2.625}{3 \times 5.09 \times 4.5^2} = 0.51\text{m}$$

4) 叶轮提升消耗功率:

$$N_1 = \frac{\rho Q_1 H}{102\eta} = \frac{9905 \times 2.625 \times 0.05}{102 \times 0.6} = 2.17\text{kW}$$

5) 桨叶消耗功率:

$$N_2 = \frac{C\rho\omega^3 h}{400g}(R_1^4 - R_2^4)Z \quad (\text{kW})$$

式中 C——阻力系数,取 0.3;

h——桨叶高度，$h = 1/3 \times 4.3 = 1.43\mathrm{m}$，取 $1.3\mathrm{m}$（其中 $4.3\mathrm{m}$ 为絮凝室高度）；

ω——叶轮旋转的角速度，$\omega = \dfrac{2v}{d} = \dfrac{2 \times 1.2}{4.5} = 0.533\mathrm{rad/s}$；

R_1——桨叶外缘半径，$R_1 = \dfrac{0.9d}{2} = \dfrac{0.9 \times 4.5}{2} = 2.025\mathrm{m}$，取 $2.03\mathrm{m}$；

R_2——桨叶内半径，$R_2 = R_1 - b = 2.03 - 0.45 = 1.58\mathrm{m}$，

其中 b——桨叶宽度，$b = 1/3h = 1/3 \times 1.3 = 0.43\mathrm{m}$，取 $0.45\mathrm{m}$；

Z——桨叶数，Z 为 8 片。

则
$$N_2 = \dfrac{0.3 \times 1010 \times 0.533^3}{400 \times 9.81}(2.03^4 - 1.58^4) \times 8 = 1.31\mathrm{kW}$$

6）提升和搅拌功率：
$$N = N_1 + N_2 = 2.17 + 1.31 = 3.48\mathrm{kW}$$

7）电动机功率：采用自锁蜗杆时：

电磁调速电动机效率 η_1 一般采用 $0.8 \sim 0.833$；

三角皮带传动效率 η_2 一般采用 0.96；

蜗轮减速器效率 η_3，按单头蜗杆考虑时取 0.7，轴承效率 η_4 取 0.9，

则
$$\eta = \eta_1 \eta_2 \eta_3 \eta_4 = 0.8 \times 0.96 \times 0.70 \times 0.9 = 0.48$$

$$N_A = \dfrac{N}{\eta} = \dfrac{3.48}{0.48} = 7.25\mathrm{kW}$$

8）搅拌机轴扭矩：
$$M_n = 9550\dfrac{N}{n} = 9550 \times \dfrac{3.48}{5.09} = 6529\mathrm{N \cdot m}$$

9）传动计算：

① 确定驱动方式：采用电磁调速电机，减速方式采用三角带和蜗轮减速器两级减速；因叶轮需调整出水口宽度，故需设计专用立式蜗杆减速器。

② 选用电动机：选用 YCT 255—44 电动机，功率 11kW，转速 $n_A = 1250 \sim 125$。

③ 减速比：电动机输出轴转速按 1200r/min 计算：
$$i = \dfrac{n_A}{n} = \dfrac{1200}{5.09} = 236$$

④ 三角带减速比：蜗轮减速器减速比取 72：
$$i_1 = \dfrac{i}{i_2} = \dfrac{236}{72} = 3.28，取 3.2。$$

4.5.7 系列化设计

全国通用给水排水标准图集 95S717~95S721 和 S774（一）~（八），机械搅拌澄清池搅拌机系列化设计，适用范围：水量为 $20 \sim 1800\mathrm{m^3/h}$，共 13 档，水池直径 $3.10 \sim 29\mathrm{m}$，叶轮直径 $0.62 \sim 4.5\mathrm{m}$，共九种规格。其技术特性，见表 4-35。

机械搅拌澄清池搅拌机技术特性

表 4-35

标准图图号		95S717	95S718	95S719	95S720	95S721	S774(一) S774(二)	S774(三) S774(四)	S774(五) S774(六)	S774(七) S774(八)
水量 (m³/h)		20	40	60	80	120	200 320	430 600	800 1000	1330 1800
叶轮	直径 (m)	0.62	0.90	1.10	1.24	1.50	2	2.5	3.5	4.5
	转速 (r/min)	25.6 31.7 39.7	17.6 21.9 27.4	14.4 17.9 22.4	13.1 15.6 19.1	12.1 14.8	3.82~11.5	3.02~9.17	2.18~0.55	1.7~5.09
	外缘线速 (m/s)	0.83 1.03 1.29	0.83 1.03 1.29	0.83 1.03 1.20	0.85 1.01 1.20	0.95 1.16	0.4~1.2	0.4~1.2	0.4~1.2	0.4~1.2
	开度 (mm)	60	70	80	90	110	0~110 0~170	0~175 0~245	0~230 0~290	0~300 0~410
电动机	型号	Y802-4	Y802-4	Y802-4	Y90L-4	Y90L-4	YCT160-4B	YCT180-4A	YCT200-4B	YCT225-4A
	功率 (kW)	0.75	0.75	0.75	1.5	1.5	3	4	7.5	11
	转速 (r/min)	1390	1390	1390	1400	1400	125~1250	125~1250	125~1250	125~1250
速比	V带传动比	1.42	2.15	2.41	2.00	2.57 2.19	1.47	1.92	2.55	3.42
		1.14 0.91	1.64 1.39	1.83 1.53	1.70 2.57	1.79				
	蜗轮减速器传动比	41	41	41	53	53	69	67	70	72
	总传动比	58.2 46.7 37.3	88.2 67.2 57	98.8 75 62.7	106 90.1 75.8	136 116 94.9	101.4	128.5	175.6	246
质量 (kg)						1900		2260 2255	3825 3817	6750 6780

4.6 消化池搅拌机

4.6.1 适用条件

消化池搅拌机,适用于污水处理中污泥消化阶段。消化池搅拌机耗用功率小,运行可靠,无堵塞现象。但搅拌机轴与池顶配合间隙处易漏气,应采用有效的密封。

4.6.2 总体构成

消化池搅拌机由工作部分(搅拌轴、搅拌器、导流筒),支承部分(轴承装置、机座),驱动部分(电动机、减速器)及密封部分组成。

液体密封消化池搅拌机,如图4-53所示。填料密封消化池搅拌机,如图4-54所示。消化池搅拌机一般选用推进式搅拌器。直径为400～500mm。消化池搅拌机应设置导流筒,并选用防爆电动机。

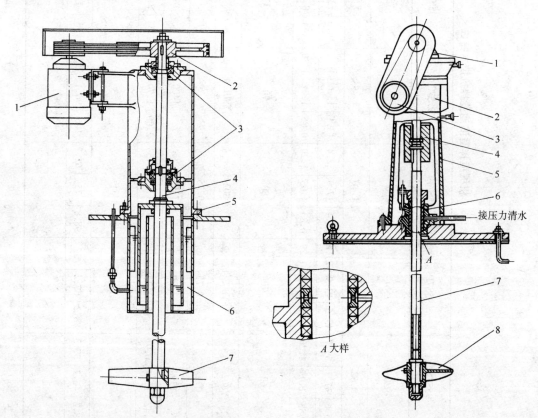

图 4-53 液体密封消化池搅拌机
1—电动机;2—皮带轮;3—轴承;4—搅拌轴;
5—机座;6—水封套;7—搅拌器

图 4-54 填料密封消化池搅拌机
1—电动机;2—减速器;3—皮带轮;4—联轴器;
5—机座;6—填料密封;7—搅拌轴;8—搅拌器

小直径的消化池可在池中心布置一台搅拌机,当消化池直径较大时,可均匀布置3～4

台搅拌机。

4.6.3 设 计 数 据

消化池搅拌机设计数据：
(1) 搅拌器的转速 $n(r/s)$。
(2) 搅拌器的直径 $d(m)$。
(3) 污泥的粘度 $\mu(Pa \cdot s)$。
(4) 污泥的密度 $\rho(kg/m^3)$。
(5) 消化池内气体压力 $p(MPa)$ 或气体压力 $H_1(mmH_2O)$。

4.6.4 设 计 计 算

4.6.4.1 第一种计算方法

消化池搅拌机第一种计算方法：
(1) 搅拌功率：搅拌功率计算，见第4.2.2节表4-22。
(2) 修正后的搅拌功率：

$$N' = C_T N \quad (kW) \tag{4-81}$$

式中 C_T——功率修正系数，取 C_T 为1.2；
N——搅拌功率(kW)。

(3) 电动机功率：电动机功率见本章第4.2.2节公式(4-44)，式中 N_T 一般取 $0.35 \sim 0.5$ kW。

4.6.4.2 第二种计算方法

消化池搅拌机第二种计算方法：
1) 搅拌器的形式一般选用推进式搅拌器。
2) 污泥流经搅拌器的流速按经验取 $v_0 = 0.3 \sim 0.4$ m/s。
3) 流经搅拌器的污泥量：

$$Q = \frac{V}{3600 n_s t} \quad (m^3/s) \tag{4-82}$$

式中 V——消化池有效容积(m^3)；
n_s——消化池内搅拌机台数；
t——搅拌一次所需时间(h)。

4) 搅拌器截面积：

$$A = \frac{Q}{V(1-\varepsilon^2)} \quad (m^2) \tag{4-83}$$

式中 ε——搅拌器浆叶断面系数，ε 取0.25。

5) 搅拌器直径：

$$d = \sqrt{\frac{4A}{\pi}} \quad (m)$$

6) 搅拌器转速：

$$n = \frac{60v}{s\cos^2\theta} \quad (\text{r/min})$$

式中 s——搅拌器螺距(m);

θ——搅拌器桨叶倾斜角,$\theta = \text{tg}^{-1}\dfrac{s}{\pi d}$,$\text{tg}\theta = \dfrac{s}{\pi d}$;

v——污泥流经搅拌器的流速(m/s)。

7) 搅拌功率:

$$N = \frac{1000QH}{102} \quad (\text{kW})$$

式中 Q——流经搅拌器的污泥量(m^3/s);

H——搅拌器扬程(m),一般取 H 为 1m。

8) 电动机功率:

$$N_A = \frac{N}{\eta}$$

式中 N——搅拌功率(kW);

η——搅拌机总效率,$\eta = 0.7 \sim 0.8$。

4.6.5 搅拌轴的密封

消化池中污泥发酵后将产生大量可燃气体——沼气,有可能从搅拌轴与池顶间的缝隙中逸出,应保证设备的密封。目前国内消化池搅拌机常用的密封装置有填料密封及液封。

4.6.5.1 填料密封

填料密封装置一般由填料盒、填料、填料压盖、压紧螺栓和水封环等组成;拧紧螺栓使压盖压紧填料,在填料盒中产生足够的径向压力,即可达到与转轴间的密封作用。填料密封装置,如图 4-55 所示。

填料一般用油浸石棉盘根或橡胶石棉盘根。

水封环外接压力水(一般可用自来水),压力水可对转轴进行润滑,并可阻止池内沼气泄漏,起到辅助密封的作用。

搅拌轴通过填料盒的一段应有较高的光洁度,R_a 值一般为 6.3μm。

填料密封结构简单,填料更换方便。但填料寿命较短,往往有微量泄漏。

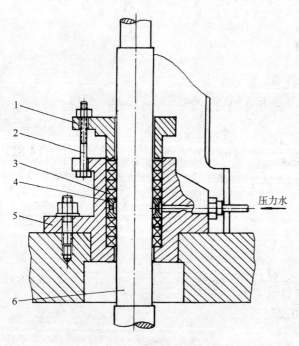

图 4-55 填料密封装置
1—填料压盖;2—压紧螺栓;3—填料;4—水封环;
5—填料盒;6—搅拌轴

4.6.5.2 液封

液封主要指水封,其形式分为内封式和外封式。水封放在消化池顶盖下面为内封,如图 4-56 所示;水封放在消化池顶盖上面为外封式如图 4-57 所示。内封式在池内,冬天不会结冰,不占池顶空间,可以缩小搅拌机座的轴向尺寸。所以液封形式推荐采用内封式。

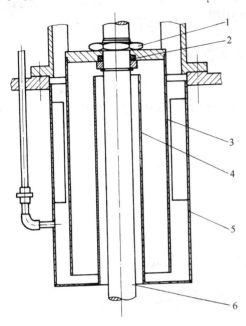

图 4-56 内封式水封装置
1—锁紧螺母;2—O 形密封圈;3—密封罩;
4—内套;5—外套;6—搅拌轴

注:螺母 1 拧紧的转向,应与搅拌轴旋转方向相反。

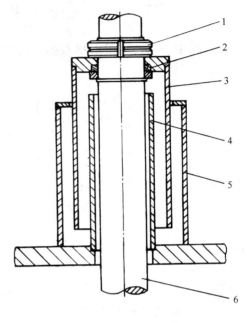

图 4-57 外封式水封装置
1—锁紧螺母;2—O 形密封圈;3—密封罩;4—内套;
5—外套;6—搅拌轴

消化池的水封装置主要包括内套、外套、密封罩、密封圈和锁紧螺母等。有的水封装置在外套的内壁上焊几块挡板,用来减少水与搅拌轴的同步旋转。

水封装置应注意水的补充。

水封的液面高度,按式(4-84)确定:

$$H = H_1 + H_2 \quad (\text{mm}) \tag{4-84}$$

式中 H_1——消化池内气体水头(mm);

H_2——安全水头,取 100~150mm。

水封结构简单,维护方便,密封效果好,应用比较广泛。

4.6.6 计 算 实 例

【例】 消化池搅拌机计算

设计数据:

(1) 搅拌机转速,$n = 300 \text{r/min} = 5 \text{r/s}$。

(2) 推进式搅拌器直径,$d = 0.4 \text{m}$。

(3) 污泥密度,$\rho = 1030 \text{kg/m}^3$。

(4) 污泥粘度,$\mu = 10^{-3} \text{Pa·s}$。

(5) 池内气体压力，$p \leqslant 0.004 \text{MPa}$。

【解】 设计计算

(1) 求雷诺准数：

$$\text{Re} = \frac{d^2 n \rho}{\mu} = \frac{0.4^2 \times 5 \times 1030}{10^{-3}} = 8.24 \times 10^5$$

(2) 求功率准数：由图 4-28 根据 Re 查得功率准数 $N_P = 0.25$。

(3) 求搅拌功率：

$$N = \frac{N_p \rho n^3 d^5}{102 g} \left(\frac{g}{n^2 d}\right)^{-\left(\frac{2.1-\lg\text{Re}}{18}\right)} = \frac{0.25 \times 1030 \times 5^3 \times 0.4^5}{102 \times 9.81}$$

$$\times \left(\frac{9.81}{5^2 \times 0.4}\right)^{-\left(\frac{2.1-\lg 8.24 \times 10^5}{18}\right)} = 0.33 \text{kW}$$

(4) 求修正后的搅拌功率：

$$N' = K_n N = 1.2 \times 0.33 = 0.40 \text{kW}$$

(5) 电动机功率：

$$N_A = \frac{N' + N_T}{\eta} = \frac{0.40 + 0.5}{0.9} = 1.0 \text{kW}$$

选电动机功率 $N_A = 1.1 \text{kW}$；考虑到防爆要求，应选防爆型电动机。

(6) 搅拌轴临界转速：搅拌轴结构示意，见图 4-15。

1) 有效质量计算：

取 $m_1 = 8.06 \text{kg}$

　　$S_1 = 2200 \text{mm}$

　　$S_A = 440 \text{mm}$

　　$d_1 = 60 \text{mm}$

搅拌轴有效质量：

$$m_s = (\pi/4) d_1^2 S_1 [\rho_s(1-N_0) + \rho] \times 10^{-9}$$

$$= (\pi/4) \times 60^2 \times 2200 \times [7.85 \times 10^3 (1-0) + 1030] \times 10^{-9}$$

$$= 55.24 \text{kg}$$

搅拌器有效质量：对于 $d = 400 \text{mm}$ 的推进式搅拌器，近似取叶片宽度 $h_i = 150 \text{mm}$。查表 4-5，叶片数三叶，近似按 $\theta = 45°$（斜叶）查表，取 $C = 0.17$。

$$m_e = m_i + C_i (\pi/4) D_i^2 h_i \cos\theta_i \rho \times 10^{-9}$$

$$= 8.06 + 0.17 \times (\pi/4) \times 400^2 \times 150 \cos 45° \times 1030 \times 10^{-9}$$

$$= 10.39 \text{kg}$$

2) 轴末端相当质量的计算：

① 搅拌轴在轴末端的相当质量：

$$W_s = \frac{140 S_A^2 + 231 S_1 S_A + 99 S_1^2}{420 (S_1 + S_A)^2} m_s$$

$$= \frac{140 \times 440^2 + 231 \times 2200 \times 440 + 99 \times 2200}{420 \times (2200 + 440)^2}$$

$$=13.75\text{kg}$$

② 搅拌器在轴末端的相当质量：

$$W_i = \frac{S_i^2(S_i + S_A)}{S_1^2(S_1 + S_A)} m_e$$

$$= \frac{2200^2 \times (2200 + 440)}{2200^2 \times (2200 + 440)} \times 10.39$$

$$= 10.39\text{kg}$$

③ 在轴末端所有相当质量的总和：

$$W = W_s + \sum_{i=1}^{m} W_i$$

$$= 0.249 + 10.39$$

$$= 10.64\text{kg}$$

3) 一阶临界转速的计算：

$$n_k = 114.7 d_1^2 \sqrt{\frac{E(1 - N_0^4)}{S_1^2 + (S_1 + S_A)W}}$$

$$= 114.7 \times 60^2 \sqrt{\frac{2.1 \times 10^5 (1 - 0)}{2200^2 \times (2200 + 440) \times 10.64}}$$

$$= 513\text{r/min}$$

4) 一阶临界转速校核：

$$0.55 < \frac{n}{n_k} = \frac{300}{513} = 0.58 < 0.7$$

经校核 n，取 300r/min 合格。

4.7 水下搅拌机

4.7.1 适用条件

水下搅拌机适用于污水处理厂搅拌含有悬浮物的污水、稀泥浆等，可以推动水流，增加池底流速、不使污泥下沉并可提高曝气效果。水下搅拌机结构紧凑、安装简单、操作方便、易于维修、动力消耗较小。

4.7.2 总体构成

4.7.2.1 分类

水下搅拌机的类型较多，以下分类指的是螺旋桨式搅拌机。

(1) 标准型：具有典型结构的水下搅拌机。

(2) 防爆型：电气部件为防爆型，但不能在介质温度高于40℃下运行的水下搅拌机。

(3) 热介质型：指可在介质温度为40℃以上运行的水下搅拌机，电缆、密封和轴承润滑脂等采用特殊材料。

4.7.2.2 结构型式

水下搅拌机的典型结构型式,如图 4-58 所示。由电动机、减速传动装置、搅拌器、导流罩以及电控和监测系统等组成。

4.7.2.3 安装方式

水下搅拌机可以安装在一个简易的垂直导轨系统上,在 20m 深度范围内或任何一个方向都可以上下升降或者转向,如图 4-59 所示。

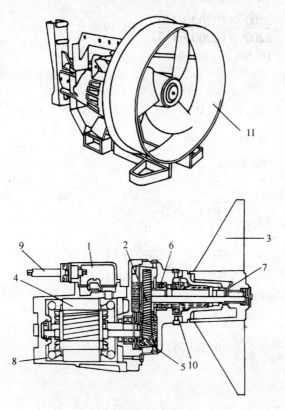

图 4-58 水下搅拌机外形及结构示意
1—接线盒;2—齿轮;3—搅拌器;4—电动机;5—油箱;6—轴承;7—轴密封;8—监测系统;9—温度继电器;10—渗水传感器;11—导流罩

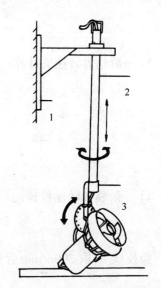

图 4-59 水下搅拌机安装示意
1—支撑架;2—导杆;3—夹板

4.7.3 设 计 要 点

(1) 水下搅拌机潜水运行,潜水深度一般不超过 20m。

(2) 结构设计要点:

1) 电动机:

电动机为适合 20m 水深的工作需要,一般选用高绝缘等级(F级)的标准定子和转子组件,组装到设计紧凑的水下搅拌机壳体内,功率等级和安装尺寸均应符合 I.E.C. 国际标准,特别对接线盒设计应完全密封,能分隔电动机与外界。

2) 减速传动装置:

主要由一对斜齿轮、轴承和油箱组成。

① 驱动齿轮安装在电动机输出轴上,被动齿轮装在搅拌机轴上,材料一般选用优质钢,设计寿命为 75000h。

② 轴承：在电动机转子轴端和搅拌机轴端均设有单列向心球轴承支承，而在电动机转子的另一端和搅拌机轴的另一端则采用单列圆锥滚子轴承，以承受轴向推力，轴承设计寿命不低于 50000h。

③ 油箱：油箱除存放传动齿轮、轴承和润滑、冷却油外，在设计中采用"O"形橡胶圈将油箱分成两部分，当发生异常渗水现象时，让水先进入第一油箱，箱内设有的渗水报警装置立即报警，同时延迟 3min 后切断电源，这样确保第二油箱中齿轮等正常安全工作。

3) 搅拌器和罩：采用螺旋桨式搅拌器，材料为铸铁或不锈钢。

螺旋桨式搅拌器的设计是根据潜射流理论，它能有效传递对应电动机输出的最大搅拌效率，在叶片设计时需考虑到防止水草或异物缠绕桨叶的因素。为了获得远流程的流场要求，设有导管式罩。

制造完毕后尚需进行静平衡校验。

4) 密封装置：搅拌机长期在水下工作，密封很重要。静压密封均采用"O"形橡胶圈，如：轴盖与电机壳、电器接线盒与电动机机壳、电器接线盒与外界介质、电动机机壳与传动齿轮。

在搅拌器端轴的动密封采用内装单端面大弹簧非平衡型的机械密封动、静环，材料为碳化钨。

5) 监控系统：

① 过热保护：为了保护搅拌器的正常工作，在电动机定子线圈上粘贴 2 只串接的热敏元件，采用温度继电器作为过热元件，当定子线圈温度高达 105℃时，温度继电器常闭触点断开，切断电源中断工作，同时控制系统中指示灯亮并报警。

② 渗水报警：当机械密封失灵或水渗漏至一定量，即第一油箱水量为油量的 10% 时，渗水传感器接通，同时控制系统指示灯亮，蜂鸣器报警，延时 4min 后切断电源，中断工作，起到保护设备作用。其原理如图 4-60 所示。

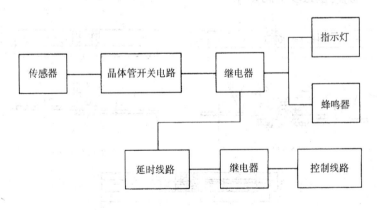

图 4-60　渗水报警原理

(3) 布置方式：

当采用多台水下搅拌机时，其平面布置方式示意，如图 4-61 所示。

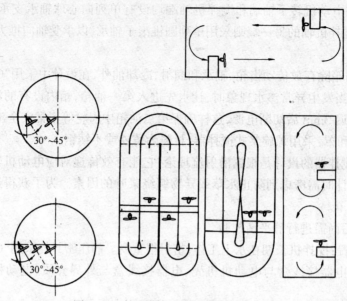

图 4-61 水下搅拌机平面布置方式示意

4.8 搅拌器标准

化工部部颁搅拌器标准分述如下：(以下三项标准目前尚未修订，使用时须将计量单位、材料牌号、公差配合等按现行标准相对应换算后使用)。

4.8.1 桨式搅拌器

桨式搅拌器(HG5-220-65)分述如下：

4.8.1.1 形式、基本参数和尺寸

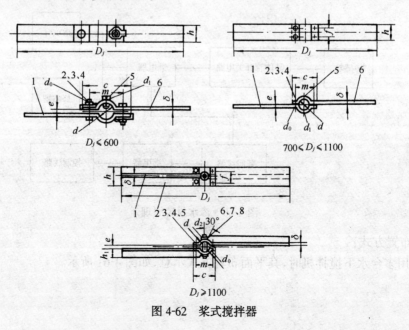

图 4-62 桨式搅拌器

4.8 搅拌器标准

桨式搅拌器明细表　　　　　　　　　　　　　　　　　　　　　　表 4-36

件 号	名 称	数 量	材 料	备 注
$D_J \leq 1100$				
1	桨叶	1	Q235-A·F	
2	螺栓	2(4)	Q255-A·F	GB 5782—86
3	螺母	2(4)	Q235-A·F	GB 6170—86
4	垫圈	2(4)	Q195	GB 854—88
5	螺钉	1	Q275	GB 821—88
6	桨叶	1	Q235-A·F	
$D_J \geq 1100$				
1	筋板	2		
2	桨叶	2	Q235-A·F	
3	螺栓	4	Q255-A·F	GB 5782—86
4	螺母	4	Q235-A·F	GB 6170—86
5	垫圈	4	Q195	GB 854—88
6	带孔销	1	Q275	GB 882—86
7	开口销	2	低碳钢丝	GB 91—86
8	垫圈	2	Q195	GB 95—85

注：括号内的数字为 $D_J \geq 700$mm 的数量。

桨式搅拌器尺寸(mm)　　　　　　　　　　　　　　　　　　　　　　表 4-37

D_J	d	螺栓		螺钉		销		δ	h	h_1	c	m	f	e	重量(kg)	N/n 不大于
		d_0	数量	d_1	数量	d_2	数量									
350	30	M12	2	M12	1	—	—	10	40	—	120	85	—	3	1.77	0.01
400	30	M12	2	M12	1	—	—	10	40	—	120	85	—	3	1.93	0.01
500	40	M12	2	M12	1	—	—	12	50	—	140	100	—	3	3.38	0.02
550	40	M12	2	M12	1	—	—	12	50	—	140	100	—	3	3.62	0.02
600	40	M12	2	M12	1	—	—	12	60	—	140	110	—	3	4.59	0.025
700	50	M12	4	M12	1	—	—	16	90	—	140	110	45	5	10.42	0.06
850	50	M12	4	M12	1	—	—	16	90	—	140	110	45	5	12.11	0.075
950	50	M16	4	M16	1	—	—	16	90	—	150	110	45	5	13.57	0.075
1100	50	M16	4	M16	1	—	—	16	120	—	150	110	70	5	20.95	0.075
1100	65	M16	4	—	—	16	1	14	120	50	170	130	70	7	24.25	0.2
1250	65	M16	4	—	—	16	1	14	120	50	170	130	70	7	27.07	0.2
1250	80	M16	4	—	—	16	1	14	150	60	190	150	90	7	34.04	0.35
1400	65	M16	4	—	—	16	1	14	150	50	170	130	90	7	35.29	0.25
1400	80	M16	4	—	—	16	1	16	150	60	200	160	90	7	43.10	0.35
1500	65	M16	4	—	—	16	1	14	150	50	170	130	90	7	37.63	0.25

续表

D_J	d	螺栓		螺钉		销		δ	h	h_1	c	m	f	e	重量 (kg)	N/n 不大于
		d_0	数量	d_1	数量	d_2	数量									
1500	80	M16	4	—	—	16	1	16	150	60	200	160	90	7	45.52	0.35
1700	80	M16	4	—	—	16	1	16	180	65	200	160	110	7	59.20	0.4
1700	95	M22	4	—	—	22	1	18	180	80	220	170	110	7	72.20	0.75
1800	95	M22	4	—	—	22	1	16	180	80	220	170	110	7	67.30	0.54
1800	110	M22	4	—	—	22	1	20	180	80	250	200	110	9	85.37	1.0
2000	95	M22	4	—	—	22	1	14	200	80	220	170	130	7	70.66	0.64
2000	110	M22	4	—	—	22	1	16	200	80	250	200	130	9	80.49	0.8
2100	95	M22	4	—	—	22	1	14	200	80	220	170	130	7	72.70	0.6
2100	110	M22	4	—	—	22	1	18	200	80	250	200	130	9	86.90	1.0

注：表中 N/n 为搅拌器桨叶强度所允许的数值，其计算温度≤200℃。

N——计算功率(kW)；n——搅拌器每分钟转数。

标记示例：直径600mm、轴径 ϕ40mm 桨式搅拌器为：

搅拌器 600-40，HG5-220-65。

4.8.1.2 技术要求

（1）加工面的非配合尺寸公差应按 GB 159—59 第 8 级精度，非加工面尺寸公差按第 10 级精度。

（2）搅拌器的轴孔应与桨叶垂直，其允许偏差为桨叶总长度的 4/1000，且不超过 5mm。

注：1）本标准推荐用于：

粘度达 15Pa·s、重度达 2000kg/m³ 之非均一系统的液体搅拌。

使结晶、非结晶的纤维状物质溶解，保持固体颗粒呈悬浮状态，纤维状物质呈均一的悬浮状态。

2）搅拌器计算厚度裕量取 2mm。

桨式搅拌器图纸目录　　　　　　　　　　　　表 4-38

序号	名称	标准图号	图纸张数（折合Ⅰ号图）	序号	名称	标准图号	图纸张数（折合Ⅰ号图）
1	桨式搅拌器 350-30	HG5-220-65-1	1/2	13	桨式搅拌器 1400-65	HG5-220-65-13	1/2
2	桨式搅拌器 400-30	HG5-220-65-2	1/2	14	桨式搅拌器 1400-80	HG5-220-65-14	1/2
3	桨式搅拌器 500-40	HG5-220-65-3	1/2	15	桨式搅拌器 1500-65	HG5-220-65-15	1/2
4	桨式搅拌器 550-40	HG5-220-65-4	1/2	16	桨式搅拌器 1500-80	HG5-220-65-16	1/2
5	桨式搅拌器 600-40	HG5-220-65-5	1/2	17	桨式搅拌器 1700-80	HG5-220-65-17	1/2
6	桨式搅拌器 700-50	HG5-220-65-6	1/2	18	桨式搅拌器 1700-95	HG5-220-65-18	1/2
7	桨式搅拌器 850-50	HG5-220-65-7	1/2	19	桨式搅拌器 1800-95	HG5-220-65-19	1/2
8	桨式搅拌器 950-50	HG5-220-65-8	1/2	20	桨式搅拌器 1800-110	HG5-220-65-20	1/2
9	桨式搅拌器 1100-50	HG5-220-65-9	1/2	21	桨式搅拌器 2000-95	HG5-220-65-21	1/2
10	桨式搅拌器 1100-65	HG5-220-65-10	1/2	22	桨式搅拌器 2000-110	HG5-220-65-22	1/2
11	桨式搅拌器 1250-65	HG5-220-65-11	1/2	23	桨式搅拌器 2100-95	HG5-220-65-23	1/2
12	桨式搅拌器 1250-80	HG5-220-65-12	1/2	24	桨式搅拌器 2100-110	HG5-220-65-24	1/2

4.8.2 涡轮式搅拌器

涡轮式搅拌器(HG5-221-65)分述如下：

4.8.2.1 形式、基本参数和尺寸

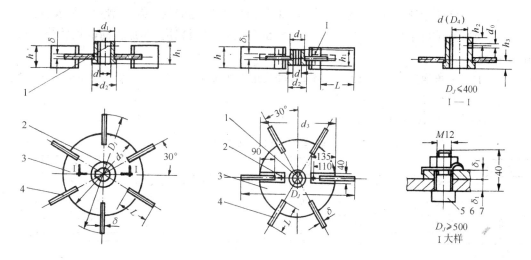

图 4-63 涡轮式搅拌器

涡轮式搅拌器明细　　　　　　　　　　　　　表 4-39

件号	名称	数量	材料	备注	件号	名称	数量	材料	备注
1	螺钉	1	Q275	GB 73—85	5	垫圈	(2)	Q195	GB 854—88
2	轴套	1	Q235-A·F		6	螺栓	(2)	Q255-A·F	GB 5782—86
3	轮盘	1	Q235-A·F		7	螺母	(2)	Q235-A·F	GB 6170—86
4	桨叶	6(4)	Q235-A·F		8	可拆桨叶	(2)	Q235-A·F	

注：括号内的数字为 $D_J \geqslant 500$ 毫米的数量。

涡轮式搅拌器尺寸(mm)　　　　　　　　　　表 4-40

D_J	d	d_1	d_2	d_3	d_0	δ	δ_1	h	h_1	h_2	h_3	L	键槽 b	键槽 t	重量(kg)	N/n 不大于
150	30	50	55	100	M6	4	—	30	30	8	10	38	8	32.6	0.73	0.008
200	30	50	55	130	M6	4	—	50	30	8	10	50	8	32.6	1.14	0.008
250	40	65	70	170	M8	4	—	60	35	8	10	62	12	42.9	1.91	0.011
300	40	65	70	200	M8	5	—	60	50	10	10	75	12	42.9	2.80	0.018
400	50	80	85	270	M10	6	—	80	60	14	10	100	16	53.6	6.13	0.031
500	65	95	100	330	M10	8	8	100	70	14	40	125	18	69	12.83	0.089
600	65	95	100	400	M10	8	8	120	90	24	40	150	18	69	17.94	0.110
700	80	120	125	470	M12	10	8	140	100	30	40	175	24	85.2	30.48	0.40

注：表中 N/n 为搅拌器强度所允许的数值，其计算温度为 ≤200℃。

　　　N——计算功率(kW)；n——搅拌器每分钟转数。

标记示例：

直径600mm、轴径φ65mm涡轮式搅拌器为：

搅拌器600-65,HG5-221-65。

4.8.2.2 技术要求

(1) 搅拌器应进行静平衡试验；

(2) 轴上与搅拌器连接之键槽应按 JB 112—60《平键键的剖面及键槽》Ⅱ型的规定；

(3) 加工面的非配合尺寸公差应按 GB 159—59 第 8 级精度，非加工面的尺寸公差按第 10 级精度。

注：(1) 本标准推荐用于：粘度为 2～25Pa·s，重度达 2000kg/m³ 的液体介质，当气体在液体中扩散；需要强烈搅拌、粘度相差悬殊的液体。

(2) 搅拌器计算厚度裕量取 2mm。

表 4-41 涡轮式搅拌器图纸目录

序号	名称	标准图号	序号	名称	标准图号
1	涡轮式搅拌器 150-30	HG5-221-65-1	5	涡轮式搅拌器 400-50	HG5-221-65-5
2	涡轮式搅拌器 200-30	HG5-221-65-2	6	涡轮式搅拌器 500-65	HG5-221-65-6
3	涡轮式搅拌器 250-40	HG5-221-65-3	7	涡轮式搅拌器 600-65	HG5-221-65-7
4	涡轮式搅拌器 300-40	HG5-221-65-4	8	涡轮式搅拌器 700-80	HG5-221-65-8

4.8.3 推进式搅拌器

推进式搅拌器(HG5-222-65)分述如下：

4.8.3.1 形式、基本参数和尺寸

(1) 推进式搅拌器形式、基本参数和尺寸，按图 4-64 和表 4-43 规定。

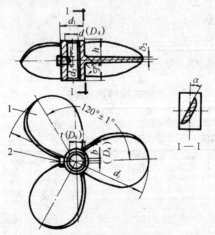

图 4-64 推进式搅拌器

表 4-42 推进式搅拌器明细

件号	名称	数量	材料	备注
1	桨叶	1	HT200	
2	螺钉	1	Q275	GB 73—85

(2) 桨叶展开截面，按图 4-65 和表 4-44 规定。

4.8 搅拌器标准

推进式搅拌器尺寸(mm) 表 4-43

d_J	d	d_1	螺钉 d_2	δ_1	δ_2	h	键槽 b	键槽 t	K	重量(kg)	N/n 不大于
150	30	60	M12	10	5	40	8	33.1	51°31′	1.06	0.008
200	30	60	M12	10	5	45	8	33.1	43°22′	1.55	0.008
250	40	80	M12	10	5	55	12	43.6	36°11′	2.84	0.01
300	40	80	M12	12	6	65	12	43.6	39°59′	4.09	0.01
400	50	90	M16	14	8	95	16	55.1	35°19′	8.06	0.031
500	65	110	M16	18	10	105	18	70.6	34°39′	15.14	0.062
600	65	110	M20	22	12	125	18	70.6	29°59′	22.93	0.11
700	80	140	M20	22	12	150	24	87.2	32°14′	34.79	0.16

注：表中 N/n 为搅拌器桨叶强度所允许的数值，其计算温度为≤200℃。
N——计算功率(kW)；n——搅拌器每分钟转数。

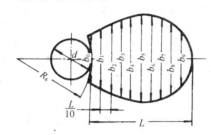

图 4-65 桨叶展开截面图

桨叶展开尺寸(mm) 表 4-44

d_J	d_1	R_6	b_0	b_1	b_2	b_3	b_4	b_5	b_6	b_7	b_8	b_9
150	60	59	46	56	65	71	78	80	81	77	69	53
200	60	60	52	64	74	80	88	91	92	88	79	60
250	80	79	67	82	96	104	114	118	118	113	101	78
300	80	80	75	92	104	116	127	131	132	126	113	87
400	90	97	94	116	134	146	159	165	166	159	142	109
500	110	112	117	143	166	180	198	205	206	197	177	136
600	110	116	134	165	191	207	228	235	237	226	204	156
700	140	146	160	197	229	248	273	282	283	271	243	186

d_J	d	θ_1	θ_2	θ_3	θ_4	θ_5	θ_6	θ_7	θ_8	θ_9	θ_{10}	L
150	30	34°37′	31°27′	28°44′	26°25′	24°26′	22°42′	21°12′	19°52′	18°39′	17°39′	45
200	30	40°41′	35°51′	31°57′	28°44′	26°4′	23°50′	21°56′	20°18′	18°53′	17°39′	70
250	40	39°22′	34°56′	31°16′	28°16′	25°45′	23°38′	21°48′	20°15′	18°51′	17°39′	85
300	40	43°5′	37°34′	33°12′	29°35′	26°40′	24°14′	22°11′	20°26′	18°56′	17°39′	110
400	50	46°26′	39°56′	34°48′	30°44′	27°26′	24°52′	22°30′	20°37′	19°1′	17°39′	155
500	65	46°51′	40°13′	35°	30°51′	27°32′	24°48′	22°32′	20°39′	19°3′	17°39′	195
600	65	50°12′	42°32′	36°36′	31°57′	28°15′	25°17′	22°50′	20°48′	19°6′	17°39′	245
700	80	49°4′	41°53′	36°16′	31°50′	28°17′	25°25′	23°1′	21°1′	19°20′	17°39′	280

注：R_6 数值有误，应分别对应为 47、59、75、90、124、156、200、214。——编者

标记示例：

直径 600mm，轴径 ϕ65mm 推进式搅拌器：

搅拌器 600-65，HG5-222-65。

4.8.3.2 技术要求

(1) 搅拌器应进行静平衡试验。

(2) 轴上与搅拌器连接之键槽应按 JB 112—60《平键键的剖面及键槽》Ⅰ型要求。

(3) 非加工面的铸造尺寸偏差按 JZ 67—63 第 2 级精度。

注：1) 本标准推荐用于：

对于粘度达 2Pa·s，重度达 2000kg/m³ 液体介质的强烈搅拌。

相对密度相差悬殊的组分的搅拌。

当需要有更大的液流速度和液体循环时，则应安装导流筒。

2) 搅拌器计算厚度裕量取 2mm。

推进式搅拌器图纸目录　　　　　　　　表 4-45

序 号	名 称	标准图号	序 号	名 称	标准图号
1	推进式搅拌器 150-30	HG5-222-65-1	5	推进式搅拌器 400-50	HG5-222-65-5
2	推进式搅拌器 200-30	HG5-222-65-2	6	推进式搅拌器 500-65	HG5-222-65-6
3	推进式搅拌器 250-40	HG5-222-65-3	7	推进式搅拌器 600-65	HG5-222-65-7
4	推进式搅拌器 300-40	HG5-222-65-4	8	推进式搅拌器 700-80	HG5-222-65-8

4.9　联轴器标准

化工部部颁标准"搅拌传动装置——联轴器"HG 21570—95"如下：

4.9.1　主题内容与适用范围

本标准规定了搅拌传动装置用凸缘(C型)、夹壳(D型)、焊接式(E型)联轴器的型式、尺寸、技术要求、选用、标志等要求。

本标准适用于搅拌传动装置传动轴与釜内搅拌轴的连接之用，也可适用于其他用途的两同轴线连接的圆柱形轴系传动。

4.9.2　引　用　标　准

GB 1095　《平键 键和键槽的剖面尺寸》

GB 1182~1184　《形状和位置公差 未注公差的规定》

GB 1801　《基本尺寸至 500mm 的优先、常用配合》

GB 1804　《未注公差尺寸的极限偏差》

GB 2100　《不锈耐酸钢铸件》

GB 4385　《锤上自由锻件通用技术条件》

GB 9439　《灰铸铁件》

GB 11352　《一般工程用铸造碳钢》

JB 4730　《压力容器无损检测》

HG 21563　《搅拌传动装置系统组合、选用及技术要求》

HG 21568　《搅拌传动装置——传动轴》

4.9.3 型式、尺寸、材料

（1）C 型凸缘联轴器型式和尺寸，按图 4-66、67 和表 4-46、47 的规定。

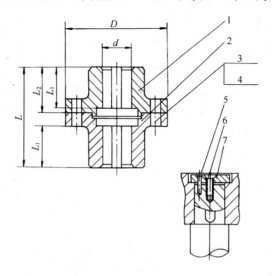

图 4-66　C 型凸缘联轴器
1—上半联轴节；2—下半联轴节；3—铰制孔螺栓；
4—螺母；5—圆柱销；6—螺钉；7—轴端挡圈

C 型凸缘联轴器主要尺寸　　　　　表 4-46

轴径 d(mm)	D (mm)	L_1 (mm)	L_2 (mm)	L (mm)	许用扭矩 (N·m)	许用转速 (r/min)	质量 (kg)
25	120	50	55	117	46	2200	5.8
30					87		5.5
35	130	60	67	141	150	2150	8.0
40					236		7.6
45	155	70	81	169	355	1960	15.0
50					515		14.0
55	170	85	98	203	730	1940	21.0
60					975		20.0
65	190	100	112	233	1200	1790	29.0
70					1700		28.0
75	215	110	126	261	2150	1660	40.0
80					2650		38.5
85	235	120	136	281	3400	1590	57.0
90					4120		55.0
100	265	130	146	301	5800	1470	68.0
110	290	140	160	329	8250	1360	92.0
120	330	155	175	359	12500	1260	128.0
125							115.5
130	360	170	194	397	16000	1225	180.0
140					19000		170.0
160	400	200	224	457	30700	1190	250.0

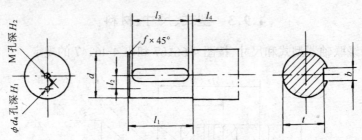

图 4-67 配用 C 型凸缘联轴器轴头

配用 C 型凸缘联轴器轴头尺寸(mm) 表 4-47

轴径 d	d_4 (g6)	H_1	M	H_2	l_1	l_2	b	t	l_3	l_4	f
25	3	6	M6	12	48	10±0.11	8	21	40	4	0.4
30							8	26			
35	3	6	M6	12	58	12±0.135	10	30	50	4	0.6
40							12	35			
45	4	8	M8	16	68	16±0.135	14	39.5	63	3	0.6
50							14	44.5			
55	4	8	M8	16	83	16±0.135	16	49	70	6	0.8
60						20±0.165	18	53			
65	4	8	M8	16	98	20±0.165	18	58	90	4	1
70							20	62.5			
75	5	10	M12	20	108	25±0.165	20	67.5	100	4	1
80							22	71			
85	5	10	M12	20	118	25±0.165	22	76	110	4	1
90							25	81			
100	5	10	M12	20	128	25±0.165	28	90	110	7	1
110	6	14	M16	25	138	28±0.165	28	100	125	6	1
120	8	16	M16	25	153	28±0.165	32	109	140	6	1
125							32	114			
130	8	16	M16	25	168	32±0.195	32	119	160	4	1
140							36	128			
160	10	20	M20	30	198	36±0.195	40	147	180	8	1

(2) C 型凸缘联轴器零件及材料,按表 4-48 的规定。

C 型凸缘联轴器零件及材料 表 4-48

序号	名称	材料 碳钢	材料 不锈钢
1	上半联轴节	HT250(GB 9439)	ZG1Cr18Ni9Ti(GB 2100)
2	下半联轴节	ZG 270—500(GB 11352) 35(GB 4385 Ⅱ级)	ZG1Cr18Ni12Mo2Ti、0Cr18Ni9 1Cr18Ni12Mo2Ti(GB 4385 Ⅱ级)
3	铰制孔螺栓	8.8级 (GB 27)	0Cr18Ni9 (GB 27)

续表

序 号	名 称	材 料	
		碳 钢	不 锈 钢
4	螺 母	8级 (GB 6170)	0Cr18Ni9 (GB 6170)
5	圆柱销	35 (GB 119)	0Cr18Ni9 (GB 119)
6	螺 钉	4.8级 (GB 819)	0Cr18Ni9 (GB 819)
7	轴端挡圈	Q235-A (GB 891)	0Cr18Ni9 (GB 891)

注：亦可采用其它不锈钢材料，但应在订货时注明材料牌号。

(3) D型夹壳联轴器型式和尺寸，按图 4-68、69 和表 4-49、50 的规定。

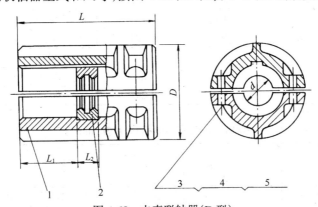

图 4-68　夹壳联轴器(D型)
1—左(右)半联轴节；2—吊环；3—螺栓；4—螺母；5—垫圈

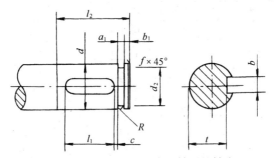

图 4-69　配用 D 型夹壳联轴器的轴头

D型夹壳联轴器主要尺寸　　　　表 4-49

轴径 d (mm)	D (mm)	L (mm)	L_1 (mm)	L_2 (mm)	许用扭矩 (N·m)	质 量 (kg)
25	102	130	52	26	40	4.47
30	102	130	52	26	60	4.47
35	110	162	68	26	80	7.6

续表

轴径 d (mm)	D (mm)	L (mm)	L_1 (mm)	L_2 (mm)	许用扭矩 (N·m)	质量 (kg)
40	110	162	68	26	100	7.6
45	120	190	78	34	125	10.8
50	130	190	78	34	150	10.8
55	150	190	78	34	500	10.8
60	172	250	104	42	850	26
65	172	250	104	42	1250	25.1
70	172	250	100	50	1700	24.5
80	185	280	111	58	2500	30.2
90	230	330	132	66	3800	56.4
100	230	330	132	66	5400	65
110	260	390	158	74	7500	64
120	280	440	183	74	11000	122
125	280	440	183	74	11000	125
130	280	440	183	74	11000	125
140	325	500	208	84	15000	220
160	340	500	205	90	20000	215

配用 D 型夹壳联轴器轴头尺寸 (mm) 表 4-50

轴径 d (mm)	l_1	l_2	a_1	b_1	b	c	t	d_2	R	f
25	50	70	6	5	8	2	21	20	0.2	0.4
30	50	70	6	5	8	2	26	25	0.2	0.4
35	63	85	6	6	10	3	30	30	0.3	0.6
40	63	85	6	6	12	3	35	35	0.3	0.6
45	70	100	8	8	14	4	39.5	40	0.3	0.6
50	70	100	8	8	14	4	44.5	42	0.3	0.6
55	70	100	8	8	16	4	49	46	0.3	0.8
60	100	130	10	10	18	4	53	50	0.3	0.8
65	100	130	10	10	18	4	58	55	0.3	1
70	90	130	12	12	20	5	62.5	60	0.3	1
80	100	145	14	14	22	5	71	70	0.5	1
90	125	170	16	16	25	5	81	80	0.5	1
100	125	170	16	16	28	5	90	90	0.5	1
110	140	200	18	18	28	5	100	100	0.5	1
120	160	225	18	18	32	5	109	110	0.5	1
125	160	225	18	18	32	5	114	115	0.5	1
130	180	225	18	18	32	5	119	120	0.5	1
140	200	255	20	20	36	5	128	128	0.5	1
160	200	255	22	22	40	5	147	148	0.5	1

(4) D型夹壳联轴器的零件及材料,按表4-51的规定。

D型夹壳联轴器零件及材料　　　　表4-51

序号	名称	材料	
		碳钢	不锈钢
1	左(右)半联轴节	HT250 (GB 9439) ZG 270—500(GB 11352)	ZG1Cr18Ni9Ti ZG1Cr18Ni12Mo2Ti(GB 2100)
2	吊环	45 (GB 4385 Ⅱ级)	0Cr18Ni9 (GB 4385 Ⅱ级)
3	螺栓 (GB 5782)	8.8级	A2-50、A2-70
4	螺母 (GB 6170)	8级	0Cr18Ni9
5	垫圈 (GB 97.2)	140HV	A140

注:亦可采用其它不锈钢材料,但应在订货时注明材料牌号。

(5) E型焊接联轴器型式和尺寸,见图4-70和表4-52。

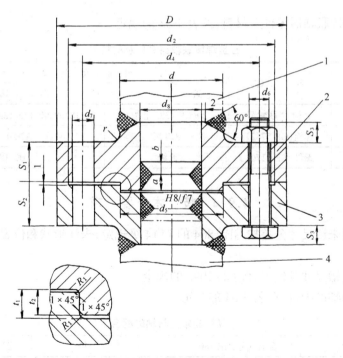

图4-70　E型焊接联轴器
1—传动轴头;2—上半联轴节;3—下半联轴节;4—搅拌轴

E型焊接联轴器主要尺寸 表4-52

轴径 d (mm)	D (mm)	d_2 (mm)	d_4 (mm)	d_s (H8/f7) (mm)	r (mm)	S_1 (mm)	S_2 (mm)	t_1 (mm)	t_2 (mm)	n (mm)	d_6 (mm)	d_7 (mm)	s_3 (mm)	a (mm)	b (mm)	d_8 (mm)	许用扭矩 (N·m)	质量 (kg)
30	105	86	70	30	4	20	25	7	6	6	M12	13.5	15	8	8	20	320	1.4
40	110	91	75	40	4	20	25	7	6	6	M12	13.5	15	8	8	26	335	1.6
50	130	115	95	50	4	20	25	7	6	6	M16	17.5	15	8	8	35	765	2.1
60	145	130	110	60	8	25	30	7	6	6	M16	17.5	18	8	8	40	860	3.3
70	170	150	125	70	8	30	35	8	7	6	M20	22	18	8	8	50	1560	5.3
80	185	164	140	80	8	30	35	8	7	6	M20	22	20	10	10	55	1700	6.3
90	195	180	150	90	8	30	35	8	7	6	M20	22	20	10	10	65	2400	6.9
100	220	198	170	100	12	30	40	8	7	6	M24	26	24	10	10	75	3900	8.7
110	240	220	190	110	12	30	40	8	7	6	M24	26	26	12	12	85	4300	10.5
120	280	245	210	120	12	36	45	8	7	6	M30	33	26	12	12	90	7850	16.0
130	290	260	220	130	12	36	45	10	7	6	M30	33	28	14	14	100	8500	18.0
140	300	276	235	140	16	40	50	10	7	6	M36	39	32	14	14	110	12500	21.0
160	340	306	265	160	16	50	60	10	7	6	M36	39	32	16	16	125	14000	34.0

(6) E型焊接联轴器零件及材料，按表4-53的规定。

E型焊接联轴器零件及材料 表4-53

序号	名称	材质或强度等级	
		碳 钢	不 锈 钢
1	上、下半联轴节	20(GB 4385 Ⅱ级)	0Cr18Ni9、0Cr17Ni12Mo2(GB 4385 Ⅱ级)
2	螺栓(GB 5782)	8.8级	A2-50、A2-70
3	螺母(GB 6170)	8级	0Cr18Ni9

4.9.4 技术要求

(1) 联轴器未注尺寸公差按GB 1804的IT14级规定，未注形状和位置公差按GB 1184的B级规定。

(2) 轴孔键槽尺寸及偏差，按GB 1095的规定。

(3) 轴孔与轴的配合，按表4-54的规定。

联轴器轴孔与轴的配合 表4-54

轴 径	配合代号(GB 1801)	轴 径	配合代号(GB 1801)
25~30	H7/j6	>50	H7/m6
>30~50	H7/k6		

(4) E型焊接式联轴器联轴节与轴头的焊缝必须全焊透，并应进行射线探伤，按JB 4730 Ⅰ级合格。焊条牌号按相应母材选择。

4.9.5 选 用

(1) 联轴器的规格按传动轴轴头直径 d 确定。

(2) 一般上、下联轴器的轴径规格一致,如需采用不同轴径的联轴器,则联轴器型号按大直径的选用,并应在订货时说明。

(3) C 型凸缘联轴器和 D 型夹壳联轴器适用于上装或下装式传动轴。

　　E 型焊接式联轴器仅适用于下装式传动轴。

　　F 型整体式联轴器按 HG 21568 的规定。

(4) C 型联轴器包括上、下半联轴节及紧固、连接件。

　　D 型联轴器包括左右联轴节及紧固、连接件。

　　E 型联轴器包括上、下半联轴节及紧固件。

4.9.6 标记与标记示例

(1) 标记:

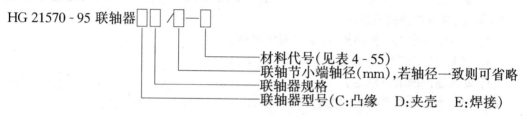

材料代号(见表 4-55)
联轴节小端轴径(mm),若轴径一致则可省略
联轴器规格
联轴器型号(C:凸缘　D:夹壳　E:焊接)

材　料　代　号　　　　　　　表 4-55

材料牌号	HT250	ZG 270-500	20	35	0Cr18Ni9	1Cr18Ni12Mo2Ti	00Cr17Ni14Mo2	ZG1Cr18Ni9Ti	ZG1Cr18Ni12Mo2Ti
代号	HT	ZG	20	35	304	316	316L	ZG321	ZG316Ti

(2) 标记示例:

凸缘联轴器轴径 50mm、材料 ZG 270-500,其标记为:

HG 21570-95　联轴器 C50-ZG

夹壳联轴器轴径 100mm、材料 HT260,其标记为:

HG 21570-95　联轴器 D100-HT

焊接式联轴器轴径 70mm、材料 0Cr18Ni9,其标记为:

HG 21570-95　联轴器 E70-304

凸缘联轴器上半联轴节轴径 $d=50$mm、下半联轴节轴径 $d'=60$mm、材料 HT250,其标记为:

HG 21570-95　联轴器 C60/50-HT

5 上浮液、渣排除设备

5.1 行车式撇渣机

5.1.1 适用条件

(1) 本设备适用于水处理工程中对敞口的隔油池液面的浮油和平流沉淀池或浮选池液面的浮渣、泡沫等漂浮物的撇除。
(2) 如需防止雨点打碎浮渣,池上可架设顶棚。
(3) 要求池面漂浮物的密度小于介质的密度。
(4) 要求池内的水位稳定。
(5) 使用本设备要求介质的温度在0℃以上。

5.1.2 总体构成

行车式撇渣机由行走小车、驱动装置、刮板、翻板机构、传动部分、导轨及碰块等组成。其具体结构,如图5-1~2所示。

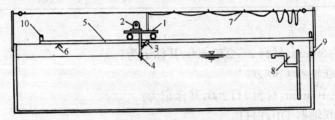

图 5-1 行车式撇渣机总布置
1—行车;2—驱动装置;3—重锤式翻板机构;4—刮板;5—导轨;6—挡块;7—电缆引线;
8—排污槽;9—出水口;10—端头立柱

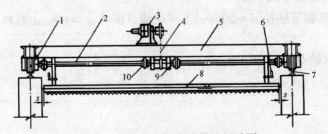

图 5-2 桁架式撇渣机总图
1—车轮;2—传动轴;3—驱动装置;4—链条;5—行车;6—翻板机构;7—导轨;8—刮板;9—轴承;10—联轴器

5.1.3 设计依据

(1) 池表面漂浮物的特性及其水质要求。
(2) 撇渣量的确定:
1) 浮渣量的计算:按式(5-1)为

$$Q_d = SSQ\xi \quad (kg/h) \tag{5-1}$$

式中 Q_d——理论计算浮渣量(kg/h);
　　　SS——流入水质中悬浮物含量(kg/m^3);
　　　Q——单位时间流入水量(m^3/h);
　　　ξ——浮渣的去除率,一般为 40%~60%。

2) 含水率为 98% 的浮渣量:按式(5-2)为

$$Q_{98} = \frac{100}{100-98} Q_d \quad (kg/h) \tag{5-2}$$

(3) 撇渣机运行时理论计算:
1) 撇渣能力:按式(5-3)为

$$Q_1 = 60 h_1 b V \gamma \quad (kg/h) \tag{5-3}$$

式中 h_1——浮渣平均厚度(m);
　　　b——刮板长度(m);
　　　V——刮板移动速度(m/min);
　　　γ——浮渣密度(kg/m^3)。

2) 每天运行时间:按式(5-4)为

$$t = \frac{Q_{98} \times 24}{Q_1} < 12 \quad (h) \tag{5-4}$$

(4) 撇渣机的行走速度:根据漂浮物的密度、稳定性、流动性及液体的流速来确定。单一用作撇浮渣和浮油时,一般为 3~6m/min,而同时兼作撇油和刮泥时,为防止池底污泥搅动,一般要求在 1m/min 左右。

(5) 工作情况:上浮物少时,可每班开车 1~2 次,多时可增加开车次数,必要时可连续作业。

(6) 工作环境:确定室内作业还是室外作业,如置于室外时,应考虑冬季行车滚轮打滑的校核及防冻措施。

(7) 池子有关尺寸。

5.1.4 行车的结构及设计

5.1.4.1 行车的结构

行车为撇渣机的主体结构,车体为型钢和钢板焊接而成。
(1) 主梁结构:
1) 单梁式:主梁为单根工字钢或槽钢,结构简单,应用较多。
2) 框架式:主梁为两根工字钢或槽钢,再由槽钢、角钢、钢板等焊接而成,此种结构有利于驱动装置的布置。

3) 箱形梁：为钢板焊接，对于多格式浮选池的撇渣机，跨度超过 10m 以上者可采用。由于箱形梁制造成本较高，一般较少采用。

(2) 端梁的结构：一般为型钢和钢板组合焊接而成。

(3) 主梁与端梁的连接，一般为焊接结构，对于大跨度者也可做成螺栓连接。

5.1.4.2 行车的设计

(1) 主梁设计：由于撇渣机所受的动载荷及水平荷载都很小，行车的主梁一般根据静刚度条件选择断面。主梁一般按简支梁考虑，要求中心挠度（或最大挠度）不大于跨度的 1/700。

运动时桁架所受的水平荷载不大，可不进行水平挠度校核。

(2) 行车的跨度与轮距间关系：行车的跨度，根据水池的构造和走道板的布置确定。为使土建受力条件改善，尽量让行车的轨道中心设置在池壁的中心线上。行车前后轮的轮距 B 与跨度 L 之间的比值 B/L 一般取 $\frac{1}{4} \sim \frac{1}{8}$，跨度小的取前者，大的取后者。

(3) 行车组装的技术要求：

1) 车轮的轮距偏差不超过 ±5mm。
2) 前后两对车轮跨度间的相对偏差不超过 5mm。
3) 前后两对车轮排列后，两轮中心的两对角线相对误差不超过 5mm。
4) 同一端梁上车轮同位差极限不超过 3mm。

5.1.4.3 扶栏

对于双梁式结构的车体均应设置扶栏，扶栏一般采用电焊钢管或角钢制作。

扶栏的作用：一是作为工作人员的保护设施。扶栏的高度应根据劳动部门的规定设计，不得小于 1050mm。二是可兼作桁架受力杆件，扶栏与主梁焊接，对主梁的垂直刚度有所增强。

扶栏的节间数目一般多采用偶数值，以使扶栏整体桁架斜杆的布置对称，受力合理。

5.1.5 刮板和翻板机构的结构形式

5.1.5.1 刮板

(1) 刮板的材料和结构形式：刮板材质的选择与介质的情况有关，对于含酸、含碱的介质，一般可采用塑料板、玻璃钢板、不锈钢板等制作。若采用碳钢，应做特殊防腐处理。对无腐蚀性介质可采用碳钢并做涂料防腐处理。刮板亦可采用 25mm×200mm（厚×宽）左右的松木板制成。为防止木质刮板开裂，最好在刮板两端装设钢板卡箍，并在撇渣部位装置耐油橡胶板，耐油橡胶板的吃水部位一般做成锯齿形，以改善刮板的弹性和流水性。

对于大跨度的刮渣板为保证刮板的水平刚度，刮板背面应设肋板。

(2) 刮板的布置：刮板深入水面以下为 50～100mm 左右，刮板与池壁间隙 S 一般为 20～100mm。间隙过大，浮渣从间隙漏泄。因此要求池壁平直。

(3) 刮板的调整：可应用螺旋升降装置，根据液位的情况，调整后固定。

5.1.5.2 翻板装置

(1) 重锤式翻板装置如图 5-3 所示：行车换向前，依靠挂有重锤的杠杆装置碰撞挡块，使刮板抬起或落下，此装置结构简单，制造容易，使用较多。

重锤的配重可按公式(5-5)计算,为了使翻板可靠,重锤的配重可设计成可调式的。重锤翻板受力分析如图5-4所示。

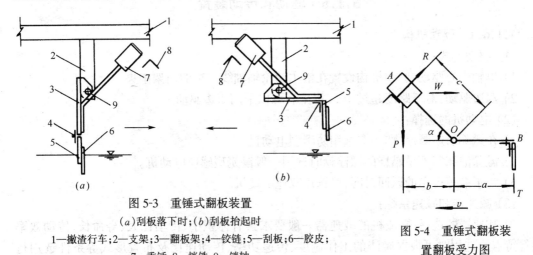

图 5-3 重锤式翻板装置
(a)刮板落下时;(b)刮板抬起时
1—撒渣行车;2—支架;3—翻板架;4—铰链;5—刮板;6—胶皮;
7—重锤;8—挡铁;9—销轴

图 5-4 重锤式翻板装置翻板受力图

$$P_{配} = C \frac{a}{b} T \quad (\text{N}) \tag{5-5}$$

式中 P——重锤的配重重力(N);
  C——配重系数,一般取 1.2~1.5;
  T——刮板重力(包括连接刮板的转动部分的重力)(N);
  a——刮板部分重心至转轴的水平距离(cm);
  b——重锤重心至转轴的水平距离(cm)。

(2) 棘轮棘爪抬板装置(如图5-5所示):刮板需抬起时可直接靠抬板挡块抬起刮板,此时棘爪卡住与刮板连在一起的棘轮,使刮板不能落下;在刮板需落下时,依靠落板撞块将棘爪压起而离开棘轮,刮板靠自重落下。此装置在翻板时没有撞击,但结构稍复杂。其棘轮、棘爪的强度计算可参阅有关机械设计手册。为使棘爪在正常运行时卡住棘轮,棘爪的尾部

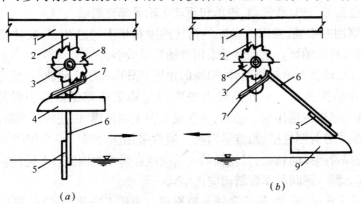

图 5-5 棘轮棘爪式抬板装置
(a)落板时;(b)抬板时
1—撒渣小车;2—支架;3—翻板转轴;4—落板撞块;5—刮板;6—刮板臂;
7—棘爪;8—棘轮;9—抬板挡块

要设计得重些,以使棘爪能靠尾部的自重自动卡住棘轮。

5.1.6 驱动和传动装置

5.1.6.1 驱动机构

(1) 驱动方式:

1) 单轴中心驱动:驱动机构设置在沿主动轮轴轴线一边的桁架中央。

2) 双边驱动:对于跨度超过10m以上者可以采用双边驱动。

(2) 电动机的选择:

1) 在撇除易燃漂浮物时,应选用防曝型电动机。

2) 撇除泡沫等不易燃烧的漂浮物时选用一般鼠笼型感应电动机。

3) 为了缩短行车的返回时间,可选用双速电动机。

(3) 减速器和减速系统:

1) 减速器的选择:撇渣机的减速器一般要求具有体积小、传动比大、寿命长、传动效率高等特点。选用时可根据撇渣的工作制度、传递功率、传动速比及布置形式等条件选用行星摆线针轮减速机或两级蜗轮减速器,特殊情况也可选用其他形式或自行设计减速系统。

2) 减速系统布置:减速器在出轴后可用链轮、联轴器和齿轮等传动,以满足减速比和连接尺寸的要求。如减速比还满足不了传动要求可在减速器进轴端采用皮带传动减速,但双边传动的进轴端不允许采用皮带传动,以保证两端驱动轮的同步。

3) 减速比的计算:总传动比,按式(5-6)为

$$i = \frac{\pi D n}{v} \qquad (5-6)$$

式中　n——电动机转数(r/min);

　　　D——驱动轮直径(m);

　　　v——行车速度(m/min)。

5.1.6.2 传动部分

传动部分包括传动轴、联轴器、轴承和驱动车轮等部件组成。

传动轴为钢制两半轴,要求传动轴的扭转刚度每米不超过0.5°,联轴器一般为刚性联轴器,也可选齿轮联轴器。支承轴承采用滑动轴承较多。

车轮主要有双轮缘和单轮缘两种,轮缘的作用是导向和防止脱轨,单轮缘车轮应使有轮缘的一端安置在轨距内侧。车轮凸缘内净距应与轨道顶宽保留适当间隙,一般不超过20mm。车轮的支承轴承选用滚动轴承,并在轴承盖上装油嘴,以便加注润滑油。

车轮踏面形式分为圆柱形、圆锥形两种。通常采用圆柱形。当采用圆锥形踏面的车轮时,必须配用头部带圆弧的轨道,且轮径的大端应放在跨度的内侧。车轮踏面的锥度一般采用1:10的锥度。同一跨间的车轮踏面应选用同一形式。

车轮组主要由车轮、轮轴、轴承和轴承箱组成。为便于安装和维修,将车轮安装在可整体拆卸和连接的角形轴承箱内,形成独立部件。车轮组的部件结构形式,如图5-6所示;车轮的结构形式,如图5-7所示;车轮结构尺寸,参见表5-1。

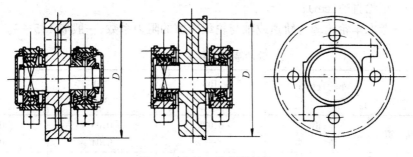

图 5-6 车轮组的部件结构

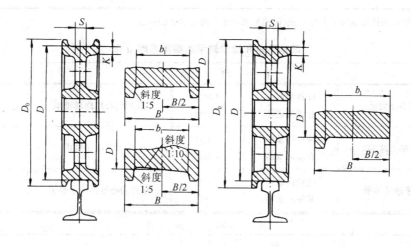

图 5-7 车轮结构

车轮结构尺寸 (mm)　　　　　表 5-1

D	D_0	S	K	双轮缘		单轮缘	
				b_1	B	b_1	B
$\phi 250$	$\phi 280$	30	20	$b+20$	b_1+40	$b+40$	b_1+20
$\phi 350$	$\phi 380$	35	27.5	$b+20$	b_1+40	$b+40$	b_1+20
$\phi 400$	$\phi 400$	40	30	$b+20$	b_1+40	$b+40$	b_1+20

5.1.7 驱动功率计算

5.1.7.1 撇渣机在运行中所受的各水平阻力

(1) 自重阻力：按式(5-7)为

$$P_{摩} = G \frac{2K + \mu d}{D} k \quad (N) \tag{5-7}$$

式中　G——行车重力(N)；

　　　K——车轮与钢轨的摩擦力臂(cm)，查表 5-2；

　　　μ——轴承摩擦系数，查表 5-3；

d——轮轴直径(cm);

D——车轮直径(cm);

k——考虑车轮轮缘与轨道或轴与轮毂摩擦的阻力系数,一般取 1.5~2。

滚动摩擦力臂 K 值(cm)　　　　表 5-2

轨道型式	材料	车轮直径(mm) 100 150	200 300	400 500
平面轨道	钢	0.025	0.03	0.05
	铸铁	—	0.04	0.06
头部带曲率的轨道	钢	0.03	0.04	0.06
	铸铁	—	0.05	0.07

注:车轮踏面圆柱形对应于平面轨道,圆锥形对应于头部带曲率的轨道。

滚动轴承和滑动轴承的摩擦系数 μ 值　　　　表 5-3

滚 动 轴 承				
单列向心球轴承	纯径向载荷 有轴向载荷	0.002 0.004	双列向心球面球轴承	0.0015
单列向心推力球轴承	纯径向载荷 有轴向载荷	0.003 0.005	短圆柱滚子轴承	0.002
单列圆锥滚柱轴承	纯径向载荷 有轴向载荷	0.008 0.02	双列向心球面滚子轴承	0.004
滑 动 轴 承				
润滑脂润滑	钢 对 钢		0.09~0.11	
	钢 对 铸 铁		0.07~0.09	
	钢 对 青 铜		0.06~0.08	

(2) 轨道不平阻力:当撇渣机车轮在水平轨道上运行时,由于轨道安装或轮压造成的自然坡度引起的爬坡阻力。其按式(5-8)计算:

$$P_{轨} = k_s G \quad (N) \tag{5-8}$$

式中　k_s——轨道坡度阻力系数,当轨道设在钢筋混凝土基础上时,$k_s = 0.001$。

(3) 风阻力:室外作业,风速较大地区可考虑,按式(5-9)计算:

$$P_{风} = qAC \quad (N) \tag{5-9}$$

式中　q——标准风压(Pa),(一般按 I 类标准风压推荐值,沿海地区 150Pa,内地 100Pa);

A——桁架迎风面的净面积(m^2);

C——体形系数(取 1.3~1.4)。

(4) 撇渣阻力:按式(5-10)计算:

$$P_{渣} = C_0 A \frac{v^2}{2g} \gamma Z \quad (N) \tag{5-10}$$

式中　C_0——刮板系数(或板形系数),一般取 2;

A——刮板撇渣面积(包括刮板在水下面积)(m^2);

Z——l 距离内刮板数量(块);
γ——浮渣的重度(N/m^3),(一般为 $8000\sim10000N/m^3$);
v——行车速度(m/s)。

(5) 翻板阻力:

1) 重锤式翻板撇渣机的翻板阻力如图 5-4 所示。如果略去重锤与挡铁的滑动摩擦阻力,则

$$R = \frac{bP - aT}{c} \quad (N) \tag{5-11}$$

$$P_{翻} = \frac{R}{\sin\alpha} \quad (N) \tag{5-12}$$

式中 P——重锤重力(N);
T——刮板重力(N);
R——挡铁给重锤的反力(N);
α——重锤中心线与水平夹角(°)。

2) 棘轮棘爪式的受力分析如图 5-8 所示。

$$P_{翻} = R_A = \frac{M}{r}\sin\alpha \quad (N) \tag{5-13}$$

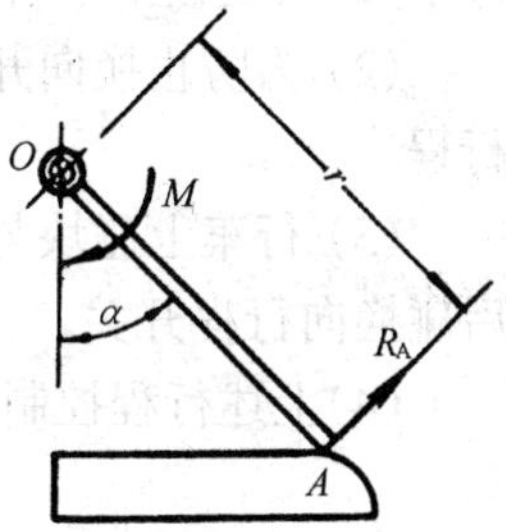

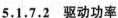

图 5-8 棘轮棘爪式
刮板受力图

式中 R_A——挡铁对刮板作用力(N);
M——刮板自重力矩(N·m);
r——刮板旋转点与作用点距离(m)。

5.1.7.2 驱动功率

$$N_{驱} = \frac{\Sigma Pv}{1000\eta} \quad (kW) \tag{5-14}$$

式中 v——行车速度(m/s);
η——机械传动总效率,取 $0.7\sim0.85$;
ΣP——桁架所受水平阻力总和(N);按式(5-15)计算:

$$\Sigma P = P_{摩} + P_{风} + P_{轨} + P_{渣} + P_{翻} \tag{5-15}$$

式(5-15)中由于阻力总和 ΣP 较小,计算功率 N 也较小,一般可根据减速器产品的实际情况选用电动机。

5.1.7.3 驱动轮打滑验算及防止措施

为了防止撇渣机行走时车轮空转打滑(尤其在北方冬季室外作业),须进行驱动轮打滑的验算。

(1) 正常运转时不打滑的条件是:按式(5-16)、式(5-17)为

$$R_n > n\Sigma P \tag{5-16}$$

式中 R_n——驱动轮所受驱动摩擦阻力(N);
ΣP——行车运行的阻力总和(N);
n——安全系数,取 $1.1\sim1.5$。

$$R_n = fmN \quad (N) \tag{5-17}$$

式中 N——驱动轮压力(N);
m——驱动轮数;

f——走轮附着系数,一般取 0.1~0.18,冰冻地区在室外作业可按实测数。

(2) 防止打滑的办法:

1) 增大驱动轮轮压,合理布置,使行车的重心偏向驱动轮轴线一侧。

2) 提高走轮和导轨的附着系数,改铁轮缘为耐油橡胶轮缘。

3) 改变驱动方式,变行车式为钢绳牵引式。

5.1.8 行程控制

(1) 控制程序:撇渣机一般停驻在浮选池的进水端。(逆水刮渣停在出水端)驱动后,行车向排污槽方向行驶,开始撇渣,当刮板把浮渣撇进排污槽后,刮板翻起,行车换向,退回到进水端后,刮板落下,再次撇渣开始。如此反复运行,待浮渣撇净后停止。

(2) 为防止换向开关失灵,在两端的换向开关后边,各装一个停止开关,以防行车超越行程。

(3) 行车上碰块与行程开关位置应在现场安装调试后固定。其动作必须先翻动刮板,后碰换向行程开关。

(4) 上述行程控制,可由电气控制设备来实现。

5.1.9 轨道及其铺设要求

(1) 钢轨的铺设以池壁顶面(或外伸的牛腿梁面)为基础,因此,安装时要求池壁的顶面平整。

(2) 钢轨的型号,一般选用 P11~P24 轻轨。跨度较小者可选用较小的钢轨。也可用型钢代替。

(3) 钢轨铺设的技术要求:

1) 轨距的偏差不超过 ±5mm;

2) 轨道纵向水平度不超过 1/1500;

3) 两平行轨道的相对高度不超过 5mm;

4) 两平行轨道接头位置应错开布置,其错开距离应大于轮距;

5) 轨道接头用鱼尾板连接,其接头左、右、上三面的偏移均不超过 1mm,接头间隙不应大于 2mm;

(4) 轨道基础板、垫板及压板等固定设施应在每间隔 1000mm 左右处设置一套,在平整度调整好后,应将轨道固定。

(5) 轨道的两终止端应安设强固的掉轨限制装置(焊接端头立柱),防止行程开关失灵,造成行车从两端出轨。端头立柱的高度应超过车轮中心线 20mm 以上。

5.1.10 计算实例

【例】 行车式撇渣机如图 5-1~2 所示。

已知:

(1) 池宽 3m,导轨安装在池顶上;轨距为 3.5m,行车轮距为 1m。

(2) 撇渣机行走速度:5m/min;

(3) 刮板选用松木板,下部加锯齿形胶板;

(4) 行车主梁的设计：主梁为简支梁，中心按集中荷载计算。

【解】 (1) 计算工字钢型号：已知：$P = 7500\text{N}$、$L = 350\text{cm}$、$E = 206\text{GPa}$。

$$f_c = \frac{PL^3}{48EI_x} \leqslant \frac{L}{700}$$

$$I_x = \frac{700PL^2}{48E} = \frac{700 \times 7500 \times 350^2}{48 \times 206 \times 10^5} = 650\text{cm}^4$$

查型钢表，选用 $I_{16}(160 \times 88 \times 6)$，即

$$I_{x-x} = 1130\text{cm}^4$$

实际挠度：

$$f_c = \frac{PL^3}{48EI_x} = \frac{7500 \times 350^3}{48 \times 206 \times 10^5 \times 1130} = 0.288\text{cm}$$

$$f_c < \frac{L}{700} = \frac{350}{700} = 0.5\text{cm}$$

(2) 翻板装置：选用重锤式翻板机构，重锤的配重计算（见图 5-4）：已知：$a = 12.5\text{cm}$、$b = 21\text{cm}$、$T = 250\text{N}$、C 取 1.4。

由式(5-5)得

$$P_{配} = C\frac{a}{b}T = 1.4 \frac{12.5}{21} \times 250 = 208\text{N}$$

翻板装置采用双侧配重，每侧配重的重锤选用 104N。

(3) 摩擦阻力：已知：$G = 7500\text{N}$、$d = 5\text{cm}$、$K = 0.03\text{cm}$（圆柱形车轮、平面轨道）、$D = 20\text{cm}$、$\mu = 0.004$（采用双列向心球面滚子轴承）、$k = 2$。

由式(5-7)得

$$P_{摩} = G\frac{2K + \mu d}{D}k = 7500 \frac{2 \times 0.03 + 0.004 \times 5}{20} \times 2 = 60\text{N}$$

(4) 轨道不平阻力：已知：$k_s = 0.001$。

由式(5-8)得

$$P_{轨} = Gk_s = 7500 \times 0.001 = 7.5\text{N}$$

(5) 风阻力：已知：$q = 150\text{Pa}$、$A = 0.7\text{m}^2$、$C = 1.3$。

由式(5-9)得

$$P_{风} = qAC = 150 \times 0.7 \times 1.3 = 136.5\text{N}$$

(6) 撒渣阻力（阻力很小，可忽略不计）：已知：$C_0 = 2$、$A = 0.1 \times 3 = 0.3\text{m}^2$、$v = \frac{5}{60}\text{m/s}$、$g = 9.81\text{m/s}^2$、$\gamma = 8000\text{N/m}^3$、$Z = 1$。

由式(5-10)得

$$P_{渣} = C_0 A \frac{v^2}{2g}\gamma Z = 2 \times 0.3 \frac{\left(\frac{5}{60}\right)^2}{2 \times 9.81} \times 8000 \times 1 = 1.7\text{N}$$

(7) 翻板阻力：参阅图 5-4。已知：$P_{阻} = 240\text{N}$、$T = 250\text{N}$、$C = 30\text{cm}$、$\alpha = 45°$、$a = 12.5\text{cm}$、$b = 21\text{cm}$。

由式(5-11)得

$$R = \frac{bP - aT}{C} = \frac{21 \times 240 - 12.5 \times 250}{30} = 63.8\text{N}$$

由式(5-12)知：

$$P_{翻} = \frac{R}{\sin\alpha} = \frac{63.8}{\sin45°} = 90.2\text{N}$$

(8) 阻力和：

$$\Sigma P = P_{摩} + P_{轨} + P_{风} + P_{渣} + P_{翻} = 60 + 7.5 + 136.5 + 1.7 + 90.2 = 296\text{N}$$

(9) 驱动功率：已知：$\eta = 0.7$、$v = 5\text{m/min}$。

由式(5-14)知：

$$N_{驱} = \frac{\Sigma P v}{1000\eta 60} = \frac{296 \times 5}{1000 \times 0.7 \times 60} = 0.035\text{kW}$$

(10) 减速器的选用及校核：

1) 总减速比：

$$i = \frac{\pi D n}{v} = \frac{3.14 \times 0.2 \times 1500}{5} = 188$$

2) 根据 N 和 i 选用 XWED 0.37-63-1/187 两级行星摆线针轮减速机：$N = 0.37\text{kW}$，$i = 187(17 \times 11)$，$M_n = 2000\text{N·m}$。

3) 连接方式：减速器与传动轴的连接采用链传动。

4) 减速器输出轴扭矩校核：

$$M_{max} = 9550\frac{N_{驱}}{n} = 9550\frac{0.035}{\frac{1500}{187}} = 41.7\text{N·m}$$

$M_{max} \ll M_n$，即 $41.7 \ll 2000$。

(11) 驱动轮打滑验算：驱动轮的正压力按行车总重力的 60% 计算：

$$N = 60\% G = 60\% \times 7500 = 4500\text{N}$$

f 取 0.15，$m = 2$，$n = 1.2$。

由式(5-17)得

$$R_n = fmN = 0.15 \times 2 \times 4500 = 1350\text{N}$$

$$n\Sigma P = 1.2 \times 296 = 355.2\text{N}$$

$1350 > 355.2$，即 $R_n > n\Sigma P$(安全)。

在冰冻地区可根据实测附着系数 f 进行验算。

5.2 绳索牵引式撇油、撇渣机

5.2.1 总体构成

绳索牵引式撇渣机由驱动机构、牵引钢丝绳、导向轨、张紧装置、撇渣小车、刮板和翻板装置等部件组成。其结构如图 5-9~10 所示。

绳索牵引撇油、撇渣设备，除驱动和钢丝绳牵引等部分外，其他部分的结构和功能与行车式基本相同。

5.2 绳索牵引式撇油、撇渣机

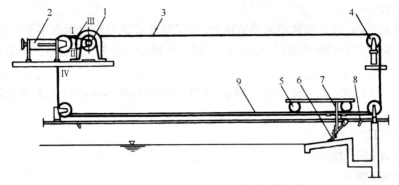

图 5-9 绳索牵引式撇渣机示意(摩擦轮式)
1—驱动机构;2—张紧装置;3—钢丝绳;4—导向轮;5—撇渣小车;6—刮板;7—翻板机构;8—挡板;9—轨道;Ⅰ、Ⅱ、Ⅲ、Ⅳ表示钢绳缠绕顺序

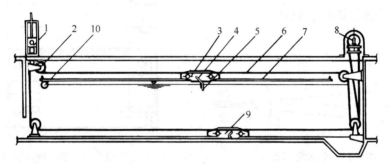

图 5-10 绳索牵引式撇油刮泥机示意(卷筒式)
1—张紧装置;2—导向轮;3—撇油车;4—翻板机构;5—刮板;
6—钢丝绳;7—轨道;8—驱动机构;9—刮泥车;10—排油管

绳索牵引撇油、撇渣机除适用于平流式池子外,还可使用于封闭式隔油池。

5.2.2 驱动装置

5.2.2.1 减速系统

(1) 减速器的选择:可根据撇渣机的工作制度、传递功率、速比及减速器的布置形式选用标准减速器或自行设计专用减速器。绳索牵引式撇渣机一般都选用行星摆线针轮减速机。行星摆线针轮减速机其优点是体积小、传动比大、寿命长和传动效率高。也有选用蜗轮减速器。

(2) 传动比的计算:总传动比:

$$i = \frac{\pi D n}{v}$$

式中 D——滚筒直径(m);
n——电动机转速(r/min);
v——撇渣小车速度(m/min)。

5.2.2.2 驱动轮

驱动轮有卷筒式和摩擦轮式两种形式。

(1) 卷筒式：

1) 卷筒的结构：有光面和螺旋槽式两种，由于螺旋槽式卷筒的优点多于光面卷筒，因此应用较广。螺旋槽采用标准槽型，其标准可参见《机械设计手册》上册第二分册第五篇第二章。

绳端在卷筒上固定必须做到安全可靠，便于检查和装拆。一般利用摩擦力来固定，其有三种方法：

① 用楔形块。
② 用压板和压紧螺钉。
③ 用盖板和螺栓。

其中③法使卷筒构造简单，而且工作可靠，故普遍采用。为了防止钢丝绳在卷筒上重压及偏离沟槽，对于钢丝绳出入卷筒的偏斜角 α 作如下规定：对于光面滚筒 $\mathrm{tg}\alpha \leqslant 0.035$（即 $\alpha \leqslant 2°$）对于螺旋槽式卷筒 $\mathrm{tg}\alpha \leqslant 0.06$（即 $\alpha \leqslant 3.5°$），钢丝绳偏角如图(5-11)所示。

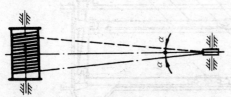
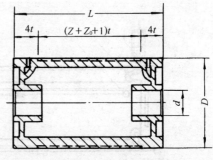

图 5-11　钢丝绳偏角　　　图 5-12　螺旋槽式卷筒

2) 卷筒的计算：

① 卷筒直径：一般为 $D \geqslant e d_s$

式中　D——卷筒名义直径(mm)；

　　　e——卷筒直径与钢丝绳直径比，取 e 为 20；

　　　d_s——钢丝绳直径(mm)。

② 卷筒的长度如图 5-12 所示：

总长度：按式(5-18)计算：

$$L = Zt + Z_0 t + t + 8t$$
$$= (Z + Z_0)t + 9t \quad (\text{mm}) \tag{5-18}$$

式中　Z——工作圈数，

$$Z = \frac{L}{\pi D_e}$$

其中　L——工作长度(mm)；

　　　D_e——卷筒直径(mm)；

　　　Z_0——附加圈数，一般 Z_0 为 1.5～3.0；

　　　t——钢丝绳的绳距(mm)。

(2) 摩擦轮式：

1) 摩擦轮的结构：

① 绳轮表面为抛物线型,如图 5-13(a)所示。这种绳轮结构虽较简单,但绳轮与钢丝绳表面摩擦较大,钢丝绳易于磨损,因此采用的不多。

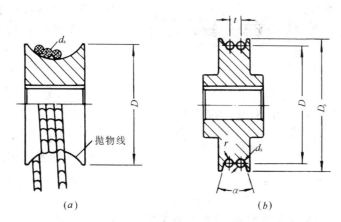

图 5-13 摩擦轮式驱动轮
(a)抛物线型摩擦轮;(b)槽型摩擦轮

② 绳轮表面为槽型,这种绳轮具有螺旋式卷筒轮的优点。轮槽圆弧半径 $r = (0.55 \sim 0.65)d_s$,多槽式摩擦轮的槽距 $t = (1.2 \sim 1.3)d_s$,槽数可根据张力和包角考虑选用。摩擦轮的两臂应向外倾斜,夹角 α 一般在 $35° \sim 60°$ 之间。图 5-13(b)所示为二槽型的摩擦轮。多槽式的摩擦轮一般与张紧轮配合使用。

2) 摩擦轮的计算:
① 摩擦轮直径计算,参考卷筒直径。
② 摩擦轮包角计算:
为了传递一定的张力,钢丝绳需要在摩擦轮上缠绕多圈,其缠绕圈数可计算钢丝绳与摩擦轮的包角。包角的计算可用下式:

$$\begin{cases} S_1 = S_2 e^{\mu\alpha} \\ T = S_1 - S_2 \end{cases} \tag{5-19}$$

式中　S_1——钢丝绳绕入端拉力(N);
　　　S_2——钢丝绳引出端拉力(N);
　　　μ——钢丝绳与轮面间摩擦系数,通常取 $\mu = 0.13$;
　　　α——钢丝绳与驱动轮的包角;
　　　e——自然对数的底数,$e = 2.718282$;
　　　T——牵引力(N)。

5.2.3　导向轮和张紧装置

5.2.3.1　导向轮

导向轮一般为铸铁或铸钢制成。轮径和绳槽规格与摩擦轮相同。

通常将导向轮装在固定的心轴上,滑轮与心轴间一般采用滑动轴承,受力较大时也可采用滚动轴承。并要求有良好的润滑。

5.2.3.2 张紧装置

绳索牵引式撇渣机主要采用螺杆式和重锤式两种张紧装置。

(1) 螺杆式 如图 5-14 所示，通过调试拉紧螺杆，使钢丝绳达到合适的张紧度。其布置型式可根据实际位置情况，分为立式或卧式。

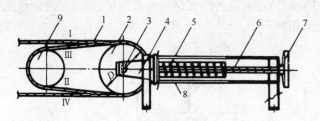

图 5-14 螺杆式张紧装置
1—牵引绳；2—张紧轮；3—轮轴；4—轮架和滑块；5—弹簧；
6—调节螺杆；7—手轮；8—支架；9—驱动摩擦轮；
Ⅰ、Ⅱ、Ⅲ、Ⅳ—表示钢丝绳缠绕顺序

螺杆式张紧装置有两种结构形式：一种为拉紧螺杆直接拉张紧轮。这种张紧装置结构较简单，但是需要经常调节钢丝绳的张力。钢丝绳经常处在一定的张力变化范围内工作。一般在张力较小的情况下用得较多。

另一种为通过弹簧拉紧张紧轮，这种张紧装置能够调节钢丝绳的张力，使钢丝绳处在一定的张力范围内工作。

(2) 重锤式：重锤用钢丝绳经过滑轮将张紧轮拉紧，使牵引钢丝绳达到一定的张力。重锤式拉紧装置可以保持钢丝绳长度变化较大时的张力稳定，能自动调节张力变化。运转比较方便可靠，在张力较大的场合运用。

重锤式张紧装置有两种形式，一种是重锤经导向滑轮直接拉张紧轮，如图 5-15(a) 所

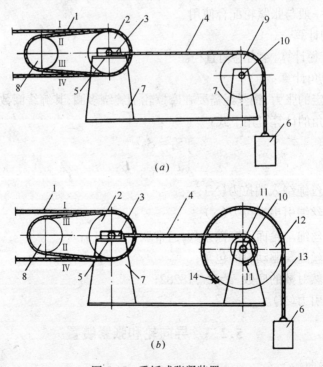

图 5-15 重锤式张紧装置
(a) 直接式重锤张紧装置；(b) 增力式重锤张紧装置
1—牵引钢丝绳；2—张紧轮；3—滑块；4—张紧轮；5—张紧轮轴；6—重锤；7—支架；8—驱动摩擦轮；9—导向轮；10—滑轮轴；11—张紧小滑轮；12—大滑轮；13—重锤绳；14—压绳板 Ⅰ、Ⅱ、Ⅲ、Ⅳ—表示钢丝绳缠绕顺序

示。其张力与重锤重力相等。另一种是张紧轮与导向轮的小轮用钢丝绳相连,配置的重锤挂在与小滑轮并连的大滑轮上,这种形式由于大小滑轮半径不同,可减少重锤的配重,适用于较大拉紧力场合,如图 5-15(b)所示。

张紧轮的结构形式,一般根据其布置形式分为单槽型和多槽型,单槽型与导向轮的结构基本相同,多槽型张紧轮与多槽型驱动摩擦轮结构基本相同。

张紧装置布置形式,由于撇渣机的牵引力较小,张紧装置一般布置在驱动轮后面直接拉紧驱动轮,也可根据实际情况布置在适当位置。

5.2.4 钢丝绳的选择

牵引式撇渣机用的钢丝绳可参照牵引设备使用的钢丝绳进行选择,要求钢丝绳具有较好的挠曲性、耐磨性和耐腐蚀性。一般使用柔性较好的同向捻 6×19 不锈钢钢丝绳。使用普通钢丝绳时应经常清除钢丝绳表面的污物并涂油保护,加强管理维修,同时要保证设备换向机构的灵敏性,以防设备超行程而使钢丝绳超负荷运行。

钢丝绳的直径选择,按照拉力进行计算。

$$S_p \geqslant nT_{max} \tag{5-20}$$

式中　T_{max}——钢丝绳最大牵引力(N);

S_p——钢丝绳破断拉力(N),从钢丝绳标准中查得;

n——钢丝绳安全系数,取$[n] \geqslant 4$。

5.2.5 撇油小车

绳索牵引式撇渣机的撇油小车多为单梁式小车,因车上无驱动装置等负荷,结构可简单。小车的主梁可按简支梁考虑,要求中心挠度(最大挠度)不大于跨度的 1/500。

其结构和组装要求可参见行车撇渣机的撇渣小车。

5.2.6 驱 动 功 率

驱动功率计算公式仍采用桁架式撇渣机的功率计算公式,其中阻力总和

$$\Sigma P = P_{摩} + P_{风} + P_{渣} + P_{翻} \quad (N)$$

各分阻力计算与行车式相同。钢丝绳与导向轮的摩擦阻力很小,可忽略不计。

5.2.7 设备的布置与安装

(1) 驱动装置和张紧装置可根据水池顶面情况,布置在池子一端的中间位置,使其牵引钢丝绳位于池子的中心位置。

(2) 要求导向轮、张紧轮的传动中心线在同一平面,以保证牵引钢丝绳紧贴在轮槽里。

(3) 小车上的牵引钢丝绳应在小车的中心位置,以保证小车运行平稳。

(4) 钢轨一般铺设在池壁的支架上或牛腿梁上,铺轨面要平整。其钢轨铺设技术可参见行车式撇渣机。

(5) 撇渣小车安装在导轨上后,如水池需要加盖,则小车的最高点应低于盖底 100mm。

(6) 钢丝绳通过摩擦轮、张紧轮和各导轮的缠绕方向要一致,尽量减少反向缠绕,以利提高钢丝绳的寿命。

5.2.8 计 算 实 例

【例】 钢丝绳牵引撇渣机的计算:已知:池宽3.5m、导轨设在池内侧壁、选用轨距3m,参见图5-9。

计算:

(1) 撇渣机运行总阻力:

1) 自重阻力:已知:$G=7000\text{N}$、$D=16\text{cm}$、$d=4.6\text{cm}$、$K=0.025\text{cm}$(圆柱形车轮踏面、平面轨道)、$\mu=0.0015$(双列向心球面球轴承)、$k=2.0$。

【解】 由式(5-7)得

$$P_{摩}=G\frac{2K+\mu d}{D}k$$

$$=7000\frac{2\times0.025+0.0015\times4.6}{16}\times2=50\text{N}$$

2) 轨道不平阻力:已知:$k_s=0.001$。

【解】 由式(5-8)得

$$P_{轨}=k_sG=0.001\times7000=7\text{N}$$

3) 撇渣阻力:阻力很小,可忽略不计。已知:

$$C_0=2、\quad A=0.1\times3=0.3\text{m}^2、$$

$$v=\frac{6}{60}\text{m/s}、\quad \gamma=8000\text{N/m}^3、$$

$$Z=1、\quad g=9.81\text{m/s}^2。$$

【解】 由式(5-9)得

$$P_{渣}=C_0A\frac{v^2}{2g}\gamma Z$$

$$=2\times0.3\frac{0.1^2}{2\times9.81}\times8000\times1=2.45\text{N}$$

4) 阻力和:

$$\Sigma P=P_{摩}+P_{轨}+P_{渣}$$

$$=50+7+2.45=59.5\text{N}$$

(2) 驱动功率:已知:$v=6\text{m/min}$,$\eta=0.7$。

由式(5-14)得

$$N=\frac{\Sigma Pv}{1000\eta60}=\frac{59.5\times6}{1000\times0.7\times60}=0.0085\text{kW}$$

(3) 减速器的选择:

1) 减速比:已知:$D=0.16\text{m}$、$n=1500\text{r/min}$、$v=6\text{m/min}$。即

$$i=\frac{\pi nD}{v}=\frac{3.14\times1500\times0.16}{6}=126$$

2) 选用二级行星摆线针轮减速器,型号为 XWED 0.37-63-1/121,N 为 0.37kW,i 为 121,M_n 为 2000N·m。

3) 减速器输出轴扭矩校核:

$$M_{\max} = 9550 \frac{N}{n} = 9550 \times \frac{0.0085}{\frac{1500}{121}} = 6.55 \text{N·m}$$

$$M_{\max} \ll M_{\text{n}} \circ$$

(4) 撇渣机主梁计算(选用单梁式):已知:$L = 300\text{cm}$、$P = 3000\text{N}$、$E = 206 \times 10^5 \text{N/cm}^2$。据

$$f_{\text{c}} = \frac{PL^3}{48EI} \leqslant \frac{L}{700}$$

则

$$I \geqslant \frac{700 PL^2}{48E} = \frac{700 \times 3000 \times 300^2}{48 \times 206 \times 10^5} = 191 \text{cm}^4$$

主梁选用 14 号工字钢($I = 712 \text{cm}^4$)。

(5) 摩擦轮计算:已知:$W = 90\text{N}$、$\mu = 0.13$、$\alpha = 2\pi$。

$$\begin{cases} S_1 - S_4 = W \\ S_1 = S_4 e^{\mu\alpha} \end{cases}$$

$$\begin{cases} S_1 - S_2 = 90\text{N} \\ S_1 = S_4 e^{0.13 \times 2\pi} = 2.26 S_2 \end{cases}$$

$$\begin{cases} S_4 = 71\text{N} \\ S_1 = 161\text{N} \end{cases}$$

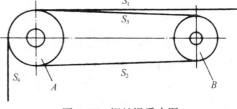

图 5-16 钢丝绳受力图
A—张紧轮;B—驱动轮

(6) 张紧力计算:钢丝绳在摩擦轮上绕 2 圈,包角为 $\alpha = 2\pi$(如图 5-16 所示)。

张紧力为

$$S = \frac{4(S_1 + S_4)}{2} = \frac{4(161 + 71)}{2} = 464\text{N}$$

张紧装置选用带弹簧的螺杆式张紧装置。

(7) 钢丝绳的选用:选用 $\phi 7.7\text{D} - 6 \times 19 + 1 - 7.7 - 140$(GB 1102—74)。

破断拉力为 31300N,

则

$$n = \frac{S_{\text{P}}}{T_{\max}} = \frac{S_{\text{P}}}{S_1} = \frac{31300}{464} = 67 > [n] (符合安全)$$

5.3 链条牵引式撇渣机

5.3.1 总 体 构 成

链条式撇渣机(如图 5-17 所示)的总体构成,它是一种带多块刮板的双链撇渣机。主要由驱动装置、传动装置、牵引装置、张紧装置、刮板、上下轨道和挡渣板等部分组成。

链条式撇渣机有如下主要特点:

(1) 刮板块数较行车式、绳索式撇渣机多。可适当降低撇渣机的行走速度,减轻链条链轮的磨损,并能使产生的浮渣立即撇除。

(2) 撇渣机在池上作单向直线运动,不必换向,因而不需要行程开关;电源连接和控制

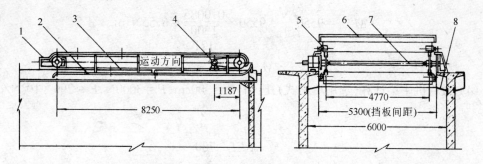

图 5-17 链式撇渣机

1—张紧装置；2—导轨与支架；3—片式牵引链；4—减速装置；5—托轮组；6—刮板装置；7—轴；8—挡渣板

都较简单,减少电气设备的故障。

5.3.2 驱动功率计算

5.3.2.1 撇渣机在运行中所受的水平牵引力

(1) 摩擦阻力:按式(5-21)计算：

$$P_摩 = P_{摩1} + P_{摩2} \quad (N) \tag{5-21}$$

式中 $P_{摩1}$——链条与导轨间之摩擦阻力(N)；

$P_{摩2}$——刮板与排渣堰之摩擦阻力:按式(5-22)计算：

$$P_{摩1} = 2L\left(G_c + \frac{G_f}{2e}\right)\mu_1 \quad (N) \tag{5-22}$$

式中 L——撇渣长度即主动轮轴-从动轮轴中心距(m)；

G_c——每米链条的重力(N/m)；

G_f——刮板(包括附件)重力(N)；

e——刮板间距(m)；

μ_1——链条滑块与导轨间的摩擦系数,一般取 $\mu_1 = 0.33$。其计算按式(5-23)为

$$P_{摩2} = \mu_2 P_1 \quad (N) \tag{5-23}$$

式中 P_1——刮板与排渣堰板压力(N)；

μ_2——刮板与排渣堰间的摩擦系数。

(2) 撇渣阻力:由于链式撇渣机的撇渣速度缓慢(一般在 1m/min 以内),撇渣阻力很小,一般可忽略不计。

(3) 链条驰垂引起的张力:按式(5-24)计算：

$$P_张 = \frac{50}{8} e G_c \quad (N) \tag{5-24}$$

(4) 链轮的转动阻力:按式(5-25)计算：

$$P_转 = P_{转A} + P_{转B} \quad (N) \tag{5-25}$$

$$P_{转A} = R_A \frac{d_A}{D_A} \mu \quad (N)$$

$$P_{转B} = R_B \frac{d_B}{D_B} \mu \quad (N)$$

式中 $P_{转A}$——A 链轮转动阻力(N);
　　　$P_{转B}$——B 链轮转动阻力(N);
　　　R_A——A 链轮合拉力(N);
　　　R_B——B 链轮合拉力(N);
　　　d_A——A 链轮的心轴直径(mm);
　　　d_B——B 链轮的心轴直径(mm);
　　　D_A——A 链轮节径(mm);
　　　D_B——B 链轮节径(mm);
　　　μ——轴与轴承的摩擦系数,(一般取 $\mu=0.2$)。

5.3.2.2 每条主链水平总牵引力

每条主链水平总牵引力,按式(5-26)计算:

$$P_主 = k\Sigma P \quad (N) \tag{5-26}$$

式中 k——工作环境系数,一般取 1.4;
　　　ΣP——水平牵引合力,按式(5-27)为

$$\Sigma P = \frac{1}{2}P_渣 + P_摩 + 2P_张 + P_转 \quad (N) \tag{5-27}$$

5.3.2.3 传动链牵引力

传动链牵引力,按式(5-28)计算:

$$P_传 = 2P_主 \frac{D}{d_1} \quad (N) \tag{5-28}$$

式中 d_1——传动链大链轮节圆直径(mm);
　　　D——主链轮节圆直径(mm)。

5.3.2.4 驱动功率计算

驱动功率,按式(5-29)计算:

$$N = \frac{P_传 v_传}{1000\eta 60} = \frac{2P_主 v_主}{1000\eta 60} \quad (kW) \tag{5-29}$$

式中 $v_传$——传动链的线速度(m/min);
　　　$v_主$——撒渣机行走速度(主链线速度)(m/min);
　　　η——传动装置总效率,取 0.65~0.8;

$$\eta = \eta_1 \eta_2 \eta_3,$$

其中 η_1——减速器的传动效率;
　　　η_2——链传动效率;
　　　η_3——轴承传动效率。

5.3.3 驱动和传动装置

5.3.3.1 安全剪切销的设计

为了防止撒渣机超负荷运行,在减速器的输出轴设置安全剪切销装置,其结构如图5-16所示。

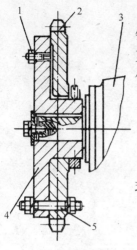

图 5-18 剪切销式安全联轴器
1—油嘴；2—传动链轮；3—减速器；4—链轮座；5—安全剪切销

剪切销一般为特制的双头光螺栓，并要求其硬度略低于链轮和链轮座的硬度。安装剪切销的销孔端面不应倒钝，以便过载时剪断剪切销。链轮和链轮座要保证充分润滑，以免链轮和链轮座生锈卡住。

剪切销在安装前应做剪切试验。

剪切销直径计算：

$$d = \sqrt{\frac{4kM 10^3}{\pi R [\tau] Z}} \quad (\text{mm}) \tag{5-30}$$

式中　M——计算扭矩(N·m)；
　　　k——过载限制系数，一般取 2.1；
　　　$[\tau]$——材料许用剪切应力(MPa)；
　　　　　$\tau = (0.6 \sim 0.8)\sigma_b$，
　其中　σ_b——材料许用拉伸应力(MPa)；
　　　R——剪切销孔中心至轴心距离(mm)；
　　　Z——剪切销数量。

采用此公式计算剪切销直径时，应使 $kM < M_n$ 以保证减速器的安全。M_n 为减速器输出轴扭矩。

5.3.3.2 减速器的选择

链式撇渣机一般选用行星摆线针轮减速机，条件许可时也可选用其他形式减速器。

减速器可按下列条件选择参数：

(1) 减速器输出轴转速应尽可能接近计算转速，即用变更传动链上的大、小链轮的节径，使计算转速与减速器出轴转速一致。

减速比：按式(5-31)计算：

$$i = \frac{\pi D n}{v} \frac{d_2}{d_1} \tag{5-31}$$

式中　n——电动机转数(r/min)；
　　　i——减速器的传动比；
　　　v——撇渣机行走速度，一般 v 在 1m/min 以内；
　　　D——牵引链轮节径(m)；
　　　d_1——大链轮节径(m)；
　　　d_2——小链轮节径(m)。

(2) 减速器输出轴的扭矩应大于计算矩，即

$$M_n \geq 9550 \frac{N}{n} \quad (\text{N·m})$$

式中　N——计算功率(kW)；
　　　n——减速器输出轴转数(r/min)。

(3) 减速器的输入功率应大于计算功率，即

$$N_n \geq N \quad (\text{kW})$$

5.3.3.3 链条的选择和链轮的设计

(1) 链条的选择:

链式撇渣机所使用的链条有牵引链条和传动链条两种:

1) 牵引链条:牵引链条是撇渣机的主要部件,由于撇渣机的工作环境较差,经常出没于污水中容易生锈,因此,要求撇渣机的链条具有耐磨性、耐腐蚀性、抗拉强度大、结构简单和安装方便等特点。

目前撇渣机使用的牵引链条主要有两种结构形式:片式牵引链和销合链。

片式牵引链:此链主要由链板、销轴和套筒组成,现已有定型产品,可根据最大牵引力选用适当标准链条,牵引力计算:

$$Q_j = k_s k_L P_主 \leqslant Q_n \tag{5-32}$$

式中 Q_j——计算牵引力(N);

k_s——链条的安全系数,一般为7~10;

k_L——长度系数$\left(当 L<50\text{m} 时, k_L=1, 当 l>50\text{m} 时, k_L=\dfrac{L}{50}\right)$;

$P_主$——每条主链的牵引力(N);

Q_n——破断载荷(N),可查链条产品样本。

销合链:为了克服片式牵引链的耐磨性和耐腐蚀性较差以及价格较贵的缺点,现已开始研究和使用铸造成型的销合链。销合链主要由链条本体、销钉和开尾销三部分组成。其链主体是由可锻铸铁、球墨铸铁等高强度材料整体铸造而成,其结构如图5-19所示,它是由套筒、链板和止转部分组成。销合链的使用寿命,取决于套筒表面的耐磨性,套筒表面一般要进行热处理,以提高套筒表面的硬度,增强其耐磨性。

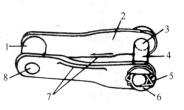

图 5-19 铸造链节图
1—套筒;2—链节;3—销孔;4—销钉;
5—开尾销;6—止转件;7—磨损
靴垫;8—套筒孔

销合链目前国内无正式产品,要自行设计制造。美国制定有水和污水处理用销合链、附件和链轮标准 ANSI B29、21M-1981,其中有直边式和曲边式各四种规格可供参考。

2) 传动链:一般采用国产单排套筒滚子链,先根据最大工作负荷和安全系数来计算破断负荷,然后根据破断负荷选择合适的链条。

(2) 链轮:链式撇渣机所用的链轮有传动链用的大、小传动链轮、牵引链用的主链轮和导向链轮(从动链轮)等四种。链轮一般用铸钢或高强度的铸铁铸造,齿面要进行热处理。其硬度与链条套筒的硬度相仿。

传动链对大、小传动链轮的传动,其传动比 i 一般为1~4,不宜过大。

链轮的齿数设计要适当,如齿数少,链轮磨损大;如齿数多,直径大,不经济。主链轮的齿数一般在11~14齿之间。主链轮与导向链轮可以根据结构需要设计得一样。

套筒传动链的链轮主要尺寸计算,按式(5-33)为

$$D_0 = \dfrac{t}{\sin\dfrac{180°}{Z}} \tag{5-33}$$

$$D_{1\text{套}} = t\left(0.6 + \operatorname{ctg}\frac{180°}{Z}\right) \tag{5-34}$$

$$D_{1\text{牵}} = D_0 + 0.7d \tag{5-35}$$

式中　D_0——链轮节圆直径(mm);

　　　$D_{1\text{套}}$——套筒传动链轮外圆直径(mm);

　　　$D_{1\text{牵}}$——片式牵引链轮外圆直径(mm);

　　　t——链轮节距(mm);

　　　d——片式链滚轴直径(mm);

　　　Z——链轮齿数。

5.3.3.4　传动轴

链式撇渣机的传动轴分为主动轴和从动轴。为了设计、制造和安装的方便,如条件允许,主动轴和从动轴可设计得一样。为了减轻轴重,传动轴可采用无缝钢管加轴头的结构形式,如图 5-20 所示。

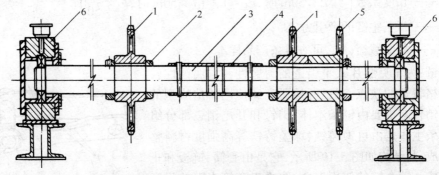

图 5-20　主动轴及轴承装置

1—牵引链轮;2—锁紧挡圈;3—主动轴;4—联轴器;5—单列大链轮;6—轴承装置

5.3.3.5　张紧装置

(1) 传动链的张紧装置:链式撇渣机的传动链一般为水平安装,紧边在上面,其张紧形式大部为滑轨式调节装置。

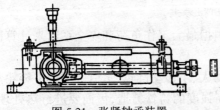

图 5-21　张紧轴承装置

(2) 牵引主链的张紧装置:主链的张紧装置一般为螺旋滑块式张紧装置,其结构如图 5-21 所示。在从动轴的两端各安装一套此装置,调整时可直接调整主动轴和从动轴的中心距。此装置的调整范围应大于两个链节节距,调整时应使两条主链的张度基本相等,并保证撇渣板与主链条垂直。

装置的轴承采用调心滚动轴承,也可采用滑动轴承。调整螺杆须经氮化处理,调整滑轨和轴承应加注润滑脂润滑。

5.3.4　刮板和刮板链节

5.3.4.1　刮板结构

一般用槽钢、钢板、耐油橡胶和螺栓等组成。其结构如图 5-22 所示。刮板两端装有托轮,以保证刮板正常撇渣。

5.3 链条牵引式撇渣机

5.3.4.2 刮板安装

刮板固定在刮板链节上,也有固定在定距轴上。撇渣胶皮一般深入浮渣层以下进行撇渣,为了调节所撇渣层厚度,刮板一般设计成可调式,以便安装时调整撇渣板位置高度。

5.3.4.3 刮板间距

一般要求主链周长有3~5块刮板即可,当刮板的间距较大时,为了减小链条的弧垂,可以在两组刮板间加设装有托轮的定距轴。定距轴的间距一般在2m左右,如图5-23所示。也有在每间隔2~4m处装一组刮板。

5.3.4.4 托轮

为了保证主链沿着轨道行走和减小弧垂,一般在每间隔2m左右加装一组托轮。托轮可安装在刮板或定距轴上,同一刮板上左右两组托轮的中心线应重合。

5.3.4.5 刮板链节

片式链的刮板链节一般为外链节,主要尺寸与外链节一样,上部为与刮板连接的支承板。销合式刮板链节为铸造件,其材料与主链的要求一样,可以与主链一起委托链条厂加工制造。

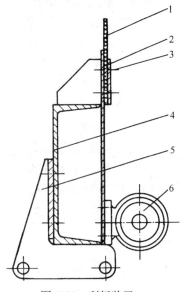

图 5-22 刮板装置
1—橡胶板;2—压板;3—螺栓螺母;4—刮架;5—刮板链节;6—托轮

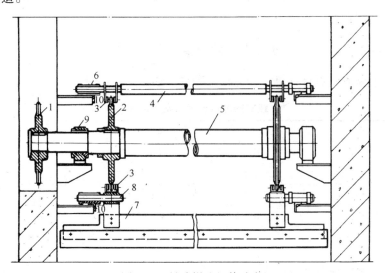

图 5-23 链式撇渣机传动布置
1—传动链轮;2—牵引链轮;3—牵引链;4—定距轴;5—传动轴;6—托滚轮;7—刮板;8—刮板轴;9—滑动轴承;10—导轨

5.3.5 导轨及设备安装要求

链式撇渣机的轨道分上导轨和下导轨。上下导轨各两条。导轨一般用角钢或轻型钢轨按托轮行走轨迹设计,上导轨焊在池壁上的支架上,下导轨焊在池壁的预埋钢板上。

设备安装的技术要求：
(1) 轨道铺设后其不直度允差为1/1000，全长允差不应超过5mm。
(2) 上、下导轨跨中心线与两牵引链跨中心线的重合度为3mm。
(3) 两条牵引链安装后要同位同步。
(4) 同一链条上，牵引链轮和导向链轮应在同一平面内，其允差为1mm。
(5) 主动轴的水平允差为0.5/1000。主动轴和从动轴相对平行度公差，在水平和垂直平面内均为1/1000。

主动轴和从动轴相对标高允差5mm。
(6) 安装后，牵引链的弛垂度，不大于50mm。
(7) 安装后，应使刮板和集渣槽的圆弧边沿全部均匀接触。
(8) 设备的各传动部件经调整妥善后，应拧紧紧固螺栓或焊接。

5.3.6 挡渣板和出渣堰

5.3.6.1 挡渣板

在有外伸梁的水池中，为了消除撇渣时存在的死区和浮渣倒流现象，可在池子两边设置挡渣板，如图5-17所示。挡渣板表面应光滑平直，两块板互相平行，其间距与刮板尺寸相吻合，挡渣板与池墙应焊接密封，以防浮渣进入挡板内。

5.3.6.2 出渣堰

为了使浮渣顺利刮进排渣槽，可在排渣槽的浮渣进口处设置出渣堰，一般按照刮板行走的圆弧轨迹设计圆弧形出渣堰板。

5.3.7 计算实例

【例】 链式撇渣机设计计算：已知：设计条件见表5-4。

链式撇渣机已知的设计条件　　　　　　　　　　　　表5-4

池长 L	(m)	14.2	浮渣密度 γ	(kg/m³)	800
池宽 B	(m)	6.0	水质情况 SS	(kg/m³)	0.25
水深 H	(m)	3.1	污物去除率 ξ	(%)	60
刮板间距 e	(m)	2.0	撇渣长度 L	(m)	8.25
撇渣平均深度 h	(m)	0.1	撇渣宽度 b	(m)	5.3
行走速度 v	(m/min)	0.3	停流时间 t	(h)	1

【解】 (1) 撇渣能力理论计算：
1) 池容积：
$$v = LBH = 14.2 \times 6 \times 3.1 = 264.12 \text{m}^3$$

2) 流量：
$$Q = \frac{v}{t} = \frac{264.12}{1} = 264.12 \text{m}^3/\text{h}$$

3) 浮渣产量：由式(5-1)得：
$$Q_d = SSQ\xi = 0.25 \times 264.12 \times 0.6 = 39.6 \text{kg/h}$$

4) 含水率98%浮渣量：由式(5-2)得
$$Q_{98} = \frac{100}{100-98} Q_d = \frac{100}{100-98} \times 39.6 = 1980 \text{kg/h}$$

5) 刮渣机撇渣能力：由式(5-3)得
$$Q_1 = 60hbv\gamma = 60 \times 0.1 \times 5.3 \times 0.3 \times 800 = 7632 \text{kg/h}$$
$$Q_1 > Q_{98} \quad 即：刮渣能力＞产渣量$$

(2) 每天运行时间：由式(5-4)得
$$T = \frac{Q_{98} \times 24}{Q_1} = \frac{1980 \times 24}{7632} = 6.2 \text{h} < 12 \text{h}$$

(3) 功率计算：

1) 主链条受力计算：

① 摩擦阻力（链条空转阻力）：

【例】 已知：$L = 8.25$m、$G_c = 50$N/m、$\mu_1 = 0.33$、$\mu_2 = 0.6$、$G_f = 1390$N、$P_1 = 150$N、$e = 2$m。

【解】 由式(5-21)得
$$P_摩 = P_{摩1} + P_{摩2}$$

由式(5-22)得
$$P_{摩1} = 2L\left(G_c + \frac{G_f}{2e}\right)\mu_1$$
$$= 2 \times 8.25 \times \left(50 + \frac{1390}{2 \times 2}\right) \times 0.33 = 2164\text{N}$$

由式(5-23)得
$$P_{摩2} = \mu_2 P_1 = 0.6 \times 150 = 90\text{N}$$

故
$$P_摩 = P_{摩1} + P_{摩2} = 2164 + 90 = 2254\text{N}$$

② 撇渣阻力：由于链式撇渣机行走速度很慢，其阻力可忽略不计。

③ 链条弛垂引起的张力：由式(5-24)得
$$P_张 = \frac{50}{8} e G_c = \frac{50}{8} \times 2 \times 50 = 625\text{N}$$

④ 链轮的转动阻力（如图5-24所示）：

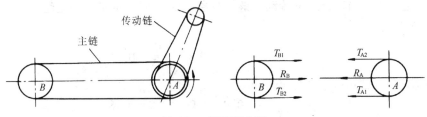

图5-24 链轮受力图

A—主链轮；B—从链轮

【例】 已知：$D = 48.3$cm、$d = 9$cm、$P_{摩1} = 2254$N、$P_张 = 625$N、$P_{摩2} = 90$N、$\mu = 0.11$。

【解】 转动阻力由式(5-25)得

$$P_{转} = P_{转A} + P_{转B}$$

$$P_{转A} = R_A \frac{d_A}{D_A}\mu$$

$$P_{转B} = R_B \frac{d_B}{D_B}\mu$$

因

$$T_{B1} = \frac{1}{2}P_{摩1} + P_{张} = \frac{1}{2} \times 2254 + 625 = 1752\text{N}$$

$$T_{B2} = T_{B1} + P_{转B} = T_{B1} + R_B \frac{d_B}{D_B}\mu$$

其中

$$R_B = T_{B1} + T_{B2} \approx 2T_{B1} = 2 \times 1752 = 3504\text{N}$$

故

$$T_{B2} = T_{B1} + R_B \frac{d_B}{D_B}\mu = 1752 + 3504 \frac{9}{48.3} \times 0.11 = 1824\text{N}$$

$$P_{转B} = R_B \frac{d_B}{D_B}\mu = 3504 \times \frac{9}{48.3} \times 0.11 = 72\text{N}$$

又因

$$T_{A1} = T_{B2} + \frac{1}{2}P_{摩1} + P_{摩2} + P_{张} + \frac{1}{2}P_{渣}$$

$$= 1824 + \frac{1}{2} \times 2254 + 90 + 625 + \frac{1}{2} \times 0 = 3666\text{N}$$

$$T_{A2} = P_{张} = 625\text{N}$$

$$R_A = T_{A1} + T_{A2} = 3666 + 625 = 4291\text{N}$$

故

$$P_{转A} = R_A \frac{d_A}{D_A}\mu = 4291 \times \frac{9}{48.3} \times 0.11 = 88\text{N}$$

$$P_{转} = P_{转A} + P_{转B} = 88 + 72 = 160\text{N}$$

⑤ 每条主链总牵引力

由式(5-26)、式(5-27)得

$$\Sigma P = \frac{1}{2}P_{渣} + P_{摩} + 2P_{张} + P_{转}$$

$$= 0 + 2254 + 2 \times 625 + 160 = 3664\text{N}$$

$$P_{主} = k\Sigma P, 其中 k = 1.4,$$

$$P_{主} = 1.4 \times 3664 = 5130\text{N}$$

2) 传动链的拉力计算：

【例】 已知：$d = 479.5$mm(传动大链轮节径)、$D = 483$mm(牵引主链轮节径)。
由式(5-28)得

$$P_{传} = 2P_{主}\frac{D}{d} = 2 \times 5130 \times \frac{483}{479.5} = 10335\text{N}$$

3) 驱动功率：已知：$v_{主} = 0.3$m/min,

$$\eta = \eta_1 \eta_2 \eta_3 = 0.9 \times 0.96 \times 0.9 = 0.78$$

由式(5-29)得

$$N = \frac{2P_{主}V_{主}}{1000\eta 60} = \frac{2 \times 5130 \times 0.3}{1000 \times 0.78 \times 60} = 0.065\text{kW}$$

(4) 设备选择：

1) 减速器的选择：

① 减速比：

【例】 已知：$d_2 = 234.8$mm（传动小链轮节径）

$d_1 = 479.5$mm（传动大链轮节径）

$v = 0.3$m/min，$D = 483$mm（牵引主链轮节径），$n = 1500$r/min。

【解】

$$i = \frac{\pi D n}{v} \frac{d_2}{d_1} = \frac{3.14 \times 483 \times 1500}{0.3 \times 1000} \times \frac{234.8}{479.5}$$

$$= 3715.15$$

取标准减速比 $i = 3481$

② 扭矩：

已知：$N = 0.065$kW（计算功率）。

减速器输出轴转数为

$$n_2 = \frac{v}{\pi D} \frac{d_1}{d_2} = \frac{0.3 \times 1000}{3.14 \times 483} \times \frac{479.5}{234.8} = 0.404 \text{r/min}$$

$$M_{max} = 9550 \frac{N}{n_2} = 9550 \frac{0.065}{0.404} = 1536.5 \text{N·m}$$

选用 XWED 0.37-63-1/3481 行星摆线针轮减速机：$N = 0.37$kW、$i = 3481$、$M_n = 1961$N·m。

$M_{max} < M_n$ （合适）。

2) 剪切销的计算：

【例】 已知：$M = 1536.5$N·m，$k = 2.1$，$R = 85$mm，$Z = 1$，销钉材料 35 钢，$\sigma_b = 530$MPa，$[\tau] = 0.7\sigma_b = 371$MPa。

【解】 由式(5-30)得

$$d = \sqrt{\frac{4kM 10^3}{\pi R [\tau] Z}}$$

$$= \sqrt{\frac{4 \times 2.1 \times 1536.5 \times 10^3}{3.14 \times 85 \times 371 \times 1}} = 11.41 \text{mm}$$

取 $d = 11.5$mm。

3) 传动链的选用：选用 $S_P = 86700$N、20A 型套筒滚子链、链条节距 $t = 31.75$mm。

安全系数为

$$k_s = \frac{S_P}{P_{传}} = \frac{86700}{10335} = 8.39 > 7$$

4) 牵引链的选用：已知：$k_s = 7$，$k_L = 1$，$P_主 = 5130$N、$Q_n = 70000$N。

计算牵引力 Q_j：由式(5-31)得

$$Q_j = k_s k_L P_主 = 7 \times 1 \times 5130 = 35910 \text{N}$$

选用 $Q_n = 70000$N、3016 型平滑滚子牵引链。

安全系数为

$$k_s = \frac{Q_n}{P_主} = \frac{70000}{5130} = 13.65 > 7$$

其余计算从略。

5.4 排污装置

5.4.1 槽式排污装置

5.4.1.1 结构形式

槽式排污装置如图 5-25 所示。

槽式排污装置多为钢筋混凝土结构。它是与池体同时浇注而成,也有用钢板焊接后固定在池壁上。它有两种形式:(1)带撇渣斜板型,见图 5-25(a);(2)不带撇渣斜板型如图 5-25(b),带撇渣斜板的排污槽能使浮渣顺着斜板刮进槽内。使用效果很好,但斜板占有一定的气浮表面而使气浮池增大。

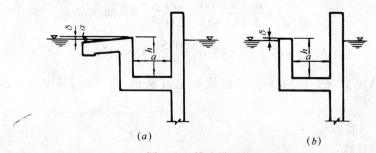

图 5-25 槽式排污装置
(a)带斜板的排污槽;(b)不带斜板的排污槽

槽式排污槽的断面尺寸,一般为(高 h×宽 a)400×400mm,也可根据浮渣的数量、浓度决定排污槽的断面尺寸。斜板的角度 α 一般为 5°～10°之间。液面与斜坡顶端应设有间隙 δ,使池水不外溢

5.4.2.2 安装要求

(1) 排污槽必须安装在撇渣机刮板翻板的适当位置。
(2) 排污槽的进污槽面要高出池内水面 5～20mm,以防污水流入排污槽。
(3) 排污槽的槽底平面要有一定坡度(2°～5°),以利浮渣顺槽流出。

5.4.2 管式排污装置

5.4.2.1 结构形式

管式排污装置,如图 5-26 所示。

排污管常采用直径为 300mm 的钢管,排污管顶开缝宽成 60°的圆心角。排污管的一端加装旋转机构以便操作人员在池面操作。

撇渣时,旋转手轮,通过蜗轮旋转机构(也有用杠杆机构)带动排污管旋转一定角度,使槽口单侧没入液面以下,浮油浮渣自动流入管内排出池外。撇完油、渣后,反向旋转手轮,使槽口向上,槽口下沿高出液面停止排除浮油、浮渣。

另一种形式为排污管不旋转,在排污管中央的上部配置球阀,用手轮使球上下动作而进

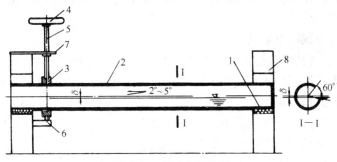

图 5-26 管式排污装置
1—轴瓦；2—开口式集污管；3—蜗轮；4—手轮；5—蜗杆轴；6—支承轴承；
7—支板；8—池壁

行排污，如图 5-27 所示。

5.4.2.2 安装要求

(1) 排污管必须安装在撇渣机刮板翻板后适当位置。

(2) 排污管安装须有一定坡度(一般为 2°~5°)。

(3) 排污管安装后，要求转动自由，旋转机构转动灵活。

5.4.3 升降式排污装置

升降式排污装置是将槽式或管式排污装置通过螺杆升降装置，在不撇渣时，将排污管升到水面以上，撇渣时，落入水中适当位置进行撇渣。它

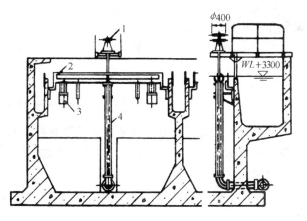

图 5-27 球阀式排污装置
1—手轮；2—撇渣器；3—支座；4—排污管

的优点是增大了浮选池的浮选面积，缺点是增加了一套吊装装置，结构稍复杂。

5.5 滗 水 器

序批式活性污泥处理法《Sequencing Batch Reactor》，又称间歇式曝气。是在单一的反应池内，按照进水、曝气、沉淀、排水等工序进行活性污泥处理的工艺，其污水处理的单元操作，可按时间程序，有序反复地连续进行。每周期 6~8h。在配置了先进的测、控装置后，可全自动运行。该工艺具有投资省、效率高、节省占地面积等诸多优点。

(1) 滗水器是 SBR 水处理工艺的沉淀阶段，为排除与活性污泥分离后的上清液的专用设备，其主要功能应满足如下要求：

1) 追随水位连续排水的性能：为取得分离后清澄的上清液，滗水器的集水器应靠近水面，在上清液排出的同时，能随反应池水位的变化而变化，具有连续排水的性能。

2) 定量排水的功能：滗水器运作时应能不扰动沉淀的污泥，又能不将池中的浮渣带出，按规定的流量排放。

3) 有高可靠性：滗水器在排水或停止排水的运行中，有序的动作应正确、平稳、安全、可靠、耗能小、使用寿命长。

(2) 设计时应兼顾以下事项：

1) 不同的滗水器其结构性能均有较大差异，部分滗水器由于自身结构的制约，限制了滗水深度 ΔH。为了保证出水水质和单位时间的流量，设计时应根据工艺要求，确定合理的滗水范围、滗水速度和滗水时间。

2) 滗水器滗水时，由于排水管道通常是空管，进水时会发生气阻，尤其是设计中排水管道采用满流或接近满流时，应采取必要的排气措施。

3) 对介于气、液二相之间的滗水部件应考虑其材料适应性。

4) 当对滗水速度有较高要求时，可优先考虑机械动力配合。

5) 当采用的滗水器在曝气阶段有污水进入时，在操作过程中，应考虑滗水前的污水排出。

6) 设计时应着重考虑浮力与重力的平衡问题，以使所耗用的功率最小。

7) 依靠恒定浮力作用的滗水器，其浮力在滗水时，应始终大于重力，并有足够的裕度，避免在滗水过程中发生下沉现象。

8) 不同的滗水器，在考虑其集水口形式时，应注重浮渣挡板的设计，避免浮渣进入滗水管。

5.5.1 滗水器的分类

滗水器形式随工艺条件和池形的结构而有所不同，通常分为固定式和升降式，固定式一般都是由固定不变的排水管组成，不随水位的变化而运动，升降式在滗水过程中能始终追随水位的变化。

目前在应用的滗水器形式多样，分类的办法各不相同。表 5-5 从不同的角度对滗水器作了归纳。

滗水器分类　　　　　　　　　　　表 5-5

形式	分		类	说　明	图　示
固定式	按排水方式分	虹吸式		靠虹吸原理完成排水工作	5-28(a)
		重力流式	固定管式　单层	靠固定的穿孔管集水，由阀门控制排水	5-28(b)
			固定管式　双层		
			固定管式　多层		
		短管式		靠喇叭管集水，由阀门控制排水	5-28(c)
升降式	按集水方式分	堰槽式	圆形堰	堰槽为环形状，堰式进流	5-29(a)
			单面矩形堰	堰槽单面开口，堰式进流	
			多面矩形堰	堰槽2面、3面或4面开口，堰式进流	5-29(b)(c)
		穿孔管式	单管	以单根管道集水	
			多管	以2根以上管道集水	
		吸口式	虹吸	靠水下虹吸口滗水	5-28(a)
			泵吸	一般靠泵类设备完成滗水动作	5-35
		堰门式		类似给排水工程中的堰门，靠门板的上下移动，完成闲置与滗水	5-36

续表

形式	分类			说明	图示
升降式	按排水管性质分	柔性管	软管	以柔性管可变性,作为追随水位变化的主要方法	5-29
			波纹管		5-30
		刚性管	可伸缩套筒	以可伸缩的套筒作为追随水位变化的方法	5-32
			旋臂直管	以刚性直管的转动作为追随水位变化的主要方法	5-33
			肘节直管	以多节直管通过回转接头作为追随水位变化的主要方法	5-34(b)
	按追随水位变化的力分	浮筒力	恒浮力 阀控	定期开启阀门完成排水,反之则闲置	5-34(a)
			恒浮力 门控	利用拍门原理,使集水槽闭口,闲置;反之则滗水	5-37
			变浮力 注气	给浮筒注气并排出浮筒内的水,使集水管上浮,完成闲置;反之则完成滗水	5-29
			变浮力 压筒	将浮筒下压,使集水口抬高,闲置;反之则滗水	5-33(a)
		机械力	螺杆传动	以螺杆的传动,完成闲置和滗水动作	5-43
			钢索传动	以钢索牵引使集水口抬出水面而闲置,重力滗水	5-33(c)
		复合力		以浮力、机械力等相互配合、叠加,完成滗水和闲置动作	5-37
	按自动化程度分	手动		定期、定时以手动操作使之滗水或闲置	5-31
		半自动		以水位和时间作为条件,连续控制滗水或闲置	
		全自动		对水质、水位连续监测与控制实施周期性滗水或闲置	

5.5.2 滗水器的型式

滗水器经不同设计,可产生多种型式。由于分类的方法不同,其命名各不一样,同一设备各地称呼不一,但大多是按照滗水器特征称呼。

5.5.2.1 固定式滗水器

固定式滗水器(亦可称为管式滗水器)由于其自身结构限制、仅适用于不追随水位变化的场合,选用时首先应考虑工艺要求。图5-28中几种结构可适用于不同工艺要求。

图5-28(a)为虹吸管式:当需排水时,电磁阀打开,积聚在管上部的空气被放掉,关闭电磁阀,使之形成虹吸,自动排水,直至真空破坏后,停止排水,等待下一个循环。

图5-28(b)为双层固定管式:利用手动阀或电磁阀完成滗水工作,曝气时管内会流入污水,所以排水时必须先排污水,在集水口,需考虑防止浮渣进入。其使用条件基本与虹吸式相同,所不同的是逐层递进,滗水深度可不受限制。

图5-28(c)为固定短管式:没有集水管,由池壁伸出吸水管,靠手动阀的启闭进行操作,一般作为事故时的备用。

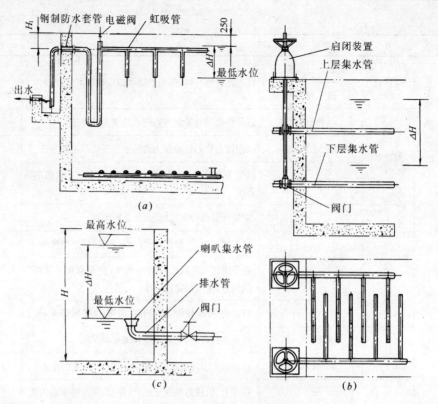

图 5-28 固定管式滗水器
(a)虹吸管式；(b)双层固定管式；(c)固定短管式

5.5.2.2 升降式滗水器(以下简称滗水器)

(1) 柔性管滗水器：柔性管滗水器总体一般由：浮筒、堰槽、柔性排水管和导轨等组成，追随水位变化的力可以是恒浮力，也可以是变浮力或机械力。

柔性排水管可以是橡胶软管或波纹管，考虑管子越粗柔性越差，故采用柔性管作排水管时，其滗水量一般不宜过大。

1) 注气式柔性管滗水器：依靠给浮筒或浮箱内注气，产生浮力，使滗水器闲置；反之进行滗水。由于其追随水位变化的力是浮力，故通常也称为浮筒式滗水器。

图 5-29 是不同集水堰槽的注气式柔性管滗水器，一般排水量 $150\sim200m^3/h$。

① 图 5-29(a)为圆形集水堰槽。
② 图 5-29(b)为双面矩形集水堰槽结构。
③ 图 5-29(c)为多面辐射矩形集水堰槽结构。

2) 钢索式柔性管滗水器：如图 5-30 所示，其滗水靠自重，回位靠钢丝绳牵引。

(2) 刚性管滗水器：

1) 手动式滗水器：其结构较为简单，如图 5-31 所示。适用于滗水量和滗水深度都不大的反应池，滗水时定期、定时手动操作，排水完毕即使之闲置。

2) 套筒式滗水器：套筒式滗水器总体结构由可升降的堰槽和套筒等部件组成。缺点是：滗水深度受外套管容纳内套筒长度的限制，不能满足某些滗水深度大于 2/5 池内水深的工艺要求。

5.5 滗水器

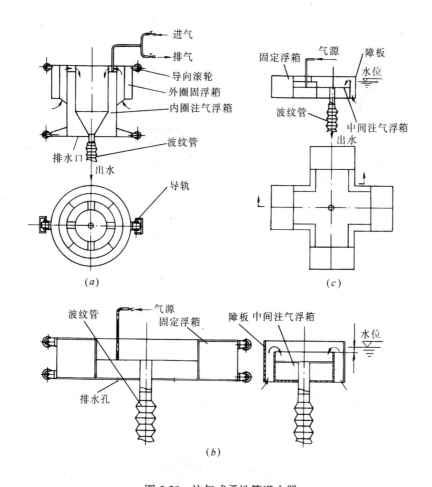

图 5-29 注气式柔性管滗水器
(a)圆形集水堰槽;(b)双面矩形集水堰槽;(c)多面辐射矩形集水堰槽

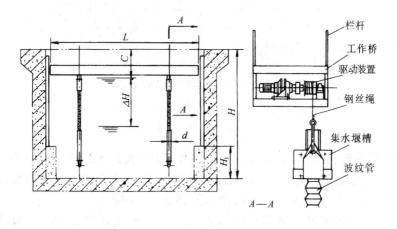

图 5-30 钢索式柔性管滗水器

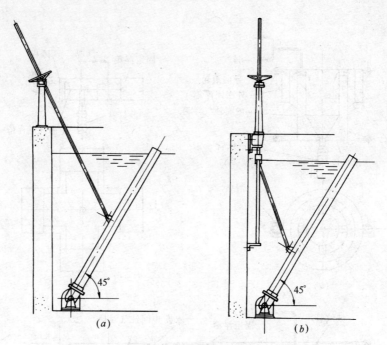

图 5-31 手动式滗水器
(a)手动螺杆斜推旋转式滗水器;(b)手动螺杆传动旋转式滗水器

图 5-32 是双吊点螺杆传动套筒式滗水器。除此之外,常用的还有钢索传动套筒式滗水器等。

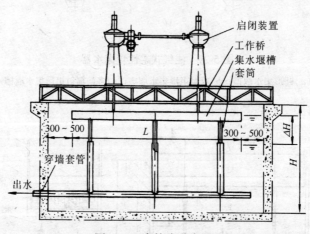

图 5-32 套筒式滗水器

3) 旋转式滗水器:旋转式滗水器目前在国内较大规模的 SBR 水处理工程中应用较为广泛,其追随水位变化的种类比较多,可以是机械力亦可以是浮力,机械力以螺杆传动居多,浮力以压筒式居多。其优点是:滗水量和滗水范围大,便于控制。

其总体构成主要由集水管或集水槽、支管、主管、支座、旋转接头、动力装置、控制系统等组成。

旋转式滗水器一般采用重力自流,当滗水器降至最低位置时,堰槽内最低水位与池外水位(或出水口中心)差 ΔH 通常为 500mm 左右。其集水堰长度一般不宜超过 20m,滗水深度不宜小于 1m。

① 压筒旋转式滗水器:如图 5-33(a) 该滗水器追随水位的变化靠浮筒和旋转接头,当需要停止滗水时,由气源供气,气缸动作,将浮筒下压,使集水管口抬高,从而使滗水器处于闲置状态。

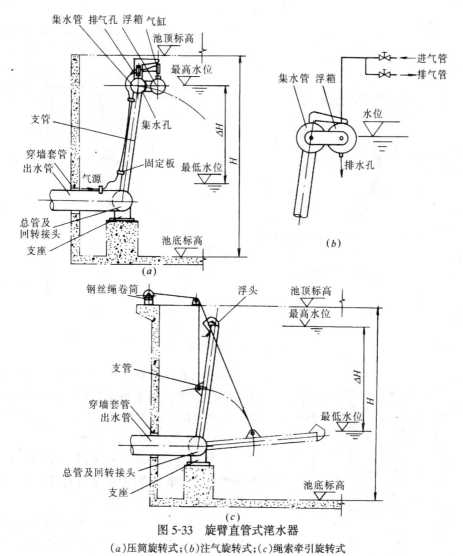

图 5-33 旋臂直管式滗水器
(a)压筒旋转式;(b)注气旋转式;(c)绳索牵引旋转式

当需要滗水时,气源向气缸另一端供气,气缸内的推杆后缩,使浮筒处于上浮状态,集水管排气,使池内的上清液源源流入集水管,从而完成滗水动作。

② 注气旋转式滗水器:如图 5-33(b),该滗水器滗水时,使浮筒泄气进水,从而集水管下沉,排出一定的气体后,开始滗水,直到滗水结束,启动空压机,使浮筒内进气。排出浮筒内的水,浮力增加将集水口抬起,高出水面,停止滗水,滗水器处于闲置等待状态;池内水位升高时,浮筒带动集水口一起上浮,直到下一个循环。

由于滗水过程中,不同角度的重力不同,故应允许流量稍有变化。若要实现恒流量,在设计时,保证浮力的应变是关键,浮力的应变量应始终等于重力的增加量。

③ 绳索牵引旋转式滗水器:如图5-33(c)其滗水依靠重力,在闲置时,由钢丝绳卷筒将集水口吊离水面。条件是滗水时,相对于总管中心的重力力矩必须大于浮力和各部摩擦力产生的力矩之和。

4) 肘节式滗水器:

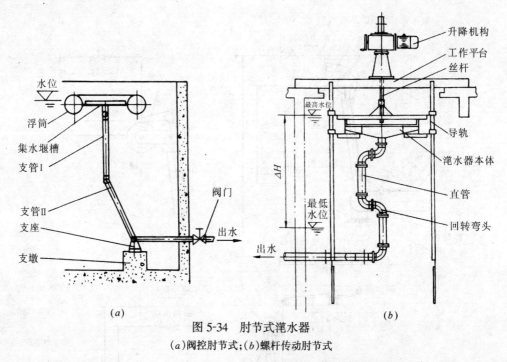

图 5-34 肘节式滗水器
(a)阀控肘节式;(b)螺杆传动肘节式

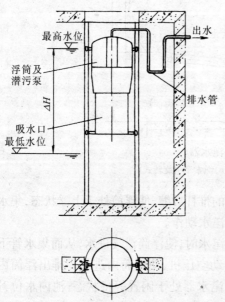

图 5-35 泵吸式滗水器

① 阀控肘节式滗水器:如图5-34(a),浮筒和集水槽自由漂浮在水面上,滗水靠外部的阀门控制。集水口位于水下,浮渣不会流入,但曝气时会流入污水,滗水前必须先排污水。

② 螺杆传动肘节式滗水器:如图5-34(b),由螺杆控制集水槽升降,由多节直管及旋转接头组成肘节,从而能追随水位变化。

(3) 泵吸式滗水器:如图5-35 泵吸式滗水器,其追随水位变化是依靠浮力,也依靠排水管的柔变或伸缩,泵的吸入口用挡板式浮筒围住,阻止浮渣的流入。曝气时吸入口会进入污水,滗水前必须先排污水。整机由浮筒、潜水泵、柔性或伸缩式排水管、导轨等组成。

(4) 堰门式滗水器:其工作原理基本与本手册中堰门相同,只是比普通堰多一挡渣板。其滗水深度有一定局限性,如图5-36所示。

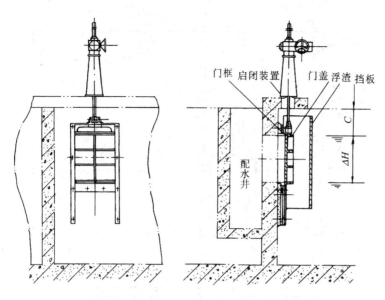

图 5-36　堰门式滗水器

5.5.3　门控式柔性管滗水器

门控式柔性管滗水器,其追随水位变化的力是浮力,气动控制旋启的门,开启滗水,关闭闲置。该类滗水器其滗水量一般不宜超过 100m³/h,以减小初始滗水时的浮力与正常滗水时的浮力差,防止发生下沉现象。

对于大水量滗水器,应优先采用旋转式或套筒式。

5.5.3.1　总体构成

门控式柔性管滗水器,主要由浮筒、阀式堰口、排水管、导向轮组和气动元件组成,其结构如图 5-37 所示。

5.5.3.2　动作程序

由配重块局部调节好堰口初始状态下浸没深度,工作时:开通气源,气缸内活塞移动,开启堰口拍门进行溢流出水,排水工作完成后,关闭气源,使气缸处于静止状态,拍门靠自重复位,同时拖动气缸内活塞,恢复原状,等待下一个循环动作。

亦可与液位配合,进行自动控制。

5.5.3.3　计算

(1) 流量的确定:水力学重力流流量计算公式(5-36)为

$$Q = sv = \mu s \sqrt{2gh_0} \tag{5-36}$$

式中　Q——流量(m^3/s);

μ——流量系数;

v——水流速度(m/s);

s——有效过水面积(m^2);

g——重力加速度(m/s^2);

h_0——水位计算高度(m)。

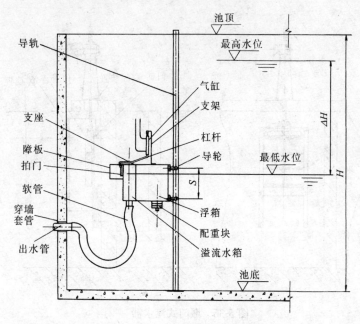

图 5-37 门控式柔性管滗水器

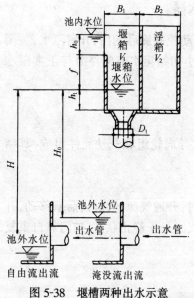

图 5-38 堰槽两种出水示意

(2) 堰长

由流量计算公式,可以导出矩形薄壁堰(无侧向收缩自由流)堰长计算公式(5-37)为

$$L = \frac{Q}{\mu_1 h_0 \sqrt{2gh_0}} \quad (5\text{-}37)$$

式中 L——堰口长度(m);

μ_1——矩形薄壁堰流量系数,可由(瑞包克 T.Rehbock)公式求出:

$$\mu_1 = (2/3)[0.605 + 1/(1050h_0 - 3) + 0.08h_0/f] \quad (5\text{-}38)$$

h_0——堰口水位高度(又称雍水高度)。

如图 5-38,h_0 一般取 0.05~0.08m,即堰流负荷 20~40(1/m·s),由上式导出的堰流负荷(每米堰宽流量)见表 5-6。

每米堰宽流量[单位 1/(m·s)] 表 5-6

h_0 (m)	槛 高 f (m)									
	0.10	0.20	0.30	0.40	0.50	0.60	0.80	1.00	2.00	3.00
0.02	5.7	5.6	5.6	5.6	5.5	5.5	5.5	5.5	5.5	5.5
0.04	15.7	15.3	15.1	15.1	15.0	15.0	15.0	15.0	14.9	14.9
0.06	29.1	28.0	27.7	27.5	27.4	27.3	27.2	27.2	27.1	27.0
0.08	45.5	43.4	42.7	42.3	42.1	42.0	41.8	41.7	41.5	41.4

续表

h_0 (m)	槛高 f (m)									
	0.10	0.20	0.30	0.40	0.50	0.60	0.80	1.00	2.00	3.00
0.10	64.9	61.1	59.9	59.3	58.9	58.7	58.3	58.2	57.8	57.7
0.12	87.0	81.1	79.2	78.2	77.6	77.2	76.7	76.8	75.8	75.7
0.14	112.0	103.3	100.4	99.0	98.1	97.5	96.8	96.4	95.5	95.2
0.16	139.7	127.6	123.5	121.5	120.3	119.5	118.5	117.9	116.7	116.3
0.18	170.1	153.9	148.5	145.8	144.1	143.1	141.7	140.9	139.3	138.7
0.20	203.3	182.2	175.1	171.6	169.5	168.1	166.3	165.3	163.2	162.5

注：上表中 f 越大，流量越小，一般 f 取 0.2~0.5m。

(3) 排水管管径：由水力学重力流流量通用计算公式，导出排水管径计算公式(5-39)为

$$D_1 = kQ^{0.5}g^{-0.25}H^{-0.25} \quad (5-39)$$

式中 D_1——排水管有效通径(m)；

k——流速系数 1.06~1.42，与重力加速度及流量系数有关，与 H 成反比；

H——水位相对标高，当滗水器降至最低位置时，堰箱内最低水位与出水口中心差 H，以最小值计算，如图 5-38，在淹没流情况下可按 H_0 计算。

由图 5-38 可以看出，排水管管喉处是整个排水管内平均流速最低处，为了使排水管尽量小，可在管口处设计一喇叭口，以相对改善流态。

(4) 浮箱容积的计算：计算时应考虑浮力始终大于重力，但也应坚持合理匹配原则，浮力过大难免会造成材料浪费。

如图 5-38 所示，根据阿基米德浮力定律，物体的浮力等于物体排开液体的重量，按式 (5-40)、式(5-41)为

浮箱的容积：
$$V_2 = (W + k_1F_1 + F_2)\gamma^{-1} \quad (m^3) \quad (5-40)$$

浮箱的底面积：
$$A_1 = \frac{W + k_1F_1 + F_2}{(h_1 + f + h_0)\gamma} \quad (m^3) \quad (5-41)$$

式中 k_1——滚轮与导轨摩擦系数；

F_1——滚轮与导轨法向反力(N)；

F_2——排水软管的张力(N)；

W——滗水器减去本体自身浮力后的重力(N)；

γ——水的重度，一般取 9807(N/m³)；

A_1——浮箱底面积(m²)。

(5) 堰箱的设计：浮箱计算公式只能在不计堰箱影响的理想情况下成立，但实际操作中，堰箱在滗水前后对排水量的影响较大，在设计过程中不容忽视。

1) 滗水前，堰箱相当于浮箱所产生的浮力，按式(5-42)为

$$F = V_1\gamma \quad (N) \quad (5-42)$$

设计时，在满足流量的要求的基础上，不宜将堰箱设计得太大。

堰箱设计后，还应重新验算浮力，尽量使堰口不要高出水位太多。

2) 滗水时，堰箱内进水，有效容积相对减少，浮力相应减小，按式(5-43)为

$$\Delta F = \Delta V_1 \gamma \quad (\text{N}) \tag{5-43}$$

式中 ΔF——滗水时堰箱的实际浮力(N);

ΔV_1——滗水时堰箱实际有效容积(m^3)。

3) 流量的修正:一般可通过添加配重块或在浮箱内注水的办法来完成,图 5-37 中为添加配重块。

(6) 拍门开启力确定:

1) 如图 5-39,作用于拍门面板上的水压力,按公式(5-44)为

$$P_1 = 4904 b h_2^2 \tag{5-44}$$

式中 P_1——拍门盖上水压力(N);

b——拍门盖宽度(m);

h_2——拍门盖浸没在水中的高度(m)。

2) 气动推力,按式(5-45)为

$$P_0 = \frac{a_1 P_1 + a_2 P_2}{a_0 \eta} \tag{5-45}$$

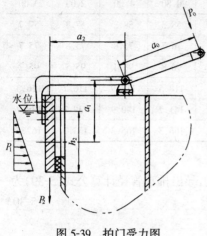

图 5-39 拍门受力图

式中 P_0——气缸推力(N);

a_0——推杆轴心线至铰支点距离(m);

a_1——堰上水位高度 h 的中心至铰支点距离(m);

a_2——拍门盖及附件的重心至铰支点垂直距离(m);

η——力的传递效率 0.9~0.95;

P_2——拍门盖及附件的重量(N)。

3) 气缸及支座:图 5-40 为气缸及支座的结构简图,设计 α 角时,应考虑拍门能充分开启。

4) 拍门及挡板:图 5-41 中尺寸 m 应大于 R 至少 50mm,拍门与堰口采用橡胶密封。

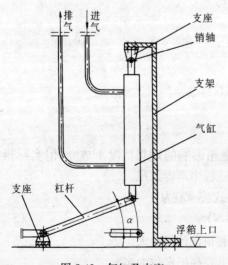

图 5-40 气缸及支座

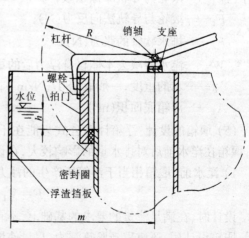

图 5-41 浮渣挡板设置

5.5.4 螺杆传动旋转式滗水器

5.5.4.1 适用条件

旋转式滗水器适用于大型 SBR 反应池中排水,其滗水深度一般可至 3m 左右,由于其机构限制,对堰口移动速率有较高要求,设计时应根据不同的工艺要求,制订一套控制堰口移动速率的措施。一般应采取等速率移动形式,当采用其它机构,而不能使集水口均速下降时,应考虑速度补偿措施或设立伺服机构。

根据图 5-42 所示,当 $e=0$ $L_1=L_2$ 时,可以导出 $\Delta x = \Delta y$

$$v_a = \frac{\Delta x + \Delta y}{\Delta t} = 2v_b$$

要使集水堰口等速率运行当 $\Delta x = \Delta y$ 时,从图 5-46 可见,必须 $\alpha = \beta + \gamma$,得

$$v_d = v_b L_3/L_1 = 0.5 v_a L_3/L_1 \tag{5-46}$$

式中 v_a——a 点上升速度;
　　　v_b——b 点上升速度;
　　　Δt——单位时间。

5.5.4.2 总体构成

旋转式滗水器由集水槽、排水管组、回转支座、连杆装置、导轨及传动装置等组成。如图 5-43 所示。

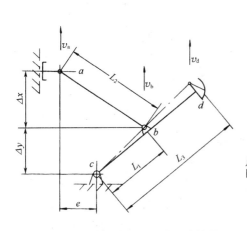
图 5-42 螺杆传动旋转式滗水器结构简图

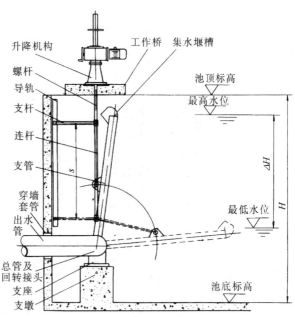
图 5-43 螺杆传动旋转式滗水器

5.5.4.3 动作程序

当需要排水时,控制元件给出信号(全自动型滗水器通过泥水界面计或 OPR 测定仪等元器件;半自动型滗水器通过液位计、时间继电器等元件),指令传动装置工作,螺母旋转,螺杆均速下降,撑杆按一定轨迹运动,使集水堰槽按设定速度下移,完成均量滗水。

当滗水结束后,可由液位控制仪给出最低极限信号,电机反转,牵引集水堰槽上移,回到预置位置,等待完成下一个循环。

在进水水位上升的速度大于堰口上升的速度时,一种办法是:考虑将电机改为变极电机,使集水堰槽复位速度加快。另有一种办法是:采用开合螺母。当集水堰槽上移时,开合螺母脱开,使集水堰槽依靠浮力上移。其优点是可实现随机控制,缺点是传动机构变得复杂,且滗水前螺杆必需克服集水堰槽较大的浮力。

如将滗水过程安排在沉淀过程中,首先应考虑滗水范围(也称滗水区域)问题,确定集水堰槽的下移速度,应结合污泥下沉速度,以确保滗水的同时,不影响污泥沉淀,这样才能真正节省循环时间,提高效益。

设计时应根据具体条件和自动化程度,先进行总体设计。

5.5.4.4 计算

(1) 集水堰槽:在恒定位移条件下,要使整个滗水过程状态稳定,最好的办法是在集水堰槽和支管之间添加回转接头,但显得较为复杂不太现实,为防止滗水时浮渣影响水质,一般可采用下列方式设计。

如图5-44(a)所示内外浮渣挡板均采用固定钢板。另外尚有以浮筒作为挡渣板,亦较为实用,如图5-44(b)所示。

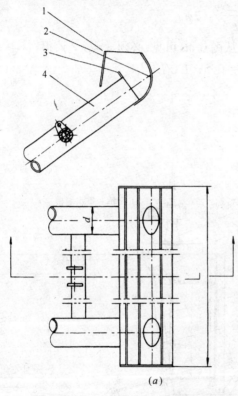
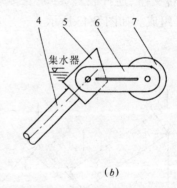

图 5-44 堰口挡渣板构造
(a)内外侧固定式挡渣板;(b)浮筒式挡渣板
1—内侧挡渣板;2—外侧挡渣板;3—溢流堰口;4—集水支管;5—集水器;6—挡渣连杆;7—挡渣浮筒

(2) 堰长:可按通用矩形平堰公式(5-36)计算(具体可参照前面有关章节确定):

$$L = \frac{Q}{\mu_1 h_0 \sqrt{2gh_0}}$$

(3) 总管管径:计算方法同公式(5-38)。

$$D = kQ^{0.5}g^{-0.25}H^{-0.25}$$

式中 D——总管直径(m);

H——当滗水器降至最低位置时,堰槽内最低水位与池外水位(或出水口中心)差,取小值。

(4) 支管直径:支管面积和总管面积相等时,会造成阻流现象,故应考虑一定的安全系

数,可按式(5-47)计算支管直径为

$$d = k_1 n^{-0.5} D \tag{5-47}$$

式中　d——支管直径(m);

　　　k_1——支管面积安全裕度,与支管长度有关,(一般为1.05~1.1);

　　　n——支管数量。

(5) 螺杆的垂直作用力:计算螺杆作用力前,应先进行浮力计算。浮力的计算可分作两步考虑。

1) 滗水前:浮力等于支管的有效容积加上集水槽的有效容积。

2) 滗水时:浮力等于滗水前的浮力减去滗水时滗水器中所增加的水重。

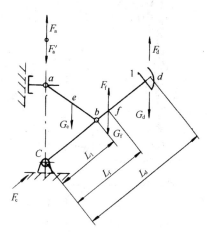

图 5-45　螺杆传动旋转式滗水器受力图

如图 5-45 所示,根据理论力学中力的平衡原理,可分别求得滗水前后螺杆上的作用力,按式(5-48)、式(5-49)为

拉力:　$F_a = F_M + \dfrac{G_e L_1 + 2G_d L_d + 2G_f L_f + M}{4L_1}$ 　(5-48)

压力:　$F_a' = F_M + \dfrac{(F_d - G_d) L_d + (F_f - G_f) L_f + M}{2L_1}$ 　(5-49)

式中　F_a——螺杆拉动时最大作用力(N);

　　　F_a'——螺杆压动时最大作用力(N);

　　　G_e——连杆机构的重力(N);

　　　G_d——集水槽组件的重力(N);

　　　G_f——支管组件的重力(N);

　　　F_d——集水槽所产生的浮力(N);

　　　F_f——支管所产生的浮力(N);

　　　F_M——撑杆滑动副所产生的摩擦阻力,与加工精度有关;

　　　M——回转接头所产生的摩擦转矩(N·m),与加工精度、密封材料和回转接头的直径有关。

由上述公式可以看出,在整个工作过程中,螺杆的作用力与转动角度无关。

压力计算公式为近似计算式,一般作验算用,当支管和集水槽的浮力远大于其重力,使 F_a' 大于 F_a 时,应按 F_a' 的大小确定功率和计算构件刚度。

(6) 支管长度:图 5-46 标出了旋转式滗水器的两个极限位置,可以看出,旋转式滗水器的有效转动范围与滗水深度密切相关,Ψ 角是挡住浮渣的最小角度。

上极限位置:螺杆与集水槽之间有一定的安全角度 θ,一般取 3°~5°,以防止碰撞。

下极限位置:也宜设计一定的起始角度 β,堰口的最低位置不应低于总管上口。

支管长度计算公式(5-50)为

$$B = \dfrac{\Delta H}{\cos(\theta + \Psi) - \sin(\beta + \gamma)} \tag{5-50}$$

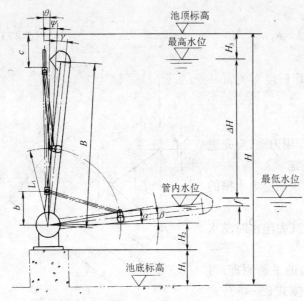

图 5-46 螺杆传动旋转式滗水器极限位置示意

式中 B——堰口至总管中心的长度(m);
ΔH——滗水深度(m);
$\theta + \Psi$——堰口上极限角(度);
$\beta + \gamma$——堰口下极限角(度)。

采用旋转式滗水器,一般其最小滗水深度不宜小于1m。

(7) 连杆与支杆:根据螺杆作用力公式(如图5-45),连杆的长度L_1与螺杆作用力成反比,即L_1值越大,F_a值越小,L_1越小,各杆件受力越大,因此L_1宜取$0.3\sim 0.5B$。

当$L_1 > 0.5B$时也不宜超出图5-46中C值范围(约400),否则需相对抬高操作平台高度。

连杆承受的力:

$$F' = \frac{F_a}{\sin\alpha}$$

支杆承受的力:

$$F'' = \frac{F_a}{\mathrm{tg}\alpha}$$

上述公式表明,连杆和支杆的受力随α角的变化而不同,设计时应根据F'和F''的最大值校核其强度,校核刚度时,上式F_a值应以F'_a代入,同样取其最大值。

(8) 流量、滗水时间与滗水速度:为保证整个工艺的连续出水,SBR工艺一般是两个以上反应池相互有序工作,在单个池体中,滗水器的台数、单台流量和滗水时间是根据工艺要求确定的,滗水时间一般为1h左右。

当滗水过程在沉淀过程后,则滗水时间应尽量短,当滗水过程穿插在沉淀过程中,则滗水时间不能小于沉淀的时间。

三者关系式为

$$T = \frac{A\Delta H}{Qn'}, \quad v' = \frac{\Delta H}{T}$$

式中 Q——单台滗水器流量(m^3/h);
n'——单池中滗水器数量;
A——反应池面积(m^2);
v'——单池水位下降速度(m/h);
T——滗水时间(h)。

单池中多台滗水器集水堰槽的垂直下降速度(滗水速度)计算式(5-51)为

$$v_d = \frac{Qn'}{A} \tag{5-51}$$

(9) 功率,按式(5-52)为

$$N = \frac{F_{max} v_a}{\eta_n} \tag{5-52}$$

式中 N——电动机功率(kW);

η_n——机械传动总效率 $\eta_n = \eta_1 \eta_2 \eta_3$;

其中 η_1——蜗轮蜗杆传动效率;

η_2——轴承传动总效率;

η_3——螺纹传动效率;

F_{max}——螺杆最大作用力(kN);

v_a——螺杆移动速度(m/s)。

(10) 主管支承:根据图5-45管座受力为

$$F_c = \frac{F_a \cos 2\alpha}{\sin \alpha} \quad (N)$$

图5-47所示,主管与支管采用的是分散式结构,利用法兰连接。

主管支承置于主管中间,结构应为对夹式。

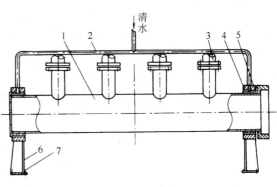

图5-47 主管支承结构
1—总管;2—润滑水管;3—支管;4—衬套;5—轴瓦;
6—支承座体;7—连接螺栓

主管支承的另一种结构是设置在主管的两端,此时主管与支管可直接采用焊接连接。

(11) 旋转接头与密封:旋转接头采用填料加压盖密封,与本手册中旋转套筒接头类似,如图5-48所示。

(12) 导轨与支杆:图5-49采用的是滚轮摩擦副,导槽内设置了耐磨条。如采用滑块式结构,可参照机械设计手册相关内容。

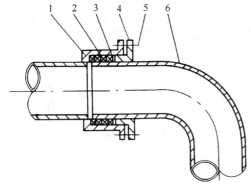

图5-48 旋转接头结构
1—填料箱;2—填料;3—垫板;4—填料压盖;
5—螺栓;6—弯头

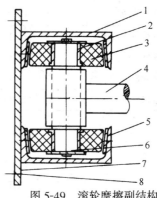

图5-49 滚轮摩擦副结构
1—导槽;2—衬套;3—滚轮;4—支杆;5—耐磨条;6—销轴;7—连接板;8—连接螺栓

(13) 传动装置:主要由电动机、蜗轮蜗杆、减速箱、传动螺母及螺杆、过力矩保护装置等组成。

传动装置的变速,主要是采用变极电机或电磁调速电机,条件允许的情况下可采用变频调速。

选用成品电机装置,应考虑其电机的连续工作时间。

5.5.5 部分单位使用情况

滗水器部分单位使用情况见表 5-7。

滗水器部分单位使用情况　　　　表 5-7

序号	使用单位	滗水器名称	数量(台)	滗水量(m³/h)	滗水深度 ΔH(m)	堰口宽度(m)	使用效果	资料提供单位
1	湖南金迪化纤有限公司	软管泵吸式	2	50	0.93		良好	
2	山西五台山锦绣山庄	软管泵吸式	1	30	0.60		良好	
3	安徽合肥长监毛巾厂	波纹管注气式	1	41.3	0.57	2.45	好	
4	四川富顺制革厂	波纹管注气式	3	150	1.15	2.45	好	
5	安徽监泉淀粉厂	波纹管注气式	1	12.5	0.80	2.45	好	
6	安徽监泉达裕制革厂	波纹管注气式	2	150	1.28	2.45	良好	
7	福建兼贞(日本)食品有限公司	波纹管注气式	1	100	0.5	2.45	好	
8	福建贝克啤酒厂	波纹管注气式	1	150	1.30	2.45	好	2
9	山东监沐酒厂	波纹管注气式	4	150	1.20	2.45	好	
10	山东崂特啤酒厂	波纹管注气式	2	16.7	1.33	2.45	一般	
11	山东鲁南制药厂	波纹管注气式	2	150	1.39	2.45	一般	
12	燕京啤酒集团	软管钢索式	12	4.7	1.40	5.0	好	
13	安徽淮南啤酒	软管钢索式	3	333	1.0	5.0	好	
14	广西桂林漓泉啤酒厂	软管钢索式	6	500	1.63	5.0	好	
15	安徽合肥廉泉啤酒厂	软管钢索式	3	427	1.23	3.5	好	
16	广西桂林制药厂	软管钢索式	3	416	1.90	3.0	好	
17	纺工绿波湾度假村	螺杆旋转式		80	1.5	2	良好	
18	永佳酿酒集团公司	螺杆旋转式		500	3	4	良好	3
19	金鸡岭别墅苑	软管门控式		20	1.5	0.5	良好	
20	贵州红枫发电厂	螺杆旋转式	1	300	1.5		良好	
21	扬州啤酒厂	软管门控式	1	80	半软管单向阀式	0.4	良好	1
22	徐州宝康食品公司	软管门控式	1	20	3	0.5	良好	
23	河南莲花味精厂	螺杆旋转式	24	500	1.5	4	良好	
24	张家港污水处理厂	螺杆旋转式	8	500	1.5	4	调试中	4
25	上海桃浦污水处理厂	压筒旋转式	12	1500	1.0	16	良好	进口、5
26	上海青浦太阳岛污水处理站	半软管单向阀式	2	150	2.0		良好	
27	吉化公司丙烯腈污水处理站	半软管单向阀式	2	250	2.0		良好	5
28	上海金玉兰广场污水处理站	半软管单向阀式	3	400	2.0		良好	
29	上海逸仙路居住小区污水处理站	中心螺杆槽式	2	120	2.0	3	良好	

续表

序号	使用单位	滗水器名称	数量(台)	滗水量(m^3/h)	滗水深度ΔH(m)	堰口宽度(m)	使用效果	资料提供单位
30	上海广汇花园污水处理站	软管泵吸式	1	120	2.0		良好	6
31	上海太阳都市花园污水处理站	软管泵吸式	2	120	2.0		良好	
32	上海加州花园污水处理站	软管泵吸式	2	120	2.0		良好	
33	上海乐凯大厦污水处理站	软管泵吸式	2	120	2.0		良好	
34	上海恒积大厦污水处理站	软管泵吸式	2	120	2.0		良好	
35	上海紫光大厦污水处理站	软管泵吸式	2	120	2.0		良好	
36	上海金韩公寓污水处理站	软管泵吸式	2	120	2.0		良好	7
37	上海商品交易大厦污水处理站	软管泵吸式	2	120	2.0		良好	

注：1．扬州市天雨给排水设备集团有限公司。
　　2．北京晓清环保集团公司。
　　3．江苏一环集团公司。
　　4．中国市政工程华北设计研究院。
　　5．上海市政工程设计研究院。
　　6．上海神马环保工程公司。
　　7．无锡斯美环保工程公司。

6 曝 气 设 备

曝气设备是给水生物预处理、污水生物处理的关键性设备。其功能是将空气中的氧转移到曝气池液体中,以供给好氧微生物新陈代谢所需要的氧量,同时对池内水体进行充分均匀的混合,达到生物处理目的。

曝气设备分类,如图6-1所示。其中:

(1)鼓风曝气设备由空气加压设备、管路系统与空气扩散装置组成。空气加压设备一般选用鼓风机。空气扩散器有扩散板、竖管、穿孔管、微孔曝气头等多种形式。

(2)氧气曝气设备由制氧、输氧和充氧装置等组成。氧气曝气法在我国尚不多见,国外有所应用。与空气曝气法相比较,其主要特点在于能够提高曝气的氧分压。空气法的氧分压为0.21个大气压,而氧气法的氧分压可达1个大气压。因而水中氧的饱和浓度可提高5倍;氧吸收率高达80%～95%;氧传递速率快,在活性污泥法中维持高达6～10mg/L的浓度。故同一污泥负荷条件下,要取得同等效果的处理水质,氧气曝气法曝气时间可大为缩短,曝

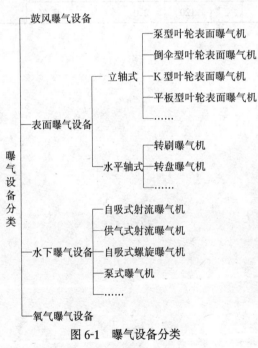

图6-1 曝气设备分类

气池容积可减小,并能节省基建投资,但运转成本较高。

(3)表面曝气设备,主要作用是把空气中的氧溶入水中。曝气器在水体表面旋转时产生水跃,把大量水滴和片状水幕抛向空中,水与空气的充分接触,使氧很快溶入水体。充氧的同时,在曝气器转动的推流作用下,将池底层含氧量少的水体提升向上环流,不断地充氧。

(4)水下曝气设备在水体底层或中层充入空气,与水体充分均匀混合,完成氧的气相到液相转移。

以上四类充氧曝气设备,常用的有鼓风曝气设备和表面曝气设备。鼓风曝气设备的设计选用,详见给水排水设计手册第5册《城镇排水》和第12册《器材与装置》。本章主要对表面曝气设备进行阐述,并对水下曝气设备作一般介绍。

6.1 表面曝气机械

表面曝气机械在我国应用较为普遍。与鼓风曝气相比,不需要修建鼓风机房及设置大量布气管道和曝气头,设施简单、集中。一般不适用于曝气过程中产生大量泡沫的污水。其原因是由于产生的泡沫会阻碍曝气池液面吸氧,使溶氧效率急剧下降,处理效率降低。

根据目前实践经验,表面曝气机械适用于中、小规模的污水处理厂。当污水处理量较大时,采用多台表面曝气机械设备会导致基建费用和运行费用的增加,同时维护管理工作比较繁重。此时应考虑鼓风曝气工艺。

6.1.1 立轴式表面曝气机械

立轴式表面曝气机械的成套设备有多种形式,其机械传动结构大致相同,主要区别在于曝气叶轮的结构形式上,有泵(E)型叶轮、倒伞型、K_3型叶轮、平板型叶轮等。

6.1.1.1 泵(E)型叶轮表面曝气机

(1) 总体构成:泵(E)型表面曝气机由电动机、传动装置和曝气叶轮三部分组成。

1) 按整机安装方式有固定式与浮置式两类:

① 固定式:是整机固定安装在构筑物的上部,如图6-2所示。

② 浮置式:是整机安装于浮筒上,如图6-3所示。主要用于液面高度变动较大的氧化塘、氧化沟和曝气湖,根据需要还可在一定范围内水平移动。

2) 按电动机输出轴的位置分卧式安装与立式安装。

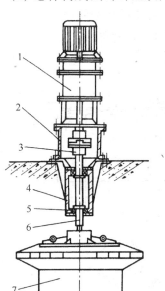

图6-2 立式同轴布置叶轮曝气机
1—行星摆线针轮减速机;2—机座;
3—浮动盘联轴器;4—轴承座;
5—轴承;6—传动轴;7—叶轮

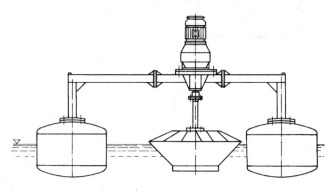

图6-3 浮置式叶轮曝气机

① 卧式安装:电动机转轴轴线呈水平状,其减速机输入轴线与输出轴线夹角呈90°,如图6-4所示。

② 立式安装:电动机转轴轴线呈铅垂状,其减速机输入轴线与输出轴线在同一轴线上,或在同一铅垂平面上,如图6-2所示。

3) 按叶轮浸没度可调与否分为可调式与不可调式。

① 可调式:见图6-4,用调节手轮1通过调节机构2调节叶轮的浸没度。另一种调节方式,采用螺旋调节器调整整机的高度,达到调整叶轮浸没度,以提高或降低充氧量的目的,同

时也能弥补土建施工误差。但调节过程相对较为复杂。

整机调整完毕后,必须采取锁定措施,防止运行振动产生的移位。

② 不可调式:无调节机构。

4) 按调速要求可分为无级变速、多速、定速3种。调速适用于进水水质和水量变化较大,要求改变曝气叶轮的线速度以满足不同充氧量的工况。但设备结构复杂,费用随调速技术要求的提高而有不同程度的增加。

(2) 叶轮结构:泵(E)型叶轮是我国自行研制的高效表面曝气叶轮。多年来广泛应用于石油化工、制革、印染、造纸、食品、农药和煤气等行业以及城市污水的生物处理。

泵(E)型叶轮的构造,如图6-5(a)

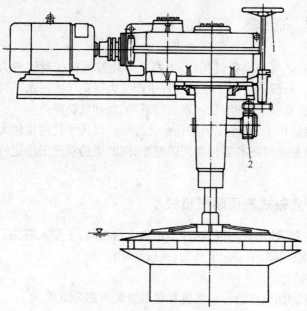

图6-4 浸没度可调式叶轮曝气机
1—浸没度调节手轮;2—浸没度调节机构

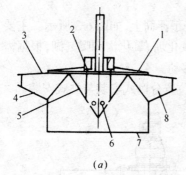

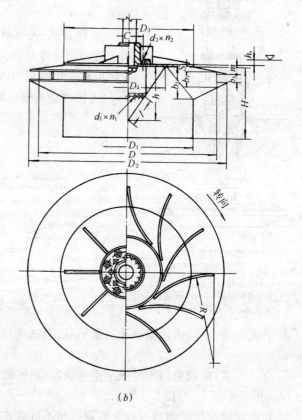

叶轮直径 (mm)	叶片数 (片)
600	8
900	12
1200	15
1500	18
1800	22
2100	24

图6-5 泵(E)型叶轮
(a)叶轮构造示意;(b)叶轮的结构尺寸
1—上平板;2—进气孔;3—上压罩;4—下压罩;5—导流锥顶;6—引气孔;7—进水口;8—叶片

所示。由平板、叶片、上压罩、下压罩、导流锥和进水口等构成。

泵(E)型叶轮充氧量及动力效率较高,提升能力强,但制造稍复杂,且易被堵塞。运转时应保证叶轮有一定的浸没度(约4cm),否则运行不久即产生"脱水"现象。

泵(E)型叶轮的结构尺寸,如图6-5(b)所示。叶轮各部分尺寸与叶轮直径 D 的比例关系见表6-1。在制造加工过程中,对表6-1所列的比例可作局部修改,使得制造放样更加合理、方便,修改图如图6-6所示。

叶轮各部分尺寸与叶轮直径 D 的比例关系　　　　　表 6-1

代号	尺寸	代号	尺寸	代号	尺寸	代号	尺寸
D	D	S	$0.0243D$	R	$0.503D$	n_1[①]	$0.000035D^2$
D_1	$0.729D$	m	$0.0343D$	H	$0.396D$	d_2[②]	$\phi 16$
D_2	$1.110D$	h	$0.299D$	b_1	$0.0868D$	n_2[②]	$0.000002D^2$
D_3	$0.729D$	l	$0.139D$	b_2	$0.177D$	C	$0.139D$
D_4	$0.412D$	d_1[①]	$\phi 3$	b_3	$0.0497D$	h_s	$0\sim 40mm$

① 初始资料为 $\dfrac{6}{10000}$ 进水口面积。

② 初始资料为 $\dfrac{1}{1000}$ 进水口面积。

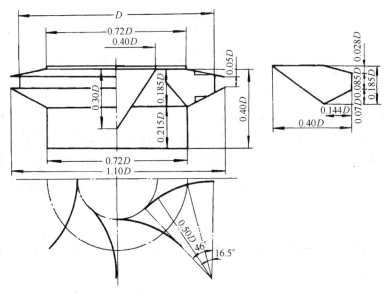

图 6-6 泵(E)型叶轮几何尺寸修正

(3) 叶轮作用原理

图6-7所示为泵(E)型表面曝气机叶轮运转时曝气池中水流循环示意。其作用原理为:

1) 水在转动的叶轮作用下,不断地从叶轮周边呈水幕状被抛向水面,并使水面产生波动水花,从而带进大量空气,使得空气中的氧迅速溶解于水中。

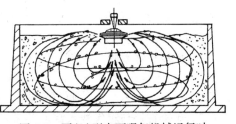

图 6-7 泵(E)型表面曝气机械运行时曝气池中水流循环示意

2) 由于叶轮的离心抛射和提升作用,水体快速地上下循环产生一个强大的回流,液面不断更新,以充分接触空气充氧。

(4) 泵(E)型叶轮充氧量及轴功率:可按经验公式(6-1)计算:

$$Q_s = 0.379 K_1 v^{2.8} D^{1.88} \tag{6-1}$$

$$N_\text{轴} = 0.0804 K_2 v^3 D^{2.08} \tag{6-2}$$

式中　Q_s——标准条件下(水温20℃,一个大气压)清水的充氧量(kg/h);

$N_\text{轴}$——叶轮轴功率(kW);

v——叶轮周边线速度(m/s);

D——叶轮公称直径(m);

K_1——池型结构对充氧量的修正系数;

K_2——池型结构对轴功率的修正系数。

K_1、K_2池型修正系数见表6-2。

K_1、K_2　　　　　　　　　　　　　　表6-2

K	池　型			
	圆　池	正　方　池	长　方　池	曝　气　池
K_1	1	0.64	0.90	0.85~0.98
K_2	1	0.81	1.34	0.85~0.87

注:1. 圆池内设四块挡板,正方池和长方池不设挡板。
　　2. 表列曝气池指曝气与沉淀合建式水池。

此外,对下述情况,可分别采用如下 K_1、K_2 值:

1) 分建式圆池:池壁光滑无凸缘、池壁四面有挡流板、池内无立柱,则 $K_1=1$,$K_2=1$。

2) 合建式加速曝气池:多角形曝气筒、池壁有凸缘和支撑、池内无立柱、回流窗关闭、回流缝堵死,则 $K_1=0.85~0.98$、$K_2=0.85~0.87$;回流窗全开、回流缝通畅,则 $K_1=1.11$,$K_2=1.14$。

3) 方池:池壁光滑无凸缘、池内无立柱,则 $K_1=0.89$,$K_2=0.96$。

图6-8所示为泵(E)型叶轮的线速度、直径与充氧量的关系。图6-9所示为泵(E)型叶轮的线速度、直径和轴功率的关系。

叶轮外缘最佳线速度应在 4.5~5.0m/s 范围内。如线速度小于4m/s,在曝气池中有可能引起污泥沉积。对于叶轮的浸没度,应不大于4cm。过深要影响充氧量,而过浅则容易引起叶轮脱水,使运转不稳定。此外,叶轮不可反转,反转会使充氧量下降。

(5) 设计与选型原则:

1) 叶轮直径与曝气池直径或正方形边长的关系:

$$\frac{叶轮直径}{曝气池直径或正方形边长} = \frac{1}{4.5~7.5}$$

2) 叶轮直径与曝气池水深的关系:

$$\frac{叶轮直径}{曝气池水深} = \frac{1}{2.5~4.5}$$

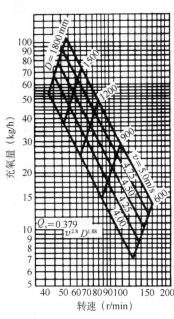

图 6-8 泵(E)型叶轮线速度、直径与充氧量关系

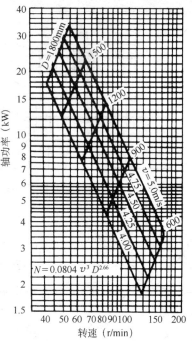

图 6-9 泵(E)型叶轮线速度、直径与轴功率关系

上述叶轮直径与曝气池水深之比 $<\dfrac{1}{3.5}$ 时,应考虑设置导流筒,以保证曝气液体完全混合,有利于提高处理效果。否则不必设置导流筒,如果装了,反而增加功率消耗。

3) 叶轮浸没度:叶轮浸没度大小对电动机输入功率无太大影响。但浸没度过浅产生脱水现象,过深影响水跃,使充氧量下降。一般浸没 40mm 为宜。

4) 叶轮叶片数:叶轮叶片数过少、过多都会影响充氧。一般叶片数以保持叶片外缘间距 250mm 左右为宜。根据叶轮直径大小采用叶片数的推荐值,见表 6-3。

根据叶轮直径大小采用叶片数的推荐值　　　表 6-3

叶轮直径(m)	0.6	0.9~1	1.2	1.5	1.8	2.1
叶片数(片)	8	12	15	18	22	24

6.1.1.2 倒伞形叶轮表面曝气机

(1) 总体构成:倒伞形表面曝气机由电动机、传动装置和曝气叶轮三部分组成。

1) 按整机安装方式有固定式与浮置式两种:图 6-10 为固定式;图 6-11 为浮置式。

2) 按电动机出轴轴线的位置可分为卧式安装与立式安装。其结构形式与泵(E)型叶轮表面曝气机类同。

3) 倒伞形叶轮表面曝气机也可做成浸没度可调式。其浸没度的调节可采用叶轮轴可升降的传动装置(参见图 6-4),以及由螺旋调节器调整整机高度,达到叶轮浸没度调节的目的。也可以通过调节曝气池的出水堰门来实现。浮置式叶轮浸没度的调节靠增加或减少浮筒内的配重。

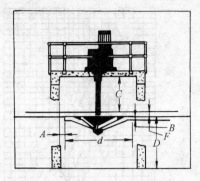

图 6-10　固定式倒伞形叶轮表面曝气机

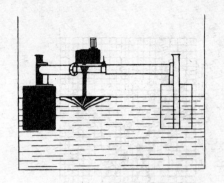

图 6-11　浮置式倒伞形叶轮表面曝气机

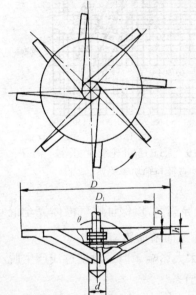

图 6-12　倒伞形叶轮结构

(2) 叶轮结构：倒伞形（又称辛姆卡型）叶轮结构，如图 6-12 所示。直立在倒置浅锥体外侧的叶片，自轴伸顶端的外缘，以切线方向对周边放射，其尾端均布在圆锥体边缘水平板上，并外伸一小段，与轴垂直。叶轮一般采用低碳钢制作，表面涂防腐涂料，当应用在腐蚀性强的污水中时，可采用耐腐蚀金属制造。

倒伞形叶轮各部分尺寸关系，见图 6-12、表 6-4。

倒伞形叶轮各部分尺寸关系　　表 6-4

D (mm)	D_1	d	b	h	θ (°)	叶片数 (个)
叶轮直径	7/9D	10.75/90D	4.75/90D	4/90D	130	8

(3) 叶轮作用原理：图 6-13 及图 6-14 为倒伞形叶轮充氧作用原理示意。其作用原理为：

1) 当倒伞形叶轮旋转时，在离心力作用下，水体沿直

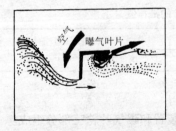

图 6-13　叶片作用图

图 6-14　曝气环流图

立叶片被提升，然后呈低抛射线状向外甩出，造成水跃与空气混合、进行充氧。

2) 叶轮旋转时，叶片后侧形成低压区，吸入空气充氧。

3) 叶轮旋转时产生离心推流作用，不断地提水和输水，使曝气池内形成环流，更新气液接触面，进一步进行氧传递。

有些倒伞形叶轮上钻有吸气孔，可以提高叶轮的充氧量。

(4) 倒伞形叶轮充氧量及轴功率：倒伞形叶轮充氧量性能及安装要求，参见表 6-5、图

6-15。叶轮转速在 27~84r/min 之间,叶轮外缘线速度一般在 5.25m/s 左右。动力效率一般为 $1.8 \sim 2.44 kgO_2/(kW \cdot h)$,运行条件在最佳状态可达 $2.5 kgO_2/(kW \cdot h)$。

倒伞形叶轮表曝机性能及安装要求　　表 6-5

型号 (N_o)	直径 d (mm)	充氧量 * (kg/d)	离池底距离 $D+$ (mm)	电动机功率 hp	电动机功率 kW	设备质量 + (kg)	离桥距离 C (mm)	叶片最小浸没度 $B+$ (mm)	最大浸没度 F (mm)
40	1016	26~40	1400~2000	1	0.75	260	340	30	90
45	1143	52~80	1600~2300	2	1.50	300	380	35	100
50	1270	104~160	1750~2600	4	3	400	430	35	110
56	1422	145~240	2000~2850	$5\frac{1}{2}$	4	490	480	40	115
64	1626	265~400	2300~3250	10	7.5	730	550	45	135
72	1829	400~600	2600~3700	15	11	1110	610	50	160
80	2032	530~800	2850~4100	20	15	1290	680	55	170
90	2286	800~1230	3200~4600	30	22	1950	770	60	190
110	2540	1000~1600	3600~5100	40	30	2340	850	70	210
112	2845	1300~2000	4000~5500	50	37	3730	950	80	240
128	3251	2000~3000	4500~5800	75	55	5500	1100	90	270
144	3658	2600~4000	5100~6000	100	75	6470	1250	100	300

表 6-5 中,带"*"号数据在下列标准条件下测得:

1) 溶解氧为零。
2) 0.1MPa 大气压。
3) 纯净清水。
4) 温度 10℃。

带"+"号尺寸为名义值。表内字母见图 6-10 所示。

图 6-15 充氧测试条件:

1) 溶解氧为零。
2) 0.1MPa 大气压。
3) 纯净自来水。
4) 温度 10~20℃。

图 6-15 所列功率为倒伞形叶轮轴功率。型号 22~144 是用英寸表示的倒伞形叶轮直径。

倒伞型叶轮轴功率计算,按公式(6-3)为

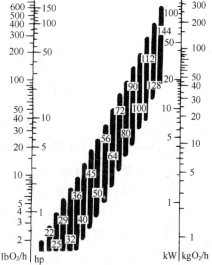

图 6-15 倒伞形叶轮表曝机充氧能力大约值

$$N_{轴} = N_{慢} \left(\frac{n_{实}}{n_{慢}} \right)^x \quad (6-3)$$

式中　$N_{轴}$——轴功率(kW);
　　　$N_{慢}$——相对慢转速功率(kW),

$$N_{慢} = 0.353 D^3,$$

其中　D——叶轮直径(m);
　　　$n_{实}$——叶轮实际转速(r/min);

$n_{快}$——相对快转速(r/min)，$n_{快} = \left(\dfrac{873}{D}\right)^{2/3}$；

$n_{慢}$——相对慢转速(r/min)，$n_{慢} = \left(\dfrac{436}{D}\right)^{2/3}$；

x——功率指数，$x = \dfrac{\lg N'}{\lg n'}$，

其中 $N' = \dfrac{N_{快}}{N_{慢}}$， $n' = \dfrac{n_{快}}{n_{慢}}$，

$N_{快}$——相对快转速功率(kW)，

$$N_{快} = 1.95 D^3$$

(5) 叶轮吸气孔计算：为了提高倒伞型叶轮的充氧能力，在叶轮锥体上开有一定数量的吸气孔。吸气孔布置在叶片的转向后方(即负压区)。最低吸气孔位置的确定，按公式(6-4)计算：

$$h_r = h' + h'' \tag{6-4}$$

$$h_r = \dfrac{v_{吸}^2}{2g}，v_{吸} = \dfrac{n\pi D_2}{60}$$

$$h_r = \left(\dfrac{n\pi D_2}{60}\right)^2 \dfrac{1}{2g}$$

$$h' = \dfrac{D_1 - D_2}{2} \mathrm{tg}\alpha$$

则 $\left(\dfrac{n\pi}{60}\right)^2 \dfrac{1}{2g} D_2^2 = \dfrac{D_1 - D_2}{2} \mathrm{tg}\alpha + h''$，即得

$$D_2 = \dfrac{-\mathrm{tg}\alpha + \sqrt{\mathrm{tg}^2\alpha + 1.117 \times 10^{-6}(2h'' + D_1 \mathrm{tg}\alpha) n^2}}{5.58 \times 10^{-7} n^2} \tag{6-5}$$

式中 D_2——最低吸气孔位置的直径(mm)；

$v_{吸}$——最低吸气孔线速(mm/s)；

h_r——相对速头(mm)；

h'——最低吸气孔离叶轮顶边的距离(mm)；

h''——叶轮浸没度(mm)一般取 100mm；

g——重力加速度(mm/s²)；

D_1——锥体顶部直径(mm)；

α——锥体斜边与锥体顶边的夹角。

吸气孔总面积 A，由于设计的数量较少，尚未进行测定取得最佳数值，目前可按下式计算：

$$A = \dfrac{锥体上底面积}{130 \sim 150}$$

(6) 倒伞形叶轮曝气机计算实例：设计条件：

1) 叶轮直径 $\phi 3000$mm。

2) 叶轮外缘线速度 5m/s。

3) 池型为矩形，内壁无挡板。

【解】 1) 确定叶轮转速 $n_{叶}$ 和叶轮实际转速 $n_{实}$

$$n_{叶} = \frac{v}{\pi D} = \frac{5 \times 60}{\pi \times 3} = 31.83 \text{r/min}$$

根据选用的立式行星摆线针轮减速机减速比 i(选取 $i = 29$)和电动机转速 $n_{电}$(选取 $n_{电} = 980 \text{r/min}$)计算叶轮实际转速并保证 $n_{实}$ 尽可能接近 $n_{叶}$。

$$n_{实} = \frac{n_{电}}{i} = \frac{980}{29} = 33.79 \text{r/min}$$

2) 确定叶轮轴功率和电动机功率:根据式(6-3),轴功率为 $N_{轴} = N_{慢}\left(\frac{n_{实}}{n_{慢}}\right)^x$

$$x = \frac{\lg N'}{\lg n'},$$

$$N' = \frac{N_{快}}{N_{慢}}, N_{快} = 1.95D^3, N_{慢} = 0.353D^3$$

$$n' = \frac{n_{快}}{n_{慢}}, n_{快} = \left(\frac{873}{D}\right)^{2/3}, n_{慢} = \left(\frac{436}{D}\right)^{2/3}$$

则

$$N_{快} = 1.95 \times 3^3 = 52.65 \text{kW}$$

$$N_{慢} = 0.353 \times 3^3 = 9.53 \text{kW}$$

$$N' = \frac{52.65}{9.53} = 5.525$$

$$n_{快} = \left(\frac{873}{3}\right)^{2/3} = 43.91 \text{r/min}$$

$$n_{慢} = \left(\frac{436}{3}\right)^{2/3} = 27.64 \text{r/min}$$

$$n' = \frac{43.91}{27.64} = 1.589$$

$$x = \frac{\lg N'}{\lg n'} = \frac{\lg 5.525}{\lg 1.589} = \frac{0.7423}{0.2010} = 3.69$$

故

$$N_{轴} = N_{慢}\left(\frac{n_{实}}{n_{慢}}\right)^x = 9.53\left(\frac{33.79}{27.64}\right)^{3.69} = 20 \text{kW}$$

电机功率根据第 6.1.3 节中式(6-7)为

$$N = \frac{kN_{轴}}{\eta}$$

式中 取 $k = 1.25$(见表 6-11),$\eta = 0.9$,

则

$$N = \frac{1.25 \times 20}{0.9} = 27.78 \text{kW}$$

3) 减速机和电动机的选择:根据上述计算选用 Y225M-6W,30kW 电动机和 BLD-55-40-29 立式行星摆线针轮减速机。

4) 叶轮几何尺寸计算,如图 6-16 所示。

锥体直径:$D_1 = \frac{7}{9}D = 7/9 \times 3000 = 2333 \text{mm}$

锥底直径:$d = \frac{10.75}{90}D = \frac{10.75}{90} \times 3000 = 358 \text{mm}$

叶片宽:$b = \frac{4.75}{90}D = \frac{4.75}{90} \times 3000 = 158 \text{mm}$

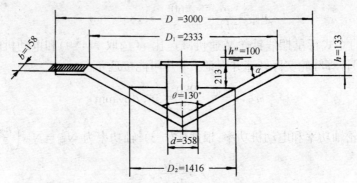

图 6-16 倒伞型叶轮几何尺寸

叶片高：$h = \dfrac{4}{90}D = \dfrac{4}{90} \times 3000 = 133$ mm

锥体夹角：$\theta = 130°$

叶片数：$Z = 8$ 片

5) 转轴直径的确定：

① 扭矩计算：

$$M_n = 9550\dfrac{N\eta}{n_{实}} = 9550 \times \dfrac{27.78 \times 0.90}{33.79} = 7066 \text{N·m}$$

② 轴径计算：

ⅰ. 强度计算：

$$\tau = \dfrac{M_n}{W} \leqslant [\tau]$$

式中 M_n——扭矩(N·m)；

W——抗扭截面模量，$W = \dfrac{\pi d^3}{16}$ (cm³)；

其中 d——轴径(cm)，

$$d = \sqrt[3]{\dfrac{16M_n}{\pi[\tau]}} = \sqrt[3]{\dfrac{16 \times 706600}{\pi \times 7000}} = 8 \text{cm};$$

$[\tau]$——许用剪应力，45 号钢取 $[\tau] = 70$ N/mm²。

ⅱ. 刚度计算：

$$\theta = \dfrac{M_n l}{IG} \leqslant [\theta]$$

式中 θ——许用扭转角，取 $\theta = 0.5°/$m；

l——单位轴长 1m；

G——剪切弹性模量，$G = 79.4$ GPa；

I——断面极惯性矩，$I = \dfrac{\pi d^4}{32}$ (cm⁴)。

故 $d \geqslant \sqrt[4]{\dfrac{M_n l \times 32}{\pi G \theta}} = \sqrt[4]{\dfrac{7066 \times 1 \times 32}{\pi \times 79.4 \times 10^9 \times \pi/180}} = 0.08489\text{m} = 8.49$ cm

应根据刚度决定转轴直径，考虑键槽影响，将轴径增大 8%，故轴径 d 应为 9.2cm。

6.1.1.3 K型叶轮表面曝气机

(1) 总体构成:K型叶轮表面曝气机的总体构成与前述立轴式表面曝气机总体构成相同。

(2) 叶轮结构:K型曝气叶轮结构如图6-17所示。主要由后轮盘、叶片、盖板和法兰组成。后轮盘近似于圆锥体,锥体上的母线呈流线型,与若干双曲率叶片相交成水流通道。通道从始端至末端旋转90°。后轮盘端部外缘与盖板相接,盖板大于后轮盘及叶片,其外伸部分与后轮盘出水端构成压水罩,无前轮盘。

K型叶轮叶片数随叶轮直径大小不同而不同,叶轮直径越大则叶片数越多。根据高效率离心式泵最佳叶片数目的理论公式,$\phi 1000mm$叶轮的较佳叶片数为20~30片。理论上叶片越多越好,考虑叶轮的阻塞,推荐的叶轮直径与叶片数的关系,如表6-6所示。

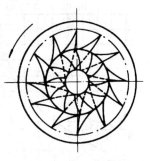
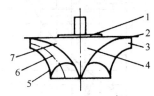

图6-17 K型叶轮结构
1—法兰;2—盖板;3—叶片;
4—后轮盘;5—后流线;
6—中流线;7—前流线

推荐的叶轮直径与叶片数的关系　表6-6

叶轮直径(m)	$\phi 200 \sim \phi 300$	$\phi 500$	$\phi 600 \sim \phi 1000$	$\phi 1200$
叶片数(片)	12	14	16	18

K型叶轮形似离心泵,但不完全相同,属于通流式水力机械类。叶轮叶片采用径向式,即叶片出水角$\beta_2 = 90°$,如图6-18所示。图6-18中各符号意义为:

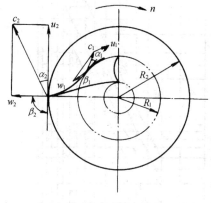

图6-18 K型叶轮叶片出、入水角

u_1, u_2——叶轮进、出口圆周速度;
c_1, c_2——叶轮进、出口处液体流动的绝对速度;
w_1, w_2——液体相对叶片运动的进、出口速度;
R_1, R_2——叶轮进、出口处半径;
β_1, β_2——叶片方向与圆周速度负方向之间的夹角;
n——叶轮转速;
α_1, α_2——c_1与u_1,c_2与u_2之间夹角。

如图6-19所示,K型叶轮的叶片前流线入水角$\beta_1' = 17°$;中流线入水角$\beta_1'' = 24°$;后流线入水角$\beta_1''' = 26°$。

(3) 叶轮作用原理:K型叶轮的作用原理,如图6-20所示。其叶轮充氧通过三个方面进行:

1) 水体在旋转的叶轮叶片作用下流经叶片通道,从叶轮进水口处Ⅰ—Ⅰ断面至叶轮出水口处Ⅱ—Ⅱ断面能量不断增加,不断地从叶轮周边呈水幕状态射出水面,并使水面产生水跃,从而大量裹进空气,使空气中的氧迅速溶于水中;

2) 由于叶轮的输水及提升作用,水体快速上下循环,液面不断更新以接触空气充氧;

3) 在叶轮进水锥顶(或叶片后侧)的负压区开有一定数量的进气孔,可以吸入一部分空气,被吸入的空气与提升起来的水混合而使氧溶于水中。

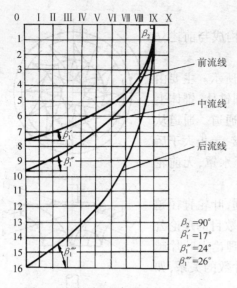

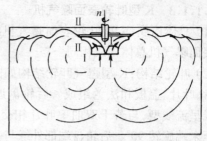

图 6-20　K 型叶轮作用原理

以上三个作用中,以前两个作用为主,第三个作用为辅。进气孔的大小及数量要严格控制,如果孔径过大或孔数过多都会产生叶轮脱水现象,孔径过小或孔数过少,则充氧效果的增加不明显。一般在充氧效果满足要求的情况下可不开进气孔。

图 6-19　前、中、后各流线的出、入水角

(4) K 型叶轮充氧量及轴功率:根据实测资料,K 型叶轮在标准状态下,清水中的充氧量、轴功率与叶轮直径、线速度之间的关系,见图 6-21、图 6-22。

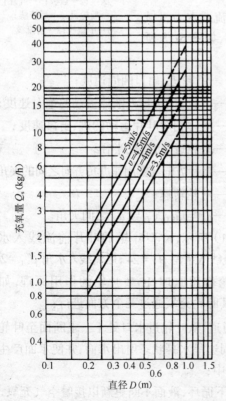

图 6-21　K 型叶轮线速度、直径和充氧量关系

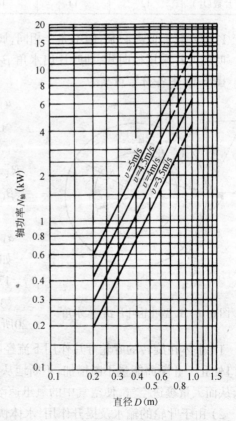

图 6-22　K 型叶轮线速度、直径和轴功率关系

当叶轮直径为 500~750mm、运行线速度 4~5m/s 时,动力效率为 2.54~3.09kgO$_2$/

(kW·h)。

(5) 设计与选型原则：

1) 叶轮直径与曝气池直径或正方形边长的关系：

$$\frac{叶轮直径}{曝气池直径或正方形边长} = \frac{1}{6\sim10}$$

上述比例关系中，小值适用于叶轮直径在 $\phi600$mm 以上的叶轮，大值适用于叶轮直径在 $\phi400$mm 以下的叶轮。

2) 叶轮浸没度：叶轮浸没度指静止水面距叶轮出水口上边缘间的距离，一般为 $0\sim1$cm。

3) 叶轮线速度：叶轮线速度一般在 $4\sim5$m/s。实验表明，叶轮线速度在 4m/s 及 5m/s 时，动力效率 $\geqslant 3$kgO$_2$/kW·h，达最佳效果。在 $4\sim5$m/s 之间稍次之。

6.1.1.4 平板型叶轮表面曝气机

(1) 总体构成：平板型叶轮表面曝气机的总体构成参见图 6-23，属立轴式表面曝气机的一种。

(2) 叶轮结构：叶轮结构，如图 6-23 所示。由平板、叶片和法兰构成。叶片长宽相等，叶片与圆形平板径向线夹角一般在 $0°\sim25°$ 之间，最佳角度为 $12°$。

平板型叶轮构造最简单，制造方便，不会堵塞。

平板型叶轮叶片数、叶片高度与叶轮直径的关系，如图 6-24 所示。

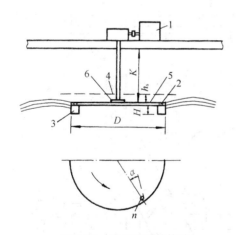

图 6-23 平板型叶轮构造
1—驱动装置；2—进气孔；3—叶片；
4—停转时水位线；5—平板；6—法兰

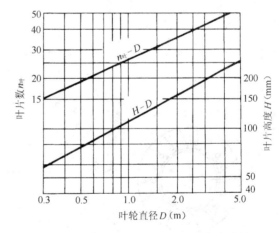

图 6-24 平板型叶轮叶片数和叶片高度计算图

平板型叶轮进气孔直径的计算以及叶轮外缘与池壁最小间距的计算，见图 6-25。

平板型叶轮浸没度 h_s（参见图 6-23）随叶轮直径的变化以及平板型叶轮顶部距整机支架底部最小间距 K 值的计算，见图 6-26。

改进后的平板型叶轮结构，见图 6-27。

(3) 叶轮充氧量及轴功率：平板型叶轮动力效率为 $2.24\sim2.61$kgO$_2$/(kW·h)，改进型可提高到 $3.0\sim3.4$kgO$_2$/(kW·h)。

图 6-28 所示叶轮线速度 4.85m/s 时叶轮轴功率、充氧量与叶轮直径关系。

国内部分立轴式表面曝气机技术性能测定数据，见表 6-7。

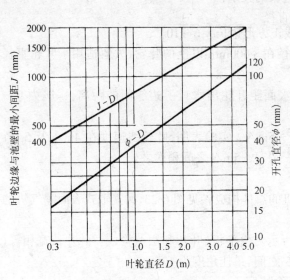

图 6-25 平板型叶轮开孔与池壁最小间距计算图

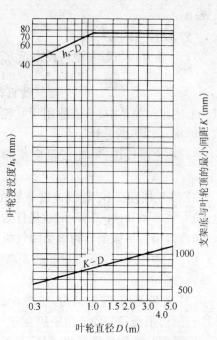

图 6-26 平板型叶轮浸没度和支架底与叶轮顶的最小间距计算图

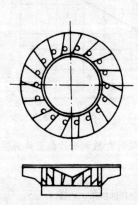

图 6-27 改进型平板叶轮

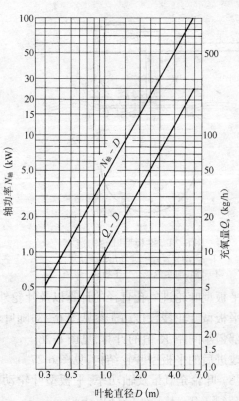

图 6-28 叶轮线速度 4.85m/s 时，叶轮轴功率和充氧量与叶轮直径关系

表 6-7

国内部分立轴式表面曝气器技术性能测定数据

序号	叶轮主要参数	电动机型号规格及机械传动装置	叶轮线速 (m/s)	回流窗开启度 (cm)	浸没深度 (cm)	输入功率 N (kW)	充氧量 Q_s (kg/h)	总动力效率 Q_s/N [kgO₂/(kW·h)]	曝气池型号主要尺寸参数 (m)	使用单位	测定日期	说明
1	泵(E) φ1800 叶片数 22	JZTT-82-4/6 拖动电动机额定功率 55/37kW，滑差离合器额定输出力矩 35kg·m，最高转速 1320r/min，圆锥圆柱齿轮减速器	3 3.6 4 4.7 5		3~4	13.8 18.0 36.6 47.4 53.4	11.93 19.36 36.9 61.10 84.90	0.864 1.08 1 1.28 1.59	分建，方形 12×12，流筒内径 D12.5，号深 5.2 深 4.4，筒上有 0.32×0.32 立柱 8 根	沙市印染厂	1981年9月	(1) 对于直流电动机，输入功率栏中，斜线以下为整流器输入功率，斜线以上为直流电动机输入功率，即为直流电动机输入功率，两者比值即为直流电动机的充氧效率。 (2) 凡带星号经过校正的，其余均为以当地自来水作α值测定时的充氧量
2	泵(E) φ1800 叶片数 12	直流电动机 Z_2-92，40kW，1000r/min，立式双级圆柱齿轮减速器	3 3.5 4 4.5 4.7 5		4	11.84/12.8 17.73/19.2 27.58/28.8 36.38/37.6 42.08/44 48.34/52	14 24.24 38 52.68 78.34	1.09 1.26 1.32 1.4 1.51	分建，方形 12×12，号流筒内径 6，号深 4.5，导流筒上、下有 0.24×0.40 立柱各 4 根	郑州印染厂	1983年12月	
3	泵(E) φ1800 叶片数 12	直流电动机 Z_2-82，40kW，1500r/min，圆锥圆柱齿轮减速器	3 3.5 4 4.5 4.8	回流窗全开 回流窗平静水位	3~4	10.42/12.89 16.02/19.13 23.58/26.74 34.86/38.64 42.04/46.53 5.24/7.64 9.14/11.21 14.15/17.77 19.28/22.17 30.38/32.58			合建，加速曝气池，直径 16.8，水深 4.7，回流窗 16 只，面积 0.7×0.6	襄凡棉纺厂	1980年10月	
4	泵(E) φ1800 叶片数 12	JZTT-82-4/6 拖动电动机额定功率 55/37kW，滑差离合器额定输出力矩 35kg·m，最高转速 1320r/min，圆锥圆柱齿轮减速器	3 3.5 4 4.5 4.7	回流窗全开	3~4	15.2 32.9 39.8 47.7 53.6	6.17 14.11 27 36.58	0.41 0.43 0.68 0.77	合建，加速曝气池，直径 17，水深 4.4，回流窗 16 只，面积 0.6×0.6		1983年7月	

286 6 曝气设备

续表

序号	叶轮主要参数	电动机型号规格及机械传动装置	运转状态 叶轮线速(m/s)	运转状态 回流窗开启度(cm)	运转状态 浸没度(cm)	输入功率 N (kW)	充氧量 Q_s (kg/h)	总动力效率 Q_s/N [kgO_2/(kW·h)]	曝气池型号主要参数尺寸(m)	使用单位	测定日期	说明
4			5			64	48	0.75				
5	泵(E) φ1800 叶片数 12	JZS91,40/13.3kW 1050/350r/min,圆锥圆柱齿轮减速器	3 4 5	−22 −16 −6	3~4	11 32.4 46.8 9.79 16.66 30.91 40.61 45.12	6.56 15.9 28.27	0.6 0.49 0.6	分建,圆形直径 9,深 7.1,导流筒内径 2.7	武汉印染厂	1973年	
6	泵(E) φ1800 叶片数 22	JZT-82,拖动电动机额定功率 55/36.5kW,滑差离合器额定输出力矩 35.8kg·m,转速 1320-800/810-440r/min,双级圆柱齿轮减速器圆锥齿轮减速器	2.96 3.42 4.1 4.55 4.68 3.75 4.07 4.58 4.81 5.04		3~4 3	42.05 46.9 55.6 58.5 65	35.2* 69.4* 95.4* 98.4*	0.84 1.25 1.63 1.54	分建,矩形 14.5× 43.5,深 4.5,装三台曝气器	上海金山石化总厂	1975年9月	
7	泵(E) φ1500 叶片数 16	JZS₂-83, 4D/13.3kW,圆锥圆柱齿轮减速器	3 4 4.71 5	回流窗全开	3~4	8.88 19.2 31.6 36.8	6.48 33.25 63 64.55	0.72 1.73 1.99 1.75	合建,加速曝气池,直径 17,深 4.7,回流窗 16 只,面积 0.7×0.6	湖北 3545厂	1975年	
8	泵(E) φ1500 叶片数 16	直流电动机 Z_2-92, 40kW,1000r/min,立式双级圆柱圆锥齿轮减速器	3.5 4 4.7 5		3	11.66/12.51 17.21/18.71 28.9/31.78 33.44/36.4	13.83 24.05 41.24 61.13	1.10 1.29 1.30 1.68	分建,方形 12×12,深 4.5,导流筒内径 6,筒上、下有 0.24×0.4 立柱各四根	桂林上窑污水处理厂	1981年9月	
9	泵(E) φ1500 叶片数 16	直流电动机 Z_2-91, 30kW,1000r/min,立式双级圆柱齿轮减速器	3.5 4 4.5	回流窗 全开	1	10.49 16.67 26.15			合建,加速曝气池,直径 17,深 4.7,回流窗 16 只,面积 0.6×0.6	桂林北区污水厂	1982年2月	输入功率栏中功率为直流电动机输入功率

6.1 表面曝气机械

续表

序号	叶轮主要参数	电动机型号规格及机械传动装置	运转状态 叶轮线速 (m/s)	回流窗开启度 (cm)	浸没度 (cm)	输入功率 N (kW)	充氧量 Q_s (kg/h)	总动力效率 Q_s/N [kgO$_2$/(kW·h)]	曝气池型号主要尺寸参数 (m)	使用单位	测定日期	说明
9	泵(E) ϕ1500 叶片数 20	直流电动机 Z_2-81,30kW,1500r/min,三角皮带,双级圆柱齿轮,圆锥齿轮减速器	4.75 5 3.5 4 4.5 4.75 5 4 4.5 4.7 5	-8.5 回流窗口 平静水位	1 1	30.37 35.22 8.08 12.35 20.73 26.78 34.93 7.93 12.31 15.69 23.37						
10	泵(E) ϕ1500 叶片数 20	JZT82-4,拖动电动机额定功率 40kW,滑差离合器额定转矩 25kg·m,400~1200r/min,蜗轮减速器	4.24 4.4 4.81 5.01		0 6 0 3	24.6 28.30 33.75	25.22 30.6 52.30 68.35	1.24 1.84 2.03	合建,方形曝气区 8.7×8.7,深 4.7	上海第三印染厂	1975.8	
11	泵(E) ϕ1500 叶片数 20		3.69 3.92 4.32 4.71		3~4	28 29.8 37.6 40			分建,方形 11×11,深 4.2,导流筒内径 4,筒下有 0.2×0.2 立柱四根	岳阳化工总厂污水处理厂	1983.11	
12	泵(E) ϕ1500 叶片数 20		3.5 4 4.5 4.74		3~4	26.8 35.8 43.7 47.8	16.66 25.4 43.6 44.86	0.62 0.71 1 0.94	分建,方形 12×12,深 4,导流筒内径 6,筒上、下有 0.4×0.4 立柱各四根	长沙污水处理厂	1983.10	

288　6　曝气设备

续表

序号	叶轮主要参数	电动机型号规格及机械传动装置	运转状态 叶轮线速 (m/s)	运转状态 回流窗开启度 (cm)	运转状态 浸没度 (cm)	输入功率 N (kW)	充氧量 Q_s (kg/h)	总动力效率 Q_s/N [kgO$_2$/(kW·h)]	曝气池型号主要参数尺寸 (m)	使用单位	测定日期	说　明
13	泵(E) ϕ1500 叶片数 20	直流电动机 Z_2-81, 30kW,1500r/min,圆柱齿轮减速器	4.4		3~4	23.37/25.36			合建,方形曝气区 8×8深5.6	重庆印染厂	1983.12	
14	泵(E) ϕ1400 叶片数 16	直流电动机 Z_2-81, 30kW,1500r/min,三角皮带,双级圆柱齿轮轮减速器	4 4.5 4.7 5		3	14.54/16.2 18/20.22 20/22.67 23.45/26.92	22.33 30.46 35.33 41.67	1.38 1.51 1.56 1.54		上海第三印染厂	1975.8	
15	泵(E) ϕ1300 叶片数 16	JZS$_2$-72, 22/7.3kW, 1410/470r/min,三角皮带,单级圆柱齿轮轮减速器	3.9 4.11 4.6 4.96	回流窗关闭	6	11.85 13.2 17.7 22.35	18.75 20.04 32.8 48.45	1.58 1.52 1.85 2.16	合建,曝气池直径 16.8,深4.4,回流窗24只,面积0.35×0.35	上海川沙毛巾漂印厂	1975.7	
16	泵(E) ϕ1200 叶片数 18		3.78 4.05 4.38 4.73	回流缝堵死	3	8.4 12.15 15.2 18.15	12.65 18.2 25.47 36.2	1.5 1.5 1.68 1.99			1975.7	
17	K_3, ϕ1000	JO$_2$-61-4,13kW,1460r/min,双级三角皮带减速	4.3		~1	12.04			分建,矩形曝气池 30×15,深3.5,共10台表曝机,距叶轮中心约1.85处,有三根直径为0.5的立柱	昆明印染厂	1983.11	池中各机功率随在池中的位置和邻机开停的情况略有差别,池中机B略大于池角机A,表中所列为最大值
18	K_3, ϕ1000	JO$_2$-72-4,30kW,1470r/min,双级三角皮带减速	4.48		~1	12.4				昆明皮革厂	1983.11	
19	倒伞 ϕ2032	JZS$_2$-72, 22/7.3kW, 1410/470r/min,三角皮带,单级圆柱齿轮轮减速器	4.78 5.12 5.18 5.25		15 15 60 15	9.46 11 12 11.03	17.79 19.42 24.28 20.43	1.88 1.77 2.02 1.85		上海川沙毛巾漂印厂	1975.7	

6.1 表面曝气机械

续表

序号	叶轮主要参数	电动机型号规格及机械传动装置	叶轮线速度 (m/s)	回流窗开启度 (cm)	浸没度 (cm)	输入功率 N (kW)	充氧量 Q_s (kg/h)	总动力效率 Q_s/N [kgO$_2$/(kW·h)]	曝气池型号主要尺寸参数 (m)	使用单位	测定日期	说明
20	倒伞 φ3000	JO$_2$-132-6L$_3$, 40kW, 980r/min, 立式单级行星摆线针轮减速机	5.31 5.31 5.31		10~15	38.4 39.4 42.4				上海龙华肉联厂		2号(反转) 3号 1号
21	倒伞 φ2000	JZS$_2$-71-2, 22/7.3kW, 双级圆柱齿轮减速机, 圆锥齿轮减速器	3 3.5 4 4.5 5		6	8.7 10 11.8 14.4 18.4						
22	倒伞 φ1400	JZS$_2$-52-3, 7.5kW, 2850r/min, 双级圆柱齿轮减速机, 圆锥齿轮减速器	3.55 3.85 4.16 4.16 4.48 4.48		6 8 8 10 10 12	5 5.5 5.7 6.08 6.6 7.05	8.24 8.88 10.93 8.44 7.10 10.1	1.70 1.61 1.92 1.40 1.08 1.40	合建, 曝气池直径 12.5, 深 4.5, 回流窗 24 只, 面积 0.3×0.6	上海彭浦新村污水处理厂	1983.12	
23	平板 φ1400		3.85 3.85 4.16 4.16 4.48 4.48		6 8 8 10 10 12	4.28 4.50 5.28 5.28 5.70 6.00	7.1 14.2 21.0 23.1 14.2 22.5	1.67 3.14 3.98 4.06 2.50 3.80	合建, 加速曝气池直径 4.64, 回流窗 10 只, 面积 0.3×0.6	上海彭浦新村污水处理厂	1975年	

6.1.2 水平轴式表面曝气机械

水平轴式表面曝气机有多种型式,机械传动结构大致相同,总体布置有异,主要区别在于水平轴上的工作载体——转刷或转盘。国内设计应用最广泛的是转刷曝气机和转盘曝气机。

6.1.2.1 转刷曝气机

(1) 总体构成:转刷曝气机主要应用于城市污水和工业废水处理的氧化沟技术,可在矩形也可在圆形曝气混合池中使用。国外研究应用较早,国内始见于 70 年代,武汉钢铁公司冷轧废水处理厂,引进原联邦德国 PASSAVANT 公司 $\phi 500mm$ 的 Mammoth 转刷,用于矩形曝气反应池,见图 6-29 所示。

转刷曝气机具有推流能力强,充氧负荷调节灵活,效率高且管理维修方便等特点。在氧化沟技术发展的同时,转刷曝气机得到广泛的应用。其推流能力应确保底层池液流速不小于 0.2m/s,最大水深不宜超过 3.5m。

转刷曝气机由电动机、减速传动装置和转刷主体等主要部件组成。如图 6-30 所示。

1) 按整机安装方式分固定式和浮筒式:
① 固定式是整机横跨沟池,以池壁构筑物作为支承安装。

减速机输出轴可以单向或双向传动,也可在一个方向上,根据水池结构串联几根刷辊,以减少传动装置,达到一机共用。如图 6-31 所示为双出轴转刷曝气机。

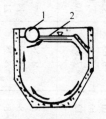

图 6-29 转刷曝气机作用示意
1—转刷;2—充氧区

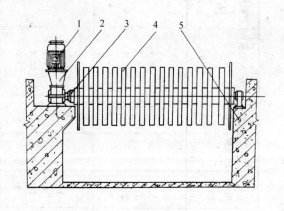

图 6-30 转刷曝气机
1—电动机;2—减速装置;3—柔性联轴器;
4—转刷主体;5—氧化沟池壁

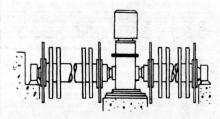

图 6-31 双出轴式转刷曝气机

可以按氧化沟池形结构特点,设计成桥式,形成通道,图 6-32 所示为桥式转刷曝气机。
② 浮筒式是整机安装在浮筒上,浮筒内充填泡沫聚氨酯,以防止浮筒漏损而不致影响浮力。采用顶部配重调整刷片浸没深度,达到最佳运行效果。图 6-33 所示为浮筒式转刷曝气机。

2) 按转刷主体顶部是否设置钢板罩而分为敞开式和罩式结构:
① 敞开式转刷主体顶部不设钢板罩,刷片旋转时,抛起的水滴自由飞溅。

② 罩式是转刷主体顶部设置钢板罩,当刷片旋转飞溅起的水滴与壳板碰撞时,会加速破碎与分散,增加和空气混合,可以提高充氧量,图6-34所示为罩式转刷曝气机。

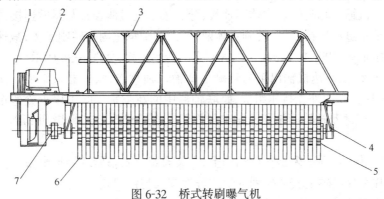

图6-32 桥式转刷曝气机

1—电机罩;2—驱动机构;3—桥架;4—轴承;5—挡水盘;6—刷片;7—联轴器

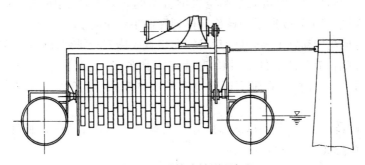

图6-33 浮筒式转刷曝气机

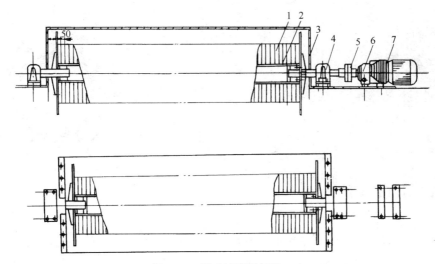

图6-34 罩式转刷曝气机

1—叶片;2—转刷轴;3—罩;4—轴承座;5—联轴器;6—减速机;7—基座垫板

3) 按电动机输出轴的位置分卧式与立式安装:

① 卧式安装:电动机输出轴线为水平状,其减速机输入轴与输出轴呈同轴线或平行状,如图6-34所示。

② 立式安装：电动机输出轴线为垂直状，其减速机输入轴线与输出轴线呈 90°夹角，如图 6-30 所示。

4）按减速机输出轴与转刷主体间连接，分有轴承座过渡连接与悬臂连接式：

① 有轴承座过渡连接：是指转刷主体两端，设置轴承座固定转刷主体，减速机输出轴与刷体的输入轴间，采用联轴器或其它机械方式的传动连接，如图 6-34 所示。

② 悬臂连接：是减速机输出轴与转刷主体输入轴直连，联轴器采用柔性联轴器。柔性联轴器由球面橡胶与内外壳挤压组成，是联轴器中的新类别。既可以承受弯矩，传递扭矩；同时具有减振、缓冲及补偿两轴相对偏移的作用。由于减少了支承点，使得曝气机轴向整体安装尺寸缩小。

(2) 转刷主体：转刷主体是在传动轴上，安装有组合式箍紧的矩形窄条片。

1）按刷片在传动轴上安装排列的形式分螺旋式与错列式。

① 螺旋式安装排列：是在传动轴上，刷片沿轴向螺旋式排列，每圈叶片呈放射状径向均布。圈与圈之间留有间距，以增大水与空气混合空间。对直径 $\phi1000mm$ 的转刷，每圈 12 片，每米约 6.67 圈。图 6-35 所示为螺旋式排列转刷主体全貌。

② 错列式：是在传动轴上，转刷叶片沿轴向呈直线错列状排列，叶片分布与前相同。在上述叶片数和圈间留有间距条件下，相邻叶片在轴上排列时的错位角为 15°。

转刷叶片数为 6 片时，其在轴上圈间也有不留空隙的排列形式，相邻叶片间错位角为 30°。

2）刷片结构：转刷由多条冲压成形的叶片用螺栓连接组合而成。如图 6-36 所示，目前转刷直径系列在 $\phi500 \sim \phi1000mm$ 之间。

图 6-35 转刷主体

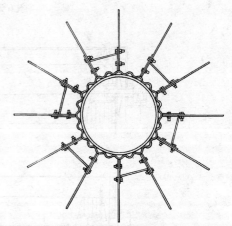
图 6-36 转刷

叶片形状多样，有矩形、三角形、T 型、W 型、齿形、穿孔叶片等。目前设计应用最多为矩形窄条状，叶宽一般在 $50 \sim 76mm$ 之间，用 $\delta = 2 \sim 3mm$ 的薄钢板制作，为了减小刷轴运转时的转动惯量，片长的 4/5 冲压成带槽的截面，以提高断面模量，保证叶片击水时有一定的抗弯强度，并富于弹性。对较大直径转刷的下部，再用拉筋加固。

当转刷叶片数为 12 时，周向夹角为 30°；叶片数为 6 时，周向相邻叶片夹角为 60°。

刷片在轴上定位箍紧力，由叶根贴轴处的凸圈产生的弹性变形进行调整，并应大于刷片击水时在轴上的扭转力。

叶片采用不锈钢或浸锌碳素钢板制作,特殊情况采用钛合金钢板材加工,但成本较高。传动轴一般采用厚壁热轧无缝钢管或不锈钢管加工而成。

(3) 作用原理:图 6-37 所示为转刷曝气机在氧化沟中作用原理示意。

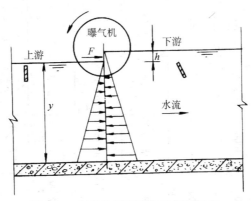

图 6-37 氧化沟转刷曝气机运转示意

1) 向处理污水中充氧。水在不断旋转的转刷叶片作用下,切向呈水滴飞溅状抛出水面与裹入空气强烈混合,完成空气中的氧向水中转移。

2) 推动混合液以一定的流速在氧化沟中循环流动。

曝气机运转时,其下游水位被抬高。在稳定状态下,通过转轴中心线的垂直断面上力的平衡,可以近似得出曝气机的推动力 F 按式(6-6)计算:

$$F = \gamma g y h \quad (N/m) \tag{6-6}$$

式中 γ——混合液密度为 $1000 kg/m^3$;

g——重力加速度为 $9.81 m/s^2$;

y——氧化沟水深(m);

h——曝气机推流水头(m)。

对几何尺寸一定的氧化沟,曝气机推动力的大小,决定它所产生的推流水头,即提升高度 h 值,这与曝气机性能、运转方式密切相关。

推动混合液的流速,必须能使混合液中的固体在氧化沟的任何位置均保持悬浮状态。

(4) 充氧能力和轴功率:转刷的充氧量及轴功率的测试,是在标准状态下,水温 20℃,0.1MPa 大气压条件,在设定的沟池内,对溶解氧为零的清水中进行试验、测定的。

表 6-8 是根据国内外文献,实验总结列出的部分转刷曝气机的技术性能参数。

转刷浸没度的调节是在保证正常浸没度条件下,利用曝气池或氧化沟的出水堰门或堰板,控制调整液位,改变转刷浸没度。在曝气机转速一定的情况下,实现充氧量及推流能力的变动。

性能曲线反映出不同规格直径的转刷,在转速和浸没深度一定时的充氧能力、动力效率及动力消耗特点。其单位长度转刷轴功率,可作为类比、估算设计参考,并应结合特定的氧化沟参数及工艺要求综合考虑,使整机动力匹配合理。

图 6-38、图 6-39 所示分别为德国生产的 $\phi 700$、$\phi 1000$ 转刷曝气机特性曲线。

图 6-40 所示为德国生产的 $\phi 500$、长 2500mm、转速 90r/min 转刷曝气机特性曲线。

图 6-41、图 6-42 所示为日本生产的 $\phi 700$、$\phi 1000$ 转刷曝气机特性曲线。

表 6-8 部分转刷曝气机的技术性能参数

型号或类型	Mammu-trotoren	Mammu-trotoren	Mammu-trotoren	Akva-rotor midi	叶片式转刷	Mammoth转刷	转刷	BZS转刷	YHG转刷	YHG转刷	BQJ转刷	BQJ转刷
研制单位或生产厂家	德国 PASSAVANT	德国 PASSAVANT	德国 PASSAVANT	丹麦 Krüger公司	日本	英国	中南市政设计院	中南市政设计院安纺	清华大学环工系第一环保设备厂	清华大学环工系.宜兴第一环保设备厂	江苏江都,通州给排水设备厂,宜城净化设备厂	江苏江都,通州给排水设备厂,宜城净化设备厂
直径 (mm)	500	700	1000	860	1000	970～1070	700	1000	1000	700	700	1000
转速 (r/min)	90	85	72	78	60	—	78	72～74	70	70	—	—
浸深 (m)	0.04～0.16	0.24	0.30	0.12～0.28	0.17	0.10～0.32	0.15～0.20	0.2～0.3	0.25～0.30	0.20	0.15	0.20
充氧能力 [kgO$_2$/(m³·h)]	0.4～1.9	3.75	8.3	3.0～7.0	3.75	2.0～9.0	1.3～2.0	2.58～9.6	6.0～8.0	4.1	3.0	6.0
动力效率 [kgO$_2$/(kW·h)]	2.5～2.7	2.2	1.98	1.6～1.9	2.7	—	0.52～0.76	1.93～2.39	2.5～3.0	2.95	—	—
转刷有效长度 (m)	—	1.0,1.5,2.5,3.0	3.0,4.5,6.0,7.5,9.0	2.0,3.0,4.0	—	—	2.5	3.0,4.5,6.0,7.5,9.0	4.5,6.0,7.5,9.0	1.5,2.5	3.0,3.5	3.0～3.5
氧化沟设计水深 (m)	—	—	2.0～4.0	1.0～3.5	2.9	3.0～3.6	2.0	3.0	3.0～3.5	2.0～2.5	—	—

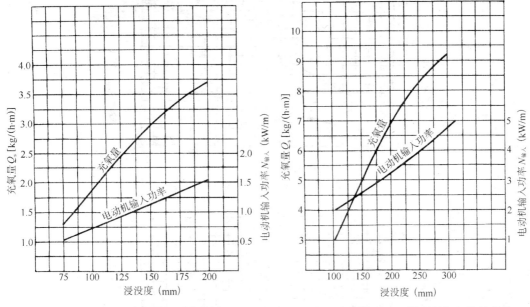

图 6-38 德国 φ700 转刷曝气机特性曲线

图 6-39 德国 φ1000 转刷曝气机特性曲线

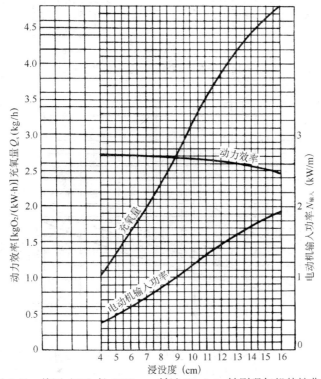

图 6-40 德国 φ500、长 2500mm、转速 90r/min 转刷曝气机特性曲线

图 6-43 所示,为丹麦 Krüger 公司与德国 PASSAVANT 公司生产的 φ1000 转刷曝气机特性曲线。

图 6-44 所示,为国产 φ1000 转刷曝气机特性曲线。

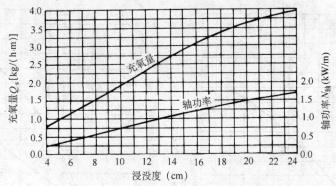

图 6-41　日本 ϕ700 转刷曝气机特性曲线

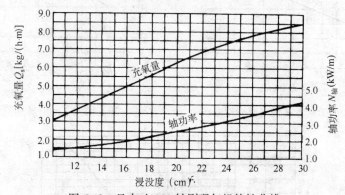

图 6-42　日本 ϕ1000 转刷曝气机特性曲线

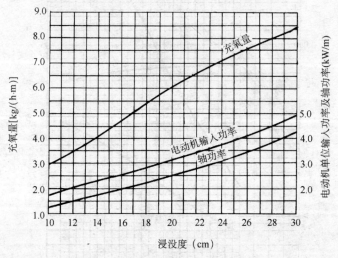

图 6-43　Krüger 公司与 PASSAVANT 公司 ϕ1000 转刷曝气机特性曲线

6.1.2.2　转盘曝气机

转盘曝气机主要用于奥贝尔(Orbal)型氧化沟,通常称之为曝气转盘或曝气转碟。

它是利用安装于水平转轴上的转盘转动时,对水体产生切向水跃推动力,促进污水和活性污泥的混合液在渠道中连续循环流动,进行充氧与混合。图 6-45 所示为转盘曝气机在氧

6.1 表面曝气机械　297

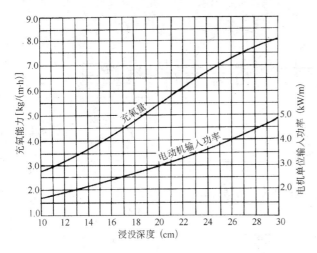

图 6-44　国产 φ1000 转刷曝气机特性曲线

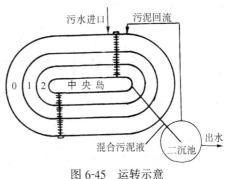

图 6-45　运转示意

化沟中运转示意。

转盘曝气机是氧化沟的专用机械设备,在推流与充氧混合功能上,具有独特的性能。运转中可使活性污泥絮体免受强烈的剪切,SS 去除率较高,充氧调节灵活。在保证满足混合液推流速率及充氧效果的条件下,适用有效水深可达 4.3～5.0m。随着氧化沟技术发展,这种新型水平推流曝气机械设备,使用愈来愈广泛。

(1) 总体构成:整机由电动机、减速传动装置、传动轴及曝气盘等主要部件组成。安装方式为固定式,如图 6-46 所示。曝气机横跨沟渠,以池壁为支承的固定安装形式。

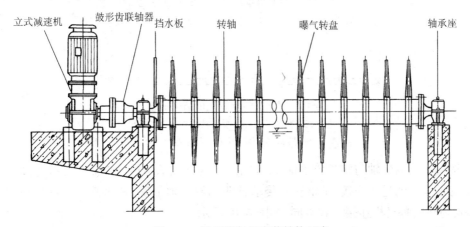

图 6-46　转盘曝气机安装结构示意

1) 按电动机输出轴的位置分卧式与立式安装:

① 卧式安装:电动机输出轴线为水平状,其减速机输入轴与输出轴为同轴线或平行状,如图 6-47 所示。

② 立式安装:电动机输出轴线为垂直状,与转刷曝气机形式雷同,如图 6-46 所示。

2) 按减速机输出轴与传动轴直联连接传动轴的数量,分单轴式和多轴式:

① 单轴式:是减速机输出轴工作时,只传动单根轴的运转方式,如图 6-46 所示。

② 多轴式:是减速机输出轴工作时,与两根或两根以上的传动轴串联同步运转的方式。多轴式其特点是适应了氧化沟 0、1、2 工艺配置与发展,使设计布置更趋灵活、机动。由于简化了传动机构,实现一机共用,使得氧化沟运行控制、管理、维护更加方便。

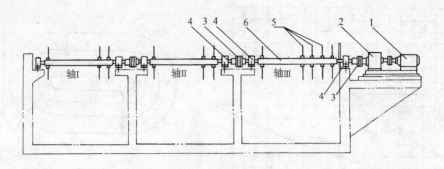

图 6-47 多轴式转盘曝气机结构示意
1—电动机；2—减速机；3—联轴器；4—轴承座；5—曝气转盘；6—传动轴

图 6-47、图 6-48 所示均为曝气机多轴式的安装形式。

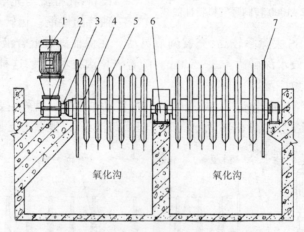

图 6-48 双轴式转盘曝气机结构示意
1—电机；2—减速装置；3—柔性联轴节；4—主轴；
5—转盘；6—轴承座；7—挡水盘

3) 按减速机输出轴与转盘传动轴间的连接，分为有轴承座过渡连接与悬臂连接：

① 有轴承座的过渡连接：是指转盘传动轴两端设置轴承座，减速机输出轴与传动轴间连接形式与转刷曝气机连接方式类同，如图 6-46 所示。

② 悬臂连接：采用柔性联轴器，如图 6-48 所示。

4) 转盘浸没度与转速调节：

① 转盘浸没度的调节：是保证氧化沟正常运行的重要因素。一般多采用沟渠的出水堰门或堰板调整液面水位，以改变转盘浸没深度。此法易行，且控制维护管理较为方便。

② 转盘转速调节：也是影响曝气机在氧化沟中推流与充氧的重要因素。转盘转速按目前使用情况，其转速在 43~55r/min 范围内，对转速调节多采用无级变速的方法。

(2) 转盘构造：转盘是曝气机主要工作部件，由抗腐蚀玻璃钢或高强度工程塑料压铸成形。图 6-49 所示为转盘整体外形，盘面自中心向圆周有呈放射线状规则排列的若干符合水力特性的楔形凸块，形成许多条螺旋线，其间密布着大量的圆形凹穴。

转盘设计成中线对开剖分式，见图 6-50 所示。以半法兰形式，用螺栓对夹紧固于轴上，构成转盘整体。这种对夹式的安装方式,对转盘拆卸及安装密度的调整带来方便。

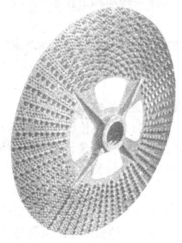

图 6-49 转盘

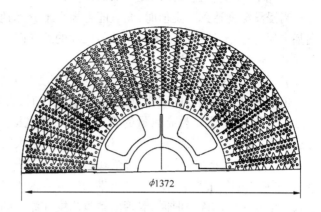

图 6-50 SX 型半扇转盘

目前转盘直径系列在 $\phi1400$ 以下,其厚度在 $10\sim12.5$mm 之间,圆穴直径 12.5mm。转动轴采用厚壁热轧无缝钢管或不锈钢管加工而成。

(3) 作用原理:转盘曝气机在氧化沟中运行,有充氧和推流两种作用。

1) 向污水混合液中充氧:转盘旋转时,盘面及楔形凸块与水体接触部分产生摩擦,由于液体的附壁效应,使露出的转盘上部盘面形成帘状水幕,同时由于凸块切向抛射作用,液面上形成飞溅分散的水跃,将凹穴中载入和裹进的空气与水进行混合,使空气中的氧向水中迅速转移溶解,完成充氧过程。

2) 推动混合液以一定流速在氧化沟中循环流动。

按照水平推流的原理,运转的转盘曝气机以转轴中心线划分的上游及下游液面,同样存在液面高差,即推流水头。其转盘在氧化沟内,单位宽度的推动力 $F(N/m)$ 与转刷曝气推流计算方法相同,可用式(6-6)估算。

在保证水池底层混合液流速不小于 0.2m/s 时,其氧化沟内平均流速需保持在 $0.25\sim0.35$m/s,曝气转盘可以适应这种工况要求,其效果较好。

(4) 充氧量及轴功率:根据实测资料,曝气转盘在标准状态下,清水中的充氧量、轴功率、转速、浸没度和安装密度等有如下关系。

1) 转盘的浸没水深一定时,当改变转盘转速时,转盘转速增高,充氧能力[kg/(盘·h)]随之升高,即充氧量与转速成线性关系,如图 6-51 所示。当转速超过 55r/min 时,充氧量并无明显增加,会出现较多的水带回上游侧,即回水现象。

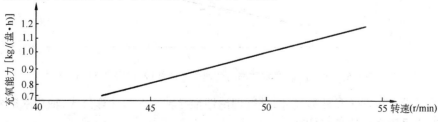

图 6-51 $\phi1372$ 转盘充氧能力与转速关系曲线(浸没深度 530mm)

对目前转盘直径 $\phi 1372 \sim \phi 1400$mm 的工作转速在 $43 \sim 55$r/min 之间。

2）浸没深度的变化是影响转盘充氧能力的敏感因素。在任一转速和工作水深的条件下，充氧能力均随转盘浸没深度增加而提高。

当浸没深度达到一定值时，充氧能力提高十分迅速，但超过一定的上限值时，充氧能力则基本保持稳定，这一数值因转盘几何尺寸的差异而变化。按目前使用的曝气转盘，浸没深度为 $0.23 \sim 0.53$m 之间。

3）在同一浸没深度条件下，转盘的安装密度对单个转盘充氧能力影响很小。

依照转盘这种独立的工作特性，在整机设计时，必须充分利用每 m 单位轴长可以容纳转盘的个数，以此来调整充氧量的需求。按照转盘构造尺寸，每 m 轴长可装设 5 盘。在实际运用中，为了减小安装、拆卸的工作难度，转盘最大安装密度以每 m 轴长 4 盘左右为宜。

4）设置导流板可增加转盘的充氧能力。其方法是在转盘下游直道中，设置 60°倾斜导流板，可将刚刚经过充氧并受曝气机推动的混合液引向氧化沟的底部，强化气水间的混合，延长气泡在水中的停留时间，改善溶解氧浓度和流速的竖向分布。这种辅助设施虽简易，但可以提高转盘充氧能力。

5）正、反转充氧量及动力效率的变化。

由于盘面楔形凸块，为非对称垂面三棱体，若以通过转盘圆心的径向辐射线为基准，其垂直面与径向线重合。

据国外公司对直径 1.38m 盘，当浸没深为 0.533m，转速 $43 \sim 55$r/min 时的测定数据表明，当旋转过程中三棱楔形块的垂面先与水接触时（下转），充氧能力最大；当反转过程中，块角先与水接触时（上转）动力效率最大，表 6-9 为测试数据。

表 6-9

转速 (r/min)	下转			上转		
	kg/(盘·h)	kW/盘	kg/(kW·h)	kg/(盘·h)	kW/盘	kg/(kW·h)
43	0.753	0.353	2.13	0.567	0.265	2.14
46	0.848	0.412	2.06	0.635	0.301	2.11
49	0.943	0.478	1.97	0.703	0.345	2.02
52	1.04	0.544	1.91	0.771	0.382	2.02
55	1.13	0.610	1.85	0.839	0.426	1.97

6）轴功率的测试如图 6-52 所示，当转盘浸没水深一定时，转盘轴功率随转速升高而增大，两者成线性变化关系。

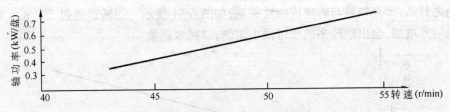

图 6-52 $\phi 1372$ 转盘轴功率与转速关系曲线（浸没深度 530mm）

目前还没有根据转盘外形尺寸，进行理论性推导轴功率的计算公式，轴功率多从试验中获取数据或采用类比法进行估算。

表 6-10 是根据资料列出的国内外转盘特性及数据。

国内外转盘特性及数据　　　　　　　　　表 6-10

型号或类型	Orbal Disc	SX 曝气转盘	YBP 曝气转盘	曝气转盘	曝气转盘
研制单位 或生产厂家	美国 Envirex	广东省 石油化工设计院 广州市新之地环保公司	西北市政工程设计院 宜兴水工业器材设备厂	重庆建筑大学	清华大学 环工系
直径(mm)	1378	1372	1400	1200	1370
转速(r/min)	43～55	45～55	50～55	55	46～73
浸没深(m)	0.28～0.533	0.4～0.53	0.40～0.53	0.40	0.20～0.35
充氧能力 [kgO_2/(盘·h)]	0.567～1.13	0.80～1.12	—	0.34	0.268～0.863
动力效率 [kgO_2/(kW·h)]	1.85～2.14	1.80～2.03	—	1.5	0.96～1.42
单盘轴功率(kW)	0.353～0.61	0.40～0.63	0.43～0.702	—	—
试验水池有效容积(m^3)	850	34	100	100	12
水表面积(m^2)	220	13	19	50	12
应用工程项目	广州石化总厂 污水处理厂	广州石化总厂污水处理改造工程 湖南长岭炼油厂污水处理厂 苏州吴县市城市污水处理工程	北京燕山石化公司 污水净化厂	—	—

6.1.3　传　动　设　计

6.1.3.1　基本要求
(1) 表面曝气机的传动部分应保证在正常情况下连续安全运转。
(2) 为降低污水处理耗电量,表面曝气机的传动效率要高,以节省能源。
(3) 满足污水处理对于表面曝气机转速调节和浸没度调节要求。

根据曝气池或氧化沟对曝气机运行要求,转速调节有下列三种:

1) 无级调速:曝气机可在设计范围内作无级调速,适用于污水处理要求较高,水质水量不稳定的场合;

2) 有级调速:曝气机的转速按几个定值调节,此种方式适用于污水处理要求稍低的条件;

3) 定速:曝气机只能以一种速度运转。用于污水处理比较成熟及负荷条件较稳定的情况。

6.1.3.2　电动机选择
(1) 电动机功率计算:电动机功率按下式计算:

$$N = \frac{kN_{轴}}{\eta} \tag{6-7}$$

式中　N——电动机输出计算功率(kW);

k——电动机的功率备用系数,污水处理表面曝气机使用的电动机功率为中小功率范围,取值见表6-11。

$N_{轴}$——曝气机轴功率(kW),根据不同机型叶轮和刷、盘的性能特性曲线和计算公式确定。对要求变速的表面曝气机,应按确定的最大线速运转时轴功率进行计算;

η——机械传动总效率。

电动机的功率备用系数　　　　　　表6-11

分类 备用系数	曝气叶轮类型	
	立轴式曝气叶轮	水平轴式曝气叶轮
k	1.25~1.15	1.10~1.05

如果已有同类型表面曝气机投入运行,可根据实测资料分析决定电动机的额定功率,选择时应接近或略大于计算 N 值。

(2) 选用电动机类型:

1) 定速电动机:一般选用封闭式鼠笼型电动机。对于工作环境恶劣,湿度较大,置露天使用的表曝机,应选择Y-W(户外型)、Y-F(防腐型)、Y-WF(户外防腐型)三相异步电动机。在一般户外环境下,电动机不需要任何防护条件可直接安装使用。

2) 有级调速电动机:可选用 YD 系列变极多速三相异步电动机。与表曝机匹配使用时,转速出现跳跃式间隔,无平滑过渡区,但对污水曝气处理具有一定的灵活性。因电动机性能优良,运行可靠,控制系统简单,因而常作为曝气机驱动使用。

3) 无级调速:

① 可选用 YCTD 系列低电阻端环电磁调速三相异步电动机。该电机结构简单,控制装置容量小,价格便宜,易于掌握,适用于中小容量表曝机调速。由于离合器本身有转差存在,使输出轴最高转速仅为同步转速90%左右,速度损失大,转差功率以热能形式损耗,因而低速运转时效率低。

虽然该电机存在一定的欠缺,但比其它类型无级调速电动机性能仍具优越性,与表曝机配套使用,可使输出转速调节平滑,运行控制方便。

② 高效无级调速系统,即笼形异步电动机变频调速:是在电动机与输入电源间,设置电力电子变频装置,改变输入电源的频率,从而平滑地调节异步电动机的同步转速,实现曝气机输出转速无级变速。由于变频调速效率高,对节能有一定意义,因而为表曝机实现无级调速所采用。

6.1.3.3 机械传动装置

(1) 减速机的设计与选用:表面曝气装置无论垂直轴负载还是水平轴负载,转速都不高。目前所应用要求均低于 100r/min,在电动机和负载之间应进行减速,因而设置减速器(机)。应尽量选用通用标准减速器配套,例如二合一式的标准型《带电机行星摆线针轮减速机》等类机型,其电动机和减速器之间直连,整体性强,体积小,安装方便。

对于输入轴与输出轴呈90°变向传动的表曝减速机,宜采用圆锥—圆柱齿轮组合传动,其中圆锥齿轮应置于首级以减小组合尺寸。圆锥齿轮尤以弧齿锥齿轮承载能力高,运转平稳,噪声小。齿轮材质宜采用优质合金钢,加工后经氮化处理成硬齿面,以保减速机连续安全运转。

当采取专业制造时,应针对污水处理特殊要求,生产安装型式多样的减速器,以满足曝气机的需求,其设计制造基本要求如下:

1) 减速器传动齿轮精度高,传动效率 η_c 应不低于 0.94。
2) 在全速、满载连续运转时,有足够的强度和寿命。
3) 构造简单,便于维护。
4) 为减少机械传动损失,传动级数不宜超过两级。
5) 尽量减少对环境的二次污染,运行噪声小,密封性能好,不漏油。

(2) 立轴式表面曝气机叶轮轴的连接设计有两种形式:

1) 减速器输出轴与叶轮轴通过刚性联轴器直连,叶轮轴轴端不设轴承。这种形式构造简单,但安装、检修较困难。
2) 叶轮轴与减速器输出轴通过浮动盘联轴器传递转矩,另设轴承以支承叶轮。这种形式构造较复杂,但安装、维修方便。由于叶轮轴和减速器轴间为过渡连接,在检修减速器时,可不涉及叶轮,因而减少了在臭气较大的现场维修的工作量。

为节约电能,简化传动机构,提高机械传动效率,立轴式表面曝气机多采用定速电动机拖动和无叶轮升降装置的立式减速器的传动形式,如图 6-2 所示。

(3) 水平轴式表面曝气机传动轴的设计

1) 轴的强度计算:转刷和转盘安装于传动轴上的工作状况是推动混合液在渠道内,以一定流速流动,轴主要承受扭矩而受弯矩较小。传动轴按扭转强度计算确定轴径。其计算公式(6-8)、式(6-9)为

实心轴
$$d = 17.2\sqrt[3]{\frac{T}{[\tau]}} = A_0 \sqrt[3]{\frac{N_{轴}}{n}} \tag{6-8}$$

空心轴
$$d = 17.2\sqrt[3]{\frac{T}{[\tau](1-\beta^4)}} = A_0 \sqrt[3]{\frac{N_{轴}}{n(1-\beta^4)}} \tag{6-9}$$

式中 d——轴的直径(mm);

T——轴所传递的扭矩(N·m);

$$T = 9550 \frac{N_{轴}}{n}$$

$N_{轴}$——轴所传递的功率(kW);

n——轴的工作转速(r/min);

$[\tau]$——许用扭转剪应力(N/mm^2),按表 6-12 选用;

A_0——系数,按表 6-12 选取;

β——空心轴内径 d_1 与外径 d 比值。

$$\beta = \frac{d_1}{d}$$

2) 为了减轻整机质量,一般应采用厚壁无缝钢管加工,并进行防腐处理。许用最大挠度 $[f] = 0.1\%$。

3) 考虑氧化沟宽度因素,传动轴有一定长度,由于温度造成的涨缩现象,设计中应采取补偿措施。

几种常用轴材料的 $[\tau]$ 及 A_0 值　　　　　　表 6-12

轴的材料	Q235-A、20	Q275、35 (1Cr18Ni9Ti)	45	40Cr、35SiMn、42SiMn、40MnB、38SiMnMo、3Cr13
$[\tau]$(N/mm²)	15~25	20~35	25~45	35~45
A_0	149~126	135~112	126~103	112~97

注：1. 表中所给出的 $[\tau]$ 值是考虑了弯曲影响而降低了的许用扭转剪应力。
　　2. 在下列情况下 $[\tau]$ 取较大值、A_0 取较小值：弯矩较小或只受扭矩作用，载荷较平稳，无轴向载荷或只有较小的轴向载荷，减速器低速轴，轴单向旋转。反之，$[\tau]$ 取较小值、A_0 取较大值。

4）对于多支点、分段的传动轴，轴间联轴器宜采用结构简单，外形尺寸及转动惯量均小，具有一定补偿两轴相对偏移、减振和缓冲性能的联轴器。

5）计算实例：设计曝气转盘装置中装有转盘的传动轴；其简图，见图 6-47 所示，为多轴式转盘曝气机。

① 条件：

ⅰ. 氧化沟净宽为 7000mm。

ⅱ. 轴承座间距离 $L=6818$mm。

ⅲ. 转盘参数：

（ⅰ）单盘轴功率：0.63kW（浸没水深 530mm）

（ⅱ）转速 n_{max}：55r/min

（ⅲ）单盘质量：30kg

（ⅳ）每段转盘数量：轴Ⅰ25、轴Ⅱ25、轴Ⅲ25

（ⅴ）转盘直径 D：1372mm

② 设计计算：

ⅰ. 轴功率及电动机功率确定：

（ⅰ）转盘总数量为 $25\times3=75$，所需轴功率为

$$N_{轴}=0.63\times75=47.25\text{kW}$$

（ⅱ）考虑传动效率及负载因素，所需电动机功率为

$$N=\frac{kN_{轴}}{\eta}=\frac{1.05\times47.25}{0.9}=55\text{kW}$$

式中　k——电动机功率备用系数，按表 6-11，取 $k=1.05$；

　　　η——总传动效率，对于一轴式、二轴式、三轴式结构分别取 0.95、0.92、0.90。

选用 Y280M-6 型电动机，其 $N_{额}=55$kW，转速 $n_1=980$r/min。

ⅱ. 减速机的确定：

（ⅰ）当转盘最大转速为 55r/min，电动机 $n_1=980$r/min 时，传动比 i：

$$i=\frac{n_1}{n_{max}}=\frac{980}{55}=17.8$$

选用标准减速机 ZLY180D，传动比为 18。

（ⅱ）轴实际转速为

$$n=\frac{n_1}{i}=\frac{980}{18}=54.4\text{r/min}$$

ⅲ. 轴径计算：轴径应根据电动机所传递的扭矩来确定，按水平轴式曝气机传动轴设计

制定要求,轴采用标准无缝钢管加工,以节省费用。

根据式(6-9)为

$$d = A_0 \sqrt[3]{\frac{N_{轴}}{n(1-\beta^4)}}$$

$$= 149 \sqrt[3]{\frac{47.25}{54.4(1-0.85^4)}} \approx 182\text{mm}$$

式中 A_0——轴材料及承载情况确定的系数,查表6-12取 $A_0 = 149$;

β——空心轴内外径比值。

查型材标准,选无缝钢管 $\phi 219 \times 18$,扣除腐蚀裕量 2mm 后计算得

$$\beta = \frac{d_1}{d} = \frac{183}{215} = 0.85$$

其中 d_1——轴内径,$d_1 = 219 - 2 \times 18 = 183\text{mm}$;

d——轴外径,$d = 219 - 2 \times 2 = 215\text{mm}$。

ⅳ.轴的强度校核:轴径校核尺寸为 $\phi 215 \times 16$,对于三轴结构,轴Ⅲ靠近联轴器端所受应力最大,应对该截面进行校核。

(ⅰ)疲劳强度安全系数校核:按式(6-10)为

$$S = \frac{\sigma_{-1}}{\sqrt{\left(\lambda_\sigma \frac{M}{Z}\right)^2 + 0.75\left[(\lambda_\tau + \psi_\tau)\frac{T}{Z_p}\right]^2}} \geqslant [S] \tag{6-10}$$

式中 σ_{-1}——材料弯曲疲劳极限,载荷平稳、无冲击,选20号钢,其 $\sigma_{-1} = 170\text{N/mm}^2$;

λ_σ、λ_τ——换算系数,取 $\lambda_\sigma = 2.95, \lambda_\tau = 2.17$;

ψ_τ——等效系数,取 $\psi_\tau = 0.1$;

Z——抗弯截面模数,按下式计算:

$$Z = \frac{\pi d^3}{32}(1-\beta^4)$$

$$= \frac{\pi \times 21.5^3}{32}(1-0.85^4) = 466\text{cm}^3;$$

Z_p——抗扭截面模数,按下式计算:

$$Z_p = 2Z = 2 \times 466 = 932\text{cm}^3;$$

T——轴所传递的最大扭矩:

$$T_{\max} = 9550 \frac{N}{n}$$

$$= 9550 \times \frac{55}{54.4} = 9655\text{N} \cdot \text{m};$$

$[S]$——疲劳强度许用安全系数,取 $[S] = 1.5 \sim 1.8$。

为了简化计算,将转盘所传递的扭矩转化为集中力 P,如图6-53所示。为保证转盘设备的充氧能力和设计上安全,力臂 l 的取值略大于转盘中心到浸没深度的一半距离。对于不同尺寸的转盘,需要具体采用实验或其它方法确定。

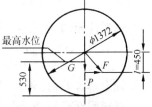

图6-53 受力图

单盘力：$P_1 = \dfrac{M_1}{l}$

$= \dfrac{9550 \times \dfrac{0.63}{54.4}}{0.45}$

$= 246\text{N}$

式中 M_1——单盘工作时扭矩(N·m)。

转盘总集中力：$P = 25P_1$

$= 25 \times 246 = 6150\text{N}$

轴自重力：$G_1 = 6080\text{N}$

转盘重力：$G_2 = 25 \times 300 = 7500\text{N}$

合力：$F = \sqrt{P^2 + (G_1 + G_2)^2}$

$= \sqrt{6150^2 + (6080 + 7500)^2} = 14908\text{N}$

轴Ⅲ单位载荷：

$$W = \dfrac{F}{L} = \dfrac{14908}{6.818} = 2187\text{N/m}$$

轴Ⅲ的最大弯矩：

$$M = \dfrac{WL^2}{8} = \dfrac{2187 \times 6.818^2}{8} = 12708\text{N·m}$$

将以上结果代入式(6-10)得

$$S = \dfrac{170}{\sqrt{\left(2.95 \times \dfrac{12708}{466}\right)^2 + 0.75\left[(2.17 + 0.1) \times \dfrac{9655}{932}\right]^2}}$$

$\approx 2.05 > [S]$

轴疲劳强度合格。

(ⅱ) 刚度校核：

ⅰ) 扭转刚度校核：

扭转角：按式(6-11)计算：

$$\phi = 7350 \dfrac{T}{d^4(1-\beta^4)} \tag{6-11}$$

$= 7350 \times \dfrac{9655}{215^4 \times (1 - 0.85^4)}$

$= 0.069(°)/\text{m} < [\phi]$

对于一般传动轴$[\phi] = 0.5 \sim 1(°)/\text{m}$，按式(6-11)计算结果，轴扭转刚度合格。

ⅱ) 弯曲刚度校核：

轴惯性矩：$I = \dfrac{\pi}{64}(d^4 - d_1^4)$

$= \dfrac{\pi}{64}(21.5^4 - 18.3^4) = 4984\text{cm}^4$

轴上单位载荷：$W = 21.87\text{N/m}$

材料弹性模量，取 $E = 206\text{GPa} = 206 \times 10^5 \text{N/cm}^2$

轴Ⅲ挠度最大值在跨中，按式(6-12)计算：

$$f_{max} = \frac{5WL^4}{384EI} \tag{6-12}$$

$$= \frac{5 \times 21.87 \times 681.8^4}{384 \times 206 \times 10^5 \times 4984} \approx 0.60 \text{cm}$$

$$f_{max}/L = 0.60/681.8 \approx 9 \times 10^{-4} < 0.1\%$$

按最大跨度考虑,轴的弯曲刚度合格。

(ⅲ) 轴在支承处偏转角:按式(6-13)计算:

$$\theta = \frac{WL^3}{24EI} \times \frac{180}{\pi} \tag{6-13}$$

$$= \frac{21.87 \times 681.8^3 \times 180}{24 \times 206 \times 10^5 \times 4984 \times 3.1416}$$

$$= 0.16° < [\theta]$$

对于调心滚子轴承允许轴对外圈的偏转角$[\theta] = 0.5° \sim 2°$,偏转角也小于浮动联轴器的许用补偿量($\leqslant 0.5°$),所以偏转角合格。

其余校核略。

6.2 水下曝气机(器)

水下曝气机(器)置于被曝气水体中层或底层,将空气送入水中与水体混合,完成空气中的氧由气相向液相的转移过程。

水下曝气机(器)种类颇多,其设备技术发展较快,按进气方式可分为压缩空气送入与自吸空气式两类。压缩空气式一般采用鼓风机或空气压缩机送气。自吸式靠叶轮离心力或射流技术产生负压区,外接进气管吸入空气。

与表面曝气方式相比,水下曝气机突出优点是能够提高氧的转移速度。另由于底边流速快,在比较大的范围内可以防止污泥沉淀。另外,无泡沫飞溅、无噪声,避免了二次污染。

发达国家还有深水曝气设备,深度大于10m,有的设计水深达30m。

6.2.1 射流曝气机

射流曝气机有自吸式与供气式两种形式。除具有曝气功能外,同时兼有推流及混合搅拌的作用。

6.2.1.1 自吸式射流曝气机

(1) 总体构成与工作原理:

由潜水泵和射流器组成的BER型水下射流曝气机,如图6-54所示。当潜水泵工作时,高压喷出的水流通过射流器喷嘴产生射流,通过扩散管进口处的喉管时,在气水混合室内产生负压,将液面以上的空气,由通向大气的导管吸入,经与水充分混合后,空气与水的混合液从射流器喷出,与

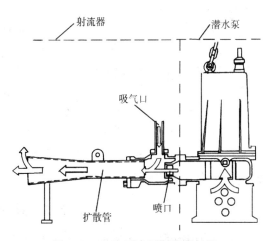

图6-54 BER型水下射流曝气机

池中的水体进行混合充氧,并在池内形成环流。

(2) 供氧量及技术性能:BER 型水下射流曝气机的技术性能参数,见表 6-13、图 6-55。

(3) 适用范围:自吸式射流曝气机适用于建筑的中水处理以及工业废水处理的预曝气,通常处理水量不大。在进气管上一般装有消声器与调节阀,用于降低噪声与调节进气量。

BER 型水下射流曝气机技术参数　　　表 6-13

空气管直径(mm)	型号		电动机功率(kW)	转速(r/min)	循环水量(m^3/h)	供气量-水深[m^3/(h·m)]	曝气池尺寸(长×宽×高)(m)	有效水深(m)	质量(kg)		供氧量(kg/h)
	无滑轨	有滑轨							无滑轨	有滑轨	
25	8-BER	TOS-8B	0.75	3000	22	11-3	3×2×4	1~3	28	23	0.45~0.55
32	15-BER	TOS-15B	1.5	3000	41	28-3	4×3.5×4	1~3	45	36	1.3~1.5
50	22-BER	TOS-22B	2.2	1500	63	45-3	5×5×4.5	2~3	75	61	2.2~2.6
	37-BER	TOS-37B	3.7	1500	94	80-3	6×6×5	2~4	91	77	3.6~4.3
	55-BER	TOS-55B	5.5	1500	126	120-3	7×7×6	2~5	137	120	6.0~7.0

图 6-55　BER 型水下射流曝气机供氧量与供气量曲线

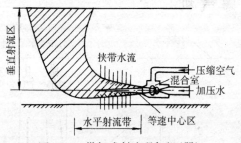

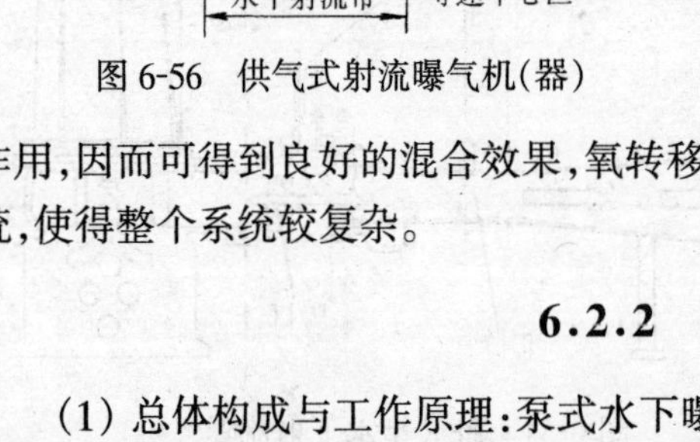

图 6-56　供气式射流曝气机(器)

6.2.1.2　供气式射流曝气机(器)

供气式射流曝气机(器)如图 6-56 所示。一般由单一的射流器构成,设置在曝气池或氧化沟的底部。外接加压水管、压缩空气管与射流器构成曝气系统。工作原理为送入的压缩空气与加压水充分混合后向水平方向喷射,形成射流和混合搅拌区,对水体充氧曝气。

由于射流带在水平及垂直两个方向的混合作用,因而可得到良好的混合效果,氧转移率较高。缺点是需要外设加压水管及压缩空气系统,使得整个系统较复杂。

6.2.2　泵式曝气机

(1) 总体构成与工作原理:泵式水下曝气机是集泵、鼓风机和混合器的功能于一体的曝气设备。直接安装于池底对水体进行曝气。

如图 6-57 所示，水下曝气机的叶轮与潜水电机直连，叶轮转动时产生的离心力使叶轮进水区产生负压，空气通过进气导管从水面上吸入，与进入叶轮的水混合形成气水混合液由导流孔口增压排出，水流中的小气泡平行沿着池底高速流动，在池内形成对流和循环，达到曝气充氧效果。图 6-58 为曝气环流示意。

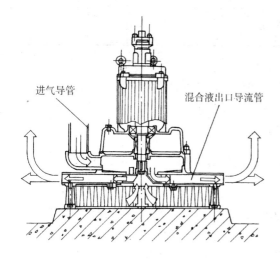

图 6-57 泵式水下曝气机

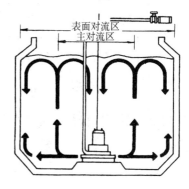

图 6-58 泵式水下曝气机曝气环流示意

(2) 供气量及技术性能，见表 6-14；环流区域，见表 6-15。

TR 型泵式水下曝气机技术参数　　表 6-14

空气管直径 (mm)	型　号	供气量-水深 (m³/h·m)	供氧量 (kg/h)	转　速 (r/min)	质　量 (kg)	电动机功率 (kW)
25	4-TRS	4.5-1.5	0.11~0.14	3000	23	0.4
	4-TR	4.5-1.5	0.11~0.14	3000	22	0.4
32	8-TR	11-3	0.35~0.6	3000	60	0.75
	15-TR	25-3	1.0~1.4	3000	70	1.5
50	22-TR	36-3	1.8~2.8	1500	170	2.2
	37-TR	60-3	3.5~5.0	1500	180	3.7
	55-TR	90-3	3.5~7.7	1500	220	5.5
80	75-TR	125-3	8.2~11.3	1500	240	7.5
	110-TR	200-3	13~18	1500	280	11
	150-TR	260-3	17~23	1500	290	15
100	190-TR	330-3	20~27	1500	520	19
	220-TR	400-3	24~36	1500	530	22

注：TRS 型为单相电源，其余为三相电源。

环 流 区 域　　　　　　　　　　　　　　　　　　　表 6-15

型 号	主对流区 (m)	表面对流区 (m)	最大水深 (m)	型 号	主对流区 (m)	表面对流区 (m)	最大水深 (m)
8-TR	1.2	2.0	3.2	75-TR	4.5	9.0	4.1
15-TR	1.5	2.5	3.2	110-TR	5.0	10.0	4.7
22-TR	2.5	5.0	3.6	150-TR	5.5	11.0	4.7
37-TR	3.0	6.0	3.6	190-TR	6.0	12.0	5.0
55-TR	3.5	7.0	3.6	220-TR	6.0	12.0	5.0

(3) 适用范围：

1) 适用于中水、污水处理过程中的预曝气和好氧反应过程的曝气；

2) 用于畜牧业污水、食品加工废水、屠宰废水、肉类加工废水等工业废水处理；

3) 用于以培养活性污泥为目的的供氧曝气工艺。

6.2.3 自吸式螺旋曝气机

自吸式螺旋曝气机是一种小型曝气设备，其大致结构与工作原理，见图6-59。该曝气机倾斜安装于氧化沟（池）中，利用螺旋桨转动时产生的负压吸入空气，并剪切空气呈微气泡扩散，进而对水体充氧。由于螺旋桨的作用，该曝气机同时具有混合推流的功能。

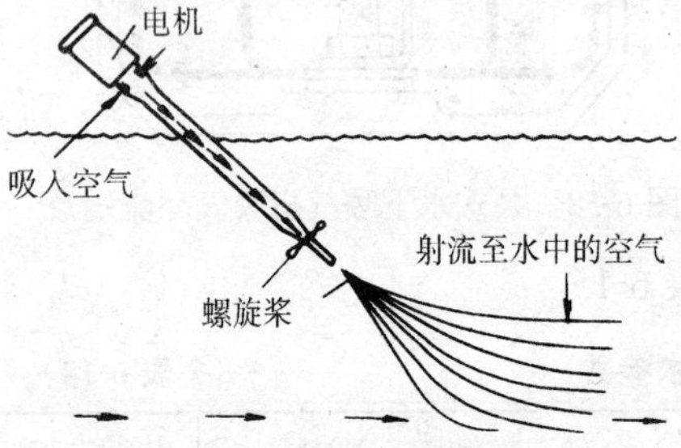

该曝气装置一般用于小型曝气系统，或者作为大中型氧化沟增强推流与曝气效果而增添的附加设施。其动力效率在$1.9kgO_2/(kW·h)$左右。这种类型曝气机的优点是安装容易，运行费用低，噪声小，操作也较简单。

图 6-59 自吸式螺旋曝气机

7 排 泥 机 械

7.1 沉淀及排泥

沉淀是给水和排水工艺流程中的重要环节之一,沉淀池排泥直接影响水质处理的效果。采用机械排泥可以减轻劳动强度,保证沉淀效果。

沉淀池的平面形状有矩形和圆形两种。根据水体在池中的流向可分为平流式、竖流式和幅流式。按照其工作作用,在水厂中有斜管(板)沉淀池、机械搅拌澄清池、悬浮澄清池以及脉冲澄清池等。在污水处理厂中有沉砂池、初次沉淀池、二次沉淀池以及污泥浓缩池等。

7.1.1 沉淀池水质处理指标

7.1.1.1 水厂沉淀池水质处理指标

水厂平流沉淀池、斜管(板)沉淀池和机械搅拌澄清池的水质主要参数与沉淀效率见表7-1。悬浮澄清池及脉冲澄清池一般不采用机械排泥的方式。

沉淀池水质参数 表 7-1

池 型	沉淀时间 (h)	进水悬浮物含量 (mg/L)	出水悬浮物含量 (mg/L)	排出污泥含水率 (%)
平流式沉淀池	1~2	≤5000	<10①	98
幅流式沉淀池				98
斜管沉淀池				97
机械搅拌澄清池				96

① 高浊度原水或低温低浊度原水时不宜超过 15mg/L。

7.1.1.2 污水处理厂沉淀池污水处理指标

初次沉淀池、二次沉淀池、污泥浓缩池的工艺性能指标见表7-2。BOD_5、SS 去除率的指标,见表 7-3。

初次沉淀池、二次沉淀池、污泥浓缩池的工艺性能 表 7-2

名 称	沉淀时间 (h)	表面负荷 [$m^3/(m^2 \cdot d)$]	沉淀污泥含水率 (%)	污泥斗容积 (m^3)
初次沉淀池	1.5	30~70	98	按污泥量停留 2d 计 (矩形池间歇排泥)
二次沉淀池	2.5	25~50	99	按污泥量停留 2h 计 (幅流式连续排泥)

续表

名称	沉淀时间 (h)	表面负荷 [m³/(m²·d)]	沉淀污泥含水率 (%)	污泥斗容积 (m³)
污泥浓缩池	>12		97	
备注		按设计最大日污水量计		

BOD₅、SS 去除率　　　　表 7-3

项　　目		去　除　率　(%)	
处理程度	处理方法	BOD₅	SS
初级处理	沉淀法	25~35	50~60
二级处理	标准活性污泥法	80~90	80~90

7.1.2 排泥机械的分类和适用条件

7.1.2.1 形式和分类

排泥机械的形式随工艺的条件与池型的结构而有所不同,目前常用的排泥机械如图7-1所示。通常可分为平流式(矩形)沉淀池排泥机和幅流式(圆形)排泥机两大类,选型时应按照适用条件决定。表 7-4 为常用排泥机械分类表。

沉淀池排泥机械分类　　　　表 7-4

平流式	行车式	吸泥机	泵吸式	单管扫描式
				多管并列式
			虹吸式	
			虹吸泵吸式	
		刮泥机	翻板式	
			提板式	
	链板式	单列链式		
		双列链式		
	螺旋输送式	水平式		
		倾斜式		
辐流式	中心传动式	垂架式	刮泥机	双刮臂式
				四刮臂式
			吸泥机	水位差自吸式
				虹吸式
				空气提升式
		悬挂式		
	周边传动式	刮泥机		
		吸泥机		

7.1 沉淀及排泥

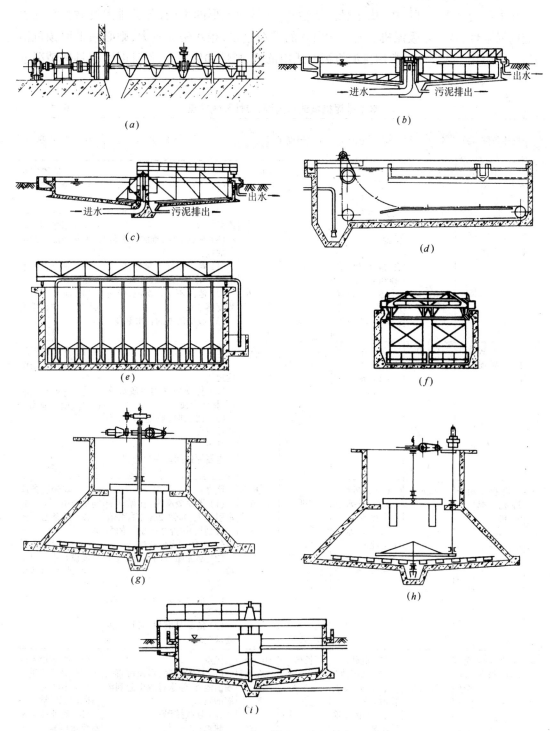

图 7-1 常用排泥机械的形式

(a)螺旋式排泥机;(b)垂架式中心传动刮泥机;(c)周边传动式刮泥机;(d)链板式刮泥机;(e)行车式虹吸吸泥机;(f)行车式提板刮泥机;(g)套轴式中心传动刮泥机;(h)销齿轮传动刮泥机;(i)悬挂式中心传动刮泥机

7.1.2.2 适用条件

在水厂与污水处理厂中,由于悬浮物性质、含量及池形的不同,各类排泥机械都存在着一定的局限性,特别是吸泥机。若水中所含的颗粒过多,相对密度较大,则必须采取预沉措施后才能应用。表 7-5 为常用排泥机械的适用范围、特性和优缺点,设计时可视具体情况选择应用。

常用排泥机械适用范围、特性及优缺点　　　　表 7-5

序号	机种名称	池形	池径或池宽(m)	适用范围	池底斜度	刮泥速度(m/min)	优 缺 点	注意事项
1	行车式虹吸、泵吸吸泥机	矩形	8~30	(1) 给水平流沉淀池 (2) 排水二次沉淀池 (3) 斜管沉淀池 (4) 悬浮物含量应低于 5000mg/L (5) 固体重度不大于 2.5mg/粒	平底	0.6~1	优点: (1) 边行进边吸泥,效果较好 (2) 根据污泥量多少,调节排泥次数 (3) 往返工作,排泥效率高 缺点: (1) 除采用液下泵外,吸泥前须先引水,操作较麻烦 (2) 池内不均匀沉泥,吸泥浓度不一致 (3) 吸出污泥的含水率高	(1) 严禁较大漂浮物和悬浮物等进入 (2) 吸泥机应停驻在沉淀池末端,作为吸泥的起始位置 (3) 池内积泥不得超过 2d (4) 池水表面冰冻时应有破冰措施
2	行车式提板刮泥机	矩形	4~30	(1) 给水平流沉淀池 (2) 排水初次沉淀池	$\frac{1}{100} \sim \frac{1}{500}$	0.6	优点: (1) 排泥次数可由污泥量确定 (2) 传动部件均可脱离水面,检修方便 (3) 回程时,收起刮板,不扰动沉泥 缺点: 电器原件如设在户外,易损坏	(1) 升降刮板的钢索应采用不锈钢丝绳 (2) 行程开关的位置应调试准确
3	链板式刮泥(撇渣)机	矩形	≤6	(1) 沉砂池 (2) 排水初次沉淀池 (3) 排水二次沉淀池	$\frac{1}{100}$	3 0.6 0.3	优点: (1) 排泥效率高,在循环的牵引链上,每隔 2m 左右有一块刮板,因此整个链上的刮板较多,使刮泥保持连续 (2) 刮泥撇渣两用,机构简单 缺点: (1) 池宽受到刮板的限制,通常不大于 6m (2) 链条易磨损,对材质的要求较高	(1) 双侧链条应同步牵引 (2) 链条必须张紧 (3) 张紧装置尽可能设在水面以上 (4) 水下轴承应注意密封
4	螺旋输送式刮泥机	矩形或圆形	≤5 ≤φ40	(1) 沉砂池 (2) 初沉池 (3) 最大安装角≤30° (4) 最大输送距离: 水平布置为 20m 倾斜布置为 10m	长槽	10~40 r/min	优点: (1) 排泥彻底,污泥可直接输出池外,输送过程中起到浓缩的效果 (2) 连续排泥 缺点: (1) 倾斜安装时,效率较低 (2) 螺旋槽精度要求较高 (3) 输送长度受限制	(1) 严禁较大或带状的悬浮物进入 (2) 中间支承不得阻碍泥砂输送 (3) 池外传动密封要求可靠 (4) 泥砂沉积时间不宜超过 8h

7.1 沉淀及排泥

续表

序号	机种名称	池形	池径或池宽(m)	适用范围	池底斜度	刮泥速度(m/min)	优缺点	注意事项
5	悬挂式中心传动刮泥机	圆形	$\phi 6\sim 12$	(1) 给水辐流式沉淀池 (2) 排水初沉池 (3) 排水二次沉淀池刮泥 (4) 排水二次沉淀池吸泥 (5) 污泥浓缩池	$\frac{1}{12}\sim\frac{1}{10}$ $\frac{1}{12}\sim\frac{1}{10}$ $\frac{1}{12}\sim\frac{1}{10}$ 平底$\sim\frac{1}{20}$ $\frac{1}{4}\sim\frac{1}{6}$	最外缘刮板端 1~3	优点: (1) 结构简单 (2) 连续运转,管理方便 缺点: 刮泥速度受刮板外缘的速度控制	(1) 水下轴承应考虑密封 (2) 中心传动式驱动扭矩较大,注意机械的强度 (3) 周边传动式应注意周边滚轮打滑
6	垂架式中心传动吸泥机、刮泥机		$\phi 14\sim 60$					
7	周边传动吸泥、刮泥机		$\phi 14\sim 100$					
8	机械搅拌澄清池刮泥机	圆形	$\phi 3\sim 6$ $\phi 7\sim 15$	机械搅拌澄清池	$\frac{1}{12}$ 抛物线	最外缘刮板端 1.8~3.4	优点: 排泥彻底 缺点: (1) 水下传动部件的检修较困难 (2) 销齿磨损,不易察觉	(1) 水下轴承应考虑清水润滑 (2) 销齿啮合应可靠
9	钢索牵引刮泥机	矩形 圆形	<10	斜板斜管沉淀池 机械搅拌澄清池		0.6~1 1~3	优点: (1) 驱动装置简单,传动灵活 (2) 适用各种池形,应用范围广 缺点: (1) 磨损腐蚀较快,维修工程量较大 (2) 钢索伸长,需经常张紧	(1) 须有张紧装置 (2) 钢索应尽量采用不锈钢丝绳 (3) 钢索走向切忌正反向混合缠绕

沉淀池污泥量计算 表 7-6

序号	项目	公式	设计数据及符号说明
1	进水流量计算	$Q=\dfrac{V}{t}$ (7-1) 对于圆形池 $V=\dfrac{\pi D^2}{4}H$ 对于矩形池 $V=WLH$	Q——进水流量(m^3/h) V——沉淀池有效容积(m^3) D——池径(m) H——水池有效深度(m) W——水池宽度(m) L——水池长度(m) t——沉淀时间(h)
2	干污泥量计算	$Q_干=QSS_1\varepsilon 10^{-6}$ 或 $Q_干=Q(SS_1-SS_2)10^{-6}$ (7-2)	$Q_干$——干污泥量(m^3/h) SS_1——沉淀池进水悬浮物含量(mg/L) SS_2——沉淀池出水悬浮物含量(mg/L) ε——悬浮物去除百分率(%)
3	去除污泥量计算	$Q_\xi=Q_干\times\dfrac{100}{100-\xi}$ (7-3)	Q_ξ——含水率为ξ%时的污泥量(m^3/h) ξ——去除污泥含水率(%)

7.1.3 沉淀池污泥量计算

沉淀池是利用重力沉降原理去除水中相对密度大于1的悬浮物,沉淀的效率随原水水质和池型设计而异。通常,沉淀池的污泥量是根据进水的悬浮物含量与悬浮物去除百分率的乘积作为计算的依据,然后按照污泥的含水浓度换算成实际排出的污泥量,计算公式列于表7-6。

7.2 行车式排泥机械

7.2.1 行车式吸泥机

7.2.1.1 总体构成

行车式吸泥机按吸泥的形式有泵吸式、虹吸式和泵/虹吸式等的方式,其主要组成部分列于表7-7。

行车式吸泥机主要组成部分　　　　　　　表7-7

名称	虹吸式	泵吸式、泵/虹吸式
总体构成	(1) 行车钢结构 (2) 驱动机构 　(包括车轮、钢轨及端头立柱) (3) 虹吸吸泥系统 (4) 配电及行程控制装置	(1) 行车钢结构 (2) 驱动机构 　(包括车轮、钢轨及端头立柱) (3) 泵吸吸泥系统 (4) 配电及行程控制装置

图7-2为平流式沉淀池虹吸式吸泥机总体结构,图7-3为平流式沉淀池泵吸式吸泥机总体结构,图7-4为斜管沉淀池泵/虹吸式吸泥机总体结构,图7-5为平流式沉淀池泵/虹吸式吸泥机总体结构。由于主体结构基本相同,为此对以上几种机械的相同部分合并叙述。

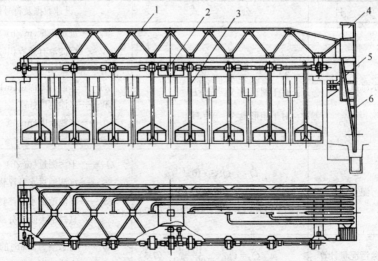

图7-2　行车式虹吸吸泥机总体结构

1—桁架;2—驱动机构;3—虹吸管;4—配电箱;5—集电器;6—虹吸出流管

7.2 行车式排泥机械 317

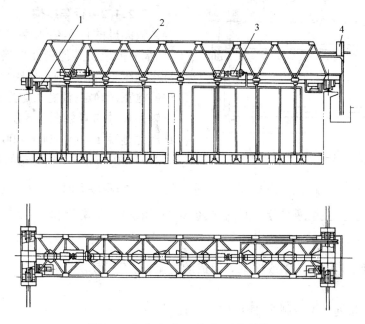

图 7-3 行车式泵吸吸泥机总体结构
1—驱动机构；2—桁架；3—泵；4—配电箱

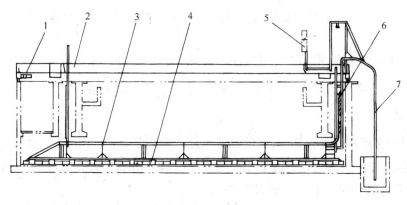

图 7-4 斜管沉淀池泵/虹吸式吸泥机
1—驱动机构；2—桁架；3—吸泥管；4—集泥板；5—电控箱；6—泵；7—排泥管

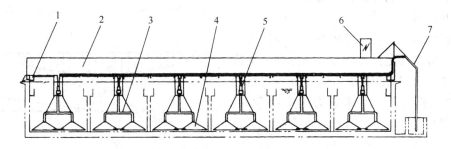

图 7-5 平流沉淀池泵/虹吸式吸泥机
1—驱动机构；2—桁架；3—吸泥管；4—集泥板；5—泵；6—电控箱；7—排泥管

7.2.1.2 行车结构

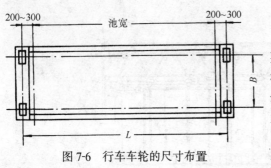

图 7-6 行车车轮的尺寸布置

吸泥机的行车架为钢结构,由主梁、端梁、水平桁架及其他构件焊接而成。吸泥机行车的车轮跨距与前后轮距应根据矩形沉淀池的池宽来确定,池宽 $L_{池}$ 为 $8\sim30\mathrm{m}$。行车车轮的尺寸布置如图 7-6 所示,车轮的跨距 L 应比池宽 $L_{池}$ 大 $400\sim600\mathrm{mm}$,即单边各大 $200\sim300\mathrm{mm}$。主从动轮的轮距 B 与跨距 L 之比为 $\frac{B}{L}=\frac{1}{8}\sim\frac{1}{6}$,跨距较小时,通常可取大的比值,跨距较大时,应取小的比值。

(1) 主梁构造:主梁通常分为型钢梁、板式梁、箱形梁、L 型梁和组合梁等五种类型,其许用挠度均应小于 $\frac{1}{700}L$。

1) 型钢梁是指由工字钢或槽钢等组成的主梁,用于荷载较小的场合。结构简单,制造容易。

2) 板梁由角钢与钢板制成,刚度较大,制造容易。

3) 箱形梁用平板制成箱形结构,由于在结构上具有封闭断面,有利于防腐,而且抗扭刚度较大,适用于承受偏心荷载。通常箱梁的高度为 $\left(\frac{1}{18}\sim\frac{1}{16}\right)L$。

4) L 形梁用 $6\sim8\mathrm{mm}$ 钢板折边成形,刚度大、制作简便,用钢量少较经济,适用于大跨度桁架结构。

5) 组合梁可由角钢、槽钢或钢管组成。特别是跨距较大时,采用组合结构比较经济。

上述形式的主梁在设计时应提出主梁跨中须有 $\frac{1}{700}L$ 的上拱度。

(2) 主梁计算

1) 板梁的强度和刚度计算:板梁的经济尺寸通常以梁高 h 与 L 之比为:$\frac{h}{L}=\frac{1}{15}\sim\frac{1}{12}$。从受力的原理上说,如将板梁作成抛物线形可以省料,但制造较困难,因此,均制成如图 7-7(a) 所示两端倾斜的形状。倾斜部分的长度 $C\approx\left(\frac{1}{6}\sim\frac{1}{4}\right)L$,板梁两端的高度 $h_1\approx(0.4\sim0.45)h$。板梁的弯矩和剪力,如图 7-7(b)、7-7(c) 所示。

板梁的断面应按许用弯曲应力和许用挠度进行计算。吸泥机的计算荷载原则上均按静荷载考虑。其中,钢架结构自重为均布静荷载,驱动机构等设备重量为集中静荷载。从排泥机械总体来看,均按均布荷载计算影响不大。

① 自重产生的弯矩和剪力:板梁的计算荷载 W 为

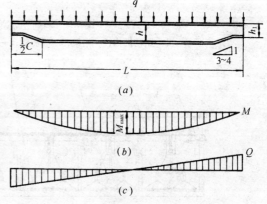

图 7-7 板梁的形状、弯矩和剪力
(a) 板梁的形状及荷载分布;(b) 板梁的弯矩;
(c) 板梁的剪力

$$W = W_1 + W_2 + W_3 + W_4 \quad (\text{N})$$

式中 W_1——钢结构重力(单侧主梁自重 + $\frac{1}{2}$ 水平桁架重 + $\frac{1}{2}$ 工作走道等重);

W_2——设备重力(驱动机构、吸泥管及管内泥水等重力,不包括行车车轮的重力);

W_3——活载(一般取 1500N/m);

W_4[❶]——由刮板上的泥水阻力对主梁所产生的力矩而转化成主梁上的荷载。

最大弯矩 $$M_{\max} = K \frac{qL^2}{8} = K \frac{WL}{8} \quad (\text{N·m}) \tag{7-4}$$

式中 L——主梁跨距(m);

K——荷载系数 1~1.2。

所得弯矩图形如图 7-7(b)所示,为一条投影长度 L、高度为 $M_{\max}$ 的抛物线。

最大剪力 Q 产生在左、右两端支点处,如图 7-7(c)所示。Q 按式(7-5)计算:

$$Q = K \frac{qL}{2} \quad (\text{N}) \tag{7-5}$$

式中 q——每米长的平均荷载,$q = \frac{W}{L}$ (N/m)。

② 板梁断面的确定:断面模数为

$$Z = \frac{M_{\max}}{[\sigma]} \quad (\text{m}^3)$$

式中 $[\sigma]$——许用应力,一般取 120MPa。

③ 挠度计算:按等断面简支梁计算,由均布荷载产生的最大挠度,按式(7-6)为

$$y = \frac{5WL^3}{384EI} \leqslant [y] \quad (\text{m}) \tag{7-6}$$

式中 L——计算长度(m);

W——计算荷载(N);

E——材料弹性模量(Pa);

I——惯性矩(m^4)。

通常板梁的许用挠度不大于 $\frac{1}{700}L$。

④ 计算实例:

【例】 计算跨度为 8m 的吸泥机主梁。主梁的结构为板式梁,结构计算的断面尺寸,如图 7-8 所示。荷载由两榀主梁共同承受,设每榀主梁承受荷载为 $W = 30000$N。

【解】 已知吸泥机主梁由两榀板式梁构成。长(跨)度 8m,每榀板梁承受荷载 $W = 30000$N。计算时按均布荷载考虑。

单位长度的重力为

$$q = \frac{W}{L} = \frac{30000}{8} = 3750 \text{N/m}$$

最大弯矩为

[❶] 当刮板支架与主梁焊成一刚体结构时,集泥阻力对主梁的截面产生力矩,而这一力矩可用等效作用的反力偶来平衡,然后分解力偶,使其中一个力与主梁所受各荷载的方向相反为(−)荷载,另一个力与主梁所受各荷载的方向相同为(+)荷载。

7 排泥机械

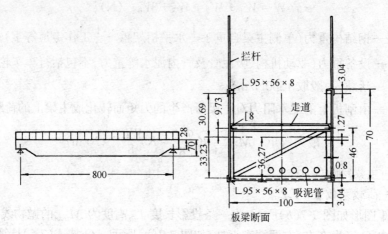

图 7-8　结构计算的断面尺寸(单位:cm)

$$M_{\max} = K\frac{qL^2}{8} = 1.2 \times \frac{3750 \times 8^2}{8} = 36000 \text{N} \cdot \text{m}$$

最大剪力为

$$Q = q\frac{L}{2}K = \frac{3750 \times 8 \times 1.2}{2} = 18000 \text{N}$$

如图 7-8 所示,各组合断面的特性为

∟ 95×56×8 为　　$A_1 = 11.183 \text{cm}^2$, $I_1 = 91.04 \text{cm}^4$

[8 为　　$A_2 = 10.24 \text{cm}^2$, $I_2 = 89.4 \text{cm}^4$

—8×700 为　　$A_3 = 56 \text{cm}^2$, $I_3 = 22866 \text{cm}^4$

∟ 95×56×8 为　　$A_4 = 11.183 \text{cm}^2$, $I_4 = 91.04 \text{cm}^4$

按平面图形的几何性质,先计算组合图形的形心轴位置。

$$\bar{y} = \frac{\Sigma(Ay_0)}{\Sigma A} = \frac{A_1 \times 66.96 + A_2 \times 46 + A_3 \times 35 + A_4 \times 3.04}{A_1 + A_2 + A_3 + A_4}$$

$$= \frac{11.183 \times 66.96 + 10.24 \times 46 + 56 \times 35 + 11.183 \times 3.04}{11.183 + 10.24 + 56 + 11.183}$$

$$= \frac{3213.85}{88.606} = 36.27 \text{cm}$$

再按形心轴的位置确定该组合图形的惯性矩 I_{x_0}:

$$I_{x_0} = \Sigma(I_x + y^2 A)$$

$$= (I_1 + y_1^2 A_1) + (I_2 + y_2^2 A_2) + (I_3 + y_3^2 A_3) + (I_4 + y_4^2 A_4)$$

$$= (91.04 + 30.69^2 \times 11.183) + (89.4 + 9.73^2 \times 10.24) + (22866 + 1.27^2 \times 56) + (91.04 + 33.23^2 \times 11.183) = 47078.85 \text{cm}^4$$

断面系数　　$Z = \dfrac{I_{x_0}}{X_0} = \dfrac{47078.85}{36.27} = 1298 \text{cm}^3 = 1298 \times 10^{-6} \text{m}^3$

计算应力　　$\sigma = \dfrac{M_{\max}}{Z} = \dfrac{36000}{1298 \times 10^{-6}} = 27.74 \times 10^6 \text{Pa} = 27.74 \text{MPa} < [\sigma]$

由荷载产生的挠度 y 为

$$y = \frac{5WL^3}{384EI_{x_0}} = \frac{5 \times 30000 \times 8^3}{384 \times 210 \times 10^9 \times 47078.85 \times (10^{-2})^4} = 2.02 \times 10^{-3} \text{m} = 0.20 \text{cm}$$

许用挠度为

$$[y] = \frac{1}{700}L = \frac{800}{700} = 1.1 \text{cm} > y$$

剪应力验算为

$$\tau = \frac{Q}{\Sigma A} = \frac{Q}{A_1 + A_2 + A_3 + A_4} = \frac{18000}{(11.183 + 10.24 + 22.4 + 11.183) \times 10^{-4}}$$
$$= 3.272 \times 10^6 \text{Pa} = 3.272 \text{MPa}$$

式中的 A_3 由于板梁二端制成倾斜的形状，侧板的高度由 70cm 过渡为 28cm，故 $A_3 = 28 \times 0.8 = 22.4 \text{cm}^3$。

2) 桁架的内力计算：

图 7-9 为标有主要尺寸的吸泥机桁架简图。通常桁架跨距 L 与桁架高 h 之比为 $\frac{1}{12} \sim \frac{1}{10}$。

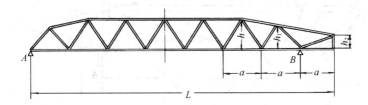

图 7-9 吸泥机桁架的主要尺寸

① 自重所产生的杆件内力：由于设备和杆件的自重使构件产生应力，计算时先将设计荷载 W 乘以荷载系数 K，得计算荷载 $W_{计} = WK$，然后将计算荷载分配到各个节点上，并算出各节点的受力和支座反力。

② 杆件内力计算：杆件的内力可采用内力图解法求出，这种计算方法简便、迅速，解决了复杂的计算工作，但应注意作图的正确性。图 7-10 为求解杆件内力的图解，其中的图 7-10(a) 称作桁架骨架图，图 7-10(b) 为桁架的应力图。

内力图解法的作图步骤如下：

ⅰ．按长度比例尺画出桁架计算简图，如图中的 a 所示。并求出支座反力 R_A、R_B，若桁架对称且荷载对称，简图可画半个。

ⅱ．将各力（包括荷载、反力及杆内力）间的区域标以字母或数字。在桁架的外区（外轮廓及外力作用线包围的平面）分别以顺时针方向标上小写字母；在桁架的内区（桁架内区杆件所包围的平面）分别以顺时针方向标上数字。

ⅲ．将荷载与反力按长度比例尺（每一单位长代表单位力的大小）以向下的矢量在纵座标 y 轴上标注。

ⅳ．从两杆交于一点的节点开始，顺时针方向绕节点绘出力闭合三角形，然后转到第二个节点（节点未知力不超过两个），依次作图，直至得到完整的内力图。

ⅴ．判别内力的方向。内力指向节点，则杆受压(−)；内力离开节点，则杆受拉(+)。

ⅵ．按比例在内力图上量取力的大小和方向标在内力图的杆上，并汇总在内力表上。

③ 计算实例：

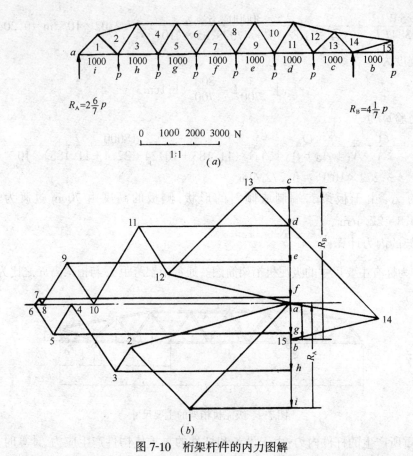

图 7-10 桁架杆件的内力图解

【例】 按图 7-11 确定吸泥机桁架各杆件的应力。桁架跨度为 1200cm，设计总荷载为 60000N 由两榀桁架平均承载。

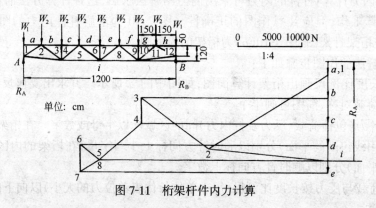

图 7-11 桁架杆件内力计算

【解】 已知由两榀桁架平均承载，每榀桁架的荷载为

$$W_{计} = \frac{W_{总}}{2} = \frac{60000}{2} = 30000\text{N}$$

根据上图，各节点的计算荷载 W_2 为

$$W_2 = \frac{W_{计}}{n-1} = \frac{30000}{9-1} = 3750\text{N}$$

式中 n——节点总数。

两端节点的荷载均为 $W_1 = \dfrac{W_2}{2} = 1875\text{N}$

根据力的平衡原理,算出支座反力 $R_A = R_B = \dfrac{W_\text{计}}{2} = 15000\text{N}$

再按图解法作出应力图,并用比例尺量出各线段力的大小后汇总列于表 7-8。

汇 总 表　　　　　　　　　　表 7-8

杆件名称		杆件内力 (N)	
种 类	代 号	受 拉	受 压
上弦杆	a—1	0	
	b—3		−23750
	c—4		−23750
	d—6		−33000
斜 杆	1—2		−18200
	2—3	+12300	
	4—5		−9000
	5—6	+3000	
竖 杆	3—4		−3750
	6—7		−3750
下弦杆	i—2	+14250	
	i—5	+30700	

如将图 7-11 改成图 7-12 的形式,杆件 i—1 就成为零杆,将其所作的应力图与图 7-11 进行比较,就可得出不同的结果。

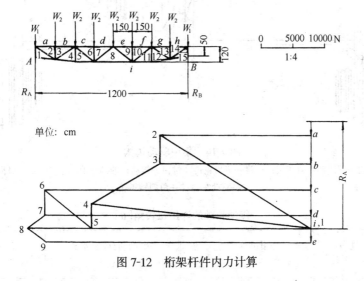

图 7-12　桁架杆件内力计算

(3) 水平桁架:主梁只承受吸泥机自重及活载(包括人员和所携带的工具器材等)所产生的垂直荷载。吸泥机行驶时所受的惯性、风载以及集泥阻力矩等水平荷载,由水平桁架承受。同时水平桁架常作为工作走道、吸泥管路和驱动装置的支架。

7.2.1.3 驱动机构及功率计算

（1）驱动方式：行车车轮的驱动方式一般有分别驱动（双边驱动）和集中驱动（长轴驱动）两种布置方式。

1）分别驱动：图 7-13 为分别驱动机构图。行车两侧的驱动轮分别由独立的驱动装置驱动。两侧驱动装置均以相同的机件组成，并且要求同步运行。一般在行车跨距较大或者行驶阻力较大时采用。与集中驱动相比，由于省去传动长轴而使驱动机构的自重减轻，同时给安装维修带来了方便。

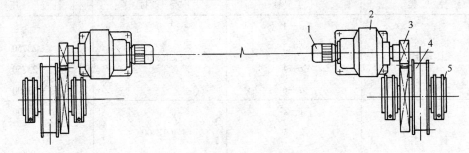

图 7-13　分别驱动机构

1—电动机；2—减速机；3—齿轮传动付；4—驱动车轮；5—角型轴承箱

2）集中驱动：图 7-14 为集中驱动机构。在行车式吸泥机中应用得较为普遍，通常由电动机、减速器、传动长轴、轴承座和联轴器等组成。驱动机构传递的扭矩应位于长轴的跨中位置，以保证两侧驱动轴的扭转角相同，避免车轮走偏。传动长轴的许用扭转角[θ]列于表 7-9。

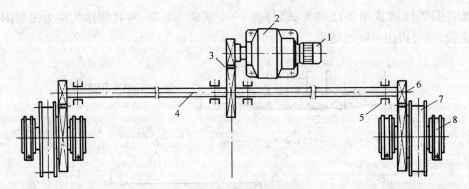

图 7-14　集中驱动机构

1—电动机；2—摆线针轮减速机；3—第一级齿轮传动付；4—传动长轴；5—轴承座；6—第二级齿轮传动付；7—驱动车轮；8—角型轴承箱

传动长轴的许用扭转角[θ]　　　　　　　　　　表 7-9

吸泥机行驶速度 v (m/s)	许用扭转角[θ] (°/m)	吸泥机行驶速度 v (m/s)	许用扭转角[θ] (°/m)
<0.5	0.35	≥0.5	0.25

① 长轴轴径确定:为满足表列的许用扭转角[θ]要求,传动长轴的轴径 d 可按式(7-7)、式(7-8)计算:

$$v < 0.5 \text{m/s}, \qquad d = 0.38 \sqrt[4]{M_n} \quad (\text{m}) \tag{7-7}$$

$$v \geq 0.5 \text{m/s}, \qquad d = 0.42 \sqrt[4]{M_n} \quad (\text{m}) \tag{7-8}$$

式中 M_n——计算扭矩(N·m);
d——长轴轴径(m)。

当驱动扭矩置于长轴的跨中传动时,两侧轴的计算扭矩应为总扭矩 $M_{n总}$ 的一半。

即

$$M_n = \frac{1}{2} M_{n总} = \frac{1}{2} \times 9550 \times \frac{N}{n} \quad (\text{N·m})$$

式中 N——计算功率(kW);
n——长轴的转速(r/min)。

② 长轴轴承的间距:通常,对于传动长轴,应设支承。支承的形式最好采用装有调心轴承的轴承座,轴承的最大间隔 l_1 按式(7-9)估算:

$$l_1 = 110 \sqrt[3]{d^2} \quad (\text{cm}) \tag{7-9}$$

式中 d——长轴的轴径(cm)。

长轴的联轴器常用如图 7-15 所示的夹壳联轴器或如图 7-16 所示的链轮联轴器,设置的位置应尽量靠近轴承支座,以减少轴的受弯。

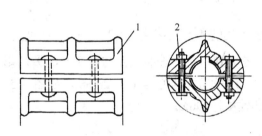

图 7-15 夹壳联轴器
1—夹壳;2—紧固螺栓

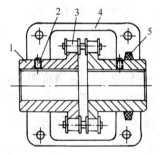

图 7-16 链轮联轴器
1—链轮;2—紧定螺钉;3—链条;4—罩壳;5—密封圈

(2) 车轮及轨道:

1) 车轮:吸泥机行车的车轮踏面可采用圆柱形双轮缘铸钢车轮如图 7-17 所示或铁芯

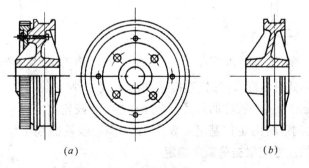

图 7-17 铸钢车轮
(a)主动车轮;(b)从动车轮

实心橡胶车轮如图 7-18 所示的两种类型。使用有轮缘的铸钢车轮时，应同时配置钢轨。轮缘的作用是导向和防止脱轨，使用单轮缘车轮时，当两侧车轮运行不同步，它可起到自动调整的安全保护作用。使用无轮缘实心橡胶轮时，应在吸泥机行车两侧的前、后设置水平橡胶靠轮，沿池壁滚动时起到限位导向作用。导向橡胶靠轮如图 7-19 所示。

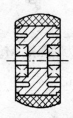

图 7-18 实心胎橡胶轮

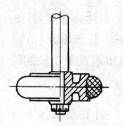

图 7-19 导向橡胶靠轮

铸钢车轮的直径按车轮的工作轮压来计算，按式(7-10)为

$$D=\frac{KP}{C(b-2r)} \quad (m) \tag{7-10}$$

式中　P——工作轮压(N)；
　　　　K——轮压不均匀系数；
　　　　b——钢轨轨顶宽度(m)；
　　　　r——钢轨轨顶圆角半径(m)；
　　　　C——应力系数，查表 7-10。

应力系数 C　　　　表 7-10

与钢轨配合的车轮材料	C （MPa）
HT200	1.5~3
ZG 270—500	4~6
35 锻钢	6~8
ZG 340—640 踏面淬火处理 HB≥280	8~10

图 7-20 为铸钢车轮与钢轨相配合的关系。考虑到车轮的安装误差与行车受温差的影响，车轮凸缘的内净间距应与轨顶宽度间留有适当的间隙，其值为 15～20mm。如图 7-21 所示为橡胶靠轮与水池池壁的配合尺寸，其间隙不大于 10mm。

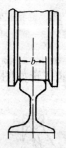

图 7-20 钢车轮与钢轨的配合

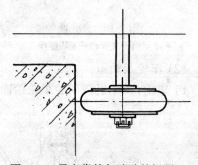

图 7-21 导向靠轮与池壁的间距

实心胶轮的形式有压配式、螺栓连接式和固定式三种，如图 7-22 所示。在图 7-22 中，轮缘的尺寸 D(mm) 为实心胶轮的外径，b(mm) 为实心胶轮宽度，D_1(mm) 为轮辋外径，D_2(mm) 为实心胶轮制造时的定位基准。表 7-11 为实心胶轮的规格尺寸与最大承载量的关系。设计时胶轮的尺寸应根据荷载来确定。

7.2 行车式排泥机械 327

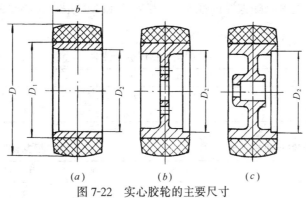

图 7-22 实心胶轮的主要尺寸
(a)压配式;(b)螺栓连接式;(c)固定式

普通实心胶轮的最大许用载荷(N)　　　　　　　　表 7-11

直径(mm)	轮　宽　(mm)															
	25	32	38	44	50	57	64	70	76	83	86	102	115	127	140	152	204
50	140	200	270														
76	200	310	420	550													
102	270	450	630	730	950	1280	1540										
127	350	590	790	920	1170	1460	1760	2080	2400								
153	430	670	900	1120	1400	1690	1980	2320	2670	3030	3400						
178	520	770	1040	1310	1580	1900	2220	2560	2900	3260	3620	4440	5350				
204	620	890	1170	1450	1760	2080	2400	2620	3080	3460	3850	4710	5670	6840			
229		1020	1270	1580	1900	2240	2580	2740	3260	3670	4080	4940	5980	7210	8660		
254			1380	1670	2040	2380	2720	3080	3440	3850	4260	5170	6250	7570	9130	10700	
280			1490	1810	2130	2490	2850	3230	3620	4030	4440	5390	6570	7930	9580	11240	
305			1600	1950	2260	2620	2990	3370	3760	5190	4620	5620	6840	8250	10020	11790	18760
330				2100	2400	2760	3120	3510	3900	4350	4800	5850	7120	8610	10470	12330	19620
355					2550	2880	3220	3620	4030	4500	4980	6070	7390	8930	10880	12830	20430
381						3010	3350	3760	4170	4640	5120	6300	7660	9250	11270	13290	21200
407							3140	3440	3870	4300	4800	5300	6530	7890	9520	11650	13780	22000
432								3530	3960	4390	4910	5440	6710	8160	9840	12040	14240	22700
458								3620	4020	4530	5070	5620	6940	8430	10160	12420	14690	23400
483									3760	4140	4620	5210	5800	7120	8660	10470	12780	15100	24100
508									3850	4300	4760	5350	5940	7340	8930	10750	13150	15550	24800
558										4030	4500	4980	5610	6250	7710	9380	11380	13810	16370	26000
610											4170	4690	5210	5890	6570	8110	9880	11970	14550	17140	27300
660											4350	4890	5440	6140	6840	8520	10380	12560	15210	17870	28500

注：时速为 12.9km/h。

对于实心轮胎的配方,目前大多数还是以天然橡胶为主,配入适量的炭黑。轮胎的物理机械性能见表 7-12。

由于天然橡胶制作的实心胎承载能力较低,与同直径的铸钢车轮相比,许用的荷载量要小得多,因此,为了提高橡胶实心胎的承载能力,已开始应用热塑型聚氨基甲酸酯橡胶(聚氨酯)制的实心轮。有关聚氨酯橡胶的性能,见表7-13和MC尼龙实心轮的MC尼龙性能,见表7-14。

实心胶轮的物理机械性能　　　　　　　　　　　　　　　　表7-12

项 目		指 标	项 目		指 标
抗拉强度	(MPa)	≥10	硬度(邵氏A)	(度)	70~80
延伸率	(%)	≥200	磨耗量(阿克隆)	(cm³/1.61km)	≤0.8

聚氨酯橡胶物理机械性能　　表7-13

项 目		指 标
抗拉强度	(MPa)	28~42
延伸率	(%)	40~60
硬度(邵氏A)	(度)	45~95
撕裂强度	(MPa)	<6.3
耐磨性		比天然胶高9倍
耐温度性	(℃)	+100~-40

MC尼龙物理性能　　表7-14

项 目		指 标
抗拉强度	(MPa)	≥72
抗压强度	(MPa)	≥100
弯曲强度	(MPa)	≥80
断裂伸长率	(%)	≥15
热变温度	(℃)	≥135
低温脆化温度	(℃)	不高于-40

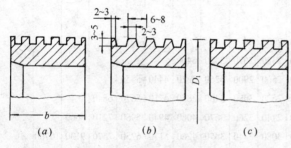

图7-23　轮辋沟槽的尺寸
(a)矩形;(b)梯形;(c)燕尾形

为增强轮辋表面与橡胶的粘合力,轮辋表面可制成带有矩形、梯形或燕尾槽形断面的沟槽,沟槽的尺寸,如图7-23所示。

2) 轨道:轨道的选择同车轮的轮压有关,同时也受土建基础的影响,通常选用轻型钢轨作为吸泥机行车的轨道。钢轨在混凝土面上平整铺设时,钢轨的计算应力可按式(7-11)计算:

$$[\sigma_{轨}] \geq \frac{9P}{64WbF} = \sigma_{轨} \quad (\text{MPa}) \tag{7-11}$$

式中　P——轮压(N);
　　　b——轨底宽度(m);
　　　W——钢轨断面系数(m³);
　　　F——基础的支承压应力,混凝土面为1.5~2MPa;
　　　$[\sigma_{轨}]$——钢轨的许用应力,取$[\sigma_{轨}]$=100MPa。

用式(7-11)也可计算钢轨的许用轮压。现将常用钢轨许用轮压$[P]$的计算结果,列于表7-15。

常用钢轨的许用轮压$[P]$　　　　　　　　　　　表7-15

示意图	规格(kg/m)	质量(kg/m)	惯性矩(cm⁴)	断面系数(cm³)	断面积(cm²)	许用轮压(N)	钢轨许用应力(MPa)	混凝土面支承应力(MPa)
42.86 / 8.33 / 79.37 / 79.37	15	15.5	156.1	38.6	19.33	60000	100	1.5

续表

示意图	规格 (kg/m)	质量 (kg/m)	惯性矩 (cm^4)	断面系数 (cm^3)	断面积 (cm^2)	许用轮压 (N)	钢轨许用应力 (MPa)	混凝土面支承应力 (MPa)
(50.8 / 10.72 / 93.66 / 96.66)	22	22.8	339	69.6	28.39	65000	100	1.5
(60.33 / 12.30 / 107.95 / 107.95)	30	30.7	606	108	38.32	90000	100	1.5
(68 / 13 / 134 / 114)	38	38.8	1204.4	180.6	49.50	120000	100	1.5

(3) 驱动功率的计算:驱动功率的确定应按吸泥机在工作时所受的各项阻力来计算。表 7-16 为阻力的计算公式。图 7-24 为行驶阻力计算示意图。

吸泥机的阻力计算 表 7-16

序号	计算项目	计 算 公 式	设计数据及符号说明
1	车轮行驶阻力 $P_{驶}$	$P_{驶}=1.3W_{总}\dfrac{\mu_1 d+2K}{D}$ (N) (7-12)	$W_{总}$——吸泥机总重力(包括活载)(N) μ_1——轮轴与轴衬的滑动摩擦系数为 0.1 d——车轮轮轴直径(cm) D——车轮直径(cm) K——车轮滚动摩擦力臂(cm) 铸钢滚轮与钢轨的摩擦力臂为 0.05cm 橡胶滚轮与混凝土面的摩擦力臂为 0.4~0.8cm
2	道面坡度阻力 $P_{坡}$	$P_{坡}=W_{总}K_{坡}$ (N) (7-13)	$K_{坡}$——道面坡度阻力系数一般取 $\dfrac{1}{1000}$
3	风压阻力 $P_{风}$	$P_{风}=qAC$ (N) (7-14) $A=KA_{毛}$	q——基本风压(按表 7-17 取值) A——吸泥机的有效迎风面积(m^2) $A_{毛}$——结构各部分外轮廓在垂直于风向平面上的投影面积(m^2) K——金属结构迎风面的充满系数,即结构的净面积与其外形轮廓面积之比 型钢制成的桁架 $K=0.2$~0.6 管结构 $K=0.2$~0.4 C——体型系数(见表 7-18)
4	集泥阻力 $P_{泥}$	$P_{泥}=K_{泥}L_{池}$ (N) (7-15)	$K_{集}$——单位宽度阻力(N/m),一般取 800~1000N/m L——沉淀池池底宽度(m)
5	水下拖曳阻力 $P_{曳}$[①]	$P_{曳}=C_D\dfrac{\gamma}{2g}A_{水}v^2$ (N) (7-16)	C_D——阻力系数(见第 4 章) γ——泥水重度 10kN/m^3 g——重力加速度 9.81m/s^2 $A_{水}$——阻水面积(m^2) v——吸泥机行进速度(m/s)

① 由于水与淹没体间的相对速度极低,水下拖曳阻力可忽略不计。

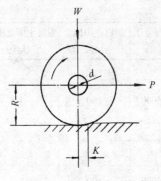

图 7-24 行驶阻力计算

基本风压值 q(Pa) 表 7-17

地 区	数 值
内地	100
①沿海地区、台湾、南海	150

① 沿海地区系指离海岸线 100km 以内的大陆地区。

风载体型系数 C 表 7-18

结 构 形 式		C
桁 架		1.2~1.6
型钢和板梁		1.3~1.9
管结构	$qd^2<7$	1.0~1.3
	$qd^2>100$	0.9~0.5

表中 q——计算风压值(Pa)；
d——钢管外径(m)。

上述各项阻力计算后,可按下式确定驱动功率 N (kW)为

$$N = \frac{\Sigma P v}{60000 \eta m} \quad (\text{kW}) \tag{7-17}$$

式中 $\Sigma P = P_{驶} + P_{坡} + P_{风} + P_{泥} + P_{曳}$ (N)；
v——吸泥机行驶速度(m/min)；
η——总机械效率(%)；
m——电动机台数(在采用分别驱动时,应除以电动机的台数)。

(4) 吸泥机行车的倾覆力矩:行车式吸泥机在工作时,由于受到污泥的阻力,对吸泥机行车产生倾覆力矩,如图 7-25 所示。因此,由吸泥机重力对前进车轮作为支点而产生的力矩必须大于倾覆力矩,才能保证吸泥机行车不致倾覆。吸泥机的最小防倾覆重力可按下式验算：

$$W_{min} \geq \frac{P_{泥} h}{B} \quad (\text{N}) \tag{7-18}$$

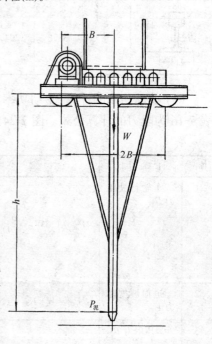

图 7-25 吸泥机倾覆力矩计算

式中 $P_{泥}$——泥(水)阻力(N)；
h——阻力点至车轮中心点的垂直距离(m)；
B——吸泥机重心至前进车轮中心点的距离(m)。

(5) 驱动车轮打滑验算:吸泥机的行驶是靠驱动车轮与轨道之间的粘着力工作的。运行的条件必须是使驱动轮的驱动力小于粘着力,如果驱动轮与钢轨间或胶轮与混凝土面的粘着力不够时,则出现驱动轮的打滑现象。因此,当粘着力不足时,应在车轮的承压条件许可下增加压重,或采取其他增加阻力系数的措施。

驱动轮打滑验算工况,应在吸泥机自重不受外来荷载,而且处于驱动阻力最大的条件下计算,计算的公式(7-19)为

$$P_{阻} < \frac{W_{总}}{2} \mu \quad (\text{N}) \tag{7-19}$$

式中 $W_总$——吸泥机总重力(不包括活载)(N);
  μ——滑动摩擦系数,钢轮与钢轨的滑动摩擦系数取0.2~0.4;胶轮与混凝土面的滑动摩擦系数,取0.4~0.8。

(6) 计算实例:

【例】 计算跨距为12m的吸泥机的行驶功率及确定行驶车轮的直径。设计数据如下:
1) 行驶速度 $v=1$m/min。
2) 吸泥机总重力 $W_总=60$kN。
3) 驱动机构的机械效率70%。
4) 选用22kg/m钢轨。
5) 车轮的轮轴直径 $d=60$mm。
6) 桁架结构挡风面积 $A=A_毛 K=14.4\times0.4=5.6$m²。

【解】 已知:吸泥机总重力为 $W_总=60$kN,行驶车轮4个,材料为ZG 270—500,轨道规格为22kg/m钢轨,车轮轮轴为 ϕ60mm。

每个车轮的轮压为

$$P=\frac{W_总}{4}=\frac{60}{4}=15\text{kN}$$

按式(7-10)得

车轮直径为

$$D=\frac{KP}{C(b-2r)}=\frac{1.1\times15000}{6\times10^6(5.08-2\times0.794)\times10^{-2}}=0.0787\text{m}$$

其中由表7-10查得 $C=6$MPa

钢轨标准按GB 11264,查得 $b=5.08$cm, $r=0.794$cm

根据车轮转速的条件,取车轮的直径 $D=350$mm$=0.35$m

吸泥机行驶功率计算:按表7-16所列的公式得:

$$P_驶=1.3W_总\frac{\mu d+2K}{D}=1.3\times60000\times\frac{(0.1\times6+2\times0.05)\times10^{-2}}{0.35}=1560\text{N}$$

$$P_坡=W_总 K_坡=60000\times\frac{1}{1000}=60\text{N}$$

$$P_风=qAC=150\times14.4\times0.4\times1.4=1210\text{N}$$

$$P_泥=K_泥 L_池=1000\times11.5=11500\text{N}$$

式中 $L_池$——池宽11.5m。

$$\Sigma P=P_驶+P_坡+P_风+P_泥$$
$$=1560+60+1210+11500$$
$$=14330\text{N}$$

驱动功率为

$$N=\frac{\Sigma P v}{60000\eta}=\frac{14330\times1}{60000\times0.7}=0.34\text{kW}$$

式中 η——机械总效率,按70%考虑。

采用0.55kW电动机。

7.2.1.4 排泥管路系统设计

吸泥机排泥的方式有虹吸、泵吸和空气提升等三种。在行车式吸泥机中主要采用虹吸排泥与泵吸排泥两种形式。

(1) 虹吸排泥:图 7-26 为吸泥管路的走向。运转前水位以上的排泥管内的空气可用真空泵或水射器抽吸或用压力水倒灌等方法排除,从而在大气压的作用下,使泥水充满管道,开启排泥阀后形成虹吸式连续排泥。

1) 吸泥管与吸口数量的确定:为了便于虹吸管路的检修和避免多口吸泥时相互干扰,从吸泥口至排泥口均以单管自成系统,如图 7-27 所示。吸泥口的数量应视沉淀池的断面尺寸确定,通常间距为 1~1.5m,管材可选用镀锌水煤气钢管,管径由计算确定,但管径不小于 25mm。

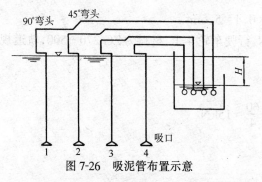

图 7-26 吸泥管布置示意

2) 管径的确定:吸泥管的管径确定主要取决于排出污泥量 Q_ξ 管内污泥流速 v 及吸泥管排列的根数 Z。管内泥水流速不超过 2m/s,管径可按表 7-19 所列的公式(7-20)、式 (7-21)计算:

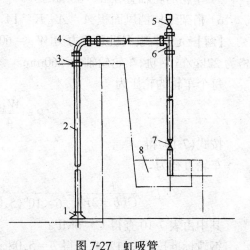

图 7-27 虹吸管
1—吸口;2—排泥管;3—活接头;4—90°弯头;5—阀;
6—三通接头;7—阀;8—排泥槽

吸泥管管径计算 表 7-19

吸泥方式	公 式	设计数据及符号说明
间歇式	$D = 0.258\sqrt{\dfrac{Q_\xi T v \times 10^6}{\pi v_1 Z l}}$ (mm) (7-20)	Q_ξ——含水率为 $\xi\%$ 的污泥量(m³/h) v——吸泥机行驶速度(m/min) Z——虹吸管根数 T——吸泥间隔时间(h)
连续式	$D = 0.033\sqrt{\dfrac{Q_\xi \times 10^6}{\pi v_1 Z}}$ (mm) (7-21)	$T = \dfrac{24}{吸泥次数}$ l——吸泥机在沉淀池纵向往返行程(m) D——吸泥管内径(mm) v_1——虹吸管内水流流速(m/min)

3) 摩擦水头损失:吸泥机的虹吸管路一般由吸口、直管、弯头、阀门等管配件组成。由于吸泥时水流在管内产生摩擦,损失水头,因此,池内水位与排泥管出口之间应保持一定的落差,使泥水畅流。

① 直管的摩擦水头损失:吸泥管内的水流一般为紊流状态,流体在管内的摩擦水头损失大致上与流速成正比例,常用式(7-22)计算:

$$h_f = \lambda \frac{L}{D} \frac{v^2}{2g} \quad (m) \tag{7-22}$$

式中 h_f——管内摩擦损失水头(m);

v——管内平均流速(m/s);

λ——摩擦损失系数,在紊流状态时,

$$\lambda = 0.020 + \frac{0.0005}{D}$$

其中 L——管长(m);

D——管道内径(m)。

② 管配件的摩擦水头损失:管配件的摩擦水头损失可按公式(7-23)计算:

$$h_{配} = f \frac{v^2}{2g} \quad (m) \tag{7-23}$$

式中 f——各种管配件的摩擦损失系数,按表 7-20 选取。

常用吸泥管配件水头损失系数 表 7-20

异型管	形状	损失系数 f						
进水口	棱角接口	0.5						
	圆角接口	0.25～0.05 ($r_小$)($r_大$)						
	倒角接口	$\frac{l}{d} \geqslant 4$ 时 $f=0.56$, $\frac{l}{d}<4$ 时 $f=0.75$						
	管口突出	0.5～3.0 (钝)(锐)						
	管口斜接 与管壁呈直角流动时的阻力系数 f 加 β 值	0.5 + β(棱角), $\beta = 0.3\cos\theta + 0.2\cos^2\theta$ 0.05 + β(圆角)						
		θ	15°	30°	45°	60°	75°	90°
		β	0.48	0.41	0.31	0.2	0.02	0
喇叭口	(a) (b)	(a) 0.2(铸铁喇叭口) (b) 0.4(钢制喇叭口)						
90°弯管	(a)(b) (c)(d) (e)(f)	(a) 1.0 (b) 0.14～0.40(带整流格)						
		(c)	$\frac{r}{d}$	1.0	1.25	1.5	2.0	
			f	0.27	0.22	0.17	0.13	
		(d) $\frac{r}{d} = 1; f = 0.24$ (e) 0.88 (f) $\frac{r}{d} = 1.5; f = 0.40$						

续表

异型管	形状	损失系数 f					
多节弯管 (虾腰圆管)	θ_1 总弯曲角 θ 各节弯曲角 N 节数	θ	22.5°	30°	20°	45°	22.5°	30°
		N	2	2	3	2	4	3
		θ_1	45°	60°	60°	90°	90°	90°
		f	0.284	0.266	0.236	0.377	0.250	0.299
排放口		1.0					
底阀	带滤网	全开 3~8					
单向阀 闸阀	全开时	1.5 0.05(大形)~0.4(小形)					

4) 管内流速的调节: 图 2-26 为池内水位与排泥槽水位的水头差 H, 因此,管内的流速 v 可根据 $(H-\Sigma h)$ 来复核,其值按式(7-24)计算:

$$v=\sqrt{2g(H-\Sigma h)} \quad (m/s) \tag{7-24}$$

式中 Σh ——吸泥管与管配件的摩擦水头损失的总和。

5) 计算实例:

【例】 按图 7-28 确定沉淀池吸泥机的泥管直径及根数。设计数据为

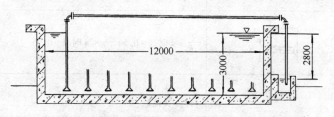

图 7-28 吸泥管计算

① 进水流量 $Q=1000 m^3/h$;
② 进水悬浮物含量 $SS_1=1000 mg/L$;
③ 出水悬浮物含量 $SS_2=10 mg/L$;
④ 沉淀池断面尺寸:长度为 36m、宽度为 12m、有效水深度为 3m;
⑤ 吸泥机行驶速度 $v=1 m/min$;
⑥ 吸出污泥含水率 $\xi=98\%$。

【解】 ① 干污泥量 $Q_干$ 计算:

$$Q_干=Q(SS_1-SS_2)10^{-6}=1000\times(1000-10)\times10^{-6}=0.99 m^3/h$$

② 排除的沉泥水量 Q_ξ 计算:

$$Q_\xi=Q_干\frac{100}{100-98}=0.99\times\frac{100}{2}=49.5 m^3/h$$

③ 吸泥机往返一次所需时间为

$$t=\frac{2\times L}{v}=\frac{2\times 36}{1}=72 min$$

④ 虹吸管计算:设吸泥管排列的根数为 10 根,管内流速为 2m/s,最长的虹吸管长度为

18m,采用间歇排泥方式,每日吸泥四次。

由表 7-19 得,每次间隔时间 $T = \dfrac{24}{4} = 6(\text{h})$

$$D = 0.258\sqrt{\dfrac{Q_\xi T v \times 10^6}{\pi v_1 z l}} = 0.258\sqrt{\dfrac{49.5 \times 6 \times 1 \times 10^6}{\pi \times 2 \times 10 \times 72}}$$

$$= 0.258 \times 256.23 = 66.11 \text{mm}$$

取管径为 DN65 镀锌水煤气钢管,内径为 68mm。

⑤ 吸口的断面确定(考虑吸口的断面积与管的断面积相等):

已知吸泥管的断面积 $\quad A = \dfrac{\pi \times 0.068^2}{4} = 0.0036 \text{m}^2$

设吸口的长度 $\quad l = 0.2\text{m}$

则吸口的宽度 $\quad b = \dfrac{A}{l} = \dfrac{0.0036}{0.2} = 0.018\text{m}$

⑥ 吸泥管路水头损失计算:

ⅰ. 吸口水头损失:按表 7-20 取吸口水头损失系数 $f_1 = 0.4$,得

$$h_1 = f_1 \dfrac{v^2}{2g} = 0.4 \times \dfrac{2^2}{2g} = 0.0815\text{m}$$

ⅱ. 90°弯头水头损失:按表 7-20 取 90°弯头水头损失系数 $f_2 = 0.13$,弯头数量为 2 个。

$$h_2 = f_2 \dfrac{v^2}{2g} \times 2 = 0.13 \times \dfrac{2^2}{2g} \times 2 = 0.053\text{m}$$

ⅲ. 出口闸阀水头损失:按表 7-20 取闸阀全开时的损失系数 $f_3 = 0.4$,得

$$h_3 = f_3 \dfrac{v^2}{2g} = 0.4 \times \dfrac{2^2}{2g} = 0.0815\text{m}$$

ⅳ. 管道部分的水头损失:含水率 98% 的污泥,在 2m/s 流速排泥时,一般为紊流状态。

$$h_{管} = \lambda \dfrac{L}{D_0} \dfrac{v^2}{2g} = 0.0274 \times \dfrac{18}{0.068} \times \dfrac{2^2}{2g} = 1.48\text{m}$$

ⅴ. 总水头损失 H:

$$H = h_1 + h_2 + h_3 + h_{管} = 0.0815 + 0.053 + 0.0815 + 1.48 = 1.696\text{m}$$

考虑管道使用年久等因素,实际的 $H_{总}$ 为 $1.3H$。

$$H_{总} = 1.3H = 1.3 \times 1.696 = 2.2\text{m}$$

根据图 7-28 所示的沉淀池水位与排泥槽水位落差距离为 2.8m,因此可保证吸泥管正常工作。

6) 吸泥管安装要求:吸泥管的安装应注意下列三点:

① 吸泥口至池底的距离可与吸泥管的直径相等。

② 在虹吸管的最高位置处设置截止阀或电磁阀,用作抽吸真空或破坏虹吸之用。

③ 虹吸管出泥口伸入排泥沟的距离约 100~150mm,防止泥水溅出槽外,或伸入悬吊的水封槽内排出。

7) 吸口与集泥刮板:

① 吸口:吸口的形状如图 7-29 所示,为了尽可能提高吸泥的浓度,一般都将吸口做成长形扁口的形状,然后以变截面过渡到圆管形断面,圆管断面积与吸口的断面积相等,并以

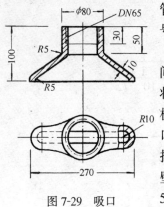

图 7-29 吸口

管螺纹与吸泥管连接。为了制造方便，都用铸铁浇铸，铸铁的牌号为HT150。

② 集泥刮板：由于吸口与吸口之间相隔1m左右的距离，在间距内的污泥就必须借助于集泥刮板推向吸口。集泥刮板的形状如图7-30所示，刮板高约250~300mm，采用3~4mm厚的钢板制作。刮板的长边与长轴之间夹角为30°~45°。图7-31为吸口与集泥刮板的排列，吸口与集泥刮板间隔设置，呈一字形横向排列，并与池宽相适应。安装在池边的集泥刮板边口与水池内壁（包括凸缘）的距离为50mm，集泥刮板离池底的距离为30~50mm。

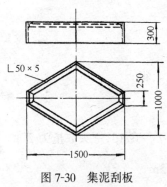

图 7-30 集泥刮板

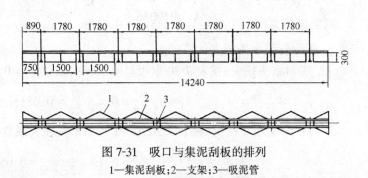

图 7-31 吸口与集泥刮板的排列
1—集泥刮板；2—支架；3—吸泥管

8) 吸泥管的固定：吸泥管的固定方式，随水池的类型而定。在平流沉淀池中，池内无障碍物，钢支架可直接悬入池内，作为固定吸泥管及集泥刮板之用。在斜管（板）沉淀池中，由于池内设置许多间隔较小的平行倾斜板或孔径较小的平行倾斜蜂窝状管，吸泥管从池边下垂伸入越过斜板（管）后，再分别固定在悬挂于水下的钢支架上。图7-32为用于斜板（管）沉淀池吸泥机的总体结构。

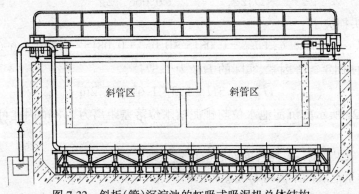

图 7-32 斜板（管）沉淀池的虹吸式吸泥机总体结构

(2) 泵吸排泥：主要由泵和吸泥管组成。与虹吸式的差别是各根吸泥管在水下（或水上）相互联通后再由总管接入水泵，如图7-33所示，吸入管内的污泥经水泵出水管输出池外。

1) 管路设计：泵吸管路的摩擦水头损失计算、吸口和集泥刮板等要求与虹吸管路相同，可参照上节的介绍进行设计。管材也采用镀锌水煤气钢管，吸口间距为1~1.5m。在一台吸泥泵系统内，各吸泥支管管径断面积之和应略小于吸泥泵的进水管断面积。

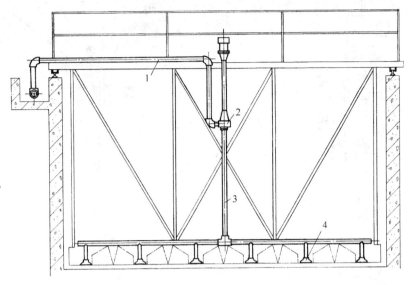

图 7-33 泵吸式吸泥管路布置
1—出水管；2—吸泥泵；3—进水管；4—吸口

2) 选泵：泵吸式吸泥机的吸泥泵常用的有卧式污水泵、立式液下泵和潜水污泥泵等，可按表 7-21 介绍的种类进行选择。其中卧式污水泵形式如图 7-34 所示；立式液下泵形式如图 7-35 所示；潜污泵形式如图 7-36 所示。

吸泥泵的种类及使用条件 表 7-21

名　　称	使用条件及优缺点	名　　称	使用条件及优缺点
卧式离心污水泵	水泵卧式安装，要用引水装置	潜水污水泵	泵体及电机潜于水下，防护等级为 IP68
立式液下泵	叶轮部分须浸没于水下，橡胶轴承易磨损		

水泵的台数应根据泵吸管路的布局和所需的排泥量决定。吸泥泵的吸高 $H_{吸}$(m)应大于管路及配件的总摩擦水头损失 $1\sim1.5$m。

3) 真空引水的抽气量计算：在使用卧式离心泵吸泥时，需真空引水。抽气量 $Q_{气}$ 可按式(7-25)计算：

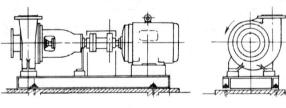

图 7-34 卧式离心污水泵

$$Q_{气} \geqslant C \frac{Q_1 + Q_2 + Q_3}{t} \quad (m^3/h) \qquad (7\text{-}25)$$

式中　Q_1——水面以上引水管内空气容积(m^3)；

Q_2——泵壳内空气容积(泵入口至出水阀门的容积)(m^3)；

Q_3——真空管路容积(m^3)；

C——漏气系数 $1.05\sim1.1$；

t——抽气时间(h)。

根据求得的抽气量 $Q_{气}$，选用合适的抽气装置(如真空泵、水射器等)。

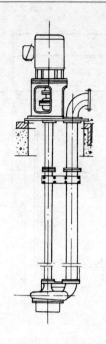
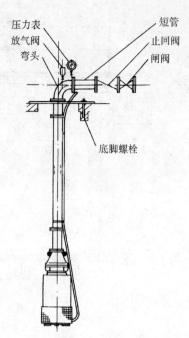

图 7-35 立式液下泵　　　　　　图 7-36 潜污泵

7.2.1.5 集电装置及端头立柱

(1) 集电装置：行车式吸泥机或刮泥机的集电装置常用有四种形式,其优缺点见表7-22。

常用集电装置　　　　　　　　　　表 7-22

集电方式	优缺点	集电方式	优缺点
安全形封闭式滑触线	(1) 结构简单 (2) 安全可靠	卷筒电缆式集电装置	行程不宜过长,电缆卷筒随吸泥机移动
移动式悬挂电缆集电装置	(1) 结构简单,使用方便 (2) 跨度大时垂度较大	架空线弓形滑触式集电装置	(1) 机构较复杂 (2) 在腐蚀性环境中使用易锈蚀

其中,安全形封闭式滑触线,如图 7-37 所示；移动式橡套电缆悬挂装置,如图 7-38 所

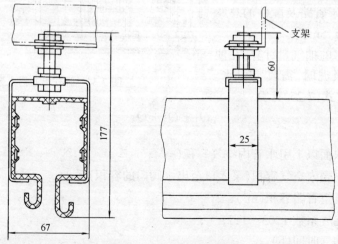

图 7-37 安全形封闭式滑触线

示;卷筒电缆式如图 7-39 所示,架空线弓形滑触式,如图 7-40 所示。

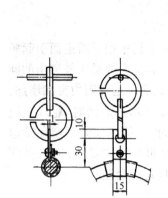

图 7-38 移动式橡套电缆悬挂装置

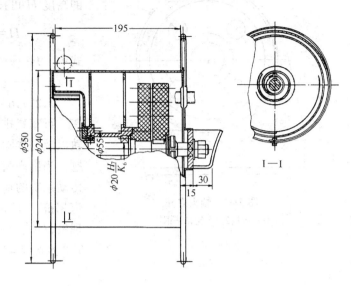

图 7-39 卷筒电缆式

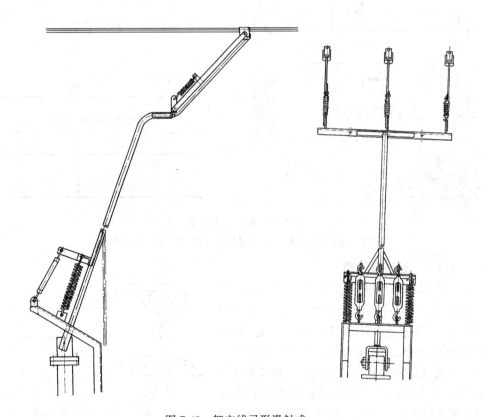

图 7-40 架空线弓形滑触式

(2) 端头立柱:图 7-41 为端头立柱的示例。端头立柱固定在钢轨的两端,用来防止吸

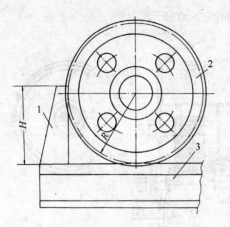

图 7-41 端头立柱
1—立柱；2—车轮；3—钢轨

泥机的终端开关失灵而掉轨的事故。端头立柱的高度 H 可按式(7-26)确定：

$$H = (1.1 \sim 1.2)R \quad (\text{cm}) \qquad (7-26)$$

式中 H——立柱高度(cm)；
R——车轮半径(cm)。

7.2.1.6 安装要求

行车式排泥机在运行中由于啃道而引起脱轨以及相伴随而来的其他事故是比较突出的问题。当出现啃道时，行车的运行阻力突然增加，传动系统的荷载也随之增加。同时，轮缘与轨道相挤，车轮的磨损也会加剧。为了避免啃道现象，对轨道的敷设和车轮的安装，应满足图 7-42 及图 7-43 中所规定的允差。

传动轴安装精度

项 目		允差值(mm)
A 向允差	轴 长 <20m	0.3
B 向允差	轴 长 ≥20m	0.5

链轮中心线重合度允差 e

中心距(m)	允差值(mm)
$0 < l < 1$	1
$1 \leq l < 10$	$l/1000$

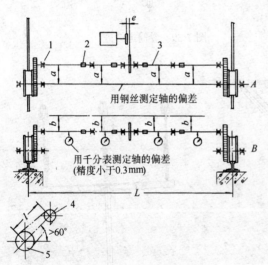

图 7-42 驱动装置安装允差
1—轴承；2—联轴器；3—传动轴；4—主动链轮；5—从动链轮

7.2.1.7 运转及管理

(1) 吸泥机的停驻位置应在沉淀池的出水端。驱动前，开启各吸泥管的排泥阀，然后向进水端行进。到达进水口尽端时，即自动返驶，回至出口端的原位停车，作为一次吸泥的全过程。

(2) 吸泥的起动由人工操作，返驶及停车等动作均由装在轨道上的触杆或磁钢触动行车上的 Lx 型或接近开关完成。轨道上触杆或磁钢的定位，以及行车上行程开关间的相对位置，应在安装时确定。

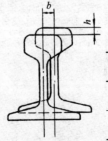

项 目	允差值
b 的允差	0.5mm
h 的允差	0.5mm

图 7-43 钢轨安装允差

(3) 给水厂沉淀池内积泥不宜过久，超过 2d 后泥质就相当密实。吸泥时，须注意排泥的情况，如发现阻塞现象，即须停车，待排泥管疏通后再行进。超过 4d 以后，泥质已积实，须停池清洗后才能使用吸泥机,否则不但无法吸泥,且泥的阻力会使机架变形和设备受损。

(4) 若池内水面结冰,应在解冻或破冰后才能使用。

7.2.1.8 系列化设计

上海市政工程设计研究院已完成虹吸式吸泥机和泵吸式吸泥机通用图设计,其跨距为8～20m,池深均为3.5m,分别见表7-23及表7-24,可供参考。通用图的设计原则如下:

进水浊度1000mg/L,出水浊度10mg/L,如进水浊度超出或低于1000mg/L时,则可按吸泥周期来调节。吸泥系统的布置按行车跨度内无导流墙等土建结构的影响为条件,若根据工程需要,跨内设有导流墙等土建构筑物时,则吸泥管路、集泥刮板及吸泥管固定支架等均应作相应的改动。

泵吸式吸泥机系列规格　　表7-23

桁架				驱动机构			吸泥管数量(根)	不同吸泥管径适用最高进水浊度(mg/L) DN(mm)				钢轨型号	设备质量(t)
跨度(m)	高度(m)	宽度(m)	轮距(m)	车速(m/min)	驱动方式	功率(kW)	车轮转速(r/min)		40	50	65	80		
8	1.2	1.7	2	1	双边驱动	2×0.4	0.93	8	500	1000	1100	2500	22kg/m 轻轨	4.7
10	1.2	1.7	2					8	400	750	1300	2000		5.0
12	1.2	2.0	2.3					10	400	750	1300	2000		5.4
14	1.4	2.0	2.3					10	350	600	1100	1700		6.2
16	1.6	2.2	2.55					12	350	600	1100	1700		7.0
18	2.0	2.2	2.55					12	300	540	1000	1500		7.5
20	2.0	2.5	2.85					14	300	540	1000	1500		8.0

注:引水方式为水射器抽吸真空。

虹吸式吸泥机系列规格　　表7-24

桁架				驱动机构			虹吸管数量(根)	不同虹吸管径适用最高进水浊度(mg/L) DN(mm)				钢轨型号	设备质量(t)
跨度(m)	高度(m)	宽度(m)	轮距(m)	车速(m/min)	驱动方式	功率(kW)	车轮转速(r/min)		40	50	65	80		
8	1.2	1.7	2	1	双边驱动	2×0.4	0.93	8	500	1000	1700	2500	22kg/m 轻轨	4.7
10	1.2	1.7	2					8	400	750	1300	2000		5.0
12	1.2	2.0	2.3					10	400	750	1300	2000		5.4
14	1.4	2.0	2.3					10	350	600	1100	1700		6.2
16	1.6	2.2	2.55					12	350	600	1100	1700		7.0
18	2.0	2.2	2.55					12	300	540	1000	1500		7.5
20	2.0	2.5	2.85					14	300	540	1000	1500		8.0

7.2.2 行车式提板刮泥机

7.2.2.1 总体构成

提板式刮泥机由行车桁架、驱动机构、撇渣板与刮板升降机构、程序控制及限位装置等部分组成。图7-44为行车式提板刮泥机的总体结构。

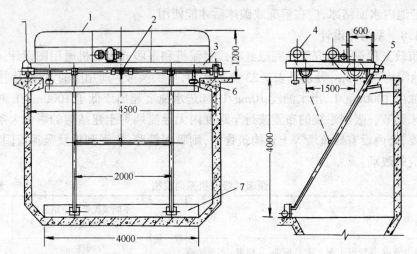

图7-44 行车式提板刮泥机总体结构
1—栏杆；2—驱动机构；3—行车架；4—卷扬提板机构；5—行程开关；6—导向靠轮；7—刮板

(1) 刮泥机行车一般采用桁架结构，小跨度的可用梁式结构，可按照第7.2节计算。为了便于检修和管理，在行车上应设宽600~800mm的工作走道。

(2) 驱动机构采用两端出轴的长轴集中传动形式或双边分别驱动的形式，可视行车跨距而定，设计时参照第7.2节。

(3) 撇渣板与刮泥板的升降机构可以有两种布置形式：

第一种形式如图7-45所示，刮泥板与撇渣板同向工作及升降，即刮泥机运行时，撇渣板

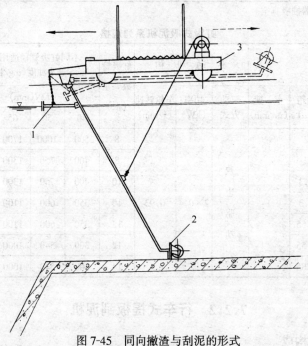

图7-45 同向撇渣与刮泥的形式
1—撇渣板；2—刮泥板；3—行车

与刮泥板同时进行撇渣与刮泥,回程时,撇渣板与刮泥板又同时提出水面。第二种形式如图7-46所示,撇渣板与刮泥板逆向工作与升降,即刮泥板刮泥时,撇渣板提出水面,而撇渣板工作时,刮泥板提离池底。

(4)刮泥机的行驶与刮板升降采用两套独立的驱动机构,通过电气控制能互相转换交替动作。

7.2.2.2 排泥量及刮泥能力计算

(1)排泥量的计算:排泥量主要根据进水中所去除的悬浮物含量换算成含水率 $\xi\%$ 的沉泥量计算。排泥量的计算公式,见表7-6。

(2)刮泥能力的计算:

1)设沉入池底的污泥含水率为98%,刮泥机每次最大刮泥量,如图7-47所示的形式计算。按式(7-27)为

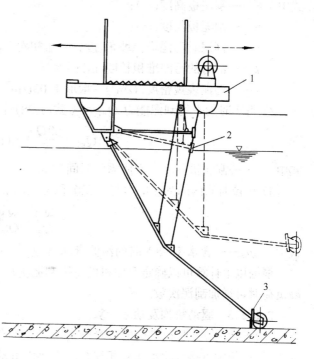

图7-46 逆向撇渣与刮泥的形式
1—行车;2—撇渣板;3—刮泥板

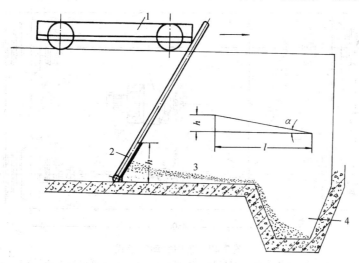

图7-47 污泥的刮集
1—刮泥行车;2—刮板;3—污泥;4—污泥斗

$$Q_{次} = \frac{1}{2} lbh\gamma 1000 \quad (\text{kg/次})$$

$$l = \frac{h}{\text{tg}\alpha} \quad (\text{m})$$

故

$$Q_{次} = \frac{bh^2\gamma}{2\text{tg}\alpha} 1000 \quad (\text{kg/次}) \tag{7-27}$$

式中 h——刮泥板高度(m);
b——刮泥板长度(m);
α——刮泥时污泥堆积坡角(度),一般初次沉淀池污泥取5°;
l——α°时的污泥堆积长度(m);
γ——污泥表观密度(t/m³)一般取 1.03t/m³。

2) 每小时的平均刮泥能力 $Q_{时}$ 可按式(7-28)计算:

$$Q_{时} = \frac{60Q_{次}}{t} \quad (t/h) \tag{7-28}$$

式中 t——刮泥机往返一次所需的时间(min)。

3) 单位时间内的刮泥能力与污泥沉积量之比 n:按式(7-29)为

$$n = \frac{Q_{时}}{Q_{\xi}} = \frac{Q_{时}}{Q_{98}} \tag{7-29}$$

式中 Q_{98}——含水率98%时的污泥量(t/h)。

根据以上计算可以确定刮泥机的每天刮泥次数。通常初次沉淀池每天刮泥3~4次,高峰负荷时可增加刮泥次数。

7.2.2.3 驱动机构及功率计算

(1) 驱动机构:驱动机构的布置形式在第7.2节中已作了介绍。图7-48为集中传动的形式,传动长轴直接与驱动车轮相连接。主要由电动机、减速机构、传动长轴、轴承座、联轴器及车轮等组成。

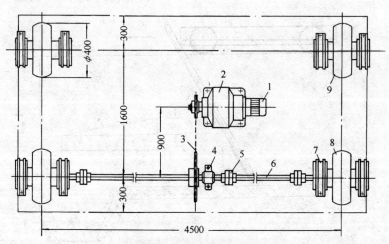

图 7-48 集中驱动的形式
1—电动机;2—摆线针轮减速机;3—链传动;4—轴承座;5—联轴器;6—长轴;7—轴承座;8—主动车轮;9—从动车轮

(2) 驱动功率的确定:刮泥机驱动功率主要根据刮泥机在工作时所受的刮泥阻力、行驶阻力、风阻力和道面坡度阻力等阻力总和计算确定。

1) 刮板集泥时所受的阻力 $P_{刮}$:按式(7-30)为

$$P_{刮} = Q_{次} g\mu 1000 \quad (N) \tag{7-30}$$

式中 μ——污泥与池底的摩擦系数,沉砂池取0.5、给水厂沉淀池取0.2~0.5、污水处理厂初次沉淀池取0.1、污水处理厂二次沉淀池,取0.035。

g——重力加速度,$g = 9.81 \mathrm{m/s^2}$。

2) 行车行驶阻力 $P_{驶}$:行驶阻力的确定,参见表7-16。
3) 风阻力 $P_{风}$:风阻力的确定,参见表7-17。
4) 道面坡度阻力 $P_{坡}$:爬坡力 $P_{坡}$ 的确定,参见表7-16。
5) 驱动功率的计算[与式(7-12)相同]:

$$N = \frac{\Sigma P v}{60000 \eta m} \quad (\mathrm{kW})$$

7.2.2.4 刮泥板与撇渣板的联动布置及提板功率计算

刮板的结构,如图7-49所示。其主要由铰链式刮臂、刮板、支承托轮、撇渣板及卷扬机等组成。为便于更换钢丝绳或刮泥板等易损零件,还可设置刮臂的挂钩装置,如图7-50所示。

刮臂的一端铰接在行车的桁架上,另一端装有刮

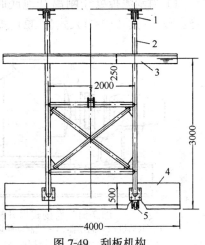

图7-49 刮板机构
1—铰支座;2—刮板架;3—撇渣板;4—刮泥板;5—支承托轮

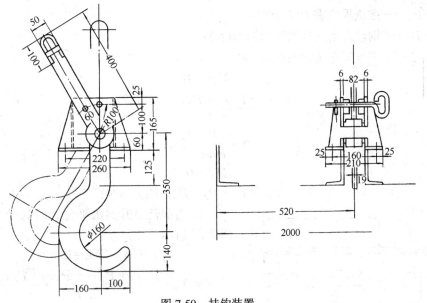

图7-50 挂钩装置

泥板及托轮,吊点最好设在刮臂的重心位置。当刮泥板放至池底时,刮臂与池底夹角为60°~65°。刮泥板高度为400~500mm,撇渣板高度为120~150mm。图中介绍的撇渣板与刮泥板的联动采用同向工作与升降。提升机构有钢丝绳卷扬式、螺杆式和液压推杆式三种,其中最常用的为钢丝绳卷扬式的提升机构,结构简单,制造容易。

图7-51为卷扬式提升装置的结构,卷筒上的钢丝绳与刮臂上的吊点相连接,钢丝绳材质最好选用耐蚀性好的1Cr18Ni9Ti不锈钢丝绳。刮臂通过钢丝绳的卷扬来完成提升和下降的动作。提升功率根据起吊力及起吊速度确定。钢丝绳的安全系数不小于5,卷筒直径应大于20倍钢丝绳直径,在刮泥板放至池底时,卷筒上应保留3圈钢丝绳。

刮板起吊时的受力分析:

1) 当刮泥板处于刚离开池底时的受力状态,如图 7-52 所示。按式(7-31)、式(7-32)、式(7-33)计算:

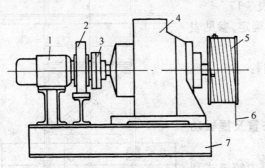

图 7-51 卷扬式提升装置
1—电动机;2—制动器;3—带制动轮联轴器;4—减速器;5—卷筒;6—钢丝绳;7—机座

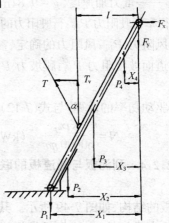

图 7-52 刮板刚吊离池底时的受力状态

设:P_1——支承托轮的重力(N);
P_2——刮板的重力(N);
P_3——刮臂的重力(N);
P_4——撇渣板的重力(N);
T_v——钢丝绳吊点处的竖向分力(N);
T——钢丝绳起吊时的张力(N)。

$$\Sigma M_f = 0$$

$$T_v = \frac{P_1 x_1 + P_2 x_2 + P_3 x_3 + P_4 x_4}{l} \quad (N) \tag{7-31}$$

$$T = \frac{T_v}{\cos\alpha} \quad (N) \tag{7-32}$$

$$\Sigma Y = 0$$

$$F_y = T_v - (P_1 + P_2 + P_3 + P_4) \quad (N) \tag{7-33}$$

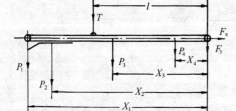

图 7-53 刮臂提到水平位置时受力状态

2) 当刮臂提升到水平位置时的受力状态,如图 7-53 所示。

$$\Sigma M_f = 0$$

$$T = T_v = \frac{P_1 x_1 + P_2 x_2 + P_3 x_3 + P_4 x_4}{l} \quad (N)$$

$$\Sigma Y = 0$$

$$F_y = T_v - (P_1 + P_2 + P_3 + P_4) \quad (N)$$

(2) 刮泥板提升的功率计算:

$$N = \frac{Tv}{60000\eta} \quad (kW) \tag{7-34}$$

式中 v——钢丝绳卷扬速度(m/min);
η——机械总效率%。

7.2.2.5 电气控制系统

提板式刮泥机使用行驶和升降两组行程开关,根据编排的程序自动地转换来控制刮泥机的动作。图 7-54 为提板式刮泥机工作程序的示例。

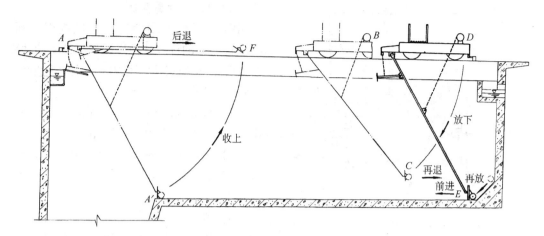

图 7-54 提板式刮泥机的动作程序

设 A 点作为刮泥机的起始位置,此时刮板露出水面。

(1) 合上电源,刮泥机后退,行至 B 点位置时,刮泥机停驶,并使刮泥板下降。

(2) 当刮泥板降至 C 点时,升降机构停止,并使刮泥机继续后退。

(3) 当后退至 D 点时,刮泥机停驶,接着又使刮板继续下降至池底 E。

(4) 当刮板下降至池底 E 时,撇渣板也通过联动机构浸入水面,并立即发出刮泥机向前动作的指令。

(5) 刮泥机开始刮泥及撇渣工作,一直行驶到 A' 点为止。此时,污泥及浮渣均分别排入污泥斗和集渣槽内,然后再次将刮板提出水面,回复到原来的起始位置。

上述的动作程序就是刮泥机工作的一个周期,根据沉泥量多少,确定重复循环的次数。此外,也可根据需要另编程序。

各行程控制原件可采用密封式 JLXK1-111M 型行程开关,一般都安装在刮泥机上,安装时应密封防潮。图 7-55 为 JLXK1-111M 行程开关外形。触块设在水池走道与机上行程开关相对应的位置上。图 7-56 为行程控制开关安装布置,图中 A 为起始点行程开关位置,B 为指令刮板下降的行程开关位置,C 为终点行程开关位置。

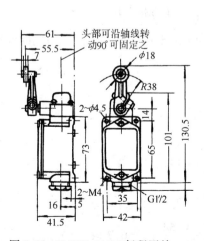

图 7-55 JLXK1-111M 行程开关

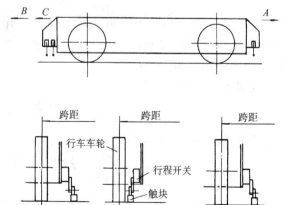

图 7-56 行程开关安装布置

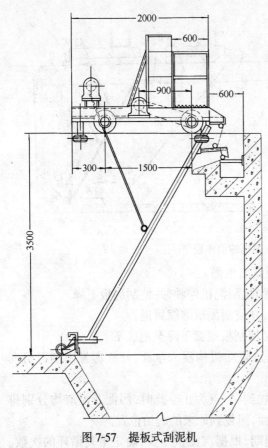

图 7-57 提板式刮泥机

7.2.2.6 计算实例

【例】 设计如图 7-57 所示的提板式刮泥机,进行如下的计算:(1)排泥量;(2)驱动功率;(3)刮板提升时的钢丝绳张力;(4)钢丝绳直径。

设计数据:

(1) 初次沉淀池的尺寸为长×宽×深 = $20m \times 4m \times 4m$,有效水深 3.6m。

(2) 污水停留时间为 2h,悬浮物 SS = 320mg/L,去除率 60%。

(3) 刮泥板高度为 500mm。

(4) 刮泥机行驶速度为 $v_1 = 1m/min$。

(5) 刮泥机总重力为 $W = 28000N$。

(6) 驱动胶轮直径为 $D = 430mm$,滚动轴承平均直径为 $d = 85mm$,轴承的滚动摩擦系数为 $\mu_1 = 0.008$,车轮的滚动摩擦力臂为 $K = 0.4cm$。

(7) 桁架受风面积为 $A = 2.7m^2$。

(8) 驱动机构机械效率为 $\eta_1 = 0.75$,提升机构机械效率为 $\eta_2 = 0.81$。

(9) 刮板升降时的卷扬速度为 $v_2 = 1.1m/min$。

【解】 (1) 污泥量与刮泥能力计算

按表 7-6 所列的公式:

1) 进水流量为 $Q = \dfrac{V}{t} = \dfrac{WLH}{t} = \dfrac{4 \times 20 \times 3.6}{2} = 144 m^3/h$

2) 干污泥量为 $Q_干 = Q SS \varepsilon 10^{-6} = 144 \times 320 \times 0.6 \times 10^{-8} = 0.0276 m^3/h$

3) 折算成含水率为 $\xi = 98\%$ 的污泥量为

$$Q_\xi = Q_干 \dfrac{100}{100-\xi} = 0.0276 \times \dfrac{100}{100-98} = 1.38 m^3/h$$

4) 刮泥能力计算:设刮板高 $h = 500mm$ 刮泥速度为 1m/min,提升和下降刮板的时间约 4min,实际刮送距离为 16.5m。

刮泥机往返一次时间为

$$T = \dfrac{2 \times 16.5}{1} + 4 = 37 min$$

刮泥机往返一次的刮泥量 $Q_次$ 为

$$Q_次 = \dfrac{bh^2 \gamma}{2 tg\alpha} = \dfrac{4 \times 0.5^2 \times 1.03}{2 tg 5°} = 5.886 t/次$$

$$Q_时 = \dfrac{60}{37} \times 5.886 = 9.54 t/h$$

每小时刮泥量与刮泥机刮泥能力之比 $n = \dfrac{Q_时}{Q_\xi \gamma} = \dfrac{9.54}{1.38 \times 1.03} = 6.7$ 倍

(2) 驱动功率：

1) 刮泥阻力为
$$P_{刮} = gQ_{次}\mu = 9.81 \times 5886 \times 0.1 = 5774\text{N}$$

2) 车轮行驶阻力为
$$P_{驶} = 1.3W\frac{\mu_1 d + 2K}{D} = 1.3 \times 28000 \times \frac{0.008 \times 8.5 + 2 \times 0.4}{43} = 735\text{N}$$

3) 风阻力为
$$P_{风} = qAC = 150 \times 2.7 \times 1.6 = 648\text{N}$$

4) 道面坡度阻力为
$$P_{坡} = WK_{坡} = 28000 \times \frac{1}{1000} = 28\text{N}$$

5) 驱动功率计算：
$$N = \frac{\Sigma Pv}{60000\eta} = \frac{(5774 + 735 + 648 + 28) \times 1}{60000 \times 0.75} = 0.16\text{kW}$$

选用 0.37kW 电动机。

(3) 刮板升降机构的分析与计算：已知刮板升降机构采用卷扬式提升装置，卷扬速度为 1.1m/min。当刮板起吊时，吊点的受力如图 7-58 所示。

刮板提升的总重力为
$$\Sigma P = P_1 + P_2 + P_3 + P_4$$
$$= 82 + 662 + 1642 + 240$$
$$= 2626\text{N}$$

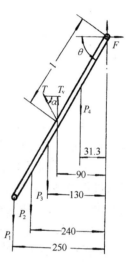

图 7-58 刮臂受力计算
P_1—托轮重力 = 82N
P_2—刮泥板重力 = 662N
P_3—刮臂的重力 = 1642N
P_4—撇渣板重力 = 240N
l—牵引点至 F 距离 = 180cm
θ—刮臂与水平桁架夹角 = 60°

1) 钢丝绳在起吊时的最大张力 T_v：当刮臂处在刚起吊时的钢丝绳垂直分力为最大。
$$T_v = \frac{P_1 \times 250 + P_2 \times 240 + P_3 \times 130 + P_4 \times 31.3}{l\cos\theta}$$
$$= \frac{82 \times 250 + 662 \times 240 + 1642 \times 130 + 240 \times 31.3}{180\cos 60°}$$
$$= 4448\text{N}$$

钢丝绳起吊张力为
$$T = \frac{T_v}{\cos\alpha} = \frac{4448}{\cos 30°} = 5136\text{N}$$
$$F_Y = T_v - P = 4448 - 2626 = 1822\text{N}$$

2) 钢丝绳直径的确定：

取钢丝绳的安全系数为
$$C_n = 5$$

最大破断荷载为
$$S_P = TC_n = 5136 \times 5 = 25680\text{N}$$

考虑到污水的腐蚀，选用不锈钢丝绳。
设：钢丝绳直径为 $d = 9\text{mm}$，
破断拉力为 S_P 约为 46490N。
安全系数为

$$n = \frac{S_P}{T} = \frac{46490}{5136} = 9 > 5(安全)。$$

3）刮板提升功率：

$$N = \frac{Tv_2}{60000\eta} = \frac{5136 \times 1.1}{60000 \times 0.81} = 0.116 \text{kW}$$

选用 0.37kW 电动机。

7.3 链条牵引式刮泥机

7.3.1 适用条件和特点

（1）链条牵引式刮泥机适用于水厂沉淀池或污水处理厂的沉砂池、初沉池、二次沉淀池、隔油池等矩形池排砂、排泥；对于有浮渣的沉淀池可在底部刮泥的同时在池面撇渣。

（2）池底沿刮泥方向粉刷成1%的坡度；池内端头与两侧墙脚应有大于泥砂安息角的斜坡；污水进行处理之前须先经过格栅，阻止较大的漂浮物进入池内。

（3）链条牵引式刮泥机的特点：

1）刮板块数多，刮泥能力强；刮板的移动速度慢，对污水扰动小，有利于泥砂沉淀。

2）刮板在池中作连续的直线运动，不必往返换向，因而不需要行程开关。驱动装置设在池顶的平台上，配电及维修都很简便。

3）不需要另加机构可同时兼作撇渣机。

7.3.2 总体构成

图 7-59 为链条牵引式刮泥机总体结构，主要由驱动装置、传动链与链轮、牵引链与链轮、刮板、导向轮、张紧装置、链轮轴和导轨等组成。在传动链轮的主动链轮上装有安全销，进行过载保护，如图 7-60 所示。

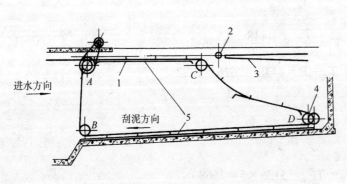

图 7-59 链条牵引式刮泥机总体结构
1—刮板；2—集渣管；3—溢流堰；4—张紧装置；5—导轨

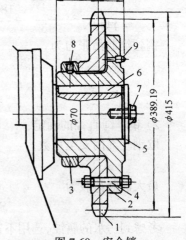

图 7-60 安全销
1—链轮；2—链轮轮壳；3—挡圈；4—安全销；5—垫圈；6—键；7—螺栓；8—螺钉；9—油杯

7.3.3 刮泥量及刮泥能力的计算

(1) 刮泥量的确定：污泥量的确定，可按表 7-6 所列的公式计算。
(2) 刮泥能力的计算：按式(7-35)为

$$Q = 60 hlv \geqslant Q_\xi \quad (\text{m}^3/\text{h}) \tag{7-35}$$

式中　h——刮板高度(m)；
　　　l——刮板长度(m)；
　　　v——刮板移动速度(m/min)；
　　　Q_ξ——含水率 $\xi\%$ 的沉淀污泥量。

(3) 每天运行时间：按式(7-36)为

$$t = \frac{24 Q_\xi}{Q} \quad (\text{h}) \tag{7-36}$$

通常，非防腐型链条每天至少运转三次，防止链节的生锈。

7.3.4 牵引链的计算

牵引链的张力与驱动功率随池内有水和无水而有所不同。一般有水时链条与刮板受浮力的作用，张力和摩阻力均较小，因此，应按无水状态进行链传动的设计计算。

7.3.4.1 刮板牵引链的最大张力 $T_{\max}$ 计算

图 7-61 为链条受力计算简图。设驱动链轮 A 与张紧链轮 D 之间的距离为 L_1；从动链轮 B 与 C 的间距为 L；A、B 以及 D、C 间的垂直距离分别为 H_2、H_1；相邻两刮板间距为 S；链轮 A 的输出端弧垂段距离为 l；链条每米重量为 w_c，每块刮板及其附件的重量为 W_1。

(1) 如图 7-61 所示，刮板牵引链上产生的张力主要由下列几点所引起：

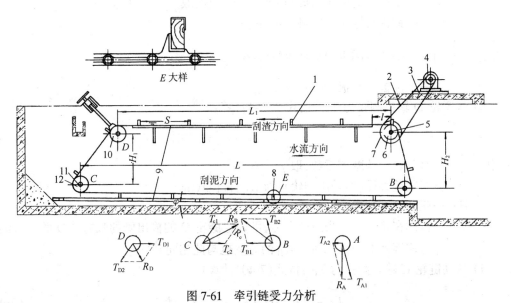

图 7-61　牵引链受力分析

1—主链与刮板链节；2—传动链；3—传动链张紧装置；4—减速器；5—轮轴；6—主牵引链轮；7—传动链轮；8—刮板；9—导轨；10—牵引链轮张紧装置；11—导轮轴；12—导轮

1) 由链条弧垂而引起的初张力。
2) 刮泥时所产生的张力。
3) 上升或下降的自重张力。
4) 刮板与导轨的摩擦。
5) 各导向链轮的转动摩擦。

(2) 在计算时可先根据链条弧垂所引起的链条初始张力算起,按照图示逐级计算如下:

1) 驱动链轮松弛侧的水平张力 T_{A_1}:牵引链运动时,水平张力 T_{A_1} 的最大值是在带刮板的链节处于驱动轮输出端起始段,根据链弧垂 y 和张力 T_A 的关系及弧垂许用值,可求得 T_A,其计算式(7-37)为

$$T_{A_1} = \frac{l}{8y}(w_c l + W_f) \tag{7-37}$$

y 一般为 $\frac{l}{50}$,

则
$$T_{A_1} = \frac{50}{8}(w_c l + W_f) \quad (N)$$

式中 　y——链条的弧垂度(m);
　　　w_c——每米链节的重力(N/m);
　　　W_f——刮板及刮板附件的重力(N);
　　　l——链轮 A 至最靠近链轮 A 的支点距离(m)。

2) 张紧轮 D 输入侧张力 T_{D_1}:根据牵引链运动方向,要使主动链运动,必须克服 L_1 长度内各刮板与导轨的摩阻力。其按式(7-38)计算:

$$T_{D_1} = T_{A_1} + L_1\left(w_c + \frac{W_f}{2S}\right)\mu_1 \quad (N) \tag{7-38}$$

式中 　μ_1——刮板上的钢靴与导轨间的摩擦系数,取 $\mu_1 = 0.33$;
　　　L_1——钢靴与导轨的接触长度(m);
　　　$\left(w_c + \frac{W_f}{2S}\right)$——链条与刮板的平均重量(N/m);
　　　S——刮板与刮板的间距(m)。

3) 张紧轮 D 输出侧张力 T_{D_2}:按式(7-39)计算:

$$T_{D_2} = T_{D_1} + R_D \mu_2 \frac{d}{D} \quad (N) \tag{7-39}$$

式中 　μ_2——轴与轴承的摩擦系数,取 $\mu_2 = 0.2$;
　　　D——张紧轮直径(如采用链轮则为节圆直径)(mm);
　　　d——张紧轮轴轴径(mm);
　　　R_D——作用在轮轴上链张力的合力,可假定链轮 D 的输出侧的张力与 D 的输入侧张力相等来求 R_D(求 R_C、R_B 的方法也与此相同)(N)。

4) 从动链轮 C 输入侧张力 T_{C_1}:按式(7-40)计算:

$$T_{C_1} = T_{D_2} - H_1\left(w_c + \frac{W_f}{2S}\right) \quad (N) \tag{7-40}$$

5) 从动链轮 C 输出侧张力 T_{C_2}:按式(7-41)计算:

$$T_{C_2} = T_{C_1} + R_C \mu_2 \frac{d}{D} \quad (N) \tag{7-41}$$

6) 从动链轮 B 输入侧张力 T_{B_1}：按式(7-42)计算：

$$T_{B_1} = T_{C_2} + L\left(w_c + \frac{W_f}{2S}\right)\mu_1 \quad (N) \tag{7-42}$$

式中　L——刮板导靴与池底导轨的接触长度(m)。

7) 从动链轮 B 输出侧张力 T_{B_2}：按式(7-43)计算：

$$T_{B_2} = T_{B_1} + R_B \mu_2 \frac{d}{D} \quad (N) \tag{7-43}$$

8) 驱动链轮的最大张力 $T_{\max}$：按式(7-44)计算：

$$T_{\max} = T_{B_2} + H\left(w_c + \frac{W_f}{2S}\right) + R_A \mu_2 \frac{d}{D} \quad (N) \tag{7-44}$$

上述各式归纳整理后可用式(7-45)表示：

$$T_{\max} = (L_1 + L)\left(w_c + \frac{W_f}{2S}\right)\mu_1 + \mu_2 \Sigma\left(R\frac{d}{D}\right) + \frac{50}{8}(w_c l + W_f)$$
$$+ (H - H_1)\left(w_c + \frac{W_f}{2S}\right) \quad (N) \tag{7-45}$$

式中　R——作用在各链轮轴上链张力的合力(N)。

7.3.4.2 驱动功率计算

驱动功率计算：按式(7-46)为

$$N = \frac{2(T_{\max} - T_{\min})v}{60000\eta} \quad (kW) \tag{7-46}$$

式中　v——刮板移动速度(m/min)；

　　　$T_{\min}$——主动驱轮松弛侧张力，$T_{\min} = T_{A_1}$(N)。

7.3.4.3 计算实例

【例】　按图 7-62 所示的刮泥机布置形式，计算牵引链的强度及传动功率。

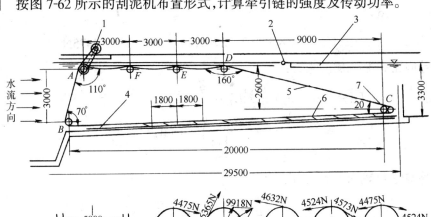

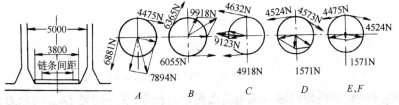

图 7-62　牵引链计算简图

1—驱动机构；2—集渣管；3—溢流堰；4—刮板；5—链条；6—导轨；7—张紧装置

已知：链条的重力 $w_c=100\text{N/m}$；刮板及刮板附件的重力 $W_f=260\text{N}$/块；刮板与刮板的间距为 $S=1800\text{mm}$；链条破断拉力 $P=150000\text{N}$；导向轮或链轮直径 $D=510\text{mm}$；轮轴直径 $d=80\text{mm}$；刮板行走速度 $v=0.6\text{m/min}$。

【解】 从图7-62可知，刮板由双列链传动牵引。链轮 A 与导向托轮 F 的跨距为3m，刮板与刮板的间距 $S=1.8\text{m}$，由此，跨距的中心挠度可按表7-25求得。

多点集中载荷作用时的中心挠度 y　　　　表 7-25

在跨距内进入的刮板数	中　心　挠　度　y	在跨距内进入的刮板数	中　心　挠　度　y
1	$\dfrac{W_f l}{4T}+\dfrac{w_c l^2}{8T}$	4	$\dfrac{W_f l}{4T}(4-8C)+\dfrac{w_c l^2}{8T}$
2	$\dfrac{W_f l}{4T}(2-2C)+\dfrac{w_c l^2}{8T}$	5	$\dfrac{W_f l}{4T}(5-12C)+\dfrac{w_c l^2}{8T}$
3	$\dfrac{W_f l}{4T}(3-4C)+\dfrac{w_c l^2}{8T}$		

(1) 牵引链强度计算（不考虑刮板的浮力）：运转时，在3m的跨距内，应进入两块刮板，按表7-25得

$$y=\frac{W_f l}{4T}(2-2C)+\frac{w_c l^2}{8T}$$

式中　$C=\dfrac{S}{l}=\dfrac{1.8}{3}=0.6$；

T——链条的初张力(N)；

w_c——链条重力为100N/m；

W_f——刮板及附件重力为260N/块。

$$T=\frac{1}{8y}[2W_f l(2-2C)+w_c l^2]$$

$$=\frac{1}{8\times0.06}[2\times260\times3\times(2-2\times0.6)+100\times3^2]=4475\text{N}$$

1) 导向轮 D 输入侧的张力：

$$T_{D_1}=T+\left(w_c+\frac{W_f}{2S}\right)L_1\mu_1\frac{d}{D}$$

$$=4475+\left(100+\frac{260}{2\times1.8}\right)\times9\times0.2\times\frac{80}{510}$$

$$=4475+48.6=4524\text{N}$$

2) 导向轮 D 输出侧的张力：

$$T_{D_2}=T_{D_1}+R_D\mu_2\frac{d}{D}$$

$$=4524+1571.2\times0.2\times\frac{80}{510}$$

$$=4524+49.3=4573\text{N}$$

式中　R_D——设导向轮的输入侧与输出侧张力相等，在导向轮 D 上的合力 R_D 可根据入边与出边的夹角求得。

3) 导向轮 C 输入侧张力：

$$T_{C_1} = T_{D_2} - H_1\left(w_c + \frac{W_f}{2S}\right) + \mu_3 l_2\left(w_c + \frac{W_f}{2S}\right)$$
$$= 4573 - 2.6 \times \left(100 + \frac{260}{2 \times 1.8}\right) + 0.33 \times 9 \times \left(100 + \frac{260}{2 \times 1.8}\right)$$
$$= 4573 - 448 + 511 = 4636\text{N}$$

4) 导向轮 C 输出侧张力：

$$T_{C_2} = T_{C_1} + R_C \mu_2 \frac{d}{D}$$
$$= 4636 + 9123 \times 0.2 \times \frac{80}{510}$$
$$= 4636 + 286 = 4922\text{N}$$

5) 导向轮 B 输入侧张力：

$$T_{B_1} = T_{C_2} + \left(w_c + \frac{W_f}{2S}\right)L\mu_3$$
$$= 4922 + \left(100 + \frac{260}{2 \times 1.8}\right) \times 20 \times 0.33$$
$$= 4922 + 1137 = 6059\text{N}$$

6) 导向轮 B 输出侧张力：

$$T_{B_2} = T_{B_1} + R_B \mu_2 \frac{d}{D}$$
$$= 6059 + 9917.5 \times 0.2 \times \frac{80}{510}$$
$$= 6059 + 311 = 6370\text{N}$$

7) 导向轮 A 输入侧张力：

$$T_{A_1} = T_{B_2} + H\left(w_c + \frac{W_f}{2S}\right)$$
$$= 6370 + 3\left(100 + \frac{260}{2 \times 1.8}\right)$$
$$= 6370 + 517 = 6887\text{N}$$

8) 牵引链最大张力：

$$T_{\max} = T_{A_1} + R_A \mu_2 \frac{d}{D}$$
$$= 6887 \times 7894 \times 0.2 \times \frac{80}{510}$$
$$= 6887 + 248 = 7135$$

考虑链条在污水的腐蚀性环境中运转，取其使用系数为 1.4。
则牵引链的设计张力 $T'_{\max} = 1.4 T_{\max} = 1.4 \times 7135 = 9989\text{N}$

链条的安全率 $n = \dfrac{150000}{T'_{\max}} = \dfrac{150000}{9989} = 15 > 8$

(2) 驱动功率计算：

$$N = \frac{2(T'_{\max} - T_{\min})v}{60000\eta}$$

$$= \frac{2\times(9989-4475)\times 0.6}{60000\times 0.7}$$
$$= 0.158 \text{kW}$$

式中 η——机械效率取 0.7,采用 0.55kW 电动机。

7.3.5 传动链最大张力计算及选用

传动链的张力 F 可由牵引链的张力 T'_{max} 换算而得:

$$F_{max}=2T'_{max}\frac{D}{D_1} \tag{7-47}$$

式中 D_1——传动链的从动链轮节圆直径(mm);
　　 D——牵引链主动链轮节圆直径(mm)。

7.3.6 牵引链的链节结构

牵引链一般采用扁节链,链条中有如图 7-63 所示的主链节和如图 7-64 所示的装刮板链节两种形式。各链节用销轴连接,销轴一端为 T 形头,另一端钻销孔。销轴装在链节上后,再插入开口销,以防销钉脱落。各链节上还设有销轴止转槽,使销轴和链节不产生相对转动,以避免销轴与销孔的磨损。链上的圆筒部分与链轮的轮齿相啮合,其表面及圆筒孔的表面硬度以及销轴表面的硬度对链条的使用寿命有很大关系。根据运转情况和试验表明,生活污水如 pH 值在 6.5~8 之间,链条的腐蚀损耗很小。链条的寿命主要取决于机械磨损。链节的磨损量以圆筒部分最大,圆筒孔与销轴的磨损量均较小。为合理使用,链节各部分的硬度可按表 7-26 所列的要求设计。

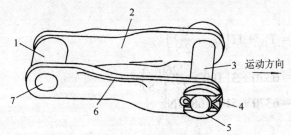
图 7-63 扁节链链节
1—圆筒;2—链板;3—销轴;4—开口销;5—止转动槽;6—耐磨靴;7—筒孔

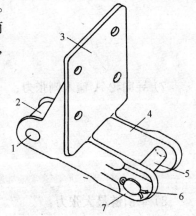
图 7-64 装刮板的扁节链链节
1—筒孔;2—圆筒;3—刮板座;4—链侧板;5—销轴;6—开口销;7—止转动凹槽

链节的硬度　　　　　　　　　表 7-26

部 位 名 称	硬度 (HB)	部 位 名 称	硬度 (HB)
链节本体	200~230	销轴表面	200~210
滚筒表面	≥415		

链节的制造一般为精密铸造一次成型,表面光洁度 6.3μm 以上。对于 pH 值在 6.5~8 的生活污水,链节的材料可用珠光体可锻铸铁、球墨铸铁或镍铬不锈钢,当 pH 值在 5 以下

的酸性废水、氯离子含量为 3000mg/L 以上或硫化物含量较多的污水中应使用特制的热塑性工程塑料制的链节。

7.3.7 链轮、导向轮和轮轴的设计

链条的磨损程度除与链节选材及其表面硬度有关外,还与链节间相对转动的角度有关,即与链轮的齿数成反比。齿数过少,磨损加快,而齿数多,就会增大链轮的直径,不够经济。为了兼顾两种不同要求,链轮齿数以 11 齿为宜。同时,为延长链轮的使用寿命,还可利用扁节链节距较大的特点,在节圆直径不变的情况下,由链齿的节距间再增加一个链齿,如图 7-65 所示,增加后的齿数 n 可用式(7-48)计算:

$$n = 2N \pm 1 \tag{7-48}$$

式中 N——原链轮齿数。

由于设计的链轮齿数为单数,所以每回转两次才会重复到原来的啮合位置,实际上也等于是延长了一倍寿命。

链轮材料一般为球墨铸铁,齿面高频淬火,以提高耐磨性。齿面硬度与链节的圆筒表面相同。

导向轮用于支承链条或使链条换向,常做成双边凸缘的滚筒形式,如图 7-66 所示。使链节侧板的耐磨靴与滚筒筒面接触,以减少链节的圆筒磨损,延长链条的使用寿命。

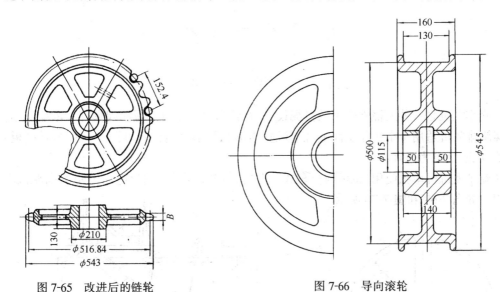

图 7-65 改进后的链轮　　图 7-66 导向滚轮

导向轮材料为球墨铸铁或珠光体可锻铸铁,滚筒表面的硬度为 HRC40~45。

链轮轴的结构如图 7-67 所示。导轮轴可制成悬臂的形式,如图 7-68 所示,其轴承座固定在池壁的预埋铁板上。

水下轴承可采用滑动轴承,轴衬材料常用 ZCuZn38Mn2Pb2,并用清水润滑,设计时可参见附录"水下轴承"。

有关链轮张紧装置、安全销计算参见第 2 章机械格栅除污机。

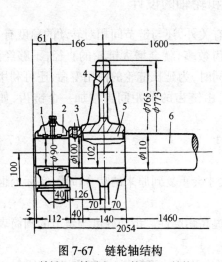

图 7-67 链轮轴结构
1—轴衬；2—轴承座；3—挡圈；4—链轮；
5—键；6—链轮轴

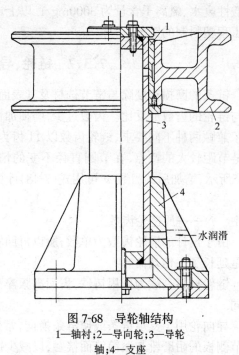

图 7-68 导轮轴结构
1—轴衬；2—导向轮；3—导轮
轴；4—支座

7.4 螺旋排泥机

7.4.1 适用条件

螺旋排泥机是一种无挠性牵引的排泥设备，在输送过程中可对泥沙起搅拌和浓缩作用。

螺旋排泥机适用于中小型沉淀池、沉砂池（矩形和圆形）的排泥除砂。对各种斜管（板）沉淀池、沉砂池更为适宜。

螺旋排泥机可单独使用，也可与行车式刮泥机、链条刮泥机、钢丝绳水下牵引刮泥机配合使用。如图 7-69 和图 7-70 所示。

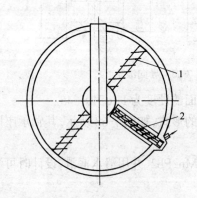

图 7-69 圆池用螺旋排泥机
1—刮泥机；2—螺旋排泥机

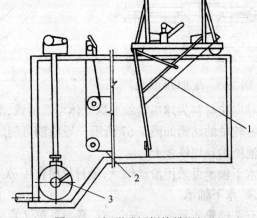

图 7-70 矩形池用螺旋排泥机
1—行车式刮泥机；2—链板式刮泥机；3—螺旋排泥机

7.4.2 应用范围

(1) 螺旋输送物料的有效流通断面较小,故适宜输送小颗粒泥沙,不宜输送大颗粒石块。

(2) 不宜输送粘性大易结块的物体或细长织物等。

(3) 水平布置时输送距离小于20m,倾斜布置时输送距离小于10m。

(4) 安装形式一般为水平布置;倾斜布置时,其倾角应小于30°。

(5) 工作环境温度应在$-10 \sim +50$℃范围。

(6) 工作制度,一般为连续工作,在一定条件下也可间断运行。

7.4.3 总体构成

7.4.3.1 螺旋排泥机形式及组成

螺旋排泥机常称作螺旋输送机,常用的形式为有轴式螺旋排泥机和无轴式螺旋排泥机两类。

(1) 有轴螺旋排泥机通常由螺旋轴、首轴承座、尾轴承座、悬挂轴承、穿墙密封装置、导槽、驱动装置等部件组成。

1) 螺旋轴:以空心轴上焊螺旋形叶片而成。

2) 轴承座:螺旋轴由首、尾轴承座和悬挂轴承支承。首轴承座安装在池外,悬挂轴承安装在水下,尾轴承座安装在水下或池外。

3) 穿墙密封装置:螺旋轴与池外的驱动装置连接时,需经过穿墙管,并采用填料密封。

4) 导槽:一般由钢板或钢板和混凝土制造,下半部呈半圆形,设有排泥口,倾斜布置时设有进泥口。

5) 驱动装置:由电动机、减速器、联轴器及皮带传动等部件组成。螺旋转速为定速。

(2) 无轴螺旋排泥机通常由无轴螺旋体、带凸缘的短轴、导槽(嵌入耐磨衬)、轴承函、驱动装置等部件组成。

1) 无轴螺旋体:为便于加工、安装和运输,无轴螺旋体通常由数段无轴螺旋焊接,并与其端部的传动凸缘焊成一个整体。

螺旋为单头,旋向应尽量制成使螺旋受拉的工况。当水平安装时,螺旋导程可较大,倾斜安装时则较小。

2) 导槽:是螺旋体的支承,并引导物料的输出。槽的形状有U形或管形,槽内壁嵌入耐磨衬瓦(条)。当应用于边输送、边沥水的场合,导槽卸水段应设置泄水孔,槽外加设排水罩。

3) 轴承函:无轴螺旋体在耐磨衬上旋转,依靠导槽支持,仅单侧设置轴承,承受螺旋运行时产生的径向荷载和轴向荷载。

4) 驱动装置由电动机、减速器、联轴器等组成,为使安装简便,对中容易,可采用轴装式减速器,直接与无轴螺旋体的凸缘端连接。

7.4.3.2 螺旋排泥机布置

(1) 水平布置:有轴螺旋和无轴螺旋均可水平安装,有轴螺旋通过穿墙管与驱动装置连接,螺旋叶片全长均接受泥沙,输送至排泥口排出。

水下设中间悬挂轴承的螺旋排泥机如图 7-71 所示,其输送距离长,但水下轴承维修不方便,中间轴承处较易堵塞。

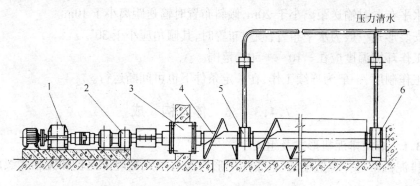

图 7-71 水平布置螺旋排泥机
1—驱动装置;2—首轴承座;3—穿墙管密封;4—螺旋轴;5—中间悬挂轴承;6—尾轴承座

水下无轴承的螺旋排泥机如图 7-72 所示,其输送距离较短,但因轴承均在池外维修方便。

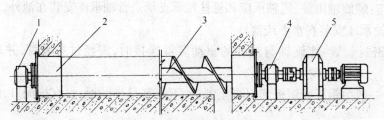

图 7-72 无水下轴承螺旋排泥机
1—尾轴承座;2—穿墙管密封;3—螺旋轴;4—首轴承座;5—驱动装置

(2) 倾斜布置:有轴螺旋和无轴螺旋均可倾斜安装,泥砂经导槽由螺旋提升至排泥口排出,如图 7-73、74 所示。

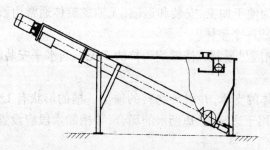

图 7-73 无轴螺旋式砂水分离器

(3) 布置推力轴承和排泥口位置时,应考虑使螺旋轴受拉力。

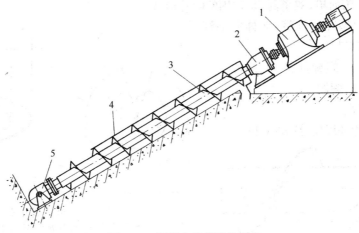

图 7-74 倾斜布置螺旋排泥机
1—驱动装置;2—首轴承座;3—螺旋轴;4—导槽;5—尾轴承座

7.4.4 设 计 计 算

7.4.4.1 设计资料

(1) 输送泥砂量,即含水的泥砂量。
(2) 输送泥砂性质,包括粒度组成情况,表观密度和含水率。
(3) 螺旋排泥机的布置形式。
(4) 工作环境:环境温度,安装在室内或露天。
(5) 工作制度。

7.4.4.2 螺旋各部尺寸(如图 7-75 所示)

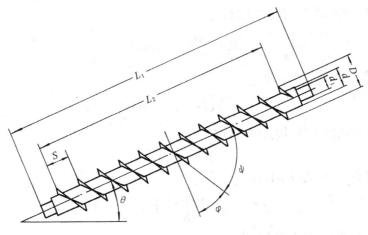

图 7-75 螺旋各部尺寸
L_1—螺旋轴长度;L_2—螺旋叶片长度;S—螺距;D—螺旋外径;d—螺旋轴直径;
θ—螺旋倾角;φ—螺旋角;ψ—导程角;d_1—轴端直径

7.4.4.3 螺旋叶片与头数

(1) 螺旋叶片的面型:输送粘度小、粉状和小颗粒的泥砂,宜采用实体面型螺旋如图

7-76所示。其结构简单,效率高,是常用的叶片形式。

(2) 实体面型叶片计算:实体面型螺旋展开图如图7-77所示。

1) 已知尺寸:螺旋外径 D、螺旋叶片内径 d、叶片高 c、螺距 S。

2) 叶片计算:

① 螺旋叶片外周长:按式(7-49)为

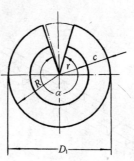
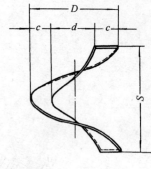

图7-77 叶片展开图

D_1—叶片展开外径;r—叶片展开内圆半径;α—圆周角;R—叶片展开外圆半径;D—螺旋叶片外径;d—螺旋叶片内径;c—叶片高度;S—螺距

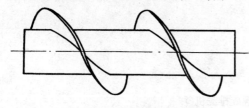

图7-76 实体螺旋面

$$l_1 = \sqrt{(\pi D)^2 + S^2} \quad (\text{mm}) \tag{7-49}$$

② 螺旋叶片内周长:按式(7-50)为

$$l_2 = \sqrt{(\pi d)^2 + S^2} \quad (\text{mm}) \tag{7-50}$$

式中　l_1——叶片外周长(mm);

　　　l_2——叶片内周长(mm);

　　　D——螺旋外径(mm);

　　　d——螺旋内径(mm);

　　　S——螺距(mm)。

③ 叶片展开外圆半径:按式(7-51)为

$$R = \frac{\alpha l_1}{l_1 - l_2} \quad (\text{mm}) \tag{7-51}$$

④ 叶片高度:按式(7-52)为

$$c = \frac{1}{2}(D - d) \quad (\text{mm}) \tag{7-52}$$

⑤ 叶片展开内圆半径:按式(7-53)为

$$r = R - c \quad (\text{mm}) \tag{7-53}$$

⑥ 叶片圆周角:按式(7-54)为

$$\alpha = \frac{180 l_1}{\pi R} \quad (°) \tag{7-54}$$

⑦ 计算叶片数量:按式(7-55)为

$$n_0 = \frac{L_2}{S} \quad (片) \tag{7-55}$$

式中　L_2——螺旋叶片长度(mm)。

各叶片连接焊缝须错开,并为节省材料,常把每个叶片做成接近整圆(即圆周角 $\alpha \approx 359°$),折合为整圆的叶片数。其计算式(7-56)为

$$n_1 = \frac{l_2}{S}\frac{\alpha}{359°} \quad (片) \tag{7-56}$$

式中 359°——整圆减去割开时切缝宽度；

n_1——折合整圆的叶片数(片)。

⑧ 每个整圆叶片的螺旋长度：按式(7-57)为

$$S_1 = S\frac{359°}{\alpha} \quad (mm) \tag{7-57}$$

式中 S_1——整圆叶片伸展螺旋长度(mm)。

(3) 螺旋叶片厚度：它随直径而异，一般为 5~10mm。

(4) 螺旋头数：一般常用单头螺旋。

(5) 螺旋旋向：有左旋和右旋，通常用右旋。

(6) 叶片尺寸调整：因螺旋外圆需要加工，所以螺旋外径要增大 3~6mm，作为加工裕量。而叶片内径焊接时需要调整，故叶片内径需增大 1~3mm，螺旋长度短或直径小时取小值。

7.4.5 实体面型螺旋直径 D 计算

(1) 设置中间悬挂轴承：一般取 $\frac{d}{D} < 0.3$，其螺旋轴径较小，可按式(7-58)计算：

$$D \geqslant k_z \sqrt[2.5]{\frac{Q}{k_\alpha k_\beta \gamma}} \quad (m) \tag{7-58}$$

式中 D——螺旋直径(m)；

k_z——泥砂综合特性系数；对沉淀池泥砂，取 $k_z = 0.07$；

k_α——填充系数，取 $k_\alpha = 0.4$；

k_β——倾角系数，见表 7-27；

γ——含水泥砂表观密度(t/m^3)；

Q——输送含水泥砂量(t/h)。

倾角系数 k_β　　　　　　表 7-27

倾斜角 β	0°	≤5°	≤10°	≤15°	≤20°	≤25°	≤30°
k_β	1.0	0.9	0.8	0.7	0.65	0.6	0.55

(2) 无中间悬挂轴承：

1) 当倾斜角度较大时，一般不设置中间悬挂轴承。如跨度大时，螺旋轴直径增大，同时也减小了螺旋的有效断面，影响输泥能力。因此，为保证足够的螺旋有效断面，必须先计算有效当量螺旋直径 D_0。其计算式(7-59)为

$$D_0 = k_z \sqrt[2.5]{\frac{Q}{k_\alpha k_\beta \gamma}} \quad (m) \tag{7-59}$$

式中 D_0——当量螺旋直径(m)；

k_α——填充系数，取 $k_\alpha = 0.5$；

k_z——综合特性系数，取 $k_z = 0.07$；

k_β——螺旋倾角系数,见表 7-26;
γ——泥砂表观密度(t/m^3);
Q——输送含水泥砂量(t/h)。

2) 根据允许挠度计算出螺旋轴直径 d(不考虑叶片)。

3) 计算螺旋直径 D:按式(7-60)为

$$D = \sqrt{D_0^2 + d^2} \quad (m) \tag{7-60}$$

式中 D——螺旋直径(m);
       d——螺旋轴直径(m)。

(3) 螺旋直径 D 与泥砂粒度关系:按式(7-61)表示:

$$D \geqslant (8 \sim 10) d_k, 并 c > 3 d_k \tag{7-61}$$

式中 d_k——泥砂等物料的最大尺寸(mm);
       c——叶片高度(mm)。

7.4.6 螺旋轴直径确定

(1) 无中间悬挂轴承时,螺旋轴直径一般为 $\frac{d}{D} = 0.35 \sim 0.7$,当螺旋轴跨度短或螺旋直径小时取小值,当螺旋轴跨度大时取大值。在满足输泥量的条件下,可适当增大轴径。

(2) 按允许挠度校核轴径:

1) 允许最大挠度:按式(7-62)为

$$[y] = \frac{L}{1500} \quad (m) \tag{7-62}$$

式中 $[y]$——允许最大挠度(m);
       L——螺旋轴最大跨度(m)。

2) 螺旋轴自重产生的挠度 y 按(7-6)式计算:

$$y = \frac{5WL^3}{384EI} \quad (m)$$

式中 y——螺旋轴自重产生的挠度(m);
       W——螺旋轴重力和叶片重力及焊接叶片增加重力(按 10%叶片重力)(N);
       L——螺旋轴最大跨度(m);
       E——材料弹性模量(Pa),碳钢为 206GPa$= 206 \times 10^9$Pa;
       I——螺旋轴的惯性矩(不包括叶片)(m^4)。

7.4.7 螺旋导程和螺旋节距

(1) 螺旋导程与螺距关系:按式(7-63)表示:

$$S = \frac{\lambda}{头数} \quad (m) \tag{7-63}$$

式中 S——螺旋节距(m);
       λ——螺旋导程(m)。

(2) 实体面型的螺距如下:

1) 螺旋水平布置时,螺旋常采用 $S = (0.6 \sim 1)D$。

2) 螺旋倾斜布置时,螺距在 $S=(0.6\sim0.8)D$,倾角大时取小值。

7.4.8 螺旋排泥机的倾角

螺旋排泥机一般采用水平布置形式,当倾斜布置时,输送能力随倾角增大而降低。一般螺旋倾角<10°为宜;最大螺旋倾角≤30°。

7.4.9 螺旋转速

(1) 螺旋转速 n 可按式(7-64)计算:

$$n = \frac{4Q}{60\pi D^2 k_\alpha k_\beta \gamma} \quad (\text{r/min}) \tag{7-64}$$

式中 Q——输送泥砂量(t/h);
 D——螺旋直径(m);
 S——螺距(m);
 k_α——填充系数,水平输送取 $k_\alpha=0.4$;倾斜输送取 $k_\alpha=0.5$;
 k_β——倾角系数见表7-27;
 γ——泥砂表观密度(t/m³)。

(2) 螺旋排泥机的转速是随输送量、螺旋直径和输送泥砂的特性而变化的,其目的是保证在一定输送量的条件下,不使物料受切向力太大而抛起,以致不能向前运输,故最大转速应以泥砂不上浮为限。

螺旋的极限转速:可按式(7-65)计算:

$$n_j = \frac{k_L}{\sqrt{D}} \quad (\text{r/min}) \tag{7-65}$$

式中 n_j——螺旋的极限转速(r/min);
 k_L——物料特性系数,取 $k_L=30$;
 D——螺旋直径(m)。

使 $n<n_j$ 时,螺旋排泥机的转速,一般为 10~40r/min。螺旋直径大时,转速取小值;螺旋直径小时,转速取大值。当输送泥砂量较小,而计算的螺旋转速很低时,或在大倾角输送时,可适当提高螺旋转速。螺旋直径与转速关系见表7-28。由于泥砂成分复杂,使用条件不同,可通过试验取得最佳转速。

螺旋直径与转速关系 表7-28

螺旋直径(mm)	150	200	250	300	400	500
螺旋转速(r/min)	40~30	35~25	30~20	25~15	20~10	

7.4.10 螺 旋 功 率

(1) 螺旋排泥的轴功率计算:按式(7-66)为

$$N_0 = kg\frac{Q(WL_h \pm H)}{3600} \quad (\text{kW}) \tag{7-66}$$

式中 N_0——螺旋排泥的轴功率(kW);

k——功率备用系数,取 $k=1.2\sim1.4$;
Q——输送泥砂量(t/h);
L_h——螺旋工作长度的水平投影长度(m);
H——螺旋工作长度的垂直投影高度(m);
H 值在向上输送时取正号;向下输送时取负号;水平输送时取零;
W——泥砂阻力系数,输送物料的总阻力变化较大,对输送型砂、矿砂,$W=4$;对污水泥砂,由于成分复杂,阻力系数值 W 可适当增大;
g——重力加速度,$g=9.81\text{m/s}^2$。

(2) 电动机功率计算:按式(7-67)为

$$N = \frac{N_0}{\eta} \quad (\text{kW}) \tag{7-67}$$

式中 N——电动机额定功率(kW);
η——驱动装置总效率。

7.4.11 螺旋轴和螺旋叶片

(1) 螺旋轴一般用无缝钢管制造,壁厚为 4~15mm。轴上焊有叶片,两端焊接实心轴端,螺旋叶片与导槽间隙为 5~10mm。

(2) 螺旋轴每段长度为 2~4m,各段螺旋轴用法兰或套筒将螺旋连成整体。轴上叶片采用实体螺旋面,用钢板制造。为了耐磨,选用优质钢或将叶片边缘部分淬火硬化。

7.4.12 轴 承 座

7.4.12.1 轴承座形式

按轴承座安装位置可分为:
(1) 首轴承座。
(2) 悬挂轴承座。
(3) 尾轴承座。

按轴承座形式可分为:
(1) 独立式。
(2) 整体式。

按轴承种类可分为:
(1) 滑动轴承座。
(2) 滚动轴承座。

7.4.12.2 首轴承座要求和形式

(1) 首轴承座要求如下:
1) 为使螺旋轴处于受拉情况,首轴承座通常要承受螺旋轴的径向荷载和轴向荷载。
2) 采用滚动轴承,当跨度大时轴承要考虑调心的可能。
3) 首轴承座布置在池外,为便于检修,首轴承座可用上下剖分式。

(2) 首轴承座形式:分为独立式和整体式两种:
1) 独立式:如图 7-78 所示,轴承座为独立部件,两侧出轴,拆卸方便,但调整同心度麻烦。

2）整体式：如图7-79所示，螺旋轴与轴承座连为一体，同心度有保证，但设备长度短。

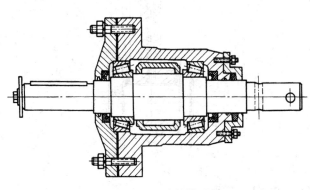

图7-78 独立式首轴承座

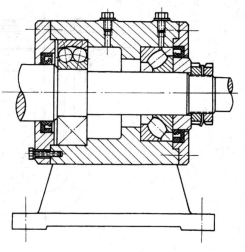

图7-79 整体式首轴承座

7.4.12.3 悬挂轴承要求

悬挂轴承要求如下：

（1）悬挂轴承长期在水下工作。为保证物料有效流通断面和减小螺旋中断距离，轴承宽度要窄，外形尺寸要小。轴承间距一般为2~4m。当螺旋直径大时，间距可增大些。

（2）悬挂轴承一般采用滑动轴承，压力清水润滑，填料密封。如图7-80、图7-81所示。选用滚动轴承时，用润滑脂润滑，橡胶油封。

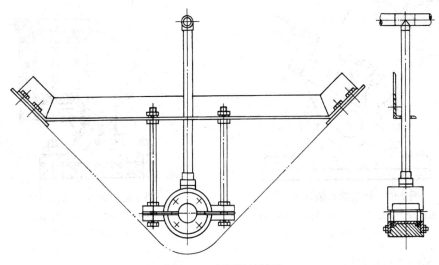

图7-80 中间悬挂轴承

（3）轴套材料常采用铜合金、酚醛层压板、尼龙、聚四氟乙烯等材料。

7.4.12.4 尾轴承座要求、形式和密封方式

（1）尾轴承座要求：

1）尾轴承座布置在池外时，轴承可按一般机械考虑，采用滚动轴承。

2）尾轴承座布置在水下时，由于泥砂磨损和污水腐蚀，检修又不方便，故必须有可靠的密封结构和润滑方式，并考虑拆卸方便。

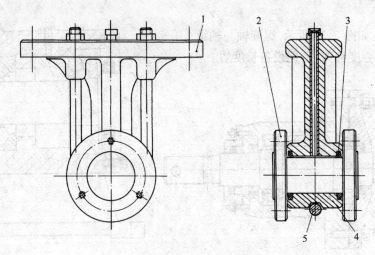

图 7-81　中间悬挂轴承
1—底座；2—连接轴；3—密封圈；4—瓦盖；5—U 型螺栓

(2) 尾轴承座形式：因螺旋轴自重和受力后产生挠度，所以尾轴承座为可调式或采用调心式轴承，如图 7-82、图 7-83 所示。

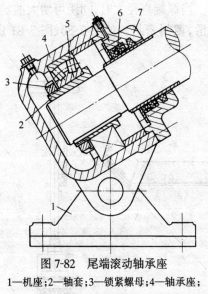
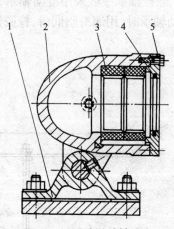

图 7-82　尾端滚动轴承座
1—机座；2—轴套；3—锁紧螺母；4—轴承座；
5—轴承；6—密封圈；7—压盖

图 7-83　尾端滑动轴承座
1—机座；2—轴承座；3—滑动轴承；
4—密封圈；5—压盖

(3) 尾轴承座密封方式：

1) 填料密封：用于清水润滑，如图 7-80、图 7-81 和图 7-83 所示。

2) 橡胶油封：多采用 J 形、U 形有骨架或无骨架橡胶油封，如图 7-79 所示。

3) 组合密封：为达到较好密封效果，常采用填料和橡胶油封的组合密封，或同时使用两个橡胶油封，如图 7-78、图 7-82 和图 7-86 所示。

4) 橡胶油封的要求：

① 唇口的过盈量，轴径小于 20mm 的取 1mm，轴径大于 20mm 的取 2mm。

② 弹簧的弹力按唇口对轴的压力而定,其值等于或大于被密封介质的压盖。

③ 弹簧装入皮碗后,弹簧本身应拉长 3%~4%。

(4) 润滑方式

1) 清水润滑:用于水下悬挂轴承和尾轴承,清水压力应高于池子水位压力100~200mm水柱,清水不能间断,清水由密封处流入池中。

2) 油润滑:

① 润滑油润滑:通常用油泵润滑,循环供油,油压略大于池水位的水柱高,并使用橡胶油封。

② 润滑脂润滑:将轴承盒内部充满润滑脂,并配合组合密封,使泥水不进入轴承。润滑脂应选用耐水性能好的润滑脂。

7.4.13 驱 动 装 置

螺旋排泥机驱动装置:由电动机、减速器、联轴节以及皮带传动等部件组成。其布置形式有水平和倾斜两种:

(1) 水平布置的驱动装置,如图 7-84 所示。

(2) 倾斜布置的驱动装置,如图 7-85 所示。

螺旋转速通常为定速,如有需要,也可采用变速。使

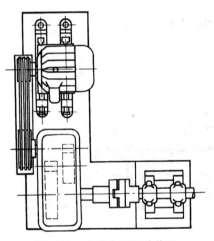

图 7-84 水平布置驱动装置

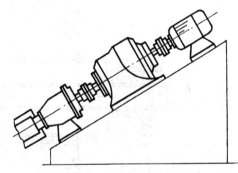

图 7-85 倾斜布置驱动装置

用减速电动机可使布置更紧凑,常用的减速器有行星摆线针轮减速机和齿轮减速机。在倾斜布置时,要注意减速机的润滑是否可靠,否则应采取措施。

联轴节的选用要便于安装和拆卸,低速轴常采用夹壳联轴器和十字滑块联轴器。

7.4.14 穿墙密封和导槽

(1) 穿墙密封:由穿过池壁的钢管和填料密封装置组成。填料密封布置在池外,以便调节,并可不停池进行检修。

图 7-86 和图 7-87 为常用的两种穿墙密封装置(一)、(二)。

(2) 导槽:由钢板或钢板和混凝土制造。导槽下半部呈半圆形,固定在池底上,导槽上半部为平板或半圆形,并可拆卸,在导槽上设有进泥口和排泥口。

导槽断面形状,用钢板制造的如图 7-88 所示,钢板和混凝土组合制造的如图 7-89 所示。

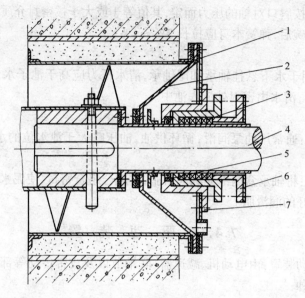

图 7-86 穿墙密封装置(一)
1—穿墙管；2—减压舱隔板；3—填料；4—螺旋轴；5—J 型橡胶密封；
6—压盖；7—密封函

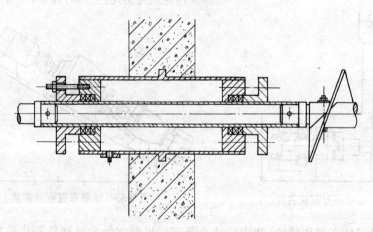

图 7-87 穿墙密封装置(二)

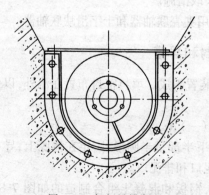

图 7-88 钢板导槽断面

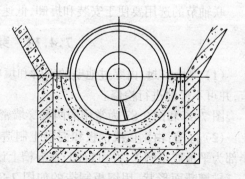

图 7-89 钢板和混凝土组合式导槽断面

7.4.15 制造、安装和运行

制造和管理要求如下：
(1) 叶片与螺旋轴的焊接,要双面焊连续缝。
(2) 焊接后螺旋外圆需金加工,以保证与两端轴径的同轴度。
(3) 螺旋与各支承轴承应在同一轴线上,螺旋转动需灵活。空载试车时,悬挂轴承和尾轴承温升不应超过20℃,否则应调整轴承位置。
(4) 水下轴承采用清水润滑时,设备在启动前,应预注压力水预润,运转中严格禁止停水。
(5) 泥砂堆积高度,当水平布置时以不超过螺旋顶部为宜;倾斜布置时泥砂也不得堆积过高。当泥砂堆积过高或堆积时间过长时,必须清池,待排除泥砂后,才允许开车。

7.4.16 计 算 实 例

【例】 按下述数据设计螺旋排泥机

设计数据：
(1) 排泥砂量为 $Q = 16.6 \text{t/h}$;
(2) 泥砂表观密度为 $\gamma = 1.06 \text{t/m}^3$
(3) 泥砂最大粒度 $<5\text{mm}$;
(4) 螺旋轴最大跨度为 $L = 9\text{m}$;
(5) 螺旋叶片工作长度为 $L_2 = 7.7\text{m}$;
(6) 螺旋倾斜布置,倾角为 $\beta = 30°$;
(7) 螺旋排泥机连续工作;
(8) 驱动装置安装在室内。

【解】 (1) 螺旋参数选定
螺旋叶片面型:选用实体面型；
叶片头数选用单头；
螺旋节距为 $S = 0.6D$；
叶片厚度为 5mm
(2) 螺旋直径：
1) 确定有效当量螺旋直径：

$$D_0 = k_z \sqrt[2.5]{\frac{Q}{k_a k_\beta \gamma}}$$

式中 k_z——泥砂综合特性系数,取 $k_z = 0.07$；
Q——排泥砂量,取 $Q = 16.6\text{t/h}$；
k_a——泥砂填充系数,取 $k_a = 0.5$；
k_β——螺旋倾角系数,查表 7-26, $k_\beta = 0.55$;
γ——泥砂表观密度,取 $\gamma = 1.06\text{t/m}^3$

则

$$D_0 = 0.07 \sqrt[2.5]{\frac{16.6}{0.5 \times 0.55 \times 1.06}} = 0.353\text{m}$$

2) 螺旋轴径:有效当量螺旋截面积为

$$A = \frac{\pi}{4}D_0^2 = \frac{\pi}{4} \times 0.353^2 = 0.098 \text{m}^2$$

取 $\frac{d}{D} = 0.6$，$\frac{\pi}{4}(1.67^2 - 1^2)d^2 = A$

计算 $d = 0.264$m。

考虑螺旋轴刚度和材料型号，选取无缝钢管，其外径为273mm，厚为8mm，每米的重力为522.8N。

3) 计算螺旋直径 D：

$$D = \sqrt{D_0^2 + d^2} = \sqrt{(0.353)^2 + (0.273)^2}$$
$$= 0.446 \text{m}，取 D = 450 \text{mm}$$

(3) 验算螺旋轴挠度：

1) 螺旋轴重力 q_1：

$$q_1 = 522.8 \times 9 = 4705 \text{N}$$

2) 叶片与焊接重力：

螺旋节距：$S = 0.6D = 0.6 \times 450 = 270$mm

叶片展开：

螺旋外周长 l_1：

$$l_1 = \sqrt{(\pi D)^2 + S^2} = \sqrt{(\pi \times 450)^2 + (270)^2} = 1439.3 \text{mm}$$

螺旋内周长 l_2：

$$l_2 = \sqrt{(\pi d)^2 + S^2} = \sqrt{(\pi \times 273)^2 + (270)^2} = 899 \text{mm}$$

叶片高度 c：

$$c = \frac{1}{2}(D - d) = \frac{1}{2}(450 - 273) = 88.5 \text{mm}$$

叶片展开外圆半径 R：

$$R = \frac{al_1}{l_1 - l_2} = \frac{88.5 \times 1439.3}{1439.3 - 899} = 235.8 \text{mm}$$

叶片展开内圆半径 r：

$$r = R - c = 235.8 - 88.5 = 147.3 \text{mm}$$

叶片圆周角 α：

$$\alpha = \frac{180 l_1}{\pi R} = \frac{180 \times 1439.3}{\pi \times 235.8} = 349.7°$$

计算叶片片数 n_0：

$$n_0 = \frac{L_2}{S} = \frac{7700}{270} = 28.5 \text{ 片}$$

叶片重力 q_2：

$$q_2 = \frac{\pi}{4}(D_1^2 - d_1^2)\delta n_0 \gamma_1 g \quad (\text{N})$$

式中 D_1——叶片展开后的外圆直径(m)；

d_1——叶片展开后的内圆直径(m)；

δ——叶片厚度(m);

g——重力加速度(m/s²),$g=9.81\text{m/s}^2$;

γ_1——叶片材料表观密度(kg/m³),$\gamma_1=7800\text{kg/m}^3$。

则 $q_2=\dfrac{\pi}{4}(0.47^2-0.295^2)\times 0.006\times 28.5\times 7800\times 9.81=1376\text{N}$

考虑焊接材料重力,增加叶片重力的10%,焊接材料重力为

$$q_3=1376\times 0.1=138\text{N}$$

3) 螺旋总重力 W:

$$W=q_1+q_2+q_3=4705+1422+138=6265\text{N}$$

4) 螺旋轴许用挠度:

$$[y]=\frac{L}{1500}=\frac{900}{1500}=0.6\text{cm}$$

5) 计算螺旋轴挠度:

$$y=\frac{5WL^3}{384EI}$$

式中　y——螺旋自重产生挠度(cm);

W——螺旋总重力,$W=6269\text{N}$;

L——螺旋轴跨度,$L=900\text{cm}=9\text{m}$;

E——材料弹性模量(Pa),碳钢 $E=206\text{GPa}=206\times 10^9\text{Pa}$;

I——螺旋轴惯性矩(m⁴)(不包括叶片)。

$$I=\frac{\pi}{64}[d^4-(d-2b)^4]$$

式中　b——螺旋轴厚度(cm)。

则 $I=\dfrac{\pi}{64}[27.3^4-(27.3-2\times 0.8)^4]=5852\text{cm}^4$

螺旋轴挠度:

$$y=\frac{5\times 6265\times \cos 30°\times 9^3}{384\times 206\times 10^9\times 5852\times 10^{-8}}=4.2\times 10^{-3}\text{m}=0.42\text{cm}$$

因 $y<[y]$,故轴径273mm合适。

(4) 螺旋转速:

螺旋转速 n:

$$n=\frac{4Q}{60\pi D^2 S k_\alpha k_\beta \gamma}$$

式中　n——螺旋的转速(r/min);

Q——排泥砂量(t/h),$Q=16.6\text{t/h}$;

D——螺旋直径(m),$D=0.45\text{m}$;

k_β——倾角系数,查表7-26,$k_\beta=0.55$;

γ——泥砂表观密度,$\gamma=1.06\text{t/m}^3$;

S——螺旋节距(m),$S=0.27\text{m}$;

k_α——填充系数,$k_\alpha=0.5$。

则
$$n = \frac{4 \times 16.6}{60\pi \times 0.45^2 \times 0.27 \times 0.5 \times 0.55 \times 1.06} = 22.1 \text{r/min}$$

取 $n = 20 \text{r/min}$。

螺旋的极限转速 n_j：

$$n_j = \frac{30}{\sqrt{D}} = \frac{30}{\sqrt{0.45}} = 44.7 \text{r/min}(n < n_j)$$

(5) 功率计算：

1) 螺旋轴所需功率：

$$N_0 = Kg\frac{Q(WL_h \pm H)}{3.6}$$

式中 N_0——螺旋轴所需功率(kW)；

K——功率备用系数，$K = 1.3$；

Q——输送泥砂量(t/h)，$Q = 16.6 \text{t/h}$；

W——泥砂阻力系数，$W = 4$；

L_h——螺旋工作长度的水平投影长度(m)，

$$L_h = L_2\cos30° = 7.7 \times \cos30° = 6.7\text{m}$$

H——螺旋工作长度的垂直投影长度(m)，

$$H = L_2\sin30° = 7.7 \times \sin30° = 3.85\text{m}$$

则

$$N_0 = 1.3 \times 9.81 \frac{16.6(4 \times 6.7 + 3.85)}{3600} = 1.8\text{kW}$$

2) 电动机功率：

$$N = \frac{N_0}{\eta}$$

式中 N——电动机功率(kW)；

η——驱动装置总效率，取 $\eta = 0.9$。

则

$$N = \frac{1.8}{0.9} = 2\text{kW}$$

选用电动机功率为 2.2kW 根据传动比和螺旋轴扭矩，确定电动机和减速器的型号和规格。

7.5 中心与周边传动排泥机

7.5.1 垂架式中心传动刮泥机

7.5.1.1 总体构成

图 7-90 为垂架式中心传动刮泥机总体布置。主要由驱动装置、中心支座、中心竖架、工作桥、刮臂桁架、刮泥板及撇渣机构等部件组成。在沉淀池的中心位置上设有兼作进水管道的立柱，柱管的下口与池底进水管衔接，上口封闭作为中心支座的平台，管壁四周开孔出水。柱管大多为钢筋混凝土结构，也有采用钢管制成。由于刮泥机的重量和旋转扭矩均由中心柱管承受，也叫做支柱式中心传动刮泥机。

7.5 中心与周边传动排泥机

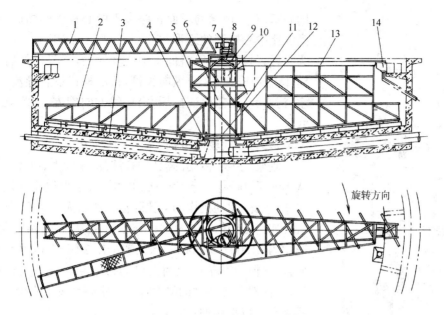

图 7-90 垂架式中心传动刮泥机
1—工作桥;2—刮臂;3—刮板;4—刮板;5—导流筒;6—中心进水管;7—摆线针轮减速机;8—蜗轮蜗杆减速器;9—滚动轴承式旋转支承;10—扩散筒;11—中心竖架;12—水下轴承;13—撇渣板;14—排渣斗

原水(污水)由中心进水柱管流出,经中心配水筒布水后,沿径向以逐渐减小的流速向周边出流,污水中的悬浮物被分离而沉降于池底。然后由刮板刮集至集泥槽内,通过排泥管排出。

为了避免中心配水时的径向流速过高造成短路而影响沉淀的效果,一般在中心进水配水管外设置导流筒改变出水流向,导流筒的水平截面积为水池横截面的3%。池径大于21m时,还需在中心进水柱管的出水口外周加置扩散筒,使出水在导流筒内先形成水平切向流,然后再变成缓慢下降的旋流。图7-91为扩散筒的结构,如图所示,扩散筒为中心柱管的

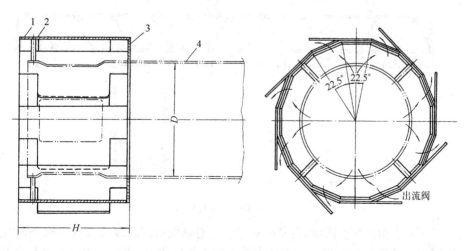

图 7-91 扩散筒
1—扩散筒;2—支撑;3—封板;4—进水柱管

同心套筒，扩散筒的环面积略大于中心柱管的断面积，筒体高度比中心柱管的矩形出水口长度长出100mm，筒体下端为封板，封板的位置略低于中心柱管的出流口，然后在扩散筒体上相应开设8个纵向长槽口，沿槽口设置导流板，使原水(污水)从扩散筒流出后，沿切线方向旋流，以此改善沉淀效果。

7.5.1.2 驱动机构

垂架式中心传动刮泥机的适用范围较大，池径的变化可从14m到60m。由于刮泥机主轴的转速取决于刮板外缘的线速，因此，驱动机构的速比随池径的增大而增大，如以电动机转速为1440r/min及刮板外缘线速为3m/min计算，总减速比为21000～90500，一般需要采用多级减速的传动方式。而且，在恒功率条件下刮泥机的扭矩与转速成反比例的关系，因而对各传动件的强度计算一定要重视。常用的驱动形式大致有以下两种：

第一种形式如图7-92所示。结构比较简单，适用于池径为14～20m。主要由户外式电动机直联的立式二级摆线减速机、联轴器、齿轮及带外齿圈的滚动轴承式旋转支承等组成。为了防止扭矩过载，在链条联轴器上设置安全销保护。安全销的材料为35号钢，硬度为$HR_C 40～45$。该机的工作桥为半桥式钢结构，桥脚的一端架在池壁顶上，另一端固定在中心主柱的平台上，图7-93为工作桥结构。立式摆线减速机安装在工作桥上，将带外齿圈的滚动轴承式旋转支承安装在中心支柱的平台上，使减速机出轴的小齿轮与外齿圈保持啮合位置。通过传动，连接在外齿圈上的中心竖架就随外齿圈一起旋转。图7-94为滚动轴承式旋转支承结构。

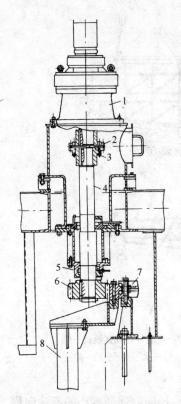

图7-92 外啮合式传动
1—摆线减速机；2—链条联轴器；3—安全销；4—传动轴；5—轴承座；6—小齿轮；7—外啮合滚动轴承式旋转支承；8—旋转竖架

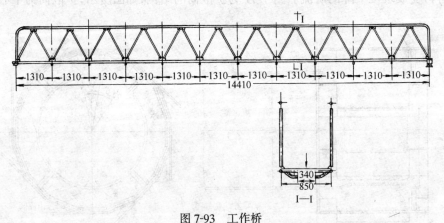

图7-93 工作桥

第二种形式如图7-95所示，由户外式电动机直联的卧式二级摆线减速机、链轮链条、蜗轮减速器、带内齿圈的滚动轴承式旋转支承等依次传递扭矩，使悬挂在内齿圈上的中心竖架相应旋转。

7.5 中心与周边传动排泥机 377

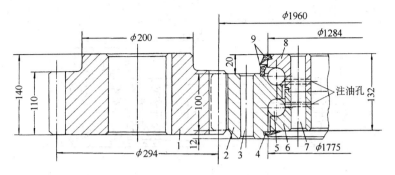

图 7-94 外啮合式滚动轴承支座
1—小齿轮;2—外齿圈;3—螺栓孔;4—下密封圈;5—钢球;6—下滚圈;7—螺栓孔;
8—上滚圈;9—上密封圈

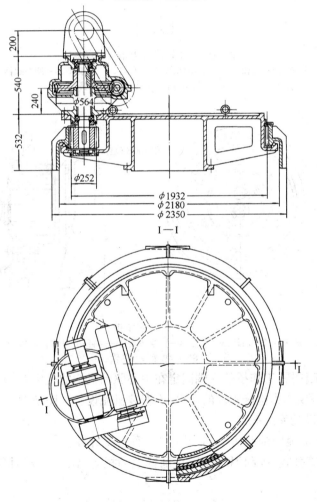

图 7-95 内啮合式滚动轴承支座

为防止扭矩过载,在蜗轮减速器的蜗杆端部设置压簧式过力矩保护装置如图 7-96 所示。同时,在主动链轮上设置安全销保护如图 7-97 所示。

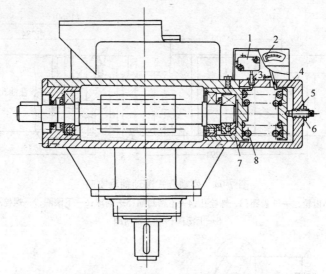

图 7-96 压簧式过力矩保护装置
1—行程开关;2—压簧张力指示针;3—顶杆;4—压簧座;5—调整螺杆;
6—锁紧螺母;7—压簧座;8—压簧

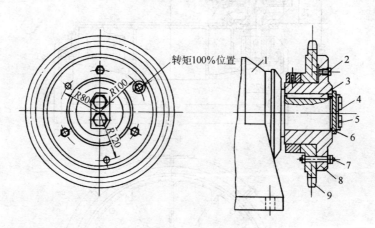

图 7-97 安全销
1—减速器;2—油杯;3—平键;4—止推垫圈;5—螺钉;6—挡圈;7—安全销;
8—链轮壳;9—链轮

池上须架设工作桥,工作桥的一端固定在中心驱动机构的机座上,另一端架在沉淀池的池壁顶上。工作桥仅作为检修管理的通道,不安装机械设备。图 7-98 为工作桥结构。

7.5.1.3 驱动功率的确定

(1) 辐流式沉淀池的刮泥功率,常用下列三种公式计算:

1) 第一种计算公式:按刮泥时作用在刮臂上的扭矩 M_n(N·m)计算。按式(7-68)、式(7-69)为

对称双刮臂式:
$$M_n = 0.25 D^2 K \quad (\text{N·m}) \tag{7-68}$$

垂直四刮臂式(长、短臂各一组,短臂长度为长臂的 1/3):
$$M_n = 0.25 \left[D^2 + \left(\frac{D}{3}\right)^2 \right] K \quad (\text{N·m}) \tag{7-69}$$

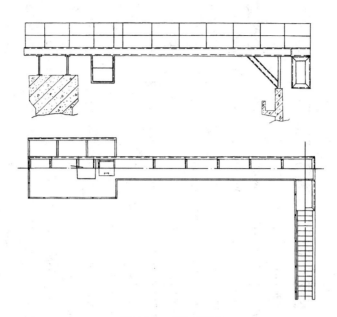

图 7-98 工作桥结构

式中 D——刮板的外缘直径(m);

K——荷载系数(N/m),按表 7-29 选取。

刮泥功率:按式(7-70)为

$$N = \frac{M_n n}{9550} \quad (kW) \tag{7-70}$$

式中 n——刮臂的转速(r/min)。

表 7-28 为中心传动刮泥机在不同的刮泥直径及不同荷载系数条件下的驱动转矩计算结果。

2) 第二种计算公式:根据刮板每刮泥一周所消耗的动力来确定。

每小时的积泥量 Q_ζ 为

$$Q_\zeta = Q_干 \frac{100}{100 - \zeta} \quad (m^3/h)$$

式中 Q_ζ——含水率 ζ 的污泥量(m^3/h);

$Q_干$——干污泥量(m^3/h)。

假设水池直径为 $D(m)$,刮板外缘线速为 $n(m/min)$,则转动一周所需的时间 t 为

$$t = \frac{\pi D}{n \times 60} \quad (h)$$

在 t 小时内的积泥量 Q_t(即每转一周的刮泥量)为

$$Q_t = Q_\zeta t / 60 \quad (m^3/h)$$

刮泥时的阻力 P 为

$$P = g Q_t \mu \gamma \times 1000 \quad (N)$$

式中 μ——污泥与池底的摩擦系数见式(7-30);

γ——污泥表观密度 1.03t/m^3;

表 7-29 中心传动刮泥驱动转矩计算

序号	污泥种类	计算公式	污泥性质	荷载系数 K (N/m)	\multicolumn{9}{c}{刮臂直径 $D-1$ (m)}	臂端线速度 (m/min)	池底坡度 $1/i$
					20/19	25/24	30/29	35/34	40/39	45/44	50/49	55/54	60/59		
					\multicolumn{2}{c}{$M_n=0.25(D-1)^2 K$}		\multicolumn{4}{c}{驱 动 转 矩 M_n(N·m) $M_n=0.25\left[(D-1)^2+\left(\dfrac{D-1}{3}\right)^2\right]K$}					
1	水力分离		a. 翻砂厂级砂砾	745	67236	107280	156636	217416	285708	363312	450228	546458	651999	4.6~6.1	—
			b. 轧钢厂铁屑	1044	94221	150336	219501	304674	400374	509124	630924	765774	913674	3.05~4.6	—
2	自然沉降		初沉池污泥	194	17509	27936	40789	56616	74399	94607	117241	142299	169782	3.05~3.66	1:12~5:48
3	石灰混凝		a. 初次固体沉淀	447	40342	64368	93982	130450	171425	217987	270137	327875	391200	3.05~4.6	1:12~1:8
			b. 三级沉淀	224	20216	32256	47096	65371	85904	109237	135371	164304	196037	3.05~3.66	1:8~1:6
4	自然沉降		二次生化污泥（吸泥）	119	10740	17136	25020	34728	45637	58032	71916	87287	104145	3.66~5.49	平底
5	铝(铁)		矾混凝	89	8032	12816	18712	25973	34132	43402	53786	65282	77890	3.05~3.66	1:16
			三级处理	104	9386	14976	21866	30351	39884	50717	62851	76284	91017	1.83~2.44	1:12
6	沉 缩		石灰软化（冷）	224	20216	32256	47096	65371	85904	109237	135371	164304	196037	3.05~3.66	1:8
7	浓 缩		烟灰	1193	107668	171792	250828	348157	457516	581786	720970	875066	1044074	2.44~3.05	5:24~1:4
8	浓 缩		氧气顶吹炉灰	1044	94221	150336	219501	304674	400374	509124	630924	765774	913674	2.44~3.05	5:24~1:4
9	自然沉降		轧钢废水	1044	94221	150336	219501	304674	400374	509124	630924	765774	913674	2.13~2.44	1:4
10	混凝沉降		轧机杂粒	522	47111	75168	109751	152337	200187	254562	315462	382887	456837	2.13~2.44	1:6~5:24
11	浓 缩		纸浆泊	596	53789	85824	125309	173933	228566	290649	360183	437166	521599	3.05~3.66	5:24
12	沉 降		纸厂"白液"	373	33663	53712	78423	108854	143046	181900	225416	273596	326437	3.05~3.66	1:6
13	再浓缩		a. 石灰污泥	596	53789	85824	125309	173933	228566	290649	360183	437166	521599	3.05	5:24~1:4
			b. 初沉池污泥	895	80774	128880	188174	261191	343233	436462	540878	656483	783274	3.05~3.66	5:24~1:4
			c. 高炉尾气，氧气顶吹炉	1491	134563	214704	313483	435124	571799	727111	901061	1093649	1304874	2.13~2.44	1:4~7:24

g——重力加速度(m/s^2),$g = 9.81 m/s^2$。

刮泥功率 N_1:按式(7-71)为

$$N_1 = \frac{Pv}{60000} \quad (kW) \tag{7-71}$$

式中 v——刮板线速度(m/min)(可考虑在池径的$\frac{2}{3}$处的速度)。

3) 第三种计算公式:根据刮板每转一周克服泥砂与池底以及泥砂与刮板的摩擦所做的总功率确定。驱动功的计算公式(7-72)为

$$A = A_1 + A_2 = P_1 S_1 + P_2 S_2 \quad (N \cdot m) \tag{7-72}$$

式中 A_1——刮泥一周刮板克服污泥与池底摩擦所作的功$(N \cdot m)$,$A_1 = P_1 S_1$;

P_1——污泥与混凝土池底的摩擦力(N),

$$P_1 = 1000 Q_周 \mu_2 \gamma g \quad (N)$$

$$Q_周 = Q_干 \frac{t}{60} \quad (m^3/周),$$

其中 t——刮臂旋转一周所需的时间(min);

$Q_干$——每小时沉淀的干泥量(m^3/h);

S_1——污泥沿池底行走的路程(m),

$$S_1 = \frac{R_P}{\cos\phi_2}$$

其中 R_P——刮臂旋转半径(m)(见图7-99),

$$R_P = R\cos\alpha$$

其中 R——刮臂长度(m);

α——池底坡角(°);

ϕ_2——污泥运动的方向与刮臂的夹角(°),

$$\phi_2 = 90 - (\phi_1 + \rho)$$

其中 ϕ_1——刮板的安装角(°);

ρ——污泥与池底的摩擦角(°),

$$\rho = \mathrm{arctg}\mu_2$$

其中 μ_2——污泥与池底的摩擦系数;

A_2——污泥与刮板摩擦所作的功$(N \cdot m)$,

$$A_2 = P_2 S_2 = P_1 \mu_1 (R - R_1)$$

其中 P_2——污泥与刮板的摩擦力(N),

$$P_2 = P_1 \mu_1 \times \cos\phi_1$$

其中 μ_1——污泥与刮板的摩擦系数(与μ_2相同);

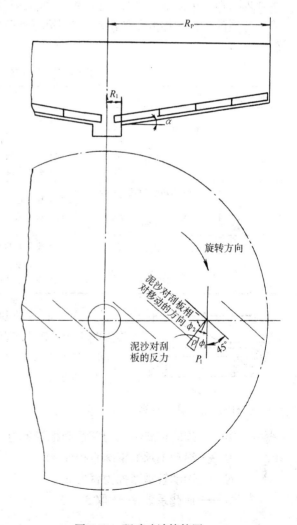

图 7-99 驱动功计算简图

S_2——污泥沿刮板移动的距离,对于直线形排泥的刮板为

$$S_2 = \frac{R - R_1}{\cos\phi_1} \quad (m)$$

对于对数螺旋形刮板为

$$S_2 = \frac{\sqrt{1+K^2}}{K}(R - R_1) \quad (m)$$

其中 K——常数,$K = \operatorname{ctg}\left(45° + \frac{\phi_2}{2}\right)$。

驱动功率的计算:按式(7-33)为

$$N_1 = \frac{A}{60000t} = \frac{A_1 + A_2}{60000t} \quad (kW) \tag{7-73}$$

式中 t——刮泥一周所需的时间(min)。

(2) 幅流式沉淀池(圆池)的刮泥功率计算公式的比较:上述三种公式都有应用,对于污水处理的初次沉淀池、二次沉淀池刮泥,可选用第一种公式。对于积泥量较多而且大部分沉降于池周的机械搅拌澄清池刮泥,应用第三种公式较为适宜。表7-30为上述三种公式的比较。

圆池刮泥的功率计算公式比较 表7-30

种别	计 算 公 式	比 较
1	$M_n = 0.25 D^2 K$ (N·m) $N_l = \dfrac{M_n n}{9550}$ (kW)	(1) 荷载系数由污泥的性质确定 (2) 公式中对刮板外缘线速、池底斜度等都作了限定 (3) 驱动转矩按双臂的扭矩计 (4) 刮板高度一般为254(mm)
2	$p = Q_t \mu \gamma 1000g$ (N) $N_l = \dfrac{pv}{60000}$ (kW)	(1) 刮泥阻力由污泥量的多少及污泥对池底的摩擦系数确定 (2) 刮泥的速度按圆池直径的2/3处的刮泥线速计算
3	$A = A_1 + A_2$ (N·m) $N_l = \dfrac{A}{60000t}$ (kW)	(1) 按刮泥的阻力及泥砂行走的距离所作的功来确定 (2) 公式中也考虑了泥浆对刮板在相对滑动时所作的功 (3) 为简化计算,不考虑池底坡度产生的下滑力

(3) 中心传动刮泥机的滚动摩擦功率计算:中心传动刮泥机的阻力计算,除刮泥阻力外,尚有转动部件的总重量(即竖向荷载)在中心旋转支承上的滚动摩擦阻力,图7-100为滚动摩擦的计算简图。

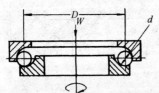

图7-100 滚动阻力计算

$$P = \frac{W}{d} 2Kn \quad (N) \tag{7-74}$$

式中 W——旋转钢架结构、刮臂、刮板等重力(N);
　　　d——滚动轴承的钢球直径(cm);
　　　K——滚动轴承摩擦力臂(cm);
　　　n——荷载系数,一般取3。

$$N_2 = \frac{pv}{60000} \quad (kW) \tag{7-75}$$

式中 v——滚动轴承式旋转支承的中心圆(滚道平均直径)圆周速度(m/min)。

(4) 驱动功率计算:驱动功率,按式(7-76)确定:

$$N = \frac{N_1 + N_2}{\Sigma \eta} \quad (\text{kW}) \tag{7-76}$$

式中 $\Sigma\eta$——机械总效率(%)。

7.5.1.4 中心转动竖架及水下轴瓦

(1) 中心传动竖架:是垂架式中心传动刮泥机传递扭矩的主要部件之一。竖架的上端连接在旋转支承的齿圈上,竖架的下端二侧装有对称的刮臂,并设有滑动轴承作径向支承,刮板固定在刮泥架底弦。图 7-101 为竖架与外齿圈连接的构造。图 7-102 为竖架与内齿圈连接的构造。

由于刮泥机的转速非常缓慢,中心竖架传递的扭矩较大(例如直径 30m 的初沉池刮泥机扭矩达 40790N·m。考虑到安装上的方便,中心竖架一般设计成横截面为正方形的框架结构。图 7-103(a)、(b)、(c) 为中心竖架受力分析。

假设 F_1、F_2 力分别作用在刮臂的 A 和 B 点上,使刮臂一边转动、一边刮集污泥。从 (a) 图上可知,如果 A 点上受 F_1 力的作

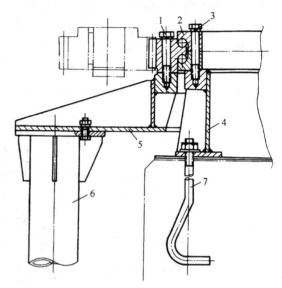

图 7-101 中心竖架与外齿圈连接的结构
1—螺钉;2—滚动轴承式旋转支承;3—螺钉;4—固定基座;
5—旋转支座;6—传动竖架;7—基础螺栓

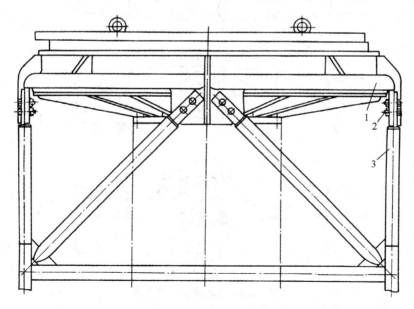

图 7-102 中心竖架与内齿圈连接的结构
1—内齿圈;2—连接螺栓;3—中心竖架

用,则在中心点 O 上就产生与 F_1 大小相等而方向相反的两个力。这样,作用于 A 点上的 F_1 与中心点 O 上方向相反的 F_1,便对中心竖架产生扭矩 F_1L。同时,中心点 O 上另一个与 A 点 F_1 同向的 F_1,对中心竖架的 $\overline{C—D}$ 和 $\overline{F—E}$ 各作用 $\dfrac{F_1}{2}$ 的分力。同理可证,在(b)图上,作用在 B 点上的力,也可分解成扭矩 F_2L 和两个 $\dfrac{F_2}{2}$ 的分力。假设 $F_1=F_2=F$,由于 F_1 与 F_2 方向相反,作用在中心竖架上的弯曲应力相互抵消,而扭矩叠加成为 $2FL$。(c)图为 A 与 B 的叠合图。图中:

F——刮泥阻力(N);

L——中心点 O 至 F 点的距离(m);

T——由扭矩的作用,在 C、D、E、F 各节点上产生的反力(N)。

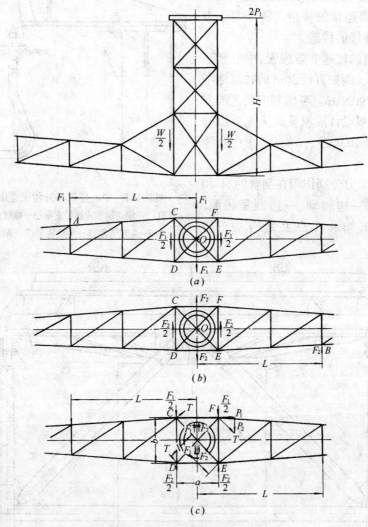

图 7-103　中心竖架受力分析

为了保持中心竖架的平衡,必须使作用于中心竖架的扭矩与在节点 C、D、E、F 上产生的阻力矩相等。因此
$$2FL=4Tl$$

则
$$T = \frac{FL}{2l} \quad (N) \tag{7-77}$$

式中 l——中心点 O 到中心竖架 C、D、E、F 的距离(m)。

然后将各节点上的 T 力分解成 P_1、P_2 两个分力。

$$P_1 = T\cos\theta = \frac{FL}{2l} \cdot \frac{a}{2l} = \frac{FLa}{4\left[\left(\frac{a}{2}\right)^2 + \left(\frac{b}{2}\right)^2\right]}$$

如 $a = b$，

则
$$P_1 = P_2 = \frac{FL}{2a} = \frac{FL}{2b} \tag{7-78}$$

由式(7-68)可得
$$M_n = 0.25D^2K$$

则每个刮臂上的扭矩为
$$\frac{M_n}{2} = FL$$

$$P_1 = \frac{M_n}{2 \times 2a} = \frac{M_n}{4a} \quad (N) \tag{7-79}$$

在计算中心竖架的立面杆件时，设中心竖架总高度为 $h(m)$，在其顶部的水平作用力为 $2P_1$，两侧刮臂及刮板的重力分别为 $\frac{W}{2}$，则可决定中心竖架的杆件内力。

(2) 计算实例：

【例】 设刮板与刮臂的总重力为 $W = 40000N$，运转时竖架承受总扭矩为 $M_n = 40000$ N·m，按图 7-104(a)所示为中心竖架尺寸，计算竖架各杆件的内力。

【解】 已知两个刮臂、刮板的总重力为 $W = 40000N$，每根竖杆承受的荷载 $W_1 = \frac{W}{4} = \frac{40000}{4} = 10000N$。

由刮臂扭矩转化到竖架上端的水平推力为 $2P_1$，可按式(7-79)得
$$P_1 = \frac{M_n}{4a} = \frac{40000}{4 \times 2} = 5000N$$

故
$$2P_1 = 2 \times 5000 = 10000N$$

为了计算方便，将中心竖架的支承条件全部看作铰支连接，用节点法、截面法或图解法均可求得各杆的内力。

本例采用节点法求解，并简化成平面桁架直接在图 7-104(b)所示运算。

1) 求支座 A、B、H 的反力为
$$\Sigma M_H = 0$$
$$R_A a + 2P_1 l - W_1 a = 0$$
$$R_A = \frac{-2P_1 l + W_1 a}{a} = \frac{(-2 \times 5000 \times 6) + (10000 \times 2)}{2} = -20000N(压)$$
$$\Sigma X = 0$$
$$R_H + 2P_1 = 0$$
$$R_H = -2P_1 = -10000N(压)$$

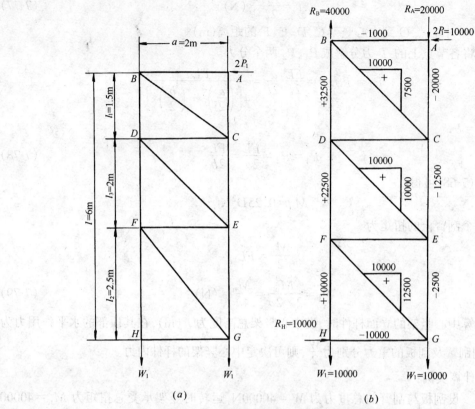

图 7-104 中心竖架受力分析与计算简图
(a)竖架受力分析;(b)竖架受力计算简图

$$\Sigma Y = 0$$
$$R_A + R_B - W_1 - W_1 = 0$$
$$R_B = 2W_1 - R_A$$
$$= 20000 - (-20000)$$
$$= 40000\text{N}(拉)$$

2) 按图 7-104(b)所示,按 A、B、C、D、E、F、G、H 各节点逐段计算各杆件的内力,并将计算的结果直接标注在计算简图上。

3) 为了便于理解计算的过程,特补充下列算式:先按节点 A 的杆件所受的外力算起:

节点 A:　　　　$N_{AB} = -10000\text{N}$
　　　　　　　　$N_{AC} = -20000\text{N}$

节点 B:　　　　$X_{BC} = 10000\text{N}$

$$Y_{BC} = \frac{l_3}{a} X_{BC} = \frac{1.5}{2} \times 10000 = 7500\text{N}$$

$$N_{BC} = \sqrt{X_{BC}^2 + Y_{BC}^2} = \sqrt{10000^2 + 7500^2} = 12500\text{N}$$

$$N_{BD} = 40000 - 7500 = 32500\text{N}$$

节点 C:　　　　$N_{CD} = -10000\text{N}$
　　　　　　　　$N_{CE} = -20000 + 7500 = -12500\text{N}$

节点 D：
$$X_{DE} = 10000\text{N}$$
$$Y_{DE} = \frac{2}{2}X_{DE} = 10000\text{N}$$
$$N_{DE} = \sqrt{X_{DE}^2 + Y_{DE}^2} = \sqrt{10000^2 + 10000^2} = 14140\text{N}$$
$$N_{DF} = 32500 - 10000 = 22500\text{N}$$

节点 E：
$$N_{EF} = -10000\text{N}$$
$$N_{EG} = -12500 + 10000 = -2500\text{N}$$

节点 F：
$$X_{FG} = -10000\text{N}$$
$$Y_{FG} = \frac{2.5}{2}X_{FG} = 12500\text{N}$$
$$N_{FG} = \sqrt{X_{FG}^2 + Y_{FG}^2} = \sqrt{10000^2 + 12500^2} = 16000\text{N}$$
$$N_{FH} = 22500 - 12500 = 10000\text{N}$$

节点 G：
$$N_{GH} = -10000\text{N}$$

以同样的计算方法,根据荷载的情况求出相邻侧的桁架杆件的内力。然后将二相邻桁架的公共竖杆上的受力进行叠加后作为杆件的实际内力。

(3) 水下轴承支承:中心竖架为一垂挂式桁架,为保持旋转时的平稳,在垂架的下端安装 4 个轴瓦式滑动轴承,沿中心进水柱管外圆的环圈上滑动,以保证中心竖架的传动精度。图 7-105 为水下轴瓦的结构。

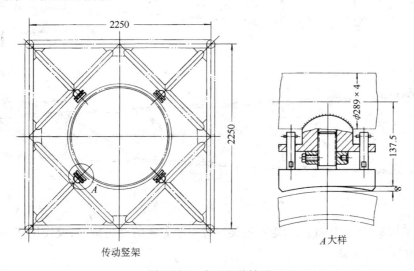

图 7-105 水下滑动轴承

7.5.1.5 刮臂与刮板

(1) 刮臂的形式和计算：

1) 垂架式中心传动刮泥机刮臂的形式有悬臂三棱柱桁架结构和悬臂变截面矩形桁架等。图 7-106 为三角形截面的桁架结构,用于小直径的垂架式中心传动刮泥机。图 7-107 为变截面矩形桁架结构,用于大直径垂架式中心传动刮泥机。为了便于刮板的排列、安装和受力平衡,通常多以对称形式布置两个刮臂,同时,刮臂的底弦应与池底坡面平行。

2) 刮臂计算:刮臂承受刮泥阻力和刮臂、刮板等自重的作用。对悬臂式的刮臂桁架来说,既承受水平方向由刮泥阻力所产生的力矩,又承受竖直方向由刮臂自重所引起的弯矩。

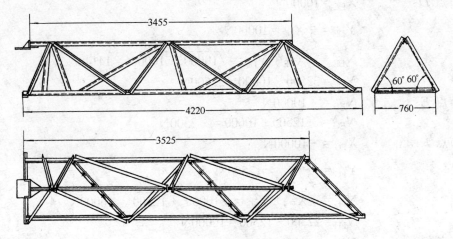

图 7-106 三角形桁架刮臂

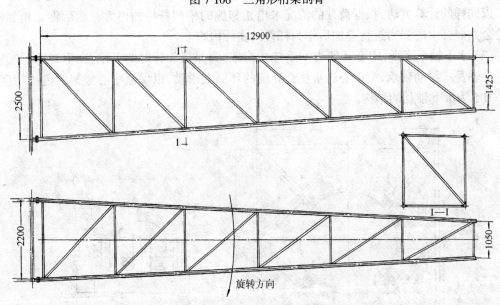

图 7-107 矩形桁架刮臂

① 水平桁架：图 7-108(a)为矩形桁架刮臂水平方向的受力情况，设作用在刮臂上的刮泥阻力按均布荷载考虑。

由式(7-68)得刮泥机刮泥时的双刮臂所受的扭矩为

$$M_n = 0.25 D^2 K \quad (N \cdot m)$$

单臂所受扭矩为

$$\frac{M_n}{2} = \frac{ql^2}{2}$$

$$q = \frac{M_n}{l^2} \quad (N/m) \tag{7-80}$$

式中　q——刮泥阻力(N/m)；

　　　l——刮臂长度(m)。

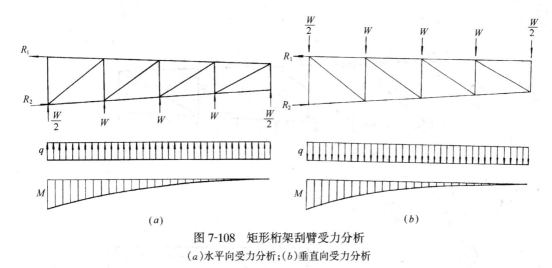

图 7-108　矩形桁架刮臂受力分析
(a)水平向受力分析；(b)垂直向受力分析

如图 7-108(a)所示，将求得的均布荷载 q 分配到桁架的各节点后，即可进行桁架的内力计算。各节点的荷载 $W=\dfrac{q}{n}$，n 为节点数，两端作为一个节点。

当桁架杆件较少，形状简单、整齐时，可用节点法求出所有杆件的内力。当桁架结构对称布置，能确定最大受拉、受压的杆件时，可用截面法求解。当桁架结构比较不规则，而且杆件数目又多时，常采用图解法求出杆件的内力。

图解法求内力的计算步骤如下：

ⅰ．选择适当的比例尺精确地绘出桁架结构图，并标出各节点上的外力荷载 W_1、W_2、W_3……。

ⅱ．根据力的平衡方程

$$\begin{cases} \Sigma X = 0 \\ \Sigma Y = 0 \\ \Sigma M = 0 \end{cases}$$

求出支座反力 R_{1X}、R_{1Y}、R_{2X}、R_{2Y}。

ⅲ．在桁架的各个区域编上号码和字母，如图 7-109 所示，作出力的多边形线圈(即克玛内力图)。

ⅳ．最后将所得桁架各杆件的内力(连同内力的正负号)汇总成桁架内力表。

② 竖向桁架：图 7-108(b)为矩形桁架刮臂的垂直受力情况。作用在刮臂上的自重荷载均按均布荷载考虑。计算的方法与水平桁架的计算相同。在算出各节点荷载后可用图解法解出杆件的内力。

(2) 计算实例：

【例】　用图解法计算 ϕ30m 垂架式中心传动刮泥机刮臂的桁架内力。设刮臂只承受刮泥扭矩和桁架本身的自重荷载；已知每个刮臂自重荷载 15000N；刮板自重荷载 7000N；刮臂的结构及布置形式如图 7-110 所示。

【解】　如图 7-110 所示，因采用双刮臂对称布置，单臂扭矩为总扭矩的二分之一，刮臂的截面如Ⅰ—Ⅰ，由 cd 和 ab 上、下两个水平桁架与 da 和 cb 前后两个竖向桁架组成。刮泥

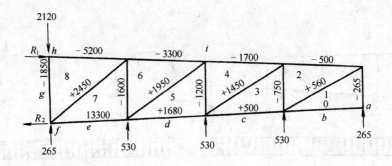

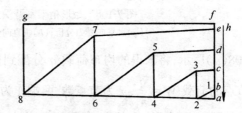

图 7-109　水平桁架内力图解

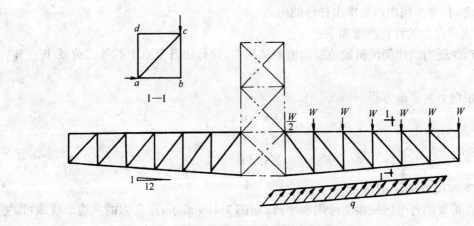

图 7-110　$\phi 30 \mathrm{m}$ 垂架式刮臂计算图

阻力主要由底部的水平桁架 ab 承受,刮臂、刮泥板等自重荷载由竖直桁架承受。

1) 水平桁架的计算:底部 ab 水平桁架主要承受刮泥阻力产生的扭矩见图 7-111 所示。

① 刮臂承受的刮泥扭矩:由表 7-30 的第一种计算公式得

$$M_\mathrm{n} = 0.25 D^2 K = 0.25 \times 29^2 \times 194 = 40790 \mathrm{N\cdot m}$$

$$\text{单侧刮臂承受的扭矩} = \frac{1}{2} M_\mathrm{n} = \frac{1}{2} \times 40790 = 20400 \mathrm{N\cdot m}$$

② 将刮泥扭矩转化水平桁架的节点荷载:假定刮泥阻力是以均布荷载 q 作用于底部桁架,则

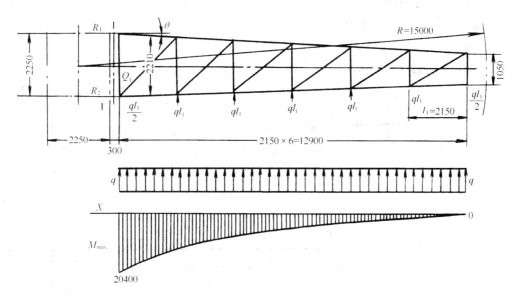

图 7-111 底部 ab 水平桁架的受力图

$$\frac{M_n}{2} = \frac{ql^2}{2}$$

$$q = \frac{M_n}{l^2} = \frac{40790}{12.9^2} = 245\text{N/m}$$

将均布荷载转化为节点的荷载：

中间节点为

$$W_1 = ql_1 = 245 \times 2.150 = 526.75\text{N}$$

两端节点为

$$W_2 = \frac{ql_1}{2} = \frac{245 \times 2.150}{2} = 263.4\text{N}$$

③ 求解支座反力：用截面法沿 I—I 断面截开刮臂，解出 R_1、R_2 的杆件内力，使 Q_1 和 Q_2 两节点处的三个未知力变成两个未知力。

$$\Sigma M_{Q_2} = 0$$

$$R_{1x} \times 2250 + 526.75 \times 2150(1+2+3+4+5) + 263.4 \times 2150 \times 6 = 0$$

$$R_{1x} = -\frac{526.75 \times 2150 \times (1+2+3+4+5) + 263.4 \times 2150 \times 6}{2250}$$

$$= -9060\text{N}$$

$$\Sigma X = 0$$

$$R_{1x} + R_{2x} = 0 \qquad R_{2x} = -R_{1x} = 9060\text{N}$$

故

$$R_1 = \frac{-9060}{\cos\theta} = \frac{-9060}{\cos 2.57°} = -9069\text{N}$$

$$R_2 = \frac{9060}{\cos\theta} = \frac{9060}{\cos 2.57°} = 9069\text{N}$$

式中 $\mathrm{tg}\theta = \dfrac{\dfrac{2210-1050}{2}}{12900} = 0.045$

$\theta = 2.57°$

④ 用图解法解出水平桁架内力,如图 7-112 所示。

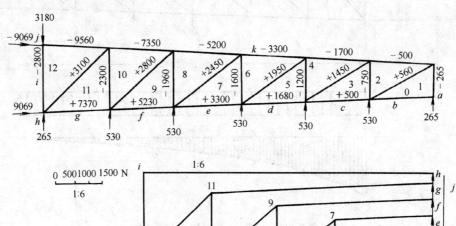

图 7-112 水平桁架内力图解

2) 竖向桁架的计算:设 cb 桁架的自重和刮泥板的重量,作用在这个竖直桁架上如图 7-113 所示。

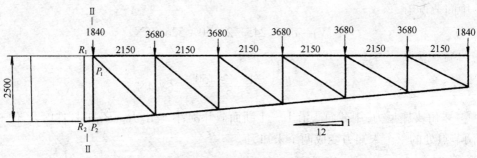

图 7-113 cb 竖直桁架外力荷载分配图(图中 2150 为杆长)

① 桁车荷载计算:总荷载为

$$W_{总} = 15000 + 7000 = 22000\text{N}$$

按 6 个节点分配,中间每个节点荷载为

$$W_i = \dfrac{22000}{6} = 3670\text{N}$$

两端节点　　　　$W = \dfrac{W_i}{2} = \dfrac{3670}{2} = 1835\text{N} \approx 1840\text{N}$

② 用截面法,沿 Ⅱ—Ⅱ 断面截开刮臂,按力的平衡方程解出 S_1、S_2 的杆件内力,将 P_1、P_2 处的三个未知力减少为两个未知力。

$$\Sigma M_{P_2} = 0$$

$$R_1 \times 2500 - (3680 \times 2150 + 3680 \times 2150 \times 2 + 3680 \times 2150 \times 3 + 3680 \times 2150 \times 4$$
$$+ 3680 \times 2150 \times 5 + 1840 \times 2150 \times 6) = 0$$
$$R_1 = \frac{3680 \times 2150 \times (1+2+3+4+5+6)}{2500}$$
$$= 66460\text{N}$$
$$\Sigma X = 0, \text{tg}\theta = \frac{1}{12}$$

其中 θ——下弦杆与水平线的夹角,取 $\theta = 4.76°$。

$$R_1 + R_2 \cos\theta = 0 \quad R_2 = -\frac{R_1}{\cos\theta} = -\frac{66460}{\cos 4.76°} = -66690\text{N}$$

③ 用图解法解出的杆件内力如图 7-114 所示。

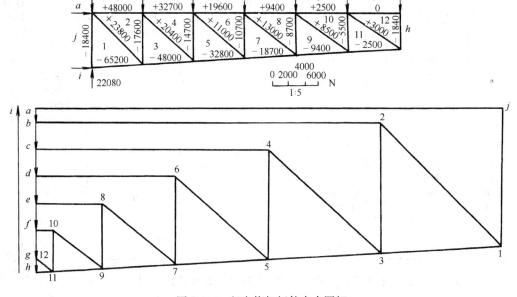

图 7-114 竖向桁架杆件内力图解

3) 用比例尺量出的各杆件内力值,并将水平桁架与竖向桁架的公共上、下弦杆的内力叠加后,作为刮臂空间桁架的各杆件的实际内力值一并汇总,见表 7-31。

(3) 刮板

沉淀池的集泥槽位于水池中心,当刮板旋转时,如图 7-115 所示的刮板 a、b、c、d 各点触及沉淀污泥后,使污泥受到刮板法向的推力和沿刮板的摩擦力作用向水池中心移动。对于中心进水的沉淀池来说,积泥大多集中在靠近中心导流筒的池底上,为提高刮泥的效率,最好是将刮板的形状设计成对数螺旋线。直径小的刮泥机可以设计成两条对称排列的整体对数螺旋线形刮板。大直径的刮泥机由于整体曲线的刮板存在安装上的困难,都将螺旋线分成若干段,平行地安装在刮臂上如图 7-116 所示。此外,对数螺旋线是一变曲率曲线,刮板制造比较困难,因而在设计中多数简化成直线刮板的形式,刮板与刮臂中心线的夹角为 45°,相互平行排列。

刮臂杆件内力汇总表 表7-31

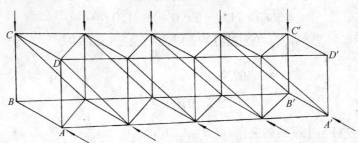

ABB′A′水平桁架腹杆		BCC′B′竖向桁架腹杆		AA′弦杆		CC′弦杆		BB′弦杆		
								ABB′A′水平桁架与BCC′B′竖向桁架		合力
a-1	-265	h-12	-1840	1-b	0	g-12	0	k-2	-500	-3000
								11-h	-2500	
1-2	560	12-11		3-c	500	f-10	2500	k-4	-1700	-11100
2-3	-750	11-10	-5500	5-d	1680	e-8	9400	9-h	-9400	-11100
3-4	1450	10-9		7-e	3300	d-6	19600	k-6	-3300	-23000
								7-h	-19700	
4-5	-1200	9-8	-8700	9-f	5230	c-4	32700	k-8	-5200	-38000
								5-h	-32800	
5-6	1950	8-7		11-g	7370	b-2	48000	k-10	-7350	-55350
								3-h	-48000	
6-7	-1600	7-6	-10700					k-12	-9560	-74760
								1-h	-65200	
7-8	2450	6-5								
8-9	-1960	5-4	-14700							
9-10	2800	4-3								
10-11	-2300	3-2	-17600							
11-12	3100	2-1	23800							
		1-i	-18400							
拉杆最大	3100		23800		7370		48000			
压杆最大	-2300		-18400							-74760

1) 对数螺旋线的几何轨迹:刮板曲线如图7-117所示的几何尺寸可按式(7-81)计算:

$$r_x = \frac{R}{e^{k\theta_x}} \quad (m) \tag{7-81}$$

式中 r_x——变化半径(m);

R——起点半径(m);

θ_x——从起点至变径 r_x 间的夹角(°);

e——自然对数的底,$e=2.718282$;

k——常数,$k=\text{ctg}\alpha$,

$$\alpha = 45° + \frac{\varphi}{2}$$

其中 φ——刮板与泥砂的摩擦角,取 $\varphi=2°\sim 10°$。

2) 刮板数量及长度:刮板的数量和长度与刮臂的结构有关。每条刮臂上的刮板数量应满足刮泥的连续性。当刮板较长时,则要求刮臂桁架底弦有较大的宽度,同时还要求刮臂有足够的结构强度和刚度。因此,设计刮臂时在结构允许的情况下,尽量设计成较宽的刮臂底弦。

7.5 中心与周边传动排泥机　395

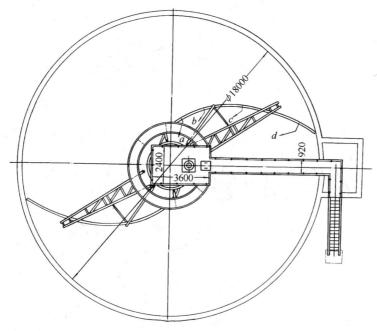

图 7-115　污泥的刮移

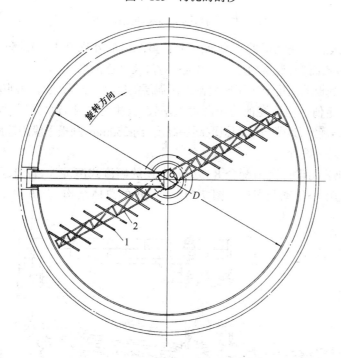

图 7-116　刮板的排列
1—刮板；2—刮臂

设置刮板时，可先从距池边 0.3~0.5m 处开始。如采用分块安装，则除第一块起始刮板的长度按实际需要设计外，其余均应有一定的前伸量，以保证邻近的刮板在刮臂轴心线上的投影彼此重叠。其重叠度为刮板长度投影的 10%~15%，一般为 150~250mm。这样连

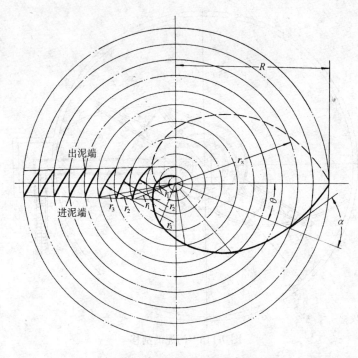

图 7-117 对数螺旋曲线的几何作图

续重叠下去,直到最后一块刮板的末端伸过中心集泥槽的外周 0.1~0.15m 为止。刮板的长度随桁架结构形式而变,通常由池边向中心布置,长度逐渐增大。

3) 刮板高度:刮板的高度取决于所要刮送污泥层的厚度。通常设计的刮板高度应比污泥层厚度高出一个固定值。但沉淀池的污泥含水率较高,相对密度与水接近,具有一定的流动性,污泥层高度较难确定,通常各块刮板取同一高度,约 250mm,刮板下缘距池底为 20mm。

7.5.1.6 系列化设计

吉林化学工业公司设计院为配合 8~20m 直径的辐流式沉淀池,设计了一系列外啮合滚动轴承支承式的中心传动刮泥机。图 7-118 为该机的总体结构,表 7-32 为该刮泥机的系

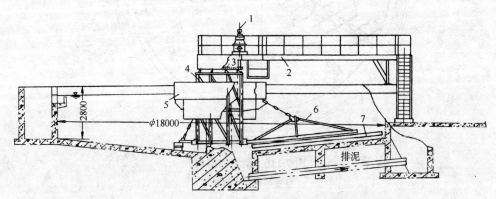

图 7-118 垂架式中心传动(外啮合式)刮泥机总体结构

1—摆线针轮减速机;2—工作桥;3—外啮合传动齿轮副;4—传动竖架;5—配水筒;6—刮臂;7—刮板

列规格。

中心传动(外啮合式)刮泥机系列　　　　　　　表 7-32

规　格 (m)	处理污水量 (m³/h)	周边速度 (m/min)	电动机功率 (kW)	质　量 (t)
8	120	1.01	0.8	
10	160	1.13	0.8	
12	210	1.22	0.8	
14	270	1.33	1.5	
16	350	1.41	1.5	
18	430	1.46	1.5	16
20	500	1.63	2.2	

上海市政工程设计研究院设计的直径为 22～40m 内啮合滚动轴承旋转支承式的中心传动刮泥机,其系列规格见表 7-33。

刮泥机(内啮合式)系列　　　　　　　表 7-33

规　格 (m)	处理水量[①] (m³/h)	周边速度 (m/min)	电动机功率 (kW)	质　量 (t)
22	15000	3	0.75	12
30	25000	3	1.5	15
40	50000	3	1.5	18

① 为二次沉淀池处理水量。

7.5.2 垂架式中心传动吸泥机

7.5.2.1 总体构成

垂架式中心传动吸泥机用于污水处理中二次沉淀池的排泥。采用吸泥方式是为了克服活性污泥含水率高,难以刮集的困难。吸泥机主要由工作桥、驱动装置、中心支座、传动竖架、刮臂、集泥板、吸泥管、中心高架集泥槽及撇渣装置等组成,结构形式基本上与垂架式中心传动刮泥机相似。垂架式中心传动吸泥机总体结构如图 7-119 所示,沿两侧刮臂对称排列吸泥管道,每根吸泥管自成系统,互不干扰,从吸口起直接通入高架集泥槽。通过刮臂的旋转,由集泥板把污泥引导到吸泥管口,利用水位差自吸的方式,边转边吸。吸入的污泥汇集于高架集泥槽后,再经排泥总管排出池外。水面上的浮渣则由撇渣板撇入池边的排渣斗。撇渣装置的设计参见 7.5 节周边传动刮泥机。

吸泥机的驱动机构、刮臂、中心传动竖架、水下轴瓦等设计见第 7.5 节垂架式中心传动刮泥机。

7.5.2.2 吸泥管的流速计算与集泥槽布置

垂架式中心传动吸泥机采用自吸式排泥,水池的液位应与吸泥管出口保持一定的高差。吸泥管从中心集泥槽槽底接入如图 7-120 所示。

(1) 吸泥管内的流速计算

污水处理中二次沉淀池的吸泥管管径不得小于 150mm。在管径确定后,流速可按式

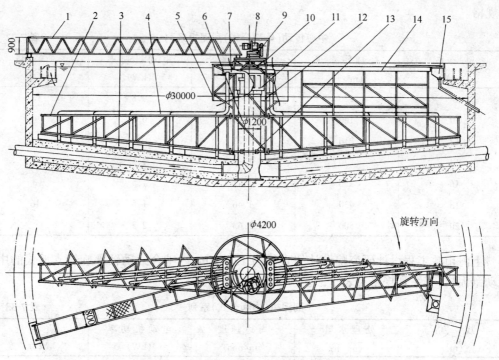

图 7-119 垂架式中心传动吸泥机总体结构
1—工作桥；2—刮臂；3—刮板；4—吸泥管；5—导流筒；6—中心进水柱管；7—中心集泥槽；8—摆线减速机；9—蜗轮减速器；10—旋转支承；11—扩散筒；12—转动竖架；13—水下轴承；14—撇渣板；15—排渣斗

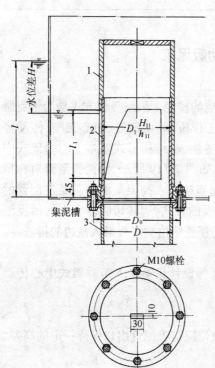

图 7-120 吸泥管与集泥槽的连接
1—调节套筒；2—出流短管；3—吸泥管

(7-82)计算：

$$v = \frac{4Q_1}{\pi d^2} \quad (\text{m/s}) \tag{7-82}$$

式中 v——流速(m/s)；

d——吸泥管内径(m)，取 $0.15\sim 0.20$ m；

Q_1——每根吸泥管的流量(m^3/s)，

$$Q_1 = \frac{Q}{Z},$$

其中 Q——总吸出污泥量(m^3/s)；

Z——吸泥管根数。

(2) 水头损失计算：吸泥管的水头损失计算参见第 7.2 节行车式吸泥机。

(3) 管内流速的调节：如图 7-120 所示，沉淀池水位与排泥槽水位的水位差为 H，吸泥管的实际流速可按式(7-83)验算：

$$v = \sqrt{2g(H - \Sigma h)} \quad (\text{m/s}) \tag{7-83}$$

式中 H——水位差(m)；

Σh——总摩擦水头损失(m)。

如验算的 v 值超过由流量与管径所确定的流速 v

时,则可在水位差不变的条件下将管内的流速用调节阀调节到原设计的数值。

(4) 计算实例:

【例】 计算如图 7-119 所示的直径 30m 中心传动吸泥机的吸泥管路系统。

设计数据:

1) 二次沉淀池进水量为 $Q=15000\text{m}^3/\text{d}$。
2) 回流污泥比按 100% 计。
3) 回流污泥含水率为 99.2%。
4) 吸泥管数量共 10 根,管径均为 150mm,最长的吸泥管长度为 20m。

【解】 1) 回流污泥量 $Q_{泥}$:

$$Q_{泥} = 15000 \times 100\% = 15000\text{m}^3/\text{d}(0.1736\text{m}^3/\text{s})$$

2) 每根吸泥管所吸出的泥量 Q_1:

$$Q_1 = \frac{Q_{泥}}{Z} = \frac{0.1736}{10} = 0.01736\text{m}^3/\text{s}$$

3) 管内流速为

$$v = \frac{4Q}{\pi d^2} = \frac{4 \times 0.01736}{\pi \times 0.15^2} = 0.9823\text{m/s}$$

4) 摩擦水头损失:

$$\Sigma h = \Sigma h_{配} + h_{管}$$

式中 $\Sigma h_{配}$——吸口、弯头、排放口等水头损失(水头损失系数查表 7-20)。

$$\Sigma h_{配} = (f_1 + f_2 + f_3)\frac{v^2}{2g} = [0.4 + (2 \times 0.3) + 1]\frac{0.9823^2}{2 \times 9.81} = 0.098\text{m}$$

$$h_{管} = \lambda \frac{L}{D} \frac{v^2}{2g} = 0.023 \times \frac{20}{0.15} \times \frac{0.9823^2}{2 \times 9.81} = 0.153\text{m}$$

$$\Sigma h = 0.098 + 0.153 = 0.25\text{m}$$

(5) 吸泥量调流装置:吸泥机在吸泥时,应根据污泥的浓度调整吸泥量,通常可用调节吸泥管出流孔口断面的方式。图 7-121 为出流孔口调节装置一例。该装置由出流短管、调节套管等组成,结构简单。在出流短管和调节套管上分别开设相同直角梯形的出流孔,只要拧转套管,使短管上的孔口与套管上的孔口错位就可改变出流孔的断面,达到调节流量的目的。

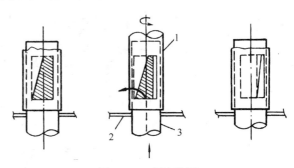

图 7-121 调流装置
1—调节套管;2—固定板;3—出流短管

(6) 吸泥管的布置:通常是根据池径尺寸作不等距设置,并以刮臂作为支架沿线固定,如图 7-122 所示。吸泥管的一端与中心集泥槽相接,另一端设置吸泥口,并在吸口两侧安装集泥刮板,将污泥引向吸泥管口。管口与池底的距离为管径的 $\frac{3}{4} \sim 1$。

(7) 中心集泥槽:图 7-123 为中心集泥槽的结构,与刮臂同样地对称布置在竖架两侧,并固定在中心传动竖架上随竖架转动。为了防止沉淀池的污水灌入集泥槽内,应将集泥槽的槽顶高出沉淀池水位 50~70mm。

污泥由吸泥管调节器出流孔溢出,经过集泥槽汇流后,从中心排泥管排出池外。集泥槽

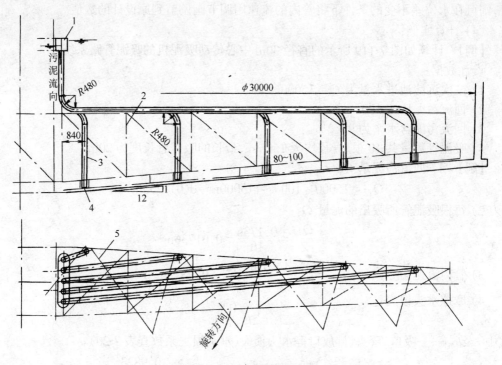

图 7-122 吸泥管布置
1—中心集泥槽；2—刮臂；3—吸泥管；4—吸口；5—集泥板

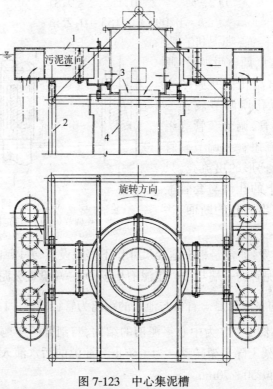

图 7-123 中心集泥槽
1—集泥槽；2—旋转竖架；3—填料密封函；4—中心排泥管

与中心进水管之间用填料函密封,以防污水渗入集泥槽。

7.5.3 悬挂式中心传动刮泥机

7.5.3.1 总体构成

图 7-124 为悬挂式中心传动刮泥机总体结构。该机的结构形式比较简单,主要由户外式电动机、摆线针轮减速机、链传动、蜗轮减速器、传动立轴、水下轴承、刮臂及刮板等部件组成。整台刮泥机的荷载都作用在工作桥架的中心,悬挂式由此得名。该机一般用于池径小于 12m 的圆形沉淀池。如图 7-124 所示,污水经中心配水筒布水后流向周边溢水槽,随着流速的降低,污水中的悬浮物被分离而沉降于池底,由刮板将沉淀的污泥刮集到中心集泥槽后,靠静水压力将其从污泥管中排出。

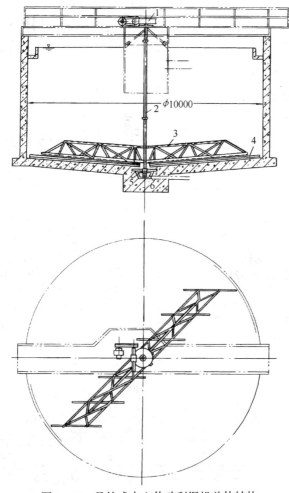

图 7-124 悬挂式中心传动刮泥机总体结构
1—驱动机构;2—传动立轴;3—刮臂;4—刮板;5—水下轴承;6—集泥槽刮板

7.5.3.2 驱动机构

悬挂式中心传动刮泥机的驱动机构主要有两种布置形式。图 7-125 为立式三级摆线针轮减速机的直联传动,布局较紧凑。摆线针轮减速机的出轴用联轴器与中间轴连接,再由中间轴与传动立轴相接而传递扭矩。图中序号 4 为联轴器上设置的安全销,作为过载保护,当刮板阻力过大而超过额定的扭矩时,作用在安全销上的剪力就会将销剪断,起到机械保护作用。图 7-126 为卧式二级摆线针轮减速机、链传动与立式蜗轮减速器的组合形式,目前应用较广。立式蜗轮减速器的蜗杆端部设有过力矩自动停机的安全装置。图 7-127 为过力矩安全装置的示例,在正常的工作力矩时,套在蜗杆轴上键连接的蜗杆与蜗轮保持正常的啮合位置。过载时,蜗杆的轴向力超过压簧额定作用力,使蜗杆与蜗杆端相连的压簧座一起作轴向位移,装在箱体上的顶杆,被压簧座的斜面推移上升,触动限位开关,达到自动切断电源,实现机械过力矩保护作用。

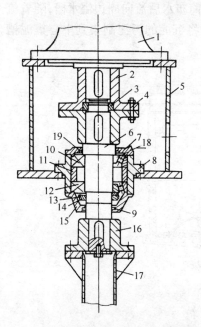

图 7-125 直联式中心驱动机构
1—立式三级摆线针轮减速机;2—联轴器;3—衬圈;4—安全销;5—减速机座;6—中间轴;7—压盖;8—轴承箱;9—油杯;10—轴承;11—挡圈;12—轴承;13—止推垫圈;14—圆螺母;15—压盖;16—刚性联轴器;17—传动立轴;18—油杯;19—油封

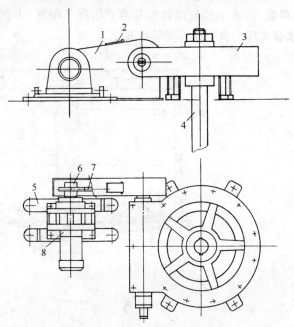

图 7-126 组合式中心驱动机构
1—护罩;2—加油孔;3—蜗轮减速器;4—立轴;5—滑轨;6—链轮;7—链条;8—摆线针轮减速机

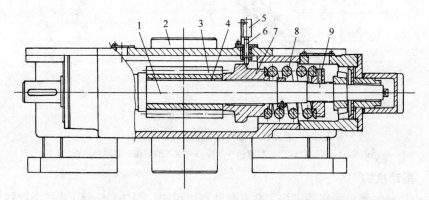

图 7-127 过力矩安全装置
1—蜗杆轴;2—蜗轮;3—空套蜗杆;4—平键;5—行程开关;6—顶杆;7—挡圈;8—压簧;9—调整螺母

悬挂式中心传动刮泥机的驱动功率,主要根据刮泥时产生的阻力和刮泥机本身在回转时作用在中心轴承上的悬挂荷载所产生的滚动摩擦力进行计算。计算公式可见第7.5节垂架式中心传动刮泥机。

7.5.3.3 传动立轴的计算

传动立轴主要传递扭矩和承受刮臂、刮板的重量。水池较深时,立轴可分段制造后用法兰联轴器连接,但必须保证同轴度。在设计中为减轻立轴的自重,节约钢材,也可采用空心轴形式。轴径根据扭转强度及扭转刚度的计算确定(选取二者中的大值)。表7-34为按扭转强度及刚度计算轴径的公式(7-84)~式(7-87)。表7-35为材料的许用扭转剪应力$[\tau]$值。

按扭转强度及刚度计算轴径　　　　　　　　表7-34

轴的类型	按扭转强度计算	按扭转刚度计算
实 心 轴	$d = 17.2\sqrt[3]{\dfrac{M_n}{[\tau]}}$　　(7-84)	$d = 16.38\sqrt[4]{\dfrac{M_n}{[\theta]}}$　　(7-85)
空 心 轴	$d = 17.2\sqrt[3]{\dfrac{M_n}{[\tau]}}\dfrac{1}{\sqrt[3]{1-\alpha^4}}$　　(7-86)	$d = 16.38\sqrt[4]{\dfrac{M_n}{[\theta]}}\dfrac{1}{\sqrt[4]{1-\alpha^4}}$　　(7-87)
符号说明及设计数据	\multicolumn{2}{l	}{d——最小轴径(mm) M_n——轴所传递的扭矩(N·m) $[\tau]$——许用扭转剪应力(N/mm^2) $[\theta]$——许用扭转角(°/m),$[\theta]=0.25°\sim 0.5°$/m α——空心轴内径d_1与外径d之比,$\alpha=\dfrac{d_1}{d}$}

几种常用轴材料的$[\tau]$值　　　　　　　　表7-35

轴的材料	Q235A,20	1Cr18Ni9Ti Q235A,35,	45	40Cr
$[\tau]$(N/mm^2)	15~25	20~35	25~45	35~55

7.5.3.4 刮臂和刮板

悬挂式中心传动刮泥机适用于中小型沉淀池刮泥,刮臂的悬臂长度不宜过长,最常用的为对称设置的圆管。为改善圆管刮臂的受力条件,一般都借助斜拉杆支承。拉杆的形式为两端叉形接头的圆钢杆,中间用索具螺旋扣调节,杆的一端与刮臂的悬臂端相接,杆的另一端固定在中心的立轴上,如图7-128所示。对于稍长的刮臂尚需再增设一对短臂,与两长臂成十字形,然后在臂端之间相互用水平拉杆相连,图7-129为刮臂的斜拉杆和水平拉杆连接的情况。刮板的形式可采用多块平行排列的直线形刮板或整体形对数螺旋线刮板。具体的设计形式可参见第7.5节垂架式中心传动刮泥机。

7.5.3.5 水下轴承

图7-130为水下轴承结构。水下轴承的作用是使刮板在旋转时能径向定位。由于水下轴承不承受轴向荷载,一般都选用剖分式滑动轴承,但水下轴承的工作条件较差,泥砂极易侵入,而且立轴的垂直度允差可达0.5mm/m,轴与轴承的间隙较大,所以轴承的密封设计十分重要。有关水下轴承的设计可参见附录2"水下轴承"。

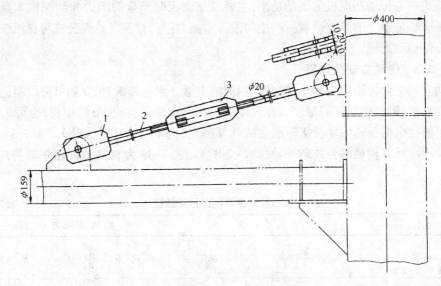

图 7-128 刮臂的拉杆
1—叉形接头；2—拉杆；3—索具螺旋扣

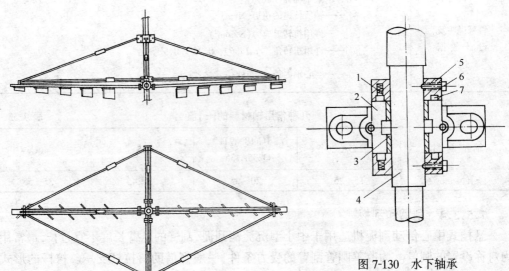

图 7-129 刮臂与水平拉杆的连接

图 7-130 水下轴承
1—压簧；2—滑动轴承座；3—轴瓦；4—立轴；
5—挡圈；6—螺钉；7—密封圈

7.5.3.6 工作桥

工作桥应横跨在水池上，宽度 1.2m 左右，须承受整台刮泥机的重量、活载及刮泥阻力所产生的扭矩，大多采用钢架结构，也有采用钢筋混凝土结构，设计时应满足一定的强度和刚度。图 7-131 为悬挂式中心刮泥机的工作桥。

7.5.3.7 系列化设计

悬挂式中心传动刮泥机在上海市政工程设计研究院等单位已有系列设计的图纸。适用于池径为 6~12m，池深度为 3.5m 的沉淀池。驱动机构的形式采用本节所述的第二种形式，刮臂为十字形圆管结构，刮板与刮臂轴线呈 45°夹角，平行排列。表 7-36 为悬挂式中心

7.5 中心与周边传动排泥机 405

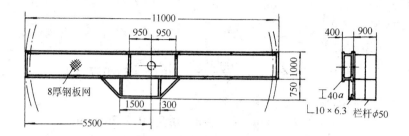

图 7-131 工作桥

传动刮泥机驱动机构的主要技术参数。

悬挂式中心传动刮泥机设计参数 表 7-36

水池直径 (m)	刮泥板外缘直径 (m)	刮泥板外缘线速度 (m/min)	总减速比=二级摆线减速机速比×链传动速比×蜗轮速比	电机功率 (kW)	输出扭矩 (N·m)	质量[①] (kg)
6	5.5	3	8202 = 187×1.29×34		20750	1100
7	6.5	3	9665 = 187×1.52×34		24550	1200
8	7.5	3	11127 = 187×1.75×34		28300	1300
9	8.5	3	12676 = 289×1.29×34	0.4	32100	1400
10	9.5	3	14051 = 289×1.43×34		36050	1500
11	10.5	3	15525 = 289×1.58×34		39600	1600
12	11.5	3	17097 = 289×1.74×34		43400	1700

① 表中的质量不包括工作桥的质量。

7.5.3.8 计算实例

【例】 试按下列数据及图 7-132 计算刮泥机驱动功率。

设计数据：

(1) 初沉池直径为 10m，有效深度为 2.97m。

(2) 污水停留时间 2h。

(3) 污水悬浮物含量为 SS = 300mg/L，去除率 $\varepsilon = 40\%$。

(4) 初沉池污泥对池底的摩擦系数为 $\mu = 0.1$。

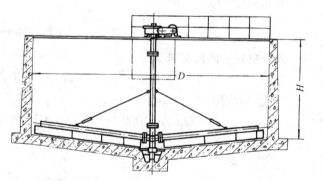

图 7-132 悬挂式中心传动刮泥机计算简图

(5) 刮泥板外缘直径为 $D_板 = 9.5$m，外缘线速 3m/min。

【解】 (1) 刮臂转速为 $n_臂 = \dfrac{v}{\pi D_板} = \dfrac{3}{\pi \times 9.5} = 0.1$r/min

(2) 功率计算：

1) 刮泥机悬挂部件重力在旋转时所需的功率 N 为

设：刮泥机悬挂部件的重力 $W = 10000$N

旋转支承的钢球直径 $d = 3.2$cm

滚动摩擦力臂 $K = 0.05$cm

安全系数 $n=3$

由式 7-74 得：

旋转时的阻力 P_1 为

$$P_1 = \frac{W}{d} \times 2Kn = \frac{10000}{3.2} \times 2 \times 0.05 \times 3 = 937.5\text{N}$$

设钢球槽的中心圆直径 $D_{球}$ 为 0.5m，

$$v_{球} = n_{臂}\pi D_{球} = 0.1 \times \pi \times 0.5 = 0.157\text{m/min}$$

旋转功率 N_1 为

$$N_1 = P_1 v_{球}/60000 = \frac{937.5 \times 0.157}{60000} = 0.0024\text{kW}$$

2) 刮板刮泥所需功率按照第 7.5 节垂架式刮泥机中刮泥功率第二种公式计算：

初沉池有效容积为

$$V = \frac{\pi}{4}D_{池}^2 H = \frac{\pi}{4} \times 10^2 \times 2.97 = 233.3\text{m}^3$$

进水量为

$$Q = \frac{V}{t} = \frac{233.3}{2} = 116.65\text{m}^3/\text{h}$$

干污泥量为

$$Q_{干} = Q \times \text{SS} \times \varepsilon\% \times 10^{-6} = 116.65 \times 300 \times 0.4 \times 10^{-6} = 0.014\text{m}^3/\text{h}$$

将 $Q_{干}$ 换算成含水率 98% 的污泥量为

$$Q_{98} = Q_{干} \times \frac{100}{100-98} = 0.014 \times \frac{100}{100-98} = 0.7\text{m}^3/\text{h}$$

刮泥机每转所需时间为

$$t = \frac{\pi D_{板}}{v} = \frac{\pi \times 9.5}{3} = 9.95\text{min/r} = 0.166\text{h/r}$$

刮泥机每转的刮泥量为

$$Q_{周} = Q_{98}t = 0.7 \times 0.166 = 0.116\text{m}^3/\text{r}$$

刮泥时的阻力为

$$P_2 = Q_{周}\gamma g\mu 1000 = 0.116 \times 1.03 \times 9.81 \times 0.1 \times 1000 = 117\text{N}$$

刮泥功率为

$$N_2 = \frac{P_2 v_{\frac{2}{3}}}{60000} \quad (\text{kW})$$

设刮板按 2/3 的直径处的线速度 $v_{\frac{2}{3}} = 2\text{m/min}$，即

$$N_2 = \frac{117 \times 2}{60000} = 0.004\text{kW}$$

3) 电动机功率为

$$N_{电} = \frac{N_1 + N_2}{\eta} \quad (\text{kW})$$

设机械总效率为 $\eta = 0.5$，即

$$N_{电} = \frac{0.0024 + 0.004}{0.5} = 0.013\text{kW}$$

选用 0.37kW 电动机。

7.5.4 周边传动刮泥机

7.5.4.1 总体构成

周边传动刮泥机按旋转桁架结构可分为半跨式和全跨式两种。全跨式周边传动刮泥机如图 7-133 所示,具有横跨池径的工作桥,桥架的两端各有一套驱动机构,旋转桁架为对称的双臂式桁架,并具有对称的刮板布置。半跨式周边传动刮泥机常见的有旋转桁架式或可动臂式,如图 7-134 和图 7-135 所示,主要由中心旋转支座、旋转桁架(或可动臂)、刮板、撇渣机构、集电装置、驱动机构及轨道等部件组成,结构比较简单。半跨式桥架的一端与中心立柱上的旋转支座相接,另一端安装驱动机构和滚轮,通过传动使滚轮在池周走道平台上作圆周运动,同时池内刮板将污泥刮向池中心的

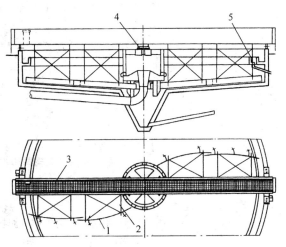

图 7-133 全跨式周边传动刮泥机总体结构
1—刮板;2—可动臂;3—桥架;4—旋转支承;5—撇渣装置

集泥槽内。桁架的驱动力,主要是以驱动滚轮与钢轨之间,或是实心橡胶轮与混凝土面之间的摩擦系数乘以驱动轮轮压所产生的摩擦力确定。驱动阻力大于摩擦力时,滚轮产生打滑现象,这与行车式吸泥机所介绍的情况一样。因此,必须注意驱动力和摩擦力的关系,设计时需进行防滑验算。如摩擦力不足时,应采取增加压重或采用带齿轮的滚轮在带齿条的轨道上滚动等措施,以满足驱动力。

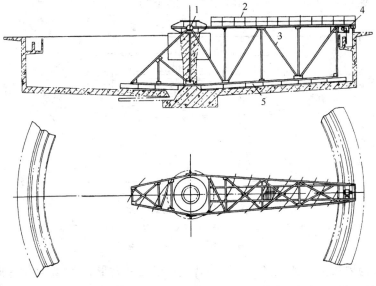

图 7-134 半跨式周边传动刮泥机(旋转桁架式)总体结构
1—中心旋转支座;2—拦杆;3—旋转桁架;4—驱动装置;5—刮板

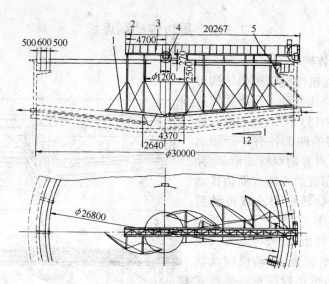

图 7-135 半跨式周边传动刮泥机(可动臂式)总体结构
1—刮板;2—可动臂;3—桥架;4—旋转支座;5—撇渣装置

7.5.4.2 中心旋转支座

中心旋转支座是周边传动刮泥机的重要部件之一,由固定支承座、转动套、推力滚动轴承和集电环等四个部件组成,如图 7-136 所示。中心旋转支座安装在兼作进水管的中心柱管平台上,柱管大多采用钢筋混凝土结构。轴承主要承受轴向荷载,径向荷载较小。但如周边驱动滚轮的走向,偏离正常轨迹或钢轨圆心与中心轴承不同心,在中心轴承上将产生严重的径向力。因此,必须保证车轮的安装精度。中心支座与旋转桁架以铰接的形式连接,刮泥时产生的扭矩作用于中心支座时即转化为中心旋转轴承的圆周摩擦力,因而受力条件较好,这与以中心传递扭矩的中心传动刮泥机有很大的不同。

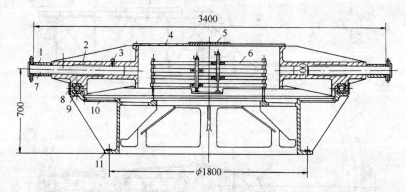

图 7-136 中心旋转支座
1—挡圈;2—旋臂;3—螺钉;4—压盖;5—检修孔盖;6—集电器;7—销轴;8—防尘罩;
9—推力轴承;10—盖;11—支座

图 7-137 为周边传动刮泥机的中心旋转支座的另一种形式,桥架与中心旋转支座的连接,仍采用销轴铰接,以保持桥架运行过程中良好的受力状态。同时为了改善旋转桁架的受力条件,也有将旋转桁架与刮板的刚性连接改为铰接的形式,如图 7-138 所示。当污泥阻力对铰点产生的力矩大于刮板自重对铰点的力矩时,刮板会自行绕铰点转动,从而避免将力传

递至旋转桁架。

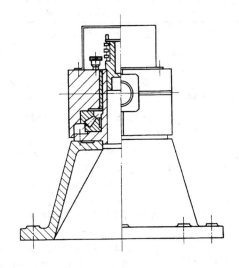

图 7-137 中心旋转支座

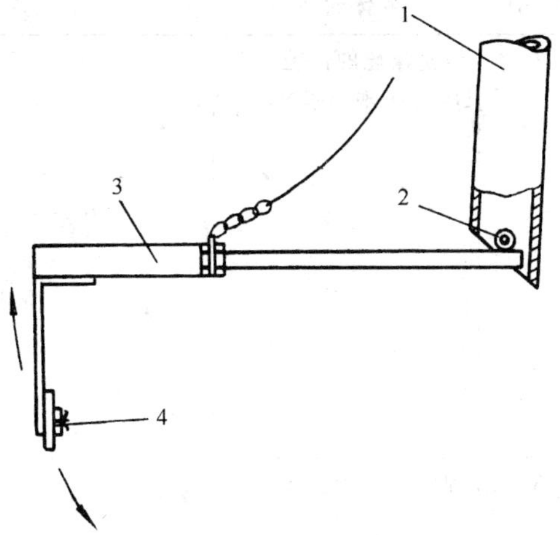

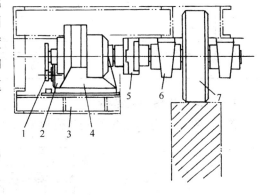

图 7-138 铰接式刮板
1—柱管；2—铰轴；3—刮臂；4—刮板

7.5.4.3 驱动机构

驱动机构通常由户外式电动机、卧式摆线针轮减速机、链条链轮、滚轮等部件组成，如图7-139所示。由于圆形池刮泥时，周边线速度限于3m/min以下，滚轮总是以一定的旋向和线速度在池周行驶，所以，不论池径大小，减速比均相同，驱动机构较易做到系列化。

滚轮的转速，可按式(7-88)计算：

$$n = \frac{v}{\pi D} \quad (\text{r/min}) \qquad (7-88)$$

式中 v——驱动滚轮行驶速度(m/min)，一般取 1~3m/min；

D——滚轮直径(m)。

周边滚轮的轮压应按实际承受的荷载来

图 7-139 驱动机构
1—链传动；2—电动机；3—机座；4—二级摆线减速机；
5—联轴器；6—滚动轴承座；7—橡胶滚轮

确定，根据需要可用一个滚轮或两个滚轮。安装两个滚轮时，荷载由主动滚轮与从动滚轮共同承受。常用的滚轮有铸钢滚轮和实心橡胶轮等，设计时可参照第7.2节行车式吸泥机。

驱动功率的确定，可按表7-37所列公式(7-89)~式(7-95)计算。

驱动功率的计算　　　　　　　　　　　　　　表 7-37

序号	计算项目	计 算 公 式	符号说明及设计数据
1	中心轴承的旋转阻力 $P_{旋}$ 与旋转功率 $N_{旋}$	$P_{旋} = \dfrac{W_{中}}{d_1} 2f$ (N) (7-89) $N_{旋} = \dfrac{P_{旋} v_1}{60000}$ (kW) (7-90)	$W_{中}$——作用在中心旋转支承上的载荷(N) d_1——滚动轴承的钢球直径(cm) f——滚动轴承摩擦力臂(cm) v_1——轴承中心圆的圆周速度(m/min)

序号	计算项目	计算公式	符号说明及设计数据
2	周边滚轮的行驶阻力 $P_行$ 与行驶功率 $N_行$	$P_行 = 1.3 W_周 \dfrac{2K+\mu d_2}{D}$ (N) (7-91) $N_行 = \dfrac{P_行 v_2}{60000}$ (kW) (7-92)	$W_周$——作用在周边滚轮上的载荷(N) K——摩擦系数 橡胶滚轮与混凝土的摩擦系数0.4~0.8(cm) 铸钢滚轮与钢轨的摩擦系数0.2~0.4(cm) d_2——轮轴直径(cm) D——滚轮直径(cm) v_2——滚轮行驶速度(m/min)
3	刮泥阻力 $P_刮$ 与刮泥功率 $N_刮$	$P_刮 = Q_t \times 1.03 \times \mu \times g \times 1000$ (N) (7-93) $N_刮 = \dfrac{P_刮 \times v_3}{60000}$ (kW) (7-94)	Q_t——刮泥机每转一周的时间内所沉淀的污泥量(m^3) μ——污泥与池底的摩擦系数 γ——沉淀污泥的表观密度一般取 $1.03 t/m^3$ v_3——刮泥板线速度(m/min)一般按刮臂2/3直径处的线速度计算 g——重力加速度(m/s^2),$g=9.81 m/s^2$
4	总驱动功率 $N_总$	$N_总 = \dfrac{N_旋 + N_行 + N_刮}{\Sigma \eta}$ (kW) (7-95)	$\Sigma \eta$——机械总效率(%)

7.5.4.4 旋转桁架结构

图 7-140 所示为周边传动刮泥机典型的桁架形式。计算的方法与第 7.2.1 节行车式吸

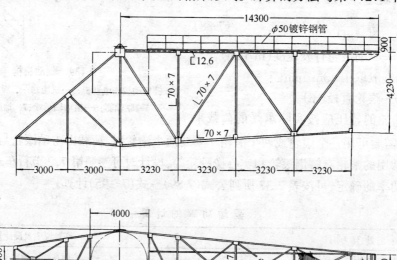

图 7-140 周边传动刮泥机旋转桁架

泥机桁架计算相同。主要的计算荷载为桁架自重重力、刮板重力、驱动机构重力及活载等。支承条件为简支梁。水平方向主要是考虑刮泥阻力对桁架的水平推力。

桁架与中心支座转套连接采用销轴铰接,当行走滚轮端因轨面不平而起伏时,桁架能绕销轴作稍微的转动而避免桁架受扭变形。销轴的轴径大小应按抗剪验算确定。

7.5.4.5 撇渣机构及刮板布置

在沉淀池中,特别是污水的初次沉淀池和二次沉淀池的液面上浮有较多的泥渣和泡沫等杂质,如果不及时撇除,会影响出水水质,因此,需要设置撇渣机构。图7-141为撇渣机构的一例,主要是由撇渣板、排渣斗及冲洗机构等部件组成。撇渣板固定在旋转桁架的前方,与桁架的中心线成一角度,使浮渣沿撇渣板推向池周,撇渣板高约300mm,安装高度应有100mm的可调位置,以使撇渣板的一半露出水面。排渣斗和冲洗机构固定在池周,桁架旋转到排渣斗的位置时,将浮渣撇入斗内。与此同时,设在桁架上的压轮正好压下冲洗阀门的扛杆,使阀门开启,并利用沉淀池的出水,回流入斗进行冲洗,将积在斗内的浮渣排出。当压轮移过阀门的扛杆后,靠扛杆的自重将阀门重新关上。

周边传动刮泥机的刮板设计与中心传动刮泥机的要求相同,根据旋转桁架的结构形式确定全跨布置或半跨布置。

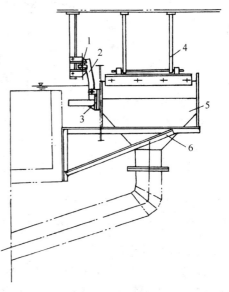

图 7-141 撇渣机构
1—压轮;2—扛杆;3—冲水阀;4—抹渣板;
5—排渣斗;6—支架

7.5.4.6 集电装置

由于周边传动刮泥机的驱动机构随旋转桁架作圆周运动,所以集电的方式与第7.2节行车式刮泥机所介绍的几种型式不同,通常都采用滑环式受电。图7-142及图7-143为滑环式集电器一例,由集电环及电刷架组成。集电环安装在中心旋转支座的固定机座中,动力

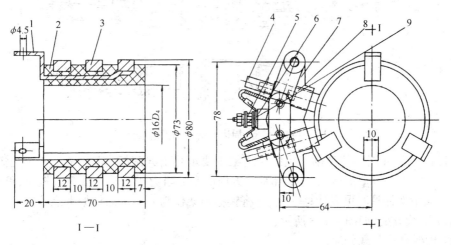

图 7-142 滑环式集电装置
1—接线头;2—滑环座;3—滑环;4—罩;5—螺母;6—垫块;7—刷盒;8—电刷;9—垫圈

电缆由池底进入中心支座,各股线端分别接在铸造黄铜的几个滑环引出节点上,固定不动。另外,将人字形的电刷架装在中心旋转支座的转动套上,电刷靠弹簧的压力与相应的滑环保持接触,通过从电刷架上引出的导线,将电输送到驱动电机。

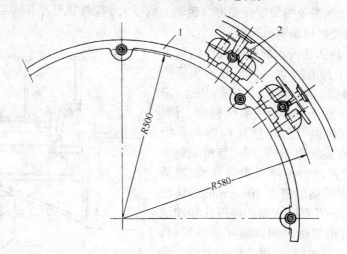

图 7-143 滑环式集电装置
1—滑环;2—电刷架

7.5.4.7 计算实例

【例】 计算图 7-144 所示的 $\phi 28m$ 周边传动刮泥机桁架内力。设桁架总重力为 26000N,其中短臂部分为 6000N,工作桥上的活载以 1000N/m 考虑。端梁与电动机减速器等荷载为 3000N。

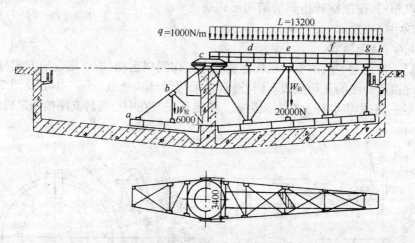

图 7-144 $\phi 28m$ 周边传动刮泥机桁架计算

【解】 $\phi 28m$ 周边传动刮泥机的主桁架主要承受桁架刮板本身的自重荷载 26000N 和工作桥上的活载 1000N/m,由于底部垂直方向的刮泥阻力相对于自重荷载较小,可以忽略。前、后两榀桁架计算时可只计算一榀,并将整榀桁架作为一个平面桁架考虑。

(1) 荷载分配,如图 7-145 所示:

1) 桁架自重荷载分配:

① 长臂部分自重荷载 = 26000 - 6000 = 20000N

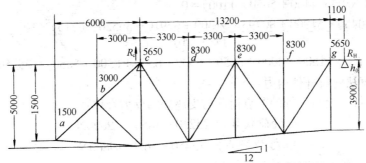

图 7-145 桁架结构尺寸及荷载分配

$$\text{按4节点分配}\begin{cases} \text{中间节点：} & W_i = \dfrac{20000}{4} = 5000\text{N} \\ \text{两端节点：} & \dfrac{1}{2}W_i = 2500\text{N} \end{cases}$$

② 短臂部分自重荷载 6000N

$$\text{按2个节点分配}\begin{cases} b\text{ 节点：} & W_b = 6000/2 = 3000\text{N} \\ \text{两端节点：} & \dfrac{1}{2}W_b = 1500\text{N} \end{cases}$$

2) 活载分配：仅长臂部分的桁架上受活载作用，桁架总长为 13.2m。总活载 $W_{活} = 1000 \times 13.2 = 13200\text{N}$

$$\text{按4个节点分配}\begin{cases} \text{中间节点：} & W_2 = \dfrac{13200}{4} = 3300\text{N} \\ \text{两端节点：} & \dfrac{1}{2}W_2 = \dfrac{3300}{2} = 1650\text{N} \end{cases}$$

3) 端部减速机等重力分配：端部节点 g 与轨道支撑各承受 $\dfrac{1}{2}$ 荷载：

$$W_3 = \dfrac{3000}{2} = 1500\text{N}$$

4) 将荷载分配叠加并汇总于表 7-38。

节点荷载分配　　　　　　　　　　　　　　　　　　　　表 7-38

节　点	自重荷载(N)	活　载(N)	减速机重量荷载(N)	节点总荷载(N)
a	1500			1500
b	3000			3000
c	1500 + 2500	1650		5650
d	5000	3300		8300
e	5000	3300		8300
f	5000	3300		8300
g	2500	1650	1500	5650

(2) 支座反力计算：由图 7-145 可知 C、H 处的支座反力可按力的平衡方程求解：

$$\Sigma M_H = 0$$

$R_C \times 14300 - (1500 \times 20300 + 3000 \times 17300 + 5650 \times 14300 + 8300 \times 11000 + 8300 \times 7700$

$$+ 8300 \times 4400 + 5650 \times 1100) = 0$$

$$R_C = \frac{(30450 + 51900 + 80795 + 91300 + 63910 + 36520 + 6215) \times 10^3}{14.3 \times 10^3} = 25250 \text{N}$$

$$R_H = W_F - R_C = (1500 + 3000 + 5650 + 8300 + 8300 + 8300 + 5650) - 25250 = 15450 \text{N}$$

(3) 用图解法解析杆件内力：

1) 作用前将 c 处与 g 处的节点荷载与支座处的反力合作：

$$c \text{ 处荷载 } W_c = 25250 - 5650 = 19600 \text{N}$$
$$g \text{ 处荷载 } W_g = 15450 - 5650 = 9800 \text{N}$$

2) 按图解法作内力图如图 7-146 所示。

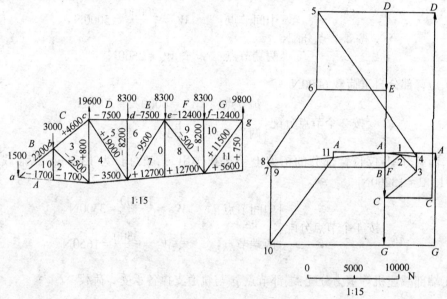

图 7-146 桁架内力计算

3) 按比例量出各杆件内力值后标明于桁架图中。

7.5.4.8 系列化设计

周边传动刮泥机在国内应用较多，上海市政工程设计研究院设计了适用于池径 20～28m 的系列图纸，表 7-39 为刮泥机的系列规格。

周边传动（双边驱动）吸泥机系列规格　　　表 7-39

池　径 (m)	车轮行驶速度 (m/min)	电动机功率 (kW)	质　量 (t)	备　注
25	1.7	0.4×2	18	
30	1.8	0.8×2	21	池深分 2.5m、2.75m、3m 三档
37	2	0.8×2	24	
45	2.2	1.5×2	30	
55	2.4	1.5×2	37	

此外，吉林化学工业公司设计院设计了适用于污水二次沉淀池的周边传动吸泥机，池径

为 25~55m。主要的特点是全跨式桥架、空气提升式吸泥、双边驱动、滚轮采用铁芯橡胶实心轮胎以及中心设有旋转支承装置。该机具有结构紧凑、运行平稳、消耗功率低等优点。表 7-40 为周边传动吸泥机的规格系列。

周边传动吸泥机规格　　　　　　表 7-40

池径 (m)	处理水量 (m^3/h)	周边滚轮线速度 (m/min)	电动机功率 (kW)	质量 (t)
25	750	1.7	0.4×2	18
30	1000	1.8	0.8×2	21
37	1500	2	0.8×2	24
45	2000	2.2	1.5×2	30
55	3050	2.4	1.5×2	37

注：池深分为 2.5m、2.75m、3m 三档。

7.6 浓缩池的污泥浓缩机

浓缩是减少污泥体积的一种方法,在污泥处理过程中,一般都采用重力浓缩的方法作为脱水操作的预处理。因此,在浓缩池中进行污泥的浓缩,实际上与沉淀池的沉积过程相似。污泥浓缩池的池径一般为 6~20m。

浓缩池结构与圆池刮泥机基本相似,在刮臂上装有垂直排列的栅条,在刮泥的同时起着缓速搅拌作用,以提高浓缩的效果。

7.6.1 基础资料及计算

7.6.1.1 基础资料

(1) 污泥浓缩机刮板的外缘线速度≤3.5m/min
(2) 浓缩池池底坡度为 1:6~1:4。

7.6.1.2 计算

刮泥功率的确定可根据第 7.5 节介绍的公式计算。

对于连续浓缩大荷载的砂类或无粘泥物质时,刮集功率可按经验公式(7-96)计算:

$$N = \frac{Q_{干}}{3}(f\cos\alpha - \sin\alpha)\frac{2R^3 + r^3 - 3rR^2}{R^2 - r^2} \tag{7-96}$$

式中　α——刮板底与水平面的夹角(度);
　　　f——沉淀物的摩擦系数;
　　$Q_{干}$——每分钟在池内沉淀固体的总吨数(t/min);
　　　R——浓缩池半径(m);
　　　r——排泥斗半径(m)。

应用上述公式计算时,有两个假设条件:
(1) 由池中心进水,周边溢流。
(2) 沉淀物均匀地分布于池底。

7.6.2 竖向栅条

竖向栅条可安装在浓缩机的刮臂上,栅条的形式大多采用等边角钢断面,如图 7-147 所示。栅条的高度一般为刮臂的下弦至配水筒下口,约占有效水深的 2/3,栅条的间隔为 300mm。刮臂旋转时带动栅条作缓慢的搅拌,当栅条穿行于污泥层时,能为水提供从污泥中逸出的通道,以提高污泥浓缩的效果。图 7-148 为悬挂式中心传动浓缩机,适用于池径在 14m 以下的浓缩池。图 7-149 为周边传动浓缩机,适用于池径大于 14m 的浓缩池。图 7-150 为垂架式中心传动浓缩机,适用于池径为 16~30m。

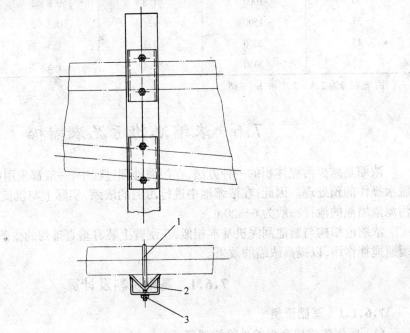

图 7-147 浓缩机栅条
1—U 型螺栓;2—栅条;3—螺母

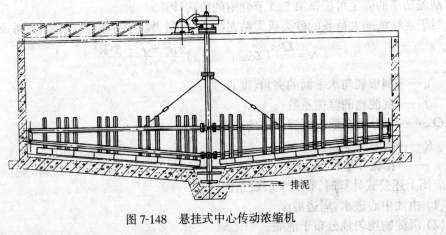

图 7-148 悬挂式中心传动浓缩机

7.6 浓缩池的污泥浓缩机

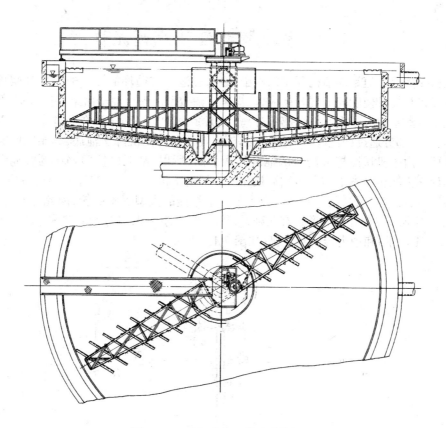

图 7-149　垂架式中心传动浓缩机

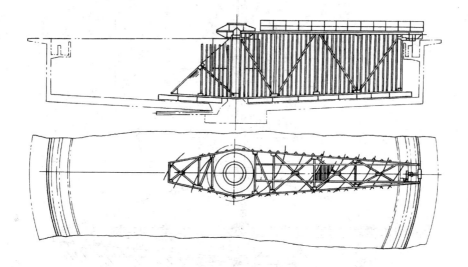

图 7-150　周边传动浓缩机

7.7 机械搅拌澄清池刮泥机

机械搅拌澄清池是泥渣循环型的池子,原水进池后与循环的泥渣通过搅拌桨板和机械叶轮的搅拌和提升使能充分混合反应,以提高澄清效果。整个池子由第一反应室、第二反应室和泥水分离室组成。泥水在分离室分离后,沉淀泥渣的一部分就在分离室的集泥斗内定时排出;另一部分通过回流缝进入第一反应室,较重的污泥沉降于池底,其余随叶轮提升后进行循环。由于机械搅拌澄清池的池底是圆形的,所以,刮泥机按照普通的圆池刮泥机设计。其计算方法也基本上与圆池刮泥机相似。但由于机械搅拌澄清池的结构与功能比较特殊,在第一反应室和第二反应室中间设置了一个悬挂的大型提水叶轮,因此,给刮泥机的设置增加了困难。现在常用的形式有两种,按传动方式的不同,可分为套轴式中心传动刮泥机(如图 7-151 所示)和销齿传动刮泥机(如图 7-152 所示)。

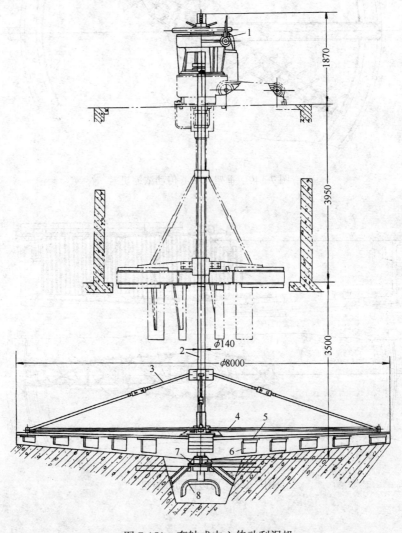

图 7-151 套轴式中心传动刮泥机
1—驱动装置;2—传动主轴;3—斜拉杆;4—水平拉杆;5—刮臂;6—刮板;7—水下轴承;8—集泥槽刮板

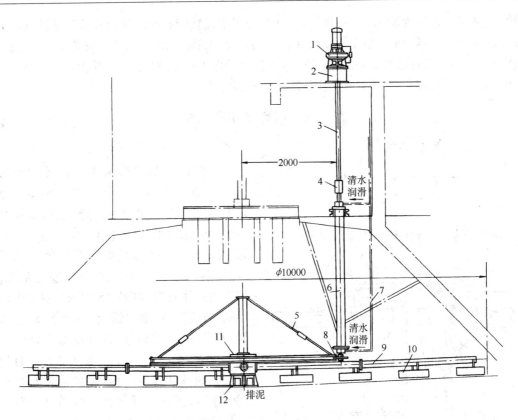

图 7-152 齿轮销齿轮传动刮泥机
1—摆线针轮减速机；2—机座；3—传动轴；4—联轴器；5—拉杆；6—套管；7—清水润滑管路；8—齿轮与销齿轮；
9—刮臂；10—刮板；11—中心枢轴；12—支座

7.7.1 套轴式中心传动刮泥机

7.7.1.1 总体构成

套轴式中心传动刮泥机在形式上与悬挂式中心传动刮泥机相似。为使结构紧凑，将刮泥机的驱动机构叠架在叶轮搅拌机的驱动机构上面，刮泥机的立轴从搅拌机的空心轴中穿越。这种结构形式，习惯上称为套轴式中心传动刮泥机。由于刮泥机的立轴轴径受到搅拌机空心轴内径的限制，一般仅用于水量小于 $600m^3/h$ 的池子，刮板的工作直径约 10m 左右，如图 7-151 所示。主要由电动机、减速器、手动式提耙装置、水下轴承、传动立轴、刮臂及刮板等组成。

7.7.1.2 手动提耙装置

手动提耙装置是升降刮泥板的机构，主要是为了防止池底积泥过多，超过了刮泥机的能力时，提耙作为安全保护措施。图 7-153 为手动提耙装

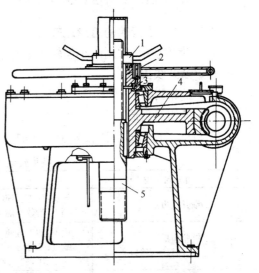

图 7-153 手动提耙装置
1—锁紧螺母；2—调节螺母；3—推力球轴承；
4—蜗轮减速器；5—刮泥机立轴

置的结构,调节高度为200mm。如图所示,在减速器中设置带有滚动推力轴承底座的旋转螺母,与立轴的螺杆部分成一滑动螺旋副,转动螺母时立轴就随导键作上、下升降移动,从而使刮板提高。设计时应注意螺旋副的螺纹旋进方向应与刮臂的旋转方向相反,并用销钉使螺旋副定位,立轴上的导键在升降的范围内不可移出轮壳的键槽。

7.7.2 销齿传动刮泥机

7.7.2.1 总体构成

销齿传动刮泥机采用立轴传动的形式,与套轴式不同的是将传动立轴由中心位置移到搅拌叶轮直径之外,从机械搅拌澄清池的池顶平台穿过第二反应室后伸入第一反应室,然后,经小齿轮与销齿轮啮合,带动以枢轴为中心的刮臂进行刮泥。该机的总体布置如图7-152所示,主要由电动机、减速器、传动立轴、水下轴承座、小齿轮、销齿轮、中心枢轴、刮臂刮板等部件组成。从图中可见,销齿传动可视为一对设在水下的外啮合齿轮传动,销齿轮直接与刮臂连接,通过传动使销齿轮带动刮臂绕中心枢轴旋转。图7-154为中心枢轴的结构形式,小齿轮传动轴与枢轴的轴承均应采用清水润滑,以防泥砂进入而受到磨损。在齿轮与销齿轮的啮合中,由于小齿轮轴悬臂较长,设计时应考虑合理支撑,使之具有足够的刚度,以保证啮合精度。

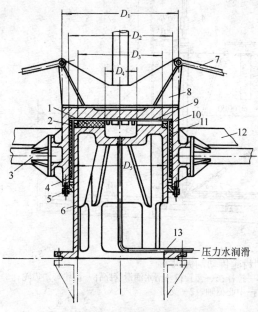

图 7-154 中心枢轴结构
1—轴衬片;2—定位挡圈;3—刮泥横臂;4—填料;5—压盖;6—轴心座;7—调整杆;8—调整拉盘座;9—衬片;10—转轴套;11—衬套;12—大针轮盘;13—压力清水管

7.7.2.2 小齿轮的齿形比较

在销齿传动中,常用的小齿轮齿形有下列三种形式:
(1) 渐开线齿形。
(2) 链轮齿形。
(3) 外摆线齿形。
现将这三种齿形的比较列于表 7-41。

销齿传动的小齿轮齿形比较   表 7-41

小 齿 轮 齿 形	优 缺 点
1. 渐开线齿形	优点:加工方便 缺点:齿数不能太少
2. 链轮齿形 (三圆弧一直线)	优点:加工方便 缺点:啮合时,由于周节弧长不相等,所求得的节圆直径之比不等于齿数之比,会产生冲击振动及磨损现象
3. 外摆线齿形	优点:传动平稳,受力条件好 缺点:制造较困难

7.7.3 刮泥板工作阻力和刮泥功率计算

7.7.3.1 刮板工作阻力计算

图 7-155 为泥砂刮移时受力分析。表 7-42 为刮泥阻力的计算公式。

7.7.3.2 电动机功率的确定

(1) 套轴式中心传动刮泥机的功率计算：

$$N = \frac{1.3 M_p n}{9550 \Sigma \eta} \quad (\text{kW}) \quad (7\text{-}97)$$

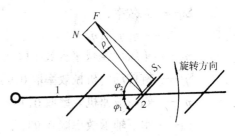

图 7-155 泥砂运动的受力分析
1—刮臂；2—刮板

机械搅拌澄清池刮板阻力计算　　　　　表 7-42

序号	计算项目	计算公式	符号说明及设计数据
1	刮臂旋转一周所刮送的干泥量 $Q_周$	$Q_周 = Q_干 \dfrac{t}{60}$ (m³/周)	t——刮臂旋转一周所需的时间(min/周) $Q_干$——每小时沉淀的干污泥量(m³/h)
2	污泥沿池底行走的路程 S_1	$R = \dfrac{R_p}{\cos\alpha}$ $S_1 = \dfrac{R_p}{\cos\varphi_2}$ $\varphi_2 = 90° - (\varphi_1 + \rho)$	α——池底坡角(度) R_p——刮臂板的池半径(m) R——刮板的实际工作半径(m) φ_1——刮板与刮臂轴线的水平夹角(°) φ_2——泥砂运动的角度(泥砂沿池底移动时，行走的轨迹，与刮板互为补角的对数螺旋线)(°) ρ——泥砂摩擦角；$\rho = \arctan\mu_1$
3	泥砂在池底上移动时的摩擦力 P_1	$P_1 = 1000 Q_周 \mu_2 \gamma$ (N)	γ——泥砂密度(t/m³) μ_2——泥砂对池底的摩擦系数(与 μ_1 相同)
4	刮泥一周刮板克服污泥与池底摩擦所作的功 A_1	$A_1 = P_1 S_1$ (N·m)	
5	泥砂与刮板的摩擦力 P_2	$P_2 = P_1 \mu_1 \cos\varphi_1$ (N)	$\mu_1$①——泥砂对刮板的摩擦系数，含水率 95% 的泥浆 $\mu_1 = 0.15$
6	泥砂沿刮板移动的距离 S_2	对于直线形排列的刮板 $S_2 = \dfrac{R - R_1}{\cos\varphi_1}$ (m) 对于对数螺旋线形的刮板 $S_2 = \dfrac{\sqrt{1+K^2}}{K}(R - R_1)$ (m)	R_1——集泥斗半径(m) K——常数，$K = \mathrm{ctg}\left(45° + \dfrac{\varphi_2}{2}\right)$ φ_2——见序号 2 符号说明
7	泥砂与刮板摩擦所消耗的功 A_2	$A_2 = P_2 S_2 = P_1 \mu_1 (R - R_1)$ (N·m)	
8	刮泥一周所消耗的总功 A	$A = A_1 + A_2$ (N·m)	
9	刮泥所需功率 N_P	$N_P = \dfrac{A}{60000 t}$ (kW)　(7-98)	t——刮泥一周所需时间(min/周)
10	刮臂的工作扭矩 M_P	$M_P = 9550 \dfrac{N_P}{n}$ (N·m)　(7-99)	n——刮臂转速(r/min)

① 由原中国给水排水西北分院对某澄清池的刮泥摩擦系数测定：
当排泥密度为 935kg/m³ 时，$\mu_1 = 0.53$，$\mu_2 = 1.42$；
当排泥密度为 500kg/m³ 时，$\mu_1 = 0.061$，$\mu_2 = 0.46 \sim 0.53$。

式中 M_p——刮臂的工作扭矩(N·m);
n——刮臂的转速(r/min);
$\Sigma\eta$——总效率,

其中 $\Sigma\eta = \eta_1 \eta_2 \eta_3 \eta_4$
η_1——单级摆线减速机效率取 0.9;
η_2——链传动的机械效率取 0.96;
η_3——蜗轮减速机效率取 0.70;
η_4——水下轴承效率取 0.93;
1.3——附加系数(主要考虑由机械自重在旋转时所产生的阻力等因素)。

(2) 销齿传动刮泥机的功率计算:

1) 枢轴的扭矩及刮泥功率计算:枢轴由转轴、芯轴、止推滑动轴承、径向滑动轴承、填料密封及水润滑管等部件组成,枢轴的扭矩计算及功率计算公式列于表 7-43。

中心旋转枢轴的扭矩计算 表 7-43

序号	计算项目	计算公式	符号说明及设计数据
1	枢轴的扭矩 $M_{枢}$	$M_{枢} = M_1 + M_2 + M_3 + M_p$ (N·m) $N_{枢} = \dfrac{M_{枢} n_{枢}}{9550}$ (kW)　(7-100)	M_p——刮臂的工作力矩(N·m),见表 7-42; M_1——转套滑动止推轴承摩擦力矩(N·m) M_2——转套径向滑动轴承摩擦力矩(N·m) M_3——填料摩擦力矩(N·m)
2	转轴止推滑动轴承摩擦力矩 M_1 及所需功率 N_1	$M_1 = \dfrac{f d_m}{2}$ (N·m) $f = \mu \times \Sigma P$ (N) $\Sigma P = W_{刮} + W_{转轴} - P_{介差压}$ (N) $P_{介差压} = P_{介内} - P_{介外}$ $N_1 = \dfrac{M_1 n_{枢}}{9550}$ (kW)	f——转套转动时与枢轴的摩擦力(N) d_m——止推轴承平均直径(m) μ——环状承压面的摩擦系数 酚醛层压板对金属(干摩擦时)$\mu=0.14$ 青铜对钢 $\mu=0.15$ ΣP——转套所承受的轴向总荷载(N) $W_{刮}$——刮臂及刮板的重量(N) $W_{转轴}$——转套的重力(N) $P_{介外}$——枢轴外的介质压力(N) $P_{介内}$——枢轴内的介质压力(N) $n_{枢}$——枢轴转速(r/min)
3	转轴径向滑动轴承摩擦力矩 M_2 及功率 N_2	$M_2 = f_{径} \times \dfrac{d}{2}$ (N·m) $f_{径} = \mu P_{径}$ (N) $P_{径} = \dfrac{2 M_P}{D_{节}} \text{tg}\beta$ (N) $N_2 = \dfrac{M_2 n_{枢}}{9550}$ (kW)	d——滑动轴承直径(m) $f_{径}$——径向滑动轴承的摩擦力(N) $P_{径}$——径向受力(N) M_p——刮臂工作扭矩(N·m) $D_{节}$——大齿轮节圆直径(m) β——齿轮压力角 $\beta=20°$
4	填料和转轴间摩擦力矩 M_3 及功率 N_3	$M_3 = P_f \dfrac{d}{2}$ (N·m) $P_f = \pi d h_1 q \mu_3$ (N) $N_3 = \dfrac{M_3 n_{枢}}{9550}$ (kW)	P_f——填料与转轴间的摩擦力(N) d——同前(m) h_1——填料高度(m) q——填料侧压力,一般为 5×10^5 Pa μ_3——填料与转轴间的摩擦系数,$\mu_3 = 0.04\sim0.08$

2) 电动机功率的确定:电动机功率 $N(\mathrm{kW})$ 可按下式计算:

$$N = \frac{M_枢 \times n_枢}{9550 \times \Sigma\eta} \quad (\mathrm{kW})$$

式中 $\Sigma\eta$——机械总效率%。

7.7.4 刮臂和刮板

7.7.4.1 刮臂

刮臂承受刮泥阻力及自重重力,在机械搅拌澄清池中通常采用管式悬臂结构,并设置拉杆作辅助支撑。

刮臂的数量为 $800\mathrm{m}^3/\mathrm{h}$ 以上的水池采用 $120°$ 等分的三个刮臂。$600\mathrm{m}^3/\mathrm{h}$ 以下的池子采用对称设置的两个大刮臂和两个小刮臂,互成十字形。

7.7.4.2 刮板

刮板可按对数螺旋线布置。为了加工方便,也可设计成直线形多块平行排列的刮板。刮板与刮臂轴线夹角应大于 $45°$。

7.7.4.3 池底坡角

通常 200、$320\mathrm{m}^3/\mathrm{h}$ 的机械搅拌澄清池池底坡度为 $1:12$;$430\mathrm{m}^3/\mathrm{h}$ 以上的大中型机械搅拌澄清池,由于土建设计为弓形薄壳池底,因此刮臂与刮板的设计也应与此相适应。

7.7.5 系列化设计及计算实例

机械搅拌澄清池刮泥机的标准系列图集由北京市市政设计院负责编制,并由沈阳冶金矿山机器厂制造,主要规格见表 7-44。

机械搅拌澄清池刮泥机系列规格   表 7-44

型 式	规 格 (m^3/h)	部颁标准图代号
套轴式中心传动刮泥机	200	S774(一)
	320	S774(二)
	430	S774(三)
	600	S774(四)
齿轮销齿轮传动刮泥机	800	S774(五)
	1000	S774(六)
	1330	S774(七)
	1800	S774(八)

【例】 试计算 $1000\mathrm{m}^3/\mathrm{h}$ 的机械搅拌澄清池刮泥机功率。

设计数据:

(1) 刮泥机每转一周的刮泥量(含水率 95%)为

$$Q_周 = 4\mathrm{m}^3/周$$

(2) 刮板的工作圆周半径 $6.5\mathrm{m}$。

(3) 排泥槽半径 $0.3\mathrm{m}$。

(4) 刮板与刮臂的夹角 $\varphi_2 = 45°$。

(5) 泥砂对池底、刮板的摩擦系数 $\mu = 0.15$。

(6) 刮板外缘线速 $v=2\text{m/min}$。

(7) 刮板一周的时间 $t=20\text{min}=0.33\text{h}$。

(8) 总机械效率为 70%。

【解】 因机械搅拌澄清池规模为 $1000\text{m}^3/\text{h}$，所以设计的刮泥机采用销齿传动形式。设：刮泥机传动布置如图 7-156 所示。

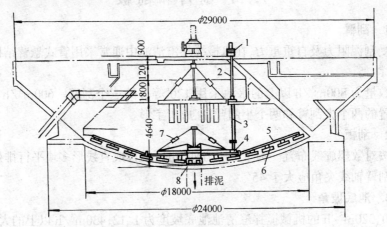

图 7-156 机械搅拌澄清池刮泥机计算

1—驱动机构；2—传动立轴；3—套筒；4—齿轮销齿轮啮合付；5—刮臂；6—刮板；7—拉杆；8—中心枢轴

刮臂与刮板的自重重力为 8000N。

转动套与销齿轮等重力为 8000N。

转动套内、外的水压差忽略不计。

(1) 枢轴的扭矩计算（按表 7-43 计算）：

$$M_{枢}=M_p+M_1+M_2+M_3$$

式中

$$M_p=9550\frac{N_P}{n}=\frac{9550(A_1+A_2)}{60000tn}=\frac{9550(P_1s_1+P_2s_2)}{60000tn}$$

$$=\frac{9550\left[1000Q_{周}\mu_2 g\gamma \frac{R_p}{\cos\varphi_2}+1000Q_{周}\mu_2\gamma g\mu_1(R-R_1)\right]}{60000t\frac{v}{2\pi R}}$$

$$=9550\times\left[1000\times4\times0.15\times1.03\times9.81\times\frac{6.5}{\cos[90°-(45°+8.5°)]}\right.$$

$$\left.+1000\times4\times0.15\times1.03\times9.81\times0.15\times(6.5-0.3)\right]\Big/60000\times20\times\frac{2}{2\times\pi\times6.5}$$

$$=8883\text{N}\cdot\text{m}$$

$$M_1=\mu(W_{刮}+W_{转})\frac{d_m}{2}=0.14\times(8000+8000)\times\frac{0.335}{2}=375.2\text{N}\cdot\text{m}$$

$$M_2=\frac{2M_p}{D_{节}}\tan\beta\mu\frac{d}{2}=\frac{2\times8883}{4}\times\tan20°\times0.14\times\frac{0.4}{2}=45\text{N}\cdot\text{m}$$

$$M_3=\pi dh_1 q\mu_3\frac{d}{2}=\pi\times0.4\times0.075\times500000\times0.08\times\frac{0.4}{2}=754\text{N}\cdot\text{m}$$

$$M_{枢} = 8883 + 375.2 + 45 + 754 = 10057.2 \text{N·m}$$

(2) 驱动功率计算：

$$N = \frac{M_{枢} n}{9550 \eta} = \frac{10057.2 \times 0.049}{9550 \times 0.7} = 0.074 \text{kW}$$

选用 0.55kW 电动机。

7.8 双钢丝绳牵引刮泥机

7.8.1 适用条件和特点

双钢丝绳牵引刮泥机,适用于水厂平流沉淀池、斜管沉淀池、浮沉池的排泥。通常采用一套驱动卷扬装置,同时牵引两台行驶方向相反,作直线往复运动的刮泥车。设备结构简单、操作方便、刮泥能力与适应性强,易于实现自动化。

7.8.2 常用布置方式

刮泥机的布置与沉淀池的长度、宽度有关,通常布置方式有纵向(池长)刮泥布置和横向(池宽)刮泥布置两种方式,如图 7-157 所示。其布置要点：

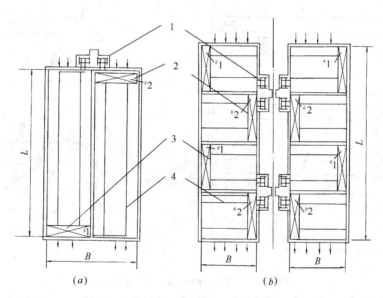

图 7-157 双钢丝绳牵引刮泥机布置方案
(a)纵向刮泥布置；(b)横向刮泥布置
1—驱动卷扬装置；2—#2 刮泥车；3—#1 刮泥车；4—钢丝绳

(1) 当沉淀池长度 $L \leqslant 30\text{m}$,宽度 $B \leqslant 9\text{m}$ 时应优先选用纵向布置。

1) 刮泥车运行方向平行于水流方向,刮泥设备设置少。

2) 进水端沉泥量大,故池内集泥槽最好设在进水端,使大量沉泥刮送距离短,增强排泥效果。

(2) 当沉淀池长 $L>30\mathrm{m}$，宽度 $B>9\mathrm{m}$ 时应优先采用横向布置。

1) 刮泥车运行方向垂直于水流方向，刮泥设备设置量较多，且各台刮泥机负荷不一致，须采取不同的运行速度或工作周期，以适应进水端负荷大于出水端。此种布置，在实际工程中应用较多。

2) 横向刮泥布置方案：一般都在两组沉淀池之间设排泥管廊，便于集中排泥和刮泥设备的布局。

上述两种刮泥机的布置，其排泥效果均能满足工艺要求。

7.8.3 总体构成

双钢丝绳牵引刮泥机主要由一套驱动卷扬装置、八套立式改向滑轮组、十二套卧式改向滑轮组、二套换向机构、两台刮泥车和钢丝绳组成。如图 7-158 所示。

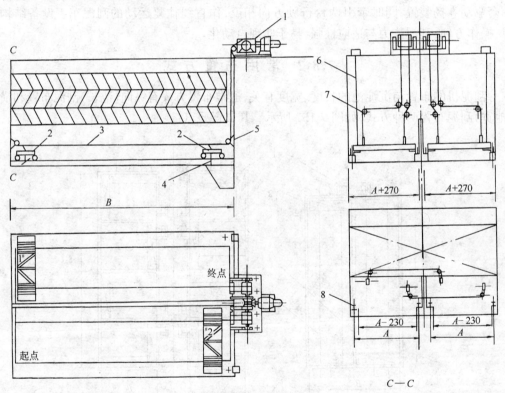

图 7-158 双钢丝绳牵引刮泥机结构布置
1—驱动卷扬装置；2—刮泥车；3—钢丝绳；4—刮泥板；5—立式滑轮；6—换向机构；7—卧式滑轮；8—轨道

驱动卷扬装置设在池顶走道板上，两套换向机构设在沉淀池集泥槽侧，其位置应与刮泥车上碰杆相对应，二十套改向滑轮组与池壁上的预埋件焊接定位，两台刮泥车设置在池体底部的轨道上，一台在刮泥行程的终端，一台在刮泥行程的起点。每台刮泥车首端用钢丝绳与卷绳筒相连，两台车尾端用钢丝绳连接，组成一个运动链，单向刮泥。

在驱动卷扬装置中，减速机的输出端装有小圆锥齿轮，同时与两个卷筒输入端的大圆锥齿轮啮合，组成齿轮副。当电机顺时针旋转时，其中一个卷筒顺时针旋转，卷绕钢丝绳，另一个卷筒逆时针旋转，释放钢丝绳。在卷绕钢丝绳的牵引下，#1、#2 刮泥车同时动作，其中 #1

车刮泥板翻转下降,作正向行驶刮泥。#2 车刮泥板翻转抬起,反向行驶,空行程返回。当驶完全行程到达各自的另一端时,由正向行驶的#1 车通过碰杆触动换向机构,并由它发出信号,使电机停止,反转。而原来顺时针旋转的卷筒开始逆时针旋转。钢丝绳牵引下,#2 车刮泥板翻转下降,#1 车翻转抬起,换向行驶。当#2 车刮泥到达终点时,触动换向机构发出信号,电动机停止转动,同时指令排泥管上的阀门开启排泥,延迟一段时间后自动关闭。至此一个排泥周期结束。

根据原水浊度的变化,排泥周期的间隔时间可调。当间隔时间设定为零时,刮泥机就可连续刮泥。另外也可根据沉淀池的平均沉泥厚度确定,一般沉泥厚度大于 80mm 时就需排泥,控制方式可由沉泥浓度计或计算机集中自动控制或现场手动控制。

7.8.4 双钢丝绳牵引刮泥机主辅设备

7.8.4.1 驱动卷扬机构

驱动卷扬机构,如图 7-159 所示,有调速型和定速型两种。调速型主要配置无级变速电机;定速型选用单一速度的电机与摆线针轮减速器配套,以驱动卷扬机。

为防止钢丝绳出入卷筒时无序排列,在两个卷筒上设有导绳槽,卷筒设在减速机左端的设右旋导槽,右端的设左旋导槽,绳槽数根据池长和卷筒直径确定。钢丝绳出入卷筒的偏角 $\alpha \leqslant 6°$。有关卷筒的结构、绳槽间距和强度计算等详阅起重设备零部件设计的有关章节。

为防止刮泥机超负荷运行,在减速机输出轴端设置安全剪切销,当输出扭矩大于设计值时,剪切销剪断,停止运行。剪切销结构及计算见第 5 章。

7.8.4.2 刮泥车

如图 7-160 所示为刮泥车结构,车体采用普碳钢组合梁结构,四组行走轮用 U 形螺栓固定在车身上。行走轮轴心镶嵌铜合金轴衬,轮轴采用不锈钢,每一走轮前设置清除轨面积泥的辅助刮板。池底积泥由设置在车架上可翻转的刮板清除,刮板下部装有氯丁橡胶板。

刮泥车正向行驶时,钢丝绳牵引拉杆,在连杆的作用下,刮板翻转,与池底呈 90°,前进刮集污泥,直至推入集泥槽内。刮泥车反向行驶时,动作与正向相同,刮

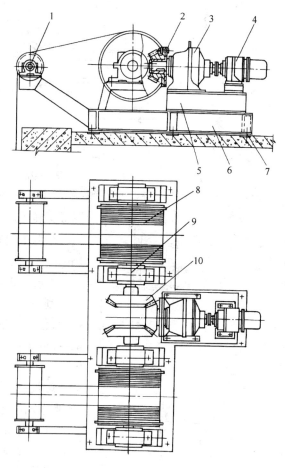

图 7-159 调速型驱动卷扬机构
1—导绳筒;2—剪切销;3—摆线针轮减速机;4—调速电机;
5—减速机座;6—驱动卷扬机座;7—底脚螺栓;8—卷绳筒;
9—轴承座;10—圆锥齿轮副

7 排泥机械

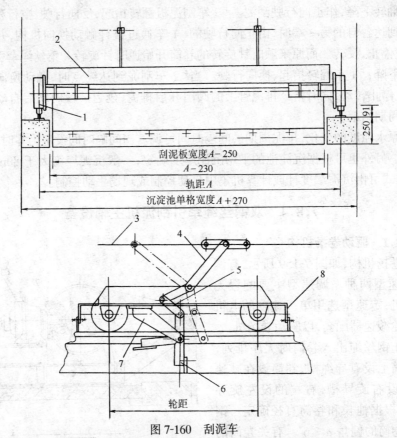

图 7-160 刮泥车
1—行走轮；2—车体；3—牵引钢丝绳；4—拉杆；5—连杆；6—刮泥板；7—刮板支架；8—辅助刮板

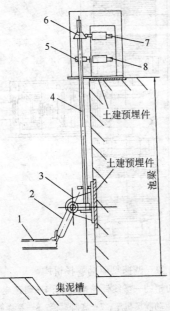

图 7-161 换向机构示意
1—刮泥车碰杆；2—摆杆；3—支座；4—连杆；5—接近开关挡片；6—超越行程开关撞块；7—超越行程开关；8—接近开关

泥板翻转抬起，空行程，直至返回始发端。

刮泥车运行速度以不超过 1.5m/min 为宜，通常采用 1m/min；跨度一般不超过 6m；轮距与跨度比为 1/5~1/3。

7.8.4.3 换向机构

刮泥车行驶至终点时，车上的碰杆推动换向机构的摆杆，使之旋转一定的角度，转轴的另一侧把直杆向上移动，杆的上部设有接近开关磁铁，当两者靠近时，开关动作，指令刮泥车停止或反向运行。若接近开关故障，在杆的上端设有超越行程开关的拨块，超越行程开关动作指令刮泥车停驶并报警，详见图 7-161。

换向开关选用无触点，全密封的接近开关，适应潮湿环境和动作频繁的工况。超越行程开关采用湿热型机械推杆式能自动复位的行程开关。

7.8.4.4 钢丝绳的选用

刮泥机用的钢丝绳，总是交替地浸没于水中，因此除需要足够的强度外，应考虑介质的腐蚀，一般应采用不锈钢钢丝绳。若采用镀锌钢丝绳时镀锌层出现裂纹会由于双金属的电化学作用而加速腐蚀。

运行中,钢丝绳要多次通过改向滑轮组,故应采用同向捻的,且钢丝绳计算中其安全系数不宜取得过大,一般$[n] \geqslant 4$,确保足够的柔性。

7.8.5 设 计 计 算

7.8.5.1 沉淀池排泥量

(1)每套刮泥机担负的处理水量:按式(7-101)为

$$Q_{机} = \frac{Q}{A} \quad (m^3/h) \tag{7-101}$$

式中 A——刮泥机总数(套);
Q——沉淀池总进水量(m^3/h)。

(2)刮泥机刮集干污泥量:按式(7-102)为

$$Q_{干} = Q_{机}(SS_1 - SS_2) \times 10^{-6} \quad (m^3/h) \tag{7-102}$$

式中 SS_1——沉淀池进水浊度(mg/L);
SS_2——沉淀池出水浊度(mg/L)。

(3)沉淀池排泥按含水率98%计,污泥量:按式(7-103)为

$$Q_{\xi} = Q_{干} \frac{100}{100 - \xi} \rho \quad (kg/h) \tag{7-103}$$

式中 ξ——污泥含水率(%);
ρ——污泥密度,一般$\rho = 1030 kg/m^3$。

7.8.5.2 刮泥机刮泥量

(1)刮泥机一个工作循环的刮泥量(指两台刮泥车各刮泥一次):按式(7-104)为

$$Q_{次} = \frac{bh^2 \rho}{tg\alpha} \quad (kg/次) \tag{7-104}$$

式中 b——刮泥板宽度(m);
h——刮泥板高度(m);
α——刮泥时污泥堆积坡角,一般取5°。

(2)刮泥机一个工作循环所需时间:按式(7-105)为

$$t = \frac{2S}{v} \quad (min) \tag{7-105}$$

式中 $2S$——两台刮泥车运行距离(m);
v——刮泥车运行速度(m/min)。

(3)连续刮泥,每小时刮泥次数:按式(7-106)为

$$K_{次} = \frac{60}{t} \quad (次/h) \tag{7-106}$$

(4)每小时刮泥量:按式(7-107)为

$$Q_{刮} = K_{次} Q_{次} \quad (kg/h) \tag{7-107}$$

刮泥量应大于排泥量,即$Q_{刮} > Q_{\xi}$。

7.8.5.3 驱动功率

(1)刮泥时刮板所受阻力:按式(7-108)为

$$P_{刮} = \frac{Q_{次}}{2}\mu g = 4.9 Q_{次}\mu \quad (N) \tag{7-108}$$

式中 μ——污泥与沉淀池底摩擦系数,一般 $0.2 \sim 0.5$;

g——重力加速度(m/s^2),$g = 9.81 m/s^2$。

(2) 刮泥车行驶阻力:按式(7-109)为

$$P_{驶} = GK\frac{2K_1 + \mu d}{D} \quad (N) \tag{7-109}$$

式中 G——刮泥车总重力(N);

K——阻力系数,一般取 $2 \sim 3$;

K_1——铸钢车轮与钢轨滚动摩擦力臂,一般取 $0.05 \sim 0.1 cm$;

μ——轴承摩擦系数,一般滚动轴承取 $0.002 \sim 0.01$;滑动轴承取 $0.1 \sim 0.5$;

d——车轮轮轴直径(cm);

D——车轮直径(cm)。

(3) 轨道坡度阻力:按式(7-110)为

$$P_{坡} = GK_{坡} \quad (N) \tag{7-110}$$

式中 $K_{坡}$——轨道坡度阻力系数,一般取 0.005。

(4) 各项阻力总和:按式(7-111)为

$$\Sigma P = P_{刮} + 2(P_{驶} + P_{坡}) \quad (N) \tag{7-111}$$

(5) 驱动功率:按式(7-112)为

$$N_0 = \frac{\Sigma P v}{60000 \eta} \quad (kW) \tag{7-112}$$

式中 η——总机械效率(%);

v——刮泥车行驶速度(m/min)。

(6) 电动机功率:按式(7-113)为

$$N_{电} = K_2 N_0 \tag{7-113}$$

式中 K_2——工况系数,一般取 $1.2 \sim 1.4$。

7.8.6 计 算 实 例

【例】 某水厂设计规模 30 万 m^3/d,沉淀池分二个系统,每系统分两组,原水浊度 $10 \sim 500 mg/L$,短期可高达 $600 mg/L$,出水浊度 $10 mg/L$。采用双钢丝绳牵引刮泥机,如图7-158 所示;每组三套,横向刮泥。刮泥机运行速度 $v = 1 m/min$,设刮泥车总重力 17640N,刮板宽 3.68m,高 $h = 0.55m$,车轮直径 $D = 32cm$,轮轴直径 $d = 6cm$。

【解】 (1) 沉淀池排泥量:

1) 每套刮泥机担负的处理水量:

$$Q_{机} = \frac{Q}{A} = \frac{300000}{12} = 25000 m^3/d = 1042 m^3/h$$

2) 刮集的干污泥量:

$$Q_{干} = Q_{机}(SS_1 - SS_2) \times 10^{-6} = 1042(600 - 10) \times 10^{-6} = 0.615 m^3/h$$

3) 按排泥含水率98%计算污泥量:

$$Q_\xi = Q_干 \frac{100\rho}{100-\xi} = 0.615 \frac{100 \times 1030}{100-98} = 31673 \text{kg/h}$$

(2) 刮泥机刮泥量：

1) 一个工作循环的刮泥量：

$$Q_次 = \frac{bh^2\rho}{tg\alpha} = \frac{3.68 \times 0.55^2 \times 1030}{tg5°} = 13106 \text{kg/次}$$

2) 一个工作循环所需时间：

$$t = \frac{2S}{V} = \frac{2 \times 10.5}{1} = 21 \text{min}$$

式中　S——刮泥车运行距离，等于10.5m。

3) 每小时刮泥次数：

$$K_次 = \frac{60}{t} = \frac{60}{21} = 2.86 \text{ 次}$$

4) 每小时刮泥量：

$$Q_刮 = K_次 Q_次 = 2.86 \times 13106 = 37483 \text{kg/h}$$

每小时刮泥量 $Q_刮$ 大于每小时排泥量 Q_ξ。

(3) 驱动功率计算：

1) 刮板集泥时阻力：

$$P_刮 = \frac{Q_次}{2} \mu \times 9.8 = 4.9 \times Q_次 \times \mu = 4.9 \times 13106 \times 0.35 = 22477 \text{N}$$

2) 轨道坡度阻力：

$$P_坡 = GK_坡 = 17640 \times 0.005 = 88 \text{N}$$

3) 刮泥车行驶阻力：

$$P_驶 = GK \frac{2K_1 + \mu d}{D} = 2 \times 17640 \times \frac{2 \times 0.08 + 0.3 \times 6}{32} = 2161 \text{N}$$

4) 各项阻力之和：

$$\Sigma P = P_刮 + 2(P_坡 + P_驶) = 22477 + 2(2161 + 88) = 26973 \text{N}$$

5) 驱动功率：

$$N_0 = \frac{\Sigma P v}{60000 \eta} = \frac{26973 \times 1}{60000 \times 0.75} = 0.6 \text{kW}$$

6) 电动机功率：

$$N_电 = K_1 N_0 = 1.2 \times 0.6 = 0.72 \text{kW}$$

选 $N_电 = 0.75 \text{kW}$。

(4) 钢丝绳直径：每台刮泥车由两根钢丝绳牵引：

故

$$F_{max} = \frac{\Sigma P}{2} = \frac{26973}{2} = 13486.5 \text{N}$$

初选钢丝绳 $d = 9.3 \text{mm}$，抗拉强度 1700N/mm^2

$$F_D = 54700 \text{N}$$

$$n = \frac{F_D}{F_{max}} = \frac{54700}{13487} = 4.1 > 4 (安全)。$$

8 滤池配水及冲洗设备

8.1 滤池表面冲洗设备

滤池表面冲洗设备,是滤池冲洗的辅助设施。滤池冲洗前,先由表面冲洗设备的高速压力水喷射在滤层表面,高速水流的剪切力破碎泥状层,同时增大了滤料之间相互碰撞、摩擦,加速滤料与所截留污物的剥离、脱落,接着在滤层处于流动状态前,进行反冲洗,将已分离的滤层截留污物随水冲走。

采用滤池表面冲洗设备主要优点:
(1) 可减少冲洗水量。
(2) 增大滤池二次冲洗之间的过滤周期。
(3) 提高滤池冲洗质量,使滤料表层 10~15cm 中的污物含量大为减少。
(4) 避免由于过高冲洗强度而发生支承层混乱的危险性。
(5) 对采用密度小的滤料(如活性炭、无烟煤等)滤池冲洗更具有突出的优越性。

8.1.1 适用范围

(1) 单独用水反冲洗效果较差,已不能将滤料冲洗干净的滤池。
(2) 原水受污染或含藻量大、悬浮物较多,常规前处理难以沉降,以致在滤层表面截留很多污物,过滤周期大为缩短的情况下。
(3) 为提高过滤效率,延长过滤周期,减少冲洗用水量。
(4) 旋转式表面冲洗设备适用于长宽比呈整数的布置,固定式不受限制。

8.1.2 分类

滤池表面冲洗设备分固定式和旋转式。

8.1.2.1 固定式表面冲洗设备

固定式表面冲洗设备布置,如图 8-1 所示,其各种固定式表冲设备断面如图 8-2~3 所示。布管方式主要有:

(1) 有在滤池砂面上 5~10cm 的高度,布置间距为 60cm 的水平管,管两侧每约 30cm 开一孔,从孔中喷射出水流,进行冲洗(见图 8-2)。
(2) 有在水平管和垂直管上,安设开了孔的喷嘴,端面距砂面约 10cm,从孔中喷射水

8.1 滤池表面冲洗设备

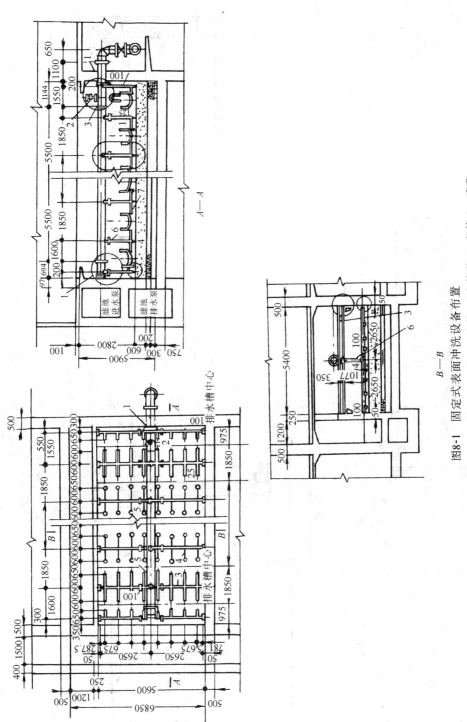

图8-1 固定式表面冲洗设备布置

1—伸缩节；2—双口空气阀；3—表面冲洗干管；4—支管；5—主管道；6—竖管；7—喷嘴

434 8 滤池配水及冲洗设备

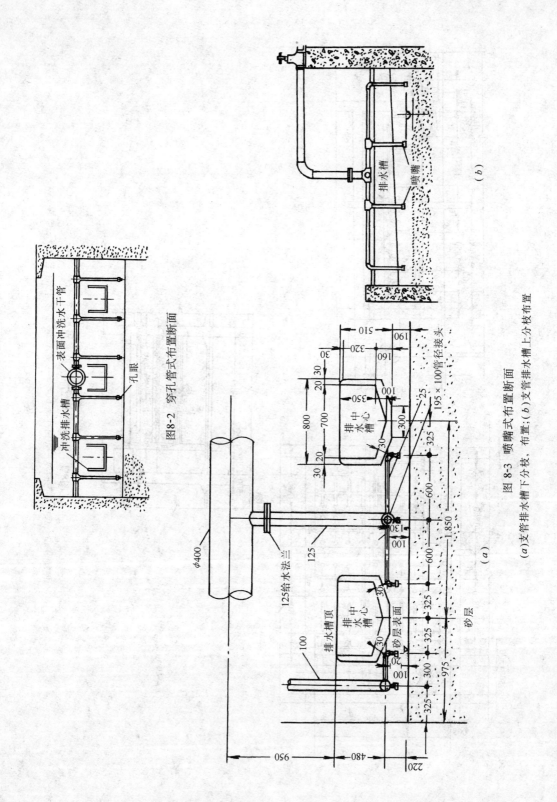

图 8-2 穿孔管式布置断面

图 8-3 喷嘴式布置断面
(a) 支管排水槽下分枝布置；(b) 支管排水槽上分枝布置

流,进行冲洗(见图 8-3)。

具体设计要求详见给水排水设计手册第 3 册《城镇给水》有关章节。

8.1.2.2 旋转式表面冲洗设备

在垂直旋转轴的下端,安装水平旋转管,管的侧面和端部开孔,从孔中喷射水流进行冲洗。

本章主要介绍旋转式表面冲洗设备。

8.1.3 旋转式表面冲洗设备的总体构成

旋转式表面冲洗设备由旋转布水管、喷嘴和轴承函等组成,见图 8-4~6。

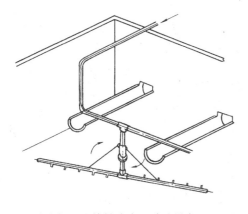

图 8-4 旋转式表面冲洗设备

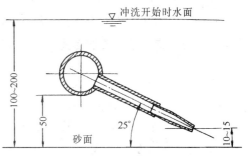

图 8-5 喷嘴安装图

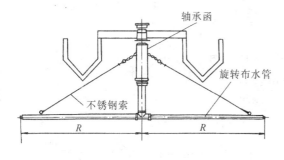

图 8-6 构造示意

旋转布水管设于滤层上约 50mm 处,以 0.4~0.45MPa 的压力通过喷嘴出流,强烈地冲刷滤料表层,旋转布水管借冲射水反作用力旋转,喷射范围为布水管旋转半径内的砂层表面,把砂层激烈冲刷,喷嘴与砂层表面交角约 25°,喷嘴与砂层间距 10~15mm(见图 8-5),旋转轴承函如图 8-6 所示,悬吊在固定管支架上,轴瓦采用低摩阻系数的聚四氟乙烯;轴承座顶部设有翼耳,用不锈钢索或圆钢将布水管校调至水平状,以保证其水平旋转。

8.1.4 旋转式表面冲洗设备的设计要点及数据

(1) 表面冲洗强度为 0.5~0.75L/(m²·s),冲洗历时 4~6min。
(2) 旋转布水管管内流速为 2.5~3m/s。
(3) 喷嘴出口流速为 25~35m/s。

(4) 喷嘴处冲洗水压力约为 0.4~0.5MPa。
(5) 喷嘴与砂层表面交角采用 25°，旋转冲洗管应保持水平，与轴承函互相垂直。
(6) 流速系数取 0.92，流量系数取 0.82。
(7) 旋转轴两边的喷嘴位置和方向，应相对错开，使冲洗管既能旋转又喷水均匀。

国内某水厂快滤池旋转式表面冲洗设备布置，如图 8-7 所示。日本某水厂快滤池旋转式表面冲洗设备，如图 8-8 所示。断面见图 8-9。国内某水厂引进美国快滤池旋转式表面冲洗设备布置如图 8-10 所示，断面见图 8-11。

8.1.5 计 算 公 式

8.1.5.1 喷嘴间距

$$l = 50 p_w \quad \text{(cm)}$$

式中　l——喷嘴间距(cm)；
　　　p_w——喷嘴处冲洗水压力，一般为 0.4~0.5MPa。

8.1.5.2 旋转管内工作水头

$$H = \frac{v^2}{2g c_v^2} \quad \text{(m)} \tag{8-1}$$

式中　H——旋转管内造成喷嘴流速的必要水头(m)；
　　　v——喷嘴出口流速，一般为 25~35m/s；
　　　c_v——流速系数，取 0.92。

8.1.5.3 旋转管上喷嘴孔口总面积

$$F = \frac{Q}{c_d \sqrt{2gH}} \quad \text{(m}^2\text{)} \tag{8-2}$$

式中　F——每根旋转管上喷嘴孔口的总面积(m²)；
　　　Q——每根旋转管的流量(m³/h)；
　　　c_d——流量系数，取 0.82。

8.1.5.4 喷嘴直径

$$d = \sqrt{\frac{F}{n \frac{\pi}{4}}} \quad \text{(m)} \tag{8-3}$$

式中　d——喷嘴直径(m)；
　　　n——每套旋转管上喷嘴数量。

8.1.5.5 旋转管单只喷嘴产生的推力

$$p = Ha\cos\theta \quad \text{(N)} \tag{8-4}$$

式中　H——旋转管内产生喷嘴流速的必要水头(MPa)；
　　　a——单只喷嘴面积(mm²)；
　　　θ——喷嘴与砂层表面夹角，一般采用 25°。

8.1.5.6 旋转布水冲洗管旋臂转动力矩

$$M = P\Sigma r \quad \text{(N·m)} \tag{8-5}$$

式中　M——克服轴承摩擦力、阻力及使管子旋转的力矩(N·m)；

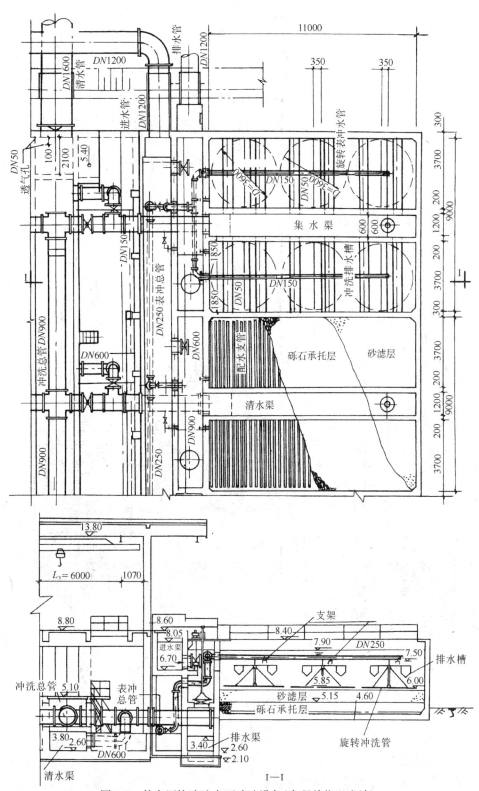

图 8-7 某水厂快滤池表面冲洗设备(高程单位以米计)

438　8　滤池配水及冲洗设备

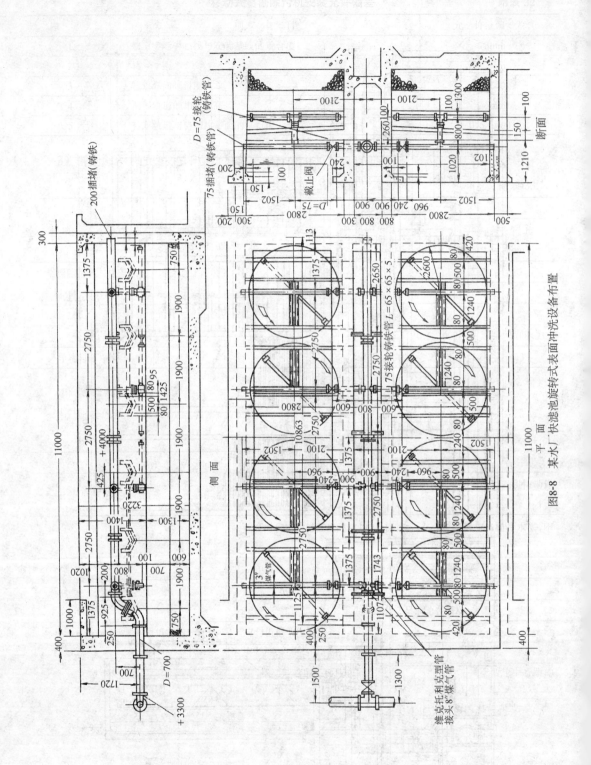

图 8-8　某水厂快滤池旋转式表面冲洗设备布置

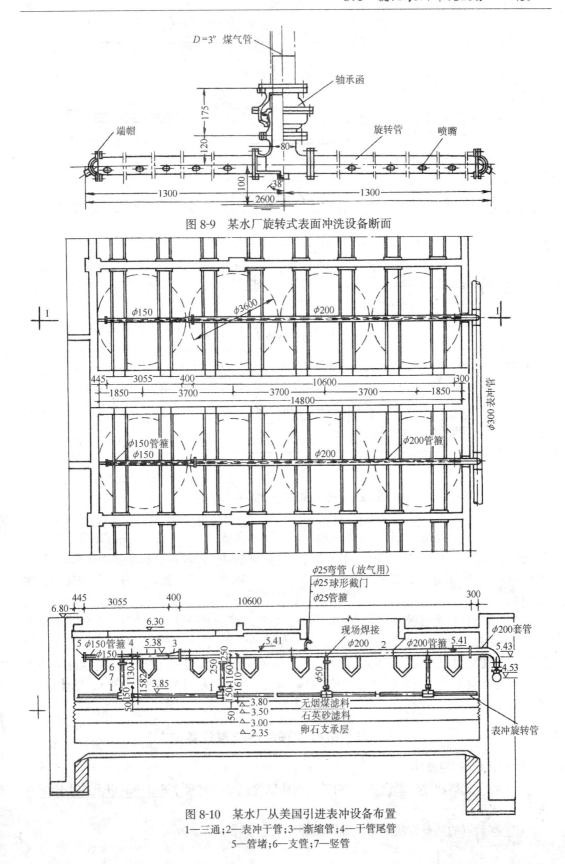

图 8-9 某水厂旋转式表面冲洗设备断面

图 8-10 某水厂从美国引进表冲设备布置
1—三通；2—表冲干管；3—渐缩管；4—干管尾管；
5—管堵；6—支管；7—竖管

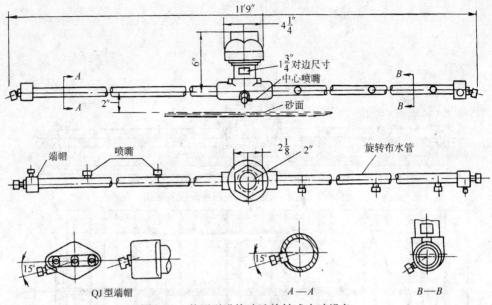

图 8-11 美国引进快滤池旋转式表冲设备

Σr——旋转臂一侧的各喷嘴,距离旋转管轴的距离之和(m)。

8.1.5.7 旋臂末端内径

$$d_0 = \sqrt[1.33]{0.00606R} \quad (m) \tag{8-6}$$

式中 d_0——旋转臂末端最小内径(m);

R——旋转臂半径(m)。

8.2 移动冲洗罩设备

移动冲洗罩滤池是具有同一进水区域和同一出水区域的小阻力滤池,其滤床分成若干小格,滤池上设有可移动的冲洗设备,对滤格进行定时逐格冲洗。除冲洗的滤格不出水外,其余滤格照常供水,滤后水通过虹吸管和出水堰出水。故移动冲洗罩滤池是一种局部冲洗的连续过滤池。

按冲洗方式分为虹吸式移动冲洗罩设备和泵吸式移动冲洗罩设备两种。泵吸式由于受市售大流量、低扬程成品泵规格、性能的限制,单格滤池面积相应较小,虹吸式则不受水泵的制约,单格滤池面积可按需要配制,相对较大。两种冲洗方法均为逐格冲洗,要求移动冲洗罩设备,必须对每个滤格移动到位、停位准确、罩合密闭、冲洗洁净。冲洗结束后,罩体移位,滤格随即投入运行。

8.2.1 虹吸式移动冲洗罩设备

8.2.1.1 适用条件

(1) 虹吸式移动冲洗罩设备,适用于地面式滤池或具有虹吸水头 1.5m 以上的半地下式滤池。

(2) 移动罩的运行方法适用于等间隔冲洗或连续冲洗的滤池。

(3) 用于轻质滤料的滤池时,滤池必须具有足够的滤料膨胀高度,以免冲洗时将滤料带走。

8.2.1.2 总体构成

分成多格的滤池冲洗,是在设于移动梁架下面的罩内进行,罩体有固定型、浮箱型和水力升降型三种型式。固定型罩体悬挂于主梁下,如图8-12所示。浮箱型飘浮在水面上,如图8-13所示。水力升降型罩体座落在水力活塞缸下,如图8-14所示。

梁架结构形式以型钢焊接的混合结构居多,也有用钢

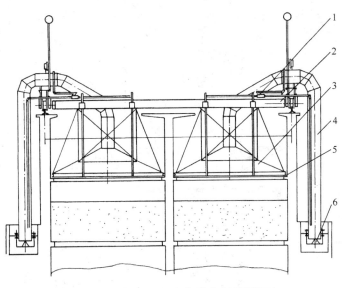

图8-12 固定型虹吸式移动冲洗罩断面
1—水射器;2—车架;3—罩体;4—虹吸管;5—翼板;6—冲洗强度调节装置

板焊成箱形梁结构的。不同形式梁架主要由两根主梁和两根端梁组成,主梁末端与端梁为刚性连接,主梁和端梁都应具有足够的刚度,梁架跨架于滤池顶面的钢轨上。端梁两端装有车轮,虽然行车速度缓慢,但考虑到轮缘与轨道的侧压力,主从动车轮采用铸钢制成,踏面形状用圆柱形双大轮缘高度车轮,踏面表面淬火,以提高车轮的耐久性。

驱动机构有长轴传动和双边传动两种形式。为停位准确、走速稳定,联轴器用刚性连接。减速装置选用标准产品或专用设计。末级减速可用固定传动比的齿轮或链条传动,但直联居多。

虹吸管及形成真空的设备均固定在行车上,虹吸管伸出池外下垂并淹没在排水沟或水封筒内导流,管口设冲洗强度调节装置以控制冲洗流量。冲洗后的高浊度水排入水封排水沟内,或从水封筒溢入排水沟。

抽真空设备按设计情况,可采用抽

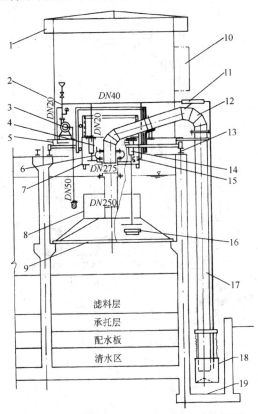

图8-13 浮箱型虹吸式移动冲洗罩设备构造示意
1—车篷;2—压力水管;3—水泵;4、14—液压弹簧盖阀;5—行车;6—柔性接头;7—压重水箱;8—浮筒及钢罩;9—橡胶密封圈;10—电气控制箱;11—DN40抽真空水射器;12—DN250虹吸弯管;13—11kg/m轻轨;15—DN40浮球阀;16—短流平衡孔;17—DN250虹吸下降管;18—吊斗式水封箱;19—排水沟

442　8　滤池配水及冲洗设备

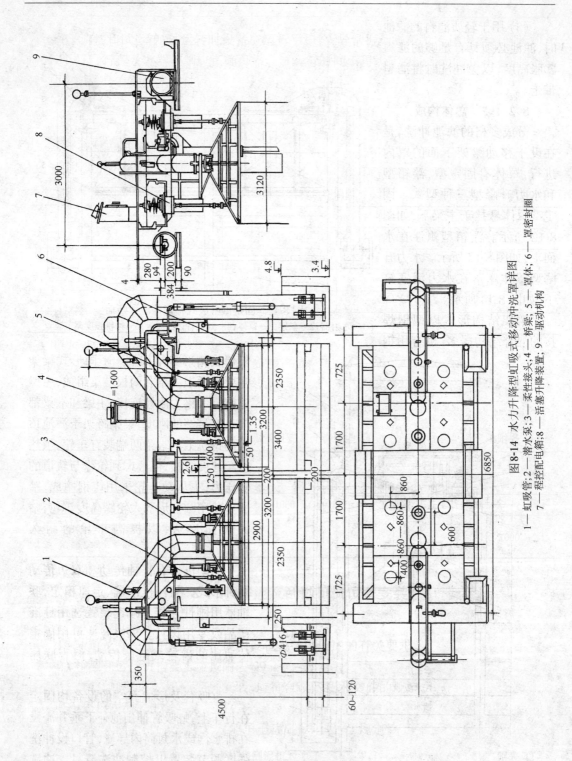

图 8-14　水力升降型虹吸式移动冲洗罩详图
1—虹吸管；2—潜水泵；3—柔性接头；4—桥梁；5—罩体；6—罩密封圈；7—程控配电箱；8—活塞升降装置；9—驱动机构

吸真空水射器(标准图为 S324-16)与小型水泵组合;或水环式真空泵与电磁阀或闸阀组合。它们均分别固定在主梁上。部分非保温地区寒冬时应采取防冻措施,以防发生冻害,影响使用。

电源引入,一般采用钢丝绳悬吊移动式橡套电缆,或安全滑触线。

冲洗的程序控制系统,有采用强电元件,以时间继电器作指令元件,配以中间继电器控制交流接触器动作;也有采用 PMOS 电子元件的程序控制器;或采用小型可编程序控制器;个别也有用人工手动控制。

8.2.1.3 工作程序

当某格滤池过滤周期结束,移动罩就移到需要冲洗的该格滤池上,抽真空设备开始启动,短流门关闭,随后罩内形成负压,使罩体与虹吸管内充满液体产生虹吸。罩体各密封件使罩内、外隔开,滤后清水由统一出水区作反向流,流入滤格进行冲洗,滤料随冲洗强度而膨胀,洗后水由虹吸管排出池外,冲洗时间控制在冲洗水的浊度下降至 20mg/L 以下(由实测决定),此时即告冲洗完毕真空设备停止运行,空气由排气口进入虹吸管,虹吸作用破坏,滤池整个冲洗程序结束。

为防止初滤水的高浊度和初滤速较高,采取延时措施。经不同情况下实测,分别按 1s、5s、10s、20s、40s、60s、75s 取样测定,初滤水浊度从开始 1min 内略为偏高,如图 8-15 所示。该段时间正是反冲洗结束,膨胀的砂层尚无恢复坐床的原因,待超过 75s 后,恢复正常。鉴此,采取短流门延时 1min 或更多时间开启,让膨胀了的滤料依重力沉降,不受初滤速的影响,这样级配均匀、砂面平整、坐床稳定。此时开启第一台短流门,使罩内少量进水 10~20min(视过滤周期均布的时间长短,可作调节)使砂层密实,防止初滤速的穿透。而后开启第二台短流门,待罩内外水位平衡时停泵,罩体起升,与滤格脱开,滤格恢复正常运行。

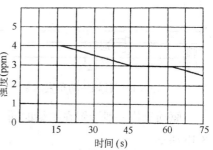

图 8-15 初滤水浊度变化曲线

8.2.1.4 设计数据

(1) 移动罩移动速度,通常为 1.0~1.5m/min。速度的选用应满足按过滤周期均分的等间隔时间,间隔时间长的取低值,间隔时间短的取高值。若车上装有制动设备,则车速可大于上值。

(2) 冲洗强度按工艺要求决定,一般为 15L/(m²·s)。

(3) 冲洗时间按工艺要求决定,一般为 5~7min。

(4) 过滤周期,按格数或水头损失确定,一般为 12~20h。

8.2.1.5 设计要点

(1) 行车设计:

1) 为确保移动罩及行车安全,正常地工作,金属结构应满足强度、稳定性和刚度的要求。强度和稳定性以在有荷载作用下的内力不超过许用承载力为度;刚度通常计算结构的静刚度,跨中挠度不大于跨度的 1/1000,不必验算结构的动刚度。

2) 行车荷载:

① 当罩体固定地悬挂于行车主梁下,罩体受力全部传递至主梁上,故主要的计算荷载

应以冲洗时负压值与罩底沿口净面积的乘积值及设备的自重等合计。

② 当罩体与浮箱组合时,罩体受的力不传递至主梁上,故主要的计算荷载为自重(包括罩体、浮箱等整机重量)值。

3) 行车系钢结构,跨度与端梁宽度比采用 2∶1～6∶1,跨度较大者取大值,较小者取小值,应验算整机稳定性。

4) 行车组装时主要部分的允差值见第 7 章有关章节。

5) 金属材料的质量应有材料供应厂提供的合格证明,否则主要梁架应在制造厂进行化验或试验。

6) 金属结构焊接,应符合规范要求,焊缝表面必须光洁。

7) 安装完竣,须对梁架作静荷载试验,在主荷载下主梁挠度不超过允差值,卸荷后主梁无永久变形,可不作超荷试验。

(2) 驱动机构:

1) 根据传动比和传递的计算功率选择减速器,设计中应尽量采用市售标准减速机诸如摆线针轮减速机或蜗轮减速器等。

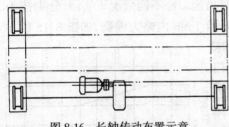

图 8-16 长轴传动布置示意

2) 驱动机构采用两种传动方式:

① 长轴传动,如图 8-16 所示。

驱动机构设在主动轴轴线一侧的中央,由于长轴传动转速慢,扭矩大,轴的刚度验算应控制在 0.5°/m 以下,以免驱动时产生脉动运行。但长轴受梁架荷载变形的影响,故安装精度较高。

② 两边分别传动,如图 8-17 所示。

驱动机构一般装置在主梁的同一侧,也有将双主动轮设在主梁的两侧呈对角排列,如图 8-18 所示。

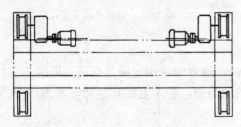

图 8-17 双边传动同侧布置示意

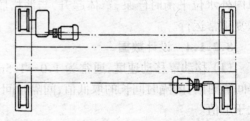

图 8-18 双边传动两侧对角布置示意

两边传动的驱动机构,其入轴减速不宜采用皮带传动,主要原因是皮带松紧度的调整不易一致,往往造成啃道或单机超载,甚至出轨。为提高减速比,可在减速箱出轴与大车滚轮之间采用正齿(斜齿)轮或链条传动,如图 8-19 所示。也可采用直联传动,如图 8-20 所示。

两边分别传动,因省去长传动轴而使运行机构的自重大大减轻,不受梁架受载变形的影响,又由于分组性使安装和维修方便,运行平稳。

3) 双轮缘车轮的踏面工作宽度,比轨道顶面宽 20～30mm。轨道长度短者取小值,长者取大值,车轮踏面必须经高频或中频表面淬火,其表面硬度为 HB180～240 左右,淬火深度可达 10~15mm,以提高耐磨性。

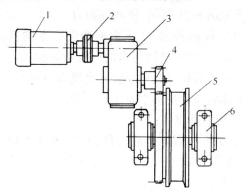

图 8-19 双边传动展开
1—电动机;2—联轴器;3—减速箱;
4—正(斜)齿轮;5—车轮;6—轴承

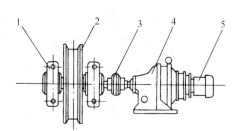

图 8-20 摆线直联传动
1—轴承;2—车轮;3—联轴器;
4—摆线针轮减速机;5—电动机

4) 两个配对的主动轮其滚动直径误差不超过公称直径的 0.1%~0.5%。

5) 设置电磁制动器的驱动装置,在两边分别传动中应防止制动力矩不等或一端制动,一端继续运转的情况。

6) 电动块式制动器设于减速器进轴端,按进轴扭转力矩选用成品,制动安全系数取 1.5。

7) 制动轮表面硬度 HB 为 400~500,淬火层深度为 2~3mm,闸瓦开度不应超过 1mm。

8) 驱动功率:

① 按冲洗时罩内负压为计算的主要荷载和附加荷载。

② 估算梁架自重。

③ 在轨道上直线运行的摩擦阻力按公式(7-12)计算。

④ 轨道坡度阻力按公式(7-13)计算。

⑤ 风阻力,按公式(7-14)计算。

⑥ 罩体水下阻力,浸没于水下部分的拖力,按式(8-7)计算:

$$F = C_D A \gamma \frac{v^2}{2g} \quad (N) \tag{8-7}$$

式中 C_D——拖曳系数,一般取 1.1;

A——淹没于水下部分垂直于移动方向的横截面积(m^2);

γ——水的表观密度(kg/m^3);

v——移动速度(m/min)。

(3) 罩体与密封:

1) 固定型罩体:

① 固定罩体在冲洗时,受均布水压的外力作用,以平均分配方法将外力通过系杆传递至桥架主、副梁上。

② 罩体应尽量利用材料的断面特性,合理选用罩体结构形式,力求结构简单、加工方便、工作可靠、维修量少并有足够的刚度。

③ 罩体框架用型钢焊接,外表铺覆薄板以减轻自重。

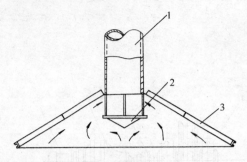

图 8-21 罩体剖面示意
1—虹吸管；2—分水锥；3—罩体

④ 罩体与虹吸管连接断面的收缩处，应设分水锥如图 8-21 所示，使冲洗均匀。

⑤ 罩体横截面，在不影响冲洗要求的情况下应紧凑，以免阻挡滤前水的过水断面积。若需利用罩体下部作滤池砂层膨胀高度者，更应防止由于罩体阻流使滤前水发生壅流现象。

2）浮箱型罩体：

① 浮箱与罩体组成一体，并与压重水箱连接，移动罩冲洗时形成负压，其外力均布于罩体上并传递至分格池顶上。

② 罩体起浮高度应调整至滤格有富裕的进水面积，但幅度不宜过高。

③ 浮箱浮力，在克服自重、导轨摩阻等重力外，应留有约为 30% 剩余浮力，以克服由于加工、安装和材质变化等难以预见的因素所增加的额外重量，同时辅以调整手段，不使剩余浮力引起上升冲击。浮箱位置尽量降低，使个别不设水位恒定器的滤池在低水位时也能正常地工作。

④ 罩体与虹吸管连接处应同样设置分水锥以达到冲洗均匀。有的采用汽车内胎作为与虹吸固定管连接的密闭铰接装置如图 8-22 所示，柔性接口使升降罩体在导轨范围内上下活动自如，效果良好。

⑤ 罩体横截面的锥台夹角在 20°～30° 范围内选取。

⑥ 罩体飘浮于水中，罩体截面一般是不会影响过水断面，但冲洗时罩体罩合于滤格顶上，此时罩体截面对过水断面产生影响，故罩体及浮箱组合截面应紧凑合理。

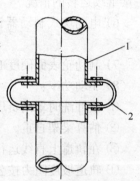

图 8-22 柔性接头
1—虹吸管；2—汽车内胎

3）水力升降型罩体：

① 罩体悬吊于四个水压缸活塞杆的复位弹簧上，弹簧承受罩体及附件的重力，冲洗结束，弹簧复位，举升罩体。

② 活塞缸为单作用缸，缸体面积受水泵扬程的制约，扬程高面积小，扬程低面积大。按水压缸推力和工作压力确定缸筒内径。

有杆内径：

$$D = 35.7\sqrt{\frac{F}{p}} - d \quad (\text{mm}) \tag{8-8}$$

式中 D——活塞缸内径(mm)；
        F——水压缸推力(N)；
        p——水压缸工作压力(MPa)；
        d——活塞杆径(mm)。

③ 缸的进水管兼作排水管，管道安置应使活塞复位后，缸内水体全部排净，以免寒冬时低气温发生冻缸现象。冻害严重地区，应将整个缸体纳入水下。

④ 泵应选择不需要引水的液下泵或潜水泵，而引水筒与离心泵的组合，适用于非保温地区或无霜冻地区，否则需另加保温措施。

⑤ 罩体、密封件的要求与浮箱型相仿。

4) 密封：罩体与分格池顶间的密封质量对冲洗罩的工作效果至关重要,若发生漏泄,将会使滤床凹凸不平,漏泄严重的会导致滤层局部变薄,过滤时发生穿透,滤后水质恶化等严重后果。

① 密封件在虹吸式移动罩上分两种形式：一种是设在固定式冲洗罩上,密封件在罩体下端,工作时靠罩内产生负压密贴于分格池顶上。一种是浮箱式罩体,密封件固设于罩体下端,工作时罩体下沉,用罩体重力和负压使密封件压实在池顶上。

② 密封件形状有带状平板橡胶、叠层橡胶、⊓形密封几种形式,经各地应用,效果良好。其中带状平板橡胶密封件采用15°角安装于罩体底边上,转角处用3mm厚的薄橡胶外覆,提高密封效果。叠层橡胶锯齿形密封件用5mm和10mm厚度的橡胶板各3~4层,互相间隔排列,5mm的橡胶板比10mm的橡胶板略长10mm用扁钢与罩体下端连接；橡胶板搭接口尽量不设在转角处,采用45°斜切连接,各类密封件橡胶的含胶率不低于50%。

(4) 罩体的机械升降机构：虹吸式移动冲洗罩升降机构也有采用油压传动系统,由油马达、油箱、减压阀等组成,具有启动方便,升降稳妥,行程准确,轻巧灵活,自动化程度高等优点,但价格昂贵,加工精度高,管路系统复杂。但在生活饮用水滤池内采用这一方法应慎之又慎,技术上应可靠,管理上也要有较高水平,否则一旦漏油,后果极为严重。

(5) 短流门及启闭设备：一般短流门开启是在冲洗结束时,虹吸管真空破坏后,短流门受反向正压力。

1) 开启力：
$$P_启 = Ap \quad (N)$$

式中　A——短流门面积(mm^2)；

　　　p——单位压力(MPa),可取罩内负压,一般约为0.011~0.015MPa。

2) 磁铁牵引式：牵引力大于$P_启$,可采用直接牵引如图8-23所示或杠杆牵引如图8-24所示等形式,衔铁动作均应达到全行程,以免磁铁长时间涡流发热导致烧毁。

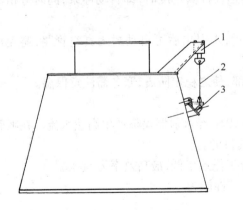

图8-23　短流门直接牵引式
1—牵引磁铁；2—牵引索；3—短流门

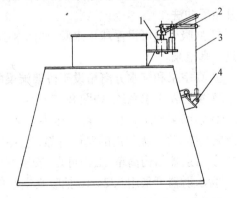

图8-24　短流门连杆牵引式
1—牵引磁铁；2—杠杆；3—牵引索；4—短流门

3) 弹簧牵引式：翼门启闭幅度应是活塞的全行程,其复位力按式(8-9)为
$$P_弹 = C(P_启 + P_重) \quad (N) \tag{8-9}$$

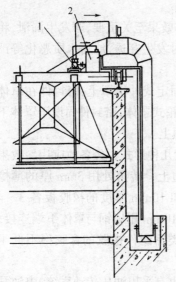

图 8-25 真空泵引水布置
1—真空泵；2—气水分离器

式中 $P_启$——短流门开启力(N)；
$P_重$——短流门、活塞、连杆等自重力，(一般采用估计值)(N)；
C——克服摩阻等的弹簧弹力富裕系数，取 1.2 左右。

压缩力按式(8-10)为

$$P_压 = P_泵 \frac{\pi d^2}{4} - P_弹 + P_重 \quad (N) \qquad (8-10)$$

式中 $P_泵$——泵工作压力(MPa)；
d——活塞缸直径(mm)。

(6) 虹吸系统：

1) 水环式真空泵系统，如图 8-25 所示。

① 真空泵启动迅速、效率高，抽气量为

$$V = (V_1 + V_2)K \quad (m^3)$$

式中 V_1——虹吸管内空气容积(m^3)；
V_2——附属管道空气容积(m^3)；
K——漏气系数，采用 1.05。

管路空气容量可参考表 8-1 选用。

管路空气容量 表 8-1

管 径(mm)	100	125	150	200	250	300	350	400
空气量(m^3/m)	0.008	0.012	0.018	0.031	0.049	0.071	0.096	0.126

② 一步化操作，以电接点真空表控制，当到达设计真空度时，即自动停泵，同时分格滤池开始反冲洗。

③ 虹吸管顶可设浮球止水阀，如图 8-26 所示，水引出后可自动封闭真空管路，避免浑水进入真空泵。

④ 真空泵和气水分离箱设于桥架端梁的上部，使之稳定防震，寒冬需注意保温。

2) 水射器引水系统，如图 8-27 所示。

① 辅助泵的压力水，一般水压为 0.2~0.25MPa，经水射器喷嘴产生高速水流。在喉管内形成真空，将虹吸管内的气体排除，达到引水的目的。

② 水射器结构简单，工作可靠，安装方便，唯工作效率低，最高效率为 30%。

③ 水射器可采用 S324-16 抽吸真空水射器，其性能为

工作流量为 9m^3/h；

工作水压力为 0.25MPa；

进口管径为 $G1\frac{1}{2}''$；

扩散管口径为 $G1\frac{1}{2}''$；

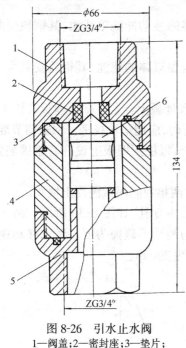

图 8-26　引水止水阀
1—阀盖；2—密封座；3—垫片；
4—阀体；5—下盖；6—止水锥

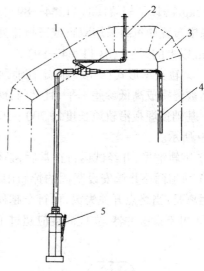

图 8-27　水射器引水装置
1—水射器；2—抽气管；3—虹吸管；
4—排水管；5—泵

材质采用 H62。

设计时视管道空气容量和要求引水时间等因素，水射器可单个设置，也可两个并联设置。

④ 寒冻地区要注意保温，辅助泵采用潜水泵，可以省去引水装置，同时压力管道均按 3‰～5‰ 坡度铺设，以便在停止工作时能迅速排除剩水。

(7) 冲洗强度调节器：它设于虹吸排水管的出口端，如图 8-28 所示。是一个锥形分水挡板，用 3～4 副调节螺栓调整挡板与管口的开启度，达到任意调控所需的冲洗强度。

1) 冲洗强度由实测决定，当达到设计要求时，紧固调节开启度的长螺栓，使冲洗强度稳定在恒值上。

2) 调节螺栓要有足够刚度，冲洗时不会发生震颤。

3) 每副螺栓的两导引支架距离，取 2～3 倍挡板与管口的开启度，使锥形分水挡板能垂直上下移动。

(8) 轨道及附属设施：

1) 钢轨顶与分格滤池顶的平行度对固定式罩体的移动冲洗设备正常运行极为重要，尤其要注意新建水池的不平均沉陷影响，应定期测量，超过允许值时，可随时

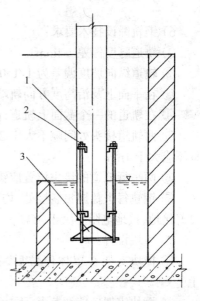

图 8-28　冲洗强度调节器
1—虹吸下降管；2—螺栓；3—锥形挡板

调整。

2) 滤格布置如每组采用单行排列的或浮箱型罩体的移动冲洗罩滤池,其钢轨受载小,可取 22kg/m 以下轻轨(GB 11264—89)。

滤格布置如每组采用双行或三行排列,并采用固定型罩体的滤池,其钢轨受载大,可取 22kg/m 以上的轻轨(GB 11264—89)。

3) 钢轨支承形式:一般均固定在池顶的轨道基础预埋板上。若基础预埋板在施工中各自标高被浇捣成高低参差不平,且又与分格池顶不平行时,应用垫块找平。钢轨调节准直后焊固。基础预埋板沿轨道长度每 700~1000mm 设一个,每块预埋板上设一套紧固装置,如图 8-29 所示。

4) 钢轨铺妥,并经试运行正常后,必须在轨道底部两垫板间用素混凝土填实。

5) 轨道两终止端安设坚固的掉轨限制装置——端头立柱,如图 8-30 所示。两立柱间最大距离是:当终点开关失灵,而行车越程时,以罩体与池壁不碰撞为度。考虑移动速度缓慢,行车可不设缓冲器,立柱高度应超过车轮中心轴线约 20mm。

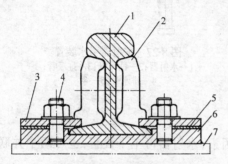

图 8-29 钢轨安装断面
1—钢轨;2—鱼尾板;3—压板;
4—螺柱;5—垫板;6—轨垫;7—预埋板

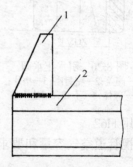

图 8-30 端头立柱
1—立柱;2—钢轨

6) 钢轨铺设技术要求:

① 轨道跨度偏差 ±4mm。

② 轨道纵向坡度偏差为 1/1500,但累计值不大于 10mm。

③ 在平面上及沿高度方向轨端的偏差为 1mm。

④ 在轨道的一个截面上轨道标高偏差不应大于 2mm。

⑤ 两轨道接头处间隙不大于 2mm,接头必须用鱼尾板联接,接头的左、右、上三面的偏移不应大于 1mm。

⑥ 两平行轨道的接头位置应错开 2mm 或大于轮距。

⑦ 钢轨每个鱼尾板联接处,均应另焊跨接线或跨接杆,不准虚焊、脱焊,钢轨终端应有良好接地,接地电阻不大于 4Ω。

7) 撞块设置:

① 撞块支架在罩体停位后,按车上行程开关位置焊固于钢轨上或池顶预埋钢板上。

② 撞块支架应能调节上、下标高和适应行车运行时横向位移量。

③ 撞块顶端应有过渡弧线。

④ 撞块及支架等整体结构,都需具有足够刚度,不能因与行程开关多次接触而发生塑性变形或位移,造成故障性跳格。

⑤ 若采用无接触的接近开关,应考虑在支架上设置磁钢与车上接近开关的间距调节措施。

(9) 运行控制的要求:

1) 土建方面:

① 池顶与分格池顶的两顶面互相平行,可采取以钢轨顶面为基准,对分格池顶作第二次浇捣找平措施。

② 两侧池壁互相平行、垂直,分格池顶边宽取 25cm。

③ 格间 T 形顶宽取 20~30cm,单向停位或惯性小的取小值,双向停位或惯性大的取大值。

④ 滤池四角设不平均沉陷观察点,定期测量,发现问题及时调整轨道标高。

2) 配电方面:

① 一步化或程序操作,应考虑手动分段动作的需要。

② 全自动程序控制应设有跳格报警和越程报警的讯号措施,以便及时排除故障。

③ 集中控制室和行车上均设操作机构,并互相呼应。

④ 停位行程开关或接近开关在每格停位时,只传输一次性指令,使操作程序运转,待程序结束再纳入运行。

(10) 防腐

1) 水下部分防腐措施:

① 普碳钢 Q235A 的防腐:

ⅰ. 经表面喷砂除锈达 Sa $2\frac{1}{2}$ 级后热喷锌,喷厚 200~300μm,不得低于 160μm,再用无毒环氧沥青漆作封闭处理。

ⅱ. 表面喷砂除锈达 Sa $2\frac{1}{2}$ 级后,以化纤布作帘布,合成树脂涂料涂覆,采用二布三涂,总厚度不大于 0.7~1mm。

ⅲ. 表面处理后涂船舱漆或船底漆。

② 防锈材料

ⅰ. LF_2 防锈铝合金板材制作水下部件,可耐淡水、海水和酸类介质,抗氧化性能也很好。

ⅱ. 1Cr18Ni9 奥氏体不锈钢制作,耐大气、淡水、海水和酸类介质的腐蚀,综合加工性能很好,但滤前加氯的工况不宜采用。

2) 水上部分防腐处理:普碳钢除锈出白后,涂环氧底漆和面漆各三道。

8.2.1.6 主要参数

国内部分已建虹吸式移动冲洗罩滤池,主要参数见表 8-2。

国内部分已建虹吸式移

	单位名称	上海市长桥水厂	上海市长桥水厂	成都市第五水厂	成都市第二水厂	广州市自来水公司	广州市自来水公司	湖北省樊城水厂	湖北省樊城水厂	上海市石化总厂水厂	江西鹰潭水
工艺指标	设计规模(万 m³/d)	60	40	11	10	60	11.65	7	7	12	3.5
	单格滤池面积(m²)	9.6	9.6	6	6.25	10		5.1	5.1	9	7.5
	滤池组数	8	8	4	3	29	5	4	4	2	2
	每组行数	2	2	2	2	1	1	2	2	2	11
	每行格数	17	12	12	14	10	10	9	9	16	2
	滤速(m/s)	10	9.5	8~10	8	~10	~10	9.5	9.5	9	7.2
	冲洗强度[L/(m²·s)]	15	15	15~17	15	~15	~15	16	16	15	15
	冲洗时间(min)	5	5	5~7	5	~5	~5	5	5	5	5
	过滤水头(m)	1.5	1.5	1.5	1.5			1.8	1.8	1.6	1.
	冲洗水头(m)	1.2	1.54	3.4	3.4					1.3	1.
	滤前水浊度(ppm)	3	3	3	3	~4	~6	15	15	3	1
	滤后水浊度(ppm)	1	1	0.5	0.5	<1	1	<3	<3	0.5	1
设备特性	轨距(m)	6.85	6.85	4.45	5.45	3.5	3.6	5.16	5.16	6.85	7
	大(小)车速度(m/min)	1.1	1.4	1	1.1	1.85	1.65	1	1	1.67	1.0
	大(小)车电机功率(kW)	0.75×2	0.75×2	2.2	0.8×2	0.8	0.75	0.8	0.8	0.18	0.
	冲洗方式	虹吸	虹吸	虹吸	虹吸	虹吸	虹吸	虹吸	虹吸	虹吸	虹
	冲洗辅助泵 型号	QY15-25-2.2	QY15-25-2.2	QY-25潜水泵	QY-25潜水泵	FY45-Z	65FY-40	50FY-40	DB 50YB-40	QY-26-15潜水泵	QY-2 潜水
	流量(m³/h)	10~20	10~20	12	12	28.3	28.3	14.4	14.4	15	1
	扬程(m)	20~30	20~30	25	25	30.5	42	40	40	25	4
	功率(kW)	2.2	2.2	2.2	2.2	7.5	7.5	7.5	7.5	2.2	2.
	罩体密封材质和形状	工字型耐酸碱胶料封水条	工字型耐酸碱胶料封水条	空心P型橡胶	空心P型橡胶	P型橡胶圈	P型橡胶圈	δ=5叠片橡胶板	δ=5叠片橡胶板	δ=8尼龙夹布胶带	工字橡胶封
	罩体升降方法	上、下升降	上、下升降	双向液压缸上、下升降	双向液压缸上、下升降	液压	液压	固定	固定	固定	液
	短流门启闭设备	液压缸	液压缸	翼板、液压缸	液压缸	翼板、液压缸	翼板、液压缸	翼板、液压缸	翼板、液压缸	翼板、液压缸	
	投产日期及情况	1980.5	1989.5	1983.1	1987.7	1984	1993.12	1980.12	1984.12	1989.4	199
	备注			1997年改造							

8.2 移动冲洗罩设备

滤池主要参数 表8-2

厦门市殿水厂	江西省上饶水厂	浙江省肖山二水厂	南京市浦口水厂	包头市阿尔丁水厂	湖南省邵阳水厂	湖南省长沙三水厂	上海市闵行水厂	上海市南市水厂	上海市杨思水厂	上海市杨思水厂
6	3	6+6+3=15	3	3	6.3	10	10	2+9.6=11.6	10	5
10.24	10.24	10.89	2.1	5.7	4.84	5.29	9.6	10	9.6	9.6
2	2	5	2	2	4	8	2	3	2	2
2	2	2	4	2	1	1	2	2	2	2
18	9	9	12	12	14	20	12	6	12	12
10	10	10	10	10	10	8	9.5	12		
15	15	15	15	15	15	15	14	13~15	13	10
5	5	5	5	5	4	4~5	7	5	5	5
		2				1.25	1.5		1.5	
		4				2.6	1.54		1.5	
		4~6 NTU			4.5	10	2.5	3~5	3~4 NTU	3~4 NTU
		<3 NTU			1	0.5	0.5	1	0.5~1 NTU	0.5~1 NTU
6.85	7	7	6.88	6.34	2.3	2.4	6.9	3.5		
1	1	1.5	1	1	4.8	3.3	1	1		
0.37×2	0.37×2	0.37×2	0.37×2	0.25×2	0.6	0.8	1.5	7.5		
虹吸	虹吸	虹吸	虹吸	虹吸	虹吸	虹吸	虹吸	虹吸	虹吸	虹吸
15-26水泵	QY15-26	QB2.2-6-25	QY8.4-40	QY8.4-40	2BA-6	2BA-6	QY-50		QY15-26-2.2	QY15-26-2.2
15×2	15×2	25	8.4×2	8.4×2	10~30	10	50		15	15
26	26	6	40	40	34.5~24	34.5	35		26	26
2.2×2	2.2×2	2.2	2.2×2	2.2×2	4		0.75×2		2.2×4	2.2×4
形橡胶密封条	冂形橡胶密封条	橡皮条	耐酸碱胶料密封条	橡胶密封条	δ=5叠片橡胶板	δ=5叠片橡胶板	定型橡胶条		工字形橡胶密封条	工字形橡胶密封条
压、弹簧	水压、弹簧	水压、弹簧	水压、弹簧	水压、弹簧	浮箱	浮箱	水压缸	水压缸	液压	液压
					液压弹簧盖阀	液压弹簧盖阀	水压缸		水力盖阀	水力盖阀
1995	1994	1989, 1994, 1995 分三期建设	1997	1997	1980.8	1982.6	1987.6	1984,1994	1989	1994

8.2.2 泵吸式移动冲洗罩设备

8.2.2.1 适用条件

(1) 泵吸式移动冲洗罩设备,适用于地面式、半地下式或地下式具有单一进出水系统,滤床分成多格的滤池。

(2) 冲洗水需要回用的非丰水区。

(3) 其余与虹吸式移动冲洗设备相同。

8.2.2.2 总体构成

按罩体形式可分为平行移动的固定式和升降式两种。固定式罩体悬挂于主梁下,如图8-31所示,仅密封件上、下移动。升降式又因罩体升降方法不同分为浮箱升降与机械升降两种。浮箱升降是将罩体与浮箱连成一体飘浮于水面上,如图8-32和8-33所示。

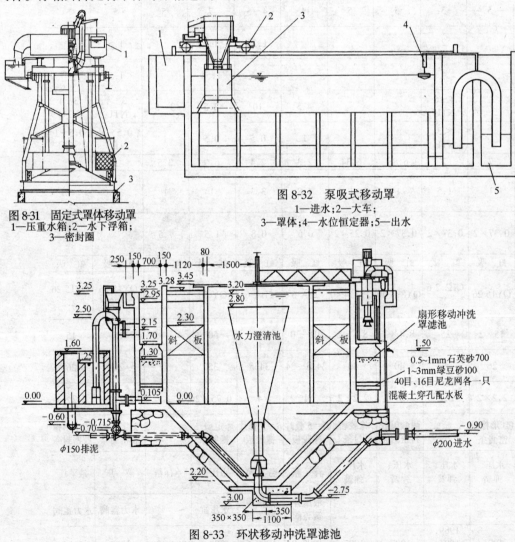

图8-31 固定式罩体移动罩
1—压重水箱;2—水下浮箱;3—密封圈

图8-32 泵吸式移动罩
1—进水;2—大车;3—罩体;4—水位恒定器;5—出水

图8-33 环状移动冲洗罩滤池

机械升降应用绳索或丝杆传动使罩体升降。升降式罩体的密封件固定在罩体下,随罩体一起升降,起密封作用,如图8-34所示。

8.2 移动冲洗罩设备　455

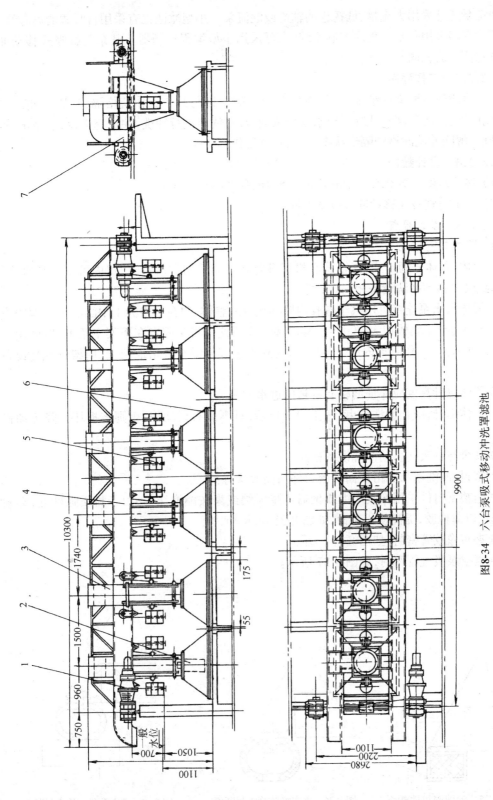

图8-34　六台泵吸式移动冲洗罩滤池

注：1—驱动机构；2—潜水泵；3—罩体；4—桁架；5—平衡锤；6—罩密封圈；7—排污槽

冲洗泵通常采用大流量、低扬程的轴流或混流泵。小型滤池也有采用自吸式的离心泵。冲洗程序大多采用一步化程序控制系统，也可采用小型编程控制器。其余与虹吸式移动冲洗设备总体构成相同。

8.2.2.3 工作程序

当单格滤池过滤周期结束，罩体将亟需冲洗的滤格与其余工作滤格隔绝，启动冲洗水泵，短流门闭合，滤后清水从统一出水区作反向流，对滤料进行冲洗，冲洗完毕，水泵停止，短流门开启，解除冲洗滤格的隔绝状态，投入正常工作。

8.2.2.4 设计数据

(1) 移动速度一般 0.5~1.0m/min，个别也有采用 6m/min。
(2) 其余与虹吸式移动冲洗设备相同。

8.2.2.5 设计要点

(1) 罩体与密封

1) 罩体：罩体分固定式、浮箱式和机械升降式。当采用潜水泵时，罩内可不设分水锥。其余与虹吸式移动冲洗设备相同。

① 罩体与水泵连接可用汽车橡胶内胎连接成一整体，曾在单格为 $11.82m^2$ 的滤池中应用。设计中由于水泵体积大、份量重，移动和升降不便。将泵固定在桁架主梁上，罩体用机械动作进行升降，工作时罩内产生负压，所受外力全部传递至分格池顶上，桁架仅承受设备自重。

② 罩体提升高度应保证滤格有富裕的进水面积。

③ 罩体提升，应在冲洗结束，短流门开启后，且不能有误动作，否则将损坏升降传动机构。

④ 其余与虹吸式移动冲洗设备相同。

2) 密封：冲洗罩与滤格顶面的密封件断面形状有：

① 泡塑密封件采用橡胶海绵或聚氯乙烯海绵或聚胺酯泡沫等，由于材质强度低，必须在外表包以薄橡胶，提高使用寿命，如图 8-35 所示。

② 夹布橡胶管密封，如图 8-36 所示。

③ 真空泵吸气管密封，如图 8-37 所示。

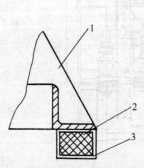

图 8-35 泡塑密封件断面
1—罩体；2—泡塑；3—薄橡胶

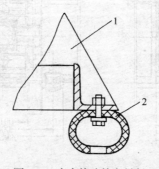

图 8-36 夹布橡胶管密封断面
1—罩体；2—$\phi38$ 夹布橡胶管

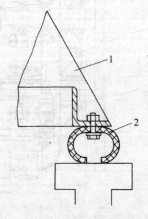

图 8-37 真空泵吸气管密封断面
1—罩体；2—$\phi52$ 吸气橡胶管

④ ⌐型止水带密封,如图 8-38 所示。
⑤ 叠层橡胶组合成锯齿形密封件,如图 8-39。

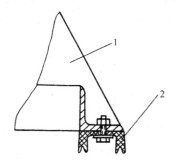

图 8-38　⌐型止水带密封断面
1—罩体；2—⌐形橡胶带

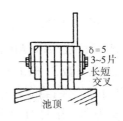

图 8-39　叠层橡胶板密封断面

以上各密封件均经实际应用,效果良好。为移动罩专门设计的⌐型止水带,密封效果好,安装方便,采用较多。

(2) 罩体的机械升降机构：它分有绳索牵引、丝杆传动等。提升高度一般在 50mm 以上。

1) 绳索牵引为挠性传动,每个罩体设置一套电动机、减速箱、制动器和绳索张紧装置等。其优点为升降平稳,无噪声,自重轻,工作可靠,过载能力强。其缺点为绳索随外界环境变化、受力条件而发生延伸变形,常须调整,吊点设于四角,线路交叉,同步性差,维护工作量大。

① 钢丝绳选择：按式(8-11)为

$$S_p = K_s S_{max} \leqslant [S_p] \tag{8-11}$$

式中　S_p——钢丝绳的计算破断拉力(N)；
　　　$[S_p]$——钢丝绳的允许破断拉力(N)；
　　　K_s——钢丝绳的安全系数,见表 8-3；
　　　S_{max}——钢丝绳在工作时所承受的最大静拉力(N)。

表 8-3　钢丝绳的安全系数 K_s

	轻　型	5.0
机械驱动起升绳	中　型	5.5
	重　型	6.0

② 绳索最大拉力：按式(8-12)为

$$S_{max} = \frac{W}{nKa\eta_b \eta_1 \sim \eta_i} \quad (N) \tag{8-12}$$

式中　n——采用钢索根数；
　　　W——罩体及随同升降的附件总重力(N)；
　　　K——滑轮组形式系数,单联滑轮组 K 取 1,双联滑轮组 K 取 2；
　　　η_b——滑轮组效率；
　　　a——滑轮组倍率；
　　　$\eta_{1 \sim i}$——各导向滑轮的效率。

2) 丝杆传动为刚性传动,每个罩体设置两套电动机和减速箱使罩体升降。其优点为结构简单,工作平稳,无噪声,传动比大,易于自锁。其缺点为螺纹间相对滑动磨损大,效率低。

① 螺旋内径：按式(8-13)为

$$d_内 = \sqrt{\frac{4W}{\pi[\sigma]_压}} \quad (\text{mm}) \tag{8-13}$$

式中　W——计算载荷，$W = 1.3Q(\text{N})$；

　　　$[\sigma]_压$——许用压应力，$[\sigma]_压 = \dfrac{\sigma_B}{n}(\text{MPa})$；

　　　σ_B——材料强度极限(MPa)；

　　　n——安全系数，一般取 6～7。

② 验算螺杆稳定性：当罩体下降至分格池顶时，杆即可看作一端固定、一端自由的压杆，长度系数 μ 为 2。当 $\lambda \geq 100$ 时为

$$Q_临 = \frac{\pi^2 EI}{(\mu l)^2} \quad (\text{N}) \tag{8-14}$$

式中　λ——压杆细长比，$\lambda = \dfrac{\mu l}{i}$；

　　　i——螺杆根部危险截面回转半径，$i = \dfrac{d_1}{4}(\text{cm})$；

　　　d_1——螺杆根径(cm)；

　　　I——螺旋危险剖面的惯性矩(cm^4)，$I = \dfrac{\pi d_1^4}{64}$。

当 $\lambda < 100$ 时为

$$Q_临 = \frac{\pi d^2}{4}(a - b\lambda) \quad (\text{N}) \tag{8-15}$$

式中　a, b——材料系数，常用材料 a, b 值，见表 8-4。

表 8-4

材　料	a(MPa)	b(MPa)	λ_p	λ_s
Q235A 钢、10、25 钢	310	1.14	100	60
35 钢	469	2.62	100	60
45、55 钢	589	3.82	100	60

注：1. λ_p——细长柔度值，$\lambda \geq \lambda_p$ 时欧拉公式才适用。

　　2. λ_s——最小柔度极限值。

当 $\lambda < 60$ 时，无需验算。

③ 要保证自锁，导角 $\alpha \leq$ 摩擦角 ρ，为 6°。

(3) 短流门及启闭设备

1) 短流门确保进水面积富裕，矩形、圆形均可。

2) 启闭设备除在虹吸式移动冲洗罩设备一节中所述的磁铁牵引和弹簧牵引外，一般常用浮筒牵引式，如图 8-40 所示。

浮筒牵引式是利用反冲洗水位升降，浮筒也随之上下，使短流门启闭。在正常情况下，短流门开启时间处于冲洗泵停止工作，滤池刚恢复过滤时的负压状态，这时负压值因滤格冲洗洁净而处于高值状态，故浮筒主要克服杆系摩阻力和短流门的自重。

(4) 初期冲洗水回用装置：

冲洗水每平方米按 15kg/s 计，而初期冲洗水为滤前水，可资利用，待高浊度水到来时才予以排放，这是节约能源的措施。如图 8-41 所示的装置，每格滤池每次冲洗可回收前期冲洗水半吨左右，长期计算，节约数量可观。

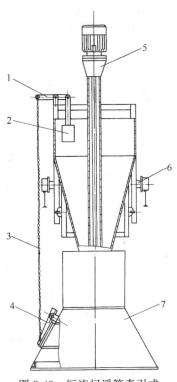

图 8-40 短流门浮筒牵引式
1—杠杆；2—浮筒；3—牵引索；
4—短流门；5—泵；6—小车；7—罩体

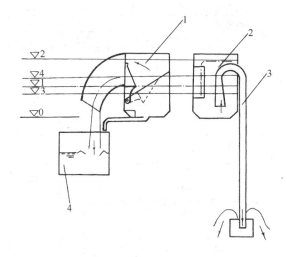

图 8-41 冲洗初期水回收装置示意
▽0—压重排水槽底；▽1—偏心浮阀起浮水位；
▽2—虹吸形成水位；▽3—虹吸排清设计水位；
▽4—浑水排放水位
1—浮阀；2—压重水箱；3—虹吸管；4—排水槽

动作程序：压重水箱出口处设一浮阀和虹吸管，当冲洗水位上升时，浮阀将出口堵住，迫使冲洗水位提高，溢入计时箱，虹吸管自动形成虹吸，回收注入滤前水池内。同时浮阀内徐徐进水，当浮阀内腔充满水后，水的侧压力使浮阀继续封闭出口，虹吸水的排放，压重水箱水位下降，浮阀借自重跌落，虹吸被破坏停止工作，高浊水即可畅通排放。

采用时应注意如下几点：

1) 浮阀进水孔尺寸，按压重水箱容积、高差和浮阀大小实测决定。

2) 初期冲洗水回用虹吸管出流量，应大于所采用泵的流量，以免浮阀失去作用，造成滤前水的污染。

3) 破坏虹吸管上阀门开启度，是控制破坏虹吸的周期，也即控制水量回收的时间。

8.2.2.6 主要参数

国内部分已建泵吸式移动冲洗罩滤池主要参数，见表 8-5。

国内部分已建泵吸式移动

	单位名称	武汉市宗关水厂	武汉市宗关水厂	武汉市宗关水厂	南通市南通港水厂	南通市南通港水厂	烟台市宫家岛水厂	杭州市赤山埠水厂	湘潭市下摄司水厂	广东省郁南县水厂
工艺指标	设计规模(万 m³/d)	8.2	10	12	2	4	10	15	5	1
	单格滤池面积(m²)	2.1	2.32	2.71	2.07	3.15	1.44	2.1	5.3	1.65
	滤池组数	1	6	6	1	2	8	6	3	1
	每组行数	5	5	6	4	4	4	2	1	4
	每行格数	28	34	30	11	7	10	12	14	7
	滤速(m/s)	9.5	9.5	9.5	9.15	9.15	10	12	10	10
	冲洗强度[L/(m²·s)]	15	15	15	9.6	12.5	13.6	15	15	15
	冲洗时间(min)	5	—	—	4	4	5	5	3~6	7
	过滤水头(m)	1.5	1.5	1.5	1.3	1.3	—	1.7	1.5	1.5
	冲洗水头(m)	—	—	—	—	—	—	—	—	—
	滤前水浊度(ppm)	5~7 NTU	5~7 NTU	5~7 NTU	16	14	5	6以下	15	<20
	滤后水浊度(ppm)	0.5~1.1 NTU	0.4~1.1 NTU	0.4~1.1 NTU	2	1~2	2以下	<3	3	<5
	轨距(m)	9.8	9.9	11.34	6.4	9.2	5.85	2.915	1.9	5.5
	大(小)车速度(m/min)	1	1	1	0.5	2	1	0.8	4	1.5
	大(小)车电动机功率(kW)	0.75×2	0.75×2	0.75×2	0.4	4	0.6	0.6	1.6	1.1
设备特性	冲洗方式	泵吸	泵吸	泵吸	泵吸	泵吸	泵吸	泵吸	泵吸	泵吸
	冲洗辅助泵 型号	QS-144-5-3	QS-144-5-3	QS-250-5-5.5	QY-3.5	QY-7	QY-3.5	自制泵	7.5JQB8-97	QY100-7-2.2
	流量(m³/h)	144	144	250	100	65×2	100	120	288	65
	扬程(m)	5	5	3.5	3.5	7	3.5	5	4.5	7
	功率(kW)	3	3	5.5	2.2	2.2×2	2.2	3	7.5	2.2
	罩体密封材质和形状	Y型橡胶密封条	Y型橡胶密封条	Y型橡胶密封条	聚氨酯泡塑包胶皮	冂型橡胶密封条	冂型四触点橡胶	槽型橡胶密封条	叠层橡胶片	胶管
	罩体升降方法	弹簧、压重与水重力调配	弹簧、压重与水重力调配	弹簧、压重与水重力调配	浮箱	浮箱	浮箱	压重水箱弹簧复位	浮箱	浮筒
	短流门启闭设备	—	—	—	浮筒	浮筒	浮筒	—	无	水力自动
	投产日期及情况	1979.10 虹吸式 1995.6 改泵吸式	1979.7 虹吸式 1993.5 改泵吸式	1977.5 单格面积11.82m² 泵吸式 1994.12 改造成单格面积2.71m² 泵吸式	1977.5	1982.6	1980.5	1980.8 一期 1984 二期	1981.5	1981.7
	备注					3号、7号两组水池				

罩滤池主要参数

表 8-5

无锡市充山水厂	苏州市北园水厂	浙江省金华水厂	广东省高州水厂	兰州市铁路局水厂	沈铁梅河口水厂	上海市石化总厂陈山水厂	广东省罗定水厂	武汉市自来水公司东湖水厂	
1	5	3				0.25	1	4	4
1.64	2.31	3.15	3.3	1.96	2.1	1.3	3.23	3.5	7.3
2	3	2	—	—	—	1	2	2	2
2	4	2	2	4	2	1	1	4	3
7	8	10	16	9	7	10	7	8	7
9.51	10	10		15	12	8	9.6	8	8
15	14	15	14	11	15	15	16.2	13.6	13.6
6	5	5	5	5	5	5	3.5	5~6	5~6
1.8	1.5	1.73				—	—	1.5	1.5
1.3	4.2	2.5						5	5
5	4~5	10				—	5	5	5
1	1~2	3				1	1	2	2
5.87	7	1.5	6.45	3.35	2.87	3.2	1.9	8.74	9.4
1	1(0.94)	—	1(0.72)	1	1	1.5	6	1.8	1.8
2.2	1.2(0.6)	—	0.37×2	0.75	1.5(1.1)	0.55	1	2.2×2	0.8×2
泵 吸	泵 吸	泵 吸	泵 吸	泵 吸	泵 吸	泵 吸	泵 吸	泵 吸	泵 吸
农用潜水泵	QY-7		QY100-4.5		SLN-33	SLN-33	8YZ-4	QS 250-5-5-5	QS 250-5-5-5
89	65×2		100×2		90	90	183	250	250×2
5	7		4.5		3.5	3.5	3	5	5
2.2	2.2×2		2.2×2		1.5	1.5	2.8	5.5	5.5×2
胶 管	马蹄型密封条	胶 管	马蹄型密封条	马蹄型密封条	马蹄型密封条	橡胶海棉外包薄橡胶	$\delta=5$叠片橡胶板	橡胶密封圈	橡胶密封圈
浮 箱	固 定	浮 箱	浮 箱	浮 箱	浮 箱	浮 箱	浮 箱	自举式	自举式
小活门	浮 筒		浮 箱	浮 箱	浮 箱	牵引磁铁	无	无	无
1981.10	1992.1		1994	1986	1983	1980.5	1979.8	1996.5	1994.1
	气浮混合池							混合型气浮滤池	混合型气浮滤池

8.3 滤池水位控制器

8.3.1 适用条件

滤池水位控制器应与滤池出水虹吸管配合使用,主要控制滤前水位,在控制的幅度范围内稳定滤池水头。

滤池水位控制器适用于有统一滤前水和统一滤后水的多格虹吸滤池或移动冲洗罩滤池。滤池出水虹吸管与滤后出水区构成一体,如图8-42所示。

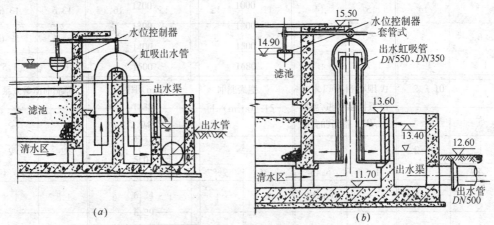

图 8-42 滤前水位控制器布置

8.3.2 总体构成

滤池水位控制器分杠杆式,如图8-43所示,直动式,如图8-44、45所示;插入式,如图

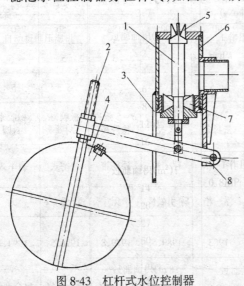

图 8-43 杠杆式水位控制器
1—直轴;2—调节螺杆;3—限位架;
4—浮球;5—小阀口;6—阀体;7—大阀门;8—杠杆

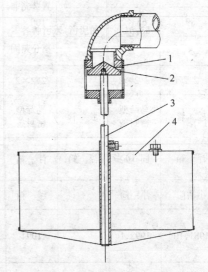

图 8-44 直动式水位控制器
1—阀座;2—阀;3—直轴;4—浮子

8-46 所示。

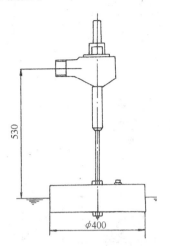

图 8-45 直动式水位控制器

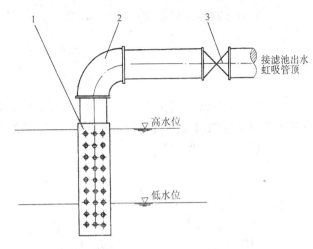

图 8-46 插入式水位控制器
1—多孔管；2—90°弯头；3—闸阀

杠杆式与插入式所控制的水位幅度较大，直动式幅度较小。

杠杆式和直动式水位控制器均采用密封薄壁球体或锥底筒体作浮子，与进气阀组合，可随滤前水位升降，调节进气孔口面积，使虹吸管流量，借吸入变量的空气所产生的气阻，达到限制滤后水量，使滤池进水量与出水量相等的目的。

浮子在杠杆式控制器中可采用较小体积，而在直动式中体积则较大，浮子须有足够的重量借以随时开启空气阀，并且也必须有足够的浮力借以随时关闭空气阀。

空气阀进气口，通常用锥台形阀瓣与阀座密封，出口与滤池虹吸管顶（指 U 形虹吸管或同心虹吸管）连接。

插入式具有 3~4 倍管口面积的小孔，密布于直管的管身上，插入滤前水中，利用滤前水位的高低，淹没部分进气小孔，自动调整进气量，达到控制滤后水量的目的。

8.3.3 设 计 数 据

(1) 滤前水位控制幅度 H 为 20~100mm，由工艺流程需要决定，小值采用直动式，大值采用杠杆式或插入式。

(2) 虹吸管真空度，一般可取 11~15.3kPa，最大可达 24~33.3kPa（也可用实测值）。

(3) 进气流速：管道取 3m/s 左右，孔口取 60~70m/s。

8.3.4 计 算 要 点

(1) 浮子自重力大于阀口负压的吸力。

(2) 阀瓣有平面形和锥台形，平面形加工简单采用较多；锥台形在调节孔口进气面积时有逐渐扩大或缩小面积的渐变过程，流态较好。

(3) 浮子重力：

$$P = p_s \frac{\pi d^2}{4} \quad (N)$$

式中 p_s——虹吸管真空度(Pa);

d——阀口直径(m)。

(4) 平面形阀瓣开启幅度(如图 8-47 所示):

$$\pi d h = \frac{\pi d^2}{4}$$

故

$$h = \frac{d}{4} = 0.25 d$$

(5) 锥台形阀瓣开启幅度(如图 8-48 所示):锥台形阀瓣开启高度,以阀口到锥台面最短距离 l 所引伸的倒锥体上的平截正锥体面积与孔口面积相等为准。

已知(如图 8-49 所示):

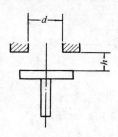 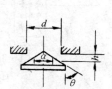 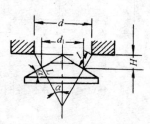

图 8-47　平面形阀　　　图 8-48　锥台形　　　图 8-49　杠杆式阀瓣
　　　瓣开启幅度　　　　　阀瓣开启幅度　　　　　　开启幅度

锥台底角为 α

孔径为 d

倒锥体高为 $a = \dfrac{d}{2\mathrm{tg}\alpha}$

倒锥斜边长为 $L = \dfrac{d/2}{\sin\alpha} = \dfrac{d}{2\sin\alpha}$

倒锥体底边周长为 $p_周 = \pi d$

倒锥体表面展开图扇形夹角为 $\beta = \dfrac{\pi d}{2\pi L} \times 360° = \dfrac{d}{L} \times 180° = \dfrac{2 d \sin\alpha}{d} \times 180° = 360° \sin\alpha$

圆弧展开图面积为 $A = \pi L^2 \dfrac{\beta}{360°} = \dfrac{\pi \beta}{360°} \left(\dfrac{d}{2\sin\alpha}\right)^2 = \dfrac{\pi 360° \sin\alpha}{360°} \left(\dfrac{d}{2\sin\alpha}\right)^2 = \dfrac{\pi d^2}{4\sin\alpha}$

在 ΔRST 中:

$$RS = \frac{1}{2} - (d - d_1)$$

$$RT = L = \frac{(d - d_1)}{2\sin\alpha}$$

$$ST = H = L \cos\alpha$$

扇形面积为

$$A_扇 = \frac{\pi\beta}{360°}[L^2 - (L-l)^2] = \frac{\pi\beta}{360°}-[L+(L-l)][L-(L-l)] = \frac{\pi\beta}{360°}[2L - l]l$$

$$= \frac{360° \pi \sin\alpha}{360°}(2L - l)l = \pi \sin\alpha (2L - l)l$$

$$= \pi \sin\alpha \left(2 - \frac{d}{2\sin\alpha} - \frac{d - d_1}{2\sin\alpha}\right) \times \frac{d - d_1}{2\sin\alpha} = \frac{\pi}{2}\left(\frac{2d - d + d_1}{2\sin\alpha}\right)(d - d_1)$$

$$= \frac{\pi}{4\sin\alpha}(d+d_1)(d-d_1)$$
$$= \frac{\pi}{4\sin\alpha}(d^2-d_1^2)$$

设
则 $$\frac{\pi d^2}{4} = \frac{\pi}{4\sin\alpha}(d^2-d_1^2)$$
$$d^2\sin\alpha = d^2 - d_1^2$$
故 $$d_1^2 = d^2 - d^2\sin\alpha = d^2(1-\sin\alpha)$$
$$d_1 = d\sqrt{1-\sin\alpha}$$

【例】设 $$d = 20(\text{mm}), \alpha = 30°$$
$$d = 20(\text{mm}), \alpha = 45°$$

【解】 $$d_1 = 20\sqrt{1-\sin30°} = 20\sqrt{0.5} = 14.14\text{mm}$$
$$l = \frac{(d-d_1)}{2\sin30°} = \frac{20-14.14}{2\times0.5} = 5.86\text{mm}$$
$$H = l\cos\alpha = 5.86\cos30° = 5.07\text{mm}$$
$$d_1 = 20\sqrt{1-\sin45°} = 10.82\text{mm}$$

若 $$d = 20, \alpha = 0°$$
则 $$d_1 = 20\sqrt{1-0} = 20$$

(6) 杠杆式(如图 8-51 所示):

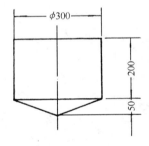

图 8-50 浮子外形

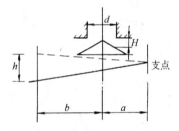

图 8-51 阀瓣开度与杆长示意

杆长为 $$Ha = h(b+a)$$
$$\frac{H}{h} = \frac{b+a}{a} = \frac{b}{a}+1$$
故 $$\frac{b}{a} = \frac{H}{h}-1$$

8.3.5 计算实例

8.3.5.1 已知数据
(1) 用真空表测得某水厂虹吸管真空度为 24kPa。
(2) 虹吸空气管管径为 50mm。
(3) 滤池水位控制在 10cm 左右。

8.3.5.2 计算
(1) 孔口直径为 50mm 阀口吸力为

$$P_{吸} = 24000 \frac{\pi 0.05^2}{4} = 47\text{N}$$

(2) 设浮子的直径为 300mm,高度为 200mm,底锥高度为 50mm,如图 8-50 所示。则其浮力为

$$F_{直} = \rho \frac{\pi D^2 h_1}{4} = 1 \times \frac{\pi \times 0.3^2 \times 0.2}{4} = 141.4\text{N}$$

式中　　ρ——水密度,$\rho = 1$;
　　　　D——浮子直径,$D = 0.3\text{m}$;
　　　　h_1——浮子直筒部分高度,$h_1 = 0.2\text{m}$;

$$F_{锥} = \rho \frac{h_2}{3} \pi r^2 = 1 \times \frac{0.05}{3} \times 3.14 \times 0.15^2 = 11.78\text{N}$$

(3) 浮子内注以干燥洁净黄砂,使浮子露出水面 2cm。

(4) 杠杆式,若杆长比例为 1:4,则浮子直径可作相应缩小。

8.3.6　使　用　情　况

直动式、杠杆式、插入式均在一些水厂应用,效果较好,唯在虹吸管满流时,插入式直管上孔口全部被滤前水淹没,则滤前水有被吸至滤后水之虞。故虹吸管设计时,应使虹吸管出水通过流量大于滤池进水量。

8.3.7　安　装　运　行

空气阀关闭时,浮子应在设计滤前水位的高位处,空气阀全启时,浮子应在设计滤前水位的低位处。

9 阀门、闸门和停泵水锤消除设备

9.1 阀门与闸门

9.1.1 概述

阀门和闸门是流体输送系统中的控制部件。在给排水工程中,阀门安装在管道上主要用于:控制流体的通断;调节流量与压力;防止倒流等。闸门安装在渠道、水堰、水池和水槽中,主要用于:控制流体的通断;调节流量和水位等。工程中的常用阀门和闸门一般选用通用定型产品,如闸阀、蝶阀、止回阀、铸铁闸门等。有防腐要求时,则选用有防腐措施的阀门。特殊用途的阀门和闸门可自行设计或委托阀门厂设计。本节介绍常用阀门的选用和一些专用阀门和闸门的设计,同时简要介绍几种近年来工程设计中使用的新型阀门。

9.1.1.1 阀门和闸门的类型和用途

给排水阀门和闸门可大致分为两类:

(1) 按使用压力分:常压($P<0.1$MPa),一般用于渠道、水堰、水池和水槽等。中低压(0.1MPa$<P<4.0$MPa),用于输水、配水管道。

(2) 按使用功能分:通断用阀门、闸门,用于控制流道的开、闭。控制用阀门、闸门,用于调节通过流道的流量、压力。

给排水阀门与闸门的常用介质为水(原水、清水、海水和污水)、污泥和水处理药液,一般使用在常温工况。工程中应根据不同的使用功能和介质来选用阀与闸,例如:当原水含砂量较大时应选用金属密封阀门或衬胶阀门。当介质为污水时应选用不宜堵塞和防腐蚀的阀门。给排水常用阀门和闸门的类型和用途见表 9-1。

给排水常用阀门、闸门的类型和用途 表 9-1

分类	名 称	用 途	图 例
1 通断用闸门和阀门	1.1 铸铁闸门	用于渠道、管道口和交汇窨井、沉砂池、沉淀池、泵站进水口、清水池等。可承受正向水压<0.098MPa,反向水压<0.029MPa或更大。常用规格为圆形闸门<3000mm,矩形闸门<4500mm×4500mm	图 9-1 图 9-2
	1.2 平面钢闸门	用于引水渠道、厂站进水口及对密封要求不高的管道进口	图 9-3、图 9-4
	1.3 泥阀	用于沉砂池、沉淀池排泥及滤池的清水渠排水等	图 9-6、图 9-7 图 9-8、图 9-9
	1.4 活瓣门	用于低扬程水泵出水管,清水池溢流口等,靠水压开启,门扉自重关闭	图 9-10 图 9-11

续表

分类	名称	用途	图例
1 通断用闸门和阀门	1.5 掩板门	用于澄清池、沉淀池排泥	图9-12
	1.6 切门	用于对密封要求不高的场合,与闸门作用相同,但口径一般≤DN300mm	图9-13
	1.7 闸阀	用于水泵进出口、水处理构筑物管道系统等	
	1.8 蝶阀	同上	
	1.9 球阀	用于水泵出口、水处理构筑物水、气、药液管道等	
	1.10 排气阀 (清水、污水)	清水排气阀用于输水、配水管道初始和日常运行排除管道内空气 污水排气阀用于污水压力输送管道初始和日常运行排除管道内空气	
2 控制用闸门和阀门	2.1 可调堰门	用于水堰、水池、调节流量及调节水位	图9-5
	2.2 蝶阀	用于阀门前后压差小的管道上,在小范围内调节流量	
	2.3 梳齿阀	同上,调节范围比蝶阀大	
	2.4 球阀	用于阀门前后压差较大的管道上,在较大范围内调节流量	
	2.5 锥形阀	同上	图9-14
	2.6 活塞阀	同上	图9-15
	2.7 套筒阀、多孔滑阀	适用于阀前后压差大的管道上,在大范围内调节流量	
	2.8 多孔板阀	适用于阀后要求降低压力的管道上,可在小范围内调节压力和流量	
	2.9 减压阀	适用于阀后要求降低压力的管道上,可按设定值保持阀后压力	

9.1.1.2 常用阀门参数

阀门参数是选用给排水阀门的主要依据,选用者应根据使用工况计算出阀门所需要的各项参数。然后根据这些参数选择定型阀门产品。常用阀门的主要参数有:

(1) 公称直径:公称直径用字母"DN"后紧跟一个数字表示,如:公称直径500mm应表示为"DN500"。公称直径是一个经过圆整的数字,与阀口尺寸不完全等同。给排水常用的阀门公称直径一般从 DN15~3000。

(2) 公称压力:公称压力是指与阀门机械强度有关的设计给定压力,公称压力用字母"PN"后紧跟一个数字表示,数字的计量单位为"MPa"。如:公称压力 1.0MPa 应表示为"PN1.0"。

(3) 流量系数:流量系数是衡量阀门流通能力的参数,它表示流体流经阀门产生单位压力损失时的流量。国外的阀门产品样本通常都给出流量系数的数据。近年来,一些国内厂家也把流量系数写入阀门样本中供设计者选用。由于采用的单位不同,流量系数的符号和量值也不一致,设计者在选用时应注意流量系数的单位。当采用法定计量单位表示时,流量系数 A_v 按式(9-1)计算:

$$A_v = Q\sqrt{\frac{\rho}{\Delta P}} \tag{9-1}$$

式中 A_v——流量系数(m^2);

Q——流量(m^3/s);

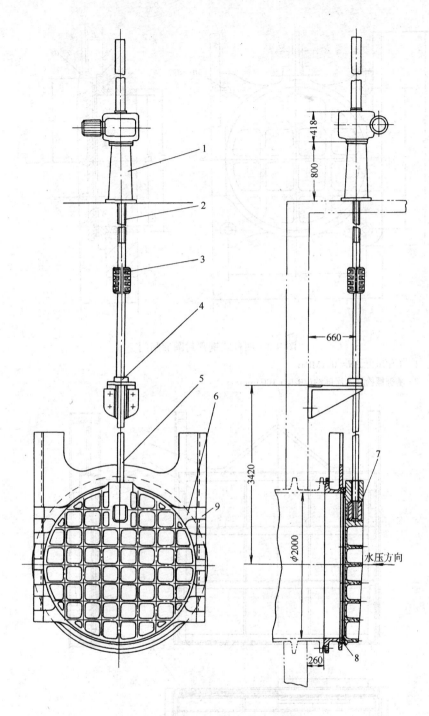

图 9-1 DN2000 明杆式圆形闸门布置
1—手电两用启闭机；2—螺杆；3—夹壳联轴器；4—轴导架；5—联接杆；6—闸门；7—吊块；
8—青铜密封圈；9—楔块

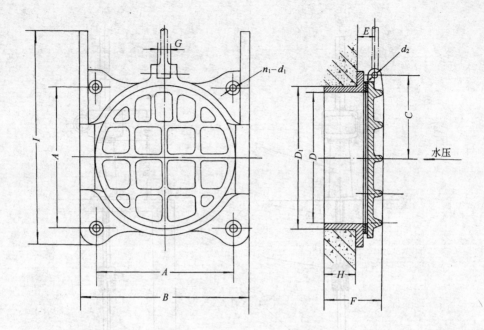

图 9-2 明杆式铜密封圆形闸门

注：1. 工作压力 $PN=0.1\text{MPa}$；
2. 基础螺栓埋入深度约 $(10d_1+100)\text{mm}$。

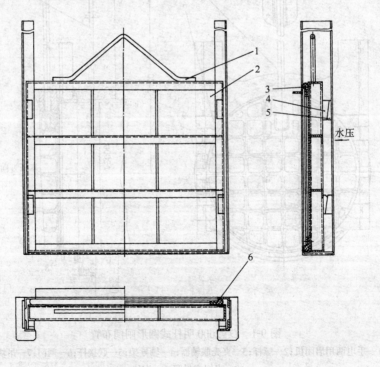

图 9-3 1100×900 平面钢闸门
1—吊环；2—闸门；3—止水橡皮；4—闸门楔块；5—门槽楔块；6—门槽

9.1 阀门与闸门　471

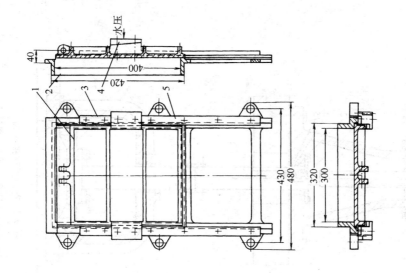

图 9-5　300×400堰门(向下开启式)
1—堰门本体；2—门框；3、5—压板；4—楔块

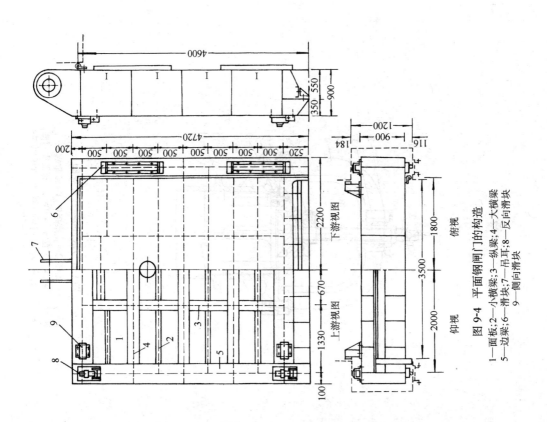

图 9-4　平面钢闸门的构造
1—面板；2—小横梁；3—纵梁；4—大横梁；5—边梁；6—滑块；7—吊耳；8—反向滑块；9—侧向滑块

9 阀门、闸门和停泵水锤消除设备

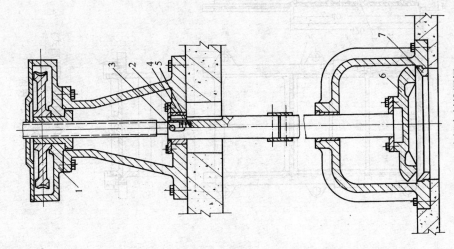

图9-7 青铜密封锥泥阀
1—电动启闭机;2—衬套;3—销轴;
4—号键;5—弹簧;6—铸铁阀板;
7—青铜阀座

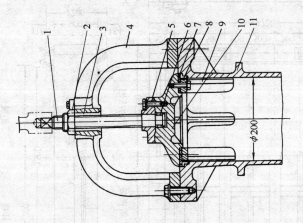

图9-6 DN200明杆式泥阀
1—螺杆;2—止推挡块;3—承重螺母;
4—阀门架;5—压盖;6—挡圈;7—橡胶密封圈;
8—铜密封圈;9—阀门导向架;10—阀门本体;
11—阀座

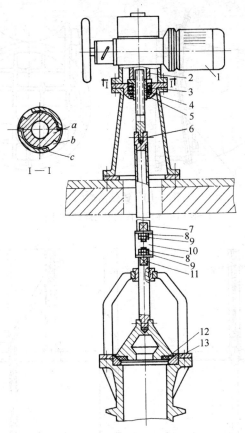

图 9-8 橡胶密封锥泥阀
1—阀门电动装置;2—牙嵌联轴器;3—止推轴承;
4—承重螺母;5—毛毡密封;6—销轴;7—空心接
杆;8—扁螺母;9—锁紧螺母;10—安全联结器;
11—阀杆;12—橡胶密封圈;13—铜阀座
a—上爿联轴器;b—空角程;c—下爿联轴器

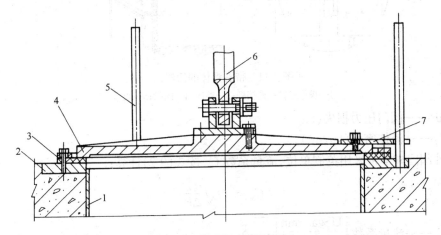

图 9-9 带有导向板的泥阀
1—钢焊短管;2—阀座;3—橡胶密封圈;4—阀板;5—导杆;6—阀杆;7—导向板

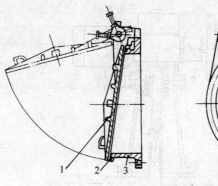
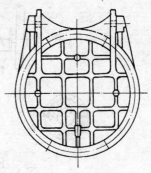

图 9-10 铸铁活瓣门
1—阀门本体;2—橡胶密封圈;3—门座

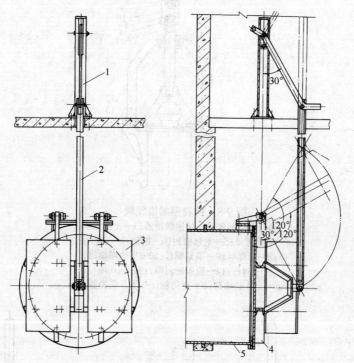

图 9-11 带有浮体的活瓣门
1—操作柱;2—连接杆;3—浮体;4—阀门;5—阀座

ΔP——阀门压力损失(Pa);

ρ——流体密度(kg/m³)。

国外阀门样本常采用英制单位,流量系数 C_v 按式(9-2)计算:

$$C_v = Q\sqrt{\frac{G}{\Delta P}} \tag{9-2}$$

式中 C_v——流量系数 $\left[\dfrac{\text{USgal/min}}{\sqrt{1\text{lbf/in}^2}}\right]$;

Q——流量(USgal/min);

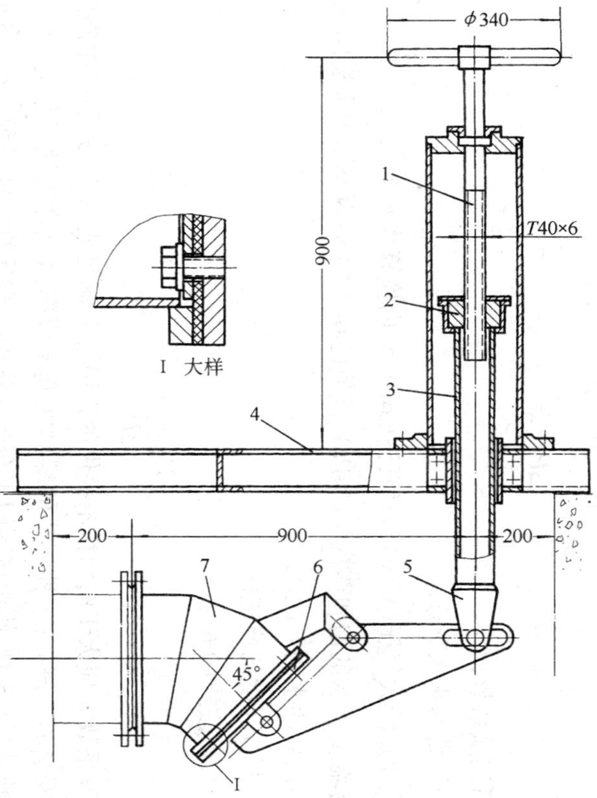

9.1 阀门与闸门 475

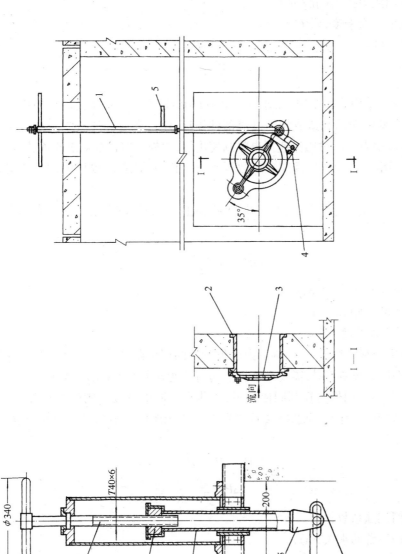

图 9-13 DN200切门
1—拉杆；2—门座；3—切门；
4—楔形限位挡块；5—轴导架

图 9-12 DN300螺杆式掩板阀
1—螺杆；2—方螺母；3—无缝钢管；
4—机座；5—接头；6—门板；
7—45°弯管

ΔP——阀门压力损失(lbf/in^2);

G——水的相对密度,取 $G=1$。

两种单位制流量系数的换算关系:按式(9-3)为

$$C_v = \frac{10^6}{24} A_v \tag{9-3}$$

(4) 过阀流速:由于阀体结构的要求,阀门的过阀流速有一定使用范围。使用中超出阀门许用的流速,会发生振动和造成阀内过流部件损坏,设计者应注意对阀门过阀流速的选择。我国阀门标准中尚未对过阀流速提出限制使用值,国外一些标准对过阀流速推荐值,见表9-2所示。不同生产厂的产品过阀流速数据也不一样,设计者应根据生产厂提供数据选择阀门。

(5) 阻力系数 ξ:流体通过阀门时,产生的流体阻力损失以阀门前后的压力降表示。按式(9-4)为

$$\Delta P = \xi \frac{v^2}{2g} \tag{9-4}$$

式中　ΔP——阀门压力损失(m);

　　　　v——过阀流速(m/s);

　　　　g——重力加速度(m/s^2)。

阻力系数取决于阀门的尺寸、结构及内腔形状。阀门的阻力系数随阀门的开度变化而变化,当阀门用作控制阀使用时,需要厂家提供阀门开度与阻力系数的关系曲线。

(6) 汽蚀系数 σ:阀门作为控制阀使用时,工作在不同的开度。阀门在小开度工作时,有可能发生汽蚀现象。设计者应选择阀门调节范围内的最不利情况,计算出阀门汽蚀系数。计算公式(9-5)为

$$\sigma = \frac{P_2 + P_a - P_v}{\Delta P + \frac{v^2}{2g}} \tag{9-5}$$

式中　σ——阀门汽蚀系数;

　　　P_2——阀门下游的水头(m);

　　　P_a——安装地点的大气压(MPa),该值已在式(9-5)内换算为水头(m);

　　　P_v——计算温度下水的饱和蒸汽压(MPa),该值已在式(9-5)内换算为水头(m);

　　　ΔP——阀门前后的水头差(m);

　　　v——阀门调节开度的流速(m/s)。

当粗略计算时,可按式(9-6):

$$\sigma = \frac{P_2 + 10}{\Delta P} \tag{9-6}$$

阀门计算汽蚀系数 σ 应大于阀门样本提供的许用$[\sigma]$,满足式:$\sigma > [\sigma]$的控制阀门在调流范围内使用是安全的。例如:一种型式的蝶阀在调流范围内允许汽蚀系数为$[\sigma] = 2.5$,则当计算汽蚀系数 $\sigma > 2.5$ 时,使用该阀门不会产生汽蚀。当计算汽蚀系数 $\sigma < 2.5$ 时会发生汽蚀,阀门将产生振动和噪声,严重时将导致阀门损坏。

(7) 常用阀门参数:见表9-2。

常用阀门参数　　　　　　　　　　　表 9-2

阀门种类 项目	闸阀		蝶阀			ROTO 阀	球阀	调流阀 (多孔型等)
	橡胶密封	金属密封	橡胶密封	金属密封	梳齿型			
主要用途	通断	通断	控制、通断	控制、通断	控制、通断	控制、通断	控制、通断	控制
许用流速 m/s 常用(最高)	3(6)	3(6)	3(5)	8	3(5)	8($<DN200$) 10($>DN200$)	6	6
阀门密封性	良	优	优	少量泄漏	优	少量泄漏	少量泄漏	少量泄漏
阀座耐用性	良	优	有橡胶剥落	优	良	优	优	优
阀全开时阻力系数	0.1~0.2	0.1~0.2	0.3~0.5	0.3~0.5	1.0	0.04~0.05	0.04~0.05	5
许用汽蚀系数	3.0~4.0	3.0~4.0	2.5	1.5	0.9~2.4	1.5	1.5	0.2~0.4
流量控制特性	不适宜调流	不适宜调流	汽蚀区以外使用	优于橡胶座阀	优于金属座阀	优	优	优
驱动方式	手、电、液	手、电、液	手、电、液、气	手、电、液	手、电、液	手、电、液	电、液	电、液
电动驱动启闭速度或时间	60~300 mm/min	60~300 mm/min	30~120s	15~180s	30~120s	$<DN1500$ 60~400s $>DN1500$ 420s 以上	$<DN1000$ 60s $>DN1000$ 90s 以上	100~400 mm/min

注：本表参考日本水道协会《水道用バルブハンドフッケ》及日本东京水道局木村豐　水道中蝶阀的選用和注意點等资料编制。本表仅供设计者参考，选用阀门时应依据阀门产品样本数据。

9.1.1.3 阀门选用步骤

给排水工程中阀门的使用工况很复杂，下面给出的步骤只是提示在选用阀门时应考虑的因素，在此基础上设计者可根据阀门的实际工况选用阀门。

(1) 选用通断型阀门：
(2) 选用控制型阀门：

9.1.1.4 控制用阀门介绍

随着给排水事业的发展，阀门的用途已不只是单一的通断功能，各种控制用阀门在工程有许多应用。由于控制用阀门是通过调节阀门开度来调节流量和压力的，阀门结构比较特殊，要求介质较清洁、无污物，通常应用于给水工程。控制用阀门的主要应用场合有：

(1) 安装在水泵出口，在阀门的一定工作范围内调节水泵流量和改变

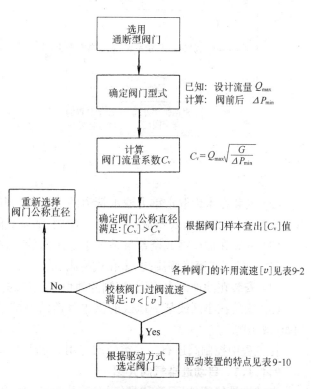

出水压力；控制阀门分阶段关闭，消除停泵水锤。例如：液压锥形阀、液压球阀。液压锥形阀结构见图 9-14。

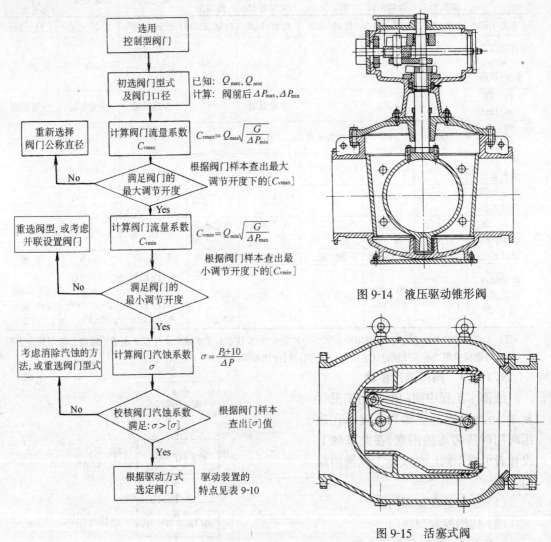

图 9-14 液压驱动锥形阀

图 9-15 活塞式阀

(2) 安装在水库取水重力输水管道的上游，在阀门的调节范围内控制管道内水流的流量和压力。例如：套筒式调流阀、多孔式滑阀、活塞式阀。活塞式阀见图 9-15。

(3) 安装在加压站或调蓄泵站的水池进水管道，控制进入水池的流量和进水管道内的压力降。例如：套筒式调流阀、多孔式滑阀、活塞阀。

(4) 安装在滤池出水管道，控制滤池恒水位过滤。例如：蝶阀、梳齿式蝶阀。

(5) 安装在小区或某一地区的供水管道的上游，控制下游管道的压力，实现分压供水。例如：减压阀。

在工程中控制阀还有一些类似的应用。限于本节篇幅这里就不一一介绍。

9.1.1.5 自动进排气阀介绍

自动进排气阀（以下简称排气阀）安装在输配水管道的起伏高点，根据水流的情况自动排除、进入空气。排气阀按通气孔面积的大小,分为大孔口排气阀和小孔口排气阀。在管道初始运行时,大孔口排气阀排除管道内大量的空气,当水锤发生产生管道中间水柱拉断和管道放空时,大孔口排气阀进入空气避免管道产生真空。小孔口排气阀在管道工作时排除带压管道内积聚的少量空气。

排气阀按孔口组合方式和结构型式,又可以分为双孔口,大、小单孔口和大小口一体等型式。阀门的公称压力、公称直径和一定压差下的进排气量是各种排气阀的主要参数。设计者可根据工程情况选用不同型式的排气阀。

为了满足排海管线等长距离污水输水管道上安装排气阀的要求,近年来设计了污水排气阀。各种型式的排气阀的主要特点,见表 9-3。

排气阀主要特点 表 9-3

序号	名称	主要特点	用途
1	双孔口排气阀	价格低,检修阀与排气阀一体,多年使用在实际工程中 阀内采用橡胶球易老化。大排气量时阀球易跳起	排除管道内大量的空气和压力运行管道内积聚的少量空气。应用于给水管道
2	大、小单孔口排气阀	大、小孔是独立的阀体,可以根据需要分别安装。阀内采用不锈钢球,使用寿命长	大孔口安装在管道顶部,小孔口安装在管道上部 45°位置可消除管道中间水柱拉断的水锤
3	大小孔一体排气阀	大小孔合一,阀体积小,排气量大	同 1
4	污水排气阀	阀密封口与浮球距离大,使污水与密封口之间形成隔离气室,水中飘浮污物不易到密封口,保证密封严密	排除污水管道内大量的空气和压力运行管道内积聚的少量空气。应用于污水管道

9.1.1.6 软密封闸阀介绍

在硬密封闸阀的基础上,近年来工业先进国家开发了软密封闸阀。软密封闸阀(见图 9-16)的结构型式是闸板用橡胶包封,阀板关闭时压在阀体上进行密封。其特点是:

(1) 阀体底部流道内无凹槽,阀体过流截面呈直线状态,水中杂物不会堆积在阀内。

(2) 闸板密封面是压在阀体上进行密封的,关闭力矩小。

(3) 阀门不因管道的弯曲和拉伸而影响密封性能。

(4) 整个阀板包衬橡胶,防腐效果好,使用中不出锈水。

(5) 采用特殊的密封结构设计,可在通水时、阀门全开状态更换阀杆密封圈。

由于阀门加工简单,使用功能优越,在国际上已逐渐替代了中小口径的金属密封闸阀。

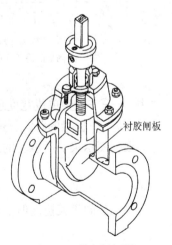

图 9-16 软密封闸阀

9.1.2 铸铁闸门设计

9.1.2.1 构造形式

在给排水工程中广泛使用的铸铁单面密封平面闸门,分圆形闸门和矩形闸门两种形式。限于铸造工艺和闸门本身的重量,圆形闸门多为 $DN2000$ 以下,最大的可达 $DN3000$,如图 9-1 所示。矩形闸门多为 $2000mm \times 2000mm$ 以下。一般圆闸门最小尺寸为 $DN200$,矩形闸门最小尺寸为 $200mm \times 200mm$。

按构造形式可分为镶铜密封圈;不镶铜密封圈;带法兰和不带法兰四种。不镶铜和不带法兰的闸门,主要用于污水处理厂沉砂池和沉淀池以及排水管道的出口等。

图 9-2 为明杆式青铜密封圆形闸门构造图,闸板与门框材质均为 HT200,密封圈为铸造青铜。

9.1.2.2 闸门的闸板设计计算

本节以矩形闸板为例介绍闸门的计算方法。设作用于闸板上的静水压力为 F(压力的大小与水深成正比)。图 9-17(a)为矩形闸门的尺寸及闸板各部位承受水压的大小。其中 l_4 区间的闸板断面构造如图 9-17(b)所示,同时以图 9-18 表示跨度为 l 的该断面梁受力计算简图。设梁 AB 上承受的均布载荷为 q,则 l_4 区间的总载荷 F_4 可由下式计算:

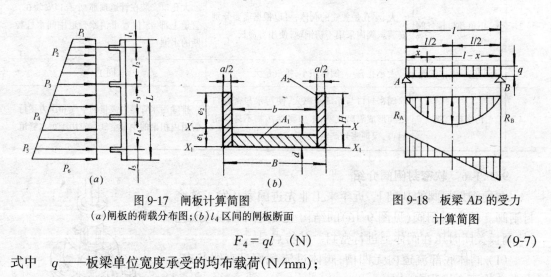

图 9-17 闸板计算简图
(a)闸板的荷载分布图;(b)l_4 区间的闸板断面

图 9-18 板梁 AB 的受力计算简图

$$F_4 = ql \quad (N) \tag{9-7}$$

式中　q——板梁单位宽度承受的均布载荷(N/mm);

　　　l——板梁的跨距(mm)。

根据图示梁 AB 承受的最大弯矩为

$$M_{max} = \frac{ql^2}{8} \quad (N \cdot mm) \tag{9-8}$$

梁 AB 的最大挠度值 y 由下式求得

$$y = \frac{5ql^4}{384IE} \leqslant [y] \quad (mm) \tag{9-9}$$

式中　$[y]$——许用挠度,$[y] \leqslant l/1500$❶。

---

❶ 根据 CJ/T 3006—92 中 4.2.1.2 条。

9.1.2.3 闸板断面的几何性质

闸板的断面一般为几个简单的几何图形所组成的复合断面,为了确定主形心惯性轴位置和主形心惯性矩的数值,通常可按下列步骤进行分析计算。

(1) 静矩 S_x:

由图 9-17(b)所示可知该断面的总面积 A 为

$$A = A_1 + A_2 = db + Ha \quad (\text{mm}^2)$$

并设 S_x 为该断面对 $x_1 - x_1$ 轴的静矩为

$$S_x = A_1 \frac{d}{2} + A_2 \frac{H}{2} \quad (\text{mm}^3) \tag{9-10}$$

为确定形心轴位置,设 $x - x$ 距 $x_1 - x_1$ 的尺寸为 e_1,即

$$e_1 = \frac{S_x}{A} = \frac{A_1 \times \frac{d}{2} + A_2 \times \frac{H}{2}}{A} \quad (\text{mm}) \tag{9-11}$$

(2) 惯性矩 I_x:

$$I_x = (I_{A1} + I_{A2}) + A_1 l_1^2 + A_2 l_2^2 = \frac{bd^3 + aH^3}{12} + A_1 \left(e_1 - \frac{d}{2}\right)^2$$

$$+ A_2 \left(\frac{H}{2} - e_1\right)^2 \quad (\text{mm}^4) \tag{9-12}$$

(3) 截面模数 W:

$$W_1 = \frac{I_x}{e_1} \quad (\text{mm}^3)$$

$$W_2 = \frac{I_x}{e_2} \quad (\text{mm}^3) \tag{9-13}$$

梁的最大弯曲应力 $\sigma_{\max}$ 由下式计算:

$$\sigma_{\max} = \frac{M_{\max}}{W_1} \quad (\text{MPa})$$

$$\sigma_{\max} = \frac{M_{\max}}{W_2} \quad (\text{MPa}) \tag{9-14}$$

9.1.2.4 闸板结构设计要点

闸板的结构,除如图 9-2 所示外,还有如图 9-19 所示的形式供参考。图中的波浪线是破坏性试验时在闸板上所产生的裂纹位置。δ_s 表示闸板的水平变位。

(1) 面板的表面一般要求微拱形,以增大承压能力,面板背水面设置多条纵向、横向或斜向肋条,以加强面板的刚度。

(2) 面板两侧的(与门框上楔块的受力处)剪力较大,要适当加厚。

(3) 门板四周的边框应考虑铸件的受力条件和内应力,防止变形,宜适当加宽。

9.1.2.5 闸板和门框的密封

常见的平面密封有下列两种形式:

(1) 在闸板和闸门框上均镶有铜条或铜圈,当两个经过研磨的平面接触时,起密封作用,但此种形式不适用于含砂的介质(无论清水或污水)。

(2) 直接在铸铁闸板和门框的接触面上研磨加工,这种形式的结构简单,制作简便。但

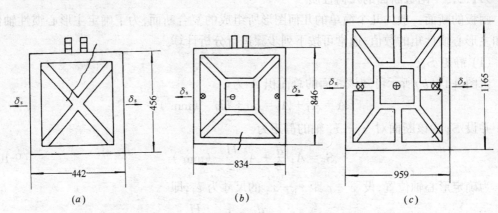

图 9-19 铸铁闸门的结构

注:1. 符号 ⊗、⊖、⊕ 为测点。
2. 波浪线为破坏试验后的裂纹位置。

采用的闸板和门框铸件牌号都应具有耐磨性,否则密封面磨损后修复困难。

9.1.2.6 压紧门板的楔块受力分析

为了防止介质的泄漏,在闸板与门框之间设有楔形压紧机构,如图 9-1、图 9-3 和图 9-5 所示。当闸门紧闭时因楔的作用而密闭。楔的作用原理如图 9-20 所示,在楔的一端加力 F,楔的斜面上就产生反力 R,反力 R 的方向与斜面成直角。如不考虑摩擦力,则

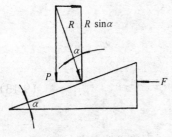

图 9-20 楔块受力分析

$$R = \frac{F}{\sin\alpha} \quad (N) \tag{9-15}$$

根据平衡条件,闸板与门框之间的压紧力 P 可由式(9-16)求得

$$P = R\cos\alpha \quad (N) \tag{9-16}$$

楔的角度 α 取 $3°\sim 5°$,设摩擦角为 φ,则式(9-16),可改写成式(9-17)、式(9-18)为

$$R = F/\sin(\alpha + \varphi) \quad (N) \tag{9-17}$$

$$P = R\cos(\alpha + \varphi) \quad (N) \tag{9-18}$$

9.1.3 平面钢闸门设计

直升式焊接钢闸门是平面钢闸门的主要形式,构造简单,占用空间小,便于维修。

设计计算以《SL74-95 水利水电工程钢闸门设计规范》为根据。

9.1.3.1 闸板结构

闸板的构造如图 9-3 和图 9-4 所示,主要由面板和梁格组成。主梁(即横梁)的布局通常采用两种方式:一种按等荷载的条件进行布置,使每一主梁所受的水压力相等,故全部主梁均可采用相同的截面。另一种采用等间距布置形式,适用于高水头深孔闸门或孔口尺寸较小的闸门。为制造方便,也用相同截面的型钢制成。竖直次梁间距不宜超过 $1.5\sim 2\mathrm{m}$。同时,也常以增设水平次梁(小横梁)的办法来改善面板的受力条件而减薄面板的厚度。

(1) 面板的计算:闸门的面板支承在梁格上,直接承受水压力。为了充分利用面板的强

度,其支承梁格宜布置成使面板的长短边比值 b/a 大于或等于1.5,且使长边在沿主梁轴线(即水平)方向。面板的局部弯曲应力,可按四边固定的弹性薄板承受匀布载荷计算。

初选面板厚度 δ 时,可按式(9-19)计算:

$$\delta = a\sqrt{\frac{kq}{\alpha[\sigma]}} \quad (\text{mm}) \tag{9-19}$$

式中　k——弹塑性薄板受均载的弯应力系数,按表9-4选用;
　　　α——弹塑性调整系数,取 α 为1.5;
　　　q——面板计算区格中心的水压力强度(N/mm^2);
　　　a、b——面板计算区格的短边和长边的长度(mm),从面板与主(次)梁的连接焊缝算起(mm)。

四边固定矩形弹塑性薄板受均载的弯应力系数 $k(\mu=0.3)$　　表9-4

	b/a	验算点		b/a	验算点	
		支承长边中点 k_y(A点)	支承短边中点 k_x(B点)		支承长边中点 k_y(A点)	支承短边中点 k_x(B点)
A点 y x B点	1.0	0.308	0.308	1.7	0.479	0.343
	1.1	0.349	0.323	1.8	0.487	0.343
	1.2	0.383	0.332	1.9	0.493	0.343
	1.3	0.412	0.338	2.0	0.497	0.343
	1.4	0.436	0.341	2.5	0.500	0.343
	1.5	0.454	0.342	∞	0.500	0.343
	1.6	0.468	0.343			

注:$[\sigma]$为钢材的抗弯容许应力,查《SL74-95 水利水电工程钢闸门设计规范》表4.2.1-2得出。

一般 Q235-A 钢材,取 $[\sigma]=160MPa$。

面板的实际厚度通常应比计算值大1mm,以作为锈蚀裕度,板厚一般不应小于6mm,但也不宜大于12~14mm。面板与纵横梁格的连接焊缝高度一般为6~8mm。

(2) 梁的计算:闸门的纵横梁格尽量采用型钢梁,以简化构造。

1) 确定计算简图,即确定主梁(横梁)的计算跨度、载荷性质和大小、与其他构件的连接形式等。如果与面板连接一起,则需确定面板参与工作的宽度。

2) 求出主梁跨度中截面最大弯矩。

3) 求出主梁端部截面最大剪力。

4) 初步选定型钢规格,查取截面特性,进行强度验算,调整所选规格,使应力在许可范围内。当仅在一个平面内作用有弯矩时,按式(9-20)、式(9-21)验算强度:

弯曲应力为

$$\sigma = \frac{M}{W} \leqslant [\sigma] \quad (\text{MPa}) \tag{9-20}$$

剪应力为

$$\tau = \frac{QS}{I\delta} \leqslant [\tau] \quad (\text{MPa}) \tag{9-21}$$

式中　W——跨中截面的截面模数(mm^3);
　　　Q——剪力(N);
　　　S——端部截面积对中性轴的静矩(mm^3);
　　　I——截面惯性矩(mm^4);

δ——型钢腹板厚度(mm);

$[\tau]$——钢材的容许抗剪应力,Q235-A 钢取$[\tau]$=95MPa。

5) 竖直次梁按构造布置,强度验算同样按式(9-20)、式(9-21)。

6) 对于受弯构件应进行挠度验算,要求挠度为

$$y \leqslant [y] \quad (mm)$$

采用止水橡皮时,深水闸门主梁容许的挠度$[y] = l/750$;

露顶闸门主梁$[y] = l/600$;

检修闸门主梁$[y] = l/500$;

竖直次梁和水平次梁(小横梁)$[y] = l/250$;

采用金属密封时,$[y] = l/1000$。

9.1.3.2 机械零部件

(1) 行走支承:一般采用滚轮或压合胶木滑块支承。也有采用钢或铸铁等材料制造的滑动支承。

1) 压合胶木滑块式支承,如图 9-21 所示:滑块材料是由桦木片浸渍酚醛树脂后,经过高温高压处理的胶木。压合胶木的承压强度很高,当有横向夹紧力时,其顺纹承压极限强度可达 160MPa。

2) 滚轮式支承:常用的有悬臂轮和简支轮,轮径为 150~250mm,轮缘宽度为 50~70mm。

(2) 吊轴、吊耳:

1) 吊轴一般包括在启闭机的吊具内,较多采用 Q235-A 钢。它与吊耳板连接,常为简支梁形式,用抗弯曲和抗剪切,按式(9-22)、式(9-23)计算吊轴直径 d_1,取大值:

$$d_1 = \sqrt[3]{\frac{1.27KF_Q l}{[\sigma]}} \quad (mm) \tag{9-22}$$

$$d_1 = \sqrt{\frac{0.85KF_Q}{[\tau]}} \quad (mm) \tag{9-23}$$

式中　　F_Q——每个吊头的荷载(N);

K——超载系数,一般取 $K = 1.1 \sim 1.2$。

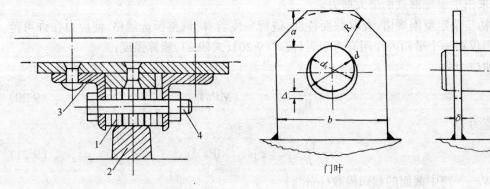

图 9-21　压合胶木滑块
1—压合胶木滑块;2—轨道;3—角钢;4—螺栓

图 9-22　吊耳结构

2) 吊耳的结构为单片或两片钢板制成。图 9-22 所示为两片钢板的吊耳。各部尺寸如下:

$$b = (2.4 \sim 2.6)d$$
$$\delta = b/20$$
$$a = (0.9 \sim 1.05)d$$

式中 d——吊耳轴孔直径(mm)。

吊耳的孔壁承压应力:按式(9-24)验算:

$$\sigma_{cj} = \frac{P}{d_1 \delta} \leqslant [\sigma_{cj}] \quad (\text{MPa}) \tag{9-24}$$

式中 P——每个吊耳板所受载荷(N);
δ——吊耳板的厚度(mm)。

吊耳孔最大拉应力:可按式(9-25)校核:

$$\sigma_k = \frac{R^2 + r^2}{R^2 - r^2} - \sigma_{0j} \leqslant [\sigma_k] \quad (\text{MPa}) \tag{9-25}$$

式中 r——吊轴半径 $r = d/2$ (mm);
R——吊耳圆弧半径如图9-20所示,$R = a + r$ (mm);
$[\sigma_k]$——许用孔壁抗拉应力(MPa),$[\sigma_k] = 1.2[\sigma]$。

吊耳板上的轴孔与吊轴为松动配合,吊耳板下面焊有底座板时应计算其所需的焊缝高度。

(3)导引装置:为保证闸门活动部分移动时永远保持正常位置,在闸门上要设置导引装置,主要有侧向导座和反向导座。

侧向导座布置形式如图9-23所示,其中(a)与(b)为滚轮式,(c)为滑块式。侧向导座与侧轨之间的间隙 Δ 一般取10~20mm。通常小型闸门上大多采用(c)型,在闸板设置一段角钢予以限位。

图9-24为反向导座,也有两种结构形式:(a)为滑块式、(b)为滚轮式。

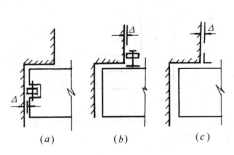

图9-23 侧向导座布置
(a)、(b)滚轮式;(c)滑块式

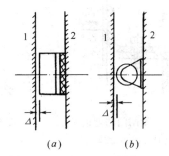

图9-24 反向导座
(a)滑块式;(b)滚轮式
1—埋设轨道;2—闸板
Δ—间隙,一般取 $\Delta = 10 \sim 20$mm

(4)止水装置:一般采用止水橡皮密封,常用的有P型(如图9-25所示)和平板型,可根据具体情况选用定型产品。

止水按其装设位置可分为顶止水、侧止水和底止水。露顶闸门有侧止水和底止水,深水闸门除侧止水和底止水外,还有顶止水。

侧止水和顶止水一般靠上游水体的压力来保证,底止水靠闸门自重压力保证,不需另加外力。

止水橡皮在闸门上的布置形式很多,要根据具体要求设置,示例如下:

1) 顶止水图 9-26 为胸墙在下游面,而图 9-27 所示为胸墙在上游面。

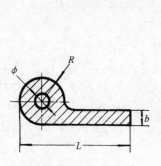 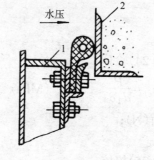 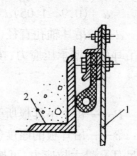

图 9-25　P 型止水橡皮　　　图 9-26　顶止水(胸墙在下游面)　　图 9-27　顶止水(胸墙在上游面)
　　　　　　　　　　　　　　　1—门板；2—止水座　　　　　　　　　1—门板；2—止水座

2) 侧止水,一般与顶止水的形式相同,如图 9-26 和图 9-27 所示。小型露顶式闸门可采用图 9-28 所示的形式,用一般平板橡皮制成。

3) 底止水,一般用平板橡皮如图 9-29 所示,安装时常将橡皮下端切角,以适应橡皮受压后体积膨胀。

4) 止水的连接:闸门四角的顶、侧和底止水的连接处最易漏水。因此,应尽量使各止水面位于同一平面。橡皮的连接大都采用胶接,在角部胶接后的橡皮容易脱开,则可采用转角橡皮如图 9-30 所示。

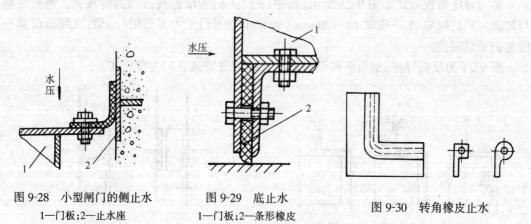

图 9-28　小型闸门的侧止水　　　图 9-29　底止水　　　图 9-30　转角橡皮止水
　　1—门板；2—止水座　　　　1—门板；2—条形橡皮

5) 止水与闸板的连接,一般采用螺栓连接。

9.1.3.3　预埋件

预埋件有正轨、反轨、侧轨及止水座(包括底槛)等。

门槽一般采用二次混凝土浇灌。使用的混凝土强度等级不低于 C18。槽面应平整、光滑,沿铅垂线平面度不得超过门高的 0.1%,或不大于 5mm。

对于安装、调整、定位和固定埋件用的底脚螺栓,其直径不小于 16mm,其伸出预留孔的长度不小于 150mm。

止水座一般为预埋钢板或角钢等,表面镀铬、铜或锌。也可用水磨石面、瓷砖和塑料板等。但有几点要求:

(1) 表面光滑,不擦伤止水橡皮；

(2) 与橡皮的摩擦系数要小;

(3) 耐磨、耐压、耐老化;

(4) 表面平整,与止水橡皮严密接触。

9.1.3.4 平面钢闸门与铸铁闸门比较

平面钢闸门与铸铁闸门比较见表9-5。

平面钢闸门与铸铁闸门比较　　　　表 9-5

平 面 钢 闸 门	铸 铁 闸 门
(1) 许用弯曲应力大,Q235-A 为 145~160MPa (2) 闸板厚度为同规格铸铁闸门的 1/3 左右 (3) 重量轻,为同规格铸铁闸门的 1/4 左右	(1) 许用弯曲应力小,30MPa (2) 耐腐蚀,寿命长

铸铁闸门宜于批量生产,一般孔口大于 1500×1500mm。小于 4500mm 的方闸门一般也可为型钢焊接件。

对于 1500~4500mm 范围内的方闸门,应对安装地点、用途、数量、水质情况、工作环境和造价进行比较后再加以确定。

9.1.3.5 计算实例

【例】 检修平面钢闸门计算:

设计条件(如图 9-31 所示):

(1) 孔口净宽度为 3000mm。

(2) 孔口净高度为 3600mm。

(3) 本闸门为检修时用,起吊设备为电动葫芦。

(4) 开启闸门须在平水位。

(5) 耐压 0.15MPa。

(6) 最高水位标高 0.00m。

(7) 平台标高 0.30m。

(8) 池底标高 -14.20m。

(9) 孔口中心标高 -11.90m。

(10) 孔口底标高 -13.70m。

(11) 闸门底离孔口底 180mm,即标高为 -13.88m。

(12) 闸门重心吊点距墙 172mm。

【解】 (1) 采用主次梁式结构,梁格布置如图 9-32 所示。

(2) 计算区格尺寸:取 $a=660$mm,$b=800$mm。

设计水压力强度:$q=0.15$MPa。

面板的厚度 δ:由式(9-19)计算:

$$\delta = a\sqrt{\frac{kq}{\alpha[\sigma]}}$$

k 值查表 9-4,由于 $b/a=800/660=1.21$,得 $k=0.383$

$$\alpha = 1.5$$

钢板材质为 Q235-A,取 $[\sigma]=160$MPa

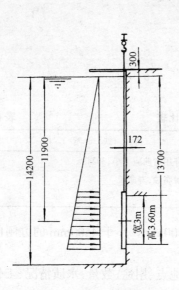
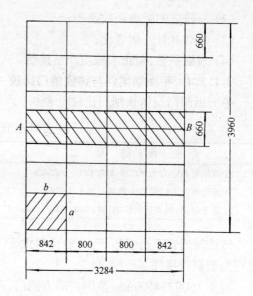

图 9-31 闸板上的荷载 　　　　图 9-32 梁格布置

则
$$\delta = 660\sqrt{\frac{0.383 \times 0.15}{1.5 \times 160}} = 10.2\text{mm}$$

取 $\delta = 12\text{mm}$。

(3) 横梁：横梁计算跨度 $l = 3300\text{mm}$

横梁轴线的中距采用 660mm。

1) 每根横梁所承受的均布水压力荷载为
$$p = 3300 \times 660 \times 0.15 = 326700\text{N}$$
$$q = 326700/3300 = 99\text{N/mm}$$

2) 跨中截面最大弯矩为
$$M_{\max} = \frac{1}{8}ql^2 = \frac{1}{8} \times 99 \times 3300^2 = 1.35 \times 10^8 \text{N} \cdot \text{mm}$$

3) 端部截面最大剪力为
$$Q_{\max} = \frac{1}{2}ql = \frac{1}{2} \times 99 \times 3300 = 163350\text{N}$$

4) 所需截面模数为
$$W \geqslant \frac{M_{\max}}{[\sigma]} = \frac{1.35 \times 10^8}{160} = 843750\text{mm}^3$$

横梁选用 I36a，$W_x = 875000\text{mm}^3$。

5) 横梁端部截面最大剪应力为
$$\tau_{\max} = \frac{Q_{\max}S}{I\delta} \leqslant [\tau]$$

式中 I36a 查机械设计手册，得
$$I_x/S_x = 307\text{mm}$$

型钢的腹板厚度为 $\delta = 10\text{mm}$，

则
$$\tau_{max} = \frac{163350}{307 \times 10} = 53.2 \text{MPa}$$

材质为 Q235-A 钢,$[\tau] = 95\text{MPa}$,

$$\tau_{max} < [\tau] (允许)。$$

6) 顶、底横梁的水压力载荷小于中横梁,约 $\frac{p}{2}$,截面模数也为一半,则可选用较小规格的型钢。顶、底横梁均用 I28b,$W_x = 5.34 \times 10^5 \text{mm}^3$。

7) 挠度验算:

$$[y] = \frac{l}{500} = \frac{3300}{500} = 6.6\text{mm}$$

$$y_{max} = \frac{5}{384} \times \frac{ql^4}{EI} \leqslant [y],$$

其中主梁用 I36a,$I_x = 1.58 \times 10^8 \text{mm}^4$

主梁 $y_{max} = \frac{5}{384} \times \frac{99 \times 3300^4}{2.1 \times 10^5 \times 1.58 \times 10^8} = 4.6\text{mm} < [y] (安全)。$

取顶、底横梁为 I28b,$I_x = 7.48 \times 10^7 \text{mm}^4$

$$y_{max} = \frac{5}{384} \times \frac{\frac{99}{2} \times 3300^4}{2.1 \times 10^5 \times 7.48 \times 10^7} = 4.87\text{mm} < [y] (安全)。$$

(4) 竖直次梁:按横梁的方法计算,即

$$p = 660 \times 800 \times 0.15 = 79200\text{N}$$

$$q = \frac{79200}{660} = 120\text{N/mm}$$

$$M_{max} = \frac{1}{8} ql^2 = \frac{120}{80} \times 660^2 = 6.5 \times 10^6 \text{N·mm}$$

$$Q_{max} = \frac{1}{2} ql = \frac{120}{2} \times 660 = 39600\text{N}$$

次梁选用 I16,$\delta = 6\text{mm}$,$I_x/S_x = 138\text{mm}$,$I_x = 1.13 \times 10^7 \text{mm}^4$,则

$$\tau_{max} = \frac{39600}{6 \times 138} = 47.8\text{MPa} < [\tau] (安全)$$

$$y_{max} = \frac{5}{384} \times \frac{120 \times 660^4}{2.1 \times 10^5 \times 1.13 \times 10^7} = 0.125\text{mm}$$

$$[y] = \frac{l}{250} = 2.64\text{mm}$$

$$y_{max} < [y] (安全)。$$

(5) 行走支承:在闸板侧向四角安设行走滚轮,轮直径为 150mm,轮缘宽度为 60mm,轮轴直径 60mm。

(6) 顶止水、侧止水和底止水皆选用 P 型止水橡皮。型号为 PA-60 型,$\phi 20 \times R30 \times 120 \times 20$,如图 9-25 所示。

根据上述计算,绘制平面钢闸门结构简图,如图 9-33 所示。

(7) 闸门本体自重重力约 35000N,计算从略。

(8) 启门力:启门力计算见第 9.1.7 节。

门体自重重力 $W = 35000\text{N}$,启闭时承受总水压力 $P = 100 \times 3284 \times 3960 \times 10^{-5} = 13005\text{N}$

取胶木轴套与钢轴的滑动摩擦系数 $f = 0.2$,滚轮的滚动摩擦力臂 $k = 1\text{mm}$,采用公式(9-39)计算,滚轮的摩阻力 F_1 为

$$F_1 = p\left(\frac{2k + fd}{D}\right) = 13005\left(\frac{2 \times 1 + 0.2 \times 60}{150}\right) = 1214\text{N}$$

设止水橡胶带与钢板的滑动摩擦系数 $f_1 = 0.65$,作用在止水范围内的水压力 P_1 取为止水的总长度乘以止水作用的宽度再乘以平均水头。则止水的摩擦阻力 F_2,用公式(9-42)计算:

$$F_2 = f_1 p = 0.65 \times (3900 \times 2 + 3000 \times 2) \times 35 \times 100 \times 10^{-5} = 314\text{N}$$

参照公式(9-45)启门力 F_Q 为

$$F_Q = n'W + n_1(F_1 + F_2) = 1.1 \times 35000 + 1.2 \times (1214 + 314) = 40334\text{N}$$

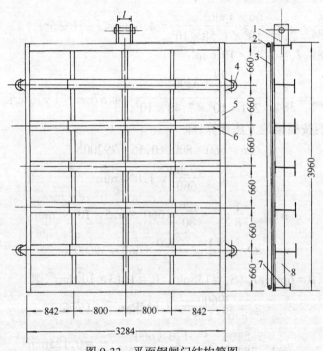

图 9-33 平面钢闸门结构简图
1—吊耳;2—PA-60 型止水橡皮;3—厚 12 钢板;4—ϕ150 行走轮;
5—槽钢 28a;6—工字钢 36a;7—工字钢 28a;8—工字钢 16a

采用 5t 电动葫芦,单吊点启闭。

(9) 闸板重心计算从略。

(10) 吊轴:按公式(9-22)及(9-23)的计算,根据计算结果,选取较大的直径 d_1 值。吊轴直径为

$$d_1 = \sqrt[3]{\frac{1.27KF_Q l}{[\sigma]}} \quad \text{及} \quad d_1 = \sqrt{\frac{0.85KF_Q}{[\tau]}}$$

K——超载系数,$K = 1.1 \sim 1.2$,取 1.1;

l——吊轴的支点距,$l = 84\text{mm}$。

材质为35号钢,查《SL74-95水利水电工程钢闸门设计规范》表4.2.2得
$$[\sigma]=130\text{MPa}$$
$$[\tau]=85\text{MPa}$$

则
$$d_1=\sqrt[3]{\frac{1.27\times1.1\times40334\times84}{130}}=33.1\text{mm}$$

或
$$d_1=\sqrt{\frac{0.85\times1.1\times40334}{85}}=21.1\text{mm}$$

取 $d_1=50\text{mm}$。

(11) 吊耳:

1) 吊耳板尺寸如图9-22所示。

吊耳轴孔直径 d,取 51mm。

吊耳板宽度为
$$b=(2.4\sim2.6)d=(2.4\sim2.6)\times51=122\sim133\text{mm},\text{取 }b=140\text{mm}。$$

吊耳板厚度为
$$\delta\geqslant b/20$$
$$\geqslant140/20$$
$$\geqslant7\text{mm},\text{取 }\delta=8\text{mm}$$

吊耳板处焊有补强板,厚度6mm,共计14mm。
$$a=(0.9\sim1.05)d=(0.9\sim1.05)\times51=46\sim54\text{mm},\text{取 }a=60\text{mm}。$$

2) 验算吊耳板轴孔承压应力,考虑单边受力,以一块板计:
$$\sigma_{cj}=\frac{KF_Q}{d_1\Sigma\delta}=\frac{1.1\times40334}{50\times14}=63.4\text{MPa}$$

Q235-A 钢容许局部紧接承压$[\sigma_{cj}]=80\text{MPa}$
$$\sigma_{cj}\leqslant[\sigma_{cj}](\text{安全})。$$

3) 验算吊耳轴孔拉应力为
$$\sigma_k=\frac{R^2+r^2}{R^2-r^2}\sigma_{cj}\leqslant[\sigma_k]$$

式中
$$r=\frac{d}{2}=\frac{51}{2}=25.5\text{mm}$$
$$R=a+r=60+25.5=85.5\text{mm}$$
$$\sigma_k=\frac{85.5^2+25.5^2}{85.5^2-25.5^2}\times63.4=75.8\text{MPa}$$

查《SL74-95水利水电工程钢闸门设计规范》表4.2.2,得许用孔壁抗拉应力,Q235钢为
$$[\sigma_k]=120\text{MPa}$$
$$\sigma_k\leqslant[\sigma_k](\text{安全})。$$

4) 焊缝高度计算及强度验算从略。

9.1.4 堰 门 设 计

堰门用于调节水池水位,计量流过堰门的流量。堰门的材料一般为铸铁和钢,也可采用木材或塑料。堰门的结构,如图9-5所示。

作为计量用的堰门,堰板上开有计量堰口,堰口的形状有三角形、梯形及矩形等,过堰流量通过堰口上的刻度进行测定。

可调式堰门的主要作用是调节水位,建设部颁布的《可调式堰门》CJ/T 3029 行业标准规定了可调式堰门的基本参数、技术要求、检验规则等,堰门的设计和选用应按标准执行。

可调式堰门按开启方式可分为直行程堰门和旋转堰门。直行程堰门的设计可参照铸铁或钢闸门的设计方法设计,旋转堰门的设计按下述方法。

9.1.4.1 旋转堰门设计

旋转堰门是一种沿水平门轴转动的堰门,因其堰口宽、堰口流速变化小,不会引起池底污泥翻起,而且该装置简单,能耗低,调节方便,常用于污水处理厂的配水井、氧化沟等构筑物中,能与其它污水处理装置联动使用,适用于自动化控制的工艺要求。

(1) 结构形式:旋转堰门主要由门体、启闭机、连杆、侧板以及止水橡皮等组成,见图 9-34。当应用在保温地区,应在侧板内安装防冻装置。

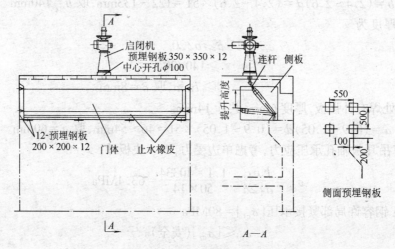

图 9-34 旋转堰门安装示意

(2) 系列规格:旋转堰门的系列规格,见表 9-6。

旋转堰门的系列规格 表 9-6

序 号	型 号	堰门宽度(mm)	堰口调节高度(mm)	电动机功率(kW)
1	XYM-100	1000	0~500	0.37
2	XYM-150	1500	0~500	0.37
3	XYM-200	2000	0~500	0.37
4	XYM-250	2500	0~500	0.55
5	XYM-300	3000	0~500	0.55
6	XYM-350	3500	0~500	0.55
7	XYM-400	4000	0~500	0.55
8	XYM-450	4500	0~500	0.55
9	XYM-500	5000	0~500	0.55

(3) 技术要求：旋转堰门的调节高度一般为 0~500mm，旋转角度 α（门体与水平夹角）一般为 5°~50°。当堰口处于最低位置时 α 约为 5°，当堰口处于最高位置时，堰门为关闭状态，堰口应高于水池最高水位 50mm 以上。

旋转堰门的安装采用预埋钢板二次灌浆的方式安装，门体底面与侧面的预埋钢板如图 9-34 所示。

堰门安装时其连杆与门体纵轴线垂直度偏差值不大于 0.15mm，二侧板与连杆平行，且与门体垂直，其垂直度偏差值应小于 0.4mm。

旋转堰门一般采用单吊点，启闭机螺杆线应置于堰口最低与最高位置的水平投影线中间，以免启闭力不均。

堰门两侧的止水橡皮应与不锈钢侧板紧密接触，防止漏水。

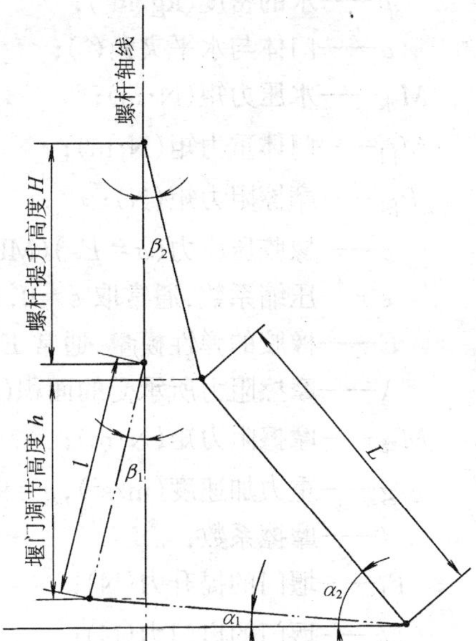

电动机应采用户外型防水电机。

图 9-35 旋转堰门受力杆示意

(4) 设计计算：

1) 启闭力计算：旋转堰门的受力示意，见图 9-35。

① 水压力矩：根据水压力计算公式：按式（9-26）、式（9-27）为

$$F_水 = \frac{1}{2}\rho g H^2 \frac{B}{\sin\alpha} = \frac{1}{2}\rho g L^2 \sin\alpha B \quad (N) \qquad (9-26)$$

$$M_水 = F_水 \times \frac{2}{3}H = \frac{1}{3}\rho g L^3 B \sin^2\alpha \quad (N \cdot m) \qquad (9-27)$$

② 门体重力产生的力矩：按式（9-28）为

$$M_门 = P_门 \times \frac{1}{2}L\cos\alpha \quad (N \cdot m) \qquad (9-28)$$

③ 侧水封摩擦力矩：按式（9-29）、式（9-30）为

$$P_阻 = \sigma A f \quad (N) \qquad (9-29)$$

$$M_摩 = P_阻 \times \frac{1}{2}L\cos\alpha \quad (N \cdot m) \qquad (9-30)$$

④ 堰门的提升力计算：按式（9-31）为

$$T_1 = \frac{1}{L\cos\alpha}[1.2(M_水 + M_摩) + 1.1M_门] \quad (N) \qquad (9-31)$$

⑤ 堰门的启门力计算，按式（9-32）为

$$T_0 = \frac{T_1}{(\cos\beta)^2} \quad (N) \qquad (9-32)$$

式中 $F_水$——水压力（N）；

L——堰门宽度（m）；

B——堰口宽度（m）；

ρ——水的密度(kg/m^3);
α——门体与水平夹角(°);
$M_水$——水压力矩(N·m);
$M_门$——门体重力矩(N·m);
$P_阻$——摩擦阻力矩(N);
σ——橡胶压应力($\sigma = E\varepsilon$)(MPa);
ε——压缩系数,通常取 $\varepsilon = 0.1$;
E——橡胶的弹性模量,通常 $E = 7.84$MPa;
A——摩擦阻力所承受的面积(m^2);
$M_摩$——摩擦阻力矩(N·m);
g——重力加速度(m/s^2),$g = 9.81 m/s^2$;
f——摩擦系数;
T_1——堰门的提升力(N);
T_0——堰门的启门力(N);
β——连杆与启闭机螺杆的夹角(°)。

2) 功率计算,按式(9-33)为

$$N = \frac{T_0 v}{1000 \eta} \quad (kW) \tag{9-33}$$

式中 N——功率(kW);
v——螺杆提升速度(m/s);
η——机械总效率;
T_0——堰门启闭力(N)。

3) 门板厚度计算,按式(9-34)为

$$\delta = a \sqrt{\frac{kq}{\alpha[\sigma]}} \tag{9-34}$$

式中符号说明见 9.1.3.1。

在设计计算时,由于堰门水压较低,故此项可省略不算。门板厚度一般可取 3~8mm,根据门板所选材质和堰口宽度来确定,若选用不锈钢材质或者堰口宽度比较小,门板厚度可选小些,若采用普通碳钢,需加些腐蚀裕量,堰口宽度较大,门板厚度应选大些。

4) 门板刚度计算,按式(9-35)为

$$f_{max} = \frac{Pl^3}{48EJ} \leqslant \frac{1}{500} l \tag{9-35}$$

在具体设计中,由于门体上布置肋板,此项也可省略不算。

5) 螺杆提升高度计算,如图 9-39 所示;按式(9-36)为

$$H = [(L\sin\alpha_2 + l\cos\beta_2) - (L\sin\alpha_1 + l\cos\beta_1)] \quad (m) \tag{9-36}$$

式中 H——螺杆提升高度(m);
L——旋转支点至吊耳的长度(m);
l——连杆长度(m);

α_1——堰门最低位置时与水平夹角(°);

α_2——堰门最高位置时与水平夹角(°);

β_1——堰门最低位置时连杆与螺杆夹角(°);

β_2——堰门最高位置时连杆与螺杆夹角(°)。

在工程设计中通常将启闭机螺杆轴线置于堰口在最低与最高位置水平投影中间,这时 $\beta_1 = \beta_2$,螺杆提升高度等于堰口提升高度,公式按(9-37)为

$$H = L(\sin\alpha_2 - \sin\alpha_1) \quad (m) \tag{9-37}$$

(5) 计算实例:经过堰口在多种位置的计算,得知当角度 α 为 50°时启闭力为最大,现以此点为计算实例。

【例】 已知:$\alpha = 50°$,$\beta_1 = \beta_2 = 13.7°$,堰口宽 $B = 5$m,堰门板宽 $L = 0.67$m,门体自重重力 $P_{门} = 4500$N,污水的密度 $\rho = 1000$kg/m^3。

【解】 1) 水压力矩:

$$M_水 = \frac{1}{3}\rho g L^3 B \sin^2\alpha$$

$$= \frac{1}{3} \times 1000 \times 9.81 \times 0.67^3 \times 5 \times \sin^2 50°$$

$$= 2886 \text{N·m}$$

2) 门体自重产生的力矩:

$$M_门 = P_门 \times \frac{1}{2} L \cos\alpha$$

$$= 4500 \times \frac{1}{2} \times 0.67 \times \cos 50°$$

$$= 969 \text{N·m}$$

3) 摩阻力矩:已知:$E = 7.84 \times 10^6$Pa,$\varepsilon = 0.1$,堰门两头止水橡皮长 0.67m、宽 0.02m,共 2 条,$f = 0.5$。

$$P_阻 = \sigma A f = 7.84 \times 10^6 \times 0.1 \times 0.67 \times 0.02 \times 2 \times 0.5$$

$$= 10506 \text{N}$$

$$M_阻 = P_阻 \times \frac{1}{2} L \cos\alpha = 10506 \times \frac{1}{2} \times 0.67 \times \cos 50°$$

$$= 2262.3 \text{N·m}$$

4) 提升力:

$$T_1 = \frac{1}{L\cos\alpha}[1.2(M_水 + M_阻) + 1.1 M_门]$$

$$= \frac{1}{0.67\cos 50°}[1.2(2886 + 2262.3) + 1.1 \times 969]$$

$$= 16820 \text{N}$$

5) 启门力:

$$T_0 = \frac{T_1}{(\cos\beta)^2} = \frac{16820}{(\cos 13.7°)^2} = 17820 \text{N}$$

6) 功率计算:

$$N = \frac{T_0 v}{1000 \eta} = \frac{17820 \times 3.6 \times 10^{-3}}{1000 \times 0.22} = 0.2916 \text{kW}$$

式中选启闭机的螺杆速度 $v=3.6\times10^{-3}$ m/s,总效率 $\eta=0.22$。

7) 螺杆的提升高度计算:将启闭机轴线置于堰口在最高与最低位置的水平投影线中间时,$\beta_1=\beta_2$;螺杆提升高度等于堰口提升高度。即

$$H = L(\sin\alpha_2 - \sin\alpha_1)$$
$$= 0.67(\sin50° - \sin5°)$$
$$= 0.455\text{m}$$

9.1.5 泥阀设计

9.1.5.1 结构特点

泥阀又称为盖阀,其构造形式与截止阀类似,如图 9-6~9 所示。泥阀的驱动方式可采用手动、电动或液动。阀板与螺杆或光杆连接,手动、电动时采用螺杆,液压驱动时采用光杆。阀板的开启度为阀板通径的 30%,开启和关闭的时间较短,多用于池底的排泥、排水。阀板上部承受水池水压和阀杆的强制密封力,受力较大。一般将阀板制成锥拱形,增加强度和刚度,如图 9-8 所示。

升降式阀杆装有导键,使阀杆只作升降运动,如图 9-7 所示。水下的轴套材料采用聚四氟乙烯,耐蚀耐磨,水自润滑。图 9-9 为另一种形式的导向装置,即阀板带有导向板,在阀座上装有三根导杆,阀在开启、关闭操作过程中,导向板和导杆相对运动,使阀杆只作升降运动而无旋转运动。

9.1.5.2 密封面

泥阀的密封面形式有三种:平面密封、锥面密封和球面密封。

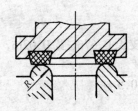

图 9-36 球面密封

平面密封如图 9-6 所示,其优点是制造修理方便,关闭的瞬间不产生摩擦。如果采用橡胶密封,还可降低加工精度。其缺点是阀杆(螺杆或连接杆)所受的轴向力较大。

锥面密封如图 9-7 和图 9-8 所示。其优点是锥面形成的密封力大,密封性能好。其缺点是制造修理均较复杂,使用时,在关闭的瞬间由于相对运动而引起摩擦。

球面密封如图 9-36 所示,密封的两个面中有一个是球面,这是一种线接触的密封面,密封性能最好,但制造、维修都较复杂。

9.1.6 其它阀门设计

9.1.6.1 活瓣门

活瓣门的构造和动作原理与止回阀相似。

图 9-10 为铸铁活瓣门,可参照轴流泵的出水活门进行设计,口径范围为 250~1800mm。

图 9-11 为带有浮体的活瓣门,为了减轻由水冲击使活瓣门不停地上下跳动而引起的铰轴磨损,设置了平行四连杆机构。活瓣门在受水力冲击作用下开启,利用插销来固定开启度,并防止上下跳动。使用浮体可减轻连杆的负荷以及操作力。浮体的体积可以调节,以能够使活瓣门比较容易地关闭为限。一般采用橡胶板单面密封。

9.1.6.2 螺杆式掩板阀

图 9-12 为 DN300 螺杆式掩板阀,用于排泥,工作压力按 5m 水头设计,采用橡胶密封,

见图中的节点 I 大样图,使用暗杆操作柱启闭。

9.1.6.3 切门

切门的构造和动作原理如图 9-13 所示。多用于沉淀池,口径在 300mm 以下。切门和门座均是铸铁件。在铸件上直接加工密封面,靠正向水压密闭。切门以门座边铰点作支点,另一点与拉杆铰接,当切门全部打开时,切门绕支点转动 90°。拉杆上部焊挂钩,使在切门开启后作悬挂支点。

9.1.7 启闭力的计算

9.1.7.1 平面钢闸门的启闭力计算

平面钢闸门的启闭力计算及启闭机的选用,可根据 SL 74-95《水利水电工程钢闸门设计规范》。闸门的荷载计算公式见该规范附录五,对于在静水中启闭的小型深孔式检修闸门,计算步骤如下:

(1) 作用在闸板上的总水压力,按公式(9-38)为

$$P = 10^{-5} Z_g Z_k (\Delta H) \quad (N) \tag{9-38}$$

式中 Z_g——闸板的高度(mm);
Z_k——闸板的宽度(mm);
ΔH——闸门前后的水位差(mm)。

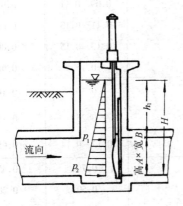

图 9-37 闸门上的荷载分布

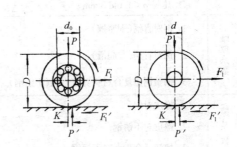

图 9-38 滚轮滚动时的作用力

(2) 行走支承摩阻力按式(9-39)、式(9-40)、式(9-41)计算:

对于滚动支承摩阻力(如图 9-38 所示),

采用滑动轴承, $$F_1 = P\left(\frac{2K + fd}{D}\right) \quad (N) \tag{9-39}$$

采用滚动轴承, $$F_1 = P\frac{K}{D}\left(2 + \frac{d}{d_r}\right) \quad (N) \tag{9-40}$$

对于滑动支承摩阻力为

$$F_1 = fP \quad (N) \tag{9-41}$$

式中 D——滚轮直径(mm);
d——滚轮轴直径(mm);
d_r——滚动轴承中,滚柱或滚珠的直径(mm);

f——滚轮与轴的滑动摩擦系数(见表9-7);
K——滚动摩擦力臂,钢对钢,钢对铸铁均取 1mm。

摩 擦 系 数　　　　　　　　表 9-7

种 类	材料及工作条件	系 数 值 最 大	系 数 值 最 小
滑动摩擦系数	1. 钢对钢(干摩擦)	0.5～0.6	0.15
	2. 钢对铸铁(干摩擦)	0.35	0.16
	3. 钢对木材(有水时)	0.65	0.3
	4. 胶木滑道,胶木对不锈钢在清水中(1)、(2)		
	压强 $q>2.5$ kN/mm	0.10～0.11	0.06
	压强 $q=2.5\sim2.0$ kN/mm	0.11～0.13	0.065
	压强 $q=2.0\sim1.5$ kN/mm	0.13～0.15	0.075
	压强 $q<1.5$ kN/mm	0.17	0.085
	5. 钢基铜塑三层复合材料滑道及填充聚四氟乙烯板滑道对不锈钢,在清水中(1)		
	压强 $q>2.5$ kN/mm	0.09	0.04
	压强 $q=2.5\sim2.0$ kN/mm	0.09～0.11	0.05
	压强 $q=2.0\sim1.5$ kN/mm	0.11～0.13	0.05
	压强 $q=1.5\sim1.0$ kN/mm	0.13～0.15	0.06
	压强 $q<1.0$ kN/mm	0.15	0.06
滑动轴承摩擦系数	1. 钢对青铜(干摩擦)	0.30	0.16
	2. 钢对青铜(有润滑)	0.25	0.12
	3. 钢基铜塑复合材料对镀铬钢(不锈钢)	0.12～0.14	0.05
止水摩擦系数	1. 橡皮对钢	0.70	0.35
	2. 橡皮对不锈钢	0.50	0.20
	3. 橡塑复合止水对不锈钢	0.20	0.05
滚动摩擦力臂	1. 钢对钢	1mm	
	2. 钢对铸铁	1mm	

注:(1) 工件表面粗糙度:轨道工作面应达到 $Ra=1.6\mu m$;胶木(填充聚四氟乙烯)工作面应达到 $Ra=3.2\mu m$。
(2) 表中胶木滑道所列数值适用于事故闸门和快速闸门,当用于工作门时,尚应根据工作条件专门研究。
(3) 止水摩阻力按式(9-42)为

$$F_2 = f_1 P_1 \quad (\text{N}) \tag{9-42}$$

(9-42)式仅适用于有侧(顶)止水橡皮带的闸门。
式中　f_1——滑动摩擦系数:橡胶对钢,最大值为 0.7,最小值为 0.35,橡胶对不锈钢,最大值为 0.5,最小值为 0.2。
P_1——作用在侧止水带上的压力(N),按式(9-43)为

$$P_1 = 10^{-5} L b_1 \Delta H \quad (\text{N}) \tag{9-43}$$

其中　　L——止水橡皮的总长度(m);

　　　　b_1——止水橡皮与门槽面的接触宽度(m)。

(4) 闸门的启闭力计算:

1) 闭门力 F_g 与启门力 F_Q:按式(9-44)、式(9-45)为

闭门力:
$$F_g = nW \quad (N) \tag{9-44}$$

启门力:
$$F_Q = n'W + n_1(F_1 + F_2) \quad (N) \tag{9-45}$$

式中　　W——闸门活动部分的自重重力(N);

　　　　n——计算闭门力时所采取的闸门自重修正系数,一般选用0.9;

　　　　n'——计算启门力用的闸门自重修正系数,一般选用1.1;

　　　　n_1——摩擦阻力的安全系数,中、大型闸门取1.2;小型闸门,自重小,计算准确程度较差,取1.5～2.0。

计算 F_1 和 F_2 所采用的 f 和 f_1 取大值。

2) 启闭机的选用:中、大型闸门选用卷扬式启闭机,小型闸门可选用绞车。

9.1.7.2　铸铁闸门的启门力计算

小型闸门多为铸铁闸门,一般采用螺杆启闭机启闭。

其启门力可按式(9-46)简单计算:
$$F_Q = T + W \quad (N) \tag{9-46}$$

式中　　W——闸板及螺杆的重力(N);

　　　　T——克服水压的阻力,$T = fP(N)$,

其中　　f——闸门与门框两个青铜密封面之间的摩擦系数,取 $f = 0.3$;

　　　　P——平均水压(MPa)按式(9-47)为

$$P = AB\frac{P_1 + P_2}{2} \quad (N) \tag{9-47}$$

其中　　P_1——水深 H 处的水压(MPa),见图9-37;

　　　　P_2——作用于 $H-A$ 点水压(MPa);

　　　　A、B——闸孔尺寸(mm)。

9.1.7.3　泥阀操作力计算

泥阀在操作过程中螺杆所受到的轴向力主要决定于以下几个方面:

(1) 泥阀位于池底,介质压力作用在阀板上面,启闭时对螺杆产生轴向力为

$$P = \frac{\pi}{4}(D + b)^2 \gamma H \times 9.8 \times 10^{-6} \quad (N) \tag{9-48}$$

式中　　D——泥阀口径(mm);

　　　　b——阀座密封面宽度(mm);

　　　　H——水深(mm);

　　　　γ——介质密度,水为1000kg/m³。

(2) 阀板和螺杆的重力 W,当泥阀垂直安装时,W 沿螺杆轴向作用。

(3) 介质密封力,即阀门关闭时,为保证密封向密封面施加的轴向力。根据密封型式不

同，阀所需密封力计算如下：

1) 平面密封时介质需要密封力：按式(9-49)为：

$$Q_\mathrm{m} = \frac{\pi}{4}(D^2 - d^2)q_\mathrm{b} \tag{9-49}$$

式中　D——阀座密封面外径(mm)；
　　　d——阀座密封面内径(mm)；
　　　q_b——密封面必需比压值，按式(9-50)为

$$q_\mathrm{b} = m\frac{a + cp}{\sqrt{b}} \quad (\mathrm{MPa}) \tag{9-50}$$

式中　m——与介质性质有关的系数，常温液体 $m=1$；
　　　a、c——与密封面材料有关的系数(见表9-8)；
　　　b——密封环宽度(mm)。

密封面允许承受的最大比压为许用比压$[q]$(见表9-9)，设计比压 q 应满足 $q_\mathrm{b} \leqslant q < [q]$。

2) 锥面密封时介质需要密封力，按式(9-51)为

$$Q_\mathrm{m} = \frac{\pi}{4}(D^2 - d^2)\left(1 + \frac{f_\mathrm{m}}{\mathrm{tg}\theta}\right)q_\mathrm{b} \quad (\mathrm{N}) \tag{9-51}$$

式中　D——阀座密封面外径(mm)；
　　　f_m——密封面摩擦系数，当介质为水，铜密封 $f_\mathrm{m}=0.2$；
　　　d——阀座口径(mm)；
　　　θ——$\frac{1}{2}$密封锥顶角。

a、c 系数值　表9-8

密封面材料	a	c
1. 青铜、黄铜、铸铁	9.3	3.16
2. 铝、铝合金、硬聚氯乙烯	5.58	2.84
3. 中硬橡胶	1.24	1.9
4. 软橡胶	0.93	1.26

密封面材料的许用比压$[q]$　表9-9

密封面材料	$[q]$(MPa)	
	密封面间无滑动	密封面间有滑动
黄　铜 H_{62}	80	20
铸造青铜 ZQA19-4	80	25
铸铁 HT20-40 及其他	30	20
中硬橡胶	5	—
聚四氟乙烯	20	15
尼　龙	—	30

使用橡胶软性密封面时应采取措施，防止密封面变形过甚(一般不大于1mm)。

(4) 最大操作力，出现在开阀时，按式(9-52)为

$$F = P + Q_\mathrm{mw} + W \quad (\mathrm{N}) \tag{9-52}$$

式中　Q_mw——强制密封力(N)，
　　　当 $Q_\mathrm{m} > P$ 时，$Q_\mathrm{mw} = Q_\mathrm{m} - P$；
　　　当 $Q_\mathrm{m} \leqslant P$ 时，$Q_\mathrm{mw} = 0$。

9.1.8 螺杆启闭机

常用的闸门、堰门和泥阀大多为中小型,需要启闭时,无论手动或电动,均采用螺杆启闭机。按螺杆分为明杆和暗杆两种。

明杆式:螺旋副设在启闭机的上部,螺杆随闸门升降。润滑条件好,便于检修和维护,螺杆与阀、闸的铰接点也易于维修。

暗杆式:螺旋副设在闸门芯部,通过螺杆的转动使闸门启闭而螺杆不升降,对空间高度影响较少。但螺杆与承重螺母均浸没在介质中,必需采用耐腐蚀的材料制造,而且维修不便,润滑条件差。

9.1.8.1 手动螺杆启闭机

图 9-39 至图 9-43 为各种形式手动螺杆启闭机。手轮的操作力应小于 100~150N。

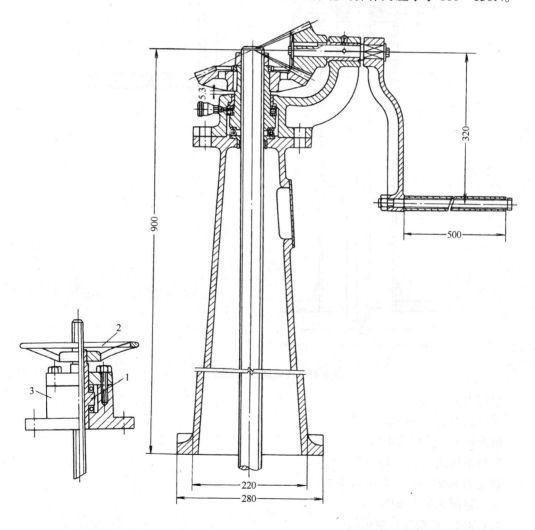

图 9-39 手轮式螺杆启闭机　　　　图 9-40 开式圆锥齿轮启闭机
1—承重螺母;2—手轮;3—机体

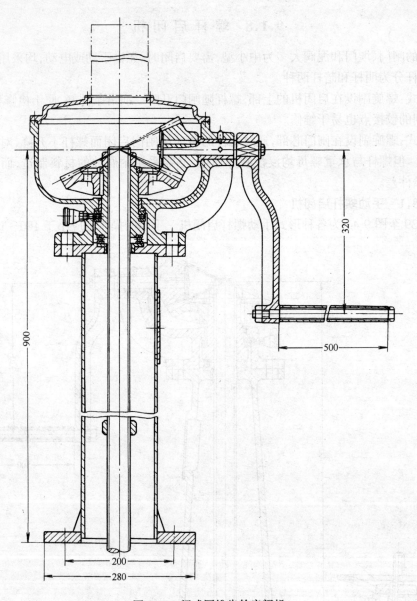

图 9-41 闭式圆锥齿轮启闭机

启闭力范围:

手轮式为 5~30kN;

锥齿轮式为 30~75kN;

蜗杆蜗轮式为 30~150kN;

启闭力 80kN 以上,需两人操作。

最大启闭扭矩为 60N·m。

9.1.8.2 电动螺杆启闭机

电动启闭机的传动机构如图 9-44 所示,有三种形式:

(1) 圆柱齿轮和圆锥齿轮两级减速机构,一般应用于小型闸门。

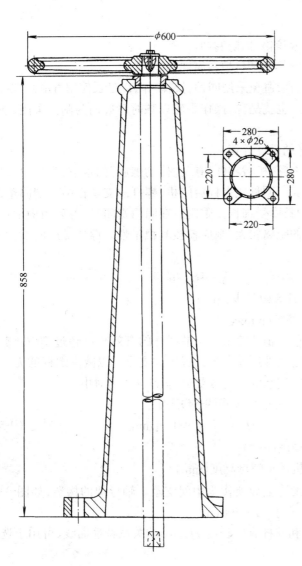

图 9-42 暗杆操作柱

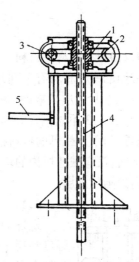

图 9-43 蜗杆蜗轮式
螺杆启闭机
1—承重螺母；2—蜗轮；
3—蜗杆；4—螺杆；
5—手摇把

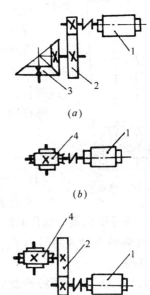

图 9-44 电动启闭机的
传动机构
1— 电动机；2—圆柱齿轮；
3—圆锥齿轮；4—蜗轮蜗杆

(2) 蜗杆蜗轮传动机构，其速比较前者大。

(3) 圆柱齿轮与蜗杆蜗轮传动组合。

通用的电动螺杆式启闭机的启闭力有 100kN 和 2×100kN。2×100kN 启闭机即两机开一门，用于双吊点的闸门。

9.1.9 螺杆和其它零部件

9.1.9.1 螺杆的材料

常用的螺杆材料有下列几种:

(1) 35号优质碳素钢,表面氮化或渗铬,以防腐蚀。

(2) 2Cr13不锈钢,调质处理,抗湿热性和抗填料腐蚀性能较好。

螺杆与承重螺母的材料搭配要适宜,避免采用同种材料制作,以延长使用寿命。螺杆螺纹的旋向,没有减速机构的均为左旋。也就是说,操作手轮以顺时针旋向为闸门关闭,逆时针旋向为闸门开启。

9.1.9.2 螺杆的设计计算

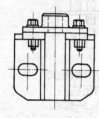

螺杆的设计可查阅《机械零件》有关"传动螺旋"的章节,包括耐磨性、强度和稳定性的计算。明杆式螺杆启闭机,螺杆的支承作为一端固定,一端铰支考虑,螺杆的长度受细长比限制。在闸门密闭时,若启闭机承重螺母到门顶吊耳轴孔的距离较大,则应校核其稳定性。螺杆受压的细长比:

按式(9-53)计算:

$$\lambda = 4H_x/d \qquad (9-53)$$

式中 H_x——提升杆有效长度(mm);
d——闸杆外径(mm)。

容许细长比的最大值为200。如果螺杆的有效长度超过$70d_1$(螺纹内径),除验算其稳定性外还要考虑设置中间支承。以减少螺杆的无支长度或细长比。但中间支承的设置数要少,多设就不易对中。

螺杆螺纹长度 l:可近似按式(9-54)决定:

$$l = H + H_0 + 300 \quad (\text{mm}) \qquad (9-54)$$

式中 H——启门高度(mm);
H_0——启闭机承重螺母高度(mm)。

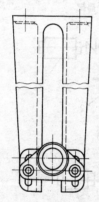

图9-45 轴导架

一般在胸墙上设置轴导架作为中间支承。轴导架的构造,如图9-45所示。轴导架到吊耳轴孔的距离应不小于 $H + 300$(mm)。

图9-46为最大闭门力 F_{wmax}(N)和螺杆有效长度 H_x(m)的关系特性曲线,可用于选择螺杆直径。

9.1.9.3 防止螺杆弯曲的措施

螺杆启闭机在操作中,闭门力超过设计允许值时,则螺杆往往发生弯曲。为了防止弯曲可采取下列措施:

(1) 在螺杆螺纹段闸门行程的顶端,校正位置后固定限位螺母。操作至完全关闭时,固定限位螺母就接触启闭机机体,起到保护作用,如图9-47所示。也可设置开启度指示器,作观察用。

限位螺母也可以装在机体下面,如图9-41所示。

(2) 电动螺杆启闭机除设置行程限位装置以外,还应设置转矩限制机构,见第9.2节。

(3) 电动锥形泥阀,为防止关闭达限位时阀板压着阀座过紧,在螺杆与阀杆之间装有压缩弹簧如图9-7所示或缓冲套如图9-8所示。利用其附加行程防止损坏机件。

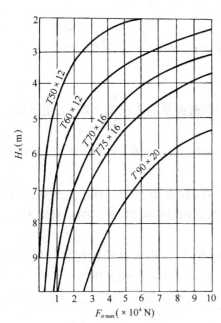

图 9-46　螺杆有效长度与最大闭门力关系

注：若采用图中曲线之外的规格，应按柔度控制条件计算。

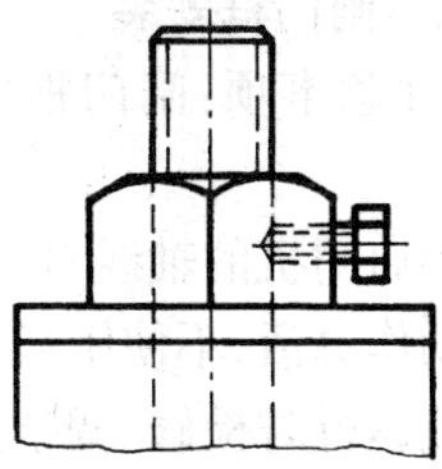

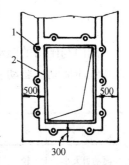

图 9-47　螺杆的限位螺母

9.1.9.4　联轴器

螺杆与阀杆采用刚性连接。常用的刚性联轴器有：

（1）立式夹壳联轴器；

（2）套筒联轴器。

立式夹壳联轴器可参照 HG 21570—95 进行设计。

套筒联轴器可采用内螺纹直通接头加锥销与闸杆固定的形式。

9.1.10　闸门的安装要求

闸门和堰门由闸、堰门本体、连接杆、启闭机等部分组成。预埋件外露表面要求平整，能够满足安装要求。

一般技术要求可参照 JB/ZQ 4000.9—86《装配通用技术条件》和 CJ/T 3006—92《供水排水用铸铁闸门》。特殊要求可在安装图的技术要求中说明。例如闸门的受压水头、轴导架间距和涂覆防腐蚀层等。

9.1.10.1　设计要点

（1）螺杆启闭机的台面承受力是启门力与启闭机重力的和，按式(9-55)计算：

$$F = W + fP + W_Q \quad (N) \tag{9-55}$$

W_Q——启闭机的重力(N)。

P 的计算，可按公式(9-26)荷载分布的情况如图 9-35 所示。

台面荷载在开启时，作用力向下。但应特别注意在完全关紧时，作用在台面上的荷载($F - W_Q$)方向与开启时的作用力方向相反，即向上顶起。

（2）闸门的安装尺寸：为了便于装卸门框，要求在门孔宽度方向，每侧留有 500mm 以上的空间。门孔下方留有 300mm 以上的空间，如图 9-48 所示。

图 9-48　闸门的安装尺寸

1—地脚螺栓；2—闸门框

9.1.10.2 闸门框安装

(1) 安装注意事项:闸门框安装的好坏,直接关系到运行效果,安装时应做到下列三点:

1) 闸板和启闭机的轴线对正。
2) 启闭动作灵活,不使闸板、压板、螺杆、轴导架和启闭机等承受额外的力。
3) 使闸板运行时检修、调整方便。

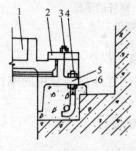

图 9-49 闸门框安装俯视
1—闸板;2—压板;3—双头螺柱;4—地脚螺栓;5—闸门框;6—调整螺母

(2) 安装步骤要求:

1) 用地脚螺栓将闸门框初步紧固在混凝土墙上,用吊铅垂线方法测定垂直度。

① 调整地脚螺栓的螺母位置,校正前、后的歪斜度,如图 9-49 所示。

② 改变地脚螺栓的位置,校正左、右的歪斜。一侧的压板仍处于卸下状态。吊线放在双头螺柱的侧面,测定闸门框的左、右歪斜度。

2) 调整好闸门框垂直度以后,将地脚螺栓与邻近的钢筋焊固。如果钢筋强度不足,应插入补强钢筋加以补强。

3) 门框安装处的混凝土墙面应凿毛。使二次灌浆能与原墙面粘牢。

4) 在闸门框和混凝土墙面之间用膨胀水泥砂浆填实,厚度为 50mm 左右。用普通水泥砂浆时要添加膨胀剂。

5) 安装时应检测闸板和闸门框间的密封圈间隙,间隙可用塞规来测定。若某一局部间隙过大,则表示闸板或闸门框已有变形,必须返修。

9.1.10.3 钢闸门焊接要求

(1) 不得使用有严重锈蚀等缺陷的钢材。
(2) 各构件焊成后,必须矫正变形。
(3) 装配成门体结构后,要检查焊缝质量。一般检查以外观检查为主,其内容包括:焊缝的尺寸是否足够或漏焊;焊缝是否有裂纹、咬肉、烧穿或偏斜等现象。受力较大的主梁以及吊头座、吊杆和挂钩等支持门重的构件,应作为焊缝检查重点。

9.2 阀门与闸门的驱动装置

阀门与闸门的驱动装置基本类型:除手动和电动外,还有电磁驱动、液压驱动、水压驱动以及气压驱动。驱动装置的各种类型及各自的特点,见表 9-10。

驱动装置的基本类型和特点　　　　表 9-10

项　目	手　动	电　动	电磁驱动	液压驱动	水压驱动	气压驱动
驱动力大小	较　小	大	最　小	大	较　小	较　小

续表

项 目	手 动	电 动	电磁驱动	液压驱动	水压驱动	气压驱动
行 程	大	大	最 小	较 大	视构造而定,基本与气压驱动同	隔膜式较小,活塞式较大
扭矩(推力)调节	一般由手操作力控制	通过转矩限制机构调节	不宜调节	通过动力源压力调节		
遥控距离	就地操作	远	远	远		
环境条件	要 考 虑			影 响 不 大		
结 构	简 单	复 杂	简 单	较 简 单		
配 套	简 单	较 简 单	电源简便	压力与控制系统较复杂	压力与控制系统简单	压力与控制系统较复杂
用 途	用于启闭各种小型闸门、泥阀等,以及备用操作机构	用于启闭各种闸阀、泥阀等	用于速动的小口径截止阀或其改装的控制阀	用于快速启闭的阀门需另加缓闭机构		
				大中型闸门	泵站,沉淀池滤池等闸阀、泥阀等	滤池的闸阀
备 注	手操作力不大于150N			1. 要求常温 2. 包括液位控制		

9.2.1 电动驱动装置

9.2.1.1 适用条件

为实现闸门和阀门的启闭自动化,一般首先选用电动驱动。电动驱动装置具有动力源使用广泛,操作迅速、方便,容易实现就地或远方控制等特点。阀门电动装置是使用最多的一种阀门驱动装置,有许多标准产品可供选用。

闸门和阀门启闭方式分为直行程和角行程,电动驱动装置的输出方式也分为多回转型和部分回转型。多回转型电动装置主要用于升降杆类的阀门和闸门,包括:沉淀池、滤池、污泥水池的进出水板闸、闸阀等。部分回转型电动装置主要用于回转杆类阀门,一般在90°范围内启闭,包括:球阀、蝶阀、旋塞阀等。

除开关型电动装置外,电动装置还有调节型。调节型电动装置适用于有开度调节要求的闸门、阀门和调节堰门等。

阀门电动装置的连接尺寸,可参考 JB 2920—81 标准。

9.2.1.2 总体构成

阀门电动装置由电动机、减速器、转矩限制机构、行程控制机构、开度指示器、现场操作机构(包括手轮、按钮)、手电动联锁机构、控制箱组成。

(1) 电动机:所选用的电动机特性应尽可能与阀、闸的机械特性相适应。

1) 压力管路使用的阀门:电动机的转矩特性是:

① 阀门全开时转矩最小。

② 阀门关闭了约 3/4 行程以后,转矩开始上升。

③ 将阀门关紧时,最后几圈,转矩迅速上升。

④ 开启阀门时比关闭转矩大很多。

2) 对电动机提出三项要求:

① 迅速起动:电动机空载起动、加速,达到同步转速,离合器嵌合带动输出轴,输出转矩。为了得到很大的转速和最大转矩,要求电动机能够迅速起动。离合器机构如图 9-8 所示的件号 2。

② 过载能力要强:电动机进入稳态运行后才带动负载,则电动机的最大转矩是决定因素。过载能力以最大转矩和额定转矩之比表示。

③ 起动转矩要大:由于调整的需要,电动装置必须进行点动操作。点动操作时,大多用不到离合器的锤击特别是在压差最大,接近阀门关闭的位置上进行点动操作时,要求的起动转矩更大。

3) YDF 系列电动阀门用三相异步电动机和 YBDF 系列户外、防腐、隔爆型电动阀门用三相异步电动机,这两种电动机的转矩特性为:

① 在额定电压下,电动机最初起动转矩对额定转矩之比的保证值,10kW 以下者为 3,其他功率者为 2.8;其容差为 -10%。

② 在额定电压下,电动机最大转矩对额定转矩之比的保证值,对于 10kW 及以下者为 2.8,其他功率者为 2.4;其容差为 -10%。

目前国内各厂生产的阀门电动装置仍采用一般通用的鼠笼型三相异步电动机,电动机的额定功率应按电动装置输出轴功率 1.5 倍确定。

3) 水池和渠道使用的闸门、泥阀:按启门过程中最大启门力计算,如果启闭时间超过 10min,则应选择普通鼠笼型异步电动机。

(2) 减速器:通常采用的传动机构有:

1) 圆柱齿轮副和蜗轮副两级传动。

2) 斜齿圆柱齿轮副和圆弧面蜗轮副两级传动。

3) 仅蜗轮副一级减速。

以上均附有手轮装置,要求手轮顺时针转动关闭阀或闸;逆时针转动为开启阀或闸。设计螺杆时,要注意螺纹的旋向,以便与所选用的阀门电动装置配套。

上述传动机构适用于升降式启闭的阀门,如闸阀、截止阀、闸门、泥阀等。至于回转式启闭的阀门,如蝶阀、球阀等,一般采用加装第二级减速器方式,即积木式结构。通用件占零部件的比例数多,便于维修。

(3) 转矩限制机构:转矩限制机构不仅起过扭矩保护作用;当行程控制机构在操作过程中行程开关失灵时,还起备用停车的保护作用。其动作扭矩是可调节的。

转矩限制机构的最大控制转矩应不小于额定转矩值。如果所设计的机构能够于起动时,即使有较大的转矩,限位开关不动作,则可以调整最大控制转矩等于额定转矩值(失速转矩以下),以便充分利用电动机峰值转矩。

转矩限制机构,主要有蜗杆轴向移动式机构和牙嵌离合器式机构两种:

1) 蜗杆轴向移动式机构：蜗杆轴向移动式机构，如图9-50所示。在蜗杆蜗轮传动中，蜗杆可以自动轴向移动。在阀门开启和关闭时，所受的扭矩不同，蜗杆所受的轴向力亦不同。蜗杆轴向力压缩"过力矩弹簧"，则蜗杆轴向移动。

图9-51为图9-50件号8位移引出机构的一例。当蜗杆1轴向移动时，摇臂2带动转轴4旋转。由于基架固定在壳体上，则装配在转轴4上的微动开关，可按调好的位置动作。

当此移动量达到预先调定位置时，开关断路，电动机停转。在图9-50中：

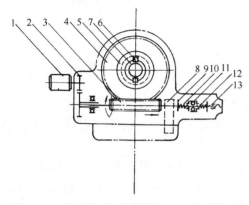

图9-50 蜗杆窜动式转矩限制机构
1—电动机；2—圆柱齿轮；3—蜗杆；4—蜗轮；5—离合器；6—键；
7—输出轴；8—位移引出机构；9—轴肩；10—关向转矩弹簧；
11—轴承；12—开向转矩弹簧；13—调节螺母

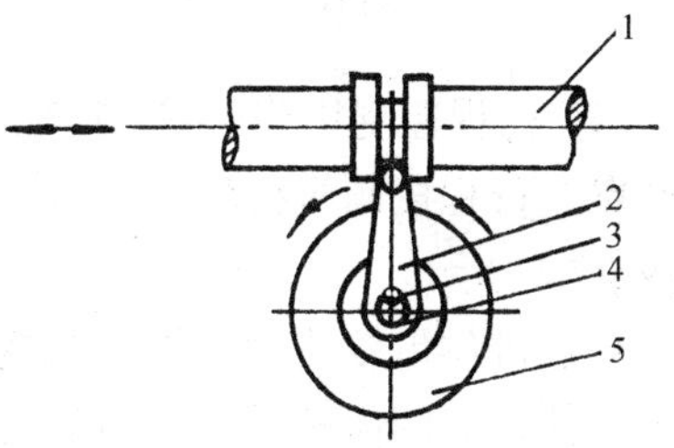

图9-51 摇臂结构原理
1—蜗杆轴；2—摇臂；3—键；4—转轴；5—基架

M_1——蜗轮减速器输入轴扭矩（N·mm）；

i——蜗轮副的速比；

D_j——蜗轮的节圆直径（mm）；

M_2——蜗轮减速器输出轴扭矩（N·mm）；

P——蜗杆轴向推力（N），按式(9-56)为

则
$$\left.\begin{array}{l} P = M_2/(D_j/2) \quad (\text{N}) \\ M_1 = M_2/(i \times \eta) \quad (\text{N·mm}) \end{array}\right\} \quad (9\text{-}56)$$

η——蜗轮副的机械传动效率，按式(9-57)计算。

由式(9-56)可知，P 与效率 η 无关，与输出扭矩 M_2 成正比。输入扭矩 M_1 与效率 η 成反比。但是蜗杆效率随滑动速度而变化。

$$\eta = (100 - 3.5\sqrt{i})\% \quad (9\text{-}57)$$

2) 牙嵌离合器机构：图9-52所示为该机构之一例。以梯形牙嵌离合器结构较好，梯形牙两侧斜角不同，如图9-53所示。α_1 相当于开阀时离合器传递扭矩边的斜角，α_2 相当于关阀时离合器传递扭矩边的斜角。因为开阀扭矩大于关阀扭矩，所以 $\alpha_1 < \alpha_2$。按照力的分析，α 角越小，越不容易打滑，所传递的扭矩越大，用调节弹簧压力的方式调节控制扭矩。

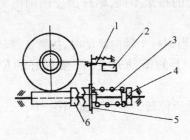
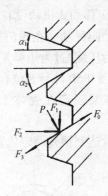

图9-52 牙嵌离合器式转矩限制机构
1—杠杆；2—行程开关；3—弹簧；4—调节螺母；
5—挡板；6—离合器

图9-53 梯形牙侧边斜角 α

(4) 行程控制机构：是控制阀门的开启和关闭位置，有的用作阀位开关的信号。要求灵敏可靠。行程控制机构种类很多，精度较高的产品有计数器四档进位齿轮传动的控制机构。如图9-54所示。

计数进位齿轮传动的控制机构动作程序如下：输出轴的转动，经中间传动部套，传至计数器。计数器的齿轮系为销齿传动。按各种阀门的不同要求，可以为两档进位、三档进位或四档进位。控制阀门开、关，可调整计数器齿轮轮系，使过桥齿轮转动，触块逆时针旋转至需要的位置阀门关闭。在阀门关紧的同时微动开关动作，切断电源，停机。反之，顺时针旋转约90°，阀门可完全开启。

(5) 手、电动联锁机构：在事故情况下及调试过程中，可采用手动操作。

为保证手动操作安全，要有手、电动联锁机构。其切换形式有三种：

1) 全手动切换，即电动切换为手动，手动切换为电动，均为人工操作。
2) 全自动切换，即电动切换为手动，手动切换为电动，均为自动。
3) 半自动切换，即电动切换为手动，为人工操作。而手动切换为电动，为自动。

其中，以3)种形式较好，与全自动切换比较，集中控制时不会发生'拒动'现象；与全手动切换比较，集中控制时，当手动切换为电动，不会发生离合器啮合不上的问题。

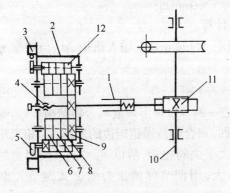
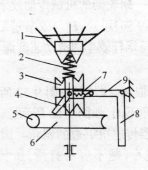

图9-54 计数进位齿轮传动的行程控制机构
1—中间传动部套；2—计数器；3—微动开关；4—调整杆；
5—触块；6—四位数齿轮；7—三位数齿轮；8—二位数齿轮；
9—个位数齿轮；10—输出轴；11—行程齿轮；12—过桥齿轮

图9-55 手电动联锁机构
1—手轮；2—弹簧；3—离合器；4—直立杆；
5—蜗杆；6—蜗轮；7—拉簧；8—手柄；9—拨叉

图 9-55 为半自动切换形式之一例。联锁机构由手柄、拨叉、直立杆、拉簧等组成。搬动手柄,直立杆立起,手动离合器合上,即可手动操作。电动时不用搬回手柄,只须按下按钮,电动机转动,直立杆倒下,手动离合器自行脱扣,自动将手动切换为电动。该种形式,离合器在输出轴上,牙面摩擦力较大,为了使推动手柄的力不超过 250N 可采用杠杆放大或凸轮放大机构。

手轮装在输出轴,便于处理事故状态下要求的快速操作。同时离合器设在低速轴,也易于布置。但要求设计时设法降低离合器牙面的摩擦力。

9.2.1.3 主要设计数据

(1) 扭矩:电动装置的最大输出扭矩应有适当的裕量,以保证在任何情况下都能可靠地操作,而又不损坏阀闸的零件。一般电动装置的最大输出扭矩为正常运动条件下阀、闸所需最大扭矩的 1.5 倍左右。

(2) 操作时的扭矩:开启阀、闸和关闭阀、闸具有不同的操作扭矩。

在一般情况下,阀门关紧后再次开启所需的操作转矩比关紧阀门的操作扭矩要大 50%以上。

(3) 关阀、闸时所需的密封力:要求关阀、闸时能在很小的角行程中输出较大的扭矩,并且将该力矩严格控制在规定值范围内。即电动装置应能准确地按输出扭矩值停止工作。

有关控制电动装置闭门力的措施见 9.1.9 节。

(4) 阀门的工作行程允差:在操作阀门的过程中,要求阀门能够准确地停止在任何规定的位置。管道阀门停止位置的误差一般不超过阀门全行程的 0.5%。而池或渠道的阀、闸其误差要求可适当降低。

(5) 阀、闸的启闭速度:为避免水击,管道闸、阀一般的启闭速度以每秒钟 1~5mm 为宜。截止阀的开启高度仅为通径的 25%~30%,则操作速度更应慢些,即每秒 1~1.7mm。水池或渠道的闸门,泥阀启闭速度可以提高到 0.5m/min。

(6) 阀、闸的总转圈数:阀、闸启闭全行程的总转圈数及其开启高度和螺杆螺纹的螺距有关。闸、阀的总转圈数,按式(9-58)为

$$M = H/(zt) \tag{9-58}$$

式中 H——阀、闸的开启高度,即阀、闸启闭件的全行程(mm);

t——螺杆螺纹的螺距(mm);

z——螺杆螺纹的线数;

阀、闸的开启高度随阀、闸的规格尺寸、密封面和阀型不同而异。一般情况下,阀门、闸门的开启高度约为阀门通径或闸板高的 1.1 倍,而泥阀的开启度约为阀板直径的 30%。

9.2.1.4 电动机功率的确定

当已知操作阀门的最大转矩和电动装置的输出转速时,可按下式选择电动机的功率 N:

$$N = \frac{Mn}{9550K\eta} \quad (\text{kW})$$

式中 M——电动装置输出的最大转矩(N·m);

n——电动装置输出轴转速(r/min);

η——电动装置的机械传动效率；
K——电动机功率的备用系数。

YDF 系列阀门专用电动机起始转矩对额定转矩之比为 2.8~3。为避免所选择的电动机额定功率过大,又考虑到电动机制造过程中的容差和运行过程中电源电压波动的影响,取 $K=2$。

9.2.2 水压驱动装置

水压驱动的工作压力即引入的自来水压力 0.25~0.4MPa。驱动装置直接以压力清水为能源推动活塞在水压缸内往复运动,缸体结构及控制装置比较简单。泵站压力管路的水力闸阀、吸水管水力缓闭底阀(图 9-56)、沉淀池水力泥阀及滤池立式双作用阀(图 9-57)等均属这类驱动。

水力泥阀的构造与水力缓闭底阀类似,也是水压缸与阀体直接连接,水压缸可在 15m 水深处运行。

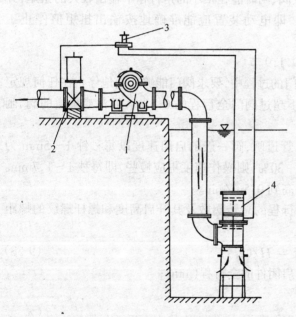

图 9-56 水力缓闭底阀安装
1—水泵；2—水力闸阀；3—四通电磁阀；4—水力缓闭底阀

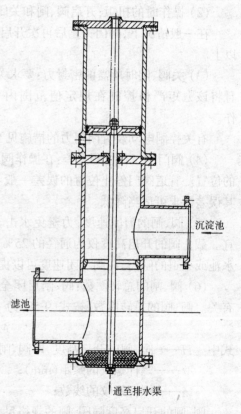

图 9-57 立式双作用阀

图 9-57 为立式双作用阀,工作压力不超过 0.3MPa,用于单阀滤池。当滤池滤水时,阀板下移,使滤池与沉淀池相通,当滤池反冲洗时,阀板上移,使滤池与排水渠相通。一阀可代替两阀作用,完成控制滤池运行和反冲洗的任务。这种阀门也可以用于控制沉淀池的进水和排水,但在变换阀的作用时,有短时间的短流影响。

水压驱动还可用于控制系统,图 9-58 和图 9-59 为三通柱塞塑料阀的构造与安装,用作控制水力闸阀等。

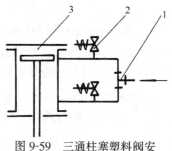

图 9-59 三通柱塞塑料阀安装示意
1—三通柱塞阀;2—电磁阀;3—水力闸阀

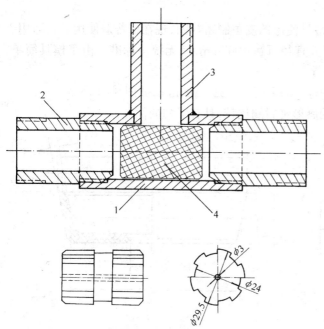

图 9-58 三通柱塞塑料阀的构造
1—三通;2—接头;3—支管;4—尼龙柱塞

9.2.2.1 缸径的计算

在进行活塞驱动装置的计算时,首先近似地确定缸的直径 D。D 的确定可根据启闭闸阀所需的阀杆最大轴向力 Q 和能源的工作压力 p。一般可用式(9-59)、式(9-60)计算:

$$1.25Q = Ap = \frac{\pi}{4}D^2 p \tag{9-59}$$

$$D \approx 1.25\sqrt{\frac{Q}{p}} \quad (\text{mm}) \tag{9-60}$$

系数 1.25 是主要考虑活塞的有效面积和摩擦损失等因素。

用于泵站和滤池等水压驱动的闸阀,一般管路水压力为 0.25~0.4MPa,活塞驱动装置的工作压力也为 0.25~0.4MPa。通常,缸径为管径的 0.75~0.8 倍。

9.2.2.2 驱动装置的水压力计算

水压驱动装置实际能产生的轴向力 Q_n:按式(9-61)为

$$Q_n = Q_p - Q_T - F_n \quad (\text{N}) \tag{9-61}$$

式中 Q_p——活塞上的作用力,按式(9-62)为

$$Q_p = \frac{\pi}{4}(D^2 - d^2)p \quad (\text{N}) \tag{9-62}$$

其中 d——阀杆的直径(mm);

Q_T——填料密封处的摩擦力(N),力的大小与填料的种类和材质有关。其计算见 9.2.2.4 节。

F_n——活塞与缸间的摩擦力(N),按所选取的密封结构进行计算。见公式(9-51)或公式(9-52)。同样适用于液压和气压驱动。

9.2.2.3 缸与活塞的密封结构

水压驱动装置采用碗形密封结构,或 O 形圈密封结构。

(1) 碗形密封结构:碗形密封圈是唇形密封圈中的一种,按材料分类有两种:皮碗和橡

胶碗。

1) 皮碗：皮碗如图 9-60 所示是最早使用的皮革制密封圈，现在仍普遍使用。它适用于低压大口径长行程的水压缸，国内最大直径可达 1000mm，尚无统一标准。由于模具简单，多为零星生产。可自行设计，加工定货。

2) 橡胶碗：耐油橡胶碗更具有弹性，适用于缸径 22～500mm，如图 9-61 所示。

① 优点：橡胶碗与其它橡胶制的唇形密封圈比较，具有下列的优点：

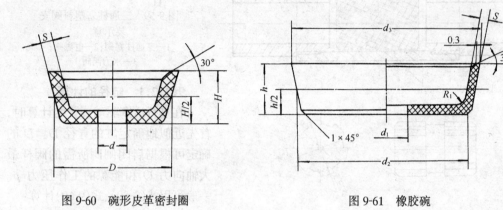

图 9-60　碗形皮革密封圈　　　　图 9-61　橡胶碗

ⅰ．没有封塞压力。

ⅱ．缸内壁与活塞之间的间隙可大于 O 形圈密封。

ⅲ．容易安装，使用寿命长。

② 缺点：

ⅰ．橡胶碗被压紧时，引起底面变形，影响密封性（如图 9-62 所示）；

ⅱ．橡胶碗的根部（即拐弯处）容易磨损。

③ 设计要点：

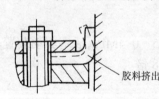

图 9-62　碗形密封圈的挤压变形

ⅰ．压板的外径一定要小于密封圈唇的内径。为了避免热膨胀和溶胀，其间应有较大的间隙。

ⅱ．唇部与缸内径之间不应有较大的过盈量。

ⅲ．橡胶碗底面的承压板（或活塞）外径与缸内径的间隙越小越好，可参照其它密封圈的密封设计。

ⅳ．缸内壁加工表面粗糙度为 ▽，压板和承压面为 ▽。

ⅴ．在动作频繁的冲击性内压作用下，在结构上要保证唇的根部不致于很快撕裂。

3) 设计计算：碗形密封圈与缸体之间摩擦力因为活塞动作的间隔时间较长，按起动摩擦力，式(9-63)计算：

$$F_n = \pi D b f_1 p Z \quad (N) \tag{9-63}$$

式中　b——碗形密封圈的接触宽度(mm)；

　　　f_1——碗形密封圈对缸体的起动摩擦系数，约为运动摩擦系数的 4 倍，$f_1 = 4f$；

　　　Z——碗形密封圈的数量；

碗形密封圈的 f 值按不同情况选取，用水润滑的软皮革为 0.03～0.07，硬皮革为 0.10～0.13，橡胶为 0.08。

(2) O形圈密封结构:用于往复运动时的密封,它与金属之间产生的摩擦力按式(9-64)计算:

$$F_n = \pi DbZq_b f_1 \quad (N) \tag{9-64}$$

式中　D——O形圈外径(mm);
　　　b——O形圈与缸壁接触宽度,取O形圈圆断面半径的1/3(mm);
　　　Z——O形圈数量;
　　　q_b——密封比压,

$$q_b = \frac{1.27 + 1.86p}{\sqrt{b}} \quad (MPa);$$

　　　f_1——O形橡胶密封圈与缸壁的起动摩擦系数,取 $f_1 = 4f, f = 0.08$。

9.2.2.4　填料与阀杆的摩擦力计算

阀门开启和关闭时,填料与阀杆之间将产生摩擦,其大小与填料的种类和材质有关。填料有石棉盘根、油浸棉纱盘根、耐腐蚀石棉盘根、聚四氟乙烯成型填料和O形橡胶密封圈等。摩擦系数应按不同工作情况选取。以下所取的摩擦系数,供作近似计算时参考。

(1) 石棉盘根的摩擦力:按式(9-65)为

$$Q_T = \varphi dbp \quad (N) \tag{9-65}$$

式中　φ——系数;
　　　d——阀杆直径(mm);
　　　b——盘根宽度(mm);
　　　p——工作压力(MPa)。

系数 φ 值见表9-11,其条件为:
工作压力 $p \leq 2.5$MPa;
摩擦系数 $f = 0.1$;
填料在同一横断面上所受到的轴向比压和横向比压之比,$n = 1.4$。

系数 φ 值　　　　　　表9-11

h/b	3	3.5	4	4.5	5	5.5	6	6.5	7
φ	1.14	1.39	1.65	1.94	2.22	2.55	2.90	3.26	3.65

注:h 为盘根总高度(mm)。

(2) 聚四氟乙烯成型填料的摩擦力:按式(9-66)为

$$Q_T = 1.2\pi dh_1 Zpf \quad (N) \tag{9-66}$$

式中　h_1——单圈填料与阀杆接触的高度(mm);
　　　Z——填料圈数;
　　　f——填料与阀杆的摩擦系数,约为 0.05~0.10。

(3) O形橡胶密封圈的摩擦力:按式(9-67)为

$$Q_T = \pi dbZq_b f \quad (N) \tag{9-67}$$

式中　d——O形圈内径(mm);
　　　b——O形圈与阀杆接触宽度,取O形圈断面半径的1/3;
　　　f——摩擦系数,取 $f = 0.08$。

9.2.3 油压驱动装置

油压驱动装置由油压源、控制回路、执行机构组成。油压驱动的运动件惯性小,能够频繁换向,执行机构运行平稳。当阀门需要调速时,可以利用油压控制回路实现阀门的不同关闭速度。

9.2.3.1 油压执行机构

直行程启闭的阀、闸常用往复式双作用油压缸作为执行机构;回转式启闭的阀、闸使用由往复式油压缸与其它机构组成的回转式执行机构。目前执行元件和机构已基本上系列化、标准化。

(1) 大型闸门用油压启闭机:油压驱动装置主要用于大型泵站的取水口及引水渠道闸门启闭机。已有通用产品系列。QPPY 系列为普通平面闸门液压启闭机,该系列由水利电力部颁布代号为 SD 113—83,其基本参数为

1) 启门力(启闭机的容量)

单吊点从 6~100t 共 13 种规格,双吊点从 2×6t~2×100t 共 13 种规格。

2) 闭门力:

① QPPYⅠ型为双吊点单作用柱塞式,启门靠液压,闭门靠自重。

② QPPYⅡ型为活塞式,分为单吊点和双吊点两种。启门和闭门均靠液压。闭门力和启门高程有关,在没有导架情况下,启门高程越大,活塞杆越长,闭门力越小;启门高程越小,活塞杆越短,闭门力越大。

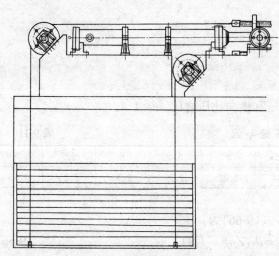

图 9-63 XYQ 型液压启闭机

3) 持住力:该系列启闭机对持住力不作具体规定。但当持住力大于启门力时,应按持住力吨位来选择启闭机的容量。

4) 启门高程:启门高程等级的划分,每级相差 0.5m。因为受缸筒加工长度的限制,最大启门高程分别为 8m 和 11.5m。

5) 启门速度:可以无级调速,最大启门速度为 5m/min。

6) 工作压力:为油泵工作压力,不包括油缸摩擦损失,在 8~16MPa 范围内。

QPPY 系列普通平面闸门液压启闭机有 2.5MPa 工作压力的产品,适用于小型闸门。

图 9-63 为 XYQ 型液压启闭机,启门力 30t。

在水厂及污水处理厂的闸门、泥阀上采用液压(油压)驱动装置时,应重点注意漏油问题。如果动作次数不多,闸杆粘有污物后生锈,驱动时使刮尘板、防尘圈等受到磨损造成漏油。闸杆加防尘罩后,虽不易粘着污物,但油缸的下部伸入井室或池内,使操作人员很难发现漏油。一旦发现故障,就不容易修理。

(2) 闸门开启位置的保持:当使用油压启闭机开启闸门并需要长时间保持时,由于油压

系统存在泄漏,油压缸也存在内泄漏,所以闸门的自重会使闸门位置下滑。为防止这种情况发生,设计中应在油压系统中采用压力保持装置,例如:蓄能器。也可以采用机械式的夹持器,保持闸门的开启位置。

9.2.3.2 油压驱动与控制的优缺点

以往在给水厂中使用油压设备的较少,但近年来随着水厂自动化的发展,油压驱动以其便于蓄能和实现阀门分段关闭,而在水厂得到较多的应用。例如:油压驱动的锥形阀、分阶段关闭的液压蝶阀等。关于油压驱动装置的设计和计算可按有关设计手册进行。这里将油压传动与控制的优缺点列出,供设计者在工程中选择驱动装置时参考。

油压传动与控制的优缺点　　　　　　　　　表 9-12

优　点	缺　点
1. 同其它传动方式比较,传动功率相同时,重量轻、体积紧凑 2. 可实现无级变速,调速范围大 3. 运动件的惯性小,能够迅速换向;系统容易实现缓冲吸振,并能自动防止过载 4. 与电气配合,容易实现自动化;与计算机配合,能实现各种自动控制 5. 元件已基本上系列化、通用化和标准化	1. 容易产生泄漏,污染环境 2. 因有泄漏和弹性变形不易做到精确的定比传动 3. 系统内混入空气时,会引起爬行、噪声和振动 4. 适用的环境温度比机械传动小 5. 故障的诊断与排除要求较高技术

9.2.4 气压驱动装置

气压驱动系统由空压机、附属装置、管路系统和气缸组成。空压机将原动机的机械能转换为流体压力能,气缸将管路系统传递的压力能转换为机械能,产生直线往复或旋转运动驱动闸门、阀门启闭。

9.2.4.1 气压驱动的特点

气压驱动采用空气为工作介质,维护简单,工作介质清洁,用过的空气可直接放入大气,在给排水工程中使用有独特的优势。气压驱动系统动作迅速,反应快,适用于对阀门的控制,在给水厂滤池设计中有许多采用气动阀门控制工艺流程的实例。

由于空气的可压缩性,气压驱动时工作速度不易稳定,外载变化时对速度影响较大,动作精度要求高的传动不宜使用气压。但作为闸门和阀门启闭驱动的执行机构,气压驱动是可以满足要求的。另外,气压驱动系统排气噪声较大,阀在高速排气时宜设消声器。

给排水工程中气压驱动系统的设计一般有两个目的:

(1) 为一些专用闸门、阀门的自动启闭提供执行机构,即选择气缸。

(2) 为已经选用或确定的气动阀门配套气路系统和提供气源,即设计气路系统(包括管道、阀、附属装置)和选择压缩机。

这两个问题将在下面叙述。

9.2.4.2 气缸的选择

对于升降杆类的阀、闸,通常使用往复直线运动的双作用活塞式气缸装置。对于 90°旋转的阀、闸,一般采用齿轮齿条摆动气缸。摆动气缸是利用齿轮齿条传动将活塞的往复运动变为输出轴的回转运动。目前,气缸产品已经系列化和标准化,设计者可根据闸、阀的启闭力来选择气缸。本节介绍部分标准气缸产品和设计中选择气缸的一些要点。

(1) 部分气缸产品介绍：

1) 冶金用双作用活塞式气缸(JB 型)的技术性能及外形尺寸，见表 9-13。

双作用活塞式气缸(JB型)技术性能及外形尺寸 表 9-13

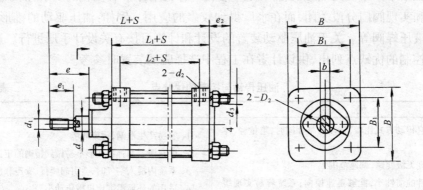

气缸型号	气缸内径 mm	最大行程	环境温度(℃)	工作压力(MPa)	工作速度(mm/s)	理论作用力(N)(工作压力为0.5MPa)		外形尺寸(mm)											
						推力	拉力	D_2	L	L_1	L_2	d	d_1	d_2	d_3	e	e_1	e_2	B	B_1	b
JB80×S	80	600	−25~+80(在不冻结条件下)	0.15~0.8	100~500	2460	2117	95	240	135	105	30	M20×1.5	M14×1.5	M12	50.5	35	30	115	85	24
JB100×S	100					3842	3504												130	100	
JB125×S	125	800				6007	5397	130	310	180	140	40	M24×2	M18×1.5	M16	59	40	40	160	120	36
JB160×S	160					9849	9234												190	150	
JB180×S	180	1000				12463	11831	170	350	190	150	50	M30×2	M20	84	50		220	170	41
JB200×S	200					15386	14775												240	190	
JB250×S	250	1250				24049	23089	200	450	240	180	70	M42×3	M27×2	M24	109	60	50	290	230	65
JB320×S	320	1600				39406	61573	240	520	260	200	90	M56×4	M33×2	M30	118	70	60	350	280	75
JB400×S	400					38021	60189								M36				430	350	

注1：型号意义

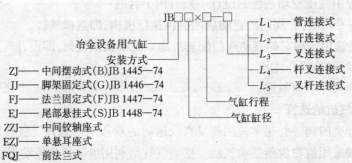

注2：本表摘自《机械设计手册》。

2) QGK 型和 QGa 型齿轮齿条摆动气缸的性能和外形尺寸,见表 9-14。

齿轮齿条摆动气缸性能和外形尺寸 表 9-14

QGK 型齿轮齿条摆动气缸(孔式)

标记示例：
气缸内径 $D=63$mm
回转角度 180°的齿轮齿条气缸
QGK63×180

气缸内径(mm)		63			80			100			125		
回转角度(°)		90	180	360	90	180	360	90	180	360	90	180	360
工作压力(MPa)		\multicolumn{12}{c}{0.15~0.63}
耐 压(MPa)		\multicolumn{12}{c}{1}
环境温度(℃)		\multicolumn{12}{c}{−10~+80}
理论输出扭矩(N·m)		\multicolumn{3}{c}{56(以 0.4 MPa 计)}	\multicolumn{3}{c}{90}	\multicolumn{3}{c}{141}	\multicolumn{3}{c}{344}
外形尺寸(mm)	L_1	\multicolumn{3}{c}{130}	\multicolumn{3}{c}{130}	\multicolumn{3}{c}{130}	\multicolumn{3}{c}{200}
	L_2	\multicolumn{3}{c}{80}	\multicolumn{3}{c}{80}	\multicolumn{3}{c}{80}	\multicolumn{3}{c}{130}
	L_3	376	516	800	376	516	800	376	516	800	532	752	1192
	L_4	406	546	830	406	546	830	406	546	830	568	788	1228
	L_5	\multicolumn{3}{c}{140}	\multicolumn{3}{c}{140}	\multicolumn{3}{c}{140}	\multicolumn{3}{c}{195}
	L_6	\multicolumn{3}{c}{160}	\multicolumn{3}{c}{170}	\multicolumn{3}{c}{180}	\multicolumn{3}{c}{245}
	L_7	\multicolumn{3}{c}{52.5}	\multicolumn{3}{c}{52.5}	\multicolumn{3}{c}{52.5}	\multicolumn{3}{c}{77.5}
	L_8	\multicolumn{3}{c}{90}	\multicolumn{3}{c}{100}	\multicolumn{3}{c}{120}	\multicolumn{3}{c}{160}
	H	\multicolumn{3}{c}{118}	\multicolumn{3}{c}{118}	\multicolumn{3}{c}{118}	\multicolumn{3}{c}{165}
	K	\multicolumn{3}{c}{10}	\multicolumn{3}{c}{10}	\multicolumn{3}{c}{10}	\multicolumn{3}{c}{20}
	E	\multicolumn{3}{c}{80}	\multicolumn{3}{c}{100}	\multicolumn{3}{c}{115}	\multicolumn{3}{c}{145}
	h	\multicolumn{3}{c}{14Js9(±0.021)}	\multicolumn{3}{c}{14Js9(±0.021)}	\multicolumn{3}{c}{14Js9(±0.021)}	\multicolumn{3}{c}{14Js9(±0.021)}
	l_1	\multicolumn{3}{c}{12}	\multicolumn{3}{c}{16}	\multicolumn{3}{c}{16}	\multicolumn{3}{c}{25}
	d	\multicolumn{3}{c}{11}	\multicolumn{3}{c}{11}	\multicolumn{3}{c}{11}	\multicolumn{3}{c}{13}
	d_1	\multicolumn{3}{c}{M18×1.5-6H}	\multicolumn{3}{c}{M18×1.5-6H}	\multicolumn{3}{c}{M22×1.5-6H}	\multicolumn{3}{c}{M22×1.5-6H}
	D	\multicolumn{3}{c}{45HB($^{+0.039}_{0}$)}	\multicolumn{3}{c}{45HB($^{+0.039}_{0}$)}	\multicolumn{3}{c}{45HB($^{+0.039}_{0}$)}	\multicolumn{3}{c}{45HB($^{+0.039}_{0}$)}

QGKa 型齿轮齿条摆动气缸(轴式)

气缸内径(mm)		32			40			50		
回转角度(°)		90	180	360	90	180	360	90	180	360
理论输出扭矩(N·m)(以 0.4MPa 计算)		\multicolumn{3}{c}{4.7}	\multicolumn{3}{c}{6.3}	\multicolumn{3}{c}{9.9}
工作压力(MPa)		\multicolumn{9}{c}{0.15~1.0}
环境温度(℃)		\multicolumn{9}{c}{−10~+80}
外形尺寸(mm)	L_1	202	258	371	209	265	378	213	269	382
	L_2	224	280	393	234	290	403	238	294	407
	L_3	\multicolumn{3}{c}{32}	\multicolumn{3}{c}{40}	\multicolumn{3}{c}{48}
	L_4	\multicolumn{3}{c}{60}	\multicolumn{3}{c}{66}	\multicolumn{3}{c}{74}
	d	\multicolumn{3}{c}{6}	\multicolumn{3}{c}{7}	\multicolumn{3}{c}{7}
	d_1	\multicolumn{3}{c}{M10×1}	\multicolumn{3}{c}{M14×1.5}	\multicolumn{3}{c}{M14×1.5}
	d_2	\multicolumn{3}{c}{20}	\multicolumn{3}{c}{20}	\multicolumn{3}{c}{20}
	A	\multicolumn{3}{c}{67}	\multicolumn{3}{c}{67}	\multicolumn{3}{c}{67}
	B	\multicolumn{3}{c}{40}	\multicolumn{3}{c}{40}	\multicolumn{3}{c}{40}
	C	\multicolumn{3}{c}{85}	\multicolumn{3}{c}{95}	\multicolumn{3}{c}{95}
	D	\multicolumn{3}{c}{65}	\multicolumn{3}{c}{75}	\multicolumn{3}{c}{75}
	h	\multicolumn{3}{c}{6}	\multicolumn{3}{c}{6}	\multicolumn{3}{c}{6}
	E	\multicolumn{3}{c}{26}	\multicolumn{3}{c}{26}	\multicolumn{3}{c}{26}
	F	\multicolumn{3}{c}{57}	\multicolumn{3}{c}{58}	\multicolumn{3}{c}{57}

注：本表摘自《机械设计手册》。

(2) 气缸的选择要点:

1) 已知闸门或阀门的启闭力,可按式(9-68)~式(9-71)估算双作用活塞式气缸的直径:

当活塞运动速度 $v<0.2\text{m/s}$,气缸为推力时,$D=1.23\sqrt{\dfrac{P}{p}}$ (9-68)

气缸为拉力时,$D=1.27\sqrt{\dfrac{P_0}{p}}$ (9-69)

当运动速度 $v=0.2\sim0.5\text{m/s}$,气缸为推力时,$D=(1.23\sim1.6)\sqrt{\dfrac{P}{p}}$ (9-70)

气缸为拉力时,$D=(1.27\sim1.65)\sqrt{\dfrac{P_0}{p}}$ (9-71)

式中　D——气缸内径(m);

　　　P——阀门的关闭力(N);

　　　P_0——阀门的开启力(N);

　　　p——气缸进气压力(Pa)。

式(9-68)~式(9-71)已经考虑了气缸工作时的总阻力,利用这些公式估算出气缸内径后,应再考虑 1.15~2 的安全系数,再根据气缸的标准系列选取。

2) 活塞的运动速度:气缸的最小运动速度约为 15~70mm/s,活塞运动速度超过 1000mm/s 时为高速气缸。运动速度高易导致气缸较大的磨损,气缸使用寿命减少,一般采用活塞平均速度为 100~500mm/s 范围内。为了避免阀门在启闭行程的终点产生冲击,设计中应选用带缓冲器的气缸。

3) 气缸耗气量的计算:气缸压缩空气的消耗量取决于缸径的大小、行程的长短、动作次数等因素。活塞式气缸的压缩空气消耗量,可按式(9-72)计算:

$$Q_x=(V_1+V_2)\cdot n \quad (9\text{-}72)$$

式中　Q_x——单个气缸的压缩空气消耗量(m^3/min);

　　　V_1——无活塞杆端全行程压缩空气的体积($\text{m}^3/\text{次}$);

　　　V_2——有活塞杆端全行程压缩空气的体积($\text{m}^3/\text{次}$);

　　　n——活塞每分钟往复运动的次数(次/min)。

9.2.4.3 供气系统的计算

当工程中使用多个气动阀门时,通常采用集中供气方式。供气系统的设计应确定压缩空气供气总量、供气管直径、阀门的进出气口径和空压机的容量。

(1) 供气系统压缩空气的需要量可按式(9-73)确定:

$$Q=\Sigma Q_x K_1(1+\phi_1+\phi_2+\phi_3) \quad (9\text{-}73)$$

式中　Q——设计供气需要量(m^3/min);

　　　ΣQ_x——气缸压缩空气消耗量的总和(m^3/min);

　　　K_1——气缸同时使用系数;

　　　ϕ_1——管道系统的漏损系数,取 $\phi_1=0.1$;

　　　ϕ_2——气缸磨损增耗系数,取 $\phi_2=0.15\sim0.2$;

　　　ϕ_3——设计未预见的消耗系数,取 $\phi_3=0.1$。

(2) 压缩空气管的直径按式(9-74)为:

$$d = 146\sqrt{\frac{Q}{v}} \tag{9-74}$$

式中 d——压缩空气管道的内径(mm);

Q——压缩空气流量(m^3/min);

v——管道内压缩空气流速(m/s),一般取 5~10m/s。

(3) 气源:气压驱动系统使用空压机作为动力源。由于水厂的气动阀门一般都是间断使用,为了避免空压机的频繁启动,供气系统需要设储气罐作为辅助动力源。储气罐可以缓冲负荷,减缓气体的压力脉动,抑制管道的振动。近年来,采用变频调速技术控制空压机恒压运行,保证供气系统的供求处于动态平衡是一种节能措施。但由于一次性投资较大和运行管理等问题,大多数水厂仍采用空压机和储气罐的供气方式。

1) 当采用储气罐时,设储气罐每工作一个循环(开、闭阀门一次)空压机补充一次气体,储气罐容积 $V(m^3)$ 按式(9-75)计算:

$$V = 1.15\frac{Q_1 - Q_2}{10(P_1 - P_2)} \tag{9-75}$$

式中 Q_1——气缸在连续操作时间内的压缩空气消耗量(m^3);

Q_2——空压机连续操作时间内的供气量(m^3);

P_1——储气罐的空气压力(MPa);

P_2——气缸的工作压力(MPa);

1.15——储备系数。

2) 空压机的选择:空压机应用最广泛的是活塞式空压机,单机容量为 $0.6\sim100m^3$/min。当周围环境对噪声和振动要求较严时,可选用螺杆式压缩机。确定空压机的容量时,应将空压机排出口的压缩空气量转换为空压机进口的自由空气量,选用空压机的容量(空压机铭牌流量)应大于自由空气量,自由空气量,按式(9-76)计算:

$$Q_z = Q_2\frac{P_2 + P_0}{P_0} \tag{9-76}$$

式中 Q_z——自由空气消耗量(m^3/min);

Q_2——设计供气需要量(m^3/min);

P_2——气缸的工作压力(MPa);

P_0——标准大气压,$P_0 = 0.1$MPa。

供气系统还应包括各种气路阀门、油水分离器、消声器等附属装置,在湿度较大的地区压缩空气系统应设空气干燥设备。限于篇幅不再详述,设计者可参考气压传动资料设计选用。

9.2.5 电磁驱动装置

电磁驱动是采用电磁力或增力机构作为驱动装置,可以快速开启和关闭阀门。电磁阀种类繁多,它的驱动功率小、行程短,主要用于油压、水压和气压的控制系统。例如普通滤池和泵站水力闸阀的电磁四通阀和调节闸阀开启度的电磁双通阀。在水处理工程中,也有用作主阀的驱动装置,如虹吸滤池电磁气水切换阀等。

9.2.5.1 DN25气水切换阀

DN25气水切换阀是一种直接牵引式电磁四通阀,用于虹吸滤池,作进水虹吸管、排水虹吸管形成虹吸或破坏虹吸用。它的构造如图9-64所示。

9.2.5.2 电磁四通阀

图9-65所示的电磁四通阀采用先导阀——截止式结构主要技术数据:

(1) 公称口径 $DN15$、25 两种。
(2) 工作介质清水。
(3) 工作压力 $0.3\sim1.0$MPa。
(4) 电源电压交流 220V,频率 50Hz。
(5) 功率约 30W。
(6) 线圈匝数 5500。

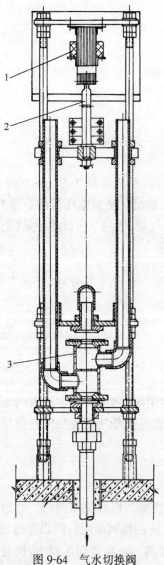

图 9-64 气水切换阀
1—电磁铁;2—拉杆;3—阀体

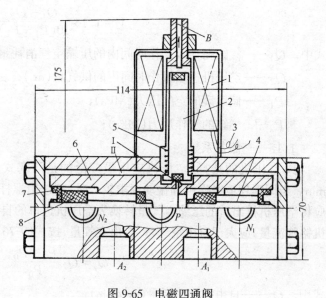

图 9-65 电磁四通阀
1—电磁头;2—动铁芯;3—线圈引出软线;4—阀杆;
5—复位弹簧;6—阀座(密封面);7—皮碗;8—橡胶垫;
P—压力水;A_1、A_2—接水力闸阀上、下缸体;
B、N_1、N_2—排水口

(7) 导线直径 0.29、0.35mm 两种。
(8) 连续工作 24 小时温升不超过 40℃。
(9) 不冰冻地区可以露天设置。

动作程序如图 9-65 所示,当通电时电磁线圈产生励磁作用,吸合动铁芯,克服弹簧力及自重而上移,此时,B 路不通,压力水经孔Ⅰ及通道Ⅱ进入阀体两端部空腔内。由于两端皮碗直径大于中部橡皮垫直径,则压差大一倍,推动皮碗,导致两个阀杆同时向中间滑动,从

而接通 $P—A_2$ 及 $N_1—A_1$。此时,阀塞橡胶垫紧紧压在阀座上。水力闸阀关闭(或开启)。断电时,可动铁芯依靠弹簧回程反力及重力下落,封闭孔 I、B 路接通大气,从而阀体两端缸体水压骤减。此时,借助进水压力,两个阀杆同时向两端位移,接通 $P—A_1$、$N_2—A_2$,水力闸阀开启(或关闭)。

为防止电化腐蚀,采用聚四氟乙烯乳液浸涂零件"铁芯"的表面,表面涂层厚度约 $20\mu m$。又为了防止平胶垫密封处轴向窜水,则制作的形状如图 9-66 所示。

皮碗的材料聚四氟乙烯,具有自润滑和低摩阻等特性,虽与阀杆过盈配合,无动作迟钝或不动作现象发生。

9.2.5.3 两用电磁双通阀

电磁四通阀本身不能截断水流,只能控制水力闸阀全开或全关。无论泵站、滤池都需要调节水力闸阀的开启度,另有两用电磁双通阀,具有断电关闭或开启两种工况,可以与电磁四通阀串联使用,用以截断水流,可以使水力闸阀的开启度调节在任意位置。

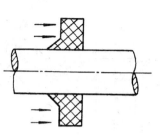

图 9-66 防止轴向窜水的胶垫形状

主要技术数据:

(1) 公称口径 $DN15$、25 两种。
(2) 工作介质清水。
(3) 工作压力 $0.3\sim1.0MPa$。
(4) 电源电压交流 $220V\pm15\%$。
(5) 工作电压直流 24V。
(6) 功率耗损约 4W。
(7) 连续工作温升不超过 20℃。
(8) 安装场所:
1) 不冰冻地区可露天设置。
2) 环境温度不得超过 50℃。

图 9-67 为电磁四通阀和两用电磁双通阀控制水泵出水管路的水力闸阀。其作用:

1) 当不调节开启度时,双通阀不通电。处于开启工况时,电磁四通阀通电,被控水力闸阀处于全开状态。

2) 当需要调节开启度时,先令电磁四通阀断电,水力闸阀逐渐关闭,待达到预定位置时,令电磁双通阀通电动作,立即截断工作水源,则闸板停在所要求的位置。

3) 在关闭过程中突然停电,电磁双通阀由关闭工况自动转换为开启工况,使压力水经电磁四通阀不断进入水压缸上部,推动活塞,逐渐关闭闸阀。

4) 水力闸阀开启过程中,电磁双通阀通电截断水路,同样调节开启度。

图 9-68 所示用一个电磁四通阀和两个电磁双通阀控制普通快滤池,可以调节水力闸阀的开启度。其作用:

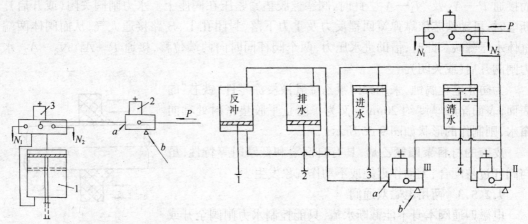

图 9-67 泵站水力闸阀控制系统
1—水压缸；2—电磁双通阀；3—电磁四通阀；
P—压力水源；N_1、N_2—排水口；a—常开接口；
b—常关接口(堵)

图 9-68 普通快滤池水力闸阀控制系统
1—反冲闸；2—排污闸；3—进水闸；4—清水闸；Ⅰ—电磁四通阀；
Ⅱ、Ⅲ—电磁双通阀；P—压力水源；N_1、N_2—排水口；
a—常开接口；b—常关接口(堵)

1) 正常运行时，电磁四通阀Ⅰ处于不通电工况，电磁双通阀Ⅱ与Ⅲ均接成断电开启工况。此时，清水闸和进水闸全开，反冲闸和排污闸全关。

2) 调节清水闸开启度时，先令阀Ⅲ通电，截断进水闸、排污闸和反冲闸水源，然后令阀Ⅰ通电，逐渐关闭清水闸，达预定位置时，阀Ⅱ通电关闭，则清水闸停止关闭，保持在一定开启度。

3) 反冲时，阀Ⅲ及阀Ⅱ均处于断电开启工况，阀Ⅰ通电控制四个闸动作，反冲闸和排污闸开启，清水闸和进水闸关闭。

沉淀池和澄清池也可以采用水力泥阀排泥，电磁双通阀与电磁四通阀串接，控制泥阀开启度，使泥阀不全开，降低耗水量。

9.2.6 计 算 实 例

【例1】 明杆铸铁方形闸门设计计算。

设计条件：

孔口尺寸为 1200mm×1200mm。

闸板(宽×高)为 1350mm×1350mm。

设计水深度为 6675mm。

工作水深度为 6675mm。

提升高度为 1275mm。

电动启闭机的启闭速度为 $v=0.50$m/min。

手动启闭需要的力小于 150N。

【解】 (1) 闸板设计：作用于闸板的总静水压力，从图 9-69 所示可以算出：

$$P = \frac{1}{2} \times [6675 + (6675 - 1350)] \times 10^{-3} \times 1000 \times 10 \times 1.35 \times 1.35 = 109350\text{N}$$

按图 9-70 所示，将闸板分为 6 个区格，先算出每一区格所受水压的大小后，再分别对每一区格的梁进行强度计算。表 9-15 为各区格承受的水压计算值。

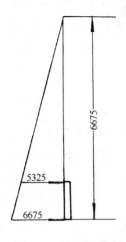

图 9-69 水压的分布

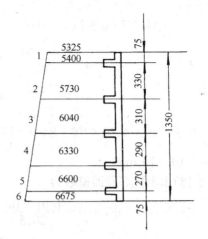

图 9-70 水压线图

作用于各区格的水压　　　　　　　　　　　　表 9-15

区 号	水　深(mm)	平均水头(mm)	区格面积(m²)	总水压力 P(N)
1	5325	5363	1.35×0.075	5430
2	5400	5565	1.35×0.33	24790
3	5730	5885	1.35×0.31	24630
4	6040 / 6330	6185	1.35×0.29	24210
5	6600	6465	1.35×0.27	23560
6	6675	6638	1.35×0.075	6720

$\Sigma P = 109340\text{N}$

现以第三区格为例进行闸板横梁强度的计算。

作用于三号梁的最大弯矩 $M_{\max}$，由下式算得

$$M_{\max} = \frac{ql^2}{8} = \frac{24630}{1350} \times \frac{1350^2}{8}$$
$$= 4.16 \times 10^6 \text{N} \cdot \text{mm}$$

由图 9-71 得

$$A_1 = 280 \times 30 = 8400 \text{mm}^2$$
$$A_2 = 120 \times 30 = 3600 \text{mm}^2$$

按公式(9-10)求出 X_1—X_1 轴的静矩为

$$S_x = 8400 \times \frac{30}{2} + 3600 \times \frac{120}{2} = 3.42 \times 10^5 \text{mm}^3$$

按公式(9-11)求出形心轴的位置为

$$e_1 = \frac{S_x}{F} = \frac{3.42 \times 10^5}{8400 + 3600} = 28.5 \text{mm}$$

$$e_2 = 120 - 28.5 = 91.5 \text{mm}$$

按公式(9-12)求出 X—X 轴的惯性矩 I_x 为

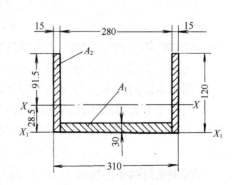

图 9-71 3号梁的几何尺寸与断面特性

$$I_x = (I_{A1} + I_{A2}) + A_1\left(e_1 - \frac{h_1}{2}\right)^2 + A_2\left(e_1 - \frac{h_2}{2}\right)^2$$

$$I_{A1} = \frac{280 \times 30^3}{12} = 6.3 \times 10^5 \text{mm}^4$$

$$I_{A2} = \frac{30 \times 120^3}{12} = 4.32 \times 10^6 \text{mm}^4$$

$$I_x = 6.3 \times 10^5 + 4.32 \times 10^6 + 8400 \times \left(28.5 - \frac{30}{2}\right)^2 + 3600 \times \left(28.5 - \frac{120}{2}\right)^2$$

$$= 1.01 \times 10^7 \text{mm}^4$$

按公式(9-13)求出抗弯截面模数为

$$W_1 = \frac{I_x}{e_1} = \frac{1.01 \times 10^7}{28.5} = 3.54 \times 10^5 \text{mm}^3$$

$$W_2 = \frac{I_x}{e_2} = \frac{1.01 \times 10^7}{91.5} = 1.1 \times 10^5 \text{mm}^3$$

从而,梁的最大弯曲应力(受拉区)为

$$\sigma_{max} = \frac{M_{max}}{W_1} = \frac{4.16 \times 10^6}{3.54 \times 10^5} = 11.75 \text{MPa}$$

铸铁件的安全系数必须大于6,即许用拉伸应力为 20~25MPa(安全)。

梁的最大弯曲应力(受压区)为

$$\sigma_{max} = \frac{M_{max}}{W_2} = \frac{4.16 \times 10^6}{1.1 \times 10^5} = 37.82 \text{MPa}$$

许用压缩应力为100MPa(安全)。

最大挠度为

$$Y_{max} = \frac{5ql^4}{384EI}$$

式中 $q = \frac{P}{L} = \frac{24630}{1350} = 18.24 \text{N/mm}$

$$Y_{max} = \frac{5 \times 18.24 \times 1350^4}{384 \times 1.2 \times 10^5 \times 1.01 \times 10^7} = 0.65 \text{mm}$$

$$[Y] = \frac{L}{1500} = \frac{1350}{1500} = 0.9 \text{mm}$$

$$Y_{max} < [Y] \quad (\text{合格})$$

(2) 确定电动机的功率:先求闸门本体的自重力 W_1,由于铸铁的密度为 $\rho = 7.25 \text{t/m}^3$ 即

闸门本体的面板重力为 $W_{01} = 1.35 \times 1.35 \times 0.03 \times 7.25 \times 9.8 = 3.88 \text{kN}$

闸门本体的肋重力为 $W_{02} = (0.12 - 0.03) \times 0.03 \times 5 \times 7.25 \times 2 \times 9.81 = 1.92 \text{kN}$

上述重力为粗略计算,实际上由于铸件毛坯裕量的关系,往往比计算要重一些,考虑到计算上的误差,故乘以超重系数1.1,即

$$1.1(W_{01} + W_{02}) = 1.1 \times (3.88 + 1.92) = 6.38 \text{kN}$$

黄铜密封镶条的密度为 $\rho = 8.5 \text{t/m}^3$,即

$$W_{03} = 0.01 \times 0.065 \times 1.35 \times 4 \times 8.5 \times 9.8 = 0.294$$

$$W_1 = 6.38 + 0.294 = 6.674 \text{kN}$$

螺杆的直径为 $\phi 60$mm,单位长度重力为 215.6N/m,则螺杆的重力为
$$215.6\times(5.33+2.0)=1580\text{N}$$
夹壳联轴器的重力约 196N
$$W_2=1580+196=1776\text{N}$$
闸门活动部分的自重力 $W=W_1+W_2=6674+1776=8450\text{N}$
启门时克服水压的摩阻力为
$$T=f\times\Sigma P=0.3\times 109350=32805\text{N}$$
启门力为
$$F_Q=T+W=32805+8450=41255\text{N}$$
螺纹采用 T60×12
螺杆螺纹外径为 $d=60$mm
螺纹中径为 $d_2=54$mm
螺纹内径为 $d_1=47$mm
导程为 $S=12$mm
螺旋传动的摩擦系数为 $f=0.2$
$$\varphi=\text{tg}^{-1}0.2 \quad \varphi=11°19'$$
螺旋升角为 $\alpha=\text{tg}^{-1}\dfrac{S}{\pi d_2}=\text{tg}^{-1}\dfrac{12}{\pi\times 54}=\text{tg}^{-1}0.0707$
$$\alpha=4°03'$$
$$\text{tg}(\varphi+\alpha)=\text{tg}(11°19'+4°03')=\text{tg}15°22'$$
启闭闸门时施加在螺母上的扭矩为
$$M_2=F_Q\dfrac{d_2}{2}\text{tg}(\varphi+\alpha)=41255\times\dfrac{54}{2}\times\text{tg}15°22'=3.06\times 10^5\text{N}\cdot\text{mm}$$
螺母(蜗轮)转速为 $n=\dfrac{V}{t}=\dfrac{50}{1.2}=41.7\text{r/min}$
蜗杆蜗轮传动效率(单头蜗杆)为 $\eta_1=0.7$
滚珠轴承的机械效率为 $\eta_2=0.99\times 0.99=0.98$
滚柱轴承的机械效率为 $\eta_3=0.98\times 0.98=0.96$
总传动效率为
$$\eta=\eta_1\eta_2\eta_3=0.7\times 0.98\times 0.96=0.66$$
需用驱动功率为
$$N=\dfrac{nM_2}{9550\eta}=\dfrac{41.7\times 3.06\times 10^2}{9550\times 0.66}=2.02\text{kW}$$
选用 2.2kW 电动机。
备用系数为 $K=\dfrac{2.2}{2.02}=1.1$
电动机满载时的转速为 1430r/min
启闭速度为 $v=1430\times\dfrac{S}{i}=1430\times\dfrac{0.012}{i}=0.5\text{m/min}$
求得速比为 $i=34.32$,取蜗轮减速器速比为 $i=34$。
(3) 手动启闭需要的人力:速比为 $i=34$

手轮直径,取 $D=400\text{mm}$

人工操作的扭矩为

蜗杆转矩 $M_1 = \dfrac{M_2}{i\eta} = \dfrac{3.06\times10^5}{34\times0.66} = 1.36\times10^4\text{N}\cdot\text{mm}$

手轮盘作用力为

$$F_s = \dfrac{M_1}{D} = \dfrac{1.36\times10^4}{400} = 34\text{N}(双手同时操作)$$

$$F_s = \dfrac{2M_1}{D} = \dfrac{2\times1.36\times10^4}{400} = 68\text{N}(单手操作)$$

(4) 电动启闭时间:

$$t = \dfrac{H}{v} = \dfrac{1275}{500} = 2.55\text{min}$$

(5) 螺杆的设计:由启门力求出螺杆的力矩为

$$M_2 = 3.06\times10^5\text{N}\cdot\text{mm}$$

查图 9-46,T60×12 螺杆最大闭门力为 41252N,螺杆的承重螺母至轴导架最大距离为 $H_x = 4.3\text{m}$。

验算 $H_x/d_1 = 4.3/0.047 = 91 > 70$

应加轴导架。

闸门吊耳轴距轴导架的距离应大于:

$$H' + (0.3\sim0.5) = 1.275 + (0.3\sim0.5) = 1.575\sim1.775\text{m}$$

设承重螺母位置在液面以上 1.5m 处,

螺母到闸门顶距离为 $1.5+5.325=6.825\text{m}$,

轴导架设在距闸孔顶 3.4m 处。

【例 2】 曝气沉砂池明杆式锥形阀设计计算。

设计条件:

孔径为 200mm;

设计水深度为 6m;

求启阀力。

【解】 介质作用在阀板上面,最大操作力出现在开阀时,开阀力为

$$F_Q = P + Q_{mw} + W \quad (\text{N})$$

式中 P——介质压力作用在阀板上面,形成轴向力(N);

Q_{mw}——外加的密封力(N);

W——阀门活动部分的重力(N)。

(1) 轴向力为

$$P = \dfrac{\pi}{4}(D_2+b)^2 \gamma H \times 9.8 \times 10^{-6} \quad (\text{N})$$

式中 D_2——阀座密封面内径 $D_2 = 200\text{mm}$;

H——设计水深,$H=6\text{m}$;

γ——水的密度,1000kg/m^3;

b——阀座密封面投影宽度(锥形密封面)。

$$b = \frac{D_1 - D_2}{2}, \text{其中}$$

D_1——阀座密封面外径，$D_1 = 220$ mm；

而
$$b = \frac{220 - 200}{2} = 10 \text{mm}$$

则 $P = \frac{\pi}{4}(200+10)^2 \times 1000 \times 6 \times 9.8 \times 10^{-6} = 2037$ N

(2) W 为阀门活动部分重力，取 $W = 350$ N。

(3) 介质密封力，即阀门关闭后，向密封面施加的轴向力。

对于中硬橡胶密封，其密封比压为

$$q_b = \frac{1.24 + 1.9 \times \gamma \cdot H \times 9.8 \times 10^{-6}}{\sqrt{b}}$$

$$q_b = \frac{1.24 + 1.9 \times 1000 \times 6 \times 9.8 \times 10^{-6}}{\sqrt{10}} = 0.43 \text{MPa}$$

橡胶作用在金属上摩擦系数 f_m，取 f_m 为 0.65，

θ——密封锥面角的一半，

$$Q_m = \frac{\pi}{4}(D_1^2 - D_2^2)\left(1 + \frac{f_m}{\text{tg}\theta}\right)q_b = \frac{\pi}{4}(220^2 - 200^2)\left(1 + \frac{0.65}{\text{tg}30°}\right) \times 0.43$$
$$= 6030 \text{N}$$

$Q_m > P$ 需加外力，

则 $Q_{mw} = Q_m - P = 6030 - 2037 = 3993$ N

故开阀力为
$$F = P + Q_{mw} + W = 2037 + 3993 + 350 = 6380 \text{N}$$

阀门自重小，考虑计算误差，取系数

$K = 1.5$，则 $F' = KF = 1.5 \times 6380 = 9570$ N

取启闭力 $F' = 10000$ N。

9.3 水锤消除设备

为消除或消减停泵的水锤压力，在水泵站出水侧和输水管道上设有水锤消除设备。常用水锤消除设备的特点，见表 9-16。

给水排水工程常用水锤消除设备的特点　　　　表 9-16

类别	名称	工作原理	特点
压力外泄型	1. 下开式水锤消除器	管道回流压力通过水锤消除器向外排放，降低管道压力升高值 通过选择设备的排放口径，将压力升高值控制在系统容许范围内	构造简单，管道低压时开启，压力升高时排水泄压，手动复位 需要设排水管道

续表

类别	名　称	工 作 原 理	特　　点
压力外泄型	2. 自闭式水锤消除器	管道回流压力通过水锤消除器向外排放，降低管道压力升高值 通过选择设备的排放口径，将压力升高值控制在系统容许范围内	构造较复杂，管道低压时开启，压力升高时排水泄压，自动复位，复位时间可调 具有水压控制回路，水质浑浊时需设过滤器，并定期清理。需要设排水管道
	3. 爆破膜		一般安装在管线上，构造简单。管道压力超过设定压力时，膜爆破排水泄压，重新供水需更换膜片。应设排水设施
分阶段关闭型	1. 缓闭止回阀	管道一部分回流水通过阀门、水泵排至吸水侧，降低管道压力升高值 通过调整快慢两阶段关闭时间，控制压力升高值和回流量在系统容许范围内	构造简单。停泵时分两阶段关闭，关闭时间可在小范围内调整。有阻尼器外置和内置两种型式。外置形式调整方便，但制造要求高
	2. 双速自闭闸阀		可代替水泵出口的阀门和止回阀，一阀多用。关闭分快慢两阶段，关闭时间可在小范围内调整。当 $P>0.3$MPa 时，可利用管道自身压力保证停电自闭。当 $P<0.3$MPa 时，需设水压蓄能装置
	3. 液控蝶阀		一阀多用。分快慢两阶段关闭，关闭时间可按要求设定。采用重锤或油压蓄能装置可以保证阀门停电自闭。采用管道水压启闭的蝶阀其特点同双速自闭闸阀 液压系统需经常维护
	4. 液控球阀		同上。阀门全开时过流通道与管径相同，水头损失小。可作为泵出水调流阀使用
	5. 液控锥形阀		同液压球阀。阀门密封面采用锥形体，阀开闭时密封面不磨损，寿命长
蓄能型	1. 飞轮	泵工作时储备动能、势能或压能，停泵时继续向管道补水 通过补水减少管道压力降低，防止水柱拉断，从而消减管道压力升高值	在停泵时由于飞轮的惯性作用，使泵继续向管道供水，起到保护作用。泵出口管道不需要另装水锤防护装置 设备体积较大，飞轮需要加安全防护罩。日常工作耗费电能
	2. 气水接触式空气罐		在泵启动、工作和停泵过程中都能起到保护作用。罐内气体为空气，气源获得容易，可实现充气自动化 设备体积较大，气水直接接触有气体损耗，需要附属充气设备
	3. 气囊式空气罐		在泵启动、工作和停泵过程中都能起到保护作用。有气囊与水隔离，气体损耗小，囊内一般充氮气 设备体积较大，需定期检查气囊内气体压力

介绍几种水锤消除设备:

水锤消除设备种类很多,现仅分别介绍下开式水锤消除器、自闭式水锤消除器、缓闭止回阀、双速自闭阀和气囊式水锤消除器等。

9.3.1 下开式水锤消除器

9.3.1.1 适用条件

下开式水锤消除器适用于消除泵站输水管因突然停泵所产生的由降压开始的水锤压力,不适用于消除压力管道上因迅速关闭阀门所产生的由升压引起的水锤压力。

9.3.1.2 总体构成及动作程序

(1)下开式水锤消除器的构造比较简单,主要由阀体、杠杆、重锤等组成。其结构如图 9-72 所示。

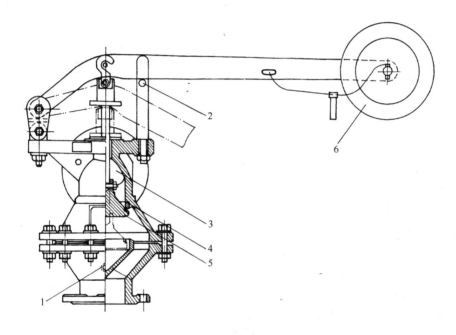

图 9-72 下开式水锤消除器构造
1—压力表及放气门预留孔;2—定位销;3—排水口;4—阀座;5—阀芯(包括分水锥);6—重锤

(2)动作程序:下开式水锤消除器是根据停泵水锤特性而设计的。当管道工作时,由于管道内的工作压力作用在阀芯上,它的托力大于阀芯自重和重锤重力的下压力,使阀芯和阀座密合,这时消除器处于关闭状态。一旦事故停泵,当产生停泵水锤时,管内压力首先下降,托住阀板的上托力减到小于阀芯自重和重锤重力时,阀芯迅速下降,消除器开启。当回冲水柱返回到达消除器时,释放回冲水柱的一部分水量,从而消除水锤压力。若选用的消除器口径能满足释放水量的要求,则水锤压力不致超出允许范围,从而保护管道的安全。

9.3.1.3 计算

(1)开启压力的确定:消除器必须在一定的压力值 P 时打开,在正常工作情况下处于关闭状态,其力矩如图 9-73 所示,其平衡方程式(9-77)如下:

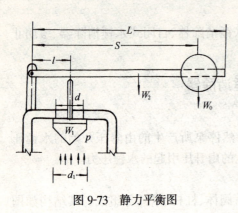

图 9-73 静力平衡图

$$(pA - W_1)l > W_0 S + \frac{L}{2} W_2 \quad (N \cdot mm) \tag{9-77}$$

式中 p——工作压力(MPa)；
A——阀口面积(mm^2)。

停泵时压力 p 下降至 p_1 时，则

$$(p_1 A - W_1)l < W_0 S + \frac{L}{2} W_2 \quad (N \cdot mm)$$

这时阀芯下降，因此求得消除器的开启压力：按式(9-78)为

$$p_1 = \frac{W_0 S + \frac{L}{2} W_2 + W_1 l}{lA} \quad (MPa) \tag{9-78}$$

如已知阀口面积 A 及 p_1，可用公式(9-78)求重锤的距离 S。

p_1 值主要根据管道允许压力和工作特点决定。

(2) 消除器口径的确定：按式(9-79)为

$$d = \frac{D}{\sqrt[4]{\dfrac{2g[H_1]}{\xi[v - g/a([H_1] - H_0)]^2}}} \quad (mm) \tag{9-79}$$

式中 d——消除器口径(mm)；
D——被保护管道的直径(mm)；
$[H_1]$——管道试验水头(m)；
H_0——管道静水头(m)；
v——管内水流速度(m/s)；
a——水锤波传播速度(m/s)；
ξ——消除器阻力系数。

1) 钢管、铸铁管水锤波传播速度：按式(9-80)为

$$a = \frac{1425}{\sqrt{1 + \dfrac{2.1 \times 10^3 D}{E\delta}}} \quad (m/s) \tag{9-80}$$

2) 钢筋混凝土管水锤波传播速度：按式(9-81)为

$$a = \frac{1425}{\sqrt{1 + \dfrac{2.1 \times 10^3 D}{E\delta(1 + 9.5\alpha)}}} \quad (m/s) \tag{9-81}$$

式中 D——管径(mm)；
δ——管壁厚度(mm)；
E——管材的弹性模数(MPa)，见表 9-17；
α——钢筋混凝土管配筋系数，一般取 $\alpha = 0.015 \sim 0.05$；
2.1×10^3——水力弹性模量(MPa)。

管材弹性模量(MPa)　　　　表 9-17

管　材	E	管　材	E
钢管	2.1×10^5	钢筋混凝土管	2.1×10^4
铸铁管	0.9×10^5	石棉水泥管	3.3×10^4
球墨铸铁管	1.7×10^5		

3) 管内水流速度：按式(9-82)为

$$v = \frac{v'}{\sqrt{1+x}} + \frac{g}{a}H_0 \quad (\text{m/s}) \tag{9-82}$$

$$v' = v_0 - \frac{g}{a}H + \frac{1}{2}\frac{g}{a}(H_f + H_{zh}) \quad (\text{m/s}) \tag{9-83}$$

$$x = \left(\frac{H_f}{H_0}\right)\left(\frac{v'}{v_0}\right)^2 \tag{9-84}$$

式中 v'——水柱分离时水柱具有的始冲流速(m/s)；
v_0——水锤发生前管中流速(m/s)；
H——工作水头(m)；
H_f——管道的总水头损失(m)；
H_{zh}——管道末端与起端的地形高差(m)。

(4) 消除器阻力系数 ξ：$DN50\sim150$ 口径消除器采用 $\xi=6$；$DN200$ 口径消除器采用 $\xi=8$。

9.3.1.4 系列化设计

下开式水锤消除器由原建工部市政工程研究所等单位研制，辽宁省营口市自来水公司生产制造。目前产品规格有 $DN50$、$DN100$、$DN150$、$DN200$ 四种，最大工作压力为 1.0MPa。最大开启压力和主要外形尺寸等，如图 9-74 所示和见表 9-18、表 9-19。

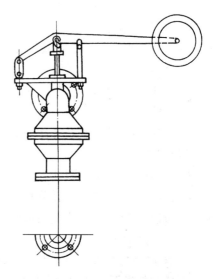

图 9-74　下开式水锤消除器外形尺寸

下开式水锤消除器最大开启压力和外形尺寸　　　　表 9-18

口　径 DN (mm)	最大开启压力 p_1 (MPa)	外形尺寸 ($L\times B\times H$) (mm)	口　径 DN (mm)	最大开启压力 p_1 (MPa)	外形尺寸 ($L\times B\times H$) (mm)
$\phi50$	1	$570\times220\times520$	$\phi150$	0.52	$1300\times350\times850$
$\phi100$	0.7	$1150\times300\times750$	$\phi200$	0.52	$1600\times430\times1000$

注：B 为外形宽度。

下开式水锤消除器法兰尺寸及重量   表 9-19

口 径 DN (mm)	法兰尺寸(mm)		孔数×孔径(个数×mm)		重 锤 个 数		重量(不包括重锤) (kg)
	D_0	D	进　水	排　水	50N	100N	
50	125	160	4×18	4×18	6	—	33
100	180	215	8×18	8×18	4	2	71
150	240	280	8×23	8×23	4	8	142
200	295	335	12×23	12×23	6	14	250(估)

注：D_0 为螺栓孔中心圆直径(mm)。
　　D 为法兰外缘直径(mm)。

9.3.1.5　安装与调整

(1) 安装：

1) 消除器进水口的下面应安装一台同口径的隔离闸阀，以备在调整和检修消除器时使用。

2) 消除器的排水管口径应比消除器口径大一档。明管排放，不允许倒灌，以免水锤前的低压时将污水吸入管路造成污染。

3) 消除器的重锤下落时，对它下面的三通有一倾覆力矩。因此，应将消除器和附近构筑物固定在一起，并需在重锤下面设支墩，支墩表面铺厚度在 50mm 以上的木板，高度在重锤下落最低位置以上 10mm 处。

4) 消除器及其排水系统必须防冻。

(2) 调整：

1) 在消除器预留的螺孔上装设压力表和放气门。

2) 提起杠杆和阀芯，缓缓地打开闸阀，使消除器处于准备状态。

3) 加上计算所确定质量的重锤。

4) 完全关闭闸阀。

5) 缓慢地打开放气门，管内压力降至管路的静压时，关闭放气门。这时消除器的重锤应不下落。如果下落，则必须减轻重锤。

6) 如果重锤不下落再徐徐打开放气门，令消除器内腔的水压缓慢下降，至某一压力值时消除器突然打开，这一压力值便为消除器的实际开启压力。

7) 如实测开启压力不符合管路所要求的开启压力时，则需适当增减重锤，直至接近为止。

8) 重锤下落时注意观察开启时运动是否灵活。

9) 全面调整正常后，再进行一次模拟运行，进行断电停泵试验，合格后即可投入运行。

9.3.1.6　操作程序

动作后，恢复准备状态时：

(1) 当消除器释放，放水 1~2min 后，缓慢地关闭闸阀，再将重锤拆掉。

(2) 将钩板挂到杠杆的小轴上。
(3) 抬起杠杆至终端位置。
(4) 将定位销器插入前支架孔内。
(5) 缓慢地打开闸阀。
(6) 抽出定位销并摘下钩板。
(7) 加上所要求的重量,使消除器再次处于准备状态。

9.3.2 自闭式水锤消除器

9.3.2.1 适用条件

自闭式水锤消除器适用于给水泵站,特别是由多台泵组成的泵站。安装在干管上用以消除泵站由于事故停泵时(有止回阀)所产生的水锤。

9.3.2.2 总体构成

自闭式水锤消除器的设计原则:
(1) 采用低压动作,在第一个正压水锤波到来之前打开排水阀板。
(2) 利用管道压力自动复位。
(3) 进水用小孔限时达到缓闭的要求。
(4) 采用控制器与直接操纵排水阀芯的执行机构分开的设计方式,以减小消除器外形尺寸,并可在不同规格的消除器上用同一规格尺寸的控制器。

消除器由执行机构、控制器、信号装置和过滤器四部分组成。执行机构即消除器的主体,由带弹簧蓄能的水力活塞阀组成,直接操纵排水阀芯的启闭。控制器由小水力活塞阀限时孔板和重锤组成。当被保护管道长度小于500m时,控制器前还须装有延时复位装置(用旋启式止回阀,在阀板上镶有 $\phi 0.6mm$ 小孔的不锈钢件)。信号装置由装在执行机构活塞轴外露部分的永久磁铁和固定在阀体顶盖上的转换触点组成,动作时接通电路,可以传递信号,根据需要安装。进入消除器的浑水须经过滤器过滤,以免带进较大颗粒的固体。堵塞限时孔。若是清水可以不设过滤器。总体构成及控制器如图 9-75、9-76 所示。

9.3.2.3 动作程序

(1) 正常运行时:自闭式水锤消除器在正常的工况下,干管上的工作压力通过导水管将控制器的小活塞顶起(水压的上托力大于重锤的重力),同时导水管水压通向执行机构大活塞上面的缸体内,水压将大活塞压下(除克服阀芯下水压和弹簧的压缩力外还须保持足够的阀口密封力)。

(2) 消除水锤:停泵水锤开始,干管内产生低压波,干管压力随即降低,由于控制器顶住小活塞的压力小于重锤重力和摩擦力之差,活塞下降,于是缸体内的压力水通过动作后的控制器与排水管接通,执行机构活塞受下面弹簧向上推力升起,将缸内水排出,主阀芯呈释放状态,当高压波来到时,上述动作均已完成,管道内的水自消除器排出,从而将水锤消除。

(3) 自闭动作:当管道压力回升时,将控制器活塞顶起,排水管封闭,管道通过控制器的限时小孔向执行机构活塞缸内注水,活塞被缓慢压下,消除器主阀芯缓慢关闭。

536   9 阀门、闸门和停泵水锤消除设备

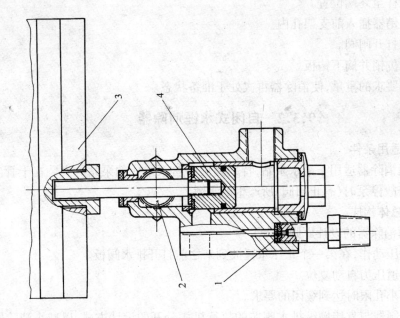

图 9-76 控制器（关阀状态）
1—限时孔；2—排水口；3—重锤；4—活塞

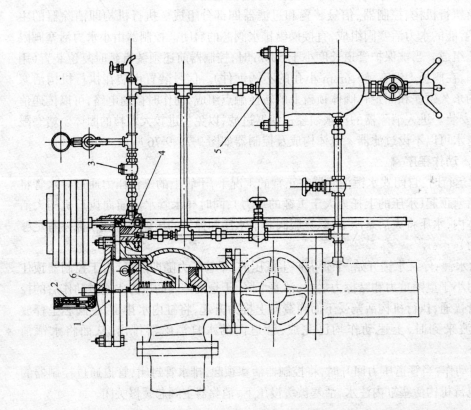

图 9-75 自闭式水锤消除器
1—执行机构；2—信号装置；3—延时装置；4—控制器；5—过滤器；6—指示杆

9.3.2.4 计算

给水工程输配水管道工作压力因地区和使用条件不同,相差很大,而自闭式水锤消除器均可适应,只要按照阀门压力等级和相当口径的法兰规格设计即可。但管道静压力低于 0.2MPa 时,控制器活塞直径和重锤质量就要加大,设计上较难于处理。受力分析如图 9-77 所示。

(1) 执行机构活塞直径 D: 按式(9-85)计算:

$$P_1 = P_2 + P_3 + P_4 - W \quad (N) \tag{9-85}$$

$$P_1 = \frac{\pi}{4} D^2 p \quad (N)$$

$$D = \sqrt{\frac{4(P_2 + P_3 + P_4 - W)}{\pi p}} \quad (mm)$$

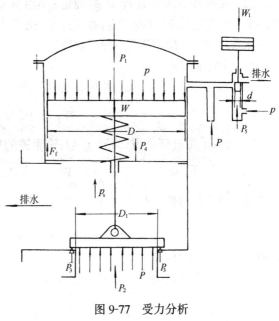

图 9-77 受力分析

式中 P_1——活塞所受水压的作用力(N);

P_2——阀芯所受水压的作用力(N),

$$P_2 = \frac{\pi}{4} D_1^2 p \quad (N);$$

P_3——阀口密封力,对于硬橡胶,

$$P_3 = \pi(D_1 + b)b \frac{1.24 + 1.9}{\sqrt{b}} p \quad (N);$$

P_4——弹簧应有的预紧力(N),

$$P_4 = \frac{\pi}{4} D^2 p_s + F_n \quad (N);$$

D——活塞直径(mm);

W——活塞及活塞杆活动部分重力(N);

D_1——主阀阀口内径(mm);

b——阀口宽度(mm);

p_s——排出水压缸内水所需的压力取 0.02MPa;

F_n——O 形橡胶密封圈与水压缸的摩擦力,

$$F_n = \pi D q f,$$

其中 f——摩擦系数;

q——线压强度(N/mm),设计计算中取 $fq = 0.04$MPa。

根据实验资料,DN200 自闭式水锤消除器 $F_n \approx 300$N;DN150,$F_n \approx 150$N;DN100,$F_n \approx 80$N。

上述各项除 P_4 外,都要按最大工作压力和最小关闭压力分别计算,最后选用较大活塞直径。

(2) 控制器小活塞直径 d 的确定:小活塞直径可以根据具体条件选取,一般为 30～40mm。直径过大,则重锤过重;直径过小,由于活塞和缸壁的相对摩擦作用,活塞克服摩阻力的比重增加,灵敏度降低不便于调整。

(3) 重锤重量:

1) CS142 重复使用图设计为直接加重,则重锤的重力为

$$W_1 = P_5 = \frac{\pi}{4}d^2 p$$

2) 如果采用杠杆加重(力臂1:4),则重锤的重力为

$$W_1 = \frac{1}{4}P_5 \quad (N)$$

(4) 消除器的排水阀芯全部开启时间

$$t_k = \frac{V}{Q} \quad (s)$$

式中 t_k——时间(s);
V——执行机构活塞缸贮水量(L),

$$V = \frac{\pi D^2}{4}\frac{H}{10^6} \quad (L),$$

其中 H——执行器活塞行程(mm);
Q——排放量(L/s)。

排水管内流速 v:按式(9-86)为

$$v = \sqrt{\frac{2gh}{\Sigma \xi}} \quad (m/s) \tag{9-86}$$

式中 h——排水损失水头(m),取排放时缸内水头为2m,排水高程差1m;加上管路水头损失,$h<2m$;
$\Sigma\xi$——局部阻力系数,查水力计算表得出 $\Sigma\xi=5.5$。

(5) 主阀关闭时间

可按经验公式(9-87)计算:

$$t = \frac{15.7}{(0.2+0.1d_1^{2.1})p_0^{0.7}} \quad (s) \tag{9-87}$$

式中 d_1——限时器孔径(mm),取 1～3mm;
p_0——静水压力(MPa)。

(6) 密封设计:见 9.2.2 节。

活塞和缸套,轴和轴套的密封均采用O形耐油橡胶密封圈密封,O形圈的压缩度(预变形)一般不大于10%,在保证密封及有水润滑情况下摩擦力不大于活塞活动部分自重,提起活塞时靠自重可自行落下。

(7) 弹簧

弹簧按Ⅱ类,YI型设计,材料选 $60Si_2Mn$,工作圈数在7圈以下时两端各并紧3/4圈并磨平,工作圈数多于7圈时,两端各并紧一圈并磨平。两端设固定支撑。弹簧的防腐蚀处理非常重要,要求喷砂除锈后(不允许酸洗)电镀锌或喷涂其它防腐蚀材料,镀层厚度不小于 $30\mu m$。

9.3.2.5 整定

(1) 开启压力等于85%静水压力;

(2) 按水锤波周期和工作压力与管道允许压力的差,确定自闭时间。当周期长和差值小时,时间要长,根据经验,时间单位以秒计时,一般不少于20s。

(3) 自闭时间确定后,可按式(9-87)选择限时器孔径;

(4) 投入工作前应先作校验,试动作合格后将信号装置的指示杆按下,投入运行。

9.3.2.6 安装要求

(1) 消除器应装在专设的消除器井内或泵站中,寒冷地区必须作好保温防冻措施。

(2) 消除器与干管连接处应设闸阀,以便校验和检修。

(3) 消除器排水管应畅通,但不允许倒灌,以免水锤前的低压时将污水吸入而造成污染。消除器井也应设排水管,以排除控制器排出的水和执行机构排出的水。

9.3.2.7 消除器的系列化设计和口径选择

自闭式水锤消除器,经原国家建委建研院审定已编制了全国通用重复使用图集,编号:(CS142),其规格和主要技术条件如下:

自闭式水锤消除器规格和主要技术条件　　　　　　　　　表 9-20

消除器口径 DN (mm)	最大工作压力 (MPa)	最小关闭压力 (MPa)	外形高度 (mm)	连 接 法 兰			
				外 径 (mm)	中 径 (mm)	孔 数 (个)	孔 径 (mm)
100	1.0	0.2	618	215	180	8	18
150	1.0	0.2	670	280	240	8	23
200	1.0	0.2	723	335	295	8	23

消除器口径选择参考(mm)　　　　　　　　　表 9-21

管 径 DN	消除器口径 DN	管 径 DN	消除器口径 DN
300	100	600	150~200
350	100~150	700	200~150+200
400	100~150	800	200~2×200
450	100~150	900	2×150~2×200
500	150~200	1000	2×200~3×200

注:当流速大,工作压力与管道允许压力接近,或管材为脆性材料时选取较大口径。

9.3.2.8 计算实例

【例】 $DN200$ 自闭式水锤消除器计算。

设计条件:

机构及分析如图9-77所示;

最高工作压力为 $p_{max}=1.0$MPa;

最低工作压力为 $p_{min}=0.3$MPa。

【解】 (1) 主阀

阀口直径,取 $D_1=200$mm

阀口宽度,取 $b=7$mm

作用在阀板上的水压力为

$$P_{2\max} = \frac{\pi}{4} D_1^2 p_{\max} = \frac{\pi}{4} \times 200^2 \times 1.0 = 31416 \text{N}$$

$$P_{2\min} = P_{2\max} \frac{p_{\min}}{p_{\max}} = 31416 \times \frac{0.3}{1.0} = 9425 \text{N}$$

采用中硬橡胶与铜口密封,则阀口密封力

$$P_{3\max} = \pi(D_1 + b) b \frac{1.24 + 1.9 p_{\max}}{\sqrt{b}} = \pi(200 + 7) \times 7 \times \frac{1.24 + 1.9 \times 1.0}{\sqrt{7}}$$

$$= 5403 \text{N}$$

$$P_{3\min} = P_{3\max} \frac{4 + 0.6 p_{\min}}{4 + 0.6 p_{\max}} = 5403 \times \frac{1.24 + 1.9 \times 0.3}{1.24 + 1.9 \times 1.0} = 3114 \text{N}$$

(2) 弹簧的预紧力:

$$P_4 = \frac{\pi D^2}{4} p_s + F_n$$

式中　$p_s = 0.02 \text{MPa}$
　　　$F_n = 300 \text{N}$(据实验资料直径 200 活塞的 F_n)

$$P_4 = \frac{\pi D^2}{4} \cdot p_s + 300$$

(3) 执行器活塞直径:按最低工作压力求活塞直径 D,作用在活塞上的压力:

$$P_1 = P_2 + P_3 + P_4 - W$$

式中　W——活塞及活塞杆活动部分零件产生的重力,可忽略不计。

因

$$P_{1\min} = \frac{\pi D^2}{4} p_{\min} = \frac{\pi D^2}{4} \times 0.3 = 0.24 D^2$$

$$P_{1\min} = P_{2\min} + P_{3\min} + P_4$$

或　　　　　$0.24 D^2 = 9425 + 3114 + (0.016 D^2 + 300)$

则活塞直径 $D = \sqrt{\dfrac{12839}{0.224}} = 239 \text{mm}$

取 $D = 250 \text{mm}$。

弹簧的预紧力为

$$P_4 = \frac{\pi \times (250)^2}{4} \times 0.02 + 300 = 1282 \text{N}$$

(4) 控制器的设计计算:

控制器活塞直径,取 $d = 50 \text{mm}$

最大动作压力为

$$P'_{\max} = 0.8 p_{\max} = 0.8 \times 1.0 = 0.8 \text{MPa}$$

最小动作压力

$$P'_{\min} = 0.6 p_{\min} = 0.6 \times 0.3 = 0.18 \text{MPa}$$

没有杠杆、直接加重锤重力为

$$W_{1\max} = \frac{\pi}{4} d^2 p'_{\max} = \frac{\pi}{4} \times 50^2 \times 0.8 = 1571 \text{N}$$

$$W_{1\min} = \frac{\pi}{4} d^2 p'_{\min} = \frac{\pi}{4} \times 50^2 \times 0.18 = 353 \text{N}$$

(5) 主阀全关至全开的开启时间：
执行器的活塞行程等于主阀的完全开启高度。
令全开高度为

$$H = \frac{1}{3} D_1 = \frac{1}{3} \times 200 = 67 \text{mm}$$

执行器活塞上排出的水量为

$$V = \frac{\pi}{4} D^2 H / 1000 = \frac{\pi}{4} \times 250^2 \times 67 \times 10^{-6} = 3.29 \text{L}$$

排水损失水头为

$$h = 1.5 \text{m}$$

局部阻力系数为

$$\Sigma \xi = 5.5$$

流速为

$$v = \sqrt{\frac{2gh}{\Sigma \xi}} = \sqrt{\frac{2 \times 9.81 \times 1.5}{5.5}} = 2.31 \text{m/s}$$

排水管选用 DN25 钢管，内径为 27mm，
流量为

$$Q = Av = \frac{\pi}{4} \times 27^2 \times 2.31 \times 10^{-3} = 1.32 \text{L/s}$$

则主阀全关至全开的开启时间 t_k 为

$$t_k = \frac{V}{Q} = 3.29/1.32 = 2.49 \text{s}$$

9.3.3 缓闭止回阀

9.3.3.1 适用条件
缓闭止回阀适用于水源井和中小型泵站中在闸阀常开的条件下开停的水泵，用以消除停泵水锤。

9.3.3.2 动作程序
缓闭止回阀在停泵时阀板分两个阶段关闭，第一阶段在停泵后借阀板重力关闭大部分，尚留小部分开启度，相当于开启的水锤消除器，使形成正压水锤的回冲水流通过，经水泵、吸水管回流，以减少水锤的正压力；同时由于阀板开启度小，因而防止了输水管的水大量回流和水泵倒转过快。第二阶段将剩余部分缓慢关闭，以免发生过大关水锤。

缓闭止回阀装设补气阀时对消除拉断水柱的水锤具有较为理想的效果。

9.3.3.3 总体构成
缓闭止回阀主要由阀体、阀板、阻尼器等三部分组成。
(1) 当工作压力在 0.1～0.25MPa 时，采用单一大阀板形式。如图 9-78、9-81 所示。
(2) 当工作压力 0.25～1.0MPa 时，采用大小阀板组合形式。如图 9-79、9-80 所示。

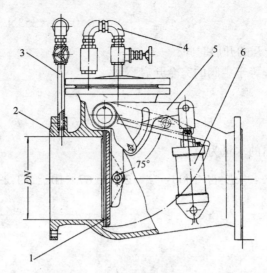

图 9-78 HB-Ⅰ型缓闭止回阀
1—阀板;2—阀体;3—阀前补气装置;4—阀后补气装置;5—扇形臂和连杆;6—油阻尼器

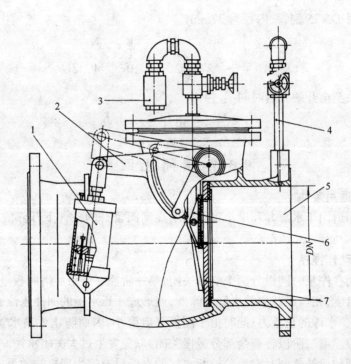

图 9-79 HB-Ⅱ型缓闭止回阀
1—油阻尼器;2—扇形臂和连杆;3—阀后补气装置;4—阀前补气装置;5—阀体;6—小阀板;7—大阀板

9.3 水锤消除设备

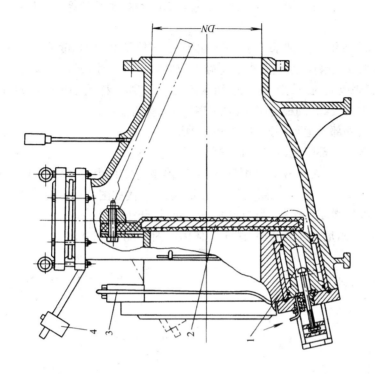

图 9-81 HH44Z-10 型微阻缓闭止回阀
1—阻尼器；2—阀板；3—导水管；4—重锤

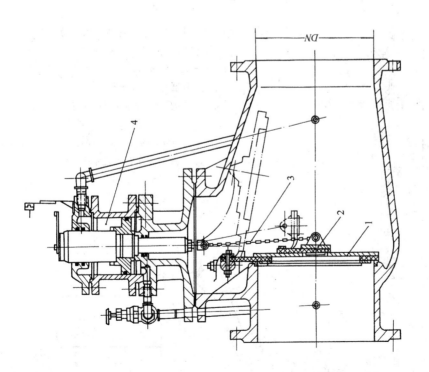

图 9-80 HH44X-10 型缓闭止回阀
1—大阀板；2—小阀板；3—链；4—阻尼器

9.3.3.4 设计要点

(1) 最大水锤压力 H_{max}：可按照本手册第 3 册《城镇给水》水锤计算与防护部分计算。

(2) 阀板：

1) 除具有一般止回阀阀板的要求以外，须有与阻尼器连接和用不同速度关闭阀门的条件。

2) 阀板在满足强度、密封和刚度要求的基础上减轻重量，可采用钢制阀板。为防止在缓闭过程中水倒流时将阀板上的密封胶垫冲折，可采用内包钢板的橡胶垫，或将阀板整体包胶；

3) 当采用单一大阀板时，阀板与阻尼器的连接形式有两种：

① 通过键和轴与外部阻尼器相连，如图 9-78 所示。

② 使阀板直接触压下部阻尼器，如图 9-81 所示。

4) 当采用大小阀板时，大阀板应自由套在轴上，停泵时能自由关闭。小阀板通过键和轴与外部阻尼器相连如图 9-78 所示或用链与顶部阻尼器连接如图 9-80 所示。

(3) 阻尼器：是控制缓闭的组件，当阻尼介质为油时，装于阀体外如图 9-78、图 9-79、图 9-82 和图 9-84 所示；当阻尼介质为水时，装于阀体内如图 9-80 和图 9-81 所示。

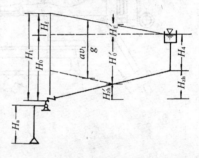

图 9-83 压力式输水管路水头示意

H_1—管道起点的工作水头(m)；

H_0—静水头(m)；

H_f—管道沿程水头损失(m)；

H_{zh}—管道起点止回阀中心至管道末端的高差(m)；

H_4—管道终点的工作水头(m)；

H'_0、H'_f、H'_{zh}—管道中某点之水头损失及静水头(m)；

H_a—真空高度，最大允许 8m。

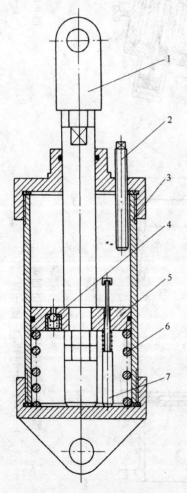

图 9-82 油阻尼器
1—活塞杆；2—调节螺栓；3—油压缸；4—球形止回阀；5—活塞；6—弹簧；7—变径油针

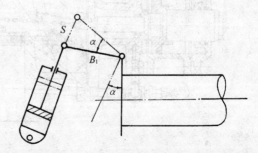

图 9-84 HB 型阻尼器活塞机构示意

油阻尼器可根据阻尼时间、操作力和允许的工作压力来确定油压缸的直径和行程。改变阻尼介质通道及粘度,可调节阻尼大小。

1) 阻尼孔的截面形式分为圆孔、矩形槽或环状断面。为提高功能,可设计两阶段阻尼或渐变截面阻尼针形式的渐变阻尼,使阀板在关闭过程中不致于先慢后快而做到匀速,或进一步作到先快后慢,使关闭水锤更小。

2) 阻尼器在阀板开启后应能自动复位,一般借助弹簧实现。阻尼器上设有快速回油装置,使复位动作迅速,以免当泵跳闸时,由于阻尼器尚未复位而失去缓闭功能,造成水锤事故。

3) 阻尼器受力较大,因此有关连接、传动和支撑零件等除应做强度计算外,须验算刚度。

(4) 阀板缓闭角度的确定:确定阀板缓闭角度的原则:将水锤压力降低到管道允许范围;既要在缓闭过程中使回流过水截面尽量减小,又要降低通过阀口及水泵的回流水量。一般采用15°~20°。当水锤压力较小时可适当减小,当采用大小阀板时,可适当加大。

(5) 阀体:

1) 除一般止回阀阀体的要求以外,还要有装设缓闭用阻尼器的条件。
2) 具有使阀板开度不小于70°的条件,以减少阀在运行中的水头损失。
3) 工作压力<1.0MPa时,材质用HT200。工作压力≥1.0MPa时,用ZG35。
4) 阀体上端开口尺寸,须满足阀板拆装方便。
5) 阀轴伸出阀体时,采用O型密封圈的密封结构形式。

(6) 其它构造措施:

1) 为扩大使用范围和在不同工作条件下达到最佳工况,要使阀板的缓闭角度,能在最大的缓闭角度范围内调节。
2) 在缓闭阀进水侧装设补气阀,可有效地防止开泵水锤。
3) 在缓闭阀出水侧装设补气阀,可有效地消除水柱拉断的水锤。

9.3.3.5 计算

(1) 回冲流速 v_1:按式(9-88)为

$$v_1 = \frac{g}{a}(H_{max} - H_0 - H_a) \quad (m/s) \tag{9-88}$$

式中 a——水锤波传播速度(m/s),可按给水排水设计手册第3册《城镇给水》水锤计算与防护部分计算,一般可取 $a = 1000$m/s考虑;

H_{max}——最大工作水头(m)。

(2) 回冲流量 Q_1:按式(9-89)为

$$Q_1 = v_1 \frac{\pi(DN)^2}{4} \quad (m^3/s) \tag{9-89}$$

式中 DN——管道公称直径(m)。

(3) 管道弹性吸收流量 Q_2:按式(9-90)为

$$Q_2 = \frac{g}{a}(H_y - H_0)\frac{\pi(DN)^2}{4} \quad (m^3/s) \tag{9-90}$$

式中 H_y——管道设备允许的最大水头(m)。

(4) 需要回流流量 Q_3

(5) 需要回流流速 v_3：按式(9-91)为

$$v_3 = \frac{4Q_3}{\pi(DN)^2} \quad (\text{m/s}) \tag{9-91}$$

(6) 允许回流阻力系数 $\Sigma\xi$：按式(9-92)为

$$\Sigma\xi = \frac{2gH_y}{v_3^2} \tag{9-92}$$

(7) 允许缓闭止回阀回流阻力系数 ξ_1

以大阀板直径计算流速所对应的阻力系数为

$$\xi_1 = \Sigma\xi - \xi_2$$

式中 ξ_2——水泵回流阻力系数。

(8) 阀板组合式系数比 i：当采用大小阀板组合式时，其大小阀板系数比按式(9-93)为

$$i = \sqrt[4]{\frac{\xi_1}{\xi_3}} \tag{9-93}$$

式中 ξ_3——以小阀板直径计算流速所对应的阻力系数。

(9) 缓闭时间 t：按式(9-94)、式(9-95)为

$$H_y = \frac{NH_0}{2} + \frac{H_0}{2}\sqrt{N^2 + 4N} \quad (\text{m}) \tag{9-94}$$

$$t = \frac{Lv_3}{gH_0\sqrt{N}} \quad (\text{s}) \tag{9-95}$$

式中 N——中间参数。

(10) 阻尼孔的直径 d_z：按式(9-96)为

当阻尼孔为圆孔时：

$$d_z = \sqrt{\frac{4Q}{\pi C_q}\left(\frac{2\Delta p}{\rho}\right)^{-\frac{1}{4}}} \quad (\text{m}) \tag{9-96}$$

式中 ρ——流体密度(kg/m³)；

C_q——流量系数，当 $l=(2\sim 3d)$ 时，$C_q=0.85$；

Q——阻尼孔的过流量(m³/s)；

Δp——阻尼孔压力差(Pa)。

当水锤压力较小和管路较短时，在缓闭的前期，作用在阀板上的力较小，缓闭时间较短，阻尼孔均须相应地加大，依此设计变阻尼较为合理。

9.3.3.6 计算实例

【例】 $DN150$ 缓闭止回阀计算。

设计条件：

工作压力为 1.0MPa；

管道允许最大压力为 1.5MPa；

最大水锤压力为 $H_{max}=300$m；

工作水头为 $H_1=100$m；

静水头为 $H_0 = 50\text{m}$;
真空高度为 $H_a = 5\text{m}$;
水锤波速为 $a = 1000\text{m/s}$;
管道长度为 $L = 5000\text{m}$。

【解】 回冲流速为

$$v_1 = \frac{g}{a}(H_{\max} - H_0 - H_a) = \frac{9.81}{1000}(300 - 50 - 5) = 2.40\text{m/s}$$

回冲流量为

$$Q_1 = v_1 \frac{\pi(DN)^2}{4} = 2.4 \times \frac{\pi \times 0.15^2}{4} = 0.0424\text{m}^3/\text{s}$$

管道弹性吸收流量为

$$Q_2 = \frac{g}{a}(H_y - H_0)\frac{\pi(DN)^2}{4} = \frac{9.81}{1000}(150 - 50)\frac{\pi \times 0.15^2}{4} = 0.0173\text{m}^3/\text{s}$$

需要回流流量为

$$Q_3 = Q_1 - Q_2 = 0.0424 - 0.0173 = 0.0251\text{m}^3/\text{s}$$

需要回流流速为

$$v_3 = \frac{0.0251 \times 4}{0.15^2 \times \pi} = 1.42\text{m/s}$$

允许回流阻力系数为

$$\Sigma\xi = \frac{2gH_y}{v_3^2} = \frac{2 \times 9.81 \times 150}{1.42^2} = 1460$$

其中水泵回流阻力计算:
设水泵出水水力效率为 70%,扬程为 100m,出水流速 3m/s
水泵内损失水头为 $H = 100 \times \left(\frac{1}{0.7} - 1\right) = 42.9\text{m}$
相当阻力系数 $\xi_2 = \frac{2 \times 9.81 \times 42.9}{3^2} = 93.5$,取 100
反流阻力(包括吸水管)按正流阻力系数两倍计算,取 $\xi_2 = 200$
允许缓闭止回阀回流阻力系数 $\xi_1 = \Sigma\xi - \xi_2 = 1460 - 200 = 1260$
设小阀板最小开度 30°时回流阻力系数 $\xi_3 = 30$
大小阀板系数比 $i = \sqrt[4]{\frac{\xi_1}{\xi_3}} = \sqrt[4]{\frac{1260}{30}} = 2.55$
小阀板直径为 $d = \frac{150}{2.55} = 58.8\text{mm}$,取 $d = 60\text{mm}$
缓闭时间计算:

$$H_y = \frac{NH_0}{2} + \frac{H_0}{2}\sqrt{N^2 + 4N}$$

$$150 = \frac{N \times 50}{2} + \frac{50}{2}\sqrt{N^2 + 4N}$$

$$N = 2.26$$

$$t = \frac{Lv_3}{gH_0\sqrt{N}} = \frac{5000 \times 1.42}{g \times 50 \times \sqrt{2.26}} = 9.64\text{s}$$

9.3.4 双速自闭闸阀

9.3.4.1 适用条件

双速自闭闸阀(简称双速阀)适用于多台机组的中小型水泵站,具有控制水流通断、防止回流和消除水锤的功能。

9.3.4.2 工作原理

双速阀采用水力驱动装置驱动,利用行程节流阀控制阀门先慢后快开启、先快后慢关闭,达到消除开泵和停泵水锤的目的。双速阀可代替水泵出口常用的电动闸阀和止回阀,做到一阀多用。由于取消了止回阀减少了水头损失,节约了电能。

9.3.4.3 总体构成

(1) 双速阀由闸阀、水压缸(见图9-86)、行程节流阀(见图9-87)、电磁换向阀组成基本单元,双速阀原理(见图9-85)。双速阀的水压缸直径一般按照能够利用供水系统自身压力驱动阀门启闭设计。

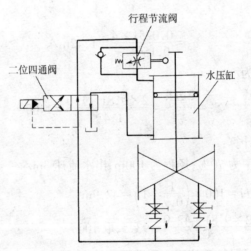

图9-85 双速阀水压驱动原理

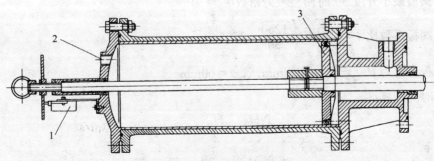

图9-86 水压缸及行程开关
1—行程开关;2—变速器安装孔;3—活塞

9.3 水锤消除设备

(2) 根据供水系统的压力不同,双速阀有三种水压驱动方式:

1) 系统自身水压驱动,该方式具有最简单的组成。当管道静压 $P_{静}>0.3$MPa 时,采用此方式,见图 9-90。

2) 系统自身水压+蓄能罐驱动,该方式增加蓄能罐作为辅助动力源。当管道压力 $P>0.3$MPa 时,可采用此方式,见图 9-89。

3) 小型加压泵+蓄能罐驱动,该方式增加小型加压泵和蓄能罐。当管道压力 $P\leqslant 0.3$MPa,采用此方式,见图 9-88。

设计者可根据需要选用水压驱动方式与基本单元组成双速阀完整设备。

9.3.4.4 动作程序

(1) 加压蓄能方式:选用小型加压泵和蓄能罐的加压蓄能方式时,加压介质应为清水。加压泵的开、停由压力控制器控制,蓄能罐应设定开加压泵水位和停加压泵水位,保证任何时刻蓄能罐内都有驱动双速阀的压力源。蓄能罐开泵压力和双速阀最低工作压力之间对应的容积是蓄能罐的有效工作容积。这一容积应满足驱动泵站内

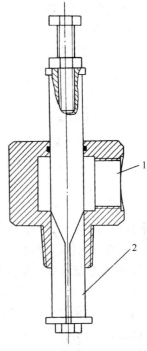

图 9-87 行程节流阀
1—进出水口;2—变截面滑杆

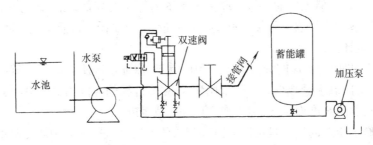

图 9-88 小型加压泵+蓄能罐驱动

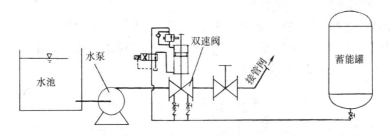

图 9-89 系统自身水压+蓄能罐驱动

所有工作双速阀的需要。

当电磁换向阀通电时,压力水自水压缸的下部进入,活塞上行。由于行程节流阀处在被压下的状态,活塞带动闸板先以慢速开启,然后再以快速开启。

当电磁换向阀断电时,压力水自水压缸的上部进入,活塞下行。活塞带动闸板先以快速

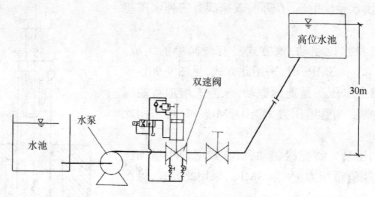

图 9-90 系统自身水压驱动

关闭全行程的大部分,防止管道内水大量回流。当行程节流阀被压下后,进入水压缸内的水减少,活塞带动闸板以慢速关闭,控制管道内水锤压力的升高值。

(2) 供水系统自身水压蓄能方式:选用供水系统自身水压+蓄能罐驱动方式时,水源引自工作水泵的出水口。开泵时压力水进入双速阀水压缸,同时通过连接管路进入蓄能罐蓄能。蓄能罐内水泵工作压力和水泵停泵压力之间的容积是蓄能罐的工作容积。这一容积应满足驱动泵站内所有工作双速阀的需要。双速阀的工作程序同前。

(3) 供水系统自身水压驱动方式:系统自身水压驱动方式是利用管道内自身水压作为动力,驱动双速阀启闭,双速阀的工作程序同前。由于这一驱动方式没有加压泵和蓄能罐,系统简单,造价便宜。但工作的可靠性取决于系统内静压的高低,当系统静压较高时,工作可靠;当系统静压较低时,双速阀关闭速度慢回流量大,静压低时甚至不能关闭。

9.3.4.5 设计要点

(1) 分段关闭时间:双速阀分段关闭时间应满足:保证水锤压力值在管道系统的容许范围内,尽量使管道回流水量减少。一般采用快关80%行程的时间为8~10s,慢关最后20%行程的时间应视管道长度而定,一般可取20~40s范围内。

调节双速阀水压缸的进水量可以调节阀门关闭速度。快关时间用双速阀水压缸进水管路上的阀门开度调节,慢关时间用行程节流阀的行程长度调节。设计者应根据管道水锤防护的要求确定双速阀的分段关闭时间。

(2) 蓄能罐的选择:蓄能罐应采用气囊式,一备一用。蓄能罐应充氮气,充气压力为供水系统静压力的0.8倍。蓄能罐属于压力容器,设计和使用应遵循国家有关标准和规定。

蓄能罐的总容积:应按式(9-97)计算:

$$V_0 = k \frac{V_w}{P_0(1/P_1 - 1/P_2)} \quad (\text{m}^3) \tag{9-97}$$

式中 P_0——气囊充气压力(绝对压力 MPa),取供水系统静压力的0.8倍;
P_1——供水系统静压力(绝对压力 MPa),同时应满足 $P_1 > 0.3$MPa;
P_2——供水系统最高工作压力(绝对压力,MPa);
V_w——罐有效工作容积(m^3);
k——系数取1.5,考虑泄漏量和安全裕量。

当采用加压泵时,需要设定蓄能罐内开泵压力和停泵压力。开泵压力应大于等于 P_2,

停泵压力应考虑加压泵的开停次数,当考虑气囊的使用寿命时应满足 $P_2 <$ 停泵压力 $< 3P_1$。

(3) 安装注意事项

使用双速阀后,由于取消了止回阀,停泵后管道内的部分水倒流,引起水泵倒转。水泵轴上的紧固件应防止松动,水泵吸水侧不能安装底阀。

9.3.5 空气罐水锤消除装置

9.3.5.1 概述

空气罐式水锤消除装置通常安装在水泵出水管止回阀之后,在水泵正常工作时,罐内空气被压缩而储备能量。当水泵停泵时,管道内压力下降,空气罐内气体膨胀向管道内补充水,防止管道内压力过度下降。当管道内压力上升时,水经旁通管向空气罐内充水,水锤波能量被部分吸收,减少配水管内压力上升,起到消减水锤的作用。当空气罐安装在气温冰点以下地区时,应安装在室内,室外安装时应采取可靠的保温措施。根据罐内空气与水是否接触,空气罐可分为气囊式和气水接触式(又称隔离式和非隔离式)。空气罐的安装方式见图 9-91 和图 9-95。

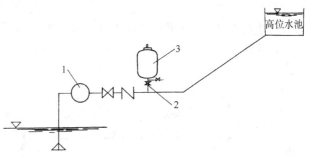

图 9-91 气囊式水锤消除器安装示意
1—水泵;2—隔离闸阀;3—气囊式水锤消除器

9.3.5.2 气囊式空气罐

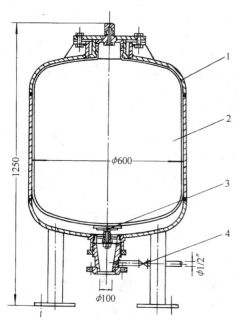

图 9-92 气囊式水锤消除器的构造
1—罐体;2—气囊;3—弹簧活阀;4—测压阀

(1) 总体构成:气囊式水锤消除器(如图 9-92 所示)用柔软富有弹性的天然或人造橡胶作盛气囊,置于钢制容器内,顶部设有向气囊灌注压缩空气的气门嘴,气门嘴外用护帽围护。容器下部连接与输水干管隔绝的闸阀,输水管内的压力水通过网板进入容器,气囊在容器内随干管内压力变化而波动。

(2) 动作程序和主要特点:

1) 动作程序:气囊式水锤消除器是利用气体压缩性大的特点,将压缩空气注入与水体隔开的薄膜橡胶囊中,使充满气体、富有弹性的气囊能有效地吸收或抑制输水管中发生的各类水锤。

① 气囊中注入相当于输水管 0.9 倍工作压力或与工作压力相等压力的压缩空气(最好是惰性气体如氮之类以延缓橡胶老化),使橡胶囊密贴于容器内壁。

② 输水管正常工作时,压力水通过开启的隔离闸阀(如图 9-91 所示的 2)使容器内进入一部分压力水,气囊呈起浮状态。

③ 突然停泵时,管路系统中水锤波的前期产生一个低于静压的低压(水柱分离拉断时会产生负压),干管压力降低,消除器内气囊膨胀,将储存在容器内的水体送入输水干管中,使低压缓和,当正压水锤波到达时,气囊内一定质量的气体在温度不变时按压强和体积成反比的规律进行收缩,从而消除大于工作压力的水锤。

2) 主要特点:

① 能适应压力变化大的输水管路,例如调速水泵的送水系统。
② 与设多个调压水箱比较,可集中在一个点,消除水锤比较经济。
③ 土建简单,与低压时排放水量的水锤消除器和设多个调压水箱等比较,占地面积小。
④ 能配合水泵自动控制时消除水泵开、停压力波动。
⑤ 养护管理方便。

(3) 计算公式及设计数据:

1) 关于水锤波速按公式(9-80)和公式(9-81)计算。

2) 关于最大水锤压力的计算见《给水排水设计手册》第 3 册《城镇给水》水锤计算及水锤防护部分。

3) 消除器体积:按式(9-98)为

$$V = \frac{ALv^2C}{370p_1} \quad (\text{m}^3) \tag{9-98}$$

式中　A——输水管截面面积(m^2);
　　　L——输水管长度(m);
　　　v——输水管水的流速(m/s);
　　　p_1——工作压力(MPa);
　　　p_2——最大水锤压力(MPa);
　　　C——压力系数,如图 9-93 所示 p_2/p_1 与 C 的关系图表。

4) 钢制容器强度计算:按《钢制压力容器》(GB 150)设计计算。

① 圆筒壁厚采用式(9-99)计算:

$$\delta = \frac{pD}{2[\sigma]\varphi - p} + c \quad (\text{mm}) \tag{9-99}$$

式中　p——设计压力,按最大水锤压力设计,$p = p_2$(MPa);
　　　D——圆筒内径(mm);

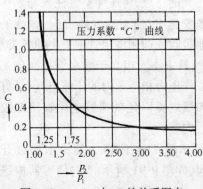

图 9-93　p_2/p_1 与 C 的关系图表

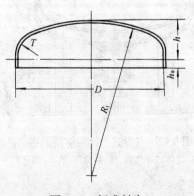

图 9-94　标准封头

$[\sigma]$——容器材料的许用应力(MPa),采用 Q235-A 钢板、板厚≤12、在温度≤20℃条件下,$[\sigma] = 127$MPa;

φ——焊缝系数,双面焊的对接焊缝100%,无损探伤 $\varphi = 1.0$,单面焊的对接焊缝,在焊接过程中沿焊缝全长有紧贴基本金属的垫板100%,无损探伤 $\varphi = 0.90$。

② 封头壁厚如图 9-94 所示,采用标准碟形封头,其壁厚按式(9-100)计算:

$$\delta = \frac{MpR_1}{2[\sigma]\varphi - 0.5p} + C_1 \quad (\text{mm}) \tag{9-100}$$

式中　R——球面部分内半径(mm);
　　　C_1——壁厚附加量(mm),取 $C_1 = 3$mm;
　　　M——形状系数,

$$M = \frac{1}{4}\left(3 + \sqrt{\frac{R_1}{r}}\right)$$

其中　r——过渡区转角内半径(mm)。

③ 封头最大开孔直径:凸形封头中心80%直径范围内,接管或单个开孔直径按式(9-101)计算:

$$d \leqslant 0.14\sqrt{D\delta_0} \tag{9-101}$$

式中　δ_0——封头开孔处的计算壁厚(mm)。

允许不另行补强,否则要补强,并进行计算。

④ 平盖、法兰及密封件、紧固件设计,按工作压力,参照《GB 150 钢制压力容器》有关内容设计。

(4) 使用、维护及检修:

气囊式水锤消除器的性能、适用范围、维护和检修、实例尺寸:

1) 性能:
① 体积为 0.023m³。
② 工作压力为 1.1MPa。
③ 试验压力为 2.0MPa。
④ 水锤压力为 2.5MPa。
⑤ 压力系数为 0.31。

2) 适用范围:
① 水泵压力管路:直径 $\phi DN200$、250、300、400、500mm。
② 面积(m²):0.0314、0.049、0.071、0.126、0.196。
③ 管长(m²):均为 2000。
④ 流速(m/s):2.3、1.83、1.52、1.14、0.92。

3) 维护和检修:
① 消除器应设在专门井内或消除器室中,寒冻时注意保温。
② 定期测量气囊内的气压(先关闭隔离闸阀,开启 1/2″放空阀,排除容器内积水),当低于额定气压时,必须及时补充气体。
③ 容器外表面注意防锈。
④ 气门芯损漏要及时更换。
⑤ 气囊年久老化,应予更新。

4) 实例尺寸,如图 9-92 所示。

9.3.5.3 气水接触式空气罐

(1) 总体构成:气水接触式空气罐由空气罐、液位计、充气设备、安全阀和排水阀等组成。空气罐下部设联络管与输水管道连接,联络管上设止回阀、旁通管和检修阀门(见图 9-95)。当管道内压力下降时,止回阀开启,空气罐向管道内补充水。当管道内压力上升时,止回阀关闭,水经旁通管向空气罐内蓄水。需要检修空气罐时,关闭检修阀门,开启放空阀排水对罐进行检修。

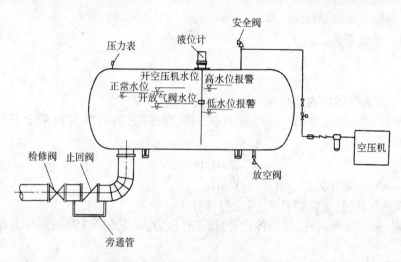

图 9-95 气水接触式空气罐安装示意图

(2) 主要特点:

1) 空气罐式水锤消除装置在泵启动、停泵过程中都能起到保护作用。

2) 罐内气体为空气,气源易获得,使用空压机即可充气。利用罐内液位计和充气设备可实现充气自动化,能够按要求控制罐内水位。

3) 适用于大型水泵站,采用卧式空气罐。

(3) 计算公式及设计数据:空气罐的设计计算可参照给水排水设计手册第 3 册《城镇给水》相关章节的内容。其中主要设计参数的确定如下:

1) 空气罐的出水管径,一般为干管直径的 1/4~1/2 倍。

2) 旁通管的直径,一般为干管直径的 1/10。

3) 空气罐出水管水头损失与进水水头损失之比,一般为 1/2.5。

设计者可以根据工况选取上述参数。

国外采用另一种计算方法计算空气罐容积[1],现介绍如下,供设计者参考。

1) 水泵出水管是否需要安装空气罐的确定:

① 水锤压力升高值:按式(9-102)为

$$\Delta H = \frac{a v_0}{g} \quad (m) \tag{9-102}$$

---

[1] 根据 The MaLaysian Water Associan. Design Guidelines for Water supply Systems. December 1994. 整理。

式中　a——水锤传播速度(m/s);

　　　v_0——管道内正常流速(m/s)。

② 水锤发生时管道最小压力:按式(9-103)为

$$H_{min} = H_0 - \Delta H \quad (m) \tag{9-103}$$

式中　H_0——管道正常工作压力(m)。

当 H_{min} 为负值时,管道出现真空情况,这时需要安装空气罐作为水锤防护装置。

2) 管道内空穴体积(V_d)的计算:按式(9-104)为

$$V_d = \frac{Lv_0^2}{g(H_0 - h)} A \tag{9-104}$$

　　　h——管道的静水压力(m);

　　　L——管道长度(m)。

3) 空气罐容积(V)的计算:按式(9-105)、式(9-106)、式(9-107)为

$$V_1 = \frac{P_2 V_d}{P_1 - P_2} \tag{9-105}$$

$$V_2 = V_1 + V_d \tag{9-106}$$

$$V = 1.1 V_2 \tag{9-107}$$

式中　P_1——管道正常工作压力(绝对压力),$P = H_0 + 10$(m);

　　　P_2——水锤发生时管道允许最低压力(绝对压力),一般取 $10 + 10 = 20$m;

　　　V_1——管道压力为 P_1 时,空气罐内压缩空气体积(m^3);

　　　V_2——空气罐计算最小容积(m^3);

　　　V——空气罐容积(m^3)。

4) 充气设备的选择:当选用空压机作为充气设备时,空压机应满足在 P_1 的压力下,30min 内充满 V_1 的容量,可按式(9-108)确定空压机的供气能力。

$$Q = \frac{V_1}{30} \quad (m^3/min) \tag{9-108}$$

式中　Q——空压机在 P_1 时的供气量(m^3/min)。

空气罐属于压力容器,设计、制作和使用应遵循国家有关标准和规定。

10 提水和引水设备

10.1 提水设备

在给水排水工程中常用的提水设备有两种：
(1) 螺旋提升泵(以下简称螺旋泵)。
(2) 潜水搅拌提升泵。

螺旋泵和潜水搅拌提升泵的适用范围互为补充，螺旋泵的提升高度在 1~8m 之间，潜水搅拌提升泵的提升高度则不超过 1.0m。

10.1.1 螺旋泵

10.1.1.1 适用条件

(1) 螺旋泵是一种低水头、低转速、流量范围大、效率变化幅度小、制造方便的提升设备。它的特点是：

1) 提升水头和水量可根据需要确定。
2) 在一定的转速下，提升水量还可随流量大小和进水水位自行调节。因此，能够节约动力。
3) 螺旋泵叶片之间的间隙大，小于片距的杂物在提升时一般都能通过，不易发生卡泵事故，也不会产生气蚀。

(2) 螺旋泵的一般适用条件：

1) 按螺旋泵的特点分：

① 螺旋泵叶片的外径 D 小于 1000mm 时，提升水头一般不宜超过 5m；当 D 大于 1000mm 时，也不宜超过 8m。
② 流量在 14~6000L/s 之间。
③ 进水水位不能低于最低进水位。

2) 在给水排水工程中经常用于以下条件：

① 水厂和污水处理厂大流量和低水头的取水泵站和送水泵站。
② 由于螺旋泵转速缓慢，不会打碎活性污泥的颗粒和促使含油污水乳化，所以适用于提升活性污泥和含油污水，以及在水厂中输送沉淀池的污泥返回反应池。
③ 给水、雨水和污水在输送管路上的中途泵站。

此外螺旋泵具有大流量、低水头的特性，加上泵站设备简单，无需设集水井，土建费用省。下端螺旋叶片只要达到一定的浸水深度，就可把水提升，不必频繁地开泵和停泵，水头损失很小,适宜于农田水利的翻水排涝和灌溉。

10.1.1.2 总体构成

螺旋泵由泵轴、螺旋叶片、上支座、下支座、导槽、挡水板和传动机构组成。附壁式和支座式螺旋泵,如图 10-1、图 10-2 所示。

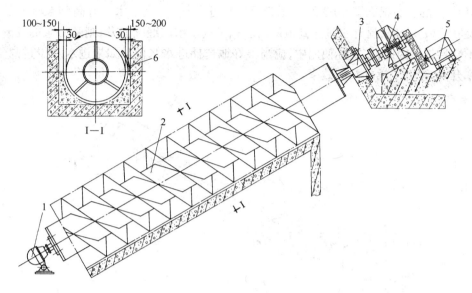

图 10-1 附壁式螺旋泵

1—下轴承;2—泵体;3—上轴承;4—减速箱;5—电动机;6—挡水板

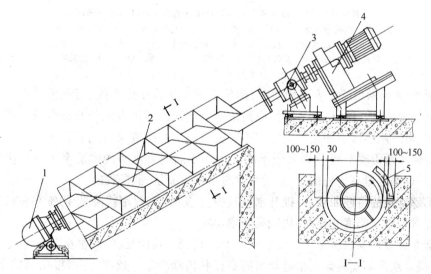

图 10-2 支座式螺旋泵

1—下轴承座;2—泵体;3—上轴承座;4—减速电动机;5—挡水板

10.1.1.3 设计依据

(1) 螺旋泵的提升水量,一般按 24h 连续运转考虑。

(2) 螺旋泵进水水位的标高,指最佳进水水位。

(3) 提升水头,指进水水位至出水需要水位。

(4) 提升介质的相对密度。一般指活性污泥相对密度为 1.01,清水和污水的相对密度为 1.0 左右。

(5) 安装角度,一般采用 30°~38°。

10.1.1.4 设计计算

(1) 特性曲线:根据图 10-3 所示螺旋泵的特性曲线,当进水水位升高到泵轴心管上边缘螺旋叶片(F)处时,提升水量达到最高值。如果进水水位继续上升,则螺旋泵的提升水量再也不会增加。因此,在实际使用中,应当很好地选择进水水位。如果进水水位过高,将引起功率升高,降低了螺旋泵的效率。

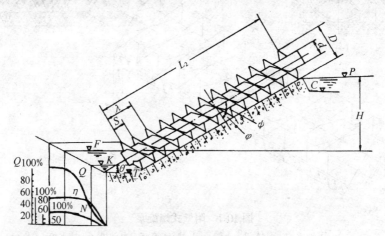

图 10-3 螺旋泵的特性曲线

L_2—螺旋叶片长(m);H—提升水头(m);Q—提升流量(L/s);η—效率;N—电动机功率(kW);F—最佳进水位(m);K—最低进水位(m);T—进水渠底(m);P—出水位(m);C—出水槽底(m);λ—螺旋叶片导程(mm);S—螺旋叶片螺距(mm);θ—安装角(°);ψ—导程角(°);φ—螺旋角(°);D—螺旋叶片外径(mm);d—轴心管外径(mm)

从图 10-3 所示可看出安装角 30°时螺旋泵进水水位的影响线,可见进水水位对于螺旋泵的效率影响较大。所以在设计时,应当正确合理地选择进水水位及进水量。当进水量变化较大时,可采用多台不同提升流量和不同提升水头的螺旋泵并列布置的方法。如雨水泵站正常运转和暴雨季节可分别采用不同流量和不同提升水头的螺旋泵。一般在低进水位时,应设计成小流量高扬程的泵,高进水位时采用大流量、低扬程的泵。

根据螺旋泵的特性曲线,当提升水量减少至 30% 时,效率仅降低 10% 左右,因此,在进水量和提升水量大幅度变化时,仍能高效率运转。

螺旋泵的设计参数决定了螺旋泵的效率。它们之间相互制约、相互影响。例如,可按提升水量、提升水头和安装倾角来选择泵的直径和传动功率。反之,亦可根据泵的直径、提升水头和安装倾角来计算螺旋泵的提升水量。此外,泵轴直径、导程、头数等因素要作全面考虑。它们之中起决定作用的因素是螺旋泵叶片外缘直径与轴心管之比,即 $D:d$;螺旋泵叶片直径与导程之比,即 $D:\lambda$;头数及安装角 θ。

此外,影响效率的因素很多。如水头损失、机械损失以及其它损失等。

(2) 设计计算要点:

1) 螺旋叶片直径:螺旋泵的提升水量在其它因素不变的情况下,直接由螺旋叶片直径

D 决定。螺旋叶片直径和提升水量的关系,如图 10-4 所示。

螺旋叶片的外径 D 与轴心管直径 d 之间要选择一个最佳比值,一般叶片外径 D 应当是轴心管直径 d 的一倍左右。如螺旋叶片 D 的外径过大,而轴心管的直径 d 过小时,则由于螺旋泵在旋转时所产生的离心力作用,被螺旋叶片提升上来的水量反而不多。反之,若螺旋叶片的外径 D 过小,而轴心管直径 d 过大时,则盛水的体积太小,效率也不高。因此,一般 $d:D$ 之比值,应在 $0.45 \sim 0.60$ 之间。还有螺旋叶片的直径也影响螺旋泵的效率,螺旋叶片直径 D 越大,则效率 η 越高,其关系见表 10-1。

2) 转速:螺旋泵的最佳转速是指在这个转速时,正好使相邻两个叶片间的空间装满水而又不溢过螺旋轴心管流入下一个较低的叶片间空间。当螺旋泵的转速超过最佳转速时,水会溢入下一个较低的空间内,从而浪费能量,降低效率。

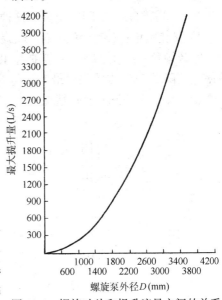

图 10-4 螺旋叶片和提升流量之间的关系

螺旋泵外缘直径与效率关系 表 10-1

直 径 (mm)	效 率 (%)	直 径 (mm)	效 率 (%)
<600	>65	>1500~2500	>75
>600~1500	>70	>2500	>78

根据轴径计算的最佳转速 n_j,如轴径按 m 计采用式(10-1)为

$$n_j = \frac{50}{\sqrt[3]{D^2}} \quad (\text{r/min}) \tag{10-1}$$

式中　n_j——最佳转速(r/min);

　　　D——螺旋泵外缘直径(m)。

如轴径按 cm 计,则采用式(10-2)为

$$n = \frac{1077.3}{\sqrt[3]{D^2}} \quad (\text{r/min}) \tag{10-2}$$

根据上述计算公式(10-1)、式(10-2),外径 $0.3 \sim 4$m 时的最佳转速,如图 10-5 所示。为了扩大螺旋泵适用范围或适应通用减速器额定的转速,一般可通过降低转速来实现。螺旋泵的最小转速为 $0.70 \times$ 最佳转速。

极限最小转速为 $0.60 \times$ 最佳转速。

3) 头数与叶片:螺旋泵的叶片一般采用 $1 \sim 3$ 个头,头数越多,效率越高。对于一定直径的螺旋泵,每增加 1 个叶片头数,能力约增加 20%。因为当叶片的头数增加时,便相应地减少了两个相邻两叶片间空斗顶端的空间,泵叶的提水频率增加。1 头螺旋叶片的提水量为 3 头螺旋叶片的提升水量能力的 64%,2 头螺旋叶片的提水量则为 3 头螺旋叶片的 80%,但是头数多了,往往给加工制造带来困难。

头数和螺旋直径也有一定关系。外径大,则头数宜多;外径小,则头数宜少。

螺旋叶片须与泵轴心管采用双焊缝连续焊接,这并不是结构强度的需要,而是为了避免产生叶片和泵轴心管之间的空隙。这种空隙最易引起应力集中,从而加速腐蚀,损坏叶片。

4) 安装倾角:安装倾角 θ 是指螺旋泵轴中心线对水平面的安装夹角。

安装倾角一般在 $24°\sim 38°$ 范围内,以 $30°$ 为标准,倾角越大效率越低,倾角每增加一度,效率大约降低 3%,因此一般最大倾角不宜超过 $40°$。图 10-6 所示为安装角 $22°\sim 40°$ 的范围内螺旋泵流量百分比的变化情况。

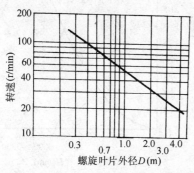

图 10-5 螺旋叶片外径与最佳转速关系　　图 10-6 不同安装角度流量百分比的变化情况

5) 导程和螺距:螺旋叶片环绕泵轴心管呈螺旋形旋转 $360°$,即为一个螺旋导程。在一般情况下,螺旋叶片的直径 D 与导程 λ 之比为常数。即

$$D:\lambda = 1:1$$

在特殊用途时,螺旋叶片的直径与导程之比也可按 $1:0.8\sim 1:1.2$。

导程(λ)还应根据安装角加以调整,即

$$\theta < 30° 时,\lambda = 1.2D$$
$$\theta = 30° 时,\lambda = 1D$$
$$\theta > 30° 时,\lambda = 0.8D$$

单头螺旋叶片在螺距均匀条件下,当安装倾角大于 $34°$ 时就较少使用。

螺距 S 是指相邻两个叶片之间距离。当螺旋叶片只有一片,即一个头时,螺距即等于导程。螺旋的导程由导程角 ψ 所决定,螺旋角为螺旋上升线与轴线之间的夹角,导程角与螺旋角互为补角。

导程 λ:按式(10-3)为

$$\lambda = \pi D \mathrm{tg} \psi \quad (\mathrm{m}) \tag{10-3}$$

式中　ψ——导程角(°)。

导程和螺距的关系,可表达如下:

螺距 S:按式(10-4)为

$$S = \lambda / Z \quad (\mathrm{m}) \tag{10-4}$$

式中　Z——叶片头数。

6) 提升水量 Q:

① 螺旋泵每转提水容积 V:按式(10-5)为

$$V = A(\lambda - Zt) \quad (\mathrm{m}^3) \tag{10-5}$$

式中　A——提水截面积(m^2);

t——叶片厚度(m)。

② 每转提升水量 $Q_转$ 为

$$Q_转 = \alpha V$$

式中 α——提水容积系数。

式中提水容积系数,是根据轴心管直径与螺旋叶片的外径之比 d/D,按图10-7所示选用曲线确定。

③ 每小时提升水量(Q):按式(10-6)为

$$Q = 60Q_转 n \quad (m^3/h) \qquad (10-6)$$

式中 $Q_转$——每转提升水量(m^3);

n——转数(r/min)。

因此,根据上述每小时提升水量:按式(10-7)为

$$Q = 15\pi\alpha(D^2 - d^2)(\lambda - Zt)n \quad (m^3/h) \qquad (10-7)$$

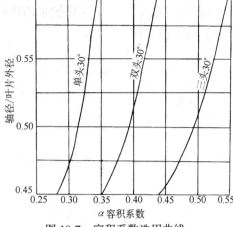

图10-7 容积系数选用曲线

7) 提升水头:由于螺旋泵提升介质只有位能没有动能的变化,因此,不必像一般水泵要考虑出口流速水头。通常只把出水水位与进水水位之差称为提升水头($H_设$)。

为了防止回流,净提升水头应比设计要求的提升水头高,一般其差值采用0.05m。

$$H_净 = H_设 + 0.05 \quad (m)$$

式中 $H_净$——净提升水头(m)。

为了计算最大功率,螺旋泵放泄点到吐出点的距离还应增加提升水头为

$$P = 0.15D \quad (m)$$

式中 P——增加的提升水头(m)。

提升水头由泵轴长度和安装倾角大、小所决定,而泵轴长度又受挠度和制造条件的限制。因此,螺旋泵的提升水头一般为6~8m以下。螺旋泵直径越大,允许的提升水头越高。提升水头与螺旋泵外缘直径的关系,见表10-2。

提升水头与螺旋泵外缘直径关系　　　　表10-2

螺旋泵外缘直径(mm)	提升水头(m)	螺旋泵外缘直径(mm)	提升水头(m)
≤500	<2.5	≤1500	<7
≤800	<5	>1500	8

8) 传动功率:按式(10-8)为

$$N = \frac{QH_总\gamma}{1000\eta_1\eta_2} \quad (kW) \qquad (10-8)$$

式中 N——功率(kW);

Q——提升水量(m^3/s);

$H_总$——提升总水头(m);

γ——流体单位体积重力(N/m^3);

η_1——螺旋泵效率；

η_2——机械总效率。

根据式(10-8)，上、下支座轴承的机械效率，按表10-3选取。泵本身的效率，如图10-3所示特性曲线选取。

轴承机械效率　　　　　　　　　　　表10-3

名　称	效率 η	名　称	效率 η
滑动轴承	0.94~0.96	齿轮(油浴)	0.97~0.98
滚柱轴承	0.98	齿轮减速电机	0.90
滚子轴承	0.99	三角皮带	0.93~0.95
齿轮(机械加工)	0.94~0.96	伞齿轮(机械加工)	0.90

9) 泵轴：

① 泵轴长度：图10-8为螺旋泵长度计算中的各部尺寸。

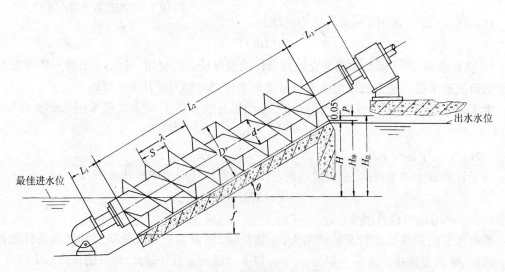

图10-8　螺旋泵长度计算

L_1 为叶片底部至下支座进口端的距离(m)，L_1 为 $0.5D$ 左右。螺旋直径小，距离可取大一些；直径大，可以相对取小一些。如果选择的距离合适，可以减少进水阻力，使水入流畅通。

L_2 为螺旋叶片的计算长度(m)，按式(10-9)为

$$L_2 = \frac{H_{\text{净}} + f}{\sin\theta} \quad (\text{m}) \tag{10-9}$$

式中　$H_{\text{净}}$——实际提升水头(m)，即为设计水头 $H + 0.05$m；

　　　θ——安装倾角(°)；

　　　f——叶片底部至最佳进水位的垂直距离(m)，

$$f = \frac{1}{2}(D + d)\cos\theta$$

其中　D——螺旋泵外缘直径(m)；

　　　d——螺旋泵管轴直径(m)。

L_3 为螺旋叶片上端出口至上支座进口处的距离(m),这段距离用以保证出流畅通,

当 $D<1000\text{mm}$ 时,取 $L_3=(1\sim1.2)D$

当 $D>1000\text{mm}$ 时,取 $L_3=(0.8\sim1.2)D$

直径越小,系数应取大值;直径越大,系数应取小值。

螺旋泵的安装方法,分为设止回阀或不设止回阀两种。两种方法相比较,设止回阀时,需要的泵轴较长,效率较低,造价和电耗都比不设止回阀时为高;但是,不设止回阀时,一旦停泵,杂物和水会倒灌,杂物容易卡泵。所以设止回阀时比较安全可靠。不过在一般情况下都不设止回阀,亦可在上支座上采取安装防止逆转的棘轮装置。

两种不同安装方法的长度计算的各部尺寸,如图 10-9 所示及见表 10-4。

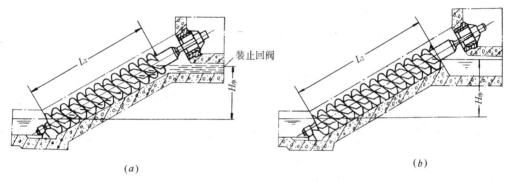

图 10-9 两种不同安装方法的长度计算的各部尺寸
(a)设止回阀;(b)不设止回阀

L_2 螺旋叶片的计算长度的公式,见表 10-4。

螺旋叶片长度 L_2 的计算公式 表 10-4

安装倾角 $\theta(°)$	$D:d$	不设止回阀	设 止 回 阀
22	2:1	$2.67H_总+1.85D$	$2.67H_总+0.79D$
26	2:1	$2.28H_总+1.54D$	$2.28H_总+0.79D$
30	2:1	$2.00H_总+1.30D$	$2.00H_总+0.64D$
35	2:1	$1.74H_总+1.07D$	

② 泵轴的伸缩率:温度变化可能引起泵轴热胀冷缩,在螺旋泵设计时要考虑,由温差引起的变化长度,有自动调节伸缩的裕度,一般由下支座轴承来承担。

伸缩的长度,可用式(10-10)计算:

$$\Delta L = L\alpha_膨(\Delta t) \tag{10-10}$$

式中 ΔL——泵轴的温差引起变化长度(m);

L——上下轴承座之间的泵轴长度(m);

$\alpha_膨$——钢的线膨胀系数,当温度范围 $20\sim100℃$ 时,碳钢为 $10.6\sim12.2℃^{-1}$;

Δt——温差(℃)。

③ 螺旋泵的叶片尺寸计算,螺旋叶片展开图如图 10-10 所示,计算公式(10-11)为

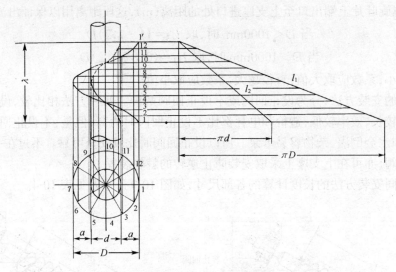

图 10-10 螺旋叶片展开图

$$l_1 = \sqrt{(\pi D)^2 + \lambda^2} \quad \text{(mm)} \tag{10-11}$$

式中 l_1——叶片外缘展开长度(mm)。

$$l_2 = \sqrt{(\pi d)^2 + \lambda^2} \quad \text{(mm)}$$

式中 l_2——叶片根部展开长度(mm)。

叶片展开半径:按式(10-12)为

$$R_外 = \frac{a l_1}{l_1 - l_2} \quad \text{(mm)} \tag{10-12}$$

式中 a——$\frac{1}{2}(D-d)$(mm);

$R_根$——叶片根部展开半径,$R_根 = R_外 - a$。

叶片圆周角:按式(10-13)为

$$\alpha = \frac{180 l_1}{\pi R_外} \quad (°) \tag{10-13}$$

叶片数为 $\frac{L_2}{\lambda} Z$,折合展开整圆叶片数为

$\frac{L_2}{\lambda} Z \frac{\alpha}{359°}$(考虑叶片剖开时的割缝,取 359°)。

④ 轴径:轴心管的两端与上、下支座的连接处采用实心轴过渡。实心轴按最细处的轴径 d 来计算。

在选取轴径时,应同时满足扭转强度及扭转刚度两种条件的要求,可选用两种公式见表 10-5 计算,采用其中较大者。

当 $G = 79.4\text{GPa}$ 时的 b、c 值,见表 10-7。

10) 挠度:螺旋泵的挠度由自重挠度和提水后因水负荷而产生的挠度组成,计算公式为

10.1 提水设备

轴径计算公式　　　　　　　　　　　　　　　　　　　　表10-5

按扭转强度计算	按扭转刚度计算
$d \geqslant a\sqrt[3]{\dfrac{N}{n}}$ （mm）　　　（10-14） 式中　d——所求轴径(mm) 　　　a——随允许用扭转应力$[\tau_n]$变化的系数， 　　　　　见表10-6 　　　N——轴传递功率(kW) 　　　n——轴的转速(r/min)	$d \geqslant c\sqrt[4]{\dfrac{M_n N}{9.81}}$ （mm）　　（10-15） 或　$d \geqslant b\sqrt[4]{\dfrac{N}{n}}$ （mm）　　（10-16） 式中　M_n——轴所传递的扭矩(N·mm) 　　　b、c——系数，见表10-7

$[\tau_n]$与a值的关系　　　　　　　　　　　　　　　　表10-6

$[\tau_n]$(MPa)	70	65	60	55	49	35	30	27	21	16.5
a	89	91	94	97	100	111	118	122	133	144

b、c值　　　　　　　　　　　　　　　　　　　　表10-7

$[\varphi](°/m)$	1/4	1/2	1	1.5	2	2.5
b	129	109	91.5	82.7	77	72.8
c	4.12	3.46	2.91	2.63	2.45	2.32

注：$[\varphi]$每1000mm轴长允许的扭转角(°)。

$$[y_{自max}] = \frac{500 W_自 L^3}{384EI} \quad \text{(cm)}$$

式中　$y_{自max}$——螺旋泵的自重挠度(cm)；
　　　$W_自$——螺旋泵自重重力(N)；
　　　L——螺旋泵总长即$L_1 + L_2 + L_3$(cm)；
　　　I——钢管的惯性矩(cm^4)；
　　　E——钢的弹性模数(MPa)。

$$W_自 = W_管 + W_叶 \quad \text{(N)}$$

其中　$W_管$——螺旋泵管子从上轴承至下轴承之间的重力(N)；
　　　$W_叶$——叶片自重重力和焊缝重力(N)；

$$[y_{荷max}] = 500 W_荷 L^3 / 384EI$$

式中　$[y_{荷max}]$——螺旋泵由于提水后在L_2段内水重而产生的挠度(cm)；
　　　$W_荷$——在L_2一段内水重重力(N)。

因此　　　$[y_{总max}] = [y_{自max}] + [y_{荷max}] = \dfrac{500[W_自 + W_荷]L^3}{384EI}$　(cm)　　(10-17)

式中　$[y_{总max}]$——螺旋泵在运转时最大挠度(cm)，

最大允许挠度为$[y_总] = \dfrac{L_总}{2000}$

或　　　　　　　　　　　　$[y_{总max}] < [y_总]$

11) 上、下支座轴承：泵轴在运转时的作用力 $W_总$，全部由上下支座承受。由于泵轴的倾角及轴在运转时引起的轴向推力，均由上轴承承受。受力如图10-11所示。

螺旋泵的径向分力为 R

$$R = W_总 \cos\theta \quad (N)$$

R 由上、下支座各受一半，即 $\dfrac{R}{2}$。

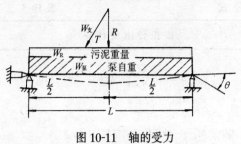

图 10-11 轴的受力

螺旋泵的轴向分力为 T，即

$$T = W_总 \sin\theta \quad (N)$$

此外，在运转时总的轴向推力 $T_总$：按式(10-18)为

$$T_总 = W_总 \sin\theta + \frac{1000 \times 60 \times N}{Dn} \tag{10-18}$$

式中 $W_总$——总负荷(N)；

θ——安装倾角(°)；

N——功率(kW)；

D——螺旋叶片外径(cm)；

n——转速(r/min)。

12) 导槽的间隙：螺旋叶片与导槽（即泵壳）之间的间隙，对于泵的效率影响很大。故间隙不宜过大。但必须留有间隙，因为螺旋叶片受温差影响热胀冷缩，同时螺旋叶片产生的挠度会引起叶片变形，如无间隙，将损坏上下轴承座，特别对大直径的螺旋泵更为重要。间隙允许值由螺旋泵的直径决定，计算公式(10-19)为

$$\delta = 0.142\sqrt{D} \pm 1 \quad (mm) \tag{10-19}$$

式中 δ——允许间隙(mm)；

D——螺旋叶片直径(mm)。

10.1.1.5 结构形式

螺旋泵由泵轴、螺旋叶片、上支座、下支座、导槽、挡水板及传动机构组成。

(1) 泵轴和螺旋叶片：是螺旋泵的核心部分，其结构既要考虑强度和挠度，又要尽量减轻自重，通常泵轴轴心管在 $DN600mm$ 以下用无缝钢管；$DN600mm$ 以上用卷制螺旋钢管。

螺旋叶片的厚度随直径而异，当采用普碳钢时，其厚度通常可按如下考虑：

直径 300~600mm，叶片厚 5mm。

直径 700~2450mm，叶片厚 6mm。

直径 2600mm 以上时，叶片厚 8mm。

(2) 上支座：上轴承承受一半的径向力和全部轴向推力，并且起定位作用，设计时主要根据选用的轴承尺寸而定，同时必须考虑因泵轴弯曲而产生的挠度。因此，选用轴承要选有调心的轴承。轴承的设计寿命按10万h左右考虑。

上支承座的两种典型结构：

1) 与泵轴整体连接的上支座如图10-12所示：这种上支座的特点是上支座直接安装在轴的延伸端，确保同心度，同时整个轴承箱可以在支座架上绕水平横轴线转动，起到调心作用。

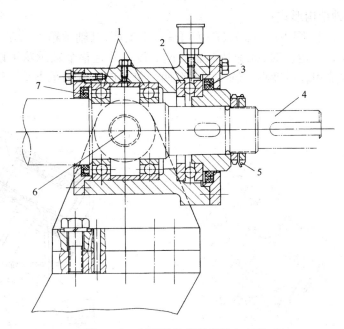

图 10-12 与泵轴整体联接的上支座
1—单列向心球轴承；2—止推球轴承；3、7—骨架式密封；4—泵轴；
5—锁紧螺母；6—支座转轴

支座共装有三个轴承。两个单列向心球轴承。主要承受径向荷载。另一个推力球轴承承受轴向荷载。

2) 附壁式上支座：附壁式上支座直接安装在与泵轴垂直的混凝土斜面上，把提升的液体完全与操作室分隔开来，适用于提升污水。

图 10-13 所示为附壁式上支座，其中的短轴法兰用螺栓连接，轴承座固定在斜壁上。

轴承座内设有承受径向负荷的双列向心球面滚子轴承和承受轴向载荷的球面推力滚子轴承各一个，两轴承调心点必须设计在同一点上，这样可以起到调心作用。

(3) 下支座

由于下支座长期浸没在水下，检修不便，易腐蚀，因此，在设计时必须采用可靠的润滑方式。并且要考虑由于温差而引起轴向伸缩的自动调节。

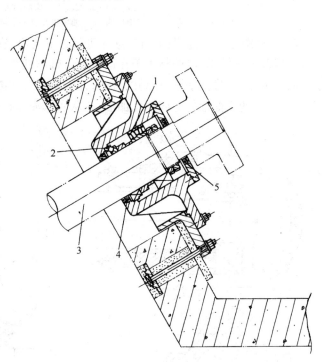

图 10-13 附壁式上支座
1—双列向心球面滚子轴承；2—推力向心对称球面滚子轴承；3—泵轴；
4、5—骨架式密封

下支座有四种结构形式:

1) 可调式下支座:图 10-14(a)、(b)为可调式下支座,其轴承箱可以在支座内绕轴心线作一定转动,在安装和运转时,要保持泵轴的同心度。并且整个轴承箱可以沿着轴心线移动,避免由于热膨胀引起的变形。轴承箱内有两个单列向心球轴承支承泵轴,轴承润滑,用油管输送润滑油。

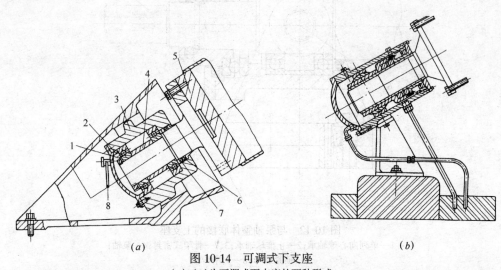

图 10-14 可调式下支座
(a)、(b)为可调式下支座的两种形式
1—锁紧垫圈;2—压盖;3—转动轴承箱;4—轴承隔套;5—泵轴;6—密封环;7—簧环;8—进油管

2) 自动调心下支座:图 10-15 为自动调心下支座,在可转动的下支座轴承箱内安装一个双列球面滚子轴承,以调整由于在运转时泵轴弯曲引起的不同心度。轴承润滑采用一次灌满防水油脂(Ⅱ号铝基润滑脂)的方式,并采用带自润滑的柔性石墨填料箱,以防止污水的侵入,可以定期用油枪从上面油孔加油,并从底部油塞孔排油。

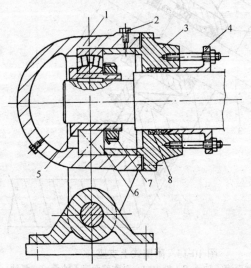

图 10-15 自动调心下支座
1—轴承壳;2—加油孔;3—轴承盖及填料箱;4—填料压盖;5—衬套;6—轴承;7—螺母;8—柔性石墨填料

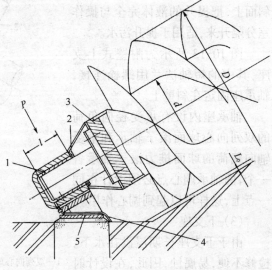

图 10-16 滑动轴承下支座
1—滑动轴承;2—密封圈;3—泵轴;4—润滑油管;5—支座

3) 滑动轴承下支座:图 10-16 为滑动轴承下支座,适用于中小型螺旋泵,结构简单。支座本身就是滑动轴套,轴在轴套内有一定的上下滑动距离,以允许泵轴的伸缩。轴承润滑是利用连接于传动部分的润滑系统,将油脂通入轴承,并使润滑油脂经过密封圈排出,在防止污水侵入的同时,也可利用油脂防止泥浆、砂粒等的侵入。

4) 清水润滑下支座:图 10-17 为清水润滑下支座,结构简单,轴承箱装有酚醛层压板轴瓦,并用低压力的清水润滑,清水从密封环内慢慢渗出。这种下支座一般适用于小型螺旋泵。

(4) 导槽:螺旋泵导槽除少数采用全封闭泵壳或转鼓式泵壳外,通常只设在螺旋叶片的下半部。

导槽一般有金属和混凝土结构两种,金属导槽在制造厂虽可达到额定间隙要求,但在运输安装过程中容易变形,很难保持正常的间隙,故在安装时必须加以校正,一般仅限于用在小型的移动式螺旋泵。

混凝土导槽用 M20 水泥砂浆制作,如图 10-18 所示为现场浇筑的混凝土导槽,在螺旋叶轮与混凝土之间先留出 30~40mm 空隙,待螺旋泵安装后,再在其间填充砂浆,然后缓慢地转动泵轴由叶片刮成槽体。也可用混凝土预制槽段在现场拼装后再用砂浆勾缝抹平制成。

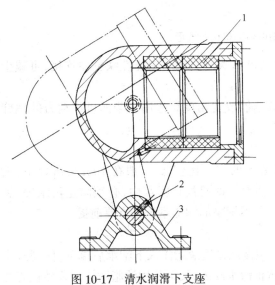

图 10-17 清水润滑下支座
1—轴瓦;2—紧定螺钉;3—支座

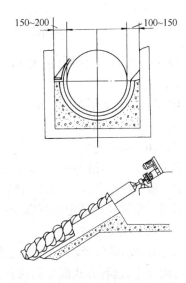

图 10-18 现场浇筑混凝土导槽

当螺旋泵站有两台或两台以上螺旋泵时,混凝土导槽中间应当设置检修踏步。

(5) 挡板:螺旋泵必须设置弧形防护挡板,一般安装在泵体螺旋的上半部,以防止旋转时溅出水沫。挡板的圆弧对螺旋泵轴心是 30°~60°,一般取 40°为宜,挡板可用预制的水泥板拼装而成,但大多用钢板角架制成。

(6) 传动机构:包括原动机和减速机构,大多采用电动机驱动,在没有电源和特殊情况下也有采用柴油机、汽油机,如排涝泵站和无交流电源的螺旋泵站。

螺旋泵传动机构的转速大多数为定速。

在传动机构的布置中,应当考虑单台布置或多台并列布置的空间距离,留有足够的操作和检修位置。几种典型的传动机构布置形式,如图 10-19 所示。

图 10-19(a) 适用于单台布置,整座螺旋泵都位于同一轴线上,减速电动机连接法兰式

联轴器及上轴承座,结构紧凑,占地面积小。

图10-19(b)电动机经过三角皮带连接齿轮减速器,适用于比较大的螺旋泵。

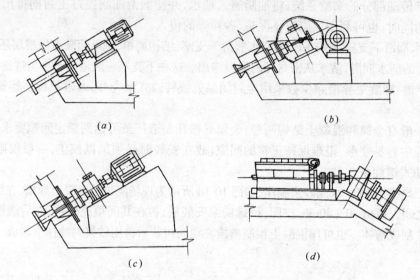

图10-19 几种典型的传动机构布置形式

图10-19(c)布置方法同(a)相似。但电动机和减速器之间用挠性联轴器连接,可减少轴向震动。

图10-19(d)上支座的进出轴通过特殊减速器改变角度。适用于柴油机作动力的螺旋泵或减速箱不能斜置的场合。

10.1.1.6 润滑系统

润滑是指上下支座的轴承润滑。由于螺旋泵的转速比较低,一般在100r/min以下,因此上轴承一般可用油杯定期加注油脂。而下轴承长期浸没在污水中,必须防止污水侵入。故而对于螺旋泵要长期稳定而可靠的运转,选择螺旋泵的润滑系统是重要前提。

几种下轴承润滑方法:

(1) 利用驱动部分带动小油泵,定量而又缓慢地将润滑脂注入下轴承后端部,使润滑脂经过密封圈排出,这种方式既可利用密封圈防止污水浸入,又可利用油脂防止泥浆砂粒等的侵入。由于这种润滑有油脂排出,因此,一般只可用在污水处理中。

(2) 利用独立的小油泵,在泵体外循环润滑一般采用机油润滑,需要有一定容量的油箱。这种润滑方式用在比较大型的螺旋泵中,特别要注意轴承座的密封,防止润滑油的外泄。

(3) 清水润滑是用具有一定水压的清水作润滑,清水润滑的轴瓦如酚醛层压板、尼龙、聚四氟乙烯等。这种系统的轴承结构比较简单,不需要一整套油循环系统。

10.1.1.7 防腐蚀措施

污水处理中,生活污水和工业废水的腐蚀性很大;而水厂排放的污泥内,由于投加各种混凝剂,也具有一定的腐蚀性。同时为了减轻重量和便于叶片的弯制加工,往往对螺旋泵的轴和螺旋叶片,均选较薄的壁厚。故螺旋泵的防腐措施对泵的使用寿命和维修周期有很大影响。

引起螺旋泵损坏的主要原因是锈蚀,尤其是螺旋叶片和泵轴的焊接处,由于应力集中,最易产生锈蚀。

螺旋泵的防腐措施主要有如下几种：

(1) 涂衬保护：

1) 防腐涂料有沥青、清漆、煤焦油、环氧防锈漆、环氧水泥砂浆、铝粉铁红漆和塑料薄膜喷涂保护等。

2) 玻璃钢防护：泵轴、螺旋叶片、钢制导槽和下支座等，凡是易受污水腐蚀的部件均衬贴玻璃钢。通常是三层环氧树脂夹两层玻璃纤维布。

3) 喷涂金属：涂锌或涂铝，以涂铝的价格较为便宜，牢度好，时间长。但喷涂金属后，还要采取其它措施，如再涂刷防腐漆或涂塑料薄膜。

(2) 综合处理：综合处理的工序为：先将泵轴连同叶片一起第一道作酸洗处理，第二道喷砂清理表面，第三道镀锌，在镀锌后再涂刷二度塑料薄膜。这种方法工序复杂，费用高，但防腐效果好。

10.1.1.8 制造和安装要求

(1) 螺旋泵叶片外径必须与上、下轴头保持同轴心，外圆尺寸精度不低于 9 级，表面粗糙度不低于 $\nabla_{12.5}$。

(2) 叶片下料要按放样(展开)图进行，展开的内、外径必须放一定裕量，一般外径放 3～7mm，内径放 1～3mm，分别用作外圆加工裕量和焊接间隙。

(3) 叶片与轴心管外径焊接时，必须用双焊缝作连续焊接。

(4) 在制造导流槽及安装螺旋泵泵体时，间隙必须小于设计允许值，一般水泥导流槽在 3～5mm。

(5) 螺距之间要使其误差不超过 1mm，螺距累积允差一般不大于 10mm。

(6) 安装上、下支座及泵体时，必须使其保持在一条直线上。

10.1.1.9 螺旋泵的应用

(1) 螺旋泵在国内已逐步推广应用，各地使用情况见表 10-8。

(2) 螺旋泵系列设计主要参数见表 10-9。

10.1.1.10 计算实例

【例】 设计条件：

提升水量为 $Q = 385 \mathrm{m}^3/\mathrm{h}$；

提升水头为 $H = 3\mathrm{m}$；

安装角为 $\theta = 30°$。

【解】 (1) 直径：

1) 参照图 10-4 曲线，根据提升水量和安装角，选用直径 $D = 800\mathrm{mm}$

2) 螺旋叶片的直径 D 与轴心管直径 d 之比选用 2∶1，故泵轴 d 为 400mm 按照冶金产品标准选用 $\phi 426 \times 9\mathrm{mm}$ 无缝钢管或焊接钢管，因此，$D∶d = 800∶426 = 1∶0.53$。

(2) 转速：

$$n_j = \frac{50}{\sqrt[3]{D^2}}$$

$$n_j = \frac{50}{\sqrt[3]{0.8^2}} = 58.02 \mathrm{r/min}$$

国内各地部分螺旋泵使用情况　　　　表 10-8

序 号	外 径 (mm)	水 量 (L/s)	提升水头 (m)	功 率 (kW)	转 速 (r/min)	安装地点	使用情况
1	300	8.5	2.25	1.1	110	上海淀山湖污水厂	良好
2	500	28	3.5	2.2	84	北京化纤厂	
3	430	28	1	1.5	62	江苏清江印染厂	良好
4	450	61	3			莘庄污水厂	良好
5	500	28	1.8	2.2	64	常州东方红染厂	良好
6	500	33	1	1.1	73	奉化污水处理厂	良好
7	500	35	2	1.5	73	福州东区污水厂	
8	600	51	2.5	3	63	上海松江污水厂	
9	700	55	3.2	4.5	74	天津纪庄子污水厂	
10	600	61	3	5.5	59	上海龙华污水处理厂	良好
11	700	83	2	4	63	深圳污水厂	
12	800	102	4	11	56	茂名石化总厂	
13	800	107	2.9	11	55	上海高桥石化总厂	良好
14	820	125	2.5	7.5	59	上海炼油厂	良好
15	1000	183	3～3.5	11～15	50	曲阳污水厂,天山污水厂	良好
16	1000	178	4.5	15	50	南宁造纸厂	良好
17	1000	183	4	15	48	铁岭新集	
18	1100	211	4.5	18.5	42	辽化供排水二期工程	良好
19	1200	271	5	30	42	吉化炼油厂	
20	1200	203	5.5	30	42	贵州铝厂	
21	1200	278	4	18.5	42	福州市污水处理厂	良好
22	1300	440	5	30	42	北京燕山石化公司	
23	1400	405	3.66	30	42	天津东郊污水厂	良好
24	1400	464	2.6	22	36	天津东郊污水厂	良好
25	1500	507	3.5	45	39	贵州水城钢厂	
26	1500	692	2.6	30	42.6	天津大港油田	良好
27	1500	639	4	55	42.6	长沙市第二污水厂	良好
28	1800	949	3.6	55	34	天津大港油田	
29	1800	1000	2.1	40	34	昆明自来水厂	良好
30	2000	1195	4.5	110	31.4	辽阳石化污水厂	良好

螺旋泵的基本参数

表 10-9

螺旋泵外缘直径 (mm)	转速 (r/min)	流量 (L/s)	
		安装角30°(标准)时	安装角38°(最大)时
300	112	14	10.5
400	92	26	20
500	79	46	34
600	70	69	52
800	58	135	100
1000	50	235	175
1200	44	350	260
1400	40	525	370
1600	36	700	522
1800	34	990	675
2000	32	1200	850
2200	30	1500	1100
2400	28	1860	1370
2600	26	2220	1600
2800	25	2600	1900
3000	24	3100	2300
3200	23	3550	2640
3500	22	4300	3200
4000	20	6000	4450

注：1. 表中流量是指螺旋泵外缘直径与泵轴直径之比为2:1时的流量。
2. 表中流量是指螺旋叶片为三头时的流量，二头与一头时的流量分别为三头的0.8与0.64倍。

根据齿轮减速箱转速，选用55r/min。

(3) 导程、叶片头数和厚度：

$$\lambda = D = 800 \text{mm}$$

头数 $Z = 2$ 头。

叶片厚度为 $t = 6\text{mm}$。

(4) 水量：

根据公式 $Q = 15\pi\alpha(D^2 - d^2)(\lambda - Zt)n$

α 根据图 10-7 查出 $\alpha = 0.411$，

则 $Q = 15 \times \pi \times 0.411(0.8^2 - 0.426^2)(0.8 - 2 \times 0.006) \times 55 = 384.888 \approx 385 \text{m}^3/\text{h}$

(5) 提升水头：

$$H_净 = H_设 + 0.05\text{m} = 3.0 + 0.05 = 3.05\text{m}$$

$$H_总 = H_净 + P = 3.05 + 0.15 \times 0.8 = 3.17\text{m}$$

(6) 传动功率：

$$N = \frac{QH_总\gamma}{1000\eta_1\eta_2} \quad (\text{kW})$$

$Q = 385 \text{m}^3/\text{h} = 0.107 \text{m}^3/\text{s}$

$H_\text{总} = 3.17\text{m}$

$\gamma = 11000 \text{N/m}^3$

$\eta_1 = $ 螺旋泵效率 0.75

$\eta_2 = $ 减速器效率 $0.85 \times$ 轴承效率 0.985，即

$$N = \frac{0.107 \times 3.17 \times 11000}{1000 \times 0.75 \times 0.85 \times 0.985} = 5.94 \text{kW}$$

选用 7.5kW 齿轮减速器。

(7) 泵轴：

1) 泵轴长度：

螺旋叶片计算长度：

$$H_\text{净} = 3.05\text{m}$$

$$f = \frac{1}{2}(D+d)\cos\theta/1000 = \frac{1}{2}(800+426)\cos30°/1000 = 0.531\text{m}$$

$$L_2 = \frac{H_\text{净}+f}{\sin\theta} = \frac{3.05+0.531}{\sin30°} = 7.162\text{m} = 7162\text{mm}$$

L_1 取 400mm。

L_3 取 800mm。

2) 叶片展开尺寸计算：

叶片外缘周长为 $l_1 = \sqrt{(\pi D)^2 + \lambda^2} = \sqrt{(\pi \times 80)^2 + 80^2} = 263.8\text{cm} = 2638\text{mm}$

叶片根部周长为 $l_2 = \sqrt{(\pi d)^2 + \lambda^2} = \sqrt{(\pi \times 42.6)^2 + 80^2} = 155.9\text{cm} = 1559\text{mm}$

叶片外缘半径为

$$a = \frac{1}{2}(D-d) = \frac{1}{2}(80-42.6) = 18.7\text{cm}$$

$$R_\text{外} = \frac{a l_1}{l_1 - l_2} = \frac{18.7 \times 263.8}{263.8 - 155.9} = 45.72\text{cm} = 457.2\text{mm}$$

取叶片毛坯 $R_\text{外} = 46.3\text{cm}$

叶片根部半径为

$$R_\text{根} = R_\text{外} - a = 457.2 - 187 = 270.2\text{mm}, \text{取 } R_\text{根} = 272\text{mm}$$

计算泵体重量时，按原计算内、外半径计：

叶片展开圆周角为 $\alpha = \frac{180 l_1}{\pi R_\text{外}} = \frac{180 \times 263.8}{\pi \times 45 \times 72} = 330.59° \approx 330°35'28''$

叶片数为 $\frac{L_2}{\lambda} Z = \frac{7162}{800} \times 2 = 17.9$ 片。

考虑到叶片剖开时的割缝，取 359°时则展开整圆叶片数为

$$\frac{17.9 \times 2}{359°} = \frac{17.9 \times 330.59°}{359°} = 16.48 \text{ 片}$$

圆整后取 16.8 片（叶片长度略大于设计长度，通常加在出水端），每片叶片质量为

$$W_\text{叶片} = \frac{\pi}{4}(D_\text{外}^2 - D_\text{根}^2) t \frac{7.85}{10^6} \times \frac{359°}{360°} = \frac{\pi}{4}(914.4^2 - 540.4^2) \times 6 \times \frac{7.85}{10^6} \times \frac{359°}{360°} = 20.07\text{kg}$$

叶片总重力为
$$W_{叶} = 20.07 \times 16.8 \times 10 = 3371.8\text{N}$$

(8) 泵轴心管重力、污泥重力和载荷的计算：

1) 泵轴心管重力：泵轴采用 $\phi 426 \times 9\text{mm}$ 钢管。长度取 7.8m，每米重力为 925.5N，则钢管重力为 $W_{心} = 925.5 \times 7.8 = 7218.9\text{N}$。

2) 污泥重力：最大水量为
$$Q = 385\text{m}^3/\text{h}$$

叶片每转提升污泥重力为
$$W_1 = \frac{Q\gamma}{60n} = \frac{385 \times 11000}{60 \times 55} = 1283.3\text{N}$$

当提升水头为 3m 时，每头叶片走完全程所需转数为
$$n = \frac{L_2}{\lambda} = \frac{7162}{800} = 8.95\text{r/min}$$

正常运转时导槽内污泥重力为
$$W_{泥} = W_1 n = 1283.3 \times 8.95 = 11486\text{N}$$

总载荷为
$$W_{总} = W_{心} + W_{叶} + W_{焊} + W_{泥}$$

式中　$W_{焊}$——叶片焊缝重力按叶片重力 10% 计算。
$$W_{总} = 7218.9 + 3371.8 + 337.2 + 11486 = 22413.9\text{N}$$

总的径向荷载为
$$R_{总} = W_{总}\cos\theta = 22413.9 \times \cos 30° = 19411\text{N}$$

(9) 挠度：
$$W_{径} = R_{总} = 19411\text{N}$$
$$L = L_1 + L_2 + L_3 = 400 + 7162 + 800 = 8362\text{mm} = 836.2\text{cm} = 8.362\text{m}$$
$$E = 2.1 \times 10^{11}\text{Pa}$$
$$I = \frac{\pi}{64}(D^4 - d^4) = \frac{\pi}{64}(42.6^4 - 40.8^4) = 25640\text{cm}^4$$
$$y_{总\max} = \frac{5W_{径}L^3}{384EI} = \frac{5 \times 19411 \times (8.36)^3}{384 \times 2.1 \times 10^{11} \times 25640 \times 10^{-8}} = 0.0027\text{m} = 2.7\text{mm}$$
$$[y_{总\max}] = \frac{L}{2000} = \frac{8362}{2000} = 4.18\text{mm}$$
$$y_{总\max} < [y_{总\max}]（安全）。$$

(10) 叶片与导槽之间间隙：
$$D = 800\text{mm}$$
$$\delta = 0.1420\sqrt{D} = 0.1420\sqrt{800} = 4\text{mm}$$

本设计采用现场浇捣的混凝土导槽，泵叶安装完毕后灌注水泥砂浆，然后慢速转动泵轴，让叶片自动抹光导槽，使间隙达到所要求尺寸。

(11) 轴承设计：上、下轴承径向荷载为
$$\frac{R_{总}}{2} = \frac{19411}{2} = 9706\text{N}$$

1)上轴承:上轴承单独承担全部轴向荷载:

$$T_{总} = W_{总}\sin\theta + \frac{1000 \times 60 N}{Dn}$$

式中 $W_{总} = 22413.9\text{N}$；
$\theta = 30°$；
$N = 5.82\text{kW}$；
$D = 0.8\text{m}$；
$n = 55\text{r/min}$，

则 $T = W_{总}\sin\theta + \frac{102 \times 60 N}{Dn} = 22413.9 \times \sin30° + \frac{5.82 \times 1000 \times 60}{0.8 \times 55}$
$= 11207 + 7936 = 19143\text{N}$

选用两只单列向心球轴承 217 承受径向力。

滚动轴承的寿命计算：

查表得 $C = 64\text{kN}, \varepsilon = 3, P = \frac{1}{2}$ 径向载荷 $= \frac{1}{2} \times 9706 = 4853\text{N}$

$$L_n = \frac{10^6}{60n}\left(\frac{C}{P}\right)^3 = \frac{10^6}{60 \times 55}\left(\frac{64000}{4853}\right)^3 = 695016\text{h} \gg 100000$$

选用一只单向推力球轴承 8220 承受轴向力。

单向推力球轴承寿命计算：

查表得 $C = 128\text{kN}, \varepsilon = 3, P = 19143\text{N}$

$$L_n = \frac{10^6}{60n}\left(\frac{C}{P}\right)^3 = \frac{10^6}{60 \times 55}\left(\frac{12800}{19143}\right)^3 = 90591\text{h} > 50000\text{h}$$

2)下轴承:下轴承承受径向载荷 $P = 9706\text{N}$

选用一个双列向心球面滚子轴承 3518，

查表得 $C = 154\text{kN}, \varepsilon = \frac{10}{3}$，

$$L_n = \frac{10^6}{60 \times 55}\left(\frac{154000}{9706}\right)^{\frac{10}{3}} = 3041495\text{h} \geqslant 100000\text{h}$$

轴承润滑采用一次灌满防水油脂(Ⅱ号铝基润滑脂)的方式,并采用带有自润滑的柔性石墨填料函,以防止污水的侵入。

10.1.2 潜水搅拌提升泵

10.1.2.1 适用条件

潜水搅拌提升泵是一种提水工具。主要用于大流量、低扬程的污水提升,如二次沉淀池的活性污泥回流、调节池的配水等,潜水搅拌提升泵布置形式如图 10-20 所示,提水高度与叶轮直径和叶片角度有关。通常提水高度为 0.5~1.5m 之间,叶轮直径为 $\phi300 \sim 800\text{mm}$,叶轮最大转速为 368r/min。

潜水搅拌提升泵主要特点：
(1)转速较低,电耗省,装卸简单,便于检修。
(2)输水过程平稳,对活性污泥绒体扰动较少。
(3)泵站设施简单,进水及出水口不必配置管件,土建费用省。
(4)叶轮的进出水口较大,运转时不会发生堵塞。

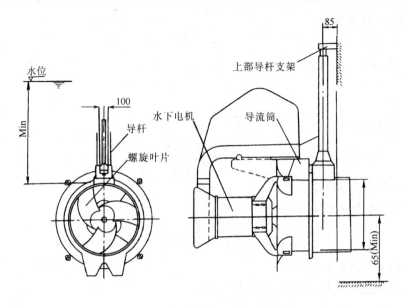

图 10-20 潜水搅拌提升泵布置形式

10.1.2.2 总体构成

潜水搅拌提升泵主要由电动机、螺旋叶片、导流筒、导杆及上支架等组成,潜水搅拌提升泵总体结构如图 10-21 所示。

10.1.2.3 设计依据

(1) 潜水搅拌提升泵的提升水量,一般按 24h 连续运转考虑。

(2) 提升水头,是指两池子之间水位差。

(3) 提升介质的表观密度,一般指污水处理中活性污泥表观密度为 1010kg/m³,原生污水及清水的表观密度为 1000kg/m³ 左右。

(4) 安装方式一般从导杆滑下后自动吻合贴紧。

10.1.2.4 设计计算

(1) 第一种设计计算方法:

按功率计算:$N = \dfrac{\gamma Q H g}{1000 \eta}$ (10-20)

式中 N——驱动功率(kW);
γ——污泥的密度(kg/m³);
Q——提升水量(m³/s);
g——重力加速度(m/s²),$g = 9.81 \text{m/s}^2$;
H——设计提升高度(m);
η——水泵总效率(%)。

(2) 第二种设计计算方法:按设计条件的水量及水头,按产品曲线图选用。

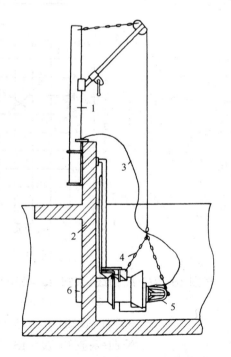

图 10-21 潜水搅拌提升泵总体结构
1—起吊机构;2—水池隔墙;3—电缆;4—自动挂钩装置;5—潜水搅拌提升泵;6—连接管

10.1.2.5 计算实例

【例】 设计条件：

提升水量为 $Q = 1.3 \text{m}^3/\text{s}$；

提升水头为 $H = 0.5 \text{m}$。

【解】

(1) 功率计算：

$$N = \frac{\gamma Q H g}{1000 \eta}$$

γ——污泥为 1030kg/m^3；

η——水泵总效率为 0.5，即

$$N = \frac{1030 \times 1.3 \times 0.5 \times 9.81}{1000 \times 0.5} = 13.14 \text{kW}，取 15 \text{kW}。$$

(2) 查有关产品的曲线图。

某国生产的潜水搅拌泵曲线表，见图 10-22。

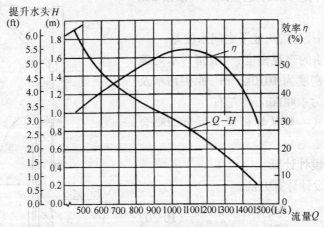

图 10-22 潜水搅拌泵曲线表

按图 10-22 Q-H 曲线：查知：$Q = 1300 \text{L/s} = 1.3 \text{m}^3/\text{s}$

$H = 0.5 \text{m}$

η 曲线：查知：$\eta = 0.5$

N 曲线：查知：$N = 13.5 \text{kW}$，取 15 kW

与设计条件及功率计算符合。

10.2 引水装置

10.2.1 形式和特点

在水处理工程中常采用离心泵输送液体,当泵中心线高出液面时,均需设置引水装置,以保证水泵的正常启动。常用的引水装置有底阀、水环式真空泵、水射器、引水筒和水上式底阀等。底阀一般可与水泵配套供应。水环式真空泵有机械工业部的定型产品可供选用。水射器的设计参见第 3 章。常见的几种引水装置,如图 10-23 所示。其特点和适用条件,见表 10-10。

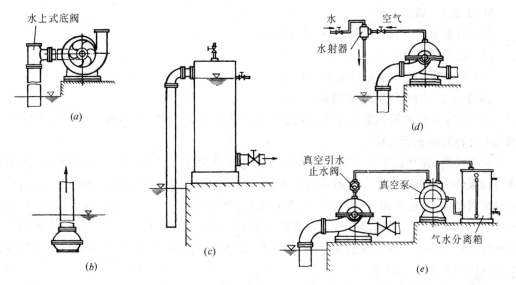

图 10-23 几种常见的引水装置
(a)水上式底阀;(b)底阀引水;(c)引水筒;(d)水射器引水;(e)真空泵引水

几种引水装置的特点和适用条件 表 10-10

形 式	特 点	适 用 条 件
引水筒	1. 结构简单,体积较大 2. 每次启动均应人工操作,引水效果好 3. 有局限性,水位过低,进水管较长时不适用	适用于小型离心泵的引水系统 保温地区室外和非保温地区在寒冬时必须采取防冻措施
水上式底阀	1. 结构紧凑,安装维修方便 2. 停泵时应有一定的密封性要求,才能保持引水性能 3. 导杆不够灵活时,会影响底阀的开启,水头损失较大	适用于清水系统
真空泵引水装置	1. 工作可靠性好 2. 可自动操作,使用方便 3. 成本较高	适用于大型水泵站 保温地区室外和非保温地区在寒冬时必须采取防冻措施

续表

形 式	特 点	适 用 条 件
底阀引水	1. 结构简单,布置紧凑 2. 首次启动后可维持引水性能 3. 安装于水下,检查维修困难 4. 水头损失较大	使用较普遍,多用于小口径水泵
水射器引水装置	1. 结构紧凑,安装位置省 2. 制造容易,使用方便 3. 效率低	适用于一般抽气要求

10.2.2 引水筒

10.2.2.1 设计条件

(1) 引水泵的型号规格及流量 $q(m^3/s)$。

(2) 吸水管的内径 $d(m)$。

(3) 吸水管口至取水液面总长 $L(m)$。

10.2.2.2 引水筒的基本构成

图 10-24 为引水筒的基本结构:由阀门、注水管、筒体、吸水管、溢流管及泵进水管等组成气密性良好的密闭筒体。

泵启动前,先开启注水管和溢流管的阀门,向引水筒注入清水。随注入水位升高逐渐将筒内和泵体内空气排出。当溢流管口有水流出时将溢流管和注水管的阀门关闭。泵启动后抽吸水筒的储水,使液面下降达到一定的负压后,将吸水管下的水不断地吸入筒内,从而保证水泵正常工作。设计时溢流管口位置应稍低于吸水管上端管口。溢流管的作用是排气和观察注水是否灌满。在溢流管和注水管上均应设置气密性阀门。引水筒体可设计成整体式焊接筒体或加盖法兰筒体。

引水筒系统布置见图 10-25。

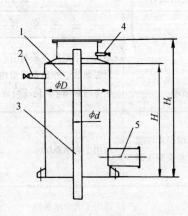

图 10-24 引水筒
1—筒体;2—注水管及阀门;3—吸水管;
4—溢流管;5—接水泵进水管

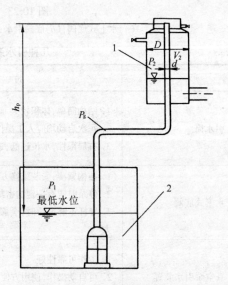

图 10-25 引水筒系统布置
1—引水筒;2—水池

10.2.2.3 筒体的设计计算

(1) 筒体容积的确定:可按气体等温度变化下的波义耳定律计算。

1) 吸水管内的流速 v 为

$$v = \frac{4q}{\pi d^2} \quad \text{(m/s)}$$

式中 q——水泵的流量(m^3/s);
d——吸水管内径(m)。

2) 吸水管内的水头损失 h 为

$$h = h_1 + h_2 + h_3 \quad \text{(m)}$$

式中 h_1——为沿程损失,

$$h_1 = \frac{\lambda L v^2}{2gd} \quad \text{(m)},$$

其中 λ——管道沿程阻力系数;
L——吸水管总长(m);
v——液体的流速(m/s);
g——重力加速度(m/s^2);
d——吸水管内径(m);
h_2——为局部损失(m),

$$h_2 = \Sigma \xi \frac{v^2}{2g} \quad \text{(m)}$$

其中 $\Sigma \xi$——各种接头、弯头等局部阻力系数;
h_3——为吸水管的流速水头,

$$h_3 = \frac{v^2}{2g} \text{(m)}$$

3) 泵启动前筒内注满水,筒内气体体积 V_1 为

$$V_1 = V_T + V_g = V_T + \frac{\pi d^2 L_1}{4} \quad (m^3)$$

式中 V_T——筒内注满水后溢流管口的上部气体体积(m^3);
V_g——吸水管内气体体积(m^3);
L_1——吸水管上端自管口至最低取水液面的吸水管长度(m)。

4) 泵启动后筒内气体压力 P_2 为

$$P_2 = P_1 - (h + 0.01 h_p) \quad \text{(MPa)}$$

式中 h_p——设计最低水位与引水筒吸水管上口之间的几何高差(m);
P_1——筒内气体压力与筒外大气压相同,即

$$P_1 = 1 \text{ 大气压} = 0.1033 \text{MPa}$$

5) 泵启动后,按等温变化下的波义耳定律计算气体体积:按式(10-21)为

$$P_1 V_1 = P_2 V_2$$

$$P_2 = \frac{P_1 V_1}{V_2} \quad \text{(MPa)} \tag{10-21}$$

式中 P_1——筒外气体压力(大气压)(MPa);
P_2——筒内气体压力(MPa);
V_1——P_1 压力下进水管容积(m^3);
V_2——泵吸走筒内水的容积(m^3)。

6) 筒体的设计容积 V:考虑到泵启动后筒内还须储有一定容积的水量,储水高度一般应高出泵入口管顶 200mm 左右。所以筒体的设计容积:应按式(10-22)为

$$V \geqslant V_2 + \frac{\pi D^2}{4} H_0 \quad (m^3) \tag{10-22}$$

式中 H_0——泵启动后液面至筒体的高度(m);
　　 D——引水筒的内径(m)。

(2) 筒体的高与直径的关系:引水筒体的高与直径之比,可取 1.2~1.8,即

$$H = (1.2 \sim 1.8) D \quad (m)$$

(3) 筒体壁厚的确定:引水筒体的壁厚可按压力圆筒的壁厚计算公式(10-23)为

$$s = \frac{pD}{2[\sigma]\varphi - p} + C \quad (mm) \tag{10-23}$$

式中 p——设计压力(MPa),引水筒体可按 $p=0.2$(MPa)考虑;
　　 D——引水筒的内径(m);
　　 $[\sigma]$——材料许用应力(MPa),

$$[\sigma] = \frac{\sigma_s}{n}$$

其中 σ_s——材料屈服极限(MPa);
　　 n——安全系数,对碳钢 $n \geqslant 1.6$,对不锈钢 $n \geqslant 1.5$;
　　 φ——焊缝系数,按表 10-11 选取;
　　 C——壁厚附加量为

$$C = C_1 + C_2 + C_3$$

其中 C_1——钢板厚度的负偏差;
　　 C_2——腐蚀裕度=腐蚀速度×使用年限,碳钢一般不小于 1mm;
　　 C_3——钢板延伸加工的减薄量:$C_3 = 10\% S$,一般不大于 4mm。

筒体焊接的形式与焊缝系数 φ,见表 10-11。

筒体焊接形式与焊缝系数 φ　　　　表 10-11

焊 接 形 式	全部无损探伤	局部无损探伤	不作无损探伤
双面焊接	1	0.9	0.7
单面加垫板焊缝	0.9	0.8	0.65
单面无垫板焊缝	—	0.7	0.6

10.2.2.4 筒体结构形式

筒体结构可参照化工部的《化工设备设计标准》设计。筒体结构有平底式筒体和盆底式筒体两种形式。

(1) 平底式筒体:它的基本结构,如图 10-26 所示。

(2) 盆底式引水筒:它的基本结构,如图 10-27 所示。

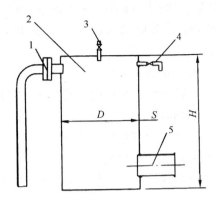

图 10-26 平底式引水筒
1—吸水管;2—筒体;3—注水管及阀门;
4—溢流管;5—接水泵进水管

注:1. 筒体直径较大的上部采用平焊钢法兰连接;直径较小时可采用整体焊接。
2. 管法兰采用 HG 5010—58 平焊法兰,1MPa 标准。
3. 筒体壁厚允许腐蚀裕度均以 1mm 考虑。
4. 容器必须安装在整块平面基础或操作平台上,保证平底不受弯曲。
5. 筒体焊接后应进行水压试验,试验压力为 0.2MPa,各焊缝均不允许有渗漏现象。

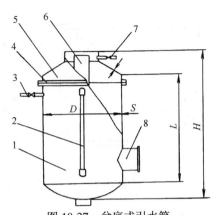

图 10-27 盆底式引水筒
1—筒身;2—液面计;3—注水管及阀门;4—密封垫片;5—顶盖;6—吸水管;7—溢流管;8—接水泵进水管

注:1. 管法兰采用 HG 5010—58 平焊法兰,1MPa 标准。
2. 筒体长度 $L \geqslant 1800$mm 时应设液面计两组。
3. 筒体壁厚允许腐蚀裕度均以 1mm 考虑。
4. 筒体焊接后应进行水压试验,试验压力为 0.2MPa,各焊缝均不允许有渗漏现象。

(3) 引水筒的规格尺寸:见表(10-12)。

引水筒规格尺寸　　　　表 10-12

公称容积 (m^3)	计算容积 (m^3)	筒体内径 D (mm)	筒体长度 L (mm)	容器总高 $\sim H$ (mm)	容器总长 $\sim L_1$ (mm)	壁厚 S (mm)	腐蚀裕度 C_2 (mm)	液面计中心距 i (mm)	设备总重 (kg)
0.05	0.059	350	600	940	624	3	1.0	500	43
0.08	0.085	400	650	1030	674	3	1.0	500	49
0.10	0.135	500	650	1050	774	3	1.0	500	57
0.15	0.163	500	800	1200	774	3	1.0	700	64
0.20	0.212	600	700	1115	877	4.5	0.9	600	93
0.30	0.332	700	800	1250	997	4.5	0.8	700	117
0.50	0.544	800	1000	1455	1097	4.5	0.7	900	152
0.80	0.822	900	1200	1670	1197	4.5	0.6	1100	195
1.00	1.024	1000	1200	1760	1297	4.5	0.5	1100	224
1.50	1.730	1200	1400	2015	1500	6	1.0	1300	418
2.00	2.180	1200	1800	2415	1500	6	1.0	900	498

10.2.2.5 计算实例

【例】 某污水厂的小型污水泵房需设计一引水筒配用型号为 $2\frac{1}{2}$PW 污水泵,流量

$Q = 90 \text{m}^3/\text{h}$。吸水管长度,如图 10-28 所示。试设计该引水筒的容量、直径和筒高。

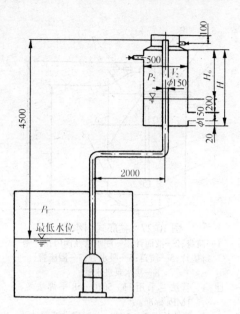

图 10-28 引水筒容积计算简图

【解】 设吸水管内径 $DN150\text{mm}$,顶部直径为 $\phi 300\text{mm}$,泵启动前注水至顶部 100mm 处。

按等温变化的波义耳定律计算:
(1) 泵启动前引水筒内气体压力 P 与外界大气压相同,即
$$P_1 = 0.1033 \quad (\text{MPa})$$
(2) 泵启动前气体体积计算:
引水管总长度为 $L = 4.50 + 2.00 = 6.5\text{m}$

气体体积为 $V_1 = V_T + V_g = \dfrac{\pi}{4} \times 0.3^2 \times 0.1 + \dfrac{\pi}{4} \times 0.15^2 \times 6.50 = 0.122\text{m}^3$

(3) 泵启动后气体压力为 P_2:
泵的流量为 $q = 90/3600 = 0.025\text{m}^3/\text{s}$

吸水管内流速为 $v = \dfrac{4q}{\pi d^2} = \dfrac{4 \times 0.025}{\pi \times 0.15^2} =$
$1.415\text{m/s} = 141.5\text{cm/s}$

雷诺数 $\text{Re} = \dfrac{vd}{\upsilon} = \dfrac{141.5 \times 15}{0.01007} = 210775$

其中粘度 $\upsilon = 0.01007\text{cm}^2/\text{s}$
$\text{Re} > \text{Re}_{kp} = 2000$,属紊流运动状态。
水力光滑管道的沿程阻力系数 λ 为
$$\lambda = \dfrac{0.3164}{\text{Re}^{0.25}} = \dfrac{0.3164}{210775^{0.25}} = 0.0148$$

沿程损失 $h_1 = \dfrac{\lambda L v^2}{2gd} = \dfrac{0.0148 \times 6.5 \times 1.415^2}{2 \times 9.8 \times 0.15} = 0.0655\text{m}$

局部阻力系数查给水排水设计手册第 1 册。
吸水管进口 $\xi_1 = 1$,吸水管出口 $\xi_2 = 1$,
90 弯头(2 个)为 $\xi_3 = 0.72 \times 2 = 1.44$
局部损失为
$$h_2 = \Sigma \xi \dfrac{v^2}{2g} = (1 + 1 + 1.44) \times \dfrac{1.415^2}{2 \times 9.8} = 0.351\text{m}$$

吸水管的流速水头为
$$h_3 = \dfrac{v^2}{2g} = \dfrac{1.415^2}{2 \times 9.8} = 0.102\text{m}$$

总的水头损失为
$$h = h_1 + h_2 + h_3 = 0.0655 + 0.351 + 0.102$$
$$= 0.517\text{m}$$

设计最低水位与引水筒吸水管上口距离为
$$h_p = 4.5\text{m}$$

所以泵启动后筒内气体压力为

$$P_2 = P_1 - (h + h_P) \times 0.01$$
$$= 0.1033 - (0.517 + 4.5) \times 0.01$$
$$= 0.05313 \text{MPa}$$

(4) 泵启动后气体体积 V_2 计算：

$$V_2 = \frac{P_1 V_1}{P_2} = \frac{0.1033 \times 0.122}{0.05313} = 0.2372 \text{m}^3$$

(5) 当引水筒采用内径为 0.8m，吸水管外径为 0.159m 时，启动后气体 V_2 引起的液位下降的高度 H_0 为

$$H_0 = \frac{V_2}{A} = \frac{0.2372}{\pi \times (0.8^2 - 0.159^2)/4} = 0.491 \text{m}$$

(6) 设出口管外径为 159mm，泵启动后仍保持浸没深度为 200mm，出水管下缘距底部为 20mm，则引水筒的净高度为

$$H = 0.491 + 0.200 + 0.159 + 0.020 = 0.87 \text{m}$$

(7) 引水筒的净容积 V 为

$$V = \frac{\pi}{4}(D^2 - d^2)H = \frac{\pi}{4} \times (0.800^2 - 0.159^2) \times 0.87 = 0.42 \text{m}^3$$

(8) 壁厚计算略，查表 10-12。

10.2.3 水上式底阀

10.2.3.1 结构形式

底阀通常安装在水面以下，水上式底阀则安装在水面以上，其作用相当于一个单向止水阀。泵启动前，底阀在水压力作用下关闭，保持底阀上部的吸水管及泵体内充满水，泵起动后抽吸作用使底阀活瓣门打开，维持泵的正常工作。

图 10-29 为水上式底阀的一种结构形式。其结构主要由三通状的壳体、阀杆、阀片、导孔及密封垫片等组成。泵首次启动前，在底阀上部先注满水，在水压和自重作用下阀杆阀片互相重叠闭合。泵启动后经抽吸作用，阀杆 2 先开启，把下部管道内的空气先抽吸走。当气压抽到一定负值后水被抽吸上升，阀片在水流推动下开启，水源源不断地流出，保证了水泵的正常工作。泵停止后，底阀借阀杆、阀片本身自重和水压作用闭合。底阀上部管道内的水由于良好的密封性能使之继续保持下一次水泵启动的引水作用。

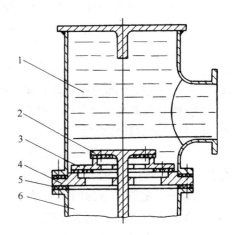

图 10-29 水上式底阀
1—壳体；2—阀杆；3—阀片；4—导孔隔板；
5—密封垫片；6—吸水管

10.2.3.2 底阀开启时的受力状态

图 10-30 为水上式底阀的开启状态。底阀在刚开启时和全开时的受力状态有所不同。

(1) 阀门刚开启状态[如图 10-30(a)所示]：

1) 阀门开启力：按式(10-24)为

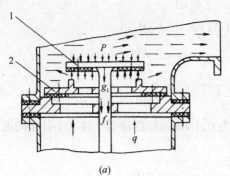 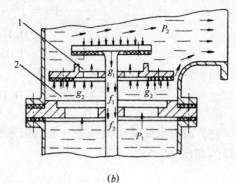

图 10-30 水上式底阀开启状态
1—阀杆；2—阀片

$$F_1 = qA_x - PS_1 - W_1 - f_1 \quad (\text{N}) \tag{10-24}$$

式中　F_1——阀门开启力(N)；
　　　q——阀门刚开启时下部的气压，为 10^5Pa；
　　　A_x——阀杆下部的表面积(m^2)；
　　　P——底阀上部的压力(Pa)；
　　　S_1——阀杆上部的表面积(m^2)；
　　　W_1——阀杆的重力(N)；
　　　f_1——阀杆与导孔相对运动的摩擦力(N)。

2) 底阀上部需要的最小真空度：按式(10-25)为

$$\varepsilon = \frac{qA_1 - W_1 - f_1}{S_1} \quad (\text{Pa}) \tag{10-25}$$

式中　ε——阀杆上部的最小真空度(Pa)。

(2) 阀杆与阀片全开状态[如图 10-30(b)所示]：
1) 阀门总的开启力为

$$F_2 = \Delta p (A_x + A_y) - (W_1 + W_2 + f_1 + f_2) \quad (\text{N})$$

式中　F_2——阀门总的开启力(N)；
　　　Δp——底阀上下部的压差损失(Pa)；
　　　A_y——阀片下部的表面积(m^2)；
　　　W_2——阀片的重力(N)；
　　　f_2——阀片与导孔相对运动的摩擦力(N)。

2) 需要的最小压差为

$$\Delta p = \frac{W_1 + W_2 + f_1 + f_2}{\gamma(A_x + A_y)} \quad (\text{Pa})$$

10.2.3.3 设计要求

(1) 底阀关闭时应有较好的密封性。两次开泵的间隔时间越长，要求底阀的密封性越高，泄漏量越小。

(2) 阀杆应选用耐磨和耐腐蚀的材质，以减少磨损。

(3) 阀杆的开启和关闭应灵活,不应有卡滞和阻塞等现象。
(4) 应尽量减小底阀的压差损失。
(5) 水中杂质会影响底阀的使用,所以底阀只适用于清水系统引水。

10.2.3.4 系列设计

水上式底阀目前在铁道部门使用较为普遍。铁道部专业设计院对水上式底阀已有系列设计,其规格为公称直径 $DN50\sim400mm$,可与泵进水管口径 $DN50\sim400mm$ 的悬臂式离心清水泵配用。公称直径为 $DN100\sim250mm$ 的四种常用水上式底阀如图 10-31 所示,其结构尺寸见表 10-13。

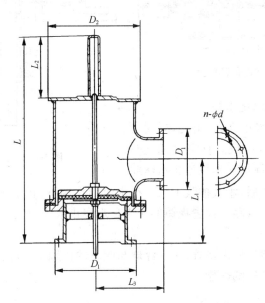

图 10-31 系列设计的水上式底阀结构

SSDF-1 型 $DN100\sim250$ 水上式底阀的主要尺寸(mm) 表 10-13

DN	D_1	D_2	L_1	L_2	L_3	L	$n\text{-}\phi d$
100	205	235	291	140	166	576	4-18
150	260	290	325	199	195	701	8-18
200	315	340	358	255	222	817	8-18
250	370	435	392	308	272	936	12-18

注:1. 三通壳体可采用铸造,也可采用焊接结构。
  2. 阀杆与阀座导孔的配合可自由选配,为松动配合。
  3. 水上式底阀安装布置时应使其到水泵接口的长度大于吸水深度,确保引水前有足够的蓄水量。

10.2.4 真空泵引水装置

10.2.4.1 总体构成

真空泵引水装置是直接应用真空泵抽吸水泵体内和吸水管中的空气,达到引水的目的。它适用于大型泵站多泵集中引水系统,如图 10-34 所示。真空泵引水装置主要由真空泵、真空引水止水阀和汽水分离箱等组成。真空泵有多种规格和系列的定型产品,在引水装置中通常选用 SK 型等水环式真空泵。

真空泵引水装置按原水水质可分为适用于清水泵和浑水泵两种形式,其区别主要是清水泵不设浑水分离箱,浑水泵应带有浑水分离箱。按安装布置形式可分为"I字式"和"L字式",如图10-32为"I字式"布置,如图10-33为"L字式"布置。

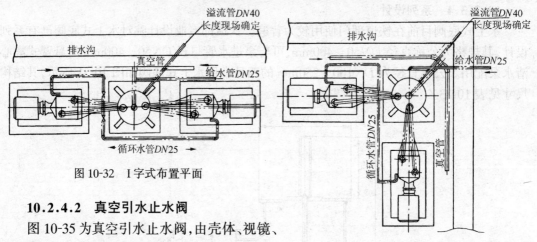

图10-32 I字式布置平面

10.2.4.2 真空引水止水阀

图10-35为真空引水止水阀,由壳体、视镜、密封圈、止水球和阀嘴等组成。真空泵抽气时,水泵体内及管路中的气体从底部绕过止水球抽走,当气压达到一定负值后,水被抽吸上来。在水流的作用下,止水球随水流上升将阀嘴封闭,阻止水流进入真空泵管路。设置视镜的作用是观察止水球的位置,便于了解引水装置的工作状态。

图10-33 L字式布置平面

设计时,止水球一般选用硬橡胶,止水浮球与阀座的接触密封应良好。整个阀体各接口需密封,否则影响真空排气的性能。

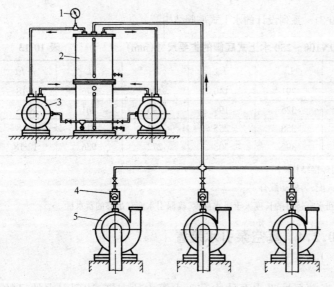

图10-34 大型泵站多泵集中引水系统(浑水泵房用)
1—真空压力表;2—气水分离箱;3—真空泵;4—真空引水止水阀;5—水泵

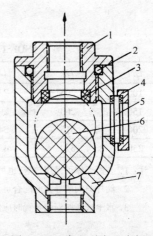

图10-35 真空引水止水阀
1—阀盖;2—密封圈;3—阀嘴;
4—压盖;5—视镜;6—止水球;
7—阀体

10.2.4.3 气水分离箱

气水分离箱按泵房使用要求可分为清水和浑水两种类型:一种用于浑水泵的气水分离箱由循环水箱和真空箱组合而成。真空箱是隔离从水泵真空管系统在操作中可能引来的浑水,以保护真空泵。另一种用于清水泵的气水分离箱仅由循环水箱构成,上边设有进气管、出气管、补充水管、液面计、溢流管和排水管等。浑水泵气水分离箱按钢制压力容器的外压容器设计,其余按开口容器设计。

10.2.4.4 系列设计

真空泵引水装置目前在给水、排水系统的泵站和管路中使用较为普遍。上海市政工程设计研究院对真空气水分离箱已有系列设计,其规格为最大抽气量:$1.5 \sim 30 m^3/min$,可与SK1.5~SK-30型水环式真空泵配用。按安装布置形式可分为"I型"和"L型"。两种常用的真空气水分离箱,如图10-36所示。其结构尺寸,见表10-14。

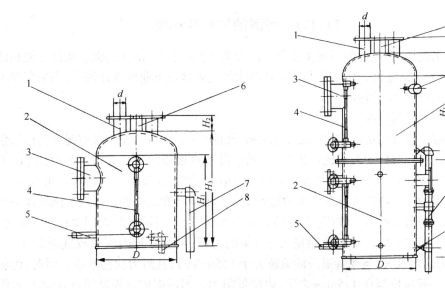

图 10-36 水环式真空泵用气水分离箱
1—进气管;2—循环水箱;3—手孔;4—液面计;5—补充水管;6—出气管;7—溢流管;8—排水管;
9—气压表;10—真空箱

SK 型水环式真空泵用气水分离箱的主要尺寸(mm)　　　　表 10-14

型　号	D	d	H_1	H_2	H_3	H_4
SK-3	500	DN70	560	100	700	640
SK-12	650	DN80	630	100	810	750
SK-30	650	DN150	730	100	910	850

11 污泥浓缩与脱水设备

11.1 污泥的浓缩与脱水

11.1.1 污泥的种类与特性

城镇污水处理中,产生的污泥主要包括两大类:初沉污泥和活性污泥。初沉污泥和活性污泥混合,经消化后还会产生消化污泥。在污水深度处理或工业废水处理中,当采用混凝沉淀工艺时,还会产生化学污泥。

11.1.1.1 初沉污泥

初沉污泥是指在初次沉淀池沉淀下来并排除的污泥。初沉污泥正常情况下为棕褐色略带灰色,当发生腐败时,则为灰色或黑色,一般情况下有难闻的气味。初沉污泥的pH值一般在5.5~7.5之间。含固量一般为2%~4%,初沉污泥的有机成分为55%~70%。

初沉污泥的水力特性很复杂。水力特性主要指流动性和混合性。污泥的流动性系指污泥在管道内流动阻力和可泵性(是否可用泵输送和提升)。当污泥的含固量小于1%时,其流动性能基本和水一样。对于含固量大于1%的污泥,当在管道内流速较低时(1.0~1.5 m/s),其阻力比污水大;当在管道内的流速大于1.5m/s时,其阻力比污水小。因此,污泥管道内的流速一般应控制在1.5m/s之上,以降低阻力。当污泥的含固量超过6%时,污泥的可泵性很差,用泵输送困难,可用螺杆泵输送。污泥的含固量越高,其混合性能越差,不易均匀混合。

11.1.1.2 活性污泥

活性污泥是指传统活性污泥工艺等生物处理系统中排放的剩余污泥。活性污泥外观为黄褐色絮状,有土腥味,含固量一般在0.5%~0.8%之间。有机成分为70%~85%。活性污泥的pH值在6.5~7.5之间,当采用消化工艺时有时会低于6.5%。活性污泥的含固量一般都小于1%,因而其流动性及混合性能与污水基本一致。

11.1.1.3 化学污泥

化学污泥是指絮凝沉淀工艺中形成的污泥,其性质取决于污水的成分和采用的絮凝剂种类。当采用铁盐混凝剂时,可能略显暗红色。一般来说,化学污泥气味较小,其有机成分含量不高,容易浓缩和脱水。

11.1.2 污泥的浓缩

水处理系统产生的污泥,含水率很高,体积很大,输送、处理或处置都不方便。污泥浓缩后可以缩小污泥的体积,从而为后续处理和处置带来方便。浓缩之后采用消化工艺时,可以减小消化池容积,并降低热量;浓缩后进行脱水,可以减少脱水机台数,降低絮凝剂的投加量,节省运行成本。所以污泥浓缩是污水处理工程中必不可少的工艺过程。

(1) 污泥中所含的水分大致可分为四类。见图11-1。

1) 空隙水系指存在于污泥颗粒之间的一部分游离水,占污泥中总含水量的65%~85%,污泥浓缩可将绝大部分空隙水从污泥中分离出来。

2) 毛细水系指污泥颗粒之间的毛细管水,约占污泥总含水量的15%~25%,浓缩作用不能将毛细水分离,必须采用机械脱水或自然干化进行分离。

3) 吸附水系指吸附在污泥颗粒上的一部分水分,由于污泥颗粒小,具有较强的表面吸附力,因而浓缩或脱水方法均难以使吸附水从污泥颗粒分离。

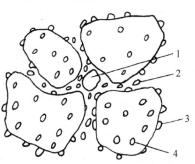

图11-1 污泥内的水分
1—空隙水;2—毛细水;3—吸附水;4—结合水

4) 结合水是颗粒内部的化学结合水,只有改变颗粒的内部结构,才能将结合水分离。吸附水和结合水一般占污泥总含水量的10%左右,只有通过高温加热或焚烧等方法,才能将这两部分水分离出来。

(2) 污泥浓缩主要形式:
1) 重力浓缩。
2) 气浮浓缩。
3) 离心浓缩。

常用的设备有:重力式污泥浓缩池浓缩机(详见7.6节);带式浓缩机(详见11.4节);卧螺式离心机(详见11.7节)此处不再详述。

11.1.3 污 泥 脱 水

污泥经浓缩之后,其含水率仍在94%以上,呈流动状,体积很大,因此还需要进行污泥脱水。浓缩主要是分离污泥中的空隙水,而脱水则主要是将污泥中的吸附水和毛细水分离出来,这部分水约占污泥中总含量的15%~25%。

(1) 污泥的体积、重量及污泥所含固体物浓度之间的关系,可用式(11-1)表示:

$$\frac{V_1}{V_2}=\frac{W_1}{W_2}=\frac{100-p_2}{100-p_1}=\frac{C_2}{C_1} \tag{11-1}$$

式中 V_1、W_1、C_1——含水率为 p_1 时污泥体积、重量与固体浓度(以污泥中干固体所占重量%计);

V_2、W_2、C_2——含水率为 p_2 时污泥体积、重量与固体浓度(以污泥中干固体所占重量%计)。

【例】 某污水处理厂有1000m³ 由初沉污泥和活性污泥组成的混合污泥,其含水率为97.5%,经脱水后,其含水率降至75%,求污泥体积。

【解】 $V_1=1000$m³,$p_1=97.5$%,$p_2=75$%,将以上数值代入式(11-1),可得

$$V_2=\frac{(100-p_1)V_1}{(100-p_2)}=\frac{(100-97.5)\times1000}{(100-75)}=\frac{2.5\times1000}{25}=100\text{m}^3$$

脱水后污泥的体积为100m³,其体积减至脱水前的1/10。

(2) 污泥脱水使用的设备种类较多,目前常用的设备有:带式压滤机、离心脱水机、板框压滤机。

60~70年代建设的污水处理厂,大都采用真空过滤脱水机,但由于其含水率高、能耗高、占地大、噪声大,80年代以来已很少采用。板框压滤机含水率最低,因而一直在采用,但这种脱水机为间断运行,效率低,操作麻烦,维护量很大,所以城市污水处理厂使用不普遍,仅在要求出泥含水率很低的工业废水处理厂使用。离心脱水机能耗高、噪声大,因此以前使用较少,80年代以来,离心脱水技术有了很快的发展,尤其是有机高分子絮凝剂的普遍使用,使离心脱水和处理能力大大提高,加之占地面积小,全封闭无臭味的特点,离心脱水机使用日益增多。目前国内新建的城市污水处理厂,绝大多数采用带式压滤机,因为该种设备具有出泥含水率低,能耗少,运行稳定,管理控制不复杂等优点。

11.1.4 脱水效果的评价指标

脱水效果质量评价主要有三个指标:1)泥饼的含固率;2)固体回收率;3)生产率(脱水能力)。

(1) 泥饼的含固率即泥饼中所含固体的重量与泥饼总重量的百分比。泥饼的体积越小,运输和处置越方便。

(2) 固体回收率是泥饼中的固体量占脱水污泥中总干固体量的百分比,用 η 表示。η 越高,说明污泥脱水后转移到泥饼中的干固体越多,随滤液流失的干固体越少,脱水率越高。

η 可用式(11-2)计算:

$$\eta = \frac{C_\mu(C_0 - C_l)}{C_0(C_\mu - C_l)} \tag{11-2}$$

式中 C_μ——泥饼的含固量(%);
C_0——脱水机进泥的含固量(%);
C_l——滤液中的含固量(%)。

【例】 某污水处理厂对消化污泥进行脱水,污泥的含固量为5%,经脱水后,实测泥饼的含固量为25%,脱水滤液的含固量为0.5%。试计算该脱水机的固体回收率。

【解】 已知数据 $C_0 = 5\%$,$C_\mu = 25\%$,$C_l = 0.5\%$ 将 C_0、C_μ、C_l 代入式(11-2),得

$$\eta = \frac{25\%(5\% - 0.5\%)}{5\%(25\% - 0.5\%)} = 91.8\%$$

即该脱水机的固体回收率为91.8%。

(3) 生产率是进入脱水机的总污泥量,用 m³/h 表示。也可以将泥饼的产量折合成含固量为100%的干泥量,用 kg干泥/h 表示。

11.2 絮凝剂的选择和调制

絮凝剂的种类很多,可分为两大类,一类是无机絮凝剂,另一类是有机絮凝剂。

(1) 无机絮凝剂:包括铁盐和铝盐两类金属盐类以及聚合氯化铝等无机高分子絮凝剂。常用的有:三氯化铁、硫酸亚铁、硫酸铁、硫酸铝(明矾)、碱式氯化铝等。

(2) 有机絮凝剂:主要是聚丙烯酰胺等高分子物质。由于高分子絮凝剂具有:用量少;

沉降速度快;絮体强度高;能提高过滤速度等优点,它的絮凝效果比传统的无机絮凝剂大几倍到几十倍,所以目前在水处理工程中广泛使用。

11.2.1 高分子絮凝剂——聚丙烯酰胺

聚丙烯酰胺(简称PAM)主要原料为丙烯腈。它与水以一定比例混合,经水合、提纯、聚合、干燥等工序即可得到成品。

聚丙烯酰胺合成工序如下:

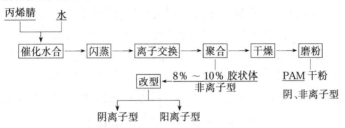

通过以往的试验可以作出下列结论:

(1) 阴离子型PAM,适用于浓度较高的带正电荷的无机悬浮物,以及悬浮粒子较粗(0.01~1mm),pH值为中性或碱性溶液。

(2) 阳离子型PAM,适用于带负电荷,含有机物质的悬浮物。

(3) 非离子型PAM,适用于有机、无机混合状态的悬浮物分离,溶液呈酸性或中性。

11.2.2 絮凝剂的调制

絮凝剂可以是固相或高浓度的液相。若直接将这种絮凝剂加入悬浮液中,由于它的粘度大,扩散速度低,因此絮凝剂不能很好地分散在悬浮液中,致使部分絮凝剂起不到絮凝作用,造成絮凝剂的浪费,因此需要一个溶解搅拌机,把絮凝剂和适量的水搅拌后达到一定的浓度,一般不大于4~5g/L有时还要小于此值,搅拌均匀后即可使用。搅拌时间约为1~2h。

高分子絮凝剂配制以后,它的有效期限为2~3d,当溶液呈现乳白色时,说明溶液变质并失效,应立即停止使用。

11.2.3 影响絮凝的主要因素

(1) 絮凝剂的用量:最佳的絮凝剂用量是絮凝剂全部被吸附在固相粒子表面上,且絮块的沉降速度达最大值。最佳用量随着絮凝剂的离子性质,分子量,悬浮液的pH值而变化,可用试验方法确定。值得注意的是,絮凝剂超过最佳用量时,絮凝效果反而下降。

图11-2表示絮凝剂用量与絮块沉降速度的关系。

(2) 絮凝剂分子量对絮凝的影响:絮凝剂分子量越大,絮凝效果越高。但分子量太大,难于溶解且制造费用也高。常用的分子量为300~1000万。

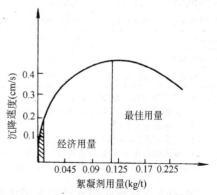

图11-2 絮凝剂用量与絮块沉降速度的关系

(3) 搅拌对絮凝的影响：搅拌可使絮凝剂均匀地分散到悬浮液中，达到高效絮凝。但搅拌过于剧烈，会使已形成的絮块破碎，因而絮凝剂的消耗量增加。而絮凝效果相对讲是降低了。所以在絮凝处理时只能进行适当的搅拌。搅拌机转速一般应控制在 50～250r/min。

此外，在高温、光辐射等作用下絮凝剂会产生不同程度的降解，也会影响絮凝效果。

11.3 滤带的选择

滤带是带式压滤机的一个重要组件，它不但起了过滤介质的主要作用，同时具有传递压榨力和输送滤渣的作用。故必须具有良好的过滤性能和滤饼的剥离性。由于滤带在不断的过滤、再生，再进入重力脱水区的循环过程，所以滤带也必须具有良好的再生性能。此外还必须具有足够的强度、耐磨和变形量小的性能，常用的滤带材质为聚酯和尼龙。

编织方法，常用为单丝编织，表 11-1 为污泥脱水用聚酯单丝滤带的性能指标。

聚酯单丝污泥脱水滤带的性能指标　　　表 11-1

厂品代号	聚酯单丝丝径 经×纬(mm)	经度×纬度 (10cm)	网孔尺寸(mm) 经	网孔尺寸(mm) 纬	厚度 (mm)	开孔率 (%)	透水量 [L/(cm²·min)]	抗拉强度(N/cm) 经	抗拉强度(N/cm) 纬
JW 1280103	0.80×1.0	120×26	0.0333	2.843	3	2.96	3.156	2940	1000
JW 1280106	0.8×1	120×56	0.0333	0.786	3.5	1.76	3.03	2940	2146
JW 1280806	0.8×0.8	120×59	0.0333	0.895	3	2.11	2.651	2940	2900
JW 2050106	0.5×1	204×75	0.01	0.428	2.5	0.6	1.704	1960	2685
JW 1850806	0.5×0.8	185×66	0.0405	0.715	2.5	3.54	2.777	1764	1617
JW 2050103	0.5×1	204×44	0.01	1.27	2	1.14	2.525	1960	1686
JW 2050803	0.5×0.8	200×30	0.0405	2.53	2	5.75	2.094	1764	735
JW 2050806	0.5×0.8	220×44		1.47	2.51		2.083	1960	1078
JW 2740106	0.4×1	270×44		1.27	2.35		1.894	1666	1635
JW 2740803	0.4×0.8	270×56		2.28	1.9		3.068	1666	1372
JW 2740103	0.4×1	270×48		1.8			2.094	1715	1323
JW 2040603	0.4×0.6	200×60	0.1	1.067	1.6	12	2.146	1225	823
JW 2640806	0.4×0.8	260×52		1.1	1.95		2.777	1568	1274
JW 2640503	0.4×0.5	260×56		1.28	1.3		2.493	1470	540
JW 2440606	0.4×0.6	240×108	0.016	0.326	1.7	1.35	2.935	1470	1470
JW 2640626	0.4×0.6	260×120		0.333	1.6		2.998	1470	1078
JW 2050503	0.5×0.5	200×64		1.06	1.8		2.638	1920	607
JW 2250606	0.5×0.6	220×92		0.48	1.8		2.556	1862	1274

注：1. 门幅为 1000～8000mm。
　　2. 延伸率：径向为 35%，纬向为 40%。
　　3. 工作温度＜120℃。
　　4. 接头方式：有端螺旋环和无端接织。
　　5. 本表摘自化学工程 24 卷过滤设计手册。
　　6. 生产厂：沈阳铜网厂、天津造纸网厂、成都纸网厂、厦门工业滤网带厂。

近年来为提高滤带脱水性能和捕集性能，采用 $1\frac{1}{2}$ 层和 2 层网，上层为丝径较细、结构较紧密，起捕集作用，下层为丝径较粗，强度高的材料构成。按编织系列划分可分为三综、四综，如图 11-4～图 11-6。

11.3 滤带的选择　595

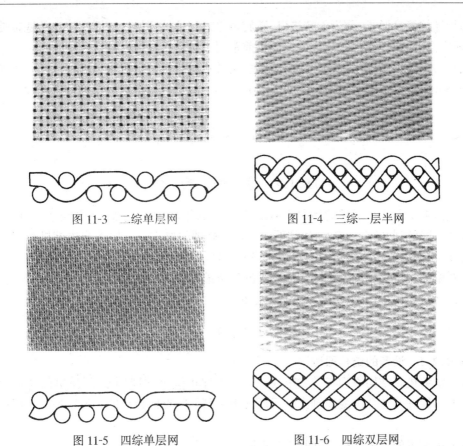

图 11-3　二综单层网　　　　　图 11-4　三综一层半网

图 11-5　四综单层网　　　　　图 11-6　四综双层网

带式压滤机采用聚酯网品种规格，见表 11-2～3。目前这种滤带，国内外在压滤机上应用已较广泛。

聚酯网品种规格　　　　　　　　　表 11-2

种类	网子型号	密度（根/cm）		线径（mm）		透气量 [$m^3/(m^2 \cdot h)$]
		经密	纬密	经线	纬线	
$1\frac{1}{2}$层	GW 22503	23～24	11～12	0.50	0.50	8000
	GW 22453	22～23	12～13	0.45	0.45	8500
	GW 24503	24～25	11～12	0.50	0.50	7000
	GW 28403	28.5～29.5	14～15	0.40	0.40	8000
	GW 28453	28.5～29.5	12～13	0.40	0.45	9500
2层	GW 18504	20～21	7～8	0.50	0.50	8000
	GW 20504	21～22	11～12	0.50	0.50	—
	GW 22504	23～24	11～12	0.50	0.50	12000
	GW 24504	25～26	11～12	0.50	0.50	11000
	GW 24454	26～27	11～12	0.45	0.45	—
	GW 28454	28.5～29.5	11.5～12.5	0.45	0.45	13000

注：生产厂为天津造纸网厂。

聚酯网尺寸及偏差　　　　　　　　　表 11-3

	定货尺寸(m)	允许偏差(mm)		定货尺寸(m)	允许偏差(mm)
长度	≥30 <30	±100 ±80	宽度	1～7	±10

滤带连接接口形式：分为无端接口、螺旋环接口和销接环接口。无端接口的滤带使用寿命长，强度高，但该种滤带安装不方便。目前常用销接环接口。

城镇污水处理厂，消化污泥或混合污泥，用带式压滤机进行脱水，滤布参数为：单丝直径 $0.4 \sim 0.5$ mm、径密 $24 \sim 28$ 根/cm、网厚 $2.0 \sim 2.8$ mm、透气度 $7000 \sim 13000 m^3/(m^2 \cdot h)$。

11.4 带式浓缩机

11.4.1 适用条件

带式浓缩机是连续运转的污泥浓缩设备，进泥含水率为 99.2%，污泥经絮凝，重力脱水后含水率可降低到 95%～97%，达到下一步污泥处理的要求。一般带式浓缩机和带式压滤机相连接，因而污泥经浓缩后可直接进入带式压滤机进行脱水。

带式浓缩机可代替混凝土浓缩池及大型带浓缩栅耙构成的浓缩池。因而可减少占地面积，节省土建投资。目前城市污水处理厂已被广泛使用。

11.4.2 总体构成

11.4.2.1 设备的结构原理

带式浓缩机其结构原理与带式压滤机结构原理相似，是根据带式压滤机的前半段即重力脱水段的原理并结合沉淀池排出的污泥含水率高的特点而设计的一种新型的污泥浓缩设备。

带式浓缩机的总体结构，如图 11-7 所示。

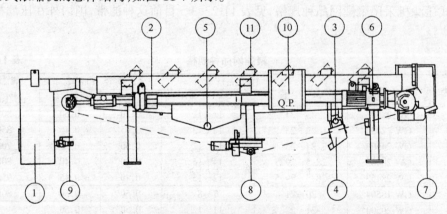

图 11-7 带式浓缩机
1—絮凝反应器；2—重力脱水段；3—冲洗水进口；4—冲洗水箱；5—过滤水排出口；
6—电机传动装置；7—卸料口；8—调整辊；9—张紧辊；10—气动控制箱；11—犁耙

絮凝后的污泥进入重力脱水段，由于污泥层有一定的厚度，而且含水率高，但其透水性不好。为此设置了很多犁耙，将均铺的污泥耙起很多垄沟，垄背上的污泥脱出的水分，通过垄沟处能顺利地透过滤带而分离。

11.4.2.2 规格和性能

带式浓缩机规格和性能，见表 11-4。

带式浓缩机规格和性能　　　　　　　　　　　表 11-4

型　号		1200	2000	3000
功　率　（kW）		2.2	2.2	4
流　量　（m³/h）		100	200	300
滤带宽度　（mm）		1300	2200	3200
滤带速度（m/min）		3～17	3～17	3～17
电　源	电压（V）	380	380	380
	频率（Hz）	50	50	50
质　量（kg）		1850	2400	3100
外形尺寸(m)		5500×2490×1210	5500×3460×1210	6400×4400×1250

11.4.2.3　处理能力

带式浓缩机对不同类型的污泥进行浓缩,其效果参见表 11-5。

不同类型污泥的浓缩效果　　　　　　　　　　表 11-5

污 泥 类 型	进机污泥含固率 （%）	出机污泥含固率 （%）	高分子絮凝剂投量 （kg/t 干泥）
初次沉淀池污泥	2.0～4.9	4.1～9.3	0.7～0.9
剩余活性污泥	0.3～0.7	5.0～6.6	2.0～6.5
混 合 污 泥	2.8～4.0	6.2～8.0	1.6～3.5
生物膜法污泥	2.0～2.7	4.0～6.5	4.7～6.5
氧化沟污泥	0.75	8.1	
消 化 污 泥	1.6～2.0	5.0～10.5	2.5～8.5
给水厂污泥	0.65	4.9	

11.5　带式压滤机

11.5.1　适用条件及工作原理

带式压滤机是连续运转的污泥脱水设备,进泥的含水率一般为 96%～97%,污泥经絮凝、重力脱水、压榨脱水之后滤饼的含水率可达 70%～80%。该设备适用于城市给排水及化工、造纸、冶金、矿业加工、食品等行业的各类污泥的脱水处理。

带式压滤机近几年发展很快,由于其结构简单,出泥含水率低且稳定,能耗少,管理控制不复杂等特点,所以被广泛地采用。

(1) 带式压滤机常见的形式,如图 11-8～图 11-10 所示。

一般压滤机的压榨脱水区,其压榨型式有四种,见图 11-11(a)所示。其中 P 型压榨方式是相对辊压榨方式。它是利用辊间压力脱水,由于辊间接触面积很小,所以具有压榨力大,压榨时间短的特点。S 型压榨方式是利用滤带的张紧力,对辊子曲面施加压力,由于滤带辊子的接触面积较宽,具有压榨力小,压榨时间长的特点。而 W 型和 SP 型是上述两种形式的组合或变型。

(2) 带式压滤过程如下:

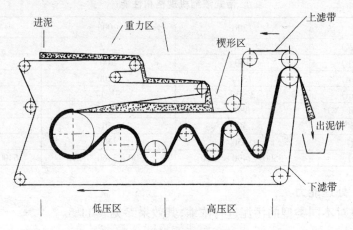

图 11-8 带式压滤机工作原理

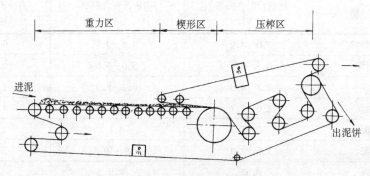

图 11-9 DYL 型带式压滤机工作原理

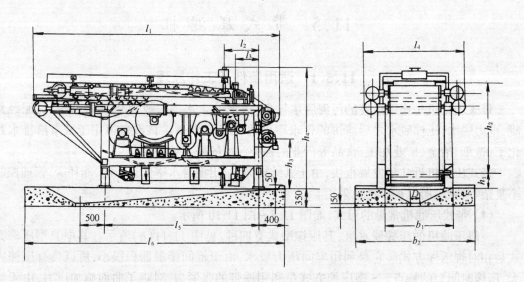

图 11-10 CPF 型带式压滤机外形及安装尺寸

污泥絮凝→重力脱水→楔形脱水→低压脱水→高压脱水。

1) 污泥絮凝：污泥在脱水前必须先经过絮凝过程，絮凝是指用高分子絮凝剂，对悬浮液

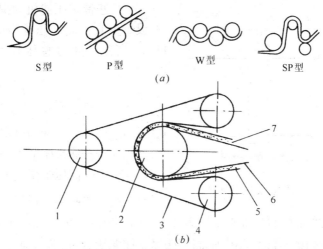

图 11-11 压榨脱水区的压榨方式和高压带高压脱水区
(a)为压榨脱水区的压榨方式;(b)为高压带高压脱水区
1—张紧辊;2—高压辊;3—高压带;4—导向辊;5—上滤带;6—下滤带;7—滤饼

进行预处理,使悬浮液中的固相粒子发生粘接产生凝聚现象,使固液分离。

2) 重力脱水:压滤机在压滤之前,有一水平段,在这一段上大部分游离水借自身重力穿过滤带,从污泥中分离出来。一般重力脱水区可脱去污泥中 50%～70% 的水分,使含固量增加 7%～10%。从设计方面考虑这一段应尽可能延长,但长度增加使机器外形尺寸加大,此段长度一般为 2.5～4.5m 左右。在此段内设有分料耙和分料辊,可把污泥疏散并均匀地分布在滤布表面,使之在重力脱水区更好地脱去水分。

3) 楔形脱水:楔形区是一个三角形的空间,两滤带在该区逐渐靠拢,污泥在两条滤带之间逐步开始受到挤压。在该段内,污泥的含固量进一步提高,并由半固态向固态转变,为进入压力脱水区作准备。

4) 低压脱水:污泥经楔形区后,被夹在两条滤带之间绕辊筒作 S 形上下移动。施加到泥层上的压榨力取决于滤带张力和辊筒直径。在张力一定时,辊筒直径越大,压挤力越小 S 型压辊压榨力与滤带张力及压榨辊直径之间的关系式(11-3)为

$$P = T/r \tag{11-3}$$

式中 P——压榨压力(Pa);

T——滤带张紧力(N/m);

r——压榨辊半径(m)。

压滤机前面三个辊,直径较大,一般为 500～800mm,施加到泥层上的压力较小,因此称为低压区,污泥经低压区之后,含固量会进一步提高,为接受高压进一步脱水作准备。

5) 高压脱水:经低压区之后的污泥,进入高压区之后,受到的压榨力逐渐增大,其原因是辊筒的直径越来越小。高压区辊筒直径一般为 200～300mm,经高压脱水后,含固率进一步提高,一般大于 20%,正常情况在 25% 左右。

低压脱水和高压脱水,统称为压榨脱水。常见的带式压滤机压辊数目为 4～11 个,压榨辊直径在 150～1200mm 范围内。经压榨脱水后的污泥含固率一般为 20%～30%,可用输送机输送至堆放场或直接装车送出厂外。

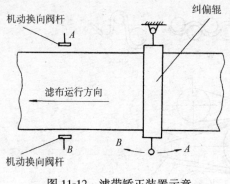

图 11-12 滤带矫正装置示意

6) 某些带式压滤机为提高脱水污泥的含固率,设置了具有高压压榨带的高压脱水区,见图 11-12 所示。此时总压榨力可用式(11-4)计算:

$$P_{总} = \frac{T + T_h}{r_h} \quad (11-4)$$

式中 $P_{总}$——总压榨力(Pa);
T——滤带张紧力(N/m);
T_h——高压带张紧力(N/m);
r_h——高压压榨辊半径(m)。

对于污泥脱水常用的滤带张紧力为 $3.9 \times 10^3 \sim 9.8 \times 10^3$ N/m,以压辊直径 0.15m 计,则压榨力为 $5.2 \times 10^4 \sim 1.3 \times 10^5$ Pa,高压张紧带张紧力,一般为 $4.9 \times 10^4 \sim 9.8 \times 10^4$ N/m,高压压榨辊半径为 0.2m,则计算的总压榨力为 $2.6 \times 10^5 \sim 5.39 \times 10^5$ Pa,通过高压压榨脱水后,滤饼的含液量一般可减少 2%~13%。

11.5.2 主要部件设计说明

11.5.2.1 主传动装置

由于污泥的种类较多,性质不同,要求带式压滤机能在较宽的工作范围内使用。主传动系统一般采用无级调速。常用交流电动机—摩擦盘无级调速器—蜗轮减速机直联两级减速,实现滤带速度的无级调节。

滤带速度一般为 0.5~5m/min,对于处理生活污水产生的污泥及有机成分较高的不易脱水的污泥取低速;对于消化污泥及含无机成分较高的易于脱水的污泥取高速。

11.5.2.2 滤带的张紧及矫正装置

对于处理不同性质的污泥,要求滤带的张紧力能够调节。滤带张紧拉力常用气动或液动系统来实现。例如 DYL 型采用气动系统,DY-2000 型采用液压系统,即用气缸或液压缸来拉紧滤带。采用此种方式,结构简单,调节减压阀,改变气体或液体的压力即可调整滤带的拉力。采用气动系统时,气体减压阀的压力一般在 0.1~0.4MPa 之间调节,常用滤带的张紧气压为 0.2~0.3MPa。

DYL 型带式压滤机滤带的张紧,采用两个 JB 160—150—S 尾部悬挂式气缸来完成。当张紧气压为 0.2~0.3MPa 时,每个气缸的拉力为 4000~6000N。

滤带矫正装置示意见图 11-12。

在上、下滤带的两侧设有机动换向阀,当滤带脱离正常位置时,将触动换向阀杆,接通阀内气路,使纠偏气缸带动纠偏辊运动,在纠偏辊的作用下,使滤带恢复原位。

通过实际运行和国内外同类型产品比较,气体传动比液体传动应用得更多,它具有动作平稳可靠、灵敏度高、维修方便、没有污染等特点。

正常工作时,滤带允许偏离中心线两边 10~15mm,超过 15mm 时,滤带矫正装置开始工作,调整滤带的运行。如果矫正装置工作失灵,滤带得不到调整,当滤带偏离中心位置超过 40mm 时,应有保护装置,使机器自动停机。

11.5.2.3 传动辊、压榨辊及导向辊

带式压滤机有各种不同直径的辊,其结构形式相似。一般的压榨辊都是用无缝钢管,两端焊接轴头,一次加工而成。主传动辊和纠偏辊,为增加摩擦力,在外表面衬胶(包一层橡胶)。在低压脱水段使用直径大于 500mm 的压榨辊,一般用钢板卷制而成。由于此工作段污泥的含水率高,常在辊筒表面钻孔或辊筒表面开有凹槽,以利于压榨出来的水及时排出。

除了衬胶的压榨辊以外,一般的压榨辊表面均需特殊处理,并涂以防腐涂层以提高其耐腐蚀性,或采用不锈钢材质。涂层应均匀、牢固、耐蚀、耐磨。衬胶的金属辊,其胶层与金属表面应紧密贴合、牢固、不得脱落。

为了保持滤带在运行中的平稳性,设备安装后,所有辊子之间的轴线应平行,平行度不得低于 GB 1184 形状和位置公差中未注明公差规定的 10 级精度。对于直径大于 300mm 的辊子,在加工制造时应使用重心平衡法进行静平衡检验,辊子安装后要求在任何位置都应处于静止状态。

11.5.2.4 机架

机架是用槽钢、角钢等型材或用异型钢管焊接而成。其主要作用是安装传动装置和各种工作部件,起到定位和支承作用。对机架的要求,除了有足够的强度和刚性之外还要求有较高的耐腐蚀能力,因为它始终工作在有水的环境之中。

11.5.2.5 滤带冲洗装置

滤带经卸料装置卸去滤饼后,上、下滤带必须清洗干净,保持滤带的透水性,以利于脱水工作连续运行。对于混合污泥,因为污泥的粘性大,常堵塞在滤带的缝隙中不易清除,故冲洗水压必须大于 0.5MPa。清洗水管上要装有等距离的喷嘴,喷出的水呈扇形,有利于减小水的压力损失。有的清洗水管内设置铜刷,用于洗刷喷嘴,避免堵塞。

11.5.2.6 安全保护装置

当发生严重故障,不能保证机器的正常、连续运行时应自动停机并报警。带式压滤机应设置以下保护装置:

(1) 当冲洗水压小于 0.4MPa 时,滤带不能被冲洗干净会影响循环使用,应自动停机并报警。

(2) 滤带张紧采用气压时,当气源压力小于 0.5MPa 时,滤带的张紧压力不足,应自动停机并报警。

(3) 运行中滤带偏离中心,超过 40mm 无法矫正时,应自动停机并报警。

(4) 机器侧面及电气控制柜上,设置紧急停机按钮,用于紧急情况下停机。

上述自动停机的含义为:主电机停止转动,同时进泥的污泥泵、加药泵也停止转动;但冲洗水泵、空压机泵不停。

11.5.3 类型及特点

带式压滤机种类较多,主要工作原理相似,现将主要几种类型作一介绍。

11.5.3.1 DYL 型带式压滤机

(1) 规格和性能见表 11-6。

DYL 型带式压滤机规格和性能   表 11-6

型　号	DYL-1000	DYL-2000	DYL-3000
滤带宽度(mm)	1000	2000	3000
滤带速度(m/min)	0.5~4		
主　传　动	无级调速,功率1.5kW		
进机污泥含水率(%)	95~98		
出机滤饼含水率(%)	70~80		
泥饼厚度(mm)	5~7		
产量(干泥)[kg/(m·h)]	90~300		
投药率(纯药量/干泥量)‰	1.8~2.4		
重　量(t)	4.5	5.5	7
外形尺寸(长×宽×高)(mm)	5620×1580×2100	5620×2580×2100	6500×3700×2120

(2) 外形及安装尺寸:DYL 型带式压滤机外形及安装尺寸,见图 11-13、表 11-7。

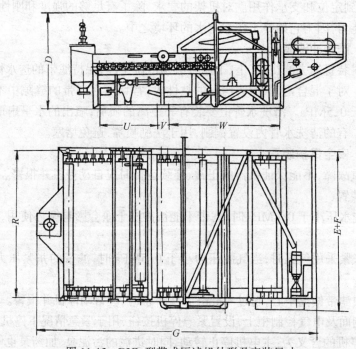

图 11-13　DYL 型带式压滤机外形及安装尺寸

DYL 型带式压滤机安装尺寸(mm)   表 11-7

型　号	D	U	V	W	R	G	E+F
DYL-1000	2100	2580	336	1180	1210	5620	1430+115
DYL-2000	2100	2580	336	1180	2210	5620	2430+115
DYL-3000	2120	2580	336	1180	3210	6500	3430+115

11.5.3.2 CPF 型带式压滤机

（1）规格和性能见表 11-8。

CPF 型带式压滤机的规格和性能　　　　表 11-8

型号	带宽 (mm)	带速 (m/min)	冲洗水量 (L/min)	冲洗压力 (MPa)	电动机功率 (kW)	外形尺寸 (长×宽×高) (mm)	质量 (t)
CPF-1000S	1000	0.5~9	10	0.7	4.5	5100×2000×2500	6.0
CPF-2000S	2000		20		11	7000×3500×3200	20
CPF-3500S	3500		35		22	8300×5200×3500	53

（2）外形及安装尺寸：CPF 型带式压滤机外形及安装尺寸，见图 11-10、表 11-9。

CPF 型带式压滤机外形及安装尺寸(mm)　　　　表 11-9

型号	l_1	l_2	l_3	l_4	l_5	l_6	h_1
CPF-1000	5500	1750	940	1850	3300	6000	332
CPF-2000	5500	1080	940	2925	3300	6000	332
CPF-3000	8290	1750	990	5240	5000	8700	230

型号	h_2	h_3	h_4	b_1	b_2	D
CPF-1000	1800	910	2500	1100	2500	$\phi150$
CPF-2000	1800	920	2500	2100	3500	$\phi125$
CPF-3000	2730	1325	3790	3800	5200	$\phi350$

11.5.3.3 DY 型系列带式压滤机

（1）规格和性能见表 11-10～11。

DY 型带式压滤机的性能　　　　表 11-10

数据　型号 项目	DY-500	DY-1000	DY-2000	DY-3000
滤带有效宽度(mm)	500	1000	2000	3000
滤带运行速度(m/min)	0.5~5	0.8~9	0.7~4.5	
重力过滤面积(m²)	1.7	3.1	7.8	11.7
压榨过滤面积(m²)	1.8	4.6	10	15
清洗水压力(MPa)	≥0.6		≥0.5	
电动机功率(kW)	3		5.5	7.5
外形尺寸(mm) ($a×b×c$)	3506×1102×1800	5750×1856×2683	2980×2490×1980	2980×3326×1980

注：无锡通用机械厂产品。

DY 型带式压滤机的性能　　　　　表 11-11

数据　型号 项目	DY-1000	DY-2000	DY-3000
滤带有效宽度(mm)	1000	2000	3000
滤带运行速度(m/min)	0.4~4	0.4~4	0.5~4
进料污泥含水率(%)		95~98	
滤饼含水率(%)		70~80	
产泥量[kg/(h·m)]		50~500	
电动机功率(kW)		2.2	
重量(kg)	4000	5500	6000
外形尺寸(mm) ($a \times b \times c$)	4520×1890×1750	4970×2725×1895	6400×3570×1950

注：唐山清源环保机械公司产品。

(2) 外形及安装尺寸：

1) DY-1000 带式压滤机外形及安装尺寸见图 11-14，基础见图 11-15。

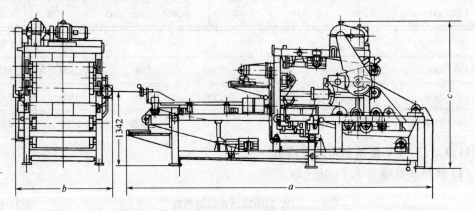

图 11-14　DY-1000 带式压滤机外形及安装尺寸

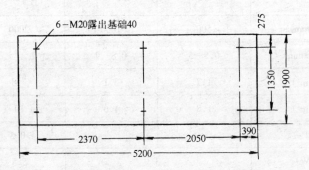

图 11-15　DY-1000 带式压滤机基础

2) DY-2000 带式压滤机外形及基础尺寸见图 11-16。

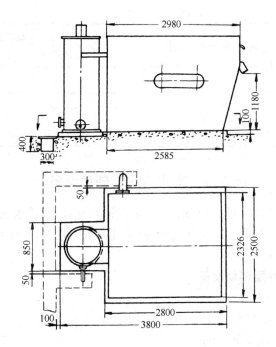

图 11-16 DY-2000 带式压滤机外形及基础尺寸

11.5.3.4 带式压滤机的脱水性能

带式压滤机对各种污泥进行脱水,其性能数据参见表 11-12。

各种污泥进行带式压滤脱水的性能数据　　　　　表 11-12

工矿名称	物料来源和名称	进料含水率 (%)	滤饼含水率 (%)	处理能力 [kg 干泥/(h·m)]
造纸厂	1. 草浆: 　　初次沉淀污泥 　　混合污泥(初沉和生化污泥)	95~97 96~98	75~78 76~78	100~130 80~120
	2. 木浆: 　　初次沉淀污泥 　　混合污泥(初沉和生化污泥)	94~97 95~98	65~75 75~78	200~500 150~300
	3. 废纸浆: 　　初次沉淀污泥 　　混合污泥(初沉和生化污泥)	95~98 95~98	70~75 72~75	300~400 250~380
印染厂	生化污泥	96~98	70~78	80~120
啤酒厂	生化污泥	96~98	75~78	80~110
化工厂(石化)	混合污泥(初沉和生化污泥)	95~97	75~78	150~200
制革厂	初沉污泥和气浮污泥	96~98	78~80	100~200
钢铁厂	转炉除尘沉渣	55~65	20~24	1000~1500

续表

工矿名称	物料来源和名称	进料含水率（%）	滤饼含水率（%）	处理能力[kg干泥/(h·m)]
煤矿	选洗煤泥	60~70	22~28	3000~5000
冶金矿山	选矿矿浆	40~60	14~18	4000~9000
城镇污水处理	混合污泥(初沉和生化污泥)	92~97	70~80	130~250

11.5.4 带式压滤机辅助设备

与带式压滤机配套使用的辅助设备有：加药系统、污泥泵、冲洗水泵、加药计量泵。辅助设备可由设备制造厂配套提供。如由于特殊原因，用户只需用主机，辅助设备可参考下列数据选型。

11.5.4.1 DY-2000型辅助设备

(1) 污泥泵：型号25PN21；

参数：流量为18m³/h；扬程为19m；电动机功率为4kW；电动机转速为1450r/min。

(2) 冲洗水泵：型号DA_1-50×9；

参数：流量为18m³/h；扬程为85.5m；电动机功率为7.5kW；电动机转速为2950r/min。

(3) 加药计量泵：型号J-Z800/4；

参数：流量为800L/h；压力为0.4MPa；电动机功率为0.75kW。

11.5.4.2 DYL-3000型辅助设备

(1) 污泥泵：单螺杆泵型号为GN65×2A型；

参数：流量为3~19m³/h（无级可调）；压力为0.1MPa；电动机功率为1.1kW。

(2) 冲洗水泵：型号$DA_1$50×9；

参数：流量为18m³/h；扬程为85m；电动机功率为7.5kW；电动机转速为2950r/min。

(3) 加药计量泵：型号J-Z630/5；

参数：流量为630L/h；压力为0.5MPa；电动机功率为0.75kW。

11.5.5 常见故障及排除方法

带式压滤机常见故障及排除方法，见表11-13。

带式压滤机常见故障及排除方法　　　　表11-13

故障现象	原因分析	排除方法
滤带跑偏得不到有效控制	1. 纠偏装置失灵 2. 两侧换向阀安装位置不对 3. 辊筒轴线不平行	检查换向阀开关是否正常 调整安装位置 调整辊筒轴线平行度
从滤带两侧跑泥	1. 进料流量太大 2. 带速太慢 3. 楔形区调整不当 4. 絮凝效果不好	减小进泥流量 提高带速 重新调整楔形区间隙 检查投药系统

续表

故障现象	原因分析	排除方法
滤带冲洗不净	1. 冲洗水泵压力过低 2. 喷嘴堵塞	检查管路及水泵压力 洗刷或更换喷嘴
滤带打褶	1. 滤带张紧不当 2. 辊筒轴线不平行	重新张紧滤带 调整辊筒轴线
机器自动报警停机	自动报警保护装置动作	确定何处报警,并予排除

11.6 板框压滤机

11.6.1 适用条件

板框压滤机是间歇操作的过滤设备。被广泛用于化工、印染、制药、冶金、环保等行业各类悬浮液的固液分离及工业废水污泥的脱水处理,可有效地过滤固相粒径 $5\mu m$ 以上、固相浓度 0.1%～60% 的悬浮液以及粘度大或成胶体状的难过滤物料和对滤渣质量要求较高的物质。

其优点是结构简单,工作可靠,操作容易;滤饼含水率低;对物料的适应性强,应用广泛。其缺点是间歇操作,劳动强度大;与带式压滤机相比产率低。但由于滤饼的含水率最低,因而一直在采用。

11.6.2 工作原理及结构特点

图 11-17 为自动板框压滤机示意。

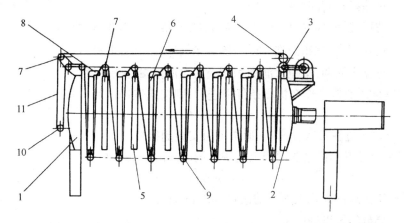

图 11-17 自动板框压滤机示意
1—固定压板;2—活动压板;3—传动辊;4—压紧辊;5—滤框;6—滤板;
7—托辊;8—刮板;9—辊;10—张紧辊;11—滤布

板框压滤机工作过程：

板框压紧→进料→压干滤渣→放空(排料卸荷)→正吹风→反吹风→板框拉开→卸料→洗涤滤布。

板框压紧采用电动装置，电机减速机经一对齿轮传动，带动螺母旋转，丝杠作往复运动，带动活动压板压紧滤板与滤框。在电动压紧时要注意电流表的读数，同时应防止过电流继电器失控造成事故。

进料时，一般进料压力不大于0.45MPa，进料所形成滤饼的厚度或容积不得超过规定值，进料采用先自流后加压的方法。

在进料之前或后，有时增加冲洗进料口工序。这是为了保证进料口的畅通，冲洗水压一般不大于0.3MPa。

压干滤渣的压力一般不超过0.5MPa。

吹风的压力不超过0.5MPa，先正吹，后反吹，正吹风除吹去进料管道中的残余悬浮液及滤板中滤渣的部分水分外，并促使滤渣与橡胶膜分离。反冲风使滤渣和滤布处于脱开状态，反吹风的目的是为了便于自动卸料，正反吹风各自反复吹2～3次，每次大约半分钟。

洗涤滤布的水压不低于0.2MPa，可用自来水。为了保证有足够压力的干净的气源，一般压滤机要配备1～1.5m³/min的空压机和一只3m³的贮气罐。

11.6.3 板框压滤机生产能力计算

板框压滤机为间歇操作的过滤设备，它的单位过滤面积生产能力可按式(11-5)计算：

$$q = \frac{v}{t + t_1 + t_2} \tag{11-5}$$

式中 q——过滤机单位面积的生产能力[m³/(m²·s)]；

t——过滤操作时间(s)；

t_1——滤饼洗涤时间(s)，(对于污泥脱水，滤饼一般不洗涤，故 $t_1=0$)；

t_2——包括卸渣、滤布清洗、吹干、压紧等辅助操作时间(s)；

v——每操作周期，单位过滤面积所获得之滤液量(m³/m²)。

若假设板框压滤机操作在恒压条件下进行，则按式(11-6)为

$$v^2 = Kt \tag{11-6}$$

式中 K——恒压过滤常数(m²/s)(通常可由实验测得)。

由物料平衡可得单位过滤面积上泥饼重量(kg/m²)，按式(11-7)为

$$w = v\rho c/(1-mc) \tag{11-7}$$

式中 v——单位过滤面积上所得滤液量(m³/m²)；

ρ——滤液的密度(kg/m³)；

c——料浆中固体物质的质量分率；

m——滤饼的湿干重量比。

滤饼的厚度和单位过滤面积与滤饼重量关系式(11-8)为

$$b = w/r_c \tag{11-8}$$

式中　b——滤饼的厚度(m);
　　　r_c——滤饼的堆密度(kg/m^3)。

由式(11-6)、式(11-7)、式(11-8)可得过滤时间和滤饼厚度的关系式(11-9)为

$$t = v^2/K = \left(\frac{b^2 r_c(1-mc)}{\rho c}\right)^2 \Big/ K \tag{11-9}$$

一般当选定了板框压滤机的规格后,它的滤框厚度已确定,通常由于一个滤框二面在进行过滤,以滤框厚度的一半作为滤饼厚度代入式(11-9),可计算板框压滤机的过滤时间。再根据自选过滤机的型号与规格,而辅助操作时间 t_2 也为一确定值。由(11-10)式可算得该设备的生产能力为

$$Q = Aq = \frac{Av}{t + t_2} \tag{11-10}$$

式中　A——过滤机的过滤面积(m^2);
　　　Q——过滤机的生产能力(m^3/s)。

11.6.4　规格、性能及主要尺寸

11.6.4.1　BAJZ型自动板框压滤机
(1) 规格和性能:BAJZ型自动板框压滤机性能,见表11-14。

BAJZ型自动板框压滤机性能　　　表 11-14

型号	过滤面积 (m^2)	框内尺寸 (mm)	滤框厚度 (mm)	滤板数 (片)	滤框数 (片)	装料容积 (m^3)	最大滤饼厚度 (mm)
BAJZ15A/800-50	15	800×800	50	13	12	0.3	20
BAJZ20A/800-50	20	800×800	50	17	16	0.4	20
BAJZ30/1000-60	30	1000×1000	60	16	15	0.75	25

型号	最大过滤压力 (MPa)	滤布规格 (长×宽) (m)	主电机功率 (kW)	外形尺寸 (长×宽×高) (mm)	自重 (t)
BAJZ15A/800-50	≤0.6	36×0.93	7.5	4945×1380×1715	7.5
BAJZ20A/800-50	≤0.6	45×0.93	7.5	6055×1380×1715	8.9
BAJZ30/1000-60	≤0.6	51×1.13	11	5615×1580×1955	10.0

(2) 外形及安装尺寸:

1) BAJZ $\frac{15A}{20A}$ /800-50 型自动板框压滤机底座和土建基础尺寸,见图11-18、图11-19。

2) BAJZ30/1000-60 型自动板框压滤机基础螺栓布置,见图11-20。

(3) BAJZ型自动板框压滤机过滤效果,见表11-15。

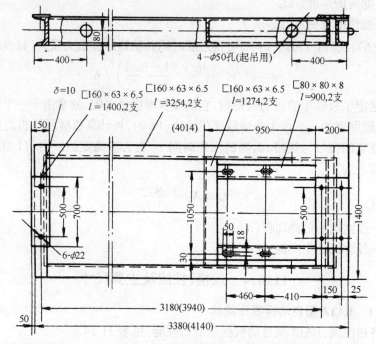

图 11-18　BAJZ15A/800-50、BAJZ20A/800-50 型自动板框压滤机底座尺寸
注：括号内尺寸为 BAJZ20A/800-50 型自动板框压滤机底座尺寸。

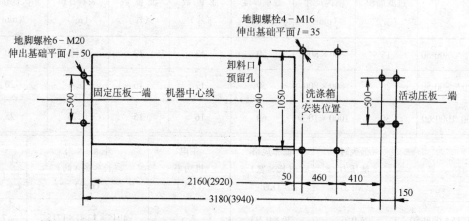

图 11-19　BAJZ15A/800-50、BAJZ20A/800-50 型自动板框压滤机地脚螺栓布置
注：括号内尺寸为 BAJZ20A/800-50 型自动板框机地脚螺栓尺寸。

BAJZ 型自动板框压滤机过滤效果　　　　　　表 11-15

物料名称	滤前含水率(%)	pH	温度(℃)	过滤周期(min)	滤渣 厚度(mm)	滤渣 重量(湿 kg)	滤渣 含水率(%)	生产能力[kg/(m²·h)]	使用机型
印染活性污泥	97~98	7	常温	90~150	18~20	175~270	70~75	1.6~2.7	BATZ15/800-50

11.6.4.2　厢式压滤机

厢式压滤机是间歇操作的过滤设备，可有效地过滤固相粒径 5μm 以上，固相浓度

0.1%~60%的悬浮液,以及粘度大或成胶体状的难以过滤物料。它与板框压滤机的区别,在于它的滤饼形成的空间,是由两块箱板的内凹面形成的。而且箱式压滤机的料浆进口,设在箱板的中间或中间附近,进料口径大,不易发生阻塞,所以它的使用性能较好。此外,箱式压滤机又可分为有压榨隔膜和无压榨隔膜两类,一般带压榨隔膜的设备,由于压榨力较过滤压力高。故滤饼的含水率较低,也较稳定,设备操作弹性好。

(1) 规格和性能:厢式压滤机的产品性能,见表11-16。
(2) 外形及安装尺寸:

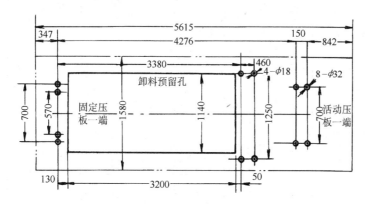

图11-20 BAJZ30/1000-60型自动板框压滤机地脚螺栓布置

1) XAJZ60/1000-30型自动厢式压滤机的外形,见图11-21;基础尺寸,见图11-22;工艺布置管道系统,如图11-23所示。

2) XMZ60F/1000-30自动厢式压滤机的外形,见图11-24;基础尺寸,见图11-25;工艺布置管道系统,如图11-26所示。

3) XMu型厢式压滤机基础螺栓安装尺寸,见图11-27、表11-17。

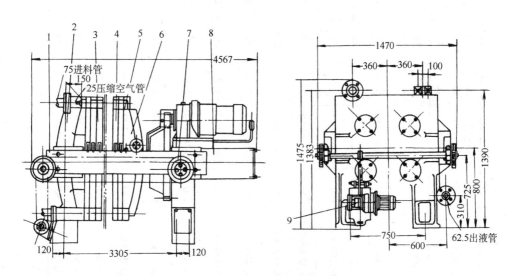

图11-21 XAJZ60/1000-30自动厢式压滤机外形及安装尺寸
1—主梁;2—固定板;3—齿形滤板;4—隔膜滤板;5—橡胶隔膜;
6—活动压板;7—拉板机构;8—压紧机构;9—拉板传动机构

表 11-16 厢式压滤机产品性能

型号	过滤面积 (m²)	滤板内边尺寸 (mm)	滤室容积 (m³)	滤板厚度 (mm)	滤板数量	压榨板数量	过滤压力 (MPa)	压榨压力 (MPa)	压紧力 (MPa)	电动机功率 (kW)	外形尺寸 (长×宽×高) (mm)	重量 (kg)	生产厂
XAJZ60/1000-30	64	1000×1000	1	30	15	16	≤0.4	≤0.6		11	4567×1510×1475	12000	无锡通用机械厂
XMZ60F/1000-30	64	1000×1000	0.96	30	15	16			12~14	7	4785×1500×1355	15000	无锡通用机械厂
XAGZ120/1000-30	120	1000×1000		30	32	31				11	8900×2200×3720	30000	石家庄新生机械厂
XMYZ340/1500-61	340	1500×1500		60	94	95			<14	5.5	10000×2300×1727	63000	吉林第二机床一机械厂
XMYZ500/1500-60	500	1500×1500		60	137	138			<14	5.5	12020×2330×1727	73000	石家庄新生机械厂
X$_M^A$ZG60/1000U	60	1000×1000	0.95	30	15	16	≤0.4	≤0.8	12~14	6.7	5320×5030×2830	10680	无锡化工机械厂
X$_M^A$ZG80/1000U	80	1000×1000	1.25	30	20	21	≤0.4	≤0.8	12~14	6.7	6030×5030×2830	11500	
X$_M^A$ZG100/1000U	100	1000×1000	1.55	30	25	26	≤0.4	≤0.8	12~14	6.7	6740×5030×2830	12500	
X$_M^A$ZG120/1000U	120	1000×1000	1.84	30	30	31	≤0.4	≤0.8	12~14	6.7	7450×5030×2830	13500	
X$_M^A$ZG160/1000U	160	1000×1000	2.44	30	40	41	≤0.4	≤0.8	12~14	6.7	8870×5030×2830	15500	
XM10/450-U	10	450×450	0.125	25	25	26	0.4		7.5	2.2	2550×970×1240	1600	
XM20/630-U	20	630×630	0.25	25	25	26	0.4		8	2.2	2682×1110×1060	2500	
XM30/630-U	30	630×630	0.375	25	37	38	0.4		8	2.2	3296×1110×1360	2800	

11.6 板框压滤机

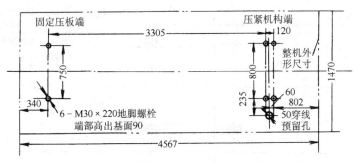

图 11-22 XAJZ60/1000-30 自动厢式压滤机基础

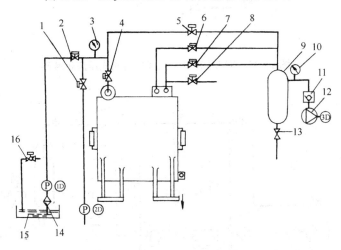

图 11-23 XAJZ60/1000-30 自动厢式压滤机管路系统
1、2、4~8、13—阀门；3—压力表；9—储气缸；10—压力表；11—止回阀；
12—空气压缩机；14—过滤器；15—物料槽；16—压力调节阀

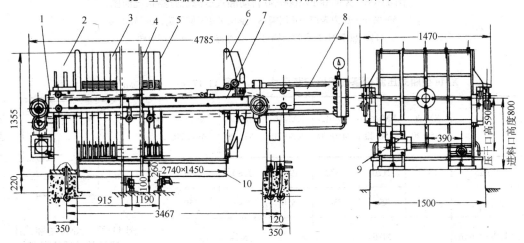

图 11-24 XMZ60F/1000-30 自动厢式压滤机外形及安装尺寸
1—主梁；2—固定板；3—齿形滤板；4—隔膜滤板；5—橡胶隔膜；
6—拉板机械手；7—活动板；8—压紧油缸；9—拉板传动机构；10—收集槽

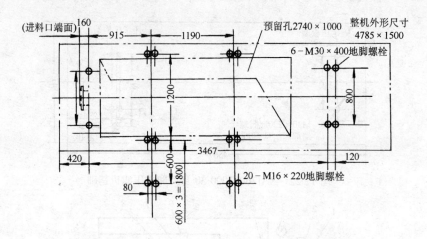

图 11-25　XMZ60F/1000-30 自动厢式压滤机基础

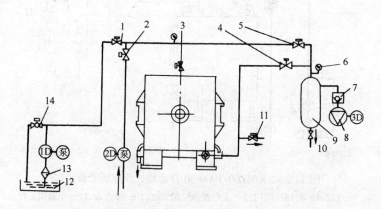

图 11-26　XMZ60F/1000-30 自动厢式压滤机管路系统简图
1~5—阀；6—压力表；7—止回阀；8—空压机；9—储气罐；10—放水阀；
11—放空阀；12—物料罐；13—过滤器；14—压力调节阀

XMu 型厢式压滤机基础螺栓安装尺寸　　表 11-17

型号	XMu8 /450-20	XMu10 /450-20	XMu12 /450-20	XMu16 /630-20	XMu20 /630-20	XMu30 /630-20
A(mm)	1870	2120	2370	1920	2180	2780
B(mm)	350	350	350	550	550	550
地脚螺栓(mm)	M16			M24		

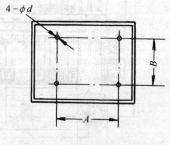

图 11-27　XMu 型厢式压滤机基础螺栓布置

11.7 离心脱水机

11.7.1 泥水的离心脱水

泥水静置一段时间,由于重力作用,泥水中的固相与液相就会分层,此即自然沉降。如把泥水以 ω 的角速度旋转,当 ω 达到一定值时,因离心加速度比重力加速度大得多,固相和液相很快分层,这就是离心沉降。应用离心沉降原理进行泥水浓缩或脱水的机械即离心脱水机。

离心机有离心过滤、离心沉降和离心分离三种类型。给水、排水、环卫等的泥水浓缩或污泥脱水,其介质是一种固相和液相重度差较大、含固量较低、固相粒度较小的悬浮液。适宜用离心沉降类脱水机。

离心沉降脱水机分立式和卧式两种。离心沉降的固相(污泥)卸除,由差动螺旋输送器输送,固相物料(污泥)能翻动,分离效果好、生产能力大,通常污泥离心沉降脱水均采用卧式。

离心机的分离因数是离心机分离能力的主要指标,污泥在离心力场中所受的离心力和它承受的重力的比值 F_r 称分离因数,其表达式为

$$F_r = \frac{mR\omega^2}{mg} = \frac{R\omega^2}{g} = \frac{Dn^2}{1800}$$

式中　m——污泥质量(kg);
　　　R——离心机转鼓的半径(m);
　　　ω——转鼓的回转角速度(°/s);
　　　g——重力加速度(m/s²);
　　　n——离心机转鼓的转速(r/min);
　　　D——离心机转鼓的内径(m)。

分离因数愈大,污泥所受的离心力也大,分离效果愈好。目前国内工业离心机分离因数 F_r 值,如表11-18所示。

工业离心机分离因数　　　　　表11-18

名　　称	分　离　因　数	名　　称	分　离　因　数
一般三足式过滤离心机	$F_r \leqslant 1000$ 左右	碟片式离心机	$5000 < F_r \leqslant 10000$ 左右
卧螺沉降离心机	$F_r \leqslant 4000$ 左右	管式离心机	$10000 < F_r \leqslant 250000$ 左右

城镇污水处理中的污泥浓缩和污泥脱水,卧螺沉降离心机分离因数为 1000~2000 左右。可通过离心模拟试验或直接对离心机进行调试得出。

11.7.2 卧螺沉降离心机的特性与构造

11.7.2.1 总体构成

卧螺沉降离心脱水机,主要由转鼓、带空心转轴的螺旋输送器、差速器等组成,如图11-28所示。

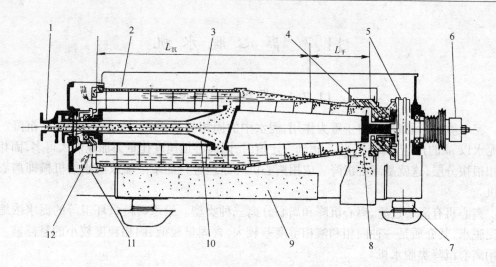

图 11-28 卧螺沉降离心机
1—进料口；2—转鼓；3—螺旋输送器；4—挡料板；5—差速器；6—扭矩调节；
7—减振垫；8—沉渣；9—机座；10—布料器；11—积液槽；12—分离液

污泥由空心转轴输入转鼓内。在高速旋转产生的离心力作用下，污泥中相对密度大的固相颗粒，离心力也大，迅速沉降在转鼓的内壁上，形成固相层(因呈环状、称为固环层)，而相对密度小的水分，离心力也小，只能在固环层内圈形成液体层，称为液环层。固环层的污泥在螺旋输送器的推移下，被输送到转鼓的锥端，经出口连续排出；液环层的分离液，由圆柱端堰口溢流，排至转鼓外，达到分离的目的。

11.7.2.2 主要技术参数

(1) 转鼓直径和有效长度：转鼓是离心机的关键部件，转鼓的直径越大离心机的处理能力也越大，转鼓的长度越长，污泥在机内停留时间也越长，分离效果也越好。常用转鼓直径在 200～1000mm 之间，长径比在 $L/D=3\sim 4$ 之间。

(2) 转鼓的半锥角：半锥角是锥体母线与轴线的夹角，锥角大污泥受离心挤压力大，利于脱水，通常沉降式螺旋卸料离心机的半锥角在 $\alpha=5°\sim 15°$，对于浓缩、分级 $\alpha=6°\sim 10°$，锥角大，螺旋推料的扭矩也需增大，叶片的磨损也会加大，若磨损严重会降低脱水效果。新型脱水机采用耐磨合金镶嵌在螺旋外缘，提高使用寿命。

(3) 转差和扭矩：转差是转鼓与螺旋输送器的转速差。转差大，输渣量大，但也带来转鼓内流体搅动量大，污泥停留时间短，分离液中含固量增加，出泥湿度增大。

污泥浓缩与脱水的转差以 2～5r/min 为宜。

转差降低必然会使推料扭矩增大，通常卧螺沉降离心机的推料扭矩在 3500～34000 N·m 之间。

(4) 差速器：差速器是卧螺沉降离心机的转鼓与螺旋输送器相互转速差的关键部件，是离心机中最复杂、最重要、性能和质量要求最高的装置。转速应无级可调，差速范围在 1～30r/min 之间，扭矩要大。

差速器的结构形式有机械式、液压式、电磁式等。

(5) 沉降区和干燥区的长度调节

转鼓的有效长度为沉降区和干燥区之和，沉降区长，污泥停留时间长，分离液中固相带失量少,但干燥区停留时间短,排出污泥的含湿量高。应调节溢流档板的高度以调节转鼓沉降区和干燥区的长度。

11.7.2.3 卧螺沉降离心机主要优点和效果

(1) 主要优点:

1) 污泥进料含固率变化的适应性好。
2) 能自动长期连续运行。
3) 分离因数高,絮凝剂投量少,常年运行费低。
4) 单机生产能力大,结构紧凑,占地面积小,维修方便。
5) 可封闭操作,环境条件好。

(2) 卧螺沉降离心机对各种污泥的脱水效果,如表 11-19 所示。

离心机对各种污泥的脱水效果 表 11-19

污泥种类		泥饼含固量(%)	固体回收率(%)	干污泥加药量(kg/t)	污泥种类		泥饼含固量(%)	固体回收率(%)	干污泥加药量(kg/t)
生污泥	初沉污泥	28~34	90~95	2~3	厌氧消化污泥	初沉污泥	26~34	90~95	2~3
	活性污泥	14~18	90~95	6~10		活性污泥	14~18	90~95	6~10
	混合污泥	18~25	90~95	3~7		混合污泥	17~24	90~95	3~8

(3) 污泥离心脱水性能的影响因素:要使离心脱水机对污泥进行有效的固液分离,应掌握影响脱水性能的因素,现归纳如下:

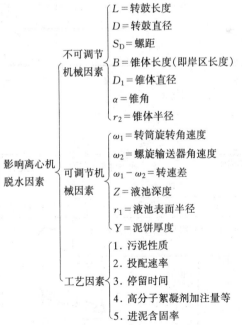

在离心机型号和尺寸已定的情况下,不可调的机械因素已无法改变,只可调整可调节的机械因素。如改变离心机转鼓速度,调节重力加速度 g 的作用力,使分离因数增大或减小,以适应工艺因素。

工艺因素中主要是:

1) 污泥性质:初沉污泥、混合污泥、氧化沟污泥、消化池污泥、给水厂污泥等,不同污泥其污泥指数和灰分均不相同,一般污泥指数低(mL/g 干泥)、灰分高则容易分离。

2) 絮凝剂的品种和投加量:对不同性质的污泥需投加不同型号的高分子絮凝剂和不同的投加量。在选择絮凝剂的型号时,必须进行小试筛选。

总之要使泥水处理达到理想的分离效果除上述要求外,选离心机时从以下二种类型中比较,如表 11-20 所示。

两种类型离心机比较   表 11-20

离心机类型	普通型	高干度型	离心机类型	普通型	高干度型
转鼓分离因素 F	1000 左右	>2000	电机功率	1.2kW/m³	1.5kW/m³
转鼓半锥角	8°~10°	15°~20°	加药量	2~3kg/t 干泥	3~8kg/t 干泥
转鼓与螺旋转差	1~20r/min	1~20r/min	泥饼含固率	20%干泥左右	35%干泥左右
螺旋扭矩	2500~3500N·m	3500~33000N·m			

11.7.3 污泥离心脱水流程

用离心机处理给排水、环卫等城市排污的泥水,应掌握污泥性状和高分子絮凝剂特性,经试验筛选后确定配伍。常用工艺如图 11-29 所示。

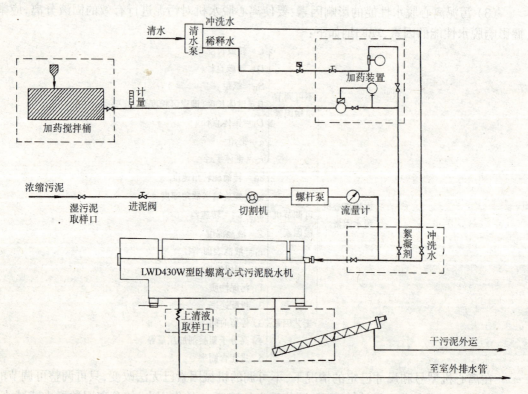

图 11-29 污泥离心脱水处理流程

污泥经污泥浓度计测得相应信号,启动螺杆泵,将污泥泵送至离心机。

在螺杆泵的吸入管路上,安装了污泥切割机,以便切碎污泥中携带的固体杂物(如木头、塑料、玻璃、石块等)。螺杆泵的压送管路上设有流量计计量。从而在污泥输入离心机前按浓度计和流量计信号输入计算机运算后指令投加高分子絮凝剂——聚丙烯酰胺溶液(投加浓度预先设定)的投加量。使污泥能结成粗大的絮凝团,促进泥水的分离。分离后的污泥堆集外运。分离水外排应测定,且必须符合 GB 8978—96 污水综合排放标准。

11.7.4 国产卧螺卸料沉降离心机

目前我国生产的卧式螺旋卸料沉降离心机的种类和规格比较齐全,基本上可满足污泥浓缩或脱水的需要。

(1) LW 型卧式螺旋卸料沉降离心机规格性能,如表 11-21 所示。

卧式螺旋卸料沉降离心机规格和性能　　　　表 11-21

型　号	LW350W	LWD430W	LW520W	LW720W
转鼓直径(mm)	350	430	520	720
转鼓转速(r/min)	2300～3200	2100～3000	2800 以下可调	2600 以下可调
分离因数	1036～2007	1062～2066	2283(max)	2726(max)
差转速(r/min)	2～20 无级可调	2～20 无级可调	2～20 无级可调	2～20 无级可调
处理能力(m³/h)	6～12	8～15	14～25	30～50
电动机功率(kW)	22	30	90	110
机器重量(kg)	1900	2500	5400	7300
外形尺寸(mm)(长×宽×高)	2800×2000×900	3260×1725×790	4300×2700×900	5156×2720×1254
生产工厂	中国人民解放军第 4819 工厂(浙江宁波)			
型　号	LW200×600-N	LW355×860-N	LW355×1160-N	LW355×1460-N
转鼓直径(mm)	200	355	355	355
转鼓转速(r/min)	5000	1600	3600	1900,2700
分离因数	2795	510	2570	720,1450
差转速(r/min)	5～60	19	29	54,68
处理能力(m³/h)	1～1.5		5～10	
电动机功率(kW)	5.5	主 18.5,副 5.5	主 22,副 4	主 18.5,副 5.5
机器重量(kg)	950	2207	1810	2650
外形尺寸(mm)(长×宽×高)	1545×1930×774	2730×1885×1035	2442×2113×1065	3470×1785×1055
生产工厂	上海化工机械厂			

续表

型　号	LWR520×1664-N (D5MP)	LWY520×1664-N (D5MHP)	LWR520×1024-N (D5LP)	LWY520×1924-N (D5LHP)
转鼓直径(mm)	520	520	520	520
转鼓转速(r/min)	3200	3200	3000	3000
分离因数	2982	2982	2620	2620
差转速(r/min)	10～70(有级可调)	2～12(无级可调)	7～68(有级可调)	2～12(无级可调)
处理能力(m³/h)	12～20	12～20	18～25	18～25
电动机功率(kW)	55	主55,副22	55	主55,副22
机器重量(kg)	4500	4500	5000	5000
外形尺寸(mm)(长×宽×高)	3830×1000×1530	4460×1000×1530	4090×1000×1530	4720×1080×1530
生产工厂	四川省重庆江北机械厂			

型　号	LWR430×1590-N (D4LP)	LWR340×1258-N (D3LP)	LW340×1258-N (D3LC)	LWB340×1258-N (D3LE)
转鼓直径(mm)	430	340	340	340
转鼓转速(r/min)	3500	4000	4000	4000
分离因数	2950	3046	3046	3046
差转速(r/min)	5～30(有级可调)	5～40(有级可调)	5～40(有级可调)	50～40(有级可调)
处理能力(m³/h)	8～15	6～9	6～9	6～9
电动机功率(kW)	30	22	22	22
机器重量(kg)	2750	1900	1900	1900
外形尺寸(mm)(长×宽×高)	3460×910×1360	2883×780×1153	2883×780×115	2883×780×1153
生产工厂	四川省重庆江北机械厂			

(2) LW型卧式螺旋卸料沉降离心机外形尺寸及安装图,如图11-30～32所示。污泥切割机构造,如图11-33～34所示。

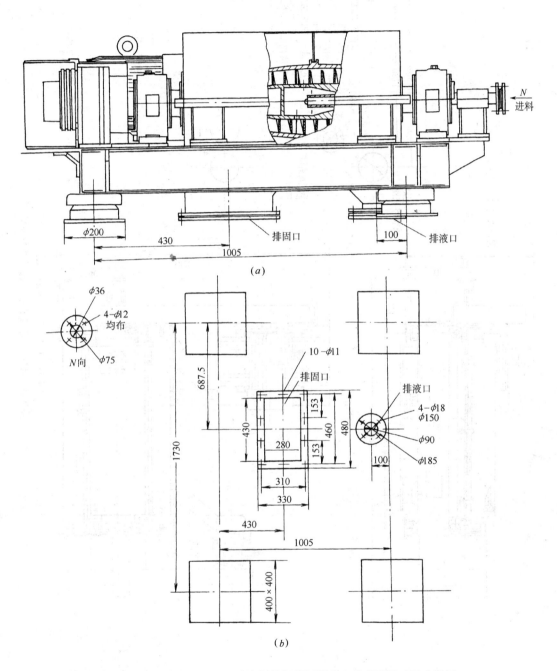

图 11-30　LW200×600-N 卧式螺旋卸料沉降离心机外形尺寸及安装图
(a)外形尺寸；(b)安装示意

622 　11　污泥浓缩与脱水设备

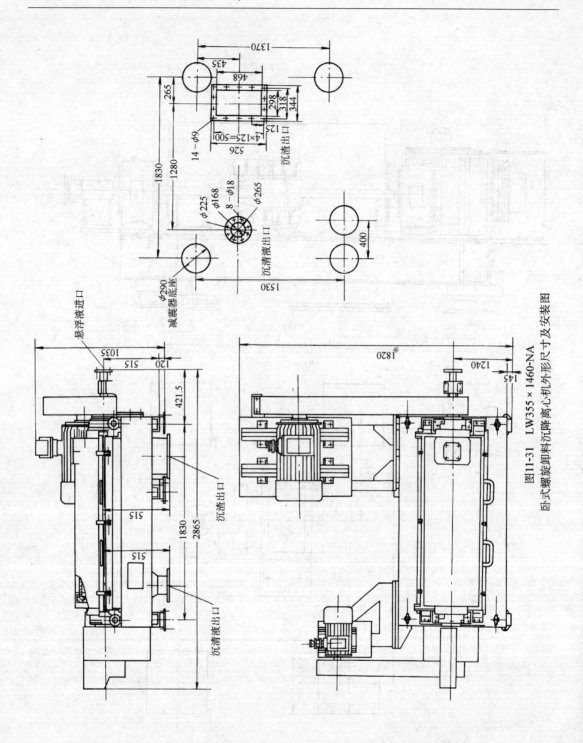

图11-31　LW355×1460-NA 卧式螺旋卸料沉降离心机外形尺寸及安装图

11.7 离心脱水机   623

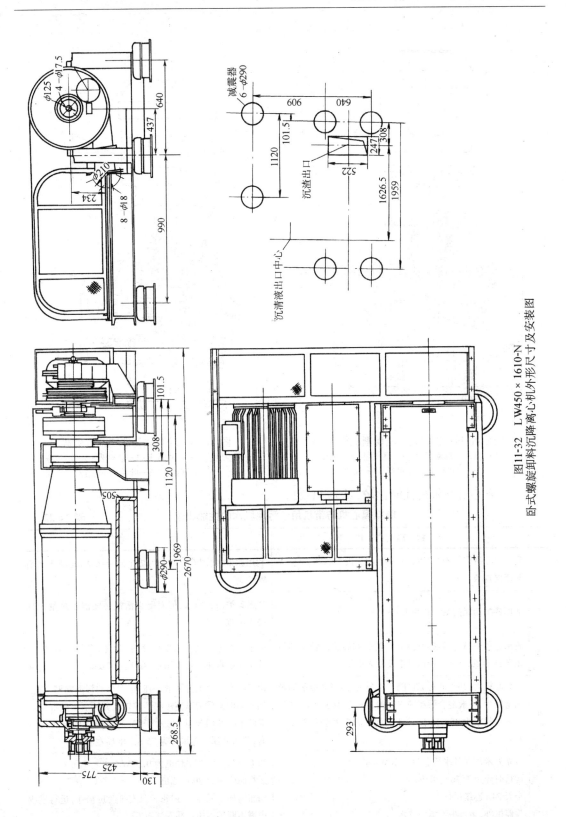

图11-32 LW450×1610-N
卧式螺旋卸料沉降离心机外形尺寸及安装图

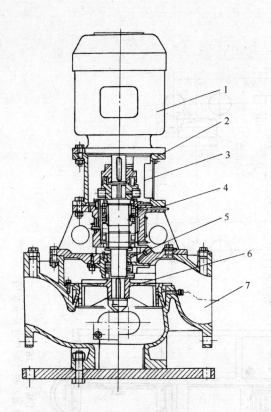 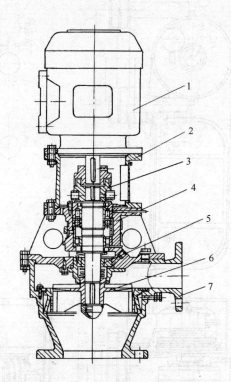

图 11-33 直通式污泥切割机构造　　　　　　图 11-34 转角式污泥切割机构造
1—电动机；2—联轴器座；3—联轴器；4—轴承座；　　1—电动机；2—联轴器座；3—联轴器；4—轴承座；
5—机械密封；6—叶轮；7—底座　　　　　　　　　5—机械密封；6—叶轮；7—底座

(3) 离心机与带机性能比较，见表 11-22。

卧螺离心机与带机用于污泥脱水的性能比较　　　　　表 11-22

	卧 螺 离 心 机	带 机
1	利用离心沉降原理，使固液分离。由于没有滤网，不会引起堵网现象	利用滤带，使固液分离。为防止滤带堵塞，需高压水不断冲刷
2	适用各类污泥的浓缩和脱水	适用各类污泥脱水，但对剩余活性污泥需投药量大且脱水困难
3	脱水过程中当进料浓度变化时，转鼓和螺旋的转差和扭矩会自动跟踪调整，所以可不设专人操作	脱水过程中当进料浓度变化时，带速、带的张紧度、加药量冲洗水压力均需调整，操作要求较高
4	在离心机内，细小的污泥也能与水分离，所以絮凝剂的投加量较少，一般混合污泥脱水时的加药量为 3kg/t 干泥，污泥回收率为 95% 以上，脱水后泥饼的含水率为 75% 左右	由于滤带不能织得太密，为防止细小的污泥漏网，需投加较多的絮凝剂以使污泥形成较大絮团。一般混合污泥脱水时的加药量 3kg/t 干泥，污泥回收率为 90% 左右，脱水后泥饼含水率为 75%～80% 左右
5	每立方米污泥脱水耗电为 1.2kW/m³ 运行时噪声为 76～80dB 全天 24h 连续运行 除停机外，运行中不需清洗水	每立方米污泥脱水耗电为 0.8kW/m³ 运行时噪声为 70～75dB 滤布需松弛保养，一般每天只安排两班操作，运行过程中需不断用高压水冲洗滤布

续表

	卧 螺 离 心 机	带 机
6	占用空间小，安装调试简单，配套设备仅有加药和进出料输送机，整机全密封操作，车间环境好	占地面积大，配套设备除加药和进出料输送机外，还需清洗泵、空压机、污泥调理器等等，整机密封性差，高压清洗水雾和臭味污染环境，如工艺参数控制不好，会造成泥浆四溢
7	易损件仅轴承和密封件。卸料螺旋的维修周期一般在3a以上	易损件除轴承、密封件外，滤带也需更换，且价格昂贵

11.7.5 离心机常见故障及排除方法

离心机常见故障及排除方法，见表11-23。

离心机常见故障及排除方法 表11-23

故障现象	原因分析	排除方法
分离液混浊，固体回收率低	1. 液环层厚度太薄 2. 进泥量太大 3. 转速差太大 4. 入流固体超负荷 5. 机器磨损严重 6. 转鼓转速太低	增大厚度 减小进泥量 降低转速差 减小进泥量 更换零件 增大转速
泥饼含固量低	1. 转速差太大 2. 液环层厚度太大 3. 转鼓转速太低 4. 进泥量太大 5. 加药不足或过量	降低转速差 减小液环层厚度 增大转速 减小进泥量 调整投药比
离心机过度振动	1. 轴承故障 2. 部分固体沉积在转鼓的一侧，引起运转失衡 3. 机座松动	更换轴承 停机时清洗不干净造成一侧沉积。彻底清洗 拧紧紧固螺母
转轴扭矩太大	1. 进泥量太大或入流固量太大 2. 转速差太小，出泥口堵塞 3. 齿轮箱出故障	减小进泥量 增大转速差 加油保养

11.8 螺压浓缩机与脱水机

11.8.1 适用条件

这是一种对稀泥浆进行浓缩和脱水的设备，适用于给水排水、环保、化工、造纸、冶金、食品等行业的各类污泥的浓缩和脱水处理。

11.8.2 ROS2型螺压浓缩机

11.8.2.1 特点

(1) 对含固量0.5%的稀泥浆进行浓缩、处理后含固量可提高到6%～12%。絮凝剂的消耗量为1.9‰～2.9‰。

(2) 设备适用的范围广，当进泥含固量在0.7%～1.2%之间变化时，可以通过调节螺旋装置的转速，以适应稀泥浆中含固量的变化，使絮凝剂得到充分利用，反应完全。

(3) 设备体积小、占地少、能耗低、效率高。由于整机在<12r/min的低转速下运行，无振动和噪声，使用寿命长。

11.8.2.2 工艺流程

ROS2型螺压浓缩机处理稀泥浆的工艺流程，如图11-35所示。

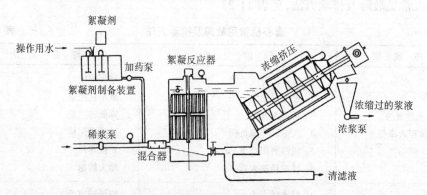

图11-35 ROS2型螺压浓缩机污泥处理工艺流程

含固量0.5%干泥的稀泥浆，泵送至絮凝反应器前，由流量仪和浓度仪检测后，指令絮凝剂投加装置定量地投入粉状或液状(投加浓度可预先设定)高分子絮凝剂。通过混合器混合，进入絮凝反应器内，经缓慢反应搅拌匀质后溢入ROS2螺压浓缩机，已絮凝的浆液，在压榨转动作用下，被缓慢提升、压榨直至浓缩，使泥浆含固量达到6%～12%DS左右，污泥卸入集泥斗，进入后续处理装置。过滤液穿流筛网后外排。

本设备具有筛网运转过程中的转动自清洗装置和定时自动冲洗设施。可长期、连续、全封闭运行。

11.8.2.3 规格和性能

ROS2型螺压浓缩机规格性能，见表11-24。

ROS2型螺压浓缩机规格和性能　　表11-24

型号	处理量 (m³/h)	驱动电机 功率 (kW)	驱动电机 电压 (V)	压榨机 转速 (r/min)	反应器 功率 (kW)	搅拌器 转速 (r/min)	清洗系统的驱动 (kW)	系统管径 DN	运行重量 (kg)
ROS2.1	8～15	0.55	380	0～12	0.55	0～23.5	0.04	80/100	3300
ROS2.2	18～30	1.1	380	0～9.1	0.55	0～23.5	0.04	100/125	3400
ROS2.3	35～50	2.2	380	0～9.7	0.55	0～23.5	0.04	100/150	4700
ROS2.4	60～100	4.4	380	0～7.5	0.37	0～9.9	0.04	200/150	9000

11.8.2.4 外形及安装尺寸

ROS2型螺压浓缩机外形尺寸，见图11-36、表11-25；安装尺寸，见图11-37、表11-26。

11.8 螺压浓缩机与脱水机

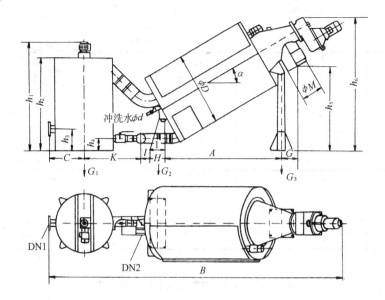

图 11-36 ROS2 型螺压浓缩机外形尺寸

ROS2 型螺压浓缩机外形尺寸 表 11-25

型号	K	l	H	A	G	h_1	h_2	h_3	h_4	h_5
ROS2.1	796	136	240	1340	197	2020	1820	350	125	1647
ROS2.2	920	73	260	1555	331	1797	1497	350	195	1161
ROS2.3	935	148	250	1909	265	1797	1497	350	195	1355
ROS2.4	1177	681	450	2020	340	2420	2120	350	210	1610

型号	h_6	B	α (°)	ϕD	ϕM	DN1	DN2	荷载 (kN)		
								G_1	G_2	G_3
ROS2.1	2125	3422	30	795	250	100	100	11	14	8
ROS2.2	1981	4197	30	1018	254	100	125	12	14	8
ROS2.3	2152	4808	30	1175	356	100	150	12	23	12
ROS2.4	2646	6377	30	1715	506	150	200	37	33	20

注：DN1、DN2 均为标准法兰，公称压力 PN16。

ROS2 型螺压浓缩机安装尺寸 表 11-26

型号	A	B	φ	G	H	N	N_1	K	K_1	C
ROS2.1	1052	1333	926	500	240	180	30	440	30	570
ROS2.2	1123	1685	1074	598	260	210	25	548	25	240
ROS2.3	1208	2034	1074	800	250	200	25	750	25	390
ROS2.4	2083	2245	1545	940	450	390	30	900	30	390

型号	D	E	l_1	f	l_2	l_3	W	L	$n-M_1$	$n-M_2$	$n-M_3$	t
ROS2.1	160	140	20	120	110	30	1216	3228	4-M16	4-M12	4-M12	200
ROS2.2	300		30	240	25		1374	3795	4-M14	4-M14	4-M12	200
ROS2.3	400		30	340	30		1374	4279	6-M14	4-M14	4-M12	200
ROS2.4	400		30	340	30		1845	5301	6-M14	4-M14	4-M12	200

注：做好混凝土基础，安装时用膨胀螺栓在基础顶部固定即可，不需预埋件或预留孔。

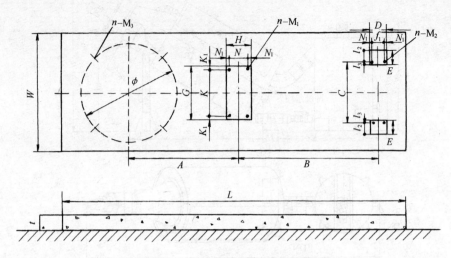

图 11-37 ROS2 型螺压浓缩机安装尺寸

11.8.3　ROS3 型螺压脱水机

11.8.3.1　特点

(1) 对含固量大于 3% 的泥浆,实行一次脱水,干泥含量达 20%~30%,污泥回收率大于 80%,絮凝剂用量为 1.5~4g/kg 干泥。

(2) 结构紧凑,占地少,能耗低。

(3) 转速为 2~6r/min 低转速运行,无振动,无噪声,可全封闭、长期连续运行。

(4) 整机全部采用不锈钢制成,使用寿命长。

11.8.3.2　污泥处理的工艺流程

ROS3 型螺压脱水机处理污泥脱水的工艺流程,如图 11-38 所示。

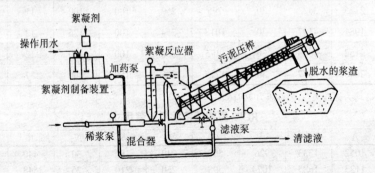

图 11-38 ROS3 型螺压脱水机污泥处理工艺流程

含固量大于 3% 干泥左右的稀泥浆与干粉或液体状絮凝剂(浓度可预先设定)经管道混合器混合,送入絮凝反应器,反应后,稀浆形成絮体,固液得到有利的分离,要脱水的稀浆进入 ROS3 主机过滤,被栅网截留的泥浆被螺旋提升、压榨,直至含固率达 18%~25% 连续排放。流经栅网的滤后液外排。

为使栅网无堵塞,设备中具有喷射清洗装置,运行中清洗不影响机械脱水效果。

11.8.3.3 规格和性能

ROS3型螺压脱水机规格和性能,见表11-27。

ROS3型螺压脱水机规格和性能　　表11-27

型号	处理量 (m³/h)	驱动电机		脱水机转速 (r/min)	清洗系统的驱动(kW)	系统管径 DN	运行重量 (kg)
		功率(kW)	电压(V)				
ROS3.1	2~5	3	380	0~5	0.04	100/100	2500
ROS3.2	5~10	4.4	380	0~6	0.04	100/100	3700
ROS3.3	10~20	8.8	380	0~6	0.08	100/100	7400

11.8.3.4 外形及安装尺寸

ROS3型螺压脱水机外形及安装尺寸,见图11-39、40及表11-28、29。

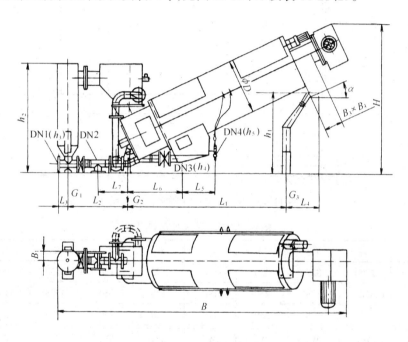

图11-39　ROS3型螺压脱水机外形尺寸

ROS3型螺压脱水机外形尺寸　　表11-28

型号	ϕD	L_1	L_2	L_3	L_4	L_5	L_6	L_7	B_1	$B_3 \times B_4$
ROS3.1	920	2300	825	150	456	640	620	395	124	262×277
ROS3.2	1060	3125	778	150	448	640	620	395	124	262×356
ROS3.3	2200	3125	778	150	448	640	620	395	124	262×356

型号	B	H	h_1	h_2	h_3	h_4	h_5	α	DN1 进料口		
									公称直径	法兰压力	螺孔($n-\phi d$)
ROS3.1	4140	2150	1057	1520	130	100	170	25°	100	PN16	4-13
ROS3.2	4935	2535	1488	1655	130	100	170	25°	100	PN16	4-13
ROS3.3	5200	2535	1488	1655	130	100	170	25°	100	PN16	4-13

续表

型号	DN2 滤后液出口 公称直径	DN2 滤后液出口 法兰压力	DN2 滤后液出口 螺孔($n_1-\phi_1 d$)	DN3 回流液出口 管径	DN3 回流液出口 接口方式	DN3 回流液出口 接口材质	DN4 清洗水入口 管径	DN4 清洗水入口 接口方式	DN4 清洗水入口 接口材质
ROS3.1	100	PN16	4-13	40	螺纹	不锈钢	32	螺纹	黄铜
ROS3.2	100	PN16	4-13	40	螺纹	不锈钢	32	螺纹	黄铜
ROS3.3	100	PN16	4-13	40	螺纹	不锈钢	32	螺纹	黄铜

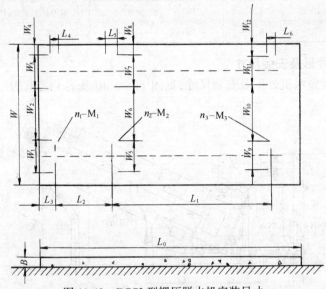

图 11-40 ROS3 型螺压脱水机安装尺寸

ROS3 型螺压脱水机安装尺寸　　　　　表 11-29

型号	L_1	L_2	L_3	L_4	L_5	L_6	L_0	W	W_1
ROS3.1	2300	825	250	120	170	130	3550	1000	
ROS3.2	3125	778	250	120	170	130	4328	1100	
ROS3.3	3125	778	250	120	170	130	4328	2320	461

型号	W_2	W_3	W_4	W_5	W_6	W_7	W_8	W_9	W_{10}
ROS3.1	461		270		440		280		390
ROS3.2	461		320		540		280		390
ROS3.3	858	461	270	540	680	540	280	390	838

型号	W_{11}	W_{12}	B	n_1-M_1	n_2-M_2	n_3-M_3	荷载 (kN) G_1	荷载 (kN) G_2	荷载 (kN) G_3
ROS3.1		305	150	4-M10	4-M16	4-M16	3	15	7
ROS3.2		355	150	4-M10	4-M16	4-M16	4	23	10
ROS3.3	390	355	150	8-M10	8-M16	8-M16	8	46	20

注：以上基础尺寸为双机并联布置形式，当为单机布置形式时，图表中的 W_1、W_3、W_5、W_7、W_9、W_{11} 无需考虑。

12 行业标准技术

给水排水《专用机械》在工程建设中,常被作为非标设备对待,长期以来每种产品的规格、系列、性能、外形及安装尺寸等均不甚规范,不少产品往往都在低水平的重复劳动中徘徊,严重制约了给水排水《专用机械》的发展,阻碍了规格化、定型化、标准化的实施。

近10余年来,建设部大力组织从事给水排水工程技术专家,对一些常用设备制订了行业标准。化工部、环保局、机械局等部局,也相继制订了一些行业标准,这都对城镇和工业建设起了积极的促进作用。

为方便各设计和建设单位在设计和招投标中有据可查,有标可依;制作和安装单位强化有标生产;监理单位可以按标核查和监督;管理单位能以标准的要求严格管理和维护。故汇集了1998年底前建设部已批准颁布的《专用设备》行业标准15篇,供读者使用。由于篇幅所限,对每篇标准中的引用标准、包装、运输、贮存等类同内容予以简略。标准号和章节编序与原文相同,以便核查使用。

12.1 平面格栅(标准号 ZB P41 001—90)

1 主题内容与适用范围

本标准规定了平面格栅的型式、基本参数及尺寸、型号编制、技术要求、检验规则、标志、包装、运输。

本标准适用于供水排水工程所用平面格栅的设计。

2 引用标准

(略)

3 型式、基本参数及尺寸

3.1 平面格栅的基本型式

a. A型(图1):本型式平面格栅,栅条在框架外侧,适用于机械或人工清除污物;

b. B型(图2):本型式平面格栅,栅条在框架内侧,一般上部设有起吊架,将格栅吊起,人工清除污物。

3.2 基本参数及尺寸

3.2.1 平面格栅的基本参数及尺寸应符合表1规定。

3.2.2 平面格栅框架一般用型钢焊接制造,型钢断面尺寸的选择应通过强度和刚度计算来确定。

3.2.3 当平面格栅长度 $L>1000$mm 时,可在格栅框架内增加横向肋条,横向肋条的数量及断面尺寸应通过计算确定。

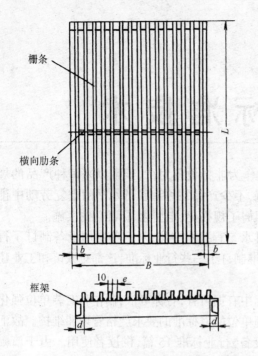

图1 A型平面格栅　　　　图2 B型平面格栅

表1　平面格栅的基本参数及尺寸　　　　　　　　　　（mm）

名　称	数　值
格栅宽度 B	600,800,1000,1200,1400,1600,1800,2000,2200,2400,2600,2800,3000,3200,3400,3600,3800,4000。使用移动式除污机时 $B>4000$
格栅长度 L	600,800,1000,1200,……，以200为一级增大，其上限值由水深确定
间隙宽度 e	10,15,20,25,30,40,50,60,80,100
栅条至外边框距离 b	b 值按下式计算：$$b=\frac{B-10n-(n-1)e}{2};b\leqslant d$$ 式中　B——格栅宽度 　　　n——栅条根数 　　　e——间隙宽度 　　　d——框架周边宽度

3.3　型号编制

3.3.1　型号表示方法：

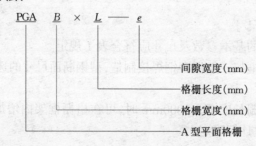

3.3.2 标记示列：

宽度1000mm,长度1500mm,间隙宽度40mm的A型平面格栅：

$$PGA\ 1000 \times 1500 - 40$$

4 技术要求

4.1 平面格栅的制造应符合本标准要求,并按照经规定程序批准的图纸及技术文件制造。

4.2 平面格栅栅条一般使用截面为10mm×50mm～10mm×100mm 材质为A3的扁钢制造,对于腐蚀性较强的污水,可用其它强度高、耐腐蚀性好的材料制造。

4.3 用机械清除的平面格栅,栅条的直线度偏差不超过长度的1/1000,且不超过2mm。

4.4 用机械清除的平面格栅,其制造偏差应符合下列规定：

  a. 格栅宽度和高度的尺寸偏差不应超过GB 1804中规定的IT 15级精度；
  b. 平面格栅对角线相对差不超过4mm,工作面平面度不超过4mm；
  c. 各栅条应相互平行,其间距偏差不应超过设计间距的±5%。

4.5 各部焊缝应平整、光滑,不应有任何裂缝、未熔合、未焊透等缺陷。

4.6 按要求涂底漆和面漆、涂漆应均匀、光亮、完整,不得有粗糙不平,更不得有漏漆现象,漆膜应牢固、无剥落、裂纹等缺陷。

5 产品检验

产品在出厂前应按技术要求进行检验。

6 标志、包装、运输

(以下略)。

附 录 A
平面格栅安装型式及尺寸

A1 A型平面格栅安装型式如图 A1 所示。安装尺寸应符合表 A1 的规定。

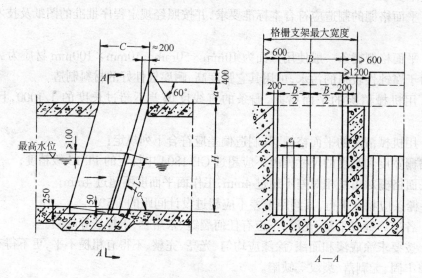

图 A1 平面格栅安装型式

表 A1 A 型平面格栅安装尺寸　　　　　　　　　　（mm）

池深 H	800,1000,1200,1400,1600,1800,2000,2400,2800,3200,3600,4000,4400,4800,5200,5600,6000			
格栅倾斜角 α	60°	75°	90°	
清除高度 a	0	800,100	1200　1600　2000　2400	
运输装置	水　槽	容器、传送带、运输车	汽　车	
开口尺寸 C	≥1600			

12.2 平面格栅除污机（标准号 CJ/T 3048—1995）

1 范围

本标准规定了平面格栅除污机的产品分类、技术要求、试验方法、检验规则、标志、包装、运输及贮存等。

本标准适用于给水排水工程中使用的链传动和钢丝绳传动的固定式和移动式平面格栅除污机。其他型式的格栅除污机亦可参照使用。

2 引用标准（略）

3 术语

本标准采用下列术语。

3.1 平面格栅除污机

利用平面格栅和齿耙清除流体中污渣的设备。

3.2 链式平面格栅除污机

齿耙运行由链传动系统来实现的平面格栅除污机。

3.3 钢丝绳式平面格栅除污机

齿耙运行由钢丝绳传动系统来实现的平面格栅除污机。

3.4 固定式平面格栅除污机

齿耙无横向水平行走装置的平面格栅除污机。

3.5 移动式平面格栅除污机

齿耙设有横向水平行走装置的平面格栅除污机。

3.6 齿耙额定载荷

齿耙每次上行除污时（多齿耙平面格栅除污机假定污渣载荷集中在一个齿耙上），能承受的污渣最大总质量。

3.7 可靠性

平面格栅除污机在规定的条件下和时间内，完成规定功能的能力。

3.8 平均无故障工作时间

在可靠性试验期内，累计工作时间与当量故障次数之比。

平均无故障工作时间按公式(1)计算：

$$\mathrm{MTBF} = \frac{T_0}{N} \tag{1}$$

式中　MTBF——平均无故障工作时间，h；

　　　　T_0——累计工作时间，h；

　　　　N——在可靠性试验总工作时间内出现的当量故障次数（见6.5.4）。当$N<1$时，按$N=1$计算。

3.9 可靠度

在可靠性试验期内，平面格栅除污机累计工作时间与累计工作时间和故障停机修理时间二者之和的比值。

可靠度按公式(2)计算：

$$K = \frac{T_0}{T_0 + T_1} \tag{2}$$

式中　K——可靠度；

　　　　T_1——故障停机修理时间，h。

3.10 安装倾角

平面格栅除污机安装使用时，格栅与水平面的夹角。

3.11 栅条净距

相邻两栅条内侧的距离。

3.12 托渣板

位于栅条上端，用于托渣的板。

4 产品分类

4.1 型式

平面格栅除污机按照齿耙传动型式分为链式和钢丝绳式，按照安装型式分为固定式和移动式。

4.2 基本参数

4.2.1 平面格栅除污机的基本参数为齿耙宽度、栅条净距和安装倾角。其中齿耙宽度为主参数,单位为 mm。

4.2.2 平面格栅除污机基本参数应符合表1的规定。

表1 平面格栅除污机基本参数

名 称	系 列
齿耙宽度(mm)	600、800、1000、1200、1400、1600、1800、2000、2200、2400、2600、2800、3000、3200、3400、3600、3800、4000、4500、5000
栅条净距(mm)	10、15、20、25、30、40、50、60、80、100
安装倾角(°)	60、75、90

4.3 型号

产品型号编制按照 CJ/T 3035 的规定执行。

5 技术要求

5.1 一般要求

平面格栅除污机(以下简称除污机)应符合本标准的规定,并应按照规定程序批准的图样及文件制造。

5.2 整机

5.2.1 齿耙额定载荷

除污机在安装倾角状态下,齿耙额定载荷应符合表2的规定。

表2

齿耙宽度(mm)	≤1000	≥1200	≥2000	≥3000	≥4000
齿耙额定载荷(N)	≥1000	≥1500	≥2000	≥2500	≥3000

5.2.2 耙齿与栅条间隙

耙齿与其两倾栅条的间隙之和应符合表3的规定。

表3 (mm)

齿耙宽度	≤1000		≥1200		≥3000	
栅条净距	≤40	≥50	≤40	≥50	≤40	≥50
耙齿与栅条间隙 固定式	≤4	≤5	≤5	≤6	≤6	≤7
耙齿与栅条间隙 移动式	≤5	≤6	≤6	≤7	≤7	≤8

5.2.3 耙齿顶面与托渣板间距

齿耙上行除污时,耙齿顶面与托渣板间距应符合表4的规定。

表4 (mm)

齿耙宽度	≤1000	≥1200	≥3000
耙齿顶面与托渣板间距	≤3	≤3.5	≤4

5.2.4 噪声

齿耙在额定载荷时,除污机的工作噪声应符合表5的规定。

表5

齿耙宽度（mm）	≤1000	≥1200	≥3000
噪声值(声压级)[dB(A)]	≤76	≤78	≤80

5.2.5 可靠性

表6

平均无故障工作时间(h)	可靠度
≥200	≥85%

a）除污机在安装倾角位置和齿耙在额定载荷工况下进行时间为300h的可靠性试验；

b）除污机可靠性试验的平均无故障工作时间和可靠度应符合表6的规定。

5.2.6 齿耙污渣清除

除污机应设置有效的强制性清除齿耙上污渣的机构,使污渣顺利、干净、准确地从齿耙上排卸到污渣贮存槽中。

5.2.7 过载保护

除污机应设置机械和电气过载保护系统,避免因过载而损坏传动系统、格栅及齿耙等零部件。

5.2.8 控制运行方式

除污机应同时具有手动控制运行和自动控制运行两种型式,机器启动运行时的格栅前后液位差不得超过200mm。

5.2.9 防腐措施

除污机与腐蚀介质接触的零部件,应采用耐腐蚀材料制造或进行预处理和有效的表面防腐处理,使其在腐蚀介质接触的情况下,仍能正常可靠运行。

5.2.10 环境温度

除污机在-5~40℃的环境温度下应能正常工作。

5.2.11 总装与检修

除污机零部件之间的连接结构和型式应合理,便于分体检修和安装。零部件应装配牢固,符合JG/T 5011.11的规定,在承受工作振动和冲击的情况下,仍具有足够的强度、刚度和定位性。

5.3 零部件

5.3.1 齿耙

a）齿耙应运行平稳、耙齿布置均匀,便于更换,能准确进入栅条间隙中上行除污,不与栅条碰擦；

b）齿耙强度和刚度应满足额定载荷要求；

c）钢丝绳式除污机齿耙的启闭应灵活可靠,应采取有效的强制性闭耙措施,保证上行除污时,耙齿始终插入在栅条间隙中；

d）齿耙应按照5.2.9条的规定进行防腐处理。

5.3.2 格栅

a）栅条应安装牢固,布置均匀,互相平行,在1000mm长度范围内,栅条的平行度不应大于2mm；

b）栅条组成的格栅平面应平整，格栅宽度不大于2000mm时，纵向1000mm长度范围内的格栅平面的错落度不应大于3mm；格栅宽度大于2000mm时，纵向1000mm长度范围内的格栅平面的错落度不应大于4mm。

5.3.3 机架

a）机架应具有足够的强度与刚度；

b）机架上的齿耙运行导轨应平直，在1000mm长度范围内，两侧导轨的平行度不应大于1mm。

5.3.4 齿耙污渣清除机构

齿耙污渣清除机构应摆动灵活，位置可调，缓冲自动复位，刮渣干净。

5.3.5 齿耙行走装置

a）齿耙行走装置应运行灵活、平稳、制动可靠；

b）齿耙行走装置两侧导轨纵向应平行，顶面应平整，导轨应接地；

c）齿耙行走装置移动换位应准确，定位精度不应大于±3mm；

d）齿耙行走装置应设置防止除污时倾翻的机构。

5.3.6 传动系统

a）传动系统应运行灵活、平稳、可靠，无异常噪声；

b）传动系统应设置机械过载保护系统；

c）传动系统应能使齿耙连续准确地进入栅条间隙中，使齿耙上行闭耙下行开耙，在额定载荷工况下仍能正常运行；

d）链传动系统设置张紧调节装置，钢丝绳传动系统应设置松绳保护装置，不得发生因缠绕乱绳和受力不均而使齿耙拉偏歪斜现象；

e）减速器应密封可靠，不得漏油；

f）与腐蚀性介质接触部分的零部件，应按照5.2.9条的规定进行处理。

5.3.7 润滑系统

a）润滑部位应润滑良好，密封可靠，不得漏油；

b）润滑部位应设置明显标志，可方便地加注润滑油或润滑脂。

5.3.8 电气控制系统

a）电气控制设备应符合GB 4720的规定；

b）电气控制系统的防护措施应符合GB 9089.2的规定；

c）电气控制系统应设置过载保护装置和实现除污机手动和自动控制运行所必须的开关、按钮、报警和工作指示灯等；

d）电控箱应具有防水、防震、防尘、防腐蚀气体等措施，箱内元器件排列整齐，走线分明。

5.3.9 罩壳

a）罩壳不得有明显皱折和直径超过8mm的锤痕；

b）罩壳应安装牢固、可靠。

5.3.10 除锈

除污机除锈处理应符合JG/T 5011.13的规定。

5.3.11 机械加工件

机械加工件质量应符合 JG/T 5011.10 的规定。

5.3.12 焊接件

焊接件质量应符合 JJ 12.3 的规定。

5.3.13 涂漆

涂漆质量应符合 JG/T 5011.12 的规定。

5.4 安全性

5.4.1 防护罩

在操作人员易靠近的传动部位,应设置防护罩。

5.4.2 安全标记

除污机工作时,不适宜操作人员接近的危险部位应设有明显标记。

5.4.3 绝缘电阻

机体与带电部件之间的绝缘电阻不得小于 $1M\Omega$。

5.4.4 接地

机体应接地,接地电阻不得大于 4Ω。

5.5 外购件

外购件应符合有关国家标准和产品企业标准规定,并具有产品合格证。

6 试验方法

6.1 齿耙额定载荷的检测

6.1.1 检测条件

除污机放置在地面或地坑中,固定牢固,处于规定的安装倾角状态,不与流体接触。

6.1.2 检测仪器及工具

a) 两瓦法功率测量成套仪表;

b) 自动功率记录仪;

c) 配重块;

d) 台秤,量程 500kg。

6.1.3 检测方法

按照 5.2.1 条的规定,将规定质量的配重块均匀固定在齿耙上(多齿耙时可任选一个齿耙),使该齿耙从格栅底部运行到接近顶部卸料位置处,测量齿耙驱动电机输入功率。

检测结果记入表 B2。

6.2 耙齿与栅条间隙的检测

6.2.1 检测条件

检测条件应符合 6.1.1 条的规定。

6.2.2 检测工具

游标卡尺、卷尺。

6.2.3 检测方法

除污机空载运行一个工作循环后停机,分别测量将齿耙宽四等分的三个耙齿(齿耙宽度小于或等于 1400mm 时)或六等分的五个耙齿(齿耙宽度大于 1400mm 时)的宽度值(对于梯形耙齿,以齿高二分之一处的宽度值为准),同时测量这些耙齿分别通过的,位于格栅底、中、上3个横截面处的栅条净距,计算上述各处栅条净距与相应的耙齿宽度差值。

检测结果记入表B3。

6.3 耙齿顶面与托渣板间距的检测

6.3.1 检测条件

检测条件应符合6.1.1条的规定。

6.3.2 检测工具

塞尺、卷尺。

6.3.3 检测方法

使除污机空载运行,在齿耙到达托渣板上方任意两处停机,分别测量齿耙宽四等分的三个耙齿(齿耙宽度小于或等于1400mm时)或六等分的五个耙齿(齿耙宽度大于1400mm时)的顶面与托渣板的间距。

检测结果记入表B2。

6.4 噪声的检测

6.4.1 检测条件

a) 检测条件应符合6.1.1条的规定;

b) 天气无雨,风力小于3级;

c) 试验场地应空旷,以测量点为中心,5m半径范围内不应有大的声波反射物,环境本底噪声应比所测样机工作噪声至少少10dB(A);

d) 声级计附近除测量者以外,不应有其他人员。

6.4.2 检测仪器及工具

a) 精密或普通声级计;

b) 配重块、卷尺;

c) 台称,量程500kg。

6.4.3 检测方法

在按照6.1.3条规定进行检测时,用声级计分别测量距除污机两侧齿耙导轨与地面交汇处水平距离1m,离地面高1.5m两处的最大工作噪声。

检测结果记入表B2。

6.5 可靠性的检测

6.5.1 检测条件

检测条件应符合6.1.1条的规定。

6.5.2 检测工具

配重块、量程为500kg的台称。

6.5.3 检测方法

a) 按照5.2.1条的规定,将质量与齿耙额定载荷相同的配重块均匀固定在齿耙上(多齿耙时,将配重块均匀固定在各个齿耙上),使除污机负载连续运行;

b) 平均每天试验时间不应少于8h,总计进行300h的可靠性试验;

c) 按照公式(1)、公式(2)及6.5.4条和6.5.5条的规定,统计和计算工作、故障时间及次数等数据;

d) 检测结果记入表B4。

6.5.4 故障判定

a) 故障分类原则

根据故障的性质和危害程度,将故障分为三类。故障分类原则见表7,故障分类细则见附录A(标准的附录)。

b) 当量故障次数

当量故障次数按公式(3)计算:

$$N = \sum_{i=1}^{3} \varepsilon_i n_i \tag{3}$$

式中 ε_i——第 i 级故障的当量故障系数,见表7;
n_i——第 i 级故障次数。

表7

故障级别	故障类别	分 类 原 则	当量故障系数 ε_i
1	严重故障	严重影响产品使用性能,导致样机重要零部件损坏或性能显著下降,必须更换外部主要零部件或拆开机体更换内部重要零件	3
2	一般故障	明显影响产品使用性能,一般不会导致主要零部件损坏,并可用随机工具和易损件在短时内修复	1
3	轻度故障	轻度影响产品使用性能,用随机工具在短时内可轻易排除	0.2

6.5.5 一般规定

a) 由于明显的外界原因造成的故障、停机、修复等不作统计;

b) 同时发生的各类故障,相互之间有关联,则按其中最严重的故障统计,没有关联,则故障应分别统计;

c) 试验过程中,等待配件、备件的时间不计入修理时间;

d) 每天试验完毕后,允许进行15min的例行保养,除此之外,不得再对样机进行保养。

6.6 齿耙行走装置定位精度的检测

6.6.1 检测条件

检测条件应符合6.1.1条的规定。

6.6.2 检测工具

划线笔、游标卡尺、卷尺。

6.6.3 检测方法

在齿耙进入格栅中和齿耙行走装置定位牢固的情况下,在位于齿耙宽度二分之一处的纵向截面上的行走装置的机架上固定一个位置指针,并在位于同一纵截面上的行走装置导轨上划线标记位置。然后使行走装置在运行距离不少于3m的情况下制动定位,重复进行3次,取平均值,分别用游标卡尺检查机架横梁上的位置指针与导轨上的定位标记线的偏差。

检测结果记入表B2。

6.7 其他项目的检测
6.7.1 检测条件
检测条件应符合6.1.1条的规定。
6.7.2 检测方法

a) 在除污机空载运行(出厂检验时)和按照6.5.3条 a)规定满载运行(型式检验时)15min过程中和停机后,采取目测、手感和通用及专用检测工具与仪器测量的方法,对4.2.2条和第5章其他相应技术要求项目进行检测;

b) 检测项目、方法及判定依据见表8;

c) 检测结果记入表B2。

表8

序号	检测项目	工作状态	检测工具及方法	判定依据
1	齿耙宽度	静止	用卷尺检测	4.2.2
2	栅条净距		用游标卡尺任意检测五处	
3	安装倾角		用光学倾斜仪测量齿耙导轨与水平面的夹角	
4	齿耙污渣清除机构	空载运行	目测	5.2.6 5.3.4
5	电气控制系统	静止、空载、满载	GB 4720和目测、手动检查	5.2.8 5.3.8
6	防腐措施	静止	目测	5.2.9
7	装配牢固性	静止、空载、满载	手动和目测检查	5.2.11
8	齿耙	空载 满载	目测	5.3.1
9	格栅	静止	目测和用通用及专用仪器与工具进行检测	任意检测一段五个栅条在1m长度范围内的平行度和一段格栅平面在1m长度范围内的平面错落度	5.3.2
10	机架	静止 空载 满载		任意检测二段齿耙运行导轨在1m长度范围内的平行度	5.3.3
11	齿耙行走装置	运行移位制动定位	目测	5.3.5a) 5.3.5b) 5.3.5d)
12	传动系统	静止、空载、满载	目测	5.3.6
13	润滑系统			5.3.7
14	罩壳			5.3.9
15	除锈	静止	JG/T 5011.13	5.3.10
16	焊接件		JJ 12.3	5.3.12
17	涂漆		JG/T 5011.12	5.3.13
18	安全性		用500V兆欧表检查机体与带电部件间的绝缘电阻,用接地电阻测试仪检查机体接地电阻,其他项目目测检查	5.4

7 检验规则

7.1 检验分类
根据检验目的和要求不同,产品检验分出厂检验和型式检验。

7.2 出厂检验

7.2.1 出厂检验条件
除污机各总成、部件、附件及随机出厂技术文件应按规定配备齐全。

7.2.2 出厂检验型式
除污机出厂检验应在制造厂内进行,亦可在使用现场进行。

7.2.3 出厂检验项目
除污机应按照表9规定的项目进行出厂检验。

表9

出 厂 检 验 分 类	出 厂 检 验 项 目
静止状态下,用通用和专用工具与仪器检验及目测、手感检测	4.2.2、5.2.2、5.2.3、5.2.9、5.3.2、5.3.3b、5.3.6e、5.3.6f、5.3.7、5.3.8c、5.3.9、5.3.10、5.3.12、5.3.13、5.4
空载运行状态下的检验	5.2.8、5.2.11、5.3.1a、5.3.1c、5.3.3a、5.3.4、5.3.5、5.3.6a、5.3.6d

注:4.2.2的检验项目不包括安装倾角。

7.3 型式检验

7.3.1 型式检验条件
凡属于下列情况之一的除污机,应进行型式检验:

a) 新产品鉴定;

b) 产品转厂生产;

c) 产品停产2年以上,恢复生产;

d) 产品正常生产后,由于产品设计、结构、材料、工艺等因素的改变影响产品性能(仅对受影响项目进行检验);

e) 国家质量监督机构提出进行型式检验。

7.3.2 型式检验项目
除污机应按照4.2.2条和第5章各条规定进行型式检验。

7.4 抽样检验方案

7.4.1 出厂检验
每台产品均应按照7.2条规定进行出厂检验。

7.4.2 型式检验

a) 抽样采取突击抽取方式,检查批应是近半年内生产的产品;

b) 样本从提交的检查批中随机抽取。在产品制造厂抽样时,检查批不应少于3台,在用户抽样时,检查批数量不限;

c) 样本一经抽取封存,到确认检验结果无误前,除按规定进行保养外,未经允许,不得进行维修和更换零部件;

$d)$ 样本大小为 1 台;

$e)$ 当判定产品不合格时,允许在抽样的同一检查批中加倍抽查检验。

7.5 判定规则

7.5.1 出厂检验

产品出厂检验项目均应符合相应规定。

7.5.2 型式检验

$a)$ 产品应达到 4.2.2、5.2.1、5.2.2、5.2.3、5.2.4、5.2.5、5.2.6、5.2.7、5.2.8、5.3.1、5.3.5、5.3.6 条规定;

$b)$ 产品型式检验的其他项目,允许有二条达不到规定;

$c)$ 被确定加倍抽查的产品检验项目,检验后各项指标均应达到相应规定,否则按照复查中最差的一台产品评定。

7.5.3 产品出厂

产品出厂前应经厂质检部门检验,确认合格并填发产品合格证和检验人员编号后方能出厂。

8 标志、包装、运输及贮存

(以下略)。

附 录 A
（标准的附录）
故障分类细则

平面格栅除污机可靠性试验故障分类细则

故障级别	故障分类	故障内容
1	严重故障	1. 非外界因素造成的人员伤亡 2. 齿耙运行、启闭和行走电机损坏 3. 轴承、齿轮损坏导致减速器报废 4. 重要部位轴、键损坏 5. 机架脱焊严重变形或断裂 6. 链条、钢丝绳折断 7. 齿耙损坏 8. 齿耙行走装置倾翻 9. 重要部位紧固件脱落
2	一般故障	1. 齿耙上行偏斜卡阻，不能继续上行 2. 齿耙启闭失灵 3. 齿耙不能进入栅条间隙中 4. 齿耙上行时耙齿脱离格栅面 5. 栅条松动、错位 6. 钢丝绳缠绕乱绳 7. 链条脱落 8. 齿耙污渣清除机构损坏或复位失灵 9. 行程开关失灵 10. 电气控制系统操作失灵、漏电 11. 传动系统漏油 12. 重要部位紧固件松动 13. 非重要部位轴、键损坏
3	轻度故障	1. 齿耙上行偏斜晃动，产生异常声音，但能继续上行 2. 传动系统渗油 3. 非重要部位紧固件松动 4. 齿耙行走装置的行走轮离开导轨，定位不稳晃动

附 录 B
（提示的附录）
检测记录表

B1 平面格栅除污机主要技术性能参数见表 B1。

表 B1

样机型号_____ 　　　制造厂_____
出厂日期_____ 　　　出厂编号_____

项　目		单　位	数　值
齿耙宽度		mm	
格栅宽度		mm	
除污井深		mm	
栅条净距		mm	
安装倾角		(°)	
齿耙额定载荷		N	
齿耙运行速度		m/min	
齿耙行走速度		m/min	
格栅前后液位差		mm	
配套电机功率	齿耙运行电机	kW	
	齿耙启闭电机	kW	
	齿耙行走电机	kW	
整机质量		kg	
外形尺寸(长×宽×高)		mm	

B2 平面格栅除污机技术性能检测记录见表 B2。

表 B2

样机型号_____ 　　　制造厂_____
出厂编号_____ 　　　检测地点_____

检测项目		检测结果	检测日期	检测人员	备　注
齿耙宽度(mm)					
栅条净距(mm)	位置 1				
	位置 2				
	位置 3				
	位置 4				
	位置 5				
安装倾角(°)					

12.2 平面格栅除污机(标准号 CJ/T 3048—1995)

续表

检测项目			检测结果	检测日期	检测人员	备注
齿耙额定载荷	电压(V)					
	电流(A)					
	齿耙电机功率(kW)					
	运行情况					
	配重块质量(kg)					
耙齿顶面与托渣板间距(mm)	截面Ⅰ	位置1				
		位置2				
		位置3				
		位置4				
		位置5				
	截面Ⅱ	位置1				
		位置2				
		位置3				
		位置4				
		位置5				
噪声[dB(A)]	位置1					天气、风速、本底噪声情况
	位置2					
齿耙污渣清除机构						
电气控制系统	空载					
	满载					
防腐措施						
装配牢固性	空载					
	满载					
齿耙	空载					
	满载					
格栅	栅条平行度(mm)	栅条1				
		栅条2				
		栅条3				
		栅条4				
		栅条5				
	格栅平面错落度(mm)					
机架	齿耙运行导轨平行度(mm)	位置1				
		位置2				
	其他项目					

续表

检测项目			检测结果	检测日期	检测人员	备注
齿耙行走装置	定位精度(mm)	1				
		2				
		3				
		平均值				
	其他项目					
传动系统	空载					
	满载					
润滑系统						
罩壳						
除锈						
焊接件						
涂漆						
安全性	绝缘电阻(MΩ)					
	接地电阻(Ω)					
	其他项目					

B3 平面格栅除污机耙齿与栅条间隙检测记录见表B3。

表 B3

样机型号_____ 制 造 厂_____
出厂编号_____ 检测地点_____
检测日期_____ 检测人员_____

检测位置		1	2	3	4	5
耙齿宽(mm)						
栅条净距(mm)	上截面					
	中截面					
	下截面					
耙齿与栅条间隙(mm)	上截面					
	中截面					
	下截面					

B4 平面格栅除污机可靠性试验记录见表B4。

表 B4

检测日期			工作时间(h)	累计工作时间(h)	故障					检测人员
年	月	日			内容	原因	排除措施	类别	停机修理时间(h)	

12.3 弧形格栅除污机(标准号 CJ/T 3065—1997)

1 范围

本标准规定了弧形格栅除污机(以下简称除污机)的形式、基本参数、技术要求、检验规则、试验方法、标志及包装运输等。

本标准适用于给水、排水工程。

2 引用标准(略)

3 定义 (略)

4 型号

4.1 除污机标记采用设备名称中各组成单词的第一个汉字拼音字母和阿拉伯数字表示。

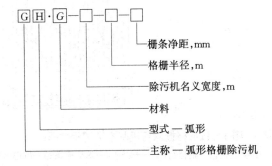

4.2 示例

格栅名义宽度 1m,格栅半径 1.5m,栅条净距 5mm。

其标记为:GH.G1-1.5-5

5 性能参数

弧形格栅性能参数应符合表1的规定。

表1 弧形格栅除污机性能参数表

格栅半径 r,m	0.5,0.8,1.0,1.2,1.5,1.6,2.0
名义宽度,m	0.3,0.4,0.5,0.6,0.8,1.0,1.2,1.4,1.6,1.8,2.0,2.2,2.5,3.0
栅条净距,mm	5,8,15,20,25,30,40,50,60,80
最大水深,m	0.4,0.6,0.8,1.0,1.2,1.4,1.5,2.0
齿耙额定承载能力,N/m	>1500
噪声,dB	<80~84
运行线速度 V,m/min	<5~6

6 型式

除污机由弧形栅条、齿耙、驱动装置、副耙等组成。

其基本结构形式见图1(a)。

7 技术要求

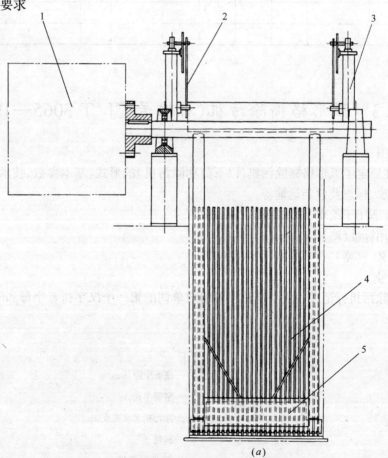

图1 弧形格栅除污机基本结构示意图(一)

1—驱动装置;2—副耙组件;3—支座;4—弧形栅条;5—齿耙组件

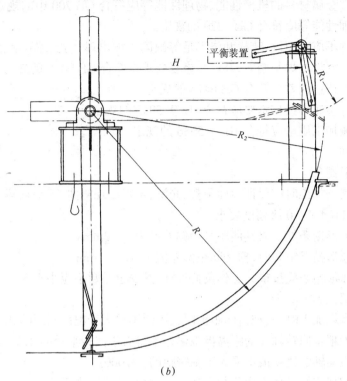

(b)

图1 弧形格栅除污机基本结构示意图(二)

7.1 除污机应符合本标准的规定,并按照规定程序批准的图样和技术文件进行制造。

7.2 除污机的定额按连续工作制(SI)为基准的连续工作定额。

7.3 整机性能

7.3.1 齿耙额定承载能力应符合表1的规定。

7.3.2 除污机在额定工况条件下首次无故障连续工作时间不得小于2000h,其可靠度不得小于90%。

7.3.3 除污机在额定工况条件下,污渣除净率不得小于90%。

7.3.4 除污机必须设有可靠的强制性清除齿耙上污渣的机构。

7.3.5 除污机应设有机械过载和电流过载保护系统,避免因过载而损坏齿耙、弧形栅条、驱动装置等零部件。

7.3.6 除污机应同时具有现场手动控制及自动控制机组运行的装置。

7.3.7 除污机应能在0~45℃的水温度下连续工作。

7.3.8 除污机工作时,不适宜操作人员接近的危险部位应设置明显标记或增设防护栏杆。

7.3.9 外购件应符合国家有关标准规定,并具有产品合格证。

7.3.10 齿耙在额定承载能力工况时的工作噪声应符合表1的规定。

7.4 钢件、铸件

7.4.1 所有灰口铸铁牌号和机械性能不应低于GB 9439中材料HT 150的性能标准。所用球墨铸铁牌号和机械性能不应低于GB 1348中材料QT 10的性能标准。

7.4.2 钢件金属材料的机械性能、物理性能等应符合GB 700中的规定。不锈钢材料其机械性能、物理性能等应符合GB 1220的规定。

7.4.3 铸件不应有裂纹、疏松和浇不足等缺陷。如出现气孔、缩孔和渣眼等不影响构件强度的缺陷时,允许补焊与修复,补焊与修复要求应符合GB 9439的规定。

7.4.4 铸件铸造偏差应符合GB 6414的规定。

7.4.5 钢件金属焊接技术要应符合JB/T 5943的规定。

7.4.6 机械加工质量应符合JB/T 5936的规定。

7.5 零部件

7.5.1 弧形栅条

7.5.1.1 栅条加工时应保证表面平整、光滑,不得出现挠曲、不平直等现象。其平面度公差应符合GB 1184中10级精度要求。

7.5.1.2 弧形栅条加工时其曲率半径偏差值为0~2mm。

7.5.1.3 弧形栅条组装时,栅条间距偏差值为0.5~1mm。

7.5.1.4 弧形栅条应按最大工作负荷设计,其安全系数不应小于5。

7.5.2 齿耙

7.5.2.1 齿耙加工时,其耙齿间距极限偏差值不得大于耙齿间距的0.5~1mm。

7.5.2.2 齿耙绕回转轴线的距离极限偏差不得大于回转半径的0.5~1mm。

7.5.2.3 驱动轴的挠度值不得大于轴跨距的1/1000。

7.5.2.4 齿耙应按最大工作负荷设计,其安全系数不应小于5。

7.5.3 副耙

7.5.3.1 副耙加工时,其耙齿间距误差值不得大于耙齿间距的0.5~1mm。

7.5.3.2 副耙在安装时,应保证耙齿与齿耙的耙齿交错平和插入,并保证不出现卡阻等现象。

7.5.3.3 副耙应摆动灵活,位置可调,缓冲自动复位,刮渣干净。

7.5.4 驱动系统

7.5.4.1 电机额定功率应大于最大设计输出功率的1.2倍。

7.5.4.2 驱动系统应设置过电流、机械过载自动保护装置,确保安全可靠。

7.5.4.3 电机外壳防护等级应符合GB 4942.1中IP55的规定。

7.5.4.4 驱动系统应保证运转灵活、平稳、可靠、无异常噪声。

7.5.4.5 减速机装置应符合减速机国内相关标准的规定。

7.5.4.6 驱动装置中所有润滑部位均应具有良好的润滑性,并保证密封可靠,不得漏油。

7.5.5 电气控制系统

7.5.5.1 电气控制设备应符合GB 4720的规定。

7.5.5.2 电气控制系统应设置实现除污机现场手动和自动控制运行所必须的开关、按钮、报警及工作指示灯等。

7.5.5.3 电控箱应采用户外式,箱内元器件排列整齐,走线分明。

7.5.6 装配

7.5.6.1 除污机安装时应保证各部分严格按设计要求执行,确保整体在运转过程中平稳、灵活,不得出现卡阻、倾斜现象,保证运行可靠。

7.5.7 涂装

7.5.7.1 除污机除非配合金属表面外,均应进行防锈涂漆。

7.5.7.2 各部件在进行防腐蚀处理前均应进行喷砂除锈,去除毛刺、氧化皮、锈斑、粘砂和油污等脏物,并将浇口、冒口、多肉和锐边等铲平,保持表面平整光洁。涂装物体表面技术要求应符合 GB 8923 的规定。

7.5.7.3 涂装表面漆膜总厚度应符合表2的规定,漆膜不得有气泡、针孔、剥落、皱纹和流挂等缺陷。

表2 漆膜总厚度 (μm)

水上部分涂装表面	150~200
水下部分涂装表面	200~250

7.5.7.4 当应用于给水工程时,涂装应采用无毒涂料。当应用于处理腐蚀性水质时,水下部分涂装应采用耐腐蚀涂料或其他耐腐蚀措施。其涂层厚度不应低于设计要求。

7.5.8 润滑

7.5.8.1 润滑部分应润滑良好,密封可靠,不得漏油。

7.5.8.2 润滑部位应设置明显标志,可方便地加注润滑油脂。

8 试验方法

8.1 齿耙额定承载能力的检测

8.1.1 检测条件

除污机设置在试验用除污渠内或试验场,固定牢固,使其处于正常工作状态,不与流体接触。

8.1.2 检测仪器及工具

a) 两瓦法功率测量成套仪表;

b) 自动功率记录仪;

c) 配重块;

d) 台称,量程 500kg。

8.1.3 检测方法

按照表1的规定,将规定质量的配重均匀固定在齿耙上,使该齿耙由格栅底部运行到顶部卸料位置处,测量驱动电机输入功率。检测结果记入附录B中表B1、表B2。

8.2 齿耙与栅条间距的检测

8.2.1 检测条件

检测条件应符合8.1.1条的规定。

8.2.2 检测工具

游标卡尺、卷尺。

8.2.3 检测方法

除污机空载运行1~2个工作循环后停机,分别测量弧形栅条上各栅条间距,当齿耙插入栅条时,测量耙齿与栅条间隙(测量位置取弧形栅条的上、中、底三个横截面,测量点按每一横截面5~8个点)。检测结果记入表B3。

8.3 污渣除净率的检测

8.3.1 检测条件

检测条件应符合8.1.1条的规定。

8.3.2 检测工具

木条、胶带、卷尺。

8.3.3 检测方法

采用模拟方法进行检测。

在弧形栅条底、中、上3个横截面上,沿栅条宽度方向,用胶带轻轻将长度为80mm、宽度与栅条间距相同的9~15个木条粘在栅条上,检查在齿耙从弧形栅条底部上行排渣至排渣完毕的工作过程中,被齿耙清除的木条数量。计算被齿耙清除的木条数量与粘结在栅条上的原木条总数之比,此比值即为污渣除净率。检测结果记入附录B中表B2。

8.4 噪声的检测

8.4.1 检测条件

a) 检测条件应符合8.1.1条的规定;

b) 天气无雨,风力小于3级;

c) 试验场地应空旷,5m半径范围内不应有大的声波反射物,环境本身噪声应比所测样机工作噪声小于10dB(A);

d) 声级计附近除测量者以外,不应有其他人员。

8.4.2 检测仪器及工具

a) 精密或普通声级计;

b) 配重块、卷尺;

c) 台称,量程500kg。

8.4.3 检测方法

在按照8.1.3条规定进行检测时,用声级计分别测量距除污机两侧齿耙与地面交汇处水平距离1m,离地面高度取声源中心高度处的最大工作噪声。检测结果记入附录B中表B2。

8.5 可靠性检测

8.5.1 检测条件

检测条件应符合8.1.1条的规定。

8.5.2 检测工具

配重块、量程为500kg的台称。

8.5.3 检测方法

a) 按照表1中额定承载能力的规定,将配重块均匀固定在单侧齿耙上,使除污机带负荷连续运行;

b) 平均每天试验不少于8h,总计进行300h的可靠性试验;

c) 按照12.2平面格栅除污机中3.8,3.9公式(1)、公式(2)及8.5.4和8.5.5条的规定,统计和计算工作、故障时间及次数等数据;

d) 检测结果记录附录B中表B4。

8.5.4 故障判定

a) 故障分类原则

根据故障的性质和危害程度,将故障分为3类。故障分类原则见表3,故障分类细则见附录 A 中表 A1。

表3 故障分类原则

故障级别	故障类别	分类原则	当量故障系数 ε_i
1	严重故障	严重影响产品使用性能;导致样机重要零部件损坏或性能显著下降,必须更换外部主要零部件或拆开机体更换内部重要零件	3
2	一般故障	明显影响产品使用性能;一般不会导致主要零部件损坏,并可用随机工具和易损件在短时内修复	1
3	轻度故障	轻度影响产品使用性能;不需要停机更换零件,用随机工具在短时内轻易排除	0.2

b) 当量故障次数

当量故障次数按公式(3)计算:

$$N = \sum_{i=1}^{3} \varepsilon_i n_i \qquad (3)$$

式中 ε_i——第 i 级故障的当量故障系数,见表3;

n_i——第 i 级故障次数。

8.5.5 一般规定

a) 由于明显的外界原因造成的故障、停机、修复等不作统计;

b) 同时发生的各类故障,如相互之间有关联,则按其中最严重的故障统计,如果没有关联,则故障应分别统计;

c) 试验过程中,等待配件、备件的时间不计入修理时间;

d) 每天试验完毕后,允许进行 15min 的例行保养,除此之外,不得再对样机进行保养。

8.6 其他项目的检测

8.6.1 检测条件

检测条件应符合 8.1.1 条的规定。

8.6.2 检测方法

a) 在除污机空载运行(出厂检验时)和按照 8.5.3a 条规定满载运行 15min 过程中和停机后,采取目测、手感和通用检测工具与仪器测量的方法,对第 7.1~7.5 各条款中相应技术要求项目进行检测。

b) 检测项目、方法及判定规则见表4。

表4

序号	检测项目	工作状态	检测工具及方法	判定依据
1	栅条公称净距	静止	用游标卡尺检测任意5处	表1
2	齿耙污渣清除机构	空载运行	目测	7.3.4条 7.5.3条
3	电气控制系统	静止、空载 满载	GB 4720 和目测、手动检查	7.3.6条 7.5.5条
4	防腐措施	静止	目测	7.5.7条

续表

序号	检测项目	工作状态	检测工具及方法	判定依据
5	装配牢固性	空载和满载运行	按照8.6.2a条规定运行,目测检查	7.5.6条
6	齿耙	空载和满载运行	按照8.6.2a条规定运行,目测检查	7.5.2条
7	弧形栅条	静止	用游标卡尺及专用测量工具检查	7.5.1条
8	驱动装置	空载和满载运行	按照8.6.2a条规定运行,分别目测检查	7.5.4条
9	润滑系统	静止	按照8.6.2a条规定运行后,目测检查	7.5.8条
10	焊接件	静止	目测	7.4.5条
11	涂装	静止	测厚仪、目测	7.5.7条

c) 检测结果记入附录B中的表B2。

9 检验规则

9.1 检验分类

根据检验目的和要求不同,产品检验分出厂检验和型式检验。

9.2 出厂检验

9.2.1 出厂检验条件

除污机各总成、部件、附件及随机出厂技术文件应按规定配备齐全。

9.2.2 出厂检验项目

除污机应按照表5规定的项目进行出厂检验。

表5

出厂检验分类	出厂检验项目
静止状态下,用通用工具、仪器检验和目测、手感检测	7.5.1、7.5.2、7.5.3、7.5.5.1、7.5.5.2、7.5.5.3、7.5.7、7.5.8、7.4.5、7.3.8
空载和模拟负载运行状态下的检验	7.3.6、7.5.6、7.5.3、7.5.4、7.5.2

9.3 型式检验

9.3.1 型式检验条件

凡属于下列情况之一的除污机,应进行型式检验:

a) 新产品鉴定;
b) 产品转厂生产;
c) 产品停产2年以上恢复生产;
d) 产品正常生产后,由于产品设计、结构、工艺等因素的改变影响产品性能(仅对受影响项目进行检验);
e) 国家质量监督机构提示进行型式检验。

9.3.2 型式检验项目

除污机应按照第7.1~7.5各条款中所规定项目进行型式检验。

9.4 抽样检验方案

9.4.1 出厂检验

每台产品均应按照9.2条规定进行出厂检验。

9.4.2 型式检验

a) 抽样采取突击抽取方式,检查批应是近半年内生产的产品;

b) 样本从提交的检查批中随机抽取。在产品制造厂抽样时,检查批应不少于3台,在用户抽样时,检查批数量不限;

c) 样本一经抽取封存,到确认检验结果无误前,除按规定进行保养外,未经允许,不得进行维修和更换零部件;

d) 样本数量为1台;

e) 如判定产品不合格,允许在抽样的同一检查批中加倍抽查检验。

9.5 判定规则

9.5.1 出厂检验

产品出厂检验项目均应符合相应规定。

9.5.2 型式检验

a) 产品应达到7.5.1、7.5.2、7.5.3、7.5.4、7.5.5条规定;

b) 对于产品型式检验的其他项目,允许有2条达不到规定;

c) 被确定加倍抽查的产品检验项目检验后各项指标均应达到相应规定,否则按照复查中最差的1台产品评定。

9.5.3 产品出厂

产品出厂前应经厂质检部门检验,确认合格并填发产品合格证和检验人员编号后方能出厂。

10 包装、运输、贮存及标志

(略)

附录 A
（提示的附录）
故障分类细则

表 A1 弧形格栅除污机可靠性试验故障分类细则

故障级别	故障分类	故障内容
1	严重故障	1. 非外界因素造成的人员伤亡 2. 运行电机损坏 3. 轴承、齿轮损坏导致减速器报废 4. 重要部位轴、键损坏 5. 机架脱焊严重变形或断裂 6. 齿耙损坏 7. 重要部位坚固件脱落
2	一般故障	1. 齿耙上行偏斜卡阻,不能继续上行 2. 齿耙启闭失灵 3. 齿耙不能进入栅条间隙中 4. 齿耙上行时耙齿脱离格栅面 5. 栅条松动、错位 6. 齿耙污渣清除机构损坏或复位失灵 7. 电气控制系统操作失灵、漏电 8. 传动系统漏油 9. 重要部位紧固件松动 10. 非重要部位轴、键损坏
3	轻度故障	1. 齿耙上行偏斜晃动,产生异常声音,但能继续上行 2. 传动系统渗油 3. 非重要部位紧固件松动

附录 B
（提示的附录）
检测记录表

表 B1 弧形格栅除污机主要技术性能参数表

样机型号_____   制造厂_____

出厂日期_____   出厂编号_____

项目	数值	项目	数值
格栅名义宽度,m		格栅前后水位差,m	
除污渠深,m		配套电机功率,kW	
栅条净距,mm		整机质量,kg	
齿耙额定承载能力,kg/m		外形尺寸(长×宽×高),m	
齿耙运行速度,m/min			

12.3 弧形格栅除污机(标准号 CJ/T 3065—1997)

表 B2 弧形格栅除污机技术性能检测记录表

样机型号_____　　　　制 造 厂_____
出厂编号_____　　　　检测地点_____

检 测 项 目		检测结果	检测日期	检测人员	备 注
齿耙额定承载能力	电压,V				
	电流,A				
	齿耙电机功率,kW				
	运行情况				
	配重块质量,kg				
污渣除净率	粘结的木条总数,个				
	清除的木条总数,个				
	除净率				
噪声 dB(A)	位置,A				天气、风速、本底噪声情况
	位置,B				
栅条公称净距 mm	位置,A				
	位置,B				
	位置,C				
	位置,D				
	位置,E				
齿耙污渣清除机构					
电气控制系统	空载				
	满载				
防腐措施					
装配牢固性	空载				
	负载				
齿耙	空载				
	负载				
栅条	平行度,mm				
	平面度,mm				
机架导轨平行度,mm					
传动系统	空载				
	负载				
润滑系统					
罩壳					
涂漆					
焊接件					
除锈					

表 B3　耙齿与栅条间隙检测记录表

样机型号_____　　　制造厂_____
出厂编号_____　　　检测地点_____
检测日期_____　　　检测人员_____

检测位置		1	2	3	4	5
耙齿宽度,mm						
栅条净距 mm	上截面					
	中截面					
	下截面					
耙齿与栅条间隙 mm	上截面					
	中截面					
	下截面					

记录_____　　　校核_____

表 B4　弧形格栅除污机可靠性试验记录表

样机型号_____　　　制造厂_____
出厂编号_____　　　检测地点_____

检测日期			工作时间(h)	累计工作时间(h)	故障				停机修理时间(h)	检测人员
年	月	日			内容	原因	排除措施	类别		

12.4　供水排水用铸铁闸门(标准号 CJ/T 3006—92)

1　主题内容与适用范围

本标准规定了铸铁闸门的产品分类、技术要求、试验方法、检验规则、标志、包装、运输及贮存。

本标准适用于供水、排水工程用的铸铁制闸门。

2　引用标准

（略）

3　产品分类

3.1　产品标记

12.4 供水排水用铸铁闸门(标准号 CJ/T 3006—92)

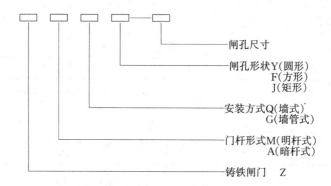

3.2 标记示例

a. ϕ300mm 铸铁明杆墙管式圆闸门：
ZMGY-300

b. 300mm×450mm 铸铁暗杆墙式矩形闸门
ZAQJ-300×450

3.3 闸孔规格

闸孔规格见表1

表1 (mm)

圆形闸孔(D)	方 形 闸 孔 ($A \times A$)		矩形闸孔(宽×高)($A \times B$)	
300	300×300	1600×1600	300×450	400×300
350	400×400	1800×1800	400×600	500×400
400	500×500	2000×2000	500×750	600×450
450 1)	600×600	2100×2100	600×900	700×500
500	700×700	2200×2200	700×1050	800×600
600	800×800	2300×2300	800×1200	900×600
700	900×900	2400×2400	900×1350	1000×750
800	1000×1000	2500×2500	1000×1500	1200×900
900	1100×1100	2600×2600	1200×1800	1400×1050
1000	1200×1200	2700×2700	1400×2100	1600×1200
1200	1300×1300	2800×2800	1500×2250	1800×1350
1400	1400×1400	2900×2900	1600×2400	2000×1550
1500 1)	1500×1500	3000×3000	1800×2700	2200×1650
1600			2000×3000	2400×1800
1800				2600×2000
2000				2800×2100
2200				3000×2250
2400				
2600				
2800				
3000				

注：1) 该规格不适用墙管式闸门。

3.4 基本参数

基本参数见表2。

表 2

项 目		参 数	项 目		参 数
闸门承受最大正向工作水头(由闸孔底至水位)	(kPa)	98	闸门最大反向工作水头时泄漏量 [L/min·m(密封长度)]		<2.5
闸门承受最大反向工作水头(由闸孔底至水位)	(kPa)	29	门框密封座与门板密封座间隙	(mm)	<0.1
介质(水、污水)酸碱度	(pH)	6~9	门板与门框导向槽间隙	(mm)	<1.6
闸门最大正向工作水头时泄漏量 [L/min·m(密封长度)]		<1.25			

3.5 闸门基本形式

圆形闸门基本形式见图1；方形或矩形闸门基本形式见图2。

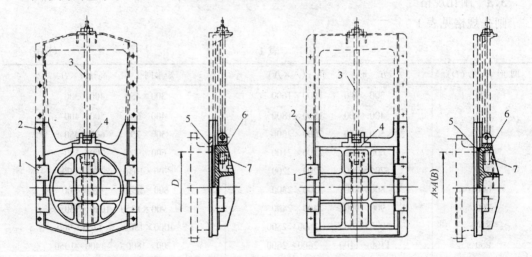

图 1　图形闸门基本形式　　　　　　　图 2　方形或矩形闸门基本形式
1—楔紧装置；2—门框(含导轨)；3—传动螺杆；　　1—锲紧装置；2—门框(含导轨)；3—传动螺杆；
4—吊耳；5—密封座；6—门板；7—吊块螺母　　　　4—吊耳；5—密封座；6—门板；7—吊块螺母

4　技术要求

铸铁闸门应符合本标准的要求，并按照规定程序批准的图样和技术文件制造。

4.1　铸件

4.1.1　灰铸铁的机械性能应符合 GB 9439 规定。铸造铜合金的机械性能应符合 GB 1176 规定。

4.1.2　铸铁件表面所附有的型砂、氧化皮、冒口、浇口和多肉等应清除干净。

4.1.3　主要铸铁件(如门框、门板和导轨)应时效处理。

4.1.4　铸件不允许有裂缝、疏松和浇不足等缺陷。如有气孔、缩孔和渣眼等缺陷时应补焊与修整，但必须保证铸件质量。

4.1.5　铸件的铸造偏差应符合 GB 6414 规定。

4.2 主要构件

4.2.1 门板

4.2.1.1 门板应整体铸造,闸孔在 400mm 及其以上时应设置加强肋。

4.2.1.2 门板应按最大工作水头设计,其拉伸、压缩和剪切强度的安全系数不小于 5,挠度应不大于构件长度的 1/1500。

4.2.1.3 门板的厚度应在计算厚度上增加 2mm 的腐蚀裕量。

4.2.1.4 闸孔尺寸在 600mm 及其以上时,门板的上端应设置安装用吊环或吊孔。

4.2.2 门框

4.2.2.1 门框应整体铸造,在最大工作水头下,其拉伸、压缩和剪切强度的安全系数不小于 5。

4.2.2.2 门框的厚度应在计算厚度上增加 2mm 的腐蚀裕量。

4.2.2.3 对于墙管连接式圆闸门,其门框法兰的连接尺寸应符合 GB 4216.2 的规定,法兰螺栓孔应在垂直中心线的二侧对称均布。

4.2.2.4 法兰螺栓孔 d_0 的轴线相对于法兰的孔轴线的位置度公差 Φ_t 应符合表 3 的规定。

表 3 (mm)

法兰螺栓孔直径 d_0	位置度公差 Φ_t	法兰螺栓孔直径 d_0	位置度公差 Φ_t
11.0~17.5	<1.0	33.0~48.0	<2.6
22.0~30.0	<1.5		

4.2.2.5 墙管式闸门与墙管连接之间应设有止水垫片,其垫片应符合 GB 4216.9 及 GB 4216.10 规定。

4.2.2.6 墙式闸门与墙面接合的门框表面,应保持平整。

4.2.2.7 门框(含导轨)的任一外侧应机加工一条与导轨平行且贯通的垂线作安装闸门基准。

4.2.3 导轨

4.2.3.1 导轨应按最大工作水头设计,其拉伸、压缩和剪切强度的安全系数不小于 5。在门板开启到最高位置时,其导轨的顶端应高于门板的水平中心线。

4.2.3.2 导轨可用螺栓(螺钉)与门框相接,或与门框整体铸造。

4.2.4 密封座

4.2.4.1 密封座应分别置于经机加工的门框和门板的相应位置上,用与密封座相同材料制作的沉头螺钉紧固。在启闭门板过程中,不能变形和松动,螺钉头部与密封座工作面一起精加工,其表面粗糙度不大于 $3.2\mu m$。

4.2.4.2 密封座工作表面不得有划痕、裂缝和气孔等缺陷。

4.2.4.3 密封座的板厚,应符合表 4 规定。

4.2.5 吊耳或吊块螺母

4.2.5.1 门板的上端应设吊耳或吊块螺母,以与门杆连接。吊耳或吊块螺母的受力点尽量靠近门板的重心垂线。在最大工作水头启闭时,其拉伸、压缩和剪切强度的安全系数不小于 5。

4.2.5.2 吊耳可与门板整体铸造或用螺栓(螺钉)与门板连接。

表 4 (mm)

闸门孔口规格	板 厚	闸门孔口规格	板 厚
≤700	≥6	>1100~2000	≥12
>700~1100	≥8	>2000~3000	≥14

注：矩形闸门的密封座厚度以闸孔的长边尺寸为准。

4.2.5.3 吊块螺母与门板的连接结构，应能防止吊块在门板的螺母匣中转动，对于明杆式闸门，吊块螺母为普通螺纹，可用销或螺钉固定，对于暗杆式闸门，吊块螺母为梯形螺纹，与传动螺杆互为螺旋副。

4.2.6 传动螺杆

传动用螺杆应按最大工作开启和关闭力设计，其拉伸、压缩和剪切强度的安全系数不小于5，螺杆的柔度不大于200。

4.2.7 楔紧装置

4.2.7.1 在闸门二侧必须设置可调节的楔紧装置。楔紧副(如楔块与楔块、楔块与偏心销等)两楔紧面的表面粗糙度不大于 $3.2\mu m$。

4.2.7.2 楔紧件用螺钉(螺柱)分别固定在门板及门框上。

4.2.8 销轴与螺钉、螺栓等紧固件

所有装配螺钉、螺栓、螺母、地脚螺栓和销轴等应按最大开启和关闭力设计，其拉伸、压缩和剪切强度的安全系数应不小于5。

4.2.9 主要零件的材料应符合或不低于表5的规定。

表 5

零件名称	材 料	材料标准
门 板	HT200	GB 9439
门 框	HT200	GB 9439
密封座	ZCuSn5Pb5Zn5	GB 1176
楔 块	ZCuSn5Pb5Zn5 或 HT200	GB 1176 GB 9439
导轨、吊耳	HT200	GB 9439
传动螺杆	1Cr13	GB 1220
吊块螺母	ZCuSn5Pb5Zn5	GB 1176
螺栓、螺钉、螺母、地脚螺栓、偏心销和销轴等	1Cr13	GB 1220

4.3 装配

4.3.1 闸门总装后，应作适当调整，并进行2~3次全启全闭操作，保证移动灵活。当门板在全闭位置时，密封座处的间隙不大于0.1mm。

4.3.2 门板与门框导向槽之间的前后总间隙不大于1.6mm。

4.3.3 门板密封座下边缘应高于门框密封座下边缘，其相对位置应不大于2mm。

4.3.4 当门板在全闭位置时，门板与门框的各楔紧面应同时相互楔紧。

4.4 涂漆

4.4.1 在涂漆前必须清除毛刺、氧化皮、锈斑、锈迹、粘砂、结疤和油污等脏物。将浇口、冒口、多肉和锐边等铲平,保持表面平整光洁。

4.4.2 闸门非工作接触面的涂漆不得有起泡、剥落、皱纹和流挂等对外观质量有影响的缺陷。

4.4.3 当闸门用于给水工程时,应采用无毒耐腐蚀涂料涂装;当用于排水工程时,应采用耐腐蚀涂料涂装。

4.4.4 涂装要求必须符合 YB 3211 规定和油漆生产厂的使用说明进行。

5 试验方法与检验规则

5.1 密封面间隙检验

门板与门框密封座的结合面,必须清除外来杂物和油污,将闸门全闭后放平。在门板上无外加荷载的情况下,用 0.1mm 的塞尺沿密封的结合面测量间隙,其值不大于 0.1mm。

5.2 装配检验

将门板在门框内入座,作全启全闭往复移动,检查门板在全启全闭时的位置、楔紧面的楔紧状况和门板在导向槽内的间隙。用钢尺和塞尺等工具分别进行测量,其检验结果应符合 4.3.2~4.3.4 的规定。

5.3 渗漏试验

密封面应清除任何污物,不得在两密封面间涂抹油脂。将闸门全闭,使门框孔口向上,然后在门框孔口内逐渐注入清水,以水不溢出为限,其密封面的渗水量应不大于 1.25L/min·m(密封长度)。

5.4 全压泄漏试验

订货单位需要进行本项试验时,可与制造厂协商。试验方法:可将闸门安装在试验池内或现场作全压灌水试验。采用计量器具(量筒、计时表等)检测密封面的泄漏量,其值应不大于 1.25L/min·m(密封长度)。

5.5 出厂检验

5.5.1 每台产品须经制造厂质量检验部门按本标准检验,并签发产品质量检验合格证,方可出厂。

5.5.2 订货单位有权按本标准的有关规定对产品进行复查,抽检量为批量的 20%。但不少于 1 台且不多于 3 台。抽检结果如有 1 台不合格时应加倍复查,如仍有不合格时,订货单位可提出逐台检验或拒收并更换合格产品。

5.6 型式检验

5.6.1 有下列情况之一时可在闸孔尺寸 300~600mm、700~1500mm、1600~2000mm 和 2100~3000mm 范围内按表 1 规格任选一种进行型式试验:

  a. 新产品试制时;
  b. 老产品转厂生产的试制定型鉴定;
  c. 如结构、材料和工艺有较大改变,可能影响性能时;
  d. 正常生产时,两年检验一次;
  e. 产品长期停产后,恢复生产时。

5.6.2 型式检验项目

(1) 作门板挠度测定,应符合 4.2.1.2 要求。
(2) 作全压泄漏试验,应符合 5.4 要求。

6 标志

(以下略)。

12.5 可调式堰门(孔口宽度 300～5000mm)
(标准号 CJ/T 3029—94)

1 主题内容与适用范围

本标准规定了可调式堰门的型式标记、规格、基本参数、技术要求、试验方法、检验规则、标志、包装、运输及贮存。

本标准适用于给水、排水工程用的可调式堰门。

2 引用标准

(略)

3 型式规格及基本参数

3.1 基本参数见表 1。

表 1

项目	数值	项目	数值
堰门承受最大正向工作压力 (MPa) (调节量+堰上水头)	0.01	堰门板每延米的泄漏量 (L/min·m)(密封长度)	1.25
堰门承受最大反向工作压力 (MPa) (调节量+堰上水头)	0.01	堰门板与框密封面的间隙 (mm)	0.08
介质(水、污水)酸碱度 (pH)	6～9		

3.2 孔口宽度及起吊方式见表 2。

表 2　　　　　　　　　　　　　　　　mm

宽度	调节范围	起吊方式	宽度	调节范围	起吊方式
300	0～400	单吊点	2000	0～600	双吊点
400	0～400	单吊点	2500	0～1000	双吊点
600	0～400	单吊点	3000	0～1000	双吊点
800	0～400	单吊点	3500	0～1000	双吊点
1000	0～600	单吊点	4000	0～1000	双吊点
1250	0～600	单吊点	4500	0～1000	双吊点
1500	0～600	单吊点	5000	0～1000	双吊点
1750	0～600	单吊点			

12.5 可调式堰门(孔口宽度300~5000mm)(标准号 CJ/T 3029—94)

3.3 可调式堰门基本形式见图1、图2。

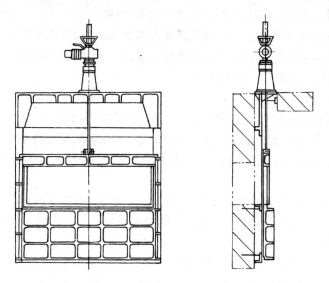

图1 单吊点可调式堰门

4 技术要求

4.1 可调式堰门技术参数应符合本标准要求,并按照规定程序批准的图样和技术文件进行制造。

4.2 铸件、钢件

4.2.1 灰口铸铁牌号和机械性能应符合 GB 9439 中的规定。铸铜合金牌号和机械性能应符合 GB 1176 中的规定。球墨铸铁牌号和机械性能应符合 GB 1348 中的规定。

4.2.2 铸铁件表面(特别是凹面处)所附有的型砂、氧化皮、冒口、浇口和多肉等应清除干净。

4.2.3 铸件不应有裂纹、疏松和浇不足等缺陷。如出现气孔、缩孔和渣眼等缺

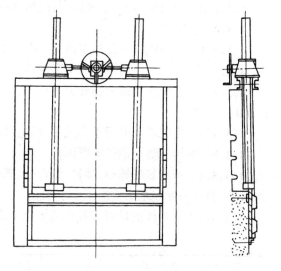

图2 双吊点可调式堰门

陷时,允许补焊与修理,补焊与修理要求应符合 GB 9439 中的规定。

4.2.4 门板、门框、导轨等应进行时效处理。

4.2.5 铸件的铸造偏差应符合 GB 6414 中的规定。

4.2.6 钢件金属材料的选择应符合 GB 211 中的规定,其机械性能、物理性能等应符合 GB 700 中的规定。

4.2.7 钢件金属焊接技术要求应符合 JB/ZQ 3011 中的规定。

4.3 主要零部件

4.3.1 门板

4.3.1.1 门板应按最大工作压力设计。安全系数应不小于5。

4.3.1.2 门板的挠度应不大于门板宽度的1/1500。

4.3.1.3 门板的厚度应在设计计算厚度上增加2mm的腐蚀裕量。

4.3.1.4 门板与密封件的接触面必须保证光滑。平面度公差值$0.05/1000mm^2$，门板沿平面全长的积累误差值不大于0.08mm。

4.3.2 门框

4.3.2.1 门框应按最大工作压力设计。安全系数应不小于5。

4.3.2.2 门框的厚度应在设计计算厚度上增加2mm的腐蚀裕量。

4.3.2.3 门框与基础之间的密封如设有止水垫片，垫片应符合GB 4216.9和GB 4216.10中的规定。

4.3.2.4 门框与基础的联接应保持平整。门框两侧基础螺栓的平行度应符合GB 1184中7、8级的规定，相邻两孔的孔距极限偏差值为螺栓孔间隙的±1/4。

4.3.3 导轨

4.3.3.1 导轨应按最大工作压力设计，安全系数应不小于5。

4.3.3.2 导轨与门框的接触面的平面度公差值$0.05/1000mm^2$，直线度公差值$0.05/1000mm$，沿平面全长的积累误差不大于0.08mm。

4.3.3.3 导轨可用螺栓（螺钉）与门框相接。

4.3.4 启闭机

4.3.4.1 启闭机的齿轮加工精度应符合GB 10095，GB 11365中的8级规定。

4.3.4.2 螺杆的传动螺纹为梯形螺纹。其加工精度应符合GB 5796.4中的3级规定。

4.3.4.3 螺杆应按最大提升力条件设计。安全系数应不小于3。螺杆的柔度应不大于200。

4.3.4.4 启闭机可采用手动或手动、电动两用方式，手动操作力应不大于150N。

4.3.5 螺栓、螺钉、销轴等紧固件

4.3.5.1 所有装配螺栓、螺钉、螺母、地脚螺栓和销轴等在最大工作水头启闭时，其拉伸、压缩、剪切强度安全系数应不小于5。

4.3.6 主要零件的材料应符合或不低于表3中的规定。

表3

零件名称	材料	材料标准
门板	HT200，QT400-15，Q235-A，1Cr13	GB 1348 GB 700 GB 9439 GB 1176 GB 1220
门框	HT200，QT400-15，Q235-A	
导轨	HT200，QT400-15，ZCuSn5Pb5Zn5，1Cr13	
螺杆	1Cr13	
螺栓、螺母、螺钉 地脚螺栓和销轴	1Cr13	

4.3.7 装配

4.3.7.1 可调式堰门装配后允许做适当的调整，并进行2～3次启闭操作，保证其移动灵活。门板与导轨密封面间隙公差值0.08mm。堰口全长水平度应不大于$0.05/1000mm$。

4.3.7.2 启闭机运转操作自如，不应出现倾斜、卡阻现象，保证其螺杆的轴线对启闭机座平面的垂直度公差值 0.25/1000mm。

4.3.8 涂漆

4.3.8.1 在涂漆前应进行喷砂除锈，去除毛刺、氧化皮、锈斑、粘砂和油污等脏物，并将浇口、冒口、多肉和锐边等铲平，保持表面平整光洁。涂装物体表面技术要求应符合 YB 3211 中的规定。

4.3.8.2 可调式堰门非工作接触面的涂漆不得有起泡、剥落、皱纹和流挂等缺陷。

4.3.8.3 当可调式堰门用于给水工程时，应采用无毒耐腐蚀涂料涂装。漆膜厚度水上部分应不低于 $150\sim200\mu m$。水下部分应不低于 $200\sim300\mu m$。

5 试验方法与检验规则

5.1 密封面间隙试验

门板与门框的密封结合面，必须清除外来杂物和油污。将门板插入导轨内，在门板上无外加荷载下，用塞尺沿密封结合面测量间隙，其值不大于 0.08mm。

5.2 装配试验

将门板插入导轨内，做全程往复移动，检查门板在移动过程中位置及间隙，用钢尺和塞尺等工具分别进行测量，其值应符合 4.3.7.1～4.3.7.2 中的规定。

5.3 泄漏试验

密封面应清除所有污物。不准在密封面上涂抹油脂。应在生产厂内或与订货单位协商，在现场安装完毕后进行泄漏试验，采用计量器具（量筒、计时表）检测密封面泄漏量应不大于 $1.25L/min\cdot m$（密封长度）。

5.4 出厂检验

5.4.1 每台产品须经制造厂质量检验部门按本标准检验，并签发产品质量检验合格证方可出厂。

5.4.2 出厂检验项目：

a．密封间隙的检验应满足 4.3.1.4 及 5.1 中的要求；

b．装配检验应满足 4.3.7 及 5.2 中的要求；

c．表面涂漆检验应满足 4.3.8 中的要求；

d．泄漏量检验应满足 5.3 中的要求。

5.4.3 订货单位有权按本标准的有关规定对产品进行复查。抽查量为批量的 20%，但不多于 3 台。对台数不超过 3 台的应全部检验。抽查结果如有 1 台不合格时，应加倍复查。如仍有不合格时，订货单位可提出逐台检验或拒收并更换合格产品。

5.5 型式检验

5.5.1 有下列情况之一可按表 2 规格任选一种进行型式检验。

a．新产品试制时；

b．老产品转厂生产的试制定型鉴定时；

c．如结构、材料和工艺有较大改变，可能影响性能时；

d．正常生产时，二年检验一次；

e．产品停产三年后，恢复生产时。

5.5.2 型式检验项目

a. 对堰门的制造工艺、设计图纸进行全面的审查检验,其技术指标应符合第4章中的有关要求;

　　b. 对堰门主要零部件(如门板、门框、导轨、密封件等)的材料进行机械物理性能的检验,其性能指标应符合4.2.1及4.2.6中的要求,材料的选取应不低于4.3.6中的要求;

　　c. 对堰门进行表面涂装检验,并应符合4.3.8中的要求;

　　d. 对堰门进行装配检验并应符合5.2中的要求;

　　e. 对堰门门板做挠度测定,并应符合4.3.1.2中的要求;

　　f. 对堰门做全泄漏检验,并应符合5.3中的要求。

6　标志、包装、运输及贮存(以下略)

12.6　机械搅拌澄清池搅拌机(标准号 CJ/T 32—91)

1　主题内容与适用范围

本标准规定了泥渣接触循环型机械搅拌澄清池搅拌机(以下简称"搅拌机")的型式、规格、技术要求、试验方法及检验规则等。

本标准适用于机械搅拌澄清池进水浊度长期低于5000度,短时间不高于10000度的水质净化或石灰软化等的搅拌机。

2　引用标准

(略)

3　型式、规格

3.1　搅拌机安装在机械搅拌澄清池中心部位,由电动机、减速装置、主轴、调流机构、叶轮和桨板构成,基本型式如图1所示。

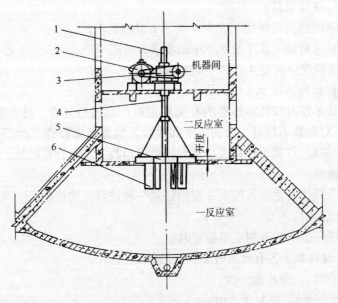

图1　搅拌机基本型式
1—调流机构;2—电动机;3—减速装置;4—主轴;5—叶轮;6—桨板

表 1 搅拌机规格

型 号	处理水量 (m³/h)	澄清池直径 (m)	叶轮直径 (m)	电动机功率 (kW)
JJ-20	20	3.5	0.8	0.75
JJ-40	40	4.5		
JJ-60	60	5.5	1.2	1.5
JJ-80	80	6.5		
JJ-120	120	7.5	1.5	
JJ-200	200	10	2	3
JJ-320	320	12		
JJ-430	430	14	2.5	4
JJ-600	600	17		
JJ-800	800	20	3.5	5.5
JJ-1000	1000	22		7.5
JJ-1330	1330	25	4.5	11
JJ-1800	1800	29		

注：电动机功率是按叶轮外缘线速度 1.2m/s、V 带和圆柱蜗杆减速器减速确定的电磁调速电动机的标称功率。

3.2 搅拌机规格按照表 1 的规定。

3.3 搅拌机的型号及其标记按以下的规定：

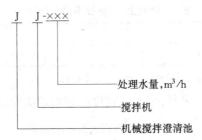

标记示例：600m³/h 机械搅拌澄清池的搅拌机，其标记为：

搅拌机 JJ-600 CJ/T 32—91

4 技术要求

4.1 环境条件

电动机、电控设备及减速装置宜安装在室内，环境条件应分别符合 GB 755、GB 4720 和 GB 3797 的规定。

4.2 电动机及电控设备

4.2.1 电动机采用调速电动机或定速电动机，应符合 GB 755 的规定。

4.2.2 电控设备应设有电流表、主电路开关、起动和停止的操作按钮、搅拌机各种故障（短路、过负荷、低电压）的保护设备及信号灯。当采用调速电动机时，电控设备应设有调速控制器；遥控时，必须加设机旁紧急停车按钮。

电控设备应符合 GB 4720 和 GB 3797 的规定。

电控设备可采用柜式或挂墙箱式结构，防护等级应符合 GB 4942.2 中规定的 IP54。

4.3 减速装置

4.3.1 V带轮应进行静调平衡(实心轮除外),不平衡力矩应符合表2的规定。

表2 V带轮静调平衡规定

V带速度,m/s	5~10	>10~15
不平衡力矩,mN·m	<60	<30

4.3.2 蜗杆、蜗轮的精度应符合 GB 10089中第8级精度的要求。

4.3.3 蜗杆材料:机械性能应不低于45号钢,经调质热处理后硬度应为HB241~286。蜗轮材料:机械性能应不低于 ZQAL 9-4。

4.3.4 减速器内一般注入HL-20号齿轮油,油池润滑油温升不得超过30℃,最高温度不得超过70℃。

4.3.5 减速器装配后箱体所有结合面、输入及输出轴密封处不得渗油、漏油。

4.4 主轴及调流机构

4.4.1 主轴一般为实心轴。当机械搅拌澄清池设有套轴式中心传动刮泥机时,主轴为空心轴。

4.4.2 搅拌机应设有调流机构,一般采用在主轴上端设梯形螺纹螺旋副。

4.4.3 梯形螺纹加工精度应符合GB 5796.4中粗糙级螺纹的规定。

4.4.4 调流机构应设有开度指示。

4.5 叶轮

4.5.1 叶轮上、下盖板的平面度公差值应符合表3的规定。分块拼装的叶轮采用可拆联接,且应设有定位标记。

表3 叶轮上、下盖板平面度公差值

叶轮直径,m	<1	1~2	>2
平面度公差值,mm	3	4.5	6

注:分块叶轮的平面度公差值以每块叶轮外径的弦长作为主参数。

4.5.2 叶轮上、下盖板应平行,出水口宽度极限偏差值应符合表4的规定。

表4 叶轮出水口宽度极限偏差值

叶轮直径,m	<1	1~2	>2
叶轮出水口宽度极限偏差值,mm	+2 0	+3 0	+4 0

4.5.3 叶轮外缘表面粗糙度为$50\mu m$。

4.5.4 叶轮制造的径向圆跳动公差值应符合表5的规定。

表5 叶轮制造的径向圆跳动公差值

叶轮直径,m	<1	1~2	>2
径向圆跳动,mm	3	5	7

4.5.5 主轴轴线对于叶轮下盖板平面的垂直度公差值为$\phi 6mm$。

4.6 桨板

桨板与叶轮下平面应垂直,角度极限偏差值应符合表6的规定。

表6 桨板角度极限偏差值

桨板长度(mm)	<400	400~1000	>1000
垂直角度极限偏差值	±1°30′	±1°15′	±1°00′

4.7 铸造及焊接要求

4.7.1 灰铸铁件应符合 GB 9439 的要求。

4.7.2 减速器箱体、蜗轮轮毂、V 带轮的铸件毛坯应进行时效处理。

4.7.3 焊接件焊缝的型式和尺寸应符合 GB 985 的要求;所有焊缝应保证牢固可靠,并清除溅渣、氧化皮及焊瘤,不允许有裂纹、夹渣、烧穿等缺陷。

4.8 安全要求

4.8.1 电动机的电控设备应有良好的接地;接地电阻不得大于 4Ω。

4.8.2 V 带轮应设封闭式保护罩(网)。

4.8.3 减速器箱体上应标出主轴旋转方向的红色箭头。

4.8.4 当调流机构采用升降叶轮方式调节叶轮开度时,主轴上端应设有限位机构。主轴上各螺母的旋紧方向应与主轴工作旋转方向相反。

4.8.5 搅拌机的噪声级不得大于 85dB(A)。

4.9 安装要求

4.9.1 以减速器机座加工面为安装基准,其水平度公差值为 0.1mm/m。

4.9.2 搅拌机主轴应在池中心,以二反应室底板孔圆心为基准,同轴度公差值为 ϕ10mm。

4.9.3 调流机构位于开度"0"位限位点时,叶轮上盖板的安装高度以二反应室底板平均高度为基准,偏差值应在 ±10mm 范围内。

4.9.4 叶轮安装圆跳动公差值应符合表7的规定。

表7 叶轮安装圆跳动公差值

叶轮直径,m	<1	1~2	>2
径向圆跳动,mm	4	6	8
端面圆跳动,mm	4	6	9

4.10 涂装要求

表8 漆膜总厚度 μm

水上部分涂装表面	150~200
水下部分涂装表面	200~250

4.10.1 金属涂装前应严格除锈。钢材表面除锈质量应符合 SYJ 4007 中 Sa2 级的规定。

4.10.2 搅拌机涂装表面漆膜总厚度应符合表8的规定;漆膜不得有起泡、针孔、剥落、皱纹、流挂等缺陷。

4.10.3 当搅拌机用于处理生活饮用水时,水下部件涂装应采用无毒涂料。

当搅拌机用于处理腐蚀性水质时,水下部件涂装应采用耐腐蚀涂料或采用其它耐腐蚀措施。

4.11 可靠性及耐久性要求

4.11.1 每年检修一次,无故障工作时间不得少于 8000h。

4.11.2 每两年大修一次,蜗轮、蜗杆使用年限不少于5a。整机使用年限不少于10a。

5 试验方法及检验规则

5.1 出厂试验及检验

5.1.1 每台产品必须经制造厂技术检查部门检验合格,并附有证明产品质量的合格证书。

5.1.2 产品出厂试验方法及检验规则应符合表9的规定。

表9 产品出厂试验及检验

序号	项目	试验方法	检验规则 方法及量具	检验规则 应符合技术要求条号	说明
1	灰铸铁件		GB 9439第6章	4.7.1	机械加工前和涂装前检验
2	焊缝		视觉法,通用量具	4.7.3	涂装前检验 通用量具指读数值精度为1mm的量具,下同
3	V带轮不平衡力矩		试验台	4.3.1	
4	蜗杆硬度		金属布氏硬度计	4.3.3	
5	蜗杆、蜗轮传动啮合接触斑点	试运行时间不少于2h	涂红铅油	4.3.2	沿齿高不少于55%,沿齿长不少于50%,旋转方向应与工作时旋转方向相同
6	减速器各密封处		视觉法	4.3.5	
7	调流机构梯形螺纹加工精度		梯形螺纹量规	4.4.3	
8	叶轮上、下盖板平面度		拉钢丝方法,通用量具	4.5.1	
9	叶轮出水口宽度		通用量具	4.5.2	
10	主轴对叶轮下盖板下表面垂直度误差		GB 1958,3—1	4.5.5	
11	叶轮径向圆跳动		通用量具,划线盘	4.5.4	
12	叶轮外缘表面粗糙度		视觉法,表面粗糙度样板	4.5.3	
13	钢材表面除锈质量		视觉法	4.10.1	涂装前检验
14	漆膜厚度		磁性测厚仪	4.10.2	
15	涂漆外观质量		视觉法,五倍放大镜	4.10.2	

5.2 现场试验及检验

5.2.1 产品现场安装试验方法及检验规则应符合表10的规定。

表10 产品现场安装试验及检验

序号	项目	试验方法	检验规则 方法及量具	检验规则 应符合技术要求条号	说明
1	减速器机座安装水平度		精度为0.05mm/m的水平仪	4.9.1	
2	主轴对二反应室底板圆孔的同轴度	将叶轮旋转一周测量叶轮外缘任一定点与二反应室底孔边缘均布四点的距离,其对称两点所测距离之差为同轴度偏差值	通用量具	4.9.2	安装前按附录B的规定检查二反应室底板圆孔施工误差
3	叶轮上盖板安装高度	当调流机构位于开度"0"位限位点,检查叶轮上盖板上平面距二反应室底板平均高度的距离和开度指示偏离"0"位数值	通用量具	4.9.3	
4	调流机构	手动操作全行程升降三次		4.4.2	
5	叶轮径向圆跳动和端面圆跳动		用划线盘和通用量具分别测量叶轮外缘和端面距外缘100mm范围内的该项偏差	4.9.4	
6	桨板垂直度		吊线锤法,通用量具	4.6	
7	电动机及电控设备接地电阻		接地电阻测试仪	4.8.1	
8	V带轮防护罩(网)	试车检查	外观检查	4.8.2	
9	主轴旋转方向	试车检查	视觉法	4.8.3	

5.2.2 产品现场负荷试验方法及检验规则应符合表11的规定。

表11 产品现场负荷试验及检验

序号	项目	试验方法	检验规则 方法及量具	检验规则 要求	说明
1	空负荷运行	最高转速		试验时间2h	

续表

序号	项目	试验方法	检验规则 方法及量具	检验规则 要求	说明
2	正常投产后连续运行	最高转速,最大开度		试验时间24h	
1.a 2.a	电动机电流		1.5级电流表	电流应平稳,不得大于电动机额定电流	
1.b 2.b	减速器运转平稳性		触觉法	无异常振动	
1.c 2.c	减速器油池润滑油温升		温度计	应符合技术要求4.3.4	温度计的分度值为1℃
1.d 2.d	减速器各密封处		视觉法	应符合技术要求4.3.5	
1.e 2.e	搅拌机运行噪声		GB 3768规定的测定方法精密声级计	应符合技术要求4.8.5	

5.3 型式试验及检验

5.3.1 每生产150台至少做一台搅拌机的型式试验及检验。

5.3.2 产品型式试验方法及检验规则应符合表12的规定。

表12 产品型式试验及检验

序号	项目	试验方法	检验规则 方法及量具	检验规则 要求	说明
1	出厂试验及检验			应符合表9的规定	
2	现场安装试验及检验			应符合表10的规定	
3	现场负荷试验及检验			应符合表11的规定	
4	电动机输出功率	在不同转速,叶轮处于不同开度条件下进行负荷试验	1.5级功率表	不得大于电动机额定或标称功率	
5	叶轮提升流量	在最高转速,叶轮处于最大开度条件下进行负荷试验	投加试剂方法		
6	搅拌机可靠性和耐久性		查用户记录方法	应符合技术要求4.11.1及4.11.2	

6 标志及包装

(以下略)

12.7 机械搅拌澄清池刮泥机(标准号 CJ/T 33—91)

1 主题内容与适用范围

本标准规定了泥渣接触循环型机械搅拌澄清池刮泥机(以下简称"刮泥机")的型式、规格、技术要求、试验方法及检验规则等。

本标准适用于机械搅拌澄清池进水浑浊度长期低于 5000 度,短时间不高于 10000 度,与搅拌机配套使用的水质净化或石灰软化等的刮泥机。

2 引用标准

(略)

3 型式、规格及基本参数

3.1 刮泥机型式一般分为套轴式中心传动刮泥机和销齿传动刮泥机。

3.1.1 套轴式中心传动刮泥机安装在机械搅拌澄清池中心部位,一般由电动机及减速装置、过扭保护机构、主轴、刮泥耙和提耙机构构成,基本型式如图 1 所示。

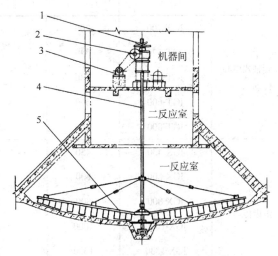

图 1 套轴式中心传动刮泥机基本型式
1—提耙机构;2—过扭保护机构;
3—电动机及减速装置;4—主轴;5—刮泥耙

3.1.2 销齿传动刮泥机主轴安装在机械搅拌澄清池内一侧,一般由电动机及减速装置、过扭保护机构、主轴、销齿传动机构、中心支座、刮泥耙和信号反馈机构构成,基本型式如图 2 所示。

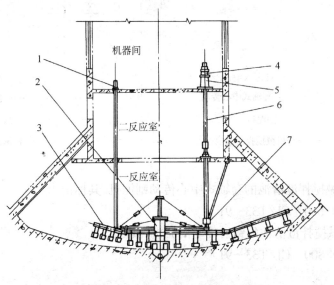

图 2 销齿传动刮泥机基本型式
1—信号反馈机构;2—中心支座;3—刮泥耙;4—电动机及减速装置;
5—过扭保护机构;6—主轴;7—销齿传动机构

3.1.3 套轴式中心传动刮泥机一般适用于刮泥耙旋转直径不大于12m的池子。销齿传动刮泥机一般适用于刮泥耙旋转直径不小于9m的池子。

3.2 刮泥机的型式和规格一般按表1的规定。

表1 刮泥机的型式和规格

型 式	型 号	处理水量 (m³/h)	澄清池直径 (m)	刮泥耙旋转直径 (m)	电动机功率 (kW)
套轴式中心传动	JGT-200	200	10	6	0.75
	JGT-320	320	12	7.5	
	JGT-430	430	14	9	
	JGT-600	600	17	10.5	
	JGT-800	800	20	12	
销齿传动	JGX-430	430	14	9	1.5
	JGX-600	600	17	10.5	
	JGX-800	800	20	12	
	JGX-1000	1000	22	13.5	
	JGX-1330	1330	25	15	
	JGX-1800	1800	29	17	

3.3 刮泥耙外缘线速度应在1.8~3.5m/min范围内。

3.4 刮泥机的型号及其标记按以下的规定

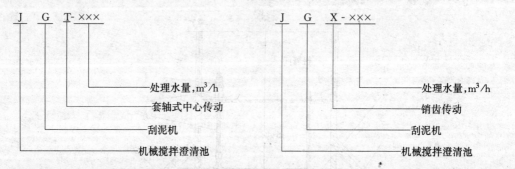

标记示例：

600m³/h机械搅拌澄清池的套轴式中心传动刮泥机,其标记为

刮泥机 JGT-600 CJ/T33—91

800m³/h机械搅拌澄清池的销齿传动刮泥机,其标记为

刮泥机 JGX-800 CJ/T33—91

4 技术要求

4.1 环境条件

电动机、电控设备及减速装置宜安装在室内,环境条件应分别符合GB 755、GB 4720和

GB 3797 的规定。

4.2 电动机及电控设备

4.2.1 电动机应符合 GB 755 的规定。

4.2.2 电控设备应设有电流表、主电路开关、起动和停止的操作按钮、刮泥机各种故障（短路、过负荷、低电压）的保护设备、信号灯及过负荷报警铃。

电控设备应符合 GB 4720 和 GB 3797 的规定。

电控设备防护等级应符合 GB 4942.2 中规定的 IP54。

4.3 减速装置

4.3.1 套轴式中心传动刮泥机减速方式一般采用与电动机直联的卧式摆线针轮减速机、链传动和蜗杆减速器三级减速。

4.3.2 销齿传动刮泥机减速方式一般采用与电动机直联的立式摆线针轮减速机。

4.3.3 摆线针轮减速机应符合 JB 2982 的要求。

4.3.4 24 小时连续运行的摆线针轮减速机要选用油泵润滑。

4.3.5 链传动的滚子链应符合 GB 1243.1 的要求；链轮应符合 GB 1244 的要求。

4.3.6 蜗杆减速器一般采用圆柱蜗杆；蜗杆、蜗轮的精度应符合 GB 10089 中 8 级的要求。

4.3.7 蜗杆材料：机械性能应不低于 45 号钢，经调质热处理后硬度应为 HB241～286。

蜗轮材料：机械性能应不低于 HT300。

4.3.8 蜗杆减速器内一般注入 HL-20 号齿轮油，油池温升不超过 30℃，最高油温不超过 70℃。

4.3.9 蜗杆减速器装配后箱体所有结合面、输入及输出轴密封处不得渗油、漏油。

4.4 提耙机构

4.4.1 提耙机构一般采用在主轴上端设梯形螺纹螺旋副。

4.4.2 梯形螺纹加工精度应符合 GB 5796.4 中的粗糙级螺纹规定。

4.4.3 提耙机构应设有提升高度指示。

4.5 销齿传动机构

4.5.1 齿轮材料：机械性能应不低于 HT300。

销齿材料：机械性能应不低于 45 号钢，经调质热处理后硬度应为 HB241～286。

4.5.2 齿轮两相邻齿、同侧面间齿距及销齿孔中心距（齿距）的极限偏差值应符合表 2 的规定。

表 2 齿轮及销齿齿距极限偏差值　　　　　　　　　　　（mm）

齿　　距	齿轮两相邻齿同侧面间齿距极限偏差值	销齿孔中心距（齿距）极限偏差值
10π	±0.05	±0.15
20π	±0.10	±0.25
30π	±0.15	±0.40

4.6 铸造及焊接要求

4.6.1 灰铸铁件应符合 GB 9439 的要求。

4.6.2 蜗杆减速器箱体、蜗轮轮毂应进行时效处理。

4.6.3 焊接件焊缝的形式和尺寸应符合 GB 985 的要求;所有焊缝应保证牢固可靠,并清除溅渣、氧化皮及焊瘤,不允许有裂纹、夹渣、烧穿等缺陷。

4.7 安全要求

4.7.1 电动机和电控设备均应有良好的接地;接地电阻不得大于 4Ω。

4.7.2 链传动应设有防护罩(网)。

4.7.3 减速器箱体上应标出主轴旋转方向的红色箭头。

4.7.4 刮泥机应设有过扭保护机构,达到许用转矩的 140% 时停机报警。

4.7.5 提耙机构应设有限位螺母,主轴上各螺母的旋紧方向应与主轴工作旋转方向相反。

4.7.6 刮泥机的噪声级不得超过 80dB(A)。

4.8 安装要求

4.8.1 以减速器机座及中心支座加工面为安装基准,其水平度公差值为 0.1mm/m。

4.8.2 刮泥耙刮板下缘与澄清池池底距离为 50mm,极限偏差值为 ±25mm,(其中包括澄清池池底表面平面度偏差 ±15mm)。

4.8.3 当销轮直径不大于 5m 时,其公差值应符合如下规定:

a. 销轮节圆直径极限偏差值为 $^{0}_{-2.0}$mm;

b. 销轮端面跳动公差值为 5mm;

c. 销轮与齿轮中心距极限偏差值为 $^{+5.0}_{+2.5}$mm。

4.9 涂装要求

4.9.1 金属涂装前应严格除锈,钢材表面除锈质量应符合 SYJ4007 中 Sa2 级的规定。

4.9.2 刮泥机涂装表面漆膜总厚度应符合表 3 的规定,漆膜不得有起泡、针孔、剥落、皱纹、流挂等对外观质量有影响的缺陷。

表 3 漆膜总厚度 μm

水上部分涂装表面	150~200
水下部分涂装表面	200~250

4.9.3 当刮泥机用于处理生活饮用水时,水下部件涂装应采用无毒涂料。

当刮泥机用于处理腐蚀性水质时,水下部件涂装应采用耐腐蚀涂料或采用其它耐腐蚀措施。

4.10 可靠性及耐久性要求

4.10.1 每年检修一次,无故障工作时间不少于 8000h。

4.10.2 每两年大修一次,蜗轮、蜗杆使用年限不少于 5a,整机使用年限不少于 10a。

5 试验方法及检验规则

5.1 出厂试验及检验

5.1.1 每台产品必须经制造厂技术检查部门检验合格,并附有证明产品质量的合格证书。

5.1.2 产品出厂试验方法及检验规则应符合表 4 的规定。

12.7 机械搅拌澄清池刮泥机(标准号 CJ/T 33—91)

表 4 产品出厂试验及检验

序号	项目	试验方法	检验规则 方法及量具	检验规则 应符合技术要求条号	说明
1	灰铸铁件		GB 9439 第 6 章	4.6.1	机械加工前和涂装前检验
2	焊缝		视觉法,通用量具	4.6.3	涂漆前检验。通用量具指读数值精度为 1mm 的量具,下同
3	蜗杆硬度		金属布氏硬度计	4.3.7	
4	齿轮、销轮销齿硬度		金属布氏硬度计	4.5.1	
5	蜗杆、蜗轮传动啮合接触斑点	试运行时间不少于 2h	涂红铅油	4.3.6	沿齿高不少于 55%,沿齿长不少于 50%,旋转方向应与工作时旋转方向相同
6	蜗杆减速器各密封处		视觉法	4.3.9	
7	摆线针轮减速机各密封处	试运行时间不少于 2h	GB 2982	4.3.3	
8	滚子链及链轮配合尺寸误差		GB 1243.1 及 GB 1244	4.3.5	
9	提耙机械梯形螺纹加工精度		梯形螺纹量规	4.4.2	
10	齿轮两相邻齿同侧面齿距和销齿孔中心距(齿距)的偏差		读数值为 0.05mm 的游标卡尺	4.5.2	
11	钢材表面除锈质量		视觉法	4.9.1	涂装前检验
12	漆膜厚度		磁性测厚仪	4.9.2	
13	涂漆外观质量		视觉法,五倍放大镜	4.9.2	

5.2 现场试验及检验

5.2.1 产品现场安装试验方法及检验规则应符合表 5 的规定。

表5 产品现场安装试验及检验

序号	项目	试验方法	检验规则 方法及量具	检验规则 应符合技术要求条号	说明
1	减速器机座及中心支座安装水平度		精度为0.05mm/m的水平仪	4.8.1	
2	销轮节圆直径误差		划线盘和通用量具	4.8.3	
3	销轮端面跳动		划线盘和通用量具	4.8.3	
4	销轮与齿轮中心距偏差		通用量具	4.8.3	
5	刮泥耙刮板下缘与澄清池池底距离	在澄清池池底划定十字线,在每根臂上选定根部、中部、端部三块刮板,测量刮板下缘与十字线处距离	通用量具	4.8.2	
6	提耙机构运动情况	手动操作全行程三次		4.4.1	
7	链传动运动情况	手动盘车,使传动链旋转三周		4.3.5	
8	链传动防护罩		外观检查	4.7.2	
9	电动机及电控设备接地电阻		接地电阻测试仪	4.7.1	

5.2.2 产品现场负荷试验方法及检验规则应符合表6的规定。

表6 产品现场负荷试验及检验

序号	项目	试验方法	检验规则 方法及量具	检验规则 应符合技术要求条号	说明
1	空负荷连续运行	试验时间2h			
2	正常投产后连续运行	试验时间24h			
1.a 2.a	电动机电流		1.5级电流表	电流应平稳,不得大于电动机额定电流	

续表

序号	项目	试验方法	检验规则 方法及量具	检验规则 应符合技术要求条号	说明
1.b 2.b	摆线针轮减速机运转平稳性			4.3.3	
1.c 2.c	摆线针轮减速机各密封处		JB 2982	4.3.3	
1.d 2.d	蜗杆减速器运转平稳性		触觉法	无异常振动	
1.e 2.e	蜗杆减速器各密封处		视觉法	4.3.9	
1.f 2.f	蜗杆减速器油池润滑油温升		温度计	4.3.8	温度计分度值为1℃
1.g 2.g	运行噪声		GB 3768规定的方法,精密声级计	4.7.6	

5.3 型式试验及检验

5.3.1 每生产150台至少做一台型式试验及检验。

5.3.2 产品型式试验方法及检验规则应符合表7的规定。

表7 产品型式试验及检验

序号	项目	试验方法	检验规则 方法及量具	检验规则 应符合技术要求条号	说明
1	出厂试验及检验	满负荷试验或模拟负荷试验	1.5级功率表	应符合表4的规定	
2	现场安装试验及检验			应符合表5的规定	
3	现场负荷试验及检验			应符合表6的规定	
4	电动机输出功率			不得大于电动机额定功率	
5	刮泥机可靠性和耐久性		查用户记录方法	4.10.1及4.10.2	

6 标志及包装

（以下略）。

12.8 污水处理用辐流沉淀池周边传动刮泥机
（标准号 CJ/T 3042—1995）

1 主题内容与适用范围

本标准规定了污水处理用幅流沉淀池周边传动刮泥机(以下简称刮泥机)的型式与基本参数、型号编制、技术要求、试验方法和检验规则、标志、包装和运输。

本标准适用于刮泥机,也适用于周边传动吸泥机的设计、制造、检验和验收。

2 引用标准

略

3 型式与基本参数

3.1 型式

刮泥机主要由中心支座、主梁、排渣斗、传动装置、刮板、桁架等部件组成。型式如图 1 所示。

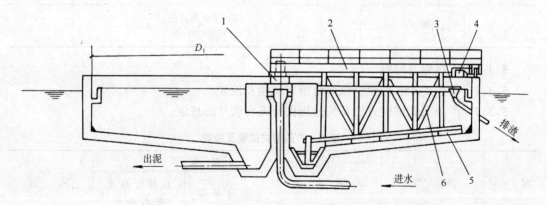

图 1 辐流沉淀池周边传动刮泥机

1—中心支座；2—主梁；3—排渣斗；4—传动装置；5—刮板；6—桁架

3.2 基本参数

3.2.1 刮泥机基本参数按表 1 规定。

表 1 刮泥机基本参数

型号		WSG12	WSG14	WSG16	WSG18	WSG0	WSG22	WSG24	WSG26	WSG28
池子直径,m		12	14	16	18	20	22	24	26	28
刮板外缘线速度 m/s	初沉池	≤0.05								
	二沉池	≤0.03								

型号		WSG30	WSG32	WSG35	WSG40	WSG45	WSG50	WSG55	WSG60
池子直径,m		30	32	35	40	45	50	55	60
刮板外缘线速度 m/s	初沉池	≤0.05							
	二沉池	≤0.03							

12.8 污水处理用辐流沉淀池周边传动刮泥机(标准号 CJ/T 3042—1995)

3.2.2 刮泥机配用的沉淀池主要尺寸应符合表 2 和图 2 的规定。出水槽的型式见图 3 所示。

表 2 沉淀池主要尺寸 m

D_1	12	14	16	18	20	22	24	26	28	30	32	35	40	45	50	55	60
D_{3max}	3		4			5					6			8			
D_2	2;3					3;4								4;6			
h_3	0.5					0.5;1								1;1.5			
h_1	0.4													0.6			
K_{1max}	1										1.5			2			
K_{2max}	1.8										2.5			3.2			
K_{3max}	0.6										0.8			1			
表面积,m²	113	154	201	254	314	380	452	531	616	707	804	962	1 257	1 590	1 964	2 375	2 827

容积,m³

	h_2	12	14	16	18	20	22	24	26	28	30	32	35	40	45	50	55	60
	2	224	337	446	571	714	879	1 054										
	2.2		368	486	621	776	952	1 144	1 359									
	2.4			526	672	839	1 028	1 234	1 465	1 716								
	2.6			566	723	902	1 104	1 325	1 571	1 839	2 132	2 446						
	2.8				774	965	1 180	1 415	1 677	1 962	2 273	2 607						
	3.2					1 090	1 332	1 596	1 890	2 209	2 556	2 928	3 546					
h_2	3.6						1 484	1 777	2 102	2 455	2 839	3 250	3 931	5 224				
	4.0						1 958	2 315	2 702	3 122	3 572	4 316	5 727	7 351				
	4.4							2 948	3 404	3 893	4 700	6 229	7 987	10 002				
	4.8								3 687	4 215	5 085	6 732	8 623	10 788	13 213			
	5.2										4 536	5 470	7 235	9 259	11 573	14 163	17 056	
	5.6											5 855	7 738	9 895	12 359	15 113	18 187	
	6.0												8 241	12 531	13 145	16 063	19 318	

4 刮泥机型号编制

(略)

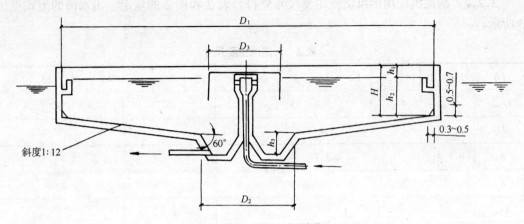

图 2 沉淀池主要尺寸(单位:m)

D_1—沉淀池直径;h_1—超高;D_2—污泥斗上部直径;
h_2—周边水深;H—周边池深;h_3—污泥斗高度;D_3—稳流筒直径

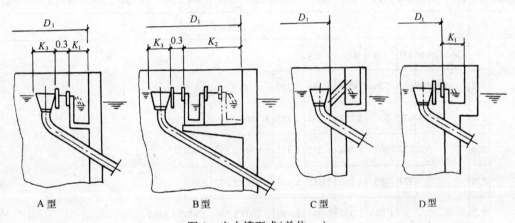

图 3 出水槽型式(单位:m)

K_1、K_2—出水槽宽度;D_1—沉淀池直径;K_3—排渣斗宽度

5 技术要求

5.1 一般要求

5.1.1 刮泥机应符合本标准规定,并按照规定程序批准的图纸和技术文件制造。

5.1.2 刮泥机选用的材料、外购件等应有供应厂的合格证明,无合格证明时,制造厂必须经检验合格方可使用。

5.1.3 所有的零件、部件必须经检验合格,方可进行装配。

5.1.4 水下紧固件应使用不锈钢材料。

5.2 整机性能要求

5.2.1 刮泥机外形尺寸应符合沉淀池主要尺寸的要求。

5.2.2 刮泥机刮板外缘线速度应符合表1的规定。

5.2.3 刮泥机运转应平稳正常,不得有冲击、振动和不正常的响声。

5.2.4 池底刮泥板安装后应与池底坡度相吻合,钢板与池底距离为50~100mm,橡胶刮板与池底的距离不应大于10mm。分段刮板运行轨迹应彼此重叠,重叠量为150～250mm。

5.2.5 焊接件各部焊缝应平整、光滑,不应有任何裂缝和较严重的气孔、夹渣、未焊透、未熔合等缺陷,其质量应按GBJ 205中的三级标准进行检验。

主梁的对接焊缝质量应按GBJ 205中的二级标准进行检验。

5.2.6 刮泥机无故障工作时间不应少于8000h,使用寿命不应少于15a。

5.3 对主要部件的要求

5.3.1 传动装置

a. 车轮应转动灵活,无卡滞和松动现象;

b. 用拉钢丝方法调整车轮箱,应使车轮轴的轴线指向中心支座中心;

c. 传动系统应设置过载保护装置。

5.3.2 中心支座

a. 旋转中心与池体中心应重合,同轴度误差不应大于ϕ5mm;

b. 中心支座基础面应水平,标高的极限偏差为$^{+10}_{0}$mm。

5.3.3 集电装置

a. 人字形刷握及集电环应符合JB 2839的要求;

b. 转动时碳刷与集电环须紧密接触,其接触面不小于碳刷面的1/3;

c. 人字形刷握配用的恒力弹簧,不允许电流通过;

d. 集电环安装必须精确、整齐,并符合有关的电气安装质量标准及安全规定。

5.3.4 主梁、桁架等钢结构焊接件

a. 主梁及桁架等钢结构焊接件的设计应符合GBJ 17的要求,主梁要求的最大挠度不应大于跨度的1/700;

b. 钢结构焊接件的制造、拼装、焊接、安装、验收,均应符合GBJ 205的规定,主梁的制造误差应符合GBJ 205中表3.9.1～4的规定。

5.4 对圆周轨道的要求

5.4.1 行车车轮采用钢轮时,对轨道的要求

a. 轨道半径极限偏差应符合表3的规定。

表3 轨道半径极限偏差

刮泥机规格,m	ϕ12～26	ϕ28～35	ϕ40～60
极限偏差,mm	±5	±7.5	±10

b. 轨道顶面任意点对中心支座平台表面相对标高差不应大于5mm,且轨面平面度误差不应大于0.40/1000;

c. 轨道接头间隙:夏季安装时为2～3mm,冬季安装时为5～6mm;

d. 轨道接头处高差不应大于0.5mm,端面错位不应大于1mm。

5.4.2 行车车轮采用橡胶轮时,对轨道表面的要求

池周边轨道表面标高差不应大于±5mm,平面度误差不应大于2/1000。

5.5 涂装要求

5.5.1 金属涂装前应严格除锈,钢材表面的除锈质量应符合SYJ 4007中规定的St3

级或 Sa2½级。

5.5.2 设备未加工金属表面,按不同的技术要求,分别涂底漆和面漆,涂漆应均匀、细致、光亮、完整,不得有粗糙不平,更不得有漏漆现象,漆膜应牢固,无剥落、裂缝等缺陷。

5.5.3 漆膜厚度应符合以下规定

　　a．水上金属表面 150~200μm；

　　b．水下金属表面 200~250μm。

5.5.4 最易腐蚀的水线部位(水面上 200mm,水面下 300mm)金属表面宜采用重防腐涂料进行防腐处理。

5.6 轴承及润滑

5.6.1 电机、减速机及各轴承部位应按使用说明书的要求加注润滑油、脂,所加各种油脂均应洁净无杂质,符合相应的标准要求。

5.6.2 运转中轴承部位不得有不正常的噪音,滚动轴承的温度不应高于 70℃,温升不应超过 40℃；滑动轴承的温度不应高于 60℃,温升不应超过 30℃。

5.7 安全防护要求

5.7.1 刮泥机的设计、制造应符合 GB 5083 的规定。

5.7.2 电控设备应符合 GB 4720,GB 5226 的规定,并应设有过电流,欠电压保护和信号报警装置。

5.7.3 电器外壳的防护等级应符合 GB 4942.2 中 IP55 级规定。

5.7.4 电动机与电控设备接地电阻不得大于 4Ω。

5.7.5 刮泥机置于露天时,电动机等电气设备应加设防雨罩。

5.7.6 刮泥机每年空池检修一次。

6 试验方法及验收规则

6.1 每台产品必须经制造厂技术检查部门检查合格后方能出厂,并附有证明产品质量合格的文件。

6.2 集电装置应作电器绝缘耐压试验,试验用交流电压不应低于 2000V,试验 1min 无击穿现象。

6.3 电气系统的检验应按 GB 5226 和 GB 4720 中的规定进行。

6.4 涂漆质量应符合第 5.5.2 条的规定,漆膜厚度使用电磁式膜厚计测量,应符合第 5.5.3 条的规定。

6.5 设备安装前应先检验与其配合的沉淀池的主要尺寸,符合要求后方可进行设备安装。

检验的项目有：

6.5.1 沉淀池池体中心同中心支座中心的同轴度应符合要求。

6.5.2 中心支座平台表面预埋螺栓,穿电线管的位置尺寸应符合要求。

6.5.3 各部位的相对标高应符合要求。

6.5.4 对预埋地脚螺栓的要求

　　a．地脚螺栓伸出支承面的长度误差为 ±20mm；

　　b．中心距误差(在根部和顶部两处测量)为 ±2mm。

6.6 池底刮泥板安装后应与池底坡度相吻合,刮板与池底的距离应符合第 5.2.4 条的规定。

6.7 确认各部位及总装后方可进行空池试运转,试运转连续运行时间不少于 8h,运行应平稳,无卡滞现象,设备运转的金属部件不得与池内任何部位接触。

一切调试正常后,才能通水运行。

6.8 负荷运转连续运行时间不应少于 72h。

7 标志、包装和运输

(以下略)。

12.9 辐流式二次沉淀池吸泥机标准系列（标准号 HG 21548—93）

1 一般规定

1.1 适用范围

本标准系列中的吸泥机是污水处理构筑物辐流式二次沉淀池的专用设备。根据污水处理水量及工艺要求,可选用适当的沉淀池直径和池深。二次沉淀池最大排泥量是按单池处理水量的 100% 进行设计的。

1.2 结构型式

1.2.1 沉淀池结构

本标准系列的沉淀池结构为平底圆型池,进水系统由中心进水竖井和配水系统组成,污泥由中心排泥管排出。

1.2.2 吸泥机结构

按吸泥机的驱动方式和结构特点分为两种型式:中心传动双臂吸泥机为 A 型;周边传动单(双)臂吸泥机为 B 型。A 型吸泥机传动系统采用双级行星摆线针轮减速机与带外齿的大型滚柱回转支承三级减速,吸泥管的污泥入口断面为矩形,每个吸泥管直接与中心泥罐相接,在吸泥管的污泥出口设有流量调节阀。B 型吸泥机在池径 $\phi \leqslant 40m$ 时采用单臂结构;池径 $\phi > 40m$ 时采用双臂结构。传动系统采用双级行星摆线针轮减速机和开式链轮三级减速,行走滚轮采用铸钢橡胶轮,中心支座采用大型滚柱回转支承,吸泥管污泥入口断面为矩形,单臂吸泥机的吸泥管与中心泥罐相接,双臂吸泥机的吸泥管与排泥槽相接,排泥槽再接中心泥罐,在吸泥管的污泥出口设有流量调节阀。

A、B 型吸泥机均设有浮渣刮板、浮渣挡板、环型三角堰集水槽和排渣斗。

1.2.3 集水槽结构型式

集水槽结构按池径 ϕ 的大小分为三种型式:池径 $\phi \leqslant 21m$ 为 I 型;$25m \leqslant \phi \leqslant 45m$ 为 II 型;$\phi > 45m$ 为 I+II 型。I 型集水槽为设在沉淀池周边外侧的环形集水槽;II 型集水槽为设在距沉淀池周边一定距离的池内环形集水槽;I+II 型结构的集水槽为 I 型与 II 型集水槽两者相组合的形式(见图 2.0.2)。

1.3 系列参数

1.3.1 配 A 型、B 型吸泥机的二次沉淀池工艺参数见表 1.3.1。

1.3.2 A 型、B 型吸泥机主要参数见表 1.3.2。

表 1.3.1 二次沉淀池工艺参数表

序号	项目 \ 沉淀池直径 φ(m)	10	12	15	18	21	25	30	35	40	45	50	55	60
1	处理水量 (m³/h)	79	113	178	255	312	442	636	769	1005	1272	1570	1900	2260
2	水力负荷 (m³/m²·h)	1.0	1.0	1.0	1.0	0.9	0.9	0.9	0.8	0.8	0.8	0.8	0.8	0.8
3	沉淀时间 (h)	2.00	2.00	2.00	2.40	2.67	3.11	3.56	4.00	4.00	4.00	4.00	4.50	5.00
4	有效水深 (m)	2.00	2.00	2.00	2.40	2.40	2.80	2.80	3.50	4.00	4.50	4.50	4.50	4.50
5	水 深 (m)	2.40	2.40	2.40	2.80	2.80	3.20	3.20	2.80	3.20	3.20	3.20	3.60	3.60
6	池 深 (m)	2.80	2.80	2.80	3.20	3.20	3.20	3.60	3.60	4.00	4.00	4.00	4.00	4.00
7	集水槽形式	I	I	I	I	I	II	II	II	II	II	I+II	I+II	I+II
8	II型集水槽中心距池壁距离 (m)	—	—	—	—	—	1.50	1.50	2.00	2.50	2.50	2.50	2.50	2.50
9	排泥管管径 (mm)	200	200	250	250	300	350	400	450	500	600	600	700	800
10	中心进水竖井内径 (mm)	700	700	700	800	800	900	1000	1200	1300	1500	1700	1800	2000
11	稳流筒直流 (mm)	1500	1800	2000	2400	2600	3000	3500	4000	4500	5000	5500	6000	6500
12	稳流筒底至沉淀池底距离 (mm)	1200 1600 1200	1600 1200	1150 1550	1050 1450	1350 1750	1300 1700	1550 1950	1550 1950	1800 2200	1700 2100	1600 2000	1850 2250	1750 2150

注：集水槽型式：I型——周边环型集水槽；II型——池内环型集水槽。

（注：表中对应的"沉淀时间 (h)"及以下各行中出现的对应数值，其中第3行 有效水深 (m) 4.00 4.40 4.40 4.40 4.40 4.40；池深 (m) 对应 4.80 4.80 4.80 4.80 4.80；水深 (m) 4.40 4.80 4.80 5.20 等，按原表列出。）

12.9 辐流式二次沉淀池吸泥机标准系列(标准号 HG 21548—93)

表1.3.2 A型、B型吸泥机主要参数

传动型式 项 目	A型中心传动							B型周边传动						
沉淀池直径 ϕ (m)	10	12	15	18	21	25	30	35	40	45	50	55	60
电机功率(kW)	0.75	0.75	0.75	1.5	1.5	0.75	1.5	1.5	1.5	1.5×2	1.5×2	1.5×2	1.5×2
总减速比 i	48030	51725	56035	60313	65796	75000	78947	88235	93750	100000	100000	107143	115385
吸臂转速(r/min)	0.031	0.029	0.027	0.025	0.023	0.020	0.019	0.017	0.016	0.015	0.015	0.014	0.013
运行一周时间(min)	32	35	37	40	43	49	53	59	64	65	68	70	76
周边线速度(m/min)	0.97	1.09	1.27	1.41	1.52	1.57	1.79	1.87	2.00	2.12	2.36	2.42	2.45
液位差 Δh (m)	0.25	0.25	0.25	0.25	0.25	0.35	0.35	0.35	0.40	0.30	0.35	0.40	0.40
估计重量(kg)	7500	8300	9900	11000	12000	13000	14000	15000	16000	20000	24000	26000	28000

1.4 材料

水下部分的吸泥管、螺栓及螺母材料采用不锈钢;三角堰、池内环型集水槽和浮渣挡板采用玻璃钢;其余材料均为碳钢。

1.5 标记方法

1.5.1 A型中心传动吸泥机标记

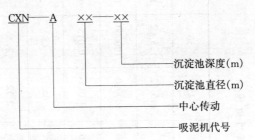

1.5.2 B型周边传动吸泥机标记

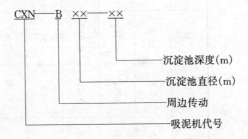

1.6 安全措施

吸泥机在运转过程中遇到过载情况时,过电流保护设施将切断电源,设备停止运转。

1.7 防腐

水上部分的碳钢件采用涂环氧沥青漆;水下部分的碳钢件(包括水面以上300mm范围内)采用涂无机富锌漆。

1.8 供电

1.8.1 A型中心传动吸泥机的动力控制照明电缆穿钢管沿走台下敷设。

1.8.2 B型周边传动吸泥机的动力控制及照明供电共用两根7芯电缆,电缆用DN25钢管保护,电缆保护管预埋在二次沉淀池底部及中心进水竖井混凝土井壁内(见图2.0.1-3)。

1.8.3 为避免吸泥机在运行中因机械过载而受到损坏,在电动机控制回路中增加过电流继电器速断保护,其整定值是正常运行电流的2~3倍。

1.9 引用标准 (略)

2 系列结构尺寸

2.0.1 A型吸泥机安装条件及二次沉淀池结构尺寸见图2.0.1-1;B型吸泥机安装条件及二次沉淀池结构尺寸见图2.0.1-2、2.0.1-3。

2.0.2 沉淀池集水槽结构型式见图2.0.2。

2.0.3 A型中心传动吸泥机结构见图2.0.3。

2.0.4 B型周边传动吸泥机结构见图2.0.4-1、2.0.4-2。

2.0.5 A型中心传动吸泥机电控原理见图2.0.5-1;B型周边传动吸泥机电控原理见

图 2.0.5-2。

3 选用说明

3.0.1 选用时根据污水处理水量,参照工艺参数表 1.3.1 或根据不同性质的污水处理工艺参数,经计算再确定所选择沉淀池的直径、池深和结构型式,然后再按 1.5 的标记方法填全所需要的尺寸内容。

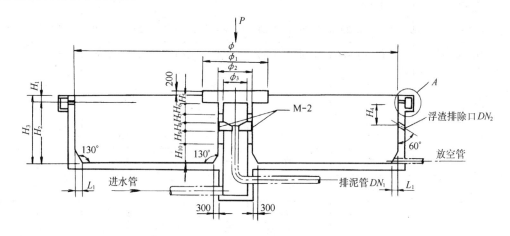

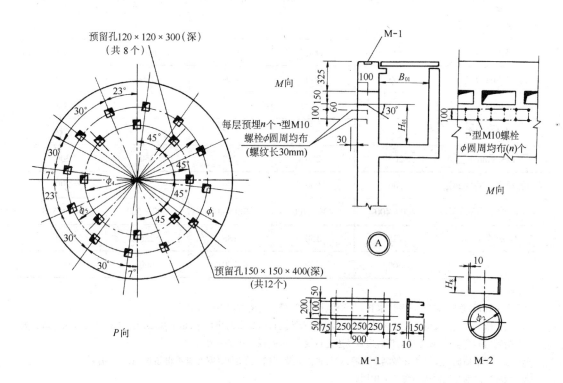

图 2.0.1-1 A型吸泥机安装条件及二次沉淀池结构尺寸

项目 \ 直径 ϕ (m)	10		12		15		18		21	
吸泥机估重(kg)	7500		8300		9900		11000		12000	
H_1(m)	0.40		0.40		0.40		0.40		0.40	
H_2(m)	2.80	3.20	2.80	3.20	2.80	3.20	3.20	3.60	3.20	3.60
H_3(m)	3.20	3.60	3.20	3.60	3.20	3.60	3.60	4.00	3.60	4.00
H_4(mm)									1800	
H_5(mm)	500		500		500		500		500	
H_6(mm)	570		570		520		520		520	
H_7(mm)	250		250		300		300		300	
H_8(mm)	280		280		280		280		280	
H_9(mm)	300		300		350		450		550	
H_{10}(mm)	1500	1900	1500	1900	1450	1850	1350	1750	1650	2050
ϕ_1(mm)									2100	
ϕ_2(mm)	900		900		1000		1100		1100	
ϕ_3(mm)	500		500		600		700		700	
ϕ_4(mm)									1400	
ϕ_5(mm)									1700	
DN_1(mm)	200		200		250		250		300	
预埋套管 DN_2(mm)	200		200		200		200		200	
$B_{01} \times H_{01}$(mm)	400×400		400×400		400×400		500×500		500×500	
n(个)	125		150		188		226		264	
L_1	500		500		500		600		600	

说明:
① 进水管径、总出水口尺寸及进水管、出水管、排泥管、排渣管的方位由设计者定。
② 表中所列二次沉淀池土建结构尺寸均为吸泥机安装运行所要求的净尺寸,池底施工时应根据施工方法采取必要措施留有余量,待吸泥机安装后边转动边进行找平,以确保设备安装要求。
③ 池子建成后应逐步注水并做满水实验,然后再安装集水槽三角堰板(漏水量不得超过 $3L/m^2 \cdot d$)。
④ 预埋件防腐与吸泥机防腐要求相同。
⑤ 预埋件和孔洞的位置误差不得大于 10mm。
⑥ 预埋套管按全国通用给水排水标准图集 S312(页)8-8 刚性防水套管制作安装。
⑦ M-1 为钢走台支承预埋件,位置由设计者定。

12.9 辐流式二次沉淀池吸泥机标准系列(标准号 HG 21548—93)

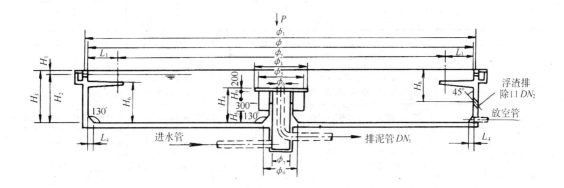

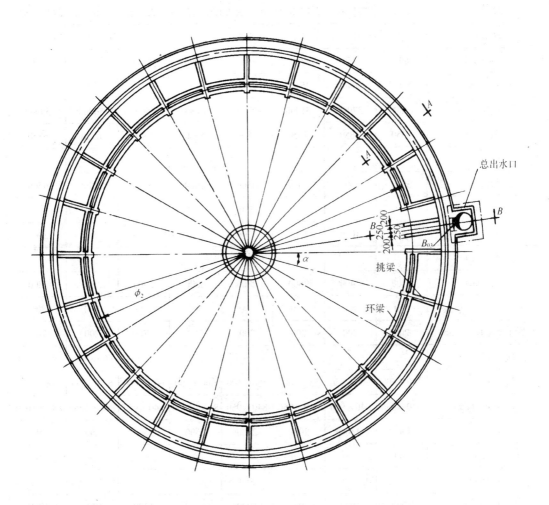

图 2.0.1-2 B型吸泥机安装条件及二次沉淀池结构尺寸

项目 \ 直径φ(m)	25		30		35		40		45		50		55		60	
吸泥机估重(kg)	13000		14000		15000		16000		20000		24000		26000		28000	
H_1(m)	0.40		0.40		0.40		0.40		0.40		0.40		0.40		0.40	
H_2(m)	3.20	3.60	3.60	4.00	3.60	4.00	4.00	4.40	4.00	4.40	4.00	4.40	4.40	4.80	4.40	4.80
H_3(m)	3.60	4.00	4.00	4.40	4.00	4.40	4.40	4.80	4.40	4.80	4.40	4.80	4.80	5.20	4.80	5.20
H_4(m)	2.40	2.80	2.80	3.20	2.80	3.20	3.20	3.60	3.20	3.60	3.20	3.60	3.60	4.00	3.60	4.00
H_5(mm)	1300	1700	1550	1950	1550	1950	1800	2200	1700	2100	1600	2000	1850	2250	1750	2150
H_6(mm)	2617	3017	2967	3367	2917	3317	3317	3717	3217	3617	3317	3717	3717	4117	3717	4117
H_7(mm)	2425	2825	2775	3175	2725	3125	3125	3525	3025	3425	3125	3525	3425	3825	3425	3825
H_8(mm)	2700															
H_9(mm)	600		750		750		900		1000		1100		1250		1350	
ϕ_1(mm)	25400		30400		35400		40400		45400		50400		55400		60400	
ϕ_2(mm)	22000		27000		31000		35000		40000		45000		50000		55000	
ϕ_3(mm)	3350		3850		4350		4850		5350		5850		6350		6850	
ϕ_4(mm)	4580															
ϕ_5(mm)	3000		3500		4000		4500		5000		5500		6000		6500	
ϕ_6(mm)	530															
ϕ_7(mm)	900		1000		1200		1300		1500		1700		1800		2000	
ϕ_8(mm)	1000															
ϕ_9(mm)	2300		2400		2600		2800		3000		3300		3500		3800	
DN_1(mm)	350		400		450		500		600		600		700		800	
预埋套管 DN_2(mm)	200		200		200		200		200		200		200		200	
$B_{01} \times H_{01}$(mm)	—		—		—		—		—		600×500		600×600		600×600	
$B_{02} \times H_{02}$(mm)	500×500		500×550		550×600		550×600		600×700		600×600		600×700		600×700	
$B_{03} \times H_{03}$(mm)	840×850		840×900		840×950		840×950		840×1050		840×950		840×1050		840×1050	
L_1(mm)	1500		1500		2000		2500		2500		2500		2500		2500	
L_2(mm)	400		400		450		450		500		500		500		500	
L_3(mm)	350															
L_4(mm)	1000		1000		1000		1000		1200		1200		1200		1200	
n(个)	314		377		440		503		565		628		691		754	

12.9 辐流式二次沉淀池吸泥机标准系列(标准号 HG 21548—93)

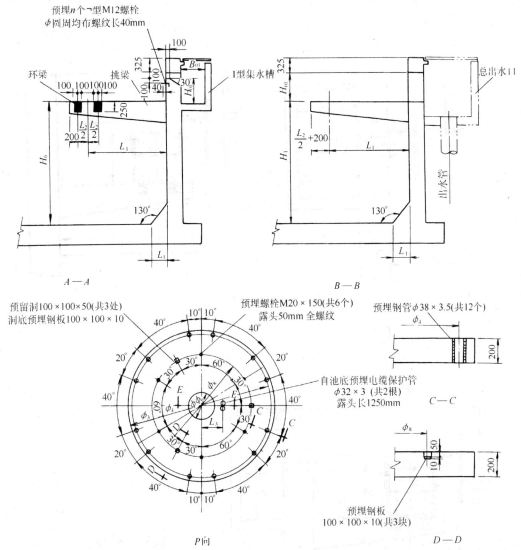

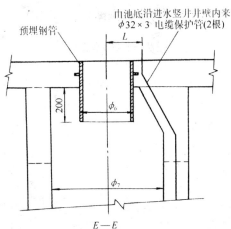

图 2.0.1-3 B型吸泥机安装条件及二次沉淀池结构尺寸

说明:
① 进水管管径、总出水口尺寸及进水管、出水管、排泥管、排渣管的方位由设计者定。
② 表中所列二次沉淀池土建结构尺寸均为吸泥机安装运行所要求的净尺寸。为保证安装要求,池底施工时应根据施工方法采取必要措施留有余量,待吸泥机安装后边转动边进行找平,支承Ⅱ型集水槽的环梁在土建设计时应考虑找平层。
③ 池壁顶面圆周不平度不得大于 1.7/10000,且总计不超过 20mm。
④ 池子建成后应逐步注水并做满水试验,然后再安装池内环形集水槽及集水槽三角堰板[漏水量不得超过 $3L/(m^2 \cdot d)$]。
⑤ 预埋件防腐与吸泥机防腐要求相同。
⑥ 预埋件及孔洞的位置误差不得大于 10mm。
⑦ 预埋套管按全国通用给水排水标准图集 S312(页)8-8 刚性防水套管制作安装。
⑧ 池壁上挑梁间的夹角 α 由土建设计者定。

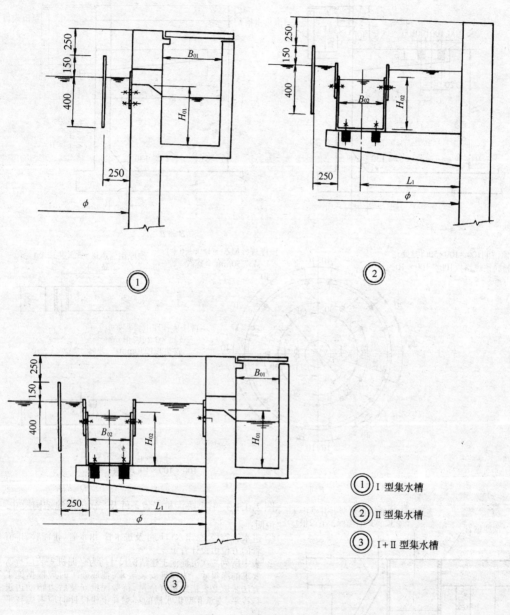

图2.0.2 集水槽结构型式

12.9 辐流式二次沉淀池吸泥机标准系列(标准号 HG 21548—93)

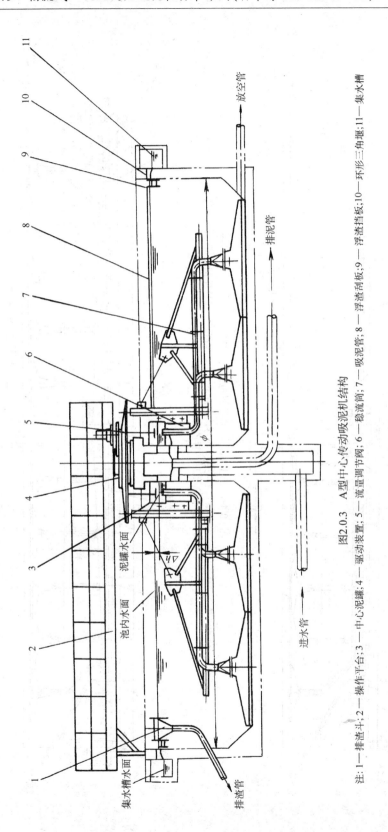

图2.0.3 A型中心传动吸泥机结构

注：1—排渣斗；2—操作平台；3—中心泥罐；4—驱动装置；5—流量调节阀；6—稳流筒；7—吸泥管；8—浮渣刮板；9—浮渣挡板；10—环形三角堰；11—集水槽

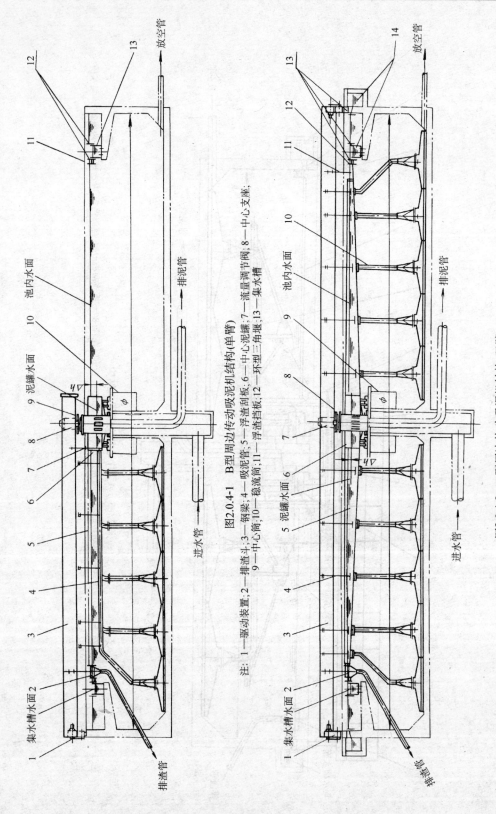

图2.0.4-1 B型周边传动吸泥机结构(单臂)

注：1—驱动装置；2—排渣斗；3—钢梁；4—流量调节阀；5—吸泥管；6—中心泥罐；7—流量调节阀；8—中心支座；9—中筒；10—稳流筒；11—浮渣挡板；12—环型三角堰；13—集水槽

图2.0.4-2 B型周边传动吸泥机结构(双臂)

注：1—驱动装置；2—排渣斗；3—钢梁；4—流量调节阀；5—排泥槽；6—中心泥罐；7—流量调节阀；8—中心支座；9—稳流筒；10—吸泥管；11—浮渣挡板；12—环形三角堰；13—环形三角堰；14—集水槽

12.10 重力式污泥浓缩池悬挂式中心传动刮泥机（标准号 CJ/T 3014—93）

1 主题内容与适用范围

本标准规定了污泥浓缩池用悬挂式中心传动刮泥机(以下简称刮泥机)的型式与基本参数、型号编制、技术要求、试验方法和检验规则、标志、包装和运输。

本标准适用于刮泥机的设计、制造、检验和验收。

2 引用标准

略

3 型式与基本参数

3.1 型式

刮泥机主要由电动机及减速装置、过扭矩保护机构、提升机构、主轴、刮臂、刮板、浓集栅条、刮浮渣装置、下轴承、稳流筒和工作桥组成，整台机器悬挂在工作桥的中心，型式见图1。

3.1.1 刮泥机按驱动减速装置不同基本分为下列两种型式：

A型——直联式应用立式三级摆线针轮减速机直联传动，并采用安全销联轴器或其它型式的过扭矩保护机构，见图1。

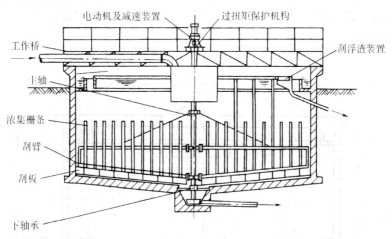

图1 A型悬挂式中心传动刮泥机

B型——组合式应由卧式两级摆线针轮减速机、链传动、立式蜗轮减速器和提升机构组成，蜗轮减速器上应设有过扭矩保护机构，见图2。

3.2 基本参数

3.2.1 刮泥机基本参数应符合表1的规定。

3.2.2 刮泥机配用的浓缩池尺寸应符合表2和图3的规定。

3.3 型号编制

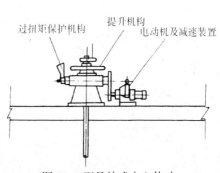

图2 B型悬挂式中心传动刮泥机的传动装置

表1 刮泥机基本参数

参数 \ 型号	WNG4	WNG5	WNG6	WNG7	WNG8	WNG9	WNG10	WNG12	WNG14	WNG16
池子直径(m)	4	5	6	7	8	9	10	12	14	16
刮臂直径(m)	3.6	4.6	5.6	6.6	7.6	8.6	9.6	11.6	13.6	15.6
刮板外缘线速度(m/s)	0.017~0.033									

注:型号在订货时应写全称。

表2 浓缩池主要尺寸

池子直径 D_1(m)		4	5	6	7	8	9	10	12	14	16
泥斗上部直径 D_2(m)		1.2			1.5			2.0			
表面积 F(m²)		13	20	28	38	50	64	79	113	154	201
		水容积 V_1(m³)									
池边水深 h_2 (m)	2.8	36	57								
	3.0	38	60	88	120						
	3.2	41	64	93	128	167	213				
	3.6	46	72	105	143	188	238	296	429	590	777
	4.0	51	80	116	158	208	264	327	475	651	857
	4.4				174	228	289	358	520	713	938
	4.8							390	565	774	1018
污泥斗高度 h_3(m)		0.5						0.6			
污泥斗容积 V_2(m²)		0.34			0.65			1.31			

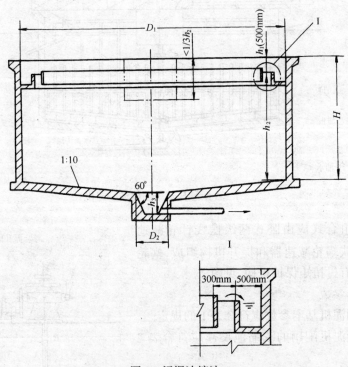

图3 污泥浓缩池

D_1—池子直径;D_2—泥斗上部直径;H—池边高度;
h_1—超高;h_2—池边水深;h_3—污泥斗高度

3.3.1 型号表示方法

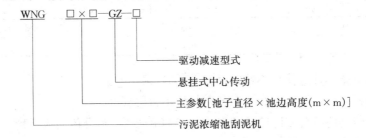

3.3.2 标记示例

池子内径 12m,池边高度 4m,A 型驱动减速装置的刮泥机：
WNG 12×4—GZ—A CJ/T 3014

4 技术要求

4.1 一般要求

4.1.1 刮泥机应符合本标准的规定,并按经规定程序批准的图样和技术文件制造。

4.1.2 刮泥机所有外购件、协作件必须有合格证明,经检查部门检查合格后方能进行装配。

4.1.3 刮泥机零件的材料应有合格证明文件,否则应进行试验和化验,合格后方可使用。

4.2 整机性能要求

4.2.1 刮泥机运转时应平稳正常,不得有冲击、振动和不正常响声。

4.2.2 刮泥机应能连续地将污泥刮至污泥斗,将浮渣刮集到浮渣斗。

4.2.3 刮泥机刮板外缘线速度应符合表 1 的规定。

4.2.4 刮泥机无故障工作时间不少于 8000h,使用寿命不少于 15a。

4.3 安全防护

4.3.1 刮泥机的设计、制造应符合 GB 5083 的规定。

4.3.2 电控设备应符合 GB 4720 的规定,并应设有过电流、欠电压保护和信号报警设备。

4.3.3 电器外壳的防护等级应符合 GB 4942·2 中 IP55 级的规定。

4.3.4 电动机与电控设备接地电阻不得大于 4Ω。

4.3.5 刮泥机应设有过扭矩保护机构,机构应灵敏可靠,保证达到设定转矩时发出报警信号并停止运转。

4.3.6 有提升机构的刮泥机应设有限位装置。

4.3.7 刮泥机主轴旋转方向用红色箭头在减速器盖上标出,提升机构锁紧螺母旋紧方向应与主轴转向相反。

4.3.8 刮泥机置于露天时应将电动机等电气设备加设防雨罩。

4.4 主要零部件质量要求

4.4.1 摆线针轮减速机应符合 JB 2982 的规定。

4.4.2 蜗杆、蜗轮的精度应分别符合 GB 10089、JB 2318 中 8 级的规定。

4.4.3 蜗杆、蜗轮采用的材料性能应不低于表 3 的规定。

表3 蜗杆、蜗轮材料

零 件 名 称	材 料	热 处 理 要 求
蜗杆	45号钢	调质 HB 241~286
蜗轮	HT300(GB 9439)	—

4.4.4 水下紧固件应使用不锈钢材料,主轴宜采用空心轴。

4.4.5 蜗杆减速器箱体结合面和各密封处不得渗漏油。

4.4.6 链传动应符合 GB 1243·1 和 GB 1244 的规定,啮合传动应平稳。

4.4.7 提升机构应灵活轻便,提升高度不小于 200mm。

4.4.8 提升机构中的螺旋副应为梯形螺纹。

4.4.9 刮板为对数螺旋线形或直线形,其下端应采用可调橡胶板。

4.4.10 分段刮板运行轨迹应彼此重叠,重叠量为 150~250mm。

4.4.11 刮泥臂上应设置浓集栅条,栅条高度不得小于 2/3 水深,栅条间距一般为 300mm。

4.4.12 钢结构的设计、施工、验收应分别符合 GBJ 17、GBJ 205 的规定。

4.4.13 工作桥的容许挠度不得大于跨度的 1/800,桥上走道宽应大于 1m,中央部分应有操作检修的空间。

4.4.14 焊接件的焊缝应平整、光滑,不应有裂缝、气孔、夹渣、未焊透、未熔合等缺陷,其质量应按 GBJ 205 中的三级标准检验。

4.5 装配质量要求

4.5.1 减速机座中心与池体中心应重合,同轴度允许偏差为 ϕ10mm。机座标高应符合设计要求,允许偏差为 $^{+10}_{0}$mm。

4.5.2 刮泥机主轴对机座底面的垂直度允许偏差为 0.5mm/m,总偏差不得大于 2mm。

4.5.3 刮臂应调在同一圆锥面内,通过同一标高基准点的高差不得大于 5mm。

4.5.4 刮板的下缘与池底(二次抹面后)的距离应为:

a. 钢刮板不得大于 50mm。

b. 橡胶刮板不得大于 10mm。

4.6 涂装要求

4.6.1 零部件涂装前必须除锈,钢材表面除锈质量应符合 SYJ 4007 中 St3 级的规定。

4.6.2 刮泥机水下部件应涂装耐腐蚀涂料。

4.6.3 刮泥机的所有不加工表面及特别指出的加工表面均应涂漆。

4.6.4 漆膜应平整光滑、色泽一致,不得有针孔、起泡、裂纹、划伤剥落和明显流挂等影响防护性能的缺陷。

4.6.5 漆膜厚度应符合以下规定:

a. 水上金属表面 150~200μm;

b. 水下金属表面 250~300μm。

4.6.6 主轴与水面交界处(水面上 300mm,水面下 200mm)应用三层玻璃布和环氧树脂分层贴衬防腐。

5 试验方法和检验规则

5.1 出厂试验及检验

5.1.1 每台刮泥机均应经制造厂质量检查合格后方能出厂,并附有合格证和使用说明书。

5.1.2 刮泥机出厂试验方法及检验规则应符合表4的规定。

表4 出厂试验及检验

序号	项目	试验方法	检验规划(方法及量具)	技术要求条文号	备注
1	摆线针轮减速机密封	空载运转不得少于2h	视觉法	4.4.1	
2	蜗杆减速器密封	空载运转不得少于2h	视觉法	4.4.5	
3	蜗轮齿面接触斑点	空载运转不得少于2h	涂红铅油	4.4.2	
4	安全销剪切强度	每批做两个试件	材料试验机	4.3.5	用于A型(直联式)传动
5	焊缝	—	视觉法、通用量具	4.4.14	
6	漆膜厚度	—	电磁式膜厚计	4.6.5	
7	涂漆质量	—	贴带法检查附着力①	4.6.4	

① 贴带法:准备六块规格为200mm×200mm的试片。试片经表面处理后,与产品涂漆方式一样涂上一层,待彻底干透后,用锋利的专用刀片或保险刀片,在试片表面划一个夹角为60°的叉,刀痕要划至钢板。然后贴上专用胶带,使胶带贴紧漆膜,接着用手迅速将胶带扯起,如刀痕两边涂层被粘下的总宽度最大不超过2mm即为合格。

5.2 现场试验及检验

5.2.1 刮泥机现场试验及检验规则应符合表5的规定。

表5 现场试验及检验

序号	项目	试验方法	检验规则(方法及量具)	技术要求条文号	备注
1	机座	—	水平仪(精度0.05mm/m)	4.5.1	
2	主轴垂直度	—	通用量具	4.5.2	
3	刮泥连续性	测量刮板重叠量	通用量具	4.4.10	
4	刮板与池底距离	测量每块刮板与池底距离	通用量具	4.5.4	
5	提升机构	手动操作升降3次	—	4.4.7	
6	接地电阻		接地电阻测试仪	4.3.4	
7	空负荷运行	连续运行2h	—	4.2.1,4.2.3	
8	过扭矩保护机构灵敏性	人为过载3次	—	4.3.5	
	负荷运行	正常投产后连续运行72h	—	—	
9	a 电动机电流	—	1.5级电流表		电流应平稳,不得大于额定电流
	b 摆线针轮减速机平稳性		触觉法	4.4.1	
	c 摆线针轮减速机密封性		视觉法	4.4.1	
	d 蜗杆减速器平稳性		触觉法		无异常振动
	e 蜗杆减速器密封性		视觉法	4.4.5	
	f 链传动平稳性		视觉法	4.4.6	

5.3 型式试验及检验

5.3.1 型式试验及检验的项目和要求应符合表4和表5的规定。

5.3.2 新产品试制时,应对过扭矩保护机构进行检验,可用刮臂上施加负载的方法,并应符合4.3.5条的规定。

5.3.3 刮泥机的可靠性和耐久性试验应用检查用户记录的方法,并符合4.2.4条的规定。

6 标志与包装

(以下略)

12.11 重力式污泥浓缩池周边传动刮泥机
（标准号 CJ/T 3043—1995）

1 主题内容与适用范围

本标准规定了重力式污泥浓缩池周边传动刮泥机(以下简称浓缩池刮泥机)的型式与基本参数、型号编制、技术要求、试验方法和验收规则、标志、包装和运输。

本标准适用于浓缩池刮泥机的设计、检验和验收。

2 引用标准

略

3 型式与基本参数

3.1 型式

浓缩池刮泥机主要由中心支座、主梁、浓集栅条、桁架、传动装置、刮板等部件组成。型式如图1所示。

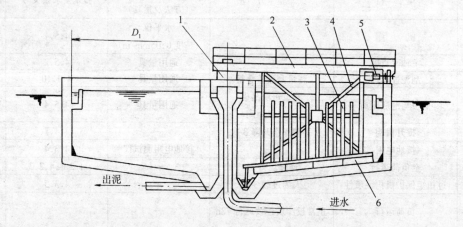

图1 重力式污泥浓缩池周边传动刮泥机
1—中心支座;2—主梁;3—浓集栅条;4—桁架;5—传动装置;6—刮板

3.2 基本参数

3.2.1 浓缩池刮泥机基本参数按表1规定。

12.11 重力式污泥浓缩池周边传动刮泥机(标准号 CJ/T 3043—1995)

表1 浓缩机刮泥机基本参数

型号	WNG12	WNG14	WNG16	WNG18	WNG20	WNG22	WNG24	WNG26	WNG28	WNG30
池子直径,m	12	14	16	18	20	22	24	26	28	30
刮板外缘线速度 m/s	0.016~0.033									

3.2.2 浓缩池刮泥机配用的污泥浓缩池主要尺寸应符合表2和图2的规定。

表2 污泥浓缩池主要尺寸   m

D_1		12	14	16	18	20	22	24	26	28	30
D_2		3;4						4;6			
h_3		0.6						1			
D_{3max}		3				4		6			
h_1		0.4									
表面积,m²		113	154	201	254	314	380	452	531	616	707
容积,m³											
h_2	3.2	384	528	696	888	1 109	1 355	1 626	1 902	2 258	2 615
	3.6	430	590	776	990	1 234	1 507	1 807	2 114	2 504	2 898
	4	475	652	857	1 092	1 360	1 659	1 988	2 327	2 751	3 181
	4.4	520	713	937	1 193	1 485	1 811	2 168	2 539	2 997	3 463
	4.8	565	775	1 017	1 295	1 611	1 963	2 349	2 751	3 243	3 746
	5.2	610	836	1 098	1 400	1 738	2 116	2 533	2 991	3 489	4 029
	5.6	655	897	1 178	1 501	1 864	2 268	2 714	3 203	3 736	4 312

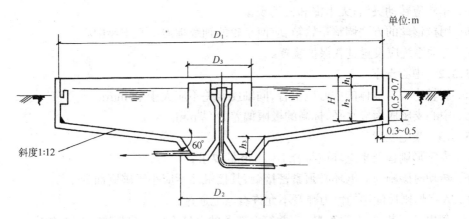

图2 污泥浓缩池主要尺寸

D_1—污泥浓缩池直径;h_1—超高;D_2—集泥斗上部直径;
h_2—周边水深;D_3—稳流筒直径;h_3—集泥斗高度;H—周边池深

3.2.3 污泥浓缩池的设计应符合 GBJ 14 的要求。

4 浓缩池刮泥机型号编制
(略)

5 技术要求

5.1 一般要求

5.1.1 浓缩池刮泥机应符合本标准规定,并按照规定程序批准的图纸和技术文件制造。

5.1.2 浓缩池刮泥机选用的材料、外购件等应有供应厂的合格证明,无合格证明时,制造厂必须经检验合格方可使用。

5.1.3 所有零件、部件必须经检验合格方可进行装配。

5.1.4 水下紧固件应使用不锈钢材料。

5.2 整机性能要求

5.2.1 浓缩池刮泥机外形尺寸应符合浓缩池主要尺寸的要求。

5.2.2 刮泥板外缘线速度应符合表1的要求。

5.2.3 浓缩池刮泥机的刮臂应设置浓集栅条,栅条高度约占有效水深的2/3,栅条的间距为300mm。

5.2.4 浓缩池刮泥机运转应平稳正常,不得有冲击、振动和不正常的响声。

5.2.5 池底刮泥板安装后应与池底坡度相吻合,钢刮板与池底距离为50~100mm,橡胶刮板与池底距离不应大于10mm。分段刮板运行轨迹应彼此重叠,重叠量为150~250mm。

5.2.6 焊接件各部焊缝应平整、光滑,不应有任何裂缝和较严重的气孔、夹渣、未焊透、未熔合等缺陷。其质量应按GBJ 205中的三级精度进行检验。

5.2.7 浓缩池刮泥机无故障工作时间不应少于8000h,使用寿命不应少于15a。

5.3 对主要部件的要求:

5.3.1 传动装置

a. 车轮应转动灵活,无卡滞和松动现象。

b. 用拉钢丝的方法调整车轮箱,应使车轮的轴线指向中心支座中心。

c. 传动系统应设置过载保护装置。

5.3.2 中心支座

a. 旋转中心与池体的中心应重合,同轴度误差不应大于 ϕ5mm;

b. 中心支座底面应水平,标高的极限偏差为 $^{+10}_{0}$mm。

5.3.3 集电装置

a. 人字形刷握及集电环应符合JB 2839的要求;

b. 转动时碳刷与集电环必须紧密接触,其接触面不应小于碳刷面的1/3;

c. 人字形刷握配用的恒力弹簧不允许有电流通过;

d. 集电环安装必须精确、整齐,并符合有关的电气安装质量标准及安全规定。

5.3.4 主梁、桁架等钢结构焊接件

a. 主梁及桁架等钢结构焊接件的设计应符合GBJ 17的要求,主梁要求最大挠度不应大于跨度的1/700;

b. 钢结构焊接件的制造、拼装、焊接、安装、验收,均应符合GBJ 205的规定。主梁的制造误差应符合GBJ 205中表3.9.1-4的规定;

c. 钢板对接焊缝的强度,不应低于所焊钢板的强度。

5.4 对圆周轨道的要求

5.4.1 行车车轮采用钢轮时,对轨道的要求:

a. 轨道半径极限偏差应符合表3的规定;

表 3 轨道半径极限偏差

浓缩池刮泥机规格 m	$\phi12\sim\phi20$	$\phi22\sim\phi30$
极限偏差 mm	±5	±7.5

b. 轨道顶面任意点对中心支座平台表面相对高差不应大于5mm,且轨面平面度误差不应大于0.4/1000;

c. 轨道接头间隙:夏季安装时2~3mm,冬季安装时为5~6mm;

d. 轨道接头处,高差不应大于0.5mm,端面错位不应大于1mm。

5.4.2 行车车轮采用橡胶轮时,对轨道表面的要求:

a. 池周边轨道表面标高应大于±5mm;

b. 平面度误差不应大于2/1000。

5.5 涂装要求

5.5.1 金属涂装前应严格除锈,钢材表面除锈质量应符合SYJ 4007规定中的St3级或Sa2½级。

5.5.2 设备未加工金属表面,按不同的技术要求,分别涂底漆和面漆,涂漆应均匀、细致、光亮、完整,不得有粗糙不平,更不得有漏漆现象,漆膜应牢固,无剥落、裂缝等缺陷。

5.5.3 漆膜厚度应符合以下规定

水上金属表面 150~200μm;

水下金属表面 200~250μm。

5.5.4 最易腐蚀的水线部位(水面上200mm,水面下300mm)金属表面宜采用重防腐涂料进行防腐处理。

5.6 轴承及润滑

5.6.1 电机、减速机及各轴部位按使用说明书要求加注润滑油、脂,所加各种油脂均应洁净无杂质,符合相应的标准要求。

5.6.2 运转中轴承部位不得有不正常的噪音,滚动轴承的温度不应高于70℃,温升不应超过40℃;滑动轴承的温度不应高于60℃,温升不应超过30℃。

5.7 安全防护要求

5.7.1 浓缩池刮泥机的设计、制造应符合GB 5083的规定。

5.7.2 电控设备应符合GB 4720,GB 5226的规定并应设有过电流、欠电压保护和信号报警装置。

5.7.3 电器外壳的防护等级应符合GB 4942.2中IP55级规定。

5.7.4 电动机与电控设备接地电阻不得大于4Ω。

5.7.5 浓缩池刮泥机置于露天时,电动机等电气设备应加设防雨罩。

5.7.6 浓缩池刮泥机每年应空池检修一次。

6 试验方法及验收规则

6.1 每台产品必须经制造厂技术检查部门检查合格后方能出厂,并附有证明产品质量合格的文件。

6.2 集电装置应作电器绝缘耐压试验,试验用交流电压不低于2000V,试验1min无击穿现象。

6.3 电气系统的检验应按 GB 5226 和 GB 4720 中的规定进行。

6.4 涂漆质量应符合第5.5.2条的规定,漆膜厚度使用电磁式膜厚计测量,应符合第5.5.3条的规定。

6.5 设备安装前,应先检验与其配合的污泥浓缩池的主要尺寸,符合要求后方可进行设备安装。

检验的项目有:

6.5.1 污泥浓缩池池体中心与中心平台支座平台中心的同轴度误差不大于ϕ5mm。

6.5.2 中心支座平台表面应预埋螺栓,电线管的位置尺寸误差不大于±2mm。

6.5.3 各部件的相对标高误差不大于±1.5mm。

6.5.4 对预埋地脚螺栓的要求:

a. 地脚螺栓伸出支承面的长度误差为±20mm;

b. 中心距误差(在根部和顶部两处测量)为±2mm。

6.6 池底刮泥板安装后应与池底坡度相吻合,刮板与池底的距离应符合第5.2.5条的规定。

6.7 必须在各部位及总装合格后,方可进行空池试运转。试运转连续运行时间不应少于8h,运行应平稳,无卡滞现象,设备运转的金属部件不得与池内任何部位接触。必须在一切调试正常后,才能通水运行。

6.8 负荷运转连续时间不应少于72h。

7 标志、包装和运输

(以下略)

12.12 污水处理用沉砂池行车式刮砂机
(标准号 CJ/T 3044—1995)

1 主题内容与适用范围

本标准规定了污水处理用沉砂池行车式刮砂机(以下简称刮砂机)的型式与基本参数、型号编制、技术要求、试验方法和检验规则、标志、包装和运输。

本标准适用于刮砂机的设计、制造、检验和验收。

2 引用标准

略

3 型式与基本参数

3.1 型式

刮砂机主要由行车、传动装置、卷扬提板机构、刮臂、刮板等部件组成。型式如图1所示。

3.2 基本参数

12.12 污水处理用沉砂池行车式刮砂机(标准号 CJ/T 3044—1995)

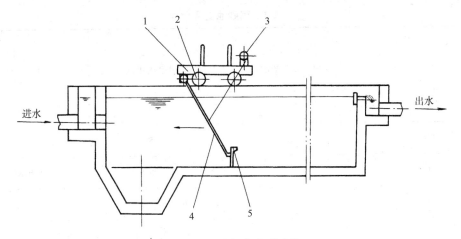

图 1 沉砂池行车式刮砂机
1—行车;2—传动装置;3—卷扬提板机构;4—刮臂;5—刮板

3.2.1 刮砂机行车跨度宜采用下值:
2.6,2.8,3.0……30m(以 0.2m 为级数)。

3.2.2 刮砂机运行速度不大于 0.02m/s,一般采用 0.01~0.015m/s。

3.2.3 刮砂机配用的沉砂池主要尺寸应符合图 2 和表 1 的规定。

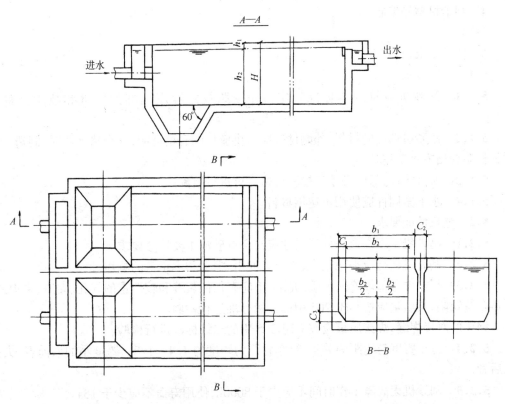

图 2 沉砂池主要尺寸(单位:m)
h_1—超高;h_2—水深;H—池深;b_1—格宽;b_2—池底宽;C_1—坡角宽;C_2—隔墙顶部宽;C_3—坡角高

表1 沉砂池主要尺寸　　　　　　　　　　　　　　　　　　　　m

b_1	1~3（以0.2为级数）	3.2~6（以0.2为级数）	6.2~10（以0.2为级数）
c_1	0.2	0.3	0.4
c_{2min}	0.3	0.5	0.7
c_3	0.4	0.6	0.8
b_2	$b_2=b_1-2c_1$		
h_1	0.4,0.6,0.8		
h_2	普通沉砂池		曝气沉砂池
	0.4~1.2(以0.2为级数)		2~6(以0.2为级数)
H	$H=h_1+h_2$		

3.2.4 沉砂池的设计应符合 GBJ 14 的要求。

4 刮砂机型号编制

（略）

5 技术要求

5.1 一般要求

5.1.1 刮砂机应符合本标准规定，并按照规定程序批准的图纸和技术文件制造。

5.1.2 刮砂机选用的材料、外购件等应有供应厂的合格证明，无合格证明时，制造厂必须经检验合格方可使用。

5.1.3 所有零件、部件必须经检验合格方可进行装配。

5.1.4 水下紧固件应使用不锈钢材料。

5.2 整机性能要求

5.2.1 刮砂机基本参数和外形尺寸应符合沉砂池主要尺寸要求。

5.2.2 刮砂机运行应平稳正常，不得有冲击、振动和不正常的响声。

5.2.3 焊接件各部焊缝应平整、光滑，不应有任何裂缝和较严重的气孔、夹渣、未焊透、未熔合等缺陷，其质量应按 GBJ 205 中的三级标准进行检验。

钢梁的对接焊缝，焊接质量应按 GBJ 205 中的二级标准进行检验。

5.2.4 行车跨度与轮距的关系：行车轮距为跨度的 1/4~1/8。跨度小的取前者，大的取后者。

5.2.5 刮砂机无故障工作时间不应少于 8000h，使用寿命不应少于 15a。

5.3 对主要部件的要求

5.3.1 传动装置

a) 车轮应转动灵活,无卡滞和松动现象;车轮均应与轨道面接触,不应有悬空现象;

b) 行车跨度的偏差不应超过±2mm;

c) 前后两对车轮跨度间的相对偏差不应超过2mm;

d) 前后两对车轮排列后,两轮中心的对角线相对误差不应超过5mm;

e) 行车车轮采用橡胶轮时,导向轮与池壁的间隙不应大于10mm;

f) 池宽度 b_1、b_2 的尺寸偏差不得超过±20mm。

5.3.2 钢梁及钢结构桁架

a) 钢梁及钢结构应符合 GBJ 17 的要求;

b) 钢结构焊接件的制造、拼装、焊接、安装、验收均应符合 GBJ 205 的规定;

c) 钢梁要求最大挠度不应大于跨度的 1/700。钢梁的制造误差应符合 GBJ 205 中表 3.9.1-4 的规定。

5.4 对轨道的要求

5.4.1 行车车轮采用钢轮时,对轨道的要求:

a) 轨距误差不得大于+2mm;

b) 轨道顶面相对标高差不应大于5mm,轨道平面误差不应大于0.40/1000;

c) 轨道接头间隙:夏季安装时为2~3mm,冬季安装时为5~6mm;

d) 轨道接头高差不应大于0.5mm,端面错位不应大于1mm。

5.4.2 行车车轮采用橡胶轮时,对轨道表面的要求:

a) 池顶轨道表面标高差不应大于5mm;

b) 平面度误差不应大于2/1000,全长误差不应大于10mm。

5.5 涂装要求

5.5.1 金属涂装前应严格除锈,钢材表面的除锈质量应符合 SYJ 4007 中规定的 St3 级或 Sa2½级。

5.5.2 设备未加工金属表面应按不同的技术要求分别涂底漆和面漆,涂漆应均匀、细致、光亮、完整,不得有粗糙不平,更不得有漏漆现象,漆膜应牢固,无剥落、裂缝等缺陷。

5.5.3 漆膜厚度应符合以下规定:

a) 水上金属表面 150~200μm;

b) 水下金属表面 200~250μm。

5.6 轴承及润滑

5.6.1 电机、减速机及各轴承部位按使用说明书要求加注润滑油、脂,运转中不得有异常的噪声、振动和温升。所加各种油脂均应洁净、无杂质,符合相应标准要求。

5.6.2 运转中轴承部位不得有不正常的噪音,滚动轴承的温度不应高于70℃,温升不应超过40℃;滑动轴承的温度不应高于60℃,温升不应超过30℃。

5.7 安全防护要求

5.7.1 刮砂机的设计、制造应符合 GB 5083 的规定。

5.7.2 电控设备应符合 GB 4720、GB 5226 的规定并应设有过电流、欠电压保护和信号报警装置。

5.7.3 电路外壳的防护等级应符合 GB 4942.2 中 IP55 级规定。

5.7.4 电动机与电控设备接地电阻不应大于 4Ω。

5.7.5 行程控制和卷扬控制行程开关动作应灵活可靠。

5.7.6 刮砂机置于露天时,电动机等电气设备应加设防雨罩。

6 试验方法及验收规则

6.1 每台产品必须经制造厂技术部门检查合格后方能出厂,并附有证明产品质量合格的文件。

6.2 电气箱和电气控制系统的检验应按 GB 5226 和 GB 4720 中的规定进行。

6.3 涂漆质量应符合 5.5.2 条的规定,漆膜厚度使用电磁膜厚计测量,应符合 5.5.3 条的规定。

6.4 设备安装前应先检验与其配合的沉砂池的主要尺寸,符合要求后方能进行设备安装。

6.5 必须在各部位及总装合格后,方可进行空池试运行,试运行时间不应少于 8h,运行应平稳,无卡滞现象;设备运转的金属部件不得与池内任何部位接触。必须在一切调试正常后,才能通水运行。

6.6 负荷运行试验时间不应少于 72h。

7 标志、包装和运输

(以下略)

12.13 水处理用溶药搅拌设备(标准号 CJ/T 3061—1996)

1 范围

本标准规定了水处理用溶药搅拌设备(以下简称搅拌设备)的产品分类、技术要求、试验方法、检验规则及包装和贮运等。

本标准适用于常压下工作,搅拌器型式为桨式、涡轮式、推进式的中央置入式机械搅拌设备。

2 引用标准(略)

3 产品分类

3.1 型式

搅拌设备由搅拌装置和搅拌容器组成,搅拌装置包括传动装置、搅拌轴、搅拌器等,搅拌容器包括搅拌罐(槽或池子)、支座及罐内附件(挡板、导流筒、底轴承等),见图 1。

3.1.1 搅拌容器的型式应符合图 2 的规定,罐内附件根据需要设置,方形水池其 D_N 为内切圆直径。

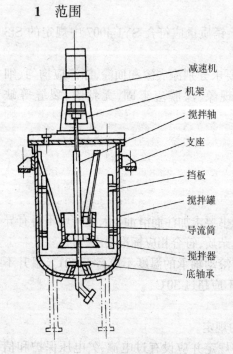

图 1 搅拌设备

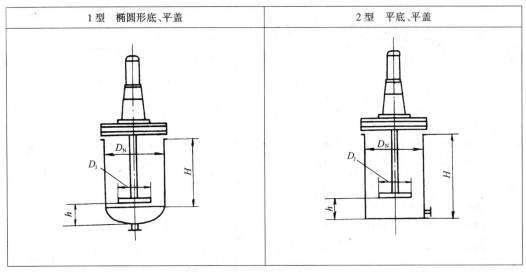

图 2 搅拌容器的型式

3.1.2 搅拌器的基本型式应符合表 1 的规定。

表 1 搅拌器的基本型式

搅拌器型式	叶片型式	搅拌器型式	叶片型式
A 型 桨式	A1 直叶	C 型 圆盘涡轮式	C1 直叶
	A2 折叶		C2 折叶
B 型 开启涡轮式	B1 直叶	D 型 推进式	三 叶
	B2 折叶		

3.2 基本参数

3.2.1 搅拌设备的公称容积、容器内径和直边高度、搅拌器直径和搅拌器离底高度、转速范围的基本参数应符合表 2 的规定。

3.2.2 挡板在搅拌罐中的参数应符合图 3 的规定。

3.2.3 推进式搅拌器的导流筒应符合图 4 的规定。

表 2 搅拌设备基本参数

公称容积 V m³	容器内径 D_N mm	容器直边高 H,mm		搅拌器直径 D_J、搅拌器离底高度 h,mm						转速范围 r/min
		椭圆形底 平盖	平底 平盖	桨式		涡轮式		推进式		
				D_J	h	D_J	h	D_J	h	
0.10	500	410	—	320	(0.2~1) D_J		(0.5~1) D_J		(1~1.5) D_J	20~3000
0.16	600	450	600	400		180		180		
0.25	700	520	700	500		220		220		16~3000
0.40	800	650	800	560		250		250		16~1000
0.63	900	820	1000	630		280		280		
1.00	1000	1100	1300	710		320		320		12.5~1000
1.25	1200	880	1150	800		360		360		

续表

公称容积 V m³	容器内径 D_N mm	容器直边高 H, mm		搅拌器直径 D_J、搅拌器离底高度 h, mm						转速范围 r/min
		椭圆形底平盖	平底平盖	桨式		涡轮式		推进式		
				D_J	h	D_J	h	D_J	h	
1.6	1200	1200	1450	800		360		360		12.5~1000
2.0	1400	1040	1300	900		450		450		
2.5	1400	1400	1650	900		450		450		10~750
3.2	1600	1300	1600	1000		500		500		
4.0	1600	1700	2000	1000		500		500		
5.0	1800	1650	2000	1120		560		560		
6.3	1800	2200	2500	1120		560		560		
8.0	2000	2200	2600	1250	$(0.2\sim1)$ D_J	630	$(0.5\sim1)$ D_J	630	$(1\sim1.5)$ D_J	8~750
10	2000	2850	3250	1250		630		630		
12.5	2200	2950	3300	1400		710		710		
16	2400	3150	3600	1600		710		710		
20	2600	3350	3800	1800		800		800		6.3~500
25	2800	3600	4100	1800		900		900		
32	3000	4000	4550	2000		900		900		4~400
40	3200	—	5000	2240		1000		1000		
50	3400	—	5550	2240		1000		1000		4~320

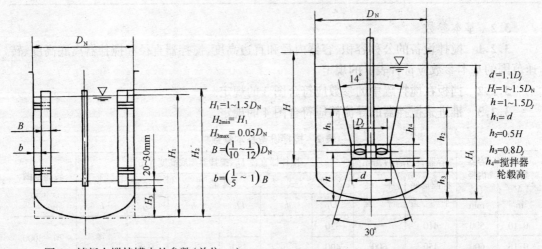

图3 挡板在搅拌罐中的参数(单位:m)　　图4 推进式搅拌器的导流筒参数

3.3 型号

(略)

4 技术要求

4.1 一般要求

4.1.1 搅拌设备应符合本标准的规定,并按经规定程序批准的图样和技术文件制造。

4.1.2 搅拌设备所有外购件、协作件必须有合格证明,经检查部门检查合格后方能进行装配。

4.1.3 搅拌设备可根据不同药剂选用不同的材料,材料应符合相应的标准并有合格证明文件,否则应进行试验和化验,合格后方可使用。

4.2 搅拌装置

4.2.1 桨式、涡轮式、推进式搅拌器的技术要求,应符合 HG/T 2124、HG/T 2125、HG/T 2126 的规定。

4.2.2 搅拌轴直径应符合 ZBG 92001 的规定。

4.2.3 搅拌轴的直线度公差应符合表 3 的规定。

表 3 轴的直线度公差值

转速,r/min	每米轴长直线度公差值,mm	转速,r/min	每米轴长直线度公差值,mm
<100	<0.15	>1000~1500	<0.08
100~1000	<0.1	>1500~3000	<0.06

4.2.4 轴上装配面的同轴度公差,应符合 GB 1184 中 8 级精度规定。

4.2.5 搅拌轴上可以设置两个或两个以上的搅拌器,相邻搅拌器的间距不应小于搅拌器直径 D_J。

4.2.6 传动装置宜优先选用符合国家和行业标准的立式减速机,并应符合相应的标准规定。

4.2.7 减速机出轴旋转方向要求能正反双向传动,不宜选用蜗轮传动。

4.2.8 立式夹壳联轴器、弹性套柱销联轴器、凸缘联轴器,应分别符合 HG/T 5-213、GB 4323 和 GB 5843 的规定。

4.2.9 当采用无支点或单支点机架,且除电动机和减速机支点外,无其他支点时,应选用刚性联轴器。

4.2.10 搅拌轴分段时,必须采用刚性联轴器连接。

4.2.11 当采用双支点机架,或采用单支点机架,另外设有底轴承作为支点时,应选用柔性联轴器。

4.2.12 搅拌装置可安装在搅拌容器的中心线上,也可偏心安装。

4.3 搅拌容器

4.3.1 钢制搅拌罐的制造和检验应符合 JB 2880 的规定,钢筋混凝土搅拌池应符合图样或相应标准的规定。

4.3.2 搅拌罐中加装挡板可消除中央旋涡,适用于在湍流区操作的桨式和涡轮式搅拌器,挡板一般为 2~4 个,尺寸参数见图 3。

4.3.3 中心直立安装有推进式搅拌器的罐内,应加装导流筒可得到高速流和高倍循环。导流筒尺寸参数见图 4。

4.3.4 加装导流筒后的液体流向,一般为筒内向下,筒外向上。

4.3.5 搅拌罐采用耳式支座时,应符合 JB/T 4725 的规定。

4.3.6 搅拌罐采用其他形式的支座、支脚时,应符合图样或相应标准的规定。

4.3.7 支承搅拌装置的型钢横梁,容许挠度不得大于跨度的1/500。

4.4 安全防护

4.4.1 搅拌设备宜安装在室内,如安装在室外必须有防雨、防潮措施。

4.4.2 电器设备应符合GB 755、GB 3797、GB 4720的规定,并设有过电流、欠电压保护和报警设备。电器外壳的保护等级应符合GB 4942.2中IP 55级的规定。

4.4.3 电动机和电控设备应有良好接地,接电电阻不得大于4Ω。

4.4.4 搅拌设备的噪声不得大于85dB(A)。

4.4.5 机座上应固定有指针牌,指示搅拌器的旋转方向。

4.5 装配基本要求

4.5.1 所有零部件必须经过检验合格后方可装配。

4.5.2 联轴器的安装应符合TJ 231(一)的规定。

4.5.3 中间轴承和底轴承的安装,应不破坏搅拌轴原有的垂直度和同轴度。

4.5.4 悬臂轴下端径向摆动量,盘车时不得大于按下式计算的数值:

$$\delta = 0.0025 L n^{-\frac{1}{3}} \tag{1}$$

式中 δ——径向摆动量,mm;

L——轴的悬臂长度,mm;

n——搅拌器工作转速,r/min。

4.6 可靠性与耐久性要求

4.6.1 每年检修一次,无故障工作时间不应少于8000h。

4.6.2 整机使用寿命不应少于10a。

4.7 涂装要求

4.7.1 碳钢件涂装前应严格除锈,表面除锈质量应符合SYJ 4007中St3级规定。

4.7.2 用碳钢制作的搅拌罐,其内表面和罐内零部件应根据不同的药剂涂装防腐蚀涂料,做饮用水用的,应涂无毒防腐蚀涂料。外表面除锈后应涂刷底漆和面漆。

4.7.3 漆膜应平整光滑,色泽一致,不允许有针孔、起泡、裂纹、划伤剥落和明显流挂等影响防腐蚀性能的缺陷。

5 试验方法和检验规则

5.1 出厂试验及检验

5.1.1 每台搅拌设备均应经制造厂质量检查合格后方能出厂,并附有合格证和使用说明书。

5.1.2 搅拌罐应进行盛水试漏,并符合JB 2880的规定。

5.1.3 出厂试验前先盘车检验悬臂轴下端径向摆动量,并应符合4.5.4条的规定。

5.1.4 盘车检验后,先进行试运行试验。试运行时,容器内的试验物料和填充高度应按图样规定,如图样无规定时,可以水代料,并装料至罐体高度的80%～85%。

5.1.5 试运行时间不应少于2h,并应符合下列要求:

a) 电动机、减速机和搅拌器等部件运转应平稳,无异常现象;

b) 搅拌轴转速和转向应符合图样要求;

c) 轴承箱表面温度不超过环境温度加40℃,且最高温度不超过75℃。

5.1.6 试运行后再进行连续运行试验,除符合5.1.4、5.1.5条各项要求外,还应符合下列要求：

　　a) 连续运行时间不少于4h；
　　b) 电动机电流应平稳，不得大于额定电流；
　　c) 搅拌设备噪声应符合4.4.4条规定。

5.2　型式试验及检验

5.2.1　型式试验及检验的项目，除应符合技术要求中的各条要求外，还应符合出厂试验及检验各条规定。

5.2.2　搅拌设备的可靠性与耐久性试验应用检查用户记录的方法，并应符合4.6.1和4.6.2条规定。

6　标志、包装、运输和贮存

（以下略）

12.14　污泥脱水用带式压滤机(标准号 CJ/T 31—91)

1　主题内容与适用范围

本标准规定了污泥脱水用带式压滤机(以下简称：带式压滤机)的基本参数、型号编制、技术要求、试验和检验规则、标志、包装、运输、贮存。

本标准适用于带式压滤机的设计、制造、检验与验收。

2　引用标准

略

3　基本参数

3.1　带式压滤机的基本参数应符合表1规定。

表1

滤带宽度 B(mm)	滤带速度 v(m/min)	滤带宽度 B(mm)	滤带速度 v(m/min)
500 1000 1500	0.5~6	2000 2500 3000	0.5~6

3.2　带式压滤机用于城市污水处理厂时，污泥脱水技术性能应符合表2规定；当用于其它污泥脱水时，其技术性能应通过试验确定。

表2

污泥种类	进泥含水率(%)	干泥产量(kg/m·h)	滤饼含水率(%)	消耗干药量(kg/t 干泥)
初沉污泥	96~97	120~300	75~80	1~5
活性污泥	97~98	80~150		
混合污泥	96~97.5	120~300		
消化后混合污泥	96~97.5	110~300		

4 型号编制

4.1 型号表示方法：型号应由以下4个部分组成。

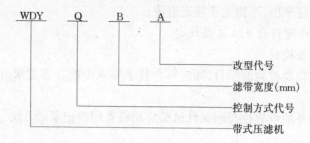

4.1.1 控制方式代号按滤带张紧的控制方式分类，其表示方法应符合表3规定。

表3

名 称	代 号	名 称	代 号
液 压 控 制	Y	电 动 控 制	D
气 动 控 制	Q	手 动 控 制	S

4.1.2 滤带宽度应符合表1规定。

4.1.3 改型代号按改型的先后顺序分别以字母A、B、C……表示，改型的含义是指带式压滤机的结构、性能有重大改进和提高，并按新产品重新设计、试制和鉴定时方可用此代号。

4.2 标记示例

气动控制，滤带宽度1000mm，第一次修改设计过的带式压滤机：WDYQ1000A

5 技术要求

5.1 带式压滤机应符合本标准要求，并按照规定程序批准的图纸及技术文件制造。

5.2 带式压滤机选用的材料、外购件等应有供应厂的合格证明，无合格证明时，制造厂须经检验合格方可使用。

5.3 所有的零件、部件必须经检验合格，方可进行装配。

5.4 焊接件各部焊缝应平整、光滑，不应有任何裂缝、未熔合、未焊透等缺陷。

5.5 金属辊表面的镀层或涂层应均匀、牢固、耐蚀、耐磨，衬胶的金属辊其胶层与金属表面应紧密贴合、牢固、不得脱落。

5.6 设备安装后所有辊子之间的轴线应平行，平行度不得低于GB 1184中的10级精度。

5.7 直径大于300mm的辊子应使用重心平衡法进行静平衡试验。辊子安装后要求在任何位置都应处于静止状态。

5.8 按要求涂底漆和面漆，涂漆应均匀、细微、光亮、完整、不得有粗糙不平，更不得有漏漆等现象，漆膜应牢固，无剥落、裂纹等缺陷。其质量应符合JB 2855的规定。

5.9 空运转连续运行时间不少于2h，并应符合下列要求：

5.9.1 主传动装置

a．电机、减速器、联轴器、链条等转动及传动部件，运转应平稳，无异常现象；

b．调速器的数字指示值应和实际转数相符。

5.9.2 滤带速度

a．在要求的速度范围内能平稳调速；

b．滤带速度显示系统的读数应和滤带实际速度相符。

5.9.3 轴承及润滑

a．各润滑部位应涂注润滑油脂；

b．运转中轴承部位不得有不正常的噪音，滚动轴承的温度不应高于70℃，温升不应超过40℃；滑动轴承的温度不应高于60℃，温升不应超过30℃。

5.9.4 气动或液压系统

a．管路及各接头连接处，不得漏气或漏油；

b．压力表、注油器、减压阀、换向阀等各气动元件或液压元件工作正常。

5.9.5 滤带运行情况

a．滤带矫正装置动作应灵活可靠。当滤带偏离中心线15mm时，调整控制器的滤带矫正装置应自动工作；

b．滤带在运行中偏离中心线不得大于40mm。

5.9.6 污泥和药液混合搅拌器

电机、减速器及搅拌桨运转应平稳，无异常现象。

5.10 对滤带的要求

5.10.1 滤带应选用强度高、透气度好、不易堵塞、表面光滑、固体回收率高的成形网。

5.10.2 滤带接口处表面应光滑，接口处的拉伸强度不得低于滤带拉伸强度的70%。

5.10.3 滤带宽度允许公差值为±10mm，长度允许公差值为±150mm，滤带两边周长误差为±0.05%，滤带伸长率为0.65%～0.85%。

5.10.4 滤带的使用寿命应大于10000h。

5.11 检查安全保护装置

a．当水压不足，冲洗水系统不能正常工作时，应自动停机；

b．当气源压力或液压系统的压力不足，不能保证主机正常工作时，应自动停机；

c．运转中，当滤带偏离中心位置超过40mm时，应自动停机；

d．各电气开关、按钮应安全可靠。

6 试验和检验规则

6.1 设备在出厂前应按5.9条进行空运转试验和设备基本参数及尺寸规格的检验，合格后方可出厂。

6.2 空运转前应对设备及附属装置进行全面检查，符合技术要求后方可进行运转。

6.3 空运转试验时，检验的项目应包括第5.9、5.11条的内容。

6.4 电气系统的检验应按GB 5226中的规定进行。

6.5 新产品及经过修改设计的改型产品，必须进行污泥脱水试验，测试项目及要求按附录A《带式压滤机试验》中的规定进行。

7 标志、包装、运输、贮存

（略）

附录 A
带式压滤机试验
（补充件）

A1 适用范围

本标准规定了带式压滤机进行污泥脱水试验的测试项目及要求,适用于带式压滤机的检验及验收。

A2 带式压滤机污泥脱水试验测试的项目

A2.1 带式压滤机入口处污泥的流量。

A2.2 带式压滤机入口处污泥的性质：

a．污泥含水率；

b．灼烧残渣；

c．灼烧失量；

d．pH；

e．有机物含量与无机物含量的比例。

A2.3 带式压滤机出口处滤饼的产量。

A2.4 带式压滤机出口处滤饼的性质：

a．滤饼的厚度；

b．含水率；

c．灼烧残渣；

d．灼烧失量。

A2.5 带式压滤机排出滤液（包括冲洗水）的流量。

A2.6 带式压滤机排出滤液（包括冲洗水）的性质：

a．SS；

b．pH；

c．COD_{cr}；

d．BOD_5。

A2.7 滤带冲洗水的流量。

A2.8 滤带冲洗水的压力。

A2.9 滤带冲洗水的性质：

a．SS；

b．pH。

A2.10 带式压滤机使用药剂（絮凝剂）的性质：

a．名称；

b．成分；

c．浓度。

A2.11 药剂（絮凝剂）的加入量。

A2.12 投药比（纯药量/干泥量）。

A2.13 带式压滤机工作时滤带的张力。

A2.14 滤带的速度。

A2.15 滤带的型号及性质。

A2.16 带式压滤机固体物质回收率。

A2.17 带式压滤机动力消耗量。

A3 带式压滤机必须在设备及污泥处于稳定状态运行时,方可进行上述项目的测试。

A4 各测定项目的试验次数在同一运行条件下,原则上连续测三次,若有必要可再增加次数。

另外,在水(液)质测验时,可通过混合试样的方法,采取适宜水样。

表 A1 带式压滤机污泥脱水性能测试记录

设备型号、名称:　　　　　　　污泥种类:
试验日期:　　　　　　　　　　药剂种类:
测试人员:　　　　　　　　　　气象条件:天气　　气温　　℃

项　目		试　验　结　果			备注
		1	2	3	
试　验　时　间					
进泥	含水率(%)				
	流量(m^3/h)				
	折合干污泥量(kg/h)				
	有机物/无机物				
	pH				
药剂	浓度(%)				
	投药量(m^3/h)				
	纯固量(kg/h)				
	投药比(%)				
滤带	速度(m/min)				
	张紧压力(MPa)				
	工作时张力(kg·f/cm)				
冲洗水	水压(MPa)				
	流量(m^3/h)				
	SS(mg/L)				
	pH				
滤液	SS(mg/L)				
	COD_{cr}(mg/L)				
	BOD_5(mg/L)				
	pH				
滤饼	厚度(mm)				
	产量(kg/h)				
	含水率(%)				
	折合干泥产量(kg/h)				
	固体回收率(%)				
动力	动力消耗量(kW·h)				
其它					

表A2 测 试 报 告   No

单位名称：　　　　　　　　　样品性质：
采样者：　　　　　　　　　　采样时间：
试验目的：

测 试 结 果

名 称	分析项目						
	含水率（%）	灼烧残渣（%）	灼烧失量（%）	pH	SS（mg/L）	COD$_{cr}$（mg/L）	BOD$_5$（mg/L）
备 注							

报告人：　　　审核人：　　　报告日期：　　年　月　日

12.15 供水排水用螺旋提升泵(标准号 CJ/T 3007—92)

1 主题内容与适用范围

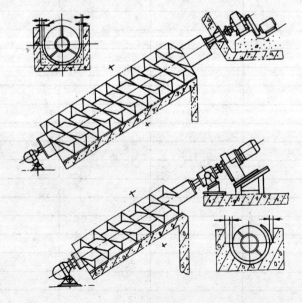

图1

本标准规定了供水排水用螺旋提升泵(以下简称螺旋泵)的产品分类、技术要求、试验方法和检验规则、标志、包装、运输以及贮存。

本标准适用供水、排水工程中螺旋泵的设计、制造、检验和验收。

2 引用标准
(略)

3 产品分类

3.1 基本参数

3.1.1 螺旋泵由泵轴、螺旋叶片、上支座、下支座、导槽、挡水板和驱动结构组成。基本型式如图1所示。

3.1.2 螺旋泵的基本参数见表1规定。

表1

螺旋泵外缘直径(mm)	转 速 r/min	流 量 L/s	
		安装角30°时（标准）	安装角38°时（最大）
300	112	14	10.5
400	92	26	20
500	79	46	34
600	70	69	52
800	58	135	100
1000	50	235	175
1200	44	350	260
1400	40	525	370
1600	36	700	522
1800	34	990	675
2000	32	1200	850
2200	30	1500	1100
2400	28	1860	1370
2600	26	2220	1600
2800	25	2600	1900
3000	24	3100	2300
3200	23	3550	2640
3500	22	4300	3200
4000	20	6000	4450

注：① 表中流量是指螺旋泵外缘直径与泵轴直径之比为2:1时的流量。
② 表中流量是指螺旋叶片为三头时的流量，二头与一头时的流量分别为三头的0.8与0.64倍。

3.2 型号表示方法，型号应由以下四个部分组成。

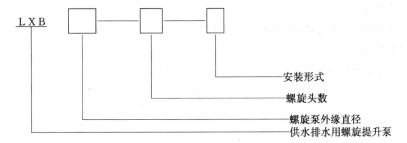

3.2.1 螺旋泵外缘直径见表1规定。
3.2.2 螺旋头数分别以数字1、2、3表示。
3.2.3 安装形式
安装形式如图2所示可分附壁式(代号F)和支座式(代号Z)两类。
3.2.4 标记示例
附壁式螺旋泵外缘直径为300mm，螺旋叶片的头数为2头。
LXB300-2-F。

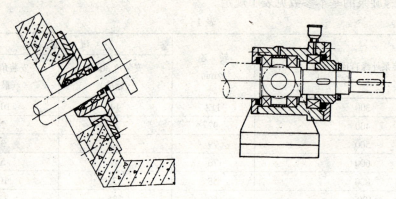

图2

4 技术要求

4.1 螺旋泵应符合本标准规定,并按照规定程序批准的图样及技术文件制造、检验和验收。

4.2 环境条件

4.2.1 螺旋泵工作环境温度以介质不结冰为原则。

4.2.2 螺旋泵所配用的电动机、电控设备及减速装置宜安装在室内,适用的环境条件应符合 GB 3797 和 GB 755 的规定。如安装在室外必须考虑防雨、防潮措施。

4.3 螺旋泵的性能

螺旋泵制造厂应确定产品容许工作范围,并给出进水深度、流量和效率。

4.4 电动机

4.4.1 确定电动机功率应规定下列各项指标:

a. 螺旋泵提升功率;

b. 上、下轴封的摩擦损失;

c. 传动损失;

d. 螺旋泵泄漏损失。

4.4.2 电动机功率的储备系数应不小于1.15。

4.5 最佳转速

计算最佳转速可用下列公式:

$$n_j = \frac{50}{\sqrt[3]{D^2}} \tag{1}$$

式中 n_j——最佳转速,r/min;

D——螺旋泵外缘直径,m。

螺旋泵的工作转速 n 应在下列范围内确定:

$$0.6 n_j < n < 1.1 n_j$$

4.6 螺旋泵所选用的材料和外购件应具有供应厂的合格证明,无合格证明时需经有关部门检验合格后方可使用。

4.7 灰铸铁件应符合 GB 9439 要求。

4.8 焊接和泵体表面加工要求。

4.8.1 焊接件各部焊缝应平整、光滑、均匀和紧密,不应有任何裂缝、未熔合和未焊透等缺陷。其焊接质量应符合 YB 3208 的要求。

4.8.2 金属焊接件焊缝强度不得低于母体材料强度。

4.8.3 泵体表面的喷镀层和涂层应均匀、牢固、耐蚀、耐磨与紧密,不得脱落。

4.8.4 螺旋泵叶片为阿基米德螺旋面,不应有明显翘曲,其导程和螺距尺寸误差不低于 GB 1804 中的 Js18 所规定的公差。

4.9 轴承

4.9.1 轴承或轴承座设计要考虑因泵轴温差变化而引起的轴向移动,轴承设计寿命应不低于 100000h。水下轴承寿命应不低于 50000h。

4.9.2 轴承可使用润滑脂非强制润滑,水下轴承也可使用强制润滑。

4.9.3 轴承座的所有与外部相通的孔或缝隙,应具有防止污物和污水的密封装置。

4.10 联轴器

4.10.1 螺旋泵应采用弹性联轴器,联轴器应与输出轴的最大扭矩和转速相适应。

4.11 减速箱应适应倾斜角为 30°~38°放置要求。使用时箱体所有结合面以及输入和输出轴密封处不得渗漏油。各轴承润滑和放油也必须放置合理。

4.12 电动机和电控设备应有良好的接地,接地电阻不得大于 4Ω。

4.13 装配基本要求

4.13.1 所有零部件必须经过检验合格后方可进行装配。

4.13.2 上、下轴头与泵体连接后,应保证同轴度,其形位公差应符合 GB 1184 表 2 中 C 级的规定。

4.13.3 泵轴与动力输出轴线应保证同轴度,其形位公差同轴度应符合 GB 1184 表 2 中 B 级的规定。

4.13.4 两半联轴器的安装应符合 TJ 231 的规定。

4.13.5 所有紧固件装配应牢固,不得有松动现象。螺纹连接件螺栓头,螺母与连接件的接触应紧密,销与销孔的接触面积不应小于 65%。

4.14 导槽与间隙

螺旋泵的导槽可采用混凝土,亦可采用钢构件或其他材料。当使用混凝土导槽时,混凝土的标号不得低于 C20。泵体外缘之间必须保持一定间隙(δ),其计算应按下列公式:

$$\delta = 0.1420\sqrt{D} \pm 1 \tag{2}$$

式中　δ——允许间隙,mm;
　　　D——螺旋泵外缘直径,mm。

4.15 防锈处理和涂层

4.15.1 泵体装配前,均应进行防锈、防腐处理。

4.15.2 螺旋泵的上下轴承座外壳表面清理后应涂上底漆和面漆。露在外部的加工表面应涂以硬化防锈油。

4.15.3 螺旋泵在装配和试验后,表面所有损坏的涂层必须重新修补。

4.16 可靠性及耐久性要求。

4.16.1 每年检修一次,无故障工作时间不得少于 8000h。

4.16.2 每两年大修一次,齿轮减速箱使用年限不少于 5 年,整机使用年限不少于 10 年。

5 试验方法和检验规则

5.1 螺旋泵在出厂前应进行空载试验,并按技术文件的要求检验螺旋泵的尺寸规格。

5.2 空载试验时泵轴可水平安装,连续运行时间不少于2h,并应符合下列要求:

1) 驱动装置的电动机、减速器和联轴器等传动部件运转应平稳无异常现象;
2) 螺旋泵泵轴转速应符合设计需要;
3) 上、下轴承运转中不得有异常响声。轴承温升不得超过35℃。

5.3 性能试验及检验

5.3.1 按下列规定进行试验:

a. 新产品试制全部进行型式试验;

b. 批量生产时型式试验和检验每30台以下不少于2台,31~50台不少于3台,50~100台不少于4台,大于100台不少于5台;

c. 型式试验包括空载试验和性能试验。

5.3.2 螺旋泵性能试验应包括流量、提升高度、轴功率和效率等。其试验方法及检验规则规定如下:

a. 流量的测量

流量的测定应符合GB 3214规定。

b. 提升高度的测量

在测定提升高度时,可将进水水位调至最佳进水水位,根据进水水位和出水水位之差求得提升高度。

c. 轴功率的测量和效率的计算

轴功率的测定和效率的计算应符合GB 3216中第4.3、4.4条的规定。

5.3.3 试验性能偏差、测试精度应符合GB 3216中C级精度的规定。

5.3.4 螺旋泵的效率可参见附录A(参考件)的要求。

5.4 制造厂由于设备条件限制不能试验时,可在安装现场进行。具体试验方法由制造厂和用户共同商定。

5.5 最终检查

每台螺旋泵需经制造厂技术检查部门检查合格,并附有产品质量合格证方可出厂。

6 标志、包装、运输和贮存

(以下略)

12.16 转刷曝气机(标准号 CJ/T 3071—1998)

1 范围

本标准规定了转刷曝气机的产品分类、技术要求、试验方法、检验规则、标志、包装、运输和贮存。

本标准适用于氧化沟污水处理工程用的转刷曝气机(以下简称转刷)。其服务水深:转刷直径为700mm时,不宜大于2.5m;转刷直径为1000mm时,不宜大于3.5m。

2 引用标准

(略)

3 产品分类

3.1 型号

(略)

3.2 结构型式(见图1)

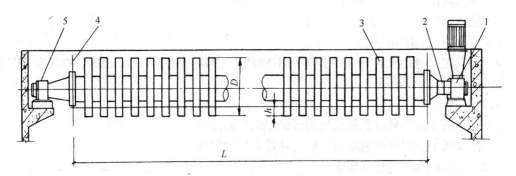

图1 转刷曝气机

1—减速机;2—双载联轴器;3—转刷轴(主轴、轴头叶片等组成);4—挡水扳;5—尾轴承支座

a. 减速机常用结构型式:立式电机与减速器采用弹性柱销联轴器直联传动,减速器采用螺旋伞齿轮和圆柱齿轮传动。

b. 双载联轴器常用结构型式:采用球面橡胶与外壳内表面及鼓轮外表面挤压接触,同时传递扭矩、承受弯矩;采用其它型式时,必须具有调心及缓冲功能,调心幅度不得小于0.5°。

c. 转刷轴尾部支承结构形式:应随转刷轴因热胀冷缩出现长度变化时,能自动调节。

d. 转刷结构型式:叶片沿主轴呈螺旋状排列,靠箍紧力传递动力。

e. 旋转方向:从转刷轴往减速机方向看,为顺时针旋转;用户需要时,亦可制成逆时针旋转。

3.3 基本参数见表1。

表1 转刷曝气机基本参数

规格	转刷直径 D (mm)	转刷有效长度 L (mm)	叶片最大浸没深度 h (mm)	动力效率 (E_s) (kgO₂/kWh)	充氧能力 (Q_s) (kgO₂/h)	配套电动机功率 N (kW)
ZB 700/3000	φ700	3000	240	≥1.60	12	7.5
ZB 700/4500		4500			17	11
ZB 700/6000		6000			23	15
ZB 1000/3000	φ1000	3000	300	≥1.65	24	15
ZB 1000/4500		4500			34	22
ZB 1000/6000		6000		≥1.70	48	30
ZB 1000/7500		7500			60	37
ZB 1000/9000		9000			74	45

注:1. 计算动力效率时,功率以电动机输入功率计。

2. 充氧能力为最大浸没深度时的值,下差不超过5%。

3. 配套6/4极双速电动机时,在高转速工况下,性能指标应符合表1的规定。

4 技术要求

4.1 一般要求

4.1.1 转刷机应符合本标准的要求,并按照规定程序批准的图样及技术文件制造。

4.1.2 工况条件

a) 环境温度:-10℃~45℃;

b) 输入电压:380V±5%;

c) 污水的 pH 值:6~9。

4.1.3 配套电动机的外壳防护等级不应低于 IP44,并符合 ZBK 22007 的规定,采用 IP44 电动机时应加设防雨罩。

4.1.4 标记

a) 挡水板上应用鲜红色箭头标明转刷轴的旋转方向;

b) 挡水板上应用鲜红色线段标明叶片最大浸没深度。

4.2 主要零部件的技术要求

4.2.1 主要零部件的材料及热处理不低于表 2 的规定。

表 2 主要零部件的材料及热处理要求

零件名称	材料	标准号	热处理要求
主轴	20 无缝钢管及 20	GB 8162 GB 699	焊接,校直后时效处理
叶片	0Cr19Ni9	GB/T 3280	加工后回火处理
	20	GB 699	加工后回火处理、镀锌
主动齿轮	40Cr	GB 3077	调质处理 HB 240~260 齿面高频淬火 HRC 48~55
从动齿轮	45	GB 699	调质处理 HB 220~250 齿面高频淬火 HRC 40~45
传动及输出轴	45	GB 699	调质处理 HB 220~250
电机座 箱盖 箱体	HT 200	GB 9439	时效处理

4.2.2 铸件

a) 铸件应符合 JB/ZQ 4000.5 的规定,其铸造偏差不应低于 GB 414CT 9 的规定;

b) 铸件必须清砂、去除毛刺、飞边和多肉等;

c) 铸件不允许有裂纹、缩孔、疏松、夹砂等缺陷,对次要部位不影响强度的小缺陷,允许修复后使用。补焊与修复应符合 GB 9439 中的规定。

4.2.3 焊接件

a) 焊接件焊缝坡口的基本形式和尺寸应符合 GB 985 的要求。

b) 焊接件焊缝应平整、均匀、不允许有烧穿、漏焊、裂纹、夹渣等影响强度的缺陷,并清除残渣、氧化皮及焊瘤。

4.2.4 减速器

a) 减速器应允许在电动机起动和停车时产生超过额定载荷一倍的短时超载。

b) 渐开线圆柱齿轮精度不低于 GB 10095 8—8—7;锥齿轮精度不低于 GB 11365 8—8—7。齿轮副齿面接触斑点应均匀,侧隙应符合要求。

c) 减速器箱体的底座和箱盖不加工外形沿结合面的不吻合度不得大于 4mm。
d) 减速器不允许渗漏润滑油。

4.2.5 主轴挠度、径向全跳动、两端法兰端面跳动不应大于表3的规定。

表3 主轴挠度径向全跳动、两端法兰端面跳动的允许偏差

主轴长度 L(mm)	3000	4500	6000	7500	9000
主轴挠度(mm)	0.2/1000	0.25/1000	0.3/1000	0.35/1000	0.4/1000
无缝管径向全跳动(μm)	800	1200	1800	2200	2500
法兰端面跳动(μm)	120	160	200	220	250

4.2.6 零件非加工表面及外露的加工表面应涂防锈漆。

4.2.7 外露的非不锈钢制紧固件应作防锈处理。

4.2.8 电控设备的选用或设计应符合 GB 4720 规定。

4.3 装配要求

4.3.1 所有零部件必须经检验合格、外购件必须有合格证明书方可进行装配。

4.3.2 减速机

a) 减速机装配完毕后,用手转动输出轴上联轴器应灵活、无阻滞现象。
b) 减速机应进行空载试验,要求运转平稳,不得有异常响声和振动,空载噪声不应大于 80dB(A)。

4.3.3 转刷轴

每组叶片应垂直安装于主轴表面,各叶片两曲面应与主轴表面的橡胶垫沿叶片宽度均匀接触,并紧固在主轴上。

4.4 涂漆

4.4.1 在涂漆前应清除锈斑、粘砂、油污等脏物,应符合 GB 8923 St2 级要求。

4.4.2 外观油漆应均匀、光滑,不得有起泡、流挂、剥落等缺陷。

4.4.3 油漆应采用耐腐漆,在用户对表面涂层有特殊要求时,应按合同要求执行。

4.4.4 涂装要求应符合 ZBJ 98003 规定,并按油漆生产厂的使用说明书进行。

4.4.5 在运输和安装过程中,擦去油漆的部位,应按 4.4.1~4.4.4 要求补涂。

4.5 安装要求

4.5.1 转刷在就位、调整、固定后,减速机的水平度不应大于 0.2/1000mm,转刷轴的水平度不应大于 0.3/1000mm;转刷轴与减速机输出轴应在同一轴线上,其角度误差不应大于 0.5°。

4.5.2 转刷安装完毕后,用手转动挡水板,应手感均匀,无卡阻现象。

4.5.3 转刷应进行空载运转试验,要求运转平稳,不得有异常响声和振动,减速机噪声不应大于 80dB(A)。

4.5.4 转刷应进行负荷试验,要求运转平稳,不得有异常响声和振动。减速箱的油池温升不得超过 35℃,轴承和电动机的温升不得超过 40℃。

4.6 可靠性及耐久性要求

4.6.1 无故障连续工作时间不少于 8000h,每年检修一次。

4.6.2 每两年大修一次,齿轮使用年限不少于 4 年,整机使用年限不少于 10a。

5 试验方法

5.1 主轴形位公差检验

主轴两端法兰配装轴头,在加工车床上进行。用2级百分表测量。检验径向全跳动时百分表应固定于拖板上,测量点不少于5点,测量值应符合表3的规定。

5.2 叶片安装误差检验

目测叶片是否垂直于主轴表面及主轴橡胶垫是否均匀接触;用手扳动叶片根部不得有周向移位。

5.3 外观及涂漆检验

外观检验为目测;涂漆附着力检验按GB 1720规定进行。

5.4 减速机水平性检验

用精密(0.02/1000)水平仪在箱体底座四边专门加工的狭长面上测量,应符合4.5.1条的规定。

5.5 转刷轴水平性检验

用精密水准仪固定在转刷轴一端,调试水平,将标尺立在主轴两端法兰处,记下两法兰顶端读数,两读数差扣除两法兰直径差除以两表尺间距离,即为水平误差,应符合4.5.1条的规定。

5.6 减速机输出轴与转刷轴线同轴度检验

用2级百分表固定于联轴器外壳上,测量输出轴端轴承盖外端面跳动,相对于中心的两点最大跳动差值与测量圆直径组成直角三角形,计算出小角的角度即为最大角度误差,应符合4.5.1条的规定。

5.7 减速机空载试验

在符合4.3.2a条的情况下,启动电动机,运转2h,应符合4.2.4a和4.3.2b条的规定。噪声按GB 3768规定测定。

5.8 转刷空载试验和负荷试验

应在试验台架或现场进行。在符合4.5.2条要求的情况下:

a. 启动电动机,运转2h,应符合4.2.4a和4.5.3条的规定。

b. 向水池注水至叶片工作浸没深度,启动电动机,运转2h,应符合4.2.4a和4.5.4条的规定。用数字式点温计测量各部位温度,轴承温度可在轴承处壳体外表面测量,并加5℃修正量。

5.9 动力效率、充氧能力试验应参照CJ/T 3015、SC/T 6009规定进行,并应符合表1的规定。探头数量不少于三只,位置根据现场情况前后各设一点,左或右设一点。

6 检验规则

6.1 每台转刷必须经制造厂质检部门检验合格,并附有产品合格证书方可出厂。

6.2 出厂检验

每台转刷应按本标准第四章(4.6除外)要求进行检验,如有不合格,应进行修复、调整或更换,再重复检验,如仍不合格,则判该产品为不合格。

6.3 型式试验

(以下略)

附 录

附录1 水 下 防 腐

在水下或干湿交替情况下运行的给水排水专用设备,受水质的酸碱度、流速等影响使锈蚀加快。因此,合理选择不同材料或在设备表面覆盖涂料来提高防腐能力,是提高设备使用率的有效方法。现将常用材料的防腐性能及用途列于附表1;常用表面处理的特点及应用列于附表2。

常用材料的防腐性能及用途　　　　　　　　　附表1

材料	水质	防腐性能	用途
碳钢、铸铁(包括球墨铸铁、可锻铸铁)	饮用水 水:pH=7 pH<7 pH>7 海水: 流速<1.5m/s 流速>1.5m/s 污水	∨ ○ × ∨∨ ∨∞ × ×	碳钢:管子、紧固件、轴、套筒、吊钩、法兰、钢架结构等 铸铁:管子、端盖、轴承座、阀体、齿轮、机座、底架等 球墨铸铁:车轮、滚轮、齿轮、轴瓦等 可锻铸铁:管配件、链条等
高硅铸铁	水:pH=7 pH<7 pH>7 海水	∨∨ ∨∨ ∨∨ ∨∨	泵体、阀体、管子、管配件、叶轮、轴套等
铬13不锈钢	水 海水: 流速<1.5m/s	∨∨ ○	螺栓、螺母、水泵、轴、压紧轴套、阀体、弹簧、销丁、链条、结构架等
铬18镍9不锈钢	水 海水 污水	∨∨ ∨∨ ○	浮筒
铝及铝合金	水 海水: 流速:1.5m/s 污水	∨∨ ∨ ∨∞	浮筒、容器、螺栓、螺母、铆钉、中等强度的零件和构件

续表

材　料	水　质	防腐性能	用　途
铜、青铜	水 海水： 　流速<1.5m/s 　流速>1.5m/s 污水	∨∨ ∨∨ × ∨	轴承、轴瓦、轴套、螺母、管配件、齿轮、蜗轮等
黄铜	水 pH=7 海水： 　流速<1.5m/s 污水	∨∨可能脱锌 ∨可能脱锌 ○	阀、轴承、垫圈、蜗轮轮缘、螺旋杆、丝杆螺母、管配件等
酚醛树脂	水 海水	∨ ∨	加入石棉、玻璃纤维等作填料可做泵、阀、管子、浮筒等
环氧树脂	水 海水	∨ ∨	作粘合、浇铸、密封、浸渍等用。加入玻璃纤维等填料可做泵、阀、衬里等
聚酯树脂	水	∨	加入腈纶纤维布等材料可做滤池罩体。无毒。但不能作密闭容器
酚醛层压板	水 海水	∨ ∨	结构材料及制造各种机械零件
聚乙烯	水 海水 污水	∨ ∨ ○	管子、衬里、也用于热喷
聚丙烯	水 海水 污水	∨ ∨ ∨	承受较低载荷。可做管子、管接头、紧固件、衬里、槽。也可用于热喷
聚氯乙烯	水 海水 污水	∨ ∨ ○	承受较低载荷。可做管子、管接头、紧固件、衬里、槽。也可用于热喷
聚四氟乙烯	水 海水 污水	∨ ∨ ∨	各种腐蚀性介质中工作的衬垫、密封轴承和减磨零件、叶轮、搅拌桨等
尼龙(聚酰胺)	水 海水 污水	∨ ∨ ∨	齿轮、轴承等机械零件
ABS塑料	水 海水 污水	∨ ∨ ○	管子、管配件等机械零件
聚三氟氯乙烯(F-3)	水 海水 污水	∨ ∨ ∨	各种腐蚀性介质中工作的衬垫、涂料。密封轴承和减磨零件

续表

材　料	水　质	防腐性能	用　途
有机玻璃	水 海水	√ √	油杯、油标、透明管道
天然橡胶	水 海水 污水	√ √ ×	胶轮、胶带、胶管、密封垫片、密封垫圈
丁苯橡胶	水	√	胶轮、胶带
丁腈橡胶	水 海水 污水	√ √ √	耐油密封垫片、密封圈。乳胶可做涂料
氯丁橡胶	水 海水 污水	√ √ ×	耐油、耐老化密封垫片、密封圈。乳胶可做涂料
丁基橡胶	水 海水 污水	√ √ √	水胎、垫片、胶管、运输带等
木材	水 海水 污水	√ √ ○	搅拌桨、刮板等
混凝土	水 海水 污水：碱性 　　　酸性	√ √ √ ×	构筑物，大型贮槽、斗槽、管道等
石棉	水 海水	√ √	用于连接件上的密封垫片
沥青	水 海水	√ √	地下管道、地下设备防腐涂料
红丹防锈漆	水 海水 污水	√ √ √	底漆涂料，因有毒，不能作为生活水系统与水接触的设备表面涂料。涂装二道
铁红环氧底漆	水 海水	√ √	与环氧类漆配套使用。涂装一道
环氧富锌漆	水 海水 污水	√ √ √	设备、闸门、构架等表面底漆涂料，也可作阴极保护层涂料。涂装一道
环氧沥青防锈漆	水 海水	√ √	设备、闸门、管道等表面面漆涂料。涂装四道

续表

材 料	水 质	防腐性能	用 途
氯化橡胶铝粉防锈漆	水 海水	∨ ∨	设备、管道等表面面漆涂料。涂装三道
624 氯化橡胶云铁防锈漆	水 海水 污水	∨ ∨ ∨	各种钢铁结构、设备、管道等表面面漆涂料。涂装三道
846 环氧沥青厚浆型防锈漆	水 海水	∨ ∨	设备、闸门、管道等不受摩擦表面面漆涂料。涂装一道
849 铝粉漆酚水舱漆	水 海水	∨ ∨	无毒。设备、闸门等表面面漆涂料。涂装三道
饮水容器内壁环氧涂料	水	∨	无毒。水箱、水塔、给水管道、设备等表面涂料。底漆、面漆各涂装二道
XCA 高分子涂料	水 海水	∨ ∨	可作泵、容器等内衬涂料。涂装二十道，约 1mm 厚

注：1. 符号说明

  (1) 金属的耐蚀性等级符号   腐蚀率(mm/a)

    ⋁ 优良   <0.05

    ∨ 良好   0.05～0.5

    ○ 可用，但腐蚀较重   0.5～1.5

    × 不适用，腐蚀较重   >1.5

    ∞ 可能产生孔蚀

  (2) 非金属的耐蚀性等级符号

    ∨ 良好，腐蚀轻或无

    ○ 可用，但有明显腐蚀，如变形、变色、脱层、失强等

    × 不适用，变形、破坏或失强严重

2. 在涂涂料前，应确定涂装方法，并严格地执行除锈、除油等施工工艺程序，否则将影响涂层的质量。

常用表面处理的特点及应用   附表 2

名 称	特 点	应 用
镀 锌	钢铁表面镀锌后，锌在水中及潮湿大气中与氧或二氧化碳作用生成氧化物或碳酸锌薄膜，可以防止锌继续氧化起保护作用。锌成本低，加工方便，效果良好。镀锌层厚度在 0.02～0.03mm。但不宜作摩擦零件的镀层	钢管、紧固件、弹簧等钢铁机械零件
氧化(发蓝或发黑)	将钢铁零件放入含苛性钠、硝酸钠或亚硝酸钠溶液中处理，使零件表面生成一层由磁性氧化铁所组成的有色氧化膜，能提高零件表面一定的抗蚀能力。氧化膜厚度 0.5～1.5μm	紧固件、弹簧等小型钢铁机械零件
氮 化	将切削加工后的零件，先进行人工时效处理，随后利用稀薄的含氮气体的辉光放电现象进行氮化处理。气体电离后所产生的氮被零件表面所吸附，并向内扩散成氮化层。能提高表面硬度及其耐磨、耐蚀性	齿轮、轴等

续表

名　　称	特　　　点	应　　用
渗　铬	向零件表面渗铬，形成一层结合牢固的铬—铁—碳合金层的过程。渗铬后零件表面抗氧化、耐磨、耐蚀性提高。可以代替铬不锈钢材料	轴、轴套、紧固件等
塑料喷涂	钢铁表面喷涂一层工程塑料的涂覆层，使金属与水分、空气等外界腐蚀介质隔开，达到提高金属的抗蚀能力	适用于不进行摩擦的小零件
金属喷涂	利用乙炔、氧等火焰燃烧或电源电弧熔融能防腐蚀金属的喷涂于零件表面，达到表面防腐能力	轴等

附录2 水下轴承

水下轴承是用于水下转轴的支承装置，由于长期浸没在水中，一旦污泥、杂粒侵入轴承本体，就会造成磨损和腐蚀，而且往往不能及时发现而影响使用。因此，水下轴承的设计除轴承的受力计算外，还需采用合理的密封措施。水下轴承可分为滑动轴承、滚动轴承、工程塑料轴承三种形式。

2.1 滑动轴承

(1) 结构形式：水下滑动轴承见附图1。

(2) 特点：结构简单，检修方便，精度要求低。采用脂润滑，轴封处要求密封可靠。摩擦系数大，磨损比较严重。

(3) 计算：计算公式可按附表3进行验算。

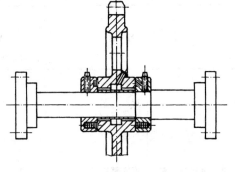

附图1 水下滑动轴承

滑动轴承验算公式　　　　　　　附表3

分类	简　图	公　　　　式	
径向	（图）	单位压力	$p = \dfrac{10P}{dL} \leq [p]$
		pv 值	$pv = \dfrac{Pn}{191L} \leq [pv]$
		圆周速度	$v = \dfrac{\pi dn}{60} \leq [v]$
		符号意义	P——轴承径向载荷(kN) d、L——轴颈的直径和工作长度(cm)(验算 v 式中，d 单位为 m) $[p]$——许用单位压力(MPa) n——转速(r/min) $[pv]$——许用 pv 值(MPa·m/s)，见附表4 $[v]$——许用 v 值(m/s)，见附表4

续表

分 类	简 图	公 式	
推 力	(图)	单位压力	$p = \dfrac{10P}{\dfrac{\pi}{4}(d_2^2 - d_1^2)c} \leqslant [p]$
		pv 值	实心：$pv = \dfrac{Pn}{225d} \leqslant [pv]$，环形：$pv = \dfrac{Pn}{600bc} \leqslant [pv]$
	符号意义	P——轴承所受轴向载荷(kN) d_2——轴承环形工作面的外径(cm) d_1——轴承环形工作面的内径(cm) c——考虑油槽使支承面积减少系数，一般取 0.9～0.95 $[p]$——许用单位压力(MPa)，见附表 4 n——轴径转速(r/min) b——轴承环形工作宽度(cm) v——轴颈的圆周速度(m/s) $[pv]$——pv 的许用值(MPa·m/s)，见附表 4	

几种常用金属与非金属轴衬材料的使用性能　　　　　　附表 4

材料名称		许用值			硬度(HB)	容许工作温度(℃)
		$[p]$ (MPa)	$[v]$ (m/s)	$[pv]$ (MPa·m/s)		
非金属轴衬材料	酚醛树脂	39～41	12～13	0.18～0.5		110～120
	尼 龙	7～14	3～5	0.11(0.05m/s) 0.09(0.5m/s) <0.09(5m/s)		105～110
	聚四氟乙烯	3～3.4	0.25～1.3	0.04(0.05m/s) 0.06(0.5m/s) <0.09(5m/s)		250
	加强聚四氟乙烯	16.7	5	0.3		250
	橡 胶	0.34	5	0.53		65
金属轴衬材料	Z Cu Sn 5Pb 5Zn 5	8	3	15	50～100	280
	Z Cu Al10 Fe3	15	4	12	280	
	Z Cu Zn 38Mn2Pb2	10	1	10	200	200
	耐磨铸铁-3	6	1	5	160～190	150

注：1．本表摘自机械工程手册 29—70、29—71。
　　2．$[pv]$ 为润滑条件下的许用值。
　　3．对于工程塑料轴衬，v 的影响比 p 大，各种塑料均有其比压和速度的极限，如超过其许用值，即使其 pv 值不超过允许 $[pv]$ 值也不能使用。
　　4．对于推力轴承的 $[pv]$ 值，由于采用平均速度计算，使用时要比表列数值有所降低。

2.2 滚动轴承

(1) 结构形式:水下滚动轴承见附图2、3。

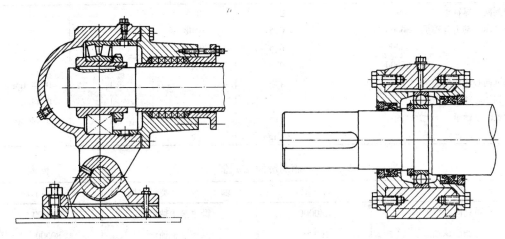

附图2 水下滚动轴承(一)   附图3 水下滚动轴承(二)

(2) 特点:结构较复杂,采用脂润滑,轴封处要求密封可靠。摩擦系数小,磨损小。

(3) 计算(转速<10r/min):滚动轴承主要进行静载及油脂寿命的验算,计算公式见附表5。

滚动轴承的计算公式   附表5

	油 脂 计 算	负 荷 计 算	
使用时间	$t = \dfrac{[dn]}{dn} \times 1000 \text{(h)}$	额定静负荷	$F \geqslant S_0 P_0 \text{(N)}$
油脂补给量	$Q = 0.005DB \text{(g)}$ 当使用到使用时间的 $\dfrac{1}{3}$ 时,按油脂补给量补给	当量静负荷	$P_0 = C_x F_r + C_y F_a$ $P_0 = F_r$ 二式中取其较大值
符号意义	t——油脂使用时间(h) d——轴承内径(mm) n——轴承转速(r/min) $[dn]$——极限 dn 值(附表7) Q——油脂补给量(g) D——轴承外径(mm) B——轴承箱宽度(mm)	符号意义	F——额定静负荷(N) S_0——安全系数(0.5~1.2) P_0——当量静负荷(N) F_r——径向负荷(N) F_a——轴向负荷(N) C_x——静径向系数(查附表6或查轴承尺寸表) C_y——静轴向系数(查附表6或查轴承尺寸表)

系数 C_x 和 C_y　　　　　　　　　　附表 6

轴承类型	单列轴承		双列轴承	
	C_x	C_y	C_x	C_y
单列向心球轴承	0.6	0.5		
单列向心推力球轴承　36000	0.5	0.48		
46000	0.5	0.37		
66000	0.5	0.28		
双列向心球面球轴承			1	$0.44\mathrm{ctg}\alpha$
双列向心球面滚子轴承			1	$0.44\mathrm{ctg}\alpha$
圆锥滚子轴承	0.5	$0.22\mathrm{ctg}\alpha$	1	$0.44\mathrm{ctg}\alpha$
推力向心球面滚子轴承	$2.3\mathrm{tg}\alpha$	1		

脂润滑的 $[dn]$ 值　　　　　　　　　　附表 7

轴承类型	$[dn]$①	轴承类型	$[dn]$①
单列向心球轴承	160000	圆锥滚子轴承	100000
调心球轴承	160000	球面滚子轴承	80000
向心推力球轴承	160000	推力球轴承	40000
短圆柱滚子轴承	120000		

① 对于承受重负荷的轴承,应取表值的 85%;d—轴承内径(mm);n—转速(r/min)。

2.3 工程塑料轴承

(1) 结构形式:水下塑料轴承见附图 4、5。

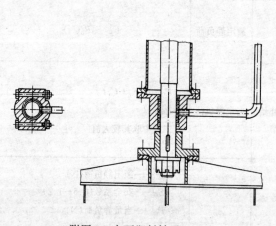 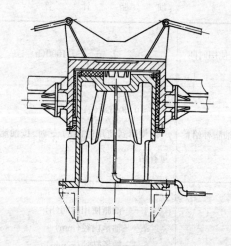

附图 4　水下塑料轴承(一)　　　　附图 5　水下塑料轴承(二)

(2) 特点:易于制造,对形位偏差的影响具有良好的适应性,重量轻。采用低压力清水润滑,轴封处需漏水,自润滑性好,耐磨、耐蚀。

(3) 计算:塑料滑动轴承的计算与滑动轴承的计算相同,可按附表 3 公式计算。常用工程塑料物理机械性能见附表 8。

常用工程塑料物理机械性能　　　　　　　　　　　　　　　　　　　附表 8

材料名称		物理机械性能				
		相对密度	吸水率（%）	拉伸强度（MPa）	弯曲强度（MPa）	冲击强度（N·cm/cm²）	压缩强度（MPa）
热塑性材料	聚四氟乙烯	2.1~2.2	0.001~0.005	14~25	11~14	164	12
	尼龙 66	1.14~1.15	1.5	83	100~110	39	120
	尼龙 6	1.13~1.15	1.9	74~78	100	31	90
热固性材料		相对密度	吸水性（g/dm²）	抗拉强度（MPa）（沿径向）	抗弯强度（MPa）（沿径向）	冲击强度（N·cm/cm²）（沿径向）	压缩强度（MPa） 垂直于板层 / 平行于板层
	酚醛布层压板	1.3~1.45	≤0.6	≥100	≥160	≥350	≥250 / ≥150

几种工程塑料轴承的配合间隙(mm)　　　　　　　　　　　　　　　附表 9

轴径	尼龙 6、尼龙 66	聚四氟乙烯	酚醛布层压塑料
6	0.050~0.075	0.050~0.100	0.030~0.075
12	0.075~0.100	0.100~0.200	0.040~0.085
20	0.100~0.125	0.150~0.300	0.060~0.120
25	0.125~0.150	0.200~0.375	0.080~0.150
38	0.150~0.200	0.250~0.450	0.100~0.180
50	0.200~0.250	0.300~0.525	0.130~0.240
65	0.250~0.300	0.350~0.575	0.160~0.280
80	0.300~0.350	0.400~0.700	0.190~0.320
100	0.350~0.400	0.450~0.750	0.230~0.370

注：轴径公差取 h_8、h_9、f_9、h_{11}、d_{11}。

塑料轴承内壁构造应设置多条轴向的直线形沟槽，以利润滑水的流通，带走残留的污物，沟槽的尺寸如附图 6 所示。工程塑料具有遇水膨胀的特性，应重视与轴的配合间隙，附表 9 为常用工程塑料轴承的配合间隙，可供参考。

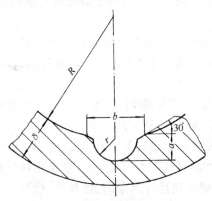

附图 6　塑料轴承沟槽断面

注：1. $a = \dfrac{1}{3}\delta$，$b = (2\sim2.5)a$，$r = \dfrac{1}{4}b$。

2. 沟槽上棱角、锐边均应倒钝。

附录3 给水排水设备安装验收和运行

3.1 通用安装技术要求

设备在安装及验收过程中,除按附录3规定执行外,尚需按该设备的技术文件及其他有关的如隔热、防腐蚀、附属电气装置等安装及验收规范执行。

(1) 开箱:根据安装要求,开箱逐台检查设备的外观和保护包装情况,按照装箱单清点零件、部件、工具、附件、合格证和其他技术文件,并作出记录。

(2) 定位:设备在厂房内定位的基准线应以厂房柱子的纵横中心线或墙的边缘为准,其允许偏差为±10mm。设备上定位基准的面、线或点对定位基准线的平面位置和标高的允许偏差,一般应符合附表10的规定。

设备基准面与定位基准线的允许偏差　　　　　　　　　　　　　　　　附表10

项 目	允 许 偏 差 (mm)	
	平 面 位 置	标 高
与其他设备无机械上的联系	±10	+20 -10
与其他设备有机械上的联系	±2	±1

设备找平时,必须符合设备技术文件的规定。一般横向水平度偏差为1mm/m,纵向水平度偏差为0.5mm/m。设备不应跨越地坪的伸缩缝或沉降缝。

(3) 地脚螺栓和灌浆:地脚螺栓上的油脂和污垢应清除干净。地脚螺栓离孔壁应大于15mm。其底端不应碰孔底,螺纹部分应涂油脂。当拧紧螺母后,螺栓必须露出螺母1.5~5个螺距。灌浆处的基础或地坪表面应凿毛,被油沾污的混凝土应凿除,以保证灌浆质量。灌浆一般宜用细碎石混凝土(或水泥砂浆),其强度等级应比基础或地坪的混凝土强度等级高一级。灌浆时应捣固密实。

(4) 清洗:设备上需要装配的零、部件应根据装配顺序清洗洁净,并涂以适当的润滑脂。加工面上如有锈蚀或防锈漆,应进行除锈及清洗。各种管路也应进行清洗洁净并使之畅通。

(5) 装配

1) 过盈配合零件装配:装配前应测量孔和轴配合部分两端和中间的直径。每处在同一径向平面上互成90°位置上各测一次,得平均实测过盈值。压装前,在配合表面均需加合适的润滑剂。压装时,必须与相关限位轴肩等靠紧,不准有串动的可能。实心轴与不通孔压装时,允许在配合轴颈表面上磨制深度不大于0.5mm的弧形排气槽。

2) 螺纹与销连接装配:螺纹连接件装配时,螺栓头,螺母与连接件接触紧密后,螺栓应露出螺母2~4螺距。不锈钢螺纹连接的螺纹部分应加涂润滑剂。用双螺母且不使用粘结剂防松时,应将薄螺母装在厚螺母下。设备上装配的定位销,销与销孔间的接触面积不应小于65%,销装入孔的深度应符合规定,并能顺利取出。销装入后,不应使销受剪力。

3) 滑动轴承装配:同一传动中心上所有轴承中心应在一条直线上即具有同轴性。轴承座必须紧密牢靠地固定在机体上,当机械运转时,轴承座不得与机体发生相对位移。轴瓦合缝处放置的垫片不应与轴接触,离轴瓦内径边缘一般不宜超过1mm。

4) 滚动轴承装配:滚动轴承安装在对开式轴承座内时,轴承盖和轴承座的接合面间应无空隙,但轴承外圈两侧的瓦口处应留出一定的间隙。凡稀油润滑的轴承,不准加润滑脂;采用润滑脂润滑的轴承,装配后在轴承空腔内应注入相当于空腔容积的65%~80%的清洁润滑脂。滚动轴承允许采用机油加热进行热装,油的温度不得超过100℃。

5) 联轴器装配:各类联轴器的装配要求应符合有关联轴器标准的规定。各类联轴器的轴向(Δx),径向(Δy),角向($\Delta \alpha$)许用补偿量见附表11。

联轴器的许用补偿量　　　　　　　　　　　　　　　　　附表11

形　式	许用补偿量 (mm)		
	Δx	Δy	$\Delta \alpha$
锥销套筒联轴器		≤0.05	
刚性联轴器		≤0.03	
齿轮联轴器		0.4~6.3	≤30′
弹性联轴器		≤0.2	≤40′
柱销联轴器	0.5~3	≤0.2	30′
NZ挠性爪型联轴器		0.01(轴径+0.25)	≤40′

6) 传动皮带、链条和齿轮装配:

① 每对皮带轮或链轮装配时两轴的平行度不应大于0.5/1000;两轮的轮宽中央平面应在同一平面上(指两轴平行),其偏移三角皮带轮或链轮不应超过1mm,平皮带不应超过1.5mm。

② 链轮必须牢固地装在轴上,并且轴肩与链轮端面的间隙不大于0.10mm。链条与链轮啮合时,工作边必须拉紧,从动边的弛垂度当链条与水平线夹角≤45°时,弛垂度应为两链轮中心距离的2%,>45°时,弛垂度应为两链轮中心距离的1~1.5%。主动链轮和被动链轮中心线应重合,其偏移误差不得大于两链轮中心距的2/1000。

③ 安装好的齿轮副和蜗杆传动的啮合间隙应符合相应的标准或设备技术文件规定。可逆传动的齿轮,两面均应检查。

7) 密封件装配:各种密封毡圈、毡垫、石棉绳等密封件装配前必须浸透油。钢板纸用热水泡软。O型橡胶密封圈,用于固定密封预压量为橡胶圆条直径的25%,用于运动密封预压量为橡胶圆条直径的15%。装配V型,Y型,U型密封圈,其唇边应对着被密封介质的压力方向。压装油浸石棉盘根,第一圈和最后一圈宜压装干石棉盘根,防止油渗出,盘根圈的切口宜切成小于45°的剖口,相邻两圈的剖口应错开90°以上。

8) 润滑和液压管路装配:各种管路应清洗洁净并畅通。并列或交叉的压力管路,其管子之间应有适当的间距,防止振动干扰。弯管的弯曲半径应大于3倍管子外径。吸油管应尽量短,减少弯曲,吸油高度根据泵的类型决定,一般不超过500mm;回油管水平坡度为0.003~0.005,管口宜为斜口伸到油面下。并朝向箱壁,使回油平稳。液压系统管路装配后,应进行试压,试验压力应符合"管子和管路附件的公称压力和试验压力"的规定。

3.2 通用设备安装

(1) 水泵的安装

1) 水泵泵体与电动机,进出口法兰的安装允许偏差见附表12。

水泵泵体与电动机进出口法兰的安装允许偏差　　　　　　　　　附表12

项目	允许偏差				
	水平度 (mm/m)	垂直度 (mm/m)	中心线偏差 (mm)	径向间隙 (mm)	同轴度 (mm/m)
水泵与电动机	<0.1	<0.1			
泵体出口法兰与出水管			<5		
泵体进水口法兰与进水管			<5		
叶片外缘与壳体				半径方向<规定的40%二侧间隙之和<规定最大值	
泵轴与传动轴					<0.03

2) 泵座、进水口、导叶座、出水口、弯管和过墙管等法兰连接部件的相互连接应紧密无隙。

3) 填料匣与泵轴间的间隙在圆周方向应均匀,并压入按产品说明书规定其类型和尺寸的填料。

4) 油箱内应注入按规定的润滑油到标定油位。

5) 调整和试运转

① 查阅安装质量记录,各技术指标符合质量要求。

② 开车连续运转2h,必须达到附表13所列的要求。

水泵调整试运转要求　　　　　　　　　附表13

项目	检查结果
各法兰连接处	无渗漏,螺栓无松动
填料函压盖处	松紧适当,应有少量水滴出,温度不应过高
电动机电流值	不超过额定值
运转状况	无异常声音,平稳,无较大振动
轴承温度	滚动轴承<70℃,滑动轴承<60℃,运转温升<35℃

(2) 风机的安装

1) 离心风机

离心风机安装允许偏差见附表14。

离心风机安装允许偏差 附表 14

项目	允许偏差			
	接触间隙 (mm)	水平度 (mm/m)	中心线重合度 (mm)	轴向间隙 (mm)
轴承座与底坐	<0.1			
轴承座纵、横方向		<0.2		
机壳与转子			<2	
叶轮进风口与机壳进风口接管				<$D_{叶轮}$/100
主轴与轴瓦顶				d 轴(1.5/1000~2.5/1000)

2) 轴流式风机

轴流式风机的安装允许偏差见附表 15。

轴流风机安装允许偏差 附表 15

项目	允许偏差		
	水平度 (mm/m)	轴向间隙 (mm)	接触间隙
机身纵、横方向	<0.2		
轴承与轴颈,叶轮与主体风筒口		符合设备技术文件规定	
主体上部,前后风筒与扩散筒的连接法兰			严密

3) 罗茨式和叶氏式鼓风机

罗茨式和叶氏式鼓风机安装允许偏差见附表 16。

罗茨和叶氏风机安装允许偏差 附表 16

项目	允许偏差	
	水平度 (mm/m)	轴向间隙 (mm)
机身纵、横方向	<0.2	
转子与转子间,转子同机壳		符合设备技术文件规定

4) 调整和试运转

离心式和轴流式通风机连续运转不得少于 2h,罗茨式和叶氏式鼓风机连续运转不得少于 4h。正常运转后调整至公称压力下,电动机的电流不得超过额定值。如无异常现象,将风机调整到最小负荷(罗茨式和叶氏式除外)继续运转到规定时间为止,必须达到下列要求:

① 运转平稳,转子与机壳无磨擦声音。

② 径向振幅:如技术文件无具体规定,可按附表 17 规定。

离心和轴流风机的径向振幅 附表 17

转速 (r/min)	≤375	>375~500	>500~600	>600~750	>750~1000	>1000~1450	>1450~3000	>3000
振幅 (mm)	0.20	0.18	0.16	0.13	0.10	0.08	0.05	0.03

③ 轴承温度、油路和水路的运转要求见附表18。

离心和轴流风机的轴承温度及油、水路的运转要求　　　　　附表18

项　目	检　查　结　果
油路和水路	无漏油、漏水现象
轴承温度	滑动轴承：最高温升＜35℃；最高温度＜70℃
	滚动轴承：最高温升＜40℃；最高温度＜80℃

(3) 桥式起重机及轨道安装

1) 轨道

① 采用矩形或桥形垫板在混凝土行车梁上安装的轨道,其安装允许偏差见附表19。

矩形或桥形垫板的安装允许偏差　　　　　附表19

项　目	接　触　间　隙
垫板与轨道	底面接触面＞60%；局部间隙＜1mm
垫板与混凝土行车梁	＜25,垫板数＜3块；＞25,用水泥砂浆填实

注：固定垫板与轨道的螺栓之间,应采用螺母,弹簧垫圈或双螺母紧固,螺母应拧紧。

② 轨道重合度、轨距和倾斜度的允许偏差见附表20其中2、3、4项为关键。

轨距和倾斜度的允许偏差　　　　　附表20

序　号	项　目	允　许　偏　差
1	轨道实际中心距与安装基准线的重合度	3mm
2	轨距	±5mm
3	轨道纵向倾斜度	1/1500
	全行程	10mm
4	两根轨道相对标高 单臂悬挂式	5mm
	桥式	10mm
5	轨道接头处偏移(上、左、右三边)	1mm
6	伸缩缝间隙	±1mm

2) 负荷试验

① 静负荷试验

额定负荷进行静负荷运行,起重量大于50t。先按75%的额定负荷进行,合格后,按额定负荷运行。除上拱度和下挠度必须符合规定外,其余各部分须按附表21要求检查。

桥式起重机及轨道安装要求　　　　　附表21

项　目	检　查　结　果
车轮与导轨顶面	接触良好,轨道无啃道现象
主梁主端梁	连接牢固可靠
钢丝绳	位置正确,在绳槽中必须缠绕不乱
制动器	工作正常

② 动负荷试验

ⅰ. 在额定负荷下,检查起重机小车,吊钩的运行,升降速度应符合设备技术文件的要求。

ⅱ. 在超过额定负荷10%的情况下,升降吊钩3次,并将小车行至起重机一端,起重机也行至轨道的一端,分别检查终端开关和缓冲器的灵敏可靠性。

3.3 闸门、堰门的安装

(1) 铸铁闸门的安装

铸铁闸门安装允许偏差见附表22。

铸铁闸门安装允许偏差　　附表22

项目	允许偏差 (mm)			
	标高偏差	水平度	垂直度	径向间隙
闸门安装后与设计标高	≤10			
门框			2/1000	
启闭机与闸门吊耳中心线			<1/1000	
轴导与轴				周边间隙均匀

注:1. 闸门须按正向水压安装。
　　2. 启闭器指针,限位螺母应与上、下位置相符。
　　3. 螺杆外露部分涂黄油。
　　4. 闸门启闭操作灵活,动作到位,无卡住、突跳现象及异常声响。
　　5. 闸门门框与土建结合处不准渗水。

(2) 平面钢闸门的安装

1) 门框导槽的允许偏差见附表23。

门框导槽的允许偏差　　附表23

变形和偏差名称	工作范围内
工作面弯曲度	≤1/1500 构件长度,但全长不得超过 3mm
扭曲	在 3m 内≤1mm,每增加 1m,递增 0.5mm 但全长不得超过 2mm
相邻构件结合面错位	≤0.5mm

2) 门叶的允许偏差见附表24

门叶的允许偏差　　附表24

偏差名称	允许偏差	偏差名称	允许偏差
门叶横向弯曲度	≤1/1500 门叶宽度	扭曲	≤3mm
门叶竖向弯曲度	≤1/1500 门叶高度	止水座面不平度	≤2mm
对角线相对差	≤3mm		

3) 单吊点的平面钢闸门应作静平衡试验。试验方法为:将闸门吊离地面100mm。测量上、下游与左、右方向的倾斜,倾斜度不应超过门高的1/1000。

(3) 铸铁堰门的安装

铸铁堰门的安装允许偏差见附表25。

铸铁堰门安装允许偏差 附表25

项 目	允 许 偏 差 (mm)		
	标高偏差	水平度	垂直度
堰门安装后与设计标高	≤30		
门 框		水 平	<2/1000

注:1. 堰门须按正向水压安装;
　　2. 门框二次灌浆严密,不得漏水;
　　3. 启闭器定位、润滑、指针和操作可按附表22,注2、3、4参考。

(4) 钢板堰门的安装

本堰门适用于污水处理厂沉淀池配水井和曝气池等构筑物内2~4m调节堰门的安装。钢板堰门安装允许偏差见附表26。

钢板堰门安装允许偏差 附表26

项 目	允 许 偏 差 (mm)		
	标高偏差	水平度	垂直度
堰门安装后与设计标高	≤调节高度3%,≯20		
堰门座架		水 平	2/1000

注:1. 堰门门框二次灌浆严密,不得漏水。
　　2. 框架、杆件不得变形、弯曲,铰点转动灵活,操作轻便。
　　3. 堰板起落到位,框架与盘根接触处无泄漏。

3.4 拦污设备安装

(1) 平板格栅及平板滤网的安装

1) 导槽的允许偏差见附表27。

导槽的允许偏差 附表27

偏差名称	允许偏差(mm)	偏差名称	允许偏差(mm)
工作面弯曲度	≤1/1000 构件长度	扭 曲	在3m内≤2mm,每增加1m,递增1mm

2) 格栅及滤网的允许偏差见附表28。

格栅及滤网的允许偏差 附表28

偏差名称	允许偏差	偏差名称	允许偏差
横向弯曲度	≤1/1000 宽度	对角线相对差	≤4mm
竖向弯曲度	≤1/1000 高度	扭 曲	≤4mm

3)应作静平衡试验,试验方法为:将格栅或滤网吊离地面100mm,测量上、下游与左、右方向的倾斜,倾斜度不应超过其高的2/1000。

(2) 旋转滤网的安装

1)旋转滤网安装的允许偏差见附表29。

旋转滤网安装的允许偏差 附表29

名　称	允许偏差（mm）
轨道中心线在任何1m长度内,其直线度	≤1mm,全长应小于全长的0.5/1000
同一水平高度左右两侧的轨道中心线平行度	≤2
轨道中心线的垂直度	≤全长的1/1000
链轮轴水平度	≤两轴承距的0.5/1000
传动轴中心线对旋转滤网中心线的垂直度	≤2/1000
两链轮中心距	≤±1

2)调整和试运转

旋转滤网调整和试运转要求见附表30。

旋转滤网调整和试运转要求 附表30

项　目	检　查　结　果
驱动装置	运转平稳
两侧链轮动作	应同步,链轮与链条的啮合不应有先后,无卡住现象
滚轮在轨道上滚动	每块网板两侧四只滚轮应同时滚动,但至少有三只滚动
运动部件与壳体	不应有摩擦和撞击现象
无负荷试运转时间	一般为1~2h,但不应少于2个循环
带负荷试运转时测定内容	转速、功率应符合有关技术文件

(3) 格栅除污机的安装

应用于城市排水泵站、污水处理厂中使用的格栅片和格栅除污机的安装:

1)格栅除污机安装时的定位允许偏差见附表31。

格栅除污机安装定位允许偏差 附表31

项　目	允许偏差		安装要求
	平面位置偏差（mm）	标高偏差（mm）	
格栅除污机安装后位置与设计要求	≤20	≤30	
格栅除污机安装在混凝土支架			连接牢固,垫块数<3块
格栅除污机安装在工字钢支架		<5	两工字钢平行度<2mm,焊接牢固

2)移动式格栅除污机的轨道的重合度、轨距和倾斜度等技术要求的允许偏差见附表32。

移动式格栅除污机安装允许偏差　　　　　　　附表 32

序 号	项 目	允许偏差
1	轨道实际中心线与安装基线的重合度	≤3mm
2	轨 距	±2mm
3	轨道纵向倾斜度	1/1000
4	两根轨道的相对标高	≤5mm
5	行车轨道与格栅片平面的平行度	0.5/1000

3) 格栅除污机安装允许偏差见附表33。

格栅除污机安装允许偏差　　　　　　　附表 33

项 目	允许偏差					
	角度偏差(°)	错落偏差(mm)	中心线平行度	水平度	不直度	平行度(mm)
格栅除污机与格栅井	符合设计要求		<1/1000			
格栅、栅片组合		<4				
机 架			<1/1000			
导 轨					0.5/1000	两导轨间≤3
导轨与栅片组合						≤3

4) 调整和试运转

格栅除污机调整和试运转要求见附表34。

格栅除污机调整和试运转要求　　　　　　　附表 34

项 目	检 查 结 果
左、右两侧钢丝绳或链条与齿耙动作	同步动作,啮耙运行时持水平,齿耙与格栅片啮合脱开与差动机构动作协调
齿耙与格栅片	啮合时齿耙与格栅片间隙均匀,保持3~5mm,齿耙与格栅片水平,不得碰撞
各限位开关	动作及时,安装可靠,不得有卡住现象
导轨与二侧抢攀	间隙5mm左右,运行时不应有导轨抖动现象
滚轮与导向滑槽	两侧滚轮应同时滚动,至少保持有2只滚轮在滚动
移动式格栅除污机的进退机构(小车)	应与齿耙动作协调
钢丝绳	在绳轮中位置正确,不应有缠绕跳槽现象
链 轮	主、从动链轮中心面应在同一平面上,不重合度不大于两轮中心距的2/1000
试运行	用手动或自动操作,全程动作各5次以上,动作准确无误,无抖动卡阻现象

3.5 搅拌设备安装

(1) 溶液、混合搅拌机的安装

1) 搅拌轴的安装允许偏差见附表35。

搅拌轴的安装允许偏差　　　　　　　　　　附表35

搅拌器型式	转数(r/min)	下端摆动量(mm)	桨叶对轴线垂直度(mm)
桨式、框式和提升叶轮搅拌器	≤32	≤1.50	为桨板长度的4/1000且不超过5
推进式和圆盘平直叶涡轮式搅拌器	>32	≤1.00	
	100～400	≤0.75	

2) 介质为有腐蚀性溶液的搅拌轴及桨板宜采用环氧树脂3度、丙纶布2层包涂,以防腐蚀。

3) 搅拌设备安装后,必须经过用水作介质的试运转和搅拌工作介质的带负载试运转。这两种试运转都必须在容器内装满2/3以上容积的容量。试运转中设备应运行平稳。无异常振动和噪声。以水作介质的试运转时间不得少于2h;负载试运转对小型搅拌机为4h,其余不少于24h。

(2) 絮凝搅拌机的安装

1) 搅拌轴的安装允许偏差见附表36。

絮凝搅拌机搅拌轴的安装允许偏差　　　　　　　　　　附表36

搅拌机型式	轴的直线度	桨板对轴线垂直度或平行度	轴的垂直度
立式	≤0.10/1000	为桨叶长度4/1000,且不超过5mm	≤0.5/1000,且不超过1mm
卧式	为GB 1184中的8级精度	为桨叶长度4/1000,且不超过5mm	

2) 木质桨板应涂以热沥青二度。

3) 试运转时设备应运行平稳,无异常振动和噪声。试运转时间不得少于2h。

(3) 澄清池搅拌机、刮泥机的安装

1) 澄清池搅拌机的安装

① 澄清池搅拌机安装允许偏差见附表37。

澄清池搅拌机安装允许偏差　　　　　　　　　　附表37

项　目	允许偏差 (mm)					
	叶轮直径 (m)			桨板长度 (mm)		
	<1	1～2	>2	<400	400～1000	>1000
叶轮上、下面板平面度	3	4.5	6			
叶轮出水口宽度	+2 0	+3 0	+4 0			
叶轮径向圆跳动	4	6	8			
叶轮端面圆跳动	4	6	9			
桨板与叶轮下面板应垂直,其角度偏差				±1°30′	±1°15′	±1°

② 主轴上各螺母的旋紧方向,应与轴工作旋向相反。

③ 调整和试运转:试运转时设备应运行平稳,无异常振动和噪声。转速由最低速缓慢

地调至最高速;叶轮由最小开启度调至最大开启度进行试验。带负荷试运行水位、转速、功率应达到设计有关规定。其试运行时间在最高速条件下不得少于2h。

2) 澄清池刮泥机安装

① 刮泥耙刮板下缘与池底距离为50mm,其偏差为±25mm。

② 当销轮直径小于5m时,销轮节圆直径偏差为$_{-2.0}^{0}$mm;销轮端面跳动偏差为5mm;销轮与齿轮中心距偏差为$_{+2.5}^{+5}$mm。

③ 调整和试运转:试运行时设备运行平稳,无异常啮合杂音。试运行时间不得少于2h,带负荷试运行时,其转速、功率应符合有关技术文件。

(4) 消化池搅拌机的安装

1) 消化池搅拌机安装允许偏差见附表38。

消化池搅拌机安装允许偏差　　　　附表38

项　目	允许偏差 (mm)
搅拌轴中心与设计的孔口中心	≤±10
叶片外径与导流筒内径的间距	>20
叶片下端摆动量	≤2

2) 应尽量减少水与搅拌轴的同步旋转。

3) 调整和试运转:试运行时设备运行平稳,无异常振动和噪声。试运行时间不得少于2h,带负荷试运行时,其转速、功率应符合有关技术文件。

3.6　撇油和撇渣设备安装

(1) 桁架和运行机构允许偏差见附表39。

桁架和运行机构允许偏差　　　　附表39

名　称　及　代　号	偏　差 (mm)	简　图
主梁上拱度F(应为$L/1000$)的偏差	$+0.3F$ $-0.1F$	
对角线L_3、L_4的相对差: 　箱形梁 　单腹板和桁架梁	5 10	
箱形梁旁弯度f: 　单腹板和桁架梁L≤16.5m 　L>16.5m	$L/2000$~±5 ±$L/3000$	

续表

名 称 及 代 号	偏 差（mm）	简 图
跨度 L 的偏差	±5	
跨度 L_1、L_2 的相对差	5	
车轮垂直偏斜 Δh（只允许下轮缘向内偏斜）	$h/400$	
对两条平行基准线，每个车轮水平偏斜 $x_1-x_2;x_3-x_4$ $y_1-y_2;y_3-y_4$	$l/1000$	
同一端梁上车轮同位差 $m_1=x_5-x_6$ $m_2=y_5-y_6$	3	

注：此表为大车行走机构桁架的允许偏差所通用。

(2) 车轮均应与轨道顶面接触，不应有悬空现象。主动轮和从动轮中心面应在同一平面上，重合度不大于±2mm。

(3) 行车上碰块与行程开关位置应在现场安装调试后固定，其动作必须先翻动刮板，后碰换向行程开关。在撇除易燃漂浮物时，应选用防爆型电机。

(4) 绳索牵引式撇油、撇渣机尚应符合下列要求：

1) 绳端在卷筒上固定必须做到安全可靠，便于检查和装拆。钢丝绳通过摩擦轮、张紧轮和各导轮的缠绕方向应一致。

2) 导向轮、张紧轮的传动中心线应在同一平面上，以保证牵引钢丝绳紧贴在轮槽里。各种张紧装置能够调节或自动调节钢丝绳的张力，使钢丝绳处在一定的张力范围内工作。

(5) 链条牵引式撇油、撇渣机尚应符合下列要求：

1) 主动轴的水平允差为 0.5/1000，主动轴和从动轴相对平行度公差：在水平和垂直平面内均为 1/1000。主动和从动轴相对标高允差为 5mm。

2) 链轮和链轮座要保证充分润滑，以免链轮和链轮座生锈卡住。

3) 两条牵引链安装后要同位同步。同一链条上牵引链轮和导向链轮应在同一平面内，其允差为 1mm。牵引链的弛垂度，不大于 50mm，刮板和集渣槽的圆弧边沿应全都均匀接触。

4) 主链的张紧装置调整范围应大于两个链节节距，调整时应使两条主链的长度基本相等，并保证撇渣板与主链条垂直。

(6) 调整和试运转:试运转时设备应运行平稳,无异常振动噪声及卡住现象。翻板机构应转动灵活,行程及电器控制应正确可靠。试运行时间不得少于2h;带负荷试运行时,其转速、功率应符合有关技术文件。

3.7 曝气设备安装

(1) 立式曝气机的安装

立式曝气机安装允许偏差见附表40。

立式曝气机安装允许偏差　　　　　　　附表40

项　目	允许偏差 (mm)		
	水 平 度	径 向 跳 动	上 下 跳 动
机　座	1/1000		
叶片与上、下罩进水圈		1~5	
导流锥顶		4~8	
整　体		3~6	3~8

注：1. 叶轮的浸没深度应符合设计要求。
　　2. 叶轮的旋转方向应按设计要求定向,不允许反向运转。

(2) 水平式曝气机的安装

水平式曝气机安装允许偏差见附表41。

水平曝气机安装允许偏差　　　　　　　附表41

项　目	允许偏差 (mm)		
	水 平 度	前 后 偏 移	同 轴 度
两端轴承座	5/1000	5/1000	
两端轴承中心与减速机出轴中心同心线			5/1000

3.8 刮、排泥及刮砂机械设备安装

(1) 行车式刮、排泥机的安装

1) 轨道及有关通用规定应按通用设备安装中所述的有关要求。
2) 桥架和运行机构要求应按附表39。
3) 真空、虹吸的支架、管路的安装,应符合设备技术文件的规定。

(2) 提板式刮泥机

1) 提板式刮泥机(无轨道),对池子土建应按附表42规定。

提板式刮泥机对池子土建要求　　　　　　　附表42

名　称	偏差及规定	名　称	偏差及规定
池宽(全程范围)	±10mm	池壁侧壁直线度(全程范围)	10mm
池壁侧壁平行度(全程范围)	10mm	滚轮运行的轨道表面	平整无凹陷

2) 导向轮缘水平度应小于1.5mm;导向轮与池壁的间隙应小于10mm。
3) 刮泥构架应保持平衡,无明显的倾斜。
4) 撇渣板、刮泥板与池壁不应发生碰撞和卡住。

(3) 链板式刮泥机

1) 驱动装置机座面的水平度不大于1mm/m。
2) 主链驱动轴的水平度允差不大于1mm/m;各从动轴的水平度允差不大于1mm/m。
3) 位于同侧的相邻主链轮间距与另一侧相对应的链轮间距之差和同轴上左、右两链轮中心距之比值不大于1/500。
4) 同一主链的前后二链轮中心偏斜不大于±3mm。
5) 同轴上的左、右两链轮距允许偏差不大于±3mm。
6) 左、右两导轨中心距允许偏差不大于±10mm,顶面高差不大于两导轨中心距的1/2000。
7) 导轨接头错位允差,其顶面偏差不大于0.5mm,侧面偏差不大于0.5mm。

(4) 螺旋排泥机

1) 各段机壳中心线对两端机座中心连线的不重合度应符合附表43要求。

机壳中心对两端机座不重合度偏差 附表43

排泥机长度(m)	3~15	>15~30	>30~50	>50~70
不重合度(mm)	≤4	≤6	≤8	≤10

2) 相邻机壳的内表面在接头处的错位不应大于1mm。
3) 螺旋槽在粉浆抹光后,其直线度偏差不大于1/1000,全长不大于5mm;与螺旋体的间隙不大于2mm。
4) 吊轴承端面与连接轴法兰内表面的间隙应符合附表44规定。

吊轴承端面与连接轴法兰内表面间隙 附表44

螺旋公称直径(mm)	150~250	300~600
间 隙 (mm)	≥1.5	≥2

(5) 中心(周边)传动刮(吸)泥机

1) 机座及主要部件的安装允许偏差符合附表45规定。

机座及主要部件的安装允许偏差 附表45

项 目	允许偏差 (mm)				
	径向	垂直度	水平度	同轴度	间隙
中心柱管与设计定位中心	<20				
中心柱管		≤1/1000			
中心转盘与调整机座			<0.5/1000		
中心竖架		<0.5/1000			

续表

项目	允许偏差 (mm)				
	径向	垂直度	水平度	同轴度	间隙
中心柱管上的轴承环与中心转盘				<1/1000d d 轴承环直径	
轴瓦与水下轴承环					间隙均匀单边调整在5~8之间
刮臂			对称水平,<1/1000 两刮臂高差<20		

2) 高度与液面相关部件的安装允许偏差应符合附表46规定。

高度与液面相关部件的安装允许偏差 附表46

序号	部件名称	允许相对设计高度偏差
1	导流筒(上口)	±30mm
2	集泥槽(上口)	±10mm
3	撇渣板(上口)	±20mm
4	排渣斗(上口)	±10mm

注:1. 本表所列尺寸是以 $\phi 30\sim 40$m 刮泥机和吸泥机为例,其他规格也可参考。
2. 出水堰口液面高度按平均值来确定。

3) 整机安装完毕后,须进行2h空载运行和4h满负荷运转。要求各传动部件必须转动灵活,传动平稳,润滑良好和无异常噪杂声。

(6) 链条刮砂机

1) 池底预埋导轨(轻轨、角钢、槽钢或钢条等)允许偏差应符合附表47要求。

池底预埋导轨允许偏差 附表47

项目	允许偏差	
	水平度(mm/m)	全长不平整度(mm)
导轨	≤2	<1/1000

2) 刮砂机主要部件安装允许偏差应符合附表48要求。

刮砂机主要部件安装允许偏差 附表48

项目	允许偏差 (mm)			
	平行度	重合度	间隙	标高偏差
主动轴与各从动轴	<1/1000			
主动轴与各从动轴		<±2		
刮板与托架及池底			刮板与托架接触良好,与池底间隙3~5	
初沉池链条刮泥机撇渣机构与液面				≤20;刮板与池壁弹性接触良好,无明显漏缝

注:1. 回程中,在托架上的刮板和链条有足够的悬空部分,以保证链条始终处于张紧状态。
2. 试车前必须打开清水润滑开关,空载连续试车时间为2h,带负荷运行4h。机组在运行时应平稳,无异常跳动和噪声。

3.9 滤池冲洗设备安装

(1) 旋转式表面冲洗设备

旋转式表面冲洗设备安装允许偏差见附表49。

旋转式表面冲洗设备安装允许偏差 附表49

项 目	允 许 偏 差				
	距离(mm)	夹角(°)	水平度	垂直度	压力(MPa)
布水管在滤层上	50				
喷嘴与滤层表面	10~15	25			
旋转布水管			2/1000		
布水管与轴承座				2/1000	
进水压力					0.5

(2) 移动罩冲洗设备

1) 轨道及桥架有关的规定按3.2(3)节有关要求。

2) 分格T形顶面宽度取20~30cm,单向定位或惯性小的取小值,双向定位或惯性大的取大值。

3) 罩体安装封水橡胶离分格池顶面距离为50mm。

4) 各引水压力管道按3%~5%的坡度敷设。

5) 水射器、抽气管道、虹吸管安装时不准漏气。

6) 虹吸管排水口没入排水槽水面下不小于0.2m。

3.10 螺旋提升泵安装

(1) 螺旋提升泵允许的定位偏差见附表50。

螺旋提升泵允许的定位偏差 附表50

项 目	允 许 偏 差	
	中心偏差(mm)	标高偏差(mm)
上下轴承与设计定位中心	<10	
上下轴承与设计标高		+30~-10

注:上下轴承座下的调整垫铁每组不超过三块,同设备接触部位应用斜垫块。垫块放置平稳,焊接牢固。

(2) 螺旋提升泵允许的安装偏差见附表51。

螺旋提升泵允许的安装偏差 附表51

项 目	偏 差 (mm)		
	中心线偏差	直线度	轴向间隙
上下轴承与泵体	<2/1000		
砂浆粉抹后的螺旋槽		<1/1000 全长≥5	
二半联轴器平面			2~4
泵体与砂浆粉抹后的螺旋槽			2~4

注:联轴器两平面径向偏差见附表12。

(3) 螺旋提升泵的试车

1) 用手搬动泵体应转动灵活。
2) 上下轴承内应注入适量合格的润滑油,应无渗漏。
3) 空载 1h,应运转平稳,泵体与螺旋槽间不得有碰擦。
4) 满载运转 2h,应运转平稳,无异常振动。二轴承的温度不大于 70℃。

3.11 其他设备安装

(1) 水锤消除器
1) 水锤消除器其底座不平度不大于 1/1000。
2) 水锤消除器及其排水系统必须防冻处理。
3) 下开式水锤消除器在重锤下落处应设支墩,支墩高度在重锤下落最低位置以上 10mm 处。
4) 气囊内压力应略低于额定压力。

(2) 移动式启门机
1) 轨道及桥架有关的规定按 3.2(3)节有关要求。
2) 钢丝绳工作时,不应有卡阻及与其他部件相碰等现象。
3) 电动葫芦车轮的凸缘内侧与轨道翼缘间隙应为 3~5mm。
4) 夹轨器工作时,闸瓦应夹紧在轨道两侧,钳口张开时不应与轨道相碰。
5) 同一跨端两车挡应与设备上的橡胶缓冲器同时接触。
6) 运转要求
① 设备各部件、限位开关和其他安全保护装置的动作应正确可靠,无卡轨现象。
② 吊钩下降到最低位置时,卷筒上的钢丝绳不应少于 5 圈。
③ 静负荷试运行:主梁承载时下挠度不大于跨度的 1/700,卸载时上拱度应大于跨度的 0.8/1000。

(3) 重锤式起吊机构
1) 起吊机构横梁的长度应比导轨内侧宽度小 10~20mm。
2) 吊点的位置应设在机构的重心位置,由设置压重或钻孔来调整。
3) 挂钩、连杆、弹簧等部件工作应灵活,正确,可靠。
4) 弹簧不允许涂涂料。

附录 4 常用专用机械产品目录

常用专用机械产品目录,见附表 52。

常用专用机械产品目录　　　　　　　　　　　　　　　附表 52

名　称	规格口径(mm)	主要参数	适用范围	主要生产厂
明杆式镶铜铸铁圆闸门	$\phi300$ $\phi400$ $\phi450$ $\phi500$ $\phi600$ $\phi700$	迎水面受压为 $PN\leq0.1MPa$ 逆水面受压为 $PN\leq0.02MPa$	给水厂、污水泵站、污水处理厂管渠、给水厂闸门井等处的启、闭装置	1、2、3、6、8、9、12、15、16、17、18、40

续表

名　称	规格口径(mm)	主要参数	适用范围	主要生产厂
明杆式镶铜铸铁圆闸门	φ800 φ900 φ1000 φ1200 φ1400 φ1500 φ1600 φ1700 φ1800 φ1900 φ2000 φ2300 φ2500 φ2700 φ2800 φ3000	迎水面受压为 $PN \leqslant 0.1 MPa$ 逆水面受压为 $PN \leqslant 0.02 MPa$	给水厂、污水泵站、污水处理厂管渠、给水厂闸门井等处的启、闭装置	1、2、3、6、8、9、12、15、16、17、18、40
明杆式镶铜铸铁方闸门(含矩形方闸门)	300×300 400×400 500×500 600×600 800×800 1000×1000 1200×1200 1400×1400 1600×1600 1800×1800 2000×2000 2200×2200 2400×2400 2500×2500 2600×2600 2800×2800 3000×3000 3500×3500 4000×4000			
双向受压闸门	φ500 φ600 φ700 φ800 φ900 φ1000 φ1200 φ1400	迎、逆水面受压均为 $PN \leqslant 0.1 MPa$		1、3、9、12

续表

名 称	规格口径(mm)	主 要 参 数	适 用 范 围	主 要 生 产 厂
双向受压闸门	φ1400 φ1600 500×500 600×600 1000×1000 1200×1200 1500×1500 1600×1600	迎、逆水面受压均为 $PN\leqslant 0.1$MPa	给水厂、污水泵站、污水处理厂管渠、给水厂闸门井等处的启、闭装置	1、3、9、12
暗杆式镶铜铸铁圆闸门	φ300 φ400 φ450 φ500 φ600 φ700 φ800 φ900 φ1000 φ1200 φ1700	迎水面受压为 $PN\leqslant 0.1$MPa 逆水面受压为 $PN\leqslant 0.02$MPa		1、2、3、16
平面钢闸门	进水孔口： 1000×800 1000×1000 1500×1500 1800×1600 2000×2000 2500×1800 2500×2000 2500×2500 3000×2000 3000×2500 3000×3000 3500×2500 3500×3000 3500×3500 4000×2500 4000×3500 4000×4000	橡胶密封面则需平水位启、闭		1、2、3、11、16、17、19
潮 门	φ200 φ300 φ400 φ450 φ500 φ600	迎水面受压 $PN\leqslant 0.05$MPa	江河、沿海排水口防止潮水倒灌	1、3、16

续表

名　称	规格口径(mm)	主要参数	适用范围	主要生产厂
潮门	φ700 φ800 φ900 φ1000 φ1200 φ1400 φ1800 φ2000	迎水面受压 $PN \leqslant 0.05$MPa	江河、沿海排水口防止潮水倒灌	1、3、16
切门	φ150 φ200 φ250 φ300 φ400 φ450 φ500	$PN \leqslant 0.02$MPa	排水检查井启闭设备	1、3、9、16、17
铸铁堰门	300×400 500×600 600×300 800×300 1000×500 1200×600 1600×800 1800×800 2000×500 2000×1000 2500×1000 3500×1000	受堰门高度的静水压	沉淀池、曝气池等构筑物配水井处,用于调节水位和流量	1、3、15、16、40
钢板堰门	口宽×调节范围(mm): 2000×250 2500×250 3000×250 4000×250 4500×320 5000×320			1、2、3、8、15、16
旋转式钢板堰门	口宽: 2000~5000	堰口调节幅度 400~500mm	调节曝气池SBR反应池水位	1、2、3、16、40、45
泥阀	φ150 φ200 φ300 φ400 φ500	$PN \leqslant 0.04$MPa	沉淀池排泥或快滤池排水	1、3、9、16、17、40

续表

名　　称	规格口径(mm)	主要参数	适用范围	主要生产厂
J747X-型平衡角式三通阀（又称快开排泥阀）	φ150 φ200 φ250 φ300 φ350 φ400 φ450	$PN \leqslant 1MPa$ 液压缸压力 0.15～0.6MPa	安装在池外，用以排除池底污泥	40、74
H742X 型液动底阀（又称池底阀）	φ150 φ200 φ250 φ300 φ400 φ500	液压缸压力 0.3～1MPa	各种水池底部排泥，排污	74
J744X 型液动角式截止阀（又称角式排泥阀）	φ150 φ200 φ250 φ300 φ350 φ400	液压缸压力 0.15～1MPa 阀耐压 1MPa	安装在各种池子外，用以排除池底泥沙和污物	74
HZ145T 型 HZ141H 电磁—液动变速自闭阀	φ100～φ350 每 50mm 进级 φ400～φ800 每 100mm 进级	驱动压力 0.15～1.6MPa 阀公称压力 HZ145T 1MPa HZ141H 1.6MPa	一阀多用，可替代止回阀、电动阀和水锤消除器	74
J745X 型三通截止阀（又称双作用阀）	φ150～φ400 每 50mm 进级	驱动压力 0.3～1MPa 阀公称压力 1MPa	应用在快滤池出水通断和反冲通断	74
HK44X 型消声止回阀	φ100 φ125 φ150 φ200 φ250 φ400 φ500	工作压力(MPa) 1, 1.6, 2.5 阻力系数 $\xi = 0.37$ 噪声<71dB	管道截流，单向通断，具有消声、消水锤作用	75
手轮式启闭机	启门力(kN)： 3 5 8 10 20 30 40 50	手轮圆周力 150N	作各种闸门和堰门的启、闭机构	1、2、3、6、8、9、12、16、17、18、40

续表

名 称	规格口径(mm)	主要参数	适用范围	主要生产厂
手摇式启闭机	启门力(kN): 10 20 30 40 50 60 80 100 120	摇柄圆周力150N	作各种闸门和堰门的启、闭机构	1、2、3、6、8、9、12、16、17、18、40
手电两用启闭机	启门力(kN): 30 50 70 90 120 150 200 400			1、2、3、6、8、9、12、15、16、17、18、40、41、66、69
WST双吊点闸门电动启闭装置	额定转矩(N·m): 3000 4000 5000	输出轴转速 (r/min): 9 12 9	各种双吊点闸门和堰门的启闭机构	41
手电两用双吊点启闭机	启闭力(kN): 60 100 160 200 240 300 400 500	丝杠直径(mm): $\phi 50$ $\phi 62$ $\phi 72$ $\phi 80$ $\phi 85$ $\phi 90$ $\phi 104$ $\phi 104$		1、2、3、9、16、40
下开式停泵水锤消除器	DN50 DN100 DN150 DN200	$PN \leqslant 1MPa$	消除停泵水锤	38
自闭式水锤消除器	DN100 DN150 DN200			

续表

名　称	规格口径(mm)	主要参数	适用范围	主要生产厂
气囊式水锤消除器	DN100	DN600mm以下输水管道 气囊体积0.23m³ 消除水锤压力<2.5MPa	能有效地消除输水管道中产生的各种水锤	46
平桨式、折桨式搅拌机	桨叶直径(mm)： φ470～φ750		水厂和污水处理厂投加药剂的溶解搅拌	1、2、3、5、16、17、33、34、65
夹壁式搅拌机	可倾斜:0°～30°	转速 1450r/min		
推进式搅拌机	桨叶直径(mm)： φ400～φ700		污水处理厂投加药剂后的溶液搅拌及沼气池搅拌	1、2、3、16、17、33、34、35
管式静态混合器	DN250 DN300 DN400 DN500 DN600 DN700 DN800 DN900 DN1000 DN1200 DN1400		水厂中原水与混凝剂、助凝剂和消毒剂的混合	1、2、3、5、6、7、10、16、34
立轴式絮凝搅拌机	桨叶直径(mm)： φ1700 φ2875 φ3000 φ3800 φ4200		水厂在完成混凝后的絮凝搅拌	1、2、3、6、10、16、17、34、65
卧轴式絮凝搅拌机	桨叶直径(mm)： φ2900 φ3000			
絮凝搅拌机	桨叶直径(mm)： φ800		污水处理厂在污泥脱水前投加药剂,使污泥与药剂发生充分的絮凝反应作用	33
澄清池搅拌机	叶轮直径(mm)： φ2000 φ2500 φ3500 φ4500		水厂机械搅拌澄清池中搅拌澄清设备	1、2、3、5、9、10、16、20

续表

名　称	规格口径(mm)	主要参数	适用范围	主要生产厂
水下搅拌机	螺旋桨直径(mm)： φ450	淹没工作深度 <20m	使水池中的水获得一定的流速	24、68
链式格栅除污机	格栅宽度(mm)： 800 1000 1200 1400 1500 1600 1800 2000 2500 3000	安装角度： 60°～80°	清除污水和雨水泵站以及污水处理厂进水口拦污栅上的各种漂浮物	1、2、3、4、5、6、7、8、9、16、18、21、26、34、65
回转式固液分离机	格栅宽度(mm)： 800 1000 1200 1400 1500 1600 1800 2000 2500 3000	安装角度： 70°～75°	可连续自动清除污水中细小纤维及各种漂浮物	1、2、3、4、5、7、8、16、18、26、27、34、65
背耙式格栅除污机	格栅宽度(mm)： Ⅲ型　　Ⅱ型 500　　1000 800　　1500 1000　 2000 1200　 2500 1500　 3000 2000	整机安装角 Ⅲ型 α=60°～80° Ⅱ型 α=80° 格栅间隙 7～20mm 提升速度 2m/min 最大载荷 Ⅲ型 1000N Ⅱ型 2000N	清除污水和雨水泵站以及污水处理厂进水口拦污栅上的各种漂浮物	4、7、42
高链式格栅除污机	格栅宽度(mm)： 900 1000 1200 1500 2000 2800 3000	安装角度： 60°～75°		5、6、8、16、39、43、65、68

续表

名　称	规格口径(mm)	主要参数	适用范围	主要生产厂
垂直格栅除污机	格栅宽度(mm)： 800 1000 1500 2000 2500 3000	安装角度 $\alpha=90°$	清除污水和雨水泵站以及污水处理厂进水口拦污栅上的各种漂浮物	1、12、21
YCB移动垂直耙斗式拦污栅清污机	宽度(mm)： 1500~5000 深度(m)： 10~30 耙斗容积(m^3)： 0.4~1.6	安装角度：90° 栅片间隙： 25~100mm 耙斗升降速度： 6m/min 整机移动速度： 3m/min		19
钢丝绳牵引格栅除污机	格栅宽度(mm)： 1000 1250 1500 1750 2000 3000 3500	安装角度： 60°~75°		1、2、3、4、5、18、26、65、67、68、70、71
移动式格栅除污机	齿耙宽度(mm)： 1000 1200 1400 1600 1800 2000 2400 2800 3000	安装角度： 55°~85°		1、2、3、12、18、19、49
YQW移动耙斗式清污机	耙斗容积(m^3)： 0.1~0.5	安装角度： 65°~80°		21
双栅格栅除污机	栅条总宽(mm)： 1000 1500 2000	安装角度75°	栅条分为前置栅条和后置栅条，前栅主要去除粗大沉积物，后栅去除漂浮物	5、34
MHG密闭压力管道格栅除污机	DN600 DN800	$PN\leqslant0.25MPa$	设置在取水泵房有压力的吸水管道	3

续表

名称	规格口径(mm)	主要参数	适用范围	主要生产厂
MHG密闭压力管道格栅除污机	DN1000 DN1200 DN1400 DN1600 DN1800 DN2000	$PN \leqslant 0.25MPa$	内,用以截除水体中的漂浮物	3
弧形格栅除污机	圆弧半径(mm): 300 500 1000 1500 1800 2000		清除污水、雨水泵站和污水处理厂进水口拦污栅上的各种漂浮物	1、3、5、12、16、17、18、34、36、50、68
阶梯式格栅除污机	格栅宽度(mm): 500~3000	安装角度:50°、55°、60° 流速:0.1~1m/min 栅隙:3~10mm	污水处理厂进水渠拦截各种漂浮物	18、34
RO_1细栅过滤器	污水渠道宽度(mm): 600~3000	栅隙:5~12mm 过流量:$9500m^3/h$ 安装角:$\alpha=35°$	给水排水进水渠道截除漂浮物和将栅渣螺旋提升并挤压脱水	73
RO_2楔形截面栅过滤器	污水渠道宽度(mm): 600~3000	栅隙: 0.25~5mm 过流量:$8000m^3/h$ 安装角:$\alpha=35°$		
螺旋压榨机	螺旋直径(mm): $\phi200$ $\phi300$ $\phi400$	螺旋圈数: 6 9 11	拦污栅扒出的栅渣进行压榨脱水	4、5、7、23
旋转滤网(正面进水或侧面进水)	滤网宽度(mm): 2000 2500 3000 3500 4000 4500 5000 5500 6000 无框架到4000mm为止,有框架可到6000mm	使用深度(m): 10~30 允许网前后水位差(mm): 轻型 600 中型 1000 重型:1500	拦截给水系统中体积较小的漂浮物	1、2、3、10、11、13、16、19、44

续表

名称		规格口径(mm)		主要参数	适用范围	主要生产厂
鼓形旋转滤网		鼓径(mm): 3000 4000 5000 8000 11000 14000 17000 20000 21000		允许网前后水位差(mm): 低速:150 高度:300	拦截给水系统中体积较小的漂浮物	13、19
转刷网篦式清污机		进水间宽度(mm): 1500 2000 2500 3000 3500 4000 4500 5000		安装角度:70°~80°允许网前后水位差:≤300mm		2、13、17、19、21
中粗气泡曝气器	金山Ⅰ型曝气器	接口:G2″		氧转移率:8%	各种污水、废水生化处理活性污泥	16、34、36
	盆形曝气器	接口:G3/4″		氧转移率:6%~9%		16、34、36、59
	固定螺旋曝气器	直径×长度(mm): ϕ200×1500 2×ϕ200×1740 3×ϕ180×1740 3×ϕ185×1740		氧转移率: 7.4%~11.1% 4.5%~11% 8.7% 8.7%		28、29、36
陶瓷板型微孔曝气器		直径×厚度(mm): 200×3 200×20 178×20	微孔孔径(μm): 150 150 150	氧转移率:20%~25%		25、60
		200×20 176×20	150 150			30
		178×38	150	氧转移率:18.4%~27.7%		31

续表

名 称	规格口径(mm)		主要参数	适用范围	主要生产厂
膜片式微孔曝气器	直 径 (mm): φ250 φ500	微孔孔径 (μm): 150~200 150~200	氧转移率: 18.4%~27.7%	各种污水、废水生化处理活性污泥	29
泵(E)型叶轮表面曝气机	叶轮直径(mm): φ760 φ1000 φ1240 φ1500 φ1720 φ1930		充氧量(kg/h): 8.4~21.8 15.5~48.7 43.5 54.5 74 99.5		1、3、14、16、68
BE型泵型叶轮表面曝气机	叶轮直径(mm): φ850 φ1000 φ1200 φ1300 φ1400 φ1600 φ1800		充氧量(kg/h): 18.8 27.5 36 40 45 55 77.2		1、2、3、5、17、33
倒伞型叶轮表面曝气机	叶轮直径(mm): φ850 φ1000 φ1400 φ2000 φ2500 φ3000		充氧量(kg/h): 9 10 20 35 50 75		1、2、3、14
浮筒式叶轮表面曝气机	叶轮直径(mm): φ650		充氧量(kg/h): 13		5、52
转碟曝气机	转碟直径(mm): 1372 转速(r/min): 45~55 浸没水深(mm): 400~530		单盘充氧能力 (kg/h):0.8~1.12		1、2、53、72
AD型剪切式转盘曝气机	转盘直径(mm): φ1000~φ1400		充氧量 kg/(片·h): 0.5~2.0		2

续表

名　称	规格口径(mm)	主要参数	适用范围	主要生产厂
BQJ型转刷曝气机	转刷直径×长度(mm)： ϕ700×3000 ϕ700×3500 ϕ1000×3000 ϕ1000×350	充氧量(kg/h)： 3 3 6 6	生活污水和工业废水处理的氧化沟	1、2、3、4、5、16、17、32、34、68
YHG转刷曝气机	转刷直径×长度(mm)： ϕ700×1500 ϕ700×2000 ϕ700×3000 ϕ1000×4500 ϕ1000×6000 ϕ1000×7500 ϕ1000×9000	充氧量(kg/h)： 4.0~4.5 4.0~4.5 4.0~4.5 6.5~8.5 6.5~8.5 6~8 6~8		2、14
射流曝气机	循环水量(m³/h)： 20 40 60 90 120	充氧量(kg/h)： 0.8 1.5 2.5 4.5 6.5	氧化沟等充氧	1
虹吸行车式吸泥机	跨度(m)： 8 10 12 14 16 18 20	车速:1m/min	平流式沉淀池排泥	1、2、3、4、5、6、7、8、10、16、17、34、65
泵吸行车式吸泥机	跨度(m)： 8 10 12 14 16 18 20 24 26			
虹吸式斜管沉淀池吸泥机	跨度(m)： 11.5 12 13 14		斜管沉淀池排泥	

续表

名　称	规格口径(mm)	主要参数	适用范围	主要生产厂
虹吸、泵吸行车式吸泥机	跨度(m):6~20 每2m进级	车速: 1m/min 低浊虹吸高浊泵吸	平流沉淀池斜管沉淀池排泥	1、3、68
周边传动刮泥机（全桥、半桥）	池径(m): 20 22 25 30 35 40 50 60	周边速度(m/min): 1.6 1.6 1.7 2.0 2.0 2.2 2.4 2.6	水厂和污水处理厂直径较大的辐流沉淀池的刮泥和撇渣	1、2、3、4、5、6、10、16、17、34、39、63、65、66、68
周边传动吸泥机（全桥）	池径(m): 20 25 30 37 45 55 65	周边速度(m/min): 1.6 1.7 1.8 2.0 2.2 2.4 ≤3	污水处理厂直径较大的辐流沉淀池吸泥	1、2、3、4、5、16、17、34、37、39、53、54、65、66、68
周边传动虹吸式吸泥机	池径:15~50m 每5m进级	池径$D<30m$ 速度$V=2m/min$ 池径$D>30m$ 速度$V=3m/min$	辐流沉淀池吸泥	1、3、5、7、34
悬挂式中心传动刮泥机	池径(m): 6 8 10 12 14 16	刮板外缘线速度(m/min): 初沉池:2~3 二沉池:1.5~2.5	水厂和污水处理厂的圆形沉淀池刮泥	1、2、3、4、5、16、17、34、65、66
垂架式中心传动刮泥机	池径:8~20m 每2m进级 25、30、40	外缘线速度: $V=1~3m/min$	辐流沉淀池刮泥	1、2、3、5、7、34
垂架式中心传动刮吸泥机	池径:20~50m 每5m进级	池径:$D<35m$, 速度:$V=2m/min$ 池径:$D>35m$, 速度:$V=2.5m/min$	辐流沉淀池刮吸泥	1、2、3、5、7、34

续表

名　称	规格口径(mm)	主要参数	适用范围	主要生产厂
垂架式中心传动单管吸泥机	池径:25~55m 每5m进级	周边线速度:v = 2.4 ~ 3.8m/min	周边进水、周边出水辐流式二沉池单管吸泥	53
刮泥、破冰机	跨度(m):≤20	车速:1m/min 破冰深度调节量:20mm	沉淀池排泥在冰冻期通过破冰装置破冰	4
双钢丝绳牵引刮泥机	跨度(m): 6以下	车速:1m/min	沉淀池,斜管沉淀池,浮沉池刮泥	2、7
钢丝绳牵引刮泥机	池宽(m): 6 8	车速: 1m/min	平流沉淀池、斜管沉淀池刮集污泥	2
周边传动浓缩池刮泥机	池径(m): 18 20 22 24 30 38 45 50 53	速度: 1.25~3m/min	辐流式浓缩池刮泥	12、3、5、34、7
中心传动浓缩机	池径(m): 6 8 10 12 14 16 18	周边速度(m/min): 1.5 1.5 1.61 1.86 2.30 2.30 2.30	污泥浓缩池刮泥和污泥浓缩	1、2、3、5、16、17、34、65、68
行车式提板刮泥机(带撇渣机构)	跨度(m): 5.5 6.5 7.5 8.5 10.5 12.5	车速: 0.6~1m/min	平流式沉砂池和沉淀池刮泥、除砂和撇渣	1、2、3、4、8、16、17、34
行车式撇渣机	池宽(m):1~5	车速:3m/min	隔油池撇油以及沉淀池和浮选池撇渣	

附录4 常用专用机械产品目录 773

续表

名　称	规格口径(mm)	主要参数	适用范围	主要生产厂
链板式刮砂机	刮板宽度(mm): 600 1200	刮板速度(m/min): 0.6	污水处理厂沉砂池排除沉砂	1、3、5、7、16、17、37
链斗式刮砂机	链斗宽度(mm): 800~2000	链斗间距(m):1.8 链斗线速(m/min):2.6		5
行车式吸砂机	单槽宽度(m): 2、2.4、2.8、3.2	车速(m/min): 2.5	平流沉砂池除砂	1、3、5、68
旋流曝气沉砂、除砂设备	水力表面负荷 [m³/(m²·h)]:200	停留时间(s): 20~30 进水渠流速:不大于1.2m/s,进水渠与出水渠夹角:270°	旋流沉砂池沉砂、除砂一体机	23、68
螺旋式砂水分离机	无轴螺旋直径(mm): φ260 φ320 φ355 φ420	处理量(L/s): 12 20 27 35	污水厂 沉砂池砂水混合液的砂水分离	68
螺旋输送机	螺旋直径(mm): φ200 φ260 φ320 φ355 φ420	输送量(m³/h): 2、4、10、14、22	污水厂格栅除污机栅渣的输送	5、65、68
机械搅拌澄清池刮泥机	处理水量(m³/h): 200 320 430 600 800 1000 1330 1800	刮臂端线速度(m/min): 1.5~3	机械搅拌澄清池的刮泥	1、2、3、5、9、10、16、20、33
螺旋泵	直径(mm): 300 400 500 600	流量(m³/h): 40 75 125 185	城市给水、排水工程的中途泵站、进水泵站、出水泵站和回流污泥的提升	1、2、5、12、16、34、39、43

续表

名　称	规格口径(mm)	主要参数	适用范围	主要生产厂
螺旋泵	直径(mm)： 700 800 900 1000 1100 1200 1300 1400 1500	流量(m^3/h)： 300 385 480 660 875 1000 1200 1500 1680	城市给水、排水工程的中途泵站、进水泵站、出水泵站和回流污泥的提升	1、2、5、12、16、34、39、43
泵式移动冲洗罩	轨距(m)： 1.38 2.945 3.25 5.01 5.61 6.24 6.29	冲洗强度 [$L/(m^2 \cdot s)$]:15	水厂多格小阻力滤池，进行定时逐格冲洗的设备	2、3、10
虹吸式移动冲洗罩	轨距(m)： 3.45 6.85			
旋转式表面冲洗设备	转臂直径(m)： 3.7	转速(外缘) (r/min):6.5	水厂滤池的辅助冲洗装置	3、22
自动板框压滤机	过滤面积(m^2)： 2 4 6 8 12 16	工作压力： 1MPa	各种污水、污泥的固液分离	16、62
	过滤面积(m^2)： 14 20 27 30	工作压力： 0.8MPa		61
	过滤面积(m^2)： 15 20 30	过滤压力≤0.6MPa 能将含水率从 97%～98%降到 70%		4

附录4 常用专用机械产品目录 775

续表

名　　称	规格口径(mm)	主要参数	适用范围	主要生产厂
厢式压滤机	过滤面积(m²)： 64 120 340 500	过滤压力：≤ 0.4MPa 能过滤固相浓度 0.1%～60% 物料	一般适用于5μm 以上颗粒的污泥脱水	4、48、61
	过滤面积(m²)： 60 80 100 120 160			62
转动自清洗过滤器	水道宽度(mm)： 600～1200	流量： <900L/s	污水、泥浆、特种浆液及砂水混合液的分离	18
回转式过滤机	网筒直径(mm)： 600 900 1050 1200 1350 1500 1600		分离大于0.4mm固相颗粒和纤维类的悬浮液	6、33、34
转鼓真空过滤机	过滤面积(m²)： 1 2 5 20 40	转鼓直径：(m) 1 1 1.75 2.6 3	分离0.01～1mm固相颗粒的悬浮液	20、55、56、61、64
折带式真空过滤机	过滤面积(m²)： 1.7 5 12 20 30 40	真空度： 450～600mmHg 抽气量：0.5～ 2m³/(min·m²)	粒度小,不易沉淀具有一定粘度物料的脱水	20
带式压滤机	滤带宽度(mm)： 500 1000 2000 3000	重力过滤面积(m²)： 1.8 3.5 7.8 10.2	城市给排水及化工、造纸	1、4、5、16

续表

名　　称	规格口径(mm)	主要参数	适用范围	主要生产厂
带式压滤机	滤带宽度(mm): 1000 2000 3000	产泥量 [kg/(h·m²)]: 50～500	冶金、矿业加工、食品等行业的各类污泥脱水处理	5、34
	滤带宽度(mm): 1000 2000 3000	产泥量(kg/h): 200～300 400～460 600～700		39
	滤带宽度(mm): 1000 2000 3000	带速:0.5～4m/min		12
	滤带宽度(mm): 1000 2000 3500	带速:0.5～9m/min		51
	滤带宽度(mm): 750 1000 1500 2000 2500	水压:0.5MPa 风压:0.6MPa		36
污泥脱水造粒机	直径×长度(mm): 500×1250 1000×2500 1500×3750 2000×5000 2500×6250 3000×7500 3300×8250	干泥产量(kg/h): 25.5 100 230 410 640 920 1100	给水厂和污水处理厂等污泥处理	2
卧式螺旋卸料离心机	转鼓直径(mm): 200 350 380 450 600	转速(r/min): 3500 3500 3250 2500 2200	化工及工业废水处理	47、48、57、58、64
ROS$_2$污泥浓缩设备	滤网直径(mm): 300 500 700	过滤面积(m²): 1.2 2.2 3.5	沉淀池、浮沉池排泥的浓缩	73

续表

名　称	规格口径(mm)	主要参数		适用范围	主要生产厂
ROS_2 污泥浓缩设备	滤网直径(mm)： 300 500 700	过滤面积(m^2)： 1.2 2.2 3.5 D_s 从 0.5% 提高 6%～12%	处理能力(m^3/h)： 8～15 18～30 35～50	沉淀池、浮沉池排泥的浓缩	73
ROS_3 污泥脱水设备	滤网直径(mm)： 350 500 500	滤网长度(mm)： 2600 3500 3500	过滤面积(m^2)： 2.3 4.5 9.0 D_s 从 24%～26% $n=2\sim6r/min$	处理能力(m^3/h)： 2～5 2～10 10～20	浓缩污泥脱水	
PS型滗水器	$DN100\sim800$	负荷[$L/(m\cdot s)$]： 旋转式:20～32 套筒式:10～12 虹吸式:1.5～2		适用于大、中、小型SBR池	1、67

注：生产厂代号：1—江苏扬州天雨给排水设备集团有限公司(江都给排水设备制造厂)；2—江苏一环集团(宜兴市第一环保设备厂)；3—江苏南通华新环保设备工程有限公司(通州市给水排水设备厂)；4—无锡市通用机械厂；5—唐山市清源环保机械(集团)公司；6—江苏江都市环保器材厂；7—江苏常州南方环保设备厂；8—余姚市浙东给水排水设备制造厂；9—余姚水利机械厂；10—航天部上海809研究所；11—上海三和水力电力设备厂；12—河南商城环境保护设备厂；13—沈阳电力机械总厂；14—安徽第一纺织机械厂；15—铁岭阀门厂；16—湖北荆州市洪城通用机械股份有限公司(沙市阀门总厂)；17—武汉阀门厂；18—江苏亚太泵业集团公司；19—陕西煤炭建设公司管件设备厂(铜川市)；20—沈阳矿山机械厂；21—云南电力修造厂；22—江苏无锡华庄给排水设备厂；23—江苏宜兴市成套环保设备厂；24—船舶七〇二研究所上海分部；25—江苏江都水处理设备厂；26—江苏宜兴市通用环保设备有限公司；27—江苏泉溪环保股份有限公司(宜兴第二冷作机械厂)；28—江苏宜兴市赋中环保厂；29—江苏宜兴市高塍玻璃钢化工设备厂；30—江苏宜兴市高塍水处理设备厂；31—江苏宜兴市高塍废水净化设备厂；32—江苏宜兴市宜城净化设备厂；33—唐山电子机械研究所；34—唐山市博大环境工程机械有限公司；35—唐山市第一机床厂；36—唐山市环保机械工程公司；37—唐山市建联环保工程机械公司；38—营口市自来水公司；39—天津市市政污水处理设备制造公司；40—靖江市天助阀门有限公司；41—上海良工阀门厂；42—西安污水处理机械设备厂；43—沈阳环保机械制造厂；44—南京电力自动化设备厂；45—江苏常熟市水利机械厂；46—江苏通州市华通锅炉节能配件厂；47—中国人民解放军4819工厂(浙江象山)；48—无锡化工机械厂；49—长春拖拉机配件厂；50—深圳市国际环境工程设备实业公司；51—广东省煤矿机械厂；52—广东顺德第二农机造厂；53—广州市新之地环保产业有限责任公司(广东石油化工设计院)；54—湖南湘东化工机械厂；55—杭州化工机械厂；56—北京化工机械厂；57—四川江北机械厂；58—苏州向阳化工机修厂；59—辽阳市工业塑料厂；60—汉沽有色金属制品厂；61—石家庄新生机械厂；62—吉林第一机械厂；63—上海江湾化工机械厂；64—上海化工机械厂；65—余姚市绿州环保设备厂；66—上海市自动化仪表11厂；67—北京晓清集团；68—南京兰溪集团；69—天津阀门公司；70—上海浦东给水排水设备工程公司；71—上海城市城排水机修安装总队；72—宜兴水工业器材设备厂；73—宜兴市华都琥珀环保机械有限公司；74—重庆特殊阀门厂；75—辽阳高新给水设备有限公司。其中有些生产厂，可能只生产该规格系列中的一部分。设计人员选用时，应向生产厂索取产品样本、产品使用说明书，并与厂方作深层次的技术咨询和探讨。

附录5 主要参考文献

1. 机械设备安装工程施工及验收通用规范(GB 50231—98). 北京:中国计划出版社,1998.
2. 连续输送设备安装工程施工及验收规范(GB 50270—98). 北京:中国计划出版社,1998.
3. 压缩机、风机、泵安装工程施工及验收规范(GB 50275—98). 北京:中国计划出版社,1998.
4. 起重设备安装工程施工及验收规范(GB 50278—98). 北京:中国计划出版社,1998.
5. 成大先主编. 机械设计手册. 北京:化学工业出版社,1994.
6. 李金根主编. 给水排水工程快速设计手册. 北京:中国建筑工业出版社,1996.
7. JB/ZQ 4000—1~4000.10—86 通用技术要求.
8. 常用铸造基础标准. 北京:机械工业标准化技术服务部,1990.
9. 常用焊接基础标准. 北京:机械工业标准化技术服务部,1990.
10. 沈从周等编. 机械设备安装手册. 北京:中国建筑工业出版社,1986.
11. 左景伊编. 腐蚀数据手册. 北京:化学工业出版社,1982.